液压系统使用与维修手册

基础和元件卷

第二版
The Second Edition

陆望龙　主编　　　陆　桦　江祖专　副主编

U0231257

化学工业出版社

·北京·

《液压系统使用与维修手册》第二版分为两卷：《基础和元件卷》；《回路和系统卷》。

《基础和元件卷》包括液压维修基础知识，液压动力元件（各种液压泵）、液压执行元件（液压缸与液压马达）、液压控制元件（方向阀、压力阀、流量阀、叠加阀、插装阀、伺服阀、比例阀、数字阀以及其他阀类元件）、液压辅助元件（管路与管件、过滤器、冷却器、蓄能器与油箱）的工作原理、结构、使用、故障分析与排除方法、元件的拆装方法、使用与维修等。《回路和系统卷》包括液压系统工作液体的使用与维护中可能碰到的问题（包括液压油的品种、油品的选用、液压油的使用管理、油品油质的测量方法以及换油的方法），液压回路的故障分析与排除，液压系统维修基础知识（包括液压系统的安装调试、故障诊断方法以及液压系统常见故障的分析与排除方法），以及五十余种设备（包括油压机、机床、水泥、工程机械、汽车、塑料纺织、橡胶轮胎、煤矿、造纸、金属加工、钢铁等行业设备）的液压系统工作原理及故障排除方法等。

本书主编在液压一线工作数十年，积累了大量现场维修实践经验和资料，均收集整理编撰进这部手册，因此内容非常实用。本书可供从事液压技术及设备应用、维修的工程技术人员、技术工人学习、查阅和参考。

图书在版编目（CIP）数据

液压系统使用与维修手册. 基础和元件卷/陆望龙主编.
—2版. —北京：化学工业出版社，2017.5（2023.1重印）
ISBN 978-7-122-29148-6

Ⅰ.①液… Ⅱ.①陆… Ⅲ.①液压系统-维修-技术
手册 Ⅳ.①TH137-62

中国版本图书馆 CIP 数据核字（2017）第 035386 号

责任编辑：张兴辉 曾 越
责任校对：宋 玮　　　　　　　　　　　　　装帧设计：王晓宇

出版发行：化学工业出版社（北京市东城区青年湖南街 13 号　邮政编码 100011）
印　　装：北京虎彩文化传播有限公司
787mm×1092mm　1/16　印张 50½　字数 1401 千字　2023 年 1 月北京第 2 版第 7 次印刷

购书咨询：010-64518888　　　　　　　　售后服务：010-64518899
网　　址：http://www.cip.com.cn
凡购买本书，如有缺损质量问题，本社销售中心负责调换。

定　　价：268.00 元　　　　　　　　　　　　　　　　版权所有　违者必究

前 言

FOREWORD

　　《液压系统使用与维修手册》第一版自 2008 年出版以来，至今已有 8 年，蒙读者厚爱，抱着不搞十年一贯制的想法和做法，第二版较之第一版，做了较大修改，删去了已经过时的内容，增加了一些与时俱进的新内容。

　　这次修改写出的第二版，分两卷。

　　《基础和元件卷》：第 1 章和第 2 章介绍液压维修基础知识；第 3 章~第 5 章介绍液压动力元件（各种液压泵）、液压执行元件（液压缸与液压马达）、液压控制元件（方向阀、压力阀、流量阀、叠加阀、插装阀、伺服阀、比例阀、数字阀以及其他阀类元件）的工作原理、结构、使用、故障分析与排除方法、元件的拆装方法；第 6 章介绍各种液压辅助元件（管路与管件、过滤器、冷却器、蓄能器与油箱）的使用与维修。

　　《回路和系统卷》：第 7 章介绍液压系统工作液体的使用与维护中可能碰到的问题，包括液压油的品种、油品的选用、液压油的使用管理、油品油质的测量方法以及换油的方法；第 8 章的内容为液压回路的故障分析与排除，回路是液压系统的组成单元，有些液压设备就是由 1~2 个基本回路所组成，从液压基本回路分析故障，应该曾经是作者率先在这方面作出的探讨；第 9 章介绍了液压系统维修基础知识，包括液压系统的安装调试、故障诊断方法以及液压系统常见故障的分析与排除方法；第 10 章~第 20 章分别介绍了油压机、机床、水泥、工程机械、汽车、塑料纺织、橡胶轮胎、煤矿、造纸、金属加工、钢铁等行业的五十余种设备的液压系统工作原理及故障排除方法。这些设备均是同类企业中正在使用着的设备，希望对同行在维修该类液压设备时能提供实实在在的帮助，转化为生产力。

　　深入、透彻地了解各种液压元件的工作原理和结构，而不是按照某些教科书简单初浅地、皮毛地了解是非常必要的。每一个元件都有它的细微之处，如果液压元件出了故障却解决不了，说明对该液压元件的工作原理和结构懂得不是很透彻。所以本手册在这方面投入的篇幅比较大，并对怎么拆、怎么装、怎么查找这些元件易出故障的具体部位做了具体介绍，因为只有这样才能进行和做好维修工作。本手册中有许多液压元件的结构图，选自国产和进口设备上使用量最大的品种。

　　本书主要读者对象为中高级液压维修技工、液压相关专业的技术人员。有钻研精神的初学者也可使用本手册。当然本手册对大专院校相关专业的师生肯定有所帮助和启迪。

　　本书由陆望龙主编，陆桦、江祖专副主编。参编人员有：王锡章、陈曦明、谭平华、陈旭明、陶云堂、倪棠棣、朱皖英、李刚、陈黎明、刘长青、但莉、马文科、汪贵兰、张汉珍、朱声正。 感谢湖北（金力）液压件厂张和平、葛玉麟、周幼海、孙为伦等专家对本书编写工作的指导，陆泓宇等参与了部分章节的资料整理工作，在此表示诚挚的谢意。

近十年来，主编应邀巡回全国二十多个省市（除西藏、青海、黑龙江、海南省与台湾），讲授过超百次以上的液压维修公开课，也到国内十几家知名的行业龙头企业做过液压维修内部培训，近距离面对面地交流，并现场解决维修中的实际问题。 主编在教学过程中，一方面通过与学员和企业的交流，使自己得到提高；另一方面更大程度上了解了生产第一线的工程技术人员与维修技术工人的诉求，对编好此手册的第二版，获益匪浅。 作者虽早已进入古稀之年，仍然老骥伏枥，笔耕不止，力图编好本手册，使之能更好地为液压维修服务，希望读者喜欢。 然而笔者心有余而力不足，加之精力和时间有限，本手册难免存在疏漏，希望读者原谅，并提出批评与指正。

编著者

目录

CONTENTS

第4章　液压执行元件的使用与维修

第5章　液压控制阀的使用与维修

第6章 液压辅助元件的使用与维修

参 考 文 献

第 1 章

液压系统使用与维修基础

1.1 概述

1.1.1 液压系统简介

(1)液压系统的定义

以液体为工作介质传递力、运动和动力,并对其进行调节和控制的系统叫液压系统。 主要利用液体的压力能来实现传动功能的系统叫液压传动系统;主要利用液体的压力能来实现传动功能并使液压装置跟随控制信号的规律来工作的系统叫液压控制系统;主要利用液体的动能来实现传动功能的系统叫液力传动系统。

(2)液压系统的功能

作为机器设备主体之一的传动部分应具有传递力、传递动力、传递运动、改变运动方向和改变运动速度的功能,这些功能液压系统都可以轻而易举地实现。 液压系统作为设备的一个重要组成部分越来越受到人们的重视,液压工业已成为装备工业的一个重要组成部分,而一个经济发达的国家缺少不了强大装备工业做后盾。 液压技术的应用程度已成为衡量一个国家工业化水平的重要标志之一。

(3)液压技术的基本应用

液压用来做什么呢? 一句话:液压用来输出运动、力与扭矩。

①凡是需要做往复直线运动并输出直线力的地方可用到液压(液压缸);②凡是需要做回转运动并输出扭矩的地方可用到液压(液压马达);③凡是需要做摆动并输出扭力的地方可用到液压(摆动液压马达);④用以上 3 种简单运动复合,可使液压系统完成液压设备各种复杂运动(多自由度),并对其进行运动方向、速度快慢和输出力的控制。

液压技术的基本应用如图 1-1 所示。

液压技术作为现代机械设备的传动和控制技术,应用越来越广泛。 液压技术广泛应用在国民经济各部门:如机床、工程机械、建设机械、煤炭机械、石油化工机械、船舶工业、航道港口码头机械、电力、汽车工业、轻工(塑料、橡胶、纺织)机械、航空航天、军工、农林牧副渔、日常生活及其他方面等,可以说"液压无处不在无时不有"。

(4)液压传动系统的优缺点

液压传动和机械传动、电气传动、气压传动 3 种传动方式相比有以下一些优缺点。

① 优点

a. 能获得更大的输出力和输出力矩。 液压传动是利用液体的压力来传递力或力矩的, 随着液压泵向更高压力的方向推进,可使液压缸获得很大的输出力,也可使液压马达获得很大的扭矩。 所以在需要很大输出力和力矩的情况下,例如重型机械,可首先考虑液压传动。

b. 功率质量比(出力/质量)和功率体积比(出力/尺寸)在传递或输出相同功率的情况下最大,液压传动的重量最轻,体积最小。 例如输出 1kW 的功率,液压传动的质量是 0.2kg 左右,

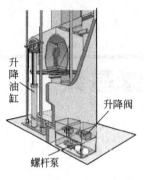

(a) 做往复直线运动并输出直线力

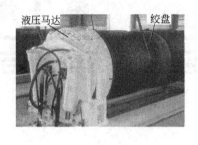

(b) 做回转运动并输出扭矩

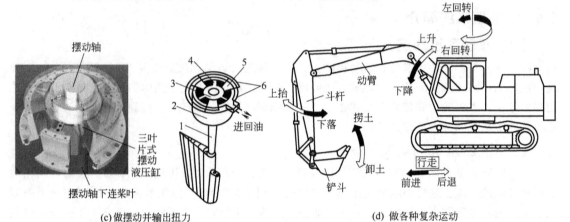

(c) 做摆动并输出扭力

(d) 做各种复杂运动

1—舵杆；2—壳体；3—转子；4—叶片；5—定位块；6—进回油道

图 1-1 液压的基本应用

而电气传动则需要 1.5～2kg。 所以在要求传递大功率而又要重量轻、体积小的情况下采用液压传动最好，例如飞机。

c. 可以在比较大的调速范围内方便地实现无级调速。 液压传动通过改变输入执行元件的流量便可方便地实现无级调速。 调速范围一般可达 2000∶1，其他的传动方式望尘莫及。

d. 工作平稳，可实现快速无冲击的换向。 这是由于液压机构的功率质量比大、惯性小，因此反应速度就快。 如液压马达的旋转惯量不超过同功率电动机的 10%，启动中等功率电动机要1～2s，而同功率的液动机械的启动时间不超过 0.1s。 故在高速且换向频繁的机床上（如平面磨床、龙门刨床）液压传动可使换向冲击大大减少。

e. 易于实现过载保护。 在液压系统中可设置溢流阀来调节系统压力大小、限制最高工作压力、防止过载和避免事故的发生。

f. 液压系统中采用的工作介质多为矿物油，具有良好的润滑性，能减少相对运动面之间的磨损，因而使用寿命长。

g. 液压元件易于实现系列化、标准化和通用化，便于主机的设计、制造和使用维修，而且可大大提高生产效率，降低液压元件的生产成本和提高产品质量。

h. 液压系统的可变性和可塑性很强。 采用叠加阀的液压系统，补充添加修改回路容易，计算机可编程控制的液压系统，可随意修改程序，使系统改变工作循环。

i. 液压易于与电子（如微机与可编程控制器）技术和传感技术等相结合构成 "机-电-液-光"一体化技术，为机械设备的发展和创新，提供了有力的保障。

② 缺点

与其他传动方式相比，液压传动方式也有以下缺点。

a. 泄漏、污染环境、能源损耗的问题。 液压传动因有相对运动表面，加之液压系统使用压力往往较高，如果密封失效，必然产生内漏和外漏。 内漏导致容积效率下降，能量损失产生系统发热和温升；外漏消耗液压介质，污染环境，也造成能耗产生温升，同时漏油粘在制品上使之成为废次品。

b. 油液流动过程中存在沿程损失、局部损失和泄漏损失，传动效率较低。 容易产生油液温升，且不适宜常规意义下的远距离传动。

c. 在高温和低温下，采用液压有一定困难，必须设法解决。

d. 为防止油以及为满足某些性能上的要求，液压元件制造精度要求高，这给使用与维修保养带来一定困难；同时对工作介质的污染有严格要求，增加了管理的难度。

e. 发生故障不易检查，特别是液压技术不太普及的单位，往往会因几个简单故障不能排除而导致被迫停机数月之久的现象。

f. 液压设备维修需要依赖经验，培训液压技术人员的时间较长，液压元件和液压系统的设计制造、调整和维修都需要较高的技术水平。

（5）液压技术的发展动向

液压技术的应用领域不断拓展，液压传动和液压控制已成为现代机械装备不可缺少的关键组成部分之一。 以及科学技术的进步，以及知识化、信息化、网络化和全球化的到来和人类对环境保护、资源和能源危机感的认知，液压技术如果不能与时俱进便没有了生命。 为适应这种新形势，液压技术正朝着下述方向发展。

① 节能环保 设计和使用高效节能和高性能的液压元件；设计和使用诸如负载敏感系统的高效节能液压系统；开发绿色工作介质，使用高水基、纯水用的液压系统及与之配套的液压元件。

② 电子技术、计算机技术与液压技术更紧密地结合 这种结合是液压实现自动控制的发展方向，例如工程机械上使用的多路阀，用电线或光缆引到驾驶室比用管子要便利得多。 特别是在人不能接近和人来不及控制的地方；计算机用于液压设计制造、液压设备的自动控制与操纵以及故障自诊断控制系统，已经很常见了。

③ 高速化、高压化和高精度 为了提高效率和功能，高速化、高压化和高精度始终是液压技术追求的目标。 然而液压技术在上述这种发展的进程中，也会出现各种问题和矛盾， 具体内容及对策如表 1-1 所示。

表 1-1 液压技术的发展动向、出现的问题及对策

发展动向	出现的问题和矛盾	对使用与维修的要求
高压化	冲击、振动、疲劳破坏、汽蚀、漏油、密封难度	1. 使用和维修技术难度加大；
高速化	冲击、振动、摩擦发热、磨损、热平衡	2. 使用和维修技术须上新台阶；
大型化	负载增大、大型液压元件和系统、冲击振动	3. 要求维修人员素质更高
自动化	电子技术和计算机技术的难度和复杂程度	
高精度	高可靠性的液压元件的成本	
节能	高效液压元件和系统	
环保	开发既环保又性能好的工作液体、污染管理要求	

1.1.2 液压系统的工作原理、分类和基本组成

液压系统包括利用液体压力能传递能量的液压传动系统和控制系统，以及利用液体动能传递能量的液力传动系统。

（1）帕斯卡原理

液体几乎是不可压缩的，即使它单位面积上承受了巨大力（压力），其体积的变化仍是微乎其微的，因而可将封闭的受压液体看成刚体。受压液体可像固体钢杆一样，对力、运动以及功率进行传递。固体只刚不柔，液体又柔又刚。所以基于帕斯卡原理的液压传动，在对力、运动以及功率进行传递时，是一种又柔又刚的传递方式［图1-2（a）］。

由帕斯卡原理可知：作用于密闭容腔静止液体的压力，可以同样大小向容器所有方向传递。这表明，施加于液体某一点的压力将会被液体介质瞬间传送到封闭容腔内液体的任何一点，而且密闭容腔内任一点的压力均相等［图1-2（b）］。

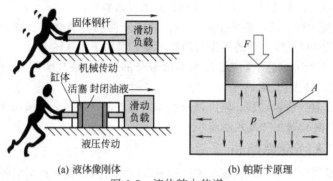

(a) 液体像刚体　　　　　　(b) 帕斯卡原理

图 1-2　液体的力传递

① 基于帕斯卡原理的液压传动可将力进行传递与放大　利用杠杆原理（图1-3），可以用很小的力，撬起很重的重物。液压也是一种"杠杆"，这种杠杆叫"液压杠杆"，它利用帕斯卡原理，使得能用较小的力撑起巨大重量。

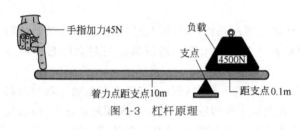

图 1-3　杠杆原理

液压杠杆的工作原理如图 1-4（a）所示，设小活塞的面积为 A_1，在其上的作用力为 F_1，则小液压缸中油液的压强 $p_1 = F_1/A_1$，作用在大活塞上的压强 $p_2 = F_2/A_2$。根据帕斯卡原理有 $p_1 = p_2$，得 $F_2 = F_1 \times A_2/A_1$。于是力进行了传递并放大了 A_2/A_1 倍。

帕斯卡原理可用来放大力，那么图 1-4（a）用一根手指便可顶起重物；图 1-4（b）中，猴子在 A_1 上加的力会相等地作用或者传递到整个封闭腔内的每点上，猴子能顶起大象。这时管路便成了"液压杠杆"。

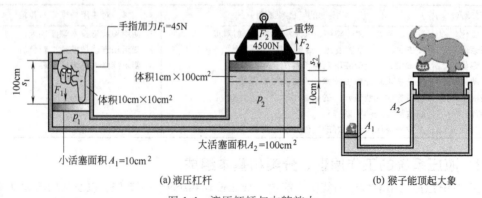

(a) 液压杠杆　　　　　　　(b) 猴子能顶起大象

图 1-4　液压杠杆与力的放大

② 基于帕斯卡原理的液压传动可传递运动 正如上述图 1-4（a）所示，当小活塞下移距离 s_1 时，大活塞上移距离 s_2，便进行了运动的传递。

③ 基于帕斯卡原理的液压传动可将压力进行传递与放大 如图 1-5（a）所示，通过增压缸的大活塞 1 与小活塞 2，可将压力从大活塞 1 传递到小活塞 2，并且可将压力 p_1 放大到 p_2。

$\because F_1 = F_2$，$\therefore p_1 \times A_1 = p_2 \times A_2$，$p_2 = p_1 \times A_1/A_2$，则 p_2 将 p_1 放大 A_1/A_2 倍。

图 1-5（b）所示为利用压力的放大和传递去压制工件，做成水压机的例子。

根据力平衡和帕斯卡原理有：

$$F_1 = p_1 A_1$$
$$p_1 = p_2$$
$$p_2 A_2 = p_3 A_3 \tag{1-1}$$

即 $p_2 = p_3 A_3/A_2$，而 $A_3/A_2 > 1$，因而压力得以放大。 另外虽然行程 s_1 与 s_2 不同，但由于 V 的体积相同，所以还有下面的关系式：

$$F_1 = \frac{A_1 A_3}{A_2} p_3$$

$$\frac{s_1}{s_2} = \frac{A_2}{A_1}$$

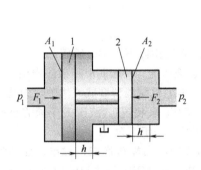

(a) 压力的传递与放大

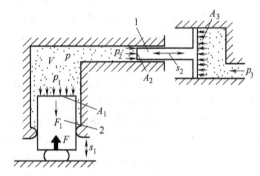

(b) 水压机的工作原理

图 1-5 压力的传递与放大

（2）液压系统的工作原理

液压系统传动实际上就是帕斯卡原理的应用。 以图 1-6 所示的液压千斤顶为例进行说明。

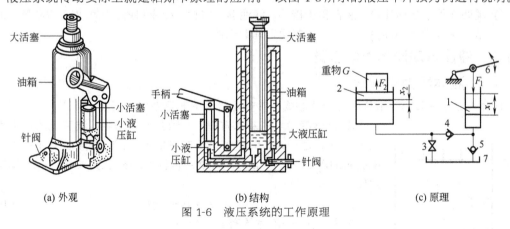

(a) 外观   (b) 结构   (c) 原理

图 1-6 液压系统的工作原理

液压千斤顶由大小液压缸 1 与 2、钢球单向阀 4 与 5、油箱 7、针阀 3 及操纵手柄 6 等组成。 当用手操纵手柄 6 上提小活塞时，小活塞下端空出一段容积的体积逐渐增大而形成真空，钢球单向阀 5 在大气压的作用下打开，而钢球单向阀 4 在负载压力的作用下处于关闭状态。 油箱 7 的油经单向阀 5 进入小液压缸；当压下手柄时，小液压缸活塞下移，挤压其下腔的油液，单向阀 5 关闭，小液压缸下腔的油液在手柄 6 下压时压力增高，顶开单向阀 4 进入大液压缸，推动大活塞上移而顶起重物，此时由于油液压差使单向阀 5 关闭不会倒流回油箱；再次提起手柄时，大液压缸内的压力油也不会倒流入小液压缸，因为此时单向阀 4 因压差作用而自动关闭，所以大液压缸下腔还维持在压顶起重物的状态。 当重复抬起和压下手柄 6 时，小液压缸不断交替地进行从油箱吸油和将油压入大液压缸的动作，将重物一点一点地顶起，当需放下重物时，打开针阀 3，大液压缸下腔压力油与油箱相通而卸压，大液压缸活塞在重力的作用下下移，将大液压缸中的油液挤回油箱 7。

通过上述液压千斤顶的工作原理和我们平时操纵液压千斤顶的工作实践可知：①如果大活塞上没有重物（外负载），则摇动手柄的力就很小，大活塞上的重物越重摇动手柄的力就越要大，缸内的油液被挤压的程度就越大，即缸内封闭腔内的压力就越高，也就是说缸内的压力的大小取决于外负载；②如果手柄摇动的速度快，小活塞往复运动挤进大液压缸的液体量（流量）就多，大活塞上升的速度就快，也就是说，速度是由流量大小决定的。 即液压系统传动的基本工作原理可归纳为以下 3 点：采用液体为传动介质（工作介质）；必须在封闭容腔内进行，整个工作原理就是帕斯卡原理的应用；代表液压传动性能的主要参数是压力和流量，根据帕斯卡原理，产生的压力大小取决于外负载，速度是流量大小决定的。

（3）液压系统的组成

从上述液压千斤顶的工作原理和结构的分析可知液压系统由以下几部分所组成。

① 工作介质　千斤顶内为液压油，其作用是用来传递液压能，并起润滑和散热作用。

② 动力元件　其作用是将原动机（电机、发动机）输出的机械能转变成液体的压力能，为液压系统提供压力油。 动力元件指的是电机-泵装置或者发动机-泵装置。 液压千斤顶的小液压缸起液泵的作用，将手的摆动所做的功变成举升重物的液压能，为手摇泵。

③ 执行元件　指液压缸或液压马达，其作用是将油液的压力能转换成机械能，驱动负载对外做功并输出直线运动或往复运动。 液压千斤顶中的大液压缸活塞就是顶起重物的执行元件。

④ 控制元件　指各类控制阀，其作用是用以控制和调节液压系统油液的压力、流量和液流方向，以保证执行元件有一定的输出力或扭矩，并按所要求的速度和运动方向去完成给定的工作任务。 液压千斤顶中的单向阀，以及针阀（截止阀）就是控制液流方向的，针阀用来控制回油流量的大小，从而控制执行元件——大液压缸活塞的下降速度。

⑤ 辅助元件　包括油箱、油管和管接头、滤油器、密封、油冷却器、压力表、传感器、油位计等。 液压千斤顶中的油箱、内部流道等便为辅助元件。

1.1.3　液压传动流体力学基础

（1）液体静力学基础

液体静力学主要讨论液体在静止状态或相对静止状态下的受力平衡问题。

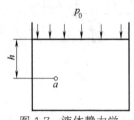

图 1-7　液体静力学基本方程原理

① 液体静力学的基本方程　在敞开的容器中，液面上的压力为大气压力 p_0，是在大气的重力作用下产生的，此时在液面上任一点 a 处所受到的压力 p_a 为（a 点距液面高度为 h，m），则液体的静力学基本方程为（图 1-7）：

$$p_a = p_0 + \rho gh \tag{1-2}$$

式中　ρ ——液体的密度，kg/m^3。

液体静力学方程的物理意义是：静止液体中任一点液体静压力等于表面上的压力 p_0 加上液体密度与该点在液面下垂直高度 h 和重力加

速度之乘积。

液压传动中考虑的容器为封闭容器而非敞开容器，故在密闭容器内，静止液体某点 a 所受到的压力 p_a，除了大气压力外，还有容器壁面作用于液体表面所产生的压力。如果 p_0 泛指外力所产生的压力，即 p_0 中不但包括大气产生的压力，还包括外力作用于容器壁面所产生的压力，所以仍然可用上式表示。

在液压传动系统中，用外力产生的压力 p_0 要比由液高产生的压力 $\rho g h$ 大得多，所以 $\rho g h$ 项可略去不计，这样，外力作用静止液体在液体内部会产生压力可表示为

$$p = F/A \tag{1-3}$$

式中　　p——液体的压力，Pa；

　　　　F——受到的外加作用力，N；

　　　　A——受力面积，m^2。

在液体内部（密封容器空间内）各点的压力就可看成处处相等了，并且还可得出下述结论：如果外力相等，受力面积不等，则在封闭容器内产生的静压力不相等[见图 1-8（a）]；如果封闭容器内静压力相等，受力面积不等，则向外输出的力不相等[见图 1-8（b）]。

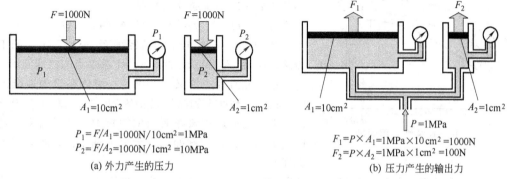

$P_1 = F/A_1 = 1000N/10cm^2 = 1MPa$
$P_2 = F/A_2 = 1000N/1cm^2 = 10MPa$
(a) 外力产生的压力

$F_1 = P \times A_1 = 1MPa \times 10cm^2 = 1000N$
$F_2 = P \times A_2 = 1MPa \times 1cm^2 = 100N$
(b) 压力产生的输出力

图 1-8　力与压力

因此，液压系统内的任何部分，只要是在同一封闭容腔内，只要油液未流动，容腔内任意点的压力处处相等。以后分析各种阀的工作原理时常常用到这个结论。

由于液体受压不受拉，静压力有三个特性：压力总是垂直作用于固体壁的表面上；任一点的压力为一定值，且在各个方向均相等；密闭容器中的液体，若其某处加以力产生压力的作用，则此压力向容器内液体各点传递，且大小均相等地传递。

② 压力的计示方法　如图 1-9（a）所示，压力的高低如果从绝对真空计起，就叫绝对压力；如果从大气压算起，就叫表压力（压力表显示）或真空度（真空表显示）；低于大气压力的绝对压力在真空表上的读数就是真空度，高于大气压的绝对压力在压力表上的读数就是表压力。

因为地球上的一切物体都受到同一大气压的作用，因而在液压系统进行力分析时，只考虑外力所引起的液压力而不必考虑大气压。本手册以后所指的压力均为表压力。流动液体中会产生动压力，但动压力相对静压力很小，本书中液压传动中的压力也是指静压力，液压传动中用到的压力名称例于图 1-9（b）中。

③ 压力单位及换算　ISO 标准

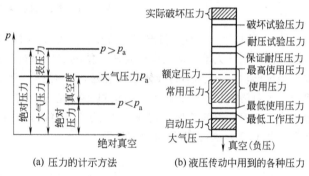

(a) 压力的计示方法

(b) 液压传动中用到的各种压力

图 1-9　压力的计示

中，压力的法定计量单位为 Pa（帕，N/m²）或 MPa（兆帕），1MPa = 10⁶Pa。 由于 Pa 的单位太小，工程上常用兆帕（MPa）这个单位来表示压力。 在工程上采用工程大气压，也采用水柱高度或汞柱高度等来表示压力，在液压技术中，目前采用的压力单位还有巴（bar），1bar = 10⁵Pa ≈ 1.02kgf/cm²。 压力的单位与其他非法定计量单位的换算关系为：

1at（工程大气压）= 1kgf/cm² = 9.8 × 10⁴N/m²

1mH₂O（米水柱）= 9.8 × 10³N/m²

1mmHg（毫米汞柱）= 1.33 × 10²N/m²

（2）流动液体的力学基础

与静止液体不同的是，流动液体阻碍其运动的黏性便表现出来。

为了理解流动液体的压力、流速和流量之间的关系，液体与固体壁面作用力的关系以及能量（动量矩）的转换关系，下面将简单介绍流动液体中的连续性方程、能量方程、动量方程和力矩方程。

① 连续性方程　液体沿不等直径管流动时，如果不考虑液体的压力和管子的变形，则流过管子任何液体的质量（流量 Q）应相等（例如图 1-10 的截面 1—1 和 2—2）。 这是质量守恒定律在流体力学中的一种表达形式，表明流动的连续性。 它的数学表达式便是连续性方程

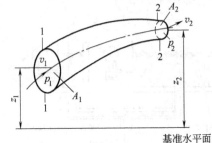

图 1-10　连续性方程原理

$$Q = A_1 v_1 = A_2 v_2 \ 或 \ A_2/A_1 = v_1/v_2 \qquad (1\text{-}4)$$

式中，v_1 和 v_2 分别为流经截面 1—1 和 2—2 的平均流速；A_1 和 A_2 表示截面 1—1 和 2—2 上的流通面积。

连续性方程的含义可归纳为：液体在管内连续流动时，其任一截面上的流量是相等的，且流量 Q 等于该截面上的平均流速和该截面面积的乘积；截面面积与其上的流速成反比，即截面面积大处流速小，截面面积小处流速变大。

连续性方程在液压技术中是经常用到的，图 1-11 为应用连续性方程说明速度传递和调节的例子。 按连续性方程有

$$v_1 A_1 = Q = v_2 A_2 \Rightarrow v_2 = v_1 A_1/A_2 \ [图中（a）与（b）]$$

或者

$$v_1 A_1 = Q_1 = Q_3 + Q_2 = Q_3 + v_2 A_2 \Rightarrow v_2 = (v_1 A_1 - Q_3)/A_2$$

从上述公式可知，连续性方程可分别引申出速度的传递、速度的放大和缩小以及调速。

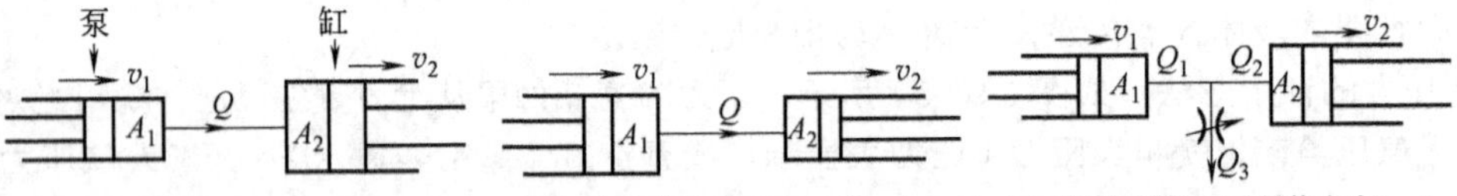

(a) 速度缩小($v_1 > v_2$, $A_2 > A_1$)　(b) 速度放大($v_2 > v_1$, $A_1 > A_2$)　(c) 速度可调(v_2 可调节大小)

图 1-11　速度的传递和调节

② 能量方程——伯努利方程　液压传动是靠液体来传递能量的，即输入液压系统的机械能转换成液体的压力能，该具有一定压力能的液体沿管路流到系统的输出端，液体的压力能再转换成机械能而输出。 如果将液体看成理想流体并作定常流动的话，则液体所具有的总能量（位置势能、压力势能与动能之和）在流动过程中是守恒的，但形式是互相转化的。 液体流动中的能量转换与守恒规律叫伯努利定律。 它的数值表达式为伯努利方程。 如果考虑管路中任意两个断面 Ⅰ 与 Ⅱ（图 1-12），则伯努利方程为

$$z_1 + \frac{p_1}{\rho g} + \frac{v_1^2}{2g} = z_2 + \frac{p_2}{\rho g} + \frac{v_2^2}{2q} \qquad (1\text{-}5)$$

式中　z_1、z_2——断面Ⅰ、Ⅱ的几何高度，m；

p_1、p_2——断面Ⅰ、Ⅱ处的液体压力，Pa；

ρ——液体密度，kg/m^3；

g——重力加速度，$9.81m/s^2$。

伯努利方程也可写成

$$z+\frac{p}{\rho g}+\frac{v^2}{2g}=常数$$

式中　z——位置头，即单位质量液体的位置势能，m；

$\dfrac{p}{\rho g}$——压力头，即单位质量液体的压力势能，m；

$\dfrac{v^2}{2g}$——速度头，即单位质量液体的动能，m。

然而，液压系统中的实际流动伴随着不容忽视的能量损失，此时实际液体的伯努利方程应为

$$z_1+\frac{p_1}{\rho g}+\frac{v_1^2}{2g}=z_2+\frac{p_2}{\rho g}+\frac{v_2^2}{2g}+h_w$$

式中　h_w——单位质量液体从断面Ⅰ到断面Ⅱ的能量损失，m。

能量方程是流体力学中极为重要的方程，在液压技术中有着非常广泛的应用。例如测流速的毕括管，测流量的文特利流量计等，此处应用能量方程说明液压泵的吸油过程。

如图 1-13 所示，列出断面 0—0 和 1—1 的伯努利方程，并将两边乘以 g 得

$$gz_0+\frac{p_0}{\rho}+\frac{v_0^2}{2}=gz_1+\frac{p_1}{\rho}+\frac{v_1^2}{2}+qh_w \tag{1-6}$$

式中　p_0——液面上的大气压力，Pa；

v_0，v_1——过流断面上的平均流速，m/s。

上式变形后为：

$$\frac{p_a-p_1}{\rho}=g(z_1-z_0)+\frac{v_1^2-v_0^2}{2}+gh_w \tag{1-7}$$

因为 $z_1-z_0=h$，v_0 与 v_2 比较起来是小量，所以 $\dfrac{v_1^2-v_0^2}{2}\approx\dfrac{v_1^2}{2}$，

则

$$\frac{p_a-p_1}{\rho g}=h+\frac{v_1^2}{2g}+h_w \tag{1-8}$$

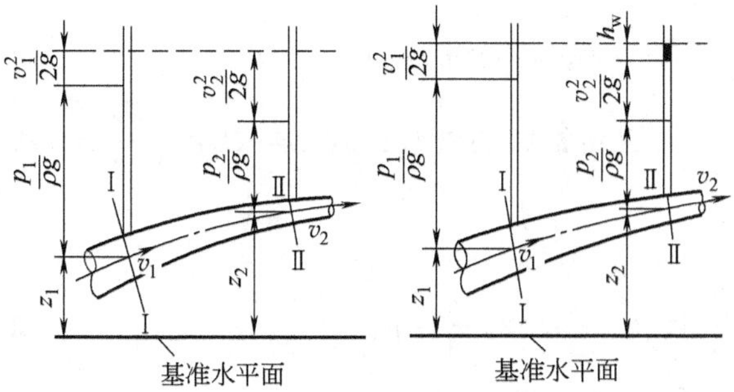

图 1-12　能量方程（伯努力方程）图解

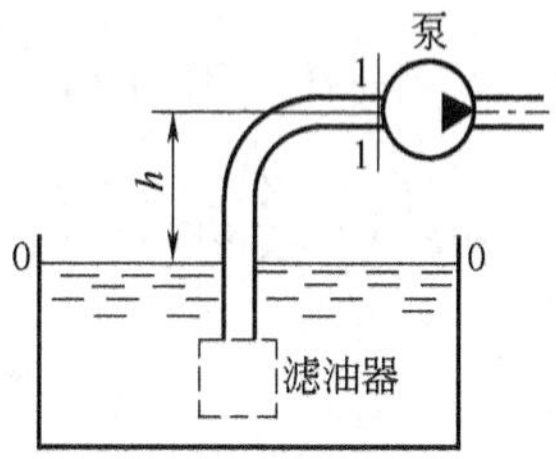

图 1-13　泵的吸液

因为 p_1 是泵的进口压力，故 p_0-p_1 为泵进油处的真空度，此处 h_w 为吸油管的能量损失。泵吸油口处的真空度受三个量：h、h_w 和 v_1 的影响。因为 h_w 和 v_1 总为正值，如果泵安装在油箱油面之上，h 也为正值，这样要求泵进口处有一定的真空度才行，此时液体的吸入是靠油箱液

面 0—0 上的大气压压进去的,如果没有此真空度,液压泵便会产生吸不上油的故障。 所以将泵安装在油箱液面之下,那么 h 为负值,只有 $|h| > v_1^2/2g + h_w$ 时,泵进口处可以没有真空度,也能泵油,因为此时液体是倒灌进入泵的。

如果泵进口处真空度太大,即泵吸油口的压力 p_1 过低,一旦低于液体在该温度下的空气分离压力,油中溶解空气就要析出;当 p_1 低于该液体的饱和蒸气压时,就会产生气穴现象。 两种情况都会使泵和整个液压系统产生噪声和振动,影响液压系统的正常工作。 由于 v_1 是与泵的进口尺寸有关,对于一个具体的泵,例如定量泵,v_1 基本上是定值,只有尽可能减小 h 和 h_w,必要时可以采用负的 h 值,即把泵装在液面以下,减小 h_w 的方法是使吸油管尽可能短些、粗些,滤油器容量大些并不要被污物堵塞而加大 h_w。

③ 动量方程 动量方程是研究流体运动时动量的变化与作用在液体上的外力之间的关系式,动量方程可直接由刚体力学中的动量方程转化而来,其表达式为

$$\sum F = \rho Q(v_2 - v_1) \qquad (1\text{-}9)$$

式中 $\sum F$——作用于流体上的合外力,N;

ρ ——流体密度,kg/m^3;

v_1——外力作用前的平均流速,m/s;

v_2——外力作用后的平均流速,m/s;

Q——流量,m^3/s。

上式为矢量式,使用时可将其分解成其研究方向上的投影值。

利用动量方程容易计算出液体对固体的相互作用力,下面举出三例。

a. 射流与挡板的作用力。 这是后述喷嘴挡板阀会遇到的问题。 如图 1-14 所示,为了计算方便,取由截面 1—1、2—2 与 3—3 包围的液体控制体积,当射流以速度 $v_1 = v$ 垂直射向挡板时,其流量 $Q = A_1 v$,设挡板对射流的作用力为 F,由动量方程有(水平方向)

$$p_1 A_1 - F = \sum F = \rho Q(v_2 - v_1) = \rho Q(0 - v_1) = -\rho Q v \qquad (1\text{-}10)$$

因为 p_1 为大气压强,$p_1 = 0$,所以

$$F = \rho Q v$$

b. 锥阀受力计算。 运用动量方程可计算液体对锥阀的作用力 F_d。 如图 1-15 所示,取控制体积为 $\overgroup{abcdhijka}$ 和 $\overgroup{efge}$ 所包围的部分,则控制体积内受到的 X 方向的力为:$\overgroup{ka}$ 面上由压力 p_1 产生的液压力 $p_1 \cdot \dfrac{\pi}{4} d_s^2$;$\overgroup{bcdhij}$ 面上受到的液压力 $p_2 \cdot \dfrac{\pi}{4} d_s^2$;面 $\overgroup{efge}$ 上的力 F_d。 忽略重力和剪切应力,列出 X 方向的动量方程有

$$F_d = A_s(p_1 - p_2) + \rho Q v_1 - \rho Q v_2 \cos\phi \qquad (1\text{-}11)$$

式中,$A_s = \dfrac{\pi}{4} d_s^2$,因为 $v_1 \ll v_2$,且 $p_2 = 0$,并且将锥阀的流量公式 $Q = C_d A \sqrt{\dfrac{2}{\rho} \Delta p}$ 和 $A = \pi X d_s \sin\phi \left(1 - \dfrac{X}{2d_s} \sin2\phi\right)$ 代入化简得

$$F_d = \frac{\pi}{4} d_s^2 p_1 - 4C_d C_v \frac{X}{d_s} \sin2\phi \frac{\pi}{4} d_s^2 p_1 \qquad (1\text{-}12)$$

或 $$F_d = p_1 A_s - \rho Q v_2 \cos\phi$$

式中第二项为锥阀承受的液动力,促使锥阀关闭。

图 1-15(b)为液体反向流动时的情形,同样可取控制体积运用动量方程得到液体作用在阀芯上的力 F_c

$$F_c = -A_s(p_1 - p_2) + \rho Q v_2 \qquad (1\text{-}13)$$

上式一般为负，第二项的液动力为使锥阀开启的力。

c. 滑阀上的轴向液动力（稳态）。 用动量方程可求出图 1-16 所示的四边滑阀上所受的稳态液动力。

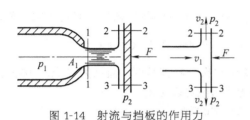

图 1-14 射流与挡板的作用力

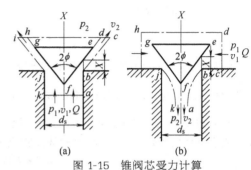

图 1-15 锥阀芯受力计算

当油液从管路 P 进入 a 腔，再从阀芯与阀体孔的控制边所形成的圆环缝隙 cd 处沿 θ 角方向流入 b 腔，并经管路 B 进入液压缸右腔；液压缸左腔排出的油液，经管路 A 从腔 e 经阀芯与阀体孔的控制边所形成的圆环缝隙 gh 仍按 θ 角方向流入 f 腔，再从回油口 T 流回油箱。 设流经控制口 cd 和 gh 的流速分别为 v_1 和 v_2，流经管路 P 与 T 的流速为 v_p 和 v_0，取阀腔进出油口间的液体为控制体积，则阀芯两腔的动量方程为（X 轴方向）如下。

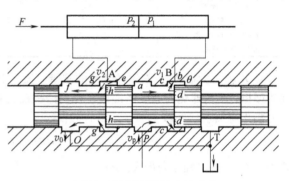

图 1-16 滑阀上的轴向液动力

进油： $$F_{x1} = \rho Q v_1 \cos \theta - \rho Q v_p \cos 90° = \rho Q v_1 \cos \theta$$

滑阀上所受的液动力 $P_{x1} = - F_{x1} = - \rho Q v_1 \cos \theta$，式中负号表示液动力的方向和 v_1 在 X 轴方向的投影相反，即液动力使阀芯向左

回油： $$F_{x2} = \rho Q v_0 \cos 90° - \rho Q v_2 \cos \theta = - \rho Q v_2 \cos \theta$$

滑阀上所受的液动力为 $P_{x2} = - F_{x2} = + \rho Q v_2 \cos \theta$，式中正号表示液动力的方向与 v_3 在 X 轴线方向的投影方向相同，P_{x2} 也使阀芯向左移动。

若忽略内泄漏，根据连续方向，$v_1 = v_2 = v$，所以 $P_{x1} = P_{x2}$，则作用在阀芯上总的稳态液动力为 P_x

$$P_x = P_{x1} + P_{x2} = 2 \rho Q v \cos \theta$$

从以上分析，液动力都是使阀芯向左，为关闭阀口的关闭力。 Q 越大，速度 v 越大，稳态液动力也越大。 所以对大流量换向阀，液动力大，单靠电磁铁的小推力推不动阀芯换向，需要电磁阀和液动阀构成组合阀，才能保证大流量换向阀可靠换向。

④ 液体流动中的压力损失 液压系统中所用油液均为实际液体，它是有黏性的。 因而在流动过程中要损失一部分能量，主要体现为液体的压力损失。

液体在流动过程中的压力损失有两类：一类是液体在等直径的直管中流过一段较长距离时，因流体分子间的内摩擦和流体与管壁之间的摩擦而产生的压力损失，称为沿程损失；另一类是由于流体在流经一些局部位置或短区段时，例如流经的管子截面形状突然变化 （变大或变小）、液流流动方向的改变 （转弯、弯头）或其他形式 （分叉与汇流）时，因流动阻力的变化而引起的压力损失，称为局部压力损失。 流动时的这两种压力损失均与油液的流动状态有关，即与流动状态是层流还是紊流有关，下面就先来叙述液体的这两种流动状态。

a. 雷诺数、层流与紊流。 雷诺数 Re 是用来判别流动状态的依据，它的经验公式为：

$$Re = \frac{vd}{\nu} \qquad (1-14)$$

对于非圆形管，雷诺数为：

$$Re = \frac{4vR}{\nu} \qquad (1-15)$$

式中，R 为水力半径，它等于液流的有效面积 A 与湿周长 x（有效截面的周界长度）的比值，$R = \frac{A}{x}$，例如边长为 a 的正方形，截面积 $A = a^2$，湿周长 x = 4a，因而水力半径为 $R = \frac{a}{4}$。

当雷诺数小于临界雷诺数时，流动为层流；当雷诺数大于临界数时，流动为紊流。 临界雷诺数取决于具体的流动条件。 常用的液流管路的临界雷诺数见表 1-2。

表 1-2　常见管道的临界雷诺数

管道的形状	临界雷诺数 Re	管道的形状	临界雷诺数 Re
光滑的金属圆管	2300	带沉割槽的同心环状缝隙	700
橡胶软管	1600 ~ 2000	带沉割槽的同心环状缝隙	400
光滑的同心环状缝-隙	1100	圆柱形滑阀阀口	260
光滑的偏心环状间隙	1000	锥阀阀口	20 ~ 100

b. 沿程压力损失。 液体在等径的圆管中流动时，由于液体分子间的内摩擦及液体与管壁之间的摩擦，不可避免会有能量损失，称为沿程压力损失（压降），根据流体力学理论推导，沿程压力损失可按下式计算

$$\Delta p = \lambda \, \rho \, \frac{l}{d} \frac{v^2}{2} \qquad (1-16)$$

式中　Δp——沿程压力损失，Pa；

　　　λ——摩擦阻力系数，无量纲；

　　　ρ——液体密度，kg/m³；

　　　l——管子长度，m；

　　　d——管子的内径，m；

　　　v——液体的平均流速，m/s。

若流动为层流，摩擦阻力系数为 $\lambda = \frac{75}{Re}$；若流动为紊流时，可根据管子内表面粗糙度及雷诺数，从有关图表曲线查出，或按 $\lambda = 0.11\left(\frac{\varepsilon}{d}\right)^{0.25}$ 计算，其中 ε 为管壁粗糙度，d 为管径。

c. 局部压力损失。 液压系统除有等直径的长管产生沿程损失外，还有很多诸如管路入口处、通流截面的突然扩大或缩小、弯头、阀口和节流口等的局部障碍位置，液体在通过这些局部位置时，液流会发生涡流、旋转摩擦碰撞、流速大小及方向发生急剧变化等现象，因而会引起能量损失，称之为局部压力损失。 局部压力损失可写成如下的形式

$$\Delta p = K \rho \, \frac{v^2}{2} \qquad (1-17)$$

式中　K——局部阻力系数，无量纲；

　　　ρ——液体密度，kg/m³；

　　　v——液体的平均流速，m/s。

急剧扩大与急剧缩小、平缓扩大与平缓缩小、管道的弯曲、管路入口处以及管路分叉汇流处、集成块中的油路压力损失计算式中的 K 值可参阅图 1-17 ~ 图 1-22 所示。

液流通过各种阀的局部压力损失可由阀产品目录查得，查得的压力损失为在公称流量下的压力损失。 当实际通过阀的流量小于或大于公称流量时，则通过该阀的压力损失会小些或显著增大。

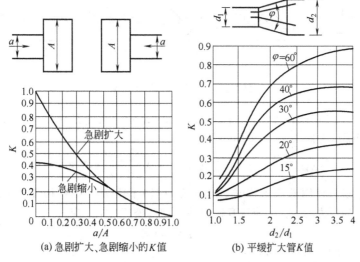

(a) 急剧扩大、急剧缩小的 K 值　　　　(b) 平缓扩大管 K 值

图 1-17　急剧扩大、急剧缩小及平缓扩大管的 K 值

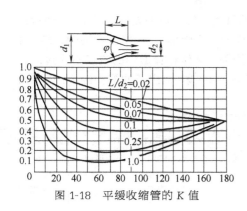

图 1-18　平缓收缩管的 K 值

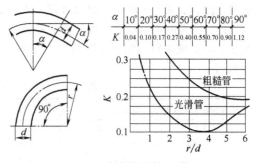

图 1-19　弯曲管路的 K 值

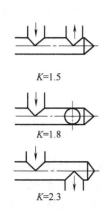

图 1-20　集成块或阀体中的油路的 K 值

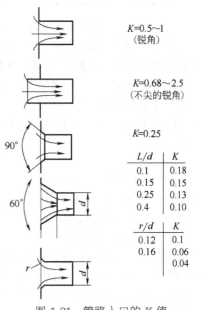

图 1-21　管路入口的 K 值

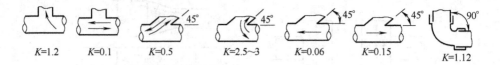

$K=1.2$　$K=0.1$　$K=0.5$　$K=2.5\sim3$　$K=0.06$　$K=0.15$　$K=1.12$

图 1-22　分叉汇流管的 K 值

d. 管路系统总压力损失。 管路系统的总压力损失 $\Delta p_{总}$ 等于系统中所有各段直管的压力损失 $\Delta p_{沿}$ 与所有局部压力损失 $\Delta p_{局}$ 的和，即

$$\Delta p_{总}=\sum \Delta p_{沿}+\sum \Delta p_{局}=\sum \lambda \frac{l}{d}\frac{pv^2}{2}+\sum K\frac{pv^2}{2} \qquad (1\text{-}18)$$

在设计液压系统和使用液压系统时要考虑压力损失的影响，如执行元件（液压缸或液压马达）所需有效工作油压力为 p，则液压泵输出油液的调整压力 $p_{调}$ 应为：

$$p_{调}=p+\Delta p_{总}$$

因此，管路系统的压力效率 η_{p} 为：

$$\eta_{p}=\frac{p}{p_{调}}=\frac{p_{调}-\Delta p_{总}}{p_{调}}=1-\frac{\Delta p_{总}}{p_{调}} \qquad (1\text{-}19)$$

从上式可看出，管路系统总的压力损失 $\Delta p_{总}$ 影响管路系统的压力效率，而压力损失均转变为热能放出，造成系统温升，增大泄漏，从而影响系统的工作性能。 从压力损失的计算公式中可以看出，流速的影响最大，为了减少系统中的压力损失，液体在管道中的流速不应过高。 但流速过低将会使油管和液压元件的尺寸加大、成本增高。 表 1-3 给出了油液流经不同元件时的推荐流速。

表 1-3　油液流经不同元件时的推荐流速

液流流经的管路与液压元件	减速/（m/s）	液流流经的管路与液压元件	减速/（m/s）
液压泵的吸油管路 12~25mm	0.6~1.2	流经液压阀等短距离的缩小截面的通道	6.0
管径　>32mm	1.5	溢流阀	15
压油管路管径　12~50mm	3.0	安全阀	30
>50mm	4.0		

⑤ 液体流经小孔和缝隙的流量　液压传动系统中，包括液压元件在内，有许多小孔与缝隙，例如元件中的阻尼孔、节流口、相对运动零件间的缝隙等，探讨小孔与缝隙油液的流动规律对液压元件的设计和在故障分析等方面有一定的帮助。

a. 流经小孔的流量。 利用伯努利方程等，可推导出液体流经小孔的流量公式。

·细长小孔的流量（图 1-23）。 细长小孔（如液压阀中的附尼孔）是指小孔的长度 l 与直径 d 之比 l/d> 4 时的小孔。 经推导可得出以下的细长小孔的流量公式

$$Q=\frac{6\pi d^4 \Delta p}{128\mu l}\times10^4 \qquad (1\text{-}20)$$

式中　d——小孔的直径，cm；

Δp——小孔两端的压力差，Pa；

μ——液体的动力黏度，Pa·s；

l——小孔的长度，cm。

由上式可知，油液流进细长小孔的流量和小孔前后压差 Δp 的一次方成正比，还与动力黏度 μ 的因素有关，而油温升高，μ 降低，所以细长小孔通过的流量受油液温度的影响很大。

·薄壁小孔的流量（图 1-24）。 薄壁小孔指长径比 l/d≤0.5 的小孔，阀类元件的节流口一般属于薄壁小孔类。 其流量公式为

$$Q = 6 \times 10 cA \sqrt{\frac{2}{\rho} \Delta p} \tag{1-21}$$

式中　c——流量系数。 对矿物油，$D/d \geqslant 7$ 时 $c = 0.62$；$D/d < 7$ 时 $c = 0.7 \sim 0.8$。

　　　A——小孔通道面积，cm^2。

　　　ρ——油液密度，g/cm^3。

　　　Δp——小孔前后的压力差，Pa。

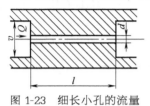

图 1-23　细长小孔的流量

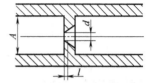

图 1-24　薄壁小孔的流量

将上述两公式改写可得

细长孔　　　　　　　　　　$$Q = A \frac{d^2}{32 \mu l} \Delta p = KA \Delta p$$

薄壁孔　　　　　　　　　　$$Q = KA \sqrt{\Delta p}$$

各种孔口的流量特性还可综合地以下式表示

$$Q = KA \Delta p^m \tag{1-22}$$

式中　K——由节流孔形状和液体性质决定的系数；

　　　m——由节流孔长度决定的指数，薄壁孔 $m = 0.5$，细长孔 $m = 1$。

　　b. 液体流过间隙的流量。 液压元件内保持相对运动的两零件间必须有适当间隙才行。 间隙太小会使相对运动难以进行，往往造成卡死现象；间隙过大，会造成泄漏，泄漏会造成损失，导致系统效率降低并对液压元件的性能造成影响。 因而有必要研究通过间隙的泄漏流量大小。 间隙分平板间隙、环状间隙与圆盘间隙三类：平板间隙中，两平板有平行与倾斜两种；圆形环状间隙中，两内外圆柱面有偏心与同心两种；圆盘间隙同样有平行与倾斜两种。 表 1-4 给出了几种间隙的流量计算公式。

表 1-4　几种间隙的流量计算公式

项目 种类	计算公式	缝隙的示意图
平行平板缝隙的流量	$Q = 6 \times 10^4$ $\dfrac{b \delta^3 \Delta p}{12 \mu \rho l}$	
同心环形缝隙的流量	$Q = 6 \times 10^4$ $\dfrac{\pi d \delta^3 \Delta p}{12 \mu \rho l}$	
偏心环形缝隙的流量	$Q = 6 \times 10^4$ $\dfrac{\pi d \delta^3 \Delta p}{12 \mu \rho l} (1 + 1.5 \varepsilon^2)$	

项目＼种类	计算公式	缝隙的示意图
平行圆盘缝隙的流量	$Q = 6 \times 10^4 \dfrac{\pi \, \delta^3 \Delta p}{6 \mu \rho \ln\left(\dfrac{D}{d}\right)}$	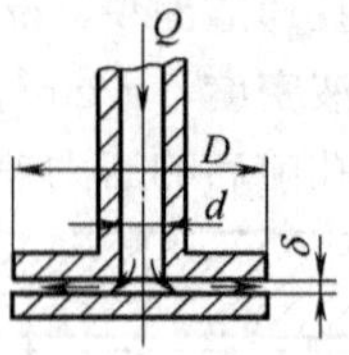

注：各公式中符号的意义为

Q——通过间隙的流量，L/min；

b——间隙垂直于液流方向的宽度，cm；

δ——间隙的大小尺寸，cm；

Δp——间隙前后之压力差，Pa；

μ——油液的运动黏度，St；

ρ——油液密度，g/cm³；

l——沿液流方向间隙的长度，cm；

d——环状间隙的直径或圆盘的中心孔径，cm；

ε——间隙的相对偏心度，内外圆柱面的偏心距 e 对间隙 δ 的比值 $\varepsilon = \dfrac{e}{\delta}$；

D——圆盘外圆直径，cm。

⑥ 液压冲击　在液压系统中，管路内流动的液体常常会因阀门的关闭而突然停止流动或者执行元件急速换向而突然改变液流方向等情况，从而在管内或液压系统内形成一个很大的压力峰值，这种现象叫做液压冲击，又称"油击"。

设原来管路中的流速为 v_0，压力为 p_0，若阀口突然关阀，产生液压冲击包括两部分：管路内阀门迅速关闭时产生的压力冲击；运动部件在高速运动中突然被制动停止时产生的压力冲击，如图 1-25 和图 1-26 所示

$$\Delta p_2 = \frac{\sum m \Delta v}{A \Delta t} \tag{1-23}$$

式中　$\sum m$——运动部件的总质量，kg；

　　　A——运动部件的有效端面积（如液压缸活塞面积），m²；

　　　Δt——制动时间，s；

　　　Δv——速度改变值，m/s。

液压冲击发生后会带来下述危害，必须尽力阻止　冲击压力可能高达正常工作压力的 3~4 倍，压力峰值足以使一些液压元件破坏、管道爆裂、仪表损坏；引起巨大的振动和噪声，使连接件松动，造成漏油，出现压力阀调节压力改变，流量阀所调流量改变等现象，严重影响到系统的正常工作，缩短元件使用寿命；冲击压力使压力继电器、顺序阀等误发信号，干扰液压系统正常工作，影响液压系统的工作稳定性。

⑦ 气穴（汽蚀）　液流在流动过程中，流速变化会使局部位置处的压力变化。当某一处的压力低于当时温度下的液体的饱和蒸气压力时，液体就会出现类似沸腾的汽化现象，产生出大量气泡。与此同时原溶解于油液中的空气（常温与一个大气压下空气溶解量为 6%～12%）也会游离出来形成分散的气泡，这些气泡夹杂在油液中形成气穴，气穴破坏了油液的连续状态，这种现象也称为空穴现象。

空穴现象出现的大量气泡，随油液流到压力较高的部位时，会因承受不了高压而破灭，产生局部的液压冲击，发出噪声和振动。当金属表面上的气泡破灭时，它所产生的局部高温和高

压，会使金属剥落使之表面糙化，出现海绵状的小洞穴，并出现腐蚀状的痕迹，这种现象叫"汽蚀"。

气穴现象容易发生的区域有：泵的低压吸油区域、压力油流过的节流口、喷嘴、阀或管路的狭窄缝隙等。液体在经过这些收缩缝隙位置时，流速将急剧增高，使压力能转化为动能导致压力大幅下降，而产生气穴。

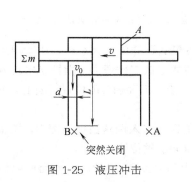

图 1-25　液压冲击

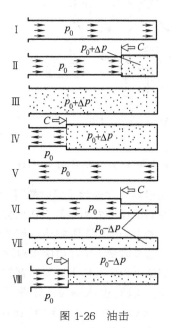

图 1-26　油击

1.2　液压测试基础

1.2.1　压力的测量

（1）用普通弹簧管式压力表测压

弹簧管式压力表［图 1-27（a）］是利用截面为腰形的弹簧管（波登管）在受压后产生弹性变形带动指针 9 摆动来测量压力的，被测压力的最大值不应超过表量程的 2/3，但也不要过于放宽。

在压力作用下弹簧管（弹性敏感元件）1 产生变形略为伸直一点，其右边自由端将产生一个小位移，此小位移通过拉杆 3 带动扇形齿轮 2 摆动，与其啮合的中心齿轮 8 顺时针旋转，从而带动固定在 8 上的指针 9 也跟着顺时针转动，从而从表盘 6 的刻度尺上可读出被测压力值。由于弹簧管是在其弹性范围内产生变形，因此指针 9 的转角与被测压力成正比。螺旋形游丝 7 用以消除齿轮间的齿侧隙，减少测量误差。

采用不同材质（如锡青铜、铬钒钢及不锈钢管等）的弹簧管，可得到不同的允许测压范围（如 0.06～16MPa 等）。

压力表的测量精度共有 0.5、1.0、1.5、2.0、2.5、4 六个等级，一般测量使用 1.5 级精度的压力表便可，用来校正压力表精度的压力表要用 0.5 级的。

为了减少对压力表的冲击，保证指针稳定便于读数，可在压力表接头之前安装如图 1-27（b）所示的几种常用的阻尼装置吸收振动。

（2）用电接点压力表测压与用电远传压力表传压

图 1-28（a）为由上述的一个弹簧管压力表和一个电接触装置构成的电接点压力表（Yx

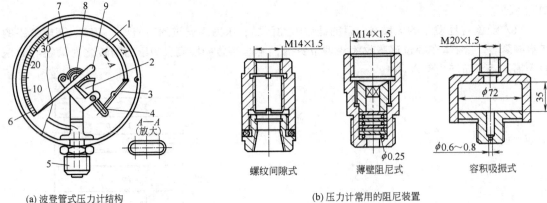

(a) 波登管式压力计结构　　　　　　　　　(b) 压力计常用的阻尼装置

图 1-27　弹簧管式压力表

1—弹簧管；2—扇形齿轮；3—拉杆；4—调节螺钉；5—接头；6—表盘；7—游丝；8—中心齿轮；9—指针

型）。 电接点压力表除了可以像普通压力表那样来测量观察测试点的压力大小外，还可用来限制系统最高工作压力和最低工作压力。 当系统压力达到最高或最低工作压力，指针 7 电接触装置的活动触点与上、下限触头 5 和 8 接触，接通或切断电路。 上、下限触头的位置可随上、下限指针的调节而改变，调好后便相对固定。

用调整小扳手 2 插入调整装置的孔内，使调整装置孔内的销子卡入调整扳手的槽内，稍微施力并转动，使调整弹簧拨动上下限信号指针上的拨销，以调整到所需位置。

图 1-28（b）为电接点压力表的电接线图，其最高工作电压为交流 380V，最大允许电流为 0.7A，额定功率为 10Hz。

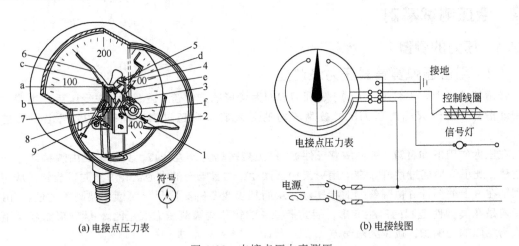

(a) 电接点压力表　　　　　　　　　　(b) 电接线图

图 1-28　电接点压力表测压

1—弹簧；2—钥匙（小扳手）；3—拨针；4—上限指针；5—上限触头；
6—下限指针；7—指针；8—下限触头；9—动触头；a～f—销

弹簧管电远传压力表是一种机电压力测量仪器。 线性可调差动变压器（LVDT）与弹簧管相连，输出电压与压力成正比。 差动变压器的铁芯是由与之相连的弹簧管带动的。 铁芯的运动改变了两个次级线圈相对初级线圈的电感，这样感应电势也发生了变化。 两个次级线圈是反向串联的。 当铁芯处在次极线圈的中间时，两个次极线圈上的感应电势大小相等，相位相差 180°，因此没有电压输出。 如果铁芯离开中间位置，两个线圈上的感应电势就会不同，这样就有差动电压输出。

弹簧管、差动变压器和安装块组成了远传压力表，具体结构见图 1-29。一根悬臂弹簧和非磁性芯棒将铁芯支持在变压器的中心。当弹簧管内加压时，其弯曲半径增大，该端带动铁芯向上运动。如果弹簧管在相对小的范围内变化，铁芯的位移与进口压力基本上成线性关系。

因为铁芯与线圈间没有物理接触，这种远传压力表的机械零件不会磨损或破坏，同时，由于没有摩擦，响应速度快，没有滞后，可以用于动态压力的测量。

（3）利用压力传感器测压

压力传感器为电测压式压力仪器，其种类很多，如电感式、电容式、电阻应变片式、压阻式以及半导体压力传感器等。不同的压力传感器常配有专用的测量电路或通用的测量仪器。

① 电感式压力传感器　如图 1-30 所示，电感式压力传感器的压力敏感元件多采用金属制的圆形膜片（平形与波纹形），其结构原理为：测量膜片 1 为波纹膜片（可输出较大位移，但不抗振和抗冲击），用来感受被测压力，片 1 与可变电感的活动磁芯 6 机械相连，膜片 3 将片 1（压电敏感元件）和被测液体隔开，片 3 之间的压力传递由中间的填充液 4 实现，填充液为硅油或氟化碳润滑剂。在被测液体压力作用下，片 1 变形带动与其机械连接的活动磁芯 6 移动，从而改变两个电感检测线圈 7 的电感值，使电感电桥有电压输出，其值与被测电压有确定的关系。为了减少温度和非线性对测量精度的影响，设有补偿电路。

膜片式压力变送器的测压量程从 0～0.8MPa 到 0～2.5MPa；膜片式差压传感器的测压量程从 0～8×10⁻⁴MPa 到 0～2.5MPa；最大静压力为 20MPa 或 50MPa；测量精度为 ±0.25%；非线性 ≤ ±0.2%。

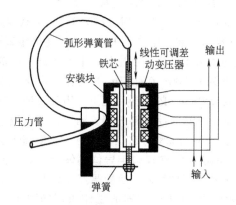

图 1-29　电远传压力表

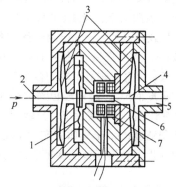

图 1-30　膜片电感型变送器
1—测量膜片；2—流体入口；3—隔离膜片；4—填充液；
5—大气口；6—活动磁芯；7—电感线圈

② 电容式压力传感器　电容式压力传感器是利用压力的作用，改变平板电容器的两极板之间的距离来改变其电容量，通过测量电容量的变化达到测量液体压力的目的的。

图 1-31 为电容式压力传感器的结构原理图。弹性感压膜片 1 四周固压在壳体 2 上，电容器的活动感应极板 5 与膜片 1 连在一起。固定极板 3 用绝缘件 4 与壳体隔开。

在压力 p 的作用下，弹性感压膜片 1 与极板 5 一起做平行移动，使电容器的两极板间的距离 δ 改变，从而改变其电容量。

为了提高压力传感器的灵敏度和改善输出特性，常采用差动形式［图 1-31（c）］，感压膜片 1 置于两固定极板 3 之间，当压力变化时，一侧电容增大，另一侧电容减小。因此，其灵敏度可提高一倍，而非线性可大大降低。

电容式压力传感器的测量电路有交流电桥、双 T 网络、调频电路等。图 1-31（d）为交流电桥测量电路，C_x 为传感器的电容，C_0 为固定电容，R_1、R_2 为配接电阻，电桥的 AC 两端接有等幅高频交流电压，BD 两端为电桥的输出。电桥事先调整至平衡，当传感器电容 C_x 因压力变化而变化时，电桥失去平衡而输出电流信号，该电流信号的振幅随 C_x 而变，经过放大与检波后，即可由指示仪表或记录仪器得出测量结果。

电容式压力传感器的优点是灵敏度高，可测量很低的压力，动态响应性好，适于测量高频压力变化。但由于传感器内部存寄生电容和分布电容，线路对外界环境也很敏感，因此不易获得高的测量精度。

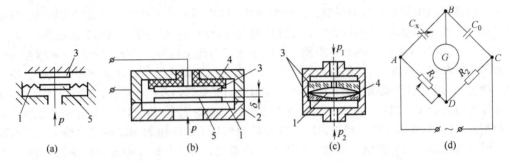

图 1-31　电容式压力传感器结构、原理
1—膜片；2—壳体；3—固定极板；4—绝缘件；5—活动感应极板

③ 电阻应变片式压力传感器　电阻应变片式压力传感器由电阻应变片和压力敏感元件组成。压力敏感元件有膜片式、溅射薄膜式、应变筒式、应变筒支梁式和组合式等。

电阻应变片常用的有：a. 电阻丝应变片［图 1-32（a）］，它由一根直径为 0.012～0.05mm 的高电阻系数的金属丝 1（如康铜丝、镍铬合金丝等）绕成栅状，用胶水牢固地粘贴在绝缘基片 2（薄纸片或塑胶片）上，电阻丝两端各焊接一根较粗的紫铜丝 3 作为引出线，上面再贴一层覆盖物而成；b. 箔式应变片［图 1-32（b）］，它是由厚度为 0.005～0.01mm 的高弹性合金（如铜基、铁基、镍基）材料制成的合金箔加热附着在厚度为 0.05mm 的塑料片基上，用腐蚀加工的方法制成栅形而成。最为理想的材料为铌基合金，这种高温恒弹性材料无磁、耐蚀、弹性模量 E 值低（弹性很高）、滞后小、灵敏度高、使用温度达到 −55～150℃，这些特性将大大提高传感器的性能和精度；c. 半导体应变片［图 1-32（c）］，它是将 p 型或 N 型半导体晶体沿一定晶向切取细薄片代替金属丝或金属箔制成的应变片，它的体积小、灵敏度高，但受温度影响大。

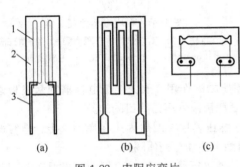

图 1-32　电阻应变片
1—金属丝；2—绝缘基片；3—紫铜丝

应变片式压力传感器的工作原理如图 1-33 所示。压力敏感元件承受压力 p 后产生应变量，电阻应变片则将应变量变换为电阻的变化量 ΔR，ΔR 再通过惠斯通电桥将其变成电量（电压 V）而输出。

电阻应变片的电阻变化量 ΔR 一般是很小的，需要用电桥来测量，即要采用测量电路（直流电桥、交流电桥或专门的电阻应变仪）来测量，目前应变片电桥大多采用交流电桥。

弹性敏感元件的受力筒采用圆筒、椭圆筒和扁平腰形筒的结构，应变片黏附在筒的外围上。

图 1-34 为 BYY 型压力传感器的工作原理图，被测压力 p 通入椭圆形筒内，使之力图变成圆形截面，这样在圆周方向上产生的应变量 ε 如图 1-34（b）所示，在每一个应变区的正中央分别粘贴四个应变片 R_1、R_2、R_3、R_4，正应变（$+\varepsilon$）区的两片 R_1 与 R_4 接在电桥两个相对的臂上，负

应变（$-\varepsilon$）区的两片 R_2 与 R_3 接在电桥另两个相对的臂上。 四个桥臂都是测量应变片电阻，因而称为全桥连接的桥路。 这种桥路中一个应变片电阻受温度影响所产生的误差为另一个相邻应变片所抵消，例如 R_1 与 R_2 抵消，R_3 与 R_4 互相抵消，所以这也是一种补偿电路。

图 1-33　应变式压力传感器工作原理

图 1-35 为 BPR 型压力传感器的工作原理图。 从图中可知，它是先将液体的分布压力作用在薄而柔软的悬链形金属膜片上变成集中力，再作用在应变筒上。 这样液体可不充满筒内，减少了这部分液体体积，可提高传感器的自振频率，从而可改善传感器的动态响应性能。 平膜受压变形后会因自身的弹性产生弹性力，而悬链膜在受压变形时几乎不产生弹性力，能真实地把全部受到的分布压力变为集中力传到筒上。 这种圆形截面筒，在轴向集中力作用下，将产生轴向压缩应变和圆周方向的拉伸应变。 沿轴向粘贴两个应变片 R_3 和 R_2，以感受压缩应变（$-\varepsilon$），沿圆周方向粘贴两个应变片 R_1 与 R_4，以感受拉伸应变（$+\varepsilon$），并将它们连成全桥连接的形式。

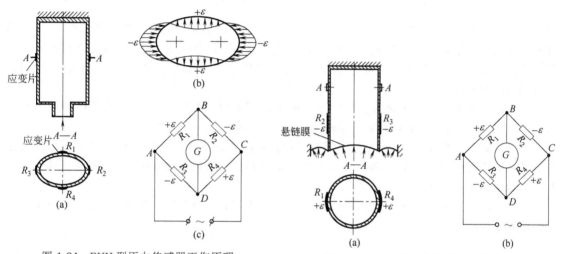

图 1-34　BYY 型压力传感器工作原理　　　　图 1-35　BPR 型压力传感器工作原理

图 1-36 为广州机床研究所产的采用扁平腰形铜筒做成的传感器。 应变片 R_1 与 R_3、R_2 与 R_4 在同一环向对称粘贴，且阻值相同，两两符号相反，按相邻臂异号，相对臂同号，四个应变片也组成一桥路，在传感器不受外力（液体压力）作用时，电桥无输出。 由于应变片阻值的离散性很大，各片粘贴质量不一，另外测量温度也有变化。 所以为了提高传感器的精度，实际电桥中有零点补偿 R_D、零点温漂补偿 R_T、灵敏度补偿 R_M、非线性补偿 R_L、输出阻抗标准化补偿 R_P 以及灵敏度标准化补偿 R_S 等。 因而，由基本测量电桥图 1-36（a）电路变成了图 1-36（b）的形式。 图 1-36 中，ΔU 为传感器的输出电压，U_0 为传感器的供桥电压，图 1-36（c）为这种传感器的实际结构。

④ 压阻式压力传感器　压阻式压力传感器是采用半导体材料沿其晶向切取细薄片作为应变片——压力敏感元件所制成的压力传感器，是利用电阻应变片将应变转换为电阻变化的传感器。

传感器由在弹性元件上粘贴电阻应变敏感元件构成。 当被测物理量作用在弹性元件上时，弹性元件的变形引起应变敏感元件的阻值变化，通过转换电路将其转变成电量输出，电量变化的大小反映了被测物理量的大小。 应变式电阻传感器是目前测量力、力矩、压力、加速度、重量等参数应用最广泛的传感器。

测量压力时，半导体材料在某一方向承受压力时，电阻率将发生显著变化，便可将 p 型或 N

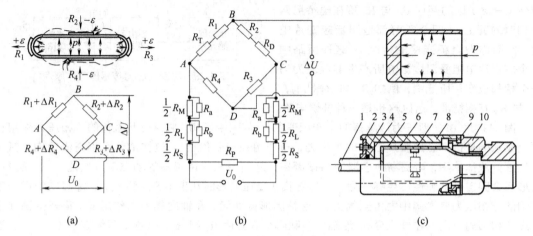

图 1-36 腰形铜筒传感器

1—四芯屏蔽线；2—螺钉；3—密封盖；4，9—O 形圈；5—密封胶；6—应变管；7—应变片；8—外壳；10—接头

型半导体晶体细薄片作为电阻应变片用胶水牢固地粘贴在能感受压力变化的弹性元件上。当弹性元件随压力变化而产生应变时，半导体电阻应变片也受压产生应变，使其电阻发生变化，电阻值的变化量与弹性元件的应变量成正比。测量此电阻值的变化量便可测出弹性元件的应变量，从而测出压力的大小。

图 1-37 为压阻式压力传感器结构，被测压力先作用在钢膜片上，通过硅油将压力传给硅膜片，使压敏电阻变化并通过电桥将信号输出，从而测出液体压力的大小。

钢膜片隔开被测液体和硅膜片，可保护硅片，使其性能稳定。钢膜片和硅油的不可压缩性保证了被测压力可等效传到硅膜片上，它们也不影响传感器的灵敏度、线性和迟滞等性能，只影响零点效应和频率特性。

压阻式压力传感器测压范围宽，精度高，固有频率高，动特性好，重量轻，耐冲击振动，因而广泛用于生产科研中。

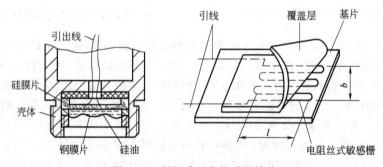

图 1-37 压阻式压力传感器结构

⑤ 压电式压力传感器 压电式压力传感器是利用晶体的正压电效应制成的传感器。所谓压电效应是指压电晶体在外载荷（液体压力）的作用下产生机械变形，在其极化面上会产生电荷，且产生的电荷量与外部施加的力成正比，因此测得电荷量便可测出液体压力的大小。

压电效应是一种静电效应，压电元件受力所产生的电荷很微弱，加上其他因素，输出信号很弱。所以传感器的输出信号必须由低噪声电缆引入高输入阻抗的电荷放大器，该放大器是具有深度电容负反馈的高增益放大器，其等效电路见图 1-38（b）。

图 1-38（a）为压电式压力传感器的结构原理图。被测液体压力作用在膜片上，膜片将力传

给压电晶体，晶体受沿极化方向的力作用后，产生厚度方向的压缩形变，因压电效应产生电荷，再由两极板收集引向测量电路。

压电式压力传感器结构简单，性能优良，测压范围广（100Pa ～ 60MPa），工作频带宽，耐冲击，可在高温环境下工作，应用较广泛。

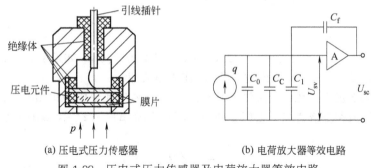

(a) 压电式压力传感器　　　　　(b) 电荷放大器等效电路

图 1-38　压电式压力传感器及电荷放大器等效电路

⑥ 半导体压力传感器　当半导体晶体受到一个外力作用时，晶体内部会产生应变，这时其能带结构将发生改变，载流子（空穴或电子）的运动状态也将发生变化，由此引起晶体的阻抗发生变化，这种现象称为压阻效应。

由于半导体的压阻效应，其内部电阻也将会发生很大的变化。利用半导体的这种特性制成检测压力的传感器称为半导体压力传感器。

半导体压力传感器的结构如图 1-39（a）所示。在制造时，先将硅单晶基板的中央部分腐蚀成薄膜状的硅杯，再用 IC 的扩散工艺制成出 4 个半导体应变片构成的惠斯通电桥，以此构成检测压力的传感器。

被测对象为气体和硅酮油等物质时，可以采用硅杯直接承压的测量方式；被测对象为液体等物质时，可以将硅杯通过玻璃贴在不锈钢的背面构成保护罩，通过保护罩承压。

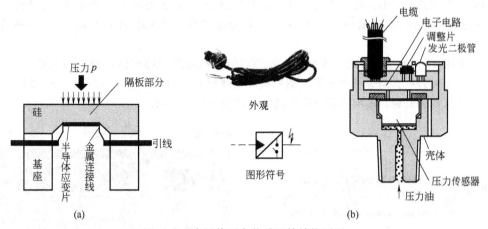

图 1-39　半导体压力传感器的结构原理

1.2.2　流量的测量

（1）超声波传感器测流量

超声波流量计是利用超声波在流体中的传播速度会随被测流体的流速变化而变化制成的流量计。

如图 1-40 所示，液体以流速 v 流过，在上游和下游安设超声波接收器，中间安设超声波发生器，则超声波正向（顺液流方向）和逆向超声波的传播时间分别为：

$$t_1 = L_1 / (c + v)$$

$$t_2 = L_2 / (c - v)$$

式中　L_1——发送器到上游接收器的距离，m；

　　　L_2——发送器到下游接收器的距离，m；

　　　c——声速，m/s；

　　　v——流速，m/s。

如果测出时间 t_1 与 t_2，便可求得速度 v，进而求得流量大小。如果设 $L_1 = L_2 = L$，则 $\Delta t = t_1 - t_2 = 2Lv/c^2$，实际测量中用测出时间差 Δt 来求出流速 v。

由于声速会随温度而变化，带来测量误差。所以在液压测量中多采用不受温度影响的频差法，即通过测量顺流和逆流情况下超声脉冲的循环频率差 Δf 来反映流量的大小。其比例常数与声速无关，为

$$\Delta f = 2v/L$$

测量时插入式流量计要在被测点的管路上开孔，如图 1-40 所示。

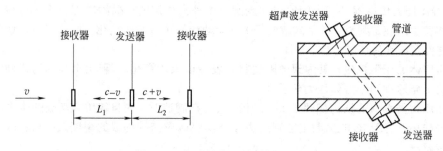

图 1-40　超声波流量计的测量原理

超声波流量计可方便地用于流量的测量和现场的故障诊断。常使用的流量计有：美国 Polrsonies 公司产的 DDF 系列流量计；美国 Contrlotron 公司产的 190 系列流量计；德国 Krohne 公司产的 UF 系列流量计以及日本东京计器产的 UF-900G/UFM-400G 型超声波流量计等。

图 1-41 所示为用日本东京计器产的 UF-900G/UFM-400G 型超声波流量计测流量，它安装在配管外侧，无需开孔，两个超声波传感器向被测液体交互发射超声波，测得上、下游超声波传递时间差，便可求得流速，再用流速乘以管道内截面积可得出流量。

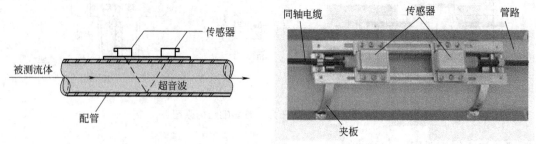

图 1-41　UF-900G/UFM-400G 型超声波流量计（东京计器）

（2）动压式流量计测流量

如图 1-42 所示，在与流体流动方向相垂直的方向安设钟形罩板，测出板受到的动压（与流动液体的动量成比例），以求出体积流量的流量计叫动压式流量计。

（3）利用超声波振动小流量计测流量

通过流体动压的改变，使振动片的振荡频率发生变化，读出该变化，可测量出流量。

如图 1-43 所示，管内流体的作用力通过指针以振动片作为标靶进行接触，振动片通过压电敏感元件与振动放大器将振动变为电量输出。当管中流体的流量发生变化时，由振动片与超声波振子产生的动压，感压传感器接收其变化，使超声波振子的振荡频率发生变化，通过后续的波形调节电路与触发器电路，并经频率数电流变换器将交流电变为直流电输

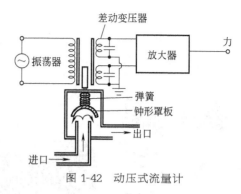

图 1-42　动压式流量计

出，从流量计（电表）上显示出流量的大小。这种流量计一般也是作为流量传感器使用。

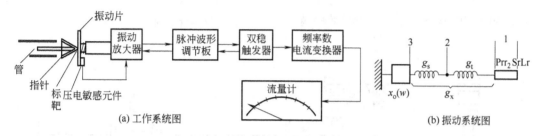

图 1-43　超声波振动小流量计

（4）几种流量测量仪器

① TM 型涡轮式流量计　涡轮流量计又称涡轮流量传感器，它是一种速度式流量测量仪表，既能测量累计流量又能测量瞬时流量，遥控测量也较为方便。

它主要由涡轮、导流器、壳体和磁电传感器等组成。壳体由不导磁的不锈钢制成，导磁的不锈钢涡轮装在壳体中心的轴承上，涡轮上有 4~8 片螺旋叶片。液体通过流量计时，叶片转子转动，由于叶片中装有永久磁铁，叶片每次通过传感器就使导磁率变化一次，线圈便产生一个感应脉冲，如果需要连续测量还需将脉冲数转换成电压。涡轮流量计的转数与通过它的流量成正比例，故只要能测出涡轮的转速就可知道流量的大小。

图 1-44 为 TM 型涡轮式流量计的外观、显示仪表和结构原理。如图 1-44（c）所示，当流体沿着管道的轴线方向流动，并冲击涡轮叶片时，便有与流量 Q_V、流速 V 和流体密度 ρ 乘积成比例的力作用在叶片上，推动涡轮旋转。在涡轮旋转的同时，叶片周期性地切割电磁铁产生的磁力线，改变线圈的磁通量。根据电磁感应原理，在线圈内将感应出脉动的电势信号，此脉动信号的频率与被测流体的流量成正比，涡轮变送器输出的脉冲信号，经前置放大器放大后，输入显示仪表，根据单位时间内的脉冲数和累计脉冲数即可求出瞬时流量和累积流量。

SD1 插入式显示装置显示的数值为实际流量或容积值。

② 齿轮式流量计　图 1-45 为 VC 型齿轮式流量计，齿轮由低摩擦球轴承或滑动轴承支承，由液流驱动而转动。齿轮的运动是由二个无接触的传感器检测，传感器安装在它上盖中，而所处的隔舱与测试腔之间装有耐压、无磁的隔离片。

当测试齿轮转过一个齿时，传感器发出一个与其齿谷容量（几何容积）相对应的信号，此信号会通过前置放大器被转化成一个方波信号输出。通过进、出油两通道检测，可有更高的分辨率并确认流量方向。

在测量流量的同时还可带压力传感器和温度传感器的接口，实现流量、压力和温度的同时测量［图 1-45（c）］。

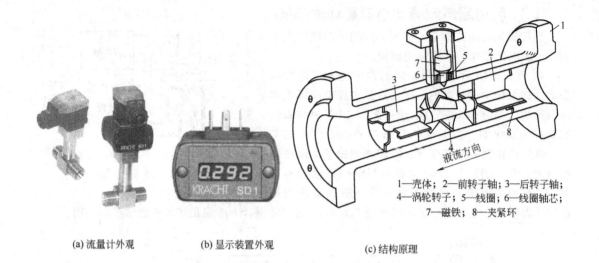

1—壳体；2—前转子轴；3—后转子轴；
4—涡轮转子；5—线圈；6—线圈轴芯；
7—磁铁；8—夹紧环

(a) 流量计外观　　　(b) 显示装置外观　　　(c) 结构原理

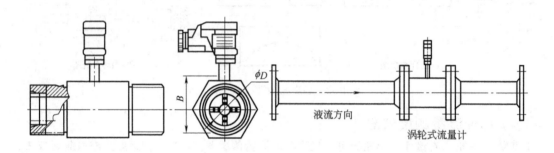

(d) 管式与法兰式连接

图 1-44　TM 型涡轮式流量计

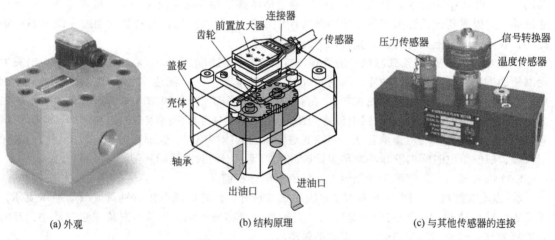

(a) 外观　　　　　(b) 结构原理　　　　　(c) 与其他传感器的连接

图 1-45　VC 型齿轮式流量计

③ 威仕流量计（图 1-46）　威仕流量计是根据齿轮啮合原理设计出的流量计：两个精密配合的齿轮封闭在坚固的腔体内，工作时，被测液体推动齿轮旋转，由非接触式的检测器检测齿轮的转动。齿轮间的间隙形成测量腔室。当齿经过检测器时，检测器产生一个脉冲。输出的脉冲信号经仪表容积/脉冲（Vm）换算和处理，显示出读数。此流量计特别适用于精密、高压、高黏

图 1-46　威仕流量计

度环境。

④ 西德福公司的几种流量计

a. SDM 型及 SDMK 型磁流量计（图 1-47）。 SDM 型及 SDMK 型流量计内有一块锐边的隔片和一个锥形活塞，它们支撑在一个弹簧上，随着流量的变化而活动。 如果没有介质流过，锥形活塞会把通口堵住，指针就在零位上。 随着流量的增加，由此产生的压差使锥形活塞压迫已经标定压力的弹簧。 锥形活塞的行程是与流量大小成正比的，并通过磁力传递到指针/刻度上。锐边的隔片起到减少黏度影响的作用。 指针指示的刻度值用升/分钟及加仑/分钟表示。

SDMK 型流量计加装了一个控制阀，它与压力表配合起来，就可以在工作压力范围内正确地控制系统压力。 为了防止压力过高，在 SDMK 型流量计里装了两片保护片，当压力达到 440bar 时，保护片会断裂，液流就会绕着阀通过一个旁通口流出。 当然，保护片是可以很方便地更换新的。

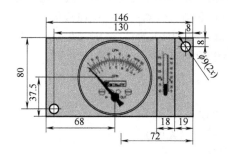
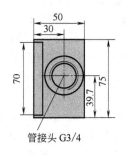

管接头 G3/4

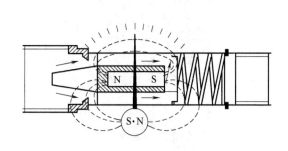

图 1-47　磁流量计

b. SFIHE-G 型与 SFIOE 型流量开关。 SFIHE-G 型流量开关如图 1-51（a）所示，结构紧凑、坚固耐用，用于检测和监视液体介质的流量（所测液体要求不含固体颗粒）。 测量范围：0. 005 ~ 150L/mim ，精度为 ± 10% FS※（FS※表示全刻度值），带有刻度值的玻璃管指示窗，流量检测无方向限制。 应用领域：冷却或液压系统，工程机械、医药及化工行业等。

SFIOE 型流量开关流量开关如图 1-48（b）所示，结构紧凑、坚固耐用，运用浮子测量原理，用于检测和监视油和黏性介质的流量（所测液体要求不含固体颗粒）。 测量范围为 0.1～110L/mim，黏度为 30～600cSt；精度为 ±10% FS※，流量检测无方向限制。 应用领域：液压循环、循环润滑系统等。

(a) SFIHE-G型　　　　　　　　　　(b) SFIOE型

图 1-48　流量开关

c. FT 型管路流量监控器。 如图 1-49 所示，管路流量监控器 FT 可固定在管线上测量管路介质的流量，其运用孔板变截面原理实现对管路流量的监视和检测，测量精确可靠。 测量范围：液体 0.5～550L/mim；精度 ≤4%，带流量刻度指示窗。 应用领域：各种液压油、水和空气或气体介质。

d. FIowte Ⅱ 型管路流量监测和控制器。 FIowte Ⅱ 型流量监控器应用可靠的"变截面喷孔"测量方法和"锐角技术"，故压力损失小，适用于测量各种液压油、水及气态介质，也可应用于高温场合，为各种管路系统的介质提供精确而又平稳的流速（图 1-50）。

测量精度： 优于全刻度的 4%。

重复精度： 全刻度的 1%。

流量范围： 液体 0.5～550L/min，气体 0.5～600L/s。

工作压力： 240bar（铝或黄铜壳体），410bar（不锈钢壳体）。

温度范围：标准型 116℃，高温型 204℃，超高温型 315℃。

图 1-49　FT 型管路流量监控器　　　　图 1-50　FIowteⅡ型管路流量监测和控制器

1.2.3　温度的测量

（1）接触式温度测量

① 液柱温度计　液柱温度计主要有工业用和实验室用的水银温度计。 当温度升高，玻璃管

内的水银产生膨胀，刻度上升，以观察温度值。 水银温度计测温范围为 $-38.86 \sim 360℃$（水银凝固点为 $-38.86℃$），用于实验室的精密水银温度计都标有"浸线"位，测量时必须浸过标线。用水晶玻璃做的温度计（如 Beckman 温度计），它的刻度值最小为 $0.01℃$，下端大的球头温包，测量时必须轻轻与物体接触，观察时眼与刻度值成水平（图 1-51），且经常按图 1-52 的方法校正。

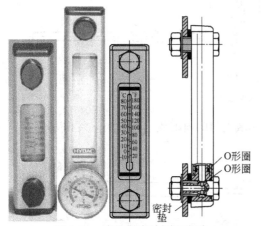

图 1-51　液柱温度计测量方法

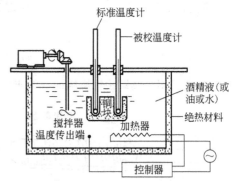

图 1-52　液柱温度计校正方法

② 双金属温度计　如图 1-53 所示，将热膨胀系数相差较大的两种金属薄片粘合（或叠焊）在一起，一端固定，另一端为自由端。 当温度变高，由于金属片 A 的热膨胀系数大于金属片 B 的热膨胀系数，图 1-53（a）中产生向下弯曲变形，图 1-53（b）中则向逆时针方向卷曲，利用这种变形的大小，可制成双金属温度计。

图 1-54 为用绕成直螺旋形的双金属片制成的圆形温度计，利用双金属片随温度变化产生扭转变形测量温度。 这种形式也用来做成温控开关，利用温度变化使双金属片产生热膨胀变形，接通或断开电路。

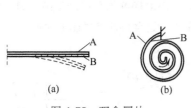

图 1-53　双金属片

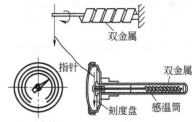

图 1-54　双金属温度计

③ 压力式温度计　如图 1-55 所示，压力式温度计由温度敏感部 1、导管 2 和波登管压力表 3 所组成。 当温度变化时，温度敏感部 1 内的介质受热膨胀，而容积不变，势必压力升高，压力表 3 的显示可得出温度值。 这种温度计常用水银、酒精或苯胺做工作介质。 气体压力式温度计一般则封入惰性气体（如 N_2）。

④ 电阻式温度计　电阻式温度计是利用金属的电阻随温度的变化而改变，只要测出电阻，即可确定温度数值的原理制成的测温仪器。

一般金属均是随着温度升高其阻值将成正比例增加。 利用这种特性，可以制成金属测温电阻。 因为白金（铂）测温电阻的特性十分稳定，因此被广泛应用于工业中的高精度测温。 图 1-56 所示为封装白金测温电阻的结构图。 按使用温度范围的不同，铂测温电阻可以分为低温型（$-200 \sim 100℃$）、中温型（$0 \sim 350℃$）及高温型（$0 \sim 650℃$）三种。

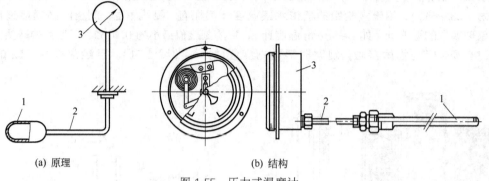

(a) 原理

(b) 结构

图 1-55　压力式温度计

另外还可用金属氧化物烧结而成的半导体——热敏电阻的电阻值随温度变化来测量温度。

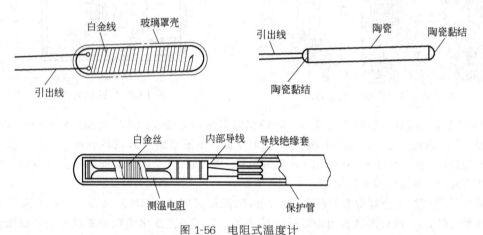

图 1-56　电阻式温度计

⑤ 热电偶测温计　图 1-57 为热电偶温度计。 图 1-57 (a) 为其工作原理，当两根不同材料的金属线接合在一起，在接合点处（接点）会有不同的温度 T_1 与 T_2，温度梯度的存在产生电动势（直流电压 e），称为热电势，即 e 的大小与金属线的材料及 T_1、T_2 有关，这种特性就是热电效应。

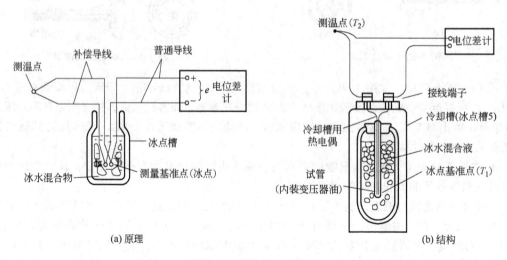

(a) 原理

(b) 结构

图 1-57　热电偶温度计

若已知温度 T_1，便可通过测定电压 e 求得温度 T_2。 这种用不同金属（例如银-钯、铂铑 30-铂铑 6、铜-康铜等）接合而成的测温元件称为热电偶。 因为热电偶是测定高温端与低温端之间的温差，所以经常取一端作为基准，例如温度恒定的冰点，另一端测量温度。 图 1-57（b）为热电偶温度计的结构。

测量时，热电偶正确放置可减少测量误差，图 1-58 中的热电偶 2 比热电偶 1 的测量误差要小些。

⑥ 热敏电阻　热敏电阻是一种当温度变化时电阻的阻值能敏感变化的元件，一般是由锰、镍、钴、铁、铜等金属氧化物烧结而成。

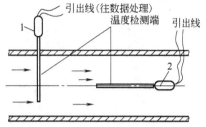

图 1-58　热电偶的放置

根据温度特性的不同，可将热敏电阻分为三种类型，即随温度升高其阻抗下降的 NTC 型热敏电阻、当超过某一限度后其阻抗急剧增加的 PTC 型热敏电阻和当超过某一温度后其阻抗急剧减小的 CTR 型热敏电阻。

在温度测量方面，多数采用 NTC 型热敏电阻，使用温度为 $-50 \sim 350℃$。 热敏电阻的特点是灵敏度高，价格较低，因此是温度传感器中应用较多的传感器之一。

⑦ IC 温度传感器　二极管的正向偏压阈值及晶体管基极与发射极间的正向偏压阈值都具有温度敏感特性。 利用这种特性，可以将二极管或晶体管以及能对其输出电压进行线性补偿的电路集成在一个芯片上制成 IC 温度传感器。 它具有体积小、线性好等特点，是一种使用方便的温度传感器。 在这种传感器中，有温度系数为 8.0V/K、测温范围为 $-40 \sim 100℃$ 的 S-8100B 芯片及输出电压为 $0 \sim 10mV/℃$、测温范围为 $2 \sim 150℃$ 的 LM35DZ 芯片等多种产品。 图 1-59 为一个采用 IC 温度传感器测温并进行 A/D 转换的示例。

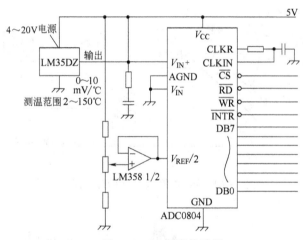

图 1-59　IC 温度传感器

⑧ 温度控制器与温度传感器　图 1-60（a）为 STWE 型电子温度控制器，将温度开关、温度变送器及数字显示的功能结合于一体。 温度检测采用了 PT100 热电阻元件，可通过显示面板上的按钮对开关点和回差值等参数进行设置。 测量范围：$-50 \sim 600℃$ 输出信号：max 2 个 PNP/NPN 晶体管输出，4 位 LED 显示，显示器部分可 330° 旋转，方便读数。 典型应用领域：加热或冷却控制系统中对温度的测量和监控。

图 1-60（b）的 SPS300 型温度传感器，是为过程控制中测量介质温度而设计的。 测量范围：$-50 \sim 200℃$。 输出信号：$4 \sim 20mA/O \sim 10V$。 精度：0.5% FS*（FS* 表示全刻度值，下同），响应时间短，维护简便（检测元件可以和安装在设备上的套管部分分离，方便维护和在线

更换），可选用带 USB 接口的温度传感器（USB 接口在电气插头内部），方便用户自行设定温度测量范围。

图 1-60（c）为 PPC-04/12-TSH 型温度传感器外观图。 图 1-60（d）为上述三种温度传感器接入被测管路测量温度。

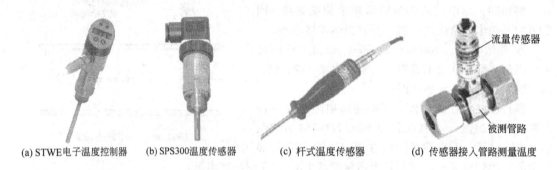

(a) STWE电子温度控制器　　(b) SPS300温度传感器　　(c) 杆式温度传感器　　(d) 传感器接入管路测量温度

图 1-60　温度控制器与温度传感器

（2）非接触式温度测量

这类测量方法是一种以热辐射为基础，结合光学技术和电子技术的测温方法。 其探测元件不必接触被测体（可很远距离），因而叫非接触式温度测量法。

图 1-61 为红外辐射温度计的工作原理。 红外线探测器通过光学系统感受目标——被测物体的红外线辐射能（温度）后，引发光电效应产生电流，通过放大器将能量放大，并经整流后再经放大，由显示仪表输出。 图 1-62 为红外热像仪外观与测量原理图。

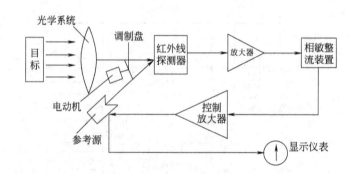

图 1-61　红外辐射温度计原理框图

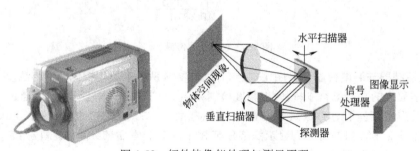

图 1-62　红外热像仪外观与测量原理

1.2.4　速度的测量

用于检测物体运动快慢或流体流动快慢等运动量的传感器称为速度传感器。 速度传感器分为光栅尺、旋转编码器、压电振动式陀螺传感器、电磁式流速传感器等多种类型。

（1）光栅尺

光栅尺是一种用于检测沿光栅尺运动的物体速度或移动距离的传感器。它的工作原理是：以发光二极管为光源，通过在光栅尺上按固定间隔排列的栅缝，断续地将光照射到对面的光敏二极管上，再通过对光敏二极管接收的脉冲信号进行计数，来检测物体的移动距离。有的光栅尺的分辨率可以达到0.8μm。

用光栅尺检测物体的运动速度时，常采用增量方式。通过在固定时间内对光敏二极管接收的脉冲进行计数来测量物体运动的速度。在图1-63所示的光栅尺中，通过在固定栅板上配置两个能产生1/4间距相位差的栅缝，可以得到两相脉冲输出信号，通过对其相位差的检测，还能判断物体的移动方向。

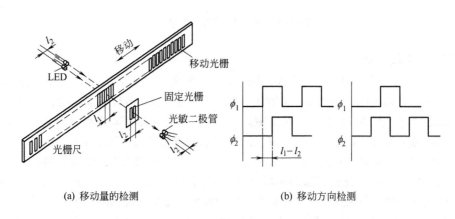

(a) 移动量的检测　　　　　(b) 移动方向检测

图1-63　用光栅尺测量直线位移速度

（2）光电旋转编码器

光电旋转编码器是检测转数或转速的数字式传感器。其工作原理同光栅尺一样，都是通过检测脉冲信号来检测速度。旋转编码器通过转动圆形光栅盘来检测轴的转数或转速。

按其结构的不同，可以将旋转编码器分为增量型及绝对型两种。增量型旋转编码器的结构如图1-64所示。当旋转光栅盘与固定接收光栅板之间有光透过时，两处栅缝可产生1/4间距的相位差，通过两相输出可以判定旋转的方向。此外，为了使动光栅盘在转动一周时能发出一个归零信号，旋转光栅盘上还刻有零点栅缝，通过它可以检测机器的原点，并对检测电路的计数累计误差进行修正。

由于增量型旋转编码器是通过脉冲计数来检测轴的旋转角度，因此它能对旋转量作无限制地计数，这是此类传感器的一个显著特点。

绝对型旋转编码器结构如图1-65所示，该编码器是将动光栅盘按分辨率的位数划分成一系列同心圆，并将各同心圆的圆周按2、4、8、16的方式进行等分（构成编码盘），在此类传感器中都会配有一与同心圆数相等的发光二极管及光敏二极管，其输出为脉冲式编码信号。无论编码盘是否转动，它都会并行输出动光栅盘当前角度所对应的绝对位置的编码信号。

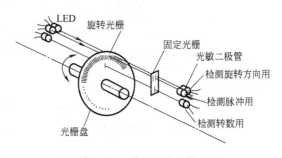

图1-64　增量型旋转编码器

这类编码器都具有与分辨率位数相等的数字输出信号线。

在增量型旋转编码器中，电源电压为 DC5～30V，分辨率最高可达 10～9000 脉冲/圈；绝对型旋转编码器的电源电压 DC10～26V，分辨率最高可达 2048 脉冲/圈（11 位编码）。

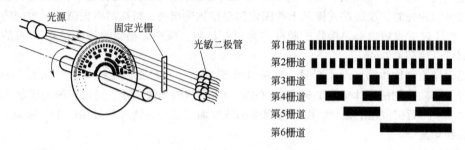

图 1-65　绝对型旋转编码器结构

（3）转速传感器

图 1-66 所示为转速传感器的工作原理图。传感器由电磁感应式传感头和磁性齿圈组成。传感头由永久磁芯和感应线圈组成，齿圈由铁磁性材料制成。当齿圈旋转时，齿顶与齿隙轮流交替对向磁芯，当齿圈转到齿顶与传感头磁芯相对时，传感头磁芯与齿圈之间的间隙最小，由永久磁芯产生的磁力线就容易通过齿圈，感应线圈周围的磁场就强，如图 1-66（a）所示。而当齿圈转动到齿隙与传感磁芯相对时，传感头磁芯与齿圈之间的间隙最大，由永久磁芯产生的磁力线就不容易通过齿圈，感应线圈周围的磁场就弱，如图 1-66（b）所示。此时，磁通信速交替变化，在感应线圈中就会产生交变电压，交变电压的频率将随车轮转速成正比变化。

图 1-66（c）为磁电测速装置原理图，齿轮状的测速圆盘 1 装在被试元件的转轴上，盘 1 是用导磁材料制成的。作为磁电感应装置 2 磁路的一部分，随着转轴的旋转而周期性地改变磁路

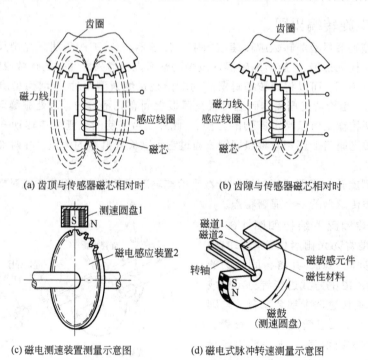

(a) 齿顶与传感器磁芯相对时　　　　(b) 齿隙与传感器磁芯相对时

(c) 磁电测速装置测量示意图　　　　(d) 磁电式脉冲转速测量示意图

图 1-66　转速传感器的工作原理

的磁阻。 当圆盘上一个齿的齿顶经过电磁感应装置时，磁路的磁阻减小，磁通加大； 当一个齿谷经过磁电感应装置2时，磁阻加大，磁通减小。 这样，磁电感应装置的线圈上就产生周期性的感应电势，形成脉冲信号，其频率与转速成正比，通过数字频率计测出脉冲信号的频率，即可求得转速的大小。 也可送入微型计算机计数通道，方便地得到累计数值与准确的计数时间，从而求得转速。

图1-66（d）为目前世界上使用的磁电式脉冲转速传感器的结构原理图。 磁鼓（测速圆盘）的侧面涂敷有磁性材料，等分地交替分布为S极与N极，每一对S、N极为一周节，当磁鼓跟着被测轴旋转时，磁敏感元件按每一周节接受一个磁脉冲，磁脉冲转变成电脉冲输出。

磁电式与光电式相比，抗污物的能力强，但噪声比光电式大。

（4）光电反射式转速传感器

图1-67（a）所示为光电反射式转速传感器的测速原理图，被测轴4带一个圆盘8，圆盘圆周上分布着等宽度的黑和白而亮的相间条纹。 从光源5来的光通过透镜2变成平行光，经过半透明膜7的反射，再经过透镜3聚焦到圆盘边缘的条上（条宽必须宽于光点直径）。 若光点照到明亮的条上，就反射回来通过透镜3变为平行光，穿过半透明膜7，再经透镜1聚焦到光敏管6上，产生一个电压信号。 每当转过一亮条时，则照到光敏管上光增强一次。 当圆盘连续旋转时，光敏管则输出近似正弦的电压信号。 经过整形、放大、削波得到周期与原信号相同的脉冲信号，将此信号输往数字式频率计就可测量出轴4的转速值。

图1-67（b）所示为光电直射式转速传感器的测速原理图。 光源通过测速圆盘上的光栅孔照射到光敏二极管（光电管）上。 随被测轴连接在一起的测速圆盘，每转过一条光栅孔，光电管被照射一次，产生一个电脉冲信号。 圆盘转动越快，电脉冲信号频率越高。 电脉冲信号经测量电子回路——数字式频率计累计数，即可显示出转速的大小。

上述磁电式和光电式转速传感器，最大优点是可以进行无接触测量，并可以直接数字显示和打印输出测量结果，适应性强，精度高。

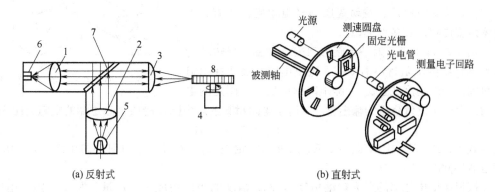

1~3—透镜；4—被测对象；5—光源；6—光敏管；7—半透明膜；8—圆盘

图1-67 光电反射式传感器测速原理

（5）SDS-04型转速传感器

SDS-04型转速传感器的外观如图1-68所示，可用于转速（RPM）的非接触测量。 测量应用了光电原理，测量旋转轴上的反射片的旋转次数，并通过旋转表面上的一个反射标记来计转数，从而达到很高的精度。 当需要更高精度的测量结果时需要选配接触式的测量附件，以取得更好的测量效果。 在转速传感器上连接一个机械接触适配器，测量时将它靠在旋转表面上。 当在特别小的表面上使用时，可以利用一个特殊的聚焦适配器来改进精度。 用SDS-04型转速传感器

图 1-68　SDS-04 型转速传感器的外观

测转速应用如图 1-69 所示。

（6）电磁式流速传感器

导体在磁场中与磁力线成直角运动时，该导体上将产生一个感应电动势并有电流流过。若利用这种电磁感效应，在由导电性流体流过的管道垂直方向上施加一个外部磁场，则通过检测安装在管道上的两个电极电位差，就可测量出该导电性流体的流速。采用这一原理制成的测量流体流速的传感器称为电磁式流速传感器。这种传感器的特点是不会妨碍流体的流动，也不会造成流体的能量损耗。其工作原理如图 1-70 所示。

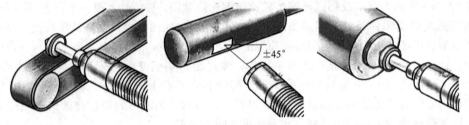

(a) 接触式适配器测转速　　　(b) 非接触式测转轴转速　　　(c) 非接触式测端面转速

图 1-69　SDS-04 型转速传感器测转速

1.2.5　位移的测量

（1）可变电位器

位移传感器是一种用于检测物体位置（长度、距离）及转动角度等物理量的传感器。在常用的位移传感器中，有可交电位器、差动变压器光电角度传感器、半导体角度传感器等多种类型。

图 1-71（a）所示为一个圆形可变电位器，当转动滑块沿圆周状的电阻材料滑动时，输出电阻与滑块在电阻材料间的转动角度成正比。给电阻体施加一个固定的电

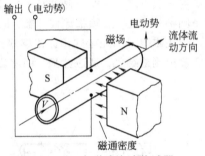

图 1-70　电磁式流速传感器

压时，由滑块位置分压的输出电压，可由电阻材料的总电阻与滑块至固定端的电阻之比求得

$$E_{出} = E_{入} \times R_0 / R_A$$

式中，$E_{出}$ 为输出电压，V；$E_{入}$ 为外加固定电压，V；R_A 为材料的总电阻，Ω；R_0 为固定端至滑块间的电阻，Ω。

假设可变电位器的最大转动角度为 θ_f，滑块的当前角度（位移量）为 θ，则输出电压 $E_{出}$ 可由下式求出

$$E_{出} = E_{入} \times \theta / \theta_f \quad (0 < \theta < \theta_f)$$

若可变电位器采用图 1-72（a）所示的绕线型结构，则其分辨率将会呈离散式变化。图 1-72（b）所示为多圈型（1800°、3600°）电位器结构，性能稍优。

（2）差动变压器

差动变压器（LVDT）的结构及原理如图 1-72 所示。当给初级线圈施加一个交流电压时，铁芯中的磁通量将会随之发生变化，通过电磁感应，在次级线圈中将会产生一个与磁通量成正比的感应电动势，利用这一原理，若在初级线圈上施加一个稳定的励磁交流电压，则会在次级线圈上产生一个与铁芯位置成正比的感应电压。将这个电压整流成直流信号后取出，便可制成能检测

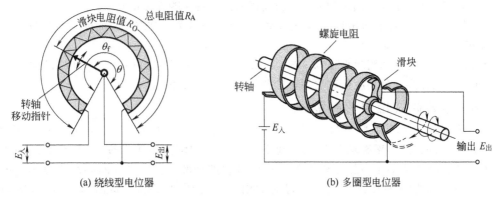

(a) 绕线型电位器　　　　　　　　(b) 多圈型电位器

图 1-71　可变电位器

铁芯前端位移量的传感器。 LVDT（线性可变差动变压器） 是一种弱磁耦合机电变送器， 能把分立并可动的铁芯的位移量按比例转化成电信号输出。

差动变压器的检测范围通常在 5 ~ 200mm 范围内，也有的差动变压器只能检测 ± 1mm 范围内的位移量。

差动变压器的灵敏度一般为每毫米位移输出 80 ~ 300mV 电压，信号电平高、输出抗低，具有很强的抗干扰能力。 而且，若采用在初级线圈两侧反向缠绕次级线圈的结构，还可以根据输出电压的 "+""−" 极性，轻易地判别出物体的位移方向。

但由于励磁电源会造成初级线圈发热，因此这一类传感器多在 1 ~ 5V、20mA 以内的条件下使用。

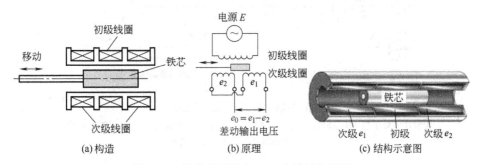

(a) 构造　　　　　　(b) 原理　　　　　(c) 结构示意图

图 1-72　差动变压器（LVDT）的结构原理

（3）光电式角度传感器

光电式角度传感器的结构如图 1-73 所示，转动盘上带有螺线状的栅缝，当转动盘转动时，从发光元件发射的光按转动盘的转动角度照射到半导体位置检测元件的相应位置上，将轴的旋转角

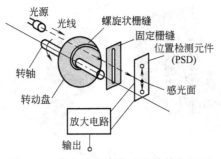

图 1-73　光电式角度传感器的结构原理

度变换成对应的电压信号，通过放大电路就可以检测出物体的旋转角度。

此类传感器的最大转动角为 120° 和 340°，电源电压为 DC5V 或 DC12V，输出电压为 DC 0.5~4.5V，分辨率较高。

此外，其机械特性为扭矩小于 0.245mN·m，最高转速可达 200r/min，其应用领域与可变电位器相同，也是作为一种角度传感器用于检测各种轴的旋转角度。

（4）半导体式位置传感器

这种传感器的结构如图 1-74 所示，以半导体材料制成的半导体磁阻元件为感应器件，当磁性齿轮转动时，由外部磁场的强弱变化而引起元件的阻抗发生改变。使其输出的正弦曲线发生变化，若将该输出电压中仅有的一小段直线部分取出，就可以准确地检测出轴的转动角度。此外，采用这种传感器时，通过对输出脉冲的计数，还可以检测出轴的旋转角度及转数。

在这种传感器中，电源电压有 5V、6V、8V 等多种规格，转动角度可以自由设定，此外，在机械特性上，它的扭矩比较小，一般小于 0.01mN·m，使用温度范围为 −10~80℃，常作为检测角度及位置的传感器，用于加工机床（FA、OA）的测量仪器或建筑机械等设备中。

对于这种传感器，通常根据传感器中采用半导体磁阻数目的不同，输出电压可以分为 2 相、4 相等多种类型。这种传感器可以用来完成转向控制和高精度的位置控制。

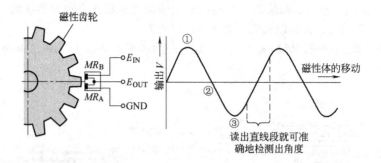

图 1-74　半导体角度传感器
①磁性体处于与 MR_A 最近状态；②磁性体处于 MR_A 和 MR_B 中间位置的移动状态；
③磁性体处于与 MR_A 最近状态

1.2.6　综合测量

作为综合测量可见图 1-75（a）所示的 PPC 型手持式测量仪，它可以用于测量、储存和处理所有相关的液压参数，包括压力、压差、温度、转速、流量和容量。图 1-75（b）为其与其他配套件进行压力、压差、温度、转速、流量等综合测量。

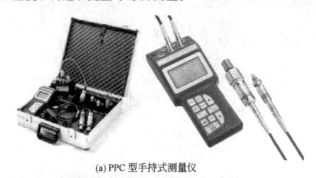

（a）PPC 型手持式测量仪

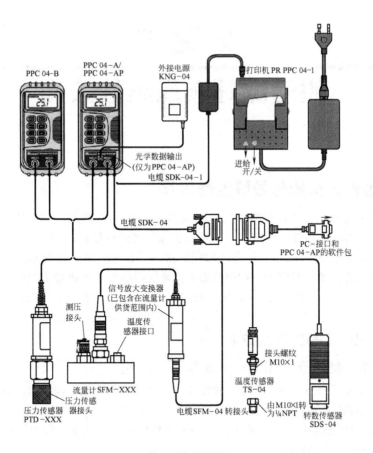

PPC 04-B

PPC 04-A/
PPC 04-AP

外接电源
KNG-04

打印机 PR PPC 04-1

光学数据输出
(仅为 PPC 04-AP)
电缆 SDK-04-1

进给
开/关

电缆 SDK-04

PC-接口和
PPC 04-AP的软件包

测压
接头

信号放大变换器
(已包含在流量计
供货范围内)

温度传
感器接口

接头螺纹
M10×1

流量计 SFM-XXX

温度传感器
TS-04

压力传感
器接头

压力传感器
PTD-XXX

电缆SFM-04 转接头

由M10×1转
为¼NPT

转数传感器
SDS-04

(b) 综合测量时的连接

图 1-75 综合测量仪

第 2 章

如何做好液压维修工作

2.1 液压维修人员如何做好维修工作

液压设备维修工作的核心是故障的判断和故障的处理。它涉及知识面广，复杂程度大，具有一定的深度（如综合专业知识水平）。既要有机械设备维修基础知识，又要有液压维修基础知识，还要有电气维修基础知识。只有当你掌握液压元件和液压系统的基本工作原理，掌握基本工作方法后，面对万变不离其宗的各种液压设备，才能得心应手地迅速排除故障，使设备起死回生，恢复正常工作运行。所有这一切都需要有一批高素质的液压维修人员，才能承担这一工作。

2.1.1 液压维修人员的素质培养

（1）掌握必要的液压知识——准备好"头脑"

机遇是给有准备的头脑，作为液压系统使用与维修工作的一线工程技术人员与维修技术工人要准备怎样的"头脑"呢？

① 对安装在液压设备上的各种液压元件外表形状要熟知和认识，与液压系统图所列对得上号，解决它们"是什么"的问题。

② 对各个液压元件在液压系统中的作用必须了解，解决它是"干什么"的问题。

③ 对各种液压元件的内部结构和工作原理要清楚，尽量做到了如指掌，解决"为什么"的问题。

④ 对液压回路和整个液压系统的全面认识，掌握各液压元件在回路和系统中的作用和彼此关联，解决"怎么样"的问题。

为此须系统学习和逐步掌握下述知识：

① 液压设备首先是机械设备，因而具备相当程度的机械基础知识是必不可少的。包括机械制图、机械原理和设计、机械制造工艺学、机械工程材料、机械摩擦与润滑密封等课程的学习和掌握。

② 液压设备是一种流体动力机械，必须了解其工作原理和特点、工作介质方面的知识，如流体力学基础、液压传动与液压控制方面的知识。

③ 液压设备又是一种控制机械，它与控制技术密切相关，因此控制理论方面的基础知识、电气电子方面的基础知识至少应该是有一定功底。例如对 PC、PLC 可编程序控制器，至少应掌握它们的输入、输出接口和常用的编程方法。对于一些基本电气元件，如接触器、继电器和时间继电器的工作原理与结构，应有一定的了解。如果又懂液压又懂电，掌握多种本领，解决液压设备故障的本领就大了，翅膀硬了，你便可在市场经济的海洋里"天高任鸟飞"。

④ 液压系统无疑还是一个信息系统，在液压系统内部各组成部分之间、液压系统与外部环境之间，都有着广泛的信息交流，信息技术方面的知识也必须有一定程度的了解。

⑤ 随着电子技术与计算机技术的进步，液压技术与之相互渗透和交流，"机-电-液（气）一体化"已经不再只是一个新名词，越来越多的液压设备采用可编程控制器、单片机等工业控制机

进行控制，因而掌握一定的计算机技术基础知识成了维修人员的必需。

⑥ 其他知识：如液压测试技术、故障诊断学以及与设备执行任务相关的技术（如橡胶、塑料、冶金钢铁、煤炭、石油、造纸、汽车、建筑工程、金属切削与无切削加工等方面），例如你是修理橡胶加工液压设备的，除了懂液压维修外，还要懂橡胶方面的有关知识。

（2）树立良好的工作作风

① 多学多问　学习上述理论知识，非常艰苦。但作为好的液压维修人员，必须肯学、苦学、多学多问、谦虚好学。牢记：活到老，学到老，还有三分没学到。只有这样，才可不断提高自己，成为市场经济中最具竞争力的人才。

如果有培训机会，或者有液压维修专家来你厂处理问题等机会，千万不可错过，因为这是一次最好的学习机会。通过多问，可获得许多书本上没有的大量的第一手资料和间接经验，并通过 E-mail、微信、FAX，力争与专家保持经常的密切联系。

当其他维修人员维修某液压设备，而你未参与时，等他人修好后，你也可多问：发生了什么毛病？是如何排除的？询问他人排除故障的技巧和方法，特别是向经验丰富的老维修人员学习，来提高自己的知识和水平。

另外也要向经验丰富的液压设备操作人员多问，问详细点，问液压故障出现的前前后后。与操作人员密切配合，对于迅速排除故障，提高自己的维修水平是十分有益的。

② 多动手、多实践　多动手、多实践，才能多积累液压维修方面的经验。实践才能获真知，动手方能长知识。多动手当然不是乱动手。

对各类液压元件多实际接触，才能真正熟悉和认识了解各种液压元件的型号、外观及各油口的分布状况，通过对结构的了解可进一步明白它的工作原理，从而对迅速找到故障位置，进而分析液压系统的故障便有了很强的现场处理实际问题的动手能力。

对于液压维修人员要多实践，要敢于动手，善于动手，但要胆大心细。只会讲，不动手，修不好液压设备。但是要熟悉情况再动手，不要盲目，胡乱拆卸。否则会扩大故障，造成事故，后果不堪设想。要善于动手，同时也要充分利用液压设备的自诊断技术来迅速地处理解决故障，并且在实践中学会使用有关仪器。比如示波器、万用表、在线电路检测仪、短路检查仪、电脑、编程器等能够帮助我们对具体电路的判断检查，特别是 PLC 编程器、电脑，要熟练使用，这对分析故障，特别是复杂故障，解决问题有很大帮助。

③ 多积累多总结　多积累包括积累自己在液压维修工作方面的实践经验以及相关书籍、与他人交往中获取的经验，集思广益、博采众长，查阅各种技术资料"借他山之石"。

多总结就是液压维修人员要养成写工作日记和写维修心得的习惯，坚持数年，集腋成裘，必成大器。

④ 不怕苦、不怕油　维修液压设备，如拆装大型液压设备的工作是相当繁重和辛苦的，特别是在严寒酷暑的季节和环境恶劣的场地。稍有疏忽，便有遭遇"喷油淋浴"的厄运，但脏累中有乐，油中有"甜"，大多的情况下，喷油后往往是故障排除的先兆，因为此时系统压力上来了。液压设备的维修工作虽艰辛，但却是不断学习进取的过程。

⑤ 工作仔细，有条不紊，临危不乱　因粗心大意，修理时因漏装了一个密封圈或是一个螺钉未拧紧，可能导致须重新拆卸一大型液压缸的情况，甚至因小小的疏忽酿成大的液压故障和责任事故，应仔细再仔细。

⑥ 建立良好的人际关系　千万不要以为自己是"白领"而瞧不起"蓝领"，时刻牢记"高贵者最愚蠢！卑贱者最聪明！"这句话。

（3）练好看图的基本功

每一台液压设备上都有一本使用说明书，每一本说明书中备有一份该设备的液压系统图，通过液压系统图，可了解该液压系统的动作原理，了解使用、操作和调整的方法。 要掌握液压技术，首先要能看懂这张液压系统图。 在液压系统图中，各个液压元件及它们之间的连接或控制方式，均按规定的符号——职能符号（国标与国际标准）或结构式符号画出。 在使用一台液压设备时，首先就必须阅读该液压设备的液压系统图，以求较透彻地了解它的工作原理，才能正确使用、调整和维修它。 根据液压系统图分析各种元件应有的作用，从而判断出产生某种故障的可能原因，确定进一步维修方案。

正确识读液压系统图，对于液压设备的使用、检修、调试、排除故障都有重要的作用。 为此从事液压机械操作与维修的人员必须掌握识读液压系统图的方法和技巧这一基本功，这是必须跨越的一道门坎，有难度但必须跨越。 识读液压系统图是工程技术人员必备的基本技能之一，是一个操作和修理液压设备的技术工人和技术人员的基本功。

2.1.2　液压系统图的基础知识

为了掌握液压系统图的识图方法与技巧，要了解液压系统图的基础知识，如组成液压系统图中的基本元件图形符号、基本回路和基本的液压系统识读、液压系统图的方法与步骤、液压系统图的识图实例等，由浅入深，逐步提高。

（1）液压图形符号简介

采用标准的图形符号来表达液压元件和液压系统，如古代的象形文字一样，用一种通用、形象、简明、准确的技术语言在说话。 目前最新的流体传动系统及元件图形符号和回路国际标准为 ISO/1219.1—1991，中国标准为 GB/T 786.1—1993 及 GBT 786.1—2009 。 有了全世界统一的图形符号，便提供了一种液压技术交流的通用工具，一种不受国别与语言种类限制的通用工具。

图 2-1 所示为从上述标准中摘选的一部分液压图形符号，作为液压维修的人员对这些符号必须有最起码程度的熟悉。

（2）看懂液压系统图的基础知识

下面笔者通过自己多年来的实践和体会，介绍识读液压系统图的要点和步骤，希望对读者有所帮助。

① 熟悉各种液压图形符号的构成要素是看图基础　液压图形符号是用简单的几何图形表示出各种液压元件和管路的功能以及其相互的连接，即几何图形符号是构成液压图形符号的要素。构成液压图形符号的要素有点、线、圆、半圆、三角形、正方形、长方形、囊形等几何图形（表2-1、表2-2）。

② 熟悉各种液压元件的图形符号，是看图的基础与关键　如果将液压系统比喻成一所学院，液压回路便是某某系、某某班，液压元件便是班里的每一位学员。 所以熟悉各个液压元件和各个辅助元件是看懂液压系统图的基础与关键。

a. 液压系统图。 要了解某个集体（液压系统）先要熟悉组成这个集体的所有个体（组成液压系统的所有液压元件和管路）。 液压元件的图形符号包括泵的图形符号、执行元件的图形符号、各种控制阀的图形符号、辅助元件的图形符号等。 只有搞清楚各种液压元件的图形符号，才能看懂液压系统图。

例如图 2-2 所示为一个最简单液压系统图，图中包含有液压泵、液压缸、控制阀以及一些辅助元件，要看清图 2-2（a）的液压系统（集体），先要了解图 2-2（b）包含的各个液压元件（个体）的图形符号与工作原理。

b. 液压泵的图形符号。 与元件外观、结构图相结合来识别元件图形符号（详细符号简化符号），并能做到形象化的理解（图 2-3）。 各种液压元件的图形符号中有简单图形符号与详细图形符号之分。

c. 执行元件的图形符号（图 2-4）。 执行元件包括液压缸、液压马达的图形符号，一般较为

简单，只有变量液压马达稍复杂点，读者通过本书的后续内容将不难掌握。例如符号
"▭" 表示单作用液压缸，只有一个油口，油口进压力油时，缸动作，回位靠外力；符号
"▭" 也为单作用液压缸，只有一个油口，油口进压力油时，缸动作，回位靠弹簧力；符号
"▭" 为双作用液压缸，有两个油口，两油口交替进压力油或通回油箱时，缸往复动作；
由半图与实心三角形一起构成的符号"▷"表示为限定旋转角度的液压马达或摆动液压缸的图形
符号。

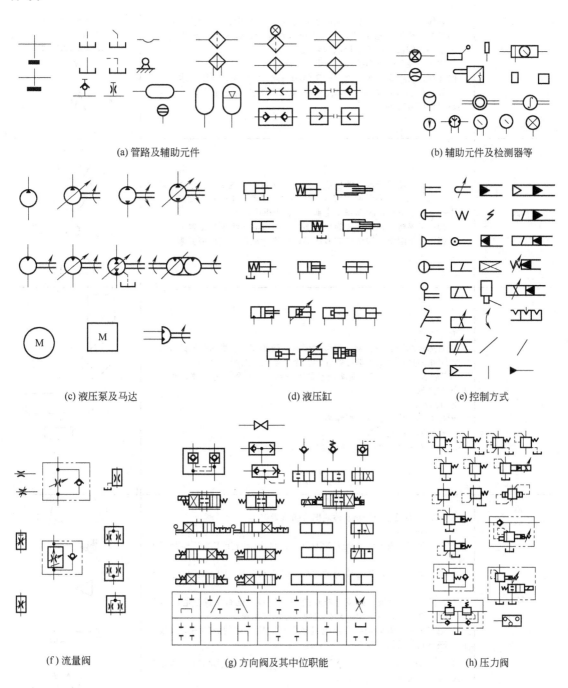

(a) 管路及辅助元件　　　　　　　　　　　　　　　　(b) 辅助元件及检测器等

(c) 液压泵及马达　　　　　　　(d) 液压缸　　　　　　　(e) 控制方式

(f) 流量阀　　　　　　　(g) 方向阀及其中位职能　　　　　　　(h) 压力阀

图 2-1　图形符号示例

表 2-1　液压图形符号构成要素

要素	含　义	图形
点与线	1. 点：表示管路的连接点，表示两条管路或液压阀安装板（集成块）的内部流道是彼此相通的 2. 线：表示油道或管路 实线：表示供油管路、工作压力管路、回油管路、电气线路等 虚线：表示控制油管路、泄油管路、放气管路、过滤材料、过渡位置等 点划线：元件组合框两个或更多元件组成一个组件。点划线所框之内表示若干个液压元件装于同一个集成块体上，或者表示组合阀，或者表示一些阀都装在泵上控制该台泵 双实线：表示机械连接轴、操纵杆、活塞杆 箭头线：箭头表示液流流过的通路和方向，液压泵、液压马达 折线：折线表示弹簧，弹簧、比例电磁铁等上面再加的箭头表示它们是可进行调节的	
圆	大圆：表示能量转换元件框线（泵，压缩机，马达）。例如大圆加一个实心小三角形表示液压泵或液压马达（二者三角形方向相反） 中圆：表示测量仪表框线（控制元件，步进电机） 小圆：用来构成单向阀与旋转接头、机械铰链或滚轮的要素 半圆：表示限定旋转角度的液压马达或摆动液压缸的构成要素	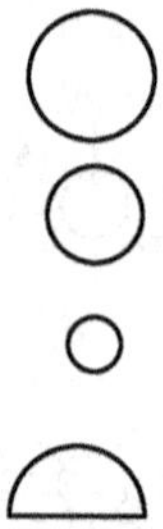
正方形与长方形	1. 正方形 正方形构成控制阀和辅助元件的要素，例如阀体、滤油器的体壳等 水平正方形：表示阀类控制元件、除电动机外的原动机 45°放置正方形：表示流体处理装置框线（过滤器，分离器，油雾器和热交换器） 2. 长方形 大长方形：液压缸体、阀件等 小长方形：控制器等 3. 半矩形：表示油箱	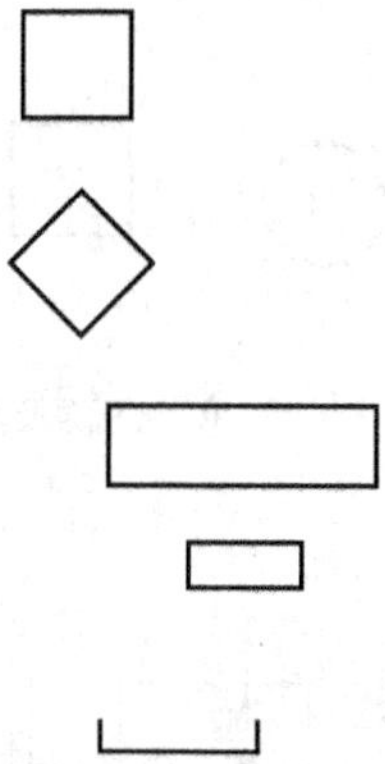
其他	1. 囊形：表示压力油箱、蓄能器、储气罐等 2. 三角形 实心三角形：表示传递压力的方向，并且表示所使用的工作介质为液体 空心三角形：表示传递压力的方向，并且表示所使用的工作介质为压缩空气 泵、马达、液动换向阀及电液阀的图形符号中都有这种实心的三角形，空压机、气动马达中也都有这种空心的三角形 3. 弧线：单、双向箭头表示电机液压泵液压马达的旋转方向，双向箭头表示它们可以正反转 4. 折线等：W 表弹簧，"↯"表电气，"⊥"表示封闭油口，"✕"表节流阻尼小孔（半连通）等	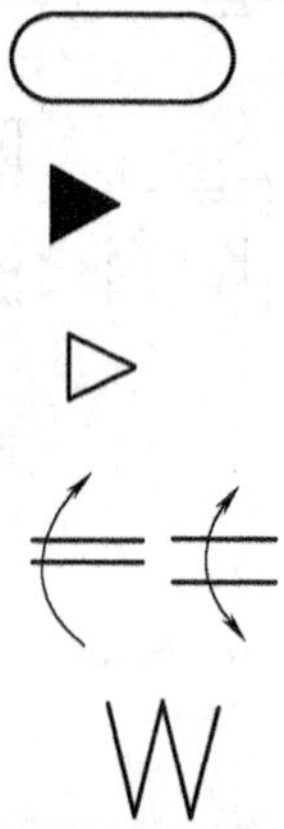

表 2-2　液压图形中各种控制方式的功能要素符号

图形符号	控制方式	图形符号	控制方式
	手动操作		按钮操作
	脚踏操作		电信号（电磁线圈）操作
	2档锁定		液压信号控制操作
	弹簧		电液控制操作
	比例电信号控制操作		气动信号操作
			*——输入信号，**——输出信号

d. 方向阀的图形符号。

· 单向阀与液控单向阀的图形符号（图 2-5）。

· 电磁换向阀的图形符号。 电磁换向阀在工作过程中阀芯有几个停顿位置就叫几位，对应用几个正方形方框表示。 有二个方框"□□"就是二位，三个方框"□□□"就是三位。 换向阀的几通，就是看它有几个油口，如图 2-6 中有 P、T、A、B 四个油口，就是四通。

例如图 2-6 中三位四通电磁阀的图形符号，有三个正方形的方框，两头的小长方形加一根短斜线

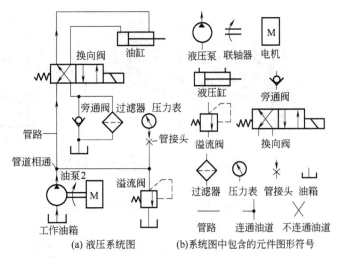

(a) 液压系统图　　　(b)系统图中包含的元件图形符号

图 2-2　液压系统图及液压元件符号

"☑"表示电磁铁，两头的折线"⋁"符号表示弹簧，有 A、B、P、T 四个油口，所以为四通。

三位时，阀芯有三个停位位置，通常正中的方框表示阀芯处在中间位置时液压油的流动状况，左和右的方框分别表示阀芯处于右位或左位时阀的流动状况，把表示液压油流动方向的符号记入该矩形内来表现。 当两端的电磁铁 1DT、2DT 不通电时，阀芯就被弹簧推回到中间位置，即两端弹簧使阀芯对中，油路通路用中间的方框表示，叫"中位机能"。 三位阀有多种不同的中位机能，此例中的中位机能为"⊞"即 A、B、P、T 四个油口彼此均不互通，另外 1DT 或 2DT 通电后的油路接通情况，表达在该电磁铁相靠近的那个方框（左或右）内。

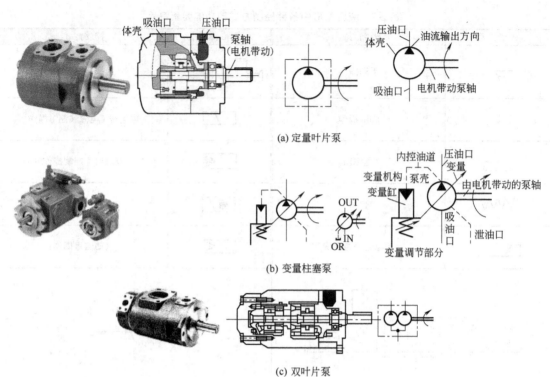

(a) 定量叶片泵

(b) 变量柱塞泵

(c) 双叶片泵

图 2-3　液压泵的外观、结构及图形符号

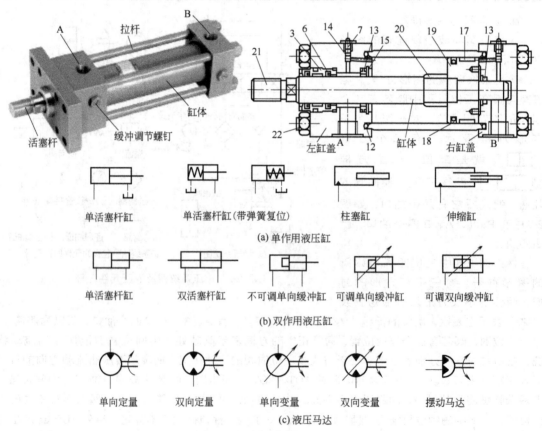

(a) 单作用液压缸

单活塞杆缸　　单活塞杆缸(带弹簧复位)　　柱塞缸　　伸缩缸

(b) 双作用液压缸

单活塞杆缸　　双活塞杆缸　　不可调单向缓冲缸　　可调单向缓冲缸　　可调双向缓冲缸

(c) 液压马达

单向定量　　双向定量　　单向变量　　双向变量　　摆动马达

图 2-4　执行元件的图形符号

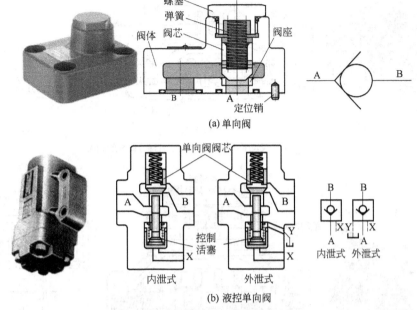

(a) 单向阀

(b) 液控单向阀

图 2-5　单向阀的外观、结构及图形符号

"手动换向阀""液动换向阀""电液动换向阀"等符号的"位""通"概念也与上述相同。

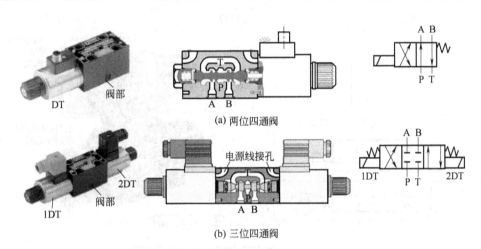

(a) 两位四通阀

(b) 三位四通阀

图 2-6　电磁换向阀的外观、结构及图形符号

· 液动换向阀的图形符号（图 2-7）。 三位有普通型（弹簧对中型）和液压对中型两类；二位液动换向阀常见为弹簧偏置型。 顶盖与阀体之间可装单或双向阻尼调节器，以控制阀芯的换向时间，防止换向冲击。 符号"▷◁""--→--"或虚线表示利用液压力推动阀芯移动，黑三角顶端指向推力的方向。 用空心三角表示时是用压缩空气推动阀芯，为气动换向阀。

· 电液换向阀的图形符号。 图 2-8 为电液换向阀的外形结构与图形符号，电液换向阀的图形符号是电磁阀和液动换向阀的组合。 还可在二者之间加装单向节流阀 [图 2-8（d）]，避免主阀芯换向移动速度过快带来的冲击。

· 手动换向阀的图形符号。 手动换向阀是一种五槽型阀体的滑阀式方向控制阀，采用与阀芯直接连接的手柄直接操控。 操控手柄安装在 A 端或 B 端均可，阀芯可采用复位弹簧偏置或采用机械锁定机构定位（图 2-9）。

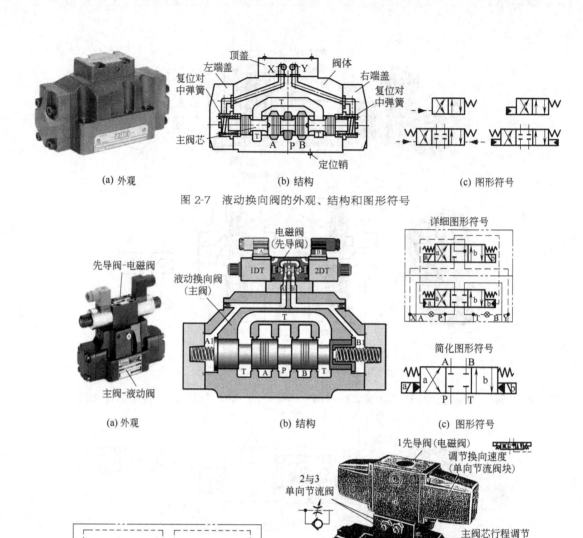

(a) 外观　　　　　　(b) 结构　　　　　　(c) 图形符号

图 2-7　液动换向阀的外观、结构和图形符号

(a) 外观　　　　　　(b) 结构　　　　　　(c) 图形符号

(d) 加装单向节流阀的电液换向阀

图 2-8　电液换向阀的外观、结构及图形符号

·压力阀的图形符号（图 2-10 ~ 图 2-12）。

减压阀的外观、结构与图形符号如图 2-12 所示，看减压阀的图形符号注意它有三个特点：减压阀为外泄式；阀芯为常开的；靠出口油液压力反馈调节。

·流量阀的图形符号。节流阀图形符号特征：不可调节流量阀图形符号为括号背靠背中间有管道，如　；可调节流量的节流阀图形符号在不可调节流量阀图形符号基础上加上液压系统中通用的可调符号即斜箭头，如　　。

调速阀图形符号特征：在可调节流量阀图形符号的基础上加一方框，如　　。

图 2-13 为单向节流阀的外观、结构与图形符号例，使读者对流量阀的图形符号有一个初步认识。

·液压辅助元件的图形符号（图 2-14 ~ 图 2-19）。

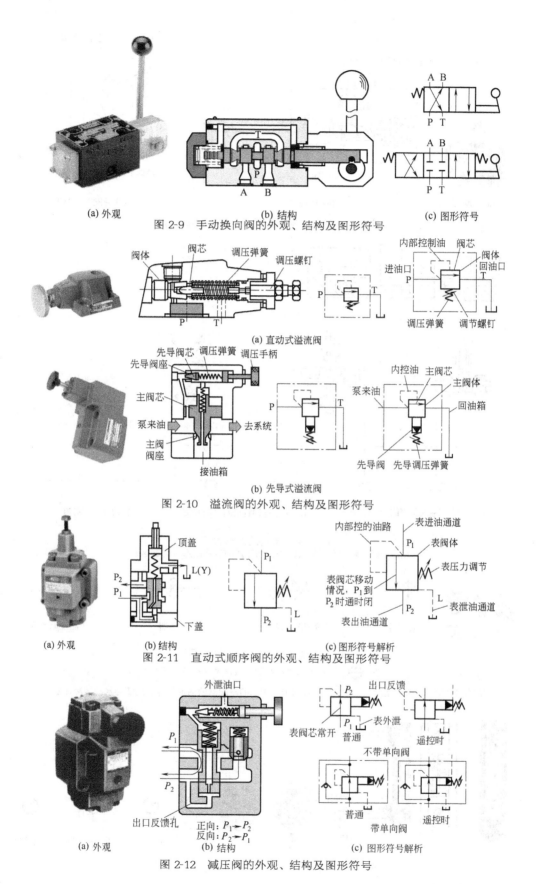

(a) 外观　　　　　　　　　(b) 结构　　　　　　　　　(c) 图形符号

图 2-9　手动换向阀的外观、结构及图形符号

阀体　　阀芯　　调压弹簧　　调压螺钉

内部控制油　　阀芯　　阀体

进油口 P　　　　　　回油口 T

调压弹簧　　调节螺钉

(a) 直动式溢流阀

先导阀芯　　调压弹簧　　调压手柄

先导阀座

主阀芯

泵来油　　　　　　去系统

主阀阀座

接油箱

内控油　　主阀芯

泵来油　　　　　主阀体

回油箱

先导阀　　先导调压弹簧

(b) 先导式溢流阀

图 2-10　溢流阀的外观、结构及图形符号

顶盖

L(Y)

P_2

P_1

下盖

内部控的油路　　表进油通道

P_1　　表阀体

表阀芯移动情况，P_1 到 P_2 时通时闭　　表压力调节

表出油通道　　P_2　　L　　表泄油通道

(a) 外观　　　　　(b) 结构　　　　　(c) 图形符号解析

图 2-11　直动式顺序阀的外观、结构及图形符号

外泄油口

P_1

P_2

出口反馈孔　　正向：$P_1 \rightarrow P_2$　　反向：$P_2 \rightarrow P_1$

出口反馈　　P_2

表阀芯常开　　普通　　P_1　　表外泄

遥控时

不带单向阀

普通　　带单向阀　　遥控时

(a) 外观　　　　　(b) 结构　　　　　(c) 图形符号解析

图 2-12　减压阀的外观、结构及图形符号

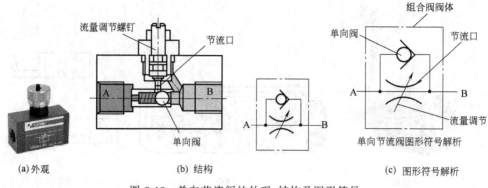

(a)外观   (b) 结构   (c) 图形符号解析

图 2-13 单向节流阀的外观、结构及图形符号

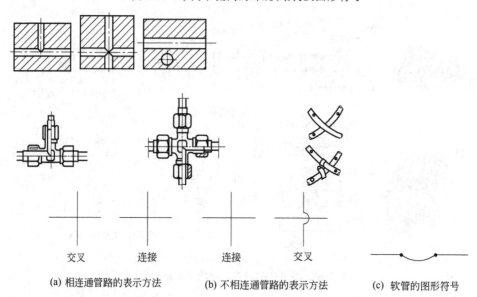

(a) 相连通管路的表示方法   (b) 不相连通管路的表示方法   (c) 软管的图形符号

图 2-14 管路的图形符号
注：主要了解相连通的管路与不相连通的管路图形符号的区别。

一般符号   带冷却剂管路指示   加热器   温度调节器

图 2-15 油冷却器、油温调节器的图形符号

注："◇"表示油冷却器的一般符号或不带冷却水冷却

器的图形符号，例如空冷式。"◇"表示带冷却水的冷却器的图形符号，判断为水冷式冷却器。

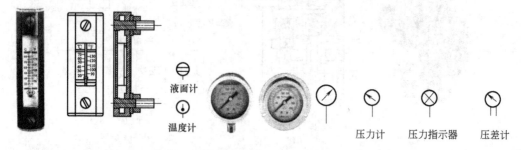

液面计

温度计

压力计   压力指示器   压差计

图 2-16 油面计、温度计与压力表的图形符号

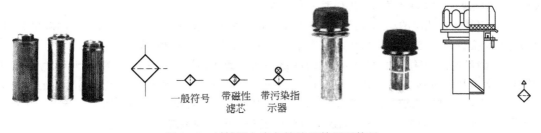

一般符号　带磁性　带污染指
　　　　　滤芯　　示器

图 2-17　过滤器与空气滤清器的图形符号

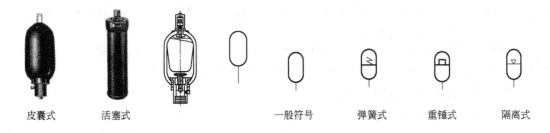

皮囊式　　活塞式　　　　　一般符号　　弹簧式　　　重锤式　　　隔离式

图 2-18　蓄能器的图形符号

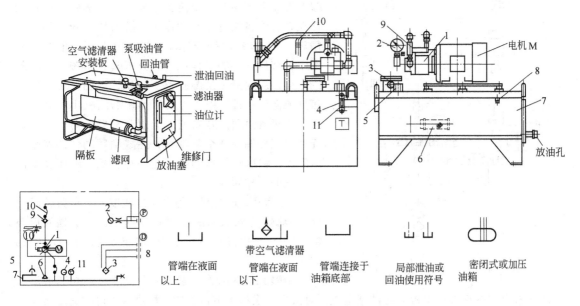

管端在液面　带空气滤清器　管端连接于　局部泄油或　密闭式或加压
以上　　　　　　　　　　油箱底部　回油使用符号　油箱

图 2-19　油箱及油箱上的元件部分图形符号
1—泵；2—压力表；3—过滤器；4—油面计；5—空气滤清器；6—过滤器；
7—油箱；8—接头；9—单向阀；10—软管；11—温度计

2.1.3　阅读液压系统图的步骤与方法

（1）阅读液压系统图的步骤

阅读、分析液压系统图，可分为以下几个步骤。

① 弄清任务和要求　了解液压系统的任务，即哪几个工作或动作由液压担当，以及完成该任务应具备的动作要求和特性。

② 找出实现上述动作要求所需的执行元件 哪几项任务是由液压缸担当？ 哪几项任务是由液压马达担当？ 并搞清其类型、工作原理及性能。

③ 找出液压系统中的动力元件——液压泵 弄清泵的种类（齿轮泵、叶片泵、柱塞泵），是定量还是可变量泵？ 搞懂泵的类型、工作原理、性能以及吸、排油情况。

④ 理清各执行元件与动力元件之间的油路联系 即找出该油路上相关的控制元件，哪几个阀用来控制液压缸或液压马达的运动方向？ 哪些流量阀用来控制液压缸或液压马达的运动速度？ 哪几个压力阀用来控制液压缸输出力的大小和液压马达的输出扭矩的大小？ 弄清其类型、工作原理及性能，从而将一个复杂的系统分解成了一个个单独系统。

⑤ 分析系统中各执行元件由哪些基本回路所组成 即分析构成各执行元件的单独控制系统的组成回路，每个液压元件在回路中的功用及其相互间的关系，实现各执行元件的各种动作的操作方法，弄清油液流动路线。 对复杂系统，将元件、油路分别编号，写出进、回油流动路线，从而弄清各单独回路的基本工作原理。

⑥ 分析各单独回路之间的关系 如动作顺序、互锁、同步、防干扰等，搞清这些关系是如何实现的。 在读懂系统图后，要归纳出系统的特点，以加深对系统的理解。

（2）阅读液压系统图的方法

【方法 1】 抓两头、连中间法

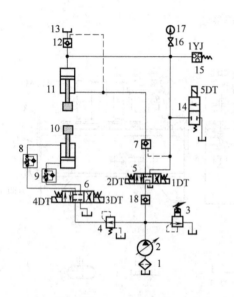

图 2-20 某油压机液压系统图

以图 2-20 所示的某油压机液压系统图为例，介绍"抓两头、连中间"的看图方法，当然看图前先要对整个液压系统图有一个全盘留览，如了解每个执行元件在系统中各执行什么动作（了解各执行元件的动作循环），了解各执行元件动作的相互关系，根据系统图中各液压元件的工作原理，分析其在系统中可能起的作用，从油源（泵源回路）开始，遵循"油液由高压处流向低压处"和"油液尽可能沿液阻小的油路流动"这两条原则，沿油液走向逐步分解，得出各执行元件在工作循环各个步骤中，完成循环动作的各个基本回路，将这些基本回路通盘考虑，就可看懂整个液压系统的工作原理。

"抓两头、连中间"的看图方法按下述步骤进行。

步骤 1：先从系统图中找出两头，一头是液压泵 2，另一头是执行元件（液压缸或液压马达）液压缸 11 与 10。

步骤 2：连中间。"连中间"目的是要知道液压泵与液压缸之间的环节所设置的各种阀是怎样对液压缸进行上下行换向、快进转工进的速度转换等控制的。

① 连中间的第一步是考虑主缸 11 与顶出缸 10 怎么能上下运动。 主缸 11 与顶出缸 10 要上下运动，因而连入了换向阀 5 与 6，控制主缸 11 与顶出缸 10 上下运动，这样便明白了中间的换向阀 5 与 6 的作用。

② 连中间的第二步是找出控制液压缸运动速度的阀。 一般找系统中的流量阀。 此系统中无流量阀而是设置了充液阀 12，液压缸 11 快速下行时充液阀 12 打开，往液压缸 11 上腔充入大量油液供液压缸 11 快速下行用。 为了测量液压缸 11 上腔的压力，设置了压力表开关 16 与压力表 17。

③ 连中间的第三步了解缸 11 是怎样进行下行快速（快进）与慢速（工进）转换的。 有些液

压系统采用"流量阀＋换向阀"组成的快、慢速转换回路，此系统中使用的是变量泵 2，工进时压力升高，升高的压力可使泵的输出流量自动变小而进行快速与慢速转换。

先看快速下行时，由于主缸 11 快速下行时，上腔压力较低，仅管变量泵 2 输出大流量，但因主缸 11 下行近似自由落体，泵供给流量不足，缸 11 上腔低于大气压，充液阀 12 打开，充液油箱内的油液在大气压的作用下补入主缸 11 上腔。 为了测压设置了压力表开关 16 与电接点压力表 17。

④ 第四步分析主缸 11"慢速下行"的动作。 转入工作进给后，液压缸 11 上腔压力升高，此时充液阀 12 关闭。 因为工进时负载增大，缸上腔压力增加，限压式变量泵自动变为小流量，缸下行速度变慢。 设置压力继电器 15 为下一保压作准备。

⑤ 第五步看懂主缸 11 实现"保压"用什么阀。 下行到位，缸上腔压力再升高，使压力继电器 15 发出信号，电磁阀 5 回到中位，由于阀 5 为 M 型，泵中位卸荷。 液控单向阀 7 将回油封闭，缸 11 下腔无油液流动，起保压作用，缸 11 锁紧不动，而缸 11 上腔保持有压力油，即缸 11处于保压状态

⑥ 第六步分析主缸 11 上升前的"泄压"。 为了防止产生"炮鸣"故障，在液压缸 11 回程之前，应先将液压缸 11 上腔压力卸掉后缸 11 方能上升回程，为此设置了二位二通电磁阀 14，让5DT 先通电 1～2s，先卸掉液压缸 11 的上腔压力，使液压缸 11 和机架在上述工进与保压过程中积蓄的大量弹性变形能在缸 11 上行前先得到充分释放，以免在后述上行动作时因液压 11 上腔的压力突然从高压变为低压（通油箱）而产生抖动和巨大响声的所谓"炮鸣"现象。

⑦ 第七步分析主缸 11"回程"动作。 缸 11 上升回程时，是利用阀 5 的 2DT 通电，压力油进入缸 11 下腔、缸 11 上腔回油箱实现的。 注意由于此时充液阀 12 的控制油为压力油而开启，因而缸上腔的回油可直接回到充液油箱，而不必一定要通过阀 5 回油箱了。

⑧ 最后分析"顶出缸 10 上下行的运动方向、运动速度与顶出力大小的控制"。 顶出缸 10上下行方向由电磁阀 6 控制，上下行运动速度分别由单向节流阀 8 与 9 控制，顶出力大小由减压阀 4 控制。

【方法 2】 与实物相对照，看懂液压系统图

图 2-21（a）为混凝土搅拌运输车液压系统图，其对照的实物如图 2-21（b）所示，二者相对照，可以帮助我们看懂液压系统图。

【方法 3】 化整为零，各个击破

任何一台设备的液压系统都是由若干个执行元件根据用途需要完成一些基本的动作及动作循环，控制执行元件实现和完成这些动作需要一些基本回路。 执行元件的数量越多，动作越多，整个液压系统图便越复杂。 这时可采用化整为零的方法，各个击破。 将复杂的液压系统图以单个执行元件为单位，独立拆分，先只考虑该单个执行元件是受哪些控制阀和哪一两种液压基本回路所控制，而先不考虑与此无关的其他部分（控制阀和回路）。

图 2-22 所示的 MJ-50 型数控车床液压系统由卡盘液压缸、刀架转位、刀架刀盘液压缸与尾座套筒液压缸四个执行元件组成。 以执行元件为单位可将该液压系统化整为零拆分为四个部分，看每个部分就比较简单了。

【方法 4】 化繁为简

现代液压设备的液压系统虽然越来越复杂，但是一个复杂的液压系统往往是由一些基本回路组成的。 液压基本回路是由有关液压元件组成，能够完成某一特定功能的基本油路。 拆分这些基本回路，分别分析考虑，可使看图变得简单容易，可能还更清晰。

有些液压系统，包含有若干相同的回路，可以只取其中一个回路为代表，把其中一个回路分析清楚了，整个液压系统便明白了。 这样可大大简化整个液压系统，对读懂看似复杂的液压系统，就变得容易多了。

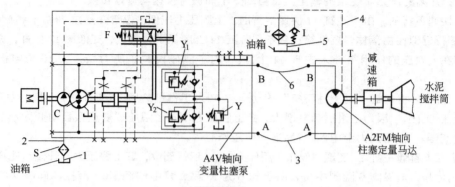

(a) 液压系统图

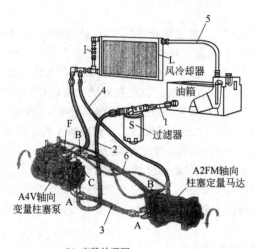

(b) 安装外观图

图 2-21　混凝土搅拌车液压系统

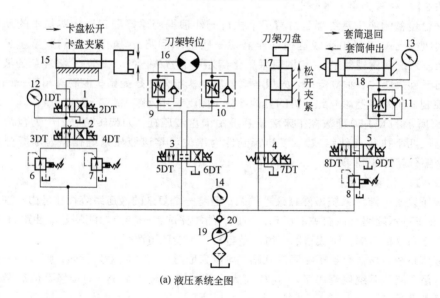

(a) 液压系统全图

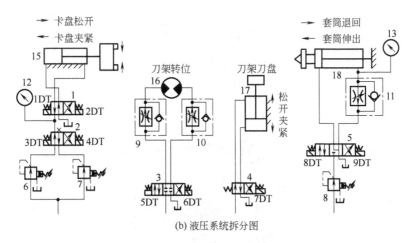

(b) 液压系统拆分图

图 2-22   MJ-50 型数控车床液压系统

1~5—电磁换向阀；6~8—减压阀；9~11—单向调速阀；12~14—压力表；15—卡盘夹紧液压缸；

16—转位液压马达；17—刀架刀盘缸；18—尾座套筒缸；19—变量泵；20—单向阀

例如图 2-23（a）所示的 LLY-815×1000×4 型橡胶定型硫化机液压系统图。 图 2-23 中有 4个相同的基本回路。 看图时只看一个［图 2-23（b）］作为代表，其他暂时略去，可化繁为简。

【方法5】   简化单个元件的符号

如将液压系统图中的各种复杂的变量泵详细符号换成简化符号，可使液压系统图变得简单，例如图 2-24 所示的变量泵，如果暂时未理解其工作原理及其图形符号，可暂用右边的简化符号代替。

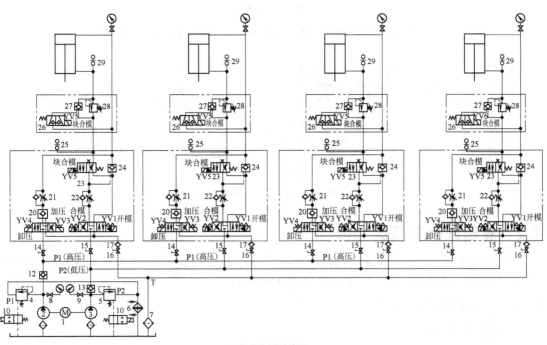

(a) 整个液压系统图

图 2-23

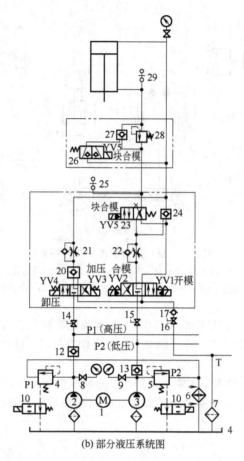

(b) 部分液压系统图

图 2-23　LLY-815×1000×4型橡胶定型硫化机液压系统图

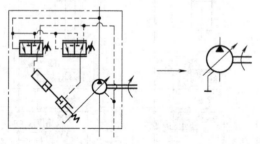

图 2-24　变量泵的图形简化

2.2　液压维修工具的准备

　　"工欲善其事，必先利其器"，器者工具也。为了搞好维修工作，平时预先准备一些必要工具是维修人员必须做的工作。不要到需要用时才去购买。

2.2.1　维修基本工具

（1）拆装工具

　　液压维修工作中避免不了要拆装液压元件，拆装时要用到工具。为了顺利地拆装液压元件，平时便应准备好图 2-25 中所示的基本工具。有些随机带来的专用拆装工具更不能丢失和损坏，否则对某些专用液压件拆装时便会出现困难。

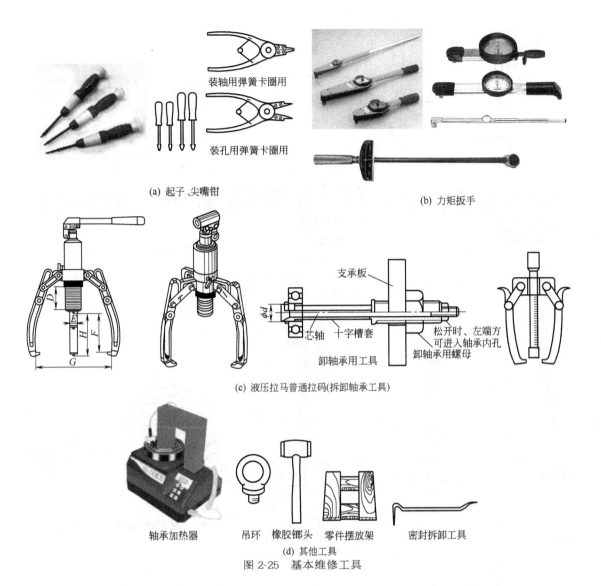

（a）起子、尖嘴钳

装轴用弹簧卡圈用

装孔用弹簧卡圈用

（b）力矩扳手

支承板

芯轴 十字槽套

卸轴承用工具

松开时、左端方可进入轴承内孔

卸轴承用螺母

（c）液压拉马普通拉码(拆卸轴承工具)

轴承加热器 吊环 橡胶锤头 零件摆放架 密封拆卸工具

（d）其他工具

图 2-25 基本维修工具

（2）基本测量工具

维修中对于磨损或损坏的零件经常要进行各种测量，绘出图纸进行修复或加工新件。 基本测量工具见图 2-26：图 2-26（a）为用于测量密封沟槽深度、阀芯外径、泵柱塞孔外径等尺寸的常用量具；图 2-26（b）、（c）为用于测量阀孔、泵柱塞孔等尺寸的常用量具；图 2-26（d）为用于测量角度，如柱塞泵斜盘的斜角；图 2-26（e）为用于测量零件厚度尺寸，如泵叶片的厚度；图 2-26（f）为用百分表测量泵轴、马达轴径向跳动的方法。

（3）去毛刺工具

阀芯台肩与阀体孔沉割槽上的毛刺容易导致阀芯卡死，修理中应将阀芯台肩与阀体孔沉割槽尖棱边上的毛刺清除干净。 常用手工去除毛刺工具有图 2-27（a）～（d）中所示的几种，去除毛刺后用图 2-27（e）中所示的几种工具抛光。 去毛刺刷已有专门厂家生产可供货。

2.2.2 液压元件修理工具及修理方法

（1）研磨工具

① 外圆研具 外圆研具是用来研磨外圆柱面（如阀芯、柱塞）的研具，通常称做研磨环，研

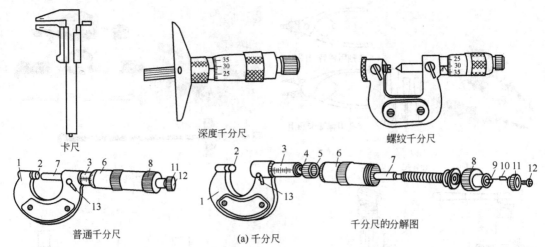

卡尺　　　　　　　　　深度千分尺　　　　　　　　螺纹千分尺

普通千分尺　　　　　　　(a) 千分尺

千分尺的分解图

1—尺架；2—测砧；3—固定套筒(主尺)；4—衬套；5—螺母；6—微分筒(副尺)；7—侧微螺杆；8—罩壳；9—弹簧；10—棘爪；
11—棘轮；12—螺钉；13—手柄(锁紧装置)

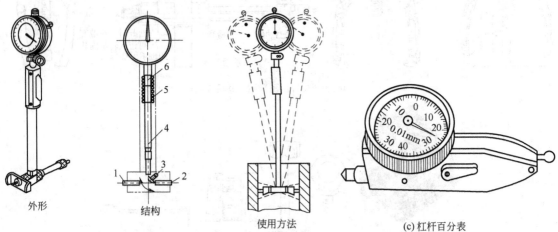

外形　　　　　　　结构　　　　　　　使用方法　　　　　　(c) 杠杆百分表

1—可换测头；2—活动测头；3—摆块；4—杆件；5—弹簧；6—量杆(百分表触头)
(b) 内径百分表(测量阀孔、泵柱塞孔等)

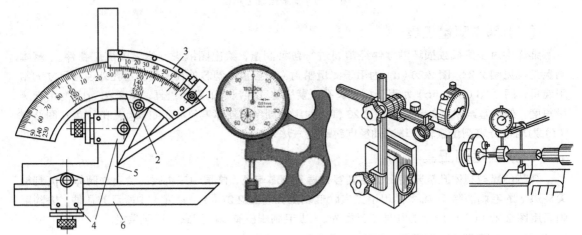

(d) 万能角尺　　　　　(e) 测厚表(测厚规、测厚仪、厚薄规)　(f) 百分表测量圆柱轴(如泵轴)的径向跳动

1—主尺；2—扇形板；3—副尺(游标)；
4—套箍；5—直角尺；6—直尺

图 2-26　基本测量工具

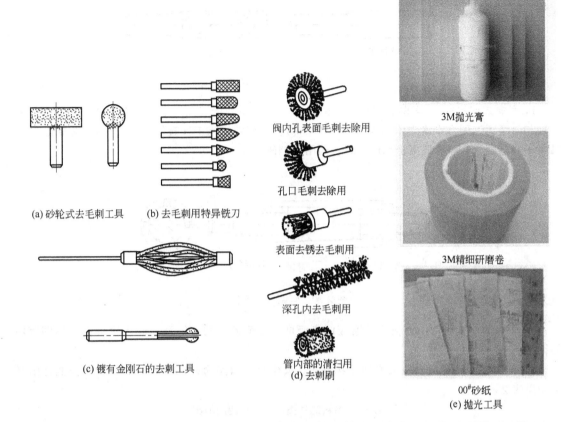

(a) 砂轮式去毛刺工具   (b) 去毛刺用特异铣刀

(c) 镀有金刚石的去刺工具

阀内孔表面毛刺去除用

孔口毛刺去除用

表面去锈去毛刺用

深孔内去毛刺用

管内部的清扫用
(d) 去刺刷

3M抛光膏

3M精细研磨卷

00#砂纸
(e) 抛光工具

图 2-27　去毛刺工具

磨环的类型有以下三种：整体式研磨环［图 2-28（a）］，用于研磨外圆柱面，内孔直径磨损后无法调整；带研磨套开口式研磨环［图 2-28（b）］，通过调节其右端的螺钉可调节研磨环内孔的尺寸，用于研磨直径较大的外圆柱面；三点式研磨环［图 2-28（c）］，它是在整体研具架的内径上开三个槽，然后镶入三条研磨块而形成，主要用于研磨高精度的外圆柱面。

　　以上三种研磨环的内径均要求比工件的研磨直径大 0.025～0.05mm，研磨环的长度约为研磨表面长度的 1/2～1/4。

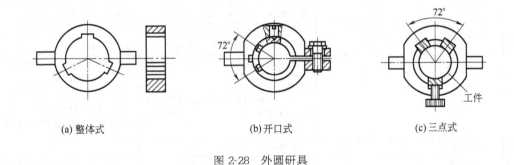

(a) 整体式   (b) 开口式   (c) 三点式

图 2-28　外圆研具

　　② 内孔研具　内孔研具用来研磨阀孔、泵的柱塞孔以及短液压缸孔等。

　　a. 固定式研磨棒。　固定式研磨棒分为光滑式和开槽式两种，如图 2-29 所示，光滑式研磨棒刚性好，研磨精度高，主要用于精研直径小于 8mm 的小孔；开槽式研磨棒研磨效率较高，但研磨精度稍差，用于 12mm 以下小孔的粗研加工。

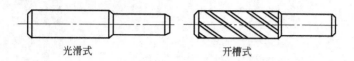

光滑式　　　　　　开槽式

图 2-29　固定式研磨棒

　　b. 可调式研磨棒。 可调式研磨棒如图 2-30 所示，研磨棒能在一定尺寸范围内进行调整，其心轴与研磨套的配合锥度为（1∶20）~（1∶50），锥套外径比工件直径小 0.01~0.02mm，分开槽和不开槽两种，前者适用于粗研，后者适用于精研。

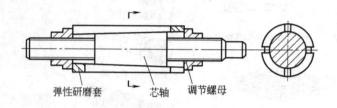

弹性研磨套　　　芯轴　　调节螺母

图 2-30　可调式研磨棒

　　③ 研磨剂　研磨剂由磨料和研磨液调制而成，应按各自的性能及不同用途来选用不同磨料的种类。

　　a. 磨料的种类。 磨料主要有氧化物磨料、碳化物磨料及金刚石磨料三种，其各自的性能及用途见表 2-3。

表 2-3　磨料的种类、特性与使用范围

系列	磨料名称	代号	特性	适用范围
氧化铝系	棕刚玉	GZ（A）	棕褐色，硬度高，韧性大，价格便宜	粗、精研磨钢、铸铁和黄铜
	白刚玉	GB（WA）	白色，硬度比棕刚玉高、韧性比棕刚玉差	精研淬火钢、高速钢、高碳钢及薄壁零件
	铬刚玉	GC（SA）	玫瑰红或紫红色，韧性比白刚玉高，磨削粗糙度值低	研磨量具、仪表零件等
	单晶刚玉	GD（SA）	淡黄色或白色，硬度和韧性比白刚玉高	研磨不锈钢、高钒高速钢等强度高、韧性大的材料
碳化物系	黑碳化硅	TH（C）	黑色有光泽，硬度比白刚玉高，脆而锋利，导热性和导电性良好	研磨铸铁、黄铜、铝、耐火材料及非金属材料
	绿碳化硅	TL（GG）	绿色，硬度和脆性比黑碳化硅高，具有良好的导热性和导电性	研磨硬质合金、宝石、陶瓷、玻璃等材料
	碳化硼	TP（BC）	灰黑色，硬度仅次于金刚石，耐磨性好	精研磨和抛光硬质合金、人造宝石等硬质材料
金刚石系	人造金刚石		无色透明或淡黄色、黄绿色、黑色，硬度高，比天然金刚石略脆，表面粗糙	粗、精研磨硬质合金、人造宝石、半导体等高硬度脆性材料
	天然金刚石		硬度最高，价格昂贵	
其他	氧化铁		红色至暗红色，比氧化铬软	精研磨或抛光钢、玻璃等材料
	氧化铬		深绿色	

　　b. 磨料的粒度。 磨料的粗细用粒度表示，有两种表示方法。

　　· 粒度号：颗粒尺寸大于 50μm 的磨粒，用筛网法测定，粒度号代表的是颗粒通过的筛网在每 25.4mm（1英寸）长度上所含的孔眼数，其粒度号越大则磨粒越细。

·微粉：颗粒尺寸小于 $50\mu m$ 的磨粒，用其实测尺寸前加微粉符号"W"表示，如"W35"表示颗粒尺寸大小为 $35\sim30\mu m$。

磨粒粗细规格的选用的原则是：研磨精度越高，则选用磨料越细，具体要求如表 2-4。

表 2-4　磨料的粒度与加工精度

号数	研磨加工类别	可达表面粗糙度 Ra
W100～W50	用于最初的研磨加工	—
W40～W20	用于粗研磨加工	$0.4\sim0.2\mu m$
W14～W7	用于半精研磨加工	$0.2\sim0.1\mu m$
W5 以下	用于精研磨加工	$0.1\mu m$ 以下

c. 研磨剂的配制。　研磨剂主要有液态研磨剂和研磨膏两大类。　可以购买，也可自行配制。

·液态研磨剂。　液态研磨剂主要用于湿研，配方见表 2-5。

表 2-5　液态研磨剂的配方

配　方	调　法	用　途
金刚砂 2～3g 硬脂酸 2～2.5g 航空汽油 80～100g 煤油数滴	先将硬脂酸和航空汽油在清洁的瓶中混合，然后放入金刚砂摇晃至乳白状且金刚砂不易沉下为止，最后滴入煤油	研磨叶片及各种硬度高的液压元件零件
白刚玉（W7）16g 硬脂酸 8g 蜂蜡 1g 航空汽油 80g 煤油 95g	先将硬脂酸与蜂蜡溶解，冷却后加入航空汽油搅拌，然后用双层纱布过滤，最后加入磨料和煤油	用于精研磨，如配流盘端面等

·研磨膏。　常用研磨膏有刚玉类研磨膏、碳化硅类研磨膏，其配方见表 2-6、表 2-7。　刚玉类主要用于钢铁材料研磨，碳化硅类主要用于硬质合金、陶瓷和半导体等材料的研磨。

表 2-6　刚玉类研磨膏成分及用途

粒度号	成分及比例/%				用途
	微粉	混合脂	油酸	其他	
W20	52	26	20	硫化油 2 或煤油少许	粗研
W14	46	28	26	煤油少许	半精研及研磨窄长表面
W10	42	30	28	煤油少许	半精研
W7	41	31	28	煤油少许	精研及研端面
W5	40	32	28	煤油少许	精研
W3.5	40	26	26	凡士林 8	精细研
W1.5	25	35	30	凡士林 10	精细研及抛光

表 2-7　碳化硅、碳化硼研磨膏成分及用途

名称	成分及比例/%	用途
碳化硅	碳化硅（240号～W40）83、黄油 17	粗研
碳化硼	碳化硼（W20）65、石蜡 35	半精研
混合研磨膏	碳化硼（W20）35、白刚玉（W20～W10）与混合脂 15、油酸 35	半精研
碳化硼	碳化硼（W7～W1）76、石蜡 12、羊油 10、松节油 2	精细研

④ 研磨的方法

a. 研磨余量与研磨压力。　研磨是微量切削，每遍切除量不超过 0.002mm。　因此研磨余量不能太大，一般研磨量在 0.005～0.03mm 之间。　根据外圆、内孔及平面尺寸作不同选择，大尺寸选大值，小尺寸选小值。

在液压件的研磨维修中,应保持适当的研磨压力,以便磨料均匀地嵌入研具表面。 研磨压力过大,磨料易嵌入,但切削量大,表面粗糙度大,易压碎磨料而划伤表面;若研磨压力过小,则磨料不易嵌入,无法正常切削。 压力应根据湿研磨或干研磨不同而进行选择,研磨压力的选择见表2-8。

表2-8 研磨压力的选择   单位:MPa

类型	平面	外圆	内孔	其他
湿研	0.10~0.15	0.15~0.25	0.12~0.28	0.08~0.12
干研	0.01~0.10	0.05~0.15	0.04~0.16	0.03~0.10

b. 平面研磨的方法。 阀体的密封面、集成块的安装面、叠加阀的贴合面以及泵配油盘端面均是采用平面研磨的方法。 研磨时,保持较为复杂的相对运动轨迹是保证获得很小表面粗糙度的关键,手工研磨时,常用的研磨轨迹有图2-31中的几种。

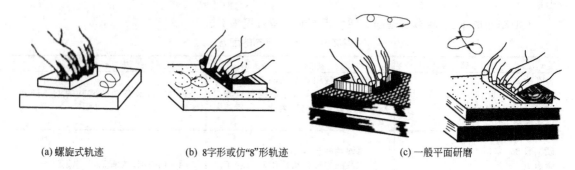

(a) 螺旋式轨迹   (b) 8字形或仿"8"形轨迹   (c) 一般平面研磨

图2-31 平面研磨的方法

c. 外圆研磨的方法。 外圆研磨的方法包括纯手工研磨法与机械配合手工研磨法两种。

纯手工研磨[图2-32(a)]时,将工件外圆柱面涂敷一层薄而均匀的研磨剂,然后装入研具孔内,调整好间隙,使工件做正、反两方向转动的同时,又做相对轴向运动,如图2-32(a)中的箭头所示。

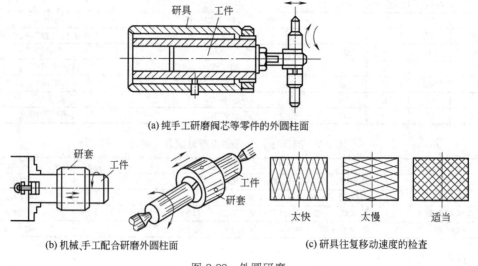

(a) 纯手工研磨阀芯等零件的外圆柱面

(b) 机械、手工配合研磨外圆柱面   (c) 研具往复移动速度的检查

图2-32 外圆研磨

机械配合手工研磨法是将工件装夹上机床主轴上做低速转动,手握研具做轴向往复运动进行研磨,如图2-32(b)所示,采用这种方法研磨时,应使工件转速与研具的往复运动相协调,检查

方法是使工件上研磨出来的网纹与工件中心线成 45° 的交角，研具往复移动的速度太快或太慢如图 2-32（c）所示。

d. 内孔研磨的方法。 内孔研磨的方法与外圆柱面研磨方法相似，也分为纯手工研磨和机械与手工配合研磨两种。

纯手工研磨内孔的方法见图 2-33（a），先将工件固定好，再将研磨剂均匀地涂在研具表面上，然后塞入研磨孔中，用手转动研具的同时做轴向往复运动。

机械与手工配合研磨内孔如图 2-33（b）所示，将研磨棒夹在机床主轴上，并在其上涂研磨剂，低速转动主轴，手握工件在研磨棒上做均匀往复移动，研磨速度常取 0.3~1m/s。

（2）金刚石铰刀修复孔类零件

① 金刚石铰刀　金刚石铰刀加工阀孔是孔加工工艺的一个突破。 这个方法加工精度高（圆度和圆柱度可在 0.001mm 以内），是到目前为止国内外加工阀孔仍普遍采用的一项新工艺，笔者在 20 世纪设计过的金刚石铰刀如图 2-34（a）所示。 这种刀具完全可以用来修复阀孔之类的孔类零件，现在市场上有售。

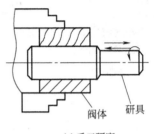

(a) 手工研磨

前导向套的作用是引导待加工孔，使铰刀套顺利进入被加工孔内。 后导向套用于退刀导向用，以保证工件加工孔的直线性，前后导向套约为被加工孔长的 2/3，均用 HT200 制造，前导向套外径尺寸比待加工孔尺寸小 0.02~0.03mm，后导向套外径尺寸比已加工孔径尺寸小 0.015~0.02mm。 铰刀刀杆体用 40Cr 制造，经淬火磨 1:50 锥面，与刀套内锥面配研，接触面积不少于 80%。

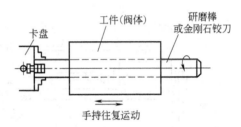

(b) 机械与手工配合研磨

图 2-33　内孔的研磨方法

金刚石铰刀的关键零件——刀套外圆表面上均匀地电镀上一层经筛选的形状、颗粒、尺寸基本一致的金刚石颗粒或微粉。 金刚石颗粒锋利的尖角形成铰刀众多的切削刃来切除阀孔余量，铰刀套上开有螺旋槽，便于通过 1:50 锥面调节不同加工尺寸，铰刀的切削部分导角，直接影响金刚石铰刀的耐压度，加工表面粗糙度和切削时的轴向力的大小，一般取为 0°15′~0°20′，圆柱校正部分的作用是修正孔径尺寸、摩擦抛光与保持铰刀套在孔正确导向，长度一般可取孔长的 0.6~0.8 倍，倒锥导向部分主要起退刀作用，γ 角约为 0°10′，长度顺、倒锥部分均为 15mm 左右 [图 2-34（b）]。

② 金刚石铰刀修复阀孔的方法　金刚石铰刀修复阀孔一般可在普通机床进行。 液压件生产厂目前多用图 2-35 所示之类的简单专机进行加工。

一般工件往复一次 10~20s，主轴头转速以 400~750r/min 为宜。 过快容易产生振动，太慢会使孔径和精度降低。 切削时以煤油、弱碱性乳化液或者 80% 煤油加 20% 的液压油作冷却液。

（3）电刷镀修复外圆类零件

电刷镀是修复磨损液压零件的一种常用方法（见图 2-36）。 电镀速度快，结合强度高，简单灵活，刷镀可获得小面积、薄厚度（0.001~1.0mm）的快速镀层。 除了用于修复阀类零件阀芯外圆面和阀孔外，它还可以修复诸如泵配油盘端面、齿轮泵齿轮端面、各种相配合的油封密封面、泵轴及液压马达的轴承座或轴承相配合表面等其他磨损和配合间隙超差的液压零件。

电刷镀从本质上讲是溶液中的金属离子在负极（工件）上放电结晶的过程，与一般槽镀相同。

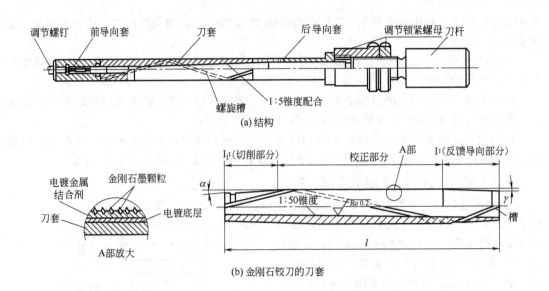

(a) 结构

(b) 金刚石铰刀的刀套

图 2-34　金刚石铰刀的结构

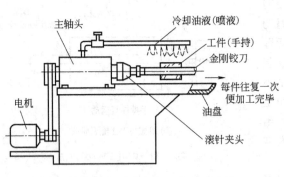

图 2-35　金刚石铰刀加工阀孔示意图

工件接电源负极，镀笔接电源正极（图 2-36），靠浸满镀液的镀笔在工件表面上擦拭而获得电镀层。但是，刷镀时镀笔和工件有相对运动，因而被镀表面不是整体而只是在镀笔与工件接触的地方发生瞬时放电结晶，允许使用比槽镀大几倍到几十倍的电流密度（最高可达 500A/dm^2），因而镀积速度比槽镀快 5~50 倍。

用刷镀方法修复液压件需要购置专用电源设备（如 ZKD-1 型）和镀笔（如 ZDB1~ZDB4 号）。

根据零件不同形状，阳极有圆柱（SMI）、圆棒（SMⅡ）、半圆（SMⅢ）、月牙（SMⅣ）、带状（SMV）、平板（SMⅥ）及线状扁条（PI）等多种，石墨和铂-铱合金是比较理想的不溶性阳极材料。

刷镀电镀溶液包括：①预处理溶液，提高镀层与基体的结合强度；②电镀溶液；③退镀溶液及钝化溶液，除去不合格镀层，改善镀层质量。

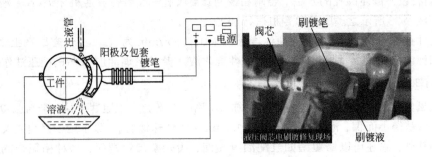

图 2-36　电刷镀修复外圆类零件

第 3 章

液压泵的使用与维修

3.1 概述

3.1.1 液压泵的作用

液压泵是液压系统的心脏，简称液压泵。在液压系统中，一定至少有一个泵。液压泵是一种能量转换装置，它的作用是使流体发生运动，把机械能转换成流体能（也叫做液压能）。

泵是液压传动系统中的动力元件，由原动机（电动机或发动机）驱动，从原动机（电动机、发电机等）的输出功率中获取机械能，并把它转换成流体的压力能，为系统提供压力油液，然后，在需要做功的场所，由执行元件（液压缸或液压马达）把流体压力能转换成机械能输出。

3.1.2 液压泵的分类及选用

（1）液压泵的分类

一般地说泵不是容积式泵便是非容积式泵，液压系统中的液压泵属于容积式泵。

所谓容积式泵，是指依靠密封容积变化实现吸、排油液的泵，密封容积的存在与密封容积能变化，是所有容积泵的工作原理关键所在。

所谓密封容积，在齿轮泵上指的是，由两个齿轮相互啮合的齿和端盖所构成的油腔；在叶片泵上指的是由两个相邻的叶片、定子、转子及两侧板构成的油腔（也叫工作空间）；在柱塞泵上指的是，由柱塞和柱塞缸体所构成的油腔。

容积式泵，是在回转过程中，把油液从吸油口吸进来，充满于油腔，然后输送到排油口排出去。由此可见，容积式泵的排量取决于油腔的可变容积的大小，同压力无关。

常见的水泵为非容积式泵，为离心式泵，水泵的吸水口埋入水中，水泵壳体内灌满水，当电机或柴油机带动水泵的叶轮高速旋转时，由于叶轮的旋转搅动作用，产生离心力，将水从排出口抛出而工作。

液压系统中使用的液压泵有多种类型，液压泵的分类如下。

① 按泵的结构主要分为：齿轮泵（含摆线泵）、叶片泵、柱塞泵和螺杆泵等（图 3-1）。

② 按流量是否可调节分为：变量泵和定量泵。输出流量可以根据需要来调节的称为变量泵，流量不能调节的称为定量泵。

各类液压泵的定义见表 3-1。

（2）液压泵的选用

液压泵是液压系统的动力元件，它决定着整个系统压力、流量的大小。因此，应根据系统所要求的压力、流量、价格以及工作稳定性、准确性等来选用液压泵，并考虑到各种泵的优缺点（表 3-2），最后选取泵。

① 根据工作压力高低选取泵：柱塞泵压力 31.5MPa；叶片泵压力 6.3MPa，高压化以后可达 31.5MPa；齿轮泵压力 2.5MPa，高压化以后可达 25MPa。

② 根据是否要求变量选取泵：如要求变量则可选用单作用叶片泵、轴向柱塞泵、径向柱塞泵。

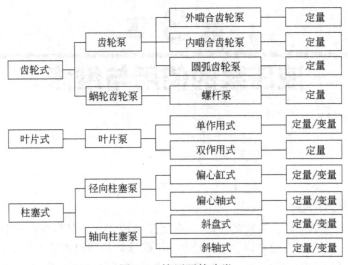

图 3-1   液压泵的分类

表 3-1   各类液压泵的定义

名称	定义	名称	定义
液压泵	将机械能转换为液压能的装置	螺杆泵	具有一个或多个螺杆在腔体内转动而工作的泵
容积式泵	流体能量的增加来自压力能的泵，其输出流量与轴的转速有关	柱塞泵	由一个或多个柱塞往复运动而输出流体的泵
变量泵	排量可改变的泵	轴向柱塞泵	柱塞轴线与缸体轴线平行或略有倾斜的柱塞泵，柱塞可由斜盘或凸轮驱动
定量泵	排量不可改变的泵		
泵的控制	为调节输出流量或流向而对变量泵进行的控制	径向柱塞泵	柱塞径向排列的泵
		斜轴式柱塞泵	驱动轴线与缸体轴线成一角度的轴向柱塞泵
齿轮泵	由两个或多个齿轮啮合作为流体能量转换件的泵	手动泵	用手操作的泵
		多级泵	几个串联工作的泵
叶片泵	转子旋转时，由与凸轮环接触的一组径向滑动的叶片输出流体的泵	多联泵	用一个公用轴驱动两个或两个以上的泵

③ 根据工作环境选取泵：齿轮泵的抗污染能力最好。

④ 根据噪声指标要求选取泵：低噪声泵有内啮合齿轮泵、双作用叶片泵和螺杆泵，双作用叶片泵和螺杆泵的瞬时流量均匀。

⑤ 根据效率选取泵：轴向柱塞泵的总效率最高；同一结构的泵，排量大的泵总效率高；同一排量的泵在额定工况下轴向柱塞泵总效率最高。

表 3-2   各种泵的优缺点及应用范围

种类	优缺点及应用范围
齿轮泵	结构简单，价格较低，工作可靠，维护方便，对冲击负载适应性好，旋转部分惯性小。轴承负载较大，磨损较快，同叶片泵、柱塞泵比较，效率最低。多用在机床、工程机械、矿山机械、农业机械上
叶片泵	结构紧凑，外形尺寸小，运转平稳，流量均匀，脉动及噪声较小，寿命较长，效率一般高于齿轮泵，价格低于柱塞泵。中小流量的叶片泵常用在节流调节的系统中，大流量的叶片泵，为避免功率损失过大，一般只用在非调节的液压系统。叶片泵多用在机床、油压机、车辆、工程机械和塑料注射机的液压系统上
柱塞泵	结构紧凑，寿命长，噪声低，压力高，流量大，单位重量功率比大，易于实现流量的调节和流向的改变，但结构复杂，价格较高。柱塞泵，特别是轴向柱塞泵被广泛地应用在要求压力高，流量大并需要调节的大功率的液压系统上
螺杆泵	螺杆泵实质上是一种齿轮泵，其特点是结构简单，重量轻；流量及压力的脉动小，输送均匀，无紊流，无搅动，很少产生气泡；工作可靠，噪声小，运转平稳性比齿轮泵和叶片泵高，容积效率高，吸入扬程高。但加工较难，不能改变流量。适用于机床或精密机械的液压传动系统。一般应用两螺杆或三螺杆泵，有立式及卧式两种安装方式。一般船用螺杆泵用立式安装

表 3-3 液压泵的分类及性能比较

分类	性能	压力范围/MPa	排量范围/(mL/r)	流量脉动	较高转速	容积效率/%	总效率/%	额定压力/MPa	功率质量比/(kW/kg)	自吸性能	噪声	价格	抗污染能力	吸入性能	变量	其他
齿轮泵	外啮合	2.5~25	0.3~650	大	很高	0.7~0.9	0.6~0.8			优	较大	最低	优	较好	不能	齿轮常用渐开线齿形
	内啮合	≤30	0.8~300	小	高	0.8~0.95	0.8~0.9			较好	较小	低	中	较好	不能	齿轮常用渐开线或摆线齿形
摆线转子泵		0~16	2.5~150	很小	中	0.8~0.9	0.7~0.8			较好	较小	较低	中	较好	不能	
叶片泵	双作用	6.3~32	0.5~480	很小	较低	0.75~0.9	0.7~0.8			一般	很小	中低	中	一般	不能	常用于要求噪声较低的场合
	单作用	≤6.3	1~320	小	较低	0.8~0.95	0.7~0.85			一般	小	中	中	一般	能	
凸轮转子泵		~8	2.5~150	小	低	0.8~0.9				较好	小	中低	中			
轴向柱塞泵	斜盘式	≤4.0~70	0.2~560	大	中	0.85~0.9	0.85~0.9			差	最大	贵	差	差	能	有通轴式和不通轴式两种
	斜轴式	≤40	0.2~3600	大	中	0.85~0.9				差	最大	贵	较差	差	能	流量及功率最大多用于大功率场合
径向柱塞泵		10~20	20~720	大	低	0.8~0.9	0.8~0.85			差	很大	贵	中	差	能	使用较少
螺杆泵		2.5~10	25~1500	最小	最高	0.8~0.9				最好	最小	贵	差	最好	不能	用于低噪声场合，抗污染能力好

3.1.3 各种液压泵的性能比较

液压设备上使用的各类液压泵，由于结构形式和工作原理上的差异，其性能上也存在差异，各种液压泵的性能比较见表3-3。

3.1.4 工作原理及工作条件

（1）液压泵的工作原理

如图3-2所示，注射器在吸入注射液之前，首先把注射器套管内的芯子按到管底［图3-2（a）］，然后将针头插入装有注射液的瓶中，当把芯子往上拉时，套管下端的封闭腔的容积逐渐增大，于是该封闭腔内形成一定的真空度，这时作用在注射液药瓶液面上的大气压力便把注射液压入到注射器内［图3-2（b）］，这是注射器内封闭腔的容积由小变大形成一定的真空度所产生的"吸"液作用，对液压泵这一过程叫"吸油"。

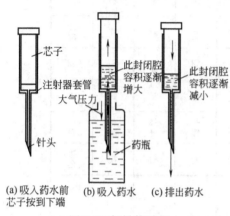

图 3-2 打针的过程

反之注射时刚好相反，当推动芯子下行，注射器内封闭腔的容积由大变小，注射液便被挤出注入人体内［图3-2（c）］，对液压泵这一过程叫"压油"或"排油"。

以图3-3所示的手动泵为例，泵的吸、压油过程与上述打针的过程相同。图3-3（a）为吸油的情形，图3-3（b）为压油的情形。

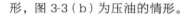

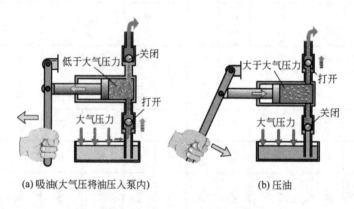

(a) 吸油(大气压将油压入泵内)　　　　　　(b) 压油

图 3-3 手动单柱塞泵的原理

（2）液压泵正常工作的基本条件

各类液压泵构成泵送作用的元件不同，但泵送原理是相同的，所有的泵在吸油侧容积增大，在压油侧容积减小。通过上述分析可以得出液压泵的工作原理和注射器工作时的情况完全一样，液压泵能正常吸油和压油必须满足三个条件。

① 要有两个或两个以上的封闭容腔，以构成液压泵的吸油腔（区）和压油腔（区）。

② 所有封闭容腔的容积可逐渐变大或变小：能逐渐变大者，腔内可形成一定的真空度，大气压通过插入油箱油面以下的密封管路，将油箱内的油液压入该有一定真空度的腔内，称为"吸油"；容积变小的密封腔，利用其油液的不可压缩特性，将油液从压油口压出，输往液压系统。

③ 吸油腔与压油腔要能彼此被隔开：液压泵在吸排油区之间多采用一段密封区将二者隔开，如采用端面的盘配油（配流）方式；或者采用阀式配油或轴配油的方式将吸、压油区隔开。

未被隔开或隔开得不好而出现压、吸油区相通，则吸油腔形成不了一定程度的真空度，导致吸不上油，或者不能吸足油液（油中带气泡）；压油腔则不能输出压力油或输出的油液压力流量不够。例如叶片泵和轴向柱塞泵为端面配油盘配流，径向柱塞泵为配流轴配流或阀式配流。

上述液压泵的三个必要条件在后述所有的泵中都得到了满足。理解这三个条件，对于分析"泵吸不上油"等故障提供了清晰的思路和排除故障的途径。记住三个条件，对后述各种液压泵工作原理的掌握，便抓到了根本。

3.1.5 主要性能参数与常用计算公式

（1）主要性能参数

① 排量 q 指泵轴转一周排出的液体体积，理论上泵的排量只取决于其工作机构的几何尺寸。液压泵有定排量泵与变排量泵两种，简称定量泵与变量泵。前者排量恒定，后者排量可变（通过变量机构实行）。

② 理论流量和实际流量 泵的理论流量 Q_0 是指在不考虑泄漏及液体压缩性的情况下，单位时间（1min）内输出的液体体积。它等于泵的排量 q 与单位时间转速 n 的乘积，即

$$Q_0 = qn \tag{3-1}$$

液压泵在将机械能变为液压能时，会有一定的能量损失，例如机械运动副之间的摩擦引起的机械损失，还有泵的泄漏造成的流量损失等，泵的实际流量 Q 要小于理论流量 Q_0。

③ 容积效率、机械效率与总效率 液压泵的容积效率 η_v 等于实际流量和理论流量的比值：

$$\eta_v = \frac{Q}{Q_0} = 1 - \frac{\Delta Q}{Q_0}$$

ΔQ 为泵的泄漏量。由于存在机械损耗，泵的输入功率 N_λ（即电机或发动机的驱动功率）必然大于泵的理论输出功率 N_0，其机械效率 η_m 为

$$\eta_m = \frac{N_0}{N_\lambda} = \frac{M_{0\omega}}{N_{\lambda\omega}} = \frac{M_0}{M_\lambda} \tag{3-2}$$

式中 M_λ——输入泵的实际转矩；

M_0——泵的理论转矩。

根据液压泵每转的机械功应等于液压泵每转输出的液压功的原理 $M_{0\omega} = pQ$ 可得

$$M_0 = \frac{pQ}{2\pi} \tag{3-3}$$

$$\eta_m = \frac{pQ}{M_\lambda 2\pi} \tag{3-4}$$

式中，p 为泵的工作压力。

液压泵的总效率 η 为：$\eta = \eta_v \eta_m = \dfrac{\text{输出的液压功率}}{\text{输出的机械功率}}$

④ 工作压力、额定压力与最高压力 液压泵的工作压力是指泵工作时输出油液的压力，它只与负载（包括外负载、管路阻力、各控制阀的压力损失等）大小有关。负载大，工作压力高；负载小，工作压力低。即工作压力是由负载决定的实际运行压力。

液压泵的额定压力是指泵连续运行允许达到的最大工作压力，它受泵本身零件结构强度和泄漏所限制。连续在此压力下运行并不太影响泵的使用寿命。

液压泵的最高压力是指按实验标准规定的超过额定压力的短暂运行工作压力。在此压力下运行时间不能太长，一般规定在每分钟内不得超过 6s，不能累积。否则对泵的使用寿命有严重影响，甚至损坏。

⑤ 泵的汽蚀现象与吸入性能 在常温、常压下，一般液压油中均溶解一定体积比的空气。前已有述，泵为了吸油，在泵的进油口须形成一定的真空度，但工作时真空度不能太大。当泵

的进口压力 p_1 低于该液体在该温度下的气体分离压时，溶解的空气就会析出，形成气泡，这种现象叫 "气穴"。 除了泵的进口处外，在液压系统内的其他位置，当液体在此流动部位产生压力下降（例如高速区即低压区），达到饱和蒸气压时，同样因产生蒸气而形成大量气泡的现象，也称之为 "气穴"。 当这种析出气泡的液体流向高压区（例如泵的出口）时，气泡被压，体积大大减少，并破裂迅速消失，周围的高压油以高速迅速充填此体积，形成大的冲击。 气泡在破裂消失（溃灭）过程中形成局部高压（数十兆帕）和高温，出现振动和发出不规则的噪声，金属表面被氧化剥蚀，这种现象便是 "汽蚀"。

泵形成真空度能力的大小即表示泵自吸性能的好坏，用泵的吸入性能来评价各类泵发生汽蚀的可能性。 而泵的吸入性能往往与泵的种类（泵本身的不同结构）有关，例如螺杆泵和齿轮泵的吸入性能较好，叶片泵和柱塞泵的吸入性能较差，有配油阀的泵吸入性能最差。

然而在液压系统中，按吸入性能好坏来选用泵的决定因素的成分是很小的，反而大多数情况是采用叶片泵和柱塞泵。 为此，为了避免汽蚀的发生，往往在其他方面采取措施。 即采取一些既能使泵很好吸油，又不致使泵吸油口的真空度过高。 应减小 $\dfrac{\alpha v_1^2}{2g}h\omega$ 值，一般采用较大直径的吸油管，并使管道尽可能短些；泵的安装位置距油箱油面不能太高（按泵使用说明书的规定限制泵的安装高度），例如泵安装高度 h 值不大于 0.5m；另外，当在低温场合使用时，由于油温低，黏度增大（h_ω 增大），也可能发生汽蚀，所以油箱中的油液此时要采取加热措施。

⑥ 泵的流量脉动　液压泵从其结构工作原理进行运动学分析，其瞬时流量是不恒定的，即输出流量存在流量脉动现象。 流量脉动的频率与泵的转速及泵的结构参数（例如齿轮泵齿轮的齿数、叶片泵的叶片数、柱塞泵的柱塞数等）有关。

流量脉动会带来压力脉动，如果过大则同时会带来振动和噪声的增加，所以泵的性能指标中常有这一项检验指标。

（2）液压泵的常用计算公式

液压泵的常用计算公式见表 3-4。

表 3-4　液压泵常用计算公式

参数名称	单位	计算公式	符号说明
流　　量	L/min	理论流量：$Q_0 = q \times n_v$ 实际流量：$Q = (n \times q \times \eta_v)/1000$	n_v——每转的体积排量，cm^3 p——泵的工作压力，bar，1bar $= 10^5 Pa$ n——转速，r/min η_v——容积效率，% η_m——机械效率，% η——总效率，%
输入扭矩	N·m	$T = (p \times Q)/(20\pi \times \eta_m)$	
输入功率	kW	$N_入 = (2\pi \times T \times n)/600$	
理论输出功率	kW	$N_出 = (p \times Q)/60$	
容积效率	%	$\eta_v = Q/Q_0 \times 100$	
机械效率	%	$\eta_m = \dfrac{1000 p Q_0}{2\pi Tn} \times 100$	
总效率	%	$\eta = \eta_v \times \eta_m$	

（3）泵电机功率的选择

一般设计时，按 $N = pQ/60\eta$ 来选择电机的功率，这是毋庸置疑的。 但笔者经常遇到因电机功率选得过小而烧电机的情况，为此笔者推荐按下述公式选用电机功率 N

$$N = (p + \Delta p)Q/(60\eta) \tag{3-5}$$

式中　p——系统最高工作压力，MPa；

Δp——系统中总的压力损失（含背压），MPa；

Q——最大工作流量，L/min；

η——总效率，按泵的种类不同选不同值：0.7～0.9。

3.1.6 液压泵的安装和使用

（1）安装

① 对大功率泵，泵-电机组件不要安装在油箱上。而且安装台选用刚性材料，泵和电机选用共同的基础和以共同的基准支承，并下地脚固定牢靠。

② 安装液压泵支架座要牢固，刚性好，并能充分吸收振动。

③ 每台泵的泄油管都应单独回油箱，不可与系统回油管共用一条回油管。因为系统回油管经常会出现短暂背压较高的情况，如果两管合一，泵内泄油压力会因总回油管背压的短暂增高而增高，导致泵轴油封漏油或被屡屡冲破的现象发生。一般泵泄油管的背压不应超过 0.3MPa。

④ 泵的吸油管不能与溢流阀的回油管连接，因为溢流阀的回油管排出的是热油，如果热油不经油箱冷却吸入泵内，会造成液压系统恶性循环的温升，温度越升越高，导致故障。

⑤ 电机底座与电机之间应装一层防振用的硬橡胶（图 3-4 中的 3）；泵与电机之间的联轴器应使用挠性联轴器（图 3-4 中的 2），且无论泵轴还是电机轴，与联轴器内孔的连接长度最少应在 2/3 以上，且配合良好，拆卸联轴器要用拉马之类的专门工具，装入联轴器务必小心，避免直接敲打泵轴（图 3-5）。

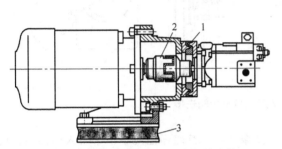

图 3-4 泵的安装基座及与电机的连接

此处应垫一钢棒

图 3-5 避免直接敲打泵轴

⑥ 无论是用法兰圆形支架还是直角支座安装泵，电机与液压泵之间的轴偏心应在 0.05mm 以内，其角度误差应在 0.5° 以内（图 3-6），并按图 3-7 所示的方法检查其安装精度。

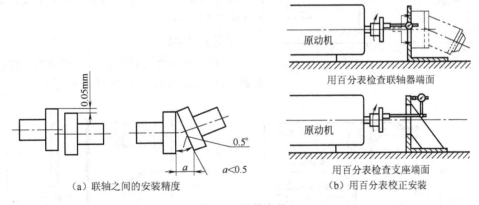

（a）联轴之间的安装精度

原动机
用百分表检查联轴器端面

原动机
用百分表检查支座端面

（b）用百分表校正安装

图 3-6 泵的安装

⑦ 泵与电机的连接尽量采用挠性联轴器连接 [图 3-7（a）]。花链连接时可采用套筒联轴器 [图 3-7（b）]，但注意在泵或套筒联轴器上，不得施加任何径向力或轴向力，套筒必须能够自由地进行轴向运动，泵轴和驱动轴之间的距离必须为 2^{+1}_{0}mm。必须进行浸油或油雾润滑。

⑧ 尽量不使用传动带、链条和齿轮等带动泵，因为这样会使泵承受较大的径向载荷，造成

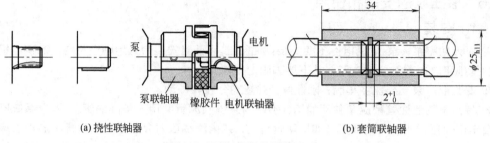

(a) 挠性联轴器　　　　　　　　(b) 套筒联轴器

图 3-7　泵与电机的连接方式

泵内零件偏磨，缩短泵的使用寿命。 不得已而为之时，要在轴上采取减轻径向力的措施。 例如如需泵轴上连接 V 形皮带或齿轮，对图 3-8 中尺寸 a、d_m、d_w 和角度 α 应有所控制。 必要时可采用如图 3-9 所示的承力支架和大承载径向力的轴承，以消除或降低泵轴上承受的径向力。

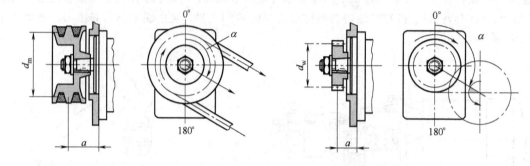

图 3-8　泵轴上与 V 形皮带或齿轮连接

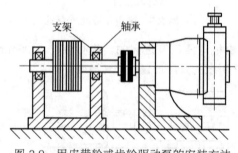

图 3-9　用皮带轮或齿轮驱动泵的安装方法

⑨ 泵的吸油管道通径应不小于泵入口通径，吸油滤油器通过流量的能力应不低于液压泵流量的两倍。

⑩ 泵的吸油管道在油箱中应为平放直管，不能用弯管［图 3-10（a）］，回油管与吸油管要用隔板隔开［图 3-10（b）］。

（2）使用

① 避免在泵内无油的情况下启动泵，泵启动前要通过油口灌满油，否则泵有可能损坏。

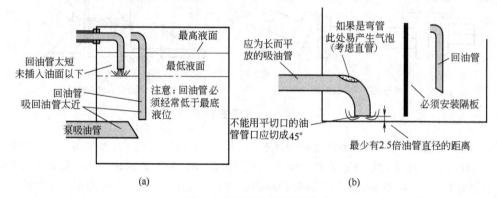

(a)　　　　　　　　　　　　(b)

图 3-10　泵吸油管的布置

② 避免带载启动泵。 先旋松系统溢流阀调压手柄，使溢流阀调至最低工作压力，空载启动泵，观察泵的旋向。 如反向应立即停泵纠正；如转向正确至少得 5min 空载运转。

③ 启动时，先稍微拧松泵出油口管接头排气；最好能在泵出口装设排气阀（有些泵上有排气阀），图 3-11 为美国威格士公司的 ABT 型泵排气阀的安装情况。 排气阀允许空气在低压下（启动时）通过以便排出空气，并在高于 0.8bar（注：1bar= 10^5Pa，下同）的压力下切断任何油液流动。

④ 避免在油温过低和偏高的情况下启动泵。 温度过低，油液黏度大造成吸油困难；油温偏高，油液黏度下降，造成内泄漏增大，并导致不能很好地形成润滑油膜，加剧泵内结构与运动件之间的磨损。

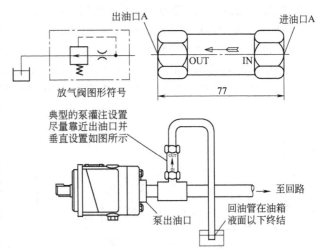

图 3-11 美国威格士公司 ABT 型泵排气阀的安装

⑤ 避免在长时间满负载（高压大流量）下运转泵，这对泵的使用寿命是非常不利的。

⑥ 由发动机带动的泵（如工程机械）要避免泵的长时间高速或低速下运行。

⑦ 泵进口滤油器要定期清洗。

⑧ 低速启动时，对油液最大黏度有限制，否则泵吸不上油（见表 3-5）。

表 3-5 低速启动泵时的最大限制

油液类型	油温/℃	黏度 /mm² · s⁻¹	液压泵型号	启动转速 r · min⁻¹	最大黏度 /mm² · s⁻¹
石油系油	0~70	20~400	PVD1、PVD12、PV13	750	100
磷酸酯液	0~70	20~400	PVD1、PVD12、PV13	950	200
水-乙二醇液	0~50	20~400	PVDZ、PVD23	600	100
油包水乳化液	0~50	20~400	PVDZ、PVD23	950	200

（3）液压泵使用注意事项

① 泵的吸入性能与泵气穴的防止 在常温、常压下，泵吸油腔须有一定的真空度（约为绝对压力 0.7~0.8bar）才能吸入油，但吸油时，泵吸油腔的真空度不能太大。

真空度的大小，取决于泵的种类（泵本身的不同结构），取决于吸油高度和油液的比重。 此外产生真空的原因，还有吸油管路的节流损失（管道的安装长度，管路的弯曲个数，吸油滤油器等）。 油液在液压系统中流动，流速过快时压力也会变低，形成一定的真空度。

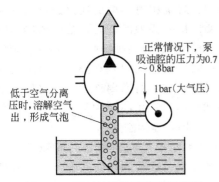

图 3-12 泵吸油腔的真空度的限制

所以泵安装时，泵吸油腔的真空度应有限制，即吸油高度不能大于 500mm，以保证泵吸油口的绝对压力在 0.7~0.8bar 的范围内（图 3-12）。 必要时采用增压油箱，以提高吸油工作腔压力，防止气液分离，并尽力减少吸油管路的压力损失差。

② 泵壳内的泄油压力 泵壳内的泄油压力不能太大，泵壳内的压力与泄油管的压力相等。 如果液压泵为外泄式，有外泄油路，则需按该油路表压力为零的方法，连通到油箱。 泄油管的最大背压值应为绝对压力 2bar 或表压力 1bar（图 3-13），否则会导致泵轴油封漏

油、泵壳发热等故障。

使用过程中出现泵壳内的泄油压力升高的现象，往往是泵内相对运动面之间（如柱塞泵中的柱塞与缸体孔之间、缸体端面与配油盘端面之间）的内泄漏增大所致，应引起重视。

③ 对泵工作中连续峰值压力运行时间的限制　设泵工作时最高持久压力为 P_1，最高间歇压力为 P_2，峰值压力为 P_3，每种泵铭牌上对此均有所规定。

使用中最高间歇压力 P_2 每次连续运行时间不能超过 6s（图 3-14）；当工作压力接近峰值压力 P_3 时，运行时间不得过长，典型长度为溢流阀的响应时间。否则将严重影响泵的使用寿命。

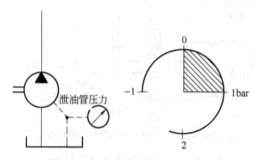

图 3-13　泵壳内的泄油压力的限制

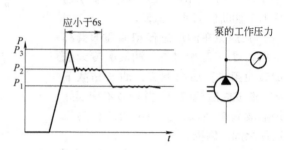

图 3-14　峰值压力运行时间的限制

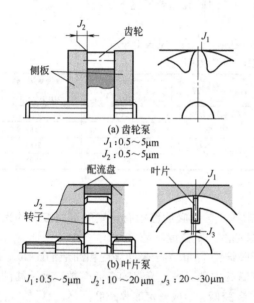

(a) 齿轮泵
J_1：0.5～5μm
J_2：0.5～5μm

(b) 叶片泵
J_1：0.5～5μm　J_2：10～20μm　J_3：20～30μm

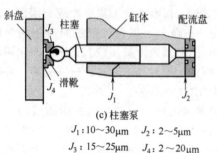

(c) 柱塞泵
J_1：10～30μm　J_2：2～5μm
J_3：15～25μm　J_4：2～20μm

图 3-15　各种泵相对运动副
之间间隙尺寸公差

④ 应采取一些降低液压泵噪声的措施　目前液压技术向着高压、大流量和大功率的方向发展，产生的噪声也随之增加，而噪声对人们的健康十分有害。在液压系统中的噪声，液压泵的噪声占有很大的比重。因此，液压泵在使用中要采取一些降低液压泵噪声的措施。

液压泵的噪声大小和液压泵的种类、结构、大小、转速以及工作压力等很多因素有关。原因是复杂的，一般泵在使用中应采取下述的一些降低液压泵噪声的措施：消除液压泵内部油液压力的急剧变化，选用低噪声泵；使用低噪声电机，并使用弹性联轴器，以减少该环节引起的振动和噪声；为吸收液压泵流量及压力脉动，可在液压泵的出口装设小型蓄能器或消音器；在电动机、液压泵的安装面上应设置防振胶垫，对泵和电动机的连接进行隔振减振；泵出油口接一段橡胶软管，蓄能器能吸收10 Hz 以下的噪声，而高频噪声，用液压软管则十分有效；防止泵产生空穴现象，可采用直径较大的吸油管，减小管道局部阻力；采用大容量的吸油滤油器，防止油液中混入空气；合理设计液压泵，提高零件刚度；

⑤ 泵的各种相对运动副之间间隙尺寸公差　泵的各种相对运动副之间间隙尺寸公差如图 3-15 所示，可供维修时参考。

3.2 齿轮泵的使用与维修

在液压泵中，齿轮泵应用广泛。它结构最简单，零件少，重量轻，工艺性好，制造容易，成本低，工作可靠，维护方便。它的缺点是：内泄漏量大，存在径向不平衡力和困油现象，因而限制了向更高压力的方向发展。

齿轮泵只能做成定量泵，采用间隙补偿装置可提高工作压力，否则只能做成低压泵。由于只能做成定量泵，当系统不需要那么多流量时，只有通过溢流阀，溢掉多余的流量，这势必产生功率损耗，造成液压系统发热温升。

目前国产和进口液压设备上使用的齿轮泵种类估计超过六十种。国产 CB 型齿轮泵的市场占有率最大。型号中的"CB"为"齿""泵"二字的汉语拼音第一个字母，CB-B 型齿轮泵为低压（2.5MPa）齿轮泵，大量用于国产机床等设备上；CB-※（※分别为 C、D、E、F、G、L、Q、S、X、P、HB、W、Y、Z、Zb、N、FA、FC、Aa 型等）为中高压齿轮泵，多用于工程机械、起重运输等设备上；内啮合齿轮泵有 GPA 型、NB 型、IP 型等，用在汽车自动变速器等设备上。

目前外啮合齿轮泵工作压力范围为 2.5~25MPa，内啮合齿轮泵工作压力已达到 32MPa。

3.2.1 齿轮泵的工作原理

（1）外啮合齿轮泵（渐开线齿形）的工作原理

如图 3-16（a）、（c）所示，一对齿数相同、大小一样（模数相同）的外啮合齿轮装在泵体内，齿轮两端面压上端盖，这样在泵体、端盖和齿轮的各个齿间槽三者之间形成一个个密封的工作空间 A 以及在啮合齿的两侧分别有封闭的吸油腔 T（通吸油口）和排油腔 P（通压油口）。当齿轮按图示方向旋转时，在吸油腔 T 轮齿脱开啮合，腾出空间，容积逐渐增大形成局部真空，将油液吸入，称之为"吸油"；而在压油腔轮齿逐渐进入啮合，占据工作空间，容积逐渐减小，油液被挤压出，称之为"排油"。在 A 位置，密封工作空间 A 容积不变，只起从 T 往 P 传递油液的作用。这就是外啮合齿轮泵的工作原理。

主、从啮合齿轮以啮合点沿齿宽方向的接触线（啮合线）将其吸油腔和压油腔隔开。

图 3-16（b）所示的由三个齿轮构成的齿轮泵，其工作原理与两齿轮泵相同。不同之处是它有两个吸油腔和两个排油腔。其理论流量也提高一倍。

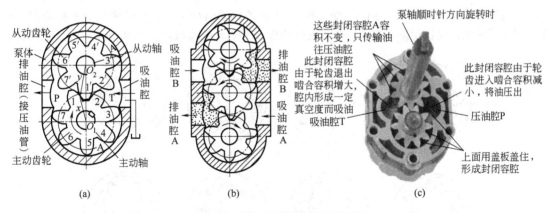

图 3-16　外啮合齿轮泵的工作原理

（2）内啮合齿轮泵的工作原理

① 渐开线齿形的内啮合齿轮泵　如图 3-17 所示，在小齿轮（外齿）和内齿轮（内齿）之间

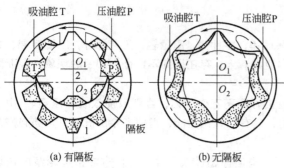

吸油腔 T　压油腔 P　　　　吸油腔 T　压油腔 P

(a) 有隔板　　　　　　　(b) 无隔板

图 3-17　渐开线齿形内啮合齿轮泵的工作原理

装有一块隔板，将吸油腔与压油腔隔开。当传动轴带动外齿轮 1（内齿齿轮，内转子）旋转时，与其相啮合的内齿轮 2（外齿齿轮，外转子）也跟着同方向旋转。在左上半部的吸油腔，由于轮齿的脱开，T 腔体积增大，形成一定真空度，而通过吸油管将油液从油箱"吸"入泵内 T 腔。随着齿轮的旋转，到达被隔板隔开的位置 A，然后转到 P 的位置进入压油腔，压油腔由于轮齿进入啮合，油腔的体积缩小，油液受压而排出。齿谷 A 内的油液在经过整个隔板区域内容积不变，在 T 区域容积增大，在 P 区域内容积缩小，利用齿和齿圈形成的这种容积变化，完成泵的功能。

在泵壳或配流盘端面上设置的吸、排油口分别与吸油腔、压油腔相通，便构成真正意义上的"泵"，显然这种泵也不能变量。

② 摆线齿形的内啮合齿轮泵　摆线齿形的内啮合齿轮泵又称转子泵，由于外齿小齿轮和内齿大齿轮之间只相差一个齿，不必设置隔板。

图 3-18 为摆线齿轮泵的工作原理图。内齿轮 1（外齿齿轮）由电机带动绕 O_1 旋转，称为内转子；外齿轮 2（内齿齿轮）随内转子绕 O_2 做同向回转，叫外转子，所以又称其为转子泵。内转子的齿廓和外转子的齿廓是由一对共轭曲线组成，因而内转子上的齿廓和外转子上的齿廓相啮合，内、外转子相差一齿（图中内转子为六齿，外转子为七齿）。这样在内、外转子啮合后，又在其端面上压上前、后盖（实际为配油盘）后，就形成了若干个（图中为 7 个）密封的工作容腔（例如 c 腔）。当内齿轮绕 O_1 做顺时针方向回转时，外齿轮 2 便随内齿轮 1 绕中心 O_2 做同方向回转。考虑其中某一个密封容腔，例如内转子齿顶 A_1 和外转子齿谷 A_2 形成的密封工作容腔 c[图 3-18（b）的阴影部分]的容积变化情况：当密闭工作容腔从图 3-18（b）的位置回转到图 3-18（h）的位置时，c 腔的容积逐渐增大（图 3-18 中的阴影部分），形成局部真空，这样在回转过程中在整个吸油区内，各个 c 腔均可通过侧板（配油盘）上的配油窗口 b 从油箱吸油（实际上是大气压将油箱油液经吸油管路再经配油窗口 b 将油液压入 c 腔内），这便是吸油过程。至图 3-18（h）位置时，c 腔容积最大，这时吸油完毕。当转子继续这种回转，充满油液的密封容腔 c 进入窗口 a 区域后，其容积逐渐减小，油液受到挤压，于是 c 腔油液逐步将油液从侧板（配油盘）

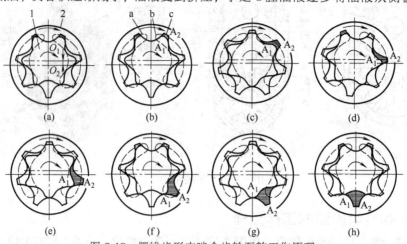

(a)　　　(b)　　　(c)　　　(d)

(e)　　　(f)　　　(g)　　　(h)

图 3-18　摆线齿形内啮合齿轮泵的工作原理

上的配油窗口 a 排出，输送到液压系统的工作管路中去，此为压油（排油）过程。 至内转子的另一齿全部和外转子的齿谷 A_2 全部啮合时，压油完毕。 当内转子旋转一周时，由内转子和外转子所形成的每一个（共 7 个）封闭容腔均各吸、压油一次。 当内外转子连续转动时，即完成转子泵连续向系统供油的过程。

转子泵外转子的齿形为圆弧形，内转子齿形为短幅外摆线的等距线，这种共轭曲线能保证内外转子的齿廓是一条比较圆滑的曲线，不致产生严重尖点，而且在整个啮合运转过程中，啮合点（接触点）是使内外转子齿廓曲线不断移动的连续啮合点，齿廓磨损比较均匀。 而且因为外转子的齿廓是一段等半径的圆弧，常常用几个加工精密的圆柱销，均匀插在外转子上，因而加工制造工艺性好。

3.2.2 齿轮泵的结构

（1）齿轮泵的结构优化

众所周知，渐开线齿形齿轮泵存在三大先天性的问题：困油、径向不平衡力和内泄漏大。这限制了其工作压力的提高，为了提高齿轮泵的性能，提高其使用工作压力，在结构上须采取一些措施，明白这些对维修好齿轮泵，非常必要。

① 解决齿轮泵困油问题的结构措施 为了使齿轮泵能连续供油，要求两齿轮的重叠系数 $\varepsilon > 1$，即在一对齿即将脱开前，后面一对齿就要进入啮合，以隔开吸压油腔。 这样在一小段时间内同时有两对齿处于啮合状态，此时留在齿间的油液就会被困在这两对齿（两啮合点）所形成的封闭空间 V_a 与 V_b（见图 3-19）内，V_a 与 V_b 也叫死容积。

齿轮在由图 3-19（a）→（b）→（c）的转动啮合过程中，V_a 的容积逐渐变小，V_b 的容积逐渐变大，容积 V_a 与 V_b 合起来的总容积 V 有一变小变大的过程 [图 3-19（d）]。 由于油液的可压缩性很小以及油液存在空气分离压力，在容积变小时，容积内油液被压缩，压力急剧增高，会使被困油液受挤而产生高压，并从缝隙中流出，导致油液发热；在容积 V 增大时，容积内产生局部真空，使溶于油中的空气分离出来，产生气穴，引起噪声、振动和气蚀。 这就是齿轮泵的困油现象。

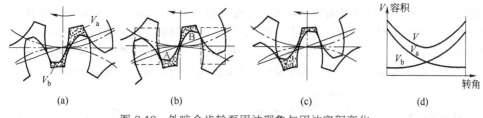

图 3-19 外啮合齿轮泵困油现象与困油容积变化

消除困油现象的具体方法是在泵盖、侧板或者浮动轴套上的合适位置设置卸荷槽（圆形、方形、异形等），使封闭容积减小时卸荷槽与压油腔相通，封闭容积增大时通过左边的卸荷槽与吸油腔相通。

在很多齿轮泵中，两卸荷槽并不对称于齿轮中心线分布，而是整个向吸油腔侧平移一段距离，实践证明，这样能取得更好的卸荷效果。 只要卸荷槽设计得当，就可消除困油现象，减少噪声和振动的发生，而且对吸油和压油有利。

目前国内外齿轮泵的卸荷槽有以下几种。

a. 称式卸荷槽。 如图 3-21 所示，槽宽 $b = t_0 \cos \alpha$（t_0—齿轮基节，α—实际啮合角）。 英国 Plessey 的 α、β、γ 系列泵和国产 CBN-E 型齿轮泵就是采用这种卸荷槽。 其优点是形状简单易制造，基本上能满足要求；缺点是泄油不太畅通，转速高时，噪声还是较大。 此外德国 Bosch 公司的齿轮泵也采用了图 3-21 所示的对称卸荷槽，但作了改进，加大了泄油通道，噪声明显降低。

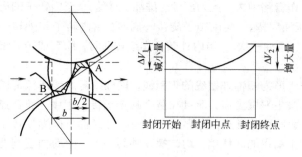
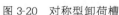
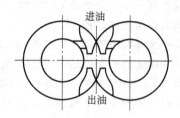

图 3-20　对称型卸荷槽　　　　　图 3-21　Bosch 公司 HY/ZFS11/16 泵卸荷槽

　　b. 不对称卸荷槽。这种卸荷槽明显偏置低压侧，如图 3-22 所示。这种卸荷槽泄油通畅，制造容易，适合高转速齿轮泵，降噪效果明显。

　　c. 特殊形状卸荷槽。其形状如图 3-23 所示。日本岛津制作所生产的 SP 系列齿轮泵采用的卸荷槽形式（日本专利），据介绍这种卸荷槽对防止气穴发生和降噪效果非常明显。

　　图 3-24 为英国道蒂液压件公司 P 系列齿轮泵在轴套上开设的不对称困油槽，左为直槽，右为异形。

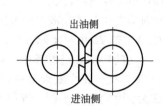
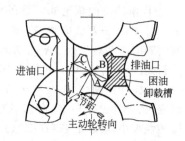

图 3-22　不对称卸荷槽　　　图 3-23　岛津 SP25-32 泵卸荷槽　　　图 3-24　道蒂 P 系列泵卸荷槽

　　② 减少径向不平衡力的结构措施　在外啮合齿轮泵中，齿轮啮合点的两侧，一侧是排油腔，油压力很高，另一侧是吸油腔，油压力很低。出口压力油从齿顶圆与泵体孔之间的间隙泄漏逐齿降压，形成一条逐级向吸油口递减的压力分布曲线（图 3-25），这样在主动齿轮、从动齿轮上便分别受到径向方向的合力（液压力）F_1 与 F_2，这就造成了很大的径向不平衡力，总是把齿轮推向吸油腔一侧。这就是径向负载和压力平衡问题。径向不平衡力使齿轮和轴承受到的径向力增大，造成泵体靠吸油腔区域内孔孔壁的磨损，产生冲击载荷，产生振动和噪声。

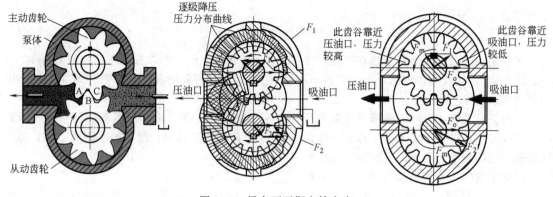

图 3-25　径向不平衡力的产生

　　在结构上齿轮泵采用减小径向不平衡力的措施如下。

　　a. 缩小压油口尺寸，使压力油作用于齿轮上的面积减小，径向不平衡力也就减少。

b. 使径向力卸荷。 如图 3-26 所示，压油腔和吸油腔分别通过内流道 A_1、A_2、B_1、B_2 和四个平衡槽相通，以达到径向力相互抵消的目的。 但采用这种方法平衡槽和内流道加工很困难，很难实际应用。 实际使用中是采用图 3-27 所示的方法：在齿轮端面衬套上沿圆周开引油沟槽 b，并在衬套外圆柱面上铣一个小平面 a，使此小平面 a 与泵体孔之间构成一个小间隙，这样在靠近小间隙范围内的齿谷，可通过沟槽 b 与相应的压吸油腔相通，达到平衡径向力的目的。 因为衬套（浮动或不浮动）共有四个，每个衬套上都有上述相同的引油槽 b 和小平面 a，起到图 3-26 中所示的四个内流道 A_1、A_2、B_1、B_2 相同的作用，而工艺上简单得多。

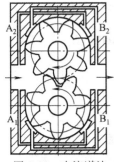

图 3-26 内流道法

图 3-27 轴套上开槽平衡径向力的方法

③ 减少内泄漏的结构措施 齿轮泵的内泄漏主要有三个位置（图 3-28）：轴向间隙，齿轮端面与泵前后盖（或轴套）之间，其泄漏量占总内泄漏量的 70% ~ 80%；径向间隙，齿顶圆与泵体孔之间的扇形圆弧面，占总内泄漏量的 10% ~ 15%；两齿轮的啮合处。

在结构上采取措施（减少轴向间隙）是解决矛盾的主要方法：保证合理的轴向装配间隙，控制在 0.02 ~ 0.04mm；采用浮动侧板或浮动轴套补偿轴向间隙；采用侧板变形的结构。

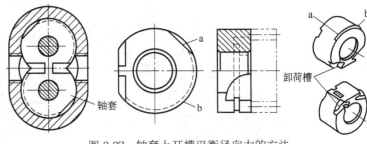

图 3-28 内泄漏的三个位置

端面间隙补偿采用静压平衡措施：在齿轮和盖板之间增加一个补偿零件，如浮动轴套或浮动侧板，在浮动零件的背面引入压力油，让作用在背面的液压力 F_2 稍大于正面的液压力 F_1，其差值由一层很薄的油膜承受 [图 3-29（a）]。

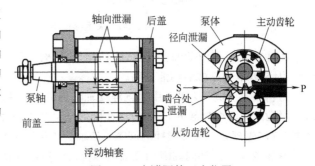

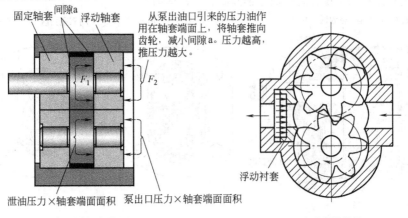

(a) 端面(轴向)间隙补偿

(b) 径向间隙补偿

图 3-29 齿轮泵的间隙补偿

图 3-29（b）为径向间隙补偿的结构，在压油腔装一径向浮动衬套，利用出口油压补偿径向间隙。

图 3-30 为采用浮动侧板补偿轴向间隙的结构，橡胶制成的卸压片（调节密封）如一个弹簧，将浮动侧板压在齿轮端面上，可进行轴向间隙的补偿。

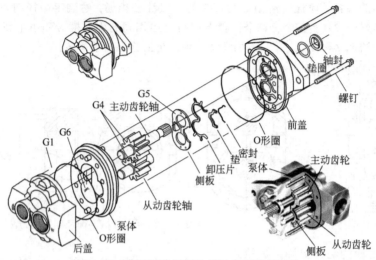

图 3-30　采用浮动侧板补偿轴向间隙的结构

图 3-31 为采用浮动轴套补偿轴向间隙的结构，图 3-31（a）为这种泵的二维结构图，图 3-31（b）为这种泵的三维结构拆分图。

为利用泵出口压力油，引入到浮动轴套后侧，在油压作用下，使轴套紧贴在齿轮的侧面上，以补偿轴向间隙密封区的间隙。但在刚启动，泵压未建立起来时，要靠"3"字形密封件（调节密封）8 产生预紧力来补偿轴向间隙，使轴套和齿轮紧贴。

图 3-32 所示为轴向间隙和径向间隙都可以自动补偿的齿轮泵，齿轮轴 6 和 7，一端在壳体 1 内，另一端在盖板 4 内。壳体中装有一块可轴向浮动的侧板 3，其作用与端面间隙补偿中浮动轴套相似，壳体内部结构和形状可以使轴向间隙和径向间隙同时得到补偿。侧板的轴孔和齿轮轴之间以及壳体的深度和侧板宽度之间都有较大间隙，足以使侧板轴向浮动和径向浮动。在侧板的外端面上，有一个特殊形状的橡胶密封圈 2 嵌入相配的凹槽里（见剖面 A—A）。该密封圈确定了补偿面积 A_1，压油腔的高压油经孔 B 引入并作用在 A_1 面上。面积 A_1 的形状和大小可设计成使压紧力和反推力平衡，同时保证轴向间隙为最佳值。

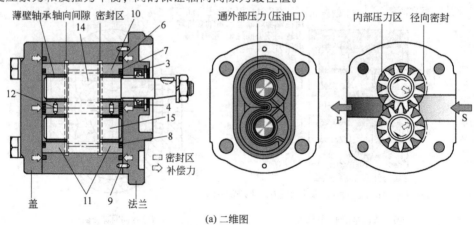

(a) 二维图

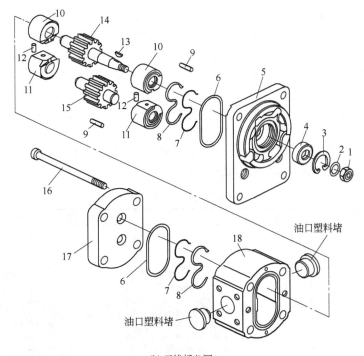

(b) 三维拆分图

图 3-31　采用浮动轴套补偿轴向间隙的结构

1—螺母；　2—垫圈；　3—卡环；　4—油封；　5—前盖；　6—O 形圈；　7—支承环；　8—"3"字形密封件；

9—定位销；　10—上浮动轴套；　11—下浮动轴套；　12—轴套定位销；　13—半圆键；　14—主动齿轮；

15—从动齿轮；　16—螺栓；　17—泵后盖；　18—泵体

　　径向间隙补偿在角 ψ 范围内起作用（见剖视图 B—B）。 吸油压力作用在齿轮圆周的其余部分；压油腔的压力作用在由齿轮的扇形角 ψ 和齿轮宽度决定侧板内表面，这个力把齿轮向吸油

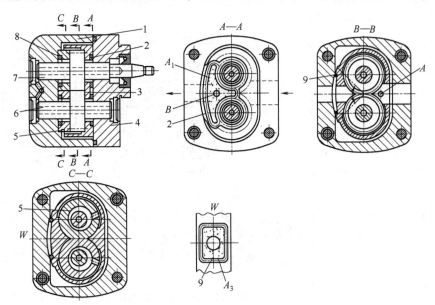

图 3-32　轴向间隙和径向间隙都可以自动补偿的齿轮泵

1—壳体；　2, 8, 9—密封圈；　3—侧板；　4—盖板；　5—弹性圈；　6, 7—齿轮轴；

A—泄漏油孔；　B—高压引油孔；　A_1，A_3—补偿面积

腔方向压到轴承间隙的极限，同时将侧板向压油腔方向推动。

从外面作用到侧板上的力（工作压力×面积 A_3）将侧板向吸油腔方向推动，所以径向磨损后能够在 ψ 角范围内自动补偿。受密封圈 9 限制的面积 A_3 必须这样设计：在一定工作压力下，它所产生的力能与反推力平衡并保持最佳间隙。在壳体底部，角 ψ 范围内的密封由两个特制的弹性圈 5 来保证（剖面 $C-C$）。

侧板对齿轮的预压紧力，在径向上由橡胶密封圈 9 产生，在轴向上由密封圈 2 和 8 产生。

内部泄漏油通过轴孔，再经孔 A 引入吸油腔。

由于两种间隙都能补偿到最佳值，故这种结构形式的齿轮泵可用于更高的工作压力。

（2）齿轮泵的结构实例（见表 3-6）

表 3-6 啮合齿轮泵的结构实例

泵型号	简 介	结 构 图
国产 CB-B 型低压齿轮泵	为三片式结构，电机带动长轴 7 顺时针方向（从泵轴观察），并通过轴上的键带动主动齿轮 3 回转，装在短轴 9 上的从动齿轮 13 也随之回转；主从齿轮装于泵体 4 内，前后盖压上，形封闭油腔，吸压油腔被齿圆和齿向接触线隔开，进行吸油和压油。前后盖与齿轮贴合的端面上开有困油卸荷槽 工作压力为 2.5MPa，流量有 2.5~125L/min 等多种规格	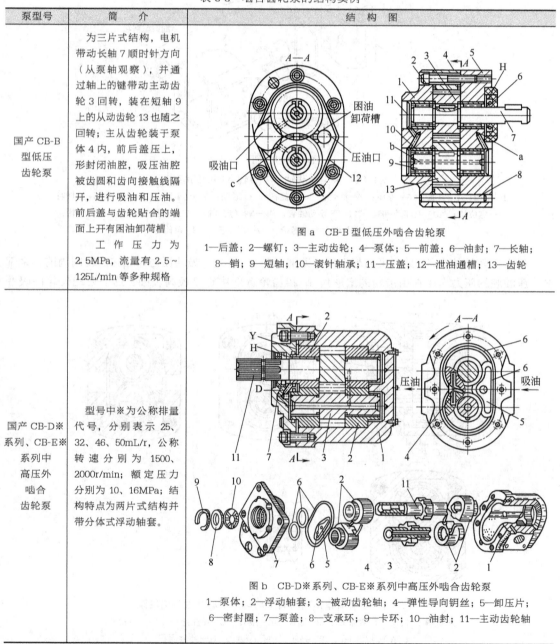 图 a　CB-B 型低压外啮合齿轮泵 1—后盖；2—螺钉；3—主动齿轮；4—泵体；5—前盖；6—油封；7—长轴；8—销；9—短轴；10—滚针轴承；11—压盖；12—泄油通槽；13—齿轮
国产 CB-D※系列、CB-E※系列中高压外啮合齿轮泵	型号中※为公称排量代号，分别表示 25、32、46、50mL/r，公称转速分别为 1500、2000r/min；额定压力分别为 10、16MPa；结构特点为两片式结构并带分体式浮动轴套。	图 b　CB-D※系列、CB-E※系列中高压外啮合齿轮泵 1—泵体；2—浮动轴套；3—被动齿轮轴；4—弹性导向钥丝；5—卸压片；6—密封圈；7—泵盖；8—支承环；9—卡环；10—油封；11—主动齿轮轴

泵型号	简　介	结　构　图
国产 CBF-E 系列中高压外啮合齿轮泵	结构特点为三片式结构并带浮动侧板；额定压力 16MPa，额定流量有多种规格；型号中含义如下 　　CB-齿轮泵：F 表示阜断液压机械厂产（N 表示武汉液压机械厂产，S 表示四平液压件厂产，Q 表示栖霞、合肥液压件厂产）；E 表压力等级为 16MPa（F 表压力等级为 20MPa）。	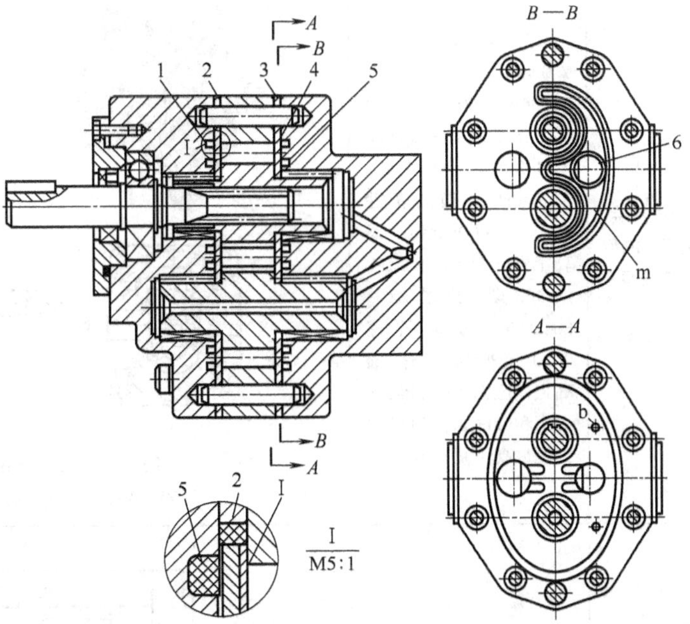 图 c　CBF-E 系列中高压外啮合齿轮泵 1—前侧板；2，3—垫板；4—后侧板；5—弓形密封圈；6—密封圈
Atos 公司 PEF1（2、3）型齿轮泵	型号中，PEF1 表齿轮泵，※※表排量，最大工作压力 17～23MPa，转数 800～6000r/min，排量范围宽，排量从 1.4～52cm³/r。最高压力可达 230bar。	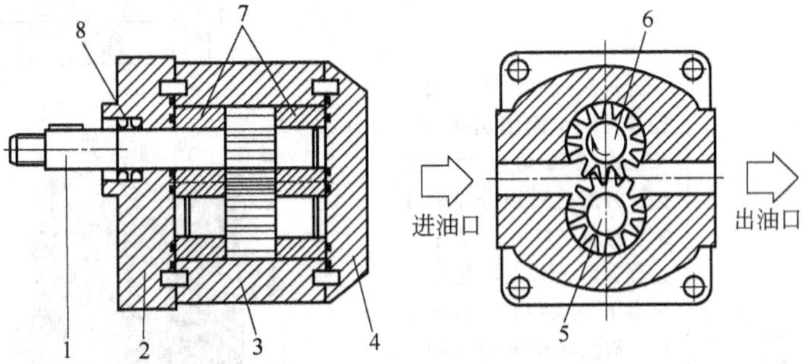 图 d　PEF1※※（PEF2※※、PEF3※※）型齿轮泵 1—泵轴；2—前泵盖；3—泵体；4—后泵盖；5—从动齿轮；6—主动齿轮；7—浮动轴套；8—油封
美国伊顿威格士公司 L2 系列高压齿轮泵	排量 21.3～55.2cm³/r；最高转速 2250～3500r/min；最高工作压力 19～24.8MPa。	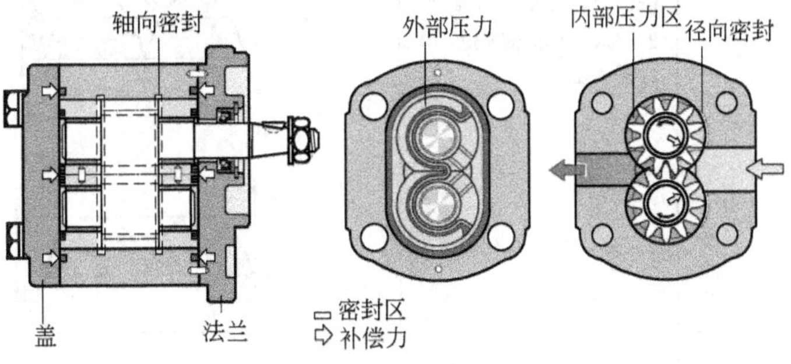 图 e　伊顿威格士公司产 L2 系列 型高压齿轮泵

泵型号	简　介	结　构　图
美国派克公司 GP 型齿轮泵	GP1 型：排量 1.3～7.9cm³/r；最高转速 3000～6000r/min；最高工作压力 15～22MPa GP2 型：排量 4.4～34.4cm³/r；最高转速 2500～4000r/min；最高工作压力 12～23MPa GP3 型：排量 22～88cm³/r；最高转速 2000～3500r/min；最高工作压力 14～23MPa 泵和吸油管其进口真空度最高不超过 0.8bar	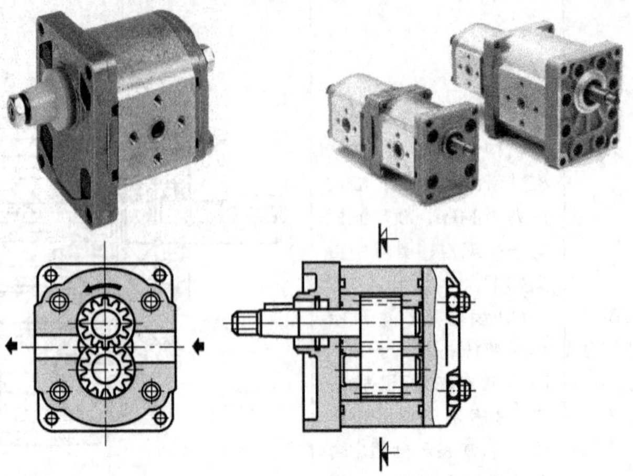 图 f　派克公司 GP 型齿轮泵外观与结构 （有单泵与多联泵两类，泵轴有花键与锥键轴两种）
降噪优化型齿轮泵	这种泵是一种双层齿轮泵，使用两组齿轮 1 和 2，偏移角度为半齿，并通过一块分隔板 3 互相隔离开来。由于这样，两个独立的齿轮泵共用吸油口和排油口，流量脉动的偏移相差半个周期。这样，虽存在使流量脉动频率加倍的缺点，但却可使流量脉动的振幅显著降低，从 14.3% 降为 3.6%，从而使噪声得以大大降低。	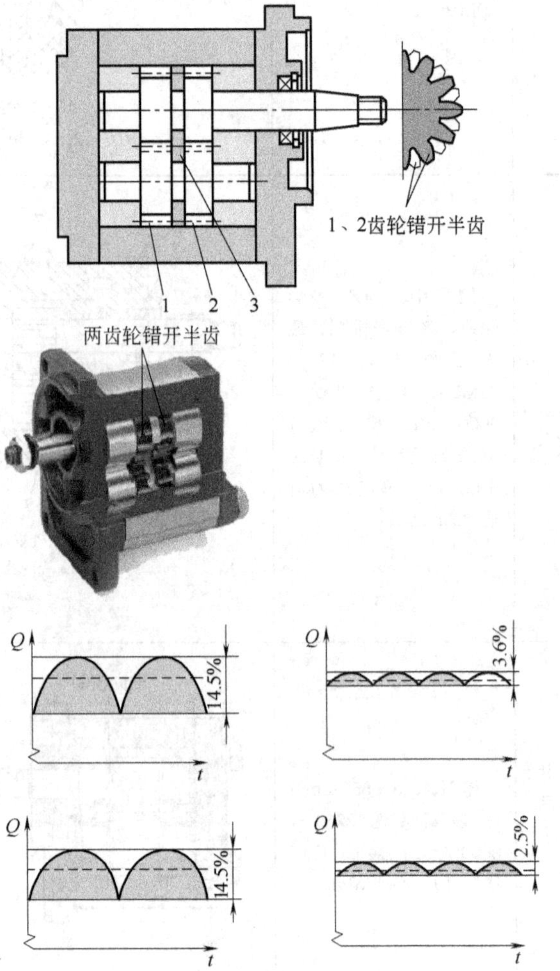 图 g　降噪优化型齿轮泵

泵型号	简 介	结 构 图
德国力士乐公司 PGH 型内啮合齿轮泵	最大工作压力 350bar，排量 5.2 ~ 250cm³/r。其中配油组件 9 由配油盘 9.1、配油盘架 9.2 和密封辊 9.3 组成，使内齿圈 2，配油组件 9 和小齿轮轴 3 之间达到尽可能无泄漏的径向间隙补偿，轴向板 5 后端引入压力油进行轴向间隙补偿	9.2 9.3 } 9 9.1 F_R 3 7 1.2 1 1.2 6 8 2 S▷ 9 4 5 5 4 P 图 h　力士乐公司 PGH 型内啮合齿轮泵 1—泵体；1.2—轴承盖；2—内齿圈；3—小齿轮轴；4—滑动轴承；5—轴向板；6—端盖；7—安装法兰；8—止挡销；9—配油组件
国产 BB-B 型摆线齿轮泵（转子泵）	图 i 为上海机床厂生产的 BB-B 型摆线齿轮泵，为低压齿轮泵，主要用于机床。国内外这类摆线齿形的内啮合齿轮泵品种很多，常用来做辅助泵和润滑泵使用，结构上都相似	4 3 2 A 1　A—A 18 5 6 17 7 16 8 15 14 9 10 13 12 11 泄油孔 A 图 i　国产 BB-B 型转子泵结构 1—前盖；2—泵体；3—圆销；4—后盖；5—外转子；6—内转子；7—平键；8—压盖；9—滚针轴承；10—堵头；11—卡圈；12—法兰；13—泵轴；14—平键；15—油封；16—弹簧挡圈；17—轴承；18—螺钉

3.2.3　齿轮泵的拆装

（1）外啮合齿轮泵的拆装

以图 3-33 所示的典型外啮合齿轮泵为例，说明齿轮的装拆操作步骤与要领。

图 3-33　典型外啮合齿轮泵外观与轴侧剖分图

① 拆卸步骤（图 3-34）

第一步：用套筒扳手卸掉螺钉取下泵盖

第二步：卸下后泵盖

第三步：从后泵盖卸下端面密封圈

第四步：取出泵体与主、从齿轮轴

第五步：卸下浮动侧板

第六步：从侧板上卸下密封圈和密封挡圈

第七步：用专用工具取出扣环

第八步：用螺钉拧入拔出油口塞子

图 3-34　外啮合齿轮泵的拆卸

② 装配步骤（图 3-35）

装配前需对所有零件进行仔细地清洗，装配步骤见图 3-35。

第一步：往前盖装上密封圈

第二步：对正套上泵体

第三步：侧板上装上新的密封圈和挡圈

第四步：将装好的侧板放入泵体孔内

第五步：装入主、从齿轮轴

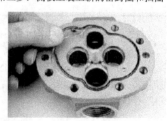
第六步：后盖上装上密封圈

第七步：以定位销定位，将后盖翻面装入齿轮轴上，对角拧紧泵各安装螺钉，最后装入轴封和挡圈

图 3-35　内啮合齿轮泵的装配

（2）内啮合齿轮泵的拆装

图 3-36 为德国产 IP 型内啮合渐开线齿轮泵，可参阅图 3-36（b）A—A 进行拆装。

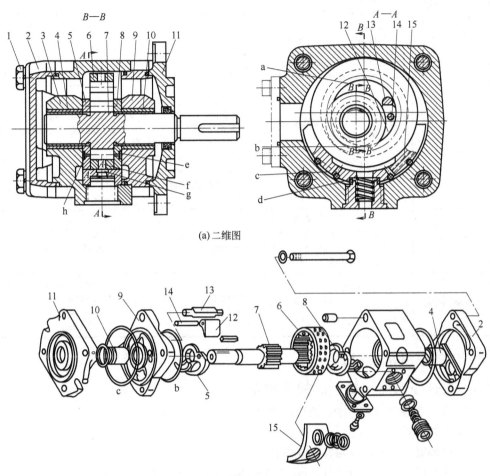

(a) 二维图

(b) 三维图

图 3-36　IP 型内啮合齿轮泵

1—压紧螺钉；　2—后盖；　3—轴承支座；　4—双金属滑动轴承；　5—浮动侧板；　6—内齿环；　7—小齿轮犷；　8—浮动侧板；
9—轴承支座；　10—双金属滑动轴承；　11—前盖；　12—填隙片；　13—止动销；　14—导销；　15—半圆支承块（浮动支座）

（3）拆卸后的检查、修理与装配要领

齿轮泵拆卸后，要对拆卸后的零件进行检查与修理。

① 拆卸后的检查　检查部位为有：齿轮各相对滑动面产生磨损和刮伤的情况，如端面的磨损导致轴向间隙增大而内泄漏增大；齿顶圆磨损导致径向间隙增大；齿形的磨损造成噪声和压力振摆增大。

② 拆卸后的修理（见表 3-7）　磨损拉伤不严重时可稍加研磨（对研）抛光再用，若磨损拉伤严重，则需根据情况予以修理与更换。

③ 拆卸后的装配要领　拆装中要注意观察齿轮泵泵体中铸造的油道、骨架油封密封唇口的方向、主被动齿轮的啮合、各零部件间的装配关系、安装方向等，随时做好纪录，以便保证下一步进行安装。

装配时要特别注意骨架油封的装配。　骨架油封的外侧油封应使其密封唇口向外，内侧油唇口向内。　而且装配主动轴时应防止其擦伤骨架油封唇口。　装配时用手转动应均匀无过紧感觉。

表 3-7　齿轮泵拆卸后的修理

序号	修理部位	修理方法与步骤	修理工具	注意事项
1	齿轮：齿形；端面；齿顶圆；齿轮轴	①去除拉伤、凸起及毛刺，再将齿轮啮合面调换方位适当对研后清洗 ②先将齿轮砂磨，再抛光	①细砂布或油石 ②0# 砂布与金相砂纸	①适用于轻微磨损件 ②适用于轻微磨损件
2	侧板端面	侧板磨损后可将两侧板放于研磨平板或玻璃板上研磨平整	①1200# 金刚砂 ②研磨平板 ③平整玻璃板	光面粗糙度应低于 Ra0.8μm，厚度差在整圈范围内不超过 0.005mm
3	泵体端面	①对称型：可将泵翻转 180°安装再用 ②非对称型：电镀青铜合金或刷镀，修整泵体内腔孔磨损部位	电镀青铜合金电解液配方：氯化亚铜（Cu_2Cl_2），$20\sim30$g/L；锡酸钠（$Na_2SnO_2\cdot3H_2O$），$60\sim70$g/L；游离氰化钠（NaCN），$3\sim4$g/L；氢氧化钠（NaOH），$25\sim30$g/L；三乙胺醇［$N(CH_2CH_2OH)_3$］，$50\sim70$g/L	①镀前处理：同一般铸铁件电镀青铜合金工艺 ②温度 $55\sim60$℃，阴极电流密度 $1\sim1.5$A/dm^2，阳极为合金阳极（含锡 10%～12%） ③阴极电流密度 $1\sim1.5$A/dm^2，阳极为合金阳极（含锡 10%～12%）
4	前后盖、轴套与齿轮接触的端面	磨损不严重时，可在平板上研磨端面修复；磨损拉伤严重时，可先放在平面磨床上磨去沟痕后，再稍加研磨	①研磨平板 ②平面磨床	需注意，要适当加深加宽卸荷槽的相关尺寸
5	泵轴轴承部位	如果磨损轻微，可抛光修复；如果磨损严重，则需用镀铬工艺或重新加工一新轴	①镀铬槽 ②机加工设备	重新加工时，两轴颈的同轴度为 $0.02\sim0.03$mm，齿轮装在轴上或连在轴上的同轴度为 0.01mm

3.2.4　齿轮泵的故障排查

（1）渐开线齿形齿轮泵的故障排查

【故障 1】　齿轮泵吸不上油，无油液输出

① 查电机转向对不对。

② 查电机轴或泵轴上是否漏装了传动键。

③ 查进油管路"O"形密封圈是否损坏或漏装，造成进气（见图 3-37，下同）。

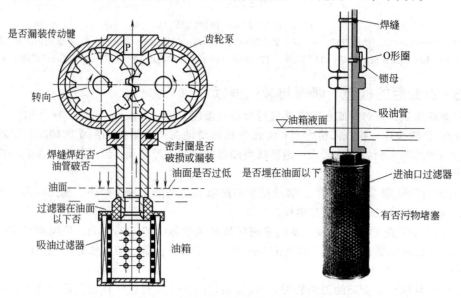

图 3-37　泵的吸油管路易出故障部位

④ 查吸油管焊接位置焊缝是否未焊好进气：焊缝要焊好，不漏气。

⑤ 查吸油管管子是否有裂缝：如有，补焊或更换。

⑥ 查油面是否过低：应加油至油面计的标准线。

⑦ 查进油过滤器是否裸露在油面之上而吸不上油：应往油箱加油至规定的油标高度。

⑧ 查泵的转速是否过高或者过低：泵的转速过高或者过低均可能吸不上油，应按泵允许的转速范围运转泵。

⑨ 查泵的安装位置距油面是否太高。

【故障2】 齿轮泵输出流量不够，系统压力上不去

① 查进油滤油器是否被堵塞：滤油器堵塞时予以清洗。

② 查前后盖端面 G_1、G_3 或侧板端面 G_5 是否严重拉伤（见图 3-38 ~ 图 3-39，下同）产生的内泄漏太大：前后盖或侧板端面可研磨或平磨修复。

③ 对采用浮动轴套或浮动侧板的齿轮泵，查浮动侧板或浮动轴套端面 G_5、齿轮端面 G_4 是否拉伤或磨损：对联轴齿轮在小外圆磨床上靠磨 G_4 面；对泵轴与齿轮分开的则在平面磨床上平磨齿轮 G_4 面，注意两齿轮齿宽尺寸 L_1 一致；注意同时要修磨泵体厚度 L_0，保证合理的轴向装配间隙。

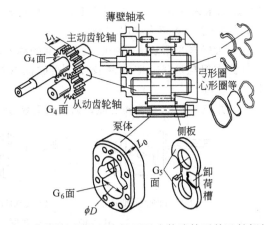

图 3-38 浮动侧板型齿轮泵易出故障的零件及其部位

④ 查起预压作用的弓形（3形）密封圈 6 或心形密封圈等是否压缩永久变形或漏装。

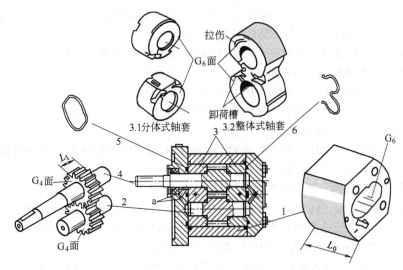

图 3-39 浮动轴套型齿轮泵易出故障的零件及其部位
1—泵体；2—从动齿轮；3—浮动轴套；4—主动齿轮；5—O 形圈；6—弓形圈

⑤ 查电机转速是否不够：电机转速应符合规定。

⑥ 查油温是否太高：温升使油液黏度降低，内泄漏增大，查明油温高的原因，采取对策。

⑦ 查选用的油液黏度过高或过低：选用黏度适合的油液。

⑧ 查是否有污物进入泵内，拉伤相关配合面。

【故障3】 中高压齿轮泵起压时间长

① 查弹性导向钢丝是否漏装或折断：前述表3-6图6中轴承内插的弹簧钢丝4，用途是在液压泵刚启动、油压未建立起来前，能使轴套有一定的压紧力预压在齿轮端面上，同时使上、下轴套稍作位移，以改善轴套与泵体的接触状况，使泵压未升上来之前，弹性导向钢丝4弹力能同时将上、下轴套朝从动齿轮的旋转方向扭转一微小角度，使主、从动齿轮两个轴套的加工平面紧密贴合，而使泵起压时间很短。但如图中的弹性导向钢丝漏装或折断，则将失去这种预压作用而使齿轮泵起压时间变长。

② 查起预压作用的密封圈是否压缩永久变形：如图3-38与图3-39中起预压作用的弓形密封圈如果压缩永久变形，将使齿轮泵起压时间变长。

【故障4】 噪声大并出现振动

① 查齿轮泵是否从油箱中吸进有气泡的油液。

② 查电机与泵联轴器的橡胶件是否破损或漏装：破损或漏装者应更换或补装联轴器的橡胶件。

③ 查泵与电机的安装同心度，齿轮泵安装使用应满足图3-40要求。

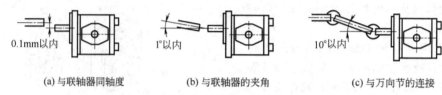

(a) 与联轴器同轴度　　　(b) 与联轴器的夹角　　　(c) 与万向节的连接

图3-40　电机与泵联轴器的安装连接要求

④ 查联轴器的键或花键磨损造成回转件的径向跳动。

⑤ 查是否从泵体与两侧端盖相接触的端面之间进气，特别是靠吸油区域的部位。

⑥ 查泵的端盖孔与压盖外径之间的过盈配合接触处（例如CB-B型齿轮泵）：若配合不好空气容易由此接触处侵入；若压盖为塑料制品，由于其损坏或因温度变化而变形，也会使密封不严而进入空气，可采用涂敷环氧树脂等胶黏剂进行密封。

⑦ 查泵内零件损坏或磨损情况：泵内零件损坏或磨损严重将产生振动与噪声。

【故障5】 有时油箱内油液向外漫出

油池中的油液夹杂有气泡后体积增大，油箱装不下自然会向外漫出油箱。

① 查齿轮泵上是否有相同情况，在有部位进气的情况下工作：如果是则含有大量气泡的系统回油返回油箱，增大了油液体积。

② 查油箱中油液消泡性能：含有气泡的油液体积不断增大自然会从油箱向外漫出，此时应排除液压泵进气故障，必要时更换消泡性能已变差的油液。

【故障6】 齿轮泵内、外泄漏量大

① 查泵盖与齿轮端面、侧板与齿轮端面、浮动轴套与齿轮端面之间的接触面面积大，是造成内漏的主要部位。这部分磨损拉伤漏损量或间隙大造成的内漏占全部内漏的50%～70%。减少内漏的方法是修复磨损拉伤部位和保证这些部位合理的配合间隙。

② 卸压片老化变质，失去弹性，对高压油腔和低压油腔失去了密封隔离作用，会产生高压油腔的油压往低压油腔、径向不平衡力使齿轮尖部靠近液压泵壳体，磨损泵体的低压腔部分、油液不净导致相对运动面之间的磨损等，均会造成"内漏"，可采取相应对策。

【故障7】 泵轴油封处漏油或老是翻转

① 查齿轮泵转向："左旋"错装为"右旋"液压泵，造成骨架油封冲坏。

② 查泵的内部泄油道是否被污物堵塞：例如表3-6图b中的泄油道D被污物堵塞后，造成油封前腔困油压力升高，超出了油封的承压能力而使油封翻转，可拆开清洗疏通。

③ 查油封卡紧密封唇部的箍紧弹簧是否脱落（见图3-42）：油封的箍紧弹簧脱落后密封的承

压能力更低，翻转是必然的。此时要重新装好油封的箍紧弹簧。

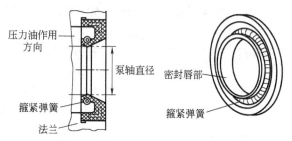

图 3-41 泵轴油封

【故障8】 内啮合齿轮泵吸不上油、输出流量不够，压力上不去

① 查外齿轮（见图3-42，下同）。查齿轮材质（如用粉末冶金制的齿轮）或热处理不好，齿面磨损严重，如为粉末冶金齿轮，建议改为钢制齿轮；齿轮端面磨损拉伤，齿轮端面磨损拉伤不严重可研磨抛光再用，如磨损拉伤严重，可平磨齿轮端面至尺寸 h_1，外齿圈 h_2、定子内孔深度 h_3 也应磨去相同尺寸；齿顶圆磨损，可刷镀齿轮外圆，补偿磨损量。

② 查内齿圈：内齿圈外圆与体壳内孔之间配合间隙太大时可刷镀内齿圈外圆；内齿圈齿面与齿轮齿面之间齿侧隙太大时，有条件的地区（如珠三角、长三角地区）可用线切割机床慢走丝重新加工钢制内齿圈与外齿轮，并经热处理换上。

③ 查月芽块：月芽块内表面与外齿轮齿顶圆配合间隙太大时刷镀齿顶圆；月芽块内表面磨损拉伤严重，造成压、吸油腔之间内泄漏大时用线切割机床慢走丝重新加工月芽块换上。

④ 查体壳（定子）与侧板：对于兼作配油盘的定子，当配油端面磨损拉有沟槽时，如磨损拉伤轻微可用金相砂布修整再用，磨损拉伤严重修复有一定难度；有侧板者，当侧板与齿轮结合面磨损拉伤时研磨或平磨侧板端面，并经氮化或磷化处理。

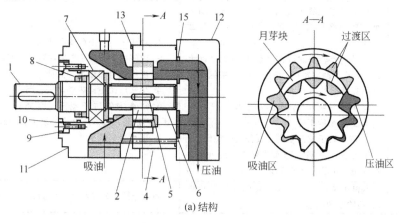

(a) 结构

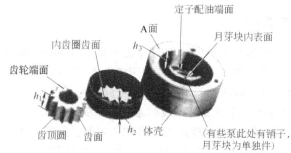

(b) 主要故障零部件

图 3-42 渐开线内啮合齿轮泵结构与需修理的主要零件

1—泵轴；2—外齿轮；4—泵芯组件；5—键；6—薄壁轴承；7—轴承；8—油封；
9—螺钉；10—垫圈；11—前盖；12—后盖；13, 15—O 形圈

（2）摆线齿形内啮合齿轮泵（转子泵）的故障排查（表3-8）

表3-8　摆线齿形内啮合齿轮泵（转子泵）的故障排查

故障现象	故障原因	排除方法
压力波动大	1. 泵体与前后盖因加工不好，偏心距误差大，或者外转子与泵体孔配合间隙太大 2. 内、外转子（摆线齿轮）的齿形精度差 3. 内、外转子的径向及端面跳动大 4. 内、外转子（两齿轮）齿侧隙偏大 5. 泵内混进空气 6. 液压泵与电机不同心，同轴度超差 7. 内、外转子间（两齿轮）齿侧隙太大	1. 检查偏心距，并保证偏心距误差在±0.02mm的范围内。外转子与泵体孔配合间隙应为0.04～0.06mm 2. 内、外转子大多采用粉末冶金，模具精度影响齿形精度，用户只能对研 3. 修正内、外转子，使各项精度达到技术要求 4. 更换内、外转子，保证两齿轮齿侧隙在0.07mm以内 5. 查明进气原因，排除空气 6. 校正液压泵与电机的同轴度（0.1mm）
输出流量不够	1. 轴向间隙（转子与泵盖之间）太大 2. 内、外转子的齿侧间隙太大 3. 吸油管路中裸露在油箱油面以上的部分到泵的进油口之间结合处密封不严，漏气，使泵吸进空气，有效的吸入流量减小 4. 滤油器堵塞 5. 油液黏度过大或过小 6. 溢流阀卡死在小开度位置上。泵来的一部分油通过溢流阀溢回油箱，导致输出流量不够	1. 将泵体厚度研磨去一部分，使轴向间隙在0.03～0.04mm内 2. 更换内外转子（用户难以办到） 3. 更换进油管路的密封，拧紧接头。管子破裂者予以焊补或更换 4. 清洗滤油器 5. 更换为合适黏度油液，减少内泄漏 6. 按本书5.9节有关的内容排除溢流阀故障。
发热及噪声大	1. 外转子因其外径与泵体孔配合间隙太小，产生摩擦发热，甚至外转子与泵体咬死 2. 内、外转子之间的齿侧间隙太小或太大；太小，摩擦发热；太大，运转中晃动也会引起摩擦发热 3. 油液黏度太大，吸油阻力大 4. 齿形精度不好 5. 内外转子端面拉伤，泵盖端面拉伤 6. 泵盖上的滚针轴承破裂或精度太差，造成运转振动、噪声和发热	1. 对研一下，使泵体孔增大 2. 对研内、外转子（装在泵盖上对研） 3. 更换成合适黏度的油液 4. 生产厂可更换内外转子，用户单位只能对研 5. 研磨内外转子端面，磨损拉毛严重者，先平磨，再研磨，泵体厚度也要磨去相应尺寸 6. 更换合格轴承
漏油（外漏）	漏油的情况同齿轮泵（参阅齿轮泵故障6、故障7的内容）	参阅上述齿轮泵故障6、故障7的内容

3.3　叶片泵的使用与维修

叶片泵的优点是结构紧凑、体积小（单位体积的排量较大）、运转平稳、输出流量均匀、噪声小；既可做成定量泵也可制成变量泵，定量泵（双作用或多作用）轴向受力平衡，使用寿命较长，变量泵变量方式可以多种，且结构简单（如压力补偿变量泵）。

叶片泵的缺点是吸油能力稍差，对油液污染较敏感，叶片受离心力外伸，所以转速不能太低，而叶片在转子槽内滑动时受接触应力和摩擦力的影响和限制，其压力和转速难以提高。要提高叶片泵的使用压力，须采取各种措施，必然增加其结构的复杂程度。另外定量泵的定子曲线面、叶片和转子的加工略有难度，一般要求专用设备，且加工精度稍高。

叶片泵按作用方式（每转中吸排油次数）分为单作用（变量、内外反馈）和双作用（定量）叶片泵；按级数分为单级和双级叶片泵，按连接形式分为单联泵和双联泵；按工作压力分有中低压（6.3MPa）、中高压（6.3～16MPa）和高压（＞16MPa）叶片泵等。

3.3.1　双作用（定量）叶片泵工作原理、有关计算与结构

（1）工作原理

如图 3-43 所示，定子 1 的内表面由大圆弧 R_2、小圆弧 R_1 和四段过渡曲线（1、2、3、4）组成，形似椭圆形，且定子和转子同心。 配油盘上开的 4 个配油窗口分别与吸、压油口相通。 在图示转子顺时针方向旋转时，嵌于转子槽内的叶片（可灵活滑动）在离心力和叶片根部压力油的作用下，顶部紧贴在定子内表面上，这样定子、转子、可滑动叶片、配油盘便构成多个容积可变的密闭工作腔。 在右上角和左下角处密封工作腔的容积逐渐增大，为吸油区；在右下角和左上角处密封工作腔的容积逐渐减小，为压油区。 对称布置的两个吸油区和两个压油区之间的一段圆弧封油区将它们隔开，转子每转一周，每一叶片往复滑动两次，每个密闭工作容腔的容积循环两次，进行两次变大和变小，完成泵的作用，称为双作用式叶片泵。 另外泵的两进油腔和出口压油腔是径向对置的，所以转子是液压平衡的，轴承不受液压载荷，可保证长寿命，所以又叫"压力平衡型"叶片泵。

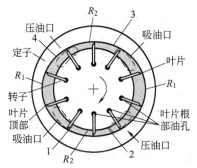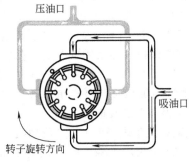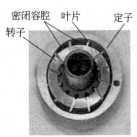

图 3-43　双作用（定量）叶片泵的工作原理

（2）排量和流量的计算

转子旋转时，两叶片之间封闭容积从 V_1 变到 V_2，二者之差（$V_1 - V_2$）×2＝排量＝2M（每转排出的油量）（图 2-44）。

当两叶片从 ab 位置转到 cd 位置时，排出容积为 M 的油液；从 cd 转到 ef 位置时，吸进了容积为 M 的油液。 从 ef 转到 gh 位置时又排出了容积为 M 的油液，再从 gh 转回到 ah 时又吸进了容积为 M 的油液。

转子转一周，两叶片间吸油两次，排油两次，每次容积为 M；当叶片数为 z 时，转动一周所有叶片

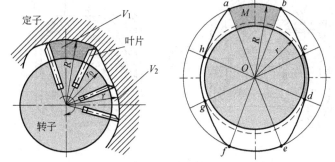

图 3-44　双作用叶片泵的排量和流量计算

的排量为 2Z 个 M 容积，若不计叶片几何尺度，此值正好为环行体积的两倍。 故泵的排量为：

$$V = 2\pi (R^2 - r^2) B$$

平均流量为

$$q = 2\pi (R^2 - r^2) Bn\eta_v$$

式中　R——定子长半径，mm；

　　　r——定子短半径，mm；

　　　B——转子厚度，mm。

考虑叶片厚度影响，双作用叶片泵精确排量与流量计算公式为

$$V = 2B \left[\pi \left(R^2 - r^2 \right) - \left(R - r \right) Z\delta / \cos \theta \right]$$

式中　　B——叶片的宽度，mm；

　　R、r——定子的长半径和短半径，mm；

　　　　δ——叶片厚度，mm；

　　　　θ——叶片倾角，(°)。

双作用叶片泵的流量为

$$Q = 2B \left[\pi \left(R^2 - r^2 \right) - \left(R - r \right) Z\delta / \cos \theta \right] n\eta_v$$

式中　　n——叶片泵的转速，r/min；

　　　　η_v——叶片泵的容积效率，%。

　　叶片泵的流量脉动很小，理论研究表明，当叶片数为 4 的倍数时流量脉动率最小，所以双作用叶片泵的叶片数一般取 12 或 16。

（3）定量叶片泵结构实例

　　① 国产 YB1-3E 型定量叶片泵　YB1-3E 型（图 3-45）是 YB1 型叶片泵的更新换代型产品，由前后泵体 7 与 6，左右配油盘 1 和 5，定子 4，转子 12 以及传动轴 3 等零件所构成。

　　两个配油盘 1 与 5、转子 12、定子 4 以及叶片等，用螺钉 13 紧固成一体，便于装配维修。内六角螺钉 13 的头部作为定位销插入后泵体 6 的定位孔内，以保证配油盘上的吸、压油窗口能与前泵体上进出油相对应。叶片 11（12 片）可在转子 12 的叶片槽内自由滑动，转子通过内花键与传动轴 3 相连接。传动轴由轴承 2 与 8 支承，两背对背的骨架油封 9 对向安装在泵盖 10 上，可防止油液从泵轴外漏以及空气的反向渗入。

　　为使叶片顶部能可靠紧贴在定子内表面上，在配油盘 5 与叶片根部相对应位置上，开有一环形槽 c［图 3-45（b）］，并在槽内钻两个小孔 d，使之与配油盘另一面的两压油区连通，这样无论叶片在旋转过程中转到哪个位置，压力油均能通过 b 腔进入环形槽 c，再到叶片根部，将叶片顶在定子内曲线表面上。腰形槽的末端开有眉毛槽（三角槽），可使叶片间的密封容腔逐步和高压腔相通，实现吸、压油腔的转换，防止液压冲击。

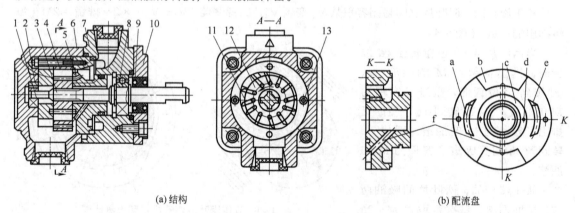

(a) 结构　　　　　　　　　　　　　　　　　　　(b) 配流盘

图 3-45　YB1-3E 型定量叶片泵

1—配油盘；2—滚针轴承；3—传动轴；4—定子；5—配油盘；6—后泵体；7—前泵体；8—球轴承；9—油封；10—泵盖；11—叶片；12—转子；13—定位销

　　② 力士乐公司定量叶片泵　图 3-46（a）所示为力士乐公司 PVV 型定量叶片泵，在驱动轴（泵轴）1 的齿上安装有转子 2，它在定子 3 内回转。叶片 4 安装在转子槽内，转子转动时靠离心力使叶片压在定子的内表面。排油腔的端面由配流盘 5 密封。由于定子是双偏心结构，因此形成对称布置的两个吸油区和两个压油区，使传动轴的径向液压力相互平衡而卸载。轴仅传递驱动转矩。在吸油区，叶片部分地卸荷，这能减少磨损和获得高效率。取下端盖 7，可以更换

泵芯油转子、叶片、定子环和配油盘，而不必从钟形罩上卸下泵体 6，这样就能迅速地对泵进行维护和修理。

　　图 3-46（b）所示为力士乐公司 PVQ 型定量叶片泵，PVQ 泵的设计结构使其特别适用于行走机械。 配油盘的特殊结构能够补偿转子的热膨胀和能够对突然的压力变化起到抵抗作用。 通过将配油盘分成柔性盘 8 和端盖 9 而形成反向压力腔 10，以平衡在挤压器中的压力。 这就保证了转子和柔性盘之间的最佳间隙，因而保证泵拥有最好的容积效率。 这类泵排量 18～193L/min，最大工作压力 210bar。

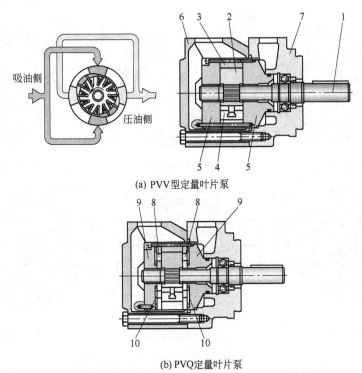

(a) PVV 型定量叶片泵

(b) PVQ 定量叶片泵

图 3-46　德国博世-力士乐公司定量叶片泵结构

1—泵轴；2—转子；3—定子；4—子母叶片；5—配流盘；6—泵体；
7—泵盖；8—柔性盘；9—端盖；10—反向压力腔

3.3.2　单作用（变量）叶片泵工作原理、有关计算与结构

（1）工作原理

　　单作用叶片泵与双作用叶片泵有几个明显不同之处：定子的内表面曲线为圆形而不是椭圆形；定子和转子的圆心有一偏心距 e，由于偏心距 e 的存在，为制成变量叶片泵打下基础，亦即单作用叶片泵多为变量叶片泵；配油盘上只有两个窗口而非四个，转子每转一圈，只完成一次吸油和一次压油，叫"单作用式"。

　　单作用式叶片泵的工作原理如图 3-47 所示，转子 2 外表面和定子 3 的内表面都呈圆柱形，转子中心和定子中心之间保持一个偏心距 e，叶片装在转子上开有的均匀分布的径向槽内并可在槽内灵活滑动。 在转子转动时的离心力以及通入叶片根部压力油的作用下（有的还有弹簧力），叶片顶部紧贴在定子内表面上，两相邻叶片（如图 3-47 中的叶片Ⅰ、Ⅱ）、配油盘、定子和转子间便形成了个密封的工作腔。 当转子按顺时针方向旋转时，各叶片向外伸出。 取叶片Ⅰ、Ⅱ之间封闭的工作容积为例（图 3-47），从（a）到（b）的过程中，叶片Ⅰ与Ⅱ之间的密封工作腔容积逐渐增大，容腔内形成真空，于是大气压将油箱内油液通过吸油管压入叶片泵内的吸油腰形窗

口，将油液吸入泵内，称为"吸油"；而转到（c），即不通吸油也不通压油窗口，隔开吸、压油，为过渡区；转到（c）到（e）的过程中，叶片Ⅰ与Ⅱ之间的密封工作腔容积逐渐缩小，由于油液的不可压缩性，而将吸油口吸入的油液从压油腰形窗口挤出，称为"压油"；转到（f）位，又不通吸油也不通压油窗口，隔开吸、压油，又为过渡区。

由于偏心距 e［图 3-47（c）］的存在，如果在工作过程中设法改变此偏心距 e 的大小，便可改变工作容腔变大和变小的范围和程度，因而可做成变量泵的形式，所以称这种泵为"单作用""径向不平衡型"与"可变量的叶片泵"。

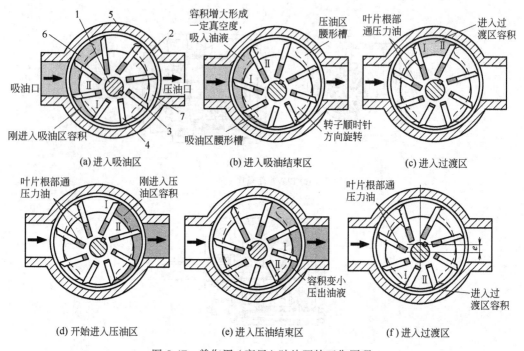

(a) 进入吸油区　　　　　　(b) 进入吸油结束区　　　　　(c) 进入过渡区

(d) 开始进入压油区　　　　(e) 进入压油结束区　　　　　(f) 进入过渡区

图 3-47　单作用（变量）叶片泵的工作原理

1—泵轴；2—转子；3—定子；4—叶片；5—泵体；6—配油盘；7—压油区腰形槽

（2）排量和流量的计算

如图 3-48 所示，单作用叶片泵的排量与流量 Q 为

$$V = 4\pi ReB$$

$$Q = 4\pi ReBn\eta_v \times 10^{-3}$$

式中　Q——输出流量，L/min；

　　　R——定子半径，cm；

　　　e——偏心距，cm；

　　　B——转子宽度，cm；

　　　n——转子的转速，r/min；

　　　η_v——叶片泵的容积效率。

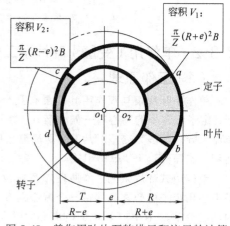

图 3-48　单作用叶片泵的排量和流量的计算

（3）变量方式、变量工作原理及结构实例

① 变量叶片泵的变量方式　改变单作用叶片泵偏心距 e 的大小，可做成排量可以调节的叶片泵。排量可通过手动调节螺钉（手动变量），也可采用自动调节。常见的变量叶片泵多采用

自动调节的方式，即以泵本身的输出参数（压力、流量和功率）作为变量的控制信号，反馈到叶片泵的调节机构中去，经检测并与指令信号进行比较后，以其偏差值作为变量的输入信号，改变定子和转子之间的偏心距进行变量，对泵进行自动调节，构成了对叶片泵的输出压力、流量和功率的自动控制变量系统，以满足液压系统各种不同的需要。

叶片泵的变量方式主要有限压式（内外反馈）、恒压式、负载敏感式（恒流量式）、恒功率等多种变量方式。

例如为满足执行元件快进（快速，要求大流量，压力可较低）和工进（慢速，只要求小流量，但要求较高压力）的液压系统，可选择限压式变量泵的形式；对有些要求执行元件须保持压力、流量或功率恒定不变，这就需要泵为恒压泵、恒流量或恒功率泵与之相匹配。

恒流量式泵流量基本上不随油压的变化而变化；恒压式泵在设定压力处基本上不随泵的输油量——流量 Q 的变化而变化，其 Q-P 特性接近于定量泵加溢流阀；恒功率泵的压力 × 流量 ≈ 常数的双曲线。此外变量方式还有恒压、恒流量与恒功率的复合方式：例如"恒压 + 恒流"、"恒压 + 恒流 + 恒功率"等，根据不同使用需要采用不同的变量方式。

图 3-49 为各种变量方式的压力-流量特性曲线图。

② 限压式变量叶片泵　限压式变量叶片泵流量（偏心距）的改变是利用压力的反馈作用实现的，它有外反馈和内反馈两种形式。

a. 外反馈限压式变量叶片泵。这种泵是利用从泵出口外引入一股控制压力油，利用其压力的反馈作用来自动调节偏心量的大小，以达到调节泵的输出流量的目的（图 3-51）。

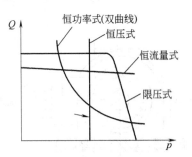

图 3-49　各种变量方式的
压力-流量特性曲线

这种泵的吸油窗和排油窗是对称的，即 $\alpha_2 = \alpha_1$，由泵轴带动而旋转的转子 1 的中心 O_1 是固定的，可左右移动的定子 2 的中心 O_2 与 O_1 保持偏心距 e。在限压弹簧 3 的作用下，定子被推向左边，设此时的偏心量为 e_0，e_0 的大小由调节螺钉 7 调节。在泵体内有一内流道 ab，通过此流道可将泵的出口压力油 P 引入到柱塞 6 的左边油腔内，并作用在其左端面上，产生一液压力 P × A，A 为柱塞 6 的端面面积。此力与泵右端弹簧 3 产生的弹簧力 KX_0（K 为弹簧刚性系数，X_0 为弹簧的预压缩量）相平衡。当负载变化时，P 也随之发生变化，破坏了上述平衡，定子相对于转子移动，使偏心量发生变化；当泵的工作压力 P 小于限定压力 P_B 时，有 $PA < KX_0$，此时，限压弹簧 3 的压缩量不变，定子不产生移动，偏心量 e_0 保持不变，泵的输出流量最大；当泵的工作压力随负载升高而大于限定压力 P_B 时，$PA > KX_0$，这时弹簧被压缩，定子右移，偏心量减小，泵的输出流量也减小，泵的工作压力愈高（负载愈大），偏心量愈小，泵的流量也愈小，工作压力达到某一极限值时，限压弹簧被压缩到最短，定子移动到最右端，偏心量接近零，使泵的输出流量也趋近于零。P_B 表示泵在最大流量保持不变时可达到的工作压力（称为限定压力），其大小可通过限压弹簧 3 进行调节，图 3-50（b）中的 BC 段表示工作压力超过限定压力后，输出流量开始变化，即随压力的升高流量自动减小，到 C 点为止，流量为零，此时压力为 P_C，P_C 称为极限压力或截止压力。泵的最大流量（AB 段）由流量调节螺钉 7 调节，可改变 A 点位置，使 AB 段上下平移。调节螺钉 4 可调节限定压力的大小，使 B 点左右移动，这时 BC 段左右平移。改变弹簧刚度 K，则可改变 BC 的斜率。

由于这种方式是由泵出油口外部通道 ab（实际还在泵内）引入反馈压力油来自动调节偏心距，所以叫"外反馈"。

这种限压式变量叶片泵适合用于空载快速运动和低速进给运动的场合。快速时，需要低压大流量，这时泵工作在特性曲线 AB 段上 [图 3-50（b）]；当转为工作进给时，系统工作压力升高，液压泵自动转到特性曲线 BC 段工作，以适应工作进给时需要的高压小流量。

图 3-51 所示为国产 YBX 型外反馈限压式变量叶片泵的结构。

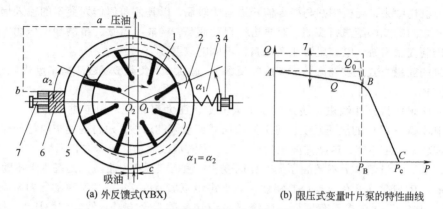

(a) 外反馈式(YBX)　　　　　　　　　　(b) 限压式变量叶片泵的特性曲线

图 3-50　外反馈限压式变量叶片泵的工作原理

1—转子；　2—定子；　3—弹簧；　4—调节螺钉；　5—配流盘；　6—柱塞；　7—流量调节螺钉

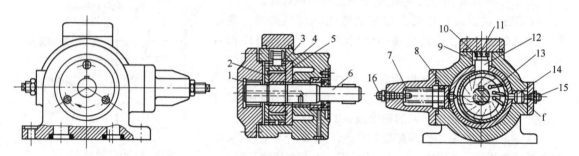

图 3-51　YBX 型外反馈限压式变量叶片泵的结构

1—轴承；　2—侧板；　3—定子；　4—配油盘；　5—转子；　6—轴承；　7—调压弹簧；　8—弹簧座（柱塞）；　9—保持架；
10—滚针轴承；　11—支承块；　12—滑块；　13—叶片；　14—反馈活塞；　15—流量调节螺钉；　16—压力调节螺钉

　　b. 内反馈限压式变量叶片泵。　如图 3-52 所示，内反馈限压式变量叶片泵的工作原理与外反馈的工作原理相似，只不过自动控制偏心量 e 的控制力不是引自"外部"，而是依靠配油盘上设计的对 y 轴不对称分布的压油腔孔（腰形孔）内产生的力 P 的分力 F_x 来自动调节。　当图中 $\alpha_2 > \alpha_1$ 时，压油腔内的压力油会对定子 2 的内表面产生一作用力 F，利用 F 在 X 方向的分力 F_x 去平衡弹簧力，自动调节偏心距的大小；当 P_x 大于限压弹簧 3 调定的限定压力时，则定子向右移

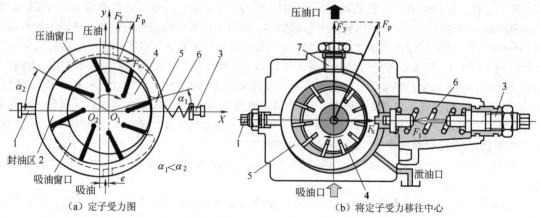

(a) 定子受力图　　　　　　　　　　(b) 将定子受力移往中心

图 3-52　内反馈限压式变量叶片泵的工作原理

1—流量调节螺钉；　2—封油区；　3—压力调节螺钉；　4—转子；　5—定子；　6—弹簧；　7—噪声调节螺钉

动，使偏心距减小，从而改变泵的输出流量。 工作压力增大，F 增大，F_x 也增大，偏心量减小。 其调节原理与上述的外反馈方式除了反馈的来源不同外，其他没有区别。

力 F_y 用噪声调节螺钉压住，防止定子上下窜动使泵产生噪声振动，所以叫噪声调节螺钉。

采用限压式变量泵与采用一台高压大流量的定量泵相比，可节省功率损耗，减少系统发热；与采用高低压双泵供油系统相比，可省去一些液压元件，简化液压系统。

图 3-53 所示为国产的 YBN 系列（YBN20、YBN40）内反馈限压式变量叶片的结构。

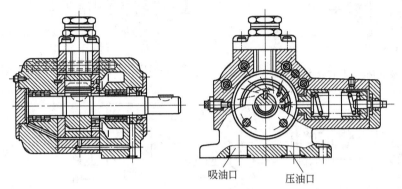

吸油口　　压油口

图 3-53　YBN 系列内反馈限压式变量叶片泵的结构

③ 恒压式变量叶片泵　恒压式变量叶片泵的工作原理如图 3-54 所示，泵的出口压力油液通过液压泵内的油路，到达 PC 阀的阀芯，作用于控制阀芯 14 的左端表面上，产生向右推动阀芯的力 F_p，当 F_p 小于由调压螺钉 15 所调节的弹簧力 F_f 时，控制阀芯就保持在图 3-54（a）所示的位置，泵出口的压力油一路总是进入小柱塞左腔，另一路通过阀芯中心孔 a→阀芯右端的径向孔 b→槽 c→大柱塞右腔，此时大小柱塞控制腔均为来自泵出口的压力油，压力 P 相同，但两端大小柱塞上作用面积不等，于是小活塞端面积×P＜大活塞端面积×P，即右边大调节活塞承受到压力作用力要大于左边小调节活塞承受到压力，推动定子向左运动，即移向偏心增大的位置，泵排出的流量相应增大，此时泵为低压大流量工况（例如用于缸快进）。

当力 F_p 随系统压力的增加而增加时［图 3-54（b）］，F_p 大于弹簧反力 F_f，控制阀芯 14 挤压弹簧 13 向右运动，径向孔 b 被关闭，大活塞右腔通过槽 c→开启的通道 d→油道 L→油箱，使通向油箱的油路打开，油液由此流出，造成大活塞端的压力下降，大活塞右腔泄压，而小柱塞左腔仍为泵出口压力油，于是小活塞端面积×P＞大活塞端面积×P＝F_f，推动定子向右运动，即移向偏心减小的位置，泵排出的流量相应减少。 此时泵自动转入高压小流量工况（例如用于工作进给）。 此时各种力达到了平衡：小活塞端面积×高压＝大活塞端面积×低压，流量即使接近零，系统仍能维持泵出口的压力恒定，称为恒压式变量叶片泵。 由于这种特性，因而在达到最高压力时，系统的功率损失较低，油液不会过热，系统功耗也最低。

图 3-54（c）为恒压式变量叶片泵的压力-流量曲线图，图 3-54（e）所示为德国博世力士乐公司产的 PV7 型恒压式变量叶片泵的结构。

④ 负载敏感变量（恒流量）叶片泵　负载敏感变量叶片泵的作用是，当负载和输入转速发生变化时，将泵的输出流量保持在节流装置（节流孔、节流阀、比例方向节流阀等）调定的位置上不变。 将两个压力（节流装置的前、后压力）分别引入到负载敏感阀阀芯的两端，这样，作用在阀芯一端的低压压力（节流装置后压力）和阀芯弹簧一起与作用在另一端的泵出口压力相平衡，从而得到使调定的节流口保持流量不变所需的恒定压力差。

如图 3-55 所示，将比例流量阀节流口的出口压力 P_1 传到负载敏感阀阀芯的上端，即比例流量阀节流口的下游压力（小于上游）通过油路到达调节器（负载敏感阀）的弹簧腔。 压力 P_p 也同时作用于较小的控制活塞端，即负载敏感阀阀芯上向右作用着泵出口压力 P_p 产生的液压力

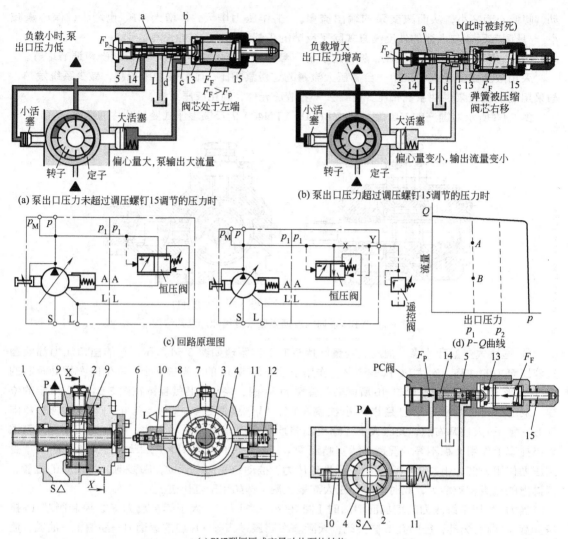

(a) 泵出口压力未超过调压螺钉15调节的压力时

(b) 泵出口压力超过调压螺钉15调节的压力时

(c) 回路原理图

(d) P-Q曲线

(e) PV7型恒压式变量叶片泵的结构

图 3-54　恒压式变量叶片泵的工作原理与结构

1—泵体；2—转子；3—叶片；4—定子；5—PC阀；6—流量调节螺钉；7—噪声调节螺钉；8—叶片；9—配流盘；
10—小调节活塞；11—大调节活塞；12—弹簧；13—调压弹簧；14—控制阀芯；15—调压螺钉

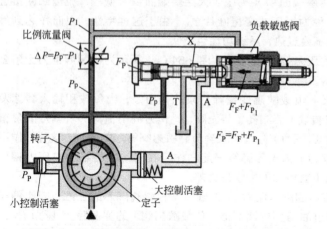

图 3-55　负载敏感变量（恒流量）叶片泵的工作原理

F_P，向左作用着压力 P_1 产生的液压力 F_{P_1} 和弹簧力 F_F。此时，在负载敏感阀阀芯的各种作用力达到了平衡，泵上大小控制活塞上的作用力也处于平衡状态。

当 $F_P < (F_{P_1} + F_F)$ 时，负载敏感阀阀芯处于左位，A 与 T 不通，大活塞 A 作用有压力油，泵处于最大偏心位置；反之，当 $F_P > (F_{P_1} + F_F)$ 时，负载敏感阀阀芯右移，A 与 T 相通，泵处于最小偏心位置。可调节流口的压差产生的作用力与调节器的弹簧力相等，阀芯平衡在某一位置，液压泵的定子也就在某一位置达到稳定，泵输出一定流量。

例如，如果可调节流口的截面积增大，则压差 ΔP 就降低。 这样，弹簧就推动滑阀运动（向右），使可调节流口的开度减小，从而造成大活塞端后部的压力 P_1 上升。 液压泵的定子就向着更大偏心值的方向（向左）移动，因而液压泵的排量得以提高。 由于泵的排量升高，可调节流口的压差 ΔP 增大，直到重新达到稳定状态为止（可调节流口的压差 ΔP 产生的液压力＝调节器弹簧的作用力）。 反之亦然。 这样便可稳定泵的出口流量。

对于压力调节器和流量调节器，都可通过各种不同方法进行操纵（机械式、液压式和电动式），于是又派生出更多种泵的变量方式，成为更经济高效的液压驱动系统。

负载敏感变量（恒流量）叶片泵的结构可参阅图 3-54 恒压式变量叶片泵的结构，只不过将图中的 PC 阀换成此处的负载敏感阀而已。

3.3.3　叶片泵的结构

在叶片泵能正常工作前，叶片顶端和定子内曲面之间必须建立起可靠的密封，在叶片泵启动阶段，依靠离心力甩出叶片来实现密封。 因此大多数叶片泵的最低工作转速是 600r/min。 一旦泵产生自吸，且系统压力开始升高，叶片处必须建立更严密的密封，以使通过叶片顶端的泄漏不致增加。 为了在高压下产生更好的密封，叶片泵把系统压力引到叶片的根部，采用这种配置，系统压力越高，推出叶片并使之靠紧定子凸轮环的力就越大。 以这种方式加载的叶片能在顶端产生非常严密的密封。 但是，如果叶片上加载的力太大，叶片和凸轮环之间将会产生过量的磨损，而且，叶片加载过大将是一个较大的阻力源。

为了提高叶片泵的工作压力，使叶片泵朝着高压化的方向发展，叶片泵在结构上采取了下述不断改正的措施，使得叶片既能与定子内表面很好接触，又使二者之间的接触应力不至于过大和产生严重磨损的现象。 为使顶紧叶片的力恰到好处，采用了下述结构措施。

（1）使用带倒角的叶片的叶片泵

图 3-56（a）所示为使用倒角叶片消除叶片加载顶紧力过大的一种方法，使用这种叶片时，叶片根部的全部面积和大部分顶部的面积暴露在系统压力下，结果是叶片的大部分液压力都相互平衡，顶住叶片的力仅为作用在叶片未被平衡面积上的压力。 但在高压系统中，使用带坡口边的叶片仍然会导致较大磨损和阻力过大，特别不适宜在高压泵中使用。 早期的国内外中低压叶片泵多采用这种形式，如图 3-56（b）为使用倒角叶片的国产 YB1 型叶片泵的结构。

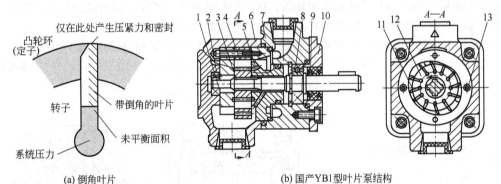

图 3-56　带倒角的叶片泵结构

1—配油盘；2—滚针轴承；3—传动轴；4—定子；5—配油盘；6—后泵体；7—前泵体；
8—球轴承；9—油封；10—泵盖；11—叶片；12—转子；13—定位销

（2）采用子母叶片的叶片泵

如图 3-57 所示，只有中间压力腔始终通压力油，其余部分叶片根部与顶部均压力相等，由小叶片面积上压力油产生的力顶紧母叶片，既减小叶片的加载力，又能可靠顶紧。

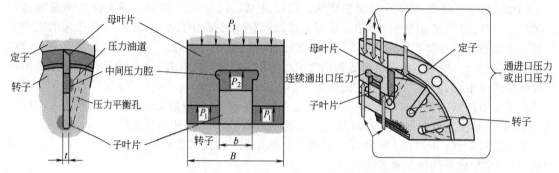

图 3-57　采用子母叶片结构的叶片泵

图 3-58 所示为※VQ□型车辆用高性能叶片泵，型号中，※为系列代号，有 25、35、45，□为排量代号，最高使用压力 21MPa，结构特点为子母叶片、浮动侧板。

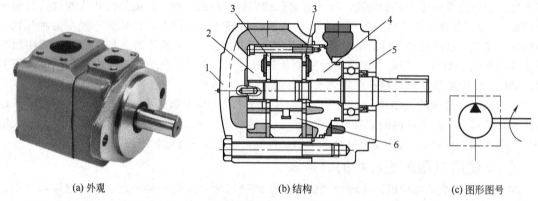

(a) 外观　　　　　　　　　　　(b) 结构　　　　　　　　　　　(c) 图形图号

图 3-58　车辆用高性能叶片泵（※VQ□型）

1—泵体；2，4—配油盘；3—侧板；5—泵盖；6—泵芯

（3）采用柱销式叶片的叶片泵

柱销加载叶片和子母叶片结构非常相似，在柱销加载叶片结构中，压力油仅作用在柱销的下部，其余部分叶片工作中上下压力相同，仅由柱销推顶叶片向上压靠凸轮环。

① Atos 公司的 PFE-X◇-※型柱销式定量叶片泵　图 3-59 为 Atos 公司的 PFE-X◇-※型柱销式定量叶片泵结构图。型号中◇为多联泵代号，2 为双联泵，3 为三联泵；※为排量代号

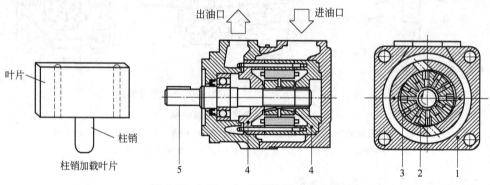

图 3-59　PFE-X◇-※型柱销式叶片泵

1—泵体；2—转子；3—叶片；4—配油盘；5—轴

（例：31016，31 表泵芯尺寸代号，016 为排量代号，为 16.5L/min）；结构特点为柱销式叶片和浮动配油盘，带整体液压平衡；额定压力 21MPa，排量 16.5～150.2mL/r，转数为 700～2000r/min。

② 美国派克公司 T6（7）※（T7B，T6C，T6D，T6E 等）系列柱销式叶片泵　图 3-60（a）为美国派克公司 T6（7）※型柱销式叶片泵，型号中※代号有 B、C、D、E 四种，其中 B 系列排量 5.8～50.0mL/r，最高工作压力 320bar；C 系列排量 10.8～100.0mL/r（T6 系列），最高工作压力 275bar；D 系列排量 44.0～158.0mL/r，最高工作压力 280bar（对多联泵为 300bar）；E 系列排量 132.3～268.7mL/r，最高工作压力 240bar（对多联泵为 250bar）。　转速范围 600～3600r/min，总

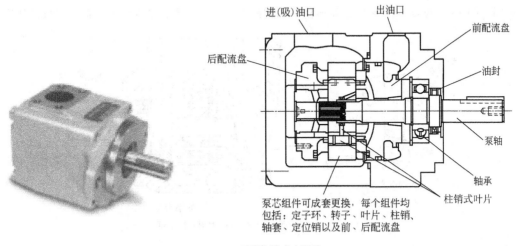

(a) T7※系列柱销式叶片泵

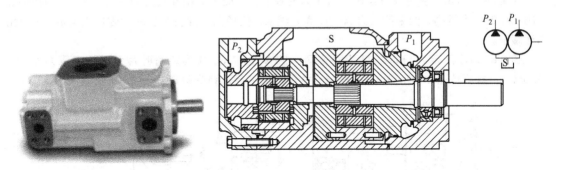

(b) T7BB(T67CB、T6CC 等) 系列双联柱销式叶片泵

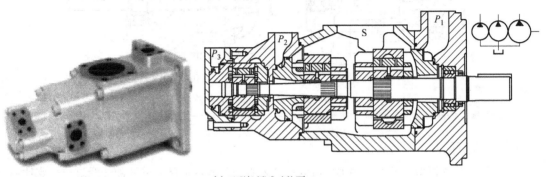

(c) 三联柱销式叶片泵

图 3-60　美国派克公司柱销式叶片泵

效率在高压工况下超过94%，有效功率提高，减少发热，运行成本降低。

图 3-60（b）为美国派克公司 T6（7）※※型柱销式双联叶片泵的结构例，型号中※※代号有 BB、CB、DB、EB 等多种（B、C、D、E 排列组合），每一联由相应的单联叶片泵组成。

图 3-60（c）为美国派克公司 TB7DBB 系列 ［T67DCB、T6DCC、T67DDBS、T600CS、T67EDB（S）、T6EDC（S）系列］三联叶片泵，每一联由相应的单联叶片泵组成。

（4）采用弹簧加载式叶片的叶片泵

如图 3-61（a）所示，对于弹簧加载的叶片，则由叶片底部的弹簧力加载叶片，工作中叶片上下压力均相同，仅靠弹簧力顶紧叶片。

图 3-61（b）为美国威格士公司产 V 系列弹簧加载式叶片泵，带浮动配流盘、弹簧式叶片。

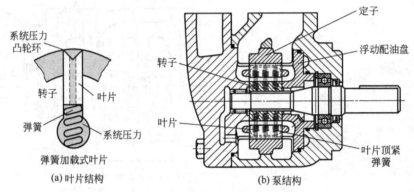

(a) 叶片结构　　　　　　　(b) 泵结构

图 3-61　采用弹簧加载式叶片的叶片泵

（5）采用浮动配流盘实现端面间隙补偿的叶片泵

如图 3-62 所示，它可以按泵出油口压力的高低，自动改变和补偿配油盘与转子之间的间隙。泵出油口的压力越高，图中箭头方向的压紧力越大，使径向间隙变小，减低因压力增高而增大的内泄漏量。

图 3-62（b）所示为日本东京计器公司产的 V20、V30 系列定量叶片泵，额定压力 15.4～17.5MPa，最高转速 1800r/min，结构特点为浮动配油盘，弹簧预紧。

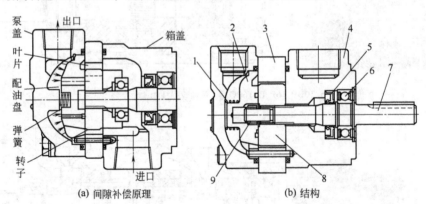

(a) 间隙补偿原理　　　　　　(b) 结构

图 3-62　采用浮动配油盘的叶片泵

1—弹簧；2—配油盘；3—泵体；4—前盖；5—油封；6—轴承；7—泵轴；8—泵芯组件；9—滚针轴承

（6）减压法

为了降低叶片根部油压的作用力，可以将通入吸油腔叶片根部 a 的油液先经过一个定比减压阀（或阻尼槽）1 减压，使之压力降为 P_3，再进入配油盘上正对着吸油区叶片根部的腰形槽 a，从而减小了吸油腔区域叶片根部所受的作用力。 其工作原理如图 3-63（a）所示，从高压口（泵出口）来的油作用在定比减压阀阀芯的小端，通过减压阀［图 3-63（b）］减压后压力变成 P_3，再通过孔 d、孔 c 作用在减压阀芯大端，大、小端面积之比一般为 2∶1，所以有阀芯的平衡条件，$P_3 = P_1/2$。 另一股油液进入到吸油区叶片根部的 a 腔，这样作用在叶片根部的油液压力就是减压后的压力 $P_3 = P_1/2$。

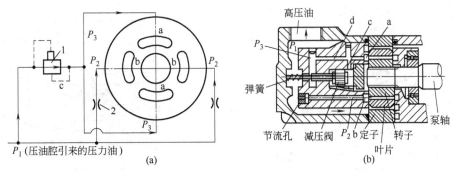

图 3-63　叶片根部油液减压法

为了避免无压时，减压阀芯将减压油道堵死，妨碍叶片的外伸，减压阀小端有一小弹簧作用着，使减压阀芯常开。 通向压油区的油道上设置了固定节流孔 2，其目的并不是使通往叶片根部的油液减压，而是使叶片根部的压力比另一端的油压略高些。 因为在压油区叶片是向槽内移动，力图把里面的油排出去，故油流方向是由内向外，而不是自外向内，因而里边压力高于外边压力。 这样可使叶片压在定子环上的压紧力比叶片与定子接触向槽内的压力大些，以免叶片和定子脱开。

为使叶片根部在转子旋转过程中，交变地接通高压和减压后的压力，侧板（配油板）往往做成图 3-64 的形状。 图 3-64 的密封角规定了转子上叶片槽根部所钻孔的尺寸，不能超过此范围，否则会造成图 3-64 中 a 槽与 b 槽在交界处的相通。

图 3-65 为 PV11R 型叶片泵，它利用减压法降低叶片根部油压的作用力，从而降低叶片顶部作用于定子内曲面上作用力。

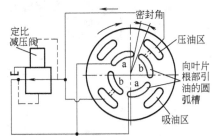

图 3-64　叶片根部油液压力交变法

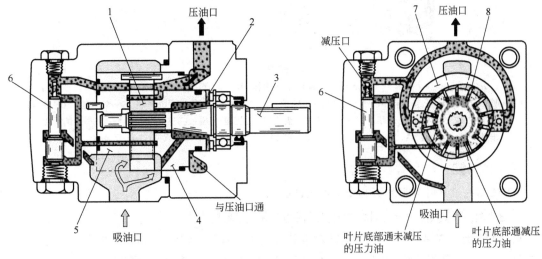

图 3-65　PV11R 型叶片泵

1—转子；2—波形弹簧垫；3—泵传动轴；4—配流盘；5—过流盘；6—定比减压阀；7—定子；8—转子

3.3.4 叶片泵的拆装与维修要领

以图 3-66 伊顿-威格士公司的 VMQ 型柱销式叶片泵为例加以说明，Atos 公司、丹尼逊公司与派克公司产的柱销式叶片泵的拆装方法与此相同。

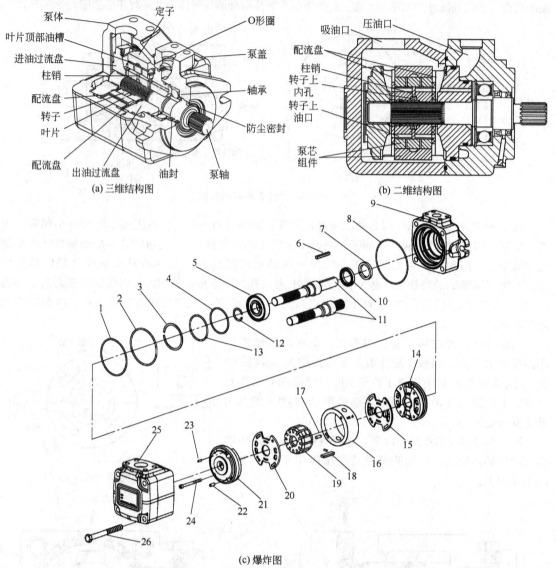

(a) 三维结构图　　　　　　　　　　(b) 二维结构图

(c) 爆炸图

图 3-66　VMQ 型柱销式叶片泵的拆装

1—O 形圈；2—支承环；3—卡环；4—O 形圈；5—轴承；6—键；7—防尘圈；8—O 形圈；9—泵前盖；10—油封；
11—泵轴；12—卡环；13—支承环；14—出油过渡盘；15—配流盘；16—定子；17—定位销；18—柱销叶片；
19—转子；20—配流盘；21—进油过渡盘；22—定位销；23—定位销；24—螺钉；25—泵盖体；26—螺钉

（1）拆卸

VMQ 型柱销式叶片泵的拆卸步骤见图 3-67。

（2）维修要领——拆卸后的零件检查与修理

叶片泵拆卸后的零件检查主要是针对泵芯几个重要零件：配流盘（配油盘）、转子、定子与叶片等。重点检查图 3-68 中的 A、B、C、D、E 面、叶片槽的磨损拉伤情况以及弹簧的疲劳折断情况。

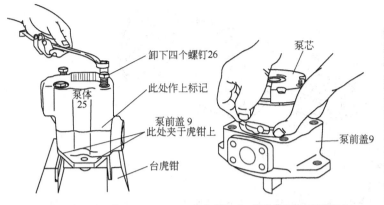

(a) 第一步: 卸下泵体   (b) 第二步: 从泵盖中取出泵芯组件   (c) 第三步: 取出泵芯组件

卸下四个螺钉26
此处作上标记
泵体25
泵前盖9
此处夹于虎钳上
台虎钳

泵芯
泵前盖9

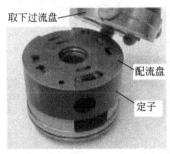

内六角扳手
螺钉24

取下过流盘
配流盘
定子

拿下定转子

(d) 第四步: 用内六角扳手卸下螺钉   (e) 第五步: 移出过流盘   (f) 第六步: 移出另一端过流盘

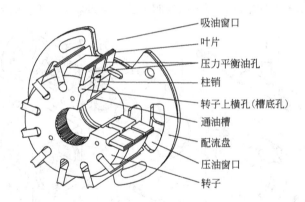

吸油窗口
叶片
压力平衡油孔
柱销
转子上横孔(槽底孔)
通油槽
配流盘
压油窗口
转子

(g) 第七步: 移出配流盘与定子, 分解转子内各零件(叶片、柱销等)

图 3-67 VMQ 型柱销式叶片泵的拆卸

拉伤轻微者, 研磨抛光再用; 拉伤严重者, 要进行修复或更换。 注意其中配流盘有两种: 一种为合金铜件, 当这种配流盘 A、D 面拉伤严重时, 可精磨去沟槽再用 (图 3-69); 另一种为中低合金钢经表面氮化处理留下的灰黑色耐磨的薄的氮化层, 如磨去则要进热处理炉重新氮化。

（3）装配

装配顺序与上述拆卸顺序相反, 装配前检查各零件的磨损情况, 进行修理与更换, 所有零件经仔细清洗后再投入装配。

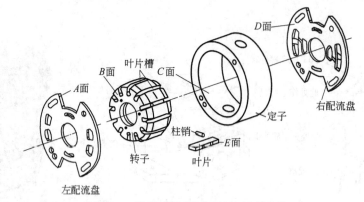

图 3-68 柱销式叶片泵中几个重要零件

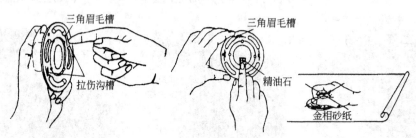

图 3-69 配油盘的修复

3.3.5 叶片泵的故障分析与排除

国产和进口液压设备上使用的叶片泵，来自不同国家，型号品种繁多，但结构上大同小异。下面要参照图 3-70 所示的 VQ 型叶片泵予以说明（后文中如未作说明，均指本图中的件号）。

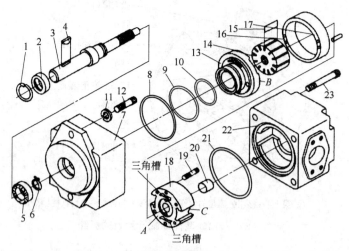

图 3-70 VQ 型（VQ15、VQ25、VQ35）叶片泵立体分解图

1—卡簧；2—油封；3—泵轴；4—键；5—轴承；6—卡簧；7—泵盖；8～10、21—O 形圈；
11—安装螺钉；12—弹簧垫圈；13—配油盘（前侧板）；14—转子；15—叶片；16—定子；17—定位销；
18—配油盘（后侧板）；19—螺栓；20—自润滑轴承；22—泵体；23—螺栓

【故障 1】 泵不出油或泵输出的油量不够

① 泵的旋转方向不对，泵不上油。可按叶片泵上标有的箭头方向改变电机转向纠正。 若泵上无标记时可对着泵轴方向观察，泵轴顺时针方向旋转的为正转泵，反之为反转泵。

② 叶片泵转数过低。 转数低，离心力无法使叶片从转子槽内抛出，形不成可变化的密闭空间。一般叶片泵转速低于 500r/min 时，吸不上油。 高于 1800r/min 时吸油速度太快也会吸油困难。

③ 吸油管路有毛病，漏气。 例如因吸油管接头未拧紧，吸油管接头密封不好或漏装了密封圈，吸油滤油器严重堵塞等原因，在泵的吸油腔无法形成必要的真空度，泵进油腔的压力与大气压相等（相通），大气压无法将油箱内的油液压入泵内。 可查明密封不好进气的部位，采取对策，用涂黄油的方法可查明漏气部位。

④ 油箱内油量不足，油面低于滤油器，吸进空气，造成吸油量不足。

⑤ 液压油黏度过高，加上叶片泵的吸油特性不怎么好，黏度大的油液阻滞叶片在离心力作用下的外抛。 解决办法是更换合适黏度（相当于 ISO VG46、VG 56、VG 68）的油液，寒冷天气启动前先预热油。 必要时卸下泄油管，往泵内灌满油后再机。

⑥ 电机未转动，或者电机虽转动，但泵轴未回转。 有可能是漏装泵轴 3 或电机上的键，或者泵轴 3 折断，或者电机与液压泵的联轴器不传力，酌情处置。

⑦ 叶片泵本身有毛病。 例如：因转子 14 的转子槽和叶片 15 之间有毛刺和污物；因叶片和转子槽配合间隙过小；因泵停机时间过长，液压油黏度又过高；因液压油内有水分使叶片锈蚀等原因。 个别或多个叶片粘连卡死在转子槽内，不能甩出，无法建立压、吸油密封空间以及无法使压、吸油腔隔开，而吸油不够或吸不上油，特别是刚使用的新泵容易出现这种现象。 可拆开叶片泵检查，根据具体情况予以解决。

图 3-71 为正转叶片泵有一枚叶片卡在转子的转子槽内，使压油腔与吸油腔相通而不能吸油的情况。

⑧ 配油盘 18 与泵体 22 端面（固定面）接触不良，之间有较大污物楔入，虽压紧紧固螺钉 23，但两者之间并未密合，使部分压力油通过两者之间的间隙流入低压区，输出流量减小。 应拆开清洗使之密合。

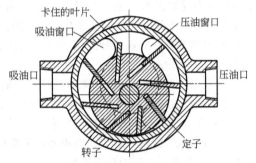

图 3-71 叶片卡住的情况

⑨ 配油盘 13、18 与转子 14 贴合端面（滑动面）A 或 B 拉毛磨损严重，内泄漏量大，输出流量便不够。 先可用较粗（不能太粗）砂纸打磨拉毛高点，然后用细砂布磨掉凹痕，抛光后使用。

⑩ 定子 16 内孔（内曲线表面）拉毛磨损，叶片 15 顶圆不能可靠密封，压油区的压力油通过叶片顶部与定子孔内表面之间的拉毛划伤沟痕漏往吸油区，造成输出流量不够。 此时可用刮刀刮去伤痕，或金相砂纸砂磨定子内曲面。

⑪ 叶片和转子组合件（泵芯）装反或错了 90°，此时吸不上油。

⑫ 泵体 22 有气孔、砂眼、缩松等铸造缺陷，使用一段时间后，被击穿。 当击穿后使高低压腔局部连通时，吸不上油。 此时可能要换泵。

⑬ 轴向间隙太大，即泵转子厚度 L 与定子厚度 L_1 或泵体孔深尺寸 h 相差太大，或者修理时加了纸垫子，使轴向间隙过大，内泄漏增大而使输出流量减少。

⑭ 10L/min 以下的叶片泵吸油能力较差，特别是寒冷季节，泵的安装位置距油箱油面又较高时，往往吸不上油。 解决办法是可在启动前往泵内注油。 如果是图 3-72（a）的系统，可将三位四通 O 型中位机能阀改为 M 型的换向阀，以利于泵内空气的排出；或者将溢流阀的压力调低再启动，有油打出后再增压。 也可在吸油管上加装一开启压力很低的单向阀 I [图 3-72（b）]，装此阀的目的是可保证叶片泵与吸油管内的油液不至于因较长时间停机后，因重力泄往油箱，使空气进入泵内，导致泵再启动时难以形成负压（真空度）而出现吸油困难的现象，提高吸油效率（自吸性能）。 但值得注意的是：单向阀 I 最好不带弹簧，而且要垂直安装。 否则恰得其反，反

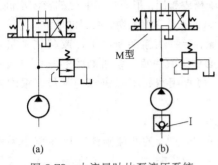

图 3-72　小流量叶片泵液压系统

而更难吸油，因为单向阀有压力损失。

⑮ 对 YBX 型变量叶片泵（图 3-72），若出现弹簧 7 折断、件 8 卡死在使转子和定子偏心量为零的位置、反馈活塞 14 使转子 5 和定子 3 卡死在使其偏心量为零的位置等情况，变量叶片泵便打不上油。此时需松开流量调节螺钉部分和压力调节部分，拆开清洗并清除毛刺，使反馈活塞 14 及柱塞 8 在孔内可灵活移动，弹簧断了的予以更换。

⑯ 变量机构调得不对，或者有毛病，可在查明原因后酌情处置。

⑰ 配油盘 13 的 B 面、18 的 A 面磨损或拉有沟槽，内泄漏量大，输出流量不够，一般要研磨好配油盘端面。

⑱ 滤油器堵塞，或过滤精度太高不上油或上油很小（视堵塞程度而定），可拆下清洗。

【故障 2】　压力上不去或者根本无压力

① 上述"泵不出油或输出流量不够"几乎所有的故障原因均可能是压力上不去或者根本无压力的原因。

② 回路方面的故障。可能是装在回路中的压力调节阀不正常，或者是方向阀（如 M 型）处在卸荷的中间位置等。此时应检查阀芯是否卡死在卸荷位置或者不能调压的位置，另外也要查一查电气回路是否正常，油液是否从溢流阀、卸荷阀等阀全部溢走等。

③ 对弹簧叶片式高压叶片泵，弹簧易疲劳折断，使叶片不能紧贴定子内表面，造成隔不开高低压腔，系统压力上不去。

④ 液压油的黏度过低。特别是对小容量叶片泵，当油液黏度过低或因油温温升过高，叶片泵打出的油往往不能加载上升到所需压力。这是油液黏度过低和温升造成内泄漏增大的缘故。这一点对回路中的阀类元件也同样适用。此时需适当提高油液黏度和控制油温。

⑤ 对限压式变量叶片泵，当压力调节螺钉未调好（调得太低），超过限压压力后，流量显著减小，进入系统后，压力难以更高。

⑥ 叶片泵内零件磨损后，在低温时虽可升压，但设备运转一段时间后，油温升高，因磨损产生的内泄漏大，压力损失也就大，压力此时便上不去（不能到最高）。如果此时硬性想调上去（旋紧溢流阀），会产生表针剧烈抖动现象，此时可以说百分之百是泵内严重磨损，如果换一台新泵压力马上就会上去。对于旧泵需拆下来，进行解剖分析与修理。

⑦ 定子 16 内表面刮伤，致使叶片 15 顶部与定子内曲面接触不良，内泄漏大，流量减小，压力难以调上去。此时应抛光定子内曲线表面或者更换定子。

⑧ 对装有定值减压阀的中高压叶片泵，如果减压阀的输出压力调得太高，会导致叶片顶部与定子内表面因接触应力过大而早期磨损，使泵内泄漏大，输出流量减小，压力也上不去。

【故障 3】　泵噪声增高，噪声大，振动大

叶片泵噪声增高的原因，有泵本身的原因，也有因所使用的液压油污染，漏气、进气、气穴以及配备不合理产生的振动，还有系统其他方面的原因。

① 叶片泵本身的毛病

a. 配油盘 13 与 18 吸压油窗口开设的三角眉毛槽太短，特别是配油盘端面 A、B 磨削修理后。这样便不能有效消除困油现象而产生振动和噪声。此时可用三角形什锦锉适当修长卸荷槽，修整长度以一叶片经过卸荷槽时，相邻的另一叶片应开启为原则。但不可太长，否则会造成高低压区连通，导致泵输出流量减少。

b. 叶片顶部倒角太少，叶片运动时作用力会有突变，产生硬性冲击。叶片顶部倒角不得小

于 1×45°，最好将顶部倒角处修成圆弧，这样可减小因定子内曲线表面作用力突变产生的冲击噪声。

c. 叶片高度尺寸允差控制不严，使同一台泵中叶片不等高，此时应将所有叶片修磨成等高，其高度允差控制在 0.1mm 之内。

d. 定子内曲线表面加工不好，过渡圆弧位置交接处（指定量泵）不圆滑，或者使用后磨损或被叶片刮伤，产生运转噪声。划伤轻微者可抛光再用，严重者可将定子翻转 180°，并在泵销孔对称位置另钻一定位销孔再用。

e. 配油盘端面与内孔不垂直，泵旋转时周期性地刮磨转子端面产生机械噪声。此时应修磨配油盘端面与内孔的垂直度，保证在 0.005~0.01mm。

f. 叶片各面不垂直。叶片各面垂直度应满足所规定的要求。

g. 右泵体端盖内的骨架油封对传动轴压得太紧，二者之间已没有润滑油膜，干摩擦而发出低沉噪声，应使油封的压紧程度适当，并适当修磨泵轴上与油封相接触的部位。

h. 液压泵在超负载下工作产生噪声。例如 PFE-X◇-※型柱销式定量叶片泵最高使用压力为 21MPa，高出此压力会产生噪声增大的现象。

i. 电机转速过高。应按使用说明书控制叶片泵的转速范围（一般应在 1000~1800r/min）内。

j. 叶片泵与电机的联轴器安装不好，不同心，运转时产生撞击和振动噪声。应使用挠性联轴器，圆柱销上均应装未破损的橡胶圈或皮带圈以及尼龙销等。

k. 拆修后的叶片泵如果有方向性的零件（例如转子、配流盘、泵体等）装反了，也会出现噪声，要纠正装配方向。

l. 轴颈（如图 3-71 中的件 5 与件 3）破损。

m. 减压阀的中高压叶片泵，如果减压阀的输出压力调得太高，导致叶片压在定子内曲面上过紧，接触应力大，会产生摩擦噪声。

② 来自液压油的污染。油中污物太多，阻塞滤油器，噪声明显增大，须卸下滤油器清洗。

③ 滤油器容量选得过小，吸油阻力大，因吸空而产生噪声。一般当叶片泵流量为 Q（L/min），至少应选用过滤能力为 2Q（L/min）的滤油器，过滤精度应选 100 目的（吸油滤油器）。

④ 吸进空气使叶片泵的噪声增高。这一故障发生的频度较高，其进气原因如下。

a. 箱的油量不够，油面低，滤油器裸露和被污物堵塞等，根据情况做出处理。

b. 叶片泵泵轴油封处进气。当泵轴拉毛使油封拉伤，或者油封自紧弹簧脱落以及油封破裂，而油封前腔又经常有负压的情况出现，空气乘虚而入。此时应检查泵轴油封处的工作状态，采取对策。

c. 轴与电机安装不同心，使油封 2 的密封唇部偏扭或破裂翻转，校正联轴器的同轴度，防止泵轴别劲。

d. 因振动等原因吸油管松动，或因密封老化劣化，使吸油管路气密性降低而进气。须重新更换管接头的密封，在螺纹连接处缠绕聚四氟乙烯生胶带，接头处加 O 形圈及紫铜垫圈并拧紧接头。管道破裂或焊缝不牢漏气要重新焊接。

e. 吸油管及接头口径太大或太小，弯曲死角又多，吸油沿程阻力增加，导致产生吸油管的流速声。进油管推荐流速为 0.6~1.2m/min，尽量减少弯曲和内孔突然增大又突然缩小的现象。

f. 回油管未插入油箱油面以下，并与吸油管部分靠得太近，回油液搅拌产生的气泡马上被吸进泵内，设计油箱时要用网眼钢板将吸油区和回油区隔开一段距离。

g. 变量叶片泵顶部的噪声调节螺钉（例如图 3-52 中的 7）调节不对，未适当压紧住定子，出现定子在上、下方向有窜动现象，引起输出流量脉动带来噪声，应可靠压紧调节螺钉。

【故障 4】 泵异常发热，油温高

① 因装配尺寸不正确，滑动配合面之间的间隙过小，接触表面拉毛或转动不灵活，导致摩

擦阻力过大和转动扭矩大而发热。可拆开重新去毛刺抛光并保证配合间隙，损坏严重的零件予以更换，装配时应测量各部分间隙大小。

② 各滑动配合面之间的间隙过大，或因使用磨损后间隙过大，内泄漏增加，损失的压力和流量转变成热能而发热。

③ 电机与泵轴安装不同心而发热。

④ 泵长时期在接近甚至超过额定压力的工况下工作，或因压力控制阀有故障，不能卸荷而发热温升。

⑤ 油箱回油管和吸油管靠得太近，回油来不及冷却便又马上被吸进泵内。

⑥ 油箱设计太小或箱内油量不够，或冷却器冷却水量不够。

⑦ 环境温度过高。

⑧ 油液黏度过高或过低。

对上述故障原因，做出确认后予以排除。

【故障5】 压力波动大

① 前述噪声振动大的原因往往也是波动大的原因。

② 变量泵的定子内曲面不圆，为多梭形。定量泵的定子内曲面，在四段圆弧和四段变径曲线的交接过渡处不圆滑。

③ 限压式变量泵的调压弹簧弯曲变形或太软，须更换合格的弹簧。

④ 泵的流量脉动大。例如有个别叶片卡死等。

⑤ 其他阀不正常（例如溢流阀），均引起压力波动。

【故障6】 外泄漏

① 从泵轴油封处外漏。油封不合格或未装好，如密封唇部的卡紧弹簧脱落；装入时密封唇部被叶片泵轴头的毛刺划伤；使用中因污物拉伤或泵轴磨损等原因造成泄漏，或油封处的油液因泄油受阻压力突然升高而被冲破或唇部翻转（油封属低压密封）而产生泄漏。因此，除了注意油封处的加工装配质量外，还要注意油封前的泄油通路不可受限，因为困油压力超出油封能承受的压力而产生油封翻转冲破的情况是较为多见的。国外已有密封压力可达 2MPa 左右的泵轴油封，可酌情购买选用。

值得一提的是：YB1-3E 型叶片泵的泵轴油封（图 3-46），靠轴承来防止油液向外渗漏，靠轴头来防止油泵吸入空气兼防尘用。如果方向都装反，泵轴油封处向外漏油和进气是必然的，应明白其密封原理并引起重视。

② 泵体泵盖结合面的漏油。由图 3-46 可知，YB1-3E 型叶片泵的 O 形圈压缩永久变形或破裂引起漏油。

③ 前、后泵体结合端面处的外漏。可检查前、后泵体结合端面处 O 形密封圈的沟槽质量及 O 形圈的破损情况，对症处理，压紧螺钉须注意拧紧。

【故障7】 短期内叶片泵便严重磨损和烧坏

① 定子内表面和叶片头部严重磨损（选材不当）。定子内表面和叶片头部严重磨损是叶片泵寿命短的主要原因。叶片泵定子一般采用 GCr15 作材料，对小流量泵尚可，但对大流量叶片泵则由于叶片和定子相对运动的线速度比较高，甚至在运转几小时之后，定子内表面就被刮毛。这时如果仔细拆开油泵，取出叶片，在强光下可以看到丝状物粘结在以 W18Cr4V 为材料的叶片头部。如将定子改为 38CrMoAIA 的材料，并经热处理氮化至 HV900，定子和叶片的磨损情况有很大改善。

② 转子断裂。转子断裂常发生在叶片槽的根部，造成断裂的原因有：转子采用 40Cr 材料，这种材料热处理时淬透性较好，淬火时转子的表面和心部均被淬硬，一受到冲击负载便断裂。叶片槽根部小孔之间的危险断面受力较大，又经常因加工不良造成应力集中，特别是有些厂家采用先铣叶片槽后钻叶片槽根部圆孔的工艺，情况更差。另外，异物被吸入泵内，将转子别断。

滚针轴承端部压环脱开或轴承保持架破裂也是叶片泵短期磨损和烧坏的原因。将转子材料由40Cr淬火 52HRC 改为 20Cr 渗碳淬火，可大大提高转子的抗冲击韧性。泵的早期破损主要责任在生产厂家。

③ 叶片泵运转条件差。叶片泵在超载（超过最高允许工作压力）、高温有腐蚀性气体、漏油漏水、液压油氧化变质等条件下工作时，易发生异常磨损和气蚀性腐蚀，导致叶片泵早期磨损，只有改善叶片泵的工作环境方能奏效。

④ 拆修后的泵装配不良。如修理后转子与泵体轴向厚度尺寸相差过小，强行装配压紧螺钉，在泵轴不能用手灵活转动的情况下便往主机上装，短时间内叶片泵便会烧坏。

【故障8】 泵轴断裂破损

① 污物进入泵内，卡入转子和定子、转子和配油盘等相对运动滑动面之间，使泵轴传递扭矩过大而断裂，须严防污物进入泵内。

② 泵轴材质选错，热处理又不好，造成泵轴断裂。笔者目睹某厂用 45 钢作泵轴又未经热处理每天换一根泵轴的情形。

③ 叶片泵严重超载。例如因溢流阀等失灵，系统产生异常高压，如果没有其他安全保护措施，泵因严重超载而断轴。

④ 电机轴与叶片泵轴严重不同心而被摔断。泵轴断裂后只有更换，但一定要找出断轴原因，否则会重蹈覆辙。

【故障9】 泵内泄漏大，容积效率低，油箱油液发热温升严重

影响叶片泵容积效率的主要有三个间隙的泄漏（图 3-73）：①转子槽与叶片间的间隙 δ_1，其值等于槽宽减去叶片厚度；②叶片高度与两配油盘间的间隙 δ_2，其值等于定子高度减去叶片高度；③转子与配油盘间的间隙 δ_3，其值等于定子高度减去转子高度。

这三个间隙的泄漏量占整个叶片泵内泄漏量的90%以上，为了提高容积效率，要保证三个间隙量的大小。经验指出 δ_1 对定量泵应保证在 0.02~0.025mm，对变量泵 δ_1 应保证在 0.025~0.04mm，δ_2 应保证在 0.005~0.01mm，δ_3 应保证在 0.045~0.05mm。

在定量泵供油的液压系统中，快进与工进时速度相差很大，导致工进时溢流损失大而油箱油液发热温升严重。

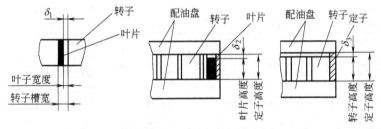

图 3-73 叶片泵内运动副之间的二个主要间隙

3.3.6 国外厂家叶片泵的相互替代

表 3-9 为几个国外厂家叶片泵型号对照表，维修时可以酌情予以互换。

表 3-9 国外厂家叶片泵型号对照表

阿托司 ATOS		威格士 VICKERS		丹尼逊 DENISON	
型号		型号	排量/mL·r^{-1}	型号	排量/mL·r^{-1}
PFE	31016	20V-5AM-1C22R	18	TB-005-1R00	16
	31022	—	—	TB-006-1R100	20.7
	31028	20V-8AM-1C22-R	27	TB-008-1R00	26.1
	31036	20V-11AM-1C22-R	36	TB-011-1R00	35.6

续表

阿托司 ATOS		威格士 VICKERS		丹尼逊 DENISON	
型号		型号	排量/mL·r^{-1}	型号	排量/mL·r^{-1}
PFE	31044	20V-14AM-1C22-R	45	TB-012-1R00	39.7
	41029	20V-8AM-1C22-R	27	T6C-008-*R	26.7
	41037	25V-12AM-1C22-R	39	T6C-012-*R	37.1
	41045	25V-14AM-1C22-R	45	T6C-014-*R	46
	41056	25V-17AM-1C22-R	55	T6C-017-*R	58.3
	41070	25V-21AM-1C22-R	67	T6C-022-*R	70.3
	41085	25V-25AM-1C22-R	81	T6C-028-*R	88
	51090	35V-30AM-1C22-R	97	T6D-028-*R	89.7
	51110	35V-35AM-1C22-R	112	T6D-035-*R	111
	51129	35V-38AM-1C22-R	121	T6D-038-*R	120.3
	51150	45V-50AM-1C22-R	162	T6D-045-*R	145.7
PFED-43	029/016	2520V10AM5-1**22-R	33/18	T6CC-008-005-*R	26.4/17.2
	029/022	—	—	T6CC-008-006-*R	26.4/21.3
	029/028	2520V10AM8-1**22-R	33/27	T6CC-008-008-*R	26.4/26.4
	037/016	2520V-12AM5-1**22-R	40/18	T6CC-012-005-*R	37.1/17.2
	037/022	—	—	T6CC-012-006-*R	37.1/21.3
	037/028	2520V-12AM8-1**22-R	40/27	T6CC-012-008-*R	37.1/24.4
	037/036	2520V-12AM11-1**22-R	40/36	T6CC-012-010-*R	37.1/34.1
	045/016	2520V-14AM5-1**22-R	45/18	T6CC-014-005-*R	46/17.2
	045/022	—	—	T6CC-014-006-*R	46/21.3
	045/028	2520V-14AM8-1**22-R	45/27	T6CC-014-008-*R	46/26.4
	045/036	2520V-14M11-1**22-R	45/36	T6CC-014-010-*R	46/34.1
	045/044	2520V-14AM14-1**22-R	45/45	T6CC-014-014-*R	46/46
	056/016	2520V-17AM5-1**22-R	55/18	T6CC-017-005-*R	58.3/17.2
	056/022	—	—	T6CC-017-006-*R	58.3/21.3
	056/028	2520V-17AM8-1**22-R	55/27	T6CC-017-008-*R	58.3/26.4
	056/036	2520V-17AM11-1**22-R	55/36	T6CC-017-010-*R	58.3/34.1
	056/044	2520V-17AM14-1**22-R	55/45	T6CC-017-014-*R	58.3/46
	070/016	2520V-21AM5-1**22-R	67/18	T6CC-022-005-*R	70.3/14.2
	070/022	—	—	T6CC-022-006-*R	70.3/21.3
	070/028	2520V-21AM8-1**22-*R	67/27	T6CC-022-008-*R	70.3/26.4
	070/036	2520V-21AM11-1**22-R	67/36	T6CC-022-010-*R	70.3/34.1
	070/044	2520V-21AM14-1**22-R	67/45	T6CC-022-014-*R	70.3/46
	085/016	3520V-25AM5-1**22-R	81/18	T6CC-028-005-*R	88.8/17.2
	085/022	—	—	T6CC-028-006-*R	88.8/21.3
	085/028	3520V-25AM8-1**22-R	81/27	T6CC-028-008-*R	88.8/26.4
	085/036	3520V-25AM11-1**22-R	81/36	T6CC-028-010-*R	88.8/34.1
	085/044	3520V-25AM14-1**22-R	81/45	T6CC-028-014-*R	88.8/46
PFED-54	090/029	3520V-30AMB8-1**22-R	97/27	T6DC-028-008-*R	89.7/26.4
	090/037	3520V-30AM11-1**22-R	97/36	T6DC-028-012-*R	89.7/37.1
	090/045	3520V-30AM14-1**22-R	97/45	T6DC-028-014-*R	89.7/46
	090/056	3525V-30AM17-1**22-R	97/55	T6DC-028-017-*R	89.7/58.3
	090/070	3525V-30AM21-1**22-R	97/67	T6DC-028-022-*R	89.7/70.3
	090/085	—	—	T6DC-028-028-*R	89.7/88.8
	110/029	3520V-35AM8-1**22-R	112/27	T6DC-035-008-*R	111/26.4
	110/037	3520V-35AM11-1**22-R	112/36	T6DC-035-012-*R	111/37.1
	110/045	3520V-35AM14-1**22-R	112/45	T6DC-035-014-*R	111/46
	110/056	3525V-35AM17-1**22-R	112/55	T6DC-035-017-*R	111/58.3
	110/070	3525V-35MA21-1**22-R	112/67	T6DC-035-022-*R	111/70.3

阿托司 ATOS	威格士 VICKERS		丹尼逊 DENISON	
型号	型号	排量/mL·r⁻¹	型号	排量/mL·r⁻¹

阿托司 ATOS	威格士 VICKERS		丹尼逊 DENISON	
型号	型号	排量/mL·r^{-1}	型号	排量/mL·r^{-1}
110/085	—	—	T6DC-035-028-*R	111/88.8
129/029	33520V-38AM8-1**22-R	121/27	T6DC-038-008-*R	120.3/26.4
129/037	3520V-38AM11-1**22-R	121/36	T6DC-038-012-*R	120.3/37.1
129/045	3520V-38AM14-1**22-R	121/45	T6DC-038-014-*R	120.3/46
129/056	3525V-38AM17-1**22-R	121/55	T6DC-038-017-*R	120.3/58.3
129/070	3525V-38AM21-1**22-R	121/67	T6DC-038-022-*R	120.3/70.3
129/085	4535V-42AM25-1**22-R	138/81	T6DC-038-028-*R	120.3/88.8
150/029	4520V-45AM8-1**22-R	147/27	T6DC-045-008-*R	145.7/26.4
150/037	4520V-45AM11-1**22-R	147/36	T6DC-045-012-*R	145.7/37.1
150/045	4520V-45AM14-1**22-R	147/45	T6DC-045-014-*R	145.7/46
150/056	4525V-45AM17-1**22-R	147/55	T6DC-045-017-*R	145.7/58.3
150/070	4525V-45AM21-1**22-R	147/67	T6DC-045-022-*R	145.7/70.3
150/085	4535V-45AM25-1**22-R	147/81	T6DC-045-028-*R	145.7/88.8

（型号列左侧标注 PFED-54）

3.4　轴向柱塞泵的使用与维修

　　轴向柱塞泵具有使用压力高、结构紧凑、效率高、传输的功率大、有较宽的转速范围、有较长的使用寿命、容易实现变量（双向变量）且控制调节方便等优点。主要缺点是对介质清洁度要求较高、结构较复杂、制造成本高、维修困难、流量脉动较大及噪声较大等。

　　轴向柱塞泵又分为斜轴式泵和斜盘式泵两大类。斜盘式轴向柱塞泵于1903年由William-Janner所发明，斜轴式轴向柱塞泵于1930年由Hans Thoms所发明，斜盘式泵虽早于斜轴泵出现，但其真正的应用是从1950年左右才开始的。

　　斜轴式泵的排量目前为5~1500mL/r，额定压力已达35MPa，功率密度（输出功率/重量）为3~5kW/kg；斜盘式泵的排量为5~500mL/r，额定压力已经大于42MPa。

　　另外斜盘式的轴向柱塞泵中，如果传动轴两端均由轴承支承，泵轴直穿缸体，省去支承缸体的大轴承，相应地泵轴的直径做得较大，构成所谓"通轴式"斜盘式轴向柱塞泵。通轴式泵较之一端支承的结构泵，它既可传递扭矩，又可承受弯矩，因而泵承受振动的能力大为改善。目前轻型柱塞泵多采用这种"通轴式"的结构形式，成为应用领域相当广泛的一类泵。

3.4.1　定量柱塞泵的工作原理、排量和流量计算

（1）斜盘式定量柱塞泵

　　① 工作原理　如图3-74所示，缸体3上均布有若干个（7个或9个）轴向排列的柱塞2，柱塞与缸体孔以很精密的间隙配合，一端顶在斜盘1上，使得柱塞2在缸体3的孔内既能灵活移动，又随缸体3在传动轴5的带动下一起转动，柱塞2在缸体内自下而上旋转的半周内逐渐向左伸出，使缸体孔右端的工作腔体积不断增加，产生局部真空，油液经配油盘4上的窗口a被吸进来。反之，当柱塞在其自上而下回转的半周内逐渐向右缩回缸内，使密封工作腔体积不断减小，将油从配油盘4上的窗口b向外压出。缸体每转一转，每个柱塞往复运动一次，完成一次压油和一次吸油。缸体连续旋转，则柱塞不断吸油和压油，给液压系统提供连续的压力油。

　　改变倾斜盘斜角（倾角）γ，就能改变柱塞的行程长度h，也就改变了泵的排量。若将斜盘固定，角度γ不能调节，则为定量柱塞泵。如果在使用中，斜角γ能随意调节，则为变量柱塞泵。如果不但能改变斜角γ的大小，还能改变斜盘斜角的方向，这就变成了双向

变量泵。 双向变量泵的吸压油方向可以对换。

实际中，由于柱塞在缸体孔中运动的速度不是恒定的，因而输出流量是有脉动的，当柱塞数为奇数时，脉动较小，且柱塞数多脉动也较小，因而一般常用的柱塞泵的柱塞个数为7、9 或 11。

② 排量和流量计算 设柱塞直径为 d，柱塞数为 z，柱塞中心分布圆直径为 D，斜盘倾角为 δ（图 3-74），则斜盘式轴向柱塞泵的排量和流量计算如下。

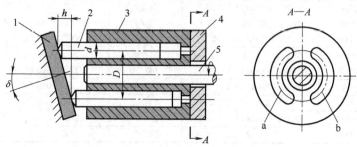

图 3-74 轴向柱塞泵的工作原理（斜盘式）
1—斜盘；2—柱塞；3—缸体；4—配油盘；5—泵轴（传动轴）

一个密封空间：
$$\Delta V = Ah = \frac{\pi d^2}{4} h$$

$$\frac{h}{D} = \tan \delta \quad h = D \tan \delta$$

$$\Delta V = \frac{\pi d^2}{4} = D \tan \delta$$

排量：
$$V = \Delta V z = \frac{\pi d^2}{4} D \tan \delta \, z$$

流量：
$$Q = V n \eta_v = \frac{\pi d^2}{4} D \tan \delta \, z n \eta_v$$

式中 n——泵的转速，r/min；

　　η_v——泵的容积效率，%。

（2）斜轴式（斜缸式）定量轴向柱塞泵

① 工作原理 图 3-75 所示为斜轴式轴向柱塞泵的工作原理，泵轴 5 的轴线相对于缸体 3 有倾角 γ，柱塞 6 与连杆 8 球铰连接，连杆 8 与泵轴 5 的圆盘之间也用球铰相互铰接，连杆 8 的球铰用压板 9 压住。 弹簧 7 向右上的弹力通过中心轴 4 使连杆 8 的球铰不脱离泵轴上的圆盘，弹簧 7 向左下的弹力使缸体 3 的左端面紧贴在配流盘 2 上。

当泵轴 5 沿图示方向旋转时，连杆 8 就带动柱塞 6 连同缸体 3 一起绕缸体轴线旋转，柱塞 6 同时也在缸体 3 的柱塞孔内作往复运动，使柱塞左边孔底部的密封腔容积不断发生增大或缩小的变化，通过配流盘 2 上的窗口 a 和 b 实现吸油和排油。 当柱塞在吸油区时，柱塞 6 在连杆 8 作用下向右上方向外伸，底部的密封腔容积增大，形成局部真空，通过配油盘上的吸油腰形槽 b 吸油，当柱塞通过密封区后，进入压油区，在连杆作用下缩回缸体时，密封容积减小，油液被挤压，压力增大，通过配油盘上的排油腰形槽 a 排油。

缸体每转一周，每个柱塞各完成吸、压油一次。 如果改变缸体的倾角 γ 大小，就能改变柱塞行程的长度，即改变液压泵的排量；改变缸体的倾角方向，就能改变吸油和压油的方向，即成为双向泵。

② 排量和流量计算 斜轴式轴向柱塞泵的排量和流量的计算方法如下（图 3-76）：

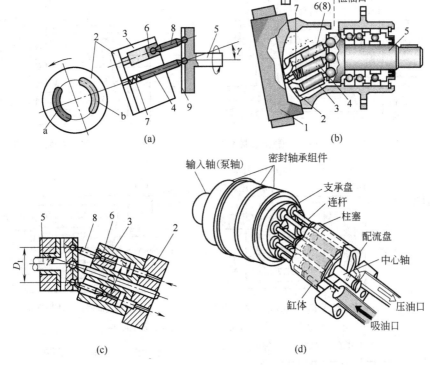

(a)   (b)

(c)   (d)

图 3-75 斜轴式轴向柱塞泵的工作原理

1—泵盖；2—配流盘；3—缸体；4—中心轴；5—泵轴；6—柱塞；7—中心弹簧；8—连杆（或与件 6 一体）；9—压板

排量：
$$V = \frac{d^2 \pi}{4} \times (D \times \sin \gamma) \times z$$

流量：
$$Q = V \times n \times \eta_v$$

式中　Z——柱塞数；

　　　n——转速；

　　　η_v——容积效率。

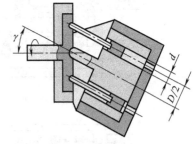

图 3-76　斜轴式轴向
柱塞泵的流量计算

3.4.2　斜盘式变量轴向柱塞泵

（1）变量原理

如图 3-77 为变量泵变量的情形，当斜盘斜角 γ 最大时，柱塞行程最大，泵输出流量最大；当斜盘斜角 γ 变小时，柱塞行程也变小，泵输出流量变小；当斜盘斜角接近零时，柱塞行程也接近零，泵输出流量约为零。所以通过改变斜盘斜角 γ 的大小，可以使斜盘式轴向柱塞泵进行变量。当斜盘斜角反向时，吸油口与压油口互换，泵可成为反转泵。这便是变量轴向柱塞泵的工作原理。

总之，柱塞在缸体内左右运动，斜盘的倾角 γ 决定行程 h 长短，斜盘的倾斜方向决定着泵是正转泵还是反转泵，能改变斜盘的倾斜方向的泵为正反转泵。

（2）变量方式

变量机构的变量方式是指操纵斜盘斜角大小的控制方式，虽然多种多样，但归纳起来，变量机构不外乎用变量缸（伺服缸）加偏置弹簧（复位弹簧）来控制斜盘斜角 γ 的大小，进行变量。变量缸有单作用缸与双作用缸之分（见图 3-78）。如轻型柱塞泵变量用一单作用缸外加一根强弹簧，构成诸如恒压变量之类的变量泵。

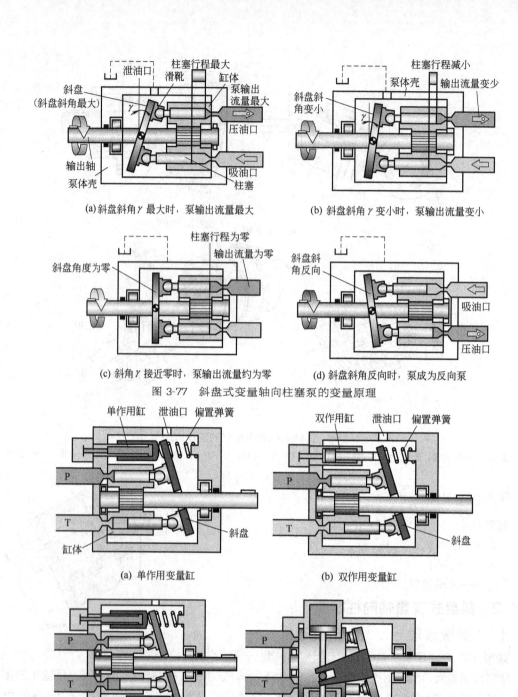

(a) 斜盘斜角 γ 最大时，泵输出流量最大

(b) 斜盘斜角 γ 变小时，泵输出流量变小

(c) 斜角 γ 接近零时，泵输出流量约为零

(d) 斜盘斜角反向时，泵成为反向泵

图 3-77　斜盘式变量轴向柱塞泵的变量原理

(a) 单作用变量缸

(b) 双作用变量缸

(c) 两个单作用变量缸

(d) 竖直变量缸

图 3-78　变量机构的几种控制方式

　　斜盘式变量轴向柱塞泵有压力补偿变量、恒压变量、负载传感变量、恒功率控制变量等几种最基本的几种变量方式，由它们可衍生出与组合出很多的变量方式，构成各种对应变量形式的变量泵。为此要了解清楚更多种其他的变量方式的工作原理，须弄通这几种最基本的变量方式。

（3）工作原理

　　① 压力补偿变量柱塞泵（恒压变量柱塞泵）　在柱塞泵中，限压式变量柱塞泵与恒压变

量柱塞泵没有像在叶片泵中那样的严格区分，因而在柱塞泵中限压式变量柱塞泵与恒压变量泵统称为压力补偿变量柱塞泵，而且其工作原理往往看成一个东西，很少区分。只不过有时变量缸是一个单作用缸，有时由一个双作用缸或两个单作用缸进行控制而已。

a. 单作用缸压力补偿变量柱塞泵。单作用缸压力补偿变量柱塞泵由 PC 控制阀、变量柱塞缸、偏置弹簧及泵主体部分所组成（图 3-79）。其工作原理如下：当泵出口压力（系统负载压力）p 未超过调压螺钉 1 所调定的调压弹簧 2 的弹力时，控制阀芯（压力补偿阀芯）3 在调压弹簧 2 的弹力的作用时，阀芯 3 处于下位，K 口与 T 口、L 口通，控制柱塞 4 左边油腔无压力，在偏置弹簧 5 向左弹力的作用下，斜盘 7 向左摆动，使斜盘倾角 γ 最大（流量调节螺钉所调），泵输出的流量最大 [图 3-79（a）]；当泵出口压力（系统负载压力）p 上升超过调压螺钉 1 所调定的压力时，压力补偿阀（PC 阀）阀芯 3 下腔来自泵出口的压力油也增大，产生向上增大的液压力超过调压弹簧的弹力，使控制阀芯 3 上移，泵出油口 P 引来的压力油经 K 口进入到控制柱塞 4 左腔，控制柱塞推压偏置弹簧 5 右移，使斜盘倾角 γ 变小，输出流量变小，从而限制了泵出口压力的再增加 [图 3-79（b）]；当控制阀芯下端的液压力等于上端的弹簧力时，滑阀关闭，P、K、T 口互不相通，控制液压缸停止运动，变量过程结束，泵的工作压力重新稳定在弹簧调定值附近。同理，当系统压力降低时，变量机构使泵的输出流量增加，工作压力回升到调定值 [图 3-79（c）]。

由于 PC 阀采用类似于伺服阀"零开口"的形式，所以图中的 PC 阀又叫伺服变量阀。

液压系统中，各种恒压泵是使用得最广泛的一种变量泵，如何阅读恒压泵的图形符号往往成为一道必修的课题。在变量柱塞缸和偏置弹簧的设置上有按图 3-80（a）设置的，也有按图 3-80（b）设置的，其图形符号分别如图中所示，看图时请留意图形符号的区别。

图 3-81 所示为恒压泵工作原理及图形符号的另一个实例，如果将图中的箭头看成泵的斜盘，只要系统压力低于恒压阀（PC 阀）4 的调压螺钉 5 所调定的压力时，恒压阀 4 阀芯处于左位，阀 4 右位工作，变量缸（双作用缸）的有杆腔总是通泵出口压力油，无杆腔 A→T，偏置弹簧 1 便将斜盘 2 始终偏置在最大倾角 γ 的位置上，泵便以全流量输出（由流量调节螺钉设定）。当系统压力（泵出油口压力）p 超过恒压阀 4 调压螺钉 5 所调节的调定压力时，恒压阀 4 阀芯克服弹簧力 ps 右移，阀 4 左位工作，P→A，泵出油口压力油 P 经 A 也进入伺服变量缸（控制活塞）3 的右侧的无杆腔，由于缸的面积差，产生向左推力，控制活塞便克服偏置弹簧力，向左推压斜盘 2，斜盘倾角 γ 变小，流量也就减小，直到满足调定压力下系统所需的流量为止。

恒压阀 4 左端面上作用着泵的出口压力 p 产生的向右的液压力，恒压阀 4 右端面上作用着 p 经固定节流口减压为 ps 产生的向左的液压力和弹簧 6 产生的弹力，两边的力平衡时决定着恒压阀阀芯处于左位还是右位。恒压阀实为一个三通式减压阀，可参阅本书中后述有关章节的内容。

b. 双变量缸。目前国外的恒压变量泵虽然多种多样，但它们的变量机构的变量方式基本相同，都是用变量阀控制变量缸，再用变量缸去控制斜盘倾角 γ 的大小进行变量。

图 3-82 为两种采用双变量缸进行变量方式的工作原理图，图（a）为两变量缸布置在同一直线上，图（b）为两变量缸布置在 180° 的位置上，变量原理相同。图（c）为恒压变量泵的变量特性图。如果把图（a）的上缸 3（小缸）换成一根强弹簧（偏置弹簧）代替，则就变成上述单变量缸压力补偿变量泵。

图 3-82（a），变量阀 5 左位工作，缸 2 通回油，斜盘的倾角最大，泵处于最大流量位置；当泵的输出压力未达到恒压阀 5 的弹簧 6 设定压力之前，泵输出流量不变 [参见图 3-82（c）

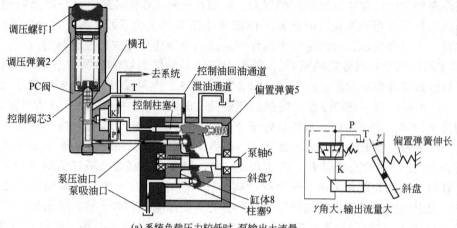

(a) 系统负载压力较低时，泵输出大流量

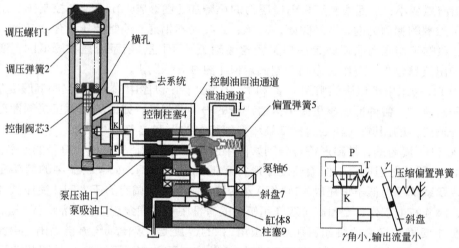

(b) 系统负载压力较高时，泵输出流量减少

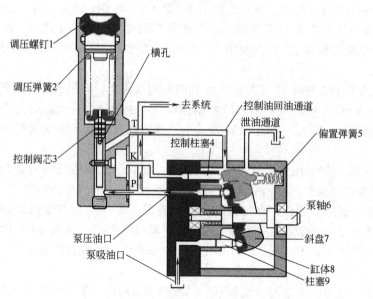

(c) 变量过程结束，变量阀回到原位

图 3-79　单作用缸压力补偿变量柱塞泵的工作原理

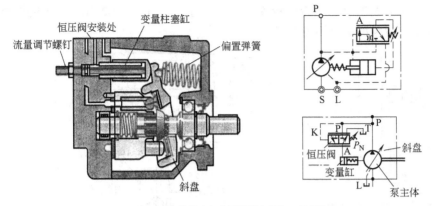

(a) 变量柱塞与偏置弹簧布置在一条直线上

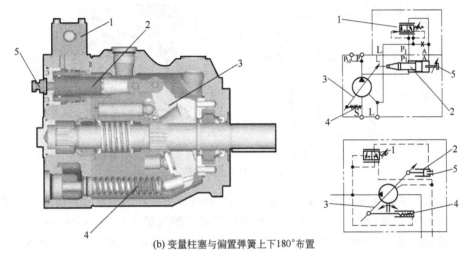

(b) 变量柱塞与偏置弹簧上下180°布置

图 3-80　恒压泵的变量缸布置方式与图形符号

1—PC 阀；2—变量柱塞；3—斜盘；4—偏置弹簧；5—流量调节螺钉

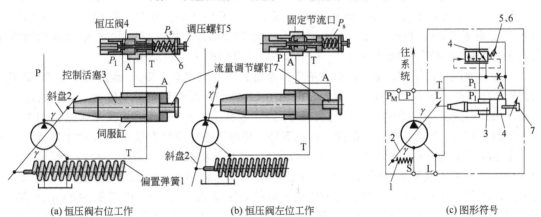

(a) 恒压阀右位工作　　　　(b) 恒压阀左位工作　　　　(c) 图形符号

图 3-81　美国派克公司恒压变量柱塞泵的工作原理及图形符号

的 AB 段]；当泵的输出压力达到变量阀设定压力时，恒压阀 5 右位工作，通过恒压阀的高压油进入下变量缸 2，由于下变量缸 2 活塞面积大，推动变量缸向上运动，斜盘的斜角变小，泵的输出流量减小，而输出压力不变 [参见图 3-82（c）中的 BC 段]；反之，恒压阀关闭，泵输出流量加大［图 3-82（c）变量特性由 C 升 B］，所以图 3-82（c）所示的变量特性可取代阀控系统中定量泵加溢流阀的功能。

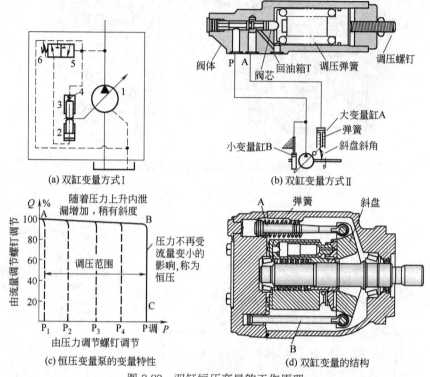

图 3-82　双缸恒压变量的工作原理

　　② 负载传感变量泵（恒流量变量泵）　　由负载传感方式构成的泵称为负载传感变量泵，又叫负载敏感变量泵或恒流量变量泵。 根据通过节流阀的流量公式 $Q_L = CA\,\Delta P^{1/2}$（C 为流量系数），调定节流阀通流面积（开口）A 的大小，以及限制节流阀进、出口前后压差 $\Delta P = P - P_L$，可决定出泵流到系统中去的流量 Q_L。 流量系数 C 一般为常数，为使进入系统的流量 Q_L 不变，一是节流阀开口要调定不变，二是要使节流阀进出口压差 ΔP 稳定不变。

　　如图 3-83（a）所示，当 LS 阀阀芯处于图中所示的位置时，其向下的调压弹簧力与控制阀芯下端油压 P 产生的向上液压力相平衡，泵的主体部分上控制柱塞左端 A 腔受到的液压力与偏置弹簧力平衡，斜盘平衡在某一斜角位置，泵输出一定的流量 Q_L。

　　如果节流阀开口不变，泵出口阻力不变，因而 P 可看成基本不变。 当负载压力 P_L 降低，节流阀进出口前后压差 ΔP 便应该减小，但通过 LS 阀的反馈作用仍然能维持节流阀进出口前后压差 ΔP 不变。 其作用原理是：当负载压力 P_L 增高［图 3-83（b）］，控制阀芯上向下的力便大于向上的力，不再平衡，于是控制阀芯下移，开启了控制柱塞左端 K 至回油 T 的通路，于是泵主体部分上的控制柱塞左端 K 腔受到的液压力与偏置弹簧力不再平衡，即偏置弹簧力大于控制柱塞左端 K 腔受到的液压力，于是斜盘斜角变大，泵输出的流量 Q 增大，通过节流阀的阻力增大，泵出口的压力 P 也增大，节流阀进出口前后压差 $\Delta P = P - P_L$ 仍不变，使 Q_L 不变。

　　反之如图 3-83（c）所示，当负载压力 P_L 增高时，同样通过 LS 阀的反馈作用仍然能维持节流阀进出口前后压差 ΔP 不变。

　　③ 压力/流量控制复合变量泵　　这种泵采用上述由 PC 阀与 LS 阀共同组合，构成如图 3-84所示的复合变量泵，其工作原理是二者的叠加。 能对负载压力与流量进行反馈控制，除了压力控制功能外，借助于负载压差，可改变泵的流量。 泵仅提供执行机构的实际流量，

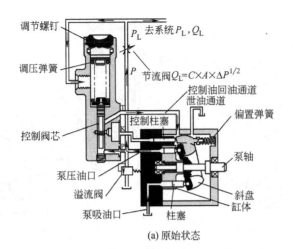

(a) 原始状态

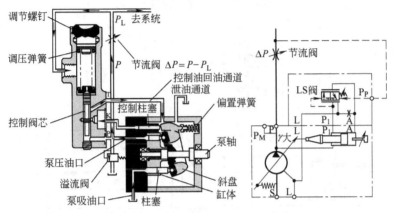

(b)P_L降低时，LS阀的工作位置

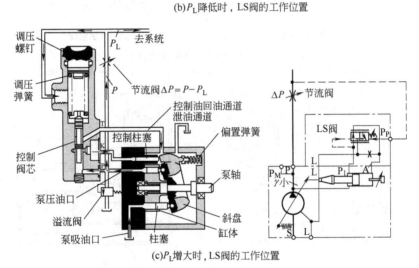

(c)P_L增大时，LS阀的工作位置

图 3-83　负载传感变量泵的工作原理

泵输出与负载压力和流量相匹配的压力与流量，因而更节能，在注塑机上使用称为节能泵。节流阀的压差 ΔP 在 $10 \sim 20$bar 之间调节。

图 3-85 为这种泵回路与压力-流量特性曲线图。

④ 恒功率控制变量泵　由恒功率控制方式构成的泵叫恒功率控制变量泵。恒功率控制的作用是控制泵的输出功率不大于设定功率。液压中，功率＝压力×流量，为此要进行恒

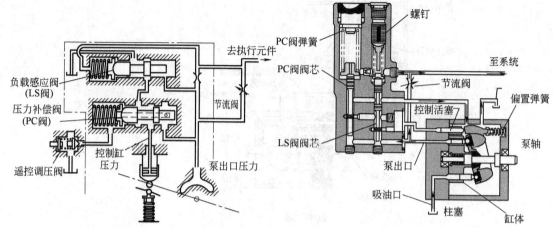

图 3-84　压力/流量控制复合变量

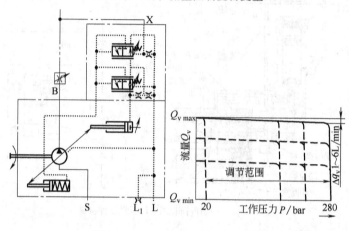

(a) 回路图　　　　　　　　(b) 压力－流量曲线

图 3-85　压力/流量控制复合变量

S—进油口；B—压力油口；L，L_1—壳体泄油口（L_1 堵死）；X—先导压力油口

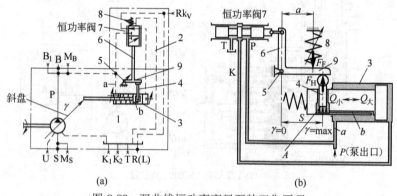

(a)　　　　　　　　　　　(b)

图 3-86　双曲线恒功率变量泵的工作原理

功率控制，可通过使变量泵的压力与流量的乘积保持不变来实现的。 亦即压力高时设法使流量变小；反之压力低时设法使流量变大。 恒功率控制根据控制方式的不同，分为双曲线恒功率控制和双弹簧恒功率控制。 前者为完全恒功率控制，后者为近似恒功率控制。

　　a. 双曲线恒功率控制——完全恒功率控制泵。 图 3-86（a）为双曲线恒功率控制变量泵的原理图。 其中 1 为变量控制部分，包括变量控制液压缸 3，小柱塞 4，铰支点 5 和反馈杆

6；2为恒功率阀部分，包括恒功率阀7和调节弹簧8。 在液压泵运行时，泵出口来的压力油P通过控制液压缸的有杆腔→油道b→作用在小柱塞4的底部。

当杠杆9相对于铰支点5的力矩成平衡时，恒功率阀7关闭，此时变量控制液压缸3的活塞也处于力平衡状态，斜盘维持某一倾角 γ 不变，泵输出压力与流量的乘积为一定值。

当液压泵压力升高超过恒功率点设定压力时，压力油的力矩（即压力油在小柱塞4底面积 A 上的作用力 F_H 与反馈杆到铰支点的距离 S 的乘积）增大，大于恒功率力矩（即恒功率阀调节弹簧8的调节压力产生的弹簧力 F_F 与阀杆到铰支点5距离 a 的乘积）时，压力油往上推动反馈杆9（与件6一体），杆6绕铰支点5逆时针方向摆动，并推动恒功率阀阀芯向左运动，P 与 K 口连通，泵来压力油 P→控制流道 a→控制液压缸3无杆腔，此时变量缸3两腔均通入压力油，但由于无杆腔的作用面积大，缸3活塞杆左移，使斜盘倾角 γ 变小，泵的输出流量变小。 同时，由于缸3的活塞杆向左运行，压力油的力臂 S 又变小，最终压力油的力矩与恒功率力矩相等，即 $P \times A \times S = F_F \times a$，由此推出 $P \times S = F_F \times a/A \approx$ 常数（弹簧力 F_F 变化很小），而 Q 与 S 成正比，进而推出 $P \times Q \approx$ 常数，二者的乘积又保持不变，即液压泵的输出功率不变。 这就是恒功率控制泵的整个变量过程。

同理当液压泵压力降低小于恒功率点设定压力时可做出同样的分析，得到同样的结论。

b. 双弹簧恒功率控制——近似恒功率控制泵。 图 3-87 为双弹簧恒功率控制泵的原理图。 其中1为反馈杆，2为溢流阀，3为恒功率控制阀，4为控制液压缸，5为阻尼，6为溢流阀。 2和3组合起来进行恒功率控制。

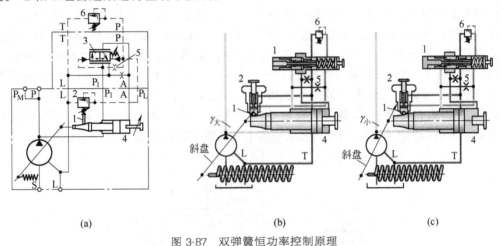

图 3-87　双弹簧恒功率控制原理

1—反馈杆；2，6—溢流阀；3—恒功率控制（2和3组合为恒功率阀）；4—控制液压缸；5—阻尼

在液压泵运行时，其出口压力油进入控制液压缸左腔后，一路作用在控制阀3左控制端，另一路则经过阻尼5作用在控制阀3右控制端和恒功率溢流阀2的右侧进油腔［图（a）所示位置］。

当液压泵压力低于溢流阀2的压力时，溢流阀2关闭，控制阀3左、右两侧控制压力相等，均为液压泵的出口压力，控制阀3在弹簧的作用下处于左位，阀右位［图（b）所示位置］工作使控制液压缸4右腔（即无杆腔）卸压，这样控制液压缸在左腔压力油的作用下向右运行，并推动液压泵的变量机构，使泵处于最大排量状态。

当液压泵的压力升高到溢流阀2的调节压力（即为大排量时的变量压力）时，溢流阀2开启，液压泵的第二路压力油经阻尼5，溢流阀2至油箱，由于有了液流，阻尼5前后就有了压差，即控制阀3左端控制压力（仍旧为泵压）大于右端的作用压力。 于是，控制阀3阀芯右移，切换到左位工作［图（c）所示位置］。这样，液压泵的压力油进入控制液压缸 4 右腔，推动控制液压缸左移，使液压泵的排量减小。而随着控制液压缸的左移，反馈杆上抬溢流阀 2，使其调定压力升高，升高后的压力反过来又作用在控制阀 3 的右侧，并根据前述过程再一次使液压泵的排量减小，最终控制液压缸稳定在某个位置，而液压泵也保持一定的流量。

图中溢流阀 6 用来限制最高控制压力。总之，当液压泵压力低时泵输出大流量，反之当液压泵压力升高时泵输出小流量，使得功率 = 压力 × 流量 = 常数，这就是恒功率控制泵的整个变量过程。

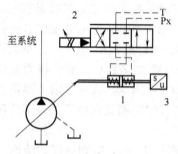

图 3-88　伺服变量控制泵

⑤ 伺服变量控制泵　伺服控制变量原理如图 3-88 所示，其中控制液压缸 1 为双作用缸，2 为伺服阀，3 为位置传感器。控制油 Px 通过伺服阀来推动控制液压缸的动作，控制液压缸推动液压泵的变量机构，实现变量。变量的大小由位置传感器检测出来，反馈给程序，并控制伺服阀的开度大小和方向，从而实现液压泵变量的闭环控制。

⑥ 压力/流量/功率控制变量泵　为了在各种工作压力下达到恒定驱动转矩，因而轴向柱塞泵的斜盘倾角，以及它的输出流量要进行变化，使其流量和压力的乘积维持常数。在功率曲线之下可进行恒流量控制。

以德国力士乐公司产 A4VSOLR2DF 型泵为例，说明压力/流量/功率控制变量泵的工作原理：如图 3-89 所示，在泵未启动的原始状态，起变量功能的三只阀 N、p、q 均处于弹簧弹力工作位置，即 p 阀右位，q 阀下位，N 阀为左位。由于变量大缸（敏感控制缸）右腔内的油液在前次运转停机后，可经 B_3→液阻 R，并与 p 阀的 A 口→T 口的油液相汇聚到 B_2，再经 N 阀的 A 口→T 口，再到 q 阀的 A 口→T 口→B_4→油箱而卸压。所以，变量柱塞在弹簧作用下右移，变量机构处于排量最大位置。N、p、q 三阀分别设定 N_i、p_i 及 q_{vi}（见图 3-90 的压力-流量曲线图），负载节流阀 G 的阀口全开。在下述说明中，以不断关小阀 G 的开度来体现负载压力的升高（恒流、恒功率段）或负载所需流量的变化（恒压段）。

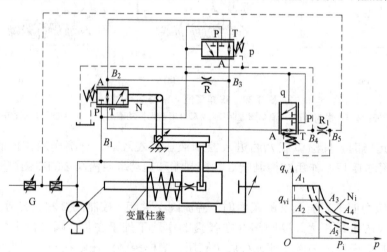

图 3-89　压力/流量/功率复合控制变量泵

A_1A_2 段：泵一启动，泵先将运行于低压最大流量的 A_1 点。适当关小 G 阀，负载压力升高，变量泵将很快转移到 A_2 点。在这一段，由于负载压力较低（阀 G 关小一点点），远未达到 p 阀、N 阀的调定值。A_2 点以上均大于流量调定值 q_{vi}，检测反馈节流阀前后的压差大于预定值，致使 q 阀处于上位。 这时，泵出口压力油经 q 阀、N 阀左位、B₂ 点，并联的 R 和 p 阀右位 T-A 阀口至 B₃，进入变量缸右腔，使泵流量减少到 A₂ 点后，泵运行于相对稳定点。

A₂A₃ 段：如果系统压力进一步增大，泵运行于恒流量工况，随着系统压力的升高，输往系统的实际流量有减少的趋势，阀处于下位，泵的排量一直略有增大，以补偿容积效率带来的体积流量损失。

A₃A₄ 段：到达 A₃ 点时，p×qᵥ 已达到恒功率 N₁ 值。 此时，N 阀处于临界状态。 若进一步增高系统压力，N 阀动作成右位。 从而一方面压力油经 B₁→N 阀右位 P-A 通口→B₂，再经并联的 R 和 p 阀右位 T-A 通口至 B₃，从而进入变量缸右腔，使流量减少；另一方面，排除了油路上可能的干扰，保证恒功率控制的唯一性。 由于 N 阀处于右位，切断了 q 阀通过 N 阀的 T-A 通口对大腔的控制作用，尽管此时由于流量低于设定值，而 q 阀处于下位。 实际上，此时泵出口的控制压力油，经 B₅、R₁ 后，在 B₄ 点通油箱，原本使排量增大的 N 阀的 T 口至 q 阀的 A 口段，也于 B₄ 点通油箱。 由于 R₁ 的隔压作用，经 R₁ 的先导流量很小。 可见，在 A₃-A₄ 段，p 阀未打开，阀与变量敏感腔的联系被 N 阀切断，只有 N 阀在起作用，为恒功率段。

A₄A₅ 段：到达 A₄ 点，若进一步关小节流阀 G，由于达到 p 阀的调定值，p 阀起作用，切换成左位。 压力油直接经 p 阀的 P-A 通口进入大腔，使泵的流量减小。 由于这时加载的 G 阀运行于定压差，关小 G 阀就意味着负载所需的流量减少，阀必须在左位（供给流量大于负载所需流量时，泵出口压力将升高）。 此时，N 阀不起作用，处于左位，由于此时的流量小于设定值，q 阀处于下位；这样，进入大腔的压力油，就在 B₃ 点分流了一支流经液阻 R→N 阀 A-T 口→q 阀 A-T 口→B₄ 流回油箱；同时，仍然有一股来自负载口的油液经 R 与之合流。

如上所述，复合泵在恒流、恒压、恒功率三个区段中，却只有一个变量功能阀对控制敏感腔起控制作用，但其余两个变量功能阀不起干扰作用。

3.4.3 斜轴式变量柱塞泵

斜轴式变量柱塞泵的变量方式与斜盘式泵的一样，也有多种方式。

（1）变量原理

如图 3-90 所示利用调节斜轴式轴向柱塞泵的缸体摆角 α 的大小，可调节泵出口流量的多少。 摆角 α 调节范围为 ±45°，斜轴式轴向柱塞泵可获得比斜盘泵更大的排量及调节范围。

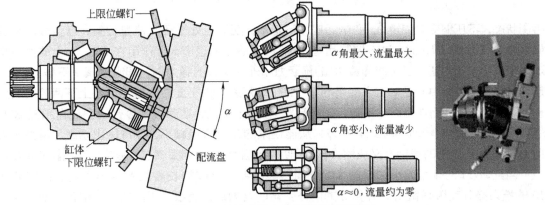

图 3-90　斜轴式轴向柱塞泵的变量原理

（2）工作原理

此处以图 3-91 所示的 A7V 型恒功率变量泵为例说明它的变量工作原理：当先导控制活塞 7 在由泵出口引来的控制压力油的作用下产生的力未超过可调弹簧 13 的预紧力时，保留原来的

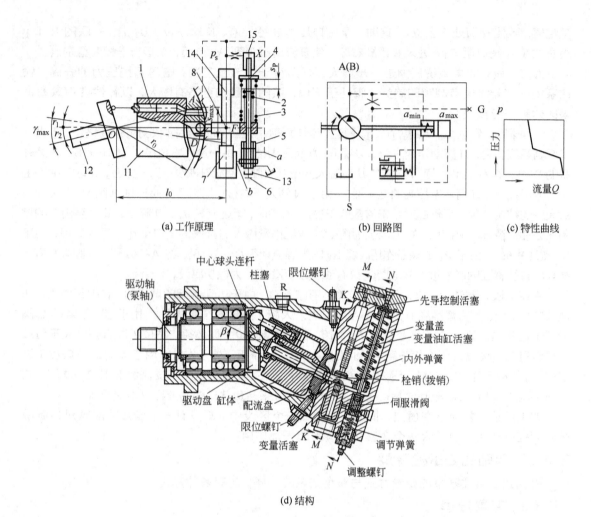

(a) 工作原理　　　　　(b) 回路图　　　　(c) 特性曲线

(d) 结构

图 3-91　A7V 型恒功率变量泵的变量工作原理

1—柱塞；2,3—弹簧；4—弹簧座；5—伺服滑阀；6—调节螺钉；7—变量活塞；8—拨销；

11—缸体；12—泵轴；13—调节弹簧；14—变量柱塞缸；15—控制活塞

平衡状态，不压缩变量弹簧 3，变量活塞 7 不运动，配流盘处于最大流量位置；当负载增大导致泵出口压力 P_s 增大时，进入控制活塞 15 的控制油压力也增大，作用在活塞 15 上的推力也随之增大，当此力超过了可调弹簧 13 的预紧力和外弹簧 3 的弹力时，伺服滑阀 7 下移，a 与 b 连通，控制压力油由 a 经 b 进入变量活塞 14 的大端腔。由于此时变量液压缸上下两腔的油压相等（同为 P_s），而作用面积不等，变量活塞 14 向上运动，推动拨销 8 带动配流盘和缸体 11 绕 O 点逆时针方向转动，减少倾角 γ，从而使泵的输出流量减小，保持输出功率（压力×流量）基本不变。同时拨销 8 又压缩弹簧 3，使控制活塞 15 和伺服阀芯 5 复位，实现新的平衡。

当缸体 11 的倾角减小到弹簧 3 的外弹簧与内弹簧之间的长度之差 $S_P = 0$ 时，控制活塞 15 的推力必须克服弹簧 13、弹簧 3 的内外弹簧的合力后，变量伺服滑阀 7 才能再一次开启，泵的流量进一步减少。

3.4.4　轴向柱塞泵的局部结构

（1）柱塞与斜盘的接触方式

各种柱塞泵的柱塞结构如图 3-92 所示。柱塞有无杆和带连杆的；有球形和圆柱形的；

有空心和实心形的。

柱塞与斜盘的接触有点接触 [图3-92（a）~（c），（h），（i）] 的，有线接触 [图3-92（e）] 的，还有面接触 [图3-92（d）、（f）] 的。为了减少磨损，柱塞加工有小中心孔通油润滑，有些进口泵在柱塞滑动接触表面还镀有银、铜等金属减磨层，以降低磨损。

为了改善泵的动态特性，减少惯性力，往往采用图3-92（b）空心形柱塞，但空腔增大了柱塞缸筒中的无效"死"容积，使工作介质的压缩性对容积效率的不利影响加剧，所以采用填充塑料或轻金属的柱塞 [图3-92（c）]。

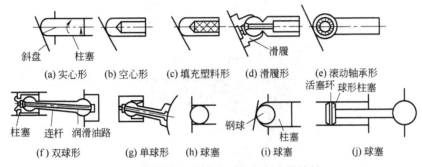

斜盘　柱塞　　　　　　　　　　　　　　　滑履

（a）实心形　（b）空心形　（c）填充塑料形　（d）滑履形　（e）滚动轴承形

活塞环　球形柱塞

柱塞　连杆　润滑油路　　　　　　　　　　钢球　　　　柱塞

（f）双球形　　　（g）单球形　　　（h）球塞　　（i）球塞　　　（j）球塞

图3-92　柱塞泵柱塞类型及与斜盘的接触

（2）四对相对运动摩擦副

如图3-94所示，斜盘式轴向柱塞泵有四对相对运动摩擦副：滑靴（滑履）与柱塞之间的相对运动摩擦副；柱塞与缸体孔之间的相对运动摩擦副；滑履（滑靴）与斜盘之间的相对运动摩擦副；配流盘与缸体之间的相对运动摩擦副。

① 滑靴（滑履）与柱塞之间的相对运动摩擦副　轴向柱塞泵都在柱塞头部与滑靴球面铆合 [图3-94（a）]，连成

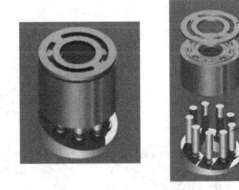

配流盘

缸体

柱塞

滑履

斜盘

图3-93　相对运动摩擦副示意图

一体，相当于万向节。柱塞内孔中的压力油经过小孔f降压后流入g腔，起到润滑作用。

② 柱塞与缸体孔之间的运动副　由上述柱塞泵的工作原理可知，泵工作时，柱塞在缸体孔内做往复运动，二者之间形成相对运动副 [图3-94（b）]，二者之间间隙存在的泄漏油起到润滑作用。

③ 滑靴与斜盘的相对运动摩擦副　由于斜盘是固定不动的，滑靴随柱塞高速转动时，滑靴相对于斜盘做高速相对运动，因此会产生很大的磨损。为了减少这种磨损，滑靴采用了静压轴承原理润滑，使滑靴和斜盘间的接触形成液体润滑，改善了柱塞头部和斜盘的接触情况，如图3-94（b）、（c）所示。这样滑靴与斜盘是平面接触的，滑靴与柱塞的球头是球面接触，都得到了润滑，就大大降低了接触应力。柱塞开有小孔f，滑靴中心开有小孔g，缸体中的压力油经过孔f与g流入滑靴油室A，对球面和平面进行液体静压润滑，改善了柱塞头部和斜盘的接触情况，降低了滑靴端面与斜盘接触面相对运动时产生的摩擦磨损，有利于提高轴向柱塞泵的压力。但注意柱塞和滑靴上的小孔g不要被油中污物堵住。

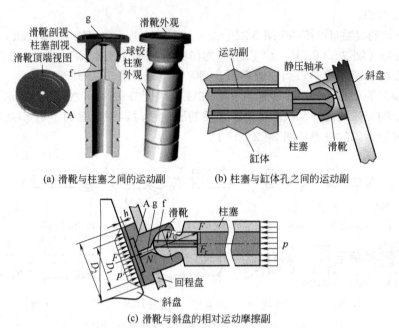

(a) 滑靴与柱塞之间的运动副

(b) 柱塞与缸体孔之间的运动副

(c) 滑靴与斜盘的相对运动摩擦副

图 3-94　滑靴与柱塞、柱塞与缸体孔、滑靴与斜盘的运动副

④ 配流盘与缸体之间的相对运动摩擦副　如图 3-95 所示，缸体和配流盘之间也是采用静压轴承原理相接触的，斜盘泵多采用平面接触，斜轴泵采用球面接触的越来越多。

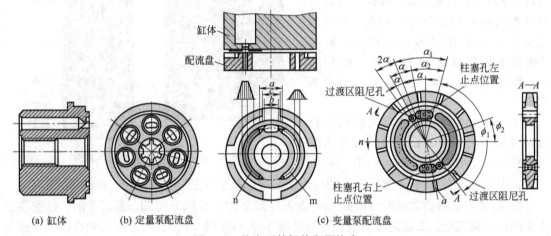

(a) 缸体

(b) 定量泵配流盘

(c) 变量泵配流盘

图 3-95　柱塞泵的缸体和配流盘

（3）泵芯组件与中心弹簧

泵芯组件与中心弹簧的作用如图 3-96 所示：柱塞 8 的头部和滑靴 10 以球铰连接，中心弹簧 4 的作用力通过三顶针 6 与半球套 7 作用到回程盘（中心有球面内孔）9 上，回程盘上的每个孔套在滑靴 10 的止口上，于是回程盘所受到的作用力又作用到每个滑靴上。使滑靴紧压在斜盘上，所以柱塞在旋转过程中，在中心弹簧的作用下始终顶压在斜盘上，另一头将缸体 5 的端面顶压在配流盘 1 的端面上，不会出现脱空现象，而且随泵的工作压力增大，缸体受液压力作用始终紧贴着配流盘，端面间隙也能自动补偿。

轴向柱塞泵靠中心弹簧保证滑靴与斜盘、缸体端面与配流盘端面的紧密接触，既保证相对运动，又不致使相互之间的间隙过大。

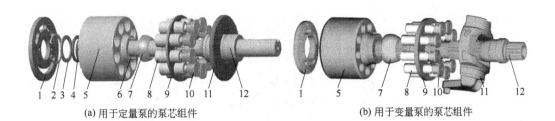

(a) 用于定量泵的泵芯组件　　　　　　　　(b) 用于变量泵的泵芯组件

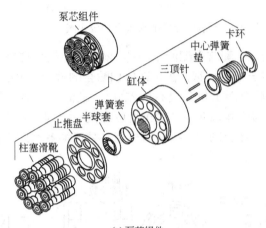

(c) 泵芯组件

图 3-96　泵芯组件与中心弹簧的作用

1—配流盘；2—卡环；3—垫圈；4—中心弹簧；5—缸体；6—三顶针；7—半球套；

8—柱塞；9—回程盘；10—滑靴；11—斜盘；12—泵轴

（4）轴向柱塞泵的配流（配油）装置

从上述的工作原理可知：柱塞通过泵轴驱动，在缸体孔内做往复运动，柱塞缸孔内工作容积扩大或缩小。当工作容积扩大时，缸筒（缸孔）与吸油腔接通，缩小时与排油腔相通，完成由吸油腔吸油向排油腔送出油液并建立一定压力的过程，这就需要"配流装置"指挥这一动作，按配流装置的形式可分为配流盘配流（端面配油）、轴配流（配流轴配油）、阀式配流（滑阀配油）三类。

① 阀式配流（座阀式配油）　阀式配流装置属座阀式配流，其工作原理如图 3-97 所示，由分别设在吸、排油腔与柱塞之间的两个单向阀（吸入阀与压出阀）组成，多采用球阀式阀或座阀式单向阀。依靠油液的压差在吸油时，吸入阀打开，压出阀关闭；在压油时则反之。这种配流方式与泵驱动轴没有机械关联，为力约束型。

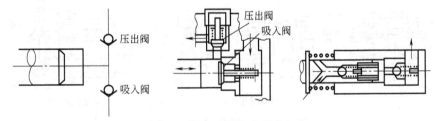

图 3-97　柱塞泵的阀式配流方式

吸入阀及压出阀在一般超高压泵里，为提高阀动作可靠性，往往采用图 3-98（a）所示的双阀，即分别采用两个串联的单向阀作吸入阀和压出阀，对大流量泵，采用了图 3-98（b）所示的多单向阀组合阀作吸入阀和压出阀。座阀式单向阀可采用图 3-98（c）的形式。

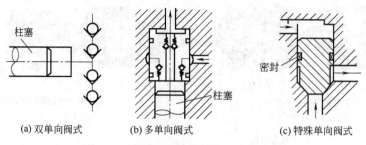

(a) 双单向阀式   (b) 多单向阀式   (c) 特殊单向阀式

图 3-98   阀式配流中的吸入阀和压出阀

② 配流盘配油（端面配流）   配流盘配油是一种间隙密封型的配流方式，用得最广泛。
如图 3-99 所示，端面配流类似一个平板阀，在与缸体相贴合的端面（平面或球面）上加工有
两个腰形（弧形）窗口，缸体贴合面上也开设有配流孔。 缸体与配流之间的间隙密封面保
持相对旋转，配流盘上的窗口与缸体端面开孔的相对位置按一定规律安排，以使处在吸油区
压油行程中的柱塞缸能交替与泵体上的吸、排油口相通，并保持各油腔之间的隔离和密封，
图中右图中的平衡槽可平衡径向力。

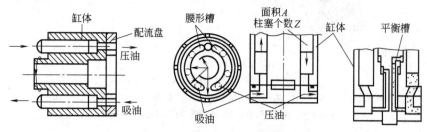

图 3-99   配流盘配流（端面配油）

③ 轴配流（配流轴配油）   图 3-100（a）为轴配流，配流轴上铣有两对称圆弧形凹槽，
两凹槽之间分别有一段圆弧面（轴的外圆面）未铣掉，用于封油隔开压、吸油区。 配流轴
同在旋转过程中，两凹槽交替与泵体上的吸、压油口相通，配流原理与上述端面配流相似。
不同之处在于一个用端面（平面或球面）密封，一个是用圆柱扇形圆面密封。 为了平衡泵
轴上径向力，图 3-100（a）右图中配流轴上还开设有平衡槽。 图 3-100（b）为滑阀式配流，
其工作原理是传动轴在旋转过程中，利用右端上的拨销，使滑阀芯被拨动做上下往复运动，
利用阀芯上的台肩和阀体孔内的环槽二者之间相互位置关系，来实现通油配流和封油，隔开
压、吸油，这与二位三通机动换向阀的工作原理相同。

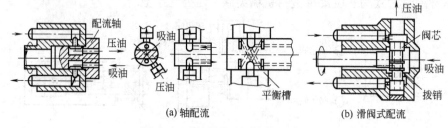

(a) 轴配流   (b) 滑阀式配流

图 3-100   轴配流（配流轴配油）

（5）轴向柱塞泵斜盘的支撑方式

按照上述轴向柱塞泵的变量工作原理，需要斜盘摆动进行变量，作为承力件的斜盘必须
可靠地支承。 定量柱塞泵的斜盘（倾角 γ 不变）直接固定在泵壳或泵盖上；变量柱塞泵变

量时，因为常常需要调节斜盘倾角γ的大小，所以斜盘要安装在可摆动的支承系统中。变量泵斜盘的支撑方式如图 3-101 所示。具体的支承方式也有耳轴式、耳环式和轴瓦式三种，介绍如下。

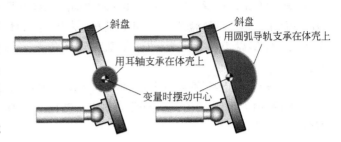

图 3-101　变量泵斜盘的支撑方式

① 耳轴式支承方式　图 3-102 中为耳轴式（外耳轴）支承方式，斜盘装置两侧的耳轴由装在泵体上的滑动（或滚动）轴承支承，通过控制耳轴的摆动角度的大小改变斜盘倾角大小进行变量。这种斜盘支承方式对泵流盘的调节范围大，但耳轴跨距较大，支承刚度不会太好。所以这种方式仅用于中、轻型泵例如美国 Vikers 公司产的 PFB 型（定量）和 PVB 型（变量）轴向柱塞泵、美国 Dowty 公司产的柱塞泵均属于这种结构。

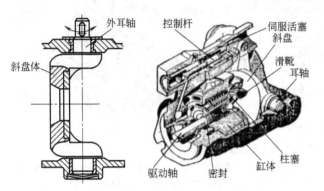

图 3-102　外耳轴支承方式

② 耳环式支承方式　图 3-103 为耳环式（内耳轴式），内耳轴承以法兰的方式固定在泵体上，斜盘装置上设有轴承与内耳轴相配，这样支承的开挡距离得以缩短，因而支承刚度较好，适于高压系列的柱塞泵，这种方式的变量机构只能装在泵壳内。

用这种耳环支承斜盘的变量柱塞泵数量最多。如图 3-103 所示，斜盘支承的 B 部插入斜盘的 A 孔内，称为耳环式。变量柱塞组件的着力点为图中 C 点，偏置弹簧组件的着力点为图中 D 点，使斜盘绕斜盘支承摆动并受变量阀的控制进行变量。

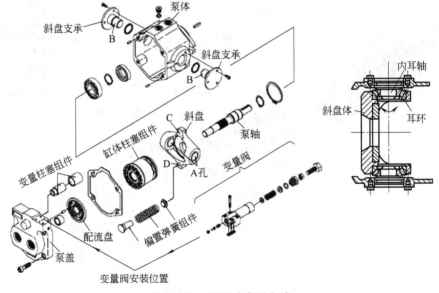

图 3-103　耳环式支承方式

③ 滑动滑枕式支承方式　图 3-104 为滑动滑枕式斜盘支承装置，斜盘体由两侧的滑枕支承在滑动轴瓦上，起支承斜盘作用。其变量方式为拨销 12 插入拨销叉口内［图 3-104（a）］，拨销上下移动，使斜盘 10 摆动，以改变斜盘装置倾角 γ，进行变量；也可采用图 3-104（c）的方式。

PVS 型轻型轴向柱塞泵属于这种结构［图 3-104（b）］，变量伺服活塞 14 与偏置弹簧 13 共同作用使摆杆 11 摆动，从而带动斜盘（轴瓦）10 摆动，改变斜盘 8 的斜角 γ 大小，进行变量。

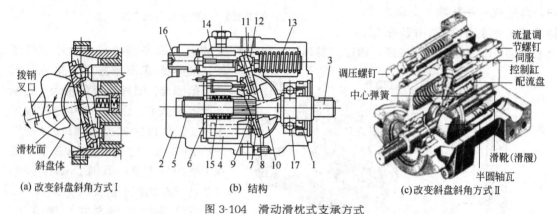

(a) 改变斜盘斜角方式Ⅰ　　　　(b) 结构　　　　(c) 改变斜盘斜角方式Ⅱ

图 3-104　滑动滑枕式支承方式

1—油封；2—泵盖；3—泵轴；4—缸体；5—轴承；6—配流盘；7—滑靴；8—斜盘；9—半球套；10—斜盘（轴瓦）；
11—摆杆；12—球轴承；13—偏置弹簧；14—变量柱塞；15—中心弹簧；16—流量调节螺钉

④ 滚动滑枕式支承方式　如图 3-105 所示为滚动滑枕式斜盘支承装置。当变量柱塞往复运动，也带动图中拨块往复运动，使拨杆左右摆动，从而又进一步带动斜盘沿着滚动导轨面摆动，以改变斜盘装置倾角 γ，使泵进行变量。图中斜盘体（变量头）的背面为一表面硬化的圆柱凸面滑枕，由它经扇形（凹形）的滚动轴瓦支承在泵体或泵盖相应的圆柱凹面上。采用这种方式结构紧凑，支承刚度好，但制造成本较高。

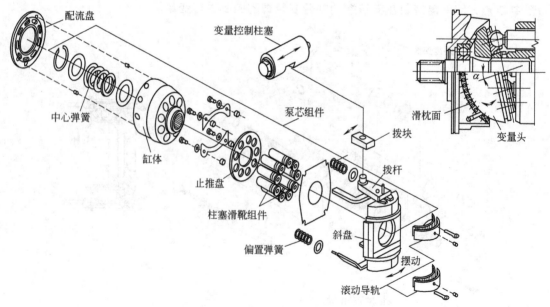

图 3-105　滚动滑枕式支承方式

（6）缸体的支承方式和传动方式

轴向柱塞泵分为倾斜盘式与倾斜缸式两类，两类泵的缸体支承方式和缸体的传动方式如下。

① 倾斜盘式柱塞泵　倾斜盘式轴向柱塞泵简称斜盘泵。其缸体多用大的滚柱轴承支承，轴承内圈与缸体外圆配合，轴承外圈支承在缸体孔内。缸体的传动由传动轴（泵轴）的花键带动。

许多斜盘泵，泵轴贯穿斜盘和整个缸体，叫通轴泵，构成所谓轻型柱塞泵，采用了通轴式斜盘结构，减少了加工部位，结构简化，成本较低。通轴泵的缸体依然是靠传动轴的花键部分带动旋转，但省去了缸体外径上的轴承，而泵轴前后两端的轴承起支承缸体的作用。因而结构紧凑。通轴泵日益成为斜盘泵的主导产品，然而这种泵的驱动轴，两端支承（轴承）开挡尺寸较长，不仅要驱动缸体旋转，而且要保证在承受缸体传来的侧向力时不致产生过大的弯曲变形，因而驱动轴往往要做得很粗。除主泵外，通轴泵往往在泵轴上还串联一补油泵（如齿轮泵），制成双联泵的形式。

② 斜轴式（倾斜缸式）柱塞泵　倾斜缸式轴向柱塞泵简称斜轴泵。斜轴泵缸体的传动方式大致有三种：中心铰式、锥齿轮式和无铰式。

图 3-106（a）为中心铰式，传动轴（泵轴）通过一套双铰等速万向节从中心部位驱动缸体旋转。这种结构的缺点是缸体中部要为万向节留出较大空间，尺寸不太紧凑，而且结构较复杂。但这种方式缸体运转平稳，所受侧向力小，允许有大的倾角。

图 3-106（b）为锥齿轮式，传动轴通过一对齿数相同的锥齿轮副驱动缸体旋转。优点是缸体转数完全与泵轴同步，且倾角可做得较大；缺点是锥齿轮传动会产生较大的轴向力和径向力，这就加大了泵体和缸体轴承的负载，同时外形尺寸也较大。

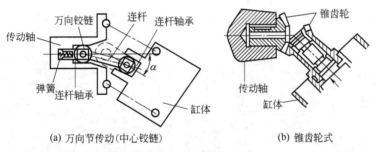

(a) 万向节传动（中心铰链）　　　　　(b) 锥齿轮式

图 3-106　斜轴式柱塞泵的传动方式

图 3-112 与图 3-113 为泵轴由铰接在驱动盘端面球窝中的连杆-柱塞副拨动缸体旋转，无须另设专门的传动部件。这种传动方式已成为斜轴泵的主流结构，它简单、紧凑，许用摆角亦较大（40°）；缺点是缸体角速度有周期性的波动。

斜轴式缸体承受的侧向力较小，缸体支承方式较简单，通常的结构是将缸体用滚针轴承或滑动轴承支承在一个中心柱销上，如果采用的是球面配流副，往往就利用配流盘起支承缸体的作用。

（7）超高压柱塞泵柱塞的密封结构

超高压泵使用的密封，不能仅仅如常规的柱塞泵那样，采用间隙密封（利用油液黏度产生密封）的方式，还要采用压缩型密封（如 V 形、X 形密封圈等）、自紧式密封及金属密封等，以及它们的组合。按柱塞运动速度、柱塞与密封环件之间的间隙等选择密封件的叠层数（通过每一层密封环减压数值进行计算决定），这类超高压柱塞泵的密封结构如图 3-107 所示。

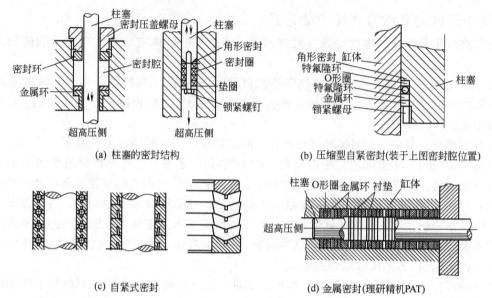

(a) 柱塞的密封结构   (b) 压缩型自紧密封(装于上图密封腔位置)

(c) 自紧式密封   (d) 金属密封(理研精机PAT)

图 3-107   超高压轴向柱塞泵的密封结构

3.4.5   轴向柱塞泵的结构与变量泵的变量方式

在液压设备中所使用的液压泵中，柱塞泵是品种和数量最多的泵种之一，特别是高压液压系统。在国产和进口液压设备上，使用着各种类型和由不同厂家生产的柱塞泵，型号繁多，下面择主要的柱塞泵的结构予以介绍。

（1）定量柱塞泵的结构（图 3-108～图 3-113）

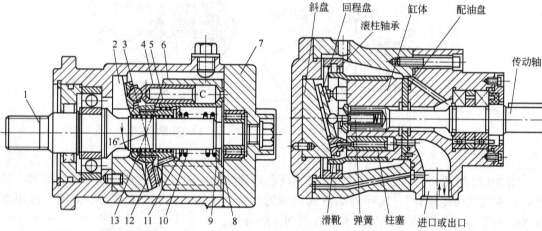

图 3-108   QXB 型轻型定量轴向柱塞泵（国产）

图 3-109   MCY14-1B 型定量轴向柱塞泵（国产）

1—主轴；2—斜盘；3—回程盘；4—柱塞；5—顶杆；6—缸体；
7—后盖（兼作配油盘）；8—弹簧卡圈；9，11，12—垫片；
10—中心弹簧；13—球铰

（2）变量柱塞泵的结构及变量方式

① 国产斜盘式变量柱塞泵及变量方式

a. CY-14-1B 型（国产）轴向柱塞泵。CY-14-1B 型是国内自行设计生产的一种泵，20世纪直到目前，它在国内相关设备上占用量仍然很大，笔者在设计液压系统时均采用这种泵。在结构上，CY14-1B 型轴向柱塞泵分为主泵部分和变量部分［图 3-114（a）］。这种

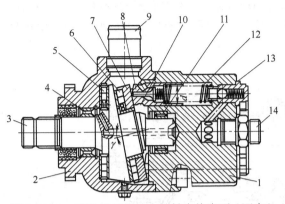

图 3-110　FZB 系列阀式定量轴向柱塞泵（国产）

1—泵体；2—泵壳；3—传动轴；4，11—轴承；

5，6—止推轴承；7—斜盘；8—柱塞；9—吸油口接头；

10—吸入阀；12—回程弹簧；13—压出阀；14—压油口接头

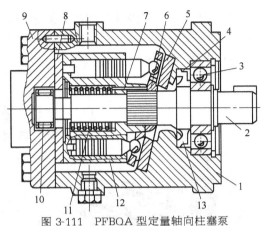

图 3-111　PFBQA 型定量轴向柱塞泵

（美国威格士公司、中国邵阳维克公司引进国产）

1—壳体；2—传动轴；3—轴承；4，13—油封；5—止推板；

6—半球头；7—顶针；8—配油盘；9—泵盖；10—轴承；

11—中心弹簧；12—缸体组件

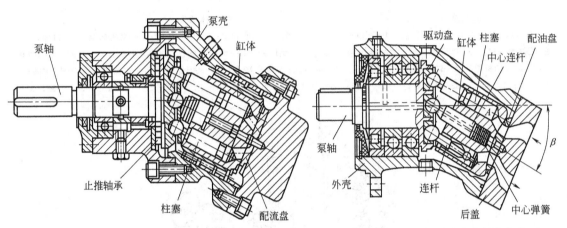

图 3-112　2DB 型斜轴式定量轴向柱塞泵（国产）

图 3-113　A2F 型斜轴式定量轴向柱塞泵

（德国力士乐公司、北京华德）

泵采用配油盘配油，缸体旋转，在滑履（滑靴）和变量头（变量机构）之间、配油盘和缸体之间采用了液压静力平衡机构，更换配油盘可作轴向柱塞马达使用。

图 3-114（b）为这种泵的主体部分解体图。 七个滑靴 1 和七个柱塞 2 通过球面副铆合在回程盘 3 上，再装入缸体 9 上的七个柱塞孔内；缸体 9 再用大滚柱轴承 8 支承在泵壳体 14 内；泵轴 38 从缸体中心穿过，用轴承 25 支承在外体壳 18 上，外体壳用螺钉 32 紧固在壳体 14 上，并将配油盘 10 压在二者之间；滑靴 12 的端部顶在变量头（即斜盘）上；装在中心外套 7 内的定心弹簧 6 一端插入泵轴 38 孔内，一端将钢球 4 顶在回程盘上，使柱塞外伸（吸油位置）时，滑靴也能保持和止推板接触，使泵能够自吸；中心外套 7 的台肩面因定心弹簧 6 的作用，推压缸体（向右）使其端面与配油盘 10 保持良好的接触。

柱塞的球状头部和滑靴的中心均有直径为 1mm 的小孔，工作时油腔内的压力油可经这些小孔进入到柱塞和滑靴的配合球面副以及滑靴和止推板的相对滑动面之间，起强制润滑作用。 当传动轴带动缸体回转时，由于变量头是倾斜的，柱塞在缸体内往复运动，使密封容腔体积改变进行压吸油。

图 3-114（c）为变量机构部分解体图。 主泵部分再加上各种形式的变量部分，便构成各种变量泵。 例如恒压变量泵（PCY14-1B 型）、压力补偿型（YCYI4-1B 型）、伺服变量型（CCY14-1B 型）等。

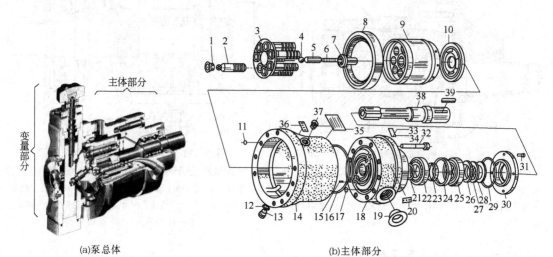

(a)泵总体   (b)主体部分

1—滑靴；2—柱塞；3—回程盘；4—钢球； 5—中心内套；6—定心弹簧；7—中心外套；8—滚柱轴承； 9—缸体；10—配油盘；11，12—O 形圈；13—放油塞；14—壳体；15—定位销；16—大密封圈；17—小密封圈；18—壳体；19—油塞；20—进油口铭牌；21—轴用挡圈；22—轴承；23—内隔圈；24—外隔圈；25—轴承；26～28—组合密封；29—密封圈；30—端盖；31—螺钉；32—连接螺钉；33—铆钉；34—旋向标记；35—标牌；36—出口铭牌；37—泄油塞子；38—泵轴；39—键

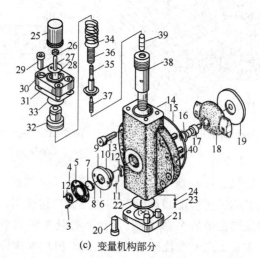

(c) 变量机构部分

1—小螺钉；2—指针牌；3，13，20，29—螺钉；4—小铆钉； 5—刻度盘；6—连接销；7—指示盘；8，10，15，22，28，33—密封圈；9—压盖；11—拨叉滑销；12—拨叉；14—变量壳体；16—挡圈；17—变量头销轴；18—变量头（斜盘）；19—止推板；21—下法兰；23—弹簧；24—钢球，25—盖筒；26—锁紧螺母；27—限位螺杆；30—上法兰；31—垫片；32—调节套筒；34—外弹簧；35—芯轴；36—内弹簧；37—随动滑阀；38—变量活塞；39—随动滑阀套；40—油塞

图 1-114   CY-14-1B 型（国产）轴向柱塞泵

b. YCY14-1B 型压力补偿变量柱塞泵。 如图 3-115 所示，压力油 a 口→通道 b→单向阀（图中未画出）→通道 c→变量壳体的下腔 d，并由此再经过通道 e 分别进入通道 f 和 h。 当内、外弹簧力大于由通道 f 进入伺服活塞下端面积上的油液产生的液压推力时，伺服活塞下移，从而使油液经 h 后可进入腔 g，推动变量活塞下移，带动变量头摆动并使其摆角增大，从

而使泵的流量增加，直至通道 h 被闭合后，变量活塞在新的位置平衡为止。 反之，当弹簧力小于由通道 f 进入伺服活塞下端环形面积上产生的液压推力时，伺服活塞向上运动，关闭了通道 h，同时使 g 腔的油液经过通道 i 而卸压，故变量活塞向上运动，泵的流量减少。

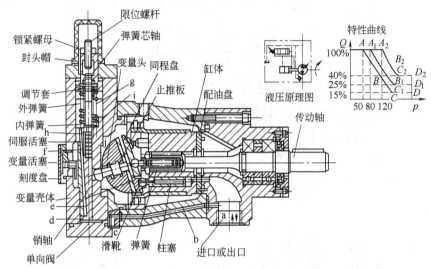

图 3-115　YCY14-1B 型压力补偿变量柱塞泵

这种泵的输出压力增高则输出流量自动减少以及当输出压力减少输出流量增大，即为近似的恒功率控制。 图 3-115 右上角为这种泵的变量特性曲线图，AB 的斜率是由外弹簧的刚度决定的，BC 的斜率是由外弹簧和内弹簧的合成刚度决定的，CD 的长度取决于限位螺钉的调节位置。

YCY14-1B 型压力补偿变量泵的调节方法如下：假设需要调节泵的流量-压力特性按 A_1 B_1 C_1 D_1 规律变化，可首先将限位螺钉拧至上端位置，然后调动调节套，观察泵压力表，使指示刻度盘的指针开始转动时的压力与 A_1 点所需要的压力相符合为止。 再调节限位螺杆，使 D_1 点的流量为所要求的高压流量，D_1 的流量可以从刻度盘上读出（刻度盘上共分 10 格，每格约代表泵的公称流量的 10%），点 B_1 和 C_1 的压力和流量值是预先设计好的，不需要调整，只要 A_1 和 D_1 两点流量、压力调好了，该泵的特性则在工作中自动按 $A_1 B_1 C_1 D_1$ 变化。

c. PCY14-1B 型恒压变量泵。 国产 PCY14-1B 型恒压变量轴向柱塞泵的结构如图 3-116 所示，恒压调节阀（见 K-K 剖视图）装在变量机构的下方，C'、C''、C''' 为调定压力点，B' C'、B'' C''、B''' C''' 为恒压工作段（见右下角的变量特性曲线图）。 调压时先拧开封头帽，用扳手调节恒压调节杆，当顺时针转动时，调节弹簧被压缩，调定压力增加；逆时针转动时，调压压力降低。 用户可根据自己的需要从 Q-P 特性曲线中选择所需要的工作范围。恒压曲线可选用两根不同的调节弹簧，在 3～10MPa 或 10～31.5MPa 范围内任意调节。 出厂时，调节弹簧处于松开状态。

从恒压变量机构的工作原理可明白这种泵的工作原理。 它利用恒压变量机构，当泵输出压力增大（大于调节的恒压压力）时，使变量头偏角减少，相应排出流量减少，将压力降下来，直至调定压力，反之亦然。 这样尽管排出流量随负载所需要的流量变化而变化，但泵出油口的压力始终能保持为恒定值。

d. MYCY14-1B 型定级压力补偿变量泵。 如图 3-117 所示，这种泵与 YCY14-1B 型压力补偿（恒功率）泵有些类似。 从 Q-P 曲线图可知，泵的流量也与其工作压力有关，只是当泵（系统）的压力升高到超过某一调节值时，泵的流量很快减小到某一较小值。 这犹如

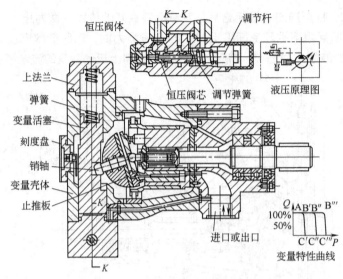

图 3-116 PCY14-1B 型恒压变量泵

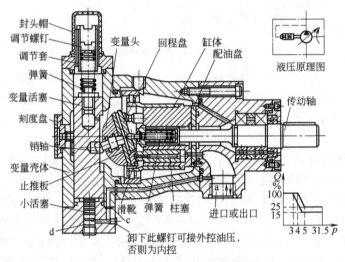

图 3-117 MVCY 型定级压力补偿变量泵

压力控制的双级流量泵一样,当压力不超过某一值时,泵为大流量(100%);当压力一超过某一值时,泵的流量迅速降为小流量(如 15%、25%)。

其变量机构的工作原理是:依靠内控(也可外控)油压操纵的变量机构。 当压力油(泵出口压力油)由通道 a、通道 b 与 c 进入 d 腔(也可卸下螺钉 K 从外部引入控制油进入 d 腔),直接推动小活塞上抬,作用在变量活塞下端,产生一向上的作用力。 当此作用力小于变量活塞上端弹簧向下的弹簧力时,变量活塞上升,使变量头倾角减少,泵输出流量也相应减少;当变量活塞上升至与调节套接触时,就不能再上升。 一方面流量已不能再变小,另一方面此时变量活塞上端顶牢调节套,因而变量头维持倾角不变,液压泵输出恒定的小流量(如 15%)。

从上述该泵变量机构的原理可知,调节螺钉是调整泵起始流量转换压力(即 A 点)的,而调节套是调最小流量的(图中的 15%、25% 等)。 但由图 3-117 可知,转换压力调节的范围比较小,液压泵在 4~5MPa 时产生变量后,流量迅速减小至所要求的高压小流量值。 显然这种泵在低压下大流量,在高压下维持基本恒定的一小流量,这种特点非常符合快进时负载较小,工进时负载较大的工作状况,适合注塑机等快合模与慢合模的使用工况。

e. SCY14-1B 型手动变量泵。 如图 3-118 所示，当用手转动手轮，调节螺杆随之旋转，使变量活塞向上或向下运动，从而通过销轴使变量头转动，改变斜角使泵的输出流量得以改变。 当刻度盘上指示出所需要流量的百分比时，则停止转动手轮，并拧紧螺母，防止手轮转动。

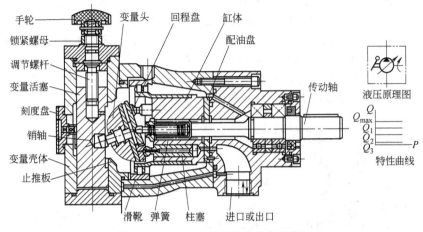

图 3-118　SCY 型手动变量轴向柱塞泵

f. CCY14-1B 型伺服变量泵。 如图 3-119 所示，当操纵外露的操纵杆，通过伺服机构，利用泵本身的输出油压（也可用外供油压），将操纵信号放大，使泵变量头的倾斜角度改变而对泵的输出流量进行改变。 泵的输出流量与拉杆的上下位移成线性比例关系，此种泵的流向也可改变，成为双向泵或者正反转泵。

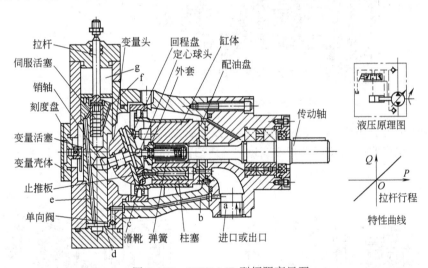

图 3-119　CCY14-1B 型伺服变量泵

具体工作原理：高压油由泵出口 a 进入通道 b 和 c，再经单向阀进入变量壳体下腔 d。 当拉杆向下移动时，推动伺服活塞向下运动，则 d 腔的高压油经通道 e 进入变量壳体上腔 g，推动变量活塞向下运动，带动销轴下移，从而使变量头绕定心球头的中心逆时针旋转一角度，以达到变量的目的，此时流量输出增大；反之，拉杆向上运动时，通道 e 被堵住，变量体壳上腔 g 的压力油经通道 f 卸压，变量活塞在下腔 d 的压力油作用下向上运动，销轴跟着上移，从而使变量头绕定心球头的中心顺时针方向摆动一角度，使泵输出流量减少。 当变量头倾角变为零，再继续向负偏角方向摆动，则泵进出油口实现转换，成为双向泵。

泵的实际流量占其公称流量（最大正负摆角处）的百分比可从刻度盘上近似地读出。当液流的进出方向与泵的进、出标牌所示的方向一致时，刻度盘上指出的值在"正向"的一边；反之，在"反向"的一边。

伺服变量泵适用于闭式油路液压系统和频繁变量的开式油路系统之中，其操纵方式除了拉杆外，还可采用手动杠杆机构、凸轮机构及液压缸等各种方式。

g. DCY14-1B 型电动变量柱塞泵。如图 3-120 所示，它的变量机构主要是采用了可正反转的伺服电机，通过伺服电机的正反转，带动下端的螺杆旋转，螺杆的旋转又带动螺母的上下移动。而螺母和拉杆连接在一起。换言之，伺服电机的转动带动了拉杆的上下移动，拉杆的移动改变了变量头的倾角，使泵的出口流量发生变化。

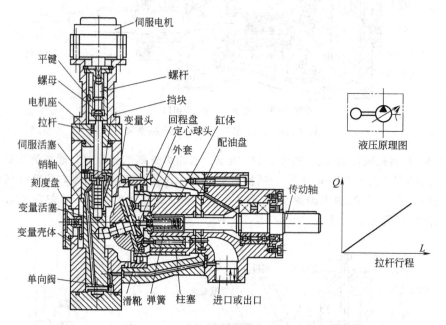

图 3-120　DCY14-1B 型电动变量柱塞泵

② 德国博世-力士乐公司的变量柱塞泵结构及变量方式

a. 结构。现将博世-力士乐公司产变量柱塞泵结构例汇总于图 3-121 中，以利于读者维修时参考。

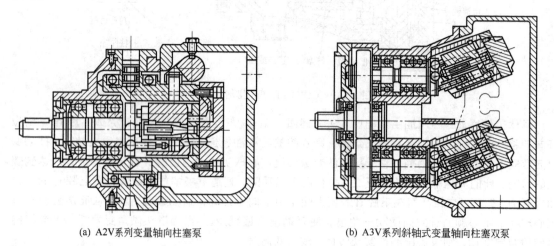

(a) A2V系列变量轴向柱塞泵　　　　　(b) A3V系列斜轴式变量轴向柱塞双泵

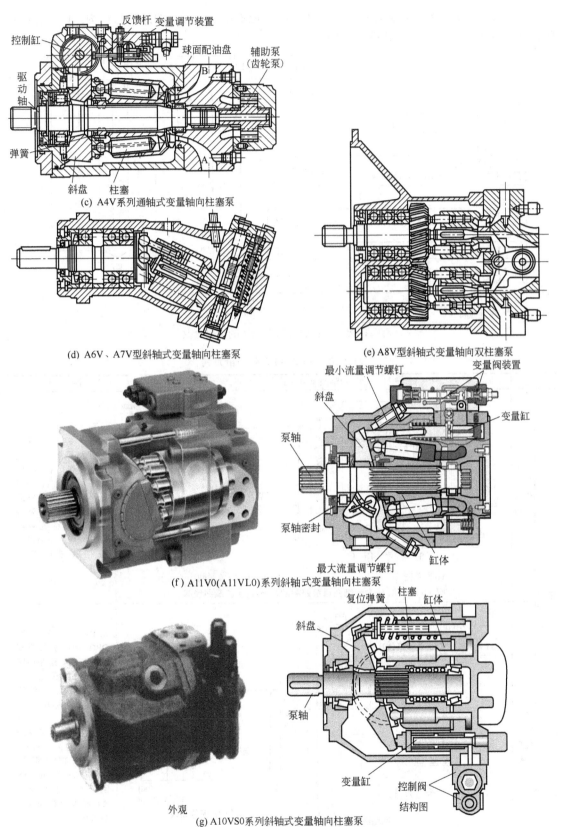

(c) A4V系列通轴式变量轴向柱塞泵

(d) A6V、A7V型斜轴式变量轴向柱塞泵

(e) A8V型斜轴式变量轴向双柱塞泵

(f) A11V0(A11VL0)系列斜轴式变量轴向柱塞泵

外观

结构图

(g) A10VS0系列斜轴式变量轴向柱塞泵

图 3-121　德国博世-力士乐公司几种变量轴向柱塞泵结构

b. A10VSO 系列各种变量方式。 图 3-121（g）已例举了这种泵的外观与结构，其主要代号的含义见图 3-122，其变量方式见表 3-10。

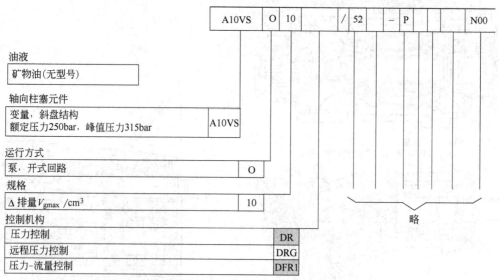

图 3-122　A10VSO 型变量泵的型号含义

表 3-10　A10VSO 系列变量方式

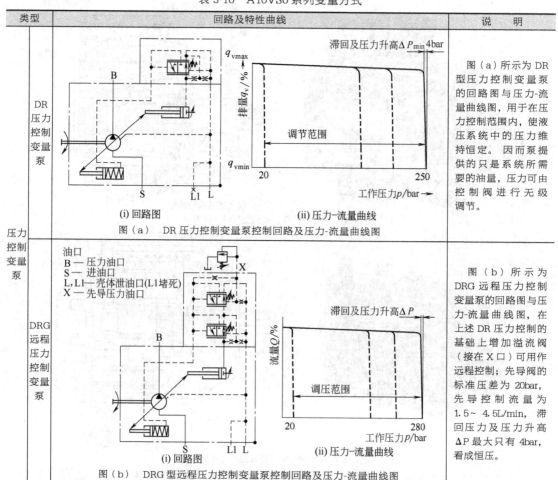

类型	回路及特性曲线	说　明
压力-流量控制变量泵	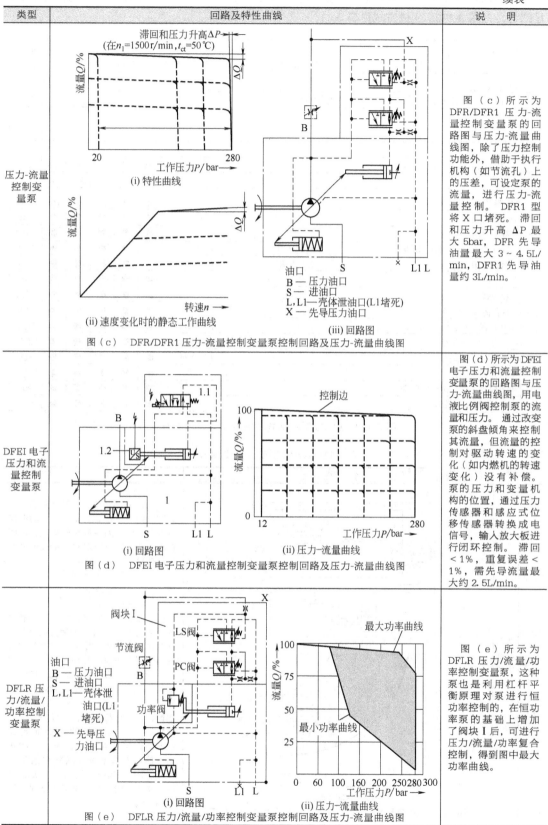	图（c）所示为 DFR/DFR1 压力-流量控制变量泵的回路图与压力-流量曲线图，除了压力控制功能外，借助于执行机构（如节流孔）上的压差，可设定泵的流量，进行压力-流量控制。DFR1 型将 X 口堵死。滞回和压力升高 ΔP 最大 5bar，DFR 先导油量最大 3～4.5L/min，DFR1 先导油量约 3L/min。
DFEI 电子压力和流量控制变量泵		图（d）所示为 DFEI 电子压力和流量控制变量泵的回路图与压力-流量曲线图，用电液比例阀控制泵的流量和压力。通过改变泵的斜盘倾角来控制其流量，但流量的控制对驱动转速的变化（如内燃机的转速变化）没有补偿。泵的压力和变量机构的位置，通过压力传感器和感应式位移传感器转换成电信号，输入放大板进行闭环控制。滞回<1%，重复误差<1%，需先导流量最大约 2.5L/min。
DFLR 压力/流量/功率控制变量泵		图（e）所示为 DFLR 压力/流量/功率控制变量泵，这种泵也是利用杠杆平衡原理对泵进行恒功率控制的，在恒功率泵的基础上增加了阀块 I 后，可进行压力/流量/功率复合控制，得到图中最大功率曲线。

图（c）　DFR/DFR1 压力-流量控制变量泵控制回路及压力-流量曲线图

图（d）　DFEI 电子压力和流量控制变量泵控制回路及压力-流量曲线图

图（e）　DFLR 压力/流量/功率控制变量泵控制回路及压力-流量曲线图

c. A7VO型斜轴式柱塞变量泵变量方式。 图 3-134（d）已例举了这种泵的结构，其主要代号的含义见图 3-123，变量方式见表 3-11。

A7V	O				/	63		–		B	01
01	02	03	04		05	06		07	08	09	10

轴向柱塞元件						
01	斜轴式设计、变量、公称压力350bar、峰值压力400bar					A7V

工作方式		
02	泵，开式回路	O

规格			28	55	80	107	160
03	≈ 排量 $V_{g\,max}$ 单位 cm^3		28	55	80	107	160
		见 RC 92203			250	355	500

	控制装置				28	55	80	107	160	
	功率控制				●	●	●	●	●	LR
	带压力切断				●	●	●	●	●	LRD
	带压力切断和行程限制器	负向控制		$P=25bar$	–	●	●	●	●	LRDH1
	带行程限制器	负向控制		$P=25bar$	–	●	●	●	●	LRH1
	压力控制				●	●	●	●	●	DR
	遥控式				●	●	●	●	●	DRG
04	带负荷传感功能				–	●	●	●	●	DRS
	液压控制，与先导压力有关			$P=10bar$	●	●	●	●	●	HD1
	压力切断，遥控式			$P=10bar$	●	●	●	●	●	HD1G
	与先导压力有关			$P=25bar$	●	●	●	●	●	HD2
	压力切断，遥控式			$P=25bar$	●	●	●	●	●	HD2G
	电气控制，带有比例电磁铁				●	●	●	●	●	EP
	压力切断，遥控式				●	●	●	●	●	EPG

图 3-123　A7VO 型斜轴式柱塞变量泵型号的含义

表 3-11　A7VO 型变量泵变量方式

类型		回路及特性曲线	说　明
功率控制变量泵	LR 功率控制变量泵	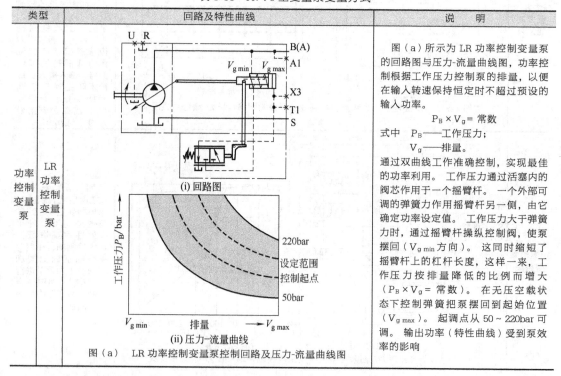	图（a）所示为 LR 功率控制变量泵的回路图与压力-流量曲线图，功率控制根据工作压力控制泵的排量，以便在输入转速保持恒定时不超过预设的输入功率。 $$P_B \times V_g = 常数$$ 式中　P_B——工作压力； 　　　V_g——排量。 通过双曲线工作准确控制，实现最佳的功率利用。 工作压力通过活塞内的阀芯作用于一个摇臂杆。 一个外部可调的弹簧力作用摇臂杆另一侧，由它确定功率设定值。 工作压力大于弹簧力时，通过摇臂杆操纵控制阀，使泵摆回（$V_{g\,min}$ 方向）。 这同时缩短了摇臂杆上的杠杆长度，这样一来，工作压力按排量降低的比例而增大（$P_B \times V_g$ = 常数）。 在无压空载状态下控制弹簧把泵摆回到起始位置（$V_{g\,max}$）。 起调点从 50～220bar 可调。 输出功率（特性曲线）受到泵效率的影响

图（a）　LR 功率控制变量泵控制回路及压力-流量曲线图

类型		回路及特性曲线	说　明
功率控制变量泵	LRD功率控制变量泵	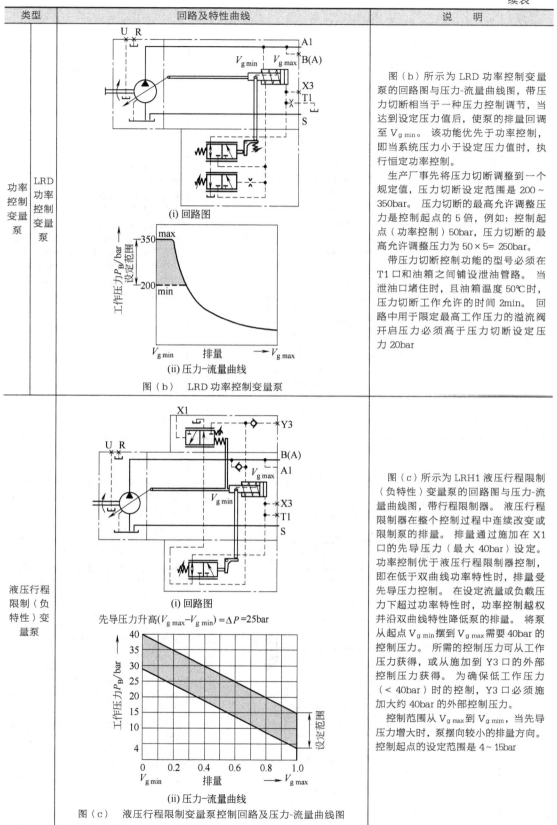	图（b）所示为LRD功率控制变量泵的回路图与压力-流量曲线图，带压力切断相当于一种压力控制调节，当达到设定压力值后，使泵的排量回调至 $V_{g min}$。该功能优先于功率控制，即当系统压力小于设定压力值时，执行恒定功率控制。 　生产厂事先将压力切断调整到一个规定值，压力切断设定范围是200～350bar。压力切断的最高允许调整压力是控制起点的5倍，例如：控制起点（功率控制）50bar，压力切断的最高允许调整压力为 $50×5=250bar$。 　带压力切断控制功能的型号必须在T1口和油箱之间铺设泄油管路。当泄油口堵住时，且油箱温度50℃时，压力切断工作允许的时间2min。回路中用于限定最高工作压力的溢流阀开启压力必须高于压力切断设定压力20bar
液压行程限制（负特性）变量泵		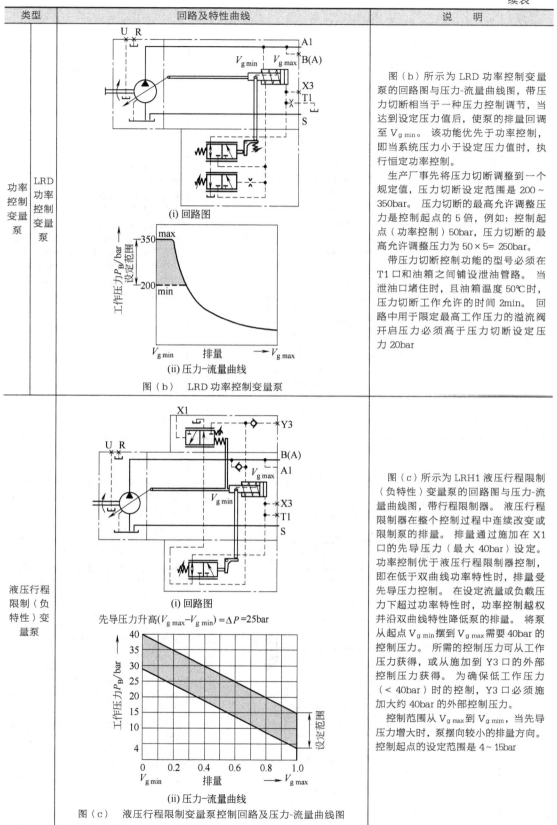	图（c）所示为LRH1液压行程限制（负特性）变量泵的回路图与压力-流量曲线图，带行程限制器。液压行程限制器在整个控制过程中连续改变或限制泵的排量。排量通过施加在X1口的先导压力（最大40bar）设定。功率控制优于液压行程限制器控制，即在低于双曲线功率特性时，排量受先导压力控制。在设定流量或负载压力下超过功率特性时，功率控制越权并沿双曲线特性降低泵的排量。将泵从起点 $V_{g min}$ 摆到 $V_{g max}$ 需要40bar的控制压力。所需的控制压力可从工作压力获得，或从施加到Y3口的外部控制压力获得。为确保低工作压力（<40bar）时的控制，Y3必须施加大约40bar的外部控制压力。 　控制范围从 $V_{g max}$ 到 $V_{g mim}$，当先导压力增大时，泵摆向较小的排量方向。控制起点的设定范围是4～15bar

类型	回路及特性曲线	说　明

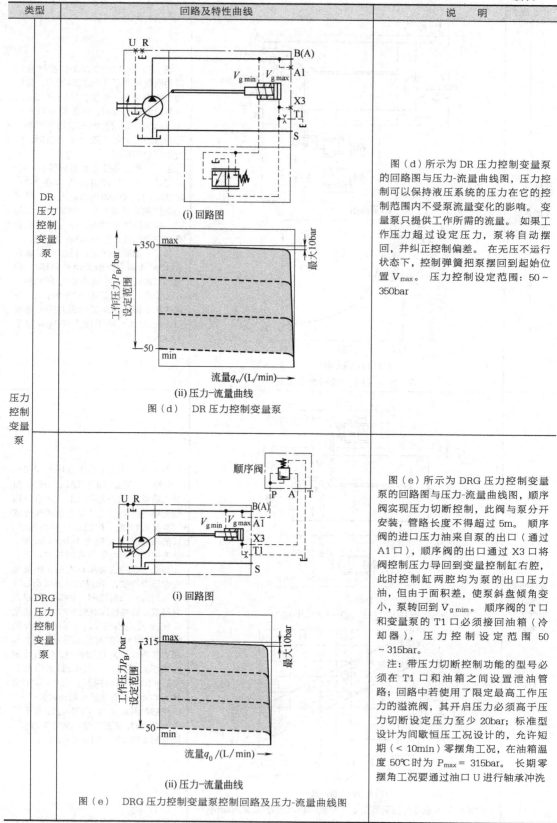

压力控制变量泵

DR压力控制变量泵

(i) 回路图

(ii) 压力-流量曲线

图（d）　DR压力控制变量泵

图（d）所示为DR压力控制变量泵的回路图与压力-流量曲线图，压力控制可以保持液压系统的压力在它的控制范围内不受泵流量变化的影响。变量泵只提供工作所需的流量。如果工作压力超过设定压力，泵将自动摆回，并纠正控制偏差。在无压不运行状态下，控制弹簧把泵摆回到起始位置 V_{max}。压力控制设定范围：50～350bar

DRG压力控制变量泵

顺序阀

(i) 回路图

(ii) 压力-流量曲线

图（e）　DRG压力控制变量泵控制回路及压力-流量曲线图

图（e）所示为DRG压力控制变量泵的回路图与压力-流量曲线图，顺序阀实现压力切断控制，此阀与泵分开安装，管路长度不得超过5m。顺序阀的进口压力油来自泵的出口（通过A1口），顺序阀的出口通过X3口将阀控制压力导回到变量控制缸右腔，此时控制缸两腔均为泵的出口压力油，但由于面积差，使泵斜盘倾角变小，泵转回到 $V_{g\,mim}$。顺序阀的T口和变量泵的T1口必须接回油箱（冷却器），压力控制设定范围50～315bar。

注：带压力切断控制功能的型号必须在T1口和油箱之间设置泄油管路；回路中若使用了限定最高工作压力的溢流阀，其开启压力必须高于压力切断设定压力至少20bar；标准型设计为间歇恒压工况设计的，允许短期（＜10min）零摆角工况，在油箱温度50℃时为 P_{max} = 315bar。长期零摆角工况要通过油口U进行轴承冲洗

类型	回路及特性曲线	说　明
压力控制变量泵 — DRS 负荷传感压力控制变量泵	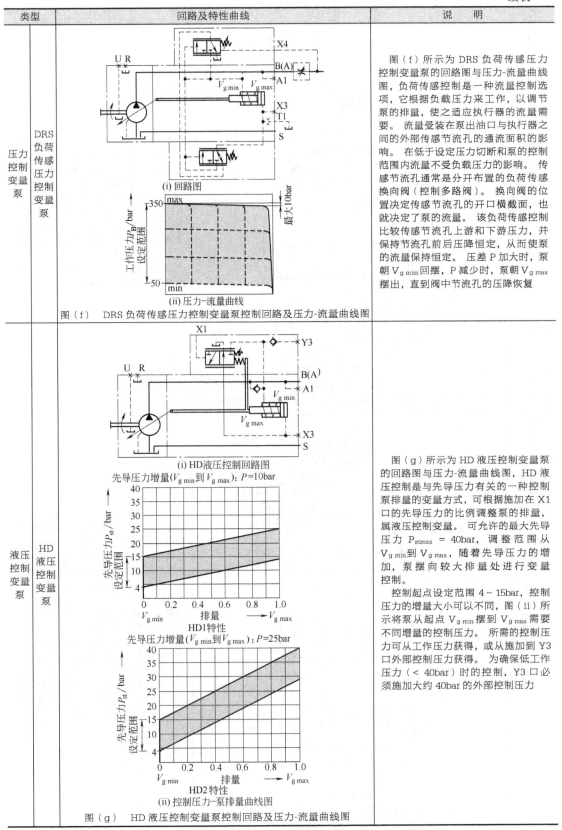 (i) 回路图 (ii) 压力-流量曲线 图（f）　DRS 负荷传感压力控制变量泵控制回路及压力-流量曲线图	图（f）所示为 DRS 负荷传感压力控制变量泵的回路图与压力-流量曲线图，负荷传感控制是一种流量控制选项，它根据负载压力来工作，以调节泵的排量，使之适应执行器的流量需要。　流量受装在泵出油口与执行器之间的外部传感节流孔的通流面积的影响。　在低于设定压力切断和泵的控制范围内流量不受负载压力的影响。　传感节流孔通常是分开布置的负荷传感换向阀（控制多路阀）。　换向阀的位置决定传感节流孔的开口横截面，也就决定了泵的流量。　该负荷传感控制比较传感节流孔上游和下游压力，并保持节流孔前后压降恒定，从而使泵的流量保持恒定。　压差 P 加大时，泵朝 $V_{g\,min}$ 回摆，P 减少时，泵朝 $V_{g\,max}$ 摆出，直到阀中节流孔的压降恢复
液压控制变量泵 — HD 液压控制变量泵	(i) HD 液压控制回路图 先导压力增量（$V_{g\,min}$ 到 $V_{g\,max}$）：P=10bar HD1特性 先导压力增量（$V_{g\,min}$ 到 $V_{g\,max}$）：P=25bar HD2特性 (ii) 控制压力-泵排量曲线图 图（g）　HD 液压控制变量泵控制回路及压力-流量曲线图	图（g）所示为 HD 液压控制变量泵的回路图与压力-流量曲线图，HD 液压控制是与先导压力有关的一种控制泵排量的变量方式，可根据施加在 X1 口的先导压力的比例调整泵的排量，属液压控制变量。　可允许的最大先导压力 P_{stmax} = 40bar，调整范围从 $V_{g\,min}$ 到 $V_{g\,max}$，随着先导压力的增加，泵摆向较大排量处进行变量控制。 　控制起点设定范围 4～15bar，控制压力的增量大小可以不同，图（ii）所示将泵从起点 $V_{g\,min}$ 摆到 $V_{g\,max}$ 需要不同增量的控制压力。　所需的控制压力可从工作压力获得，或从施加到 Y3 口外部控制压力获得。　为确保低工作压力（＜40bar）时的控制，Y3 口必须施加大约 40bar 的外部控制压力

类型	回路及特性曲线	说　明
液压控制变量泵 · HD1G遥控式液压控制压力切断变量泵	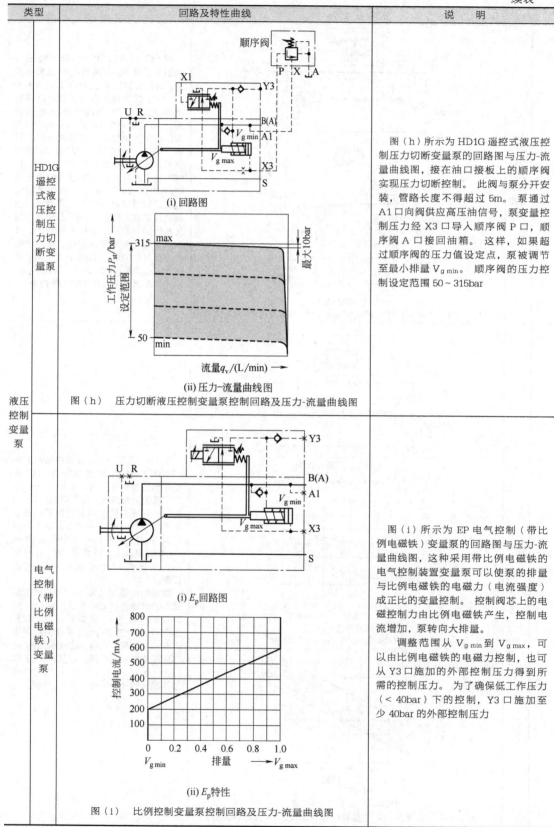	图（h）所示为 HD1G 遥控式液压控制压力切断变量泵的回路图与压力-流量曲线图，接在油口接板上的顺序阀实现压力切断控制。 此阀与泵分开安装，管路长度不得超过 5m。 泵通过 A1 口向阀供应高压油信号，泵变量控制压力经 X3 口导入顺序阀 P 口，顺序阀 A 口接回油箱。 这样，如果超过顺序阀的压力值设定点，泵被调节至最小排量 $V_{g\,min}$。 顺序阀的压力控制设定范围 50～315bar
电气控制（带比例电磁铁）变量泵		图（i）所示为 EP 电气控制（带比例电磁铁）变量泵的回路图与压力-流量曲线图，这种采用带比例电磁铁的电气控制装置变量泵可以使泵的排量与比例电磁铁的电磁力（电流强度）成正比的变量控制。 控制阀芯上的电磁控制力由比例电磁铁产生，控制电流增加，泵转向大排量。 调整范围从 $V_{g\,min}$ 到 $V_{g\,max}$，可以由比例电磁铁的电磁力控制，也可从 Y3 口施加的外部控制压力得到所需的控制压力。 为了确保低工作压力（＜40bar）下的控制，Y3 口施加至少 40bar 的外部控制压力

③ 美国派克公司产变量柱塞泵结构及变量方式

a. 结构。 美国派克公司产变量柱塞泵结构汇总于图 3-124 中，以利于读者维修时参考。

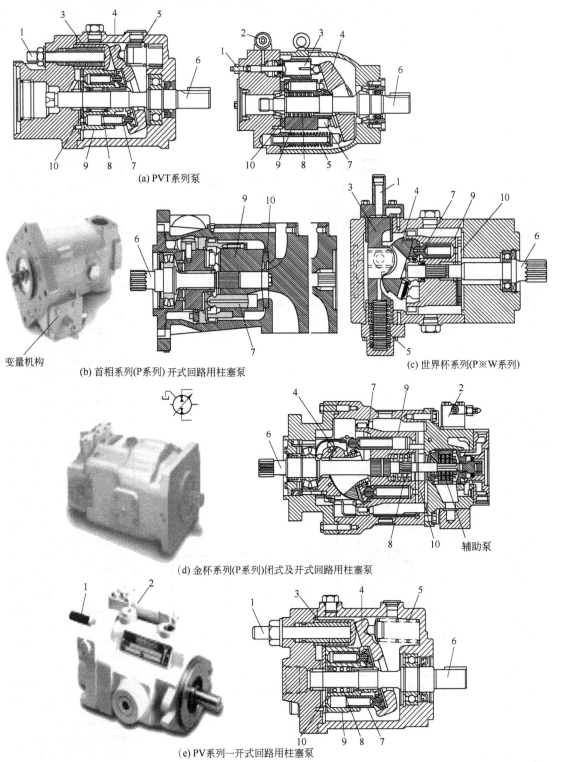

(a) PVT系列泵

变量机构

(b) 首相系列(P系列) 开式回路用柱塞泵

(c) 世界杯系列(P※W系列)

(d) 金杯系列(P系列)闭式及开式回路用柱塞泵

(e) PV系列一开式回路用柱塞泵

1—流量调节螺钉；2—变量控制阀；3—变量柱塞；4—斜盘；5—偏置弹簧；6—泵轴；7—柱塞；8—中心弹簧；9—缸体；10—配油盘

图 3-124 美国派克公司变量柱塞泵结构

b. PV 系列变量泵的几种变量方式（表 3-12）

表 3-12　PV 系列变量泵的几种变量方式

类型	回路及特性曲线	说　明
压力控制变量泵 · 标准型压力补偿变量泵	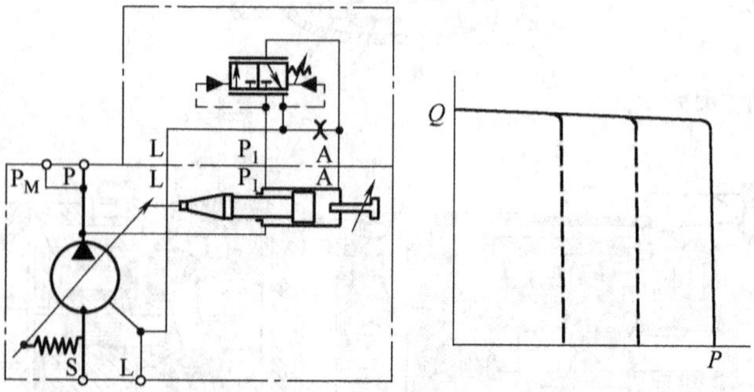 图（a）　标准型压力补偿变量泵的回路图与压力-流量曲线	图（a）为采用 FS 型标准压力补偿控制器变量泵的回路图与压力-流量曲线图，用于控制泵的排量，使之能满足系统的实际需要，从而保证系统的压力保持恒定。只要泵的出口压力 P 低于给定的压力值（通过调整补偿控制器弹簧的预压紧力予以设定），补偿阀的工作油口 A 就与油箱相通，使控制活塞的大面积端失压，斜盘在复位弹簧的作用下处于最大摆角位置，泵保持在全排量状态。当系统压力达到补偿控制器弹簧所调定的数值时，补偿控制阀动作，使 P_1 口与 A 口相通，将压力引入变量控制活塞的大面积端。由于活塞两端的面积差，便产生一个控制力，并克服复位弹簧力使斜盘摆角减小，从而控制泵的排量，使之满足系统的要求
FRC 型遥控式压力补偿变量泵	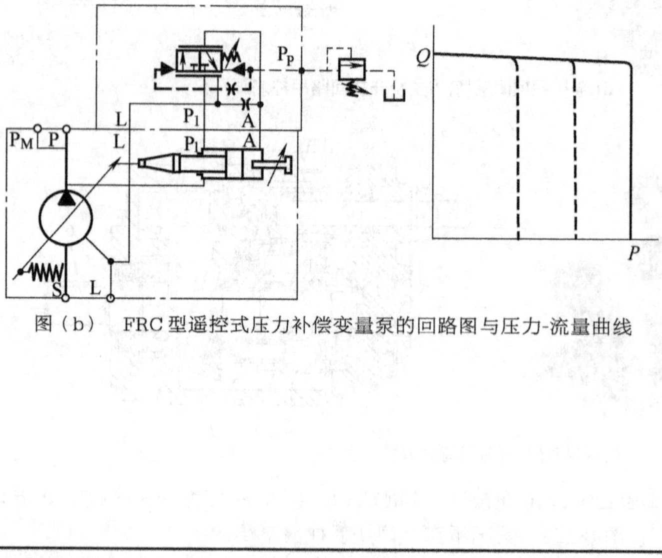 图（b）　FRC 型遥控式压力补偿变量泵的回路图与压力-流量曲线	图（b）为采用 FRC 型遥控式压力补偿变量泵的回路图与压力-流量曲线图，可以通过连接在遥控口 P_P 上的先导压力阀进行先导控制，控制压力油来自控制器的内部，控制流量为 1～1.5L/min，外接的先导压力阀可以安装在离控制器有一段距离的地方。例如，安装在机器的控制面板上，在机器的易于操作位置上实现对液压泵补偿变量压力的遥控调节。遥控式压力补偿变量控制器比标准型压力补偿变量控制器响应快，且精度高，同时，还可以解决在临界工况下，标准型压力补偿变量控制器所出现的不稳定问题。该先导压力阀也可以采用电控形式（电磁比例压力阀），或者配合使用换向阀，实现低压待机操作

类型	回路及特性曲线	说　明
 FR1型遥控式压力补偿变量泵	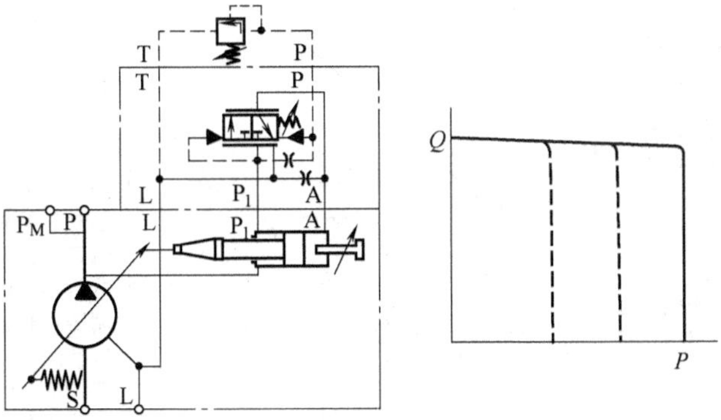 图（c）　FR1型遥控式压力补偿变量泵的回路图与压力-流量曲线	图（c）为采用 FR1 型遥控式压力补偿变量泵的回路图与压力-流量曲线图，顶部提供有一个 6 通径的方向阀安装面。在该安装面上可直接安装一个相应的先导控制阀，除手动或电液控制先导阀外，还可在该控制器壳体上安装一个完整的先导多级压力控制回路，以实现液压泵补偿压力的多级压力控制。所有的遥控式压力补偿变量控制器都有一个出厂设定的 15bar 压力差，通过这个设定，处于补偿变量工况时，泵出口处压力将比先导阀的调定值高该压差值
压力控制变量泵 带电磁卸荷功能的标准型压力补偿控制泵	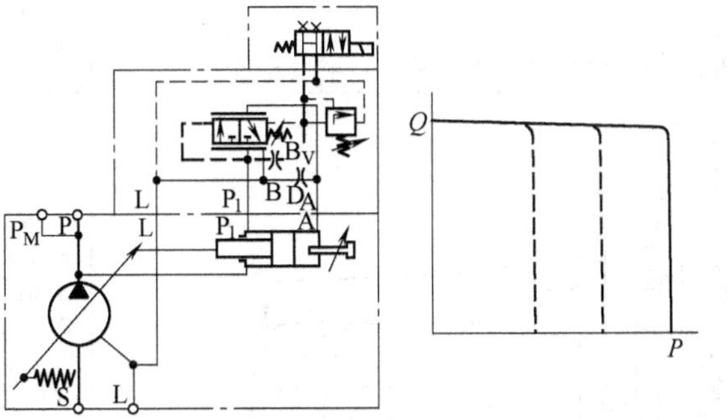 图（d）　带电磁卸荷功能的压力补偿控制泵的回路图与压力-流量曲线	图（d）为采用代号 MMW 的标准型压力补偿控制器的变量泵的回路图与压力-流量曲线图，顶面上安装有一个电磁方向阀，电磁铁释电时，泵处于典型的 15bar 待机补偿压力工况，而当电磁铁得电时，泵则工作在内置先导阀设定的补偿压力状态
带比例先导阀的标准型压力补偿控制泵	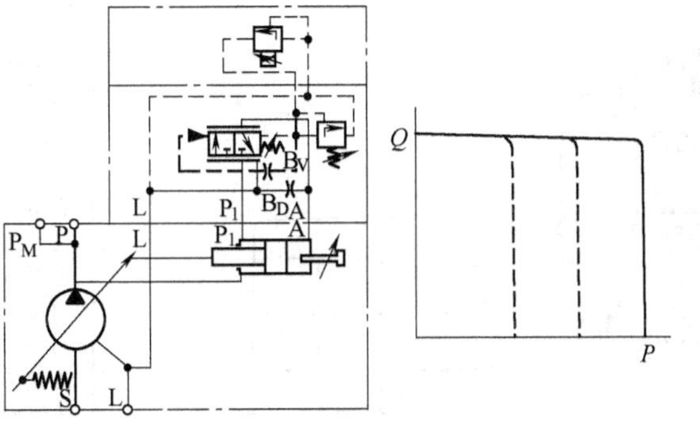 图（e）　带比例先导阀压力补偿控制泵的回路图与压力-流量曲线	图（e）为采用代号为 MMD 的标准型压力补偿控制器的变量泵的回路图与压力-流量曲线图，顶面上安装有一个比例先导压力阀，该控制器可通过电气输入信号调节泵的补偿压力在 20～320bar 之间变化

类型	回路及特性曲线	说　明
负载传感补偿变量控制	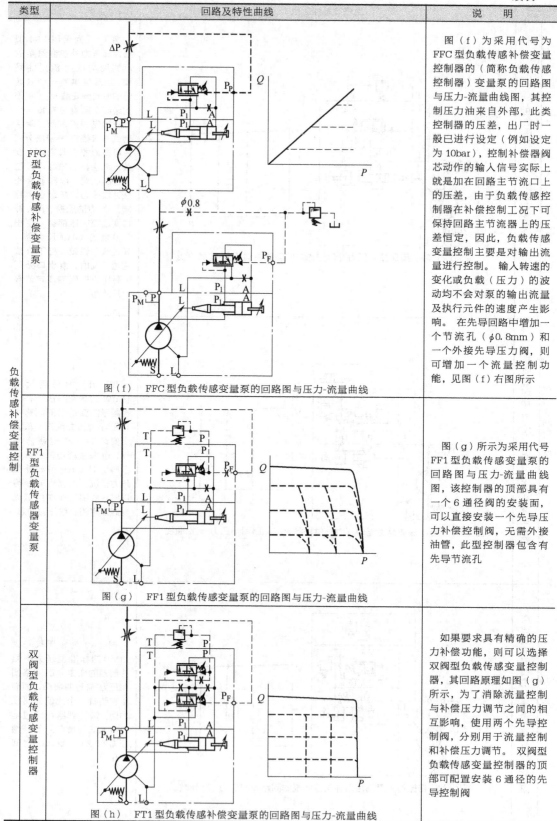 图（f）　FFC型负载传感变量泵的回路图与压力-流量曲线 图（g）　FF1型负载传感变量泵的回路图与压力-流量曲线 图（h）　FT1型负载传感补偿变量泵的回路图与压力-流量曲线	图（f）为采用代号为FFC型负载传感补偿变量控制器的（简称负载传感控制器）变量泵的回路图与压力-流量曲线图，其控制压力油来自外部，此类控制器的压差，出厂时一般已进行设定（例如设定为10bar），控制补偿器阀芯动作的输入信号实际上就是加在回路主节流口上的压差，由于负载传感控制器在补偿控制工况下可保持回路主节流器上的压差恒定，因此，负载传感变量控制主要是对输出流量进行控制。　输入转速的变化或负载（压力）的波动均不会对泵的输出流量及执行元件的速度产生影响。　在先导回路中增加一个节流孔（$\phi0.8$mm）和一个外接先导压力阀，则可增加一个流量控制功能，见图（f）右图所示 　　图（g）所示为采用代号FF1型负载传感变量泵的回路图与压力-流量曲线图，该控制器的顶部具有一个6通径阀的安装面，可以直接安装一个先导压力补偿控制阀，无需外接油管，此型控制器包含有先导节流孔 　　如果要求具有精确的压力补偿功能，则可以选择双阀型负载传感变量控制器，其回路原理如图（g）所示，为了消除流量控制与补偿压力调节之间的相互影响，使用两个先导控制阀，分别用于流量控制和补偿压力调节。双阀型负载传感变量控制器的顶部可配置安装6通径的先导控制阀

类型	回路及特性曲线	说明
负载传感补偿变量控制	MFC型负载传感变量泵	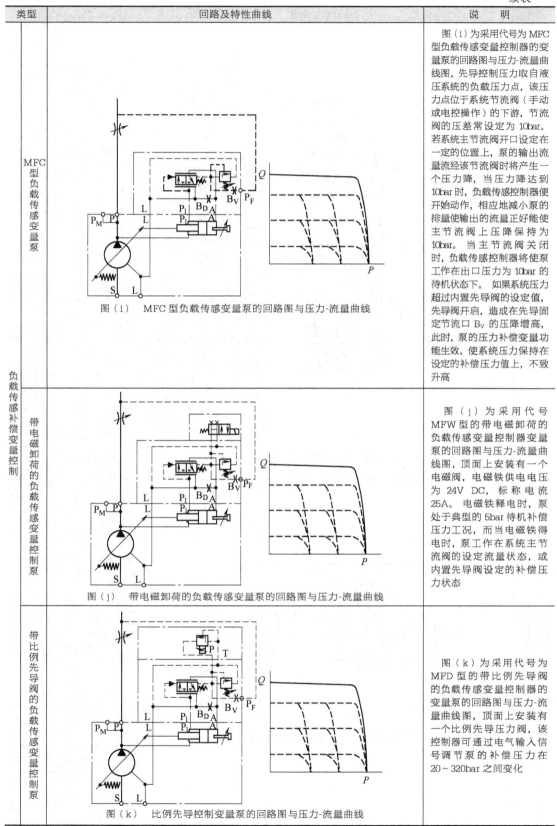 图（i） MFC型负载传感变量泵的回路图与压力-流量曲线	图（i）为采用代号为 MFC 型负载传感变量控制器的变量泵的回路图与压力-流量曲线图，先导控制压力取自液压系统的负载压力点，该压力点位于系统节流阀（手动或电控操作）的下游，节流阀的压差常设定为 10bar。若系统主节流阀开口设定在一定的位置上，泵的输出流量流经该节流阀时将产生一个压力降，当压力降达到 10bar 时，负载传感控制器便开始动作，相应地减小泵的排量使输出的流量正好能使主节流阀上压降保持为 10bar。当主节流阀关闭时，负载传感控制器将使泵工作在出口压力为 10bar 的待机状态下。如果系统压力超过内置先导阀的设定值，先导阀开启，造成在先导固定节流口 B_V 的压降增高，此时，泵的压力补偿变量功能生效，使系统压力保持在设定的补偿压力值上，不致升高
	带电磁卸荷的负载传感变量控制泵	图（j） 带电磁卸荷的负载传感变量泵的回路图与压力-流量曲线	图（j）为采用代号 MFW 型的带电磁卸荷的负载传感变量控制器变量泵的回路图与压力-流量曲线图，顶面上安装有一个电磁阀，电磁铁供电电压为 24V DC，标称电流 25A。电磁铁释电时，泵处于典型的 5bar 待机补偿压力工况，而当电磁铁得电时，泵工作在系统主节流阀的设定流量状态，或内置先导阀设定的补偿压力状态
	带比例先导阀的负载传感变量控制泵	图（k） 比例先导控制变量泵的回路图与压力-流量曲线	图（k）为采用代号为 MFD 型的带比例先导阀的负载传感变量控制器的变量泵的回路图与压力-流量曲线图，顶面上安装有一个比例先导压力阀，该控制器可通过电气输入信号调节泵的补偿压力在 20～320bar 之间变化

类型	回路及特性曲线	说　明

液压-机械式恒功率补偿变量控制泵

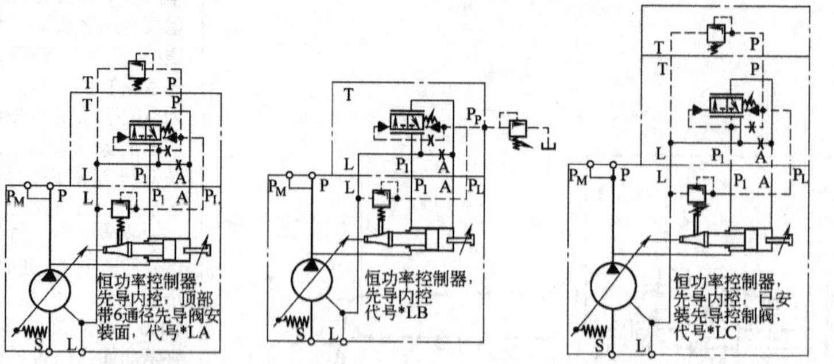

恒功率控制器，先导内控，顶部带6通径先导阀安装面，代号*LA

恒功率控制器，先导内控，代号*LB

恒功率控制器，先导内控，已安装先导控制阀，代号*LC

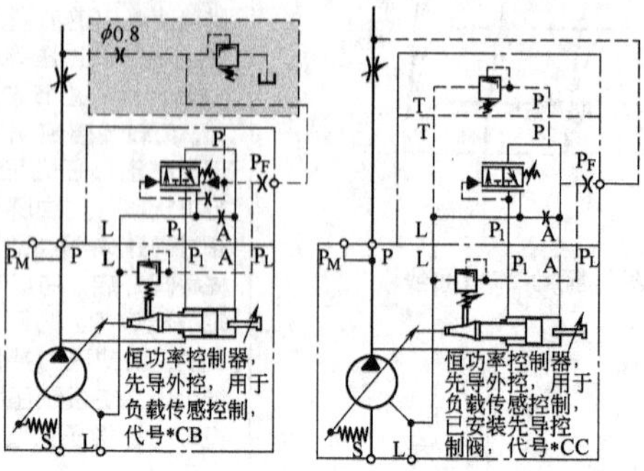

恒功率控制器代号由三位字符组成：第一位表示额定功率，代号 B= 3.0kW 等，代号 3= 132.0kW；第二位表示控制油的来源，代号 L 表示先导内控，带遥控恒压变量功能，代号 C 表示先导外控，带负载传感变量功能；第三位表示可调压力补偿变量监选项，代号 A 表示控制阀顶部带 NG6/D03 规格阀安装面，可安装任何适合的先导控制阀或 Parker 液压泵控制辅件，代号 B 表示带有螺纹先导控制油口 P_P（G1/4），以供用管道连接遥控先导阀，代号 C 表示已安装手动调压先导阀，最高调整压力为 350bar。

恒功率控制器，先导外控，用于负载传感控制，代号*CB

恒功率控制器，先导外控，用于负载传感控制，已安装先导控制阀，代号*CC

图（1）　液压-机械式恒功率补偿变量泵的回路图

图（1）为采用液压-机械式恒功率补偿变量控制器（简称液-机恒功率控制器）组成的变量泵的回路图与压力-流量曲线图，由一个改型的遥控型压力补偿控制器（代号为"L"，表示先导内控，带遥控恒压变量功能）或一个改型的负载传感变量控制器（代号为"C"，表示先导外控，带负载传感变量功能）与一个先导压力控制阀组成，该先导压力阀集成安装在泵体上，并由一个凸轮套机构进行调节，凸轮套的轮廓线被设计和加工成泵的排量变化与设定的功率相匹配。

大排量时的工作压力（由凸轮套的直径给定）较低，而小排量时的工作压力则较高，由此，可以使泵的排量按一条恒扭矩（功率）曲线进行补偿变化。对所有的标准电动机的额定功率，提供与之相匹配的特定的凸轮套，凸轮套的更换（即改变功率设定值）十分方便，无需分解液压泵。该控制器的顶端设置有一个调节装置，通过调节控制器偏置弹簧预压紧力，可在一定的范围内改变恒功率设定值，由此，当电动机的额定转速不同（1500r/min）或恒功率设定值为非标准的数值时，可调整此调节装置以满足要求

LC 型恒功率补偿变量泵（恒功率变量控制泵）

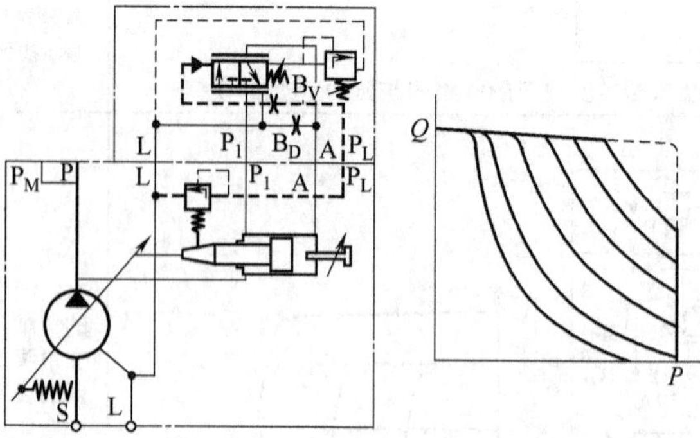

图（m）　LC 型恒功率补偿变量泵的回路图与压力-流量曲线

图（m）为采用代号为 LC 型恒功率补偿变量控制器的变量泵的回路图与压力-流量曲线图，恒功率补偿变量控制器的控制功能已在上述作出了说明。当控制器和泵内置的先导阀在先导节流口 B_V 上形成 15bar 的压差时，泵即开始变量。恒功率控制选项的泵，除具有标准的压力补偿控制器外，其壳体上还附加安装有恒功率控制先导阀，该先导阀的压力设定值由与变量伺服活塞相连接的功率反馈滑套进行控制。全排量时，压力设定值较低，泵在该较低的压力下开始变量，泵的变量越大，由伺服活塞带动的反馈套的移动量越大，恒功率控制先导阀的压力设定值则按反馈套的外轮廓形状相应增大。该控制工况对泵的驱动给出了一个恒功率要求，压力低时，泵可提供较大的流量输出，而在高压时，流量输出就减小，避免了驱动电动机的过载

类型	回路及特性曲线	说　明
恒功率变量控制泵	*cc型恒功率补偿变量泵	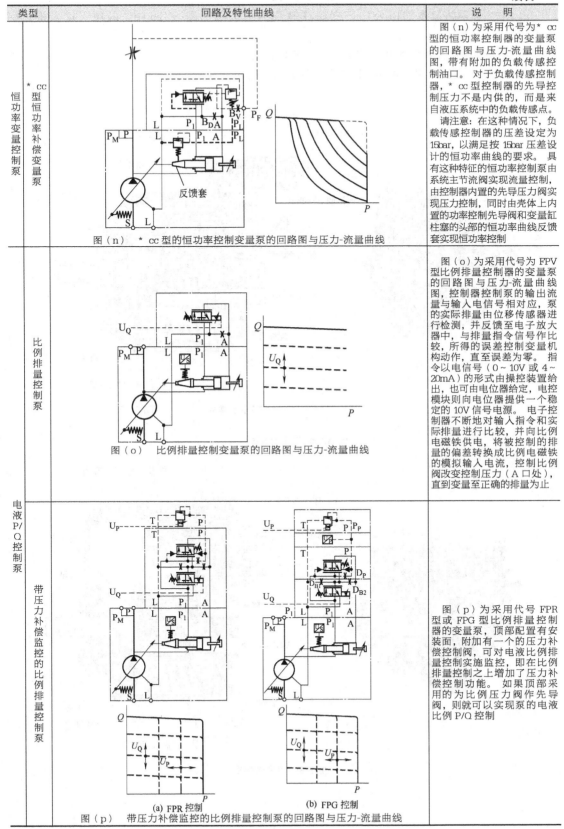

恒功率变量控制泵

***cc型恒功率补偿变量泵**

图（n）　*cc型的恒功率控制变量泵的回路图与压力-流量曲线

图（n）为采用代号为*cc型的恒功率控制器的变量泵的回路图与压力-流量曲线图，带有附加的负载传感控制油口。对于负载传感控制器，*cc型控制器的先导控制压力不是内供的，而是来自液压系统中的负载传感点。请注意：在这种情况下，负载传感控制器的压差设定为15bar，以满足按15bar压差设计的恒功率曲线的要求。具有这种特征的恒功率控制泵由系统主节流阀实现流量控制，由控制器内置的先导压力阀实现压力控制，同时由壳体上内置的功率控制先导阀和变量缸柱塞的头部的恒功率曲线反馈套实现恒功率控制

比例排量控制泵

图（o）　比例排量控制变量泵的回路图与压力-流量曲线

图（o）为采用代号为FPV型比例排量控制器的变量泵的回路图与压力-流量曲线图，控制器控制泵的输出流量与输入电信号相对应，泵的实际排量由位移传感器进行检测，并反馈至电子放大器中，与排量指令信号作比较，所得的误差控制变量机构动作，直至误差为零。指令以电信号（0～10V或4～20mA）的形式由操控装置给出，也可由电位器给定，电控模块则向电位器提供一个稳定的10V信号电源。电子控制器不断地对输入指令和实际排量进行比较，并向比例电磁铁供电，将被控制的排量的偏差转换成比例电磁铁的模拟输入电流，控制比例阀改变控制压力（A口处），直到变量至正确的排量为止

电液P/Q控制泵

带压力补偿监控的比例排量控制泵

(a) FPR 控制　　(b) FPG 控制

图（p）　带压力补偿监控的比例排量控制泵的回路图与压力-流量曲线

图（p）为采用代号FPR型或FPG型比例排量控制器的变量泵，顶部配置有安装面，附加有一个的压力补偿控制阀，可对电液比例排量控制实施监控，即在比例排量控制之上增加了压力补偿控制功能。如果顶部采用的为比例压力阀作先导阀，则就可以实现泵的电液比例P/Q控制

④ 日本油研公司变量柱塞泵结构例及变量方式

a. 结构。 现将日本油研公司产变量柱塞泵结构汇总于图 3-125 中，以便于读者维修时参考。

b. A 系列变量柱塞泵的几种变量方式（表 3-13）。

另外，A 系列变量柱塞泵还有图 3-125 所示的比例变量方式。

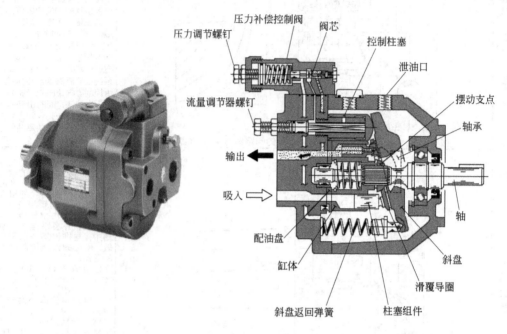

(a) AR 系列变量柱塞泵

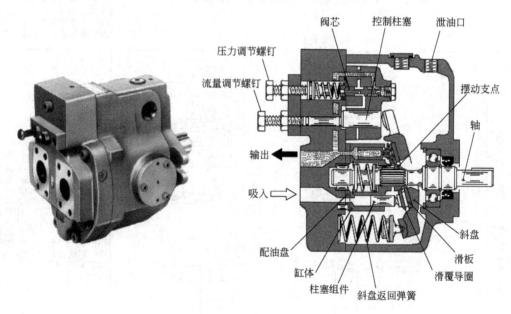

(b) A 系列变量柱塞泵

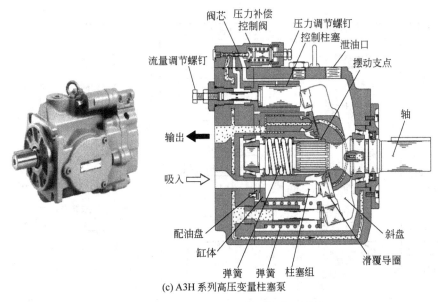

图 3-125 日本油研公司变量柱塞泵结构

图中标注（c）A3H 系列高压变量柱塞泵

标注文字：阀芯、压力补偿控制阀、压力调节螺钉、控制柱塞、泄油口、摆动支点、流量调节螺钉、轴、输出、吸入、配油盘、缸体、弹簧、弹簧、柱塞组、斜盘、滑覆导圈

表 3-13 日本油研公司 A 系列变量柱塞泵的几种变量方式

控制标记、控制方式	图形符号	压力-流量特性曲线	说　明
"01"压力补偿控制型		流量／压力	• 当系统压力升高，接近预调的截流压力时，泵的流量自动减小，但维持设定压力不变 • 流量和全截流压力必要时可用手动进行调整
"02"双压控制型		流量／电磁铁断电／电磁铁通电／压力 P_L P_H	• 电磁铁通断电可得高低两个全截流压力 • 当执行元件的速度不变，而要控制两种不同输出力的情况下使用较为理想 • 可与多级压力控制阀配合使用
"03"带卸荷压力补偿控制型		流量／电磁铁断电／电磁铁通电／压力	• 压力补偿控制型上增加卸荷机能 • 适用于装置的待机时间较长的情况 • 装置待机时泵要卸荷，因而油温和噪声都较低 • 可与多级压力控制阀配合使用
"04"电-液比例负载敏感控制型		（大←输入电流i_2→小）流量／压力 （小←输入电流i_1→大）	• 对驱动执行元件，仅供应所需最小限度的压力、流量的节能型泵控制系统 • 与专用功率放大器配合使用 • 流量和全截流压力按功率放大器的输入电流成比例地进行控制
"04E"电-液比例压力和流量控制型		（大←输入电压→小）流量／压力 （小←输入电压→大）	• 将压力传感器、斜板位置传感器与泵连成一体，以外部设置放大器控制流量、压力。流量、压力按输入的信号成比例地进行控制 • 将相当于流量的斜盘倾斜角度以及负载压力进行电气反馈，可大大改善诸特性 • 输入-输出特性（输入电压-压力，输入电压-流量）特性的线性度优越，易于设定 • 滞环性小，重复精度和再现性良好

控制标记、控制方式	图形符号	压力-流量特性曲线	说　明
"05"内控式双压双流量控制型			• 一个泵可起两个泵的作用——低压大流量和高压小流量，因而可使用功率小的电动机 • 负荷增大时，泵的输出压力逐渐接近于设定压力"P_L"，而流量自动减小到"Q_L" • 适用于加压机等，加压开始的同时，转变为低速给进的装置
"06"电磁式双压双流量控制型			• 一个泵可起两个泵的作用——低压大流量和高压小流量，因而可使用功率小的电动机 • 依电磁铁的通断进行高压小流量←→低压大流量的转接 • 适用于机床等当从快速进给→切削进给后，就开始进行机械加工的机械
"07"外控式压力补偿控制型			• 与先导型溢流阀或多级压力控制阀配合使用 • 控制先导压力，可使全截流压力依需要而进行遥控
"09"恒功率控制型			• 控制泵输入功率与电动机输出功率相合 • 随泵输出压力上升，匹配预先设定输入功率而减小流量 • 本泵可起两个泵的作用——低压大流量和高压小流量，因而可使用功率小的电动机
"00-Z500"简易双压双流量控制型			• 本泵可起两个泵的作用——低压大流量和高压小流量，因而可使用功率小的电动机 • 负荷增大时，泵的输出压力逐渐接近于设定压力"P_L"，而泵的流量自动减小到"Q_L" • 适用于如冲压机加工开始就转换为低速进给的装置 • P_H 压力由外部设置的溢流阀遥控控制。当改变冲压加工品的材质和形状时，易于更改加工压力的设定

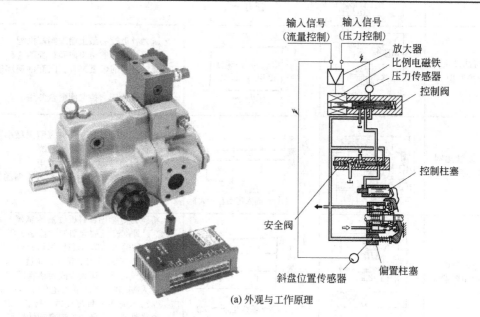

(a) 外观与工作原理

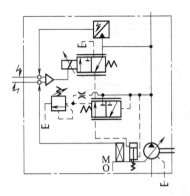
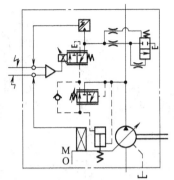
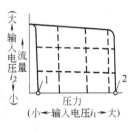

1. 当输入信号0V时为卸荷压力。
2. 安全阀设定压力。

(b) 回路图与压力－流量曲线图

图 3-126　日本油研公司的电-液比例压力和流量控制型 A 系列变量柱塞泵

c. A3H 系列高压变量柱塞泵的几种变量方式（表 3-14）。

表 3-14　日本油研公司 A3H 系列变量柱塞泵的几种变量方式

控制符号、控制方式	图形符号	压力-流量特性曲线	说　明
"01" 压力补偿控制型	PC阀		• 压力接近于预先设定的全截流压力时，流量自动减少 • 可手动调节流量和全截流压力
"09" 恒功率（扭矩）控制型			• 控制泵输入功率与电动机输出功率相合 • 随泵输出压力上升，匹配预先设定输入功率而减小斜盘倾斜角度（相当于流量） • 本泵可起两个泵的作用——低压大流量和高压小流量，因而可使用功率小的电动机
"14" 负载敏感控制型			• 对驱动执行元件，仅供应所需最小限度的压力、流量的节能型泵控制系统 • 为使输出处流量控制阀的前后压力差恒定，自动控制流量。为此需通过外部配管，将负荷压力导进负载敏感压力口 "L" • 控制口 "PP" 可连结溢流阀，遥控控制全截流压力

⑤ 其他几种用量较多的变量柱塞泵

a. 美国 Vikers 公司产的 PVB 型（变量）轴向柱塞泵。美国 Vikers 公司产的 PVB 型（变量）轴向柱塞泵、日本大京公司产的 V 系列轴向变量柱塞泵的结构如图 3-127 所示，在维修工作中，可能会见到其他国外公司（如美国派克公司，日本油研、丰兴、不二越等公司）类似的该类泵，其结构大同小异，同排量的泵安装尺寸、外形相似。

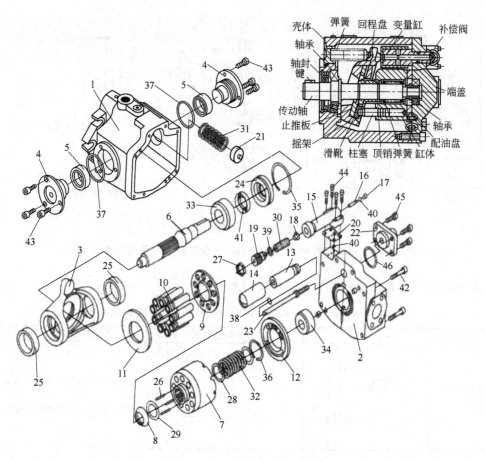

图 3-127　美国威格士（Vikers）公司产的 PVB 型（变量）轴向柱塞泵

1—泵体；2—泵盖；3—斜盘座；4—耳轴；5—耳轴衬；6—泵轴；7—缸体（九孔）；8—半球套；9—九孔盘；
10—柱塞；11—止推板；12—配油盘；13—控制柱塞；14—套；15—调压阀体；16—调压阀阀芯；17—堵头；
18—弹簧座；19—调压螺钉；20—纸垫；21—斜盘球顶；22—盖；23—螺栓；24—油封盖；25—铜套；26—钢针；
27—螺母；28—垫；29—钢片；30—弹簧；31—复位弹簧；32—中心弹簧；33，34—轴承；35，36—卡簧；
37～40—O 形圈；41—油封；42～45—螺钉

　　b. 伺服泵。 图 3-128 为伺服泵结构，当从接线端子通入一定值的输入电流，伺服阀的滑阀
芯移动，无论阀芯向左或向右移动，从辅助泵来的控制油，或进入上变量伺服缸，或进入下变量
伺服缸，泵斜盘左右摆动，使泵进行变量。 其摆角经反馈杆传递给弹簧，此弹簧力和电流产生
的力相平衡，使伺服阀芯维持在某一位置上，构成力反馈闭环控制系统，决定斜盘的斜角大小和
斜盘的倾斜方向，从而决定泵的输出流量的大小和方向，构成伺服变量柱塞泵。

　　c. SYDF1C-2X…PP 型闭环控制比例变量轴向柱塞泵。 这种泵实际为压力与流量闭环 PID
控制系统，系统效率高，响应块，控制精度高，节能，广泛用于工程机械、塑料机械、冶金机械
以及压铸机等机械上。

　　它的工作原理如图 3-129（a）所示，比例阀 2 可实现对变量泵的压力和斜盘斜角的闭环控
制，控制活塞 4 决定斜盘 1 的斜角角度值，控制活塞 3 由弹簧 5 进行预紧，并与泵出口相通。

　　当泵不工作及控制系统的压力为零时，由于弹簧 5 的作用，斜盘 1 保持在 100% 流量的位
置；当泵启动后如比例电磁铁 8 失电，则该系统被切换到零行程压力，此时阀芯 9 被弹簧 10 推到
初始位置，泵的压力油由 P 进入，经阀口从 A 流出，作用到控制活塞 4 上，与弹簧 5 的作用力相

平衡，使系统的压力在 8~12bar（0.8~1.2MPa）之间，这个基本设定是在阀控制电路失电时实现的，称"零行程工作"。

比例阀由集成在阀内的数字电路 11 进行控制，所有用来控制变量泵 A10VSO 的压力和流量的信号均由闭环控制电路进行处理。

通过 CAN 总线 14，该闭环控制电路接受压力、斜盘倾角和功率控制的设定值，HM16 型压力传感器连到泵出口 P，装有预加载阀时则连接到 MP1 上和连接到 M12 的插头 13 上，另外可通过中间的插头 1 连接到插头 13 上。另外可通过中间的插头 12 连接一个外部的压力传感器，带有集成电路的斜盘摆角位移传感器提供斜盘斜角的实测值，该值经放大器放大并和设定值进行比较，最小信号发生器自动确保在需要的工作点只有被选中的控制器起作用。

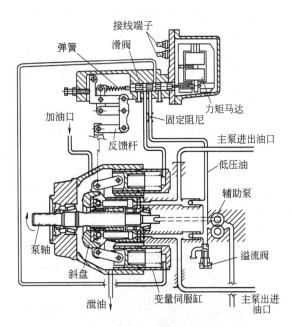

图 3-128 伺服泵结构

因此系统参数（压力、斜盘斜角及功率）可被精确控制，阀的阀芯实际位置由感应式传感器（位移传感器）6 提供，经放大器放大，产生比例电磁铁 8 的电流，一旦达到工作点，比例阀阀芯 9 就被推到中间位置。

如果控制器需要增大斜盘倾角（增大流量）时，阀芯 9 偏离中间位置，使控制活塞 4 和阀口 T 连通，即 A→T，直到斜盘的倾角达到需要的值。通过增大流经比例电磁铁 8 的电流来克服弹簧 10 的作用力使得阀芯移动；当需要减小斜盘斜角时，控制活塞 4 和 P 口相连（P→A），压缩弹簧 3，减小泵的排量。

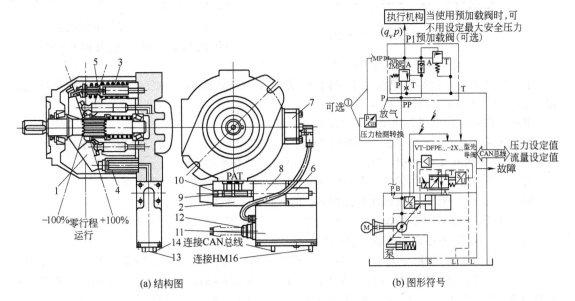

(a) 结构图　　　　　　　　(b) 图形符号

图 3-129　SYDF1C-2X…PP 型闭环控制变量轴向柱塞泵

1—斜盘；2—比例阀；3，4—控制活塞；5，10—弹簧；6—位移传感器；7—调节阀；8—比例电磁铁；9—阀芯；
11—数字电路；12—接线端子；13—电插头；14—总线

d. 美国 Sund-strand 等公司的通轴泵。 这类泵在工程机械上有着非常广泛的应用，所以将其结构（图 3-130）介绍如下。

通轴泵基本上由三部分组成：主体部分，包括柱塞、滑靴、缸体、配流盘及斜盘等主要零件；控制部分，这是根据泵的变量特性而配置的变量控制机构，控制部分的位置根据泵的结构特点有的安装在主体上部，有的安装在两侧；集成部分，包括辅助泵及其他有关集成阀件。 图 3-130 为美国 Sund-strand 公司通轴泵，包括主体部分、控制部分及集成部分，为了减少配流盘的磨损，在配流盘与缸体接触部位镶有一块耐磨铜衬板。

主体部分。 主体部分一般采用刚度较大的主轴，主轴常采用鼓形花键与缸体连接，采用浮动缸体、浮动配流盘、球面配流盘等结构。

控制部分。 即通轴泵的变量方式及变量控制部分与一般轴向柱塞泵基本相同，大体上有下述几种：手动控制（包括手动伺服变量）；恒压控制；限压手动控制；恒功率控制；限压恒功率控制；限压恒功率手动控制；恒流量控制等。

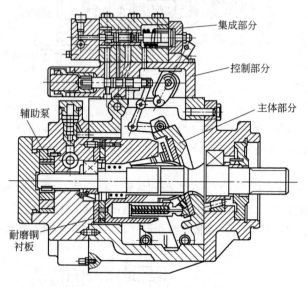

图 3-130　Sund-strand 通轴泵结构

集成部分。 通轴泵的主要特点之一是可以实现集成化，即将闭式系统的基本阀件全部集成于泵和马达的壳体内，以大大简化闭式系统的液压管路。目前进口设备上使用的通轴泵的集成部分大体上有以下几种形式。

ⅰ. 在补液泵和主泵的配流部位集成两个闭式系统补油单向阀和低压溢流阀。 如美国 Sund-strand 公司、Dynapower 公司以及瑞士 VonRoll 公司等生产的通轴泵。

ⅱ. 在补液泵和主泵配流部位集成一个滤油器，如 VonRoll 公司、Linde 公司等通轴泵。

ⅲ. 在供液泵和主泵配流部位集成高压溢流阀、低压溢流阀和梭形阀。

如 Lucas、Denion、Linde 等公司的通轴泵。

ⅳ. 在补液泵壳体端部集成四个单向阀，组成桥式整流阀组，从而允许主泵电机正反向旋转。 如 Dynapower 公司的通轴泵。

此外，在通轴端集成的辅助泵，目前有以下几种方式。

ⅰ. 排量为主泵排量的 1/5～1/6 的补液泵，其主要作用为闭式系统补油及向系统提供低压控制油。 所采用的补液泵有内啮合摆线转子泵、外啮合齿轮泵等。

ⅱ. 用于开式系统的，其排量大于主泵的排量，例如采用三齿轮式齿轮泵。

ⅲ. 除集成一个闭式系统低压补液泵外，再串接一个其他用途的齿轮泵。

ⅳ. 通过轴端的十字联轴器串接一个同型号的泵；实现一台单轴伸电机带动两台泵。

e. 日本川崎公司的 KV 系列轴向柱塞泵。

图 3-131 与图 3-132 所示为日本川崎公司 K3V 系列轴向柱塞泵，贵阳液压件厂也引进生产。结构上采用大小两个缸控制斜盘倾角大小进行变量，斜盘靠圆弧导轨支承。 变量控制部分根据需要设置，如：电比例排量控制、恒功率控制、压力切断控制、电比例与压力切断同时控制、恒功率与压力切断同时控制、电比例与恒功率同时控制等，维修时先要弄清楚该泵是选择哪种不同的变量控制阀组合实施变量的。 这种泵在工程机械上应用非常普遍。

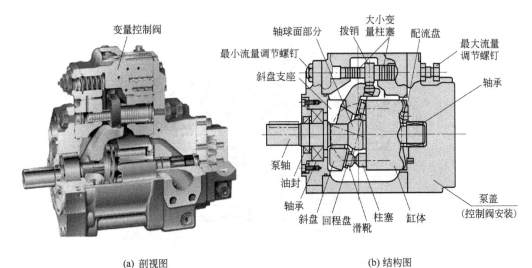

(a) 剖视图

(b) 结构图

图 3-131　K3V 系列轴向柱塞泵结构（单泵）

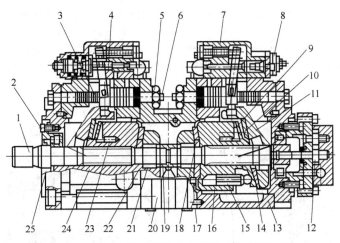

图 3-132　K3V 112 型变量轴向往塞泵（双泵带辅助泵）

1—驱动轴；2—密封盖；3—伺服活塞；4—前泵调节阀；5—调节螺母；6—调节螺钉；7—后泵调节阀；8—螺母；9—九孔板；
10—回程盘；11—斜盘；12—辅助齿轮泵；13—后泵壳体；14—滑靴；15—柱塞；16—缸体；17—配油盘定位销；
18—后配油盘；19—花键套；20—中壳体；21—滚针轴承；22—前配油盘；23—中心弹簧；24—半球套；25—油封

　　f. 国产 BRW200/31.5X4A 型乳化液泵。　这种泵采用的工作液为乳化液，阀式配油，柱塞做往复运动，使封闭容腔内的容积变大或变小，形成泵功能，油液从吸液阀吸入，从排液阀排出。例如煤炭的液压支架的液压系统，钢铁行业的一部分液压系统已广泛使用这种泵，其结构如图 3-133所示。

　　g. 美国派克公司 F11 系列斜轴式柱塞泵。　这种 E11 系列柱塞泵的结构如图 3-134 所示，可双向旋转，并允许较高的自吸转速。　可作为泵或马达使用。　作为泵使用时，若传动轴顺时针旋转，则油口 B 是进油口，应当连接到油箱；若传动轴为逆时针转向，则油口 A 是进油口。

3.4.6　轴向柱塞泵的安装与使用

（1）安装

　　① 无论采用泵座安装还是法兰安装，基础支座均应具有足够的刚性。

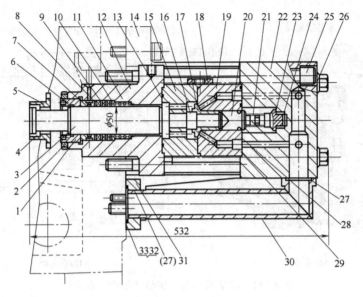

图 3-133　乳化液泵

1—钢套螺堵；2—锁紧螺母；3—柱塞；4—半圆环；5—压套；6—毛毡圈；7—导向铜套；8—密封圈；9—垫片；10—衬垫；
11—弹簧；12—高压钢套；13, 23, 27～29, 33—O 形密封圈；14—左右支架；15—阀套；16—吸液阀弹簧；
17—吸液阀芯；18—卸装套圈；19—阀座；20—排液阀芯；21—排液阀弹簧；22—泵头体；24—限位螺钉；
25—特制内六角螺钉；26—特制六角螺栓；30—进液接管；31—连接板；32—吸液挡圈

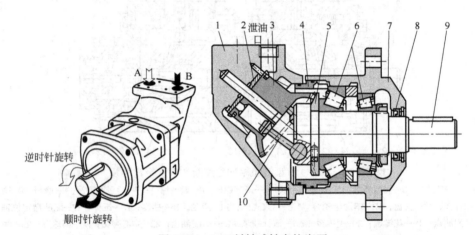

图 3-134　F11 斜轴式轴向柱塞泵

1—转子壳体；2—配流盘；3—缸体；4—带 O 形圈的导向隔套；5—分时齿轮；6—滚子轴承；7—轴承壳体；
8—轴封；9—输出/输入轴；10—带层叠式活塞环的柱塞

　　② 动连接：液压泵传动轴与电动机轴的最大同轴度偏差为 0.25mmT. I. R.（百分表读数差），安装时应用千分表找正，且必须使用弹性联轴器。钟形座及联轴器可向生产商订购，并按生产厂商的安装说明进行安装。

　　③ 尽量避免使用皮带、链条、齿轮等带动泵，若采用诸如皮带传动驱动泵会引起泵轴的径向负载，要采用消除径向力的传动结构。

　　④ 装在油箱上的液压泵的中心高至油面的距离不大于 500mm，吸入压力应在（－16.7～＋0.5）×10^5Pa 以内，否则泵难以自吸而产生气穴现象。但高真空度将会造成吸空、零件磨损，并产生噪声振动等故障（图 3-135）。原则上柱塞泵吸油管不推荐安装过滤器，而只在泵的

出口侧装过滤精度为 25μm 的管路滤油器。

液压泵最好安装在油箱旁边，倒灌吸油（图 3-136）。

⑤ 吸油管通径不小于推荐的数值（见安装外形尺寸、产品目录或有关资料），吸油管道最多一个弯管接头。

⑥ 配油盘如需减小斜盘偏角启动时，则不能保证自吸。用户如需小流量时，应在泵全偏角启动后，再用变量机构改变流量。

⑦ 倒灌自吸（图 3-136）。油箱的最低油面比液压泵的进油口中心高出 300mm 时，泵可以小偏角启动自吸；吸油管道 3 的通径不小于推荐值，截止阀 2 的通径应比吸油管道 3 通径大 1 倍；液压泵的吸油管道长度 $L<$ 2500mm，管道弯头不得多于 2 个，吸入管道至油箱壁的距离 H_1 $>3D$，吸油管吸入口至油箱底面距离 $H \geqslant 3D$；对于流量大于 160L/min 的泵，推荐采用倒灌自吸。

⑧ 立式安装液压泵的自吸（图 3-137）。液压泵吸油门至最低油面的距离不大于 500mm；回油管上灌油接头应高于液压泵的轴承润滑线（轴法兰盖端面）。

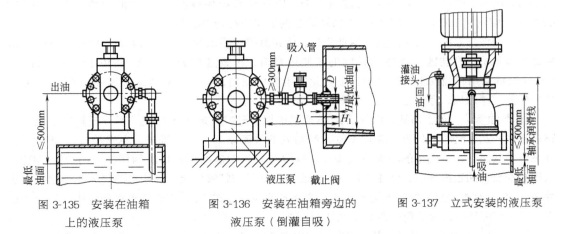

图 3-135　安装在油箱　　　图 3-136　安装在油箱旁边的　　图 3-137　立式安装的液压泵
　上的液压泵　　　　　　　　　液压泵（倒灌自吸）

⑨ 壳体内压力和泄油管的接法。使用中，液压泵的壳体内有时要求承受一定的压力，由于油封（回转密封）和变量泵的变量机构上法兰密封垫的限制，壳体内的压力不宜超过 0.16～0.2MPa，并且泄油管不能和其他回油管连通，要单独回油箱（图 3-138）。

a. 在一般液压系统中，采用图 3-138（a）的接法，滤油器前压力表示值不超过 0.16～0.2MPa。

b. 当泵经常在零偏心或系统工作压力低于 8MPa 下运转时，使泵的漏损过小而引起泵发热时，可采用图 3-138（b）的回油油路接入泵壳内进行强制循环润滑冷却。

c. 当由于液压系统需要采用增压油箱时，其压力 $p \leqslant 0.16MPa$ [图 3-138（c）]。

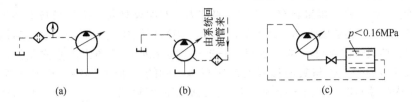

(a)　　　　　　　　　(b)　　　　　　　　　(c)

图 3-138　壳体泄油管和回油管的接法

（2）使用

① 工作介质与油温

a. 对于 7MPa 以下的泵，请选用 ISO·VG32~68 黏度相当的普通液压油或者耐磨损液压油；对于压力大于 7MPa 的泵，只能选择后者。 推荐使用高品质的矿物油基液压油，符合 DIN51524 标准第 2 部分规定的 H-LP 油液，50℃的黏度为 25~50mm²/s（cSt）。 正常工作时的油液黏度范围应为 12~50mm²/s（cSt），启动时的最大黏度为 320mm²/s（cSt）。 油液的工作温范围为 -10~70℃。 对于其他种类的液压液，如磷酸酯等，或其他工况条件，可参阅国外相关泵生产厂家的资料或直接面谈。

b. 使用黏度指数大于 90 的液压油，油内水分、灰分、酸值必须符合有关液压油的规定。

c. 当泵使用磷酸酯、脂肪酸酯、水-二元醇、油包水、水包油、HWBF 等抗燃液压液时，一般应选用相应的泵，或者原有泵降级使用，并更改泵上密封圈的材质，标准的 NBR（丁腈橡胶）密封件适用于以矿物油基液压油为工作介质的液压系统，对于像磷酸酯一类的合成液压液，则要求使用碳氟橡胶密封件，对于超出此黏度范围的特殊用途的高温或低温用泵，推荐采用 10#、12# 航空液压油替代，可参阅国外相关泵生产厂家的资料或直接面谈。

② 过滤与清洁度等级要求　为使液压泵和其他系统元件能最大程度地发挥其功能和延长使用寿命，应对工作油液采取有效的过滤措施，以保护系统免受污染。 油液的清洁度应按 ISO 4406 的规定测定 ISO 污染度等级，过滤器滤芯的质量应符合 ISO 标准。

对一般液压系统，为保证其满意地工作，污染度等级要求为 20/18/15（ISO 4406：1999），对保证液压系统的高功能可靠性和元件的长使用寿命，污染度等级要求为 18/16/13（ISO 4406：1999）推荐采用回油或压力过滤器，应避免使用吸口滤器，特别是对要求快速响应的泵。 为达到最佳的过滤效果，旁路过滤是一种很好的选择。

③ 泄油管路　如上所述，泄油管路必须直接地、无节流地接入油箱，不得与其他的回油管路连接在一起，泄油管路的末端必须位于油箱最低液面以下，并尽可能远离吸油口。 借此，保证在停车状态下泵体内部的油液不会排空，且混有空气的热油不会再次循环。 出于同一原因，当把泵安装在油箱内部时，泄油管路的安装也应保证具有虹吸作用，以使泵的壳体内能始终充满油液。 壳体泄油压力不得高于 2bar，泄油管路长度应不超过 2m，管道最小直径应按油口尺寸选取，并应使用具有最大孔径的直通式低压管接头。

④ 启动　在泵第一次运行前，应向壳体内充满油液（通过泄油口），并检查电动机的旋转方向的正确性。 如果由发动机驱动泵，要注意不要超过泵的转速范围，各种不同的柱塞泵均有自吸转速的要求，否则不能自吸。

启动必须在低速及无负载工况下进行，直到系统中的空气全部排完为止。 特别是在长时间停机后，壳体可能会通过工作管路排放完了液压油。 在重新启动时，泵壳中必须要有足够的液压油才能保证对泵内部的润滑要求，避免启动时因润滑不良烧坏泵。 在吸油口处的最低吸油压力不得低于 0.8bar，以避免气穴的发生，各种不同的柱塞泵均有不同的进口压力要求。

3.4.7　轴向柱塞泵的故障分析与排除

【故障 1】　输出流量不够或者根本不上油

① 吸入阻力大。 柱塞泵虽具有一定的自吸能力，但如果吸入管路过长及弯头过多，吸油高度太高（>500mm），会造成吸油通道上的局部损失和沿程损失过大而使柱塞泵吸油困难，导致产生部分吸空，造成输出流量不够。 另外，一般柱塞泵在吸油管道上不宜安装任何滤油器，否则也会造成液压泵吸空，这与其他形式的液压泵是不同的。 此时为解决柱塞泵吸入污物的可能，可在油箱内吸油管四周隔开一个大的空间，四周用滤网封闭起来，与使用普通滤油器的效果一样。 对于流量大于 160L/min 的柱塞泵，宜采用倒灌自吸。

② 吸油管路裸露在大气中的管接头未拧紧或密封不严进气。 当进油管破裂与大气相通，或者焊接处未焊牢，泵内吸油腔与外界大气压接近相等，这样便难以在泵吸油腔内形成必要的真空度（因与大气相通），无法将压力油压入泵内。

解决办法是更换或补装进油接头处的密封，并拧紧管接头，最好泵预先灌油再开机，对于破损位补焊焊牢。

③ 对于由辅助泵供油的柱塞泵，可能是辅助泵输入到柱塞泵（主泵）的供油量不够，造成泵输油量不够或压力上不去。

④ 不是由电机直接带动泵，而是用齿轮或皮带间接驱动柱塞泵时，泵轴上受到单边的径向力，此力造成缸体和配油盘之间产生斜楔形间隙，导致单边磨损和压吸油腔一定程度的互通，产生内泄漏而使输出流量减小。设计时应由电机直接驱动泵并用挠性联轴器连接，并保证安装同心。

⑤ 泵的定心弹簧［图 3-139（a）］折断、疲劳或错装成弱弹簧，使柱塞回程不够或不能回程，导致缸体和配油盘之间失去顶紧力或预紧力不够而不能顶紧，存在间隙造成压吸油串通，丧失密封性能而吸不上油，可更换泵轴定心弹簧。

⑥ 油盘与缸体贴合的 A 面与 B 面间有污物进入，相对转动时使接合面磨损拉毛，拉有沟槽（图 3-139），沟槽很深较宽吸不上油，沟槽较浅只导致输出流量不够。此时应清洗去污，并将已拉毛拉伤的配合面（A 面与 B 面）进行修理。

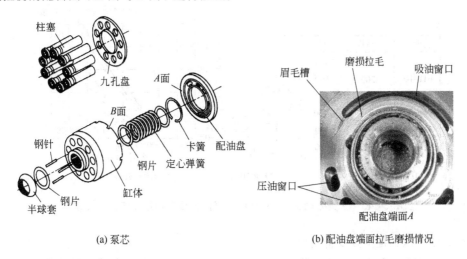

(a) 泵芯　　　　　　　　(b) 配油盘端面拉毛磨损情况

图 3-139　泵芯组件与配油盘的拉伤情况

⑦ 柱塞与缸体孔之间的滑动配合面磨损或拉伤成轴向通槽，使柱塞配合间隙增大，造成压力油通过此间隙漏往泵体内空腔（从泄油管引出），使内泄漏增大导致输出流量不够。可刷镀柱塞外圆、更换柱塞或将柱塞与缸体研配的方法修复配合间隙，保证二者之间的配合间隙在规定的范围内。

⑧ 对于变量轴向柱塞泵，包括轻型柱塞泵则有多种可能：如压力不太高时，输出流量不够则多半是内部因磨损等原因使变量机构不能达到极限位置造成斜盘偏角过小所致；在压力较高时，则可能是调整误差所致。此时可调整或重新装配变量活塞及变量头，使之活动自如，并纠正调整误差。

⑨ 拆修后重新装配时，配油盘之孔未对正泵盖上安装的定位销，因而相互顶住，不能使配油盘和缸体贴合，造成高低压油短接互通，打不上油。装配时要认准方向，对准销孔，使定位销完全插入泵盖内又插入配油盘孔内，另外定位销太长也贴合不好。

⑩ 紧固螺钉未压紧，缸体径向力引起缸体扭斜，在缸体与配油盘之间产生楔形间隙，内泄漏增大，从而导致输出流量不够，因而紧固螺钉应按对角方式逐步拧紧。

⑪ 油温太高，泵的内泄量增大而使输出流量不够，应设法降低油温。判断泵内泄量大从而

导致泵输出流量不够的方法是：拆开泵泄油管，肉眼观察泄漏油量和泄油压力是否较大。 正常情况下，从泄油管正常流出的油是无压和流量较小的（最多只有一根细线状）。 确认后再拆泵检查修理。 拆修柱塞泵不是一件很容易的事。

⑫ 泵的转速超过了泵规定的自吸转速要求和进口压力的要求，吸不上油。 每一种柱塞泵均有自吸转速和进口压力的要求，不能超出，否则吸不上油，而且会引起泵发生气穴。 下面以美国派克公司的 Fl1 与 Fl2 系列泵为例加以说明。

泵运行时，有时顺时针方向（R）旋转，有时逆时针方向（L）旋转，也有 F11 型马达（M）用来作泵使用。 泵最高的自吸转速不得超出图 3-140（a）规定，否则不能自吸而泵不出油。 马达作泵用时自吸转速也会降低。

另外当以自吸转速以上的转速运行时，需提高其进口压力，方能自吸吸油。 例如，当 F12-80 型泵在 2500r/min 下运转可以自吸，而在 3500r/min 运行时，所需泵的最小进口压力至少需要 1.0bar 才能吸油（图 3-140）。 否则因进口压力不足吸不上油，而且会引起泵气穴的发生，造成噪声增大和性能降低。

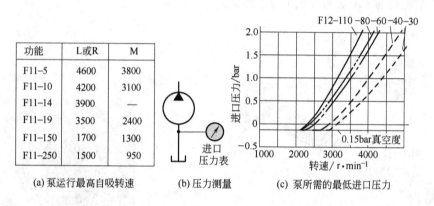

功能	L或R	M
F11-5	4600	3800
F11-10	4200	3100
F11-14	3900	—
F11-19	3500	2400
F11-150	1700	1300
F11-250	1500	950

(a) 泵运行最高自吸转速　　(b) 压力测量　　(c) 泵所需的最低进口压力

图 3-140　派克公司 F11、F12 系列泵自吸转速和进口压力的要求

【故障 2】　压力提不高或者根本不上压

① 上述的"输出流量不够或者根本不上油"的原因均会导致压力提不高或者根本不上压，重点应检查配油盘端面的磨损与拉伤情况。

② 变量头的倾斜角太小，使输出流量太小，可适当增大变量头的倾斜角，压力便会上升。

③ 对于压力补偿变量泵之类，可能是控制变量特性的弹簧未调节好，或者是调压弹簧漏装或折断。 当压力升高时，流量迅速下降，或者限位调节螺钉在使用过程中因振动而松动，当压力升高时也会产生位移。 此时应重新调节好变量特性的弹簧。 当限位调节螺钉调好后，应紧固好锁紧螺母，防止压力升高或振动产生调节特性的改变。 轻型柱塞泵 PC 阀的调节螺钉调节太松，未拧紧，泵的压力也上不去。

④ 液压系统其他元件的故障。 例如安全阀未调整好、阀芯卡死在开口量溢流的位置、压力表及压力表开关有毛病、测压不准等，逐个查找，予以排除。 要注意液压系统外漏大的位置。

⑤ 电压太低或电机的转速低，导致泵输出流量小，不能克服负载流量的需要，影响负载压力的提高。

⑥ 各种形式的变量泵均用一些相应控制阀与控制缸来控制变量斜盘的倾角。 当这些控制阀与控制缸有毛病时，自然影响到泵的流量、压力和功率的匹配。 由于柱塞泵种类繁多，读者可对照不同变量形式的泵和各种不同的压力反馈机构，在弄清其工作原理的基础上，查明压力上不去的原因，予以排除。

【故障 3】 松靴

滑履与柱塞头之间的松脱叫松靴，是轴向柱塞泵容易发生的机械故障之一。 运行过程中的轴向柱塞泵产生松靴故障时，轻者引起振动和噪声的增加，降低泵的使用寿命，重者使柱塞颈部扭断或柱塞头从滑履中脱出，使高速运转中的泵内零件被打坏，导致整台昂贵的柱塞泵的报废，造成严重的事故，所以泵即将出现这一故障苗头时要预先提防，出了故障后为时已晚。 产生松靴的原因和排除方法如下。

① 松靴故障大多数是在柱塞泵的长期运行过程中逐步形成的，主要是由于运行时油液污染得不到应有的控制所致，滑靴与柱塞头接合部位受到大量污染颗粒的楔入，产生相对运动副之间的磨损所致。

② 先天性不足，例如滑靴内球面加工不好表面粗糙度太高，运行一段时间后内球面上的细微凸峰被磨掉，造成柱塞球头与滑靴内球面之间的运动副的间隙增大而产生松靴现象。

③ 泵使用时间已久，松靴难以避免。 因为长久运动过程中，吸油时，柱塞球头将滑靴压向止推盘；压油时，将滑靴拉向回程盘。 每分钟上千次这样的循环。 久而久之，造成滑靴球窝底部磨损和包口部位的松弛变形，产生间隙，导致松靴。

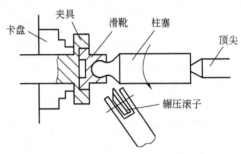

图 3-141　车床滚压解决松靴现象

松靴现象采取再次包合的方法来解决。 柱塞泵生产厂家现在基本上采用三滚轮式收口机包合球头。 使用厂家无此条件，可采取图 3-141 所示在车床上再滚压的方法，需自制滚轮及夹具（夹持滑靴），滚压时要注意进刀尺寸，须缓慢进行，否则容易产生包死现象，这样便由"松靴"变成"紧靴"了。 但如果滑靴磨损拉毛严重，则需更换。 图 3-142 给出了 25YCY14-1B 型轴向柱塞泵滑靴的零件图，供参考。 也可用包合胎具在压力机上进行压合（图 3-143），消除松靴现象。

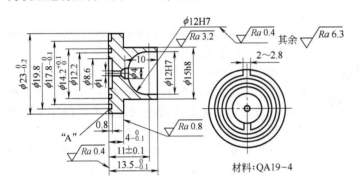

图 3-142　25YCY14-1B 柱塞泵滑靴

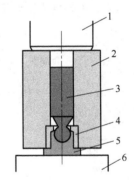

图 3-143　压胎包球

1—压力机压头；2—柱塞套筒；3—柱塞；
4—对开式包合模具；5—滑靴；6—压力机平台

【故障 4】　泵的噪声大，振动，压力波动大

① 泵进油管吸进空气，造成泵噪声大、振动和压力波动大。 要防止泵因密封不良，吸油管阻力大（如弯曲过多，管子太长）引起吸油不充分、吸进空气的各种情况的发生。

② 伺服活塞与变量活塞运动不灵活，出现偶尔或经常性的压力波动。 如果是偶然性的脉动，多是因油脏，污物卡住活塞的原因所致，污物冲走又恢复正常，此时可清洗和换油。 如果是经常性的脉动，则可能是配合件拉伤或别劲，此时应拆下零件研配或予以更换。

③ 对于变量泵，可能是由于变扭斜盘的偏角太小，使流量过小，内泄漏相对增大，因此不能连续对外供油，流量脉动引起压力脉动。此种情况可适当增大斜盘的偏角，消除内泄漏。

④ 前述的"松靴"，即柱塞球头与滑靴配合松动产生噪声、振动和压力波动大，可适当铆紧。

经平磨修复后的配油盘，三角槽变短，产生困油引起比较大的噪声和压力波动，可用什锦三角锉将三角槽适当修长。

⑤ 轴向柱塞泵气穴现象引起噪声和振动。目前国内外轴向柱塞泵通用的配油盘是对称偏转式的配油盘 [图 3-144（a）]。安装到泵体上时，其工作位置是两配油槽的对称轴相对于柱塞运动的死点轴向转子旋转方向偏转一个角度，形成错开配油的工作状态。图中，A_1-A_2 轴是柱塞运动死点轴，Q_1-Q_2 轴是两配油槽的对称轴，两者的夹角以 ϕ_0 表示。当柱塞缸在上死点位置吸油结束脱离吸油槽进入升压时，油窗孔在配油盘面上的投影以虚线表示。在柱塞缸开始随转子逆时针旋转时，缸内油液体积受压缩，同时升压减振槽也向缸内引入高压油，使缸中低压油升压，柱塞缸转过闭死角 $\Delta\phi$，与排油腰形槽接通，没有油压冲击，缸中油压由吸油压力升到排油压力。同样，柱塞缸转到下死点，与排油腰形槽脱离进入卸压区时，缸内油液体积膨胀，同时减振槽也从缸中引出油液，使缸中的高压油降压。柱塞缸转过闭死角 $\Delta\phi$，与吸油腰槽接通，没有油压冲击，但这只是理想的状况。实际上这种配油盘不能完美地消除配油过程中的油压冲击，还是会产生气穴，形成振动和噪声。原因是：柱塞进入升压区时，被封闭的油液的初始体积等于单行程的排油量与死容积之和，而进入卸压区时，被封闭的油液初始体积只等于死容积，两者相差很大，高压区虽无冲击，卸压区则有过卸压现象，会使工作腔中产生很高的瞬时真空度，如果泵来不及有压供油弥补，就会使油中产生大量气穴，气穴在工作腔吸油过程中不能自动消失，被带到排油腔便产生强烈的气穴振动，产生噪声；轴向柱塞泵的转子是非卸荷式转子，由于加工和装配精度以及负载变化等原因，不能保证配油运动副之间处于理想的平行状态，存在楔口，楔的方向指向下死点，将增加配油副之间的泄漏量，使进入卸压区的柱塞缸因泄漏导致早泄。已经失压的柱塞继续进行封闭式的膨胀也必然导致柱塞缸中出现很高的瞬时真空度，油中产生大量气穴，引起泵的振动和噪声。

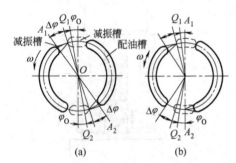

图 3-144 对称偏转式配油盘

有专家为了解决上述问题，将配油盘改为图 3-144（b）的形式。柱塞缸的卸压过程没有封闭的膨胀作用。减振槽将缸中膨胀的高压油引入吸油腰槽，缸中的油压没有低于吸油腰槽的可能，不会出现缸内压力低于泵吸油压力的现象，不会使柱塞缸产生附加真空度而产生气穴、振动和噪声。在升压区，泵的排量减小，柱塞缸中被封闭的油液初始体积减小，封闭的压缩量也减小；在卸压区，泵的排量减小，被封闭的油液初始体积增大，封闭的压缩量也减小。只要参数选择得当，二者可以近似做到自适应，保持两个减振槽（孔）通油量或者说流速近似不变，这样就能使柱塞缸的升、卸压数值保持常量，不受泵排量调节的影响，即可实现调节泵排量时无油压冲击。

⑥ 柱塞泵的安装与连接不良、不正确。泵的噪声往往是因液压泵内部的交变力对壳体结构的作用引起壳体振动而产生的。因此液压泵与电机的连接以及液压管道的安装也对液压系统发出的全部噪声具有较大的影响。

电动机底脚采用缓冲垫，采用挠性元件连接泵与电机，泵采用带迷宫式弹性缓冲法兰的钟形安装座，均有助于防止泵体的振动向其他结构件的传递（图 3-145）。

此外在泵的进、出油口采用柔性接管（补偿器）或软管，泵的进口处采用专用的气密性管接头，可防止气体进入引起气穴产生和噪声的加剧。

⑦ 吸油管路设计安装不好。 小通径的吸油管道和急剧扩大和收缩的管径，不仅会造成流速增高，在管内产生涡流、紊流以及液压泵的气穴等现象，引起噪声大。 只有按液压泵的油口尺寸尽可能地选取最大通径的管道，并平缓过渡连接才会正确（图 3-146）。

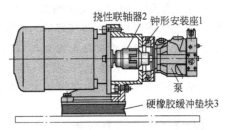

图 3-145　柱塞泵的安装与连接

【故障 5】　泵发热，油液温升过高，甚至发生卡缸烧电机的现象

① 柱塞与缸体孔、配油盘与缸体结合面之间因磨损和拉伤，导致内泄漏增大。 泄漏的能量转化为热能造成温升。 可修复柱塞和缸体孔之间的间隙，使之滑配，并使缸体与配油盘端面密合。

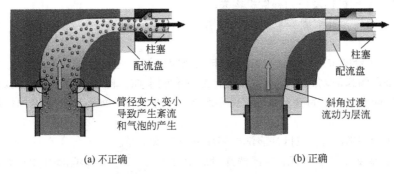

(a) 不正确　　　　　　　(b) 正确

图 3-146　柱塞泵吸油管路的连接

② 泵内运动副拉毛，或因毛刺未清除干净，机械摩擦力大，松动别劲，产生发热，可修复和更换磨损零件。

③ 泵经常在零偏心或系统工作压力低于 8MPa 下运转，使泵的漏损过小而引起泵体发热，可参阅前述的图 3-138 的方法，在液压系统的回油管分流一根支管，通入与泵回油的下部放油口内，使泵体产生循环冷却。

④ 油液黏度过大，油箱容积又过小，加上液压泵和液压系统的漏损过大等原因，导致发热温升，可根据情况分别采取对策。

⑤ 油液黏度过低，油温又过高，造成泵内泄漏损失而发热。

⑥ 泵轴承磨损，传动别劲，使传动扭矩增大而发热，要更换合格轴承，并保证电机与泵轴同心。

⑦ 因漏油（内、外漏）而使发热严重。

【故障 6】　液压泵内、外泄漏量大

① 内泄漏大，从泄油管漏出的油很大。

a. 柱塞与缸体孔配合间隙过大，或者使用一段时间后因磨损造成间隙过大。

b. 配油盘与缸体贴合面不密合。

c. 传动轴花键高于缸体，中心弹簧疲劳或折断对缸体没有压抑作用，使缸体浮动距离大。

d. 泵体的配油平面或泵壳用于安装大轴承的内孔平面相对于传动轴（泵轴）的轴心线垂直度差，使配油盘与缸体之间产生楔形间隙而漏油。

e. 轴承磨损，缸体产生径向力引起缸体与配油盘之间产生楔形间隙。 吸压油通过间隙沟通。

f. 油温过高。

因上述原因产生的内泄漏均要通过接在泵体上的泄油管流回油箱。如果拆开或检查发现从此管流出的油液流量大（情况好只为细线状的泄漏油）时，表明因上述原因之一或某几个而产生漏油，这时可决定是否拆开泵检查与修理。

② 外泄漏。主要指从外表上各接合面的缝隙以及从轴端油封处的外漏。如发现泵向外漏油，可采用拧紧各接合处的压紧螺钉、更换各接合面的 O 形密封（固定密封）、校正泵轴与电机同轴度等来解决。

【故障 7】 泵不能转动

① 油温变化太大卡死在缸体孔内。应查明污物进入的原因，采取清洗与换油。

② 柱塞卡死或因负载过大时强行启动而脱落，可更换或重新装配滑靴。

③ 因上述原因引起球头折断，应更换。

④ 活塞卡死。

【故障 8】 变量机构及压力补偿机构失灵

① 伺服变量和压力补偿型变量泵控制油管路上的单向阀弹簧漏装或折断。可补装或予以更换。

② 斜盘支承配合部位（如耳轴与轴套）卡住或因磨损二者之间的间隙太大；或者变量头与变量壳体上的轴瓦圆弧面之间磨损严重，或有污物毛刺卡住，转动不灵活造成失灵。前者设法修复保证合适的配合间隙；后者磨损轻时可刮削好后装配再用，如两圆弧面磨损拉伤严重，则需更换。

③ 制油道被污物阻塞。应拆开清洗或用压缩空气吹干净。

④ 伺服活塞或变量活塞卡死，应清洗并设法使之灵活，并注意装配间隙是否合适。

⑤ 弹簧芯轴（压力补偿泵）别劲卡死，不能带动伺服活塞运动，须重新装配。

【故障 9】 配油盘与缸体贴合面磨损或烧坏

① 油中有污物、杂质。油箱中隔板间的滤网破裂，吸油区和回油区连在一起，油未经过滤便进入泵内。

② 启动液压泵前（特别是对大流量泵而言），未将泵内（从泄油管）加满工作油液，使液泵启动时配油盘与缸体贴合面产生干摩擦。一般情况下对柱塞泵须先往泵内加满油液方能启动。

③ 配油盘因热处理不好、使其端面硬度不够。配油盘用 38CrMoAlA 材料制造，热处理为表面氮化，深 0.4mm，硬度 900～1100HV，当热处理不好无氮化层时表面硬度淬不硬，易磨损烧坏。须重新氮化达到氮化层的深度和淬火硬度的要求。如果修磨配油盘端面，当磨去的厚度超过氮化层时，须重新氮化热处理，再投入总装。

④ 缸体为 QA19-4 铜件或球墨铸铁，当材质低劣，软硬不均时，易磨损和烧坏。须严格检查材质，必要时予以更换。

⑤ 油盘在高温高压下有可能产生应力变形，除了控制油温防止变形外，配油盘本身应有一定的精度要求，修理时应将配油盘放在二级精度的平板上用 M10 氧化铝研磨平整，然后在煤油中洗净再抛光至 Ra0.3μm，并保证两端面的平行度在 0.01mm 之内，平面度在 0.005mm 以内。

⑥ 配油盘或缸体的平面度超差，容易产生磨损。

⑦ 因轴承磨损或者柱塞与缸体孔配合不好，孔有锥度等原因，产生径向力，引起柱塞在缸孔内卡死别劲，而烧坏配油盘与缸体贴合面，可对症处理。

⑧ 通轴泵安装泵轴的两支承（轴承）孔，因加工精度不好，不同心，传动轴装配后扭斜别劲，导致缸体径向跳动与端面跳动，使配油盘和缸体贴合面磨损。

⑨ 缸体与轴承的配合间隙过大，或者轴承磨损，使缸体端面跳动过大，引起该端面与配流盘端面之间的磨损。

⑩ 缸体花键孔与泵轴花键定心不好，加上间隙过小，误差不能修正，导致缸体端面的跳动，

磨坏配流盘端面。 须更换合格的泵轴,花键配合间隙宜稍稍取大一点。

⑪ 缸体配油端面与轴承支承面不垂直。

⑫ 因减振三角槽的长度太短和位置开设不当,造成高、低压过渡区存在困油现象。 可用什锦锉适当修长三角槽,使过渡区不困油。

【故障 10】 柱塞泵产生"气塞"

柱塞泵工作时,当其内腔被气体充塞,便会发生吸不进油、排不出油和压力上不去的现象,称之为液压泵的"气塞"。

产生气塞的主要原因是空气的进入。 若进入柱塞泵柱塞腔的油液中含有空气,则柱塞转到排油腔时,柱塞将含有大量空气的油液增压,挤入系统,另一部分富含空气的油液则保留在柱塞缸腔中剩余的容积内。 当再次转到进油口吸油时,剩余容积内的空气便会膨胀,占据一部分吸油工作容积,使柱塞泵的实际吸油量减小,泵供油量相应减小。 油液中混入的空气越多,液压泵出口油压越高,则转回到吸油腔的膨胀空气占据的柱塞工作容积越大,泵供油量越小。 当空气达到一定量时,空气膨胀后会占据整个工作容腔,使泵工作时只是一团空气在柱塞腔内反复压缩和膨胀,而不能吸油和排油,系统压力不能再上升,产生所谓"气塞"现象。 在使用柱塞泵的液压系统中,滤油器严重堵塞后也能见到这种现象。

排除方法如下。

① 防止空气进入系统,注意油箱油面、进油管路的密封、滤油器堵塞等方面的问题。 另外对柱塞泵进油管前不可安装滤油器,而只能在油箱内用钢网隔开一个区间作吸油管的插入区,特别对大流量柱塞泵,最好采用灌油启动和倒灌供油。

② 防止吸油区油液发生气体分离,即吸油腔内的真空度不能太高,而低于油液的空气分离压力造成油中溶解空气的分离。

【故障 11】 泵轴轴端大量漏油

① 泄油管的背压太大,超过了泵轴油封的承压能力。 泵轴轴端的油封承受压力一般只有 0.2MPa 左右,一旦泄油管选择过细,弯头多,背压增大,就会超出泵轴油封能承受的密封压力,而使油封被冲破。 从泵轴端产生大量飞溅液压油的现象,所以泄油管径不能选得过小,更不要与回油管共用一条管路,要保证泄油的畅通。

② 油封质量不好。 应选用正规公司的合格产品。

③ 泵轴轴端与油封配合部位拉伤。

【故障 12】 滑靴(滑履)与斜盘(或变量头)贴合面磨损或烧坏

① 油液不干净。 一方面柱塞中心小孔和滑履小孔易被污物堵塞,导致滑靴止推板与变量头之间形成干摩擦造成磨损或烧坏;另一方面即使小孔不被堵塞,污物进入滑靴与斜盘(变量头)的间隙内,引起拉毛磨损或卡死。 所以油液一定要干净,滑靴小孔阻塞后应用 ϕ0.8mm 的钢丝穿通,并清洗。

② 因斜盘(变量头)大平面加工精度不好,热处理硬度不够(材料为 40Cr,热处理HRC48),容易产生磨损和烧坏,应研磨修复或更换。

③ 斜盘(变量头)支承两圆弧搭子的根部沉割槽切得过深,高压下产生变形使两圆弧面的结合不良,造成磨损,一般前者要更换,后者可砂磨抛光再用。

④ 一台泵上的滑靴台肩厚薄不一致,此时要用专门夹具将台肩厚度磨成一致。

⑤ 对于滑靴静压支承面精度及表面粗糙度不好者,要上专门夹具重新平磨,使平面度及表面粗糙度符合要求。

⑥ 塞球头顶端的小平面偏小,在最大偏角时,通入的润滑压力油可能被球头球面盖住堵死,润滑油不能通入斜盘的相对运动面起润滑作用,导致滑润不良而磨损甚至烧死,此时可修磨大一点球头平面。

【故障 13】 咬缸

咬缸是指柱塞泵的柱塞与缸孔之间的滑动摩擦副有时发生黏着摩擦磨损而发卡的现象,特别是对大功率泵而言容易发生。

产生咬缸的原因有:摩擦副承担较大的侧向力,常发生在启动不久的低压运行阶段,并伴有"松靴",此时由于柱塞在缸孔中卡死,滑靴在吸油侧被回程盘从柱塞头上拔掉。

排除咬缸故障的方法有以下几种。

① 修理时注意,要合理给出柱塞与缸孔之间摩擦副的初始间隙。

② 对摩擦表面加防磨涂层,降低摩擦系数。

③ 合理选用缸体和柱塞材料,缸体的热膨胀系数要更大一些。

④ 提高柱塞和缸孔几何精度,降低粗糙度。

3.4.8 轴向柱塞泵的修理

轴向柱塞泵较复杂,修理麻烦,且大多数零件(易损件)均有较高的技术要求和加工难度,往往需要专用设备和专用工装夹具才能修理。正因为如此,该类泵价格昂贵,特别是进口的该类泵价格更贵,如能修复经济效益可观。

由有经验的技术人员和工人师傅相配合完全可以修理该泵,如果能在修理中买到一些难以加工的易损零件的外购件最为可取。柱塞泵生产厂家现可提供易损件,虽价钱稍贵,但对比换整台泵还是很合算的。

在修理中经常遇到的是柱塞泵各相对运动副接合面的磨损与拉伤。例如配油盘与缸体贴合面,缸体柱塞孔与柱塞外圆柱面,止推板表面,滑靴端面与内球面,柱塞外圆柱面和球头面等。有些修理方法已在上述的"故障分析与排除"内容中做了一些说明,此处对影响柱塞泵性能最大的三对摩擦副的修理予以介绍。

(1)缸体孔与柱塞相配合面的修复

目前轴向柱塞泵的缸体有三种形式:整体铜缸体;全钢缸体;镶铜套钢制缸体。缸体上柱塞孔数有七孔、九孔等;缸体孔与柱塞外圆配合间隙如表 3-15 所示。

表 3-15　柱塞与缸孔的配合间隙

柱塞与缸孔相配直径/mm	$\phi16$	$\phi20$	$\phi25$	$\phi30$	$\phi35$	$\phi40$
相配标准间隙/mm	0.015	0.025	0.025	0.030	0.035	0.040
相配极限间隙/mm	0.040	0.050	0.060	0.070	0.080	0.090

如果相配极限间隙,为避免出现泵输出流量不够和压力上不去之类的故障发生,应对其进行修理.修理方法如下。

① 对缸体孔镶铜套者,如果铜套内孔磨损基本一致,且孔内光洁,无拉伤划痕,则可研磨内孔,使各孔尺寸尽量一致,再重配柱塞;如果铜套内孔磨损拉伤严重,且内孔尺寸不一致,则要采用更换铜套的方法修复。

铜套在压入缸体孔之前,先按尺寸一致的一组柱塞(7 或 9 件)的外径尺寸,在保证配合尺寸的前提下加工好铜套内孔,然后压入铜套,注意压入后,铜套内径会略有缩小。

在缸体孔内安装铜套的方法有:a.缸体加温(用热油)热装或铜套低温冷冻挤压,外径过盈配合;b.采用乐泰胶粘着装配,这种方法的铜套外径表面要加工若干条环形沟槽;c.缸孔攻螺纹,铜套外径加工螺纹,涂乐泰胶后,旋入装配。

② 对原铜套为熔烧结合方式或缸体整体铜件者,修复方法为:a.采用研磨棒,研磨修复缸孔;b.采用坐标镗床或加工中心,重新镗缸体孔;c.采用金刚石铰刀(在一定尺寸范围可调,市场有售)铰削内孔。

③ 对于缸体孔无镶入铜套者，缸体材料多为球墨铸铁，在缸体孔内壁上有一层非晶态薄膜或涂层等减磨润滑材料，修复时不可研去，修理这些柱塞泵，就要求助专业修理厂和泵生产厂家。

④ 柱塞的修理。 柱塞一般是球头面和外圆柱表面的磨损与拉伤，且磨损后，外圆柱表面多呈腰鼓形。 柱塞球头表面一般在修理时，只能采取与滑靴内球面进行对研的方法，因为磨削球面需要专门的设备，而这是泵用户单位不可能具备的。

柱塞外圆柱面的修复可采用的方法有：a. 无心磨半精磨外圆后镀硬铬，镀后再精磨外圆并与缸体孔相配；b. 电刷镀，在柱塞外圆面刷镀一层耐磨材料，一边刷镀一边测量外径尺寸；c. 热喷涂、电弧喷涂或电喷涂，喷涂高碳马氏体耐磨材料；d. 激光熔敷，在柱塞外圆表面熔敷高硬度耐磨合金粉末，柱塞材料有 20CrMnTi 等。

（2）缸体与配油盘相配合面的修复

缸体与配油盘之间的配合面，其结合精度（密合程度）对泵的性能影响非常大，密合不好，影响泵输出流量和输出压力，甚至导致泵不出油，必须进行重点检查，重点修复。

配油盘有平面配油和球面配油两种结构形式。 对于球面配油副，在缸体与配油盘凹凸接合面之间，如果出现的划痕不深，可采用对研的方法进行修复；如果划痕很深，因为球面加工难度较大，只有另购予以更换。 当然也可采用银焊补缺的办法和其他办法进行修补，但最后还是要对研球面配合副。 对于平面配油盘，则可用高精度平面磨床磨去划痕，再经表面软氮化热处理，氮化层深度 0.4mm 左右，硬度为 HV900~1100；缸体端面同样可经高精度平面磨床平磨后，再在平板上研磨修复，磨去的厚度要补偿到调整垫上。 配油盘材料为 38CrMoAlA之类。

缸体和配油盘修复后，可用下述方法检查接合面的配合精度：在配油盘端面上涂上凡士林油，将泄油道堵住，涂好油的配油盘放在平台或平板玻璃上，再将缸体放在配油盘上，在缸体每隔一孔注入柴油，观察 4h 后柱塞缸孔中柴油的泄漏情况，如无串通和明显减少，则说明修复是成功的；另一个检查修复效果的方法是在二者中的一个相配表面上涂上红丹，用另一个去对研几下，如果二者去掉红丹粉的面积超过 80%，也能说明修复是成功的。

（3）柱塞球头与滑靴内球窝配合副的修复

柱塞球头与滑靴球窝在泵出厂时一般二者之间只保留 0.015~0.025mm，但使用较长时间后，二者之间的间隙会大大增加，只要不大于 0.3mm，仍可使用。 但间隙太大会导致泵出口压力流量的脉动增大，严重者会产生松靴、脱靴故障，可能会导致因脱靴而使泵被打坏的严重事故。 出现压力流量脉动苗头时，要尽早检查松靴可能带来的脱靴现象，尽早重新包靴，决不可忽视。

（4）斜盘（止推板）的修理

斜盘使用较长时间后，平面上会出现内凹现象，可平磨后再经氮化处理。 如果磨去的尺寸（例如 < 0.2mm）并未完全磨去原有的氮化层时，也可不氮化，但斜盘表面一定要经硬度检查。

（5）轴承的更换

柱塞泵如果出现游隙，则不能保证上述摩擦副之间的正常间隙，破坏泵内各摩擦副静压支承的油膜厚度，从而降低柱塞泵的使用寿命。 一般轴承的寿命平均可达 10000h，折合起来大约为两年多的时间，超过此时间，应酌情更换。

轴承更换时，应换成与拆下来的旧轴承上标注型号相同的轴承或明确可以代用的轴承，此外要注意某些特殊要求的泵所使用的特殊轴承，例如德国力士乐公司针对 HF 工作液，在 E 系列柱塞泵中采用了镀有 "RR" 镀层的特殊轴承。 表 3-16 为国产 CY-14B（A）型轴向柱塞泵的易损零件主要技术要求表，可供修理其他泵时参考。

表 3-16　国产 CY-14B（A）型轴向柱塞泵的易损零件主要技术要求

相配合件名称及主要项目技术要求	技术规格				相配合件名称及主要项目技术要求	技术规格			
	10CY14-1A	25CY14-1A	63CY14-1A	160CY14-1A		10CY14-1A	25CY14-1A	63CY14-1A	160CY14-1A
1. 配油盘与缸体贴合面平面度	0.005	0.005	0.005	0.005	13. 柱塞外圆表面粗糙度	0.2▽	0.2▽	0.2▽	0.2▽
2. 配油盘与泵体贴合面平面度	0.005	0.005	0.005	0.005	14. 一台泵的7件滑履台肩厚度允差	0.01	0.01	0.01	0.01
3. 配油盘两平面平行度	0.01	0.01	0.01	0.01	15. 滑履大端面表面粗糙度	0.4▽	0.4▽	0.4▽	0.4▽
4. 配流盘两平面表面粗糙度	0.2▽	0.2▽	0.2▽	0.2▽	16. 变量头与滑履贴合面平面度	0.005	0.005	0.005	0.005
5. 缸体配油面平面度	0.005	0.005	0.005	0.005	17. 变量头与滑履贴合面粗糙度	0.2▽	0.2▽	0.2▽	0.2▽
6. 缸体配油面表面粗糙度	0.4▽	0.4▽	0.4▽	0.4▽	18. 止推板与滑履贴合面平面度	0.005	0.005	0.005	0.005
7. 柱塞与缸体孔配合间隙	0.01~0.018	0.01~0.02	0.02~0.03	0.02~0.03	19. 止推板与滑履贴合面粗糙度	0.2▽	0.2▽	0.2▽	0.2▽
8. 缸体孔椭圆度	0.005	0.005	0.005	0.005	20. 止推板与变量头贴合面平面度	0.01	0.01	0.01	0.01
9. 缸体7孔表面粗糙度	0.4▽	0.4▽	0.4▽	0.4▽	21. 定量泵斜盘斜平面的平面度	0.005	0.005	0.005	0.005
10. 泵体配油面平面度	0.005	0.005	0.005	0.005	22. 定量泵斜盘斜平面粗糙度	0.2▽	0.2▽	0.2▽	0.2▽
11. 泵体配油面表面粗糙度	0.4▽	0.4▽	0.4▽	0.4▽	23. 伺服阀芯与伺服阀套配合间隙	0.008~0.012	0.008~0.012	0.008~0.012	0.008~0.012
12. 柱塞外圆不柱度椭圆度	0.005	0.005	0.005	0.005	24. 伺服活塞二孔不柱度椭圆度	0.003	0.003	0.003	0.003

3.4.9　拆装操作步骤与要领

以博世-力士乐公司 A4VG 系列斜盘式轴向柱塞泵为例（图 3-147）。

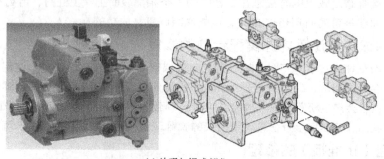

(a) 外观与组成部分

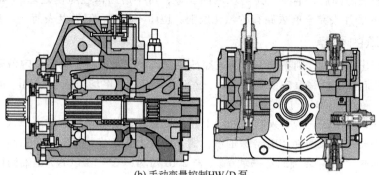

(b) 手动变量控制HW/D泵

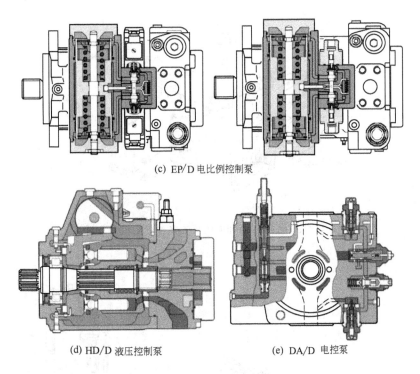

(c) EP/D 电比例控制泵

(d) HD/D 液压控制泵

(e) DA/D 电控泵

图 3-147　A4VG 系列液压泵的外观与结构

（1）拆卸

A4VG 系列液压泵拆卸时要拆卸的部分有变量控制阀、补液泵、控制阀、伺服变量缸与主泵部分（图 3-148）。

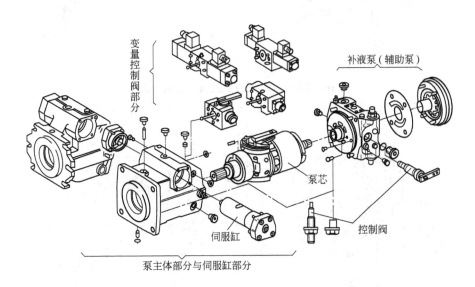

图 3-148　A4VG 系列液压泵的组成

① 拆变量控制装置和控制阀　A4VG 系列液压泵有图 3-149 所示各种控制方式。

a. 按图 3-150～图 3-153 所示对 HW 型、HD 型、EP 型、DA 型变量控制装置进行拆卸。

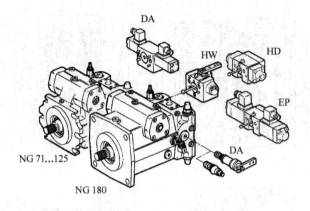

图 3-149 A4VG 系列液压泵的各种变量控制方式

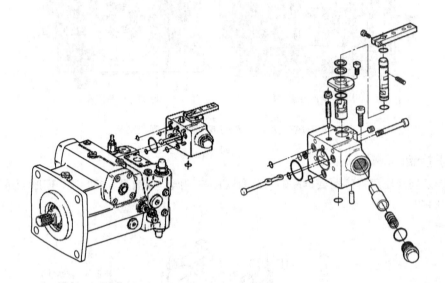

图 3-150 HW 型控制变量装置的拆卸

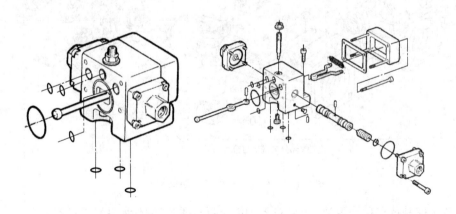

图 3-151 HD 型控制变量装置的拆卸

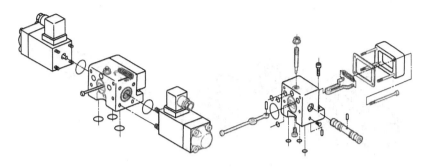

图 3-152　EP 型变量控制装置的拆卸

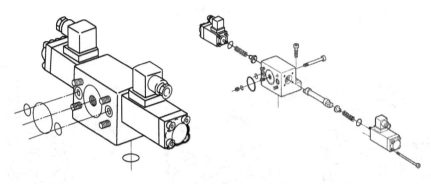

图 3-153　DA 型变量控制装置的拆卸

b. 压力阀的拆卸。　按图 3-154 进行拆卸，拆阀时记下调节螺栓的位置，为尔后总成时的调节螺栓的位置与安装后的检查设定做铺垫。

c. 压力切断阀的拆卸。　按图 3-155 所示将压力切断阀全部拆下，记下 O 形圈尺寸和调节螺钉露出高度，为尔后装配时要更换 O 形圈、安装后检查阀的压力设定做铺垫。

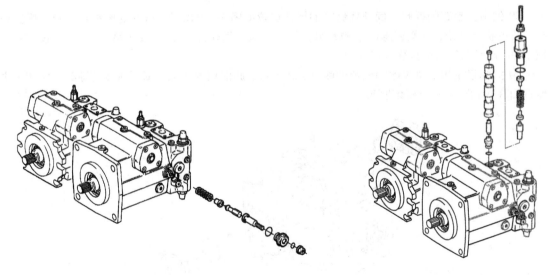

图 3-154　压力阀的拆卸

图 3-155　压力切断阀的拆卸

② 拆补液泵　泵如果带补液泵时，补液泵的部位如图 3-156 所示。　拆卸前事先做好位置标记。　拆卸补液泵按图 3-157 所示三个步骤进行。

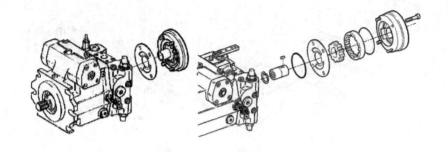

图 3-156　补液泵

第一步：事先做好标记后，拆下后端盖　　　第二步：撬开后端盖连接盘等零件　　　第三步：解体补液泵，
检查O形圈、凹槽、滑动表面

图 3-157　拆卸补液泵的三个步骤

③ 伺服变量缸的拆卸　伺服变量缸的拆卸位置如图 3-158 所示，拆卸时要注意检查伺服变量缸正确的机械中位，即螺钉露出来的长度，做下记录，为尔后的装配做铺垫。拆卸伺服变量缸按图 3-159 所示的六个步骤进行。

④ 拆卸泵主体　泵主体的位置如图 3-160 所示，此时仅剩下泵主体未得到拆卸。拆卸泵主体按图 3-161 所示八个步骤进行。

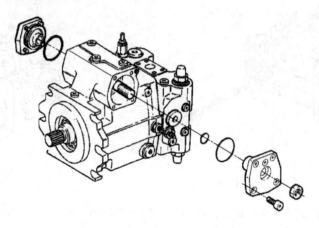

图 3-158　伺服变量缸的拆卸位置

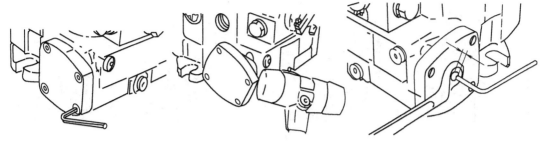

第一步：做好标一记后松掉侧盖螺栓　　第二步：旋转侧盖，用锤轻轻敲出　　第三步：测量螺栓伸出的长度，
　　　　　　　　　　　　　　　　　　　　　　　　　　　　　　　　　　　　　然后，松掉锁紧螺母

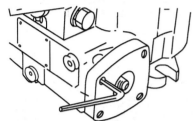

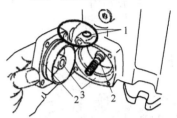

第四步：松掉紧固螺栓　　　　第五步：旋转调节螺栓，取下侧盖　　第六步：检查O形圈1、滑动面2、
　　　　　　　　　　　　　　　　　　　　　　　　　　　　　　　　　　　壳体部位3的情况。

图 3-159　拆卸伺服变量缸的六个步骤

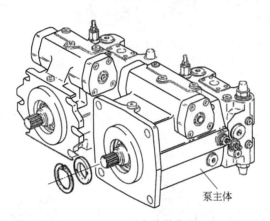

图 3-160　泵主体的位置

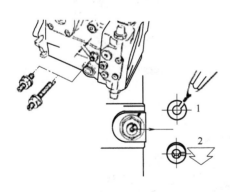

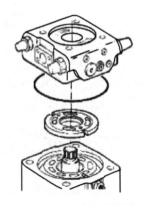

第一步：给内六角的位置1做标记，　　第二步：做好标记，拆下后端盖(连接块)
　　　　并记录下来,把内六角旋到位置2,拆下。　　　　　　　　　　　　　　　　第三步：取下后端盖和配油盘

图 3-161

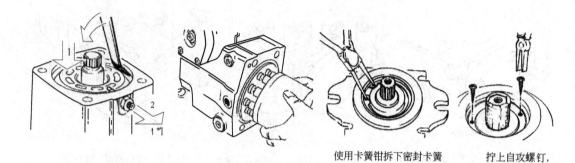

第四步：压下缸体，松掉
并取下内六角螺母2

第五步：取出回转体组合件

使用卡簧钳拆下密封卡簧

拧上自攻螺钉，
拔下骨架密封

第六步：拆下卡簧，使用自攻螺钉旋入油封
二处，再使用考虑钳将密封拉出

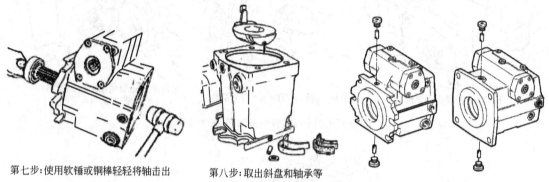

第七步：使用软锤或铜棒轻轻将轴击出

第八步：取出斜盘和轴承等

图 3-161　拆卸泵主体的按八个步骤

（2）拆卸要领

① 拆卸伺服缸时，首先在端盖上做标记，测量中位螺栓的突出高度［图 3-162（a）中的"*"］，记录下来。

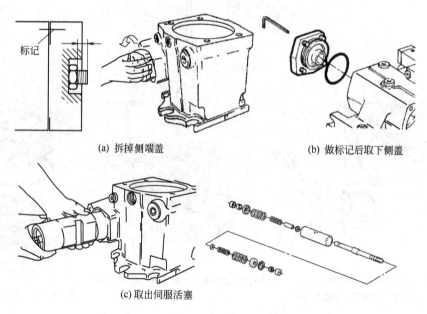

(a) 拆掉侧端盖

(b) 做标记后取下侧盖

(c) 取出伺服活塞

图 3-162　伺服缸拆卸要领

② 拆卸泵主体的缸体组件时，要使用专用工具压下泵内弹簧，再拆卸卡簧，防止弹出伤人，使用卡簧钳取出卡簧 [图 3-163 (a)]。 回程盘要与柱塞滑靴组件一起取出 [图 3-163 (b)]。

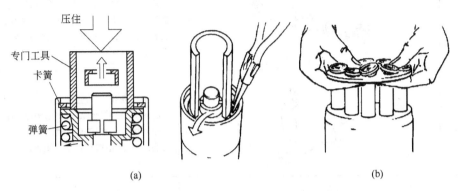

图 3-163　拆卸泵主体缸体组件时的注意事项

（3）拆卸后的零件检查与修复

拆卸后必须按表 3-17 进行检查，酌情修复或更换配件。

表 3-17　拆卸后的零件检查表

部位	图　示	检查内容
斜盘轴承		检查轴承的内圈、外圈与轴承的滚珠表面是否有斑点、腐蚀、伤痕，如损伤严重予以更换
斜盘		检查斜盘的支承表面 1 上是否有斑点、腐蚀、硬伤、异物等，进行修复或更换
斜盘		检查斜盘的滑动表面（箭头所指）：查看表面是否有严重的环形划伤、磨损和异物，进行修复
回程盘和球铰		检查回程盘和球铰：回程盘的每个孔磨损深度，回程盘与球铰之间的磨损

部位	图　示	检 查 内 容
泵轴	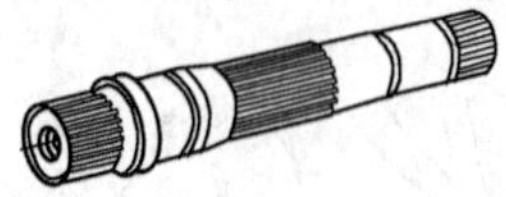	检查花键的磨损、配合表面的磨损，尤其检查密封处的磨损。 花键的每个键齿的两侧无明显的冲击磨损，轴向光滑的配合表面无明显的沟槽磨痕
滑靴柱塞组件	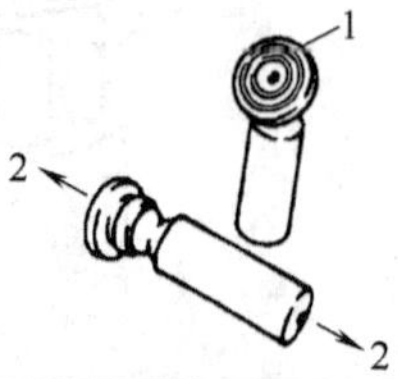	检查：滑靴面 1 上有无金属屑与拉伤；滑靴中心小孔 2 是否堵塞；测量滑靴的台肩厚度，一台泵中几个柱塞须一致；柱塞外表是否拉伤与磨损。 严重损伤者必须更换新件
缸体	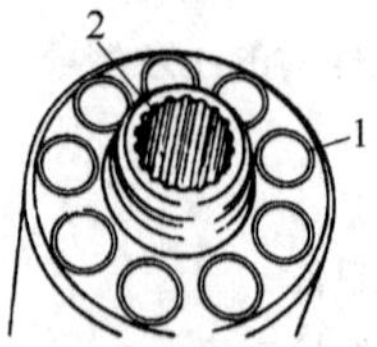	检查缸体孔 1 和内花键 2 的磨损情况：应无明显的磨损
缸体和配油盘	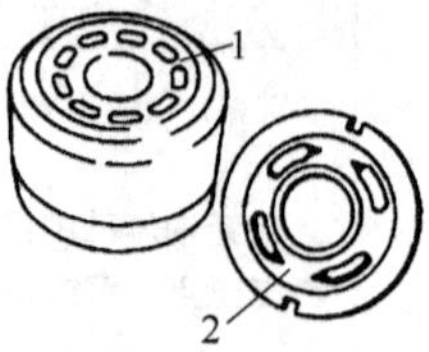	检查缸体和配油盘的配合表面 1 和 2：无明显的环状划痕，深度不得高于 0.02mm
活塞连杆	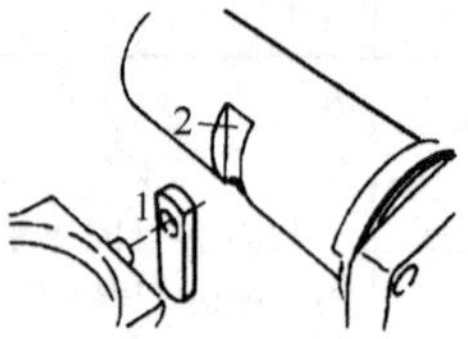	检查活塞连杆：活塞的滑槽和滑块之间的磨损无明显的痕迹

（4）装配与装配要领

　　装配的方法和步骤与上述拆卸方法相反，装配前要对所有零件进行仔细清洗。 下面再介绍装配中的一些方法与要领，见表 3-18。

表 3-18　柱塞泵装配方法与要领

装配环节	装配方法与要领	说明
将密封环放入伺服缸	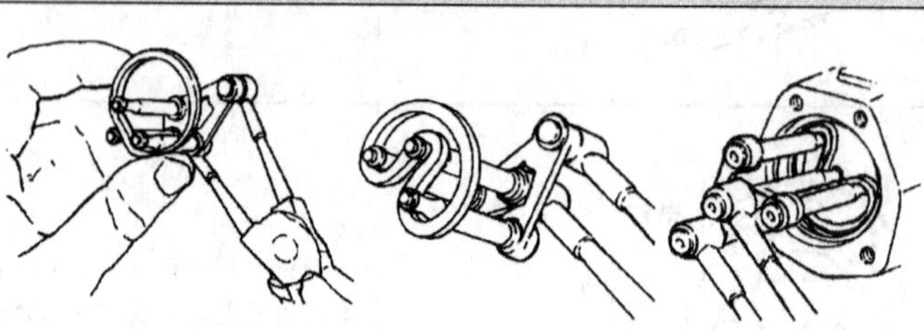 (i)密封环放入安装工具　　(ii)密封环收缩　　(iii)将密封环放入伺服缸 图（a）　密封环放入伺服缸的方法	如图（a）所示，要使用安装工具将密封环装入伺服缸的孔内，以免损伤密封环。

装配环节	装配方法与要领	说明
入伺服活塞	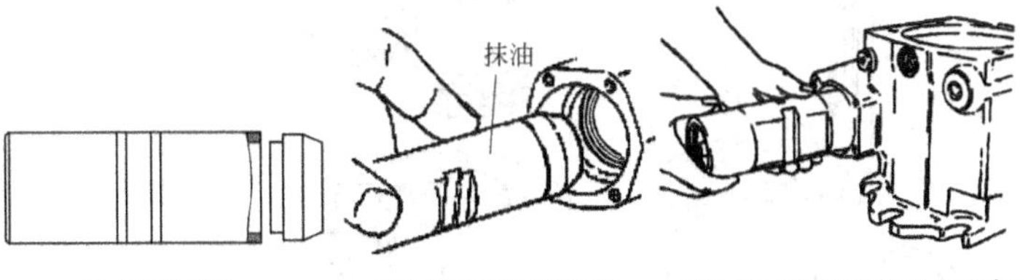 (i) 伺服活塞　　(ii) 在安装之前抹油　　(iii) 将伺服活塞推入伺服缸 图（b）　装入伺服活塞的方法	
安装斜盘轴承	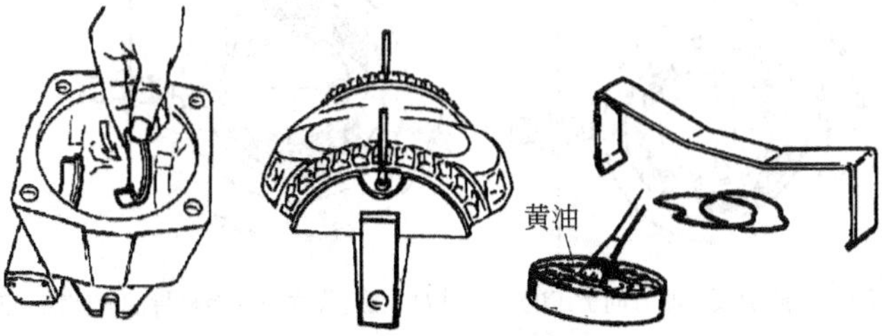 (i) 安装斜盘轴承　　(ii) 斜盘　　(iii) 辅助安装夹需要抹黄油 图（c）　安装斜盘轴承的方法	
安装回转体	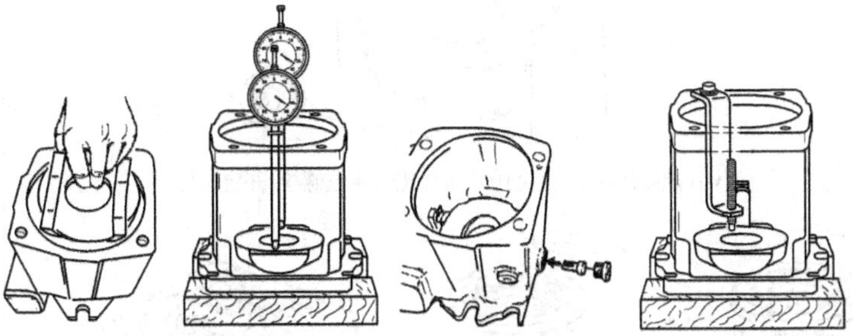 (i) 将回转体轻轻放入泵壳体，检查摆动轴承的定位　　(ii) 装入斜盘定位插销　　(iii) 装上斜盘保持架，顶丝顶在斜盘上，注意不要用力顶 图（d）　安装回转体的方法与要领	
组装回转体与泵主体	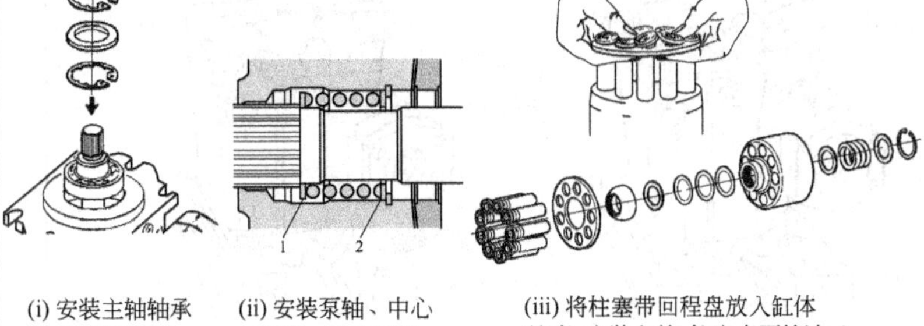 (i) 安装主轴轴承和骨架油封　　(ii) 安装泵轴、中心弹簧、垫片1和2　　(iii) 将柱塞带回程盘放入缸体（注意：安装之前，柱塞表面抹油。）	

装配环节	装配方法与要领	说明
组装回转体 与泵主体	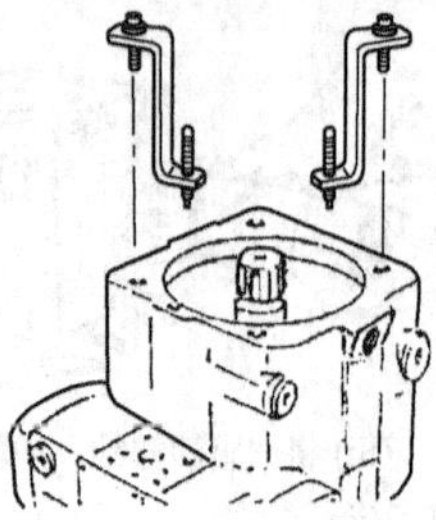 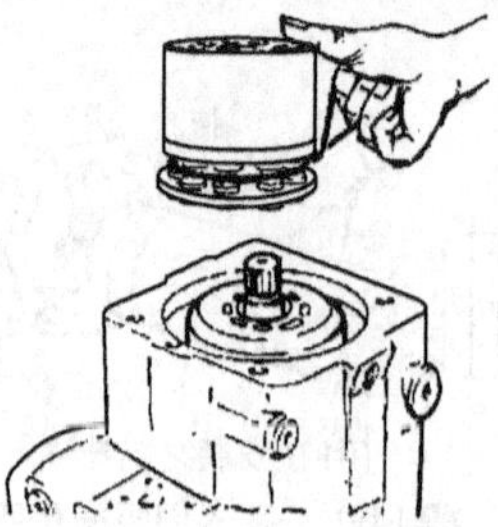 (iv) 去除斜盘保持架　(v) 用O形圈固定柱塞,连缸体一起装入泵壳 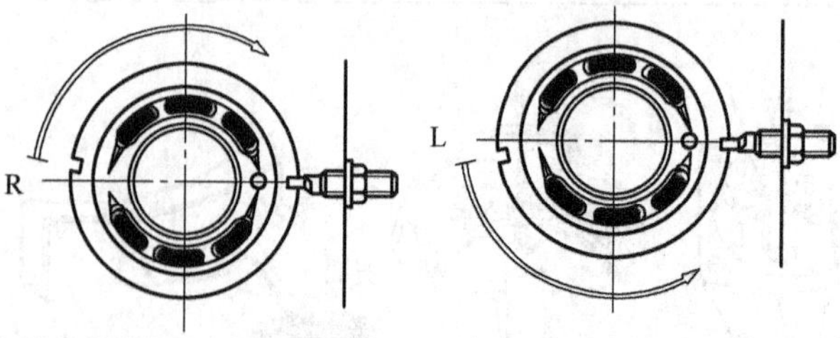 配油盘右旋,降噪声油槽顺导油方向加工的　配油盘左旋,降噪声油槽顺导油方向加工的 (vi) 装配油盘 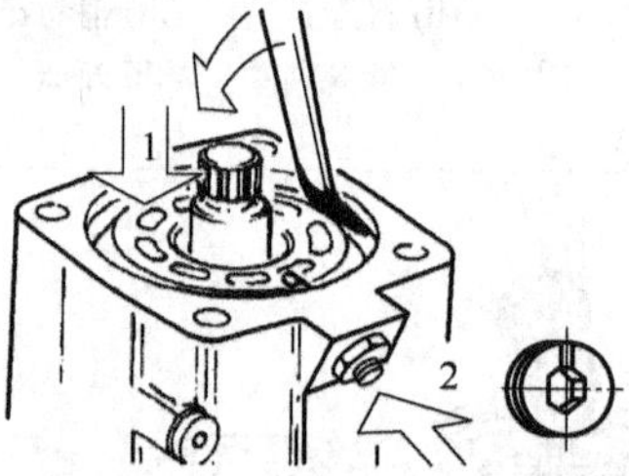 (vii) 把缸体压到底(见1的方向),旋入定位螺栓,开定位槽 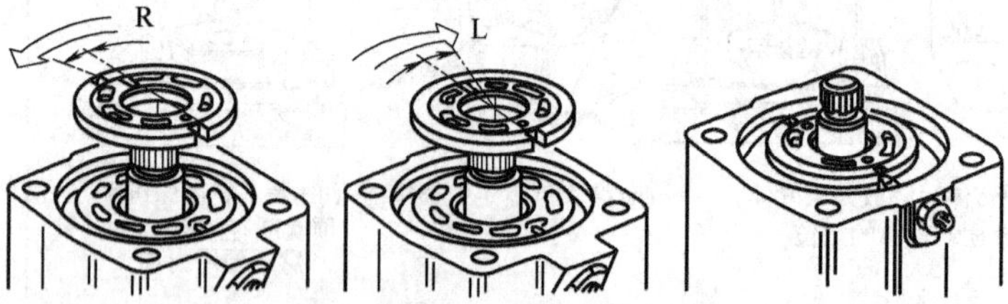 (viii) 置入配油盘,装入定位螺钉 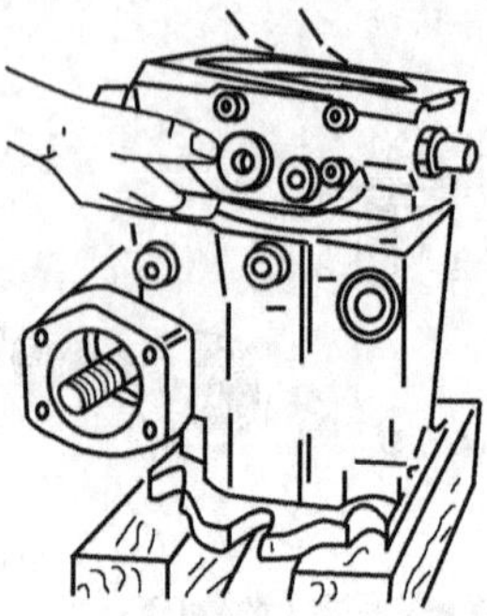 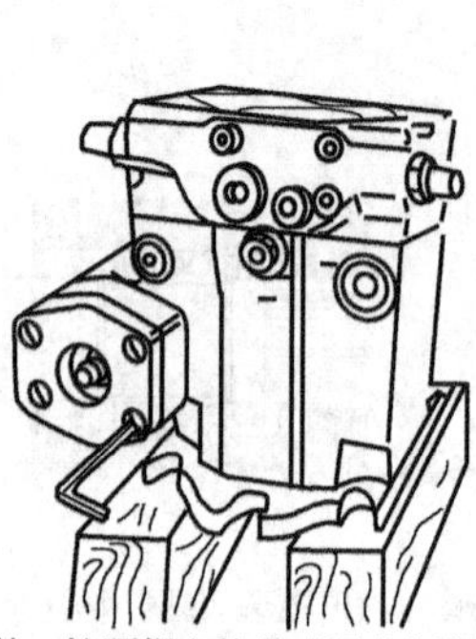 (ix) 安装后端盖　(x) 锁紧泵的后端盖,按照规定的尺寸调节伺服缸的中位	

图(e)　回转体与泵主体的组装方法与要领

装配环节	柱塞泵装配方法与要领	说明
安装补液泵	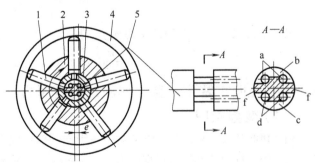 辅助泵(内啮合齿轮泵) 图(f) 补液泵安装要领	安装补液泵，千万要注意旋向

3.5 径向柱塞泵的使用与维修

与轴向柱塞泵不同，径向柱塞泵的柱塞在缸体中为径向排列，柱塞的运动方向与泵轴垂直而不是平行，径向柱塞泵主要采用座阀式配油和轴配油两种方式，而基本上不采用端面配油的方式。

按径向柱塞泵缸体是否旋转，径向柱塞泵可分为缸体旋转和缸体固定两种方式；按配油方式分为轴配油和阀配油（阀式配油）两类。一般缸体旋转的泵用轴配油，而缸体固定的泵采用阀式配油。

3.5.1 径向柱塞泵的工作原理

（1）轴配流的径向柱塞泵的工作原理

轴配流径向柱塞泵的工作原理如图3-164所示。这种泵由柱塞1、缸体2（转子）、衬套3、定子4及配流轴5等零件所组成。柱塞1径向排列在缸体2中，缸体2由电机（或发动机）带动连同柱塞1一起旋转。依靠离心力的作用，柱塞在跟随缸体2一起旋转的同时在缸体孔内往复滑动，抵紧在定子4的内壁上。当转子2如图示方向作顺时针方向回转时，由于定子和转子之间有偏心距e，在上半周柱塞向外伸出，缸体2的柱塞孔腔（柱塞根部至衬套之间的容腔）体积逐渐增大，形成局部真空，因此油液经衬套3（与转子孔紧配并与转子一起回转）上的油孔从配流轴5的吸油口b（与油箱相连）被吸入；当转子转到下半周，柱塞在定子内壁作用下逐渐向里推，柱塞腔容积逐渐减小，向配流轴5的压油口c排油（压油）。当转子回转一周，每个柱塞往复一次，压、吸油各一次。转子不断回转便连续吸、压油。配流轴固定不动，油液从配流轴的上半部两个油孔a流入，从下半部的两个油孔d压出。配流轴在和衬套3接触的一段上加工有上下两个缺口，形成吸油腔b与压油腔c，留下的部分圆弧f形成封油区，圆弧f的长度可封住衬套3上的孔，使吸油腔和压油腔被隔开。泵的流量因偏心距e的大小而不同：如偏心距做成可变的，泵就成了变量泵；如

图3-164 轴配流式径向柱塞泵工作原理
1—柱塞；2—缸体；3—衬套；4—定子；5—配流轴

偏心距可以从正值变到负值，使泵的进出方向（输油方向）亦发生变化，这就成双向变量泵了。

从上述这种泵的工作原理可知，衬套 3 与配流轴 5 之间有相对运动，两者之间必然有间隙，并且配流轴上封油长度尺寸较小，因而必然产生间隙泄漏，在配流轴和衬套间隙配合 f 处，一边（c 处）为高压，一边（b 处）为低压，这样配流轴上受到很大的单边径向载荷，为了不使配流轴处因液压压差产生的径向力导致变形和因金属接触而咬死，两者之间的间隙还不能太小，这就更增加了内泄漏，因此，这种轴配流的径向柱塞泵的最高工作压力常常不应超过 20MPa。

为了克服上述缺点，出现了下述阀式配流的径向柱塞泵。

（2）阀式配流的径向柱塞泵的工作原理

这种阀式配流的径向柱塞泵工作原理如图 3-165 所示，缸体固定，偏心轮直接作用在柱塞上，柱塞在弹簧的作用下总是紧贴偏心轮，偏心轮转一圈柱塞就完成一个双行程，其值为 2e。当柱塞朝下运动时，在 a 腔里产生真空，液体在外界大气压作用下克服吸入阀的弹簧力及管道阻力进入其中；与此同时，压出阀在弹簧力及液体压力的作用下紧密封闭；当柱塞朝上运动时，a 腔的容积减小，液体压力增高，被挤压打开压出阀而油从压力管道压出，与此同时，吸入阀在弹簧力及液体压力作用下紧密封闭，因此容积效率较上述轴配流式的径向柱塞泵要高。

由于偏心轮和柱塞端部是线接触，产生很大的挤压应力。同时，偏心轮和柱塞端部之间有滑移产生。为了减弱这些影响，柱塞和偏心轮直径都不宜过大，因而实际使用中的这种泵均是多柱塞的结构。关于多柱塞的排列方式有两种，一种为径向排列式，一种为直列式（图 3-166）。后者称为曲柄连杆式柱塞泵，由于曲柄连杆机构重量大惯性大，因而转数不能太高。

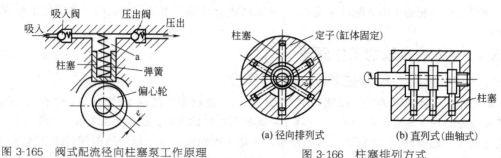

图 3-165　阀式配流径向柱塞泵工作原理

图 3-166　柱塞排列方式
(a) 径向排列式　(b) 直列式（曲轴式）

（3）径向柱塞泵的排量和流量计算

当转子和定子之间的偏心距为 e 时，柱塞在缸体孔中的行程为 2e，设柱塞个数为 z，直径为 d 时，泵的排量 V 为：

$$V = \frac{\pi}{4}d^2 2ez$$

设泵的转数为 n，容积效率为 η_v，则泵的实际输出流量 q 为：

$$q = \frac{\pi}{4}d^2 2ezn\eta_v = \frac{\pi}{2}d^2 \cdot ezn\eta_v$$

3.5.2　径向柱塞泵变量工作原理与变量方式

（1）变量原理

和变量叶片泵一样，改变定子和转子之间的偏心距，便可对径向柱塞泵进行变量。因为此时改变了每一径向柱塞往复行程的大小，从而改变了泵输出流量的大小。

（2）变量方式

① 手动变量　如图 3-167 所示，通过手动控制，调定调节螺钉的左右位置，便可改变偏心距

e 的大小，对泵进行变量。

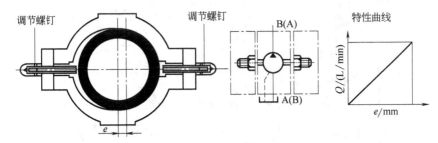

图 3-167　手动变量

② 机动变量　如果在图 3-167 中的两调节螺钉的位置上设置两个控制柱塞 1 和 2，且从泵的出口引入控制油，通入两大小控制柱塞的两个控制腔中，其中控制柱塞 1 的控制油，先经杠杆操纵的三通阀，用机动的方式操纵杠杆，使阀芯移动，控制了控制柱塞 1 的移动位置，从而改变了径向柱塞泵定子和转子之间的偏心距，可对泵进行变量（图 3-168）。

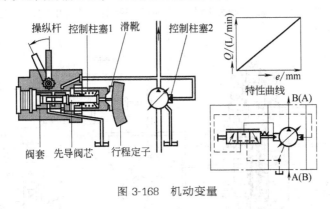

图 3-168　机动变量

③ 恒压变量（压力补偿变量）　如图 3-169 所示，在泵上装设各种不同的补偿器（控制阀），这样控制压力油在进入控制柱塞之前先经过补偿器，便可对径向柱塞泵进行多种形式的变量控制，构成不同控制方式的变量泵。

如果补偿器为恒压阀（压力补偿阀），便构成了图 3-170 所示的压力补偿变量泵。其工作原理完全类似于变量叶片泵。和前述的各种轴向变量柱塞泵不同之处也仅在于：轴向变量柱塞泵只有一个方向有控制柱塞，控制斜盘的斜角大小，而靠设在相对面的弹簧使变量斜盘复位。此处的径向变量柱塞泵有两个大小控制柱塞，利用两

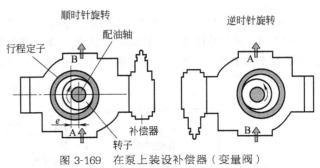

图 3-169　在泵上装设补偿器（变量阀）

柱塞的液压力差进行偏心距大小的自动调节，进行变量。

此处的恒压阀也实际为一只三通减压阀（PC 阀），其工作原理为：当负载压力，即泵的出口压力上升超过了恒压阀调节螺钉所调定的压力时，阀芯上抬，打开了控制柱塞缸 1 左腔与油箱的通道，控制柱塞缸 1 左腔压力下降，使柱塞缸 1 向右的液压力减小，而柱塞缸 2 的控制油因泵出口压力的增大使向左的液压力反而增大。这样由于力差使泵的定子和转子之间的偏心距减小，泵输出的流量减少，从而使泵出口压力降下来；反之当泵出口压力下降，则泵定子和转子的偏心距增大，使泵的出口压力上升为"恒压"。

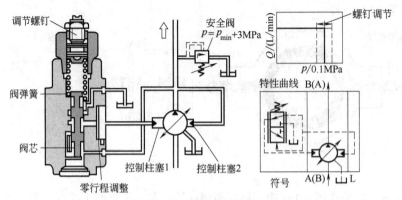

图 3-170　压力补偿变量泵

④ 远程控制恒压变量　如果在图 3-170 的恒压阀上另外外接一直动式先导调压阀，便构成了图 3-171 所示的远程控制的恒压变量泵。压力先导调压阀可设在稍远易操纵调节的位置，因而称为"远程控制"或"遥控"，其工作原理与上述恒压变量的完全相同，不同之处是此处先导调压阀也可参与压力的调节。

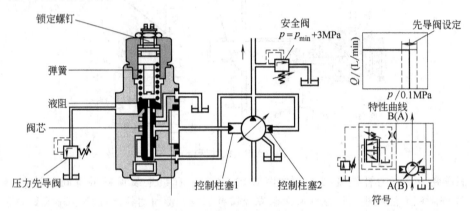

图 3-171　远程控制的恒压变量泵

⑤ 流量与压力复合补偿控制（负载敏感控制）　如图 3-172 所示，该泵主要由先导阀（直动式溢流阀）1、压力补偿阀 2 和节流阀 3 组成。阀 1 进行压力控制，调节其手柄，可设定恒压压力的大 P；阀 2 控制节流阀 3 进出口的前后压差 ΔP 不变，和节流阀 3 一起构成对泵的恒流量控

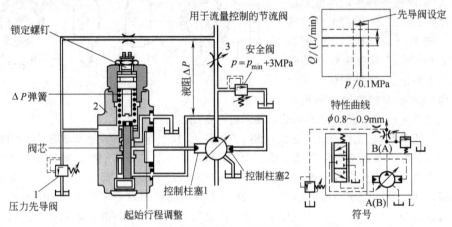

图 3-172　流量与压力复合补偿控制（负载传感）

制。因而这种控制方式称为压力流量复合控制。它能对负载压力和负载流量进行双反馈控制。所以又叫负载敏感控制。

⑥ 恒功率控制　所谓恒功率控制是指泵在一定转速下，压力×流量＝常数。如图 3-173（a）所示，泵出口压力油兵分三路：一路作用在小柱塞 2 上，一路进入恒功率阀，另一路进入敏感柱塞，并利用不同刚度的两根弹簧 1 和 2，组成图 3-173（b）所示的恒功率特性曲线，进行两级恒功率控制。

如果负载压力升高，即泵的出口压力升高，通过上述三条油路的控制，可使定子和转子之间的偏心距减小，使泵的流量降下来；反之如果负载压力下降，通过上述控制可使定子和转子之间的偏心距增大，使输出流量增大。两种情况均维持压力和流量之积等于常数，为恒功率。敏感柱塞的作用是随时可以对柱塞 1 的位移量进行反馈控制，例如当泵出口压力增大，敏感柱塞上抬，摆杆顺时针摆动，恒压阀芯右移，使定子和转子之间的偏心距减小，从而减少了泵的流量输出。

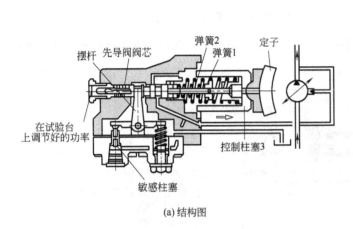

(a) 结构图

图 3-173　恒功率控制

⑦ 限定压力和流量的恒功率变量　如果将图 3-172 的压力和流量复合补偿变量方式与图 3-173 所示的恒功率变量方式相结合，便成为可限定压力和流量的恒功率变量控制，如图 3-174 所示。

⑧ 比例流量控制变量　如图 3-175所示，其工作原理是：定子与转子之间偏心距的改变量（位移量），是通过检测弹簧的弹簧力与比例电磁铁的电磁力相比较与相平衡而得以控制的。电磁力大，则使摆杆逆时针方向摆动一角度，弹簧

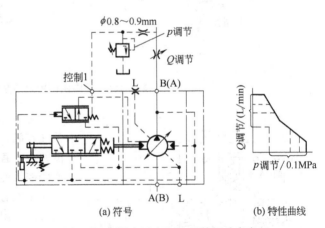

(a) 符号　　　　(b) 特性曲线

图 3-174　限定压力和流量的恒功率变量

力与电磁力不平衡，阀芯左移，偏心距增大，泵输出的流量也增大。泵的流量由输入比例电磁铁的电流大小进行比例控制。

⑨ 液压比例流量控制变量　这种变量控制方式如图 3-176 所示。其工作原理为：当从外部引入不同压力的控制油，作用在先导柱塞上，使摆杆逆或顺时针方向摆动，带动主阀芯向左或向

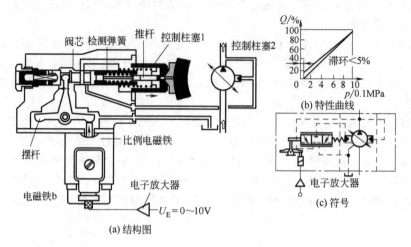

图 3-175　比例流量控制变量

右移动，偏心定子的机械位移反馈是通过控制油的不同压力产生与压力成比例的液压力与弹簧力相平衡，而对泵进行变量的。

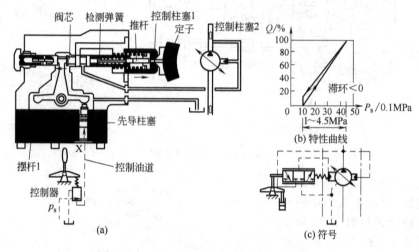

图 3-176　液压比例流量控制变量

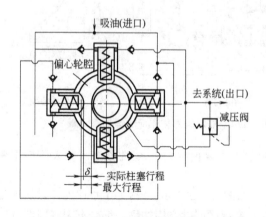

图 3-177　力调节方式变量的原理图

⑩　力调节变量　如图 3-177 所示的弹簧回程的柱塞副，利用弹簧的弹力随行程的变化而变化的特点，通过调节减压阀的出口压力，使进入偏心轮腔的油液压力大小得以控制和改变，此液压力作用在柱塞端面上，例如图中左边的柱塞。此液压作用力向左作用在柱塞右端面上，柱塞左边的弹簧回程力向右作用在柱塞上，当此两种力平衡时，柱塞右端面与偏心轮外径之间可留下一段间隔距离 δ。 调节减压阀出口压力值，可改变作用在柱塞右端面上液压力的大小，从而可改变 δ 大小，也就改变了柱塞的实际行程，从而对泵进行变量。

3.5.3 径向柱塞泵的结构

（1）RK系列径向柱塞泵

这是德州液压机具厂生产的一种径向柱塞泵，如图 3-178 所示，驱动轴 7 旋转带动偏心轮 9 和轴承 8 旋转，迫使柱塞 2 做上下往复运动。当柱塞向下运动时，压油单向阀 3 关闭，泵从打开的吸油单向阀 5 从油箱吸入油液；当柱塞向上运动时，吸油单向阀 5 关闭，压力油从打开的压油单向阀 3 向液压系统输出油液。这种泵有 7 个柱塞和 7 个柱塞孔，径向排列。

（2）轴配油的径向柱塞泵

这是常见的一种径向柱塞泵的结构，如图 3-179所示，电机带动泵轴 1 回转，通过十字联轴器 2 带动转子 3 回转，转子装在配油轴 4 上；分布在转子中的径向布置的柱塞 5，通过静压平衡的滑靴 6 紧贴在偏心安放的定子 7 上；柱塞和滑靴以球铰相连，并通过卡环锁定；2 个挡环 8 将滑靴卡在行程定子上。

当泵轴转动时，在离心力和液压力的作用下，滑块紧靠在定子上；由于定子偏心布置，柱塞做往复运动，每一个工作腔 a 的容积在跟随转子回转的过程中，容积由增大到缩小，进行压、吸油。柱塞往复行程为定子偏心距的两倍；定子的偏心距可由设置在泵体 12 的左右两边的大

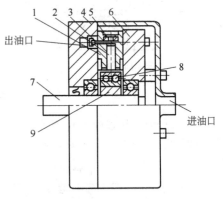

图 3-178　RK系列径向柱塞泵结构图
1—柱塞套；2—柱塞；3—压油阀；4—法兰板；5—吸油阀；6—压力板；7—驱动轴；8—轴承；9—偏心轮

小控制柱塞 9 和 10 进行控制和调节。调节方式如上所述，控制阀 11 安放位置如图中所示，油液的吸入和压出通过泵体和配油轴上的流道，并由配油轴上的吸、排油口控制；泵体内产生的液压力几乎完全被静压平衡的表面所吸收，所以支承传动轴的滚动轴承只受外力作用便可。

图 3-180（a）为径向柱塞泵和辅助泵（如齿轮泵）组成一体的例子，图（b）为两只径向柱塞泵单泵组成双联泵的结构。

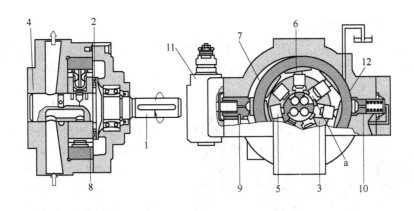

图 3-179　轴配油径向柱塞泵

（3）端面配油的径向柱塞泵

如图 3-181 所示，两配油盘布置在转子两侧，使轴向力得以平衡，定子和转子偏心设置，偏心距为 e。当转子随同泵轴一起回转时，柱塞在随转子顺时针方向旋转的同时，还在转子孔内做

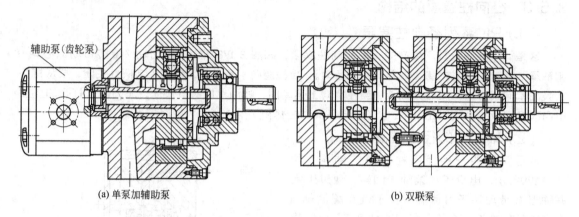

| (a) 单泵加辅助泵 | (b) 双联泵 |

图 3-180　辅助泵 + 柱塞泵的双联泵

往复运动，使每一工作容腔 V 的容积在下半圆的吸油窗口区域，容积逐渐增大，为吸油；在上半圆的压油窗口，容腔 V 的容积逐渐减小，为压排油。

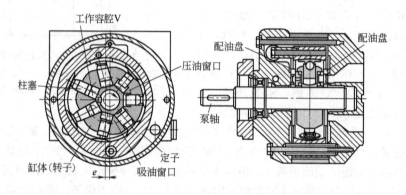

图 3-181　端面配油的径向柱塞泵

（4）力调节方式变量泵

如图 3-182 所示，这种泵是利用泵体内偏心轮腔压力的大小来控制柱塞有效行程大小进行变量的径向柱塞泵。其工作原理可参阅图 3-187 及图旁文字说明。泵内 8 个柱塞的吸、排油排口均采用座阀式单向阀作吸、排油阀，并使它们分别都汇集到环形的吸、排油通道中。从排油腔引入一股压力油，经减压阀减压后引入到偏心轮腔，产生的液压力作用在各柱塞的底部端面上，当此液压力与柱塞内的回程弹簧力相平衡时，柱塞脱离偏心轮不再内缩，即柱塞底部与偏心轮外周存在一小间隔，间隔的大小由减压阀所调节的出口压力大小所决定，将这种利用调节减压阀出口压力大小进行变量的方式叫力调节式变量泵。

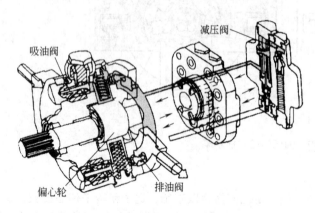

图 3-182　力调节方式变量泵

（5）钢球径向柱塞泵

如图 3-183 所示，这类泵用钢球作柱塞，配油轴配油，定子和转子偏心设置，转子旋转时，工作容腔 V 的容积逐渐增大或逐渐减小，进行压吸油。控制定子绕轴销的摆动角度大小，可改变偏心距 e 的大小，从而进行变量。这种泵结构简单，价格低廉，但目前均为低压，用在要求压力不高的如市政工程和园艺液压设备中。

（6）国产 JBZ 型径向变量柱塞泵

这种泵的柱塞排数有单排和双排两种，JBZ-01 型为单排，JBZ-02 型为双排。该泵的结构如图 3-184 所示，传动轴（偏心轴）1 由动源带动旋转，其偏心轴颈上装有双列向心球面轴承 13，并用轴用挡圈 17 将其定位，泵轴大端支承轴颈上装有轴承 14，其外圈安装在泵体 4 的中心孔内；泵轴小端支承轴颈上装有双列向心球面轴承 15，用弹性挡圈 18 轴向定位，轴承 15 的外径安装在泵盖 3 的中心孔中，泵盖内端面用螺钉 11 与泵体 4 紧固连接，外端面上由螺钉 12 固联有油封盖板 2，油封 16 用于泵轴的旋

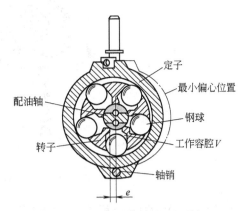

图 3-183　钢球柱塞的变量径向泵

转动密封，O 形圈 20 用于法兰盖板的端面静密封，泵体 4 上装有径向分布的 18 个柱塞 9，每只柱塞内均装有回程弹簧 19，其中 15 只柱塞各自与 15 组可调吸油阀 6 配合工作，另外 3 只则各自与 3 组常开吸油阀 10 配合工作，压油阀则由限位螺钉 7、阀座 8、钢球 24、弹簧 25 和垫圈 21 组成。图 3-185 为 JBZ-01 B 型泵的主要零件分解图，件号与图 3-184 相同。

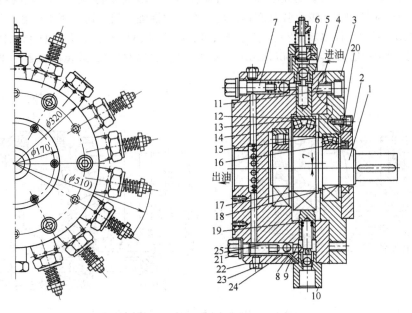

图 3-184　JBZ-O1B 型径向柱塞泵

1—传动轴；2—油封盖板；3—泵盖；4—泵体；5—垫片（有孔）；6—可调吸油阀总成；7—限位螺钉；
8—阀座；9—柱塞；10—常开吸油阀体；11—泵盖紧固螺钉；12—油封盖板压紧螺钉；13—双列调心
球面滚子轴承；14—单列短滚柱轴承；15—双列调心球面滚子轴承；16—旋转密封用油封；
17—轴用弹性挡圈；18—轴用弹性挡圈；19—柱塞回程弹簧；20—O 形圈；21—限位螺钉垫圈；
22—油塞堵垫片；23—油塞堵；24—钢球；25—压油阀用弹簧

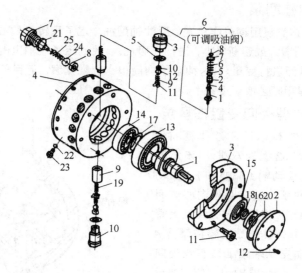

图 3-185　JBZ-O1B 型泵分解零件立体图

（7）BFW 型偏心直列式（曲柄连杆式）径向柱塞泵

这种泵的结构如图 3-186 所示。其工作原理也较简单，曲轴 1 上通过偏心套 2（3 个）和销轴 3（3 个）带动柱塞 4（3 个）在缸体 5 中做往复运动，改变 V 腔容积（变大或变小）而实现吸排油。吸油时，油液经下通道进入进油阀 6（销子限位）再到缸体 5 中。被挤压的油液顶开排油阀 7（螺钉限位）而输出。

这种泵由于驱动柱塞运动的偏心轴采用滑动轴承，所以承载能力大，寿命长，结构尺寸小；柱塞用销轴带动强制回程，较之弹簧回程，其工作可靠性强；同时这种泵密封容易解决，因而压力可达 40MPa；但由于柱塞数量少，不可能太多，因而流量脉动大；并且柱塞直径不能做得太大，因而流量范围只能是 2.5～100L/min；而且泵的自吸能力极差，须装在油面下 300mm 之下。

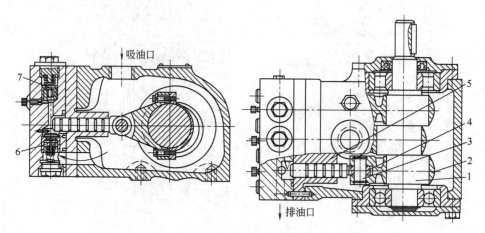

图 3-186　BFW-01 型曲柄连杆式柱塞泵

1—曲轴；2—偏心套；3—销轴；4—柱塞；5—缸体；6—进油阀；7—排油阀

3.5.4　径向柱塞泵的故障分析与排除

【故障 1】　不上油或输出的流量不够

① 参阅图 3-38 所示及图旁文字说明。

② 对于阀式配油的径向柱塞泵（如图 3-179 与图 3-182），则可能是吸排油单向阀有故障：当只要有一个钢球漏装或锥阀芯漏装，则吸不上油；当钢球（或锥阀芯）与阀座相接触处粘有污物，或者磨损有较深凹坑时，则可能吸不上油或者不能充分吸油造成输出流量不够。此时应拆修泵，漏装零件时，应补装上；对磨损严重的钢球，应予以更换；对于锥阀式吸排油阀可在小外圆磨床上，修磨阀芯锥面。

③ 变量控制阀的阀芯卡死。此时可拆开阀的端盖，用手移动变量控制阀的阀芯，看是否灵活，若被卡死不动，则应将操纵部分全部拆下清洗。

④ 滑块楔得过紧，偏心机构移动阻力大。滑块应保持适当间隙，使之移动灵活。

⑤ 变量机构的油缸控制柱塞磨损严重，间隙增大，密封失效，泄漏严重，使变量机构失灵。此时需：更换变量油缸的控制柱塞，保证装配间隙，防止密封失效产生泄漏。

⑥ 配油轴与衬套之间因磨损间隙增大，造成压吸油腔部分串腔，流量压力上不去。此时应修复配油轴和衬套，采用刷镀或电镀再配磨。衬套磨损拉毛严重时，必须更换。

⑦ 柱塞与转子配合间隙因磨损而增大，造成内泄漏增大，使泵的输出流量不够，压力也就上不去．此时应设法保证柱塞外圆与转子内孔的配合间隙。

⑧ 缸体上个别与柱塞配合的孔失圆或有锥度，或者因污物卡死，使柱塞不能在缸孔内灵活移动。此时拆修柱塞泵，并修复缸孔和柱塞外圆精度，并清洗装配，保证合适的装配间隙。

⑨ 辅助泵（齿轮泵）的故障，使控制主泵的控制油压力流量不够，主泵控制失灵。此时可参阅齿轮泵的故障与排除方法进行检查修理。

⑩ 对于各种变量方式的径向柱塞泵，出现无流量输出或输出流量不够的故障，主要要查明是什么原因导致定子和转子之间的偏心距，为何总处在最小偏心距状况下的原因。

【故障2】 径向柱塞泵出口压力调不上去

这一故障是指液压系统其他调压部分均无故障，而压力上不去出自径向柱塞泵。产生这一故障的原因和排除方法有以下几点。

① 上述故障1中泵流量上不去的故障，均会产生压力上不去的故障。

② 液压系统油温太高，泵的内泄漏量太大，使泵的容积效率下降，供给负载的流量便不够，那么就很难在满足负载压力下提供足够的负载流量，只有使泵压力降下来，因而泵压力上不去。此时应检查油温过高所产生的原因，加以排除。

③ 变量控制装置有故障。例如图 3-170 所示的恒压变量泵，当恒压阀的阀芯卡死在上端位置，或者恒压阀的弹簧折断及漏装，或者阀调节螺钉拧入的深度不够，均可能造成泵压上不去的故障，可在查明原因后做出处理。

径向柱塞泵的变量方式很多，弄明白要排除故障的泵到底是属于何种变量方式以及这种变量方式的工作原理怎样是排除故障的关键所在。

【故障3】 噪声过大，伴有振动，压力波动大

① 油面过低，吸油力大，造成吸油不足，吸进空气或产生气穴。此时应检查油面，清洗滤油器。

② 定子环内表面拉毛磨损，与柱塞接触时有径向窜动，导致流量压力脉动，产生噪声。此时可研磨修复定子环内表面，并修磨柱塞头部球面。

③ 内部其他零件损坏，可根据情况更换有关零件，例如轴承等。

④ 电机与泵轴不同心，应校正同心，同心度在 0.1mm 以内。

【故障4】 操纵机构失灵，不能改变流量及油流方向

① 用电磁阀控制的泵可能是电磁阀产生故障，使操纵机构动件失灵，此时应检查电磁阀。

② 变量控制阀阀芯卡死不动，拆下修理之。

③ 滑块楔紧，移动阻力大。滑块应保持适当间隙，使之灵活移动。

④ 齿轮泵（辅助泵）不上油。 压力上不来，可按3.2节修理好齿轮泵。

3.6 螺杆泵的使用与维修

螺杆泵具有流量脉动小，噪声低，振动小，寿命较长，机械效率高等突出优点，广泛应用在船舶（甲板机械、螺旋推进器的可变螺距控制）、载客用电梯、精密机床和水轮机调速等液压系统中。 还可用来抽送黏度较大的液体和其中带有软的悬浮颗粒的液体，因此在石油江业和食品工业中亦有应用。 但螺杆泵工艺难度高，限制了它的使用。

按螺杆数分有单螺杆、双螺杆、三螺杆泵；按用途分有液压用泵和输送用泵（例如在石油工业和食品工业中使用）。

3.6.1 单螺杆泵工作原理与结构

（1）工作原理

单螺杆泵由定子和转子组成。 一般，定子是用丁腈橡胶衬套浇铸粘接在钢体外套内而形成的一种腔体装置，定子内表面呈双螺旋曲面。 转子用合金钢的棒料经过精车、镀铬并抛光加工而成。 转子有空心转子和实心转子两种。 定子与转子以偏心距 e 偏心放置，与转子外表面相配合。 这样在转子和定子衬套间能形成多个密封腔室，以充满工作液体。 转子的转动能够使密封腔室连同其中的工作液体连续地沿轴向推移，并在推移过程中进行机械能和液压能的相互转化。转子的运转，将各个密封腔内的介质连续地、匀速地从吸入端传输到压出端［图3-187（a）］。单螺杆泵的工作原理如同丝杆螺母啮合传动［图3-187（b）、（c）］，此处当螺杆（丝杆）转动时，液体（相当于螺母）则将产生向上的轴向移动，将液体或夹杂有硬颗粒的混合液体泵出。

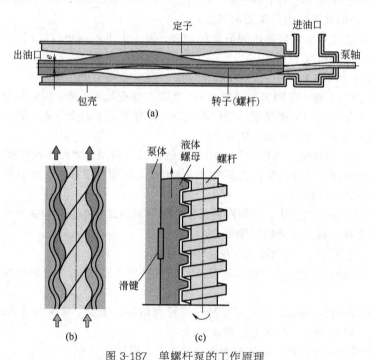

图 3-187　单螺杆泵的工作原理

（2）结构

单螺杆泵的结构，如图3-188所示，单螺杆泵的螺杆具有圆形的法向截面，套在由特种合成橡胶制成的外套中旋转，外套与螺杆偏心设置。 由于为橡胶螺套，即便液体中含有固体异物，也不会损伤螺纹面，所以单螺杆泵主要用作输送泵使用。 目前国外这种泵的流量（容量）为1～

2000L/min，最高工作压力为 1MPa 左右，能输送各种液体乃至带固体颗粒或黏稠的液体。

由于衬套是双头的，所以它的螺旋导程是转子导程的两倍。 这样，当螺杆与衬套互相啮合时，就会形成一个个轴向长度为 t 的封闭容腔，这些封闭容腔被螺杆与衬套的啮合线完全隔开，可见，单螺杆泵属密封型螺杆泵。

当螺杆以不大的偏心距 e 在衬套中啮合旋转时，螺杆与泵缸间与右端吸口相通的工作容积不断增大而吸入液体，然后与吸口隔离，沿轴向不断推移至排出端，转而再与左端排出口相通，该空间容积又不断减小而排出液体，因而泵得以吸排液体。

由于螺杆的中心线与泵缸的中心线存在一个偏心距 e， 因此在主动轴和螺杆之间必须加装万向轴。 为了保护万向轴的联结部分，使它不受工作液体的侵蚀，通常都在其上加挠性的保护套。

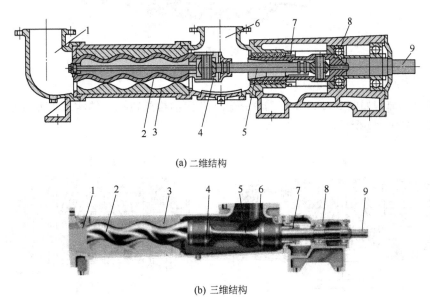

(a) 二维结构

(b) 三维结构

图 3-188　G 型单螺杆泵的结构
1—排出体；2—转子；3—定子；4—万向节；5—中间轴；
6—吸入室；7—轴密封；8—轴承座；9—输入轴

3.6.2　双螺杆泵的工作原理与结构

（1）工作原理

如图 3-189 所示，双螺杆泵与齿轮泵十分相似，主动螺杆转动，带动从动螺杆，液体被拦截在啮合室内，沿杆轴方向推进，然后被挤向中央油口排出。

双螺杆泵的流量可以做得很大，国外已有 10000L/min 的双螺杆泵产品，但由于出油侧和吸入侧之间还不能很好防止泄漏，使用压力多限于低压（3MPa 以下）。 其用途主要做输送泵用，也有少量的做低压液压泵使用。

双螺杆泵一般由两根形状相同的方形螺牙、双头螺纹的螺杆组成。 它是一种非密封型螺杆泵，工作压力不高。 每根螺杆的螺牙都做成左右对称的左、右螺纹。 从而实现两侧吸入、中间排出的双吸结构，使轴向力得到基本平衡，否则需加装平衡轴向力的液力平衡装置。

双螺杆泵由于不满足传动条件，因此两螺杆间依靠一对同步齿轮进行扭矩的传递，以增加传动时的平稳性。 故主动和从动螺杆彼此不直接接触，两根螺杆间及螺杆与泵体之间的间隙靠同步齿轮和轴承来保证，磨损小，不必设可备更换的缸套。

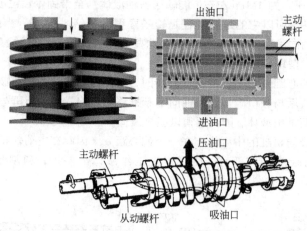

图 3-189 双螺杆泵的工作原理

（2）结构

双螺杆泵的结构如图 3-190（a）、（b）所示，分为结构外置轴承结构和内置轴承结构，其具体实例见图 3-190（c）所示。

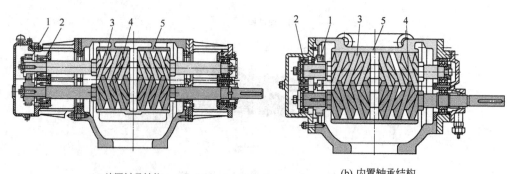

(a) 外置轴承结构　　　　　　　　　　　　　　(b) 内置轴承结构

1—同步齿轮；2—轴承；3—从动齿轮；4—主动齿轮；5—泵体

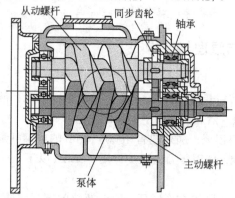

(c) IMO 公司内置轴承的双螺杆泵结构

图 3-190 双螺杆泵的结构

3.6.3 三螺杆泵的工作原理与结构

注意，只有三螺杆泵才做为液压系统中的动力元件使用。

（1）工作原理

在垂直于轴线的剖面内，主动螺杆和从动螺杆的齿形由几对摆线共轭曲线所组成。 螺杆的啮合线把主动螺杆和从动螺杆的螺旋槽分割成若干密闭容积。 当主动螺杆旋转时，即带动从动螺杆旋转。 由于三根螺杆的螺纹是相互啮合的，因此，随着空间啮合曲线的移动，密闭容积就沿着轴向移动。 主动螺杆每转一周，各密闭容积就移动一个导程（双头螺杆时为两个螺距之和）的距离。 在吸油腔一端，密闭容积逐渐增大，完成吸油过程；在压油腔一端，密闭容积逐渐减小，完成压油过程（图 3-191）。

螺杆泵轴向尺寸比较长，这是因为外套长度至少应盖住一个螺杆的导程 T（往往多个），外套内壁与三螺杆的齿顶圆构成径向间隙密封，互相啮合的螺旋面上的接触线构成轴向密封。 但由于制造误差，径向密封和轴向密封均较难实现，所以螺杆泵的容积效率不高。 三螺杆泵在工作时，主动螺杆受到的径向液压力和从动螺杆的啮合反力可以互相平衡，但从动螺杆仅单侧承受主动螺杆的驱动力，两侧受到的液压力也不相等，其径向力是不平衡的。 这一般从设计上适当选择好主、从螺杆的直径比例及从动螺杆的凹螺线截面尺寸，可以利用液压力产生的转矩使从动螺杆自行旋转而卸去大部分机械驱动力，通过适当限制每一个导程级所建立的压差，也可将从动螺杆的径向力控制在合理范围内。

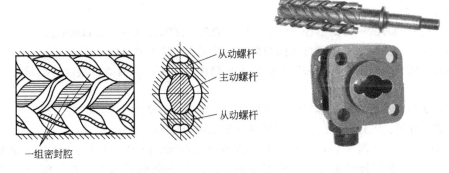

从动螺杆
主动螺杆
从动螺杆

一组密封腔

图 3-191 三螺杆泵的工作原理

（2）结构

图 3-192 所示为瑞典依莫（IMO）公司的三螺杆泵结构，泵常用工作压力可达 21 MPa，个别品种可达 35～40MPa，转数为 1500～5000r/min，每转排量 1.7～8570cm³/r，噪声不大于 70dB。主要用于精密机床，载客用电梯液压系统以及船舶甲板机械、石油工业和食品工业中。

螺杆泵中工作介质的压力沿轴线逐渐升高，这一压差对螺杆副产生一个由排油腔指向吸油腔的轴向推力，它将使螺杆间的摩擦力增大，加剧磨损，为补偿轴向力，三螺杆泵中采取了以下措施：①将排油腔设置在主动螺杆轴伸端一侧（右侧），这样可减小工作油液压力对螺杆的作用面积；② 在排油腔侧——泵的轴伸端处设置一直径较大的轴向力平衡圆盘，此盘与外壳内壁构成间隙密封，这样轴向力平衡圆盘左边受排油腔压力油作用，平衡圆盘右边被隔成了卸荷腔，这样作用到平衡圆盘左右两侧的压差产生的液压力可抵消主动螺杆上所受到的大部分轴向力；③ 将排油腔的压力油通过主动螺杆中心通道引到螺杆左端轴承后腔内，平衡衬套隔开

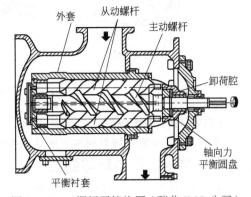

外套
从动螺杆
主动螺杆

卸荷腔

轴向力
平衡圆盘

平衡衬套

图 3-192 三螺杆泵结构图（瑞典 IMO 公司）

轴承后腔与泵吸油腔，这样在轴承后腔形成压力油腔，产生一部分向右推力。即在从动螺杆上仍保留一小部分向右推力（轴向力），以保证啮合线上的压紧密封。主动螺杆上最后剩余的轴向力由设在吸油腔一侧的推力轴承平衡。

3.6.4 故障分析与排除

【故障1】 输出流量不够，压力也上不去

① 产生原因

a. 主动螺杆外圆与泵体孔的配合间隙因磨损而增大。

b. 从动螺杆外圆与原体孔的配合间隙因加工不好或使用磨损而增大（图 3-193）。

c. 主动螺杆凸头与从动螺杆凹槽共轭齿廓啮合线的啮合间隙因加工或使用磨损间隙增大，严重影响输出流量的大小。

d. 主动螺杆顶圆与从动螺杆根圆，从动螺杆外圆与主动螺杆根圆啮合线的啮合间隙。

e. 其他原因。电机转速不够（因功率选得不够），吸油不畅（如滤油器堵塞、油箱中油液不足、进油管漏气等）。

f. 三根螺杆啮合中心与泵体三孔中心存在偏差，从而使三根螺杆在泵体三孔内的啮合处于不对称状态，即一边啮合紧，一边啮合松，紧的一边啮合型面咬死，而松的一边则泄漏明显增大。

② 排除方法

a. 采用刷镀的方法保证主螺杆外圆与泵体孔的配合间隙在 0.03 ~ 0.05mm 内。

b. 用刷镀的方法保证从动螺杆外圆与泵体孔的配合间隙在 0.03 ~ 0.04mm 内，或者换新。

c. 用三根螺杆对研跑合的方法提高螺杆齿形精度，并保证三根螺杆啮合开挡尺寸在规定的公差范围内。

d. 用刷镀的方法保证三根螺杆啮合开挡尺寸在规定的公差范围内。

e. 清洗滤油器，防止吸空。若电机功率不足应加大功率。

f. 泵体内三孔（见图 3-193）中心不对称度应在 0.02mm 以内，并且将泵体的主动螺杆做成上偏差（H7），主动螺杆外圆（g6）做成下偏差，这样主动螺杆与泵体孔的配合间隙保证在 0.03 ~ 0.05mm 的范围内，这样可使主动螺杆在泵体孔内自由校正与两从动螺杆的啮合间隙达到对称，即不会产生一边啮合紧，一边啮合松而泄漏很大，造成流量不够的现象。

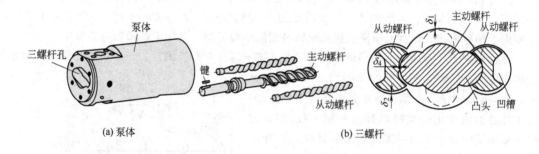

(a) 泵体　　　　　　　　　(b) 三螺杆

图 3-193　三螺杆泵的故障排查部位

【故障2】 油封漏油

产生原因和排除方法参阅本手册 3.2 节中"齿轮泵的故障排查中的故障7"。

3.6.5 装拆操作步骤与要领

以图 3-194 所示 IMO 公司产的三螺杆泵结构为例，说明其操作步骤与要领。

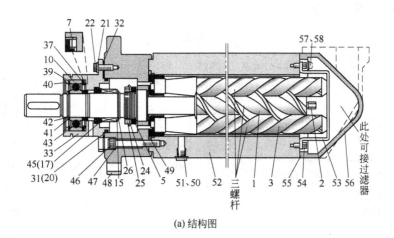

(a) 结构图

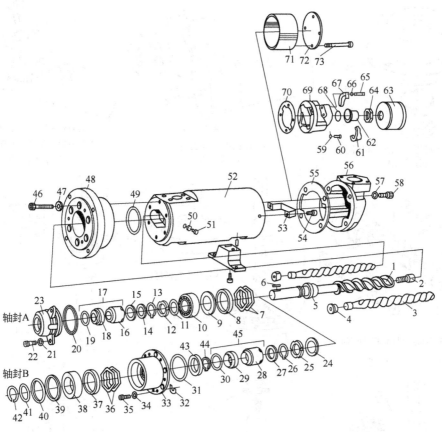

(b) 爆炸图

图 3-194　IMO 公司产的三螺杆泵

1—主动螺杆；2, 22, 35, 46, 54, 58, 60, 65, 73—螺钉；3—从动螺杆；4—平衡套；5—平衡垫；
6—键；7, 36—弹簧垫；8, 15, 27, 30, 41, 43, 55—垫；9—填隙片；10, 38—球轴承；11—防松圈；
12—锁母或卡簧；13—卡环；14, 21, 24, 34, 37, 39, 47, 50, 57, 66—垫圈；16—密封组件；
17～19—泵密封组件；20, 31, 49, 68—O 形圈；23, 33—盖；25, 64—锁母；26, 40, 42, 44—卡簧；
28—密封组件；29—套；32—开口垫；45—泵轴封组件；48—泵前盖；51—塞；52—泵体；
53—支板；56—密封室；59—小垫圈；61, 67—剖分法兰；62—焊接接头体；63—过滤器；
69—密封室；70—密封垫；71—滤网；72—垫板

（1）拆卸（图 3-195）

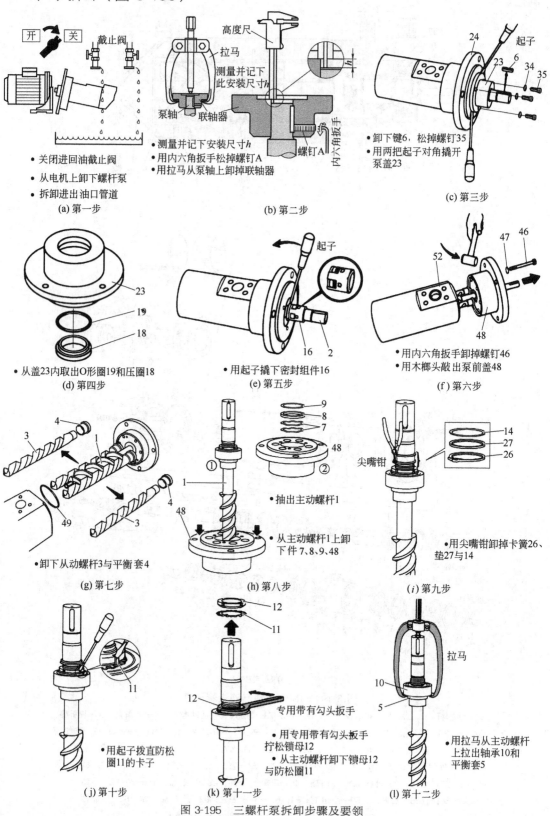

(a) 第一步

- 关闭进回油截止阀
- 从电机上卸下螺杆泵
- 拆卸进出油口管道

(b) 第二步

- 测量并记下安装尺寸h
- 用内六角扳手松掉螺钉A
- 用拉马从泵轴上卸掉联轴器

(c) 第三步

- 卸下键6，松掉螺钉35
- 用两把起子对角撬开泵盖23

(d) 第四步

- 从盖23内取出O形圈19和压圈18

(e) 第五步

- 用起子撬下密封组件16

(f) 第六步

- 用内六角扳手卸掉螺钉46
- 用木榔头敲出泵前盖48

(g) 第七步

- 卸下从动螺杆3与平衡套4

(h) 第八步

- 抽出主动螺杆1
- 从主动螺杆1上卸下件7、8、9、48

(i) 第九步

- 用尖嘴钳卸掉卡簧26、垫27与14

(j) 第十步

- 用起子拨直防松圈11的卡子

(k) 第十一步

- 用专用带有勾头扳手拧松锁母12
- 从主动螺杆卸下锁母12与防松圈11

(l) 第十二步

- 用拉马从主动螺杆上拉出轴承10和平衡套5

图 3-195　三螺杆泵拆卸步骤及要领

（2）装配（图 3-196）

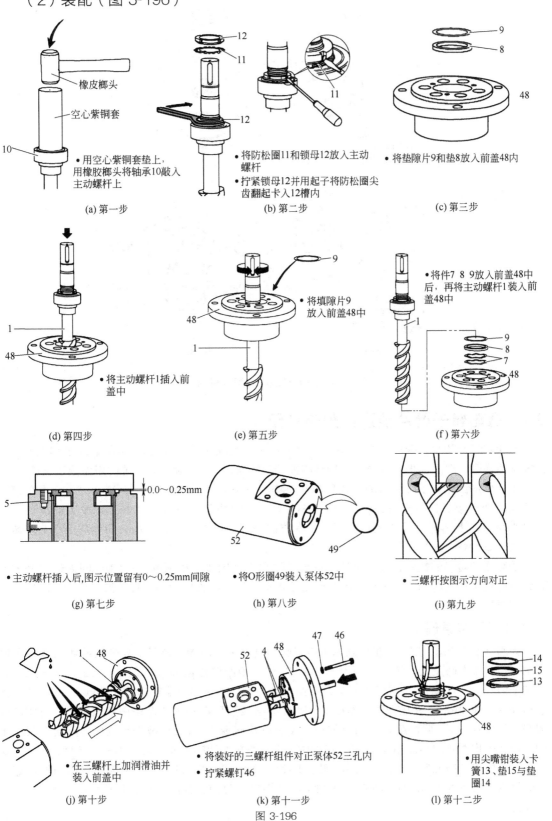

（a）第一步

橡皮榔头

空心紫铜套

10

• 用空心紫铜套垫上，用橡胶榔头将轴承10敲入主动螺杆上

（b）第二步

12
11
12

• 将防松圈11和锁母12放入主动螺杆
• 拧紧锁母12并用起子将防松圈尖齿翻起卡入12槽内

11

（c）第三步

9
8
48

• 将垫隙片9和垫8放入前盖48内

（d）第四步

1
48

• 将主动螺杆1插入前盖中

（e）第五步

9
48
1

• 将填隙片9放入前盖48中

（f）第六步

1
9
8
7
48

• 将件7 8 9放入前盖48中后，再将主动螺杆1装入前盖48中

（g）第七步

5
0.0～0.25mm

• 主动螺杆插入后,图示位置留有0～0.25mm间隙

（h）第八步

52
49

• 将O形圈49装入泵体52中

（i）第九步

• 三螺杆按图示方向对正

（j）第十步

1 48

• 在三螺杆上加润滑油并装入前盖中

（k）第十一步

52 4 48 47 46

• 将装好的三螺杆组件对正泵体52三孔内
• 拧紧螺钉46

（l）第十二步

14
15
13
48

• 用尖嘴钳装入卡簧13、垫15与垫圈14

图 3-196

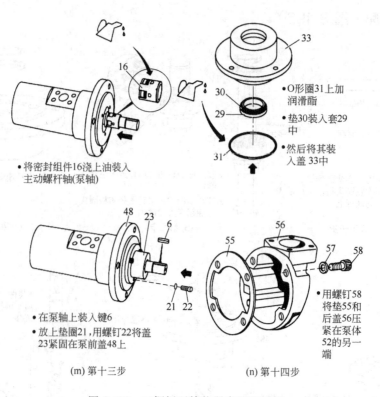

• 将密封组件16浇上油装入
  主动螺杆轴(泵轴)

• O形圈31上加
  润滑酯
• 垫30装入套29
  中
• 然后将其装
  入盖33中

• 在泵轴上装入键6
• 放上垫圈21,用螺钉22将盖
  23紧固在泵前盖48上

• 用螺钉58
  将垫55和
  后盖56压
  紧在泵体
  52的另一
  端

(m) 第十三步　　　　　　　　　　　(n) 第十四步

图 3-196　三螺杆泵的装配步骤及要领

3.7　凸轮转子叶片泵及其故障排除

凸轮转子叶片泵,国外是在 1948～1952 年相继研制成功的,后经 20 余年的改进和完善,其性能不断提高,现已逐步发展成为一种结构独特、低噪声、长寿命、高性能的新型液压泵。

国外生产凸轮转子叶片泵的主要品种有:德国 Rexroth 公司的 V2（$IPF_2 V_2$）型、日本东京计器公司的 SQP 型、日本丰兴公司的 HVP- FC1 型、日本油研公司的 50T 型、美国 Vikers 公司的 V- 105 型等, 另外日本帝人制机公司、日本纺锭公司与日本スピントル公司等均生产凸轮转子叶片泵（如 4P061 型）。

按照凸轮转子的数量,可分为单凸轮转子型和双凸轮转子型两种。 目前,国内外生产的凸轮转子叶片泵多为双凸轮转子型,因为双凸轮转子型的输出流量的均匀性（流量脉动）比单凸轮转子型要好。

3.7.1　工作原理

如图 3-197 所示,定子（兼作泵体）内表面为圆柱面,凸轮（转子）外表面曲线与双作用叶片泵相似:即由两段大圆弧 R_1、两段小圆弧 R_2 和四段凸轮过渡曲线所组成。 凸轮转子长径 R_1 和定子内孔为滑动配合。 定子上对向开有两个叶片槽,槽内装有能径向滑动的叶片。 叶片根部通压油腔（排油腔）,在压力油的作用下,叶片顶部被紧压在转子的凸轮曲线表面上,将压油腔和吸油腔隔开,压、吸油腔分别和泵的压、吸油口相连通。 当泵轴被带动旋转,固连在泵轴上的凸轮转子也跟着旋转。 在转子旋转过程中,由于凸轮曲面的矢径变化,图中由叶片、转子、定子和泵盖围成的吸油腔 a（两个）的密闭容积逐渐增大,形成局部真空,从吸油口由与油箱连通的吸油管内吸进油液,a 为吸油腔;同样图中 b 腔在转子旋转过程中容积逐渐缩小,压出油液,b 为压油腔。

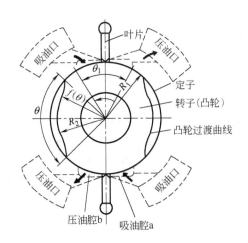

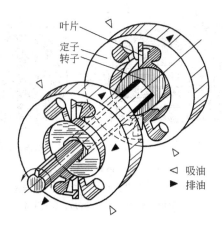

◁ 吸油
▶ 排油

图 3-197　单凸轮转子叶片泵的工作原理

图 3-198 为双凸轮转子叶片泵工作原理图。 这种泵除了由两个互成 90° 的凸轮转子（图中实线、虚线各表示一个），其余工作原理与上述图中的完全相同。 实际上单凸轮转子叶片泵相当于普通叶片泵中的单级泵，双凸轮转子叶片泵相当于普通叶片泵中的双联泵，而且双凸轮转子叶片泵共用同一吸油管和同一排油管。

由上可知，凸轮转子叶片泵的定转子结构与普通叶片泵相反：叶片装在定子的槽内，而控制叶片径向运动的曲面（滑道）则设在转子的外表面上。 它们与普通叶片泵的区别还在于转子的大半径圆柱面和定子圆形内孔是精密配合的，并参与工作容腔的密封。

凸轮转子型叶片泵的工作原理有别于一般叶片泵，而接近于柱塞泵。 对一般叶片泵和齿轮泵来说，在运转过程中，高压工作腔和低压工作腔是固定不变的，也就是说，一般叶片泵和齿轮泵中的压油腔和吸油腔取决于泵的转动方向，由转动方向决定哪一个油腔是高压工作腔，哪一个油腔是低压工作腔。 而在凸轮转子叶片泵和柱塞泵中，所有的油腔，在某一时间是低压吸油腔，在下一时间将成为高压排油腔，工作过程中迅速变化着。

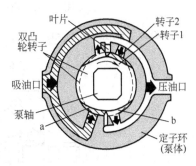

图 3-198　双凸轮转子叶片泵的工作原理

凸轮转子叶片泵一般为双作用，且只能制成定量泵。

3.7.2 结构

（1）双凸轮转子叶片泵

如图 3-199 所示，两个凸轮转子 6 按凸轮曲线错开 90° 装于泵轴 1 上，并分别套装在两个定子环 3 内，两定子环之间用隔板 5 隔开。 在定子上相应位置处分别有两个吸油口和压油口。 每个定子环上都加工有两个直槽，彼此相隔 180°。 槽内装有能径向滑动的叶片 7，在压油口压力油的作用下，叶片被压在凸轮转子的凸轮曲线表面上。 弹簧 8 的作用是保证在输出压力为零时，仍然可将叶片压在转子上，起到隔开压油腔和吸油腔的目的，提高启动和无负载运转时的性能。 由于两个转子互为 90° 安装，弹簧 8 可绕支点摆动，总是可将两个叶片压紧。 每个转子转一圈有两次这样的变化：零输出 $\xrightarrow{\text{增加}}$ 最大输出 $\xrightarrow{\text{减少}}$ 零输出，因两个转子互为 90°，故输出流量经常保持一定，其流量与转角的关系如图 3-200 所示。

由于转子和叶片均处于液压平衡状态，故轴承、叶片及转子磨损小，噪声低。

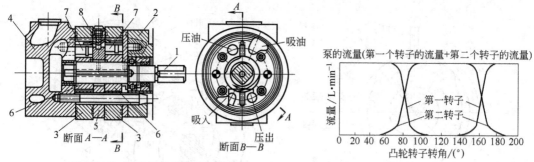

图 3-199　双凸轮转子叶片泵结构
1—泵轴；2—泵前盖；3—定子环；4—泵后盖；
5—隔板；6—泵芯；7—叶片；8—弹簧

图 3-200　凸轮转子型叶片泵流量与转角的关系

图 3-201 为日本住友重机公司另一种结构形式的双凸轮转子叶片泵。

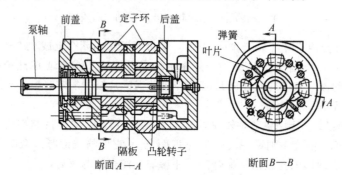

图 3-201　双凸轮转子叶片泵（日本住友重机公司）

图 3-202 为 Sauer-Sundstrand 公司的一种双凸轮转子叶片泵的结构。

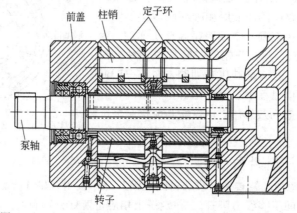

图 3-202　Sauer-Sundstrand 公司的一种双凸轮转子叶片泵

（2）单凸轮转子叶片泵

图 3-203 为单凸轮转子型叶片泵结构图例。 图 3-203（a）所示的结构采用了六等分多边形的凸轮转子，定子环泵体上均布有 4 个叶片槽，槽内均装有能作径向滑动的叶片。 叶片在弹簧 4 和压力油的作用下压在凸轮转子，并将各自的吸油腔和压油腔隔开，然后通过泵盖 5 上的孔将各个压油口和吸油口通过内部流道汇总连接起来，构成一个总吸油口和总压油口与外界连接，实现吸、压油。

图 3-203（b）中的凸轮转子为三边形凸轮曲线，两个叶片在半圆形弹簧 4 的作用下压在凸轮转子上，由于凸轮为奇数，存在径向力不平衡的问题，故一般用于中低压。

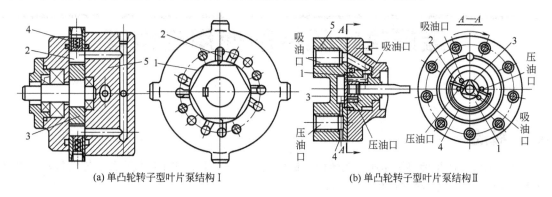

(a) 单凸轮转子型叶片泵结构 I   (b) 单凸轮转子型叶片泵结构 II

图 3-203 单凸轮转子型叶片泵结构
1—定子环（泵体）；2—叶片；3—凸轮转子；4—弹簧；5—泵盖

3.7.3 故障分析与排除

【故障 1】 输出流量不够，或者根本不上油

产生原因如下。

① 叶片因污物毛刺卡死在定子环内，未能伸出，造成压、吸油 腔窜腔，不上油。

② 叶片顶部因油中污物磨损拉毛。

③ 转子内曲线表面因污物拉毛，造成叶片与转子曲线表面之间因不能密封而产生内泄漏，输出流量不够。

④ 转子端面与隔板相对滑动接触面因污物造成磨损拉毛，或者因转子内孔与端面不垂直造成与隔板接触面单边磨损，使内泄漏量增大，输出流量不够。

⑤ 吸油管裸露在油箱油面以上的部分不密封进气，造成泵的有效吸入量减少，并发出噪声、严重不密封时吸不上油。

⑥ 滤油器堵塞吸进空气。

排除方法如下。

① 拆修凸轮转子泵，消除叶片卡死现象。

② 用金相砂纸砂磨转子轴外周的拉毛曲线表面部位。

③ 油液不干净时必须换油，换油前先应将转子泵内部清洗干净。

④ 将转子装在泵轴上，检查转子端面的跳动情况，不良者予以修磨，转子端面磨去多少尺寸，定子环厚度也应减小多少尺寸，否则因轴向间隙太大，会造成内泄漏量大而输出流量不足。

⑤ 研磨隔板端面和前、后盖拉毛端面，使之能密合。

⑥ 检查泵吸油管路的密封情况，不良者予以排除。

⑦ 清洗滤油器。

【故障 2】 压力不上去，或者根本无压力

这有泵的原因，也有系统的其他原因。

① 上述输出流量不够，或者根本不上油，也是压力不上去，或者根本无压力的原因。 可参照上述情况予以排除。

② 出自系统的其他原因则可参阅本书其他部分的内容。

第 4 章
液压执行元件的使用与维修

4.1 概述

液压执行元件是指将液体压力能转换为机械能的液压装置，产生往复直线、连续旋转或者往复摆动等运动，并进行做功的液压元件。

实现连续旋转运动的液压执行元件称为液压马达，实现直线往复运动的液压执行元件称为液压缸；而完成往复回转（摆动）运动的叫摆动式执行元件（摆动液压马达，摆动液压缸）。

4.1.1 液压缸的分类、主要技术参数与计算

（1）液压缸的分类

液压缸的分类如图 4-1 所示。

液压缸 { 单作用：活塞式、柱塞式、伸缩式
双作用：活塞式（单杆与双杆）、柱塞式、伸缩式
组合式：串联式、增压式、多位式

图 4-1　液压缸的分类

（2）液压缸的主要技术参数与计算

① 流量 Q 与活塞的运动速度 v　单位时间内进入液压缸缸体（缸筒）内的油液体积，称为流量；单位时间内压力油液推动活塞（或柱塞）移动的距离，叫运动速度。

② 压力 p 与推力（或拉力）F　油液作用在单位面积上的压强 $p = F/A$，叫压力；压力油液作用在活塞（或柱塞）上产生的液压力，叫推力。

③ 功 W 和功率 N　液压缸所做的功 $W = FS$（S 为活塞行程）；功率 $N = Fv = pQ$。

④ 压力、流量、推力和运动速度之间的关系计算

a. 双活塞杆双作用液压缸的计算。　双活塞杆液压缸的活塞两端都带有活塞杆，分为缸体固定和活塞杆固定两种安装形式，如图 4-2 所示。

双活塞杆液压缸的两活塞杆直径相等（或不相等），所以当输入流量 Q 和油液压力不变时，其往返运动速度和推力相等（或不相等）。

输入液压缸的流量 Q 是由活塞有效面积 A 和所要求的活塞杆运动速度 v 确定的，故有

$$Q = \frac{Av\,\eta_v}{10} = \frac{(D^2 - d^2)\,v\,\eta_v}{40}$$

$$v = \frac{40Q}{\pi\,(D^2 - d^2)}$$

活塞杆的推力（或拉力）可由油缸两腔的压力差来求出：

$$F = 10\,(P_1 - P_2)\,A\,\eta_m = 10\pi\,(D^2 - d^2)\,(P_1 - P_2)\,\eta_m$$

式中　Q——输入液压缸的流量，L/mim；

　　　A——活塞有效工作面积，cm²；

　　　V——活塞的运动速度，m/min；

　P₁，P₂——分别为缸的进、回油压力，bar；

　D，d——分别为活塞直径和活塞杆直径，cm；

　η_v，η_m——分别为缸的容积效率和机械效率。

这种液压缸常用于要求往返运动速度相同的场合。以上为缸体固定，活塞杆运动的各项基本计算公式，若为活塞杆固定而缸体运动，同样可推导出类似的基本公式。

注意图中同样是左边进油，缸体固定和活塞杆固定时运动方向的区别。

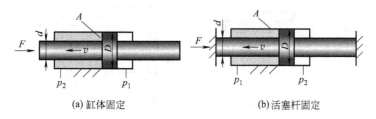

(a) 缸体固定　　　　　　　　(b) 活塞杆固定

图 4-2　双活塞杆液压缸活塞运动速度与牵引力的计算

b. 单活塞杆双作用液压缸的计算。活塞仅有一端带有活塞杆，两个进出油口，所以单活塞杆液压缸两腔有效面积 $A_1 \neq A_2$，如果分别由两油口进入相同流量油液，活塞两个方向的运动速度和输出力（推力）是不相等的。其简图及油路连接方式如图 4-3 所示。

当无杆腔进油时，活塞的运动速度 V_1 和推力 F_1 分别为 [图 4-3（a）]：

$$Q = A_1 V_1 = \pi D^2 V_1$$

$$V_1 = Q/A_1 = 40Q/\pi D^2$$

$$F_1 = P_1 A_1 - P_2 A_2 = 10\pi [P_1 D^2 - P_2(D^2 - d^2)]/4 = 10\pi [D^2(P_1 - P_2) + d^2 P_2]/4$$

当有杆腔进油（设 $Q = Q'$）时，活塞的运动速度 V_2 和推力 F_2 分别为：

$$V_2 = Q'/A_2 = 40Q/\pi (D^2 - d^2)$$

$$F_2 = P_2 A_2 - P_1 A_1 = 10\pi [P_2(D^2 - d^2) - P_1 D^2]/4 = 10\pi [(P_2 - P_1)D^2 - P_2 d^2]/4$$

比较上述各式，可以看出：$V_2 > V_1$，$F_1 > F_2$；液压缸往复运动时的速度比为：

$$V_1/V_2 = (D^2 - d^2)/D^2 = 1 - d^2/D^2$$

上式表明：当活塞杆直径愈小时，速度比接近 1，在两个方向上的速度差值就愈小。

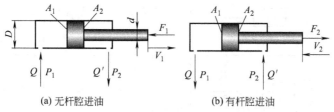

(a) 无杆腔进油　　　　　　　　(b) 有杆腔进油

图 4-3　单活塞杆双作用液压缸

c. 单活塞杆双作用液压缸的差动连接（差动缸）的计算。当单活塞杆双作用液压缸两腔同时通入压力油时，由于无杆腔的有效作用面积大于有杆腔的有效作用面积，使得活塞向右的作用力大于向左的作用力，因此，活塞向右运动，活塞杆向外伸出；与此同时，又将有杆腔的油液挤出，使其流进无杆腔，从而加快了活塞杆的伸出速度，单活塞杆液压缸的这种连接方式被称为差动连接，或叫差动缸（图 4-4）。

$$V_3 = (Q + Q')/A_1 = 40 [Q + \pi (D^2 - d^2) V_3]/\pi D^2$$

整理后活塞的运动速度 V_3 得：

$$V_3 = 40Q/\pi d^2$$

式中　Q，Q'——分别表示从无杆腔进入（或流出）和从有杆腔流出（或进入）的流量，L/min；

　　　A_1，A_2——活塞和活塞杆有效工作面积，cm²；

　　　　　V_3——活塞的运动速度，m/min；

　　P_1，P_2——分别为缸的进、回油压力，bar；

　　　D，d——分别为活塞直径和活塞杆直径，cm。

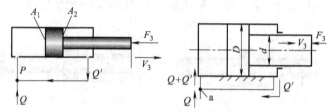

图 4-4　液压缸的差动连接

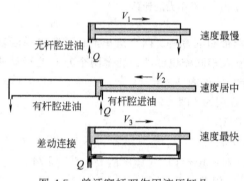

图 4-5　单活塞杆双作用液压缸几
种情况下的运动速度比较

差动连接时，液压缸的有效作用面积是活塞杆的横截面积，运动速度比无杆腔进油时的大，而输出力则较小。

从上面的分析可以看出，差动连接是在不增加液压泵容量和功率的条件下，实现快速运动的有效办法。

如图 4-5 所示单活塞杆双作用液压缸在无杆腔进油、有杆腔进油与差动连接时，如果进入缸的流量 Q 相同，得到的运动速度是不相同的，即 $V_3 > V_2 > V_1$。

d. 液压缸的运动参数与动力参数的计算汇总（表 4-1）

表 4-1　液压缸的运动参数与动力参数的计算汇总表

类　　型			符　　号	正向速度、负载	反向速度、负载
活塞缸	单杆	非差动缸 单作用		推力速度 $F_1 = A_1 P \eta_m$ $V_1 = \dfrac{q \eta_v}{A_1}$	无
		双作用		$F_1 = (AP_1 - A_2 P_2) \eta_m$ $V_1 = \dfrac{q \eta_v}{A_1}$	$F_2 = (A_2 P_1 - A_1 P_2) \eta_m$ $V_2 = \dfrac{q \eta_v}{A_2}$
		差动缸		$F_3 = (A_1 - A_2) P_1 \eta_m$ $V_3 = \dfrac{q \eta_v}{A_1 - A_2}$	反向不差动，同上

类型		符号	正向速度、负载	反向速度、负载
活塞缸	双杆 缸体固定		$F_1 = (P_1 - P_2) A_1 \eta_m$ $V_1 = \dfrac{q \, \eta_v}{A_1}$	$F_1 = F_2$ $V_1 = V_2$
	双杆 活塞杆固定		同缸体固定	同缸体固定

e. 柱塞缸（柱塞式液压缸）的计算。 例如图 4-6 中，柱塞缸柱塞运动，缸筒固定，压力为 p 流量为 Q 的压力油通入柱塞缸中，柱塞外径为 d，柱塞缸所产生的推力 F 和运动速度 v 为：

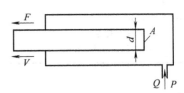

图 4-6　柱塞式液压缸的计算

$$v = Q/A = 4q/(\pi d^2) \quad F = pA = p\pi d^2/4$$

推力：$F = PA \eta_m = \pi d^2 P \eta_m/4$

输出速度：$V = 4Q \eta_v/\pi d^2$

f. 活塞杆的纵向弯曲强度。 在液压缸的活塞杆直径与液压缸安装长度之比为 1：10 以上时，除了压缩形变外。 最大的问题是弯曲，然而液压缸并非一简单细长杆，受很多因素制约，使其不能原封不动地应用材料力学中的有关公式，一般公认的公式为欧拉公式和拉金公式。 此处列举下述在不同支承条件下不发生纵向弯曲时活塞杆的最大许用行程的计算公式、受弯曲强度限制之最大行程的计算使用查表方法，从表 4-2 中求出末端系数 n。

例　液压缸内径 100mm、活塞杆径 56mm，固定形式 TC 型，使用压力为 8MPa 时求最大行程。

表 4-2　活塞杆末端系数

固定形式	使用条件	末端系数 n	固定形式	使用条件	末端系数 n
LA 型 LB 型		1/4	FB 型 FD 型		1/4
		2			2
		4			4

固定形式	使 用 条 件	末端系数 n	固定形式	使 用 条 件	末端系数 n
FA 型 FC 型	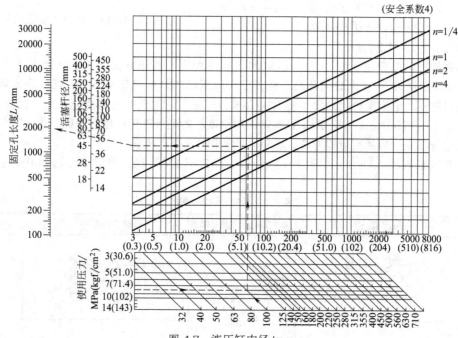	1/4	TA 型		
		2	TC 型		1
		4	CA 型 CB 型		

$S = L - L_0$

S—行程，mm

L—伸长时固定孔距，mm

L_0—缩回时固定孔距，mm

L_0 的尺寸需要参考各类液压缸外观尺寸与前端接头的尺寸

图 4-7　液压缸内径/mm

从表 4-2 得：n = 1

从图 4-7 得：L ≈ 1980

从外形尺寸及前端接头尺寸得：

$$L_0 = (156 + 145) + \frac{S}{2}$$

因此　　　　　　　　$$S = L - L_0 = 1980 - \left[(156 + 145) + \frac{S}{2} \right]$$

从而　　　　　　　　　　$$S \approx 1120 \, (\text{mm})$$

4.1.2 液压马达的分类、主要技术参数与计算

液压马达是指输出旋转运动、将液压泵提供的液压能转变为机械能的液压元件，液压马达亦称为油马达，主要应用于工程机械、注塑机械、船舶、卷扬机等。

（1）液压马达的分类

液压马达的分类见图 4-8、表 4-3 与表 4-4。

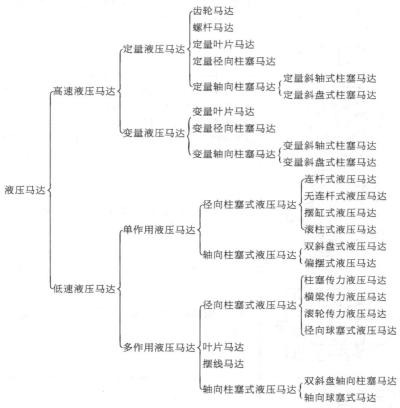

图 4-8 液压马达的分类

① 高速液压马达的分类及特点（表 4-3）

表 4-3 高速液压马达的分类及特点

分类		示意图	特点
齿轮式	外啮合式		结构与齿轮泵几乎相同。构造简单，抗污染能力强，价格低廉，但泄封量大，扭矩变化大。轴承承载大而寿命缩短
	摆线内啮合式		结构几乎与内外转子式摆线泵一样。工作时内外转子之间径向啮合旋转，齿面滑动速度小，磨损小，机械效率和总效率高于行星转子式，但马达输出扭矩小，常在 100N·m 以下

分　类		示　意　图	特　　点
齿轮式	螺杆式	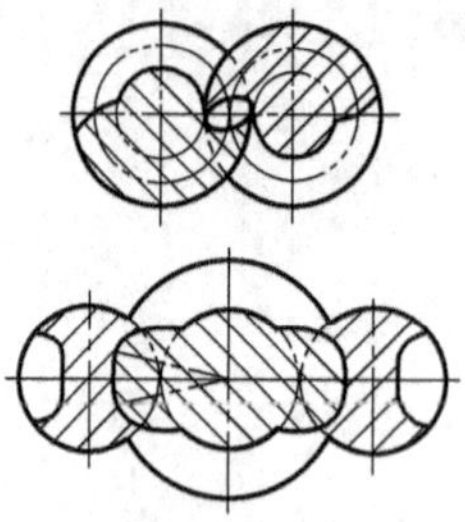	左图上、下分别为双螺杆和三螺杆式。 压力油进入螺杆啮合形成的密封线相隔的空间，液压力在主杆的螺旋面上产生切向力，输出扭矩。 流量脉动小，噪声小，轴向尺寸大
	叶片式	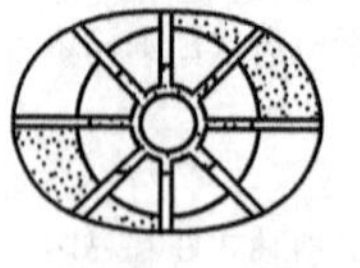	几乎都采取平衡式结构，结构与定量叶片泵相似，但须有叶片压紧机构，且壳体上有单独泄油口，叶片沿径线布置，进出油口大小相同。 其双作用定量式为高速小扭矩叶片马达；多作用式叶片在转子每转中做多次伸缩。 增大排量和扭矩，成为低速大扭矩叶片马达
轴向柱塞式	斜盘式	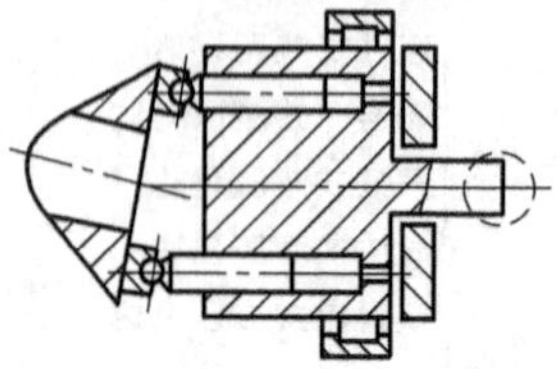	结构基本上同斜盘泵，但需考虑柱塞回程问题
	通轴斜盘式	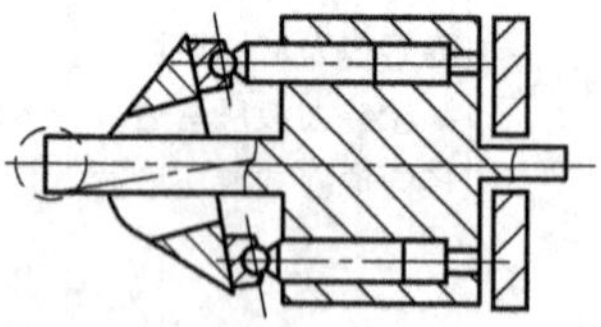	主轴穿越斜盘，承受径向载荷能力提高，多以轻型柱塞马达的形式出现
	斜轴式	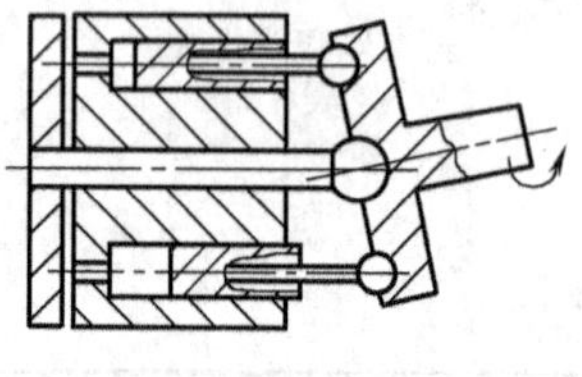	传动轴轴线与柱塞缸轴线间倾斜一定的角度，利用平面或球面配流盘配流

② 低速大扭矩液压马达的分类及特点（表 4-4）

表 4-4　低速大扭矩液压马达的分类及特点

分　类			示　意　图	特　　点
单作用	径向柱塞式	连杆式	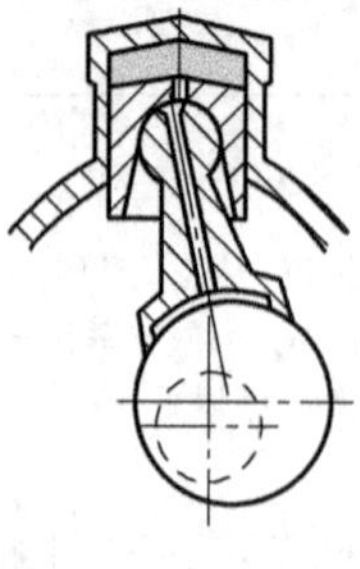	压力油液通过往塞和连杆中的小孔，进入连杆底面的油室。 偏心轴在油液压力下产生旋转运动，滑块处于静压平衡状态，柱塞受侧向力较小。 结构简单，工作可靠，性能较好

分 类			示 意 图	特 点
单作用	径向柱塞式	无连杆式	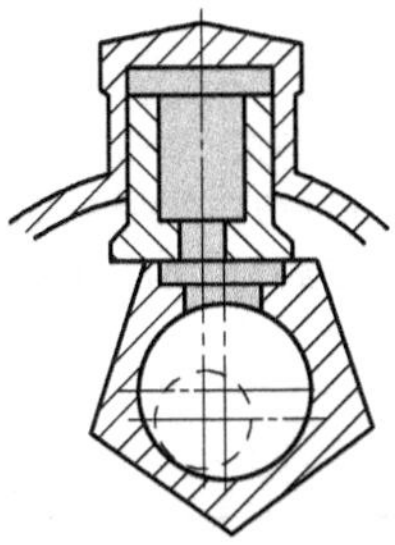	取消连杆，压力油液直接作用于偏心轴产生旋转运动。 柱塞、压力环和五星轮间都处于静压平衡状态 轴配流。 偏心轴既是输出轴，又是配流轴。 柱侧向力增加，脉动率增大
		摆缸式	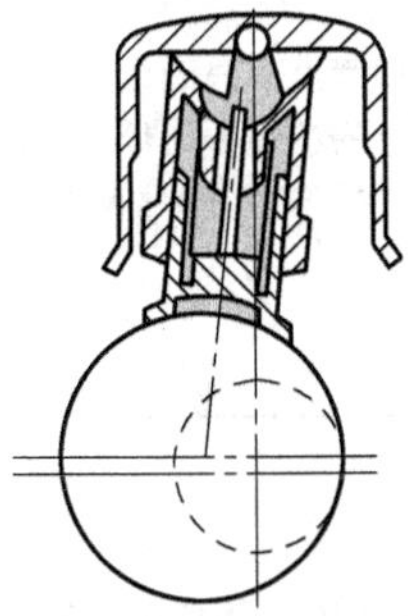	柱塞和缸套呈伸缩套筒形状。 缸套顶部与柱塞底部分别支承在顶部球座和球面偏心轮上。 随偏心轮旋转柱塞副往复摆动，柱塞无侧向力。 球面支承处静压平衡。 端面配流
			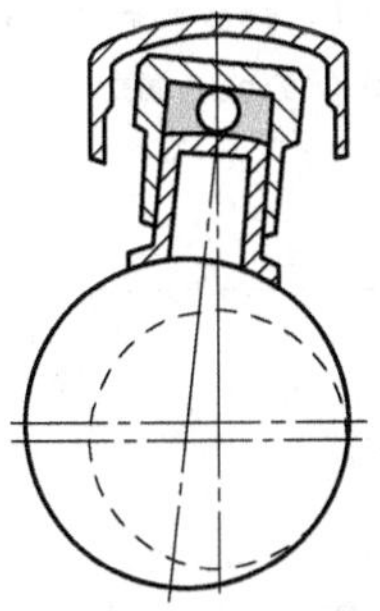	压力油液由铰接空心耳轴进入缸体，油液直接作用于偏心轴形成旋转运动。 随偏心轮旋转，柱塞副绕耳轴在球面偏心轮上摆动。 球面支承处静压平衡，柱塞无侧向力。 端面配流。 偏心轮处设置滚柱轴承
			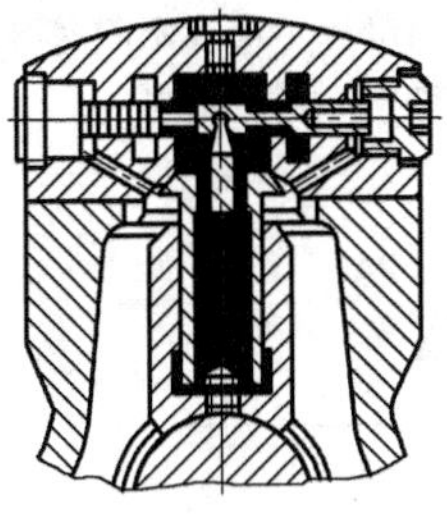	阀配流。 随偏心轴转动柱塞副绕顶端球面在偏心轮上摆动，同时做拨叉移动滑阀换向配流。 柱塞无侧向力
	轴向柱塞式		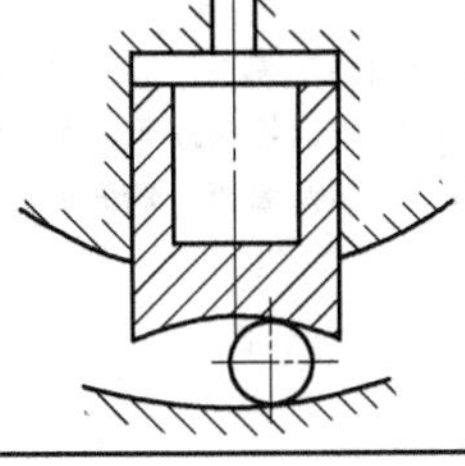	压力油液作用于柱塞，通过柱塞顶端曲面中的滚柱作用于壳体导轴产生旋转运动。 轴配流，转子在偏心轴上处于静压平衡

分类			示 意 图	特 点
单作用	轴向柱塞式	双斜盘式	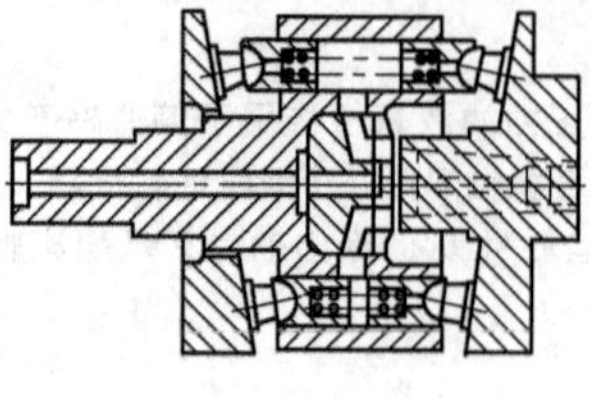	压力油液通过端面配流进入转子缸体，推动柱塞，使滑靴作用于两个斜盘，其产生的切向力使转子旋转 滑靴与斜盘间设计成静压平衡。配流盘浮动。双斜盘结构紧凑
		一齿差偏摆式	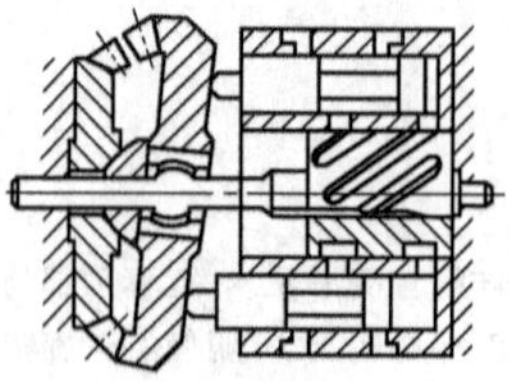	压力油作用下的柱塞推动与固定齿轮啮合的偏摆齿轮，作用力通过偏摆齿轮中心的花键传递给输出轴上的球形花键，产生旋转运动。缸体固定不动。阀式配流
多作用	径向柱塞内曲线式	柱塞传力	横梁柱塞传力	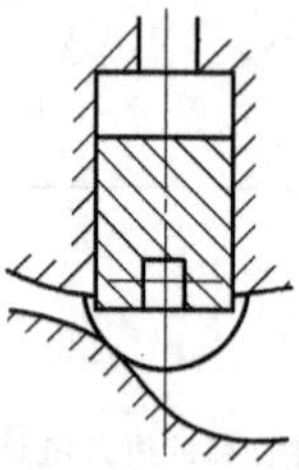	横梁装在柱塞前端槽中，滚轮与导轨作用产生的切向力通过横梁，由柱塞侧面传递给转子产生旋转运动 柱塞受较大的侧向力，柱塞与缸孔接触比压大，易磨损，柱塞行程不宜太大。轴配流或端面配流
			球柱塞传力	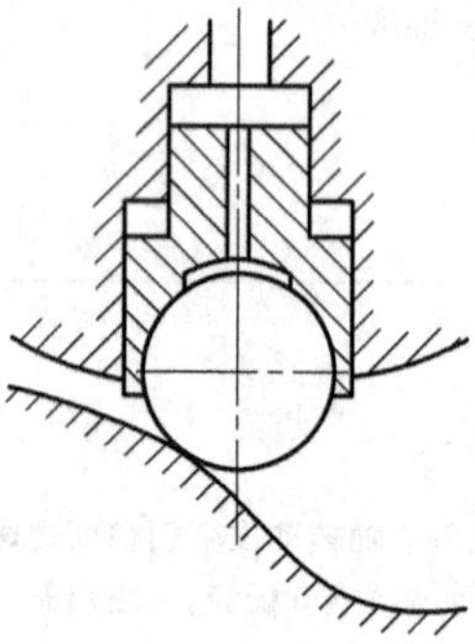	钢球装在柱塞前端球窝中。钢球与导轨相互作用产生的切向力，通过柱塞侧面传递给转子产生旋转运动住塞受较大侧向力。球与柱塞球窝静压平衡柱塞阶梯形，小直径处密封环密封：结构紧凑、轴配流或端而配流
			滚柱柱塞传力	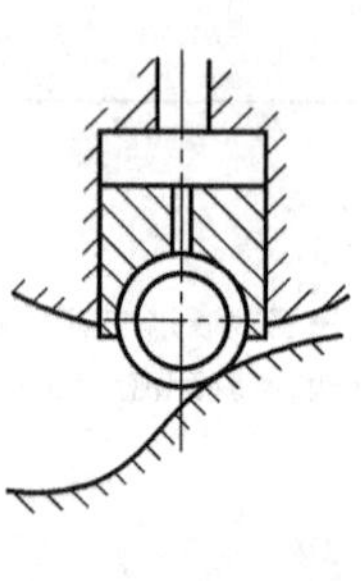	滚柱装在柱塞前端圆柱形窝中，滚轮与导轨相互作用产生的切向力，通过柱塞侧面传递给转子形成旋转运动 柱塞受较大偏向力，结构紧凑，端面配流

分 类			示 意 图	特 点
多作用	径向柱塞内曲线式	柱塞传力	横梁传力	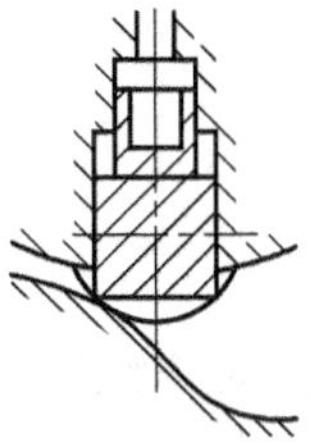 横梁两边滚轮与导轨相互作用产生的切向力，通过矩形横梁侧面传递给转子，形成旋转运动 结构紧凑，柱塞不受侧向力。 结构较滚柱-柱塞传力复杂。轴配流或端面配流
			滚轮传力	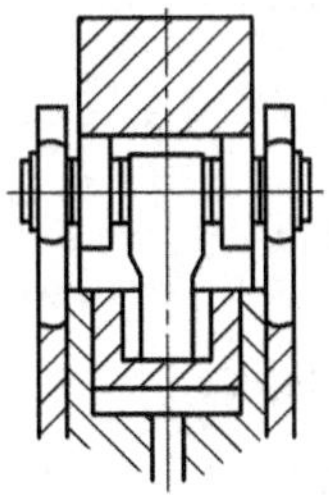 横梁上的滚轮与导轨相互作用产生的切向力，通过两端的导向滚轮传递给转子形成旋转运动 柱塞无侧向力，滚轮传力摩擦损失小，结构较复杂，体积较大
	轴向球塞式	球-柱塞传力	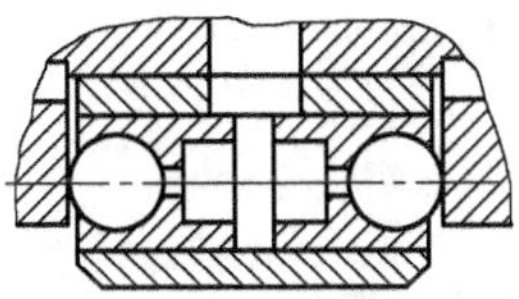	两排柱塞和两个曲线导轨对称设置。 钢球装在柱塞前端球窝中，钢球与导轨相互作用产生的切向力，通过柱塞传递给转子，形成旋转运动 柱塞受较大侧向力。 结构紧凑。 钢球与柱塞球窝间静压平衡。 可靠性较差
	内啮合摆线齿轮式			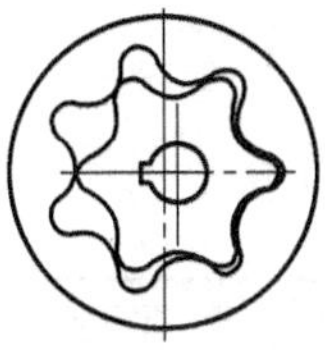 定子与转子为一对内啮合摆线齿轮。 定子与壳体固定，转子在定子内自转的同时以偏心距 e 为半径绕定子中心反向公转。压力油作用于转子，形成旋转运动，通过球形花键联轴节与输出轴连接。 结构简单，体积小，效率较低，工作压力较低
	内曲线多作用叶片式			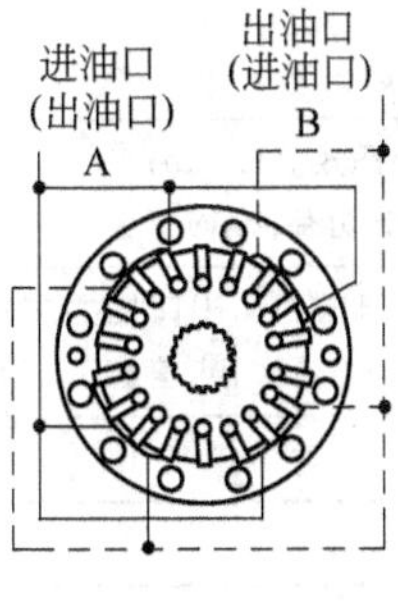 压力油液作用于叶片，形成力矩推动转子旋转。 作用于转子上的径向液压力平衡 结构紧凑，体积小，工作压力较低

（2）主要技术参数

① 转速 n 或角速度 ω

额定转速：液压马达在额定条件下，能长时间持续正常运转的最高转速。

最高转速：液压马达在额定条件下，能超过额定转速允许短暂运转的最高转速。

最低转速：液压马达在正常工作条件下，能稳定运转的最小转速。

② 排量

排量 q：马达轴旋转一周所输入的液体体积。

空载排量：空载压力下测得的实际输入排量。

有效排量：在设定压力下测得的实际输入排量。

③ 流量

实际流量 Q：液压马达进口处的流量。

理论流量 Q_0：空载压力下马达的输入流量。

④ 压力与压差

额定压力：液压马达在正常工作条件下，按试验标准规定能连续运转并能保证设计寿命的最高压力。

最高压力：液压马达能按试验标准规定，允许短暂运转的最高压力。

工作压力：液压马达实际工作时的压力。

背压：保证马达稳定运转的最小输出压力。

压差 ΔP：液压马达输入压力与输出压力（背压）的差值。

⑤ 转矩 T

理论转矩：由输入压力产生的、作用于液压马达转子上的转矩。

实际转矩：在液压马达输出轴上测得的转矩。

⑥ 功率

输入功率 N_0：液压马达入口处的液压功率。

输出功率 N_1：液压马达输出轴上输出的机械功率。

⑦ 效率

容积效率 η_V：液压马达理论流量与实际流量的比值。

机械效率 η_m：液压马达的实际扭矩与理论扭矩的比值。

总效率：液压马达的输出功率与输入功率之比。

（3）主要参数计算公式（表 4-5）

表 4-5　液压马达主要参数计算公式

参数名称	单 位	计算公式	说　明
流量	L/min	$Q_0 = q \times n$ $Q = Q_0 / \eta_V$	q——排量，mL/min； n——转速，r/min； η_V——容积效率，%
输出功率（机械功率）	kW	$N_0 = T\omega = 2\pi Tn / 6000$	T——输出扭矩，N·m； N_0——输出功率，kW
输入功率（液压功率）	kW	$N_1 = Q\Delta P / 60$	ΔP——入口压力和出口压力之差（液压马达输入压力 与输出压力的差值），MPa
容积效率	%	$\eta_V = 100 Q_0 / Q$	
机械效率	%	$\eta_m = 100 N_0 / N_1$	
总效率	%	$\eta = 100 N_0 / N_1$	

（4）常用液压马达的技术性能参数（表 4-6）

表 4-6　常用液压马达的技术性能参数

性能参数 类型	排量范围 cm³/r		压力/MPa		转速范围 /（r/min）	容积效率 /%	总效率 /%	启动机械 效率/%	噪声	价格
	最小	最大	额定	最高						
外啮合齿轮马达	5.2	160	16~20	20~25	150~2500	85~94	85~94	85~94	较大	低

性能参数 类型	排量范围 cm³/r		压力/MPa		转速范围 /（r/min）	容积效率 /%	总效率 /%	启动机械 效率/%	噪声	价格
	最小	最大	额定	最高						
内啮合摆线转子马达	80	1250	14	20	10～800	94	76	76	较小	低
双作用叶片马达	50	220	16	25	100～2000	90	75	80	较小	较低
单斜盘轴向柱塞马达	2.5	560	31.5	40	100～3000	95	90	20～25	大	较高
斜轴式轴向柱塞马达	2.5	3600	31.5	40	100～4000	95	90	90	较大	高
钢球柱塞马达	250	600	16	25	10～300	95	90	85	较小	中
双斜盘轴向柱塞马达			20.5	24	5～290	95	91	90	较小	高
单作用曲柄连杆径向 柱塞马达	188	6800	25	29.3	3～500	＞95	90	＞90	较小	较高
单作用无连杆型径向 柱塞马达	360	5500	17.5	28.5	3～750	95	90	90	较小	较高
多作用内曲线滚柱柱 塞传力径向柱塞马达	215	12500	30	40	1～310	95	90	95	较小	高
多作用内曲线钢球柱 塞传力径向柱塞马达	64	10000	16～20	20～25	3～1000	93	＞85	95	较小	较高
多作用内曲线横梁传 力径向柱塞马达	1000	40000	25	31.5	1～125	95	90	95	较小	高
多作用内曲线滚轮传 力径向柱塞马达	8890	150774	30	35	1～70	95	90	95	较小	高

4.2 液压缸的使用与维修

液压缸是实现直线往复运动和旋转摆动的执行元件，它将液体的机械能转换成机械能，以力的形式输出。和液压马达一起构成两大类向外做功的执行元件。

液压缸是标准化的称呼，航天部门称之为"作动筒"，人们还常称为"油缸""动力缸"等。

4.2.1 液压缸的分类

液压缸的分类见表 4-7 和图 4-9 及图 4-10 所示。

表 4-7 液压缸的分类

名 称		图 例	名 称		图 例
单作用缸	柱塞式		双作用缸	单杆式	
	单杆活塞式			双杆式	
	弹簧复位式			双活塞式	
	双杆活塞式			伸缩式	
	伸缩式		特殊缸	增压缸	

名　称	图　例	名　称	图　例
	多位缸		齿条活塞式
特殊缸	摆动缸	特殊缸	钢丝挠线式
	串联缸		挠性管蠕动式

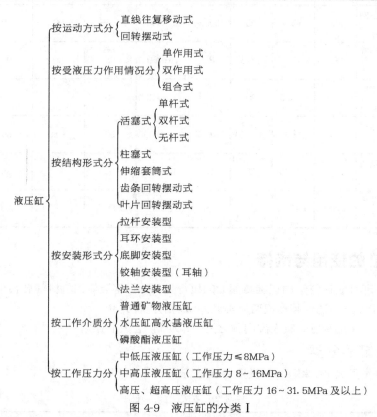

图 4-9　液压缸的分类 I

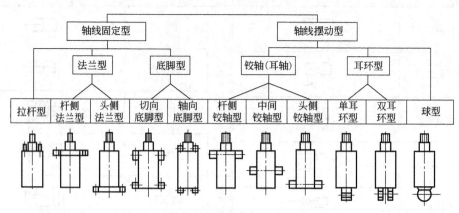

图 4-10　液压缸的分类 II

4.2.2　液压缸的结构

（1）排气装置

液压系统在安装或修理后，系统内油液是排空的，液压系统使用过程中也难免要混进一些空气。如果不将系统中的空气排除，会引起颤抖、冲击、噪声、液压缸低速爬行以及换向精度下降等多种故障，所以在液压缸设置排气装置非常必要。

常见的排气装置如图 4-11 所示，排气时稍微松开螺钉，排完气后再将螺钉拧紧，并保证可靠密封。

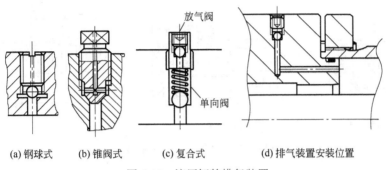

(a) 钢球式　　(b) 锥阀式　　(c) 复合式　　(d) 排气装置安装位置

图 4-11　液压缸的排气装置

（2）缓冲装置

对大型液压缸，其运动部件（活塞与活塞杆等）的质量较大，当运动速度较快时，会因惯性而具有较大的动量。为减小具有较大动量的运动部件在到达行程终点时产生的机械冲击冲撞缸盖，影响设备的精度，并可能损坏设备造成破坏性事故的发生，采取在液压缸上设置缓冲装置是非常必要的。

对于消除活塞到达终点时产生的有害冲击，有两种方法可以使用：一种是在液压缸外部设置机械吸震装置和在液压控制回路上想办法，例如在液压系统中设置减速回路或制动回路；另一种方法是在液压缸本身结构上想办法解决，在液压缸上设置缓冲装置是一个可行的办法。

缓冲装置有两种：一种为节流式，它是指在液压缸活塞运动至接近缸盖时，使低压回油腔内的油液全部或部分通过固定节流或可变节流器，产生背压形成阻力，达到降低活塞运动速度的缓冲效果。图 4-12（a）~（d）、（f）均属于此类；另一类为卸载式 [图 4-12（e）]，它是指在活塞运动至接近缸盖时，双向缓冲阀 2 的阀杆先触及缸盖，阀杆沿轴向被推离起密封作用的阀座，液压缸两腔通过缓冲阀 2 的开启而高、低压腔互通，缸两腔的压差迅即减小而实现缓冲。

（3）液压缸机械锁定装置

在液压设备的许多应用场合，要求在极限位置能可靠地固定不动，否则可能产生故障甚至事故。例如飞机的起落架（液压缸）放下后，应成为刚性支撑，须防止外来负载产生的额外运动。一些导弹发射车、雷达天线及其他一些装置上往往也都需要对液压缸进行锁定，因而可采用下述一些锁定装置。

① 套筒式锁紧装置　如图 4-13 所示，在液压缸的前端盖上设置一个锁紧套筒 1，它与活塞杆 2 为过盈配合，且此套筒用一定的弹性材料制成，因此平时可使活塞杆锁紧在任意位置上。当解锁压力油进入套筒后，在高压油的作用下，锁紧套筒与活塞杆 2 之间因径向膨胀而产生间隙，使活塞杆能往复移动，像普通液压缸一样工作。当解锁压力油卸除之后又能自动锁紧。

② 刹片式锁紧装置　如图 4-14 所示，在液压缸的端盖上带有一制动刹片 1，它在碟形弹簧 2 的作用下被紧紧地压在活塞杆 3 上。依靠摩擦力抵消轴向力，从而使活塞杆锁紧在任意位置

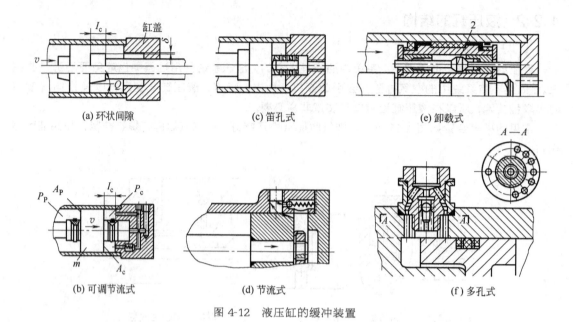

(a) 环状间隙　　(c) 笛孔式　　(e) 卸载式

(b) 可调节流式　　(d) 节流式　　(f) 多孔式

图 4-12　液压缸的缓冲装置

上。当解锁压力油进入 A 腔后，在液压力的作用下，将制动刹片顶开，使之脱离活塞杆，达到解锁的目的。当 A 口油压卸去（通油池）后，又能自动锁紧。

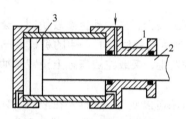

图 4-13　套筒式锁紧装置

1—锁紧套筒；2—活塞杆；3—活塞

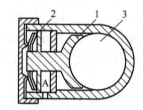

图 4-14　刹片式锁紧装置

1—制动刹片；2—碟形弹簧；3—活塞杆

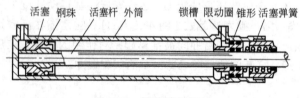

图 4-15　钢珠锁紧装置

③ 钢珠锁紧装置　如图 4-15 所示，当活塞杆在液压作用下向右运动到头时，活塞上的钢珠（8～42 个）与锥形活塞接触时，推动锥形活塞右移而压缩弹簧；当活塞带着钢珠移到锁槽处，钢珠被锥形活塞挤入锁槽，将活塞锁住。当高压油反向进入时，推动锥形活塞右移，使锥形活塞离开钢珠，活塞便在油压作用下向左运动，并带着钢珠脱离锁槽而开锁。注意，为使工作可靠，锁槽和锥形活塞应有足够硬度，以防止过度磨损或损坏锁槽。

④ 卡环锁紧装置　如图 4-16 所示，卡环锁是一种开口的弹簧垫圈。当活塞杆在液压力作用下移到伸出位置并达到终点时，卡环便与壳体上的锁槽重合，卡环膨胀开，并卡入槽内，活塞被锁定［图 4-16（a）］。定位的方法是游动活塞凸部插入卡环内径里，制止卡环收缩。此时活塞杆受外载荷作用便不会移动。当收回活塞杆时，游动活塞在液压力作用下向左移动并将卡环松开，卡环在其弹力和活塞杆作用下从锁槽斜面滑出而开锁［图 4-16（b）］。

这种锁紧方式的特点是承力大（因接触面大，受力平稳），用于承受外力较大的液压缸。

⑤ 筒夹锁紧装置　如图 4-17 所示，弹簧筒夹 1 是一个筒端有凸起 D 的整体钢筒，沿轴向切

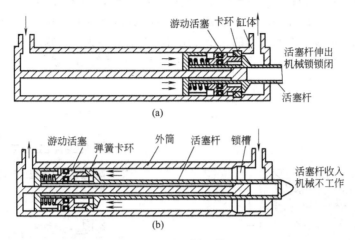

图 4-16　卡环锁紧装置

16 条槽 [图 4-17（c）]，上锁过程中可以胀开。 活塞杆 3 上有上锁凸台 E 及斜面 A、C。 其上锁过程为： 当推动活塞杆与凸台 E 接触后，筒夹沿斜面 A 胀开，然后滑上平台 E，撞动游动活塞 2 并使之左移，套筒 4 凸缘 D 落入斜面 C 后，筒夹 4 合拢，游动活塞便在弹簧的作用下右移返回原始位置压在套筒上，为上锁锁紧状态。 开锁过程为：活塞右腔进油，推动游动活塞 2 左移，并从筒夹中拉出活塞杆 3（此时游动活塞 2 已移开），锁即打开。

这种锁紧方式，因承力部位为斜位 C，极为牢固，所以能承受较大的侧向载荷，活动间隙比钢珠锁紧小，但比其笨重。

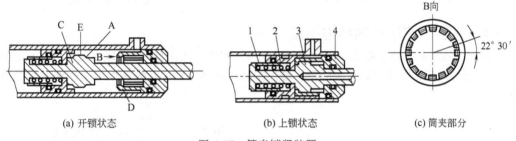

(a) 开锁状态　　　　　　　　　(b) 上锁状态　　　　　　　(c) 筒夹部分

图 4-17　筒夹锁紧装置

⑥ 摩擦锁紧装置　如图 4-18（a）所示为采用钢球摩擦锁的摩擦锁紧装置，活塞杆 1 上有斜面槽，斜面槽的数目为 8～12 条，每一斜面槽内放置一个钢球 3，并用弹簧圈 4 挡住，避免钢球滑出。 两斜面之间的活塞 2 是能游动的。 当活塞杆停留在任何位置而没有液压力作用时，如活塞杆在外力作用下有左移的趋势，则左边钢球将与液压缸内壁相卡；如活塞杆有右移趋势，则右面钢球与缸内壁相卡，即为液压缸处于"上锁"状态；当活塞左面进油时，活塞右移，活塞顶着右面钢球沿槽滑下。 脱离与缸筒孔壁接触，而左边钢球则因受液压均匀，靠自重沿槽下滑，脱离与缸体内孔的接触，为"开锁"状态。

⑦ 内胀式锁紧　如图 4-18（b）所示，活塞 1 和缸体相配面之间采用过盈配合，因而二者之间产生很大的锁紧力。 液压缸工作时，解锁高压油从油口 a 经中心导管内孔 b、环状面 c 以及小孔 d，最后到达活塞与缸体过盈配合副，使缸体膨胀，而实现"开锁"；当卸除 a 孔来的高压油时，活塞与缸体内壁重新恢复卡紧状态，即"上锁"。

⑧ 挤压锁紧　如图 4-19 所示，它是一种借助油压力大小随意控制轴和套的收缩与扩张，利用金属的弹性变形来实现锁紧的定位机构。 在轴套配合面引入高压油，即可将接触处由压紧无

间隙状态变为松胀开的间隙状态，泄掉油口油压后，锁紧套由于弹性又复原为压紧无间隙状态，重新将活塞杆锁紧，两金属间的内应力就成为锁紧力，为摩擦锁紧机构。锁紧力的大小取决于锁紧套的直径、长度以及工作油压力的大小，还有材料的弹性大小、厚度和间隙等。这种锁紧装置结构简单、安全可靠，能在任意位置锁紧定位，可共用系统油压源，长期进行锁紧，无需油压，节能。

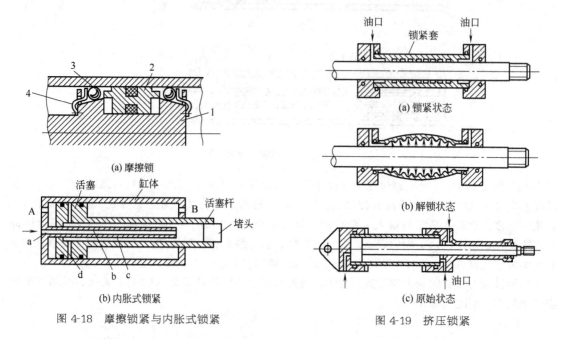

图 4-18　摩擦锁紧与内胀式锁紧

(a) 锁紧状态

(b) 解锁状态

(c) 原始状态

图 4-19　挤压锁紧

（4）高温下液压缸的结构措施

有些液压装置在高温下使用，例如炉体装置等，液压缸往往受 200℃ 以上的高温热辐射的照射。为防止热传递，常常在缸体与活塞杆等裸露部位缠绕石棉，此外还采用了如图 4-20 之类的一些结构。

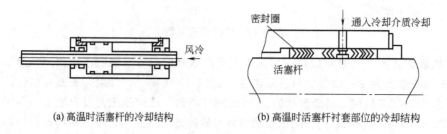

(a) 高温时活塞杆的冷却结构　　　　　(b) 高温时活塞杆衬套部位的冷却结构

图 4-20　高温下液压缸的结构措施

（5）恶劣工作环境下液压缸的结构措施

在土砂、尘埃多及风、雨、雪等野外使用条件较恶劣的情况下，液压缸在结构上要采取一些措施。除了采用图 4-21 所示活塞杆上装设防尘密封外，还采用图 4-22 所示的折皱式防护罩，套装在活塞杆外，这在进口的工程机械上比较常见。

（6）液压缸的密封

密封的作用是用来阻止液压缸内部压力工作介质的泄漏和外界灰尘、污垢和异物的侵入。

液压缸需要密封的部位有两类：一类是无相对运动的部位，一类则是有相对运动的部位（见

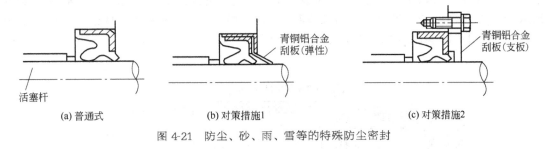

(a) 普通式　　　　　　(b) 对策措施1　　　　　　(c) 对策措施2

图 4-21　防尘、砂、雨、雪等的特殊防尘密封

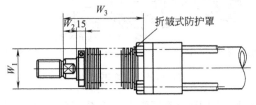

图 4-22　折皱式防护罩

图 4-23）。 前者采用静密封，后者采用动密封。 液压缸需要使用静密封的部位有（图 4-23）：活塞与活塞杆之间的连接部位（多采用双向密封）；缸筒与端盖之间（单向密封）。 液压缸需要采用动密封的部位有：活塞与缸筒孔之间（活塞用密封，双向或单向）的密封，防止液压缸高、低压腔串腔；活塞杆与缸盖或导向套之间（单向密封）的密封，防止液压缸向外泄漏。

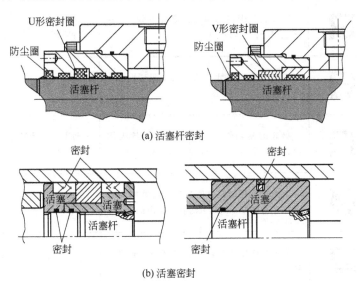

(a) 活塞杆密封

(b) 活塞密封

图 4-23　液压缸需要密封的部位

　　对静密封的要求主要是对弹性的要求，有一定的压缩余量，对动密封的要求除了弹性之外，还要有良好的耐磨性和较长的使用寿命，摩擦力不应太大。 静密封通常采用 O 形密封圈及组合（或软金属）密封垫圈便可解决，而动密封较难解决。 组合式密封件的出现使液压缸动密封问题有了较好的解决办法。

　　国内传统的液压缸大多采用 O 形圈作静密封，以 V、U、Y、Y_x 形密封作动密封，现代液压缸多采用组合密封对各个需密封的部位进行密封。

　　有关各种密封的详细内容可参阅本手册的后述内容，此处仅介绍现代液压缸的几种密封方式。

① 西姆柯（Simko）型密封　如图 4-24 所示，西姆柯密封也属于唇形密封，依靠两唇部的压缩量进行双向密封，存油凹槽内存有油液润滑，摩擦阻力小，无间隙挤出现象，密封效果好。用一个西姆柯密封圈比其他要使用两个单向唇形密封（如两个 Y_x 密封）相比较，其轴向尺寸大为缩短，最大密封压力可达 40MPa 以上。

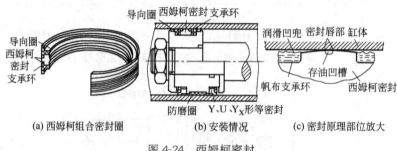

图 4-24　西姆柯密封

② 美国霞板公司的各种密封（用于液压缸）　该公司是一家世界著名的密封件公司，20 世纪 80 年代便大举进驻我国。该公司生产的密封件大量使用在世界其他国家产的液压设备上。其中用于液压缸的密封件如表 4-8 所示，图 4-25 为液压缸活塞使用格来圈进行密封的结构实例。

表 4-8　美国霞板泛塞密封件公司用于液压缸密封的几种密封圈

名称	截面形状	特　点	主要用例
格来圈		对高低压密封均有效，摩擦力小，不易产生爬行，双向密封	·活塞动密封 ·静密封
斯特封		有特佳的耐磨性、低摩擦及保形性能，密封性好，双向密封	·活塞杆密封
AQ 密封		极好的密封性能，高低压密封效果均好，低摩擦不爬行，双向密封	·动密封（活塞及活塞杆） ·静密封
斯来圈		避免金属对金属之间相对运动摩擦而可降低配合精度，可刮去污物，防止爬行	·作衬套用
DA 埃落特封		减少滑动摩擦力防爬，耐高温，辅助密封功能	·可用于防尘圈与辅助密封圈

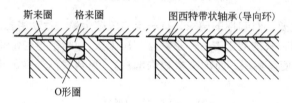

图 4-25　格来圈密封

③ 组合密封　研究表明，动密封的密封效果（泄漏量大小）主要取决于密封圈的结构和形状，为此各国著名密封件生产商（如美国 Shamban，德国 Simrit、Merkel，日本油封工业、日本

ピ-ラ工业等）不断研制生产了各种结构和形状的组合密封，典型的结构形式如图 4-26 所示，它们多以聚四氟乙烯为基材，添加青铜粉和石墨等润滑耐磨材料制造。

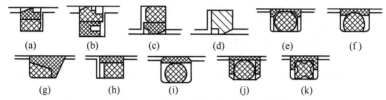

图 4-26 聚四氟乙烯组合密封圈的主要结构形式

每一种结构的组合密封圈均由基本密封件和弹性预压元件（辅助密封件）两部分构成（图 4-27）。 弹性预压元件 2 可以是具有弹性的 O 形、矩形、X 形橡胶密封圈等，它使基本密封件 1 得到适当的密封预压力，并防止从密封圈 1 的背面泄漏工作介质。

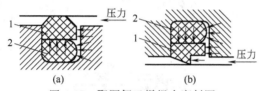

图 4-27 聚四氟乙烯组合密封圈
1—密封圈（基本密封件）；2—弹性预压元件（辅助密封件）

4.2.3 液压缸的图形符号、工作原理与结构

（1）常见液压缸的图形符号、工作原理与结构（表 4-9）

表 4-9 液压缸的图形符号、工作原理与结构

	图形符号	工作原理与结构
单作用	 活塞式液压缸	单作用活塞式液压缸的工作原理如图 a(i) 所示：当压力油从 A 口流入，活塞受力压缩弹簧向右输出单方向的力和速度（直线运动），缸右腔的空气由通气孔排入大气，否则缸无法正常向右运动；反方向退回运动时要依靠弹簧力（或重力及外负载力）实现，返回力须大于无杆腔背压力和液压缸各部位的摩擦力。 同样若无通气孔，缸无法向左运动。 单作用活塞式液压缸的结构见图 a(ii) 所示。 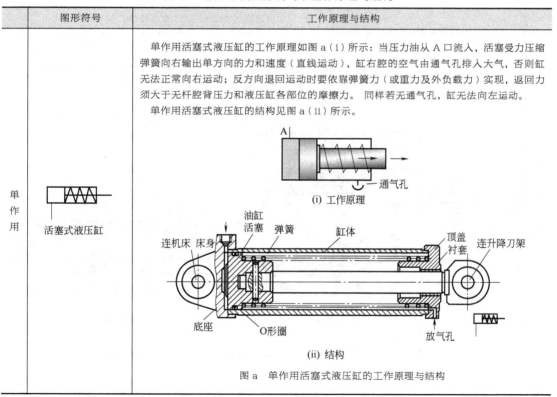 图 a 单作用活塞式液压缸的工作原理与结构

图形符号	工作原理与结构

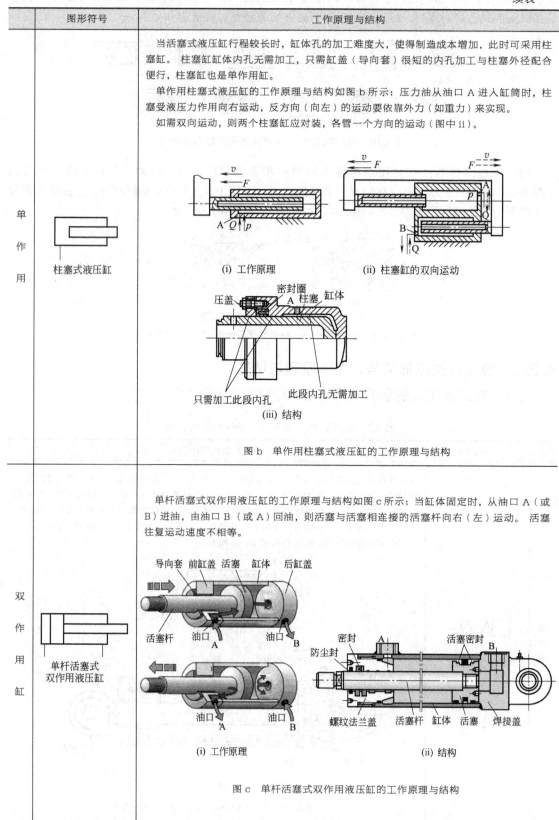

单作用

柱塞式液压缸

当活塞式液压缸行程较长时，缸体孔的加工难度大，使得制造成本增加，此时可采用柱塞缸。柱塞缸缸体内孔无需加工，只需缸盖（导向套）很短的内孔加工与柱塞外径配合便行，柱塞缸也是单作用缸。

单作用柱塞式液压缸的工作原理与结构如图 b 所示：压力油从油口 A 进入缸筒时，柱塞受液压力作用向右运动，反方向（向左）的运动要依靠外力（如重力）来实现。

如需双向运动，则两个柱塞缸应对装，各管一个方向的运动（图中 ⅱ）。

(i) 工作原理

(ii) 柱塞缸的双向运动

压盖　密封圈　A　柱塞　缸体

只需加工此段内孔　　此段内孔无需加工

(iii) 结构

图 b　单作用柱塞式液压缸的工作原理与结构

双作用缸

单杆活塞式双作用液压缸

单杆活塞式双作用液压缸的工作原理与结构如图 c 所示：当缸体固定时，从油口 A（或 B）进油，由油口 B（或 A）回油，则活塞与活塞相连接的活塞杆向右（左）运动。活塞往复运动速度不相等。

导向套　前缸盖　活塞　缸体　后缸盖

活塞杆　油口 A　油口 B

油口 A　油口 B

防尘封　密封　A　活塞密封　B

螺纹法兰盖　活塞杆　缸体　活塞　焊接盖

(i) 工作原理

(ii) 结构

图 c　单杆活塞式双作用液压缸的工作原理与结构

图形符号	工作原理与结构
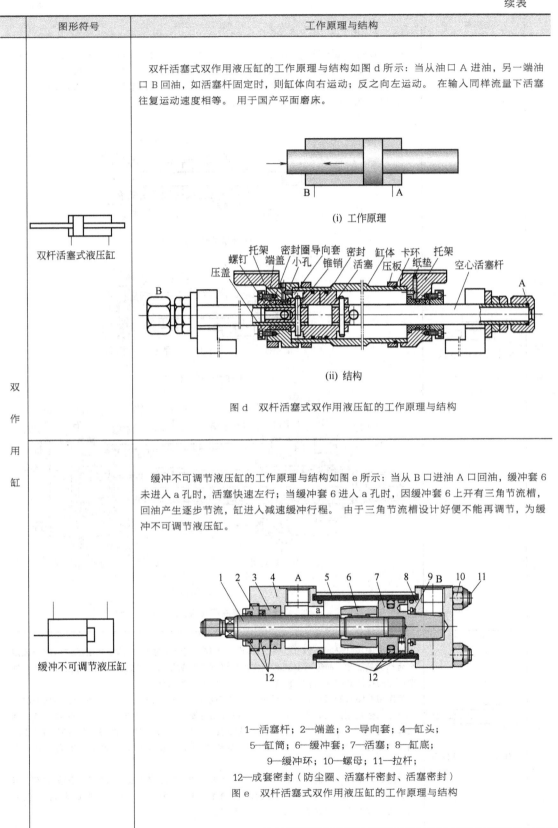	

双杆活塞式双作用液压缸的工作原理与结构如图 d 所示:当从油口 A 进油,另一端油口 B 回油,如活塞杆固定时,则缸体向右运动;反之向左运动。 在输入同样流量下活塞往复运动速度相等。 用于国产平面磨床。

(i) 工作原理

(ii) 结构

图 d 双杆活塞式双作用液压缸的工作原理与结构

双杆活塞式液压缸

缓冲不可调节液压缸的工作原理与结构如图 e 所示:当从 B 口进油 A 口回油,缓冲套 6 未进入 a 孔时,活塞快速左行;当缓冲套 6 进入 a 孔时,因缓冲套 6 上开有三角节流槽,回油产生逐步节流,缸进入减速缓冲行程。 由于三角节流槽设计好便不能再调节,为缓冲不可调节液压缸。

缓冲不可调节液压缸

1—活塞杆;2—端盖;3—导向套;4—缸头;
5—缸筒;6—缓冲套;7—活塞;8—缸底;
9—缓冲环;10—螺母;11—拉杆;
12—成套密封(防尘圈、活塞杆密封、活塞密封)
图 e 双杆活塞式双作用液压缸的工作原理与结构

双作用缸

图形符号	工作原理与结构
双作用缸 缓冲可调节液压缸	缓冲可调节液压缸的工作原理与结构如图 f 所示：当缓冲柱塞未进入 b 孔时，回油畅通，活塞快速右行（图中 i）；当缓冲柱塞进入 b 孔时，回油只能通过 a 孔再经节流阀回油，活塞缓冲慢速右行，叫做"缓冲"（图中 ii）。 由于调节节流阀开口的大小即可调节缓冲速度，为可调节缓冲。 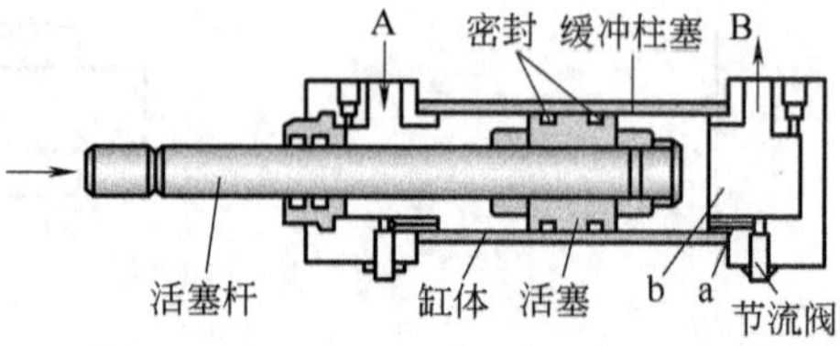 (i) 不缓冲时快速右行 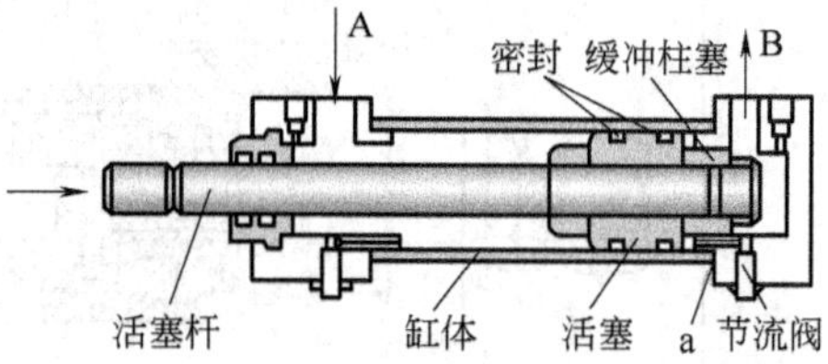 (ii) 缓冲时慢速右行 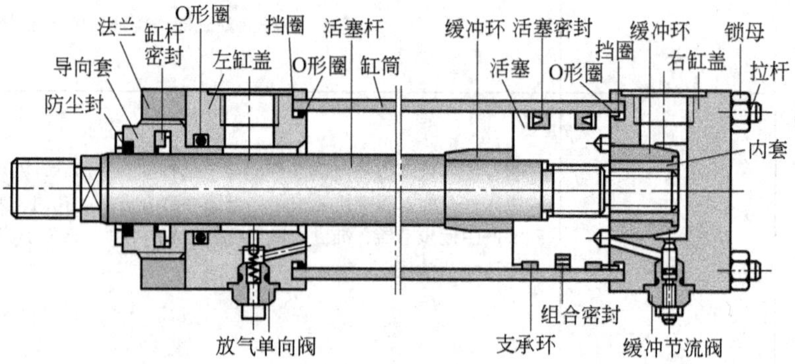 (iii) 结构 图 f 缓冲可调节液压缸的工作原理与结构
其他液压缸 单作用伸缩式液压缸	伸缩式液压缸又叫多级缸。 它有单作用和双作用两种形式。 伸缩式液压缸由两个或多个活塞套装而成，前级活塞缸的活塞是后级活塞缸的缸筒。 这种液压缸用在各级活塞依次伸出时可得到很大行程，但缩入后轴向尺寸很小的场合。 单作用伸缩式液压缸的工作原理与结构如图 g 所示：这种缸只有一个油口，当压力油从 A 口进入柱塞腔时，先推动柱塞 1 右行，再推动柱塞 2 右行。 柱塞右端的大台肩外圆柱面仅起导向作用，柱塞 1 右行时，A_1 腔的油液经 a 孔返回 A_2 腔。 柱塞 2 左行时，B_1 腔的油液经 b 孔返回 B_2（A_2）腔。 回程时靠外力或者垂直安装时缸本身的重力返回（左行）。 伸出时作用面积大的活塞最早伸出，缩回时与伸出的顺序相反，即面积小的先收回，退回时靠外力（如重力）。 如图中的翻斗汽车料箱因重心位置的原因无法压回时，则要采用下述的双作用伸缩式液压缸，用液压力强制压回。

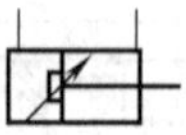

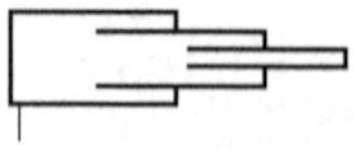

图形符号	工作原理与结构

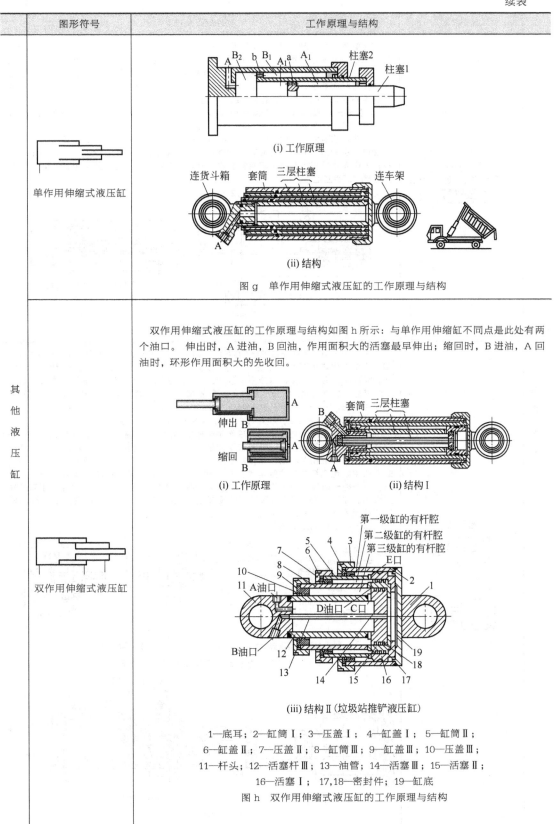

单作用伸缩式液压缸

(i) 工作原理

(ii) 结构

图 g 单作用伸缩式液压缸的工作原理与结构

其他液压缸

双作用伸缩式液压缸的工作原理与结构如图 h 所示：与单作用伸缩缸不同点是此处有两个油口。 伸出时，A 进油，B 回油，作用面积大的活塞最早伸出；缩回时，B 进油，A 回油时，环形作用面积大的先收回。

(i) 工作原理　　　　　　(ii) 结构 Ⅰ

双作用伸缩式液压缸

(iii) 结构Ⅱ (垃圾站推铲液压缸)

1—底耳；2—缸筒Ⅰ；3—压盖Ⅰ；4—缸盖Ⅰ；5—缸筒Ⅱ；
6—缸盖Ⅱ；7—压盖Ⅱ；8—缸筒Ⅲ；9—缸盖Ⅲ；10—压盖Ⅲ；
11—杆头；12—活塞杆Ⅲ；13—油管；14—活塞Ⅲ；15—活塞Ⅱ；
16—活塞Ⅰ；17,18—密封件；19—缸底

图 h 双作用伸缩式液压缸的工作原理与结构

图形符号	工作原理与结构

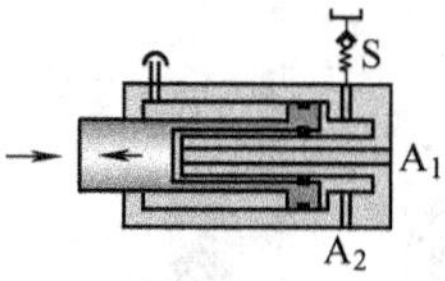

增速缸

增速缸的工作原理与结构如图 i 所示：增速缸是由一个双作用活塞式液压缸和一个单作用柱塞式液压缸组成，大活塞与活塞杆作为中间柱塞缸的缸体，柱塞固连在活塞缸（大缸）的缸底上，因而结构紧凑。当换向阀 1 右位工作时，由于增速缸的直径 d_3 小，d 腔容腔小，所以当从 a 口通入压力油时，作为柱塞缸缸体的活塞与活塞杆便快速空程前进（向左），快进时负载小而速度快，此时单向顺序阀未能打开向 e 腔供油，e 腔便形成局部真空，充液油箱 4 的油液在大气压的作用下，通过充液阀 3 从 b 口向 e 腔补油，而活塞缸 c 腔回油，活塞缸快速前进；当活塞前进入工进（例如合上模）遇到的阻力增大时，管道中的油压升高，单向顺序阀 2 开启，泵来压力油也经阀 2 进入主液压缸 e 腔，充液阀在油液压差的作用下自动关闭，这时转入低速工作行程；工作完毕后，换向阀 1 切换到左位（退回）工作位，压力油进入 c 腔，同时顶开充液阀 3，活塞退回。

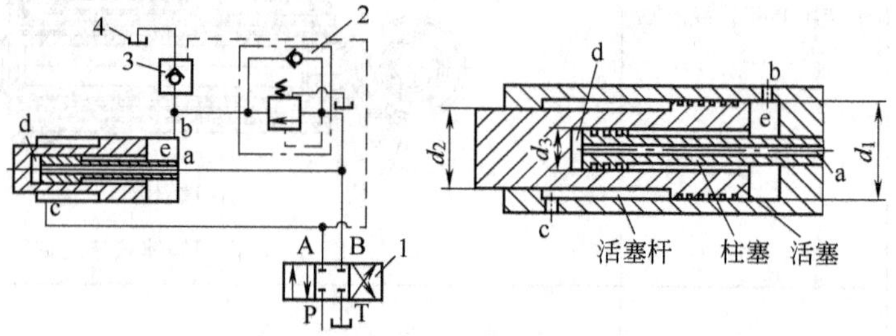

图 i 增速缸的工作原理与结构

其他液压缸

增压缸

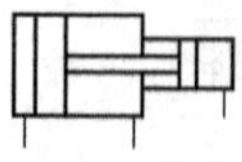

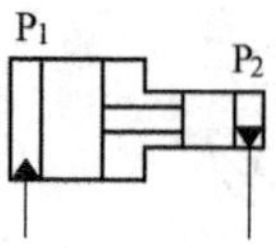

P_1 P_2

①单作用（单程）增压缸的结构原理 如图 j(i) 所示，它可看作是由一双作用缸和一个单作用缸串联构成的组合缸。换向阀处于图示位置时，A 口进油，B 口回油，组合活塞右行，从 C 口流出增压油，此时充液阀关闭；当换向阀处于右位工作，B 口进油，A 口回油，组合活塞左行，充液阀打开，从 C 口补液进入单作用缸，此时无高压油输出。由 $F_A P_a = F_C P_C \rightarrow P_C = P_a F_a / F_C = P_a i$

F_a 的面积大于 F_C，所以增压比 $i > 1$，能将压力 P_a 放大为 P_C。

②双作用增压缸的结构原理 单作用增压缸输出的增压后的压力是断续的，为了获得连续的高压油的输出，可采用双作用增压缸。如图 j(ii) 所示，双作用增压缸是由一个双作用缸和左右两个单作用缸组成。当图中换向阀不停地反复换向时，中间的双作用缸也连续左右往复运动，左右两个单作用缸也随之运动，其中一个吸入液体，一个排出增压后的液体，通过 4 个单向阀的配流，可连续从 A 输出经增压后的高压液体。图(ii) 中左是低压缸与增压缸使用相同液体；图(ii) 中右为低压缸与增压缸使用不同工作液体的情况。

增压缸的结构如图 k 所示。

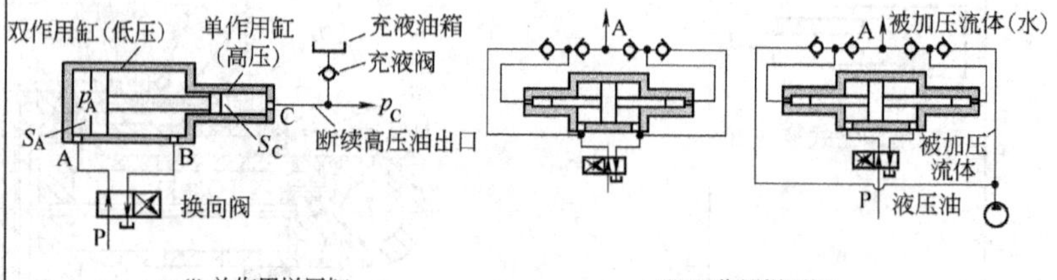

(i) 单作用增压缸　　(ii) 双作用增压缸

图 j 增压缸（增压器）的工作原理

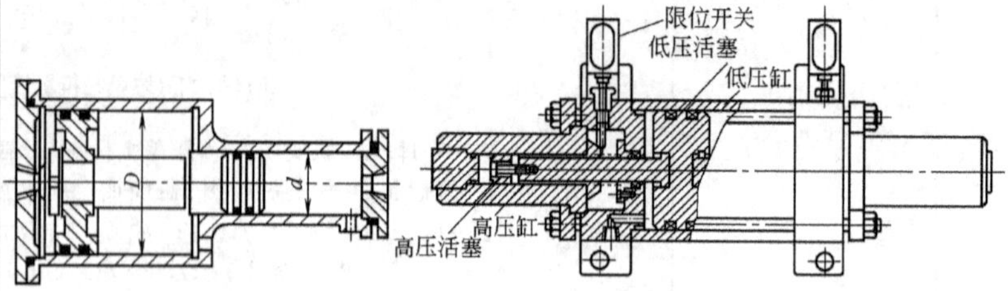

(i) 单作用　　　　　(ii) 双作用

图 k 增压缸的结构

图形符号	工作原理与结构
其他液压缸 多位缸（增力缸） 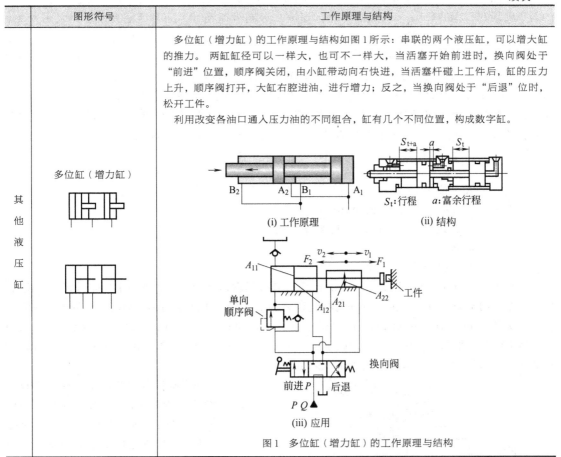	多位缸（增力缸）的工作原理与结构如图1所示：串联的两个液压缸，可以增大缸的推力。两缸缸径可以一样大，也可不一样大，当活塞开始前进时，换向阀处于"前进"位置，顺序阀关闭，由小缸带动向右快进，当活塞杆碰上工件后，缸的压力上升，顺序阀打开，大缸右腔进油，进行增力；反之，当换向阀处于"后退"位时，松开工件。 利用改变各油口通入压力油的不同组合，缸有几个不同位置，构成数字缸。 S_t：行程 a：富余行程 (i) 工作原理 (ii) 结构 (iii) 应用 图1 多位缸（增力缸）的工作原理与结构

（2）特殊液压缸

① 数字液压缸 用数字信息控制的液压缸称为数字缸，用数字缸驱动定位，和模拟油缸（如伺服油缸、比例油缸）等相比较，具有精度高，稳定性好，抗污染能力强、温度漂移少，可靠性高，与计算机接口无需数模转换，机械结构简单、成本较低等优点；和电液脉冲马达相比，结构上无需像油马达那样做回转运动，通过丝杆螺母、齿轮及联轴器转换成直线运动，因而比电液脉冲马达结构简单。

从 20 世纪 60 年代至今，世界各国研制出多种形式的数字缸，结构上多采用数字阀控缸的形式（内控、外控）。按数字缸完成的功能看，有连续数控系统的数字缸和点位数控系统的数字缸；按反馈机构来分，有刚性反馈型和柔性反馈型。

a. 数字式点位液压缸（美国 Vickers 公司）。如图 4-28 所示，缸内有多个相互套装的带杆浮动活塞，它的后一个活塞杆套在前一个活

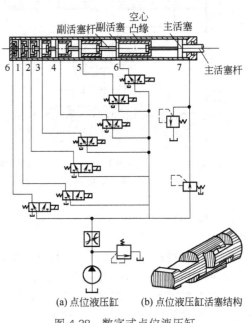

(a) 点位液压缸   (b) 点位液压缸活塞结构

图 4-28 数字式点位液压缸

塞的空心凸缘内，各级活塞的行程由各空心凸缘长度（行程限制器）限定，输出位移等于外伸着的若干级活塞行程的总和。各级活塞的行程按二进制规律设计，即各活塞有效行程之比为 1：2：4：8：16：……，即按 2^n 级数排列。计算机输出平行二进制数码仪信号，控制一级二位三通电磁换向阀的阀位。每个换向阀控制着数控液压缸的一个工作腔，利用电磁铁的通断，使它与压力油路接通或者与回油路接通。当某工作腔与压力油路接通（相应二位三通电磁阀断电）时，对应的某级活塞则外伸；反之当某工作腔与回油路接通（电磁铁通电）时，对应的某级活塞在其他外伸缸端面油腔压力油的液压力作用下内缩。输出位移等于外伸着的若干活塞的行程的总和，各级活塞的行程按二进制规律设计，所以输出位移与输入信号的关系如下：

$$Y_{出} = Y_0 \sum_{K=0}^{n=1} a_k 2^k$$

式中　$Y_{出}$——输出位移，mm；

　　　Y_0——第 0 级活塞的行程，mm；

　　　a_k——第 k 级活塞收到的二进制信号（步距）；

　　　k——活塞级数；

　　　n——活塞总级数。

例如 Y_0 为 1mm（即步距为 1mm），当只有 0 级活塞运动时，带动主活塞杆向右运动 1mm，如只有第一级活塞运动时，主活塞杆向右运动 2mm；当第 0 级活塞与第一级活塞运动时，主活塞杆向右运动 3mm；根据不同组合，可以得到主活塞杆向右运动 1mm，2mm，3mm…的运动范围；当全部活塞都向右伸出，则最大运动范围为 1＋4＋……＋64＝127mm。如步距为 1mm，则缸的工作位置为 127 个，运动范围为 1～127mm。

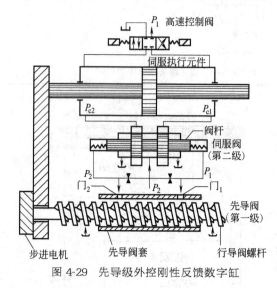

图 4-29　先导级外控刚性反馈数字缸

b. 先导级控制的外控型刚性反馈数字缸。如图 4-29 所示，该数字缸由独立液压缸之外的先导阀、伺服阀组成。先导阀是一个由低扭矩步进电机驱动的小螺杆，螺杆在圆柱形的阀套内转动。当步进电机使螺杆的螺纹向右移动时，门 2 的面积减小而门 1 的面积增大，则 $P_1 < P_2$，伺服阀阀芯右移，因活塞杆固定，所以缸也右移。由于先导阀阀套是与液压缸固定在一起，于是门 1 逐步关小，门 2 逐步开大，直至 $P_1 = P_2$ 恢复平衡为止。这种数字缸的另一个特点是：因液压缸与螺杆之间不存在有形的连锁，加之压力 P_1（或 P_2）的脉动特性可用来检测、计数，以决定所走过的行程，因此这种数字缸可以通过另外连接高速控制阀，直接驱动液压缸的快速前进和后退，这就克服了步进电机不能高速驱动这一严重缺点。

② 电液步进缸　电液步进液压缸是数字缸的一种，它通过步进电机接受数字控制电路发出的脉冲序列信号，步进信号的转移和功率放大，输出与脉冲数成比例的直线位移或速度。

a. 日本东京计器公司的电液步进液压缸（图 4-30）。它由步进电机和液压力放大器两大部分组成。为选择速比和增大传动扭矩，二者之间加设了减速齿轮箱。其基本特点是采用机械刚性反馈，螺母螺杆既作为阀芯推动元件，又作为反馈元件。

活塞的杆侧（左端）有效面积为头侧（右侧）的 1/2，始终向杆侧供入压力为 P_s 的压力油。

头侧的压力由旋转三通阀控制于 $0 \sim P_s$ 之间，活塞杆静止时，头侧压力为 $P_s/2$（因左右力平衡，而面积为 2 倍关系）。 如果步进电机根据控制器的指令沿从头侧观察为顺时针方向旋转，则固定于活塞上的螺母与连接着阀芯成一体的螺杆之间的相互作用使阀芯右移，B 口经三通阀与压力源 P_s 相通，头侧压力高于 $P_s/2$，于是活塞 2 向左运动，直到阀芯恢复到原始平衡位置为止。 步进电机逆时针旋转时，动作相反，B 口通油箱，活塞向右运动，平衡活塞用来防止活塞杆内腔的压力将螺杆向右推，平衡活塞右侧引入 B 口压力，平衡活塞左侧油腔通过内部管道通回油箱。

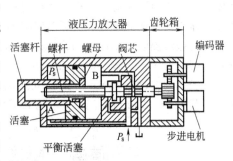

图 4-30　电液步进液压缸（日本东京计器）

这种电液步进液压缸已用于日本产的数控机床、木工机械、制铁机械、防潮闸门以及各种自动化机械设备上。

b. 德国力士乐公司的电液步进缸。 如图 4-31（a）所示，它实际上就是三通阀控制差动缸的机-液伺服机构，内控式。 螺纹伺服机构的工作原理如下：当步进电机带动螺杆 1 转动，阀口 5 打开时，从油口 2 进入活塞杆端腔 3 的油液从阀口 5、螺旋槽 6 进入活塞端腔 7，活塞右移直至阀口 5 关闭，从而使活塞向右移动一定位移。 步进电机反转时，阀口 5 关闭而阀口 9 打开，活塞端腔 7 内的油液经螺旋槽 6、阀口 9、活塞杆上的通道 11、油口 12 排回油箱，活塞端腔 7 内压力降低，活塞 10 向左移动，直至阀口 9 关闭为止。

c. 国产 SK 型电液步进缸。 如图 4-31（b）所示，步进电机接受电脉冲信号，经减速齿轮驱动液压放大器的工作，工作原理同上。

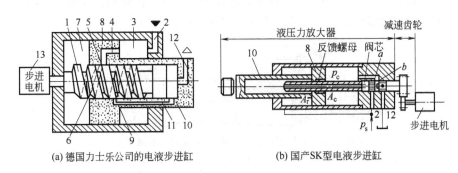

(a) 德国力士乐公司的电液步进缸　　　　(b) 国产 SK 型电液步进缸

图 4-31　电液步进缸
1—螺杆；2—进油口；3—活塞杆端腔；4,5,9—阀口；6—螺旋槽；
7—活塞端腔；8—活塞；10—塞杆；11—油道；12—回油口；13—步进电机

③ 带位移测量装置的液压缸

a. CYLNUC 型液压缸。 近些年来国外出现了一种新型的带位移测量装置的液压缸——CYLNUC 型液压缸，这种液压缸可与 CPU 直接连接，不需另外的附加装置，基本上只是在普通液压缸内加设一位移传感头而已，可直接测量由液压缸驱动的工作台的直线位移。

这种液压缸的结构和位移测量原理分别如图 4-32 和图 4-33 所示。 位置检测机构由活塞杆、装在缸盖内的线圈以及安装在外部的数模变换器构成。 活塞杆的表层交替等节距地装有同心状的磁性体与非磁

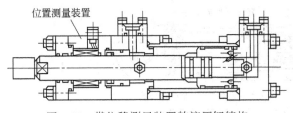

图 4-32　带位移测量装置的液压缸结构

性体，读出头中初级励磁线圈及次级感应线圈配置在磁屏蔽铁芯规定的位置上。 因为磁性体与非磁性体交替装在活塞杆上，所以磁阻随着活塞杆的移动而顺次变化。

当初级线圈以 $I\sin\omega t$ 及 $I\cos\omega t$ 交替励磁时，这种磁阻变化导致次级线圈感应电压的变化，其变化规律为 $E = K\sin(\omega t - 2\pi x/p)$。 观察图 4-33（b）所示的相位可知，次级线圈的感应电压与初级线圈的励磁 $I\sin\omega t$ 相比，仅相移活塞杆移动量 X，从而如果取出两者之间的相位差，在一节距（$P = 12.8\text{mm}$）范围内，可将活塞杆的直线位移作为绝对位置信号进行测量。

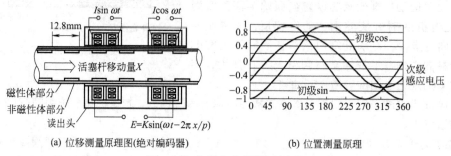

(a) 位移测量原理图(绝对编码器)　　　　(b) 位置测量原理

图 4-33　位移与位置测量原理

这种测量方式液压缸活塞杆与位置测量线圈部位是不接触的，无摩擦损伤，因而寿命长，不受电压大小、油温及工作液种类的影响，在抗震性、高温、电噪声等方面可显示高的可靠性。

b. 带磁电感应式传感器的液压缸。 在呈铁磁性（碳钢、低合金钢制）的活塞杆表面加工有等距等宽的凹槽（如宽 1mm，深数十微米），然后用呈顺磁性的硬铬或呈逆磁性的陶瓷镀涂在活塞杆表面（填满槽并凸出数十微米厚），再在活塞杆旁置一永久磁铁，则磁路中的磁阻将随活塞杆的运动周期性地变化。 在活塞杆和永磁铁间设置一薄膜磁阻传感器，并用电子器件记录磁阻变化次数，即可得到活塞杆的位移。 其结构如图 4-34 所示。

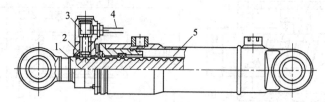

图 4-34　带行程传感器（磁电感应式）的液压缸

1—活塞杆；2—磁电传感器；3—连接放大器；4—输出接口；5—电磁标尺

c. 带超声波位置传感器的液压缸。 图 4-35 所示为缸内装有超声波位置传感器的液压缸，能随时测量出活塞位置，适应液压缸活塞位置（或速度）的闭环控制的需要。 位置传感器包含一个包容超声波导的抗压不锈钢管和传感头，装在活塞杆上的永磁铁产生超声测量回波。 通过测量一个超声脉冲沿着磁致伸缩波导系统的时间，可得到活塞位移的绝对值。 此处的超声波位置传感器属非接触式，根据测量电路的不同，分辨率可达 0.1mm 或 0.01mm。

④ 带近接开关的液压缸　如图 4-36 所示，液压缸的缸筒与活塞均采用非磁性体的不锈钢制

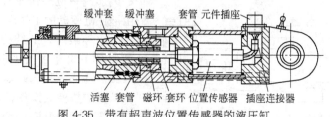

缓冲套　缓冲塞　套管　元件插座

活塞　套管　磁环　套环　位置传感器　插座连接器

图 4-35　带有超声波位置传感器的液压缸

造,活塞上固连有永磁铁。 当活塞移动到接近近接开关时,磁铁产生的磁场使近接开关动作,发出电信号,使液压回路中的电磁阀动作,调节近接开关在液压缸外表面上的安装位置,可对液压缸的行程和位置进行控制。 液压缸上安装有两个近接开关 A 与 B,它可以是交流的,也可以是直流的,交流时工作电流为 7~20mA,直流的为 5~50mA,功率为 2W。 液压缸的位置控制精度为 0.5mm,液压缸行程位置可调。

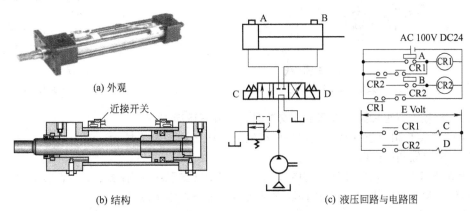

(a) 外观

近接开关

(b) 结构

(c) 液压回路与电路图

图 4-36　带近接开关的液压缸(日本油研)

4.2.4　液压缸的安装

(1)安装形式的分类

根据液压缸的结构、受力情况及运动特点,液压缸的安装形式有轴线固定式和轴心线摆动式。

轴线固定式指缸在做往复直线运动时,其轴线位置固定不变,缸体对负载没有自位调整能力,这种安装叫刚性安装。

轴线摆动安装方式是指在缸做往复直线运动时,液压缸的轴线根据使用需要可进行摆动。 如建筑工程机械等行走车辆、送料机械等设备中,有很多的使用。 主要有耳环式和耳轴式两大类。

(2)液压缸的安装方法及注意事项

液压缸安装时,要特别注意安装时的垂直度和平行度等的尺寸精度。 为此,安装前要先检查活塞杆是否弯曲,特别是对长行程油缸,活塞杆弯曲会造成缸盖密封损坏,导致泄漏、爬行和动作失灵等故障,并且加剧活塞杆与导向套之间的偏磨损现象。

液压缸轴心线应与安装面及导轨面平行 (图 4-37),特别是要注意活塞杆全部伸出时的情况 (图 4-38)。 若二者不平行,会产生较大的侧向力,造成油缸别劲、换向不良、爬行和液压缸密封损坏失效等故障。 一般可以导轨面为基准,用百分表调整液压缸,使活塞杆(伸出)的侧母线与 V 形导轨 (或团柱导轨)平行,上母线与平导轨平行,允差为 0.04~0.08mm/m。 活塞杆轴心线对两端支座的安装面,其平行度误差不得大于 0.05mm。

对于既有轴向又有径向载荷的负载 F,负载也应设置支承面,不能悬空。 否则在液压缸活塞及活塞杆与导向套(缸盖)两个位置产生较大的径向力,造成偏磨及动作不正常的故障,且要注意支承面与活塞杆轴线方向平行。

① 底脚(脚架)形液压缸的安装方法　这类液压缸均用安装螺栓 A(图 4-39)将液压缸拧紧安装在机座上。 螺栓的强度是根据液压缸的最高使用压力进行计算得出的。 实际使用中由于几根螺栓并不一定均等地承受载荷,加之液压缸换向时有冲击压力和外载荷的惯性所产生的冲击力,常常会使某只螺栓集中受力而因疲劳产生蠕变,导致产生螺栓逐只被剪切断裂的现象。 为此除了使安装螺栓有足够宽裕的强度(例如选用高强度材料制造)和力求各螺栓能均摊载荷外,

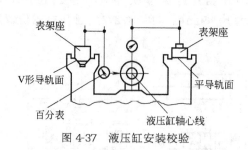

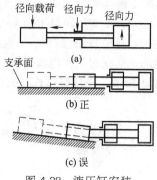

图 4-37　液压缸安装校验

图 4-38　液压缸安装

特别是对大直径大行程脚架式液压缸，安装时要采取下述措施。

　　a. 用死挡块 B 和 C 直接承受活塞杆伸缩时所产生的液压缸推拉力，避免此力让安装螺栓承受，并起安装定位挡块作用。

　　b. 设置支承台 G，可防止活塞杆的弯曲。 设置中间支承座 F 可防止大行程（2m 以上）液压缸因自重而产生的缸筒挠曲。 设置挡块 E 使支承台能停在中间位置。

　　c. 在 D 处设置挡块 B′，可防止因力矩而产生的液压缸体的上举（上抬）动作，上举力为 $W_2 = W_1L_1/L_2$，但请记挡块 B′ 不应限制液压缸缸体因液压缸内压和热膨胀导致的微小轴向伸展，否则会出问题。

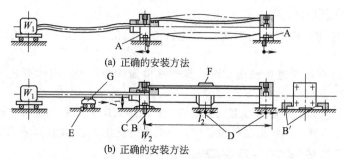

图 4-39　大直径长行程液压缸（底脚形）的安装方法

　　d. 挡块 B 和 C 也不能缸前、后支座都设，如用定位挡销也只能设在一头支座上，否则因缸内压和热膨胀等因素而产生的轴向伸长受到限制产生的油缸整体向上弯曲，造成液压缸不能圆滑动作，产生相应部位的磨损。

　　e. 基座刚性要足够。

　　② 法兰形液压缸的安装方法　如图 4-40 所示。 图 4-40（a），当缸右行时，螺栓 A 承受拉力，可能断裂；另外缸呈悬臂梁，产生下降 δ，因而为不正确的安装法；图 4-40（b），液压缸内的液压力由板 D 承受，安装螺栓 A 仅仅起固定液压缸和定位作用，加设的挡块 C（或定位销）可

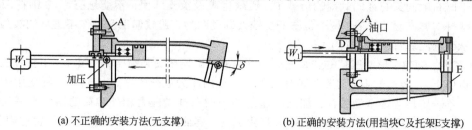

图 4-40　法兰形液压缸的安装方法 （活塞杆收缩受力时）

承受液压缸的自重，托架 E 可防止液压缸挠曲，因而是正确安装方法。 表 4-10 中列举了法兰形液压缸安装螺钉和法兰上的受力情况，只有表中 1 的安装方式为正确的，其余均不太正确。

表 4-10　法兰形液压缸安装螺钉和法兰上受力情况

	1	2	3	4
杆侧法兰形	安装螺栓只起支持液压缸的作用，在法兰处不会产生任何弯矩。 这是最好的安装状态	安装螺栓 A 为支点受荷重 W_2 的拉力 在法兰处产生以 l_1 为力臂的弯曲应力	安装螺栓以 B 为支点受荷重 W_1 的拉力 在法兰处产生以 l_2 为力臂的弯曲应力	安装螺栓以 A 为支点受荷重 W_1 的拉力 在法兰处产生以 l_2 为力臂的弯曲应力 这是最坏的安装状态
头侧法兰形	安装螺栓只起支持液压缸的作用，在法兰处不会产生任何弯矩。 这是最好的安装状态	安装螺栓以 A 为支点受荷重 W_1 的拉力 在法兰处产生以 l_1 为力臂的弯曲应力	安装螺栓以 B 为支点受荷重 W_2 的拉力 在法兰处产生以 l_2 为力臂的弯曲应力	安装螺栓以 A 为支点受荷重 W_2 的拉力 在法兰处产生以 l_3 为力臂的弯曲应力

③ 耳环式液压缸的安装方法　如图 4-41 所示，是以耳环的销轴作为支点和摆动中心，液压缸可在与销轴垂直的平面内摆动，同时做往复直线运动，因而活塞杆右端与负载连接的连接销的轴心线必须与液压缸左端耳环的销轴轴心线保持平行关系 ［图 4-41（a）］。 如果安装不正确 ［图 4-41（b）］，液压缸便会受到以耳环销轴为支点的弯曲载荷，此时往往会导致活塞杆的弯曲，从而使活塞杆头部的螺杆折断，而且弯曲的活塞杆往复运动时，容易拉伤缸筒内孔表面，并使导向套偏磨，杆端密封破损漏油。 采用球窝轴承与圆弧形耳环孔 ［图 4-41（c）］，可允许耳环销轴的轴心线做一定角度的摆动，使别扭产生的弯曲现象大为减小，是耳环式液压缸较好的安装连接方法。

④ 耳轴式液压缸的安装方法　如图 4-42 所示，耳轴式液压缸的安装方法可与上述耳环式作

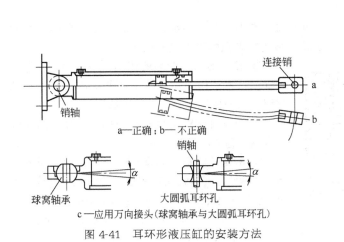

图 4-41　耳环形液压缸的安装方法

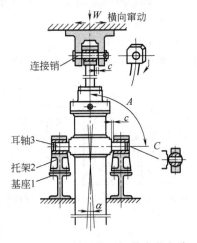

图 4-42　耳轴形液压缸的安装方法

相同的考虑。此处作为支点的耳轴在液压缸本身上，液压缸在与本身耳轴轴心线相垂直的平面内摆动，同时做往复直线运动，所以活塞杆顶端的连接销轴线也应与耳轴轴线平行，如果二者不平行[图4-41（b）]则液压缸就会受到弯曲载荷，造成活塞杆顶端的螺纹部分折断、导向套偏磨、密封破损等。此外安装时应注意垂直度 A，必要时用垫片调整垂直度。间隙 c 与耳轴的弯曲强度关系很大，故应能吸收液压缸的偏斜角 α 所必要的最小限度（0.5～4mm），但支承耳轴的托架尽量靠近耳轴根部为好，使铰轴仅承受剪切力和均等的面压力。此外，为使两边的耳轴分别承受相等的载荷，需用垫片调整托架的高低位置。需注意的是：此处已不能像耳环式那样采用图4-41（c）的球轴承，因为如此反而会增大耳轴的弯曲应力，应予以避免。

4.2.5 液压缸的故障分析与排除

【故障1】 液压缸不动作

液压缸不动作指的是液压缸不能实现往复运动，或者只能往一个方向运动。产生原因主要可从：泵源系统是否有压力；系统有压力但压力不够推不动负载；虽有充够压力的油液，但压力油是否能进入液压缸；液压缸回油是否畅通；虽有足够工作压力的油液，但负载太大5个方面去考虑。具体如下。

① 系统未上压 可检查系统使用的液压泵种类以及系统的调压系统是否有问题，可参阅第3章、第5章和第6章中的相关内容进行检查和排除。是泵的原因，还是压力控制阀（如溢流阀调节压力过低）和流量控制阀（如流量阀开度太小）的原因，导致输入液压缸的压力流量不够，而不能满足对负载压力和负载流量的需要。

② 系统已上压，但压力油未能进入液压缸，或者液压缸流出的油在回路途中受阻 在判明系统（泵源）能输出压力油的前提下，可先对液压缸的"不动作"故障做下述检查：先稍微松开液压缸一端的进油管接头，观察是否有油液漏出，并根据漏出的油量大小，决定是否全松管接头（对高压系统要特别小心），如无油液流出或者全松管接头（过一小段时间）后，发现流出的流量很小，手感压力不够，则说明压力油在前面的管路与控制阀受阻，可顺藤摸瓜，溯流求源，依序查找出受阻的位置，其中在换向阀处受阻的可能性最大，查明后一一排除。如松开管接头后，有大流量油液流出，并且感到压力很大（油冲得飞溅），则可断明故障来自液压缸本身的内泄漏大，或者液压缸回油通路受阻。

对于液压缸回油路受阻与否也可参照上述方法判明。但方法上略有区别：当往液压缸通入压力油，液压缸略动一下便不能再动，而且活塞杆略有回弹，多次点动液压泵向缸通入压力油均是如此，则大多是回油路受阻。

对于判断故障来自液压缸本身要确认下述事实：即操纵换向阀，查明液压缸两边都能进压力油，但液压缸不动。

这一查明很重要，特别是大型液压缸，拆卸费工费时，非常困难，要确定是缸本身内泄漏大时方可拆缸，不能因判断失误浪费工时，造成不必要损失和维修工人的抱怨。

③ 输入液压缸的油液压力、流量虽够，但液压缸仍然不动作 在排除上述②的因素后，判明原因来自液压缸本身，其原因有以下几点。

a. 液压缸活塞密封严重破损，缸腔拉伤有较深直槽，造成液压缸两腔串腔。

b. 液压缸活塞与活塞杆因连接锁紧螺母松脱而分成两件，液压缸两腔串腔，液压缸不动作，此时表现为先还是可往一方向动作然后再也无动作。

c. 液压缸设计不当，如图4-43所示。图4-43（a）活塞杆端面与缸盖端面紧贴后，造成封

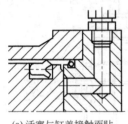
(a) 活塞与缸盖接触面贴合，油孔封闭

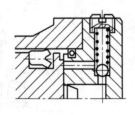
(b) 单向阀相通的油孔已被活塞面积所堵塞

图 4-43 设计不合理影响液压缸换向不良的结构

闭进油通路，并使活塞承受压力的面积不够；图 4-43（b）为带缓冲装置的液压缸，缸盖上单向阀油路被活塞挡住油孔，只在缓冲柱塞较小的端面上承受压力油的作用，产生的力很小，自然不足以克服液压缸的载荷，因而液压缸也不动作。 此时可采取图 4-44 所示的方法改进设计，使液压缸活塞在行程终端也能确保不封闭压力油，压力油能作用在较大面积上。

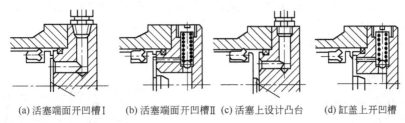

(a) 活塞端面开凹槽 I   (b) 活塞端面开凹槽 II   (c) 活塞上设计凸台   (d) 缸盖上开凹槽

图 4-44　影响液压缸换向不良时设计结构上做的改进

d. 液压缸滑动部位（如活塞与缸体孔，活塞杆与缸盖孔等）配合过紧，因密封压缩过量或因污物卡住，摩擦力过大，甚至产生烧结咬死现象，使液压缸不能动作。 此时应适当松开密封压紧螺钉或修正密封沟槽尺寸，使密封有合适的压缩余量，既不过大也不过小（详见密封章节）。另外要防止污物水分进入液压缸，卡住活塞和产生大面积锈斑和锈蚀剥落物而使活塞烧结咬死。

④ 液压缸安装连接不良造成液压缸不动作　液压缸安装连接不良，会造成液压缸工作时，载荷合力作用线与液压缸活塞杆运动的轴心线不一致，产生液压缸"别劲"现象，使液压缸不动作。 可采取下述措施消除。

a. 设计时，根据负载情况，作出力平衡图，力争载荷合力线与活塞中心线一致，不要成异面直线或距离较大的平行直线。

b. 注塑机上，有采用四只缸合模的，有采用两只喷嘴进退液压缸的，这些液压缸如果不同步，则会产生别劲。 别劲严重时，液压缸不能换向，要注意解决好多缸同步问题。

c. 液压缸安装在主机上时，如果不找正，则容易别劲产生不换向。 液压缸的找正和判断是否别劲的方法如图 4-45 所示。 可将活塞杆放在完全拉出、中间位置和完全推入缸内三个位置，用水准器或打百分表检查。 在活塞杆全部推入的位置时，如果活塞杆能顺利地脱开或装上，说明安装良好，否则要重新安装找正。

d. 长行程液压缸别劲的问题最为突出。 除了安装误差外，活塞与活塞杆及缸体的质量均会产生别劲，使活塞杆与缸盖支承套孔之间，活塞与缸体孔之间的摩擦力增大。 因此除了尽量减少活塞杆质量（用空心管）、适当增加活塞杆宽度和导向套长度外，还应装设中间辅助支承，其内孔与缸体外径滑配，以减少活塞杆与缸体产生的弯曲应力而带来的液压缸别劲现象和振动现象（图 4-46）。

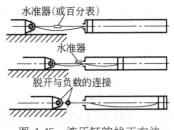

图 4-45　液压缸的找正方法

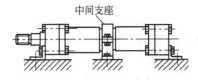

图 4-46　长行程液压缸的中间支座

e. 活塞杆与负载的连接尽量不采用刚性连接和固定连接的方式，而采用如图 4-47 所示的活动关节式连接或球头连接。 对于活塞杆一侧带连接法兰盘的液压缸，从加工到安装均特别要注意法兰安装面与活塞杆轴心线的垂直度问题，防止垂直度不好产生的别劲。

f. 液压缸安装底座刚性不好，也会引起别劲（图 4-48），必须增强底座的刚性，防止底座变形。

g. 载荷的反作用力，使液压缸歪斜引起别劲的现象。在安装后空载试车多数检查不出来，只有带载试车，检查在带负载下活塞杆的推力作用线是否偏离负载合力中心线。

h. 对与缸相连的滑动导轨面与液压缸运动轴心线不平衡，或者导轨的压板镶条压得过紧（如注塑机、压铸机、挤压机的底座导轨）或者合模部分四个圆柱导轨中心线不平行扭斜，以及圆柱导轨圆柱配合面拉毛，或者导轨面上缺少润滑以及有污物落在导轨面上等情况，可分别采取不同的相应措施予以排除。另外在设计时，要对导轨的摩擦力的大小做出正确估计。

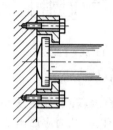

图 4-47　活塞杆与载荷的连接

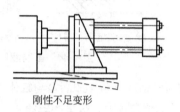

刚性不足变形

图 4-48　底座刚性不足引起别劲

i. 大型液压设备采用静压导轨与卸载式导轨（如国产 H057 型大型磨床）者，当节流器、润滑油稳定器等发生故障时，无压力油进入导轨之油腔，不能产生静压作用与卸载作用，工作台的重量硬压在导轨上，摩擦力大，使液压缸不动作，要排除静压供油系统的故障。

⑤ 其他液压元件和液压回路方面原因使液压缸不动作

a. 因液压泵故障造成系统供给的油液压力、流量不够，可参阅本书第 3 章的内容进行处理。

b. 因液压控制阀故障，产生的液压缸不换向，原因很多。例如压力阀（溢流阀、顺序阀和减压阀等）故障导致液压缸工作压力上不去；流量阀调节失灵无油液进入液压缸或无油液从液压缸流回油箱；换向阀不换向等，可参阅第 5 章和第 6 章的相关内容进行故障分析与排除。

c. 管路接错，主要是软管容易接错。如果在修理时接错液压缸进出油管，便会导致出现液压缸不换向以及动作错乱等故障。所以在修理中装拆油管时应标上记号，装配时对号入座。

d. 调节使用差错造成液压缸不动作。如图 4-49 所示的回路，当截止阀未打开、节流阀关死（调节手柄过分拧紧或阀芯卡死），背压过大等造成液压缸无动作时，可重新对阀进行调节和有关处理。

e. 液压回路方面的原因。液压缸换向主要用换向阀组成的换向回路进行控制。当回路设计不合理或换向回路产生故障时，液压缸便有可能不能动作。例如图 4-50 所示的回路，采用 M 型电液换向阀控制液压缸换向，由于是 M 型中位机能，中位时液压泵卸荷，这样与泵供油路相连的控制油压力上不去，便不能使电液阀换向，从而液压缸也无换向动作，可改成图 4-50（b）、（c）的回路，即在回路加背压的方法，保证系统始终有一定的最低压力提供给电液阀作为控制油压力而能使其换向，从而保证液压缸换向。

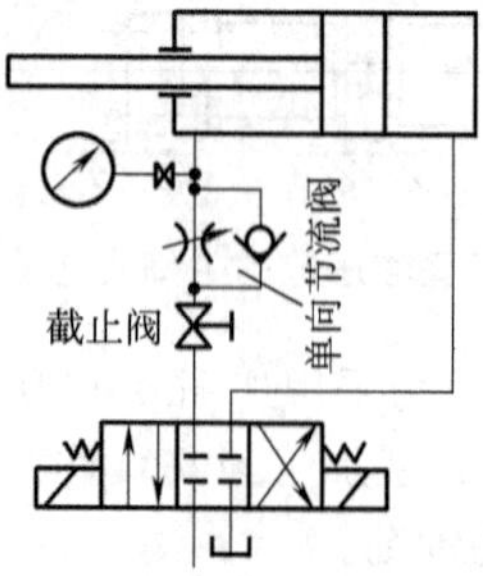

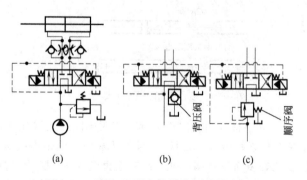

图 4-49　使用差错造成液压缸不动作

图 4-50　采用 M 型电液换向阀的换向回路

f. 在一些多缸并联回路中，例如 XJ-800 型挤压机的液压系统（图 19-10）中，合模缸先动作，要等合模缸动作完成后，压力升高，压力继电器 PF 才能发出信号，使后续的喷嘴进退液压缸动作。 如果合模压力不上升，或者压力继电器 PF 有毛病，则喷嘴进退液压缸不动作。

对于此类多缸并联回路要注意其动作的顺序性，以及动作与动作之间的发讯方式和发讯元件的动作可靠性。

g. 泵的电机功率过小，或者负载因某种不正常原因过大，也会使液压缸产生不换向。 电机的功率除了要满足负载需要，还要考虑到诸如管路的沿程损失和局部损失，以及各元件的损失等因素，选择够量的电机，对于负载异常大的原因要查明并做出处理。

h. 对活塞杆表层镀硬铬的液压缸，当镀层因电镀质量不好时，使用过程中常常出现剥落现象，剥落的铬片卡入运动部位的间隙中，拉伤缸孔和导向套内孔，因活塞的继续运动，堆积挤压出更大更硬的瘤子，液压缸自然被卡住不动。

【故障 2】 液压缸能运动，但速度达不到规定的调节值，欠速

这种故障是指即使全开流量调节阀，液压缸速度也快不起来，欠速。 这种故障的原因和排除方法如下。

① 液压泵的供油量不足，压力不够 例如因液压泵内部零件磨损而使泵的容积效率下降、液压泵吸油受阻而吸空、电机转速（功率）不够等原因造成泵输送给液压缸的流量减少而导致欠速，可参阅本书第 3 章的相关内容予以排除。

② 系统漏油量大 包括外漏和内漏。 外漏主要因管接头松动，管接头密封破损等，油箱内看不见的地方的管路要特别注意。 内漏主要是液压元件（泵、阀、缸）运动副因磨损间隙过大以及系统内部可能有部位被击穿等。 可参阅本书中相关的内容予以排除，保证有足够的流量提供给液压缸。

③ 溢流阀溢流太多 一般快速时多用于空载，此时溢流阀因其调定压力较高而不会打开溢流。 但当由于某些原因造成快进时负载比预定的值要大很多时，很可能溢流阀会产生溢流而使得进入液压缸的流量减少。 而主要原因还是溢流阀因卡死在较大开度位置造成的溢流而使输入液压缸的流量减少所致。 此时一方面要查明快进时产生负载大的原因，另一方面要排除溢流阀故障，并适当调高溢流阀的工作压力，使得不至于出现较低压力下溢流阀便溢流的现象。

④ 液压缸本身工作腔与回油腔串腔 产生液压缸欠速故障的"串腔"较之液压缸不能动作故障的"串腔"，在程度上要轻微些，只从活塞密封部位内泄漏少量压力油液，或者从活塞杆与缸盖接合面密封处泄漏一部分油液。 对设置互通阀的液压缸（排气用），当互通阀关闭时泄漏量大以及安全门的机动换向阀的泄漏量大，均可能造成注塑机液压缸的欠速。 可在查明原因的基础上予以排除。

⑤ 液压缸中途变慢或停下来 一般对长液压缸而言，当缸体孔壁在某一段区域内拉伤厉害、发生胀大或磨损严重时，会出现液压缸在该段局部区域慢下来而其余位置正常，此时须修磨液压缸内孔，重配活塞。

⑥ 在液压缸行程两端或一端，缸速急剧下降 为吸收运动活塞的惯性力，使其在液压缸两端进行速度交换时，不致因过大的惯性力产生冲缸振动，常在液压缸两端设置缓冲机构（加节流装置增大背压）。 但如果缓冲过度会使缸速变得很慢。 如果通过加大缓冲节流阀的开启程度还不能使速度增快，则应适当加大节流孔直径或加大缓冲衬套与缓冲柱塞之间的间隙，不然会导致液压缸两端欠速。

⑦ 液压缸别劲产生欠速 这种故障多指液压缸的速度随着行程的不同位置速度下降，但速度下降的程度随行程不同而异。 多数原因在于装配安装质量不好而造成的，别劲使液压缸负载增大，工作压力提高，内泄漏随之增大，泄漏增加多少，速度便会降低多少。 可参阅前述因别

劲产生液压缸不动作的类似方法予以排除。

⑧ 在多缸并联的液压回路中，某一个或某几个液压缸欠速　一台液压泵带动两只或两只以上液压缸时，当设计欠周到，泵流量选得不能满足这几个液压缸同时快速运动对流量的要求时，出现空载阻力大的一个或几个液压缸欠速，或者因某缸泄漏造成这一现象，可更换较大规格的液压泵，减少泵与液压缸的泄漏。

⑨ 为提高液压缸速度而采用蓄能器补液的回路中欠速　当蓄能器的容量不足或充气压力不够时，蓄能器不能进行足够的补液，而使缸速达不到。此时应重新校核蓄能器，选大一点的蓄能器，并补充氮气，适当提高蓄能气的充气压力。

【故障3】　产生爬行

所谓爬行，指液压缸在低速运动中，出现一快一慢、一停一跳、时停时走，停止和滑动相交替的现象。产生爬行的原因在于：当摩擦处于边界摩擦状态时，存在着动、静摩擦系数的变化和动摩擦系数随速度的增加而降低的现象；运动件的质量较大；传动件的刚性不足；运动速度太低（< 0.5m/ mm）等。具体原因有来自液压缸外部的，有来自液压缸本身的。

① 液压缸内进有空气　这是产生液压缸爬行最常见的原因之一。进入缸内的空气起蓄能器的作用，构成一弹性体。压力升高，空气泡蓄能，缸速变慢；当积蓄的压力升高到克服静摩擦力后，活塞开始运动。同时，活塞阻力减少为动摩擦力，依靠空气泡积存的能量推动活塞增速运动，能量释放；当释放能量后压力又低于克服动摩擦阻力所需的压力值时，活塞又减慢或停止运动；气泡再度被压缩积蓄能量，于是便出现爬行。

液压缸进气的原因除了9.5.7节中所述的内容外，还有以下几点。

a. 缸内部有形成负压的情况时，空气会乘隙而入。如图4-51所示。液压缸牵动拉杆使载荷从 A 点向 C 点移动时，在中位点 B 以前，活塞杆腔产生正的内压与负载相平衡。越过 B 点向 C 点的行程中，载荷 W 的重量会加速推动活塞杆的运动，速度比行程 AB 段快。如果液压泵来不及补充油液则活塞杆腔压力便变为负压了。卧式注塑机立装的合模液压缸与此种情况相类似。此时当活塞杆密封不良或密封设计不合理时，此种进气现象便较为严重。例如图4-52中采用唇形密封（如 Y 形），从唇缘里侧加压，则唇部张开有密封效果。但若缸内变成负压，唇部不能张开，反方向大气压（为正）反而压缩张开唇部，使空气进入缸内。

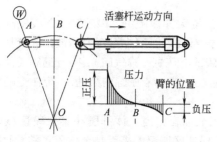

图 4-51　液压缸内部形成负压

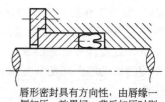

唇形密封具有方向性，由唇缘一侧加压，效果好；背后加压时则产生泄漏，缸内为负压时则进气。

图 4-52　采用唇形密封

b. 液压缸无排气装置或排气装置设置的位置欠妥，缸内空气无法可靠排出（图4-53）。例如垂直安装的液压缸排气装置未设置在最高处，水平放的液压缸因放气塞未在最高位置而存在易于积存空气的死角，活塞杆衬套较长、活塞不能运动到液压缸末端等情况均可能存在难以彻底排气的位置和死角，此时应按图4-54的方法做出改进。

对于未设置有专门排气装置的液压缸，可先稍微松动液压缸两端的进出口管接头，并往复运行数次让液压缸进行排气。如从接头位置漏出的油不再含有气泡，由白油变为清亮后，说明空气已排除干净，此时可重新拧紧管接头。对用此法也难以排净空气的液压缸，可采用加载排气和灌油排气的方法排掉空气（图4-55和图4-56）。

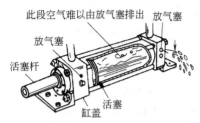

图 4-53 液压缸无排气装置的情况

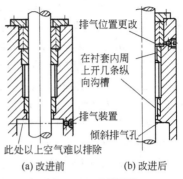

(a) 改进前   (b) 改进后

图 4-54 改进措施

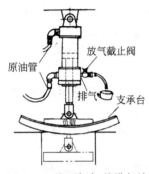

图 4-55 液压缸加载排气法

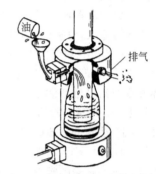

图 4-56 大型液压缸的灌油排气法

　　c. 液压泵在下，液压缸装在高处，停机后，油液因重力经阀、泵、回油管最后流回油箱，在管路内便会形成负压，而倒灌进空气，或者空气从管路密封不好的部位进入液压系统内。所以一方面要加强管路密封，另一方面在泵后装设单向阀，在系统回油管设背压阀，以防止空气反灌。

　　d. 回油路高出油面，停机后油液也会因重力下落或通过外泄漏流往油箱，空气因此而反灌进入系统。所以回油管也应插进油面以下，防止空气沿回油管反灌进入系统。

　　e. 排气装置不密封而进气。排气装置不密封的例子见图 4-57 所示，排气装置的目的是排

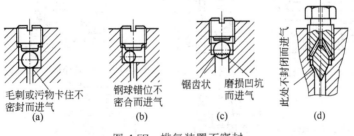

图 4-57 排气装置不密封

气，排完气后要拧紧封住，不能进气和漏油。可进行如图4-58所示的改进，并对放气单向阀进行研磨清洗去毛刺，使放气阀密合，即不会往外漏油，也不会往内进气。

　　f. 从液压缸到换向阀之间的管路容积大于液压缸容积（这种情况不多），当液压缸启动后推动活塞排出的油液将积存在液压缸与换向阀之间，而不流回油箱，因此，该部分油液内若积存有空气便很难排掉而是在管路与液压缸之间流

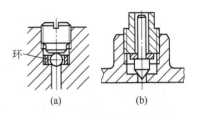

图 4-58 排气装置的改进

动。 此时，应在靠近液压缸的管路最高处加装排气阀。

g. 管路比液压缸高，液压缸最高处虽有排气装置，但浮在管路最高处的空气难以通过液压缸排气装置排掉，此时可降低管路高度或在管路最高处加设排气装置。

② 液压缸本身质量问题产生的爬行现象 液压缸因装配与安装不好别劲。 如活塞杆与活塞同轴度不好，活塞杆全长或局部弯曲、缸孔的直线性不好等原因，造成摩擦阻力增大，接触面的接触压强增大，导致滑动面间断性地断油，而增大动静摩擦系数之差而产生爬行。 另外液压缸导套与活塞杆不同心（不同轴），存在偏心，使摩擦阻力大，并拉伤活塞杆，液压缸安装与导轨不平行也会引起摩擦阻力不均匀而导致爬行。 可查明原因予以排除。

③ 水分进入 缸体内因异物和水分进入，产生生锈、局部拉伤和烧结等现象。 在这些位置上摩擦阻力增高，使液压缸不能平滑运动，出现局部行程段的爬行。 此时要修磨缸孔。

④ 因缓冲机构不当在缓冲行程中产生爬行 缓冲行程中，液压缸也为低速运动，如果缓冲机构设计加工不良，或者调节不当，往往出现液压缸在缓冲行程内的爬行。 具体判断方法是：当调节缓冲装置的节流阀开口大小时，开大时爬行现象消失，关小时又出现爬行，则证明是缓冲装置产生的爬行；当无论是开大与关小缓冲调节螺钉时，爬行都不消失，则可判断是其他原因产生的。 属于缓冲装置产生爬行的情况有以下几种。

a. 缸体端面与缸孔轴心线不垂直，如图 4-59（a）所示。 当缓冲柱塞进入缸盖上的导向孔时，会产生别劲，出现摩擦力的交变，出现缓冲行程内的爬行。

b. 缸体末端产生弯曲，造成缓冲柱塞与缸盖孔不同心而斜交，缓冲柱塞进入缸盖内的导向腔时产生别劲，而产生爬行［图 4-59（b）］。

c. 缸体外螺纹与缸盖内螺纹严重不同心，装配后导致缓冲柱塞与缸盖导向孔不同心，产生别劲［图 4-59（c）］。

d. 缸盖加工不良，使缓冲孔与缸盖凸台的垂直度不良，或者缓冲孔与凸台有偏心，这样装配后会出现缓冲柱塞的别劲［图 4-59（d）］。

e. 因活塞与缸体孔配合间隙过大，活塞可以在缸孔内浮动（偏心）和偏斜（α），导致缓冲柱塞与缸盖孔不同心，产生别劲［图 4-59（e）］。

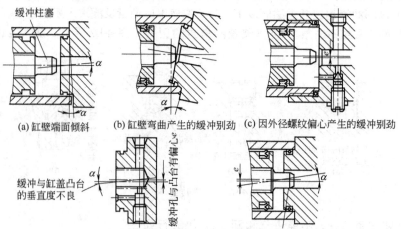

图 4-59 缓冲装置产生的偏心

所有上述因加工装配不良造成缓冲柱塞进入缸盖孔（缓冲行程）时产生的别劲现象，均可能会在缓冲行程内产生爬行。 为此，要特别注意液压缸的设计，保证加工精度，在工艺上要采取相关措施。 例如在缸体孔精加工好后，以该孔定位，精车缸体端面及外径上的螺纹；缸盖缓冲孔加工好后，以该孔定位加工凸台等等。 注意活塞与缸体孔配合间隙大小，以柱塞头进入缸盖缓冲孔内后不产生别劲为原则，当然为使加工不要太难，可适当加大缓冲柱塞与缸盖缓冲孔之间的配合间隙，但注意太大有可能会使缓冲作用失效，还会导致液压缸回冲现象，设计时可以用试验为依据来选择缓冲间隙的大小。

f. 因为装有密封圈的活塞与缸体孔的滑动间隙一般远大于缓冲柱塞与缸盖孔的间隙，当活塞上未承受径向负载时，那么活塞可借缓冲柱塞作导向支承而平滑运动；但当活塞承受径向负载时，特别是对长液压缸，活塞杆较长时，由于活塞杆的挠曲，活塞将发生倾斜。如果倾斜力矩过大，则缓冲柱塞或缸盖孔（衬套孔）的滑动部分将承受全部载荷，使接触处面压力异常增高，油膜被切破，引起爬行。

⑤ 因其他液压元件的原因产生的爬行

a. 液压泵。因其内部零件磨损内泄漏量大时，会引起输出油量和输出压力的变化大，并且输出压力流量不够。当负载大时，本应系统压力增高，但因泄漏，不能适应，负载变化而使压力增高，只有使得液压缸降速或停止。一旦系统压力再次升高，液压缸又往前快速一跳，如此循环产生爬行。

b. 流量阀。为了满足液压缸低速稳定性，流量阀有一个最小稳定流量，大于此流量对应的液压缸速度，不会产生爬行，低于此流量的液压缸速度便很可能出现爬行。另外节流开口易被污物阻塞，阻塞时，流量减少，液压缸速度下降；污物被冲掉时，流量又增加，液压缸速度又上升，这种情况反复便可能造成液压缸的爬行。

c. 其他阀类零件因磨损拉伤或配合间隙过大，引起进入液压缸的压力油的压力时大时小的交变，或者压力不足也可能出现爬行。

d. 导轨润滑油稳定器不良，静压导轨的毛细管节流器等因污物或其他原因阻塞，都可能造成爬行。笔者的经验是，滑润压力稍调高一点，便不爬行了。

⑥ 因密封原因产生的爬行 如密封调节过紧，压缩余量过大等，均产生爬行。

⑦ 液压回路方面的原因

a. 使用进油节流回路的液压缸中，优点较多，但是这种回路在某种低速区域内容易出现爬行。这种回路中，液压缸的工作压力是由载荷阻力的大小决定的。因此，当载荷阻力中的静阻力、动阻力在变化着的滑动阻力中所占的比例较大时，容易出现爬行现象。

解决办法一般是在回路中加背压（0.5~0.8MPa），且背压最好能调节，并且最好能自动调节。如采用加自调背压阀自动调节背压的方法，一方面可防止因惯性大而产生过冲现象，另外对消除爬行有好处。但注意背压调节过低，这种功能不显著，背压调得太高，系统效率又降低。为了较好地解决这个问题，可采用图 4-60 所示的自调背压系统。如图所示，压力油 P_1 与液压缸大腔相连，压力油 P_2 与液压缸小腔相连。调整弹簧力 R，使空载工作时背压 P_2 达到某一数值（如 2MPa）。当负载 W 增大时，液压缸大腔内压力 P_1 随之增高，P_1 压力油便推动背压阀芯向开启方向移动，此时背压 P_2 便减小，这样便达到了负载增加背压随之自动减小的目的；反之负载减少可使背压自动增加，背压可在 0~2MPa 范围内自动调节，这对消除爬行防止冲击有益。

b. 采用液控单向顺序阀的平衡回路的爬行故障。图 4-61 为垂直安装的液压缸（如压塑机-油压机、立式注塑机）采用液控单向顺序阀的平衡回路图。当换向阀切换至右端位置时，压力油通过单向阀进入液压缸下腔，使活塞提升起重物 G（滑块、模具等）；当换向阀切换至左位时，压力油进入液压缸上腔，并进入液控单向顺序阀的控制口，打开阀 1，使液压缸下腔回油，于是活塞放下重物。但在活塞下行时，由于重物作用可能使下降速度过快，缸上腔油液来不及补充，压力降低，而使阀 1 控制的油压力也降低，阀 1 而被关掉，液压缸回油受阻，缸便停下来；然后液压缸上腔压力又上升，阀 1 又打开，重物 G 又继续下行，这样阀 1 始终处于不稳定状态，液压缸便出现时走时停的爬行现象。解决办法适当调大阀 1 的背压值。

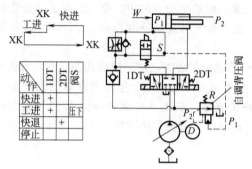

图 4-60 自调背压系统

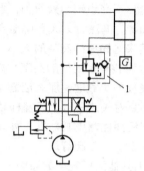

图 4-61 采用液控单向顺序阀的平衡回路

⑧ 外部条件引起的爬行

a. 液压缸连接部分刚性不足引起的爬行。 实践证明，当液压缸活塞杆与工作台或床身连接部分刚度差时会引起爬行现象。 当采取加大加厚连接支座，并将其由铸铁件改为钢件，并加大原活塞杆端部紧固螺母的接触面积，提高螺纹与端面垂直度，活塞杆端部螺母与支架连接处取消弹性元件等措施后，明显地改善了爬行现象。

b. 载荷与液压缸连接位置不当产生的爬行。 当载荷的重心尽可能低 [图 4-62（a）]，载荷与液压缸连接点位置到滑动面（导轨）间的距离与所需推力的乘积（即颠覆力矩）接近于零时能获得平稳运动，难以爬行；反之，则负载稳定性差，滑动面压力高，滑动导轨面易出现断油现象，容易产生爬行。

c. 滑动部位的导轨别劲。 与载荷两侧面相接触的导向装置，安装时若注意下述问题，爬行可减少发生：导轨的长度应尽量取长些；载荷中心线与液压缸活塞杆中心线力求一致 [图 4-62（b）]，连接位置应以液压缸的推力不使载荷发生倾斜为准；导轨导向要好，加工精度与装配精度要好，并注意润滑。

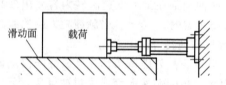

(a) 载荷与活塞杆连接点尽量靠近滑动面

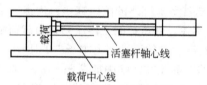

(b) 活塞杆轴心线与载荷中心线不重合，会产生一阻力矩，应二者重合

图 4-62 载荷与液压缸连接

载荷的滑动面（如注塑机合模缸多为 4 个圆柱导轨面）的压强要根据运动速度和载荷质量，确定适当数值。 面压过高，油膜难以形成，因而动阻力与静阻力差值将增加，造成爬行。

d. 导轨刚性不好，有显著磨损或变形；导轨压板和镶条间隙不好，调得过紧；动模板托架高度调节不当（如注塑机）；导轨刮研点阻力大，均可造成爬行。

对注塑机而言，动模板托架高度要调节适当，喷嘴移动缸导轨压板和镶条间隙要调节适当，必要时导面刮研后可用 1000# 油石抛光或用 3000# 氧化铬自由拖研十来次。

e. 设法减少液压缸带动件的质量，对消除爬行有益。

f. 运动速度不能太低，超过液压缸运动平稳性的临界速度（低速）会产生爬行。

g. 润滑油流量压力过小，或导轨润滑压力过小或不稳定，也是产生爬行原因之一。 对中小型液压设备，润滑压力 0.08 ~ 0.12MPa 为宜，对大型液压设备 0.15 ~ 0.18MPa 为宜，并且宜采用防爬导轨油润滑。 现代注塑机对润滑油量不足设立了自动报警装置，可据此调节润滑油量。

【故障4】 液压缸运行中产生不正常声响和抖动

① 液压缸进了空气 这是产生爬行的主要原因之一，也是液压缸产生不正常声音和抖动的

重要原因之一。

② 滑动金属面的摩擦声　当滑动面配合过紧，或者拉毛拉伤，会出现接触面压过高，油膜被破坏，造成干摩擦声，拉伤则造成机械摩擦声。当出现这种不正常声响时，应立即停车，查明原因。否则可能导致滑动面的烧结，酿成更大事故。

③ 因密封而产生的摩擦声和振动

a. V 形密封圈被过度压紧，尤其是丁腈橡胶（常用）制造的 V 形圈会因此而产生摩擦声（较低沉）和振动。

b. 防尘密封如 L 形和 U 形密封圈压得过紧，从形态上看，具有刮削污物的效果。但如果刮削力过大，则滑动面的油膜将被切破而发生异常声响。遇此情况，可适当减少调节力，用很细的金相砂纸轻轻打磨密封唇边的飞边和活塞杆的外圆面，旋转打磨，不要直线打磨，打磨时注意勿使唇边和活塞杆受伤，否则解决了噪声，引来了漏油。必要时可更换唇边光洁无飞边的密封圈。支承环外径过大要减少。

④ 内部泄漏也会产生异常声响　因缸壁胀大，活塞密封损坏等，压油腔的压力油通过缝隙高速泄往回油腔，常发出带"嗞嗞"声的不正常声音，应予以排除。

【故障5】　缓冲故障（缓冲作用失灵，缸端冲击）

缓冲装置设置的目的是为了防止惯性大的活塞冲击缸盖，一般缓冲柱塞与活塞杆做成一体。由它堵住工作油液（或回油）的主要通路，在与此主通路相并联的回路上装有缓冲调节螺钉（节流阀），实现对缓冲速度的调节（图 4-63）。缓冲失灵的故障有以下几种。

① 缓冲过度　所谓缓冲过度是指缓冲柱塞从开始进入缸盖孔内进行缓冲到活塞停止运动时为止的时间间隔太长，另外进入缓冲行程的瞬间活塞将受到很大的冲击力。此时应适当调大缓冲调节阀的开度。另外，采用固定式缓冲装置（无缓冲调节阀）时，当缓冲柱塞与衬套的间隙太小，也会出现过度缓冲现象，此时可将缸盖拆开，磨小缓冲柱塞或加大衬套孔，使配合间隙适当加大，消除过度缓冲。

② 无缓冲作用　指的是在活塞行程末端，活塞不缓冲减速，给缸盖很大冲击力，产生所谓"撞击"现象。严重时，活塞猛然撞击缸盖，使缸盖损坏、液压缸底座断裂，其原因如下。

a. 如图 4-64 所示，因活塞倾斜，使缓冲柱塞不能插入缓冲孔内所致。

b. 缓冲调节阀（缓冲调节螺钉）未拧入而处于全开状态。

c. 缓冲装置设计不当，惯性力过大。当活塞惯性力大时，如关小缓冲节流阀，则进入缓冲行程瞬间的冲击力就大；反之如开大缓冲节流阀，冲击力虽下降，但缓冲速度又降不下来。要解决好此矛盾，须重新设计合理的缓冲机构。

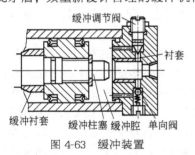

图 4-63　缓冲装置

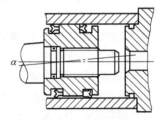

图 4-64　活塞倾斜

d. 缓冲节流阀虽关死，但不能节流，缓冲腔与排油口仍然处于连通，而无缓冲作用。此时首先可检查单向阀是否失灵而不能关闭造成缓冲腔与排油口连通。另外则是属于图 4-65 的情况，节流调节螺钉因与排油口不同心或者孔口破裂，不与节流锥面密合，此时可照图用修正钻模予以修正同心，修正后的排油口会比原来孔径大些，所以要加大缓冲节流阀锥面的直径。

e. 液压缸密封破损，存在内泄漏。特别是采用活塞环密封的活塞，内泄漏量大。如果载荷减少，而缓冲腔内背压增高，此时会从活塞环反向泄漏，设泄漏量为 Q_1，缓冲速度流量 $Q = Q_1 + Q_2$，Q_1 为活塞内泄漏的流量，Q_2 为从缓冲节流阀流出的流量。当 q 大，Q 也就大，则缓冲行程的速度也就大，从而失去缓冲效果。尤其当缓冲行程处于增压作用较大的活塞杆一侧，这种情况更为常见。这时可以采用加多道活塞环或改用其他的密封方式来解决。

f. 缓冲装置中的单向阀因钢球（或阀芯）与阀座之间夹有异物或钢球阀座密合面划伤而不能密合时，阻止不了缓冲行程，缓冲腔内的油液向排油口排走，而使缓冲失效，可排除单向阀故障，使之在缓冲行程中能闭合。

g. 活塞密封失效。此情况同上述 e。缓冲腔内的油液压力要吸收惯性力，因此缓冲腔压力往往超过工作腔压力。当活塞密封发生损坏时，油液将从缓冲腔倒漏向工作腔（左腔），使活塞不减速（类似差动），缓冲失效。

h. 缓冲柱塞或衬套（缸盖）上有伤痕或配合过松。此时从缓冲腔流向排油口的流量增加了这一渠道（本来只经缓冲节流阀），使缓冲流量增大（图 4-66 中的 Q_3），这样便不能实现缓冲减速。

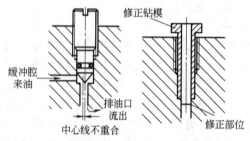

图 4-65 修复节流螺孔同心示意图

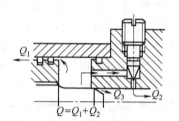

图 4-66 缓冲失效原理

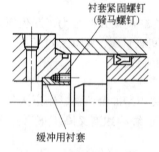

图 4-67 缓冲衬套的紧固

i. 镶装在缸盖上的衬套脱落：因活塞杆弯曲倾斜，缓冲柱塞与衬套不同心以及衬套与缸盖孔配合过松等原因，缓冲柱塞与衬套接触压力增高，衬套承受轴心力，衬套便有脱落的危险。衬套脱落后，缓冲失效，而且会发生"撞缸"事故。设计时需考虑好衬套的受力情况，并用骑马螺钉将衬套加以紧固（图 4-67）。

【故障 6】 液压缸出现自然行走和自由下落现象

当发出停止信号或切断运行油路后，液压缸本应停止运动，但它还在缓慢行走；或者在停机后，微速下落（每小时落 1 毫米至数毫米），谓之曰"自然行走"和"自由下落"。这种故障隐藏着安全隐患。

① 液压缸的自然行走 在采用 O 型中位机能的换向阀控制的单杆液压缸的液压回路（图 4-68）中，液压缸应该是可在任意位置停止运动。但有时停止后，往往出现活塞杆自然移动的故障。其原因是由于换向阀阀芯与阀孔之间因磨损而间隙增大所致。当配合间隙增大后，P 腔的压力油通过此间隙泄漏到 A 腔与 B 腔，由于阀芯处于中位，封油长度大致相等，所以 A、B 腔产生大致相等的压力，又由于是差动缸，无杆腔（左边）活塞承压面积大于有杆腔活塞承压面积，产生的液压力不相等，所以活塞杆右移，这样又使得有杆腔的压力上升使油液通过阀芯间隙泄漏到回油腔，更促使活塞向右移动，产生自然行走的故障。

解决办法是重新配磨阀芯使间隙减少或使用间隙小、内泄漏小的新阀；另外也可采用锥阀式换向阀。

② 垂直立式安装液压缸的自由下落（图 4-69） 如立式注塑机、油压机（压塑机）等的液压缸多为垂直安装，停机后往往出现活塞以每小时或数小时下降数毫米的微速自然下落的故障。

这将危及安全，导致损坏塑料模具和机件的事故性故障。

引起立式液压缸自由下落的主要原因还是泄漏。泄漏来自两个方面：一是液压缸本身（活塞与缸孔间隙）；一是控制阀。图 4-69（a）所示的平衡支撑回路，虽然使用了顺序阀进行调节，以保持液压缸下腔适当的压力，支撑重物 W（活塞、活塞杆及塑料模具），不使其下落；而且换向阀也采用了 M 型，封闭了液压缸两腔油路。但由于液压缸活塞杆的泄漏和重物 W 的联合作用，以及单向顺序阀为滑阀式与外泄式，出现不可避免的泄漏，会导致液压缸下腔压力缓慢降低，而出现支撑力不够而导致液压缸活塞杆（W）的自由下落。

解决办法是，使上述产生泄漏的元件（液压缸、控制阀等）尽力减少泄漏，但实际上这些泄漏或多或少不可避免。最好的办法是采用图 4-69（b）所示的液控单向阀，液控单向阀为座阀式阀，较之圆柱滑阀式的顺序阀，内泄漏可以说小得多。当然如果液控单向阀的阀芯与阀座之间有污物或因其他原因导致不密合时，同样会引起泄漏产生自由下落。

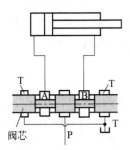

图 4-68　单杆液压缸回路

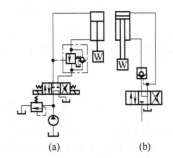

图 4-69　垂直立式安装液压缸回路

【故障 7】　液压缸运行时剧烈振动

除了空气进入液压缸引起液压缸剧烈振动外，在图 4-68 与图 4-69 所示的回路中，也会产生剧烈振动。

图 4-70 所示的回路中，液压缸下降时产生剧烈振动，并伴有"咔哒咔哒"的噪声。

图 4-71 所示的回路中，重物 M 越过中间位置后，液压缸的负载突然改变（由正值负载变为负值负载），在负值负载的作用下高速前进，使 A 点（或 B 点）压力下降，甚至可能变成真空，于是液控顺序阀 b（或 a）关闭，液压缸停止运动，接着 A 点压力又上升，又打开液控顺序阀 b（或 a），周而复始，造成振动。

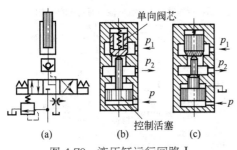

图 4-70　液压缸运行回路 I

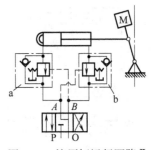

图 4-71　液压缸运行回路 II

解决图 4-70 回路振动故障可选用图 4-70（c）的外泄式液控单向阀，而不要使用图 4-70（b）的内泄式液控单向阀。因为液压缸下降时油液经单向阀流回油箱时，节流缝隙（单向阀阀芯开度）将因液压缸活塞下落而减少，P_1 便增大，P_2 也随之增大，控制活塞下落，有可能使单向阀阀芯关闭，液压缸停止下降，背压 P_2（通油池）也下降，P_2 下降到某值时，控制活塞在压力油作用下又推开单向阀，液压缸又开始下落，产生下落时的振动和"咔哒咔哒"的噪声。采用外泄式液控单向阀，可排除此故障。

解决图 4-71 所示系统的振动，可在顺序阀出口处 A、B 各增设一节流阀，用以限制重物 M 的运动速度，使控制压力维持一定值，保证顺序阀能可靠开启。

在有负值负载的液压设备中，为排除此类故障，宜采用回油节流调速，而不应采用进油节流调速。回油节流调速回路中，背压可较大，外加负值负载增大时，此背压也增大，因而液压缸速度稳定，不会出现上述情况。

【故障 8】 液压缸的变形与破损

由于设计、加工和使用方面的原因，液压缸往往产生缸体膨胀、活塞杆伸长等变形以及缸体、活塞杆、缸盖及紧固螺栓等的破裂或断裂现象，而造成液压缸失效的故障。

① 设计时考虑欠周到，导致液压缸的变形与破损 一般液压缸设计时，资料上介绍：规定容许耐压范围为额定压力的 1.5 倍来进行强度计算和刚度校核，这在有时便显得不合理。下面举例说明。

如图 4-72 所示，当液压缸向右运动，左腔（无杆腔）的工作压力 P_1 为 12MPa 时，右腔（有杆腔）的压力 $P_2 = P_1 \times A_1/A_2 = 17.2$MPa，液控单向阀可能关闭，此压力值便可能造成右腔缸体变形。更有甚者，如果液压缸承受的负载 W 又为负值负载，能产生增压效应。液压缸右腔的压力为：

$$P_2 = (P_1 \times A_1 - W)/A_2 = 35\text{MPa}$$

如果液压缸在行程中途突然停下来，惯性力也会引起升压（压缩油液），使压力会更大。

此时，液压缸右腔的压力远远大于按最大工作压力 12MPa 的 1.5 倍进行液压缸各种计算的压力值，很可能导致液压缸有关部件的破损，甚至拉断。所以在进行液压缸设计时，若采用回油节流的形式，不但要考虑负值负载时产生的增压效应，而且要考虑活塞惯性力引起的升压以及液压缸在行程末端进入缓冲部分时的升压作用。此增压压力的合压力往往是泵工作压力的 2~3 倍以上，轻者导致缸体内孔胀大，重者缸体破裂、缸盖拉坏、紧固螺栓拉断、活塞杆螺纹被拉掉或拉断、安装液压缸的基座和框架发生严重破坏和变形等现象。遇此情形，进行强度和刚度的设计时要提高安全系数。

设计高速运动的液压缸两端的缓冲装置，如果设计不好，不但不能充分吸收惯性力，反而会发生大的冲击压力，导致有关零件的损坏。缓冲腔内的压力变化如图 4-73 所示。设计得较好的缓冲装置既要能吸收惯性力，又不至于使冲击压力过大。

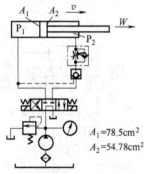

$A_1 = 78.5\text{cm}^2$
$A_2 = 54.78\text{cm}^2$

图 4-72 液压缸运行回路Ⅲ

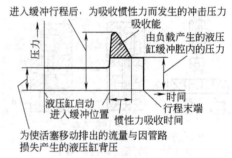

图 4-73 缓冲腔内的压力变化

② 活塞杆的损坏

a. 因设计欠周，活塞杆的材质选用不当，热处理又不好，活塞杆头部螺纹处容易拉断或折断（图 4-74）。

b. 活塞杆端部连接件与液压缸移动方向不一致，作用在活塞螺纹颈部的弯曲力矩较大，特别是在活塞杆受压时，造成活塞杆端螺纹颈部的损坏。此时可采用图 4-75（b）所示的方法增强活塞杆头部。螺纹尾部凹槽处应倒成圆角凹槽，而不应切成直角沉割槽（图 4-76），以免应力集中造成断裂。

c. 活塞杆与活塞连接部分的损坏，与上述相类似，多是设计加工时应力也是集中在活塞杆变形大的部分，加上热处理不好，也容易产生断裂。

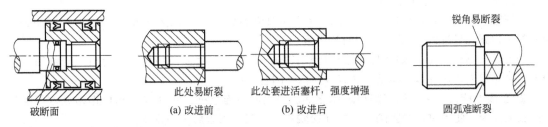

图 4-74 活塞杆损坏　　　　　图 4-75 改进活塞杆结构　　　　图 4-76 注意螺纹凹槽部分形状

③ 缸体的损坏和变形

a. 缸筒壁厚设计太薄。 如上所述（参阅图 4-71），液压缸活塞杆端有一压力放大加压作用。 当活塞杆较粗，有负值负载、缓冲设计不好，加上图 4-77 所示的出口节流回路中的节流阀开度调得过小时，活塞杆腔会产生增压现象，会出现缸体胀大现象。 当这种胀大超过了缸体材料的屈服极限，便会发生破裂，所以设计时以及使用时都要注意。

b. 因焊接不良，在焊接部位造成破损。 没有其他办法，只有补焊牢靠。

c. 与法兰、缸盖相连接部分的缸体厚度太薄，压力增高时，使缸体上螺纹拔丝，严重者拉裂缸体与缸盖相连的法兰部分。

d. 密封槽边的毛刺未清除干净，或者污物楔入间隙，往复运动数次便拉伤缸体孔，最后挤压堆积成金属积瘤，使缸体损坏。 针对上述情况可采取相应措施。

e. 缸盖的损坏。 主要是与缸体连接螺纹发生损坏，对焊接结构的缸盖常常是因焊接不牢发生的。

f. 缸盖压紧螺栓断裂。 这种故障往往是由于缸盖压紧螺栓在拧紧时受力不均，单边拧紧所致。 加上螺栓接合面的粗糙不平，故实际紧固力对每一个螺栓而言是不相同的，有些螺栓实际上是处于一种假紧固状态。 由于运转中油液的加压，特别是高压系统，P 值很大，液压缸整体作为压力容器而膨胀时，矫正了各部分的装配状态，结果使各螺栓受到不均一的荷重，负载本应由大家一起均匀分担的但却由少数几个螺栓承受，自然产生断裂，接着一个一个地断裂了（图 4-78）。

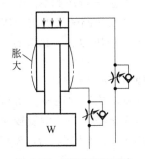

图 4-77 出口节流回路

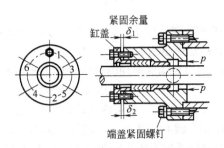

图 4-78 螺栓单边扳紧所造成的故障

防止螺栓断裂的办法是：首先应对螺栓的抗拉强度进行校核，并尽量选用安全系数大的高强度螺栓；另外在液压缸组装结束后，不能马上正式运转，应在加压后再度将螺栓拧紧，设计时要考虑留有一定的紧固余量 δ，紧固后要用塞尺检查，保证 δ_1 和 δ_2 均等。 拧紧时如螺栓尚未拧紧便无此紧固余量时，可将端盖端面去掉一部分。 在紧固螺栓时，为了不至于单边扳紧，一定要像图 4-78 中那样按 1→2、3→4、5→6 的顺序，交错地扳紧对称位置的螺栓，拧紧力力求一致。 在振动和冲击甚大的场合，可利用防松钢丝，将各螺栓的头部连接起来，以防止松弛。

【故障 9】 液压缸的泄漏

液压缸的泄漏包括两大部位：一是固定不动部位的漏油；二是滑动部位的漏油。 泄漏表现为外漏和内漏两种形式。 液压缸漏油的原因如下。

① 液压缸密封不良 如密封圈被挤出和拧扭，密封件的磨损与拉伤、密封材质与液压油不相容，密封圈未装正确等，详见 6.6 节中的相关内容。

② 连接处接合不良 如缸盖与缸体之间、进出油口连接处、活塞与活塞杆连接处等因螺钉或接头未拧紧，使用过程中因防松不好而松脱等，可查明原因后一一排除。

③ 零件变形或破损 例如因冲击压力或增压作用造成液压缸体孔膨胀和变形，焊接位置不牢紧，紧固螺钉断裂，缸盖变形与破损等，可查明原因予以排除。

【故障 10】 液压缸的推力不能推动负载

可参阅上述"故障 1 液压缸不动作"的各项，进行故障原因分析及排除。

【故障 11】 其他故障

① 液压缸的前冲 指液压缸在由快进转慢进时，要先冲一下的现象，此现象也发生在换向与启动时。 进油节流调速，前冲是普遍现象，并伴有短暂停留；回油节流调速，也往往出现前冲；在管路较短、压力损失较小，调速阀前压力小于其所规定的工作压力的情况下，减速时也可能有前冲。 换向与启动时的冲击则与选用的三位换向阀的中位机能有关。 解决前冲的方法有以下几点。

a. 对进油调速系统的前冲，可采用提高背压的方法来解决。 加大背压即增大反力，不易形成真空。 否则由于背压小，减速时液压缸仍以惯性快速前冲，并使进油的一腔形成真空，而进

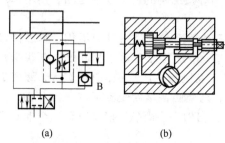

(a)　　　　　(b)

图 4-79　回油调速系统的改进

油来不及补充（因此时进油调速要经调速阀），便出现前冲伴有短暂停留的现象。 液压缸出现停留后，要待调速阀补油后才能动作，并且调速阀开口调得愈小（慢进速度愈小），停留时间就愈长，一般背压应大于 0.4MPa。

b. 对回油调速系统，由于快进时并无背压，所以快进转慢进时，同样出现上述情况。 此时可在图 4-79 所示的两位二通换向阀后增加一背压阀 B，使一方面快进时有一定背压，另一方面使调速阀的进口压力不低于调速阀的压力损失（如 QF 型为 0.8MPa），即不至于因调速阀的进口压力低于此值时，出现液压缸短暂停留的现象。

c. 改进启动时前冲的方法是选用适当的中位机能的换向阀，例如 P 型、M 型等。

② 液压缸启动后在缓冲柱塞刚离开缸盖时，液压缸活塞有短时停止或后退现象，动作不平稳如图 4-80 所示。 如果在启动时，液压缸进口油液流量较大，活塞向左移动的速度便较快（压力油作用在缓冲柱塞上）。 但如果单向阀的容量较小，进入 A 腔的油量便不足以填满 A 腔（此时缓冲柱塞未完全脱离缸盖孔），而使 A 腔出现局部真空。 因此，在缓冲柱塞连同活塞先向左快移一小段距离后，接着会因 A 腔局部真空而出现使液压缸活塞瞬间停止或倒回的现象，而且增长了启动加速时间，待油液补满 A 腔后，活塞又向左快速运动，这一停一进，使启动动作不平稳，一直要到缓冲柱塞完全离开缸盖孔后方可好转，如果单向阀钢球追随油液流动关闭 b 孔，情况更甚 [图 4-80（a）]。

排除方法可加大单向阀的容量，即增大钢球，增大 b 孔。 另外可增设钢球座 [图 4-80
（b）]，防止钢球随油液流动而关闭 b 孔，在单向阀通过流量较大时，建议采用图 4-80（c）的锥
阀结构。

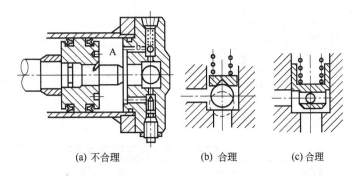

(a) 不合理   (b) 合理   (c) 合理

图 4-80　缓冲柱塞结构的改进

4.2.6　液压缸的拆装

以图 4-81 所示的派克公司带缓冲装置的液压缸为例，说明液压缸的拆装方法与步骤。

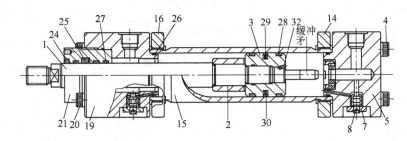

(a) 二维结构

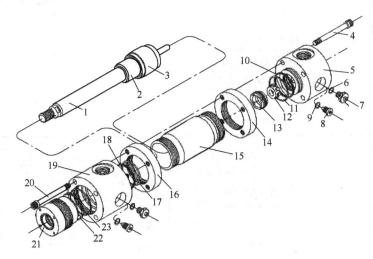

(b) 三维结构

图 4-81　派克带缓冲装置的液压缸
1—活塞杆　2—缓冲柱塞　3—活塞　4,20—螺钉；
5—后缸盖；6,9,10,18,22—O 形圈；7,8—堵头；11,17,23—挡圈；
12—缓冲套；13—锁母；14—后锁母；15—缸体；16—前锁母；19—法兰盖；21—导向套

（1）拆卸（表4-11）

表4-11　液压缸拆卸步骤

步骤	方　法	示　意　图
第一步	松开4个螺钉20（图4-81），卸下前缸盖组件	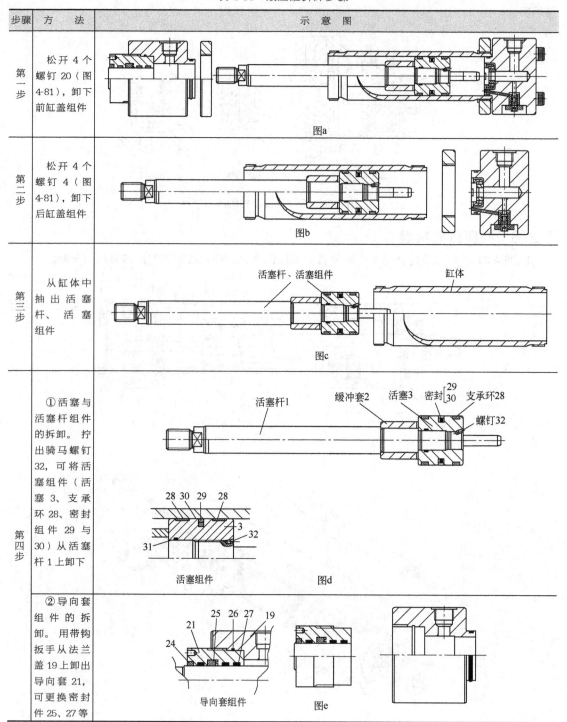 图a
第二步	松开4个螺钉4（图4-81），卸下后缸盖组件	图b
第三步	从缸体中抽出活塞杆、活塞组件	图c
第四步	①活塞与活塞杆组件的拆卸。拧出骑马螺钉32，可将活塞组件（活塞3、支承环28、密封组件29与30）从活塞杆1上卸下	图d
	②导向套组件的拆卸。用带钩扳手从法兰盖19上卸出导向套21，可更换密封件25、27等	图e

（2）拆卸后的检查和修理

液压缸各部分拆卸后，应检查下述重点零件和重要部位，以确定哪些零件可以再用，哪些需要经修理后再用，哪些应予以更换。拆卸后所有零件用塑料布盖好，注意防尘防水，小的零件可浸泡在油盘中，活塞杆宜用铁丝垂直吊起悬挂，以免变形。特别是对在野外工作的工程机械更须注意。

① 缸体（缸筒） 拆卸后的缸筒应进行的检查有：缸孔的尺寸及公差（一般为 H8 或 H9，活塞环密封时为 H7，间隙密封时为 H6）；内孔表面粗糙度（$\frac{0.8}{\nabla} \sim \frac{0.2}{\nabla}$）；缸孔的几何精度（参考值为圆度与圆柱度误差应小于直径尺寸公差的 1/2~1/3）；缸孔轴线直线度误差（应为 500mm 长度上不大于 0.03mm）；缸筒端面对轴线的垂直度误差（在 100mm 直径上不得大于 0.04mm）；检查耳环式液压缸耳环孔的轴线对缸筒轴线的位置误差（参考值为 0.03mm）和垂直度误差（在 100mm 长度上不大于 0.1mm）；检查轴耳式液压缸的轴耳轴线与缸筒轴线的位置误差（不大于 0.1mm）和垂直度误差（在 100mm 长度上不大于 0.1mm）；缸孔表面伤痕检查。

用户在经过上述检查后可对液压缸缸筒进行如下的修理：对于内孔拉毛、局部磨损及因冷却液进入缸筒孔内而产生的锈斑，或者出现较浅沟纹，即便是较深线状沟纹，但此沟纹是圆周方向而非轴向长直槽形，均可用极细的金相砂纸或精油石砂磨，或者进行抛光，可参阅图 4-82（a）。但如果是轴向较深的长沟槽，深度大于 0.1mm 且长度超过 100mm，则应镗磨或珩磨内孔，并研磨内孔。精度与表面粗糙度按上述说明中括号内尺寸的要求予以确保。不具备此修理条件时，也可先去油去污，用银焊补缺。也可购置"精密冷拔无缝钢管"，国内已有厂家生产，可以直接用来作缸筒，无需加工内孔。

② 活塞杆 拆卸后的活塞杆应检查的项目主要有：活塞杆外径尺寸及公差（f7~f9）；与活塞内孔的配合情况（H7/f8）；外圆的表面粗糙度（Ra0.32μm 左右）；活塞杆外径各台阶及密封沟槽的同轴度（允差 0.02mm）；活塞杆外径圆度及圆柱度误差（不大于尺寸公差的 1/2）；螺纹及各圆柱表面的拉伤情况；表面镀硬铬层的剥落情况；弯曲情况（直线度 ≤ 0.02mm/100mm）。

活塞杆的修理视情况而定：径向的局部拉痕和轻度伤痕，对漏油无多大影响，可先用榔头轻轻敲打，消除凸起部分，再用细砂布或油石砂磨，如图 4-82（b）所示，再用氧化铬抛光膏抛光；当轴向拉痕较深或者超过镀铬层时，须先磨去（磨床）镀铬层后再电镀修复或重新加工，中心孔破坏时，磨前先修正中心孔。镀铬层单边镀厚 0.05~0.08mm，然后精磨去 0.02~0.03mm，保留 0.03~0.05mm 厚的硬铬层，最好采用"尺寸镀铬法"，即直接镀成尺寸，不再磨削，抛光便可，这样更确保所镀硬铬层不易脱落。

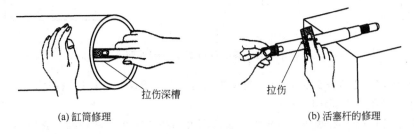

(a) 缸筒修理　　　　　　　　　　　(b) 活塞杆的修理

图 4-82　缸筒与活塞杆的修理

进口设备上使用的液压缸活塞杆，材料各异，更换修理重新加工时一般可采用 45、40Cr、35CrMo 等材料，并且在粗加工后进行调质。其硬度在 229~285HB 之间，根据需要可经高频淬火至 45~55HRC。加工精度可参阅上述检查项目括号内数值。一般活塞杆外径对轴线的径向跳动不得大于 0.02mm，活塞杆外径的圆度和柱度误差不得大于直径公差的一半。活塞杆长500mm 以上时，外圆的直线度误差不得大于 0.03mm（活塞杆过长时可适当放宽）。活塞杆装活塞处的台肩端面对轴线的垂直度误差，不得大于 0.04mm。活塞杆弯曲时应校直（控制在0.08mm/m 以内）。

③ 导向套　活塞杆的套向套拆检的内容有：内孔尺寸与公差（公称尺寸与活塞杆一致，公差为 H8 左右）；导向套外径尺寸；内孔磨损情况。

导向套修理时，一般宜更换。但轻度磨损（在 0.1mm 以内）可不更换，只需用金相砂纸砂磨掉拉毛部位。对水平安装的液压缸，导向套一般是下端的单边磨损，磨损不太严重时，可将套向套旋转一个位置（如 180°）重新装配后再用。

④ 活塞　活塞拆检的项目有：活塞外径尺寸及公差（f7~f9）；活塞外圆表面的粗糙度（不低于 Ra0.32μm）及磨损拉毛情况；活塞外径和内孔的圆度、圆柱度误差（不大于尺寸公差的 1/2）；活塞端面对轴线的垂直度误差（不大于 0.04mm）；与活塞杆配合的内孔尺寸（以 H7 为宜）；密封沟槽与活塞内孔外圆的同心度情况（不大于 0.02mm）。

间隙密封形式的活塞，磨损后须更换。但装有密封圈的活塞可放宽磨损尺寸限度。活塞装在活塞杆上时，二者同心度不得大于活塞直径公差的 1/2，活塞与缸孔配合一般选用 H8/f7 为好。一般修理时更换活塞时外径的精加工应在与活塞杆配装后一起磨削。

⑤ 密封　观察密封唇部（唇形密封）有无损伤，O 形圈是否有因挤入间隙（挤出）而造成的缺损。

（3）拆装要领

① 液压缸拆卸前，决策者一定要反复判断，有绝大部分把握是液压缸有问题才可决定拆卸。如果不需要拆而拆了会造成很大的浪费，特别是大型液压缸的拆卸，维修工人实在是太辛苦了。

拆卸液压缸前，应先拧松溢流阀等的调压手轮，使液压回路卸压，即压力降为接近于零压。然后切断电源，使液压设备停止运转，液压缸停在一个好拆卸的位置（如一个末端位置）。

放掉液压缸两腔油液，然后拆卸缸盖。缸盖与缸体的连接主要有图 4-83 中的几种方式，拆前先修正螺纹，灌点煤油，放置一段时间，轻轻敲打缸盖，使螺纹振松，必要时用喷灯适当加热，一般可以拆下。

拆卸后按顺序摆放好。长的活塞要竖直用钢丝绳吊起来，以免弯曲变形。

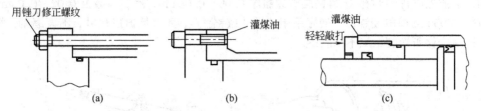

图 4-83　螺纹难拆卸部位的处理

② 活塞和活塞杆组件从卸筒拆出之前要先清理缸筒中的污物再进行拆卸，不可强行将活塞从缸体中打出，以免污物损伤缸的孔。

拆卸时，应防止损伤活塞杆顶端螺纹、油口螺纹和活塞杆及活塞表面，避免不应有的乱敲打以及不小心掉在地面碰伤等情况，这是一项辛苦而又需要细致的工作。

③ 液压缸修理后进入装配时，原则上所有密封应全部换新，换新前应先查明原来的密封破损原因，以免再次以同样原因损坏密封。所有零件经仔细清洗后方能投入装配。

（4）装配

装配顺序与拆卸顺序相反，注意事项如下。

① 仔细清除各尖角锐边处的毛刺，然后清洗干净。

② 正确安装各处密封件，对有方向性的密封注意不要搞错密封的装配方向，对难以装配的密封要使用导向装配工具装配密封件，严禁用起子硬顶塞入，这样十有八九要弄破密封。装配时注意不要拧扭。

③ 活塞与活塞杆装配后，宜搁在两 V 形块上，用百分表测量其同轴度误差和全长上的直线度误差。

④ 在缸筒孔内加入液压油，可帮助活塞进入缸筒内孔。活塞组件装入筒孔后，至少应能轻轻敲入，敲入时无阻滞和轻重不均匀现象。

⑤ 缸盖装上缸体时，应均匀对角拧紧紧固螺栓或螺钉，推荐用扭力计扳手。装上缸盖后，费点小劲应能移动活塞杆。如果卡死，说明缸盖未装正。

⑥ 装配后的液压缸内孔轴心线对两端支座的安装面，其平行度允差 0.05mm，测量时可液动，也可手动，在活塞杆未连负载下进行。

⑦ 液压缸装于主机上时，以导轨或安装面为基准，调正液压缸，使液压缸轴心线（可通过活塞伸出检查）与导轨安装面平行（允差在 0.05~0.10mm 范围内），推荐铲刮修正，不推荐垫铜片。

4.3 摆动缸的使用与维修

摆动型执行元件是指其输出轴能带动负载做往复摆动的执行元件，其分类如图 4-84 所示。其中叶片式能直接驱动负载回转，常称为"摆动液压马达"；其余的方式要通过齿轮齿条、链条、连杆和丝杠螺母带动负载摆动，本身结构中的柱塞仍然只做往复运动，所以称之为"摆动液压缸"。

图 4-84　摆动型执行元件分类

摆动型执行元件结构简单紧凑，无需经减速器和其他机构，便可得到小于 300° 的回转运动，并输出大的扭矩。效率高，内泄漏比一般液压马达小得多，因而它们广泛用于机床、矿山开采、石油、船舶舵机等设备中。

目前摆动型执行元件的使用压力已大于 20MPa，输出转矩可达数万牛·米，最低稳定转速可低至 0.01r/s。

4.3.1 工作原理与结构

（1）叶片式

图 4-85（a）为单叶片式摆动液压马达的工作原理图。当压力油从 A 孔进入缸体 3 的 A_1 腔内，作用在叶片 1 的左面上，产生液压力，推动与叶片 1 连接在一起的输出轴（转子）2 逆时针方向回转，缸内 B_1 腔的回油经 B 口排出；反之当压力油从 B 口进入缸内，则输出轴（转子）2 顺时针方向回转并输出扭矩。

图 4-85（b）为双叶片式摆动液压缸的工作原理图，情况与上述单叶片式类似，不同之处是压力油从 A 口进入 A_1 腔后，再经过孔 a 进入 A_2 腔，使两叶片的上面或下面作用有液压力，共同使输出轴 2 逆时针方向旋转并输出扭矩。

摆动式液压马达输出扭矩 T 为：

$$T = (R_1^2 - R_2^2) B (p_1 - p_2) \eta_m \qquad (4-1)$$

式中　B——叶片厚度，mm；

　　　η_m——机械效率；

　R_1，R_2——输出轴半径（图 4-86），mm。

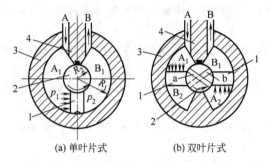

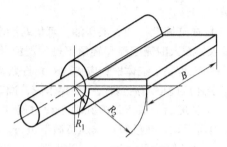

(a) 单叶片式   (b) 双叶片式

图 4-85 摆动液压缸（叶片式）的工作原理
1—叶片；2—输出轴；3—缸体；4—固定轴瓦（定子）

图 4-86 输出轴半径

其中，单叶片式为 T，双叶片式为 2T，三叶片式为 3T。 摆动马达摆动角速度 ω 为：

$$\omega = 100Q\eta_{\mathrm{v}} / [\,6\,(\,R_1^2 - R_2^2\,)\,B\,] \qquad (4\text{-}2)$$

式中 η_{v}——容积效率；

Q——流入液压马达的流量。

图4-87（b）为叶片式摆动液压马达输出轴的受力图。 单叶片马达输出轴承受着较大的径向不平衡力 F（工作油压 p_1）。 两端轴承负载大；双叶片摆动马达因叶片与轴瓦呈对称布置，有对称的两个进油腔和两个排油腔，两两由输出轴中油道连通，因而对称油腔油压力 p_1 相等，对称油腔同时进油和排油。 与单叶片摆动液压马达比较，输出转矩增加一倍，且因消除了作用在输出轴上的径向不平衡力，输出轴受力好，机械效率提高，但容积效率有所下降。

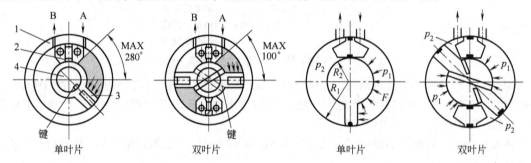

（a）输出轴的最大摆角   （b）输出轴受力图

图 4-87 叶片式摆动液压马达输出轴的最大摆角与输出轴受力图
1—缸体；2—轴瓦（挡块）；3—叶片；4—输出轴（转子）

图4-88为单叶片式摆动液压马达的结构。 图4-89为双叶片式摆动液压马达的结构。 为了尽量减少叶片式摆动液压马达的泄漏。 采用了多种叶片密封的方法。

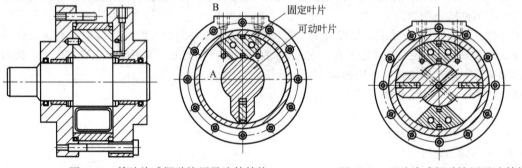

图 4-88 单叶片式摆动液压马达的结构   图 4-89 双叶片式摆动液压马达的结构

图 4-90（a）为采用皮革、合成橡胶等制成的 L 形自封式叶片密封，早期的叶片式摆动液压马达采用这种密封形式，它的滑动阻力大，机械效率低，四角不能完全密封，内泄漏较大，因而只适用于低压；图 4-90（b）为使用加有玻璃纤维的聚四氟乙烯为材料的皮碗式密封，内圈嵌入弯成矩形的 O 形圈，聚四氟乙烯的耐磨性能和低摩擦特性，使这种密封方式可用于高压；图 4-90（c）为加压式密封，四角部分为正方形截面，其余部分为圆形截面，两侧加设防挤出的支承环，用合成橡胶制成。因为存在圆形与正方形的截面积差，在油压作用下推压四角，密封较可靠，但密封制造困难，高压下使用时，摩擦阻力大，易磨损。

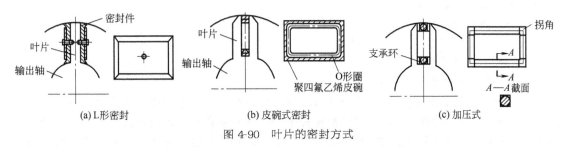

(a) L 形密封　　　　　　(b) 皮碗式密封　　　　　　(c) 加压式

图 4-90　叶片的密封方式

除上述密封形式外，还采用图 4-91 所示的 D 形圈和 T 形圈的密封形式，密封效果较好。

另外，叶片式摆动液压马达的 C 部［图 4-92（a）］最容易产生内泄漏，日本油研生产的双叶片缸采用了图 4-92（b）的密封结构，密封效果很好。

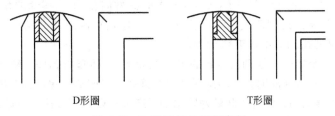

D 形圈　　　　　　　　　　T 形圈

图 4-91　D 形圈与 T 形圈密封

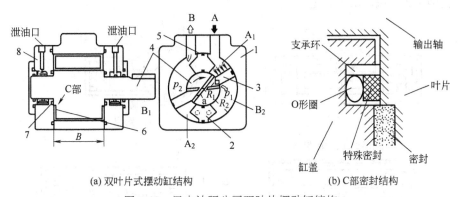

(a) 双叶片式摆动缸结构　　　　　　(b) C 部密封结构

图 4-92　日本油研公司双叶片摆动缸结构

（2）活塞式

活塞式摆动液压缸。它由压力油推动活塞做直线往复运动，通过齿轮齿条、曲柄连杆、链条（或钢丝绳）链轮或螺旋副等传动，将直线往复运动转变成输出轴的往复回转摆动，并输出摆动转矩。图 4-93 为其工作原理图。图 4-93（a）为齿轮齿条式，压力油 p_1 从 A 进入液压缸，作用在活塞 2 的左端面上，推动活塞右行从 B 口回油，活塞杆 3 上的齿条以力 F 带动齿轮（输出轴）4 逆时针转动；反之，如果从 B 口进油，A 口回油，输出轴 4 顺时针方向转动。其特点是结构简单，密封容易，泄漏少，位置精度容易控制与保持。 如果齿条 3 做得长一点，摆动角可超过360°。

活塞齿轮齿条式摆动液压缸的输出转矩 T 和角速度 ω 分别为：

$$T = rF = r\,\frac{\pi D^2\,(p_1 - p_2)}{4}\,\eta_m \qquad (4\text{-}3)$$

$$\omega = \frac{200Q\,\eta_m}{3\pi rD^2} \qquad (4\text{-}4)$$

式中　r——齿轮分度圆半径；
　　　D——活塞受力面积；
　　　p_1——进油口压力；
　　　p_2——出油口压力；
　　　η_m——为机械效率（0.7～0.8）。

图 4-93（b）为活塞连杆式（曲柄连杆式）摆动液压缸的工作原理图。 当压力油 p_1 从 A 口进入，推动活塞向左做直线移动，由活塞连杆带动曲柄并使输出轴反时针方向摆动； 反之从 B 口进油，输出轴做顺时针方向摆动。 它的特点是结构简单，摆角可调节，但摆角一般不超过90°。

图 4-93（c）为活塞链条式（钢丝绳式）摆动液压缸的工作原理图，活塞和链条固定连接，链条和链轮啮合（或者钢丝绳搭在滑轮上），输出轴与链轮同轴，压力油从 A（或 B）口进油，活塞右（左）行。 B（A）口回油，输出轴做逆（顺）时针方向转动。 摆动的角度取决于活塞行程和链轮的直径。 它的特点是摆角大小可大于 360°，输出转矩由活塞直径大小和油压力决定，但受链条强度限制，高速摆动时不够平稳。

图 4-93（c）为活塞螺旋式摆动液压缸的工作原理图。 活塞与螺杆（输出轴）组成螺旋副。 当压力油从 A 口进入 B 口回油时，推动两活塞向左移动，根据螺杆螺母副的传力和运动法则，当螺母（此处为活塞）移动时，螺杆（此处为输出轴）产生转动。 压力油反向从 B 口进入时，活塞右行，输出轴反向转动。 这种液压摆动缸输出转矩大，运转平稳，有导向杆导向。 但螺纹副密封困难，内泄漏大，只能用于低压。

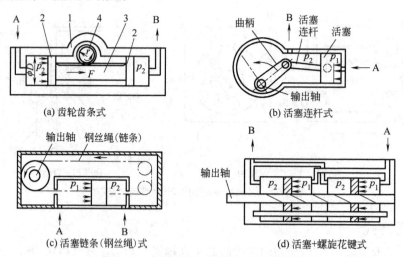

图 4-93　各种活塞式摆动缸工作原理图

图 4-94 为活塞齿轮齿条式摆动液压缸的结构。 图 4-94（a）两活塞通过齿条杆固连在一起，压力油从 A 口（或 B 口）进油，从 B 口（或 A 口）回油，产生活塞的往复直线运动，经齿轮齿条机构变为输出轴（与齿轮同轴）的摆转运动。 液压缸两端的调节螺钉可调节活塞行程，从而

在一定范围内调节摆角的大小。活塞上的密封防止 a 腔或 b 腔的压力油外漏。图（b）的结构中压力油从液压缸左右 A 腔同时进入，两活塞对向运动，一起推动齿轮回转摆动，输出转矩大一倍，但对于同图（a）同样长度的液压缸，转动摆角减小，制造和安装精度要求提高。图（c）的结构则是综合了图（a）与图（b）的优点所形成的一种结构，但径向尺寸加大。

图 4-95 为活塞螺旋式摆动液压缸（摆动液压马达）的结构。从机械原理中可知，丝杆螺母副的螺母（此处为活塞）直线往复移动时，丝杆（此处为输出轴）便会原地正反转。所以，当图（a）中压力油从 A 口或 B 口进入时，便会推动活塞右移或左移，从而带动输出轴正反转，导向杆可防止活塞运动时的歪斜，使输出轴摆动平稳些。图（b）为双活塞，可使输出转矩较图（a）大。但无论图（a）还是图（b），螺旋副处均存在密封难度大，内泄漏因此大的缺点，从而只能用于低压，为此采用了图中（c）的改良结构，螺旋副处不必设置密封，内漏减少，活塞杆两端做成正反转螺纹。

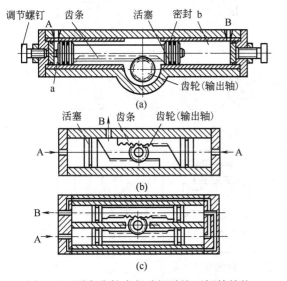

图 4-94　活塞齿轮齿条式摆动液压缸的结构

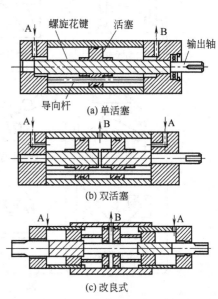

图 4-95　活塞螺旋式摆动液压缸的结构

图 4-96（a）为活塞链条式摆动液压缸结构图，压力油由 A 口或 B 口进入使活塞向右或向左运动，带动链条左右拖动链轮（输出轴）正反时针方向摆动；图（b）为钢索式液压缸结构图，钢丝绳与活塞固定连接，从 A 口或 B 口进油，使活塞牵动钢丝绳左右移动。

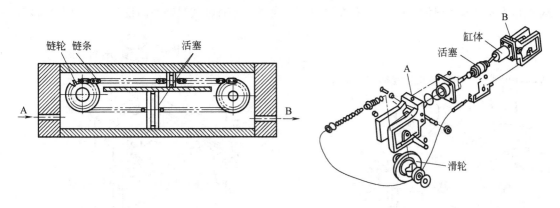

(a) 活塞链条式摆动液压缸　　　　　　　　　　　　　　(b) 钢索式液压缸

图 4-96　活塞链条式与钢索式液压缸

4.3.2 应用实例

摆动液压缸或摆动液压马达常用于摆转角度较小而输出扭矩稍大的情形。 图 4-97 为摆动执行元件（液压缸与液压马达）的应用实例。

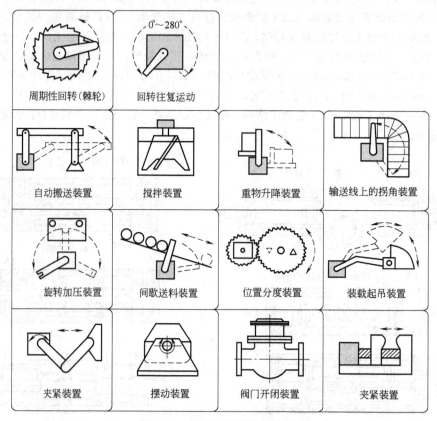

图 4-97　摆动执行元件的应用

在使用中为防止因负载惯性产生摆移位置不准确的现象，往往应在摆转行程末端安设死挡铁，并配挡块和行程开关 LS_1 与 LS_2（图 4-98），以控制换向阀电磁铁 SOL_1 或 SOL_2 的通电与断电，实现连续自动往复摆转运动。 单向节流阀为调节摆动速度用。

图 4-99 为一搬送装置使用齿轮齿条式摆动缸使机械手臂回转的例子。 齿轮与转轴相连，当从 A 口（或 B 口）进油，从 B 口（或 A 口）回油时，转轴可顺时针方向摆动，带动连杆转臂回

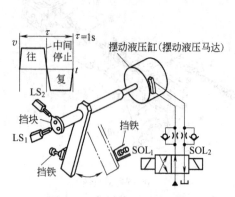

图 4-98　摆动液压马达回路

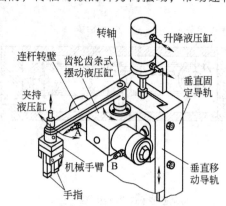

图 4-99　使用齿轮齿条式摆动缸使机械手臂回转的搬送装置

转,从而使机械一手臂摆动,在适当位置夹持搬运向件。

4.3.3 故障分析与排除

【故障1】 不摆动

① 先检查输入压力油的压力是否够,不够则查明原因,予以排除。

② 再检查控制来回摆动的换向阀是否能可靠换向,是换向阀有问题,还是行程开关不发讯或者是其他电路故障。查明原因,一一排除。

③ 对叶片式摆动液压马达,则要查明固定轴瓦和叶片上的密封是否漏装或严重破损,造成进、回油的高、低压油串腔状况,加以排除。

④ 对于柱塞(活塞)式摆动缸则首先要查明柱塞上的密封是否漏装或破损严重,柱塞与柱塞孔之间的配合间隙是否太大。此外,对齿轮齿条式柱塞摆动缸则要检查齿轮齿条是否别劲;对活塞连杆式要检查连杆连接销的漏装或松脱;对螺旋式要检查螺纹副是否被污物或毛刺卡住、活塞与导向杆之间是否别劲、活塞内螺旋花键与输出轴外螺旋花键是否卡死、配合别劲及轴线不同心的情况;对于链条式要检查链条是否脱落、链轮传动键是否松脱等情况。查明上述原因后逐个采取措施排除。

【故障2】 摆动角大小不稳定,摆角不到位

① 叶片式则是由于存在轻度内泄漏。

② 柱塞式也是由于柱塞密封存在不稳定的内泄漏。

③ 各种柱塞式中,出现零件磨损的情况。例如齿轮齿条的磨损、链轮链条的磨损、连杆连接销的磨损、螺纹副的磨损、导向杆的磨损等,均可能造成摆动角不稳定的现象。

【故障3】 输出无力

可参阅上述"故障1 不摆动"故障的相关内容。

4.4 齿轮马达的使用与维修

液压马达是将油液的压力能转换成机械能的装置。输入液压马达的是压力油,输出的是扭矩和回转运动。液压马达是另一类执行元件。

齿轮式液压马达是液压马达的一种。它结构简单,输出转速高,抗污染性能较好;但由于其先天性的缺陷(内泄漏大,容积效率低,稳定性差),一般使用压力也较低、传递的扭矩有限。

从能量转换的原理来讲:齿轮泵将机械能转变成液压能,而齿轮马达将油液的压力能转变为机械能。二者在这一点上是可逆的,应该说齿轮泵也可以作为齿轮液压马达使用。笔者曾用齿轮泵代替液压马达用在高频淬火机床上带动齿轮(被淬火的工件)旋转用。

国内外目前使用的齿轮液压马达排量,小型的为 10mL/r 左右,大型的为 500mL/r,超大型的可达 1000mL/r,但多采用双联的形式。额定压力一般以 14～17.5MPa 的居多,少数的可达 21MPa,但此时存在轴承使用寿命难以解决的问题。转数范围在 300～3000r/min,高速时仅限于小排量。传递扭矩为 17.4～175N/m。齿轮马达常用于高速低扭矩。然而,到了低速,齿轮液压马达会出现压力、扭矩脉动及回转不均匀的现象(10% 的变动范围)。因此,齿轮液压马达限于在大于 300r/min 下使用为好。

齿轮液压马达多用在工程机械、农业机械及林业机械上。国产齿轮液压马达主要有 CM-C型、CM-D型、CM-E型及 CM-F型等渐开线齿形液压马达,还有 YMC型摆线齿形内啮合液压马达等。

4.4.1 齿轮马达的工作原理

如图 4-100 所示,两个相互啮合的齿轮的中心为 O 和 O',齿轮中心为 O 的齿轮为输出轴,

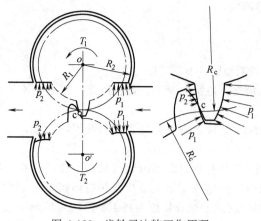

图 4-100　齿轮马达的工作原理

齿顶圆为 R_2，齿根圆为 R_1，两齿轮中心到啮合点的距离分别为 R_c 与 R_c'，基圆半径为 R_g，齿宽为 b，齿轮的啮合角为 α。

当高压油 p_1 进入齿轮马达的进油腔，作用在进油腔两齿轮的齿面上，产生逆时针方向转矩；回油腔的低压油 p_2，也作用在回油腔两齿轮的齿面上，产生顺时针方向转矩。而 p_1 远大于 p_2，逆时针方向转矩远大于顺时针方向转矩，所以在两齿轮在两合转矩 T_1 与 T_2 的作用下，齿轮马达按图所示方向连续地旋转，并输出扭矩。

如齿轮转角为 θ 时，则压力油作用于齿轮 O 与 O' 的齿面产生的扭矩分别为 T_1 与 T_2：

$$T_1 = \Delta p \cdot b \left[R_2^2 - R^2 - R_g^2 \theta (\theta + 2\tan\alpha) \right] / 2$$

$$T_2 = \Delta p \cdot b \left[R_2^2 - R^2 - R_g^2 \theta (\theta - 2\tan\alpha) \right] / 2$$

式中　R——齿轮的节圆半径；

Δp——进出口油液压力差，$\Delta p = p_1 - p_2$。

则齿轮马达的瞬时理论转矩为 $T_t = T_1 + T_2$

$$T_t = \Delta p \cdot b \left(R_2^2 - Rg^2 \theta^2 \right)$$

齿轮马达的转矩在 $\theta = -\pi/2 \sim \pi/2$ 之间产生周期性的脉动，增加齿数，可减小脉动区间，使脉动变化减小并均匀变化。

为了减少内泄漏，齿轮马达也采用与齿轮泵相同的浮动侧板、浮动轴套之类的结构，其补偿内泄漏的方法相同。

4.4.2　结构特点与结构实例

（1）结构特点及与齿轮泵的比较

① 由于齿轮泵以单方向旋转为主，所以齿轮泵的进油口要大于出油口。而齿轮液压马达往往要求正、反转，因而采用对称结构，例如齿轮式液压马达的进出油口大小相等。

② 同样由于齿轮马达有正反转的要求，所以内部泄油须设置单独的泄漏油孔将泄漏油引入油箱，要采用外泄，不能像齿轮泵那样可将泄漏油从泵内部引至低压腔，采用内泄。

③ 齿轮泵采用不对称卸荷槽（泵盖或侧板上），而齿轮马达多采用对称卸荷槽。

④ 为减少转矩脉动，齿轮马达的齿数比齿轮泵多，轴向间隙补偿装置的压紧系数取得比泵小，以减小启动时的摩擦力影响。

⑤ 为减少摩擦力矩，齿轮马达多采用滚动轴承，少数采用薄壁双金属轴承（见图 4-101）。由于齿轮马达的速度范围很宽，若采用动压轴承，在低速时就不能可靠地形成润滑油膜，因此齿轮马达在结构上多采用滚动轴承（或静压轴承），齿轮马达的转速高，也是多采用滚动轴承的原因，以承受较高的线速度。

⑥ 齿轮泵从高压部位产生的内泄漏油一般采用内泄的方式导入液压泵进油腔，而齿轮马达的内泄漏油液要用单独的导管引出排回油箱。必要时需设置两个单向阀配油，方可采用内泄式。

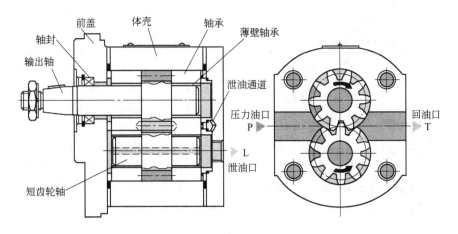

图 4-101　齿轮马达的结构特点

（2）结构实例

① 国产齿轮马达的结构（图 4-102～图 4-104）

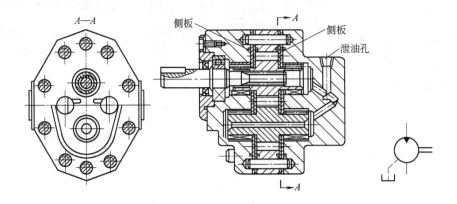

图 4-102　CM-※◇CF△型齿轮式液压马达

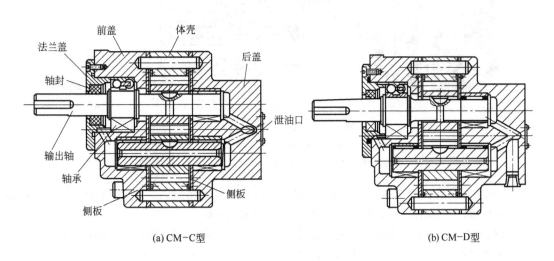

(a) CM-C型　　　　　　　　　　　　　　　　　(b) CM-D型

图 4-103　齿轮马达典型结构

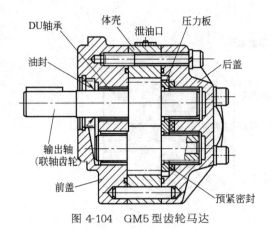

图 4-102 所示为国产 CM-※◇CF△型齿轮式液压马达（图中为 CM-F 型），※为系列代号，有 C、D、E、F；◇为公称排量代号，有 10、18、25、32、45、57、70mL/min；C 表压力等级，8~16MPa；F 表法兰安装；△表连接形式，F 为法兰连接，L 为螺纹连接；转速 1900~2400 r/min，输出扭矩 20~70N·m。

另外典型结构如图 4-103 与图 4-104 所示。

② 进口齿轮马达齿轮马达的结构

a. 美国伊顿公司 21300 型齿轮马达（图 4-105）。

图 4-104　GM5 型齿轮马达

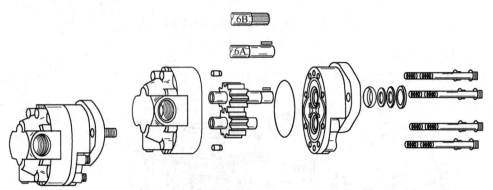

图 4-105　美国伊顿公司 21300 型齿轮马达

b. 图 4-106 所示为博世-力士乐公司产的 GPM 系列齿轮马达的结构，额定压力 17.2MPa，排量 31.2~202.7mL/r，最大扭矩 85.4~442.1N·m。

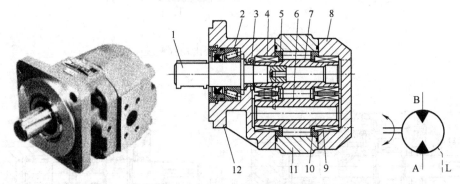

图 4-106　GPM 系列齿轮马达

1—输出轴；2—滚柱向心推力轴承；3—后盖；4,5—主动齿轮轴；
6—从动齿轮轴；7,8—轴封；9,10—侧板；11—壳体；12—前盖

博世-力士乐公司产的另一种 GXMO 系列齿轮马达如图 4-107 所示，额定压力 21MPa，扭矩系数 1.7~6.3N·m/MPa，有多种排量；转数 400~3000r/min。

c. 西德福公司 KM1/※-KM1/22 型高压齿轮马达结构如图 4-108 所示，代号中※表排量，单位 cm³/r（※数值有 5.5、6.3、8、9.6、11、14、16、19、22 等）；连续工作压力 15~25MPa；转速 3000~4000r/min。

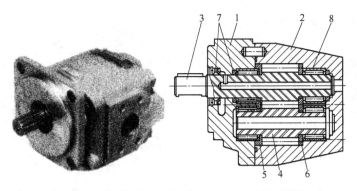

图 4-107　博世-力士乐公司 GXMO 系列齿轮马达

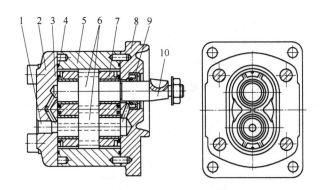

图 4-108　西德福公司 KM1/※-KM1/22 型高压齿轮马达

1—泄油口；2—后盖；3—轴向间隙补偿用压力密封；4—机壳密封；
5—机壳；6—齿轮；7—带特殊平面轴承衬的双压盖轴承；8—法兰安装盖；
9—旋转轴唇形密封（径向轴密封）；10—传动轴端

图 4-109 所示为西德福公司产的另一种带热敏阀的齿轮马达。 热敏阀是一种先导控制限压阀，带有取决于温度变化的压力控制结构，基本原理是，通过一个内装的膨胀材料制作的工作元件，阀的压力可随着温度的变化而自动地调节，从而实现对转速的控制。 除了受温度控制的压力调节功能外，热敏阀里还装有已调整好的机械式的最大压力限定机构和一个用作旁通止回阀的辅助阀。

4.4.3　使用注意事项

① 齿轮马达的泄油管要单独引回油箱，不能与系统回油管共用，且泄油管背压不能过高，否则会导致液压马达轴封翻转而漏油和进气。

② 齿轮马达输出轴应避免过大的轴向和径向载荷。 例如避免将带轮连接装在液压马达轴上，以免引起液压马达单边磨损和提早失效。

③ 齿轮马达必须注意油液清洁度，虽然和其他形式的液压马达相比，齿轮马达抗污染能力较强，但这仅仅是相对而言，齿轮马达也绝不欢迎油中过多的污染物。

④ 齿轮马达的回油道背压应保证不低于生产厂家的规定值，否则在较低转速区会出现转速时快时慢的现象。

4.4.4　拆卸与装配

以图 4-110 所示的美国派克公司 PGM 齿轮马达为例：卸下 4 个螺钉 A，便可取下后泵盖，便可解体齿轮马达，装配方法相反。 详细可参阅齿轮泵的拆卸与装配。

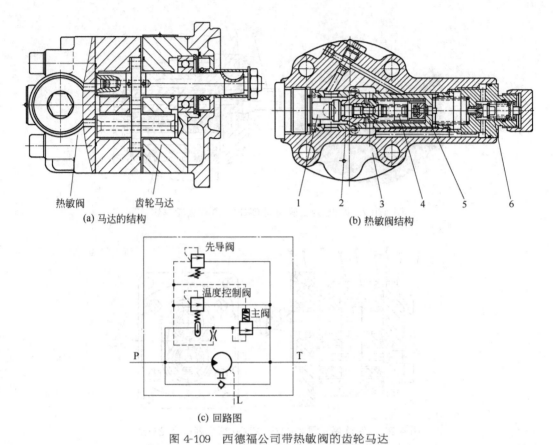

(a) 马达的结构   (b) 热敏阀结构

热敏阀   齿轮马达

1   2   3   4   5   6

(c) 回路图

图 4-109 西德福公司带热敏阀的齿轮马达

1—伸缩材料（膨胀材料）工作元件；2—辅助活塞；3—阀体；4—先导控制（温度控制）；5—主控活塞；6—先导控制

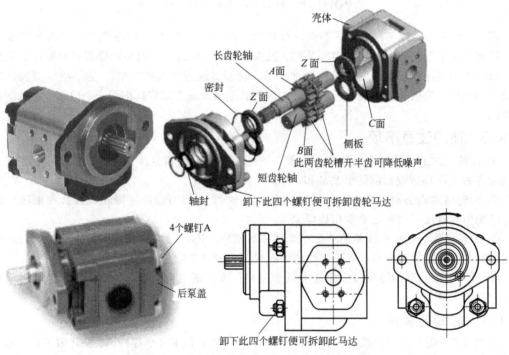

图 4-110 美国派克公司 PGM 齿轮马达拆解图

4.4.5 故障排查

（1）明确齿轮马达易出故障的零件及其部位

齿轮马达易出故障的零件部位有（图 4-111）：①长短齿轮轴的齿轮端面（如 A、B 面）和轴颈面的磨损拉伤；②侧板或前后盖与齿轮贴合面（Z 面）的磨损拉伤；③前、后盖与齿轮贴合端面磨损拉伤；④轴承磨损或破损；⑤油封破损等。

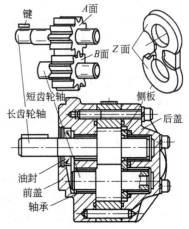

图 4-111　国产 GM5 型齿轮马达易出故障的零件和部位

（2）故障排查

【故障 1】　输出轴油封处漏油

① 查与泄油口连接的泄油管内是否背压太大。 如泄油管通路因污物堵塞或设计过小，弯曲太多时，要予以处置，使泄油管畅通，且泄油管要单独引回油池，而不要与液压马达回油管或其他回油管共用，油封应选用能承受一定背压的。

② 查马达轴回转油封是否破损或安装不好。 油封破损或安装时箍紧弹簧脱落会从输出轴漏油。 因液压马达轴拉伤油封时，要研磨抛光液压马达轴，更换新油封。

【故障 2】　转数上不去，输出扭矩太低

产生原因有以下几点（参阅图 4-111）。

① GM 型齿轮液压马达的侧板 Z 面或主从动齿轮的两侧面（A 面与 B 面）磨损拉伤，造成高低压腔之间的内泄漏量大，甚至串腔。

② 齿轮液压马达径向间隙超差，齿顶圆与体壳孔间隙太大，或者磨损严重。

③ 液压泵的供油量不足。 液压泵因磨损和径向间隙增大、轴向间隙增大，或者液压泵电机与功率不匹配等原因，造成输出油量不足，进入齿轮液压马达的流量减少。

④ 液压系统调压阀（例如溢流阀）调压失灵压力上不去，各控制阀内泄漏量大等原因，造成进入液压马达的流量和压力不够。

⑤ 油液温升，油液黏度过小，致使液压系统各部内泄漏量大。

⑥ 工作负载过大，转速降低。

排除方法如下。

① 根据情况研磨或平磨修理侧板与主从动齿轮接触面，可先磨去侧板、两齿轮拉毛拉伤部位，然后研磨，并将液压马达壳体端面也磨去与齿轮磨去的相同尺寸，以保证轴向装配间隙。

② 根据情况更换主从动齿轮。

③ 排除液压泵供油量不足的故障。 例如清洗滤油器，修复液压泵，保证合理的轴向间隙，更换能满足转数和功率要求的电机等。

④ 排除各控制阀的故障，特别是溢流阀，应检查调压失灵的原因，并针对性地排除。

⑤ 选用合适黏度的油液，降低油温。

⑥ 检查负载过大的原因，使之与齿轮马达能承受的负载相适应。

【故障 3】　噪声过大、振动和发热

产生原因：

① 系统中进了空气，空气也进入齿轮油马达内，因滤油器因污物堵塞；泵进油管接头漏气；油箱油面太低；油液老化，消泡性差等原因，造成空气泡进入液压马达内。

② 齿轮马达本身的原因：齿轮齿形精度不好或接触不良；轴向间隙过小；马达滚针轴承破裂；液压马达个别零件损坏；齿轮内孔与端面不垂直，前后盖轴承孔不平行等原因，造成旋转不均衡，机械摩擦严重，导致噪声和振动大的现象。

排除方法如下。

① 排除液压系统进气的故障，例如：清洗滤油器，减少油液的污染；拧紧泵进油管路管接头，密封破损的予以更换；油箱油液补充添加至油标要求位置；油液污染老化严重的予以更换等。

② 尽力消除齿轮液压马达的径向不平衡力和轴向不平衡力产生的振动和噪声。 例如：对研齿轮或更换齿轮；研磨有关零件，重配轴向间隙；更换已破损的轴承；修复齿轮和有关零件的精度；更换损坏的零件；避免输出轴过大的不平衡径向负载。

【故障 4】 低速度时速度不太稳定，时快时慢

产生原因：

① 系统混入有空气，油液的体积弹性模量即系统刚性会大大降低。

② 液压马达回油背压太小，未安装背压阀，空气从回油管反灌进入齿轮液压马达内。

③ 齿轮马达与负载连接不好，存在着较大同轴度误差，使齿轮液压马达受到径向力的作用，造成马达内部配油部分高低压腔的密封间隙增大，内部泄漏加剧，流量脉动加大。 同时，同轴度误差也会造成各相对运动面间摩擦力不均而产生爬行现象。

④ 齿轮的精度差，包括角度误差和形位公差，它一方面影响马达流量不均匀而造成输出扭矩的变动；另一方面在液压马达内部易造成内部流动紊乱，泄漏不均，更造成流量脉动，低速时排量液压马达表现更为突出。

⑤ 油温和油液黏度的影响。 油温增高，一方面内泄漏加大影响速度的稳定性，另一方面油温使黏度变小，润滑性能变差，影响到运动面的动静摩擦系数之差。

排除方法：

① 防止空气进入液压马达。

② 在液压马达回油装一个背压阀，并适当调节好背压压力的大小，这样可阻止齿轮马达启动时的加速前冲，并在运动阻力变化时起补偿作用，使总负载均匀，马达便运行平稳，相当于提高了系统的刚性。

③ 注意液压马达与负载的同轴度，尽量减少液压马达主轴因径向力造成偏磨及相对运动面间摩擦力不均而产生的爬行现象。

④ 如果是液压马达的齿轮精度不好造成的，可对研齿轮，齿轮转动一圈时一定要灵活均衡，不可有局部卡阻现象。 另外尽可能选排量大一点的齿轮马达，使泄漏量的比例小，相对提高了系统刚度，这样有助于消除爬行、降低马达的最低稳定转速。

⑤ 控制油温，选择合适的油液黏度，以及采用高黏度指数的液压油。

（3）用压缩空气检查齿轮马达的工作性能

液压马达结构比较复杂，装配要点多，在修理过程中稍不注意就可能造成马达不工作或工作无力。 如果不经试验台进行性能测试就装机，很容易出现返工现象，但用户一般没有试验台。简单的方法可将组装好的齿轮马达固定在工作台上，向马达内注入其允许使用的工作油液，然后将 0.6 ~ 0.8MPa 的压缩空气从一油口输入后，如果齿轮马达输出轴能匀速旋转，无卡滞、无窜动现象，而换另一油口输入压缩空气则应以相反的方向旋转，此情况下即可认为马达工作性能正常。

4.5 摆线液压马达的使用与维修

摆线液压马达是一种利用与行星减速器类似的原理（少齿差原理）制成的内啮合摆线齿轮液压马达，简称摆线马达。

摆线马达具有输出转矩大、转速范围宽、高速平稳、低速稳定、效率高、寿命长、体积小、重量轻、可以直接与工作机构相连等优点，因而适用于各种低速重载的传动装置，能广泛应用于

农业、渔业、船舶、机床、注塑、起重装卸、采矿和建筑等部门。如：液压挖掘机的行走和回转驱动、机床主轴和进给机构的驱动、注塑机预塑螺杆的驱动、船舶的锚链升降及渔轮收网、采煤机的液压牵引传动、绞车驱动及各种输送机的驱动等。

4.5.1 工作原理

（1）轴配流（油）

摆线液压马达是一种利用与行星减速器类似的原理（少齿差原理）制成的内啮合摆线齿轮液压马达，简称摆线马达。

如图 4-112 与图 4-113 所示，转子与定子是一对摆线针齿啮合齿轮，转子具有 Z_1（Z_1= 6 或 8）个齿的短幅外摆线等距线齿形，定子具有 Z_2= Z_1+ 1 个圆弧针齿齿形，转子和定子形成 Z_2 个封闭齿间容积。图 4-112 中 Z_2= 7，则有 1、2、3、4、5、6、7 七个封闭齿间容积。其中一半处于高压区，一半处于低压。定子固定不动，其齿圈中心为 O_2，转子的中心为 O_1。转子在压力油的作用下产生液压力，液压力产生的力矩使转子以偏心距 e 为半径绕定子中心 O_2 做行星运动，即转子一方面在绕自身的中心 O_1 做低速自转的同时，另一方面其中心 O_1 又绕定子中心 O_2 做高速反向公转，转子在沿定子滚动时，其进回油腔不断地改变，但始终以连心线 O_1O_2 为界分成两边，一边为进油，容腔容积逐渐增大；另一边排油，容积逐渐缩小，将油液挤出，通过配流轴（输出轴），再经液压马达出油口排往油箱。

由于定子固定不动，配流轴与输出轴为一体，同时转动。输出轴旋转时，其外周的纵向槽相对于壳体里的配流孔的位置发生变化，使齿间容积适时地从高压区切换到低压区而实现配流，

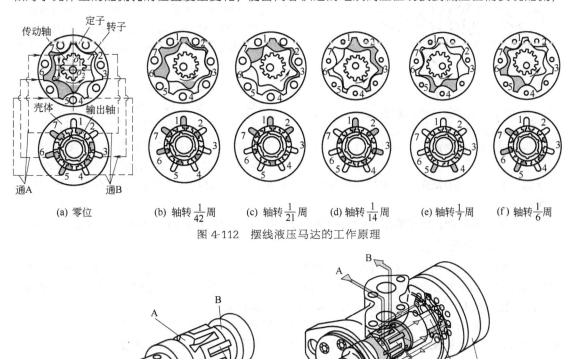

(a) 零位　　(b) 轴转 $\frac{1}{42}$ 周　　(c) 轴转 $\frac{1}{21}$ 周　　(d) 轴转 $\frac{1}{14}$ 周　　(e) 轴转 $\frac{1}{7}$ 周　　(f) 轴转 $\frac{1}{6}$ 周

图 4-112　摆线液压马达的工作原理

(a) 输出轴与配流轴　　　　　(b) 轴配流摆线液压马达

图 4-113　轴配流摆线液压马达的工作原理

1—输出轴；2—配流轴；3—传动轴；4—马达芯子

所以输出轴又为配油轴，这样使转子得以连续回转。

从图 4-112 所示的转子周转过程中油腔变化的情况可以看出，转子的自转方向与高压油腔的周转方向相反。当转子从图（a）零位自转 1/6 周转到图（f）时，转子的中心 O_1 绕定子的中心 O_2 以 e 为偏心距旋转了 1 周，于是高压油腔相应地变化了 1 周。因而如果转子每转 1 周，油腔的变化将是 6 周，排量为 6×7= 42 个齿间容积。由此可见，这相当于在由转子轴直接输出的马达后面接了一个传动比为 6：1 的减速器，使输出力矩放大 6 倍，所以摆线液压马达的力矩对质量比值较大。另外，输出轴每转 1 周，有 42 个齿间容积依次工作，所以能够得到平稳的低速旋转。

如果 $Z_1 = 8$，则 $Z_2 = 8+ 1 = 9$。当 8 个齿的转子公转 1 圈时，9 个容腔的容积各变化 1 次（高压→低压），即可产生 8×9＝ 72 次容腔容积变化。所以，摆线马达体积虽小，却具有多作用式的大排量，既放大了力矩，又起到减速效果（6：1 或 8：1），因而为低速中、大扭矩马达。同时因为旋转零件小，所以惯性小，使马达的启动、换向及调速等均较为灵敏，单位功率的质量约为

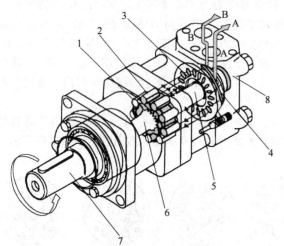

图 4-114　端面配流摆线液压马达的工作原理
1—摆线轮；2—针柱体；3—配流盘；4—辅助盘；
5—配流轴；6—传动轴；7—输出轴；8—后壳体

0.5kg/kW，单位功率的体积约为 332cm²/kW，远远超过其他类型的液压马达的同一指标。但摆线马达运转时没有间隙补偿，转子和定子以线接触进行密封，且整台液压马达中的密封线较长，因而容易引起内漏，效率有待提高。

（2）端面配流（盘配流）

如图 4-114 所示，压力油经过油孔 B 进入后壳体 8，通过辅助盘 4、配流盘 3 和后侧板进入摆线轮 1 与针柱体 2 间的封闭容腔变大的高压区容腔（工作腔），压力油作用在转子齿上，使转子旋转；在油压的作用下摆线轮受压向低压腔一侧旋转，摆线轮相对针柱体中心做自转和公转，并通过传动轴 6 将其自转传给输出轴 7，同时通过配流轴 5，使配流盘与摆线轮同步运转，以达到连续不断地配油。回油从封闭容腔变小的低压区容腔排出低压油，如此循环，摆线转子马达轴不断旋转并输出扭矩而连续工作。

改变输出的流量，就能输出不同的转速。改变进油方向，即能改变摆线马达的旋转方向。

（3）阀配流（油）

图 4-115 是一种采用滑阀进行配油的摆线马达的工作原理，通过与输出轴同步旋转的偏心轮来操纵滑阀机构，进行连续的配流。其工作过程与内燃机的机械凸轮式点火分配器十分类似。因此，这种滑阀配油的精度相当高，且可大大改善困油现象。

采用这种配油方式的摆线马达，机械效率高，噪声低，工作压力高（可达 21MPa），但是，结构复杂，对工作油液的清洁度要求较高，制造成本也高，因而应用并不普遍。

4.5.2　结构

（1）国产（或引进生产）摆线马达结构

① BYM（A）型摆线液压马达　如图 4-116 所示，压力油经过油孔进入后壳体，通过辅助盘、配流盘和后侧板进入摆线针柱体间的工作腔。在油压的作用下，摆线轮被压向低压腔一侧旋转，摆线轮相对针柱体中心做自转和公转。并通过传动轴将其自转传给输出轴，同时通过配流轴，使配流盘与摆线轮同步运转，以达到连续不断地配油，输出轴续不断地旋转。改变输出

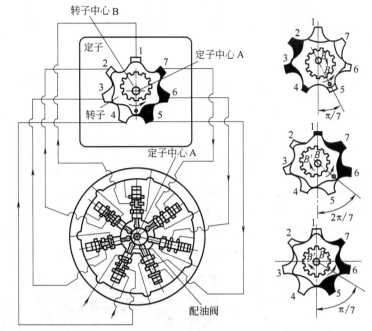

图 4-115 滑阀配流的摆线马达配流工作原理

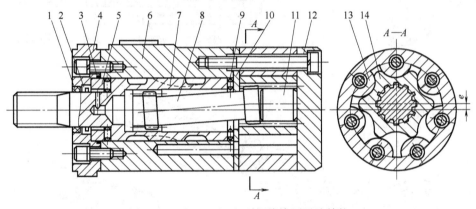

图 4-116 BYM（A）型摆线液压马达结构

1~3—密封；4—前盖；5—止推环；6—壳体；7—配流轴（输出轴）；8—花键轴；
9,10—辅助配油板；11—限制块；12—后盖；13—定子；14—摆线转子

轴的流量，就能输出不同的转速。 改变进油方向，即可改变马达的旋转方向。

    ② BM 型摆线液压马达（图 4-117）　　BM1~6 系列摆线液压马达为端面配流，是一种低速

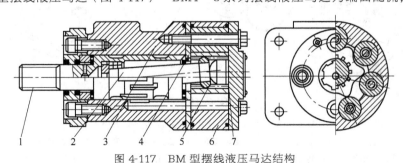

图 4-117 BM 型摆线液压马达结构

1—输出轴；2—联轴器；3—阀体；4—配油盘；5—转子；6—定子；7—针齿

大扭矩液压马达。它的端面配油提高了容积效率及使用寿命。该系列马达具有输出转矩大、转速范围宽、高速平稳、低速稳定、效率高、寿命长、体积小、重量轻、可以直接与工作机构相连等优点。

（2）进口摆线液压马达

① 美国伊顿-维克斯公司　美国伊顿-维克斯公司是世界上生产摆线液压泵与摆线液压马达最著名的厂家之一，我国山东济宁液压件厂引进了该公司系列产品（产品型号标注不同）。例如该厂生产的 BM6000 型摆线液压马达就是美国伊顿-维克斯公司后述的 6000 系列。

a. A、H、R、S、T、W* 系列轴配流摆线液压马达。这些摆线液压马达采用轴配流的结构，属高速小扭矩马达。图 4-118 所示为 A 系列轴配流摆线液压马达的外观、结构以及爆炸图，其他系列与此相似，区别在于定子是否镶针齿而已。A 系列轴配流摆线液压马达有 11 种排量，36、46、59、74、97、120、146、159、185、231、293cm³/r；最大转速 1215r/min；工作压力在连续时为 80bar，间歇运转时为 115bar；输出扭矩连续时为 170Nm，不连续时为 295Nm。

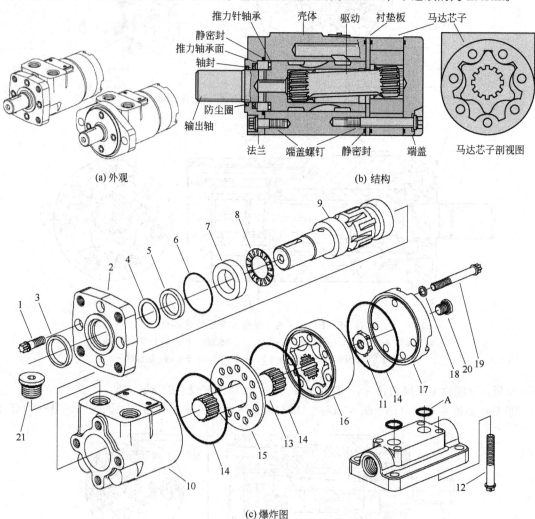

图 4-118　系列轴配流（配油）摆线液压马达

1—螺钉；2—法兰；3—防尘封；4—支承垫圈；5—油封；6—O 形圈；7—滚针轴承隔盘；

8—滚针止推轴承；9—输出轴；10—壳体；11—调整垫；12—螺钉；13—传动轴；14—O 形圈；

15—隔盘；16—马达芯子组件；17—后盖；18—垫圈；19—螺钉；20—螺塞

注意摆线液压马达的使用寿命只有在壳体压力不超过所推荐数值的条件下才能保证长寿命，当壳体压力超过所定值时马达寿命将会缩短。泄油管上常接上一个阻尼，以保持马达壳体压力在3.5bar左右，使马达壳体内始终充满油液。

b. VIS30、VIS40和VIS45系列星形盘配流摆线马达。图4-119所示为VIS40系列星形盘配流

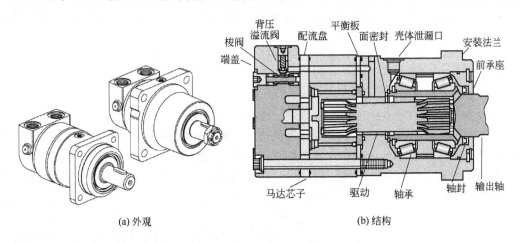

(a) 外观　　　　　　　　　　　　　　　　　　(b) 结构

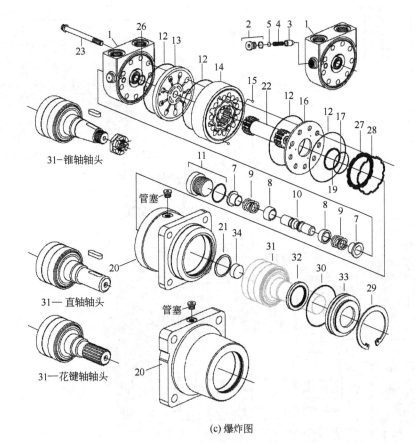

(c) 爆炸图

图4-119　VIS系列星形盘配流摆线马达

1—后盖；2,11—螺塞；3—溢流阀（背压阀）阀芯；4,9—弹簧；5,21,34—垫；6,7—弹簧垫；
8—套；10—梭阀阀芯；12,17,26,30—O形圈；13—配流盘；14—定子；15—转子；16—平衡盘；
18～20—前盖；22—传动轴；29—卡环；31—输出轴组件；32—油封；33—法兰组件

摆线液压马达的外观、结构以及爆炸图，属于低速大扭矩，6种排量，505、570、630、685、785、940cm³/r；转速为263r/min；工作压力在连续工作时为310bar，间歇运转（每分钟内有6s）时可以为345 bar；输出扭矩（理论）在连续工作时为2714N·m，间歇运转时可以达3392N·m。

这类马达除采用盘配流的结构特点外，还装有清洗梭阀，它的体积小、输出扭矩大、效率高、高压能力强。这些改进使它广泛用于滑动转向装载机、小型挖掘机、压路机、联合收割机、螺旋推运器、挖沟机和伐木设备上。

这种马达可以用于开式回路，也可以用于闭式回路，VIS系列马达典型液压回路如图4-120所示。

② 日本东京计器公司

a. CR系列。为盘配流摆线马达，外观、结构与图形符号如图4-121所示。

b. GR-M（E）◇-※系列。这种马达为低速大扭矩、带机械制动的摆线马达，盘配流，带刹车装置，型号中GR-M表示该液压马达的名称；E表示外控，无E时表示内控；◇为制动力矩数字代号，1表制动力矩为100N·m，2表制动力矩为200N·m；※表马达排量代号，有04、06、

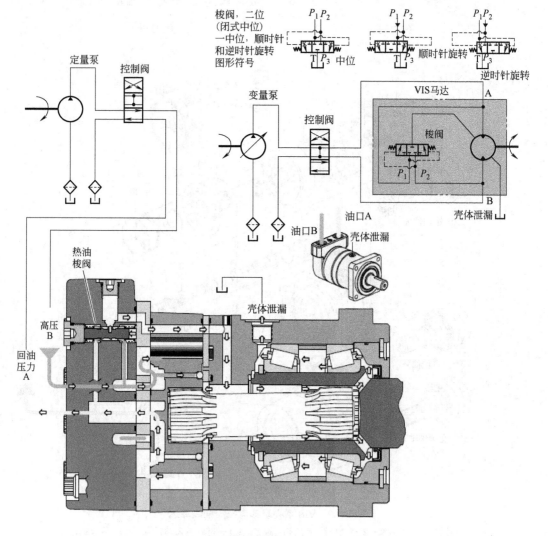

(a) 开环液压回路

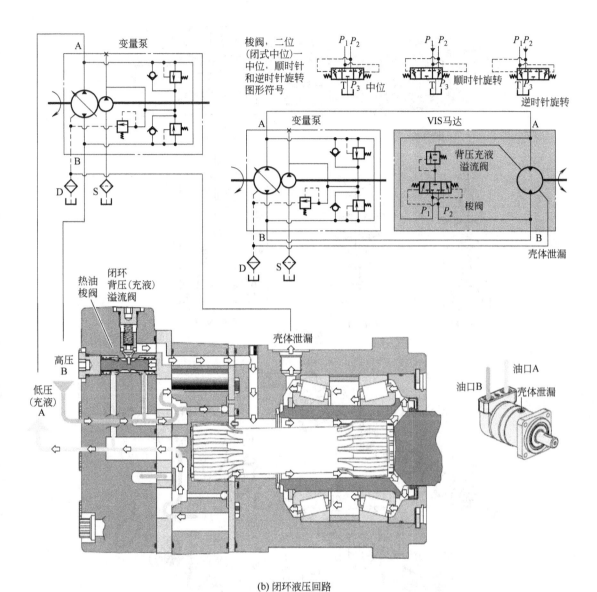

梭阀，二位
（闭式中位）一
中位，顺时针
和逆时针旋转
图形符号

中位　顺时针旋转　逆时针旋转

变量泵

VIS马达

背压充液
溢流阀

梭阀

壳体泄漏

热油
梭阀

闭环
背压(充液)
溢流阀

高压
B

低压
(充液)
A

壳体泄漏

油口A

油口B
壳体泄漏

(b) 闭环液压回路

图 4-120　VIS 系列摆线马达的典型液压回路

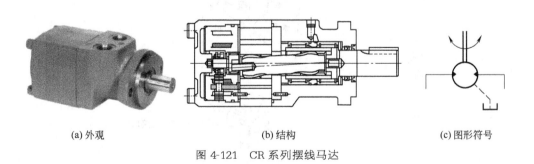

(a) 外观　　　　　　　　(b) 结构　　　　　　　　(c) 图形符号

图 4-121　CR 系列摆线马达

23 等，对应排量分别为 62、95、383mL/r 等；额定工作压力为 8～21MPa；额定流量 80L/min；额定扭矩 185～665N·m，转速 135～790r/min，基本上属于中速大扭矩。 这种马达的外观、结构、图形符号与爆炸图如图 4-122 所示。

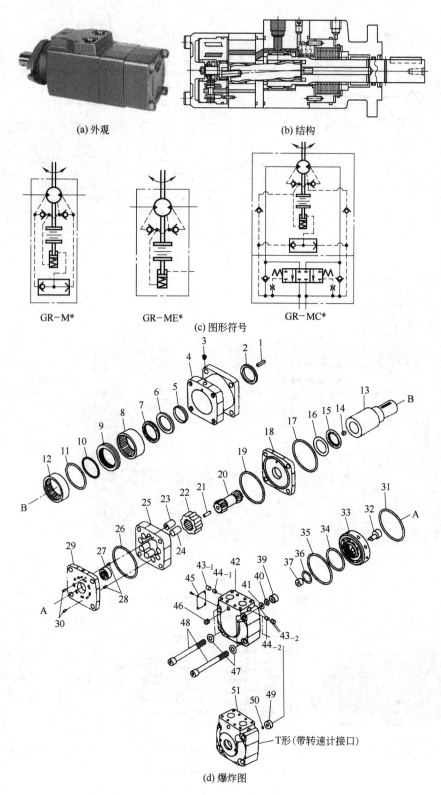

(a) 外观　　　　(b) 结构

GR-M*　　　GR-ME*　　　GR-MC*

(c) 图形符号

T形(带转速计接口)

(d) 爆炸图

图 4-122　GR-M 型摆线马达

1—键；2—油封；3—螺塞；4—隔板；5~7—片弹簧组件；8~12—轴承组件；13—马达输出轴；14—键；15,16—内外摩擦片；17,19,26,31,34,35,36—O 形圈；18—隔板；20—花键轴；21—销；22—转子；23,24—针齿；25—定子；27—轴承；28—定位销；29—垫板；30—定位销；32,33—配油盘；37—针齿；39~51—热油梭阀单向阀等组合件

4.5.3 安装与使用

（1）安装

① 安装马达请参照马达外型尺寸图，装配部分的结合尺寸，请注意配合。在管路和油管未安装好之前不要取掉上面的塑料塞头。安装前应检查马达是否损坏，存放时间过长的马达内存油需排净冲洗，以防内部各运动件出现黏卡现象。

② 安装表面应平整，马达的安装支架应有足够的刚度，安装面对马达轴线的垂直度控制在 0.03mm 以内，以防转动时出现振动。

③ 保证输出轴与其连接传动的装置有较好的同心度，输出轴在安装的时候要防止输出轴与连接装置发生轴向顶死现象。一般摆线马达只能承受较小的径向力。

④ 需接外泄油管时，请把马达外泄口的螺堵旋下，接上相适应的管接头和轴管，即可工作。

⑤ 确定连接法兰、止口、输出连接轴尺寸准确。安装过程中，保护进出油口连接板部分的光洁度和平行度，防止碰伤而引起的封油效果不好，导致漏油。

⑥ 安装螺栓必须按规定的力矩均匀拧紧。

⑦ 泄油管。一般当回油压力≤1MPa，无须单独接泄油管，但要满足轴封密封压力要求；当回油压力＞1MPa，必须接泄油管（泄油管位置如图 4-123 所示）。

⑧ 马达不能强行或扭曲地安装，安装时不能敲击马达后部螺钉和后盖。如一定要敲击，请轻敲安装法兰（图 4-124）。

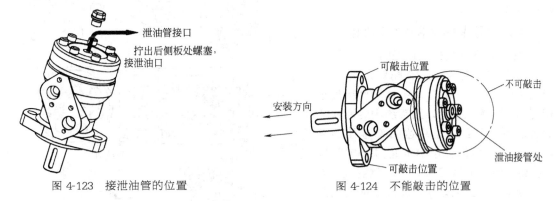

图 4-123 接泄油管的位置　　　　图 4-124 不能敲击的位置

（2）使用

① 马达的运输和存储。马达在运输和存储过程中要尽可能地避免水气、潮气和任何带腐蚀性的气体使马达生锈产生马达故障。长时间不用需涂上防锈油用塑料纸包装放入木箱内，避免马达直接放置在地上。马达存储环境：相对湿度 10%～90%，温度−20～65℃。

② 应按规定的技术参数选用液压马达，马达的压力、流量、输出功率不能超过规定值。

③ 油温。长时间运行时，油温不超过 65℃。常工作油温宜 25～55℃。

④ 推荐使用运动黏度为（20～50）mm²/s（50℃）的 YB-N46、YB-N68 号抗磨液压油。油液必须清洁，过滤精度不低于 20μm，符合 ISO 标准清洁度 18/13 级，这个规范允许每毫升大于 5μm 的颗粒数不得大于 2500 个，15μm 的颗粒数不得大于 80 个。

⑤ 外泄油口应配置接头排出外泄油，外泄油应接回油箱；马达在低速运转时出现不平稳，可施加背压消除，背压值不小于 0.2MPa。一般背压应小于 0.7MPa，当回油背压大于 1.0MPa 时，应单接泄油管。

⑥ 旋向。马达可正反向旋转，出厂马达的轴旋转方向如图 4-125 所示。

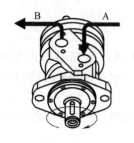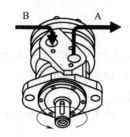

图 4-125　摆线马达的旋向

⑦ 避免摆线马达在泵工况下运转，更不能作泵使用。系统连接时应认准安装图上马达进出油口的安装位置与马达的旋转关系。安装时发现进出油口不适合，可调换进出油管对 A、B 腔的安装，即可达到与原工作旋转方向相反的效果。

⑧ 试运转。启动前应检查马达安装、连接是否正确、牢固，系统是否无误，进出油管及泄油管是否拧紧，进出油方向与马达旋转方向是否符合工况要求。供油管路的溢流阀压力调节到最低值，运转后逐渐调到所需压力。

马达在空载下跑至少 10min 后，再逐渐增压至工作压力，运转过程中随时观察马达运转是否正常。工作运转过程中应经常检查马达和系统的工作情况，如发现异常的升温、渗漏、振动、噪声或压力异常脉动时，应立即停机，查明原因。

4.5.4　故障分析与排除

（1）摆线马达易出故障的零件及其部位

摆线马达易出故障的零件部位及部位有（见图 4-126）：配流轴的外圆面或配油盘端面磨损拉伤；转子外齿表面的磨损拉伤；定子内齿（针齿）表面的磨损拉伤；轴承磨损或破损；油封破损等。

（2）摆线马达的故障排除

【故障 1】　马达运行无力

① 查定子与转子是否配对太松。由于马达在运行中，马达内各零部件都处于相互摩擦的状态下，如果系统中的液压油油质过差，则会加速马达内部零件的磨损。当定子体内针齿磨损超过一定限度后，将会使定子体配对内部间隙变大，无法达到正常的封油效果，就会造成马达内泄过大。表现出的症状就是马达在无负载情况下运行正常，但是声音会比正常的稍大，在负载下则会无力或者运行缓慢。

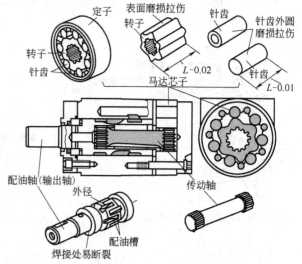

图 4-126　摆线马达易出故障的零件及其部位

解决办法就是更换外径稍大一点的针齿（圆柱体）。

② 查输出轴跟壳体孔之间是否因磨损内泄漏大。造成该故障的主要原因是液压油不纯，含杂质，导致壳体内部磨出凹槽，从而内泄增大，以致马达无力。解决的办法是更换壳体或者整个配对。

【故障 2】　低转速下速度不稳定，有爬行现象

① 查转子的齿面是否拉毛拉伤：拉毛的位置摩擦力大，未拉毛的位置摩擦力小，这样就会出现转速和扭矩的脉动，特别是在低速下便会出现速度不稳定。

转子齿面的拉毛，除了油中污物等原因外，主要是转子齿面的接触应力大。对于 6 个齿转子和 7 个齿定子之间的齿面，接触应力最大高达 30MPa，转速和扭矩的脉动率也超过 2%，因此齿面易拉毛，低速性能差。改成 8 齿转子和 9 齿定子，并且选择较小的短幅系数和较大的针径系数，可使齿面的最大接触应力减少至 20MPa 左右，马达的转速脉动率可降至 1.5% 左右，低速

性能得到改善，最低转速能稳定在 5r/min 左右。 为了保证低速稳定性，摆线马达的最低转速最好不小于 10r/min。

② 对于定子的圆柱针轮在工作中不能转动的情况，应采取针齿厚度必须略小于定子的厚度的对策。

③ 参阅齿轮马达的故障排除方法的有关内容。

【故障 3】 转数降低，输出扭矩降低

除了可参阅上述外啮合齿轮马达所述相同的故障原因和排除方法外，还有以下方法。

① 由于摆线马达没有间隙补偿（平面配流的除外）机构，转子和定子以线接触进行密封，且整台马达中的密封线较长，如果因转子和定子接触线因齿形精度不好、装配质量差或者接触线处拉伤时，内泄漏便较大，造成容积效率下降，转速下降以及输出扭矩降低，解决办法如果是针轮定子，可更换针轮，并与转子研配。

② 转子和定子的啮合位置，以及配流轴和机体的配流位置，这两者的相对位置对应的一致性对输出扭矩有较大影响，如两者的对应关系失配，即配流精度不高，将引起很大的扭转速和输出扭矩的降低。 注意保证配流精度，提高配流轴油槽和内齿相对位置精度、转子摆线齿和内齿相对位置精度及机体油槽和定子针齿相对位置精度是非常重要的。

③ 配流轴磨损，内泄漏大，影响了配油精度；或者因配流套与液压马达体壳孔之间配合间隙过大，或因磨损产生间隙过大，影响了配油精度，使容积效率低，而影响了液压马达的转数和输出扭矩。 可采用电镀或刷镀的方法修复，保证合适的间隙。

【故障 4】 马达不转或者爬行

① 定子体配对平面配合间隙过小。 如之前所述，BMR 系列马达的定子体平面间隙应大致控制在 0.03～0.04mm 的范围内，这时如果间隙小于 0.03mm，就可能发生摆线轮与前侧板或后侧板咬的情况发生，这时会发现马达运转是不均匀的，或者是一卡一卡的，情况严重的会使马达直接咬死，导致不转。 处理方法：磨摆线轮平面，使其跟定子体的平面间隙控制在标准范围内。

② 紧固螺钉拧得太紧。 紧固螺钉拧得太紧会导致零件平面贴合过紧，从而引起马达运转不顺或者直接卡死不转。 解决办法是在规定的力矩范围内拧紧螺钉。

③ 输出轴与壳体之间咬坏。 当输出轴与壳体之间的配合间隙过小时，将会导致马达咬死或者爬行，当液压油内含有杂质也会发生这种情况。 处理办法只有更换输出轴与壳体（或配油套）配对。

【故障 5】 启动性能不好，难以启动

有些摆线马达（如国产 BMP 型）是靠弹簧顶住配流盘而保证初始启动性能的，如果此弹簧疲劳或断裂，则启动性能不好。 国外有些摆线马达采用波形弹簧压紧支承盘，并加强支承盘定位销，可提高马达的启动可靠性。

【故障 6】 马达向外漏油

① 轴端漏油。 由于马达在日常的使用中油封与输出轴处于不停的摩擦状态下，必然导致油封与轴接触面的磨损，超过一定限度将使油封失去密封效果，导致漏油。 处理办法：需更换油封，如果输出轴磨损严重的话需同时更换输出轴。

② 封盖处漏油。 封盖下面的 O 形圈压坏或者老化而失去密封效果，该情况发生的概率很低，如果发生只需更换该 O 形圈即可。

③ 马达夹缝漏油。 位于马达壳体与前侧板，或前侧板与定子体，或定子体与后侧板之间的 O 形圈发生老化或者压坏的情况，如果发生该情况只需更换该 O 形圈即可。

④ 买回新马达，泄油管的接管处是用螺塞堵住的，往主机上安装时，应先卸除螺塞，另装一泄油管通往油箱。 否则用不了几天，马达输出轴油封处会严重漏油，千万注意！

【故障7】 马达内泄漏大

① 定子体配对平面配合间隙过大。 BMR 系列马达的定子体平面间隙应控制在 0.03 ~ 0.04mm 的范围内（根据排量不同略有差别），如果间隙超过 0.04mm，将会发现马达的外泄明显增大，这也会影响马达的输出扭矩。 另外，由于一般客户在使用 BMR 系列马达时都会将外泄油口堵住，当外泄压力大于 1MPa 时，将会对油封造成巨大的压力从而导致油封也漏油。 处理办法：磨定子体平面，使其跟摆线轮的配合间隙控制在标准范围内。

② 输出轴与壳体配合间隙过大。 输出轴与壳体配合间隙大于标准时，将会发现马达的外泄显著增加（比原因①中所述更为明显）。 解决办法：更换新的输出轴与壳体配对。

③ 使用了直径过大的 O 形圈。 过粗的 O 形圈将会使零件平面无法正常贴合，存在较大间隙，导致马达泄漏增大。 这种情况一般很少见，解决办法是更换符合规格的 O 形圈。

④ 紧固螺钉未拧紧。 紧固螺钉未拧紧会导致零件平面无法正常贴合，存在一定间隙，会使马达泄漏大。 解决办法是在规定的力矩范围内拧紧螺钉。

【故障8】 其他一些常见的故障

① 输出轴断掉。 如 BMR 系列马达的输出轴是由露在外部的轴与内部的配油部分焊接起来的，因此该焊接部分的好坏以及外力的作用将直接影响轴的寿命，该故障也是经常发生的，如发生只有更换输出轴。

② 传动轴断掉。 传动轴是连接摆线轮与输出轴的一根轴，作用是将摆线轮的转动输送到输出轴上，当马达长时间处在超负荷的情况下，或者输出轴受到外界一个反方向的力时，将有可能导致传动轴断掉。 传动轴断掉一般都伴随着输出轴的齿和摆线轮的齿都咬掉的情况。 解决办法是更换传动轴，如其他零件损坏需一同更换。

③ 轴挡断掉。 轴挡位于输出轴上，用于固定轴承（BMR 系列都是 6206 轴承）。 轴挡比较脆，当输出轴受到一个纵向力的冲击时，很容易会导致轴挡碎裂，而碎屑会引起更大的故障，如碎片刺破油封，进入轴承使轴承咬坏，使输出轴咬坏。 解决办法是如果故障很轻就更换轴挡，不然就根据损坏的程度进行更换零件。

④ 法兰断裂。 该故障也比较常见，这主要是马达受到过冲击或者铸件本身的质量问题引起的。 解决办法是更换壳体。

4.5.5 修理与拆装

（1）修理

① 定子、转子的修理（图 4-127）

转子的修复：轻度拉毛或磨损经去毛刺、研磨再用；磨损严重者可刷镀外圆修复，或测量后用线切割慢走丝加工齿形，再经热处理后更换新件。

定子的修复：如为镶针齿者轻度拉毛或磨损经去毛刺、研磨再用；磨损严重者可放大外径加工新针齿换用；如不为镶针齿者，可与转子一样加工更换。

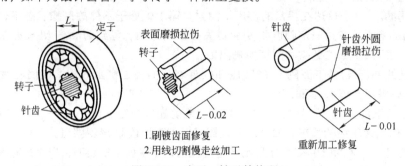

图 4-127 定子、转子的修理

② 配油轴或配油盘的修复（图 4-128）

配油轴的修复：轻度拉毛或磨损经去毛刺、研磨再用；严重者可刷镀外圆修复或重新加工。

配油盘的修复：A 面磨损拉伤轻微者经研磨再用；严重者可经平磨、表面氮化后再用。

（2）摆线马达的拆装

① 轴配流摆线马达的拆装

按图 4-129 所示步骤与方法拆卸摆线马达。装配步骤与该拆卸步骤相反。

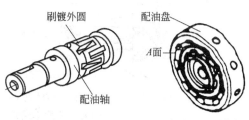

图 4-128　配油轴或配油盘的修复

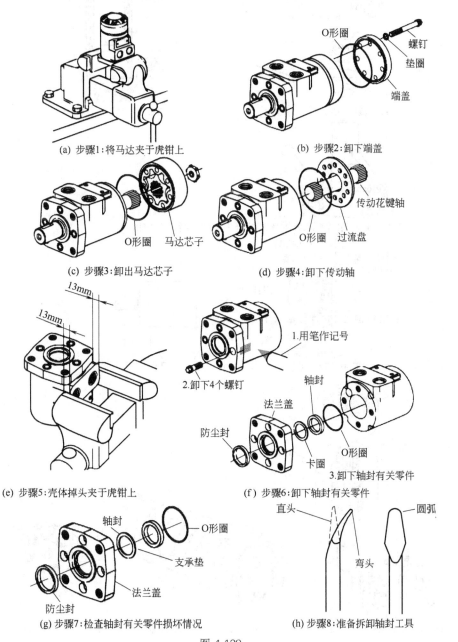

(a) 步骤1：将马达夹于虎钳上　　(b) 步骤2：卸下端盖

(c) 步骤3：卸出马达芯子　　(d) 步骤4：卸下传动轴

(e) 步骤5：壳体掉头夹于虎钳上　　(f) 步骤6：卸下轴封有关零件

(g) 步骤7：检查轴封有关零件损坏情况　　(h) 步骤8：准备拆卸轴封工具

图 4-129

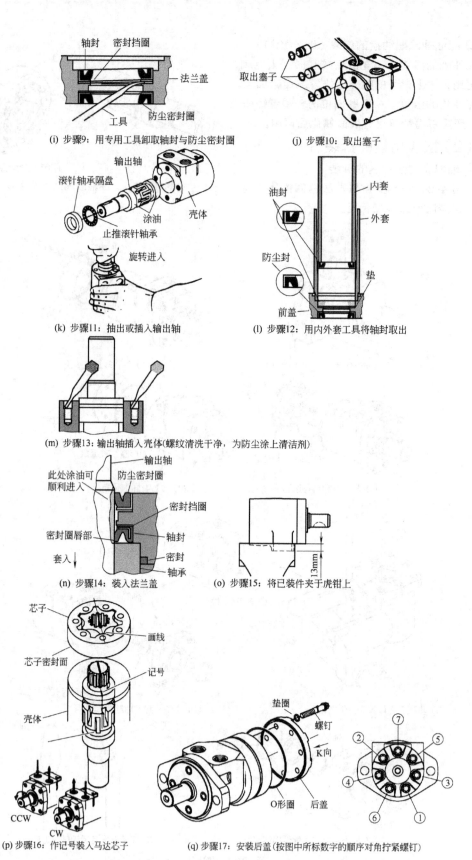

(i) 步骤9：用专用工具卸取轴封与防尘密封圈

(j) 步骤10：取出塞子

(k) 步骤11：抽出或插入输出轴

(l) 步骤12：用内外套工具将轴封取出

(m) 步骤13：输出轴插入壳体(螺纹清洗干净，为防尘涂上清洁剂)

(n) 步骤14：装入法兰盖

(o) 步骤15：将已装件夹于虎钳上

(p) 步骤16：作记号装入马达芯子

(q) 步骤17：安装后盖(按图中所标数字的顺序对角拧紧螺钉)

图 4-129　轴配流摆线马达的拆卸

② 盘配流摆线马达的拆装

盘配流摆线马达的拆装与轴盘配流摆线马达的拆装相同,可参阅图 4-130 进行。

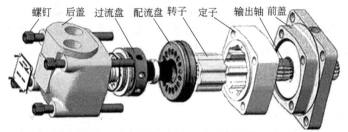

图 4-130　盘配流摆线马达的拆装

4.6　叶片式液压马达的使用与维修

叶片式液压马达简称叶片马达,它分为高速小扭矩和低速大扭矩两类。

现有的叶片马达几乎全都采取平衡式结构,即制成定量的。叶片马达的结构与叶片泵相似,只是叶片马达必须有叶片压紧机构,保证启动时叶片紧贴定子内表面。另外,因液压马达需正、反方向旋转,所以液压马达在壳体上设有单独的泄漏口。并且叶片顶端形状左右对称,同时沿转子半径方向放置。

叶片马达具有结构紧凑、体积小、转动惯量小、噪声较低、脉动率小等优点,常用在动作灵敏、换向频率较高的液压系统中。缺点是抗污染能力不及齿轮液压马达,且由于工作中叶片与定子间的接触磨损(叶片根部一直要通高压油),限制了工作压力和转速的提高。而且叶片马达一般为双作用和多作用,所以只能做成定量马达。

目前叶片马达的工作压力为 0.7~17.5MPa,转速为 10~150r/min,高速的为 100~3000r/min,容积效率为 85%~95%,总效率为 70%~85%,使用寿命 3000~6000h。

4.6.1　工作原理

(1) 高速小扭矩叶片马达工作原理

如图 4-131 所示,它的结构与双作用叶片泵相同,其定子内表面曲线由 4 个工作区段(两段短半圆弧与两段长半径圆弧)和 4 个过渡区段(过渡曲线)组成,定子和转子同心地安装着,通常采用偶数个叶片,且在转子中对称分布,工作中转子所承受的径向液压力相平衡。

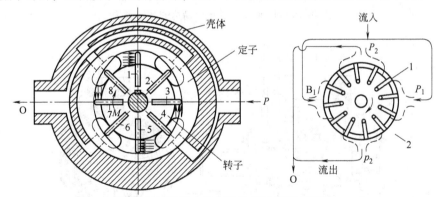

图 4-131　高速小扭矩叶片马达的工作原理

压力油 P 从进油口通过内部流道进入叶片之间,位于进油腔的叶片有 3、4、5 和 7、8、1 两组。分析叶片受力状况可知,叶片 4 和 8 的两侧均承受高压油的作用,作用力互相抵消不产生扭矩。而叶片 3、5 和叶片 8、1 所承受的压力不能抵消。由于叶片 5 和 1 悬伸长,受力面积大，所以这两组叶片合成力矩构成推动转子沿顺时针方向转动的扭矩（图中的 M）。 而处在回油腔的 1、2、3 和 5、6、7 两组叶片，由于腔中压力很低或者受压面积很小，所产生的扭矩可以忽略不计。 因此，转子在扭矩 M 的作用下顺时针方向旋转。 改变输油方向，液压马达可反转。所以叶片马达一般是双作用式的定量马达，而极少有采用单作用变量马达的形式。

叶片马达的输出扭矩取决于输入油压 P 和马达每转排量 q，转速 n 取决于输入流量 Q 的大小。

（2）低速大扭矩叶片马达的工作原理

上述高速小扭矩叶片马达，叶片在转子每转中，在转子槽内伸缩往复两次，有两个进油压力工作腔，两个排油腔，称之为双作用。

低速大扭矩叶片马达的工作原理基本上与上述相同，工作原理的说明从略。 但由于"低速"和"大扭矩"的需要，在结构上采取了下述两项措施。

① 增加工作腔数 低速大扭矩叶片马达为得到低速和大扭矩，在工作原理和结构上采取的第一项措施是增加工作腔数，即多作用。 因为同样的流量进入多个工作腔，自然转数降低；同时因多工作腔，能使更多的叶片承受压力来产生扭矩，产生大扭矩，目前低速大扭矩叶片马达多采用 4 与 6 个工作腔（图 4-132）。 有些叶片马达在工作腔中还采用大升程工作腔，在大升程工作腔内，叶片伸出量大，增加了叶片的受力面积，虽然只有 4 个工作腔，自然也能起到与 6 个工作腔数相同的效果（图 4-133）。

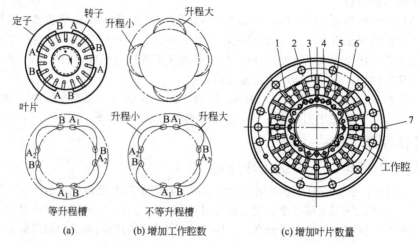

图 4-132　低速大扭矩叶片马达的结构措施

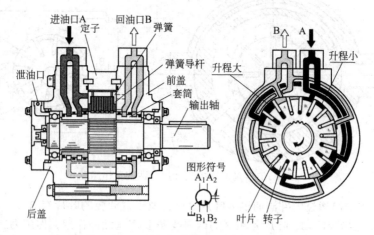

图 4-133　采用大小不等升程的叶片马达

② 增加叶片的数量　低速大扭矩叶片马达在工作原理和结构上采取的第二项措施是增加叶片的数量（图4-132），使接受压力油作用的叶片数量大大增加而能产生转矩。 另外，转子的回转半径尽可能大些，这样压力油作用在叶片上所产生力矩的力臂可增大，从而能产生大的扭矩，转速也能降下来，而成为"低速大扭矩"。

（3）叶片马达的变挡原理

低速大扭矩叶片马达属于定量马达的范畴，但低速大扭矩叶片马达可用变挡控制阀变挡，形成高、中、低三挡转速，相对应输出小、中、大扭矩。 叶片马达分级变挡原理如图4-134所示。图（a），当变挡控制阀2处于图示中间位置时，4个工作腔同时进入由泵1来的压力油，叶片马达3以全排量工作。 由于泵来的流量由4个工作腔分摊，马达转速最低，扭矩最大；当变挡控制阀2处于右位时，压力油只进入 A_1 相对的两工作腔，A_2 相对的两腔通过阀2右位回油池，此时

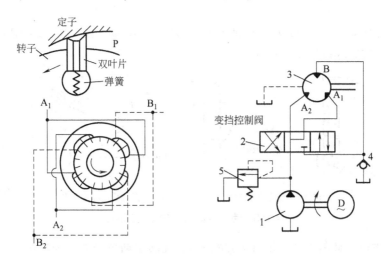

(a) 用变挡控制阀变挡(等升程)

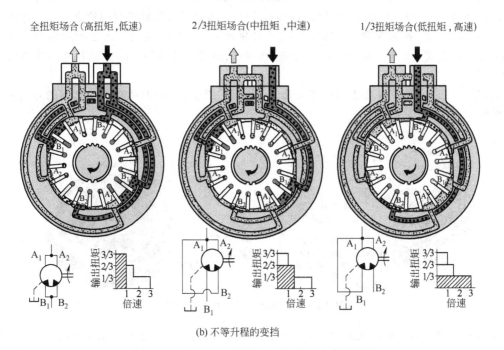

(b) 不等升程的变挡

图 4-134　低速大扭矩叶片式液压马达变挡原理

泵来的油只需进入两个工作腔，因而转速增加1倍，而输出扭矩只有阀2中位时的1/2。阀2处于左位的情况也相同。

图（b）所示为不等升程，即有两个工作腔的升程是另两个工作腔的两倍，当压力油用变挡控制阀控制，以3种不同方式进排油时，输出转速与输出扭矩也有3种情况的转速和扭矩关系，叫叶片马达的变挡。

4.6.2　结构特点与结构实例

（1）结构特点

如上所述，为了防止叶片马达刚启动时压力未建立起来因而未旋转之前，叶片马达不能像叶片泵那样用离心力使叶片甩出，因而叶片不能顶住定子而出现高低压串腔，造成无法启动输出扭矩的现象。因此为保证叶片马达的启动性能，在结构上必须采取使叶片能可靠伸出的措施。

叶片马达使叶片伸出的常用方法有两种（图4-135）：一种是弹簧加载，使叶片持续地伸出；另一种则是将液压力引入到叶片的下端。

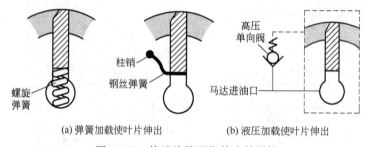

(a) 弹簧加载使叶片伸出　　(b) 液压加载使叶片伸出

图4-135　使叶片能可靠伸出的措施

① 弹簧加载的叶片伸出结构　如图4-136所示，在转子两侧设有环形凹槽，槽内装有燕式弹簧，通过该弹簧在销子支承上的摆动，使每根弹簧两端分别压住相隔90°的两只叶片的根部，例如叶片1与叶片2，当叶片2往内缩时，叶片1由于燕式弹簧的摆动使之外伸，这样无论叶片1还是叶片2，都因弹簧力使它们与定子内曲面紧密接触，从而保证在叶片根部未建立起压力之前，也能使高、低压区隔开，有足够的启动扭矩使马达旋转，以保证叶片马达有良好的启动性能。

进口的一些液压马达（如美国威格士公司）也有采用直接在叶片根部装小弹簧的方法来保证启动性能。

图4-136　弹簧加载的叶片伸出结构

② 液压加载使叶片伸出的结构　如图4-137所示为叶片马达的叶片底部常采用在整个工作过程中均通高压油的结构。在转子叶片根部加工有环形槽，叶片马达的进出油口A与B分别通过

梭阀 1 或 2 与此环形槽相通。这样无论马达正转从 A 口通入压力油,还是马达从 B 口通入压力油,由于梭阀 1 与 2 的开关作用,既可使环形槽(叶片底部)总可与压力油相通,并且可隔开压排油的通道。

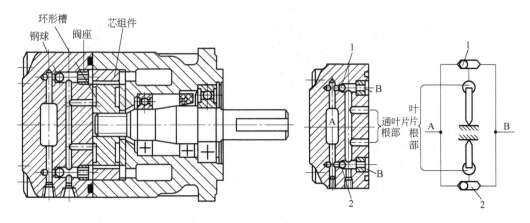

图 4-137　液压加载的叶片伸出结构

③ 增大工作压力提高容积效率的结构　为了增大叶片马达的工作压力,采用了各种结构措施。图 4-138 为采用浮动配流盘的结构措施。这样工作压力提高后,因为采用了浮动侧板可补偿轴向间隙,不致因轴向间隙造成大的内泄漏,这点与叶片泵类似。

当如图 4-138(a)所示时,压力油进入液压马达,带动转子回转,另一部分压力油进入浮动侧板左端油腔,将浮动侧板向右压向转子及定子环端面,起浮动密封作用,而且压力油经浮动侧板上的小孔进入叶片底部,使叶片产生一顶紧定子内腔曲面的力。此时,梭阀处于左位,封闭了压力油与回油(流出)的连通。

图 4-138(b)则与图 4-138(a)的进回油方向相反,因而马达的旋转方向也相反,其中,梭阀钢球处于右位,封闭压力油(进油)与低压油(排油)的通道连通。其余与图(a)相同。

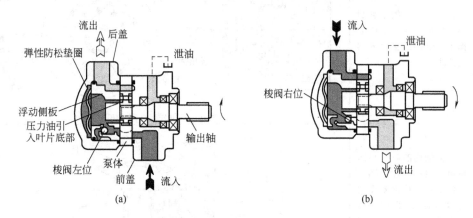

图 4-138　浮动配流盘增大工作压力的结构

④ 此外,由于叶片马达要正反转,所以在结构上,叶片要径向放置,进出油口相等,并有单独的泄油口,在高低压油腔通入叶片底部的通路上装有梭阀等结构特点。

(2)结构实例

叶片马达的结构见表 4-12。

表 4-12　叶片马达的结构

名称	简　介	结　　构
国产 YM-A（B）型高速小扭矩叶片马达	燕式扭力弹簧9安装在转子两侧面的环形槽中和套在销8上。扭力弹簧9的两臂预加上扭力后各压在一个叶片的底部。使叶片除靠压力油作用外，还通过弹簧9的扭力将叶片可靠压紧在定子内表面上，不会在启动时出现进油腔和排油腔相通而不能建立油压不能输出扭矩的现象	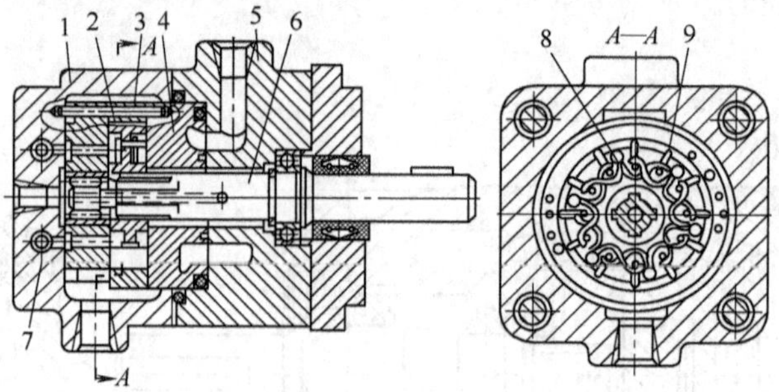 1—壳体；2—转子；3—定子；4—配流盘；5—盖； 6—输出轴；7—单向阀；8—销；9—燕式弹簧 图 a　国产 YM-A（B）型
国产 YM※型低速大扭矩叶片马达	叶片下端的小弹簧是为了保证良好的启动性能。浮动侧板（配流盘）在高压油的作用下紧贴定子与转子的端面，可获得好的容积效率	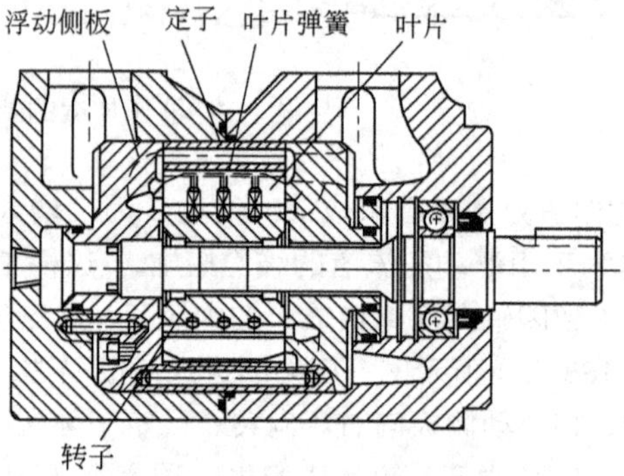 图 b　国产 YM※型
美国派克公司 M5B 型叶片马达	在叶片下端的小弹簧将叶片顶紧在定子内表面上，以保证良好的启动性能	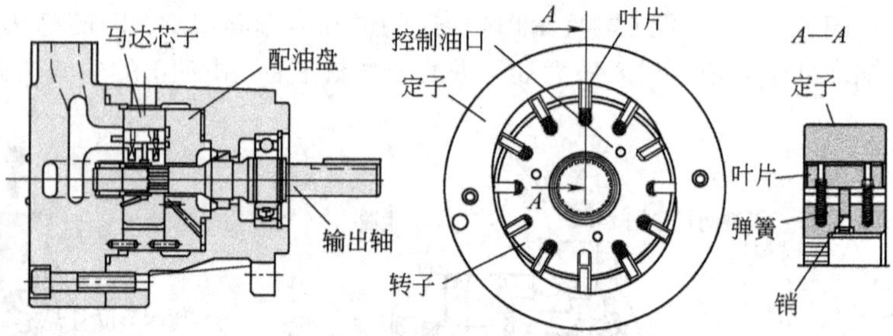 图 c　美国派克公司 M5B 型
美国威格士公司 25M~45M 型叶片马达	这种结构的叶片马达采用直接在叶片下端的小弹簧将叶片顶紧在定子内表面上，以保证良好的启动性能。浮动配油盘在高压油的作用下紧贴机芯（定转子）端面，可获得好的容积效率	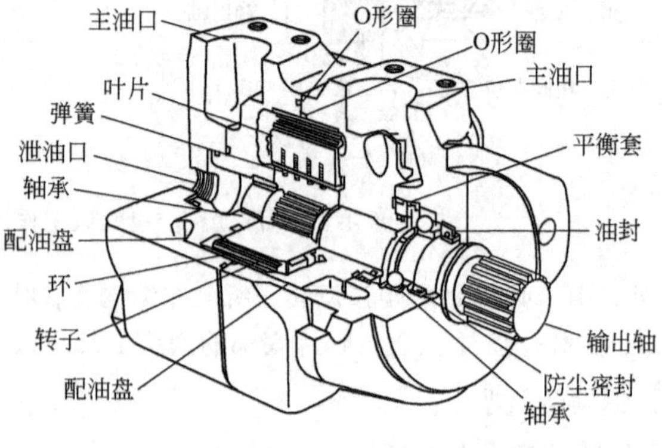 图 d　美国威格士公司 25M~45M 型

4.6.3 拆卸与装配

以图 4-139 所示的美国威格士公司、日本东京计器（东机美）公司产的 25M ~ 45M 系列高速小扭矩叶片马达为例进行拆卸与装配说明。

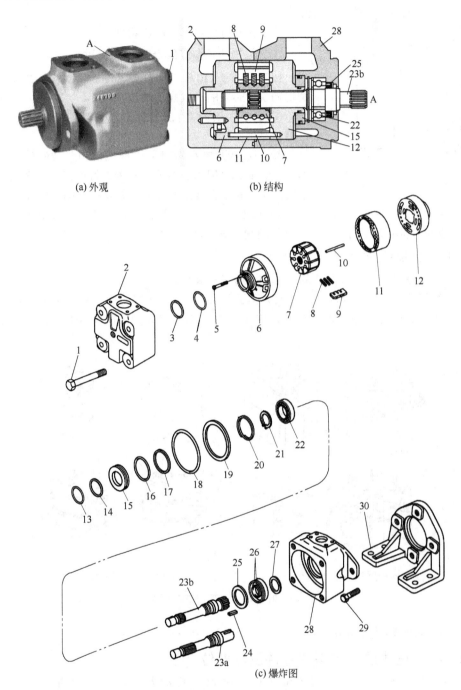

(a) 外观　　　　　　　　(b) 结构

(c) 爆炸图

图 4-139　25M ~ 45M 系列叶片马达外观与结构

1,5,29—螺钉；2—后泵体；3,13,16,18—O 形圈；4,14,17—密封挡圈；

6,12—配油盘；7—转子；8—弹簧；9—叶片；10—定位销；11—定子；15—浮动侧板；

19—密封环；20—锁环；21—卡簧；22—轴承；23—输出轴；24—键；

25—垫圈；26—轴封；27—防尘密封；28—前泵体；30—安装支座

（1）拆卸

第一步：用内六角扳手卸下 4 个螺钉 1，轻敲 A 部，卸下后泵体 2。

第二步：用橡胶锤头敲击马达轴 A 部，可将泵芯组件（件 6、7、11、12 等）连同浮动侧板 15、轴承 22 与输出轴 23 等一起取出。

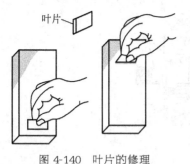

图 4-140 叶片的修理

第三步：分解第二步取出组件。

（2）拆卸后零件检查与修理

按后述图 4-140 检查配流盘、转子等零件结合面的磨损与拉伤情况，必要时予以修理与更换。

① 定子内表面有拉伤的情况，可用精油石或金相砂纸打磨。

② 配油盘常常在端面上出现拉伤和气蚀性磨损，磨损拉伤不严重时，可用精油石或金相砂纸打磨再用，磨损严重者须平磨修复；转子主要是两端面的拉伤，可酌情处理。

③ 叶片主要是修理其顶部圆弧面，可在粗油石上来回摆动修圆，详见图 4-140 中所示。

④ 修理时，轴承可视情况更换，密封圈则必须换新。

（3）装配及装配要领

所有零件经仔细清洗后按与拆卸相反的步骤进行装配。

注意：弹簧式叶片马达装配时，修理人员会遇到困难。 一方面因为要先装好弹簧，叶片难以装进转子槽内；再者装好的转子要装入定子孔内也不太容易，可按图 4-141 的方法进行便较方便。

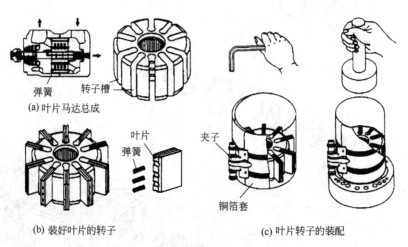

(a) 叶片马达总成

(b) 装好叶片的转子

(c) 叶片转子的装配

图 4-141 叶片马达修理时的装配技巧

4.6.4 故障分析与排除

（1）叶片马达易出故障的零件及其部位

① 叶片马达易出故障的零件及部位有（图 4-142）：配油盘端面（G1）磨损拉伤；转子端面的磨损拉伤；定子内表面（G2）的磨损拉伤；轴承磨损或破损；油封破损等。

② 弹簧式叶片马达易出故障零件及其部位（图 4-143）有：配油盘 2 与 7 的端面（G_1、G_3）磨损拉伤；转子 3 端面的磨损拉伤；定子 6 内表面（G_2）的磨损拉伤；弹簧 4 与叶片 5；轴承 8 磨损或破损；油封 9 破损等。

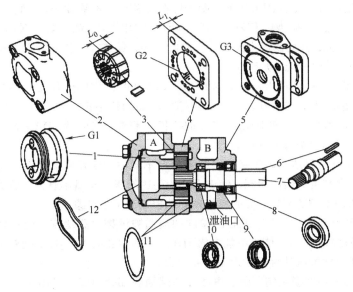

图 4-142　普通叶片马达结构与引起故障的主要零件

1—配油盘；2—后盖；3—转子与叶片；4—壳体；5—前盖；6—键；
7—输出轴；8,10—轴承；9—油封；11—O 形圈；12—波形弹簧垫

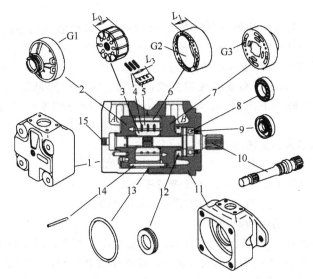

图 4-143　弹簧式叶片马达结构与引起故障的主要零件

1—后盖；2,7—配油盘；3—转子；4—弹簧；5—叶片；6—定子；8—轴承；9—轴封（油封）；
10—输出轴；11—前盖；12—浮动侧板；13—O 形圈；14—定位销；15—螺堵（泄油管连接处）

（2）叶片马达的故障排查

【故障 1】　输出转速不够（欠速），输出扭矩也低

① 查叶片马达转子 3 与配油盘 1 滑动配合面（A 面）之间的配合间隙是否过大，或者 A 面上拉毛或拉有沟槽。 这是高速小扭矩叶片马达出现故障频率最大的故障。 磨损拉毛轻微者，可研磨抛光转子端面和定子端面。 磨损拉伤严重时，可先平磨转子 3 端面（尺寸 L_0，见图 4-143）和配油盘 A 面，再抛光。 注意此时叶片和定子也应磨去相应尺寸，并保证转子与配油盘之间的间隙在 0.02～0.03mm 的范围内。

② 查叶片马达的叶片是否因污物或毛刺卡死在转子槽内不能伸出。 可拆开叶片马达，清除转子叶片槽和叶片棱边上的毛刺，但不能倒角，叶片破裂时换叶片。 如果是污物卡住，则应对叶片马达进行拆洗并换油；并且要适当配研叶片与叶片槽，保证叶片和叶片槽之间的间隙为 0.03～0.04mm，叶片在叶片槽内能运动自如。

③ 对于采用双叶片的低速大扭矩叶片马达，如果两叶片之间卡住也会造成高低压腔（进回油腔）串腔，内泄漏增大而造成叶片马达的转速提不高和输出扭矩不够。 不管高速叶片马达或者低速叶片马达，叶片均不能被卡住。 卡住时应拆开清洗，使叶片在转子槽内能灵活移动；对双叶片，两叶片之间也应相对滑动灵活自如。

④ 低速大扭矩叶片马达，如果变挡控制阀换挡不到位，或者磨损厉害，阀芯与阀体孔之间的配合间隙过大，会产生严重内泄漏，使进入叶片马达的压力流量不够，而造成叶片马达的输出转速不够和输出扭矩不够的现象，此时应修理变挡控制阀（方向阀）。

⑤ 泵内单向阀座与钢球磨损，或者因单向阀流道被污物严重堵塞，使叶片底部无压力油推压叶片（特别在速度较低时），使其不能牢靠顶在定子的内曲面上。 此时可修复单向阀，确认叶片底部的压力油能可靠推压叶片顶在定子内曲面上。

⑥ 定子内曲线表面磨损拉伤，造成进油腔与回油腔部分串通，可用天然圆形油石或金相砂纸砂磨定子内表面曲线，当拉伤的沟槽较深时，根据情况更换定子或翻转 180° 使用。

⑦ 推压配油盘的支承弹簧疲劳或折断，可更换弹簧。

⑧ 液压马达各连接面处贴合或紧固不良，引起泄漏。 此时应仔细检查各连接面处，拧紧螺钉，消除泄漏。

⑨ 查供给液压马达的压力油的压力与流量是否不够。 供给液压马达的压力不够，有液压泵与控制阀（如溢流阀）的问题，有系统的问题，可参阅有关部分采取对策。 可参阅 3.3.6 节中叶片泵"输出流量不够"的故障现象内容进行分析与排除。

⑩ 查其他原因。 如油温过高或油液黏度选用不当，应尽量降低油温，减少泄漏，减少油液黏度过高或过低对系统的不良影响，减少内外泄漏；滤油器堵塞造成输入液压马达的流量不够。

【故障2】 负载增大时，转速下降很多

① 按上述故障1的原因查询。

② 查液压马达出口背压是否过大，可检查背压压力。

③ 查进油压力是否太低。 可检查进口压力，采取对策。

【故障3】 噪声大、马达轴振动严重

① 查联轴器及皮带轮同轴度是否超差过大。 同轴度超差过大，或者外来振动。 可校正联轴器，修正皮带轮内孔与外三角皮带槽的同轴度，保证不超过 0.1mm，并设法消除外来振动，如液压马达安装支座刚性应好，可靠牢固。

② 液压马达内部零件磨损及损坏。 如滚动轴承保持架断裂，轴承磨损严重，定子内曲线面拉毛等，可拆检液压马达内部零件，修复或更换易损零件。

③ 叶片底部的扭力弹簧过软或断裂。 可更换合格的扭力弹簧。 但扭力弹簧弹力不应太强，否则会加剧定子与叶片接触处的磨损。

④ 定子内表面拉毛或刮伤。 修复或更换定子。

⑤ 叶片两侧面及顶部磨损及拉毛。 可参阅 3.3.6 节中叶片泵有关内容，对叶片进行修复或更换。

⑥ 油液粘度过高，液压泵吸油阻力增大，油液不干净，污物进入液压马达内，可根据情况处理。

⑦ 空气进入液压马达，采取防止空气进入的措施，可参阅叶片泵有关部分。

⑧ 液压马达安装螺钉或支座松动引起噪声和振动，可拧紧安装螺钉，支座采取防振加固措施。

⑨ 液压泵工作压力调整过高，使液压马达超载运转。可适当减少液压泵工作压力和调低溢流的压力。

【故障4】 内外泄漏大

① 输出轴轴端油封失效。例如油封唇部拉伤、卡紧弹簧脱落，与输出轴相配面磨损严重等。

② 前盖等处O形密封圈损坏、外漏严重，或者压紧螺钉未拧紧。可更换O形圈，拧紧螺钉。

③ 管塞及管接头未拧紧，因松动产生外漏。可拧紧接头及改进接头处的密封状况。

④ 配油盘平面度超差或者使用过程中的磨损拉伤，造成内泄漏大，可按其要求修复。

⑤ 轴向装配间隙过大，内泄漏，修复后其轴向间隙应保证在0.04~0.05mm之内。

⑥ 油液温升过高，油液黏度过低，铸件有裂纹，须酌情处理。

⑦ 买回新马达，螺堵处是用螺塞堵住的，往主机上装时，应先卸除螺堵，另装一泄油管通往油箱。否则用不了几天，马达输出轴油封处会严重漏油，千万注意！

【故障5】 叶片马达不旋转，不启动

① 查溢流阀的调节不良或故障，系统压力达不到液压马达的启动转矩，不能启动，可排除溢流阀故障，调高溢流阀的压力。

② 泵的故障。如泵无流量输出或输出流量极小，可参阅泵部分的有关内容予以排除。

③ 换向阀动作不良。检查换向阀阀芯有无卡死，有无流量进入液压马达，也可拆开液压马达出口，检查有无流量输出，液压马达后接的流量调节阀（出口节流）及截止阀是否打开等。

④ 叶片液压马达的容量选用过小，带不动大负载，所以在设计时应充分全面考虑好负载大小，正确选用能满足负载要求的液压马达，即更换为大档次的液压马达。另外叶片马达的叶片卡住或破裂也会产生此一故障。

【故障6】 速度不能控制和调节

① 当采用节流调速（进口、出口或旁路节流）回路对液压马达调速时，可检查流量调节阀是否调节失灵，而造成叶片马达不能调速。

② 当采用容积调速的液压马达，应检查变量泵及变量液压马达的变量控制机构是否失灵，是否内泄漏量大。查明原因，予以排除。

③采用联合调速回路的液压马达，可参照进行处理。

【故障7】 低速时，转速颤动，产生爬行

① 液压马达内进了空气，必须予以排除。

② 液压马达回油背压太低，一般液压马达回油背压不得小于0.15MPa。

③ 内泄漏量较大，减少内泄漏可提高低速稳定性能。

④ 装入适当容量的蓄能器，利用蓄能器的减振吸收脉动压力的作用，可明显降低液压马达的转数脉动变化率。

【故障8】 低速时启动困难

① 对高速小扭矩叶片马达，多为燕式弹簧（参阅图4-144）折断，可予以更换。

② 对于低速大扭矩叶片马达，则是顶压叶片的燕尾弹簧（图4-143中的件4）折断，使进回油串腔，不能建立起启动扭矩来，可更换弹簧。系统压力不够者应查明原因将系统油压调上去。

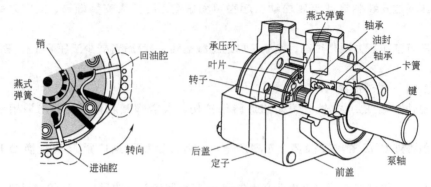

图 4-144 燕式弹簧折断

4.7 凸轮转子型叶片式液压马达的使用与维修

4.7.1 简介

凸轮转子型叶片马达与凸轮转子型叶片泵在结构上可以说完全相同，基本上凸轮转子叶片泵即可直接作为马达使用。

但是由于凸轮转子型叶片马达往往需要正反转，因此，在其结构上还须考虑如下几点（参见图 4-145）。

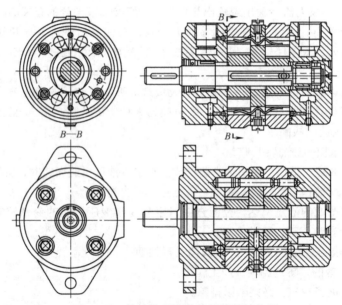

图 4-145 凸轮转子型叶片马达的结构图

① 由于作马达使用时，压吸油口要能互换，不能采用内部排油方式解决内泄漏油液，即要采用外部单独排油方式排掉内泄漏油，或者利用单向阀使泄漏油始终与低压腔（吸油腔）相通，此时可不必设置泄漏口。 如果叶片马达仅一个方向旋转。 也可不必设置泄漏油口，而采用内部排油方式。

② 低压腔和高压腔的几何形状基本相同，即油口直径大小相同。

③ 为保证在液压马达启动时，叶片能可靠地与凸轮转子表面接触，使液压马达能顺利迅速启动，因此，除了在叶片的背部引入压力油外，还应装一压紧叶片的弹簧。

④ 叶片顶端与凸轮转子的接触点多在叶片厚度方向的中点附近，以保证在正转和反转时接

触应力基本不变，因此叶片的顶端多为圆弧形（图 4-146）。

⑤ 有些凸轮转子叶片马达也采用特殊单向阀（如梭阀），使叶片背部在正反转时始终通压力油，以保证叶片能可靠压在转子凸轮曲面上。

⑥ 国产凸轮转子叶片液压马达，在隔板上增加了一个配油小柱塞，使叶片根部始终通压油腔，使它能正、反转。 除隔板这个零件与泵不同外，其余零件均与 TYP 型凸轮转子泵通用。

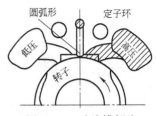

图 4-146　叶片槽部分

4.7.2　故障分析与排除

【故障 1】　转速太慢

① 叶片因毛刺或污物卡死在定子孔内，不能伸出，造成高低压腔串腔。

② 转子外曲线表面拉有沟槽或叶片顶部（与转子接合处）拉毛，使叶片顶部与转子内曲线表面不能密合，内漏油严重。

③ 转子端面与隔板相对滑动面因污物或加工精度不好，造成二者之间的相对运动接触而磨损或拉有沟槽，使内泄漏量太大。

④ 泵供给的有效流量不够。

可针对上述故障原因分别采取措施。

【故障 2】　输出扭矩不够

① 上述产生转速上不来的原因均可造成输出扭矩不够。

② 主溢流阀调节压力过低，应排除溢流阀故障。

③ 油温太高，油液黏度降低，内泄漏增大，应使用高黏度指数的液压油。

【故障 3】　带上负载后，速度降下来

① 液压马达进油压力太低。

② 液压马达出口背压调节过高，应设法降下来。

4.8　轴向柱塞液压马达的使用与维修

轴向柱塞马达的结构形式基本上与轴向柱塞泵一样，也分为定量与变量马达两大类，在结构上，在变量马达的变量方式上均与轴向柱塞泵相同。 柱塞马达一般转速较低，常表现为低速大扭矩，在起重、冶金、矿山、船舶等工程机械中常用。

4.8.1　工作原理与基本计算

（1）工作原理

① 斜盘式柱塞液压马达的工作原理　斜盘式柱塞液压马达的工作原理见图 4-147 所示，通过配油盘进入柱塞内的压力油，油液压力 P 把处在压油腔位置的柱塞顶出，产生的作用力通过滑靴压在斜盘上。 考虑一个柱塞的受力情况、设斜盘然柱塞的反作用力为 N，N 的水平分力 P 与作用在柱塞上的高压油产生的作用力（等于 $p \pi R^2$）相平衡，而 N 的径向分力 T（$T = P \cdot \tan \alpha$）和柱塞的轴线垂直，分力 T 使柱塞对缸体（转子）中心产生一个转矩 $M = Ta = TR \sin \phi = P \cdot R \cdot \tan \alpha \cdot \sin \phi$（R 为柱塞在缸体上的分布圆半径），缸体的旋转带动输出轴旋转并输出扭矩。 随着角度 ϕ 的变化，柱塞产生的转矩也跟着变化。 整个液压马达所能产生的总转矩是由所有处于压力油区的几个柱塞（图中为 3 个）产生的转矩所组成，总转矩也是脉动的，当柱塞的数目较多且为单数时，则脉动较小。

缸体端面与配油盘之间的间隙和接触状况决定内泄漏 Q_{L1} 的大小，柱塞外径与缸体孔之间的间隙决定内泄漏 Q_{L2} 的大小，二者决定马达的容积效率。

端面配油的轴向柱塞马达与同结构的轴向柱塞泵更换配油盘后可互逆使用。

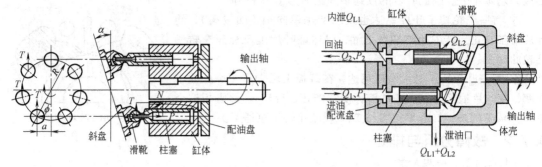

图 4-147　轴向柱塞液压马达的工作原理

如果斜盘摆动斜角 α 固定不能变，则为定量斜盘式柱塞液压马达；如果斜盘摆动斜角 α 的大小做成可以改变的，则为变量斜盘式柱塞液压马达。 斜盘式定量或变量轴向柱塞马达，输出速度都与供油流量成正比，输出的转矩都随高低压端（进出油口）压力差的增大而增大。 变量马达的容积，也即马达的吸入流量，可通过调节斜盘倾角来改变。

② 倾斜缸式柱塞液压马达的工作原理　倾斜缸式柱塞液压马达的工作原理如图 4-148 所示，进入柱塞油液压力产生力 P（$P = p \pi d^2 / 4$）把处在压油腔位置的柱塞顶出，压在斜盘上，柱塞滑履球头处法线方向上要产生一反力 F_L 作用在柱塞的球头上，垂直分力 F_T 使输出轴产生一转矩力 M_2，每个处于压力油区的柱塞都会产生这种转矩力。 转矩大小的计算与斜盘式柱塞液压马达相似。

配流盘有平面和球面之分，图中采用球面形状的配流盘，相当于缸体支承在一个无转矩的轴承上，作用在缸体上的全部力都作用在一个点上，这样弹性变形引起的横向偏移不会增加缸体和配流盘之间的泄漏。 在空转和启动时，缸体被垫圈推向配流盘，随着压力的升高，液压力达到了静压平衡，因此合力值保持在许可的范围内，同时使得缸体和配流盘之间保持最小缝隙，泄漏则降到了最低。

驱动轴承上安装一组轴承，以承受轴向和径向力。 旋转副采用径向密封圈和 O 形密封圈。整个旋转副通过压紧环保持在壳体中。

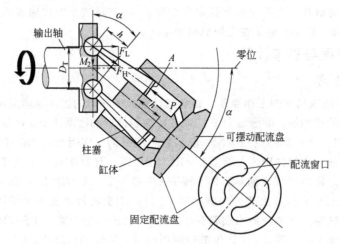

图 4-148　定量倾斜缸式柱塞液压马达的工作原理

h—柱塞行程；A—柱塞截面积（承压作用面积）；D_T—$\alpha = 0$ 时的柱塞分布圆直径；α—倾斜角（如 25°、40°）

③ 带刹车制动的轴向柱塞液压马达的工作原理　考虑图 4-149 中最上端的柱塞的受力情况：泵来的压力油产生液压力（压力 $p \times$ 柱塞端面积 A）将处在压油腔位置的柱塞顶出，产生的作用力

F_1 通过滑靴压在斜盘上，F_1 的水平分力 F 的反作用力与 A 面上产生的液压力（p×A）平衡，而 F_1 的径向分力 F_2 的反力使柱塞对缸体（转子）中心产生一个转矩使输出轴回转并输出扭矩。

刹车制动的工作原理是：带外齿的刹车片的齿卡在不动的壳体槽内，带内齿的刹车片齿卡在缸体的槽内。当 a 口未通入压力油时，锁紧缸活塞在右端弹簧力的作用下将左端的内外齿刹车片顶紧，二者之间产生摩擦力，使输出轴不能转动；当 a 口通入压力油时，锁紧缸活塞产生的液压力克服右端弹簧力使内外齿刹车片分开，二者之间无摩擦力，输出轴便能转动。

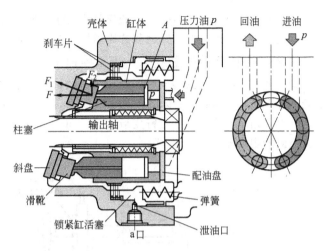

图 4-149 带刹车制动的轴向柱塞液压马达的工作原理

（2）基本计算（表 4-13）

表 4-13 斜盘式柱塞马达的基本计算表

	斜盘式定量柱塞马达	斜盘式变量柱塞马达
流量	$Q_2 = v_g \cdot n/1000 \cdot \eta_V$	$Q_2 = v_{gmax} \cdot n \cdot \tan\alpha/1000 \cdot \tan\alpha_{max} \cdot \eta_V$
输出转速	$n = Q_1 \cdot 1000 \cdot \eta_V/V_g$	$n = Q_1 \cdot 1000 \cdot \tan\alpha_{max} \cdot \eta_V/V_g \cdot \tan\alpha$
输出转矩	$M_2 = v_g \cdot \Delta p \cdot \eta_{mh}/20\pi$	$M_2 = v_g \cdot \Delta p \cdot \tan\alpha \cdot \eta_{mh}/20\pi \cdot \tan\alpha_{max}$
输出功率	$P_2 = 2\pi \cdot M_2 \cdot n/60000$ $P_2 = Q_1 \cdot \Delta p \cdot \eta_V \cdot \eta_{mh}/600$	$P_2 = 2\pi \cdot M_2 \cdot n/60000$ $P_2 = Q_1 \cdot \Delta p \cdot \eta_V \cdot \eta_{mh}/600$

注：表中，Q_1 为泵来的流量，L/min；Q_2 为马达的流量，L/min；M_1 为驱动转矩，Nm；M_2 为输出转矩，Nm；P_1 为驱动功率，kW；P_2 为输出功率，kW；V_g 为每转几何容积，cm^3；V_{gmax} 为每转最大行程几何容积，cm^3；n 为转速，r/min；α_{max} 为最大摆角（决定于类型），（°）；α 为设定摆角，0° ~ α_{max}；η_V 为容积效率；η_{mh} 为机械-液压效率；η 为总效率（$\eta = \eta_V \cdot \eta_{mh}$）；$\Delta p$ 为压差，bar。

4.8.2 轴向柱塞液压马达的变量方式与原理

与轴向柱塞泵一样，轴向柱塞液压马达的变量方式也是利用改变斜盘斜角（斜盘式）或斜盘倾角（斜轴式）的大小进行变量。

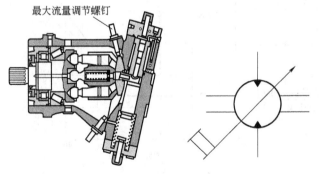

图 4-150 手动调节变量

与斜盘式柱塞液压马达一样，变量调节（斜轴的摆角调节）既可采用机械式的定位螺钉（图 4-150），也可采用液压式的定位活塞进行调节。控制则可以为机械的、液压的或电气的。这里仅举出常见的调节方式：手动调节螺钉调节、用比例电磁铁的比例调节、压力和功率控制调节等。随着角度的增加，排量和扭矩也增大；反之，这些数值则相应减小。

轴向柱塞液压马达的变量方式与原理详细内容，可参阅本手册轴向柱塞泵章节中的相关内容。

（1）手动调节变量

借助扳手拧动图 4-150 中的最大流量调节螺钉，便可使斜轴式柱塞马达进行变量（双向调节）。马达的斜盘角度由螺钉来调整的排量控制叫 FE 控制，由手轮来调整的叫 HG 控制。

（2）伺服电机排量控制（ES 控制）

如图 4-151 所示，ES 控制调整变量马达的斜盘角度控制原理是：通过一台三相伺服电机带动蜗轮蜗杆副转动，与蜗轮一体的丝杠也跟着转动，丝杠的转动又带动变量螺套移动，从而使液压马达的斜盘角度发生改变而进行变量。带 4 个或 8 个用于不同位置的行程开关盒为用于调整或位置监测的电位器。

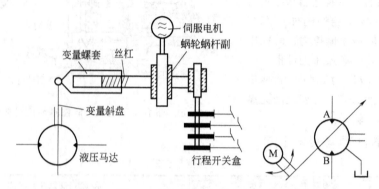

图 4-151　伺服电机排量控制

（3）压力信号排量控制（DP 控制）

如图 4-152 所示，马达的斜盘角度由外部控制油回路单独引来的压力油 P 进行控制，斜盘角度和比例压力控制阀设定电流大小（控制压力的大小）成比例，通过比例压力控制阀的合适调节便可对马达进行排量 V_g 的变量控制。

马达的最大斜盘角度能够用螺钉机械限制在 50% ~ 100%；最大（和/或最小）值能够由控制缸内的调整垫来限制。

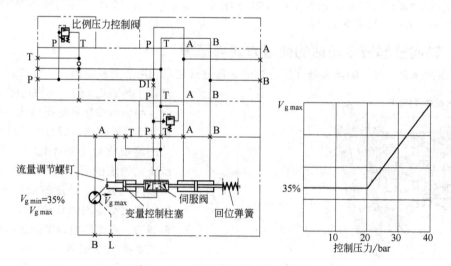

图 4-152　压力信号排量控制变量

（4）电液伺服调整控制（SF 控制）

如图 4-153 所示，电液排量控制在电气可调范围内工作时没有节流损失，它是采用位移传感器电气反馈控制斜盘角度来工作的（电气闭环控制）。由外部控制油回路单独引来的压力油进行控制，通过输入伺服阀不同的电流值，伺服阀输出不同压力流量的压力油，控制变量柱塞的不同的移动位置，控制斜盘角度进行变量控制。

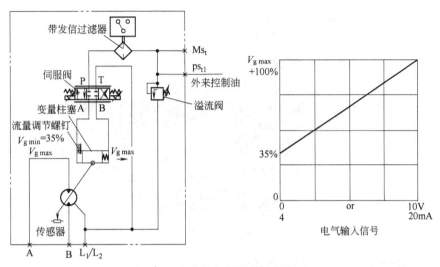

图 4-153　电液伺服调整控制变量

4.8.3　斜盘式轴向柱塞马达的结构

斜盘式轴向柱塞马达的结构基本上与同类泵相同。

（1）萨澳公司 K 及 L 型斜盘式变量柱塞马达

如图 4-154，属于中载系列二位变量轴向柱塞马达，马达上集成有伺服变量活塞控制马达排量。可应用于开式或闭式液压回路。伺服活塞马达的初始工作位置为偏置弹簧保持的最大排量位，控制油入口进入的控制压力油将马达切换至最小排量处。在没有控制信号输入的情况下，偏置弹簧使马达回复到最大排量位置。内部固定的排量限制器可设定马达排量的最大值/最小值。

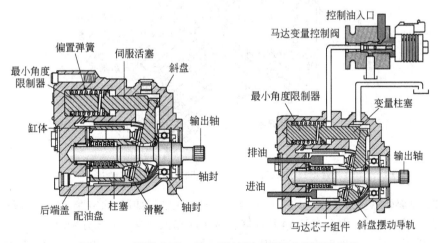

图 4-154　萨澳公司 K 及 L 型斜盘式变量柱塞马达结构

（2）美国 Parker 公司 F12 型斜轴式定量柱塞马达

如图 4-155 所示，缸体通过支承轴支承在外壳上，压力油通过固定配流盘进入转子缸体，推动柱塞顶紧在输出轴左端面上的球铰副上，其产生的切向力使转子缸体回转，并将旋转运动通过锥齿轮副传递给输出轴，使输出轴输出旋转运动和转矩。缸体由支承轴支承，中心连杆为辅助支承作用。中心连杆上的弹簧使缸体始终压在配流盘上。

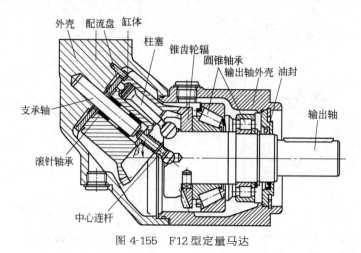

图 4-155　F12 型定量马达

（3）德国力士乐公司斜轴式柱塞马达

① A2FM 型定量斜轴式柱塞马达　图 4-156 为德国力士乐公司产的 A2FM 型定量斜轴式柱塞马达，最大工作压力可达 40MPa，最大转速 8000r/min，最大扭矩 1270N·m。采用无连杆的锥形柱塞，且柱塞用密封环密封；中心连杆起缸体定心作用，左部球头起辅助支承作用；球面配流盘起缸体主要支承作用和辅助定心作用，中心连杆右端的碟形弹簧可使缸体紧贴在配流盘上；滚柱圆锥轴承能承受大径向力和轴向推力。压力油通过配流盘进入柱塞产生的切向分力通过柱塞的球铰传递给输出轴。

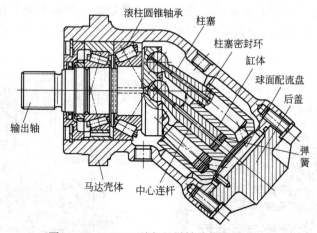

图 4-156　A2FM 型定量斜轴式柱塞马达结构

② A7V 型斜轴式变量柱塞马达　这种变量柱塞马达结构如图 4-157 所示，它由马达芯（含缸体 3、柱塞 2、配流盘 4、中心弹簧 14 和顶紧弹簧 16）和控制阀两大部分所组成。

马达的排量与输入比例电磁铁 12 的控制电流成比例。当未通入电流时，在复位弹簧 7 的作用下，阀芯 17 被下推呈初始状态；当比例电磁铁通入电流时比例电磁铁 12 产生推力，通过传力件 13 和长推杆 10 作用在阀芯 17 上，当此推力足以克服复位弹簧 7 和反馈弹簧 8 的弹力之和时，控制阀阀芯 17 上移，使控制腔 a、b 接通，活塞 9 带动配流盘 4 向下顺时针方向移动，马达的排量增大，实现变量（此时机芯倾角变大）；在机芯倾角变大的过程中，件9也不断压缩反馈弹簧8，直至弹簧上的压缩力略大于比例电磁铁的电磁力时，阀芯17关闭，使控制活塞9定位在与输入电流成比例的某一位置上。

值得注意的是，液压马达的排量必须有最小排量的调节限制。因为在极小的排量下扭矩太小马达不能旋转。为此一般斜轴式柱塞马达上均设置有最小流量限位螺钉（如图4-157中的件5），用来限制斜轴的最小倾角，最小流量限位螺钉有些国家也称最小行程调节器；另外，还要有系统最小工作压力的限定，例如美国派克公司的同类液压马达最小工作压力限定为40bar，否则不能变量。

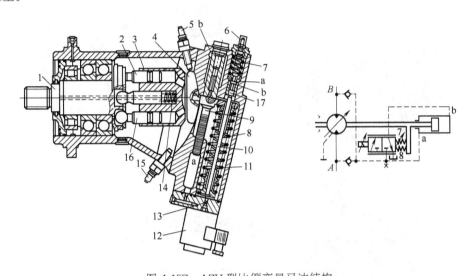

图4-157　A7V型比例变量马达结构

1—输出轴；2—柱塞；3—缸体；4—配流盘；5—最小流量限位螺钉；6—调节螺钉；
7—复位弹簧；8，11—反馈弹簧；9—控制活塞；10—推杆；12—比例电磁铁；
13—调节套；14—中心弹簧；15—最大流量限位螺钉；16—顶紧弹簧；17—阀芯

（4）带刹车装置的斜轴式柱塞马达

这种变量柱塞马达结构如图4-158所示，中心轴起缸体定心作用，中心轴左端的螺杆螺母和右端的中心球头起缸体支承作用；压力油通过配流盘进入缸体柱塞腔，推动柱塞并使之与球铰连接的连杆的右端球头，顶紧在输出轴的左端面上，连杆右端球头部位产生的切向力通过连杆球铰

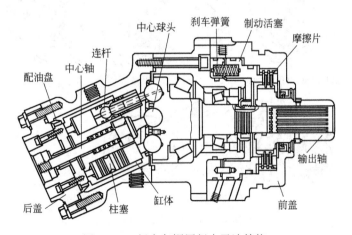

图4-158　行走车辆用行走马达结构

传递给输出轴，输出回转运动和扭矩；刹车制动时，弹簧力推动制动缸活塞右移，压紧制动片，使输出轴制动；不制动时，制动缸活塞右端通入压力油，向左压缩刹车弹簧，松开制动片输出轴可输出转矩和旋转运动。

4.8.4 斜盘式轴向柱塞马达的拆装

以力士乐公司产的 A2FM/6.1 系列新斜缸式柱塞马达为例（图 4-159），介绍轴向柱塞马达的拆装方法。

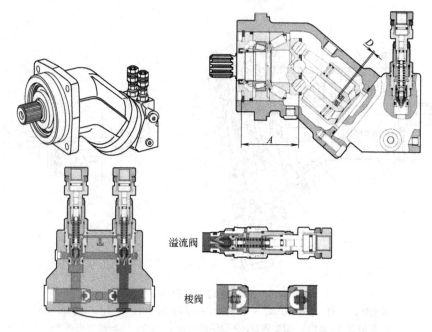

溢流阀

梭阀

图 4-159 A2FM/6.1 系列斜缸式柱塞马达结构

（1）拆卸

① 第一步：拆主轴密封部位（图 4-160）。

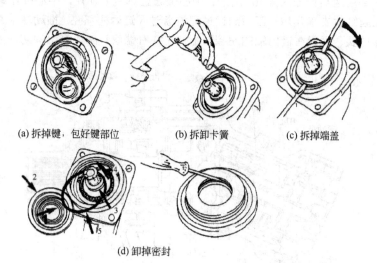

(a) 拆掉键，包好键部位　　(b) 拆卸卡簧　　(c) 拆掉端盖

(d) 卸掉密封

图 4-160 拆主轴密封部位

1—主轴密封；2—端盖；3—主轴；4—壳体；5—O 形圈

② 第二步：拆后端盖和配油盘（图 4-161）。

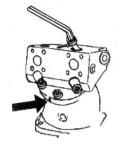

(a) 在后端盖箭头所指处做好标记，拆掉螺栓

(b) 旋转后端盖，使其上的定位销松动，并拆掉定位销

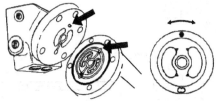

(c) 注意定位销的位置（箭头所指位置）

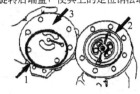

(d) 取出配流盘与密封

图 4-161　拆后端盖和配油盘

1—O 形圈；2—沟槽；3—配油盘

③ 第三步：拆卸回转缸体（图 4-162）。

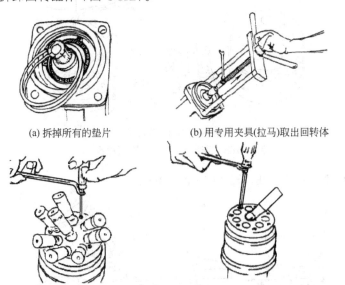

(a) 拆掉所有的垫片　　　　　　(b) 用专用夹具(拉马)取出回转体

(c) 拆卸七孔盘，螺栓是用螺纹胶固定的(加热螺栓至200℃左右，可以顺利拆下)

图 4-162　拆卸回转缸体

④ 第四步：拆单向阀（图 4-163）。 使用专用工具拆卸单向阀。

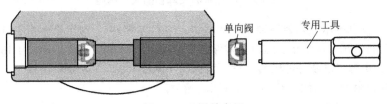

图 4-163　拆单向阀

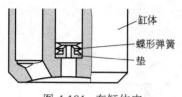

图 4-164 在缸体内
装入蝶形弹簧

（2）装配

① 第一步：安装回转体（图 4-164），在缸体内装入垫与蝶形弹簧（或圆柱弹簧）。

② 第二步：安装带柱塞的回程盘（先套上 7 个柱塞和支承轴），用螺钉压在输出轴上（图 4-165）。 安装前先对输出轴、柱塞与支承轴、回程盘进行图 4-165 中的检查确认和必要的修理。

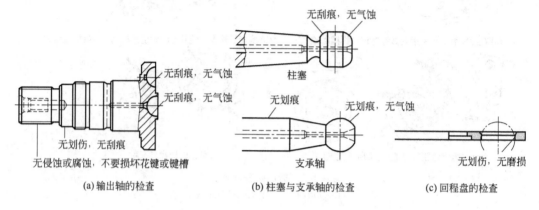

(a) 输出轴的检查　　(b) 柱塞与支承轴的检查　　(c) 回程盘的检查

(d) 安装带柱塞的回程盘

图 4-165　安装装有柱塞的回程盘

③ 第三步：将柱塞与支承轴插入缸体内（图 4-166）。

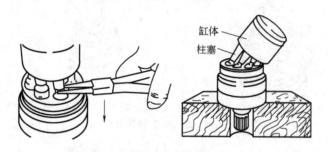

图 4-166　将柱塞与支承轴插入缸体内

④ 第四步：在泵体体壳内装好轴承、调整垫、油封等零件。 对于图 4-167（b）中下半部分形状的壳体，可将轴承、调整垫、油封等零件装在输出轴上后再插入泵体 [图 4-167（c）]。

⑤ 第五步：将第三步装好的组装件插入泵体内（图 4-168）。 如果输出轴上原油封唇部位拉有较深槽，应在密封的后面加一垫片，错开原沟槽位。

⑥ 第六步：装入配油盘，压下泵盖（图 4-169）。

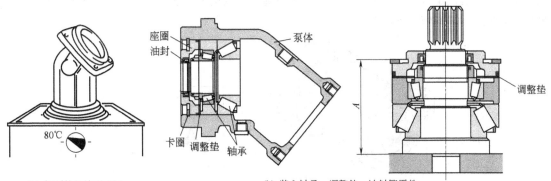

(a) 把泵体加热到80℃   (b) 装入轴承、调整垫、油封等零件

图 4-167 在泵体体壳内装轴承、调整垫、油封等零件

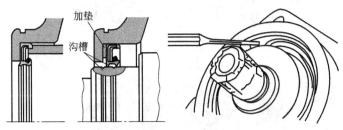

(a) 加一垫片，错开原沟槽位 (b) 检查卡簧是否固定好

图 4-168 将第三步装好的组装件插入泵体内

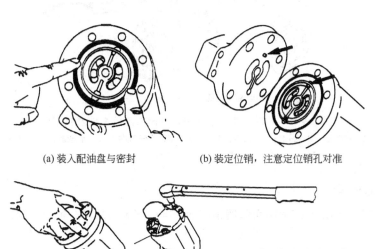

(a) 装入配油盘与密封   (b) 装定位销，注意定位销孔对准

(c) 装上泵盖   (d) 用力矩扳手按规定的力矩紧固螺栓

图 4-169 装配油盘与泵盖

4.8.5 斜盘式轴向柱塞马达的故障分析与排除

（1）易出故障的零件及其部位

  轴向柱塞马达易出故障的零件有（图 4-170）：配油盘、缸体、输出轴、三顶针、半球套、柱塞、滑靴、九孔盘、输出轴等。

  轴向柱塞马达易出故障的零件部位有：①配油盘端面（G_3）磨损拉伤；②缸体端面 G_1 的磨

损拉伤与缸体孔的磨损；③中心弹簧折断；④柱塞外圆的磨损拉伤；⑤输出轴轴颈磨损；⑥轴承磨损或破损；⑦油封破损等。

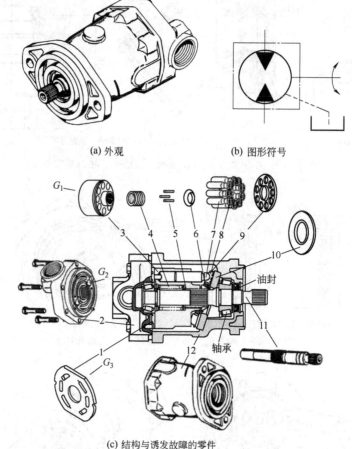

(a) 外观　　　　(b) 图形符号

(c) 结构与诱发故障的零件

图 4-170　轴向柱塞式液压马达易出故障的零件及其部位

1—过流盘；2—后盖；3—缸体；4—中心弹簧；5—三顶针；6—半球套；7—柱塞；
8—滑靴；9—九孔盘；10—回程盘（斜盘）；11—输出轴；12—壳体

（2）故障排查

轴向柱塞式液压马达有些故障可参阅相应的轴向柱塞泵的故障分析与排除方法，此外还有以下几种。

【故障 1】　液压马达的转速提不高，输出扭矩小

液压马达的输出功率 $N=PQ\eta$（P 为输入液压马达的液压油的压力；Q 为输入液压马达的流量；η 为液压马达的总效率）。输出转矩 $T=PQn/2\pi n$（n 为液压马达的转速）。因此，产生这一故障的主要原因是：输入液压马达的压力 P 太低；输入液压马达的流量 Q 不够；液压马达的机械损失和容积损失。具体原因如下。

① 液压泵供油压力不够，供油流量太少，可参阅液压泵的"故障排除"款中有关"流量不够和压力不去"的有关内容。

② 从液压泵到液压马达之间的压力损失太大，流量损失太大，应减少液压泵到液压马达之间管路及控制阀的压力、流量损失，如管道是否太长，管接头弯道是否太多，管路密封是否失效等，根据情况逐一排除。

③ 压力调节阀、流量调节阀及换向阀失灵：可根据压力阀、流量阀及换向阀有关故障排除的方法的内容予以排除。

④ 液压马达本身的故障，如液压马达各接合面产生严重泄漏，例如缸体与右端盖之间、柱塞外径与缸体孔之间因磨损导致内泄漏增大；或因柱塞外径与缸体孔之间的配合间隙过大导致内泄漏增大；中心弹簧折断或疲劳与弹力不够、三顶针磨损变短等原因，无法顶紧造成轴向间隙大产生内泄漏；以及拉毛导致相配件的摩擦别劲等、容积效率与机械效率降低等，可根据情况予以排除。

⑤ 如因油温过高与油液黏度使用不当等原因，则要控制油温和选择合适的油液黏度。

【故障2】 液压马达噪声大，振动

① 查液压马达输出轴上的联轴器是否安装不同心、松动等：联轴器松动或对中不正确将导致噪声或振动异常。可校正各连接件的同心度。维修或更换联轴器，并确认联轴器选择是否正确。

② 查检查油箱中油位。油箱中油液不足将导致吸空并产生系统噪声，加液压油至合适位置并确保至马达油路通畅。

③ 查油管各连接处是否松动（特别是马达供油路）。空气残留于系统管路或马达内，由此产生系统噪声和振动。可排出空气并拧紧管接头。

④ 查柱塞与缸体孔是否因严重磨损而间隙增大，带来噪声和振动。可刷镀重配间隙。

⑤ 查柱塞头部与滑履球面配合副是否磨损严重［图4-171（a）］：磨损严重，带来噪声和振动。可更换柱塞与滑履组件。

⑥ 查输出轴两端的轴承与轴承处的轴颈是否磨损严重［图4-171（b）］。可用电镀或刷镀轴颈位置修复轴，并更换轴承。

⑦ 查是否存在外界振源。外界振源可能产生共振，找出振动原因消除外界振源的影响。且将液压马达安装牢固。

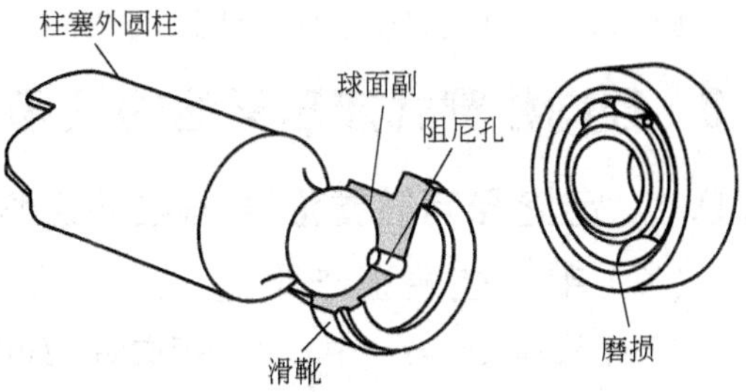

⑧ 查液压油黏度是否超过限定值。液压油黏度过高或温度过低将导致吸空，噪声异常。选用合适黏度的液压油。

(a) 柱塞与滑靴球面配合副　　(b) 轴承

图4-171 导致噪声振动的两个部位

工作前系统应预热，或在特定的工作环境下，

【故障3】 内外泄漏量大，发热温升严重

① 产生外泄漏的主要原因是：输出轴的骨架油封损坏；液压马达各管接头未拧紧或因振动而松动；油塞未拧紧或密封失效；温度过高引起非正常漏油过多；各接触面磨损；各密封处的密封圈破损等；高压溢流阀长期处于开启状态或已经损坏，导致系统过热。

② 产生内泄漏大的原因是：柱塞与缸体孔磨损，配合间隙大；弹簧疲劳，缸体与配油盘的配油贴合面磨损，引起内泄漏增大等。

内外泄漏量大是导致发热温升的主要原因，可根据上述情况，找出导致内外泄漏量大产生的原因后，便不难排除发热温升严重的故障。

【故障4】 带刹车装置的柱塞马达刹不住车

① 查刹车摩擦片是否过度磨损。可分解、检查修理，超过磨损量限定值时予以更换。

② 查刹车活塞是否卡住。可分解、检查修理。

③ 查刹车解除压力是否不足。可对回路进行检查与修理。

④ 查摩擦盘上的花键是否损坏。可分解、修理或更换。

【故障5】 液压马达不转动

① 查系统压力是否上不去。如回路中的溢流阀工作不正常、柱塞卡滞、柱塞被堵塞、回路

中安全阀的设定值不正确等。可排除溢流阀故障、拆卸卡滞部位，进行清洗与修理、正确设定压力值。

② 查工作负载是否过大。

③ 查刹车液压缸活塞是否卡住在制动位置。进行回路检查与修理，排除刹车液压缸活塞卡住、刹车油路堵塞等情况。

【故障6】 不能变速或变速迟缓

① 查伺服控制信号管路上压力。控制油路堵塞或受限制将导致马达变量缓慢或不能切换，从而不能变速或变速迟缓。应确保控制信号管路通畅，无限流，并有足够控制压力去切换马达排量。

② 查控制供油或回油管路上阻尼孔安装是否正确，有没有堵塞。控制供油或回油管路上阻尼孔决定马达变量时间。阻尼孔越小，响应时间越长，管路堵塞将延长响应时间，从而变速迟缓。应确保马达上阻尼孔安装正确，堵塞时进行清洗，如有必要予以更换。

（3）"转速上不去"的修理技巧

① 如果转速上不去，用手摸液压马达外壳不太发热，则判定是输入流量不够，可不拆修马达，而要检查液压马达的进油路系统，找出输入流量不够的原因。

②如果转速上不去，用手摸液压马达外壳发热厉害，则可判定是液压马达内泄漏大，则要拆修液压马达，修复或更换磨损零件。

4.9 径向柱塞式液压马达的使用与维修

4.9.1 定量径向柱塞液压马达的工作原理

（1）单个柱塞工作原理

以一个柱塞装在转子中为例进行说明（如图 4-172 所示）。设转子的中心为 O_1，定子的中心

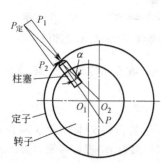

图 4-172 径向柱塞液压
马达的工作原理

为 O_2，柱塞的直径为 d，作用于柱塞底部的油液压力为 P。则作用在柱塞底部的液压力为 $P = p\pi d^2/4$。此力由柱塞作用在定子内表面上，定子内表面也给柱塞一个反作用力 $P_{定}$，$P_{定}$ 的作用方向是沿着柱塞和定子接触点的法线方向即作用线通过定子的中心 O_2，P 可以分解成两个分力：分力 P_1 与柱塞的中心线平行，并与压力油作用在柱塞上另一端的液压力 P 相平衡；另一分力 P_2 垂直于转子半径，产生力矩，使转子按顺时针方向回转，产生转矩的力 $P_2 = P_1 \tan \alpha = P\tan \alpha \pi/2$，力臂随柱塞的伸缩而变化。如果在压油区有几个柱塞，则这些柱塞均使转子产生旋转的力矩。

（2）曲轴连杆式星形液压马达的工作原理

如图 4-173 所示，在壳体 1 上的圆周上均布有五只（或七只）柱塞缸，柱塞 2 的底部通过球铰与连杆 3 连接在一起，连杆的端部是一个圆柱面，与偏心轴（曲轴）4 的偏心圆柱面相配合，配油轴（配油阀）和曲轴 4 连接在一起，并同时转动。

配油轴在旋转过程中，通过轴向通道将压力油分配到相应的柱塞缸，例如图中为缸 Ⅳ 与缸 Ⅴ 进高压油的情形。有高压油的柱塞 4 与 5 所产生的液压力 F 分别分解为分力 F_4 与 F_5，通过连杆 3 传递到曲轴的偏心圆上。F_4 与 F_5 的作用方向是沿着连杆中心线，指向偏心圆的圆心 O_1，每个力均可分解成两个力。例如 F_4 可分解成 N_4 和 T_4（见图 4-173），N_4 为沿着曲轴旋转中心 O 与偏心圆圆心 O_1 的连线 OO_1 的法向力，T_4 为垂直于连接线的切向力。T_4 力对曲轴中心 O 产生扭矩，推动曲轴逆时针方向转动。F_5 也同样可分解成 T_5（切向力），使曲轴逆时针方向旋

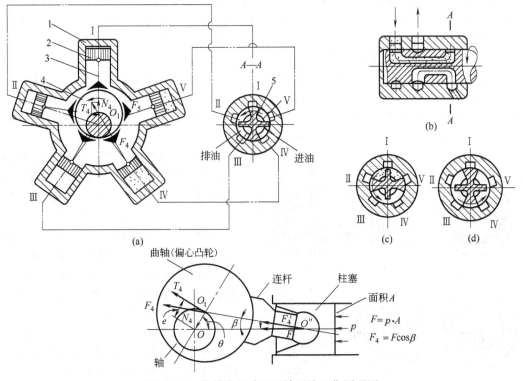

图 4-173　曲轴连杆式星形油马达工作原理图

1—壳体；2—柱塞；3—连杆；4—曲轴；5—配油轴

转。 轴的转动带动配油轴旋转，图 4-173（b）为转过 90°时，Ⅴ、Ⅰ、Ⅱ 三个缸进高压油；图 4-173（c）为转过 180°时，Ⅱ、Ⅲ 两个缸进高压油；图 4-173（d）为转过 270°时，Ⅲ、Ⅳ 两个缸进压力油，转到 360°时，又为图 4-173（a），如此循环。

4.9.2　定量径向柱塞液压马达的结构

（1）轴配流定量径向柱塞马达的结构

① JMD 型径向柱塞马达　图 4-174 为国产 JMD 型径向柱塞马达（斯达法马达）的结构图。

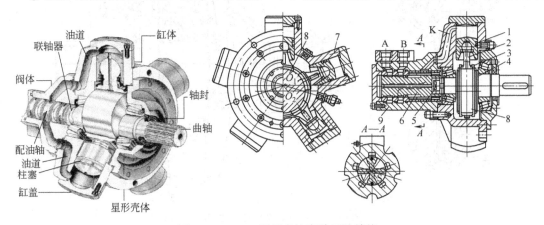

图 4-174　JMD 型径向柱塞油马达结构

1—柱塞；2—连杆；3—挡圈；4—输出轴（曲轴）；5—联轴器；
6—配油轴（配油阀）；7—星形壳体；8—偏心轮；9—阀体

星形壳体 7 上按径向在圆周上均匀分布有五只柱塞缸，每一缸中均装有柱塞 1，每一柱塞的中心球窝中装有连杆 2 小端的球头，连杆大端的凹形圆柱面紧贴在与输出轴 4 成一整体的偏心轮的外缘上，并通过一对挡圈 3 压住连杆 2，以防止与偏心轮脱离。输出轴（曲轴）一端为输出，另一端通过十字联轴器 5 带动配油轴（阀）6 旋转。

压力油经油口 A 或者 B，再经配油阀、通道 K 进入柱塞缸内，作用在柱塞上，其油压产生的作用力通过柱塞和连杆作用在输出轴 4 的偏心轮 8 上。力的作用线均通过偏心轮的中心 O_2，因此对输出轴的中心 O_1 产生一转矩，使输出轴回转，并输出扭矩。如果从 A 进油，则从 B 排油；反之从 B 进油则从 A 排油，以改变液压马达的旋转方向。

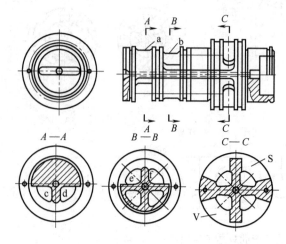

图 4-175　JMD 型径向柱塞油马达的配油转阀

配油阀的形状如图 4-175 所示，配油阀芯左端的环形槽 a、b 分别通过阀套上的径向孔、阀体 9 上的环形槽与进排油口 A、B 相通。环槽 a 又与阀芯中的轴向孔 c 和 d 相通，环形槽 b 与轴向孔 e、f 相通，四个轴向孔 c、d 和 e、f 一直分别通到配油窗口 V 和 S 腔，V、S 腔分别为进、排油腔，由阀芯和阀套配合处的大圆将二者分隔。配油情况可参阅图 4-175 中的 A-A 剖面。

五只柱塞在任何情况下，总有两只或三只柱塞缸通压力油，所以液压马达能连续旋转。但是，正因为此，这种液压马达的转矩和角速度都是脉动变化的，都是转角 ϕ 的函数，其输出转矩是角度相位差为 $2\pi/5$ 的一系列正弦曲线的正值部分所组成的脉动曲线，转矩脉动约为 7%。

② CLJM 型液压马达　如图 4-176 所示，它与 JMD 型油马达的外形和基本结构相似，也是

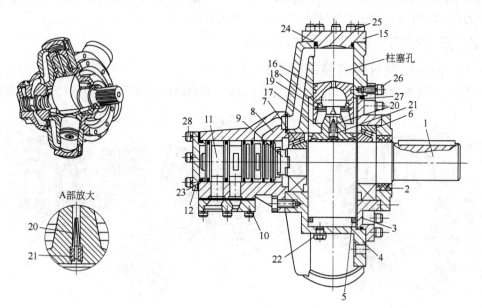

图 4-176　CLJM 型液压马达结构

1—曲轴；2—骨架油封；3—本体盖；4—壳体；5—抱环，6,7—轴承；8—配油体；9—十字滑块；10—法兰连接板；11—配油轴；12—端盖；15—液压缸盖；16—活塞；17—连杆；18—球承座；19—孔用弹性挡圈；20—过滤帽；21—节流器；22—泄油螺塞；23—调整垫片；24—密封圈；25,26,28—螺钉；27—密封圈

由星形壳体、球头连杆、活塞以及配油轴等零件所组成。

壳体 4 上径向布置有五个柱塞缸孔，每个缸孔内均装有活塞 16，每一活塞内球孔内都通过球承座 18 和孔用弹性挡圈 19，铰接有球头连杆 17，连杆另一端的凹形圆弧面与曲轴 1 的轴颈密合，连杆大端在曲轴的轴颈两侧各用一只抱环 5 箍牢，使得各缸的连杆在回程工作时不与曲轴颈脱离。 曲轴（输出轴）支承在两个圆锥滚柱轴承 6 与 7 上，垫圈 14 用于调整曲轴 1 的轴向位置和防止轴向窜动用。 两只骨架油封 2 背靠背安装，分别用于防止油液外漏和外界灰尘等的进入。 曲轴 1 左端通过十字形滑块（联轴节）9 带动配油轴 11 同步旋转。 配油轴采用静力平衡结构，可以浮动和对中，减少磨损和卡滞现象，外径上装有 6 只活塞密封环 13，以隔开五个作用槽。 通过这些槽，引进压力油，并将其分配给各缸孔，或将缸孔内回油引出，使液压马达正常旋转。 过滤帽 20 和节流器 21 的作用是将从中心孔来的压力油经过滤和降压，进入连杆球头，起强制润滑的作用。 螺塞 22 作泄放油用，卸下后可安装泄油管，也可安装安全阀。

图 4-177 为 CLJM 型径向柱塞式液压马达的立体分解图，与 JMD 型（图 4-175）的主要改进之处在于：配油轴的结构由滚针轴承的机械平衡方式改为浮动静压平衡方式。

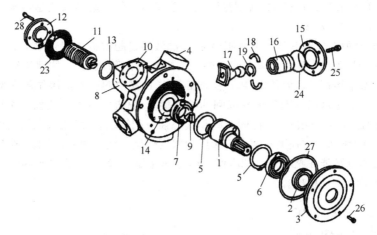

图 4-177 CLJM 型马达立体分解图

JMD 型液压马达的配油轴一侧为高压，一侧为低压，存在较大的不平衡径向力，此力会将配油轴推向低压一侧，使摩擦力（间隙减少的一侧）增大； 而间隙增大的一侧内泄漏增大，使效率降低。 所以 JMD 型液压马达采用了滚针轴承支承配油轴，以承受径向载荷。 但滚针轴承装在配油轴上存在间隙，加上磨损，径向间隙会增大，因而还是有径向不平衡力将配油轴推向一侧，造成单边磨损，增大内泄漏，因而容积效率和机械效率难以提高。 同时安装滚针轴承也增大了液压马达的轴向尺寸。

为了解决这些缺陷，CLJM 型液压马达采用了浮动式静压平衡的配油轴结构。 如图 4-178 所示，轴向钻有长孔，沟通配油轴两端，以保证配油轴两端的轴向力相平衡。 为解决径向力的不平衡问题，在配油轴上设置了半圆形的平衡油槽，油槽的包角与对应的配油套上各配油窗口的包角相等，也与配油处的高低压腔包角相等，用平衡槽的受力抵消配油槽的受力，而且二者在配油轴的旋转过程中，二者的位置也同时旋转，始终保持相对的完全平衡状态。 所以配油轴在液压马达整个旋转过程中始终处于静压平衡。

配油轴上装的活塞环密封件 13，用聚四氟乙烯或尼龙配石墨添加剂制成，较之采用 O 形橡胶密封圈，可大大降低摩擦系数减少磨损。

CLJM 液压马达的连杆与曲轴相结合处的运动副现已采用静压轴承的结构，使支承处的润滑条件得到改善，为压力润滑，可减少磨损和节能。

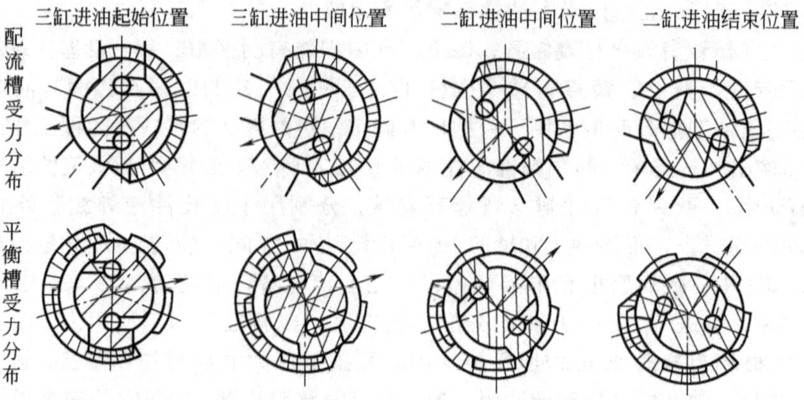
三缸进油起始位置
三缸进油中间位置
二缸进油中间位置
二缸进油结束位置
配流槽受力分布
平衡槽受力分布

图 4-178　配油槽和平衡槽的受力分布

(2) 盘配流定量径向柱塞马达的结构

仅以图 4-179 所示的 MR 和 MRE 型盘配流液压马达为例，这种马达是特高压径向柱塞定量马达，工作压力可达 70MPa。

工作液体通过油口 A 和 B 进、出液压马达。油液通过配流机构和壳体 1 上的流道 D 进入和流出柱塞缸腔 F，柱塞和柱塞缸支承在偏心轴上的圆形表面和盖上。柱塞和缸体的静压平衡使马达在低摩擦状态下运行，因而效率高。柱塞缸体内 E 腔中的压力直接作用在偏心轴上。5 个柱塞缸中有 2 或 3 个柱塞缸分别和进油或回油相连接。配流机构由配流板 8.1 和配流阀 8.2 组成。配流板由销钉固定在壳体上，而配流阀和偏心轴一起转动。配流阀上的孔将配流板和柱塞缸连接起来。平衡环 8.3 在弹簧压缩力和液压力共同作用下能补偿其间隙。这使马达有很好的抗温度冲击的能力以及能在整个寿命期内保持恒定的性能。壳体 1 的 F 腔内泄漏油来自柱塞和配流板，并由泄漏油口 C 引出。

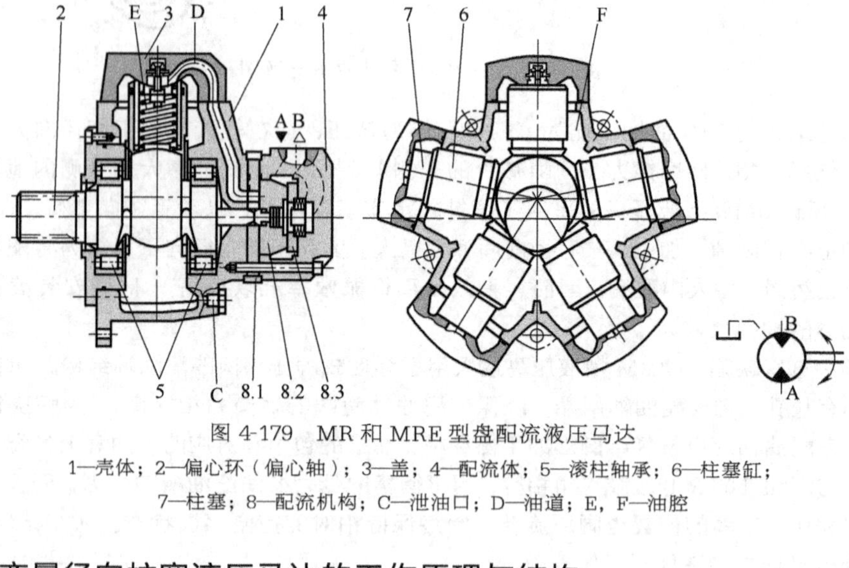
2
E
3
D
1
4
A
B
7
6
F
5
C
8.1
8.2
8.3

图 4-179　MR 和 MRE 型盘配流液压马达

1—壳体；2—偏心环（偏心轴）；3—盖；4—配流体；5—滚柱轴承；6—柱塞缸；7—柱塞；8—配流机构；C—泄油口；D—油道；E，F—油腔

4.9.3　变量径向柱塞液压马达的工作原理与结构

(1) 工作原理

如果在上述马达中，偏心值做成可以改变的，则成了变量马达，通过改变偏心轮的偏心距实现变排量。

图 4-180 给出了径向移动偏心套的变量结构。 在配流壳体和缸体间增设变量滑环 4，其间用螺钉固结一起。 曲轴的偏心轮部分设置大、小活塞腔。 控制油液由变量滑环引入，进入小活塞腔，推动小活塞 2 顶着偏心环 3 至最大偏心距位置，此时马达排量最大；当控制油推动大活塞 1 顶着偏心套移动到最小偏心距时，马达排量最小。 适当设计大小活塞的行程，可以得到不同偏心距的有级变量马达。

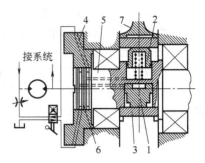

图 4-180　径向移动偏心套的变量结构
1—大活塞；2—小活塞；3—偏心环；
4—滑环；5—偏心轴；
6—密封环；7—连杆

（2）结构

① 轴配流变量径向柱塞液压马达的结构　如图 4-181 所示偏心环 3 和曲轴 5 做成分离式的，而不像前述定量马达那样，二者做成一体，目的是为了可调节偏心值。 偏心环 3 内侧是两侧平行的长槽，与输出轴上的方滑块两侧面相配，方滑块的另外两面相对装有大、小活塞 1 和 2，在长槽里支撑着偏心环 3。 大、小活塞腔分别与曲轴里的控制油路相连。 当 Y 口进油，即小活塞腔进油、大活塞腔回油时，小活塞在压力油的作用下将偏心环 3 向最大偏心方向推动。 当 X 口进油，即小活塞腔回油、大活塞腔进油时，偏心环 3 向最小偏心方向推动，这样就构成了复式变量马达。

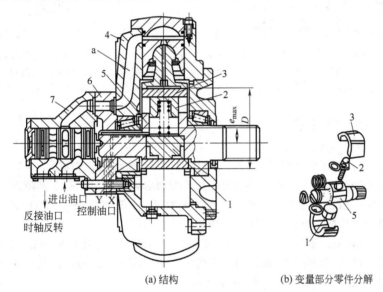

(a) 结构　　　　(b) 变量部分零件分解

图 4-181　轴配流变量径向柱塞油马达的结构

1—大活塞；2—小活塞；3—偏心环；4—壳体；5—曲轴；6—隔套；7—配油器；
D—偏心环外径；e_{max}—偏心环与输出轴之间的最大偏心距

② 盘配流液压马达的结构　作为盘配流的例子有宁波英特姆液压马达有限公司产的 JMDG 型径向液压马达（图 4-182），较之轴配流（阀配油）要先进。 其主体部分与前述的 JMD 型径向柱塞马达基本相同，即仍采用图 4-175 所示的偏心轴和五缸五活塞结构；但泵连杆底部巴氏合金轴与曲轴偏心轴颈处的润滑性滑动摩擦副连接改为曲轴连杆滚柱轴承的连接，改滑动摩擦为滚动摩擦，摩擦系数大为降低；活塞与缸孔之间的动密封泵从两个 O 形橡胶圈改为聚四氟乙烯做成的活塞环，降低了摩擦系数，而且密封能力得以加强，泵连杆（图 4-175 中的 2，图 4-176 中的 17）中心的阻尼孔或阻尼器都予以取消，消除了从连杆底部轴瓦处的压力油内漏；最大的区别是改轴配油为端面配油，既缩短了轴向尺寸，又减小了内漏。 因而 JMDG 型径向柱塞马达性能比 JMD

型及 CLJM 型径向柱塞马达性能大大提高，最高工作压力也提高至 25MPa。 图 4-182 为 JMDG 型径向柱塞马达的端面配油结构。 这种液压马达是一些液压设备上采用主要品种之一。

另一个端面配油的例子如图 4-183 所示。 配油盘 5 由马达输出轴 8 左端带动一起旋转，使图 4-181 中的 a 腔进行不断地进排油转换；隔套 3 和连接器 4 可以实施对配油盘的间隙自动补偿作用；弹簧 2 的作用是在马达刚启动压力未建立时给配油盘一预压压紧力，利于启动性能的改善。

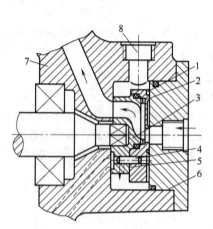

图 4-182　JMDG 径向柱塞马达的端面配油结构 I
1—压力盘（补偿）；2—片弹簧；3—配油盘；4—定位销；
5—回油通道；6—盖；7—缸体；8—回油孔

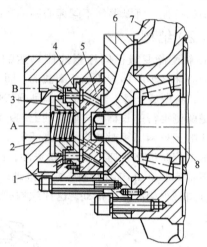

图 4-183　端面配油的结构 II
1—配油壳体；2—弹簧；3—隔套；4—连接器；
5—配油盘；6—固定盘；7—缸体（马达体壳）；8—输出轴

4.9.4　故障分析与排除

【故障 1】　转速下降，转速不够

① 配油轴磨损，或者配合间隙过大。 如 JMD 型、CLJM 型、YM-3.2 型等以轴配油的液压马达，当配油轴磨损时，使得配油轴与相配的孔（如阀套或配油体壳孔）间隙增大，造成内泄漏增大，压力油漏往排油腔，使进入柱塞腔的流量大为减小，转速下降。 此时可刷镀配油轴外圆柱面或镀硬铬修复，情况严重者需重新加工更换。

② 配油盘端面磨损，拉有沟槽。 如 JMDG 型、NHM 型等采用配油盘的液压马达，当配油盘端面磨损，特别是拉有较深沟槽时，内泄漏增大，使转速不够；另外，压力补偿间隙机构失灵也造成这一现象，此时应平磨或研磨配油盘端面。

③ 柱塞上的密封圈破损。 柱塞密封破损后，造成柱塞与缸体孔间密封失效，内泄漏增加，此时需更换密封圈。

④ 缸体孔因污物等原因拉有较深沟槽应予以修复。

⑤ 连杆球铰副磨损。

⑥ 系统方面的原因。 例如油泵供油不足，油温太高，油液黏度过低、液压马达背压过大等，均会造成液压马达转速不够的现象，可查明原因，采取对策。

【故障 2】　输出扭矩不够

① 同故障 1 中的① ~ ⑥。

② 连杆球铰副烧死，别劲。

③ 连杆轴瓦烧坏，造成机械摩擦阻力大。

④ 轴承损坏，造成回转别劲。

可针对上述原因采取对策措施。

【故障 3】 液压马达不转圈，不工作

① 无压力油进入液压马达，或者进入液压马达的压力油压力太低，可检查系统压力上不来的原因。

② 输出轴与配油轮之间的十字连接轴折断或漏装，应更换或补装。

③ 有柱塞卡死在缸体孔内，压力油推不动，应拆修使之运动灵活。

④ 输出轴上的轴承烧死，可更换轴承。

【故障 4】 速度不稳定

① 运动件之间存在别劲现象。

② 输入的流量不稳定。 例如泵的流量变化太大，应检查之。

③ 运动摩擦面的润滑油膜被破坏，造成干摩擦，特别是在低速时产生抖动（爬行）现象。此时最要注意检查连杆中心节流小孔的阻塞情况，应予以清洗和换油。

④ 液压马达出口无背压调节装置或无背压，此时受负载变化的影响，速度变化大，应设置可调背压。

⑤ 负载变化大或供油压力变化大。

【故障 5】 马达轴封处漏油（外漏）

① 油封卡紧、唇部的弹簧脱落，或者油封唇部拉伤。

② 液压马达因内部泄漏大，导致壳体内泄漏油的压力升高，大于油封的密封能力。

③ 液压马达泄油口背压太大。

可针对上述原因作出处理。

4.10　内曲线多作用径向柱塞液压马达的使用与维修

内曲线多作用径向柱塞液压马达也是一种低速大扭矩液压马达。 它在液压设备上也有所应用。 由于是多作用，可以传递较大的扭矩，且扭矩脉动可大大减少，其低速稳定性较好。 但结构较复杂，定子多作用曲线加工比较困难（需专用设备）。

内曲线液压马达按切向力的传递方式不同，可分为以柱塞传力、横梁传力、连杆传力和导向滚轮传力四种结构形式。

4.10.1　工作原理与结构

（1）工作原理

如图 4-184 所示，柱塞 3 装在转子 4 内，柱塞上的滚子（或钢球）2 沿定子内曲面（导轨）滚动，定子的内表面做成多曲线式，图中为四段重复曲线，多的可以是十几段。 转子在每转中，柱塞来回往复多次。 作用的次数和定子内曲线重复的次数一样。 柱塞做往复运动时靠配油轴 5 配油，配油轴是固定不动的，配油轴上的轴向孔 a、b 和液压马达的进、出油口相通。

当压力油从 a 进入柱塞 3 下腔时，柱塞 3 向上产生液压力 P，将其分为切向力 T 和法向力 N，法向力使滚子压向定子内曲面，切向力产生一带动转子 4 的旋转力。 此力 T 乘以 R 便为产

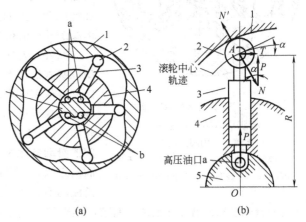

图 4-184　内曲线多作用径向柱塞油马达工作原理

1—定子；2—滚轮（钢球）；3—柱塞；4—转子；5—配油轴

生的力矩的大小。 图中有两个柱塞产生这种力矩，共同形成液压马达的输出扭矩。

（2）结构

① 国产 QJM 型液压马达 图 4-185 是一种球塞式径向液压马达（图 4-185），由定子 5（多曲线导轨）、柱塞 2、钢球 3、转子 7（带输出轴的缸体）以及固联在后盖 10 上的配油轴 9 等零件所组成。 压力油从配油轴进油口进入柱塞腔产生液压力，从而按上述工作原理产生扭矩，从输出轴 7 输出扭矩，回油从配油轴出口流出。

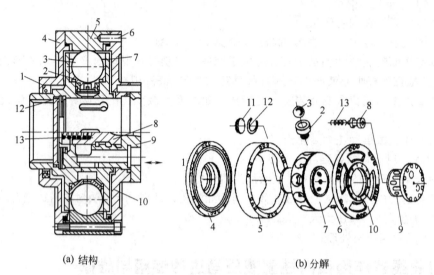

(a) 结构　　　　　　　　　　　　　　(b) 分解

图 4-185　QJM 球塞式液压马达结构图

1—轴封；2—柱塞；3—钢球；4—前端盖；5—定子；6—定位销；7—转子（缸体）；
8—变速阀；9—配油轴；10—后端盖；11—封头；12—卡圈；13—弹簧

② 球塞式低速大扭矩液压马达 如图 4-186 所示，这种液压马达也为一种多作用径向柱塞液压马达，其柱塞为球塞式。 由吸油口流进的高压油，通入固联在后盖上的内阀流道内，再经过用螺钉固定在与轴一起回转的转子上的外阀流道，进入径向设置在转子上的缸孔内，因而将由柱塞球面座包住的钢球，顶压在具有多段凹凸曲线的定子凸轮环的凸轮斜面上。 由此产生的反作用力使轴和转子回转。 各柱塞往复运动产生的旋转力的方向是由定子的凹凸内曲线与内阀的油口的位置关系决定。

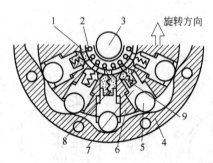

图 4-186　日本 HMA 型球塞式
液压马达结构示意图

1—外阀；2—内阀；3—轴；
4—定子（体壳）；5—钢球；6—转子
（缸体）；7—柱塞；8—弹簧；9—压油腔

图 4-187 为日本日立建机株式会社生产的 HMA5OL 型球塞式低速大扭矩液压马达的结构图。 为了传递大扭矩并且体积要小，采多行程（多作用式）的定子凸轮环。 为了谋求高压小型，采用了带球塞式以及新颖的定子凸轮曲线。 此外，柱塞内球面与钢球、柱塞外回与缸体孔间的滑动条件相当严酷，在结构上采用了图 4-188 所示的润滑方法。 球面滑动副中央部分与侧面部分均设置有润滑油沟槽。 由柱塞顶部送入的高压油使钢球浮起，防止与柱塞的金属接触，给油孔上加工有节流毛细管。 毛细孔的作用是既保持适当的油膜厚度又不致使泄漏过大。 图 4-189 中表示钢球由凸轮环的作用力推向一边时的情形，被推压的一方油膜变薄，油泄漏变小，结果减少了节流的压力损失，也就使推压侧的油液压力 P_1 比相对侧的油液

压力 P_2 要大一些，因此产生将钢球推向中心的力，由于此力的存在，使油楔作用力产生的力增加，形成适当的油膜厚度。 对于柱塞外圆与缸孔的滑动副，在柱塞外圆上加工有润滑沟槽，从柱塞头部通入高压油时，与球面副的情况一样，由于静压轴承效果，可保持圆柱面之间均有适当的间隙，防止金属对金属的接触。

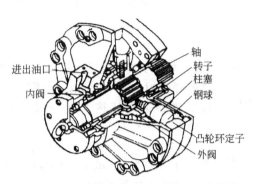

图 4-187　日立 H MA5OL 型液压马达结构

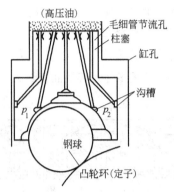

图 4-188　柱塞滑动面的润滑方法

③ 国产 JZM 型内曲线多作用径向柱塞马达　图 4-189 所示为国产 JZM 型内曲线多作用式滚柱传力径向柱塞马达的结构图，在转子（缸体）2 中，沿圆周径向均匀分布着 5 个柱塞组件，柱塞 9 的头部开槽，装有滚柱（两个）6 的横梁 7 嵌在槽内，并用销子连接。 柱塞顶端的滚轮 6 在惯性力和油压力的作用下顶靠在定子 1 的内曲线表面（导轨面）上，由定子 1 导轨面所产生的切向力 T 直接经柱塞传到转子 2 上，使转子旋转。 定子导轨与壳体为一体，导轨曲线以采用余弦曲线为多。

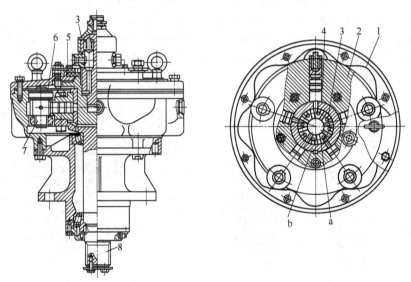

图 4-189　内曲线多作用式径向柱塞液压马达的结构
1—定子；2—转子（缸体）；3—配油轴（心轴）；4—转子轴套；
5—配油轴套；6—滚柱；7—横梁；8—输出轴

　　图中有 8 段内曲线，因而柱塞旋转一周时往复 8 次，称为"多作用"。 配油轴 3 是固定不动的，配油轴中心孔 a 和液压马达的进油口相通，在中心孔的外圈有 8 个轴向小孔 b，和液压马达的排油口相通；中心孔和它外圈的小孔都经径向孔通到配油轴的外圆柱表面。 在转子的内孔中装有转子轴套 4，和转子一起回转。 当转子回转时，每一柱塞液压缸就经过转子轴套上的径向孔依次和配油轴上的进油孔或排油孔相通，以实现配油。如果将液压马达的进排油口互换，就可使液压马达反转。

4.10.2　多作用液压马达的有级变量

多作用液压马达很难像轴向柱塞泵那样通过改变柱塞行程 h 的方法进行变量，而且无级变量的方式也难以实现。因此多作用液压马达通常只能通过改变作用次数 X、柱塞排数 Y 和柱塞数 Z 中的任一个量进行有级变量。

（1）改变作用次数 X 的变级方法

将马达的多作用导轨曲面数 X 分成两组或三组，实际上相当于将一个马达分成2个或3个马

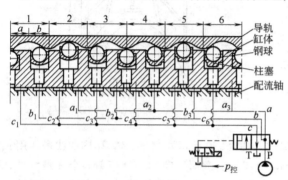

图 4-190　改变作用次数马达
展开示意图（QJM 型马达）

达的并联组合。用变挡换向阀和相应的配油轴的某种结构实现有级变量。图4-190所示为有 6 个导轨曲面数（X＝6）八柱塞的 QJM 型球塞式液压马达的展开图。利用变速阀和配流轴的通路设计，将马达分成Ⅰ与Ⅱ两台马达，当变速阀右位工作（1DT 断电）时，油口 a、b 同时进压力油为低速大扭矩（全扭矩）工况；当先导电磁铁 1DT 通电时，变速阀左位工作，全部压力油由 a 进入，Ⅰ 与Ⅱ 进出油均接回油，为高速半扭矩工况；同样可将马达分成Ⅰ、Ⅱ与Ⅲ三台马达，可分别得到全速 1/3 扭矩、2/3 速 2/3 扭矩以及 1/3 速全扭矩等几挡变量（图 4-191）。

图 4-192 改变作用数（X＝2）的 QJM 马达，与定量马达不同之处仅在于此处的配流轴结构不同：配油轴窗口不同，另处在配油轴中心设置了变速阀。如果卸掉螺堵，变速阀两端均通控制油，变速阀在左端弹簧力作用下处于图 4-192 所示位置又成了定量马达。

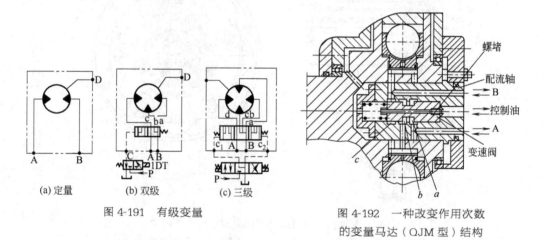

图 4-191　有级变量

图 4-192　一种改变作用次数
的变量马达（QJM 型）结构

（2）改变柱塞数 Z 的变级方法

将马达的柱塞数分成偶数（Ⅰ）奇数（Ⅱ）两组（或多组），并与配流轴上的配流窗口分组对应。图 4-193 为 X＝6，Z＝10 的变柱塞数变量马达的展开图。左侧为配流轴配流窗口的展开图，右侧为旋转缸体的配流窗口。当未通控制油变速阀（二位五通液动换向阀）处于右位时，Ⅰ、Ⅱ两组柱塞都进压力油，为低速全扭矩工况；当通入控制油，变速阀左位工作时，Ⅱ组

偶数柱塞通压力油，Ⅲ组奇数柱塞通回油，为高速 1/2 转矩工况。 图 4-194 为改变柱塞数实现有级变速的结构图。

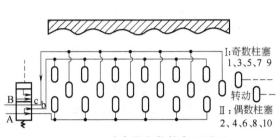

图 4-193 改变柱塞数的变量原理

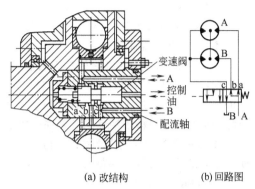

(a) 改结构　　　　(b) 回路图

图 4-194 改变 Z 变量的结构

（3）改变柱塞排数的变级方法

这只对多排（2、3…）柱塞的液压马达适用。 例如图 4-195 所示为两排柱塞的液压马达，利用变速阀（两位四通液动换向阀）将两排柱塞Ⅰ与Ⅱ串联或并联起来进行变级。

当 K_1 通入压力控制油时，变速阀芯右移，b 与 d 通，c 与 a 通。 如果马达从 A 孔进压力油，则此压力油经 a 孔→变速阀芯中心孔→c 孔→h 孔→柱塞Ⅱ，而柱塞Ⅰ与 a 孔相通，所以此时油马达的Ⅰ、Ⅱ排柱塞同时进高压油，b、d 两槽经液压马达的 B 孔回油，因而两排柱塞并联工作，为低速全扭矩工况。

当 K_1 与 K_2 均不通控制压力油，变速阀芯在其两端对中弹簧的作用下，处于图示位置，此时只有 b 与 c 相通，其他不通。

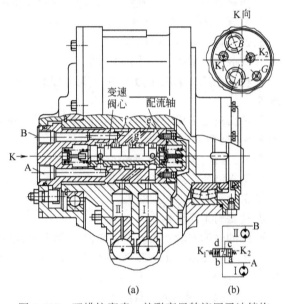

图 4-195 双排柱塞串、并联变量的液压马达结构

如果液压马达 A 孔进压力油，此压力油经 a→变速阀中心孔→另一端 a 孔→工作柱塞，其回油经环槽 c→斜孔 g→环槽 b→环槽 c→斜孔 h→Ⅱ排柱塞腔→环槽 f→B 孔→流回油箱。 此时两排柱塞串联工作，为高速（全速）低扭矩工况。

当 K_2 进控制压力油，变速阀芯左移，此时 a、b、c、d 互通，马达不产生扭矩可自由旋转。

当从 B 腔进压力油，A 腔回油，液压马达反转，也可进行相应变速（换挡）。

4.10.3　故障分析与排除

【故障 1】　液压马达输出轴不转动，不工作

① 输入液压马达的工作压力油压力太低时，需检查其工作压力，并设法提高。

② 滚轮（JZM）破裂，碎块卡在缸体与马达壳体之间；或者卡住滚轮的卡环断裂，滚轮从横梁上脱出，卡在缸体与马达壳体之间，此时应拆开液压马达修理，更换滚轮。

③ 柱塞卡住。 以柱塞方式传力的内曲线多作用液压马达，柱塞一般较长，同时由于柱塞承受侧向力，容易产生柱塞卡住而使液压马达输出轴不能转动的现象。 此时应拆开修理，注意柱

塞在缸体孔内的装配精度，消除柱塞卡死现象。

④ 泄油管管接头拧入太长，使马达卡住。此时应使用短油管接头，避免拧入螺孔内过长而出现顶孔现象。

⑤ 输出轴轴承烧死，宜更换。

【故障2】 转速不够

① 配油轴与转子轴套之间的配合间隙过大，或因工作时间较长，油液不干净等原因，造成二者相对运动副之间的磨损，使得间隙过大。因而产生进、排油腔之间的串通，导致压力、流量损失过大，而使进入柱塞的有效流量不够，使液压马达转速不快。此时应拆开液压马达，修复配油轴，使之与转子轴套的间隙在要求的范围内。

② 柱塞和缸体（转子）孔的间隙太大。可采用刷镀或镀硬铬的方法，适当加大柱塞外径，使柱塞与缸体孔的间隙保持在 0.015～0.03mm 的范围内。小直径（30～45mm）取小值，大直径（65～80mm）取大值。

③ 泵输入液压马达的流量不够，此时应排除泵的故障。

④ 负载过大。应使液压马达在规定的输出扭矩下使用。

⑤ 柱塞上的 O 形密封圈破损，须予以更换。

【故障3】 输出扭矩不够

① 同故障 2 中的①、②、③、⑤。

② 输入液压马达的压力不够。此时应检查液压系统压力上不来的原因，例如是否溢流阀有故障等。

③ 液压马达内部各运动副间机械摩擦太大，内耗太大。此时要特别注意各运动副之间的摩擦力大小，注意加工装配精度。

【故障4】 输出的转速变化大

① 输入液压马达的流量变化太大。

② 负载不均匀，时大时小。

③ 柱塞有卡滞现象。

④ 配油轴的安装位置不对，错位。可转动配油轴，消除输出轴转动不均匀的现象。

⑤ 定子（壳体）上导轨面出现不均匀磨损，也会产生转速不均匀现象。应予以修复或更换。

【故障5】 噪声大，有冲击声

① 在柱塞存在卡滞现象。应消除卡阻现象，使之在随转子转动过程中能灵活移动。

② 各运动副之间因磨损，间隙增大产生机械振动撞击。

③ 输出轴支承（轴承）破损。

④ 定子导轨面拉有沟槽，有毛刺伤痕，使滚柱在导轨上产生跳跃，出现振动。

可针对上述原因分别采取对策。

【故障6】 外泄漏

外泄漏的位置有：输出轴轴封处、前后盖与马达壳体结合面等。发现外漏可根据外漏位置，针对性地拆开检查油封及密封破损情况。另外壳体内因内泄漏大导致泄油压力高、泄油管管径太小、泄油管路背压太大、与回油管共用一条管路等情况均可能产生轴封处漏油及结合面漏油的现象。可查明原因，一一排除。

第 5 章

液压控制阀的使用与维修

5.1 液压阀概述

所有的液压系统都是由液压执行元件（液压缸与液压马达）按照所要求的工作顺序实现循环动作，对外输出一定的功率（压力×流量），完成一定的运动，平稳协调地工作着。 这就必须对液压系统进行压力流量和液流方向进行控制和调节。

在液压系统中，控制和调节压力、流量和液流方向的方式有两种：容积式控制（泵控）和节流式控制（阀控）。 液压控制阀就是以节流式的方式去控制液压系统的压力流量和液流方向的液压元件。

5.1.1 简介

液压控制阀有三大类：普通的通断式开关阀；伺服阀；比例阀。

常规的开关式阀是液压系统中用得最普遍的一种阀类，这类阀靠手动、机动或电磁铁操纵，阀口要么"开"要么"关"，阀口开度大小一经调定便不变。 就其控制目的而言，均是保持被控参数调定值的稳定或单纯地变换方向，即为定值和顺序控制。 这种靠调节手柄、凸轮等机构设定的压力流量和方向参数，不能连续按比例地进行控制，控制精度不高，除非再次手调，否则基本不变，不能满足高质量控制系统的要求。 但价格便宜，适应了一大批液压系统的要求。

伺服阀，出现于二次世界大战后期，满足了液压系统向高速、高精度、大功率、高度自动化方向发展的要求。 在响应速度要求快、控制精度要求高的液压伺服系统中，使用伺服阀作控制阀，具有输出功率大、反应速度快和电气操纵控制性良好的优点。 因此广泛用于要求控制准确、跟踪迅速和程序控制可灵活变动的场合。 电液伺服阀是一种理想的电子-液压"接口"，可方便地实现电信号→机械位移量→液压信号的转换，并经放大后，输出一个与电控信号"连续成比例"的液压功率。 但是伺服阀成本高，对液压系统有严格的污染控制要求和闭环系统的反馈要求，使得电气控制装置较复杂，维修难度加大，限制了它的应用。

比例控制阀可以像电液伺服阀那样，不但能控制油液流动的方向，而且可以根据输入电流信号的大小，连续地控制油流的流量和压力大小。 虽然控制精度比电液伺服阀差一些，但对油液的污染、加工装配精度和使用要求等方面要低得多。 从控制原理上讲，比例阀与伺服阀基本相同，从阀的基本结构及主阀的动作原理来讲，比例阀与开关式阀相同或接近。 先导控制部分取自伺服阀，但简单得多，主阀基本上取自开关式阀，略有差异，原则上只是在开关式阀的基础上增加了比例电磁铁等而已。 它结构简单，价格较便宜，称为廉价的电液伺服元件。 介于电液开关控制和电液伺服控制之间的比例控制阀，兼具了上述两类元件的一些特点，其作用也介于二者之间，对于简易自动化、简易数控以及单参数适应控制等一类液压系统，例如注塑机、型材挤压机等众多设备，比例阀成了它们的首选。 然而，这种比例阀较之伺服阀的频率响应低，存在一定死区和滞环，在控制精度要求较高和响应要求要快的闭环控制系统中，其能力显得不足，但用于速度（单参数）闭环控制系统和一般开环电液控制系统，基本上均能满足要求。

近年来出现了一种新型比例伺服阀——高性能比例方向阀，它也是采用比例电磁铁作为电-机械转换器，这一点与一般比例阀相同，同时它的阀芯与阀套采用与伺服阀相同的加工工艺、配合精度和零遮盖的阀口等，其抗污染能力高于伺服阀，而控制性能与伺服阀非常接近，同样可用于各种工业闭环控制。

5.1.2 液压阀的分类

按液压阀的工作原理、控制信号的形式可分为通断开关式定值控制阀（普通液压阀）、伺服阀（输入模拟量信号，成比例地连续控制液压系统中液流的压力高低、流量大小和液流方向的阀）、比例阀（输入模拟信号，成比例、连续远距离控制液压系统中液流的压力、流量和液流方向）和数字阀（输入脉冲数字信号，根据输入的脉冲数或脉冲频率来控制液压系统中液流的压力和流量）。

按照阀在系统中的功能分有：压力控制阀、流量控制阀、方向控制阀、多功能复合（组合）阀及专用阀等。

按阀的结构形式分有：滑阀式、座阀式（锥阀、球阀等）、喷嘴挡板式及射流式等。

按阀的控制方式可分为：手动式、机动式、液动式、电动式（用普通电磁铁、比例电磁铁、力马达、力矩马达及步进电机等控制）及电液动（电动＋液动）式等。

按阀的连接方式分有：管式连接（螺纹连接）、板式连接、法兰连接及集成连接（集成块、插装阀、叠加阀、嵌入阀、多功能阀）等。

（1）方向控制阀

方向控制阀，简称方向阀。 方向阀是控制液压系统中液流方向的阀类，是液压系统中的"交通警察"，指挥着油液的流动、切断以及改变油液流动的方向等，以适应执行元件的工作需要。 方向控制阀是液压系统中用得最多且品种规格也最多的一类控制元件，其分类如图 5-1 所示。

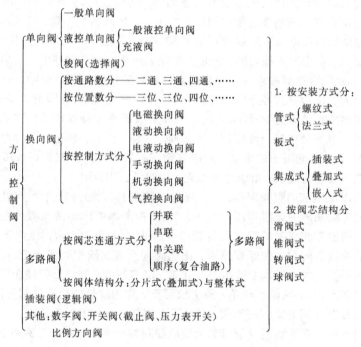

图 5-1　方向控制阀的分类

（2）压力控制阀

用来控制液压系统中油液压力的阀称为压力阀，它们的共同特点是借助阀开口（节流口）的降压作用，使油液压力和弹簧力相平衡达到控制油液压力的目的。

压力阀的分类如图 5-2 所示。

$$
\text{压力控制阀}\left(\text{滑阀式插装式}\right)
\begin{cases}
\text{溢流阀：远程调压阀；一般溢流阀；外控溢流阀；电磁溢流阀；卸荷溢流阀} \\
\text{减压阀：一般减压阀；单向减压阀；定差减压阀；定比减压阀} \\
\text{顺序阀}
\begin{cases}
\text{一般顺序阀，外控顺序阀} \\
\text{一般单向顺序阀，外控单向顺序阀} \\
\text{外控平衡阀，一般平衡阀} \\
\text{卸荷阀}
\end{cases} \\
\text{压力继电器（单点、双点、延时等）}
\end{cases}
$$

图 5-2　压力控制阀的分类

（3）流量控制阀

流量控制阀是通过改变阀口开度大小控制输出流量多少的控制阀，用以控制输入执行元件（液压缸、液压马达）油液流量的大小，从而控制执行元件的运动速度。

常用的流量阀的分类如图 5-3 所示。

$$
\text{流量控制阀}
\begin{cases}
\text{节流阀}
\begin{cases}
\text{节流阀、单向节流阀} \\
\text{行程节流阀、单向行程节流阀}
\end{cases} \\
\text{调速阀}
\begin{cases}
\text{调速阀（含温度补偿调速阀）} \\
\text{单向调速阀、单向行程调速阀}
\end{cases} \\
\text{分流集流阀}
\begin{cases}
\text{分流阀（含带单向和不带单向的）} \\
\text{集流阀（含带单向和不带单向的的）} \\
\text{分流集流阀}
\end{cases} \\
\text{限速切断阀}
\end{cases}
$$

图 5-3　流量控制阀的分类

（4）液压阀常用名词术语（表 5-1）

表 5-1　液压阀常用名词术语

术语	解释	术语	解释
控制阀	改变流动状态，对方向、压力或流量进行控制的阀的总称	节流换向阀	根据例的操作位置，其流量可以连续变化的换向阀
压力控制阀	调节或控制压力的阀的总称	电磁操纵阀	用电磁操纵的阀
溢流阀	当回路的压力达到这种阀的设定值时，液流的一部分或全部经此阀溢回油箱，使回路压力保持在设定值的压力阀	手动操纵阀	用手动操纵的阀
安全阀	为防止元件和系统等的破坏，用来限制回路中最高压力的阀	凸轮操纵阀	用凸轮操纵的阀
顺序阀	在具有二个以上分支回路的系统中，根据回路的压力等来控制执行元件动作顺序的阀	先导阀	为操纵其他阀或元件中的控制机构而使用的辅助阀
平衡阀	为防止负荷下落而保持背压的压力控制阀	液动换向阀	用先导流体压力操纵的换向阀
减压阀	可将这种压力控制阀的出口压力调到比进口压力低的某一个值，这个值与流量及进口侧压力无关	电-液换向阀	与电磁操纵的先导阀组合成一体的液动换向阀
		阀的位置	用来确定换向阀内流通状态的位置
卸荷阀	在一定条件下，能使液压泵卸荷的阀	正常位置	不施加操纵力时阀的位置 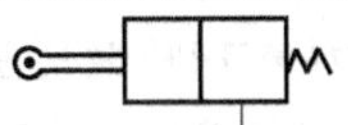 正常位置

术语	解释	术语	解释
节流阀	利用节流作用限制液体流量的阀,通常指无压力补偿的流量阀	中立位置	确定的换向阀的中央位置 中立位置 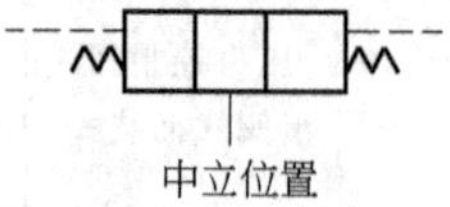
调速阀	与背压或因负荷而产生的压力变化无关并能维持流量设定值的流量控制阀	偏移位置	换向阀中除中立位置以外的所有阀位 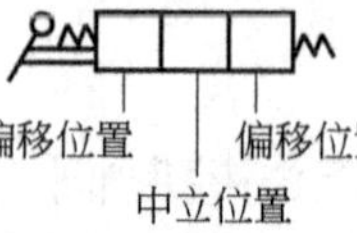 偏移位置　　偏移位置 中立位置
带温度补偿的调速阀	能与液体温度无关并能维持流量设定值的调速阀	三位阀	具有三个阀位的换向阀
分流阀	将液流向两个以上液压管路分流时,应用这种阀能使流量按一定比例分流,而与各管路中的压力无关	二通阀	具有两个油口的控制阀
方向控制阀	控制流动方向的阀的总称	四通阀	具有四个主油口的控制阀
滑阀式阀(或滑阀)	采用圆柱滑阀式阀芯的阀	锁定位置	由锁紧装置保持的换向阀的阀位
换向阀	具有两种以上流动形式和两个以上油口的方向控制阀	弹簧复位阀	在弹簧力的作用下,返回正常位置的阀
电磁阀	这是电磁操纵阀和电磁先导换向阀的总称	中位封闭	换向阀在中立位置时所有油口都是封闭的
液控单向阀	依靠控制流体压力,可以使单向阀反向流通的阀	中位打开	换向阀在中立位置时所有油口都是相通的
梭阀	具有一个出口,两个以上入口,出口具有选择压力最高侧入口的机能的阀	台肩部分	滑阀芯移动时的滑动面
比例阀	输入比例电信号,控制流量或压力的阀	常开	在正常位置压力油口与出油口是连通的
伺服阀	输入电信号或其他信号,控制流量或压力的阀,并可反馈	常闭	在正常位置压力油口是关闭的
遮盖(或搭接)	滑阀式阀的阀芯台肩部分和窗口部分之间的重叠状态,其值叫遮盖量	零遮盖	当滑阀式阀的阀芯在中立位置时,窗口正好完全被关闭,而当阀芯稍有一点儿位移时,窗口即打开,液体便可通过
正遮盖	当滑阀式阀的阀芯在中立位置时,要有一定位移量(不大),窗口才可打开	负遮盖	当滑阀式阀的阀芯在中立位置时,就已有一定开口量
公称压力	液压阀按基本参数所确定的名义压力称为公称压力(又称额定压力),公称压力可以理解为压力等级:如(1.6、2.5、4、6.3、10、16、20、25、31.5、40、50、63)MPa 等	公称流量、公称通径	公称流量是指液压阀在额定工况下通过的名义流量(又称额定流量),如国产中低压液压阀就用公称流量表示其规格; 公称通径指液压阀阀液流进出口的名义尺寸(并非进出口的实际尺寸),为了与连接管道的规格相对应,液压阀的公称通径采用管道的公称通径(管道的名义内径)系列参数,如(4、6、8、10、16、20、25、32、40、50、63、80、100)mm 等

5.1.3 液压阀的一般性能

(1)压力-流量特性

阀的压力-流量特性是指液流流经阀的流量与阀前后压力差之间的关系。

① 圆柱滑阀的压力-流量特性　如图 5-4 所示,设阀芯 B 的外圆与和它相配阀体 A 内孔之间的径向间隙为 C_r,阀芯直径为 d,滑阀开口长度为 x,阀孔前后压差 $\Delta P = P_1 - P_2$,按流体力学

中节流小孔的流量公式有：

$$Q = C_d A \sqrt{\frac{\alpha}{\rho} \Delta P} = C_d W \sqrt{x^2 + C_r^2} \approx C_d W \cdot x \sqrt{\frac{2 \Delta P}{\rho}} \tag{5-1}$$

式中　A——滑阀开口的通流面积，$A = W (x^2 + C_r^2)^{1/2}$；

　　　W——阀口的周向长度，又称阀口通流面积梯度，全周界通流时 $W = \pi d$；

　　　C_d——流量系数，按 $Re = A/x = (x^2 + C_r^2)^{1/2}/2$ 求得雷诺数 Re，便可由图 5-4 查得流量系数，图中虚线 1 表示 $x = C_r$ 时的情况，虚线 2 表示 $x \geqslant C_r$ 时的情况，实线表示实验测定结果。

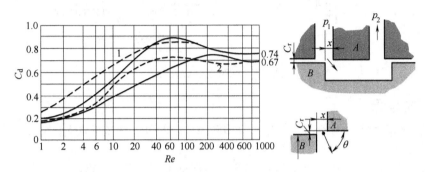

图 5-4　滑阀阀口的流量系数

　　一般来说通过阀的流量（例如额定流量）所产生的压力损失越小越好，同一压力损失下通过的流量越多越好。衡量阀的压力-流量特性的好坏可比较同一外形尺寸的各阀，流过相同流量的情况下，压力损失越小者性能越好，相同压差下通过阀的流量越多越好。

　　② 锥阀与球阀的压力-流量特性　如果锥阀芯和球阀芯不太重，阀座孔口倒角不大，则其压力和流量之间的关系与上述圆柱滑阀相同：

$$Q = C_d A \sqrt{\frac{2}{\rho} \Delta p} \tag{5-2}$$

如图 5-5 所示，锥阀与球阀的通流面积分别为：

$$A_{锥} = \pi X d_s \sin\phi \left(1 - \frac{X}{2d_s} \sin 2\phi\right) \tag{5-3}$$

$$A_{球} \approx \pi d_s h_0 X \left(1 + \frac{h_0}{R} X\right) \tag{5-4}$$

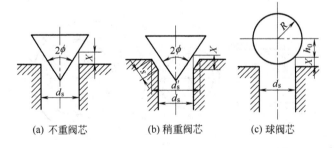

(a) 不重阀芯　　　　(b) 稍重阀芯　　　　(c) 球阀芯

图 5-5　锥阀与球阀阀芯

如果 $X \ll d_s$，则：

$$A_{锥} \approx \pi X d_s \sin\phi \tag{5-5}$$

$$A_{球} \approx \pi d_s h_0 X \tag{5-6}$$

式中 $$h_0 = \sqrt{R^2 - (d_s/2)^2} \tag{5-7}$$

流量系数可参照图 5-6 选取，当雷诺数 Re 较大时，可选为 0.77~0.82。

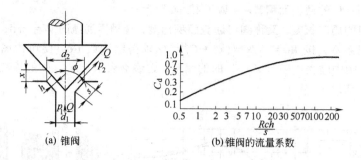

图 5-6　锥阀流量系数的选取

（2）内泄漏

由于阀的阀芯和阀体（阀套）孔需要有相对运动，因而二者之间需要一定的间隙，这样内泄漏量不可避免。

当阀芯与阀孔之间同心［图 5-7（a）］时，内泄漏量可按下式计算：

$$\Delta Q = \frac{\pi d h^3}{12uL}\Delta P \pm \frac{\pi dh}{2}u_0 \tag{5-8}$$

式中　u_0——阀芯相对阀孔的移动速度，u_0 如与压差 $\Delta P = P_1 - P_2$ 方向一致，等式右边第二顶取正，反之取负；

　　　u——黏度。

如阀芯与阀孔不同心［图 5-7（b）］，则内泄漏量计算公式为：

$$\Delta Q = \frac{\pi d h_0^3 \Delta P}{12uL}(1 + 1.5\varepsilon^2) \pm \frac{\pi dh_0 u_0}{2} \tag{5-9}$$

式中　ε——相对偏心率，$\varepsilon = e/h$，e 为阀芯与阀孔偏心距；

　　　h_0——阀芯与阀孔同心时半径方向内的缝隙值。

由上式可以看出，当 $\varepsilon = 0$ 时，便是同心圆环间隙流量公式（式5-9）；当 $\varepsilon = 1$ 时，它就是最大偏心情况下的缝隙泄漏量计算公式，其泄漏量为同心时的 2.5 倍。在阀类元件中，为了减小内泄漏，应使阀芯与阀孔轴心线处于同心状态。

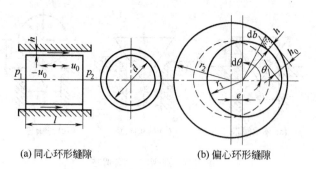

图 5-7　阀芯与阀孔之间的环形缝隙

（3）液流对阀芯的作用力

① 作用在滑阀芯上的力　当液流通过阀口时，液流速度发生变化，按照流体力学中的动量

定律，将有液动力作用在阀芯上，使阀腔控制体积内的液体加速（或减速）产生的力叫瞬态液动力，液流在不同位置上具有不同速度所引起的力叫稳态液动力，如考虑液流为恒定流，瞬态液动力为零，稳态液动力的计算公式为（参阅图5-8）：

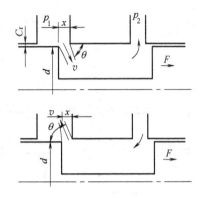

图5-8　作用在滑阀上的力

$$F= \rho Qv\cos Q= 2C_d \pi dx \Delta P\cos \theta \qquad (5\text{-}10)$$

式中，ρ 为油的密度；Q 为通过流量；v 为流速；θ 为液流速度方向角。 由图5-8可知，滑阀稳态液动力总是企图使滑阀开口变小和趋于关闭。 当工作压力较高、流量较大时，将会因液动力较大而使滑阀芯的切换（移动）变得困难，此时要么增加推动阀芯移动的操作力（如电磁铁吸力、弹簧力等），要么尽量减小液动力，或者对液动力进行补偿，例如电液换向阀中采用先导式结构，用小流量的电磁阀（先导阀）换向推动大流量的液动换向（用液压力取代电磁力）主阀阀芯的换向；利用阀芯上的锥面结构补偿液动力；利用阀套上的多排小孔取代全周长阀口等液动力补偿结构。

② 液流作用在锥阀上的力　作用在锥阀上的稳态力为锥阀底面的液压力 F_1 和液流流经锥阀阀口所产生的液动力之和。

锥阀底面的液压力：
$$F_1= p_s A_1= p_s \pi d_1^2/4 \qquad (5\text{-}11)$$

液动力：
$$F_s= \rho q_V v_2\cos \alpha = C_q \pi d_m p_s \sin 2\alpha \qquad (5\text{-}12)$$

（4）液压卡紧力

液压卡紧力指的是液流对阀芯的径向作用力。 它影响阀芯的动作可靠性，特别是影响换向阀的换向性能。

如果阀芯与阀体孔为理想的圆柱形，且二者装配同心，径向间隙处处相等，间隙中又未卡入污物，则阀芯上作用在整个圆周上的径向力会相互抵消而不存在液压卡紧；但由于加工质量的原因，阀芯和阀体均可能存在锥度，装配时不可能100%的同心和绝对不带入污物，因而不可避免地会存在径向液压卡紧力。 液压卡紧力的经验公式为：

$$F= Cdl \Delta p \qquad (5\text{-}13)$$

式中　　C——系数；

d——孔径（设孔无锥度）；

l——阀芯与阀孔配合长度；

Δp——配合长度两端的压差。

此液压卡紧力产生阀芯运动的摩擦阻力，影响阀芯的移动，可能导致故障。

根据偏心环形缝隙公式（参阅表1-4），偏心时由于阀芯上下缝隙不一样，缝隙较小的一侧压力下降快，缝隙大的一侧压力下降慢，这样阀芯就会受到一个径向不平衡力，如图5-9中带箭头的部分所示。 图（a）中，径向合力 F 向上，一直将阀芯压到靠住孔壁为止，产生液压卡紧；但如果是图（b）中的顺锥，产生的径向合力向下，将阀芯下推，使偏心 e 减少，也就是使阀芯趋向于阀孔中心，反而可使卡紧力减少；图（c）中的径向合力会产生一力矩，使阀芯相对的两端更紧紧压向孔壁，产生液压卡紧；图（d）中阀芯台肩有微小突起 （毛刺或污物楔入），在油液流动时也产生一力矩，使突起部分压向孔壁。

阀芯和阀孔之间由于上述原因产生的径向液压卡紧力，增大了阀芯运动的摩擦力，严重影响阀芯的正常换向和复位，必须设法排除。 减少卡紧力的措施有以下几个方法：①将阀芯沿高压侧（P）向低压侧（A与B）方向做成有微小的顺锥 （图5-10）；②在阀芯台肩上开环形均压槽（图5-11），这样在液流从高压侧向低压侧流动时，使周向压力分布均匀，可大大减小液压卡紧

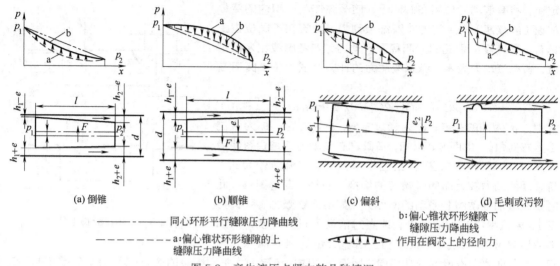

(a) 倒锥   (b) 顺锥   (c) 偏斜   (d) 毛刺或污物

———— · ———— 同心环形平行缝隙压力降曲线   b：偏心锥状环形缝隙下
———————— a：偏心锥状环形缝隙的上   缝隙压力降曲线
                    缝隙压力降曲线   ⊥⊥⊥⊥ 作用在阀芯上的径向力

图 5-9　产生液压卡紧力的几种情况

力，均压槽数越多，效果越好，但须注意，开在阀芯台肩上的均压槽一定要和阀芯外圆同心，否则效果适得其反［图 5-11（c）］；③提高阀芯外圆和阀孔的加工精度和装配精度；④防止污物楔入间隙，注意油液清洁。

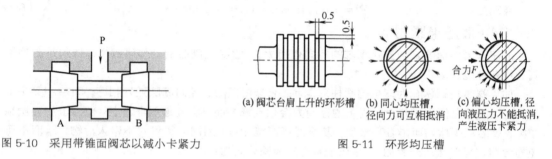

图 5-10　采用带锥面阀芯以减小卡紧力

(a) 阀芯台肩上升的环形槽

(b) 同心均压槽，径向力可互相抵消

(c) 偏心均压槽，径向液压力不能抵消，产生液压卡紧力

图 5-11　环形均压槽

5.1.4　液压桥路

（1）液压桥的概念

任何一种液压阀均可看成由几个液阻串联和并联所组成。换言之，液阻是构成液压阀的基本单元，这样我们便可采用电与液的类比方法来了解液压阀。

通过液压量与电量的类比，可以发现"液"与"电"有着极为类似的数字特性和彼此之间的一一对应关系：

$$\text{电流} \ I\ (I = U/R) \longleftrightarrow \text{流量} \ Q\ (Q = C_A \sqrt{\Delta p})$$

$$\text{电压} \ U \longleftrightarrow \text{压力} \ p\ (\text{压差} \ \Delta p)$$

$$\text{电阻} \ R \longleftrightarrow \text{液阻} \ R\ (\text{节流开口、液压阻尼})$$

因而帮助我们在分析液压元件和液压系统时，可仿照和采用成熟的电路分析方法，即惠斯通电桥桥路的方法，去对液压元件进行分析，可更本质地了解液压元件的构成机理，进行定性的分析。

（2）液压全桥

首先从四边控制滑阀的控制作用中引出全桥的概念。用电阻 R 代替液阻（阀节流开口）R，用电压 U 代替油液压力 p，用电量 I 代替流量 Q（或 q_V），便可引入液压桥路的概念，并与电桥进行类比。

如图 5-12 所示，液桥总的工作压差为 $p_0 - p_R$（p_0 为泵压），液桥的每两个控制阀口（液阻）控制液压缸的一个控制腔。当外加控制信号 y 增大（阀芯左移）时，阀口开度 R_1、R_4 增大即液阻减小，R_2 与 R_3 减小即液阻增大。前者用空心箭头表示，后者用单线箭头表示。

这样可将正开口（负遮盖）的四边滑阀用一个典型的四臂可变的惠斯通电桥来表示，即液压全桥。引入液压全桥的概念后，可对照电路对其进行分析。

该液压全桥是一个恒压源 p_0 供油，以阀开口量（阀芯位移）为输入变量，以左右两个半桥的分压力 p_A 和 p_B 之差为输出量的位移-压差转换器。当液压缸活塞上诸力平衡而速度为零时，液桥只起压力转换器的作用；当活塞上诸力平衡但获得一个稳定速度 $\dot{x}$ 时，两个半桥还输出流量 $q_v = \pm A\dot{x}$（A 为液压缸活塞作用面积），液桥还起功率放大作用。

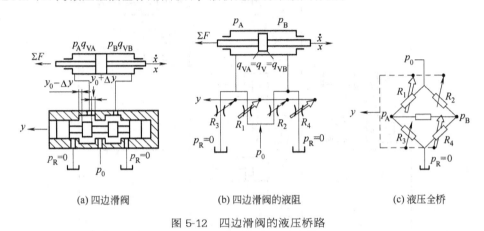

(a) 四边滑阀　　　　　　　(b) 四边滑阀的液阻　　　　　　(c) 液压全桥

图 5-12　四边滑阀的液压桥路

（3）液压半桥

从液压全桥可引出液压半桥概念，换言之不同类型的液压全桥回路可由液压半桥组合来获得。为了控制液压缸或液压马达封闭容腔内的压力和流量，一般可采用进口节流（液阻）和出口节流（液阻）的方法，输入液阻设在泵与缸封闭腔之间，输出液阻设在封闭腔与油箱之间（图 5-13 中的 A 型）。这种进口节流（液阻 R_E）、出口节流（液阻 R_A）以及 T 接头（往缸封闭腔的叉口）的组合叫液压半桥。

图 5-14 为液压半桥的 5 个基本类型（A~E）和两个派生类型（B_V 和 C_V），箭头符号含义同上述。流入液阻打开、输入液阻关闭，或者输入液阻关闭、输出液阻打开时，液压缸 P 腔内的压力和流量均受到很大的影响。

输入液阻与输出液阻中有一个固定不变时，也可控制进入缸内的压力和流量，这便是图 5-14 中的 B 型 C 型液压半桥。

恒流量源时，B 型液压半桥的输入液阻 R_E 即使为零（阀口全开），也能控制压力和流量，叫 B_V 型半桥。采用 B_V 型半桥时，缸腔压力 p 与泵压 p_0 相等。

液压缸或液压马达只单方向运动时，输出液阻无穷大，此时还是能控制压力与流量，但此时必须采用恒压油源，这种液压半桥叫 C_V 型半桥。

D 型半桥由固定液阻构成，如果进入缸内的流量 Q = 0，此半桥仅使缸腔内的压力 p 下降一定值。对活塞缸，这只相当于将缸的面积缩小一点，如果按比例提高泵的压力值，效果相同。

E 型半桥由不对称执行元件组合而成，与 D 型半桥等价。通往缸内的流量不为零时，二者完全相同。E 型半桥不论流量大小如何，均产生一定的力，而 D 型半桥根据速度大小，伴随着衰减力。

（4）液压阀的桥路

① 方向阀　液阻（节流开口）连续变化的方向阀有比例阀和伺服阀，液阻不连续变化（有

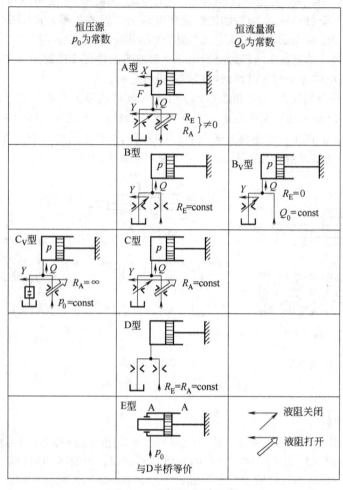

恒压源 p_0为常数		恒流量源 Q_0为常数
	A型 $\left.\begin{array}{l}R_E\\R_A\end{array}\right\}\neq 0$	
	B型 $R_E=\text{const}$	B_V型 $R_E=0$ $Q_0=\text{const}$
C_V型 $R_A=\infty$ $P_0=\text{const}$	C型 $R_A=\text{const}$	
	D型 $R_E=R_A=\text{const}$	
	E型 P_0 与D半桥等价	液阻关闭 液阻打开

图 5-13　液压半桥的类型

级）的方向阀为普通的换向阀。

　　图 5-14 为仿形装置两种半桥的组合情况，图中左为非对称阀，为 B+ E 组合；图中右为对称阀，为 A+ A 组合。

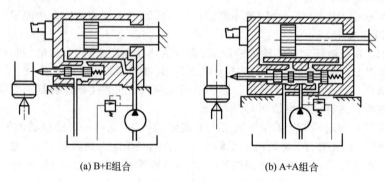

(a) B+E组合　　　　　　　　　(b) A+A组合

图 5-14　液压仿形装置

　　图 5-15 为两位四通换向阀的液压半桥——A+ A 组合例。 这时输入液阻与输出液阻非零（全通）或 ∞（全关）。

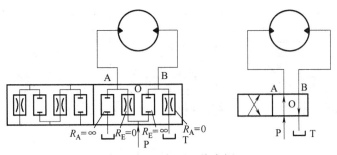

图 5-15　两位四通换向阀

② 流量阀　不是液压半桥的任意组合都能构成流量阀。 有些组合无实用的可能或者不能起流量调节功能的作用。 此处以带压力补偿的流量调节阀予以说明。

压力补偿器限制节流口的前后压差，从而使通过节流口的流量与压差无关，即随开口大小而为定值，称为约束节流或限制节流。 约束节流器的设置位置和半桥的形式成为带压力补偿流量阀（调速阀）的实用可能性的关键，只有图 5-16 三种情况可以实现对缸封闭容腔的流量控制，图 5-17 和图 5-18 中都存在无法实现流量控制的情况。

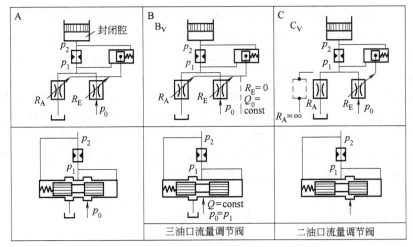

图 5-16　液压缸油口所设流量阀的形式

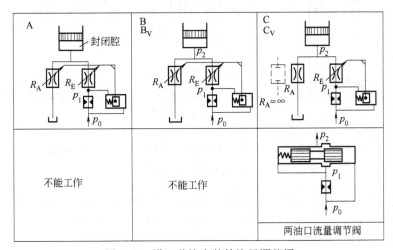

图 5-17　进口节流安装的流量调节阀

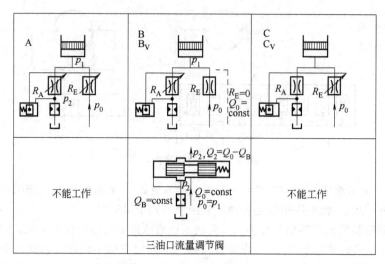

图 5-18　出口节流安装的流量调节阀

③ 压力控制阀

a. 直动式。　液压缸产生的力或液压马达产生的扭矩与封闭腔内的压力成比例。　一般将压力引入到阀芯（滑阀芯或锥阀芯）的一端，与另一端的弹簧力相比较便可测出该压力。　阀芯移动大小与压力成比例。　该移动使可变液阻发生改变。　基于此，通过压力检测要素与半桥的组合便可组成图 5-19 所示的几种压力阀。

图 5-19（a）中，阀芯的移动使输入液阻 R_E 和输出液阻 R_A 发生变化，即使进口压力 p_0 发生变化，也可维持负载压力 p 保持一定；图 5-19（b）中将 A 型半桥换成 B 型半桥，p 值与 p_0 值无关而保持一定，并且 B 型半桥改为 B_V 型半桥，且 $R_E = O$，则 $p = p_0$，而与负载流量无关，这便是直动式溢流阀；图 5-19（c）中用 C_V 型半桥且 $R_A = \infty$，组成直动式减压阀，当然也可用 C 型半桥组成减压阀，但因 R_A 处会产生损失而不推荐。

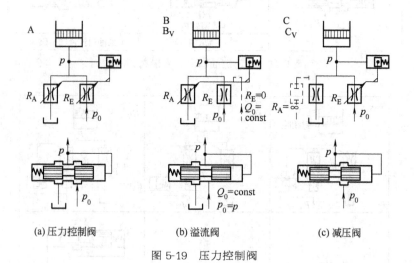

图 5-19　压力控制阀

b. 先导式溢流阀。　图 5-20（a）为采用 B 型半桥组成的先导式溢流阀。　先导压力 p_V 与主阀芯弹簧力向右作用在主阀芯上，负载压力（泵压）p_0 向左作用在主阀芯上。　当 p_0 大于先导阀设定的压力时，先导阀左移开启，p_V 下降，主阀芯因压差 $p_0 - p_1$ 的作用而开启溢流。

从原理上分析，先导阀也可采用 C 型半桥［图 5-20（b）］。　先导阀关闭时，p_V 为零；当负

载压力 p_0 超过设定值时，先导阀打开，p_V 上升，主阀开启溢流。 这种形式的溢流阀常用于变量泵的压力控制。

c.先导式减压阀。 图 5-21（a）为先导式减压阀的桥路。 图（a）的先导阀采用 B 型半桥，先导压力来自主阀出口压力（二次压力）p_1，先导阀关闭时，$p_V = p_1$；先导阀开启时 p_V 下降，主阀关小但维持一定的开启程度，使 p_1 保持定值。

图 5-21（b）为采用 C 型半桥构成的先导式减压阀，与上述不同的是此处先导阀打开时 p_V 增大，主阀关小并维持一定的开启程度，使 p_1 保持定值。

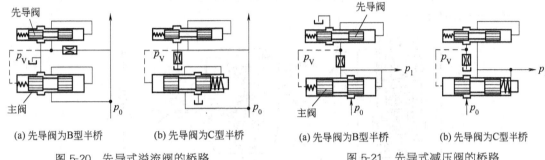

(a) 先导阀为B型半桥   (b) 先导阀为C型半桥   (a) 先导阀为B型半桥   (b) 先导阀为C型半桥

图 5-20 先导式溢流阀的桥路   图 5-21 先导式减压阀的桥路

5.2 单向阀的使用与维修

单向阀又叫止回阀、逆止阀。 单向阀的作用是只允许油液从一个方向流过，而反向液流被截止，它相当于电器元件中的二极管。

单向阀按安装形式分为板式、管式和法兰连接三类；按结构形式可分为球阀式和锥阀式两种；按其进口液流和出口液流的方向又有直角式和直通式两种；按用途还可分为单向阀、背压阀和梭阀（双单向阀）三类。

单向阀均是采用座阀（锥阀或球阀）的结构，阀芯类型有图 5-22 所示的几种，分别为钢球式单向阀、锥阀芯单向阀、阀座式单向阀、插装单向阀等几种类型。

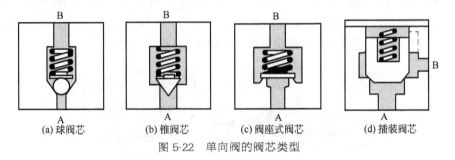

(a) 球阀芯   (b) 锥阀芯   (c) 阀座式阀芯   (d) 插装阀芯

图 5-22 单向阀的阀芯类型

5.2.1 工作原理

（1）单向阀的工作原理

如图 5-23 所示，当 A 腔的压力油作用在阀芯上的液压力（向右或向上）大于 B 腔压力油所产生的液压力、弹簧力及阀芯摩擦阻力之和作用在阀芯上向左或向下的力时，阀芯打开，油液可从 A 腔向 B 腔流动（正向开启），使单向阀阀芯打开的油液压力叫开启压力；当压力油欲从 B 腔向 A 腔流动时，由于弹簧力与 B 腔压力油的共同作用，阀芯被压紧在阀体座上，因而液流不能由 B 向 A 流动（反向截止）。

单向阀的主要性能之一是正向最小开启压力 p_k，必须满足下式：

$$p_k A_s > F_H + M + F_1 + p_B A_s$$

亦即
$$p_k - p_B > \frac{F_H + M + F_t}{A_s}$$

式中　　p_K——A 腔压力（$p_k = p_A$）；

　　　　p_B——B 腔压力；

　　　　F_H——弹簧力；

　　　　F_1——作用在阀芯上的摩擦力；

　　　　M——阀芯重力（当阀芯轴线是水平方向安装时可不考虑）；

　　　　A_s——阀座口的面积。

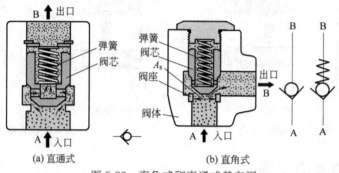

图 5-23　直角式和直通式单向阀

　　开启压力越小越好，特别是单向阀作充液阀使用时，国产高压系列单向阀的开启压力一般为 0.3~0.4MPa，单向阀作背压阀使用时，可根据所需背压压力的大小更换弹簧，以改变其开启压力，作单向阀使用时弹簧为弱弹簧。

（2）梭阀的工作原理

　　梭阀是两个单向阀的组合阀，它又叫选择阀。其工作原理如图 5-24 所示。它由阀体（阀套）和钢球（或锥阀芯）等组成。当 $P_A > P_B$（P_A 为 A 口压力，P_B 为 B 口压力）时，进入阀内的压力油 P_A 将钢球推向右边，封闭 P_B 油口，压力油 P_A 由 A 流出；当 $P_B > P_A$ 时，钢球将 P_A 口封闭，P_B 与 A 连通，压力油由 P_B 从 A 流出，也就是说 A 腔出口压力油总走取自 P_A 与 P_B 的压力较高者，因而梭阀又叫"选择阀"。工作时钢球或锥阀芯来回梭动，又称为"梭阀"。

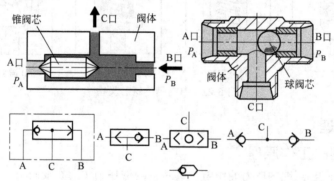

图 5-24　梭阀的工作原理与图形符号

5.2.2　结构

（1）单向阀结构

　　单向阀结构很简单，只有阀体、阀芯、阀座和弹簧四个零件，有些单向阀没有阀座，阀体兼作阀座，图 5-25 为几种典型的单向阀。

属于图 5-25（a）的单向阀的例子有：国产 I 型、美国威格士、日本东京计器公司产的 DT8P1 型管式单向阀。

属于图 5-25（b）的单向阀的例子有：派克公司 C 系列管式单向阀，工作压力为 35MPa，额定流量有 40～160L/min 多种规格。

属于图 5-25（c）的单向阀的例子有：美国威格士、日本东机美产 C2 型直角式单向阀。

属于图 5-25（d）的单向阀的例子有：国产 DF 型、A 型单向阀，日本油研公司的 CRG 型单向阀，德国力士乐公司的 S 型单向阀以及美国威格士等公司产的单向阀。

属于图 5-25（e）的单向阀的例子有：美国威格士、日本东机美产 DF10P1 型单向阀。

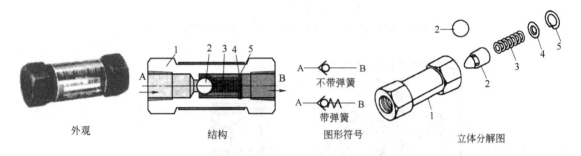

(a) 球阀芯，管式，直通式

1—阀体；2—阀芯（钢球或锥阀芯）；3—弹簧；4—垫；5—卡簧

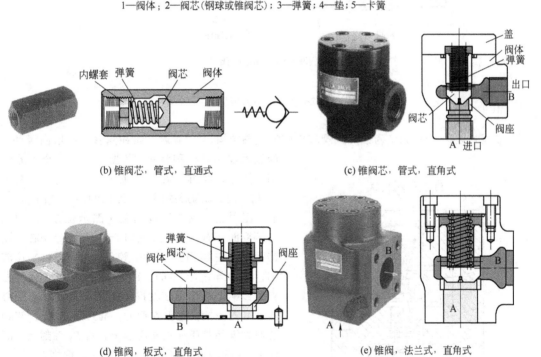

(b) 锥阀芯，管式，直通式

(c) 锥阀芯，管式，直角式

(d) 锥阀，板式，直角式

(e) 锥阀，法兰式，直角式

图 5-25　典型的单向阀外观与结构

（2）梭阀的结构

① 钢球式　图 5-26（a）为美国威格士公司、日本东京计器公司 CVSH 型钢球式梭阀，最高使用压力 21MPa。

图 5-26（b）为用于国产二通插装阀液压系统中的球阀式梭阀结构。

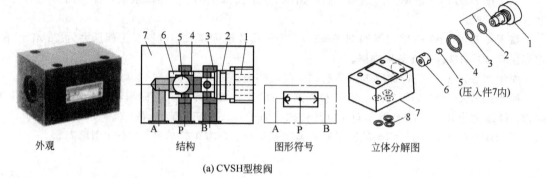

外观　　　　　　结构　　　　　图形符号　　　立体分解图

(a) CVSH型梭阀

1—螺堵；2—密封组件；3,8—O形圈；4—套；5—钢球；6—阀座；7—阀体

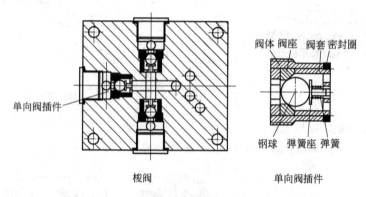

单向阀插件

阀体　阀座　阀套　密封圈

钢球　弹簧座　弹簧

梭阀　　　　　　　　　　单向阀插件

(b) 插装阀液压系统中用的梭阀

图 5-26　钢球式梭阀结构

② 锥阀式梭阀　图 5-27 为锥阀式阀芯构成的梭阀结构。　梭阀芯 7 可在阀套 9 内自由滑动，而因为铰柄机构和弹簧 3（上、下各 1 个）的作用，使它只能维持在左或右某一端位置。　图中 P_1 与 P_2 分别为进油口，A 为出油口。　当 $P_1 > P_2$ 时，压力油将阀 7 压向右侧（图示位置），阀芯右端锥面将右端阀座 6 油口 P_2 封闭，而阀芯左端锥面离开左端阀座 6，P_1 腔压力油可从 A 腔流出；反之当 $P_2 > P_1$ 时，P_2 腔的压力油产生的力克服铰柄力将梭阀芯左推（通过安装在阀芯中心转轴 8 的铰柄，克服弹簧力，推开滑套 4），使阀芯左端锥面紧压在左端阀座上，将 P_1 腔封闭，而使 P_2 腔的油液流向 A 腔，于是梭阀根据 P_1 和 P_2 腔压力的高低，选择其中压力高者与 A 腔沟通。

虽然这种锥阀芯式较之钢球式梭阀，开启压力要大得多，但它适合大流量。　前者常用在二通插装阀中作先导阀，后者则可单独作为一种阀

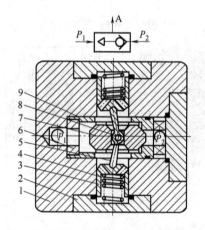

图 5-27　锥阀式梭阀结构图及图形符号

1—阀体；2—压盖；3—弹簧；4—滑套；5—铰柄；
6—阀座；7—梭阀芯；8—转轴；9—阀套

使用，并有多种规格尺寸。

5.2.3 应用与使用注意事项

（1）单向阀的应用

单向阀的应用场合如图 5-28 所示。

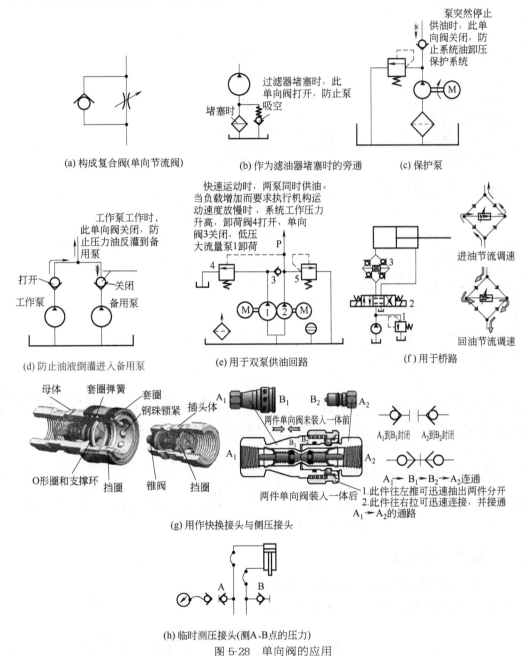

(a) 构成复合阀(单向节流阀)

(b) 作为滤油器堵塞时的旁通

(c) 保护泵

(d) 防止油液倒灌进入备用泵

(e) 用于双泵供油回路

(f) 用于桥路

(g) 用作快换接头与侧压接头

(h) 临时测压接头(测A、B点的压力)

图 5-28 单向阀的应用

（2）单向阀的使用注意事项

① 对于国产或进口的较早时期的板式单向阀，例如 DF-B20H 型，四个安装螺钉对称，安装面上又无定位销，最容易装反正、出油口方向（转了 180°），特别要注意因此而导致的故障；对于这些阀一些老设备上还在使用，安装尺寸不符合现在的标准，如果更换新型号的阀，如果不按新标准更改安装面，可能装不上。

② 管式与法兰安装式单向阀，要注意接口处的密封措施，防止漏油。

③ 板式单向阀安装连接尺寸虽已标准化，但有点乱，例如同一通径的板式单向阀却有两个标准。 现逐步统一为国际标准 ISO-5781，国产单向阀也与国际标准接轨，因而可实现与进口相对应通径单向阀之间的互换，为维修购置带来方便。 但维修更换时，先测量确认一下。 图 5-29 为板式单向阀安装连接尺寸图。

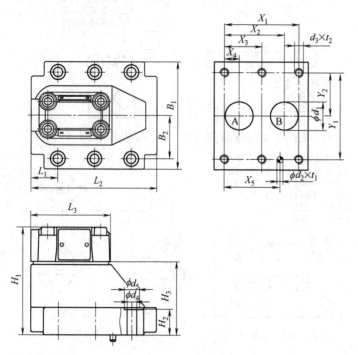

mm

通径	ISO-标准代号	x_1	x_2	x_3	x_4	x_5	y_1	y_2	B_1	B_2	H_1	H_2	H_3	L_1	L_2
10	5781-06-07-0-00	42.9	35.8	—	7.2	31.8	66.7	33.4	87.3	33.4	83	21	45	29	94.8
25	5781-08-10-0-00	60.3	49.2	—	11.1	44.5	79.4	39.7	105	39.7	109.5	29	71.5	34.7	126.8
32	5781-10-13-0-00	84.2	67.5	42.1	16.7	62.7	96.8	48.4	120	48.4	120	29	82	30.6	144.3

上表中全部尺寸公差均为±0.2

mm

通径	ISO-标准代号	d_{1max}	d_2	t_1	d_3	t_2	d_4	d_5
10	5781-06-07-0-00	15	7.1	8	M10	16	10.8	17
25	5781-08-10-0-00	23.4	7.1	8	M10	18	10.8	17
32	5781-10-13-0-00	32	7.1	8	M10	20	10.8	17

图 5-29　板式单向阀安装连接尺寸图

5.2.4　故障分析与排除

（1）单向阀易出故障的零件与部位

单向阀易出故障的零件及部位如图 5-30 所示。

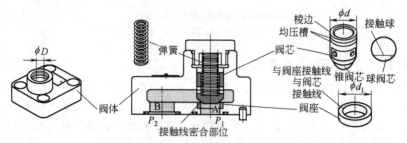

图 5-30　单向阀易出故障的零件及部位

（2）单向阀的故障分析与排除

【故障1】 不起单向阀的作用

所谓不起单向阀的作用是指反向油液（$P_2 \to P_1$）也能通过单向阀流过。 相反有时正向（$P_1 \to P_2$）油液反而不能流过。 与单向阀的正向导通、反向截止的功能完全反其道而行之。 当然正反向均可通过单向阀流通也属于此种故障。

产生这一故障的原因和排除方法如下。

① 阀芯因棱边或均压槽（见图5-30）及阀体孔内沉割槽棱边上的毛刺末清除干净（多见于刚使用的阀），将单向阀阀芯卡死在打开位置上时，正反向油均可流动；卡死在关闭位置时，正反向油液均不能流动。 此时可用精油石倒去毛刺，并抛光阀芯（用布轮），不可用砂布打磨。

② 阀芯与阀体孔配合间隙过小，特别新使用的单向阀未磨损时，如果液压系统油温较高，引起阀孔变形；对管式阀，当因进出油口 P_1、P_2 管接头螺纹部分拧入过深过紧，造成阀孔变形等原因，从而导致阀芯卡死在打开位置或关死位置。 此时可适当将阀芯在孔内推动若干次，并消除因油温导致阀孔变形现象，但千万别用研磨砂研磨。

③ 污物进入阀体孔与阀芯的配合间隙内而卡死阀芯，此时应拆开清洗，必要时液压系统换油。

④ 拆修后漏装了弹簧或弹簧折断，可补装或更换弹簧。

⑤ 阀芯3外圆和阀体1的阀孔因使用磨损后二者之间的间隙过大（参阅图5-31），使阀芯可径向浮动，在图中的 C 处又恰好有污物粘住，阀芯偏离阀座中心（偏心距 e），造成内泄漏增大，单向阀阀芯此时开口会越开越大。 此时应清洗，并电镀修复阀芯外圆尺寸。 这也是造成下述内泄漏大的故障原因。

【故障2】 单向阀内泄漏量大

这一故障是指压力油液从 P_2 腔反向进入时，单向阀的锥阀芯或钢球不能将油液严格封闭而产生泄漏，有部分油液从 P_1 腔流出。 这种内泄漏反而在反向油液压力不太高时更容易出现。 这一故障存在会导致使用单向阀的系统出现其他故障：例如单向阀用作保压阀时不保压；用在双泵或多泵系统中不能防止高压泵的压力油向低压泵的出口反灌，造成高压泵本身压力上不去，而使低压泵有可能出现电机发热甚至烧死的故障。

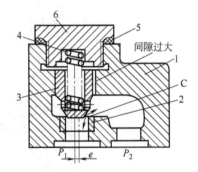

图 5-31 单向阀的配合间隙
1—阀体；2—阀座；3—阀芯；4—弹簧；
5—密封圈；6—阀盖

检查这一故障可设法让单向阀进压力油，而将单向阀的进口裸露观察，看是否有油液漏出，正常时应没有一滴油液漏出。

产生单向阀内泄漏量大的原因和排除方法有以下几种。

① 阀芯（锥阀或球阀）与阀座的接触线（或面）不密合，不密合的原因有：污物粘在阀芯与阀座接触处的位置；阀座[见图5-33（a）]的 B 处内圆周上崩掉一块，有缺口或呈锯齿状；阀芯与阀座接触线处因使用日久磨有很深凹槽或拉有直条沟痕。 此时按图（a）所示检查阀座 B 处的内圆棱边处，粘有污物时予以清洗，有缺口时要按图5-33（b）的方法从阀体1敲出阀座2，进行修复或换新。 如果阀芯的 A 处有很深凹槽或严重拉伤，可将阀芯在精密外圆磨床严格校正修磨锥面。

② 对钢球式单向阀，重新装配后钢球会错位，压力油会沿错位的原接触线的磨损凹坑泄漏（参阅图5-30）。 所以对钢球式单向阀，拆修一次后原则上应更换同尺寸的新钢球，至少应研配。

【故障3】 外泄漏

① 管式单向阀的泄漏多发生在螺纹连接处。 因螺纹配合不好或螺纹接头未拧紧。 另外单

靠螺纹密封不行,尚需密封垫、密封圈等,螺纹部位要缠绕聚四氟乙烯胶带密封。

② 板式阀的外漏主要发生在安装面及螺纹堵头处。可检查结合端面上的 O 形密封圈是否破裂、漏装以及安装螺钉是否压紧等,根据情况予以处理。

③ 法兰连接的情形同板式阀,注意 O 形圈破损、漏装及压紧的情况。

④ 阀体有气孔砂眼者,被压力油击穿造成的外漏,一般要焊补或更换。

5.2.5 拆卸与修理

(1)拆卸

单向阀的拆卸见图 5-32 所示,图(a)为板式单向阀的拆装,图(b)为管式单向阀的拆装,图(c)为法兰式单向阀的拆装。阀座的拆装方法如图 5-33 所示。

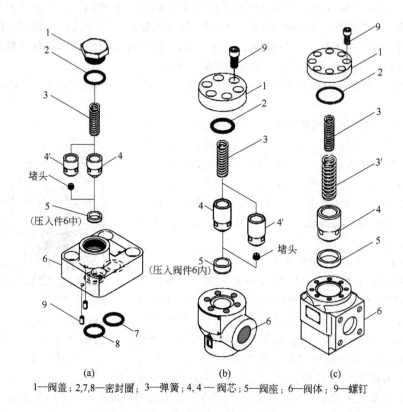

1—阀盖;2,7,8—密封圈;3—弹簧;4,4′—阀芯;5—阀座;6—阀体;9—螺钉

图 5-32 单向阀的拆卸

(2)修理

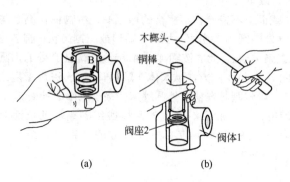

图 5-33 单向阀阀座的拆装

单向阀结构简单,只有阀体、阀芯、阀座及弹簧 4 个零件,修理时主要是阀芯的修理。

单向阀的修理如图 5-34 所示,阀芯主要是磨损,且一般为与阀座接触处的锥面 A 上磨成一凹坑,如果凹坑不是整圆,还说明阀芯与阀座不同心;另外是外圆面 ϕd 的拉伤与磨损。

轻微拉伤与磨损时,可对研抛光后再用。磨损拉伤严重时,可先磨去一部分,

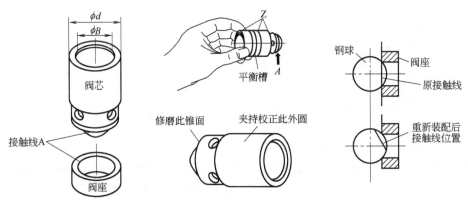

图 5-34 单向阀的修理

然后电镀硬铬后再与阀体孔、阀座研配,磨削时要保证 ϕd 面与锥面 A 同心。

修理后应检查单向阀修理质量的好坏,可按图 5-35所示的方法将单向阀静置于平板或夹于虎钳上,灌柴油检查密合面的泄漏情况。若两小时以上,油面一点都不下降,则表示单向阀阀芯与阀座非常密合,合格! 否则为不合格,须重磨阀芯。注意试验时不能灌煤油或汽油,因为两种油渗透性太强。

这种方法也是用来判断单向阀阀芯与阀座密合好坏的方法。

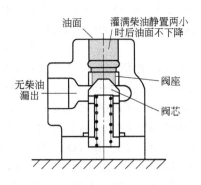

图 5-35 单向阀修理质量的检查

5.3 液控单向阀的使用与维修

液控单向阀是在单向阀上增加了液控部分而成,它是液压操纵的单向阀。它用于液压系统中,阻止油液反向流动,可起一般单向阀的作用;还可根据需要,利用从控制油口通入压力油,推动控制活塞去打开单向阀芯,使油流也可实现正、反向均可流动。因而液控单向阀也称为液压操纵单向阀、单向闭锁阀、保压阀等。

5.3.1 液控单向阀的工作原理

(1)内泄式液控单向阀的工作原理

如图 5-36 所示,当液压控制活塞 1 的下端无控制油 P_k 进入时,此阀如同一般单向阀,压力油可从 P_1 向 P_2 正向流动,不可以从 P_2 向 P_1 反向流动;但当从控制油口引入控制压力油 P_k 时,作用在控制活塞 1 的下端面上,产生的液压力使控制活塞 1 上抬,强迫阀芯 3 打开,此时主油流即可以从 P_1 流向 P_2,也可以从 P_2 流向 P_1。亦即液控单向阀允许液流在正向自由通过,在反方向也可借控制压力油开启单向阀,让油液也可反向流过,控制油压力过低或泄掉压力时,它便只能与一般单向阀具有相同的功能—"正向导通"与"反向截止"。

为使油液通过单向阀时,不致产生过大的压力损失,流速不能过高,因此单向阀芯 3 直径较大,但这带来一个问题:当图(a)的内泄式液控单向阀的反向油液进口压力 P_1 较高时,由于作用面积较大,因而阀芯 3 压在阀座 5 上的力是较大的,这时要使控制柱塞 1 将阀芯顶开所需的控制压力 P_k 也是较大的,再加上反向油流出口压力 P_1 也作用在控制活塞端面上产生向下的液压力,要抵消一部分控制活塞向上的力,因而 P_k 应更大,否则单向阀阀芯 3 难以打开,此时要开启,应满足:

$$P_k > (P_2 - P_1)A/A_k + P_1 + (F_H + F_f + M)/A_k \qquad (5\text{-}14)$$

式中　P_k——控制压力；

$\qquad A_k$——控制活塞承压面积；

$\qquad A$——单向阀阀芯承压面积（阀座口的面积）；

$\qquad F_H$——弹簧力；

$\qquad F_f$——阀芯及控制活塞的摩擦阻力；

$\qquad M$——阀芯与控制活塞总重量（垂直安装时考虑）。

（2）外泄式液控单向阀的工作原理

根据上式，目前国内外通常设计成当 $P_1 = 0$ 时，只要 $P_k \geqslant 0.4P_2$，即可反向流动，但如果 P_1 较大不为 0（例如装有节流阀、背压阀的情况），则 P_k 还要增大。为克服因实际开启压力 P_k 无法满足上式而出现不能开启的情况，出现了图 5-36（b）的外泄式液控单向阀，它能克服上述内泄式液控单向阀受 P_1 腔压力影响大的缺点，将控制活塞上腔与 P_1 腔隔开，并增设了与油箱相通的外泄油口，它适用于 A 腔压力较高的场合。外泄式液控单向阀的开启压力 P_{kE} 如下：

$$P_{kE} > (P_2 - P_1)A/A_k + P_1 A_R/A + (F_H + F_f + M)/A_k \qquad (5\text{-}15)$$

式中，A_k 为控制活塞杆承受压力 P_1 的面积，比较式（5-15）与式（5-16），外泄式开启压力 P_{kE} 较之内泄式开启压力 P_k，受 P_1 的影响减小 A/A_R 倍，这样既使油液反向流动出油腔的背压 P_1 较高，压力 P_1 只作用在控制活塞 1 上部顶端杆的小圆柱面积（A_R）上，而不再作用在控制活塞上端面的环形面积（$A_k - A_R$）上，由于二者面积相差很多，削弱了因反向出口压力 P_1 较高而需增大控制油压力 P_k 的依赖程度。所以内泄式液控单向阀一般使用在反向液流出油腔无背压或者背压较小的场合；而外泄式液控单向阀则可用在反向液流的出油腔 P_1 的压力（背压）较高的场合，以便降低最小控制压力 P_k，节省控制功率，并使液控开阀工作可靠。

（3）卸载式液控单向阀的工作原理

外泄式仅仅解决了反向流出油腔背压对最小控制压力的影响问题，没有解决阀芯 3 上端 B 腔以很大的力压在阀座 5，使单向阀难以打开的问题。为此采用了图 5-36（c）的泄压式（卸载式）液控单向阀，它是在单向阀的主阀芯 3 上又套装了一小锥阀阀芯，当需反向流动打开主阀芯时，控制活塞先只将这个小锥阀（卸载阀芯）顶开一较小距离，P_2 便与 P_1 连通，从 P_2 腔进入的反向油流先通过打开的小阀孔流到 P_1，使 P_2 的压力先降下来些，尔后控制活塞可不费很大的力便将主阀芯全打开，让油流反向通过。由于卸载阀阀芯承压面积较小，既使 P_2 压力较高，作用在小卸载阀芯上的力还是较小，这种分两步开阀的方式，可大大降低反向开启所需的控制压力 P_k。

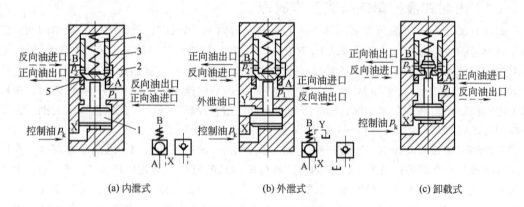

图 5-36　液控单向阀的工作原理

1—控制活塞；2—阀体；3—阀芯；4—弹簧；5—阀座

（4）双向液控单向阀的工作原理

如图 5-37 所示，当压力油从 B 腔正向流入时，控制活塞 1 推开左边的单向阀 2，压力油一方面可以从 B→B_1 正向流动，同时 A_1 腔的油液可由 A_1→A 反向流动；反之，当压力油从 A 流入时，控制活塞 1 左移推开右边的单向阀，于是同样可实现 A→A_1 的正向流动和 B_1→B 的反向流动。换言之，双液控单向阀中，当一个单向阀的油液正向流动时，另一个单向阀的油液反向流动，并且不需要增设控制油路。

当 A 与 B 口均没有压力油流入时，左、右两单向阀的阀芯在各自的弹簧力作用下将阀口封闭，封死了 B_1→B 和 A_1→A 的油路。如果将 A_1、B_1 接液压缸，便可对液压缸两腔进行保压锁定，故称之为"双向液压锁"。

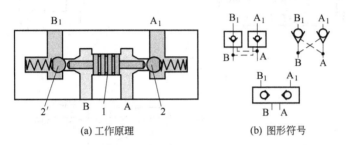

(a) 工作原理　　　(b) 图形符号

图 5-37　双向液控单向阀的工作原理与图形符号

（5）充液阀（液控单向阀）的工作原理

充液阀也为液控单向阀，其工作原理与内泄式液控单向阀相同（参阅图 5-38），只不过一般它用在给主液压缸快速下行时充液用而已。

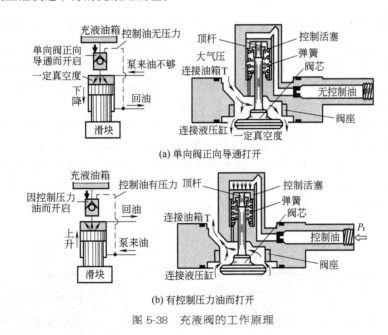

(a) 单向阀正向导通打开

(b) 有控制压力油而打开

图 5-38　充液阀的工作原理

5.3.2　液控单向阀的结构

（1）美国派克公司产液控单向阀

① CP 系列液控单向阀　图 5-39 为派克公司 CP 系列液控单向阀结构图，在无控制压力时，

其功能与普通单向阀相同，可允许液流在一个方向（A 到 B）上自由流过，而反向（B 到 A）截止。 当向先导控制油口 X 施加控制压力时，先导活塞可推动主阀芯克服 B 口处的压力将其从阀座上抬起，液流便能反向流过。 为了满足不同的工况条件，该型阀具有面积比为 1：5 的单级锥阀芯和 1：40 的两级锥阀芯供选择使用。

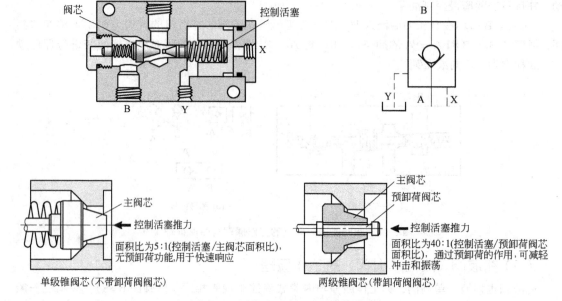

图 5-39　派克公司 CP 系列液控单向阀

② RH 型管路用液控单向阀　RH 型管路用液控单向阀的外观与结构如图 5-41 所示。

a. 不带预卸荷功能 [图 5-40（b）]。 该类阀的阀芯为钢球，能保证液控开启时，A 至 B 的全部通流面积快速打开，适用于所有的常用工况。 其控制油口内设置有阻尼节流孔，以缓冲控制活塞的运动，可充分地抑制压力冲击（释压冲击）。 如果在试运行过程中还是存在冲击现象，则有必要将先导控制管道盘弯成螺旋状，以形成一个附加的螺旋节流缓冲。

b. 带预卸荷功能 [图 5-40（c）]。 带预卸荷功能阀的阀芯为一个带磨削抛光球头的滑阀（座阀功能），并内置了一个球型单向阀。 该内置的附加球形单向阀机构实现了预卸荷的功能，使负载腔内的压力油得到平稳的释压。 该类型阀主要用于工作压力高和负载容腔大的场合。 控制阀芯的开启速度越小，亦即越柔和，预卸荷的效果就越好，在这里，达到该目的的方法是将先导控制管道弯成螺旋状，使之成为一个附加的阻尼缓冲环节。

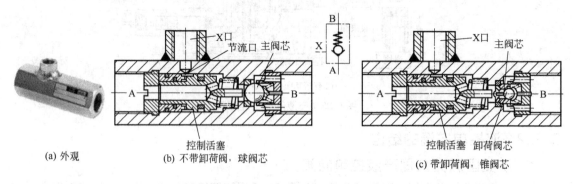

图 5-40　美国派克公司 RH 型液控单向阀

（2）美国伊顿-威格士公司产液控单向阀

4CG 型为板式安装液控单向阀，4CS 型为管式安装液控单向阀，其结构与图形符号见图5-41。

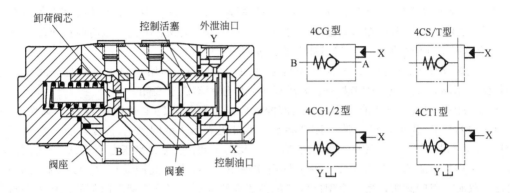

图 5-41　4CG 型与 4CS 型液控单向阀的结构与图形符号

（3）德国博世-力士乐公司产液控单向阀

① SV 型和 SL 型液控单向阀　SV 型和 SL 型是锥阀结构的液控单向阀，该阀包括阀体、阀芯、弹簧和控制活塞等。

SV 型为内泄式液控单向阀 [图 5-42（d）]，SL 型为外泄式液控单向阀 [图 5-42（e）]。最大工作压力 315bar，通径有 10、15、20、25、30 五种，对应通过最大流量 150～550L/min。两种

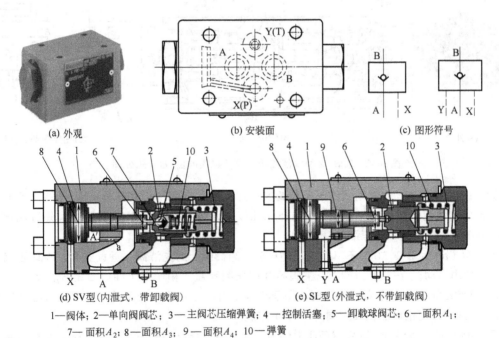

(a) 外观　　　　(b) 安装面　　　　(c) 图形符号

1—阀体；2—单向阀阀芯；3—主阀芯压缩弹簧；4—控制活塞；5—卸载球阀芯；6—面积 A_1；
7—面积 A_2；8—面积 A_3；9—面积 A_4；10—弹簧
型号SV(带泄油口)　　　型号SL(不带泄油口)

图 5-42　SV 型和 SL 型液控单向阀
1—阀体；2—单向阀阀芯；3—主阀芯压缩弹簧；4—控制活塞；5—卸载球阀芯；6—面积 A_1；
7—面积 A_2；8—面积 A_3；9—面积 A_4；10—弹簧

阀中均可带卸荷功能，带卸荷功能的阀有一个附加有一钢球卸荷阀，也可不带卸荷功能。

当向 X 口未提供控制压力时，油液可以由 A 至 B 自由流动，在相反方向，阀芯 2 被压缩弹簧和系统压力牢靠地压在其阀座上，B 至 A 不能流动；当向 X 口提供控制压力时，控制活塞 2 被推向右侧，顶开单向阀阀芯 2，B 至 A 也能流动。

图 5-42（d）中带卸荷功能时，控制活塞 2 首先推开球阀芯 5，然后再顶开主阀芯 2 离开其阀座，这样，油液可先经钢球卸荷阀连通 B 与 A，减少了顶开主阀芯的力，也可避免可能的压力冲击。由于这种预开启特征，可以实现缸中受压液体的平稳释压。

为了确保阀开启，需要一定的最低控制压力（5~315bar）作用于控制活塞上。为了确保通过施加到控制阀芯 4 上压力阀能打开，要求最小先导压力不低于 5bar。

② 双液控单向阀（双向液压锁）双液控单向阀以叠加阀的形式出现为多。如图 5-43 所示，当压力油从 B_1 腔正向流入时，控制活塞 1 推开主阀芯（单向阀）2，压力油一方面可以从 $B_1 \rightarrow B_2$ 正向流动，同时 A_2 腔的油液可由 $A_2 \rightarrow A_1$ 反向流动；反之，当压力油从 A_1 流入时，控制活塞 1 左移推开左边的单向阀 2'，于是同样可实现 $A_1 \rightarrow A_2$ 的正向流动和 $B_2 \rightarrow B_1$ 的反向流动。换言之，双液控单向阀中，当一个单向阀的油液正向流动时，另一个单向阀的油液可反向流动，并且不需要增设控制油路。

当 A_1 与 B_1 口均没有压力油流入时，左、右两单向阀的阀芯在各自的弹簧力作用下将阀口封闭，封死了 $B_1 \rightarrow B_2$ 和 $A_1 \rightarrow A_2$ 的油路。如果将 A_1、B_1 接液压缸，便可对液压缸两腔进行保压锁定，故称之为"液压锁"。图中 S_1、S_2、S_3 为各控制面积。

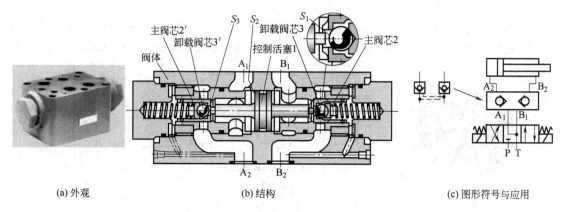

(a) 外观　　　　　　　(b) 结构　　　　　　　(c) 图形符号与应用

图 5-43　Z2S-22 型双液控单向阀（德国博世-力士乐公司）

③ ZSF 型充液阀　ZSF 型式的阀一般叠加在立式液压缸顶部，做充液阀用。例如用于压力机上主液压缸快速闭合（下行）运动期间补充油液用。该阀的基本构成是阀体，先导活塞，主阀芯，卸载（先导）阀芯和压缩弹簧。

图 5-44（a）为 ZSF-F0 型不具有预压力释放（卸荷阀）的充液阀，垂直安装，该阀使流体可从 A→B 自由流动。在相反方向上，主阀芯 3 由压缩弹簧 5 和作用于油口 B 的压力固定在其阀座上。但当先导油口 X 通入压力油时，先导活塞 2 由压力弹簧 6 向下移动，将主阀芯 3 推离其阀座。这样流体便也可沿相反方向（B→A）流经阀门。

图 5-44（b）为 ZSF-F1 型具有预压力释放（卸荷阀）特点的充液阀，其工作原理与不具有预压力释放特点的充液阀大体相同。对先导油口 X 施压时，先导活塞 2 最初只会打开先导阀芯 4，然后再打开主阀芯 3，这确保了高压液体的无冲击压力释放。

④ ZSFW 型充液阀　先导控制活塞 2 通过操作预装电磁方向阀来卸载，固定节流孔 8 安装在通道 P 中，通过操作方向阀 7 来卸载先导控制活塞 2 腔的控制压力（图 5-45）。

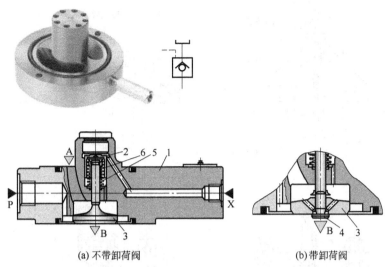

(a) 不带卸荷阀　　　　　　　　　(b) 带卸荷阀

图 5-44　博世-力士乐公司 ZSF 型充液阀

1—阀体；2—先导活塞；3—主阀芯；4—卸载阀芯；5—压缩弹簧；6—弹簧定心套

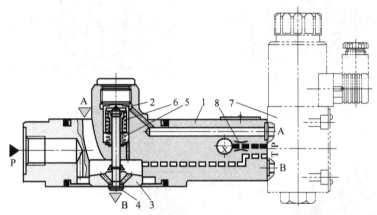

图 5-45　博世-力士乐公司 ZSFW 型带方向阀的充液阀

1—阀体；2—控制活塞；3—主阀芯；4—卸载阀芯；5, 6—弹簧；7—电磁方向阀；8—固定节流孔

（4）国产油压机常用充液阀

充液阀是液控单向阀的一种，常作为液压缸和充液油箱间的吸、排油阀使用。例如大型液压机的快进（降）行程，液压缸上腔要从充液油箱吸油，加压时防止压力油从缸流入油箱；反向上升时要从缸往充液油箱快速排油，使用充液阀，这些动作可方便实现。充液阀按充液原理分有自吸式和压入式；按阀的原始状态分常开与常闭两种；另外按安装方式有立式与卧式两种；按阀的安装位置有浸入式和管道式（图 5-46）。

（5）一些结构特殊的液控单向阀

① 美国伊顿-威格士公司、日本东京计器公司 C2PG-805 型液控单向阀　如图 5-47 所示，此液控单向阀结构特殊之处在于：无控制活塞，且 X1 口无控制压力油时，A→B，B→A 两个方向油液均不能流动，反之两个方向油液均可自由流动。

② 特殊的上控式液控单向阀的结构　国产压力机和一些进口设备上，使用着一些特殊形式的液控单向阀，例如上控式液控单向阀，从结构上来说：前述液控单向阀均为下控式液控单向

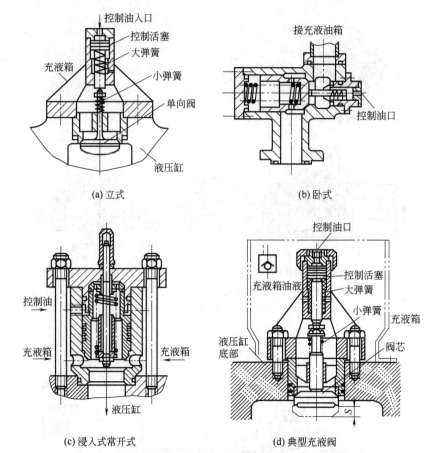

(a) 立式   (b) 卧式

(c) 浸入式常开式   (d) 典型充液阀

图 5-46 国产油压机常用充液阀的结构

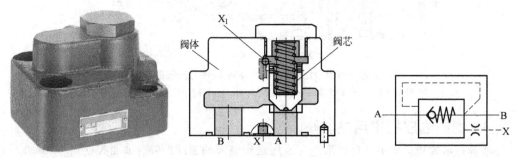

图 5-47 无控制活塞的液控单向阀结构

阀，此为上控式液控单向阀。 其工作原理和结构如图 5-48 所示，当控制油口 K 未接通压力油时，控制阀阀芯 1 在调压弹簧 2 的作用下关闭了下面的阀口，这时主单向阀 3 与一般单向阀一样，只允许油液从 A 向 B 正向流动；当控制油口 K 接入压力油时，克服调压弹簧 2 的弹力使阀芯 1 抬起，主阀芯 3 上腔 A 和泄油口导通，B 腔压力油有很小一部分经阻尼孔 E、油腔 A 和泄油口旁通流回油箱，此时由于 A 腔通过泄油口直通油箱，而 B 腔虽经阻尼 E 有小部分油流回油箱，所以 B 腔压力大于 A 腔压力，单向阀阀芯 3 因压差上抬打开，从 B 腔来的油大部分可由 C 腔流出，从而实现反向流动。 这种形式的液控单向阀，所要求的控制压力油压力很低，并且还兼有控制系统压力的功能：当系统中压力上升超过调压弹簧 2 的作用力时，控制阀 1 被顶起，单向阀打开溢流。 图 5-48（b）为上控式液控单向阀的结构，进口的压铸机上可见到类似的结构，称之

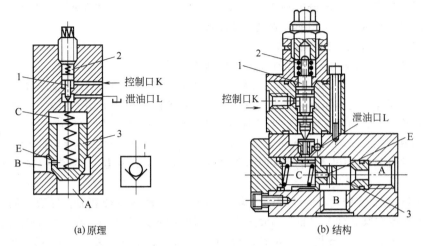

(a) 原理   (b) 结构

图 5-48 上控式液控单向阀结构

1—控制阀阀芯；2—调压弹簧；3—单向阀芯

为特殊液控单向阀。

5.3.3 液控单向阀的应用

（1）将液压缸锁定

　　液控单向阀为座阀式阀，可将液压缸锁定在任何位置，反向截止时内泄漏量近乎零，利用这个特点构成液压锁（单向或双向），较之滑阀式换向阀中位机能锁定，更安全可靠，所以在需要保持位置严格锁定的情况下（例如起重起吊设备），往往使用液控单向阀。

　　如图 5-49 所示，图（a）为单向液压锁（单液控单向阀），在换向阀处于中位时，液控单向阀的控制油通油箱而无压力，此时液控单向阀只起单向阀的作用，液压缸右腔回油被封闭，不能流动，反向截止，没有油液流动，缸向右动不了，液压缸向右移动被严格锁死；图（b）为双向液压锁（双液控单向阀），在换向阀处于中位时，两液控单向阀的控制油通油箱均无压力，此时两液控单向阀均只起单向阀的作用，液压缸左、右腔回油被封闭，不能流动，没有油液流动，缸向左、向右均动不了，液压缸双向被严格锁死，防止液压缸向左、向右移动。

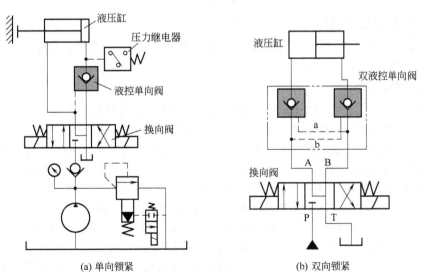

(a) 单向锁紧   (b) 双向锁紧

图 5-49 液压缸的锁定

此类阀用于有液压回路部分的隔离，当 A 与 B 管路破裂时，可作为防止负载（液压缸）失压的安全措施，或避免液压缸在闭锁时的爬行或漂移。

用液控单向阀作液压锁锁定液压缸，要注意下述问题。

① 单向阀芯落回阀座时，控制油口成了控制活塞回程用的泄（排）油口，为了确保安全可靠性，例如吊着重物的液压吊车，必须解决起吊液压缸快速可靠锁定的问题，如果液压锁的单向阀芯不能快速落回阀座，便不能迅速锁定，所以要考虑阀芯快速落回阀座的问题，则控制油口必须迅速泄油回油箱，因而如果采用图 5-50 的换向阀为中位油口封闭（相当于国产的 O 型），单向阀芯难以快速回落阀座，而应采用 ABT 连通（国产的 Y 型），希望更快地回程时，可以使用外泄式液控单向阀，并且将压力油引到控制活塞的外泄油口（1DT 通电），强制控制活塞回程（图5-51）。

② 当周围环境温度变化较大（如野外高温）时，由于油液的热膨胀，处于封闭状态的管路（液压缸至液控单向阀之间）中的压力会异常高，有破坏管路系统和液压元件的危险，此时可考虑在紧靠液压缸的管路 a、b 处（参阅图 5-49 与图 5-50）设置安全阀（溢流阀），起保护作用。但安全阀应选用泄漏量少的，否则液压锁的锁紧作用将减弱。

③ 当液压缸装在高处 [见图 5-50（b）]。 换向阀为 ABT 连接，如果未装背压阀 1，当管路接通油箱的时间一长，管内油液就会因重力落回油箱，下一动作时，油液要先充满管内建立起压力后才开始下一动作，要滞后一段时间，使用中须加以注意。

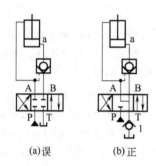

图 5-50　换向阀中位选择

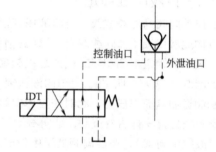

图 5-51　外泄式液控单向阀应用回路

（2）防止自重下落

对垂直安装并悬挂有重物 W 的液压缸，可使用液控单向阀，将悬挂的重物 W 长时间保持在停止位置上，而不致下落（图 5-52）。

（3）作充液阀用

如图 5-53（a）所示，当滑块快速空行程下降时，基本上靠滑块自重下落，仅靠液压泵来油难以填充液压缸上腔因而缸上腔形成一定真空度。 此时充液阀打开，大气压力将充液油箱内的油液经充液阀压入液压缸上腔，称之为"充液"；快速回程时，充液阀受控打开，使液压缸上腔的油液从充液阀迅速排回至充液油箱。 因此，作充液阀用的液控单向阀其通流能力要大，流动阻力要小，关闭时要可靠，泄漏要极小极小（零泄漏），动作要灵敏。 图 5-53（b）为充液阀的一个应用实例，当电磁铁 1DT 通电时，借助于小直径的辅助缸（活塞缸）可实现快速进给。 之后，冲头一碰到工件，压力就上升，顺序阀 3 开启，压力加在大直径的柱塞缸里，形成大作用力。 快进期间柱塞缸里由于形成真空而通过充液阀 2 从油箱吸油。

在液压机等需要很大的加压力和很快的空载进给速度的情况下，由于这样使用液控单向阀，所以用较小容量的泵便可以了。

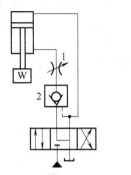

图 5-52 液控单向阀用于防止自重下落

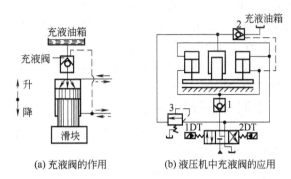

(a) 充液阀的作用 (b) 液压机中充液阀的应用

图 5-53 液控单向阀用作充液阀

（4）作排液阀用

液压缸快速回程时，如果缸内径与活塞杆外径相差很小的话，从头侧流回油箱的流量比流进杆侧的流量大得多，换向阀的容量就不够了。 为此可采用液控单向阀进行旁通分流回油的方法（图 5-54）。

（5）速度变换中要求准确的进给速度时用

图 5-55 是液压缸的两级前进速度变换回路，电磁铁 a、c 通电时为快进，仅电磁铁 a 通电时变换成受控制的进给速度。 这种情况比起在液控单向阀的位置上直接用滑阀式二通截止阀的回路来，没有滑阀内漏问题，可以得到准确的和更加稳定的速度调整。

（6）用于蓄能器保压

在图 5-56 所示的夹紧工件的回路中，由于停电等事故而使泵的供油压力断绝时，液控单向阀关闭，而 2 依旧开启，靠蓄能器保压，防止工件松脱发生事故。

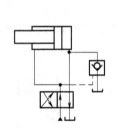

图 5-54 液控单向阀用
作排液阀

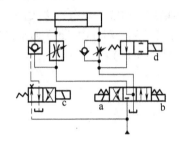

图 5-55 液压缸两级前进速度
变换回路

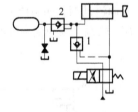

图 5-56 液控单向阀使蓄能器
保压回路

（7）使蓄能器开放

在图 5-57 所示的回路中，当电磁阀通电，通过液控单向阀，可以使蓄能器随时开放向系统供油，在蓄能器输出流量较大的情况下，比起使用大口径换向阀使蓄能器开放，在漏油量及装置的小型化等方面都有利。

（8）使高压回路释压（图 5-58）

当大型高压液压缸 3 右行后转入左行回程动作时，缸 3 左腔压力很高，储存的变形能如果骤然释放，即缸 3 左腔压力突然由高到低，会使机械系统和液压系统、整台设备产生很大振动，发出严重噪声，称之为"炮鸣"。 为了防止出现这样的事态，可以采用让高压回路内的压力逐渐降低的方法，使用液控单向阀是其中方法之一。 如果下一个动作是电磁铁 a 通电而使液压缸 3 回程时，可使电磁铁 c 预先 3s 左右动作，电磁铁 a 再动作，这样缸 3 左腔高压油先经液控单向阀 2 流回油箱（先卸压），然后缸 3 再左行，液控单向阀 1 如果采用卸载式，效果更好。因为阀 1 既可保证缸 3 右行时的保压锁定，又可在缸 3 回程时先通过小卸载阀泄掉缸 3 左腔一部分压力。类似回路中如果原设计阀 1 采用非泄压式，也可改成外径尺寸相同的卸载式，处理原设计选型错误导致的"炮鸣"故障。

（9）用于增压回路

图 5-59 所示，使用液控单向阀 1（宜用卸载式），可确保增压腔 A 的保压增压效果。原因在于座阀式的闭锁作用。

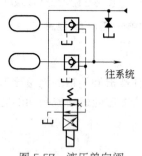
图 5-57　液压单向阀
使蓄能器开放回路

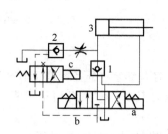

图 5-58　液压单向阀使
高压回路释压
1, 2—液控单向阀；3—高压液压缸

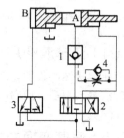
图 5-59　液压单向阀用于增压回路
1—液控单向阀；2, 3—换
向阀；4—单向节流阀

（10）用于支撑回路

图 5-60 所示的支撑回路实际上就是图 5-52 所示的防止自重下落回路，这类回路中特别必须注意的一个问题是：应防止液压缸下腔产生的增压事故。引进设备上使用的液控单向阀（以外泄式为例）其控制活塞下端作用面积与靠单向阀一端控制活塞的作用面积之比为（3.5～2.5）：1，如果液压缸的面积之比为 $4:1 = S_2:S_1$，则液控单向阀将永远不能打开。因为此时的液压缸如同一增压器一样，缸下腔将严重增压，造成不应有的事故。

反向流动时，如出口 P_1 直接连通油箱［图 5-61（a）］通常使用内泄式液控单向阀；当 P_1 压力（背压）较高，则须使用外泄式［图 5-61（b）］。

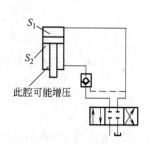
图 5-60　液压单向阀用于支撑回路 Ⅰ

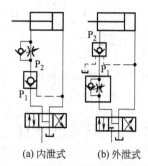
(a) 内泄式　　(b) 外泄式
图 5-61　液压单向阀用于支撑回路 Ⅱ

5.3.4　液控单向阀的使用注意事项

① 液控单向阀可水平安装，也可垂直安装。板式阀安装面表面精糙度应在 Ra3.2μm 以下，平面度为 0.02mm。

② 对卸荷式液控单向阀，最小控制压力为 1.6MPa，打开的是小阀，如反向出口处有背压 P_2，则最小控制压力应为 $P_K = 1.6 + P_2$（MPa）。

③ 对内泄式，回路与管路的设计必须保证在反向流动时不产生能引起动作不良的过高反向流动出口压力。 在回油布置确有困难的情况下可改用外泄式。

④ 单向阀芯落回阀座时，控制油口成了控制活塞回程用的泄油口，所以要考虑快速回程问题。 图 5-62（a）采用 O 型换向阀，单向阀芯难以快速回落阀座，而应改为图 5-62（b）、（c）的 H 型或 Y 型阀。 希望更快地回程时，可以用外泄式液控单向阀，将压力油引到泄油侧，强制控制活塞回程。

带有液控单向阀的系统的泄油背压不能超标，特别是内泄式液控单向阀不能用于后面带有可变液阻的场合，如后接节流阀、比例阀等［图 5-62（b）、（c）］。

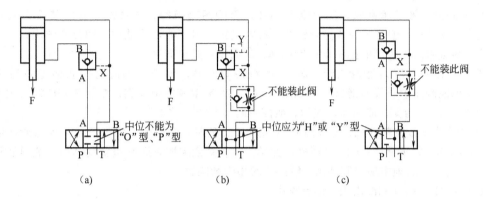

图 5-62　液控单向阀的使用注意事项

⑤ 作充液阀使用时，应选用开启压力尽可能小而通径足够大的阀，这样吸油阻力小。 另外尽量升高供给充液阀油液的油箱的液面，可将充液油箱装在设备最高处（图 5-53）

⑥ 由于液控单向阀的开启，压力从高压骤然降低而发生冲击的情况下，应考虑使用卸荷式液控单向阀，或者在控制管路中装设节流阀使控制活塞动作减慢，缓慢推开阀芯（图 5-59 中的 4）。

⑦ 由于安装液控单向阀的螺钉（4 个或 8 个）为对称布置，将其往主机阀板装时，稍不注意便装倒一头，造成因方向不对使阀的进出油口互相错位，泄油口与控制油口也互相错位，这样会导致液压系统故障。

图 5-63 给出了液控单向阀国际标准的安装尺寸图，但国产进口老一点的液控单向阀因安装尺寸未国际标准化，须注意。

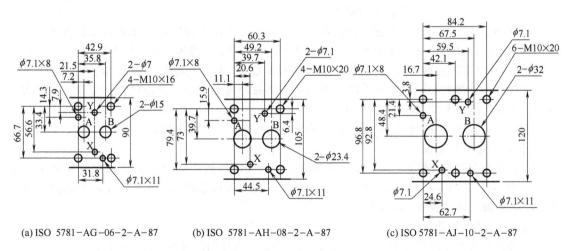

(a) ISO 5781-AG-06-2-A-87　　(b) ISO 5781-AH-08-2-A-87　　(c) ISO 5781-AJ-10-2-A-87

图 5-63　液控单向阀国际标准的安装尺寸

5.3.5 液控单向阀的故障分析与排除

【故障1】 液控失灵

由液控单向阀的原理可知，当控制活塞上未作用有压力油时，它如同一般单向阀；当控制活塞上作用有压力油时，正反方向的油液都可进行流动。所谓液控失灵指的是后者，即当有压力油作用于控制活塞上时，不能实现正反两个方向的油液都可流通。产生液控失灵的主要原因和排除方法如下。

① 检查控制活塞，是否因毛刺或污物卡住在阀体孔内。卡住后控制活塞便推不开单向阀造成液控失灵。此时，应拆开清洗，倒除毛刺或重新研配控制活塞。

② 对外泄式液控单向阀，应检查泄油孔是否因污物阻塞，或者设计时安装板上未有泄油口，或者虽设计有，但加工时未完全钻穿；对内泄式，则可能是泄油口（即反向流出口）的背压值太高，而导致压力控制油推不动控制活塞，从而顶不开单向阀。

③ 检查控制油压力是否太低：对 IY 型液控单向阀，控制压力应为主油路压力的 30% ~ 40%，最小控制压力一般不得低于 1.8MPa；对于 DFY 型液控单向阀，控制压力应为额定工作压力的 60% 以上。否则，液控可能失灵，液控单向阀不能正常工作。

④ 对外泄式液控单向阀，如果控制活塞因磨损而内泄漏很大，控制压力油大量泄往泄油口而使控制油的压力不够；对内、外泄式液控单向阀，都会因控制活塞歪斜别劲而不能灵活移动而使液控失灵。此时须重配控制活塞，解决泄漏和别劲问题。

【故障2】 振动和冲击大，略有噪声

① 正确的回路设计是保证不出故障的先决条件。如图 5-64 所示的液压当未设置节流阀 1

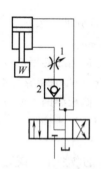

图 5-64 设置节流阀防振

时，会产生液压缸活塞下行时的低频振动现象。因为液压缸受负载重量 W 的作用，又未设置节流阀 1 建立必要的背压，这样液压缸活塞下行时成了自由落体，所以下降速度颇快。当泵来的压力油来不及补足液压缸上腔油液时，出现上腔压力降低的现象，液控单向阀 2 的控制压力也降低，阀 2 就会因控制压力不够而关闭，使回油受阻而使液压缸活塞停下来；随后缸上腔压力又升高，2 又因控制压力的上升又被打开，液压缸又快速下降。这样液控单向阀开开停停，液压缸也降降停停，产生低频振动。在泵流量相对于缸的尺寸来说比较小时，此一低频振动更为严重。

② 若因空气进入，则应排除进入系统及液控单向阀中的空气，消除振动和噪声。

③ 在用工作油压作为控制压力油的回路中，会出现液控单向阀控制压力过高的现象，也会产生冲击振动。此时可在控制油路上增设减压阀进行调节，使控制压力不至于过大。

【故障3】 不发液控信号（控制活塞未引入压力油）时，单向阀却打开，可反向通油

产生这一故障的原因和排除方法可参阅单向阀故障排除中的"不起单向阀作用"的内容。另外，当控制活塞卡死在顶开单向阀阀芯的位置上，也造成这一故障。可拆开控制活塞部分，看看是否卡死。如修理时更换的控制活塞推杆太长也会产生这种故障。

【故障4】 内泄漏大

单向阀在关闭时，封不死油，反向不保压，都是因内泄漏大所致。液控单向阀还多了一处控制活塞外周的内泄漏。除此之外，造成内泄漏大的原因和排除方法和普通单向阀的内容完全相同，可参阅 5.2 节的相应内容。

【故障5】 外泄漏

外泄漏用肉眼可以观察到，常出现在堵头和进油口以及阀盖等结合处，可对症下药。

5.3.6 液控单向阀的拆装与修理

（1）拆装

图 5-65 为常见的一种液控单向阀的拆装图，卸下螺钉 1 与 11，便可将阀内零件拆出。拆修时注意拆卸步骤，勿丢失零件，并按此进行正确装配。阀座 6 是压入阀体 7 内的，应按图 5-66（d）的方法拆卸阀座。

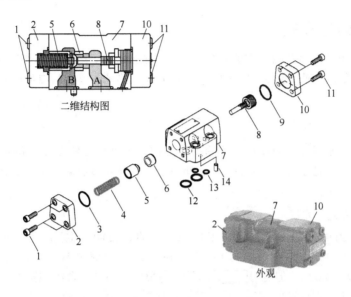

图 5-65　液控单向阀的拆卸

1—螺钉；2—左盖；3—O 形圈；4—弹簧；5—阀芯；6—阀座；7—阀体；8—控制活塞；9—O 形圈；
10—右盖；11—螺钉；12，13—O 形圈；14—定位销

（2）修理

修理时重点按图 5-66（a）检查阀座 6、阀芯 5（包括卸载阀阀芯）的 3 个位置 B、A、C。当阀座箭头所指 B 处有缺口或呈锯齿状时，要按图中所示方法卸下阀座，并予以更换，装入阀座时

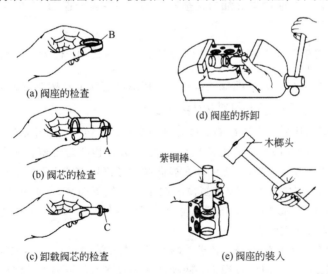

图 5-66　液控单向阀的修理

用木榔头对正敲入，防止歪斜；阀芯箭头所指 A 处（与阀座接触线）应为稍有印痕的整圆，如果印痕凹陷深度大于 0.2mm 或有较深的纵向划痕，则需在高精度外圆磨床上校正外圆，修磨锥面，直到 A 处不见凹痕划痕为止；按图（d）的方法检查卸载阀阀芯的 C 处，同样只应是稍有印痕的整圆，如凹陷很深，则需在小外圆磨床上修去锥面上的凹槽，并与阀芯内孔配研，然后清洗后将阀芯装入阀体，灌柴油检查密合面的泄漏情况：如果不漏则可，若灌煤油漏得较慢也可，否则重磨阀芯。

5.4　换向阀的基本知识

换向阀是借助于外部给予的操作信号及不同方式的操纵力，改变阀芯与阀体孔之间的相对位置，实现阀体相连的几个油液通路之间的接通、断开及变换的阀类，是应用得最多的一类阀。

5.4.1　概述

（1）换向阀的作用

改变执行元件（液压缸与液压马达）的动作方向；使执行元件在任意位置停止或者使其运动；装于液压回路中，进行回路通路的选择；使多个执行元件按照顺序动作；使回路卸荷；作先导阀用，操纵其他的阀。

（2）换向阀的"位"与"通"

阀芯在阀体孔内可实现停顿位置（工作位置）的数目叫"位"，例如两位、三位、四位……，在表示换向阀的图形符号中，用几个连在一起的方框表示，例如符号 □□ 表两位，□□□ 表三位，以此类推。但符号 □┆□ 或 □┆□ 却仍表两位，虚线包围的方框表示从一个工作位置过渡到另一个工作位置的过渡位置，并未在该过渡位置上停顿，所以仍为两位。

阀所控制的主油路通道数目叫"通"。对管式阀很容易判别，有几根接管就是几通，但注意不包括控制油管和泄油管。例如二通、三通、四通……。在表示换向阀的图形符号中，在一个工作位置的方框上，连有几根出线便表示几通。例如符号 ⊞ 与 Ⅲ 为四通，符号 ⊡ 为二通，符号 ⊿ 为三通，方框中的箭头则表示在该工作位置上阀所控制的油路是连通的，否则就是不通的。例如符号 ⊿（AB/PT）表示 P 油口与 B 油口是全连通的，⟶ 表全连通。而 A 油口与 T 油口不与其他油口连通，符号 ⊞（AB/PT）表示 A 油口、B 油口与 T 油口是连通的，但为半连通，⤛⟶ 表半连通。

在换向阀的图形符号中，方框两端的符号表示操纵阀芯换位机构的方式及定位复位方式。

（3）阀芯定位、复位及阀芯对中方式

① 定位方式　阀芯几个工作位置的定位方式有多种，主要有：钢球定位；定位销定位；靠固定装配的垫圈或阀盖上的止口挡住等方式定位。定位装置也叫定位器，它安装在阀的一端或两端。分别叫单定位器和双定位器。定位器在换向阀图形符号中的表示方法如图 5-67 所示。

② 阀芯复位方式与对中方式　阀芯复位一般是对二位阀而言。所谓"复位"，是指换向阀的阀芯在各控制方式中控制力（例如电磁铁吸引力等）消失时，阀芯恢复到自由状态的原始位置。换向阀的复位力都来自弹簧。

弹簧偏置——只有一个复位弹簧，装于（偏置于）阀靠油口 A 的一端或靠油口 B 的一端。

端至端——指偏置弹簧在复位过程中，使阀芯从一端终点移至另一端终点。

端至中位——指偏置弹簧在使阀芯复位过程中，只使阀芯从一端移位到中位（而不是另一端）。

换向阀的对中方式是对三位阀而言。所谓"对中"是指在阀两端的控制装置均未发控制信号（无控制力）的前提下，阀芯自由地复位到中间位置。对中方式主要有两种：一种是"弹簧对中"，阀芯两端各装一个尺寸完全相同的复位弹簧，控制力消失时，阀芯复位到阀体的中间位置，复位弹簧此时起使阀芯"复位"和"对中"双重作用；另一种是"液压对中"。采用弹簧对中的先导式三位四通换向阀（如电液换向阀）其先导阀的中位机能应该是A、B、T连通（相当于国产阀的Y型）或P、A、B、T连通（相当于国产阀的H型），只有这样，当先导阀处于中位时，主阀芯两端弹簧腔的压力为零，主阀芯在两端同尺寸的复位弹簧力的作用下方能可靠地保持在中位。

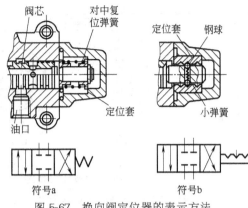

图 5-67　换向阀定位器的表示方法

5.4.2　换向阀的工作原理

换向阀的工作原理如表 5-2 所列。

表 5-2　换向阀的工作原理

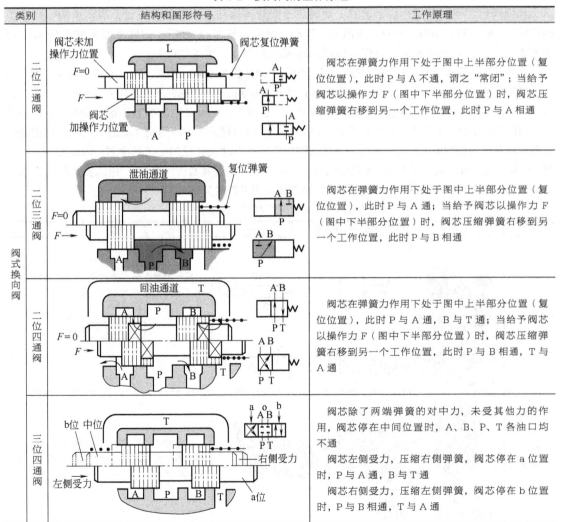

类别	结构和图形符号	工作原理
转阀式换向阀	b孔 阀体 B P P a孔 阀芯 封油 A T (a) A B P T B P A T (b) A B P T 二位四通转阀的工作原理	油路的接通或关闭是通过旋转阀芯（多用手动控制）中的沟槽和内部通孔（图中a与b）来实现的。当阀芯处于图中a的位置时，从P来的压力油经阀芯沟槽再经a孔由B孔流出，即P与B相通，另外A口与T口相通，此为一工作位置；当阀芯逆时针方向旋转一定角度，P孔的油液经阀芯外圆上的封油长度隔开了B口，油液不能再通过a孔流到B口，而是通过a孔流向A口，即P口与A口相通，而B口则通过b孔与T口相通，实现了油路的切换
座阀式	座阀式换向阀包括锥阀式和球阀式。它是利用锥形阀芯的锥面或者球形阀芯的球面压在阀座上而关闭油路，锥面或球面离开阀座则使油路接通而得名。单个锥阀式换向阀与球阀式换向阀的工作原理与单向阀相似，它们构成换向阀的工作原理详见本书后述内容及二通插装阀部分所介绍的内容	
	座阀式结构密封性好，无内泄漏；同时反应速度快，动作灵敏；因为阀芯为钢球（或锥面柱塞），无轴心密封长度，换向时不会出现滑阀式那样的液压卡紧现象，可以适应高压的要求，使用压力高	

5.4.3 换向阀换向的操作控制方式及其图形符号

换向阀可用不同的操作控制方式，使阀芯改变与阀体孔之间的相对位置，实现换向（变换工作位置），常用的有电磁、液动、电液动、手动、机动、气控等方式。这些控制方式在图形符号中的表达方式各国有所差异，而现在已越来越国际标准化，越来越统一。

上述直接推动控制阀芯的换向方式大多只能用于通过流量不太大的换向阀，即阀的通径（换向阀上油口的直径）不超过16mm的阀，这类阀叫直动式换向阀。而要通过的流量较大的换向阀，由于流量的增大，阀芯上受到的各种力（含动静态液动力）也较大，无论是电磁控制还是手动控制，控制换向的力便显得不够，所以大流量阀的换向控制方式多采用先导式，即利用先导阀的液压力作为控制信号去驱动主阀阀芯的换向，这样在大的液压力的作用下可推动大通径的主阀芯换向，构成先导式换向阀，即先导阀（直动式）和主阀（液动换向阀）的组合阀，便能够通过大流量。所以换向阀的控制方式又分为直动式和先导式两类。换向阀的操纵方式与图形符号见表5-3。

表5-3 换向阀的操纵方式与图形符号

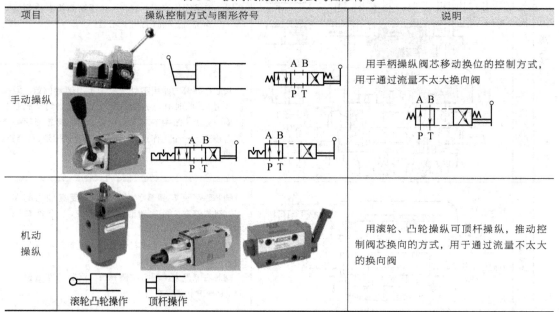

项目	操纵控制方式与图形符号	说明
手动操纵		用手柄操纵阀芯移动换位的控制方式，用于通过流量不太大换向阀
机动操纵	滚轮凸轮操作　顶杆操作	用滚轮、凸轮操纵可顶杆操纵，推动控制阀芯换向的方式，用于通过流量不太大的换向阀

项目	操纵控制方式与图形符号	说明
电磁铁操纵	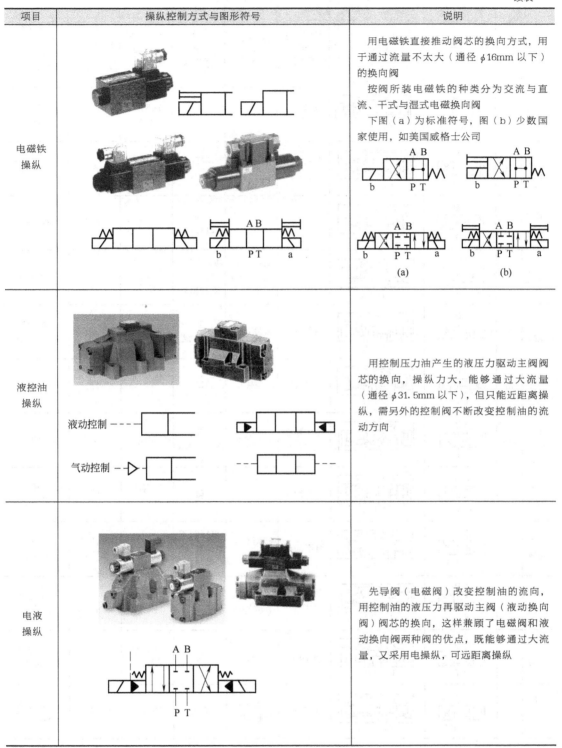	用电磁铁直接推动阀芯的换向方式，用于通过流量不太大（通径 $\phi 16mm$ 以下）的换向阀 按阀所装电磁铁的种类分为交流与直流、干式与湿式电磁换向阀 下图（a）为标准符号，图（b）少数国家使用，如美国威格士公司
液控油操纵		用控制压力油产生的液压力驱动主阀阀芯的换向，操纵力大，能够通过大流量（通径 $\phi 31.5mm$ 以下），但只能近距离操纵，需另外的控制阀不断改变控制油的流动方向
电液操纵		先导阀（电磁阀）改变控制油的流向，用控制油的液压力再驱动主阀（液动换向阀）阀芯的换向，这样兼顾了电磁阀和液动换向阀两种阀的优点，既能够通过大流量，又采用电操纵，可远距离操纵

5.4.4 三位四通换向阀的中位机能特性

根据三位四通换向阀的不同使用工作状况，阀芯处于中间位置时，需要不同的流道通路情况，称为中位机能，各种不同中位机能特性见表 5-4。

表 5-4 三位四通换向阀中位机能特性

滑阀形式	国产机能	液压符号	中位机能图	泵的保压与卸荷（多缸不干涉）	对系统影响（缸卸荷否）	液压缸在任意位置急停性（对定位的影响）	换向平稳性（换向冲击）	换向精度	启动平稳性（中位启动冲击）
中位关闭	O			泵保压不干涉	无	可	换向冲击大	好	好 无冲击
中位连通	H			泵卸荷多缸干涉	卸荷	不可，缸浮动	平稳	差	有冲击
ABT连接	Y			泵保压	卸荷	不可，缸浮动	平稳	一般	有冲击
ABT半连接	Yx			泵保压	缸有一定压力，压力降低	基本上可，缸浮动程度减轻	平稳	一般	稍有冲击
PTA连接	K			泵卸荷	A腔卸荷	能，但一个方向稍差	较平稳	一般	较平稳冲击较小
PT连接	M			泵卸荷	无	可	换向冲击大	好	有冲击
中位半连通	Hx			泵压降低（半卸荷）	缸压降低	不可，缸略有浮动	平稳	差	略有冲击
中位关闭	O			泵不卸荷	无	可	换向冲击大	好	好 无冲击
PAB连接	P			泵不卸荷	缸两腔互通压力油	单杆缸不能，双杆缸可急停	平稳	双杆好单杆差	好 无冲击
BT连接	J			泵保压	A腔保压B腔卸荷	可，但一个方向急停差	换向冲击大	一个方向好	一个方向有冲击
PA连接	C			泵保压	无	可	换向冲击大	好	一个方向有冲击
AT连接	N			泵保压	A腔卸荷B腔保压	尚可	较平衡	一般	一般方向有冲击

    各国三位阀的中位机能在产品型号中，用不同的数字或英文字母表达，笔者整理部分各国三位换向阀的中位机能对照表列于表5-5中供参阅。例如中国人称中位机能为"O"型的，美国伊顿-威格士公司与日本油研公司在阀的型号中用数字"2"表示，而德国博世-力士乐公司用字母"E"表示。

表 5-5 各国三位阀中位机能的表示方法

滑阀型式	图形符号	中位结构简图	美威格士	油研榆次油研	博世力士乐	中国
中位闭锁	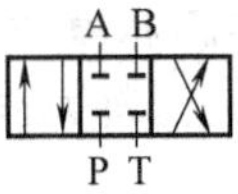	 TBPA	2	2	E	O
中位连通	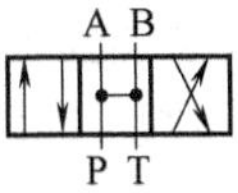	 TBPA	0	3	H	H
ABT 连通	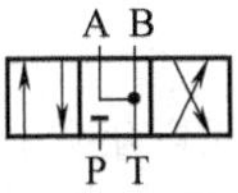	 TBPA	6	4	J	Y
带节流的 ABT 连通	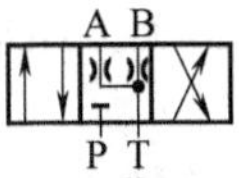	 TBPA	33	40	W	Yx
PAB 连通	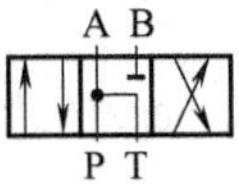	 TBPA	1	5	F	K
PT 连通（过渡位闭）	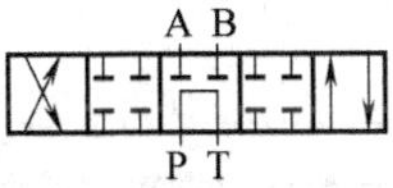	 TBPA	8	6	G	M
PT 连通（过渡位开）	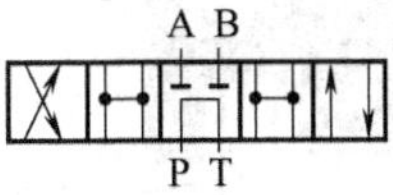	 TBPA	8	60	（T）	M
带节流的中位连通	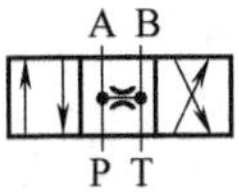	 TBPA		7	V	X
中位互不通	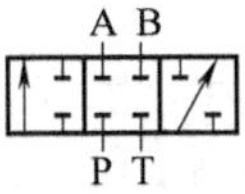	 TBPA	22	8		
PAB 连接	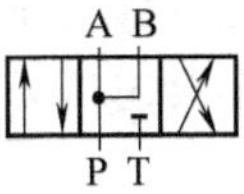	 TBPA	7	9	M	P
BT 连接	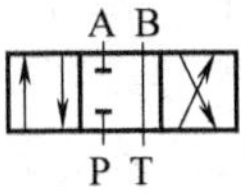	 TBPA	31	10	U	J
PA 连接	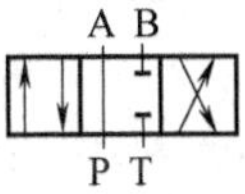	 TBPA		11		C
AT 连接	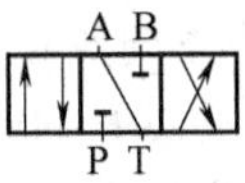	 TBPA	3	12	L	N

5.5 电磁换向阀的使用与维修

电磁换向阀简称电磁阀，是用电磁铁的吸力移动阀芯换位、弹簧使阀芯复位的换向阀。 电磁阀均是靠电磁铁通电或断电，指挥油流的通断，从而指挥油缸的运动及运动方向。

5.5.1 电磁换向阀用电磁铁的组成、工作原理与结构

通常在工业液压阀中使用的电磁铁分成"气隙式（干式）"和"湿式衔铁式（湿式）"两种类型。 通过电磁铁线圈通电产生的吸力推动阀芯移动换位，因而电磁换向阀（简称电磁阀）中的电磁铁是"液压"与"电气"之间的转换元件。

（1）干式电磁铁（图 5-68）

在两类电磁铁中，干式电磁铁是早期的设计类型，是 20 世纪 80 年代以前国内外用得最多的一种阀用电磁铁，现基本上淡出市场。 它价格便宜，电气线路简单，动作迅速。 但它的启动电流大，常因衔铁（可动铁芯）卡阻或电压太低而发热烧坏，动作噪声也较大，油液不能漏入电磁铁内，否则容易烧掉。

这种电磁铁由多层硅钢片压制而成的"T"形可动铁芯和"C"形的框架以及线所组成。 由于铁芯和围绕线圈的框架的形状，有时也称该类电磁铁为"CT"电磁铁。

当有电流通过绕制成许多圈的线圈，产生较强磁场，吸引可动铁芯，依靠磁场的这个吸力并通过与阀芯机械连接的推杆，使方向阀阀芯换向。

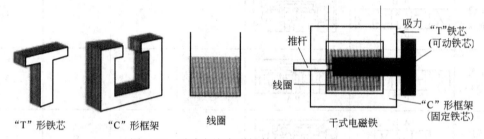

"T"形铁芯   "C"形框架   线圈   干式电磁铁

图 5-68 干式交流电磁铁的组成与工作原理

（2）湿式电磁铁

湿式电磁铁在工业液压领域中是相对较新的设计，与气隙式设计相比，湿式衔铁设计的优点在于散热性好和取消了在干式电磁铁中易造成泄漏的推杆密封，从而提高了可靠性。

所谓湿式，是指油液可进入电磁铁内部，起到冷却、润滑可动铁芯的作用，因而寿命比干式长。 推杆与电磁铁之间无需像干式电磁铁那样需要很好密封，该位置不会出现外漏问题。 油液进入电磁铁内还可产生阻尼作用，可减轻可动铁芯对阀本体的冲击。

如图 5-69 所示，湿式电磁铁是由线圈、矩形框架、推杆、衔铁（铁芯）和导磁套管组成的，线圈安置在矩形框架内，两者采用塑料封装在一起，该封装件中有一个贯穿线圈中心和框架两侧的通孔，用以套在导磁套管上。 导磁套管内装有衔铁，该导磁套管采用拧入安装的方式安装在方向阀的阀体上，导磁套管内腔与方向阀的回油通道相通，故衔铁浸润在系统的油液中，这就是称之为"湿式衔铁"的原因。

当有电流通过线圈绕组时，线圈周围便产生磁场，该磁场通过围绕线圈的矩形铁磁通道和线圈芯部的衔铁而加强。 在湿式衔铁线圈接通电流的瞬时，可移动的衔铁尚有部分处在线圈外面，电流所产生的磁场会把衔铁吸入，并撞击与阀芯相接触的推杆，使方向阀换向。 随着阀芯换向，衔铁将完全进入线圈。 使线圈磁场完全分布在铁磁通道内。 铁是良好的磁导体，而围绕衔铁和推杆的油液则导磁能力很差，湿式电磁铁的动作原理是基于磁场会拉入衔铁，以减小了线

圈芯部处造成很大磁阻的缝隙。随着衔铁的移入，缝隙逐渐减小，电磁铁输出的推力越来越大，衔铁在线圈内时的电磁力大于其在线圈外时的电磁力。

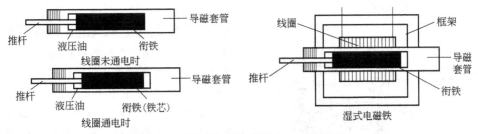

图 5-69　湿式电磁铁的组成与工作原理

湿式电磁铁的结构如图 5-70 所示，油液进入湿式电磁铁内，可取消推杆处的动密封，减小了阀芯运动时的摩擦阻力，提高了阀的换向性能，铁芯腔内充满油液（但线圈是干的），不仅改善了散热条件，还因油液的阻尼作用而减小了切换时的冲击和噪声。所以湿式电磁铁具有噪声小、寿命长、散热快、温升低、可靠性好、效率高等优点，但价格贵过干式。

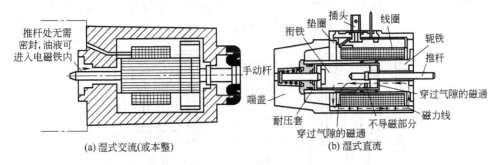

图 5-70　湿式电磁铁的结构

此外还有油浸式电磁铁，它的铁芯和线圈都浸在油液中工作，工作更平稳可靠，但造价较高。

5.5.2　电磁阀的工作原理与结构

（1）二位二通电磁阀的工作原理与结构

工作原理如图 5-71 所示，图（a）电磁铁未通电时，A 与 B 不通；图（b）电磁铁通电时，A 与 B 相通，叫常闭式。相反的情况叫常开式。

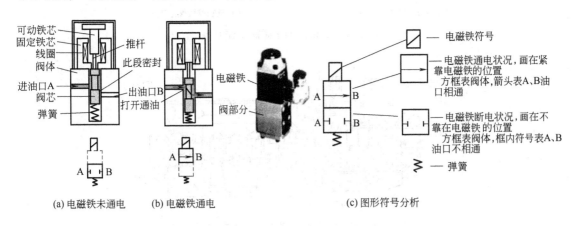

图 5-71　二位二通电磁阀的工作原理

图 5-72 为国产二位二通电磁阀的结构，注意：一般进口电磁阀只有锥（球）阀式电磁阀有此品种，而二位二通滑阀式电磁阀无这个品种，往往将二位四通滑阀式电磁阀堵死两个油口替代，老的国产电磁阀有此品种。

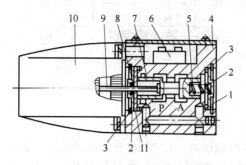

图 5-72 二位二通电磁阀的结构

1，8—O 形圈；2—弹簧座；3—卡簧；
4—阀体；5—复位弹簧；6—接线柱；
7—阀芯；9—推杆；10—电磁铁；11—挡片

（2）二位四通电磁阀的工作原理与结构

也是靠电磁铁通、断电指挥油流运动。 图 5-73（a）当电磁铁线圈未通电，可动铁芯不与固定铁芯吸合，阀芯在弹簧力作用下上抬，此时油流状况为：P→A，B→T；图 5-73（b）当电磁铁线圈通电，可动铁芯与固定铁芯吸合，通过推杆下压阀芯，阀芯压缩弹簧下移，此时油流状况为：P→B，A→T。图 5-74 为美国威格士公司二位四通电磁阀结构。图 5-75 为德国博世-力士乐公司二位四通电磁阀结构。 有些两位电磁阀为了保证换向可靠性，像三位电磁阀一样阀两端均装设有电磁铁［图 5-75（a）、（b）］，且阀芯上还带有定位装置［图 5-75（c）、（d）］。

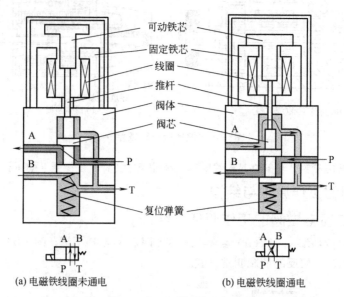

(a) 电磁铁线圈未通电   (b) 电磁铁线圈通电

图 5-73 二位四通电磁阀工作原理

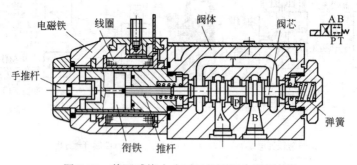

图 5-74 美国威格士公司二位四通电磁阀结构

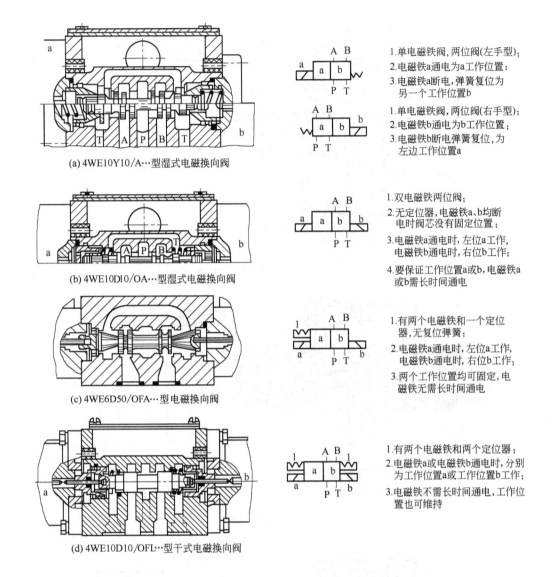

1. 单电磁铁阀,两位阀(左手型);
2. 电磁铁a通电为a工作位置;
3. 电磁铁a断电,弹簧复位为另一个工作位置b

1. 单电磁铁阀,两位阀(右手型);
2. 电磁铁b通电为b工作位置;
3. 电磁铁b断电弹簧复位,为左边工作位置a

(a) 4WE10Y10/A…型湿式电磁换向阀

1. 双电磁铁两位阀;
2. 无定位器,电磁铁a、b均断电时阀芯没有固定位置;
3. 电磁铁a通电时,左位a工作,电磁铁b通电时,右位b工作;
4. 要保证工作位置a或b,电磁铁a或b需长时间通电

(b) 4WE10D10/OA…型湿式电磁换向阀

1. 有两个电磁铁和一个定位器,无复位弹簧;
2. 电磁铁a通电时,左位a工作,电磁铁b通电时,右位b工作;
3. 两个工作位置均可固定,电磁铁无需长时间通电

(c) 4WE6D50/OFA…型电磁换向阀

1. 有两个电磁铁和两个定位器;
2. 电磁铁a或电磁铁b通电时,分别为工作位置a或工作位置b工作;
3. 电磁铁不需长时间通电,工作位置也可维持

(d) 4WE10D10/OFL…型干式电磁换向阀

图 5-75 德国博世-力士乐公司二位四通电磁阀结构

(3)三位四通电磁阀的工作原理与结构

当两端电磁铁 1DT 与 2DT 均未通电,阀芯以弹簧对中,阀芯处于中位。 A、B、P、T 各油口互不相通,以职能符号中间方框表示,油缸不运动［图 5-76（a）］。

当电磁铁 1DT 通电,铁芯吸合,通过推杆推动阀芯移至右位,P 与 A 相通,B 与 T 相通。压力油进入油缸左腔,推动缸活塞组件向右运动;缸左腔回油由 B→T 回油箱［图 5-76（b）］。

当电磁铁 2DT 通电,铁芯吸合,通过推杆推动阀芯左移,P 与 B 相通,A 与 T 相通。 压力油进入油缸右腔,推动缸活塞组件向左运动;缸左腔回油由 A→T 回油箱。 注意阀芯左位,而图形符号中,为右边方框表示［图 5-76（c）］。

图 5-77（a）为干式交流三位四通电磁阀的结构,20 世纪大量采用,由于使用中电磁铁容易烧坏,现在使用量已很少了。

图 5-77（b）为德国博世-力士乐公司产的 4WE 型三位四通湿式电磁阀的结构,油液可进入电磁铁内,起润滑与冷却作用,使用寿命长。

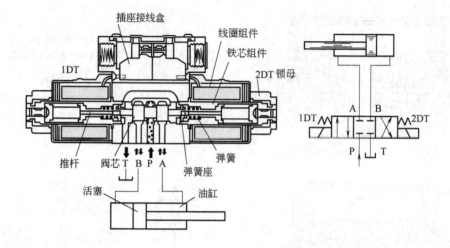

(a) 电磁铁1DT与2DT均未通电

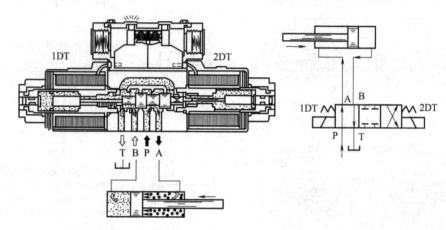

(b) 电磁铁1DT通电

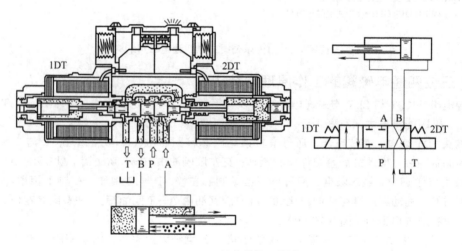

(c) 电磁铁2DT通电

图 5-76 三位四通电磁阀工作原理

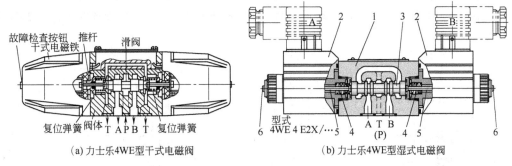

（a）力士乐4WE型干式电磁阀   （b）力士乐4WE型湿式电磁阀

图 5-77　干式电磁阀与湿式电磁阀的结构

1—阀体；2—电磁铁；3—阀芯；4—复位对中弹簧；5—推杆；6—应急操纵按钮

（4）电磁阀图形符号

图 5-78 中例举了德国博世-力士乐公司 WE 型部分电磁阀的图形符号，供阅读液压系统图时参考。

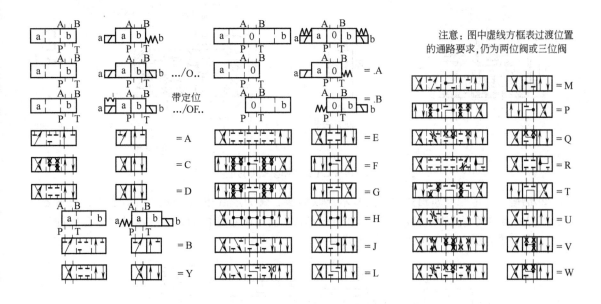

图 5-78　德国博世-力士乐公司 WE 型部分电磁阀的图形符号

5.5.3　球阀（锥阀）式电磁阀的工作原理与结构

（1）二位二通电磁球阀

① 工作原理　如图 5-79 所示，图（a）为常闭式，图（b）为常开式。

图 5-79（a）中，当电磁铁线圈不通电时，钢球在弹簧作用力下将钢球（阀芯）压在左端阀座口上，使 P 腔与 R 腔的通路被切断，此为常闭式；当电磁铁线圈通电时，衔铁被吸引，产生向下推力，使杠杆绕铰轴顺时针方向摆动，从而使推杆右移，克服弹簧力将钢球右推，打开 P 与 R 的通路，泵来压力油可经 P 腔，过流套（多孔套）从 R 腔流出。

图 5-79（b）中，当电磁铁未通电时，顶杆在弹簧力的作用下左推钢球，使 P 与 R 连通，此为常开式；当电磁铁通电时，线圈吸引衔铁，产生向下的作用力，使杠杆绕铰轴顺时针摆动，向右

推压推杆，并通过顶杆向右压缩弹簧，从而使钢球右行压在右边的座口上，关闭了 P 与 R 的通路。 如果如图 5-79（b）所示，将 R 连通油池，则电磁铁不通电时，可使液压泵卸荷，通电时则泵输出压力油。

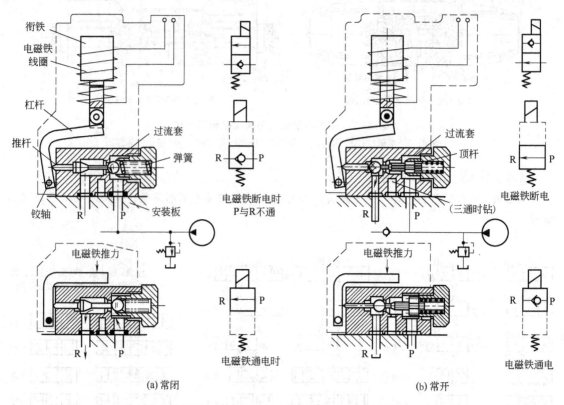

(a) 常闭

(b) 常开

图 5-79　球阀式二位二通电磁阀的工作原理

② 结构　二位二通座阀式电磁阀基本上以插装式阀的形式出现，如图 5-80 所示，当电磁铁未通电时，因弹簧 6 的弹力使阀口①与②封闭不通；当电磁铁通电时，铁芯通过推杆左推锥阀芯 3，阀口①与②连通，为常闭式，反之为常开式。

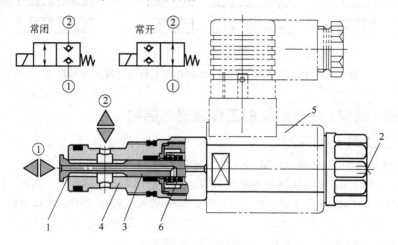

图 5-80　二位二通座阀式电磁阀结构

1—密封面；2—防尘推杆；3—阀芯；4—阀套；5—电磁铁；6—复位弹簧

（2）两位三通球阀

① 工作原理　图 5-81 为两位三通电磁球阀的工作原理图及相对应工作位置的图形符号。

图 5-81（a）为常闭式，当电磁铁线圈未通电时，弹簧将右边的钢球（阀芯）向左压向阀座口，并通过人形顶杆（中间推杆）将左边的钢球左推。这样 P 与 A 不通，而 A 与 R 导通；当电磁铁通电时，电磁铁产生的推力通过杠杆进行力放大，向右推压推杆，将左边钢球向右压在阀座口上，并通过顶杆向右推开右边的钢球，这时 P 与 A 通，而与 R 不通。

图 5-81（b）为常开式，从图中看出，它只有一个钢球。当电磁铁不通电时，弹簧的弹力通过顶杆向左推压钢球，并将钢球压在左端阀座口上，切断 A 口与 R 口的通路，而使 P 口与 A 口相通；当电磁铁通电时，电磁铁的推力经杠杆放大后，经由推杆将钢球向右压在右阀座口上，使 A 口与 R 口相通，而将 P 口切断。

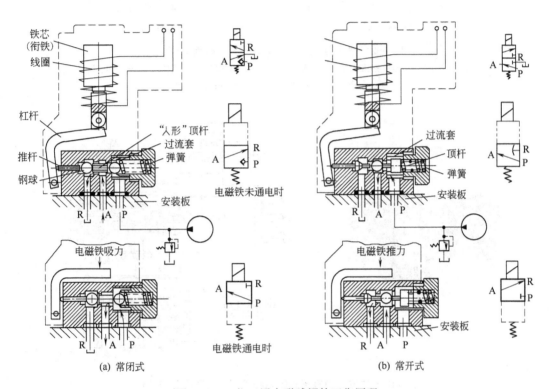

图 5-81　二位三通电磁球阀的工作原理

② 结构

a. 德国力士乐二位三通球阀（图 5-82）。

b. 座阀式。除了球阀式电磁换向阀以外，座阀式换向阀的阀芯还有锥阀式的结构。图 5-83 为两位三通座阀式电磁阀外观、图形符号与结构，工作原理与上述球阀式电磁阀相同，不过这类阀由输给电磁铁的电信号控制座阀（锥阀芯）的移动换位，控制油路开闭。由于是座阀式，故没有液压卡紧力，内泄漏也大大减小了。

（3）二位四通球阀

由上述常开式二位三通电磁球阀和附加阀板所组成，其工作原理如图 5-84 所示。当电磁铁不通电 [图 5-84（a）] 时，上部的二位三通电磁球阀 P 与 A 通，T 封闭。从 P 来的压力油经上部球阀弹簧腔到 A 腔，作用在活塞左端，附加阀板阀芯（含活塞）左右腔油液压力相等，但左端（活塞）作用面积大于右端（阀芯）作用面积，因此阀芯处于极右位置而将 P 口与 B 口的通路封

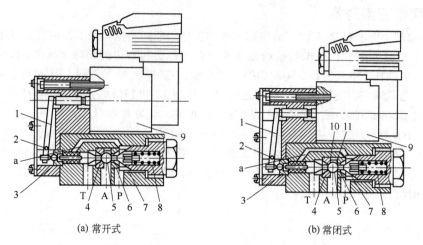

图 5-82　德国力士乐 3SF 型球阀式电磁换向阀结构

1—杠杆；2—支点；3—推杆；4—左阀座；5—阀芯（球阀）；6—右阀座；7—复位杆；
8—弹簧；9—电磁铁；10—中间推杆：11—隔环

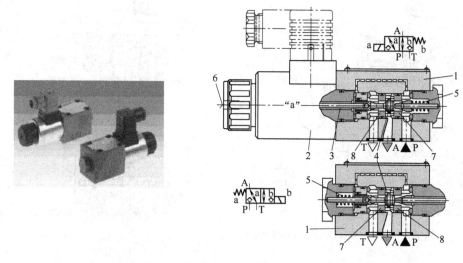

图 5-83　二位三通座阀式电磁阀外观、图形符号与结构

1—阀体；2—电磁铁；3—推杆；4—锥阀芯；5—复位弹簧；6—手推杆；7—阀座；8—阀座

闭，T 口与 B 口相通；当电磁铁通电后，球阀被压向右阀座，P 口和 A 口的油路被切断，A 口与

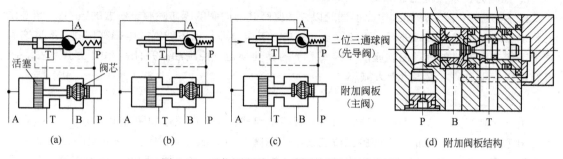

图 5-84　二位四通球式电磁换向阀的工作原理

B口和T口三口相通 [图5-84 (b)]，这是换向阀的过渡瞬间（过渡机能为ABT连通）。 这样附加阀阀芯两端出现压力差，因而阀芯向左压向左阀座口 [图 (c)]。 此时油路为P口与B口连通，A口与T口连通，实现了换向。

（4）三位四通球阀

由两个二位三通座阀式电磁阀（常闭或常开）可连成图5-85所示的三位四通座阀式电磁阀。

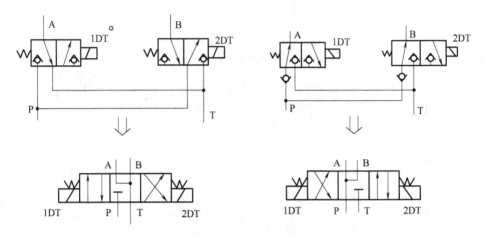

图 5-85　三位四通电磁球阀

（5）液压双稳二位三通电磁球阀

为了缩小电磁铁尺寸和减少功率消耗，方向阀的先导控制部分可采用液压双稳触发器，用到了图5-86所示的结构。 当图中左边的状态要切换到右边的状态时，给电磁铁2输入脉冲宽度为4ms的短电流脉冲便可。 通电后，由推杆连接在一起的钢球向左运动，起控制压力的变化，使中间的两个钢球元件切换到相反的位置，此时电磁铁2即可断电，因为右侧控制油路的压力使控制部分切断后的状态保留下来。 反之，电磁铁1输入电流脉冲情况相同。

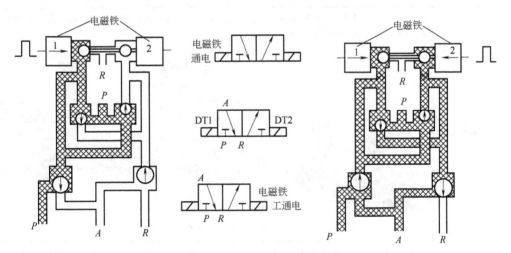

图 5-86　液压双稳二位三通电磁球阀

5.5.4　特殊电磁阀的结构原理

除了上述标准的电磁阀外，液压设备上还使用了一些特殊电磁阀，其结构原理如表5-6所示。

表 5-6 特殊电磁阀的结构原理

特殊阀	结 构 原 理
两个电磁铁装在阀一端的电磁阀	两电磁铁共用一个衔铁，SOLb 通电，阀芯向左运动，SOLa 通电，阀芯向右运动，二者都不通电，阀芯在两端复位弹簧的作用下对中位。 这种阀卸掉 SOLa 或者 SOLb 的接线，或者在工作过程中固定某一个电磁铁通断电，可构成二位四通阀（图 a） 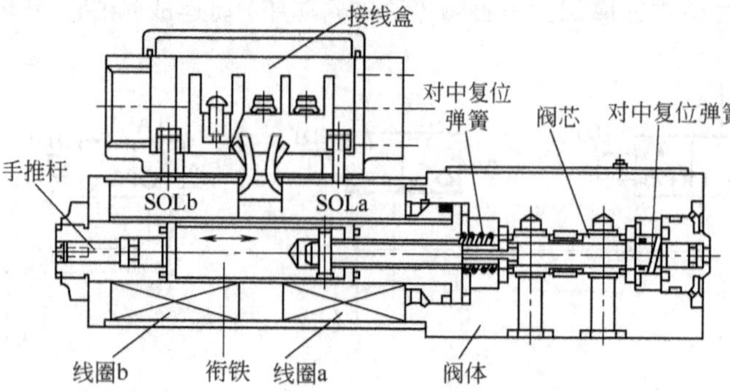 图 a 日本大京公司产的 JS G01－※C 型三位四通电磁阀
带阀芯指示开关的电磁阀	图 b 所示的带阀芯位置指示开关的电磁阀，一旦阀芯处于弹簧复位位置，位置指示开关便发出电信号，可将阀芯何时处于弹簧复位位置指示出来。 这种型号的单电磁铁阀适用于液压系统联锁及顺序动作等情况下以及需要知道阀的位置状态进行电气显示的场合 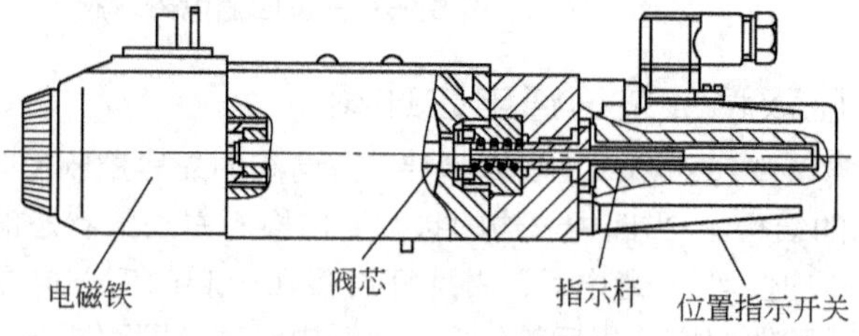 图 b 美国 Vickes 公司产的 DG4V-3…Sb 型带阀芯位置指示开关的电磁阀
带接近开关的电磁阀	图 c 所示的带接近开关的电磁阀，输往电磁阀的指令与传感器回输的信息相结合，可确认电磁阀的工作位置状态，并进行电气显示 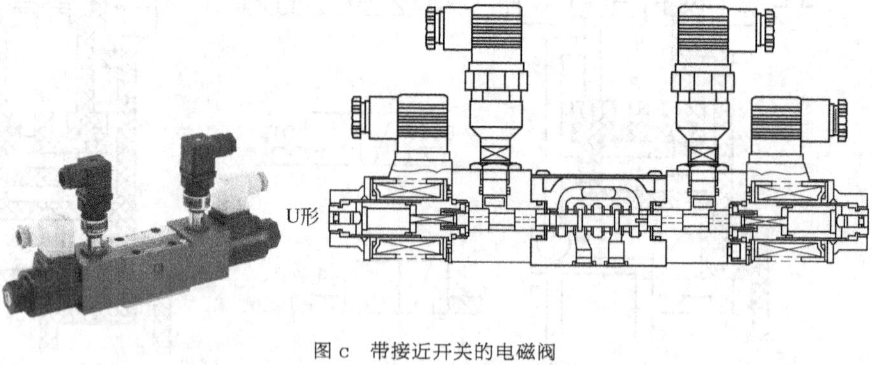 图 c 带接近开关的电磁阀
柔和换向式电磁阀	图 d 为美国派克公司产的 DIVW 系列柔和换向式电磁阀的结构，为三槽式三位四通电磁阀 在湿式电磁铁的衔铁内有一个可控制和调节换向时间的阻尼螺塞，改变阻尼小孔直径尺寸大小，可控制电磁铁通断电时间长短，使阀芯切换时的加速度可降低到普通型的 1/4～1/5，因而换向柔和无冲击 图 e 中派克公司的 D3W 型电磁阀也是一种软切换阀，通过衔铁内的阻尼节流孔的缓冲作用实现的

图 a 标注：接线盒、对中复位弹簧、阀芯、对中复位弹簧、手推杆、SOLb、SOLa、线圈b、衔铁、线圈a、阀体

图 b 标注：电磁铁、阀芯、指示杆、位置指示开关

图 c 标注：U形

特殊阀	结构原理
柔和换向 式电磁阀	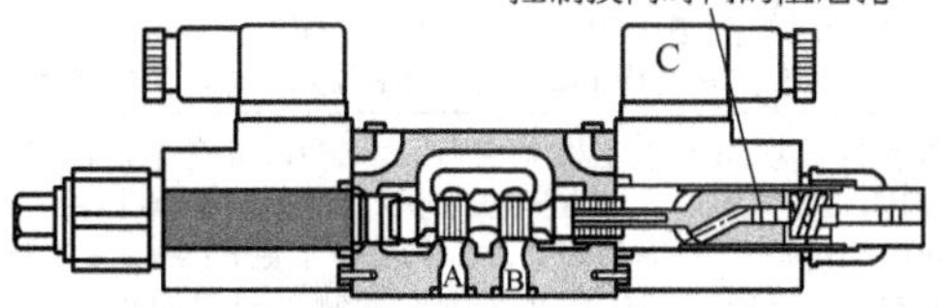 图 d 美国派克公司 DIVW 系利柔和式电磁阀结构 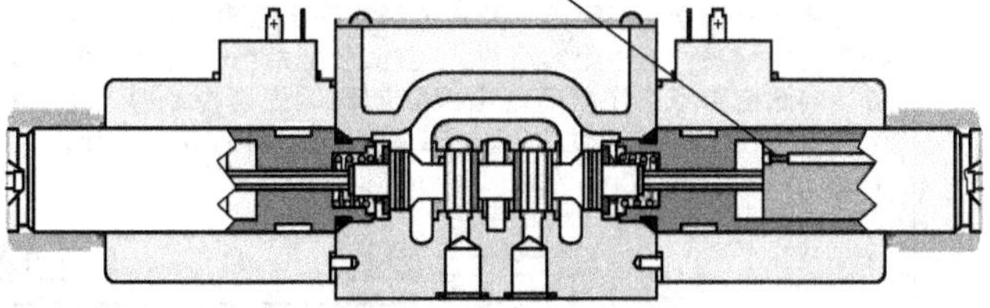 图 e D3W 型软切换电磁阀
低功率电磁阀	低功率电磁阀也像普通电磁阀一样为同轴式结构，但又有与普通电液阀相类似的双级（先导级与主级）控制结构，能解决大流量问题。耗电省，电磁铁的控制功率最小的只有 2W。因而可用固体继电器和程序控制器 PC 直接控制，同样通流能力下，体积也比普通型通流能力相同的电液阀外形小很多（20％～30％），噪声低。 　　它的结构如图 f 所示，工作原理如下：两端各设一个控制活塞 3，当两端电磁铁 SOLa 与 SOLb 均不通电时，控制活塞 3 在两端控制活塞的复位弹簧 9 的作用下处于图 f(i) 所示位置。此时两端先导控制腔的油液通过通道 DK 与主回油腔 R 相通，主阀芯 4 在其两端复位对中弹簧 5 的作用下处于中位。P 腔闭锁，A、B 腔与 R 腔相连通；当电磁铁 SOLa 通电，线圈 2 励磁吸引铁芯右移。通过推杆也推动控制活塞 3 右移，控制压力油经 PG 通道→阀套小孔→控制活塞 3 沉割槽→阀套另一小孔→主阀控制腔 P，推动主阀芯右移到位 [图 f(ii)]，与铁芯被吸引的相同方向使主 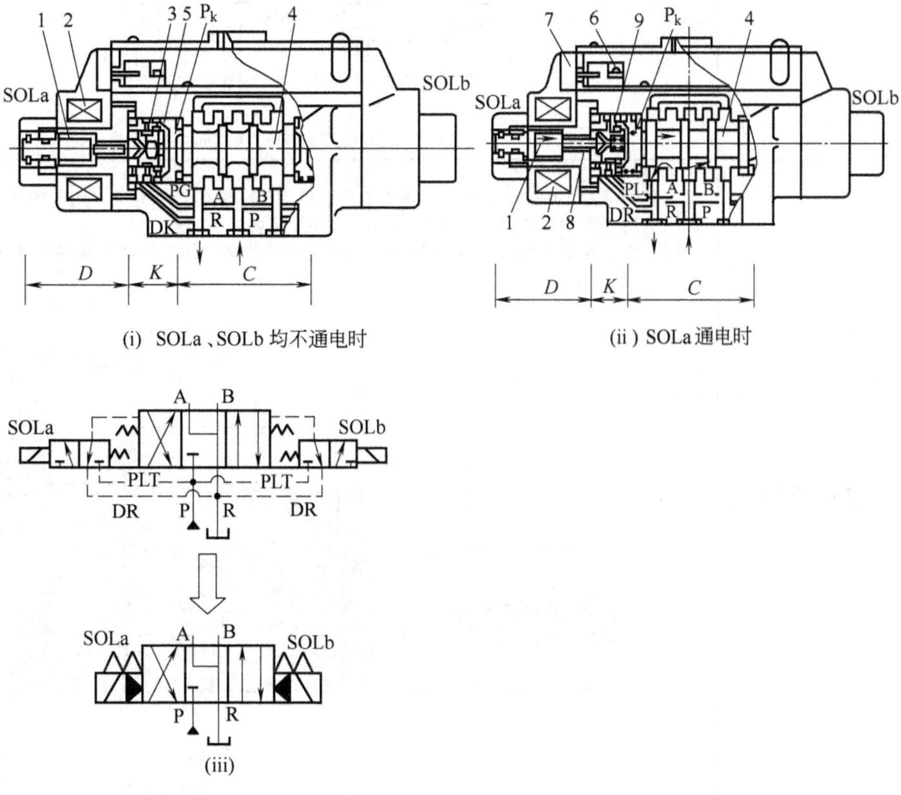 (i) SOLa、SOLb 均不通电时　　　　(ii) SOLa 通电时 (iii) 图 f 低功率电磁阀的结构原理与图形符号

特殊阀	结构原理
低功率电磁阀	阀芯 4 换位，压力油此时从 P→B，进入执行元件，使执行元件动作，执行元件另一端回油经 A→R 流回油箱。反之 SOLb 通电，SOLa 断电，阀芯 4 向左方向换位，控制活塞 3 左腔回油经 DR 通道→R→油箱，形成换向动作。主阀芯同样可以做成各种机能
高速电磁换向阀	图 g 为日本川崎重工株式会社 2HE6 型高速电磁换向阀的结构。它由电磁铁 1、阀芯 2、弹簧 3、阀体 4 等组成，与普通电磁阀不同的是，其阀芯由两部分——圆柱部分和锥面部分组成，圆柱部分作为换向时的导向段，A、B 腔与 T 腔的密封靠锥面部分实现。当油液由 A、B 口进入阀体内部时，由于阀芯圆柱面和圆锥面两侧受压面积相等，阀芯处于平衡状态，靠弹簧力将阀芯锥面紧压在 A、B 腔阀口上，实现与 T 腔的密封。左右两个阀芯分别由两端电磁铁控制。当左端电磁铁通电时，衔铁推动阀芯 A 腔与 T 腔沟通；当右端电磁铁通电时，使 B 腔与 T 腔沟通 由于阀芯处于静压平衡状态，锥面密封又没有滑阀密封所必需的封油长度，同时受液压卡紧力的影响比滑阀小，因此，推动锥阀芯开启的电磁控制力不必很大。同时，换向速度较快，换向频率可以提高，工作更为可靠。它实际上相当于两个二位二通电磁换向阀的组合。这种高速电磁换向阀主要用来作为高速电液换向阀的先导控制阀，也可在小流量回路中直接作为控制阀使用。它的最高工作压力为 25MPa，额定流量为 15L/min，换向时间：交流 8～14ms，直流 30～37ms，湿式直流 40ms 左右 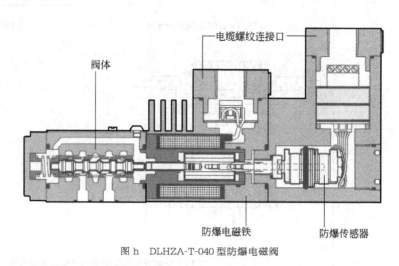 图 g　211E6 型高速电磁换向阀结构及图形符号
防爆电磁阀	图 h 所示为 Atos 公司产的防爆电磁阀，采用了防爆电磁铁壳体，用以隔离由于气体混合物在壳体内出现可能引起的爆炸，从而避免引起外部环境中的爆炸 根据认证等级不同，这些电磁铁可以限制外部温度，避免在有易爆混合物环境中发生自燃引起爆炸 图 h　DLHZA-T-040 型防爆电磁阀

5.5.5 板式电磁阀安装尺寸、中位机能的判别方法与电磁阀的应用回路

（1）板式电磁阀的底板尺寸

电磁阀阀体上，多铸有 P、A、B、T 字样，板式阀按一定形状和尺寸排列着 P、A、B、T 各孔，这些孔的排列尺寸均已国际标准化，即各国的电磁阀可以互换。

由于电磁铁的吸力有限，增大吸力又受到用料与体积的限制，电磁阀只能做到通径（油口尺寸）为 4、6、10、16 四种。 图 5-87 和图旁尺寸列表所示分别为通径 4、6、10、16 的板式电磁阀的连接底板尺寸。

●通径 4 GB 2514–AA–02–4–A
　　ISO 4401–AA–02　4–A

/mm

	P	A	T	B	F_1	F_2	F_3	F_4
X	18.3	12.9	7.5	27.8	0	25.8	25.8	0
Y	10.7	20.6	10.7	10.7	0	0	21.4	21.4
ϕ	4max	4max	4max	4max	M5	M5	M5	M5

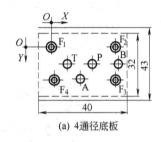

(a) 4通径底板

●通径 6 GB 2514–AB–03–4–A
　　ISO 4401–AB–03–4–A

/mm

	P	A	T	B	F_1	F_2	F_3	F_4
X	21.5	12.7	21.5	30.2	0	40.5	40.5	0
Y	25.9	15.5	5.1	15.5	0	−0.75	31.75	31
ϕ	6.3max	6.3max	6.3max	6.3max	M5	M5	M5	M5

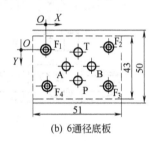

(b) 6通径底板

●通径 10 GB 2514–AC–05–4–A
　　ISO 4401–AC–05–4–A

/mm

	P	A	B	T_1	T_2	F_1	F_2	F_3	F_4
X	27	16.7	37.3	3.2	50.8	0	54	54	0
Y	6.3	21.4	21.4	32.5	32.5	0	0	46	46
ϕ	11.2max	11.2max	11.2max	11.2max	11.2max	M6	M6	M6	M6

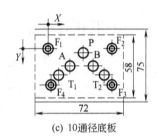

(c) 10通径底板

●通径 16 GB 2514–AD–07–4–A
　　ISO 4401–AD–AD–07–A

/mm

	P	A	T	B	F_1	F_2	F_3	F_4	F_5	F_6
X	50	34.1	18.3	65.9	0	101.6	101.6	0	34.1	50
Y	14.3	55.6	14.3	55.6	0	0	69.9	69.9	−1.6	71.5
ϕ	17.5max	17.5max	17.5max	17.5max	M10	M10	M10	M10	M6	M6

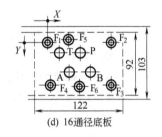

(d) 16通径底板

图 5-87　板式电磁阀的连接底板尺寸

（2）维修中三位阀中位机能的判别方法

在设备选用三位电磁阀以及修理更换时，只要对照图 5-87 中所列 P、A、B、T 各孔的排列方式，不

用测量尺寸便可弄清楚阀的通径，购买同通径的阀换上，安装不成问题，因为已经国际标准化。

然而三位阀有一个中位机能不同的问题，装得上不一定中位机能对，中位机能不对，新阀也会带来故障，维修中均会碰到区分换向阀机能的问题。此时可用吹气或灌油的方法判断出三位四通电磁阀的中位机能，区分方法如下。

① 在有设备说明书和实物有标牌者，可按说明书和标牌判断。如二者皆无，则需用其他方法判定。

② 用吹气或灌油的方法检查　下面以通径 φ16mm 的电磁阀为例来说明这一方法（图 5-88）。

a. 吸一口香烟（或灌油），用吸饮料的塑料管将气从底面 P 口吹入，根据底面其他油口有否烟气（或油液）冒出，可决定国产阀是否为 P、C、K、M、H、O 型。进口阀可由表 5-5 与表 5-6 对照出其机能。例如从 P 孔灌油，A 孔有油液冒出，结合从其他孔灌油的情况可决定该阀中位机能为 C 型（图 5-88）。

b. 从 B 孔吹气或灌油，结合从其他孔吹气或灌油的导通情况，可决定是否为 J、Y、P 型。

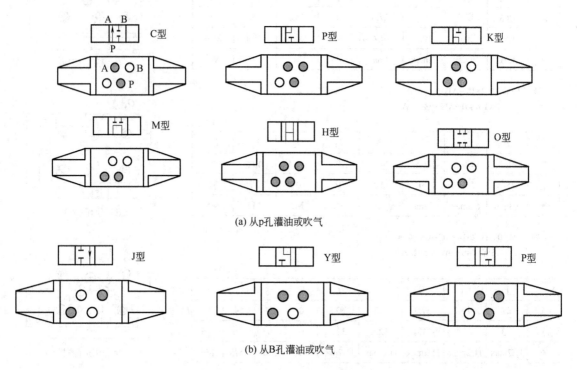

(a) 从 p 孔灌油或吹气

(b) 从 B 孔灌油或吹气

图 5-88　三位阀中位机能的判别

c. 对于其他通径的阀，油口 P、A、B、T 等排列形状不同，但判定机能所用的吹气方法相同，可参照执行。

另外，根据修理时拆下来的阀芯形状也可判断电磁阀的机能，例如表 5-7 所列为中国台湾朝田、日本油研等公司的电磁阀阀芯形状对应的机能符号图。

表 5-7　直径 6mm 和 10mm 的电磁阀阀芯形状

阀芯类型	液压符号	02（φ6mm）	03（φ10mm）
2B2 （二位，瞬间中位闭）			

続表

阀芯类型	液压符号	02（φ6mm）	03（φ10mm）
2B3 （二位，瞬间中位通）	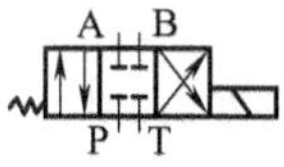	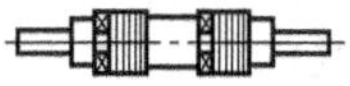	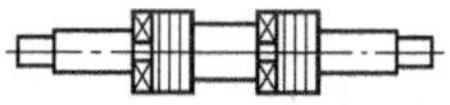
2B8 （二位单通，瞬间中位闭）	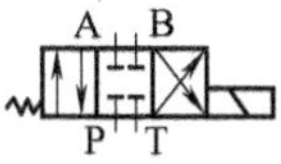	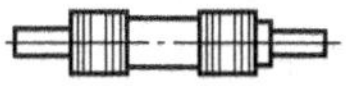	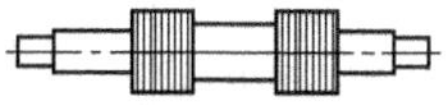
2D2 （二位，瞬间中位闭，带定位）		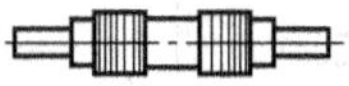	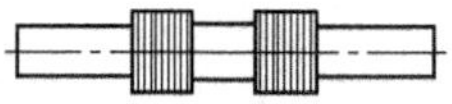
2D3 （二位，瞬间中立通，带定位）		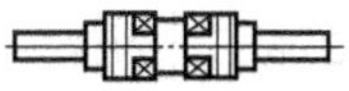	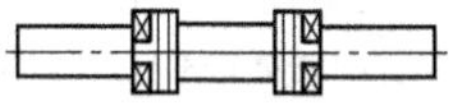
3C2 （三位，中位闭）	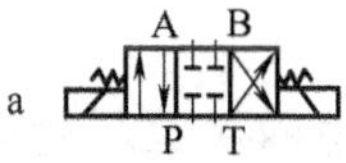	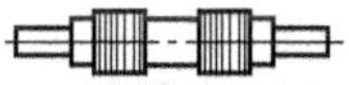	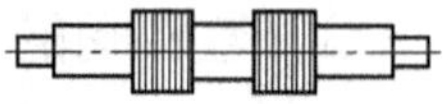
3C3 （三位，中位通）	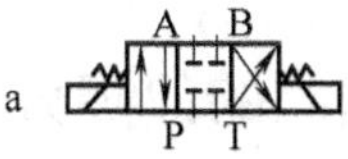	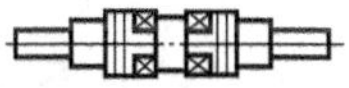	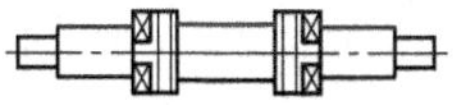
3C4 （三位，中位ABT通）	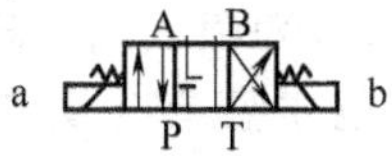	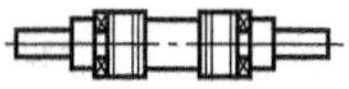	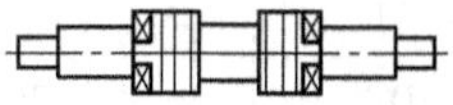
3C5 （三位，中位APT通）		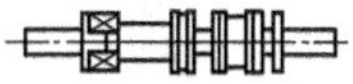	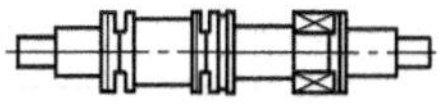
3C60 （三位，中位PT通）	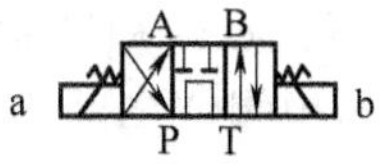		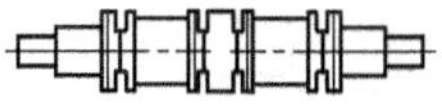
3C8 （三位单通，中位闭）		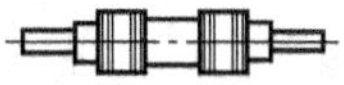	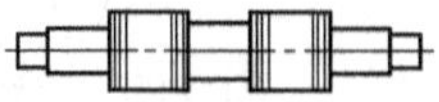
3C9 （三位，中位ABP通）		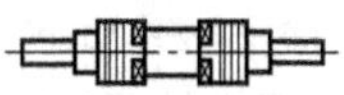	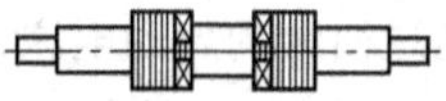
3C10 （三位，中位BT通）		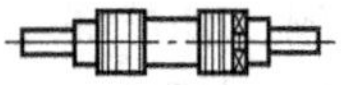	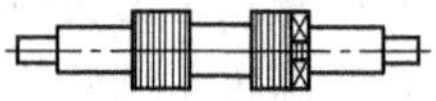

阀芯类型	液压符号	02（φ6mm）	03（φ10mm）
3C12 （三位，中位 AT 通）			
3C9 （三位，中位 ABP 通）			
3C10 （三位，中位 BT 通）			
3C12 （三位，中位 AT 通）			

（3）电磁阀的应用回路

如图 5-89 所示，电磁阀 4 用于控制液压缸 5 的换向，电磁铁 1DT 通电时缸 5 右行，电磁铁 2DT 通电时缸 5 左行；电磁阀 3 的电磁铁 3DT 通电时用于液压泵 1 升压，3DT 断电时使泵 1 卸压。

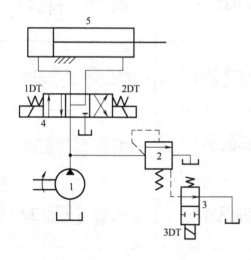

图 5-89　电磁阀的应用回路

5.5.6　电磁阀的故障分析与排除

（1）电磁阀产生故障的主要零件及其部位

现在电磁阀多为湿式电磁阀，电磁阀产生故障的零件及其部位主要有（图 5-90）：阀体内孔磨损、阀芯外径磨损、弹簧疲劳或折断、推杆磨损变短、电磁铁损坏等。

（2）电磁阀的故障排查

【故障 1】　电磁铁发热易烧坏

① 电磁铁卡阻（图 5-91）。因各种污染物（例如淤泥、金属屑、芯砂和特氟隆胶带）裹在阀芯上，或是因阀芯和阀体之间的毛刺而被卡住，安装阀板的不平直等原因，使阀芯和阀体之间的间隙消失，阀芯被卡阻，电磁铁也便卡阻。受卡的阀芯将阻碍电磁铁铁芯或衔铁完全到位，导致电磁铁可动铁芯不发生移动去关闭气隙，造成电磁铁线圈持续地通过很大的启动电流，电磁铁无法消散由此产生的大量热量，最终将线圈烧毁。

② 电磁铁线圈漆包线没有使用规定等级的绝缘漆，因绝缘不良而使线圈烧坏。绝缘漆剥落或因线圈漆包线碰伤。重绕电磁铁线圈或更换电磁铁（图 5-92，下同）。

③ 电磁铁引出线的塑料包皮老化，造成漏电短路。用电表检查。

④ 电源电压过低或过高。过低，电磁铁吸力降低，电磁铁因过载发热严重而烧坏；过高，电磁铁铁芯极易闭合，过高的电压产生过大的吸持电流，该电流使线圈逐渐过热而烧毁。检查

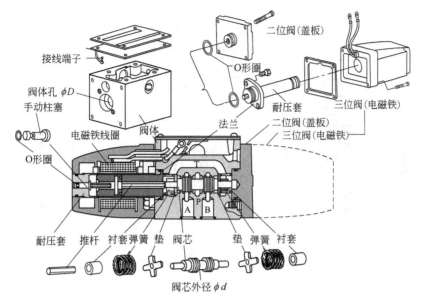

图 5-90 湿式电磁阀结构与组成的主要零件

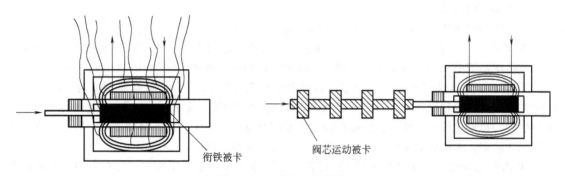

图 5-91 电磁铁卡阻现象

电源电压。

⑤ 电源设计选择错误。 如交直流电源混淆，超出了许用电压的变动范围等。 应纠正设计错误。

⑥ 环境温度过高。 直射阳光，油温、室温过高，通风散热不良等原因往往造成线圈提早老化。

⑦ 环境水蒸气、腐蚀性气体以及其他破坏绝缘的气体、导电尘埃等进入电磁铁内，造成线圈受潮生锈，这要时采用湿热带型电磁铁。

⑧ 电磁铁的换向频率过快，热量的堆积比失散快；连续高频启动产生的电流将电磁铁烧坏。

⑨ 液压回路设计有差错。 如回路背压过高、长时间在超过许用背压下的工况下使用，出现过载，烧坏电磁铁。

⑩ 阀芯卡紧，电磁阀复位弹簧错装成刚度太大的等，而电磁铁强行通电出现过载，最后烧坏电磁铁。

【故障 2】 电磁铁线圈损坏

① 阀芯被杂物与阀芯上的毛刺卡住。 电磁阀的阀芯如果没有完全切换，将导致衔铁不能全部进入线圈，造成很大的浪涌电流持续流过线圈，使线圈发热而烧坏。

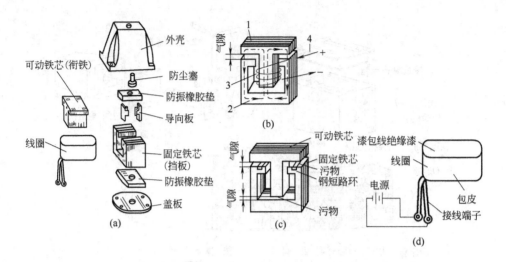

图 5-92 交流电磁铁的故障位置

② 不平的安装底板。

③ 双电磁铁的阀两电磁铁同时通电。

④ 切换频率太快。

⑤ 电源电压和线圈额定电压间的不匹配（太高或太低）。

⑥ 频率 60Hz 的线圈若以 50Hz 的频率工作会使线圈超过正常电流，50Hz 的线圈以 60Hz 频率工作将使线圈电流小于额定电流，因无法拉进推杆而烧坏线圈。

⑦ 环境温度过低或过高。 环境温度过低会使油变得更黏，可能发生电磁阀超载情况。 阀或电磁铁的机械部分也可能变形，从而导致阀芯被卡，继而烧坏线圈。 另外环境温度过高，当电流产生的力拉动推杆或衔铁时，热量必须从线圈内散发出去，如果周围温度过高，散热会变得困难而烧坏线圈；这种情况常因通风不好或机器靠近热源而引起。

⑧ 阀的流量过大，流体通过电磁阀阀芯产生的压降会引起不平衡力，它有迫使阀芯轴向移动的趋势。 对用于大多数四通阀的阀芯和阀体结构而言，经过一个油口（如液压缸进油口）的压力不平衡，就要用另一个油口（如液压缸回油口）在相反方向的不平衡力来抵消。 当使用双推杆液压缸时，若活塞两边作用面积相等，这个力会被抵消。 然而，大部分液压缸两边的面积是不等的，因此，通过两油道的液动力是不同的，它们的差值就作用在阀芯上。

【故障3】 交流电磁铁发出"嗡嗡"声与"嗒嗒"声

电磁阀在台架试验和使用过程中，常出现两种噪声，即"嗡嗡"声与"嗒嗒"声，其原因和处理方法如下。

① 固定铁芯上的铜短路环（图 5-93）断裂产生电磁声和振动声。 为了降低交流声和增加电

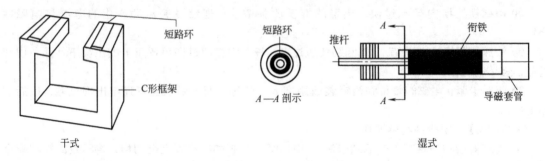

图 5-93 电磁铁中的铜短路环

磁铁的推力，采用短路环进行补偿。 在干式电磁铁中，短路环是贴附在 C 形框架上的铜环，在湿式电磁铁中，短路环则是位于导磁套管的推杆端处的铜丝环。 当线圈的主磁场处于它的最小值时，短路环的磁场足以保持住铁芯或衔铁，最终大大地降低了交流声。 铜短路环断裂者予以更换。

② 推杆过长。 各厂家生产的电磁铁虽可互换，但要求的推杆长度稍有差异，出现噪声时要适当修正推杆长度。

③ A、B 面之间的气隙内（见图 5-94）有脱落的红丹防锈漆片及被其他污物卡住。 产生"嗡嗡"气隙声。 A、B 面需磨光，二面之间不能粘有脏物。 拆开去除 A、B 面之间的污物。

④ 可动铁芯 A 面与固定铁芯接触面 B 面凹凸不平未磨光。 按图 5-94 的方法用油石将 A 面与固定铁芯接触面 B 面砂光。

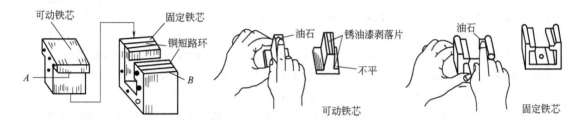

图 5-94　电磁铁的修理

【故障 4】　电磁铁的其他故障

① 吸力不够。 由于电磁铁本身的加工误差，各运动件接触部位摩擦力大，或者直流电磁铁衔铁与套筒之间有污物或产生锈蚀而卡死，造成直流电磁铁、湿式电磁铁的吸力不够，动作迟滞；若电磁铁垂直方向安装，而电磁铁又处于阀下方，电磁铁要承受本身动铁芯、衔铁和阀芯的重力，有效推力减少。

② 不动作。 因焊接不良，或接线端子插座接触不良，电磁铁进出线连接松脱而使电磁铁不动作。 因控制电路故障造成电磁铁不动作。

【故障 5】　电磁阀换向不可靠，不换向

电磁换向阀的换向可靠性故障表现为：不换向；换向时两个方向换向速度不一致；停留几分钟（一般台架试验为 5min）后，再通电发现不复位。

影响电磁换向阀的换向可靠性主要受三种力的约束：电磁铁的吸力；弹簧复位力；阀芯摩擦力（含黏性摩擦阻力及液动力等）。

换向可靠性是换向阀最基本的性能。 为保证换向可靠，弹簧力应大于阀芯的摩擦阻力，以保证复位可靠；而电磁铁吸力又应大于弹簧力和阀芯摩擦阻力二者之和，以保证能可靠地换位。因此从影响这三种力的各因素分析，可找出换向不可靠的原因和排除方法。

① 电磁铁质量问题（吸力不够）产生的不换向

a. 电磁铁质量差，因焊接不牢或受振动进出线脱落，或因电路故障造成电磁铁不能通电，当然就不换向。 此时，可用电表检查不通电的原因和不通电的位置，予以排除。

b. 交流电磁铁的可动铁芯被导向板卡住（参阅图 5-92），直流电磁铁衔铁与套筒之间有污物卡住或因锈死。 湿式电磁铁因油液不干净，脏东西卡在衔铁与导磁套之间等，这些情况均可使电磁铁不能很好吸合，阀芯不能移动或不能移动到位，油路不切换，即不换向。

c. 因线圈匝数不够造成电磁铁吸力不够，这种情况出现在从市场上购买了假冒伪劣电磁铁所致。

d. 电磁铁进水或严重受潮。

e. 电压差错导致线圈烧坏。 例如日本生产的电磁铁多使用 100V 和 200V 的电压，日本输往中国的元件是专门为中国制作的。 但随主机带进或用户从日本购进二手设备可能会出现差错——使用电压不符的电磁铁。 需要提醒的是，并不只是将低电压的电磁铁用在高电源上会出现烧电磁铁的现象，高电压的电磁铁接在低电压的电源上，线圈也会烧坏。 这是因为电压过低，造成电磁铁吸力不足，使铁芯不能完全吸合而产生出电流，烧坏电磁铁。

另外，国内规定电业局供给的电源电压允许变动的范围为 85%~105%，而国外大多规定为 90%~110%，那么国外电磁铁用在国内的电源上就可能已经低了 5% 或高了 5%。

电磁铁的吸引力为 $F \propto (E/fN)^2$，式中，F 为吸引力，E 为电压，f 为频率，N 为线圈圈数。 电压是以二次方影响着吸引力，国内电网波动大，所以最好使用稳压电源。

f. 电磁铁频率与接线差错。 国内电源频率为 50Hz，而日本的电源频率为 60Hz，日本生产的交流电磁铁可用于 50Hz 和 60Hz。 但须注意，日本生产的小型电磁铁为两根引线，混用在 50Hz 和 60Hz 的电源上问题不大。 而对大型电磁铁有三根引线，50Hz 和 60Hz 有不同的接法，如接线出线差错，往往导致线圈烧坏。 对三引线电磁铁，须注意不使用剩下的那根引线，要绝缘包覆，以免出事故。

从上述 $F \propto (E/fN)^2$ 的电磁铁的吸力公式可知，频率对吸力的大小也有影响，因此，电源频率应与电磁铁使用频率一致。 各国电压与频率有些与我国不同，要特别注意。

② 因阀部分本身的机械加工质量、装配质量不良引起的换向不良

a. 阀芯 10（参阅图 5-95，下同）台肩及阀芯平衡槽锐边处的毛刺，阀体 11 沉割槽锐角处的毛刺清除不干净或者根本就未予以清除。 特别是阀体孔内的毛刺往往翻向沉割槽内，很难清除，危害很大。 目前元件生产厂采用尼龙刷对阀孔去毛刺，对阀芯采用振动去毛刺的方法，效果较好。

b. 阀芯与阀孔因几何精度（圆度、圆柱度）不好，会产生液压卡紧力。 特别是停留几分钟（台架试验为 5min）后，加上压力高，阀芯便常产生液压卡紧而不换向。 值得一提的是：液压卡紧出现在工作状况中，不工作停机时，拆开清洗时，阀芯在阀孔内往往表现为灵活的。 要检查阀芯阀孔精度才可判断是否会产生液压卡紧的现象，阀芯与阀孔的几何精度，一般应控制在 0.003~0.005mm 之内。

c. 安装螺钉拧得过紧。 由于阀芯和阀体孔配合间隙很小（0.007~0.015mm），若安装螺钉拧得过紧，导致阀体内孔变形，卡死阀芯而不能换向。 螺钉的拧紧力矩最好按生产厂的推荐值，用力矩扳手拧紧。 日本某厂推荐值为：M5 的安装螺钉拧紧力矩推荐为 6~9N·m，M6 为 12~15N·m，M8 为 20~25N·m，M12 为 75~105N·m。

d. 阀体 11 的孔与其端面 A 或 B 不垂直，或者 A 面及 B 面上粘有污物，电磁铁装上后，造成推杆 5 歪斜别劲，阀芯运动阻力增大。

e. 阀芯 10 上均压（平衡）槽加工时单边偏心或槽太浅，经磨加工后磨去一半，不起均压作用，径向液压力不能抵消，工作中产生液压卡紧力，造成换向不良。

f. 阀芯 10 台肩尺寸与阀体 11 孔沉割槽轴向尺寸不对，造成两端换向时阀开度与封油长度尺寸不对，导致两端换向速度不一致，或因复位弹簧 8 长度不一致，造成对中不良出现换向速度不一致或不换向的现象，所以国内元件生产厂应重视加工质量问题。

g. 阀芯 10 外径与阀体 11 的阀孔配合间隙过小或过大；过小容易造成摩擦阻力增大而卡紧，过大容易产生液压卡紧。

h. 铸件（阀体）因材质不好，温度升高后阀孔变成椭圆形而卡死阀芯，造成运动不灵活。

上述来自阀加工质量不好产生的电磁阀换向不可靠的现象，随着国内液压件加工工艺水平的提高和工人工作质量的提高有很大好转，相对而言，进口液压件质量问题要少一些，用户根据上述具体原因，可分别采取对策。

③ 因污物所致

a. 阀装配时（特别修理后的装配）清洗不良或清洗油不干净，污物随清洗油进入阀芯与阀体

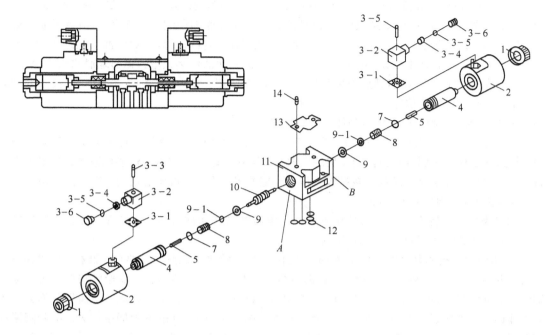

图 5-95 电磁阀爆炸图

配合间隙中，卡住阀芯。

b. 油液中细微粉被电磁铁通电形成的磁场磁化，吸附在阀芯外圆表面或阀孔内表面引起卡紧。所以对于存在铁粉尘多的地方，最好安装磁性过滤器。

c. 运转过程中，空气中的尘埃污物进入液压油箱，带到电磁阀内。特别是国内大多液压设备，油箱敞开，有盖不盖，应从油箱设计（如油箱密封加空气滤清器）和使用管理上注意，避免因不文明现象造成尘埃大量进入油箱内的现象。

d. 水分进入阀内造成锈蚀。

e. 油液老化、劣化，产生油泥及其他污物。

f. 包装运输、修理过程中的各个环节容易进入污物，应加以注意。

④ 其他原因造成的不换向

a. 复位弹簧 8 的弹力不够造成不换向。这往往是弹簧疲劳、拆修后错装成刚度太大的弹簧（电磁铁的吸力是有限的），或者复位弹簧折断等，造成阀芯不复位而不能换向或换向不良。可根据不同情况采取相应对策。

b. 背压过大，超过了电磁阀的额定背压值。一般阀生产厂家都在产品目录中列出了阀的回油口 T 的允许背压值，用户使用时不要超过该规定。表 5-8 列举了德国力士乐公司 WE 型电磁阀回油 T 口的背压值，供参考。如果背压过大，电磁铁的推力便会不够，阀用电磁铁的推力仅为几十牛顿而已。

表 5-8　WE 型电磁阀的换向性能

型号	电流	最高使用压力（60g）/MPa		换向时间/ms		最高换向频率 /（次/h）
		A·B·P口	T口	通电	断电	
6 通径湿式	直流	315	60	40	20	15000
6 通径湿式	交流	315	60	25	20	7200
8 通径干式	直流	315	150	50	40	15000
10 通径湿式	直流	210	60	70	40	15000
10 通径干式	直流	315	150	60	40	15000

c. 用户在自行设计安装板（或集成块）时，有些粗心的设计人员（笔者碰到多次）未设计有泄油孔或不能保证泄油通道的畅通，或者虽设计了泄油通道却和回油孔连通。前者泄油无处可走，导致阀芯两端困油使阀芯不能换向；后者有可能因回油背压过高招致泄油通道的压力偏高，轻者产生漏油，重者使电磁铁不能推动阀芯换向。因此泄油口必须单独畅通地通油箱。

d. 推杆 5 在使用一段时间后因频繁换向撞击磨损变短，多为推杆硬度不够。这会改变阀芯换向的停位位置（定位位置），出现换向不良的现象。

e. 湿式电磁铁使用前未先松开放气螺钉放气。

f. 螺母 1 未将电磁铁线圈体 2 拧紧。对双电磁铁阀，两端的螺母 1 拧紧的松紧程度不一致时，均未产生换向不到位导致换向不良的现象，对于 4 个螺钉安装电磁铁的电磁阀，如果 4 个螺钉未拧紧或因阀体上 4 个螺纹孔攻螺纹太浅而不能拧紧，均会造成阀芯换向不到位的现象。

【故障 6】 电磁阀的外漏

电磁阀外漏位置有三处，如图 5-96 所示：电磁铁与阀体贴合面；电磁阀与安装底板的结合面；工艺堵头或管式阀油口的螺纹接头。

① 电磁铁与阀体贴合面之间的外漏。对国产有些较老电磁阀，主要是"推杆—O 形圈—定位套"机构（图 5-97）处产生的漏油，此时可检查：推杆表面有否拉伤；O 形圈与垫是否破损或漏装；定位套的 O 形圈沟槽尺寸 h、h_1 是否超差（过深），尺寸小是否过大；弹簧是否弹力过小而不能推压垫圈压紧 O 形圈；弹性挡圈是否松脱；图 5-97 中的 O 形圈破损或漏装；电磁阀泄油腔的压力太高，困油，可进行处置；泄油通道 L 没有单独接成与油箱相通，而是接成（设计成）与回油腔（代号 O、T、R 等油口）相通，而回油腔短暂出现高压（背压）是难免的，就是此短暂的高压使油液倒灌入阀芯两端的泄油腔，超出了推杆 O 形圈的密封能力，势必从推杆 O 形密封圈外漏。对于进口电磁阀推杆处的类似的结构也可参照予以排除。

所以发现从电磁铁与阀体结合面外漏，主要从推杆机构密封处找原因，针对情况一一排除。

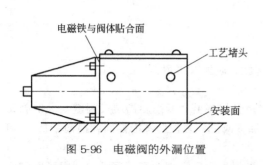

图 5-96 电磁阀的外漏位置

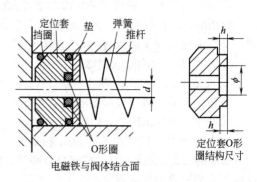

图 5-97 推杆处的结构

② 从电磁阀阀体与安装底板结合面之间的漏油（见图 5-96）

a. 由于加工误差，电磁阀（板式）安装面上各油口 P、A、B、T、L 孔的 O 形圈凹窝尺寸深浅不一致（图 5-98），使得凹窝深的 O 形圈无压缩变形量而漏油。

b. O 形圈凹窝光洁度差，表面上有加工留下的波纹而漏油（图 5-99）。

c. O 形圈破损，或 O 形圈未装入凹窝内。

d. 电磁阀 4 个安装螺钉螺纹有效长度不够，或者因安装板上攻螺纹深度不够，看起来螺钉拧紧了，实际上并未拧紧，造成 O 形圈未有足够的压缩余量形成密封，此时 O 形圈还可能被挤入间隙。

e. 阀体或安装板有缩松气孔。

由其他原因可参阅本手册的"密封"章节的内容。

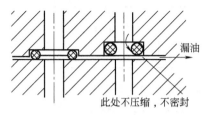

图 5-98 安装面泄漏原因

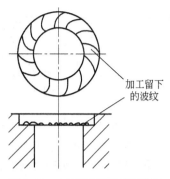

图 5-99 O 形圈凹窝光洁度差

③ 工艺螺堵、管接头、工艺阀头的漏油

a. 管式阀的进出油口，因螺纹配合不好，管接头的密封不好而漏油。 此时对锥管接头可缠绕聚四氟乙烯胶带，对直管细牙螺纹则更换合格的紫铜垫圈来解决。 注意聚四氟乙烯胶带的缠绕方向。

b. 对螺纹工艺堵头处理方法同上，对于圆柱工艺堵头和钢球堵头则是因配合过松等原因造成，应钻出重新配打。

【故障 7】 内泄漏量大

内泄漏量大，导致功率损失而引起系统升温，甚至出现动作失常等故障。

a. 阀芯与阀孔配合间隙过大，或者因磨损后间隙大，须修复。 正常配合间隙为 0.007 ~ 0.02mm（通径小取小值，通径大取大值）。

b. 阀芯或阀孔台肩尺寸、沉割槽槽距尺寸不对或超差，或者封油台肩处有缺口拉有凹槽，使封油长度段的遮盖量减少，造成内泄漏量的增加。

c. 平衡槽的位置尺寸设置不合理，加上切得很宽，也会减短封油长度（遮盖量）。

d. 阀芯外表面或阀孔内表面拉有较深轴向沟纹。

e. 工作油温过高，大于 70℃。

f. 阀芯与阀孔因毛刺造成偏心，偏心的环状间隙泄漏量是未偏心时的 2.5 倍。

g. 阀两端的定位尺寸不准确（包括弹簧压缩长度），造成阀芯移不到位，或移位过头，两种情况均改变封油长度。

可针对上述原因，分别采取对策。

【故障 8】 压力损失大

通过额定流量时的阀前与阀后压力之差称为压力损失。 压力损失转化为热而导致油液温升发热。 压力损失偏大的主要原因如下。

① 通过电磁阀的实际流量远大于电磁阀规定的额定流量。 特别是在差动回路中必须仔细考虑，因为此时经过阀的流量远远大于由泵供给的流量。

② 阀芯台肩尺寸或阀体沉割槽距尺寸不对，或阀芯因某种原因移动不到位，造成阀开度小，而压力损失超差。 国外的一些阀均规定了在一定工作压力下的使用流量值，就是基于这种考虑。 表 5-9 为德国力士乐公司对 WE6 型电磁阀规定的使用流量。 超过使用流量，不但压力损失大，而且会产生换向不良的故障。

5.5.7 电磁阀的安装使用注意事项

① 国产电磁阀的电源进出线出厂时埋在阀的标牌之下，接线时可拆开标牌然后将电磁铁的引线接牢。 要注意电磁铁的种类、交流还是直流、电压大小等，均要与电源相符。

② 电磁阀最好是水平安装，须垂直安装时，电磁铁端不能朝下。

表 5-9　WE6电磁阀的使用流量

滑阀机能	在下列压力下的使用流量/（L/min）					滑阀机能	在下列压力下的使用流量/（L/min）				
	30bar	100bar	200bar	250bar	315bar		50bar	100bar	200bar	250bar	315bar
C/O、D/0、M、H	30	30	30	30	30	A、B（交流）	20	16	12	10	10
C、D、E、L、U、Y	30	30	30	25	20	GP、T（直流）、F	20	20	20	17	15
J、Q、W	30	30	25	20	15	G、P、T（交流）	15	15	15	16	15
A、B（直流）	25	25	18	15	15	R	16	15	13	12	10

③ 板式阀安装面的表面粗糙度应在 Ra3.2μm 以内，平面度 0.01mm 以内。

④ 板式阀与安装面之间安装的各油口的 O 形密封圈，硬度最好使用 90Hs 的。

⑤ 换向阀的回油管应插入工作时最低油面以下，防止空气倒灌进入阀内。

⑥ 对大型号较重的管式阀不能仅靠管接头支撑，须另用螺钉紧固于支架上，再拧接管接头和管路。接管时注意阀体上标注的 P、A、B、O（T）、L 等字样，不可接错。

⑦ 不管是板式阀，还是管式阀，注意不要漏装密封圈。

⑧ L 口要单独回油箱，不可与回油共用一条管路。

⑨ 电磁铁在下列条件下方能可靠工作，否则要选用特殊性能电磁铁：海拔高度不超过1000m；周围介质温度不高于交流 50℃，直流 70℃，不低于-20℃；电磁铁表面温度在环境温度为 20℃时最大值交流 80℃，直流 78℃；空气相对湿度不大于 85%；在无爆炸危险的介质中使用，且介质中无足以腐蚀金属和破坏绝缘的气体及导电尘埃；无剧烈振动和颠簸的地方，无风雪侵袭的地方使用。

⑩ 安装电磁铁时，应保证阀体推杆与电磁铁衔铁平面垂直，电磁铁的反作用方向应与衔铁中心线相重合。

⑪ 安装电磁铁时应保证在规定的行程下使用，超行程使用会使电磁铁吸力明显下降。电磁铁在环境温度为最高值时，励磁线圈温升达到稳定后，当施加电压为 85% 额定值时，吸力、行程关系特性曲线如图 5-100 所示。

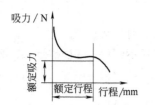

图 5-100　吸力-行程特性曲线

⑫ 对于湿式电磁阀，开始使用时，应卸下湿式电磁铁上的排气螺钉，排出导套内的空气，以免产生气阻效应。然后，必须将系统油压调到零，再拧紧排气螺钉，以免损坏密封（例如MFZI-Yc 型湿式电磁铁）。带手动推杆的湿式电磁铁无排气螺钉。

⑬ 湿式电磁铁导磁腔内的油压不得超过该电磁铁的规定（例如 6.3MPa），否则容易使底板起翘，影响密封。

⑭ 在进口设备上使用的电磁换向阀，要注意其电磁铁的使用电压是否与国内不同。

⑮ 为了消除阀芯质量对换向可靠性的影响，无弹簧定位型电磁阀应水平安装，对弹簧偏置型和弹簧对中型无此要求，但以水平安装优先。

⑯ 电磁阀安装时容易将油口装错，应注意。

⑰ 在两个或两个以上的阀使用同一回油管时，回油的冲击压力可能引起这些阀门的意外换向，这对无弹簧定位型阀尤其危险，此时必须使用单独的回油管。

⑱ 使用的电源电压频率及波动范围必须与所使用的电磁阀的要求相符，电压波动允差一般为额足值电压的 ±10%。

⑲ 电磁阀的响应时间指的是自通入电流信号加到电磁铁起至阀芯完成其行程所需的时间，交流（AC）的时间短，直流（DC）的较长：一般交流（AC）通电时为 10～30ms，断电为 30～40ms；直流（DC）通电为 120ms 左右，断电为 45ms 左右。对于电磁阀可以通过在油口加设阻

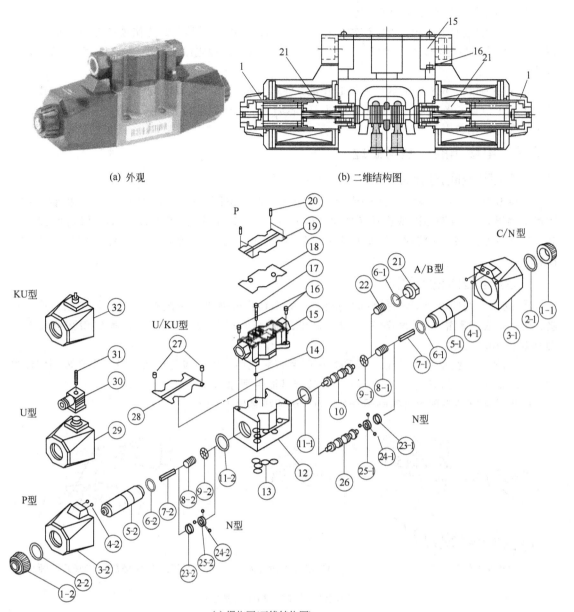

(a) 外观   (b) 二维结构图

(c) 爆炸图(三维结构图)

图 5-101　电磁阀的拆装

1—锁母；2—O 形圈；3—壳体与线圈组件；4—线圈引出线；5—铁芯；6—O 形圈；

7—推杆；8—弹簧；9—弹簧座；10—阀芯；11—O 形圈；12—阀体；13—油口 O 形圈；

14—定位柱；15—接线盒；16—螺钉；17—接线盒安装螺钉；18—垫板；19—标牌；

20—螺钉；21—螺套；22—弹簧；23—垫圈；24—卡圈；25—挡圈；26—阀芯；

27—铆钉；28—标牌；29—壳体与线圈组件；30—接线罩；31—螺钉；32—壳体与线圈组件

尼螺塞来得到不同的响应时间，阻尼孔直径为 0.6 ~ 1.2mm。

⑳ 一般交流电磁阀使用时换向频率不得大于 180 次/分，直流不大于 120 次/分。

㉑ 有时偶尔不能换向，可推动电磁铁端部的手动推杆，迫使阀换向，若此法还不能使阀恢复正常，则要检查其他原因。

㉒ 弹簧对中电磁阀是阀芯两端弹簧在两电磁铁均不通电时保持对中状态，要保持阀芯在一

端位置，则需使一个电磁铁持续通电。

㉓ 弹簧偏置型电磁阀，当电磁铁断电时，阀芯仅一端有弹簧，此弹簧使阀芯移动到一端位置，必须使电磁铁通电才能使阀芯移动到另一端，且要持续通电或压住手动推杆才可保持在该端位置。

㉔ 对无弹簧定位式电磁阀，无控制弹簧，但却具有可靠的机械定位机构。两个电磁铁使阀芯产生两个位置，当相关的电磁铁断电时，阀芯仍保持其最后的位置，即不能像其他类型中的阀芯那样又返回到通电前的位置上。

5.5.8 电磁阀的拆装与修理

（1）电磁阀的拆装

以图 5-101 所示美国伊顿-威格士公司 DG4V-5 型三位四通电磁阀为例，说明其拆装方法：①卸下锁母1，可拆卸电磁铁组件（件 2、3、5 等）；②卸下螺钉 20 与螺钉 17，可拆卸接线盒15；③卸下螺套 21，可将对中弹簧 8 或 22、阀芯 10 或 26 取出。至此电磁阀完全解体。装配方法相反。

（2）电磁阀的修理

① 阀芯　阀芯表面主要是磨损与拉伤。磨损拉伤轻微者，可抛光再用。如磨损拉伤严重者，可将阀芯镀硬铬或刷镀修复。修复后的阀芯表面粗糙度 Ra0.2μm，圆度和圆柱度允差为 0.003mm。

② 阀体　主要是孔的修理。修理方法可用研磨或用金刚石铰刀精铰，修后阀孔表面粗糙度为 Ra0.4μm，圆度和柱度 0.003mm。阀芯与其配合间隙 0.008～0.015mm。

阀体孔与阀芯修理时可参阅图 5-102 的方法和注意事项。

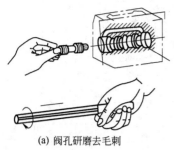 

| (a) 阀孔研磨去毛刺 | (b) 用精油石倒毛刺 | (c) 不正确的砂磨方法，造成阀芯失圆 |

图 5-102　阀芯与阀体的修复

③ 推杆　推杆在使用中，一是表面可能产生划伤而漏油，二是推杆长度不恰当而引起电磁铁通电时发叫（交流电磁铁）和引起换向不良等故障。

拉伤引起漏油时，可仿照尺寸重新加工换上；如果引起交流电磁铁发叫，一般要适当磨短推杆尺寸 A；如果是引起换向不良，则要具体测量决定尺寸 A，一般当属推杆长度短了所致，因而多为加长尺寸 A。交流电磁阀的推杆用 65Mn 淬火 42HRc（图 5-103）。

湿式电磁阀均为直流电磁铁，只能采用非磁性的不锈钢制造。需要更换推杆时，可在市场上购买不锈钢电焊条（φ5mm）刮去表皮，按长度切断便可。

5.5.9 各国电磁阀型号对照表

如果修理中所用电磁阀已无法修好，则必须更换。进口设备更换电磁阀时，常常需要从不同国家不同公司选取，这给购置带来困难，但安装尺寸的国际标准化为代用提供了方便。例如原来设备上使用 A 公司的电磁阀，如购置困难，你也可用很易得到的 B 公司电磁阀代用，表 5-10

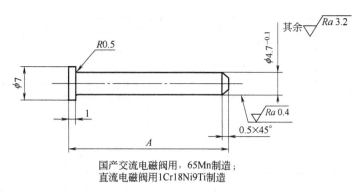

国产交流电磁阀用，65Mn制造；
直流电磁阀用1Cr18Ni9Ti制造

图 5-103　推杆结构尺寸

为国内进口设备（含国产设备使用国外元件的设备）用量最多的几家公司 6 通径与 10 通径电磁阀的型号对照表，可供参考。

表 5-10　各国 6 通径、10 通径电磁换向阀型号对照表

机能符号 \ 公司	日本油研（Yuken） 中国台湾朝田（Kompass） 榆次油研	德国力士乐 （Rexroth）	美国威格士 （Vikeres）	中国 （同通径型号）
a ⊠⊠ b （A B / P T）	DSG-01-3C2 SDG-03-3C2	4WE6E51 4WE10E21	DG4V-3-2C DG4V-5-2C	O
a ⊠⊠ b （A B / P T）	DSG-01-3C3 DSG-03-3C3	4WE6H51 4WE10H21	DG4V-3-0C DG4V-5-0C	H
a ⊠⊠ b （A B / P T）	DSG-01-3C4 DSG-03-3C4	4WE6J51 4WE10J21	DG4V-3-6C DG4V-5-6C	Y
a ⊠⊠ b （A B / P T）	DSG-01-3C40 DSG-03-3C40	4WE6Q51 4WE10Q51	DG4V-3-33C DG4V-5-33C	Y
a ⊠⊠ b （A B / P T）	DSG-01-3C5 DSG-03-3C5	4WE6F51 4WE10F21	DG4V-3-1C DG4V-5-1C	K
a ⊠⊠ b （A B / P T）	DSG-01-3C60 DSG-03-3C60	4WE6G51 4WE10G21	DG4V-3-8C DG4V-5-8C	M
⊠⊠ b （A B / P T）	DSG-01-3C9 DSG-03-3C9	4WE6M51 4WE10M21	DG4V-3-7C DG4V-5-7C	P
a ⊠⊠ b （A B / P T）	DSG-01-3C12 DSG-03-3C12	4WE6L51 3WE10L21	DG4V-3-3C DG4V-5-3C	N
a ⊠⊠ b （A B / P T）	DSG-01-3C11 DSG-03-3C11		DG4V-3-11C DG4V-5-11C	C
a ⊠⊠ b （A B / P T）	DSG-01-3C10 DSG-03-3C10	4WE6U51 4WE10U21	DG4V-3-31C DG4V-5-31C	J

机能符号 \ 公司	日本油研（Yuken）中国台湾朝田（Kompass）榆次油研	德国力士乐（Rexroth）	美国威格士（Vikeres）	中国（同通径型号）
 a AB PT b	DSG-01-2D2 DSG-03-2D2	4WE60F51 4WE100F21	DG4V-3-2N DG4V-5-2N	O
 a AB PT b	DSG-01-2D3 DSG-03-2D3	4WE6-C/OF 4WE10-C/OF	DG4V-3-2N DG4V-5-2N	
 AB PT b	DSG-01-2B2 DSG-03-2B2	4WE6D51 4WE10D21	DG4V-3-2A DG4V-5-2A	O （过渡位置）
 AB PT b	DSG-01-2B3 DSG-03-2B3	4WE6C51 4WE10C21	DG4V-3-0A DG4V-5-0A	H （过渡位置）
 AB PT b	DSG-01-2B8 DSG-03-2B8	4WE6A51 4WE10A21	DG4V-3-22A DG4V-5-22A	
  AB PT b / a AB PT	DSG-01-2B2B DSG-03-2B2B	EA	DG4V-3-2B DG4V-5-2B	
  AB PT b / a AB PT	DSG-01-2B3B DSG-01-2B3B	HA	DG4V-3-0B DG4V-5-0B	

5.6 液动换向阀与电液动换向阀的使用与维修

采用压力油来推动阀芯换向，即可实现对大流量换向阀的控制，这便是液动换向阀。

用小容量的电磁换向阀作为先导控制阀来控制大通径（大流量）的液动换向阀（主阀）的阀芯换向，等于是一级液压放大，这就是电液动换向阀。电液动换向阀既解决了大流量的换向问题，又保留了电磁换向阀可用电气实现远距离操纵的优点，便于自动化。

液动换向阀与电液动换向阀和电磁换向阀一样，也有二位二通、二位三通、二位四通、三位四通等通路形式，以及弹簧对中、弹簧复位等结构。

5.6.1 工作原理

（1）液动换向阀

此处介绍三位四通液动阀的工作原理。如图 5-104 所示，当从 X 口通入控制压力油，控制油经盖 3 的通油孔道、阀体 1 的内部通道再经顶盖 6 的油孔再次返回端盖 3 的 X 孔，进入阀芯 2 的左端弹簧腔，作用在阀芯左端端面上，产生向右推的液压力，压缩阀芯右端的弹簧 5′，使阀芯右移。这时主油路 P 与 B 通，A 与 T 通。阀芯右端的控制回油经盖 3′ 的 Y 通道、阀盖 6、阀体 1 通道从阀体上的 Y 口流回油箱。

反之，当控制压力油从 Y 口进入，则阀芯 2 在控制油的作用下，压缩弹簧 5 左移，此时 P 与 A 通，B 与 T 通，阀芯左端的控制油从 X 口流出；若 X 口与 Y 口均未通压力油，并都与油箱相通，主阀芯左右两腔都无压力油作用，阀芯在两端相同弹簧 5 与 5′ 的作用下复中位（对中）而实现阀的中位机能。图示位置的中位机能为 P、A、B、T 均互不相通。选择阀芯不同台肩的轴向尺寸，可构成其他通路状况的中位机能。

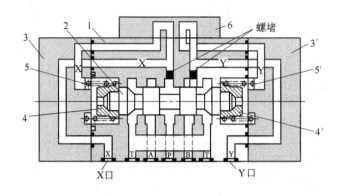
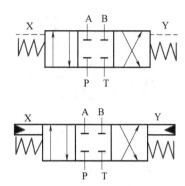

图 5-104 液动换向阀的工作原理与图形符号例
1—阀体；2—阀芯；3, 3′—盖；4, 4′—弹簧腔；5, 5′—对中弹簧；6—顶盖

（2）电液动换向阀

电液换向阀由两部分构成：先导阀-电磁阀，主阀-液动阀。即将图 5-104 中的顶盖 6 拿掉，换上一电磁阀便成（图 5-105）。控制压力油由电磁阀的 P_1 孔引入，油口 A_1 和 B_1 分别与主阀（液动阀）阀芯两端的控制腔——X 腔与 Y 腔相连通，通过先导电磁阀的换向，改变着控制压力油从 X 腔（通先导阀 A_1 孔腔）或是从 Y 腔（通先导阀 B_1 腔）进入，便可推动主阀芯左右移动而换向，实现主油口 P、A、B、T 之间的不同相通状况。

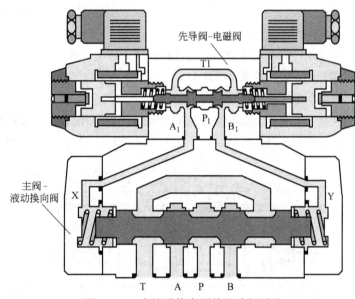

图 5-105 电液动换向阀的组成和原理

从工作原理讲，电液阀是电磁阀与液动换向阀的组合。

电液换向阀控制液压缸换向原理如图 5-106 所示。

5.6.2 结构特点

为了提高和优化液动换向阀与电液动换向阀的性能，它们在结构上往往还采取了下述一些措施。

（1）控制阀芯换向速度的措施

如图 5-106 所示，由于液动换向阀为大流量阀，阀芯直径较大，如果换向过快，势必造成冲击，为此在主阀芯两端的控制油路 X、Y 上各设置一小单向节流阀，先导阀（图中未画出）来的控制油 X 经单向阀进入 X 腔，将主阀芯右推，主阀芯 Y 腔的控制油经节流阀 a_c 流向先导阀，调节节流口 a_c 开口大小，可改变控制油的回流速度，从而改变主阀芯向右移动的速度；从 Y 口进控制压力油，与从 X 口控制油回流的情况一样，可控制阀芯向左移动速度，这样可减少主油口

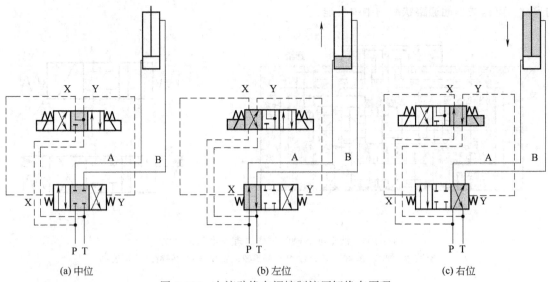

(a) 中位   (b) 左位   (c) 右位

图 5-106 电液动换向阀控制液压缸换向原理

A、B、P 的压力冲击。

另一个控制换向速度的措施是在阀芯上加工成锥面，可使在油口"开"与"关"时的液流速度平稳变化，也可减少换向冲击。

（2）主阀芯行程控制

在图 5-107 中，在主阀芯两端设置了行程调节螺钉，通过对其调节，可限制主阀芯行程的大小，从而控制主阀芯各油口阀开口量与遮盖量的大小，达到对流过阀口的流量控制。

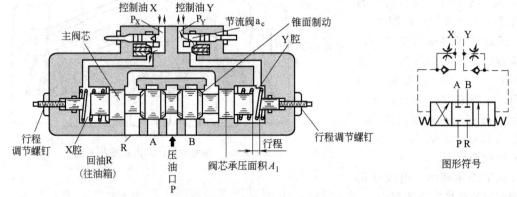

图 5-107 弹簧对中式三位四通液动换向阀结构原理

（3）提高阀芯换向速度的控制——面积差控制

液动换向阀和电液动换向阀的换向和复位时间，在一些特殊场合，需要阀芯加快换向速度（缩短换向时间），可在液动换向阀一端或两端的控制油通道里，设置一小控制活塞。如图 5-108 所示，进入 X 腔的控制压力油先推动小控制活塞右行，从而推动阀芯右行，由于面积 $A_2 <$ 面积 A_1，所以推动小柱塞比推阀芯速度快很多。但是由于控制柱塞面积 A_2 较小，需相应提高控制压力，才能使阀芯正常换向。另外阀芯右行时，控制油回油，Y 腔背压升高，Y 口要适当加大通径且单独回油箱。

（4）减小液控压力的结构措施

如果液动换向阀和电液动换向阀在主阀回油口背压较高，而控制油的回油又从主阀回油口连通回油的情况下，进口的这类阀（如德国博世公司的产品），常使用带小控制活塞的结构，使主阀芯能正常换向；但如果控制油压力 p_{st} 无法提高，可采用加大控制活塞面积——大控制活塞的结构（图 5-109）。

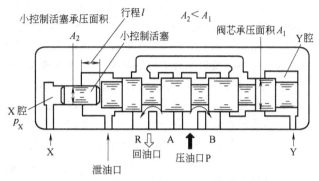

图 5-108　带面积差控制的二位四通液动阀

（5）阀芯对中方式

① 弹簧对中　三位方向阀必须具有将阀芯保持在中间位置的能力，这是通过对中弹簧或流体压力的作用来实现的。前者叫"弹簧对中"，后者叫"液压对中"。

弹簧对中是方向阀阀芯对中的最常用的方法，如图 5-110 所示的弹簧对中电液换向阀，弹簧对中的阀芯两端各安装一个相同的弹簧，在主阀芯两端均无压力油时，阀芯处于中间位置；换向时，阀芯从中间状态压缩弹簧移动到一个端部位置。所以在弹簧对中的电液换向阀中，在其对中时，先导阀（电磁阀）的中位为 Y 型机能（A、B 和 T 连通，P 封堵），可使主阀芯两端的控制腔 X 与 Y 均释压，由对中弹簧将主阀芯回复到中间位置。

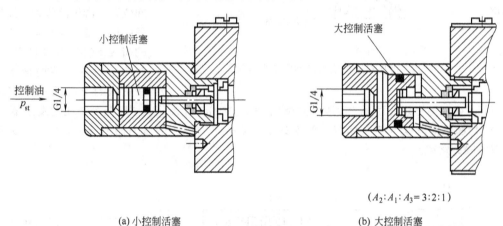

$(A_2:A_1:A_3 = 3:2:1)$

(a) 小控制活塞　　　　　　　　(b) 大控制活塞

图 5-109　德国博世公司液动换向阀的两种控制活塞

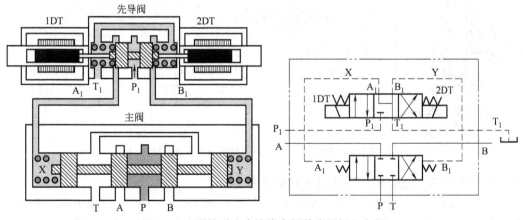

图 5-110　弹簧对中电液换向阀的先导阀与主阀

② 液压对中　液压对中（压力对中）的阀芯对中是靠液压压力来完成的，压力对中的方向阀，即使在其工作流量过大的工况下，也能保证阀芯很好地对中。在压力对中的电液换向阀中，先导阀的中位为 P 型机能（P 与 A 和 B 连通，T 封堵）。如图 5-111 所示，采用的是液压对中的形式，阀中右端采用大小控制活塞，大活塞承压面积 A_2 > 阀芯承压面积 > 小活塞承压面积 A_3，中位时，左右控制腔内控制压力 $p_x = p_y$，又由于 $A_2 > A_1$，所以 $p_y \cdot A_2 > p_x \cdot A_1$，阀芯处于中位时不可能右移；同样由于 $A_1 > A_3$，阀芯也不可能左移，因为右端大活塞的端面被止口挡住，因而促使阀芯向左的力只有 $p_y \cdot A_3$，而向右的力为 $p_x \cdot A_1$，显然 $p_x \cdot A_1 > p_y \cdot A_3$，所以阀芯也不可能左移，因而这种形式比单纯弹簧对中要可靠。

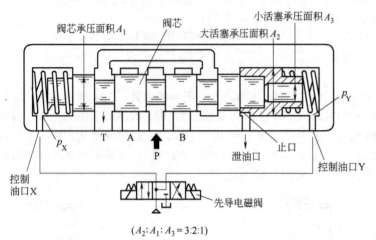

图 5-111　液压对中式液动换向阀（电液阀）

（$A_2 : A_1 : A_3 = 3 : 2 : 1$）

（6）保证最低控制油液压力的结构措施

为了保证有足够的控制压力油使主阀芯可靠换向，需保证有最低控制油液压力（如力士乐公司的阀 ≥ 1MPa），才能推动主阀芯换向。这在采用内供（见后述）提供控制油，而主阀在中间位置（含过渡位置）又为卸荷中位机能（如 P 与 T 连通）的情况下特别需要注意。为此在进口的一些电液阀上，在主阀的 P 腔通路中安装了一背压阀（德国力士乐公司叫"顶压压力阀"，美国 Vielcers 公司叫"最低控制压力发生器"），图 5-112 为德国博世-力士乐公司背压阀及安装位置图。右图中的压力损失是主阀压力损失和背压阀压力损失之和。

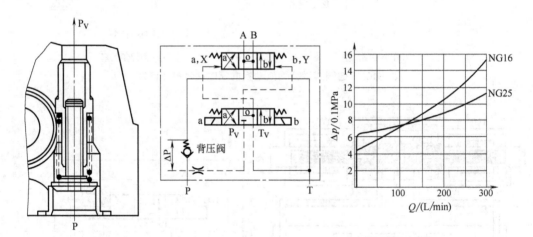

图 5-112　德国博世-力士乐公司背压阀结构及安装位置

（7）调节控制油的流量大小的结构措施

为了进行比较平缓的控制，防止控制油流量过大带来的冲击，特别是在采用内控供油而又采用高控制压力（> 250bar）的情况下使用液动与电液动换向阀时，更应注意掌控控制油的流量大小。 维修人员在拆修电液阀时见到的如图 5-113 所示的插入式阻尼器便是起到这种作用。

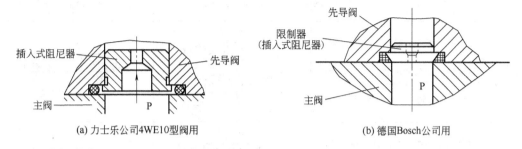

图 5-113　流量限制器（插入式阻尼器）

（8）限制控制油压力过高的结构措施

为防止因控制压力油压力过高（＞250bar）带来的冲击，对控制压力的最大值也要进行控制。 一般在电液阀的先导阀与主阀之间（采用内供时），如设有定比减压阀块，减压比为 1：0.66（如德国力士乐公司），但注意安装了定比减压阀块后，最小控制压力必须提高 1：0.66≈1.5 倍，才能保证最低控制压力。 当控制油采用内排同时又使用了预压阀（背压阀）时，且控制压力减少到 30bar 时，不能使用定比减压阀。

（9）控制油的供油方式和回油方式

电液换向阀先导电磁阀控制油的供油和回油（排油），有外控（或外供）外排、内控外排、外控内排与内控内排四种方式。

所谓"外控"是指从另外一个供油源或者从同一液压系统中通过一条支路，经 X 口向先导阀的 P_1 口供油。

所谓"内控"是指主油路系统的压力油进入电液阀主油腔 P 后，在阀内再分出一部分作为控制油，并通过阀体内部的孔道直接与上部先导电磁阀的进油腔 P_1 口相沟通而供油。

所谓"外排"是指从主阀芯两端控制腔排出的油，经先导电磁阀的回油腔 T_1 从主阀体上的 Y 口排回油箱。

所谓"内排"是指从主阀芯两端控制腔排出的油，经先导电磁阀的回油口 T_1，再经主阀的主回油腔从主阀 T 口排回油箱。

电液换向阀控制油的内供与外供、内排与外排之间可以通过移开先导阀后，拿掉或拧入螺堵的方式来实现两者之间的转换。

液动换向阀的供油和排油方式与上述电液换向阀相同，只不过没有先导阀——电磁阀而已。

无论国内还是国外如无特别声明，供货方均以内控内排的方式供货，且供货包装的塑料袋中，有几颗 M3 带内六方头的小螺钉，维修人员必须注意保存好这几个小螺钉，万不可丢失，否则需要时难以购买到。 如果要改为外控或外排时，用这些小螺钉将某孔堵上，便可实现外控外排、内控外排、外控内排和内供内排四种方式的相互转换。

表 5-11 中列举了德国博世-力士乐公司的三位四通弹簧对中式电液动换向阀不同的控排油情况。

5.6.3　型号说明与结构

（1）液动换向阀

① 国产

a. 24Y※-B△H-T 型二位四通液动换向阀。 如图 5-114 所示，型号中 24Y 表二位四通液动换向阀，※表示滑阀机能，B 表示板式连接；△表示通径，如 20、32 等；H 表示压力等级为

31.5MPa；T 表示弹簧对中。

表 5-11　三位四通弹簧对中式电液动换向阀控制油不同的供排油情况

控制方式	特点	详细图形符号	简化图形符号
XY 外控外排	1. 控制压力不必太高，可选低压泵外部供油 2. 需增加一套辅助供油系统，每一电液动换向阀要增加一控制油管路 3. 回油不受主阀回油背压的影响	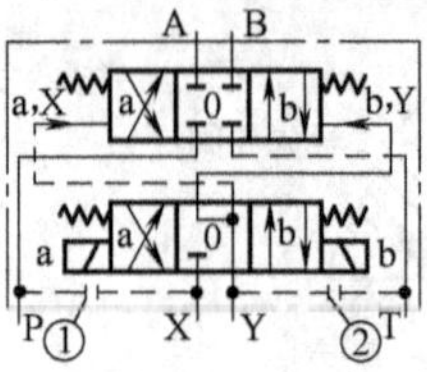	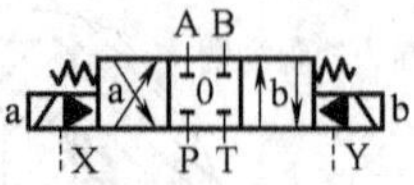 ①、②处用螺塞堵上
PY 内控外排	1. 控制油压力等于主油路系统压力，有控制油压力过高，造成损失的缺点 2. 不适用主阀中位机能和过渡机能 P 与 T 连通的情况，此时影响主阀芯换向 3. 回油不受主阀回油背压的影响	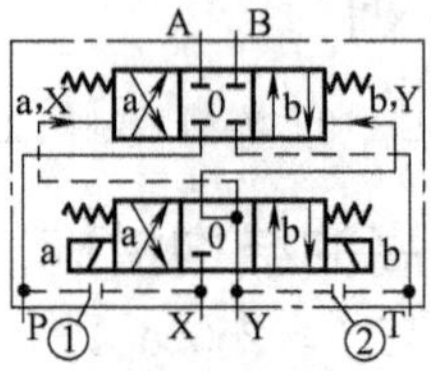	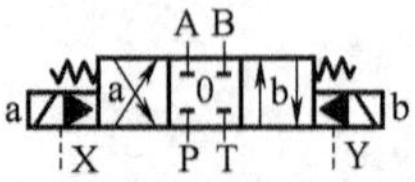 X口、②处用螺塞堵上 ①处卸掉螺堵成通路
XT 外控内排	1. 控制压力不必太高，可选低压泵外部供油； 2. 主油路背压必须小于先导电磁阀的允许背压	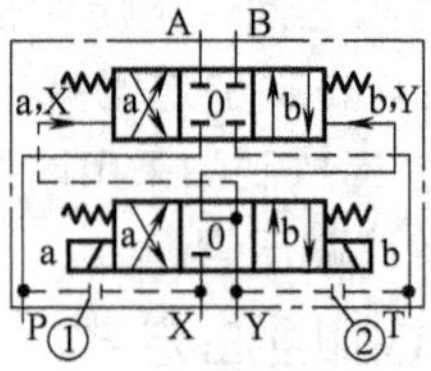	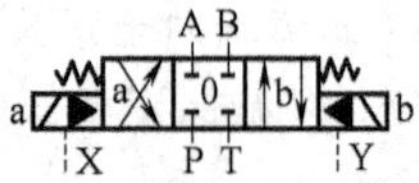 Y口、①处用螺塞堵上，②卸掉
PT 内控内排	1. 控制油等于主油路系统的压力，有能量损失； 2. 对主阀中位卸荷的阀（如 P·T 连通），中位时，系统压力为零。无法控制主阀芯换向须在固油路加设背压阀。但背压大，能量损失也大	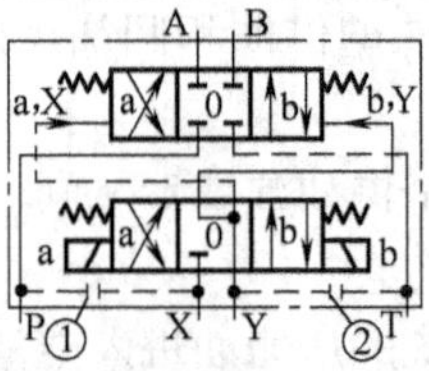	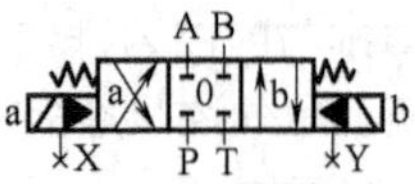 X与Y用螺塞堵上
	1. a 通电时主阀右位工作 2. 图为外控外排，若要改变，只须改螺堵①、②是堵还是卸掉	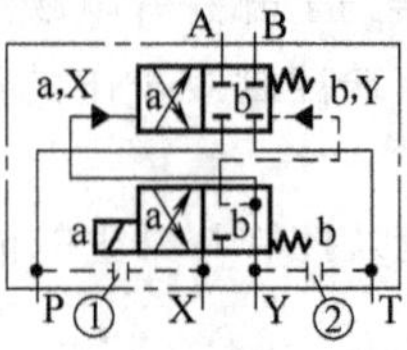	
XY	1. b 通电时主阀左位工作 2. 图为外控外排，若要改变只须改变螺堵①、②是堵还是卸掉	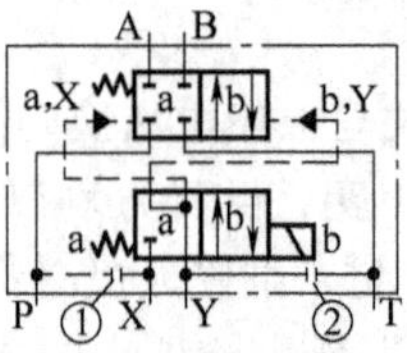	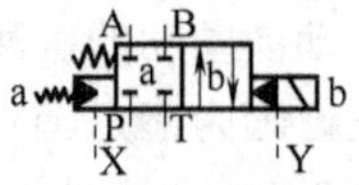
	1. a 通电时主阀右位工作 2. 图为外控外排，若要改变只须改变螺堵①、②是堵还是卸掉	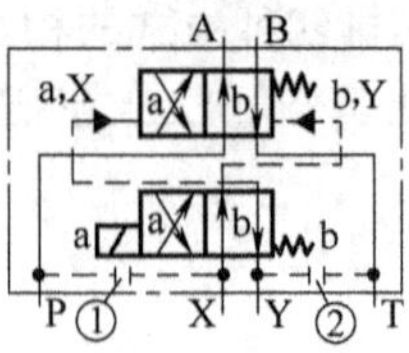	

　　b. 国产 34Y※-B△H-T 型三位四通液动换向阀。如图 5-115 所示，型号中 34Y 表示该阀为三位四通液动换向阀，※表示滑阀机能，B 表示板式连接；△表示通径，如 20、32 等；H 表示压

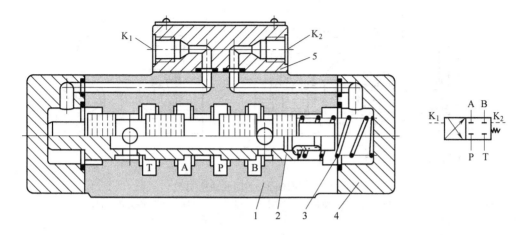

图 5-114　二位四通液动换向阀结构及符号（国产）

1—阀体；2—阀芯；3—复位弹簧；4—端盖；5—盖板

力等级为 31.5MPa；T 表示弹簧对中。

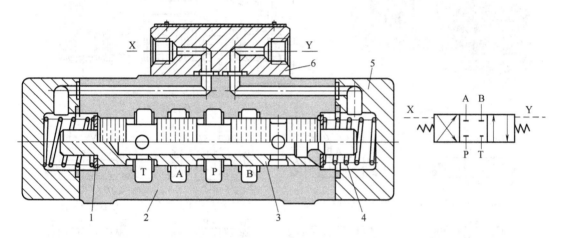

图 5-115　三位四通液动换向阀工作原理及图形符号（国产）

1—挡圈；2—阀体；3—阀芯；4—弹簧；5—端盖；6—盖板

② 进口

a. DHG□-3△ 型液动换向阀。 图 5-116 为美国威格士公司、日本油研公司、中国榆次油研等公司产的 DHG□-3△ 型液动换向阀的结构，型号中 DHG 表液动换向阀；□ 为通径代号，数字 04、06、10 分别表示公称通径为 16mm、20mm、30mm；△ 表示弹簧配置形式，C 表弹簧对中，B 表弹簧偏置，N 表无弹簧由机械定位，H 表液压对中；额定压力 31.5MPa；额定流量 300～1100L/min；安装尺寸符合 ISO 4401 标准。

b. DG3V-■-※-△ 型液动换向阀。 图 5-117 为美国威格士、日本东京计器等公司产的液动换向阀的外观、结构、图形符号及立体分解图，型号中 DG 表示液动换向阀，■ 为安装面尺寸代号，为 7 或 H8，分别符合 ISO 4401-AD-07-4-A 与 ISO 4401-AE-08-4-A 标准；※ 为阀的机能代号，如 0、2、31 等；△ 为阀芯的对中方式字母代号， A、C、D 分别代表弹簧偏置、弹簧对中、液压对中，无标注时为无弹簧；额定压力 31.5MPa；额定流量 DG3 V-7 型为 300L/min，DG3V-H8 型为 700L/mm。

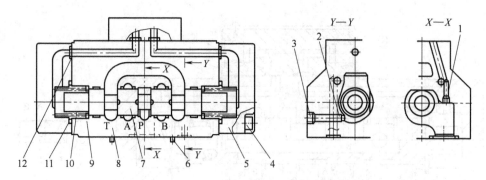

图 5-116　DHG□-3△型液动换向阀

1~3—螺堵；4—螺钉；5—盖；6—定位销；7—阀芯；8—阀体；9—垫；10—对中弹簧；11，12—O 形圈

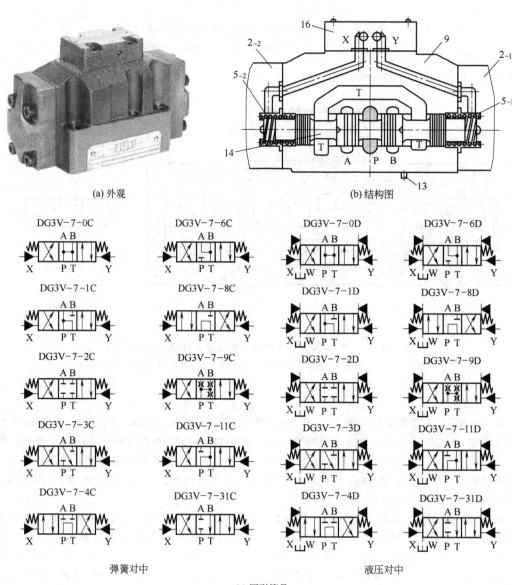

(a) 外观

(b) 结构图

弹簧对中		液压对中	
DG3V-7-0C	DG3V-7-6C	DG3V-7-0D	DG3V-7-6D
DG3V-7-1C	DG3V-7-8C	DG3V-7-1D	DG3V-7-8D
DG3V-7-2C	DG3V-7-9C	DG3V-7-2D	DG3V-7-9D
DG3V-7-3C	DG3V-7-11C	DG3V-7-3D	DG3V-7-11D
DG3V-7-4C	DG3V-7-31C	DG3V-7-4D	DG3V-7-31D

弹簧对中　　　　　　　　　　　液压对中

(c) 图形符号

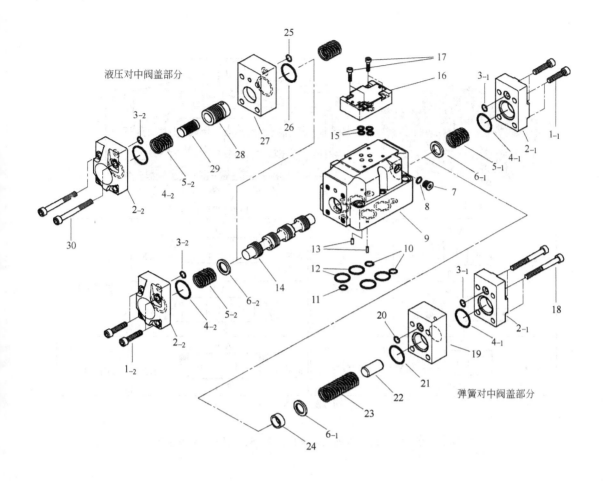

注：1.件3、7、8、20液压对中不使用；
　　2.件5、6无弹簧形不使用；
　　3.件11仅用于液压对中形

图 5-117　DG3V-■-※-△型液动换向阀

1, 17, 18, 30—螺钉；2—左右端盖；3, 4, 8, 10~12, 15, 20, 21, 25, 26—O 形圈；
5—弹簧；6—挡圈；7—螺堵；9—阀体；13—定位销；14—主阀芯；16—顶盖；
19—端盖；22—定位杆；23—偏置弹簧；24—挡环；27—端盖；28, 29—大、小柱塞

　　c. 4WH※□△型液动换向阀。　图 5-118 为德国博世-力士乐公司产 4WH 型液动换向阀的外观、结构、图形符号，型号中 4WH 表示该阀为四通液动换向阀；※表通径尺寸代号，有 10、16、22、25、32 等；□为 H 时表示液压对中，无 H 时为弹簧对中；△为中位机能代号，额定压力 28MPa，额定流量 40~160L/min。

（2）电液动换向阀

　　① 国产 3（2）4DYF3※-E△B-ZZ 型三（二）位四通电液动换向阀　图 5-119 为广州机床研究所设计并生产的电液动换向阀结构图，型号中 3（2）4 表示三（二）位四通，D 为 E 时表示直流，※为阀芯机能，E 为压力等级 16MPa，△为通径 10、16 或 20，B 表示板式，ZZ 表示带双阻尼器；最低控制压力 0.6MPa，流量随通径而定；结构特点为弹簧对中；板式安装面尺寸符

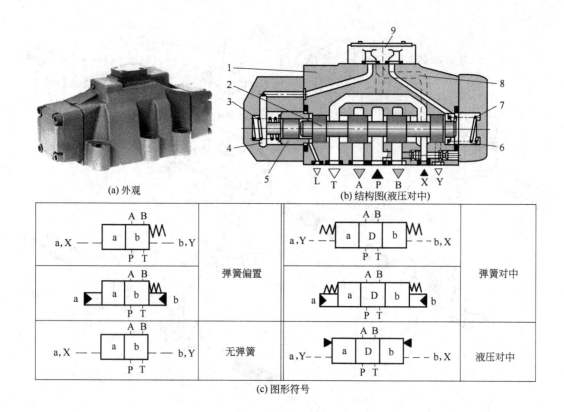

a,X — A B ...... b,Y (弹簧偏置)	a,Y — ...... A B ...... b,X (弹簧对中)

(c) 图形符号

图 5-118　4WH※□△型液动换向阀外观、结构与图形符号

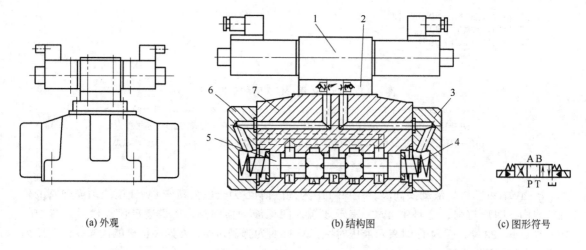

(a) 外观　　　　　　　(b) 结构图　　　　　　　(c) 图形符号

图 5-119　3（2）4DYF3※-E△B-ZZ 型三（二）位四通交流电液动换向阀

1—先导电磁阀；2—双单向节流阀块；3—右盖；4—对中弹簧；5—主阀芯；6—左盖；7—主阀体

合 ISO 4401-AC-05-4-A、ISO 4401-AD-07-4-A、ISO 4401-AE-08-4-A。

　　② 德国博世-力士乐公司产 H4WEH※□△…型电液动换向阀　图 5-120 为德国博世-力士乐公司、日本内田油压等公司产的电液动换向阀，型号中前面有 H 时表示额定压为 35MPa，否则为 28MPa；4WEH 表示四通电液换向阀；※表示通径代号，有 10、16、20、22、25、32 等；□为

H 时表示液压对中，无 H 时为弹簧对中；△为中位机能代号，额定流量可达 1100L/min。

(a) 外观

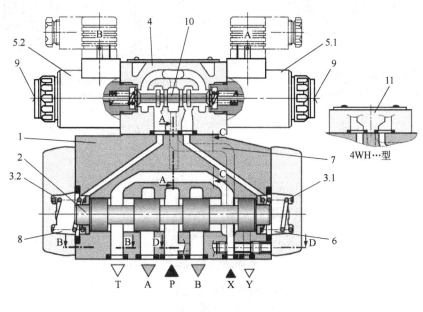

T   A   P   B   X   Y

(b) 结构

图 5-120　H4WEH-□-△…型电液动换向阀

1—主阀体；2—主阀芯；3—主阀芯对中弹簧；4—先导电磁阀阀体；5—电磁铁；6—右盖；

7—外控油道；8—左盖；9—锁母；10—电磁阀阀芯；11—阀盖（用于液动阀）

　　电液动换向阀，如果没事先声明，购回的阀因为为内控内排，要改为其他先导控制方式须做适当更改。　图 5-121 为 4WEH 型电液动换向阀更改的实际操作方法。

　　③ 德国博世-力士乐公司产 4WEH…H…型液压对中式电液动换向阀　图 5-122 所示为德国博世-力士乐、日本内田油压等公司产的液压对中式电液动换向阀结构，额定压力 35MPa，额定流量 160～1100L/min；其余参数及外观同上述弹簧对中型；结构特点上采用定位套 11 使阀芯处

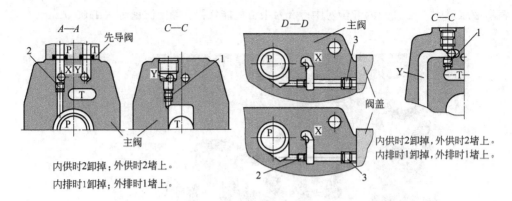

内供时2卸掉；外供时2堵上。
内排时1卸掉；外排时1堵上。

(a) 10通径

内供时2卸掉，外供时2堵上。
内排时1卸掉，外排时1堵上。

(b) 16通径

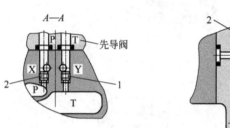

内供时，2卸掉；外供时，2堵上。
内排时，1卸掉；外排时，1堵上。

(c) 22通径

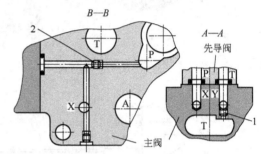

内供时，2卸掉；外供时，2堵上。
内排时，1卸掉；外排时，1堵上。

(d) 25通径

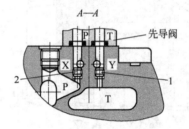

内供时，2卸掉；外供时，2堵上。
内排时，1卸掉；外排时，1堵上。

(e) 32通径

图 5-121 改变 4WEH 型电液动换向阀先导控制方式的操作方法

于中位，弹簧 3 只起复位作用。

④ 美国威格士等公司产 DG5V-※□-△型电液动换向阀　图 5-123 所示为美国威格士等公司产 DG5V-※□-△型电液动换向阀，型号中 DG5V 表电液动换向阀，※为通径代号 7 或 H8，对应额定流量为 300L/min 和 700L/min，安装尺寸分别符合 ISO 4401-AD-01-4-A、ISO 4401-AE-08-4-A 标准；□为阀芯机能代号；△为阀芯对中控制方式，代号 A、B、C、D 与 N 等，分别表示弹簧偏置（二位）、弹簧偏置（二位）、弹簧对中（三位）、液压对中（三位）与无弹簧机械定位五种。

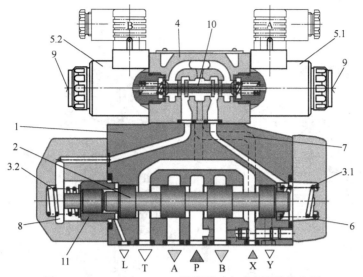

图 5-122　4WEH...H...型液压对中式电液动换向阀

1—主阀体；2—主阀芯；3—对中弹簧；4—先导电磁阀阀体；5—电磁铁；6—右盖；

7—外控油道；8—左盖；9—锁母；10—电磁阀阀芯；11—定位套

(a) 外观　　　　　　　　　　　　　　　　　　(b) 结构

1—阀体；2—阀盖；3—对中弹簧；4—主阀芯

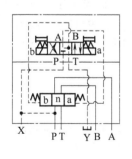 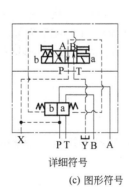 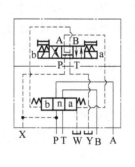 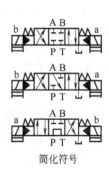

详细符号　　　　　　　　　　　　　　　　　简化符号

(c) 图形符号

图 5-123

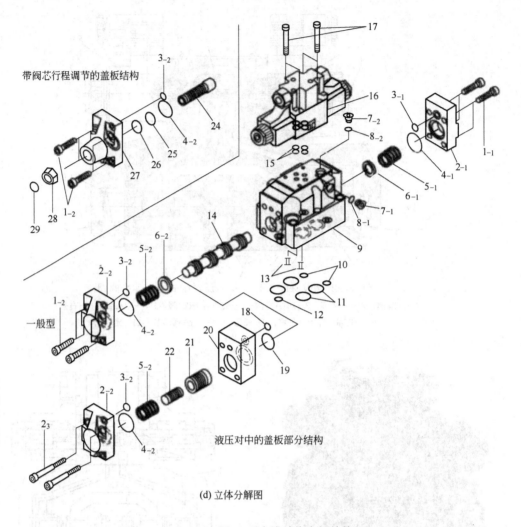

带阀芯行程调节的盖板结构

一般型

液压对中的盖板部分结构

(d) 立体分解图

图 5-123　DG5V-※□-△型电液动换向阀结构

1，17—螺钉；2—左右端盖；3，4，8，10～12，15，18，19，25，26—O 形圈；5—弹簧；6—挡圈；
7—螺堵；9—阀体；13—定位销；14—主阀芯；16—先导电磁阀；20—端盖；21，22—大、小柱塞；
24—柱塞；27—端盖；28—锁母；29—弹簧卡圈

（3）气控式液动换向阀的结构

图 5-124 为力士乐公产的 4WHD 型气控式液动换向阀，从图中 X 口或 Y 口通入压缩空气作用在气控活塞 1 上，产生的力推动阀芯移动改变油流流向，进行换向。 图（a）中的局部放大图为阀芯换位时，用定位钢球落入阀芯定位槽内进行定位，对应图形符号见图（b）最上端所示，图（b）其他图形符号表弹簧复位式。

5.6.4　拆装

（1）液动换向阀的拆装

图 5-125 为德国 Bosch 公司产三位四通液动换向阀的拆装。 注意必须注意滑阀芯的装配方向，不能倒头装，它是有方向性的。

（2）电液动换向阀的拆装

图 5-126 为德国 Bosch 公司产三位四通电液动换向阀的拆装。 注意必须注意滑阀芯的装配

方向，不能倒头装，它是有方向性的。

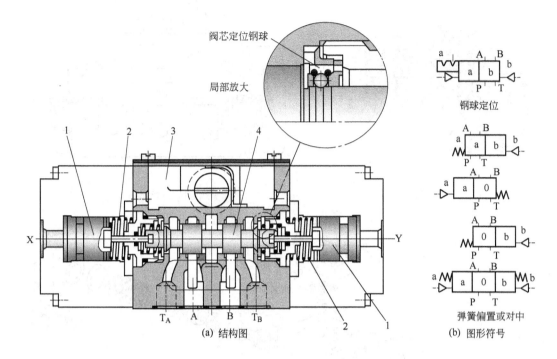

图 5-124　力士乐公司 4WHD 型气控式液动换向阀与有关图形符号
1—气控活塞；2—弹簧；3—阀体；4—阀芯

5.6.5　减压式先导阀对液动换向阀的换向控制

在大型、重型液压工程机械上，由于野外作业，控制电源（或气源）受到限制，不便于采用电液动换向阀。如果采用大口径的手动换向阀直接控制，因要克服阀芯和 O 形圈的摩擦阻力、对中弹簧力和液动力等而使手柄操纵力增大。

为解决这些问题，在工程机械上非常广泛地采用一种减压式手动三通式方向阀作先导阀，装在驾驶室内，利用液压机械本身的液压油源进行先导手动操纵来控制装在远处的液动换向阀（主阀）的换向，可大大减轻操纵力，并可通过手柄的操纵，实现弹簧对中型液动换向阀的比例控制，以使执行机构（例如挖掘机的斗杆、动臂液压缸、回转液压马达等）获得不同的速度。

（1）减压式先导阀（三通式减压阀）的工作原理

如图 5-127 所示，当不操作设于驾驶室的双三通式减压阀的手柄时，两阀芯处于图（a）所示的位置，控制压力油 P 无法进入主阀两侧油腔，液动阀（主阀）阀芯两侧 a 与 b 均通过两三通式减压阀的阀芯沉割槽与回油 T 口相通，因而液动阀阀芯两侧均无压力油，在阀芯两侧对中弹簧的作用下主阀芯处于中间位置，图中中位为主油口 P、A、B、T 互不相通（也可其他中位机能），液压缸原地不动；当操作手柄压下左边阀［图 5-127（b）］时，左边阀下移，控制压力油 P 可经左边阀开口（减压口）进入主阀芯右腔 a，推动主阀芯左移到位，主阀芯左腔 b 回油经右阀油槽再经 T 流道回油箱。于是主油口流路为 P→B，A→T，液压缸左行；反之当操作手柄压下右边阀［图 5-127（c）］时，右边阀下移，控制压力油 P 可经右边阀开口进入主阀芯左腔 a，推动主阀芯右移到位，主阀芯右腔 a 回油经左阀油槽再经 T 流道回油箱。于是主油口流路为 P→B，A→T，液压缸右行。

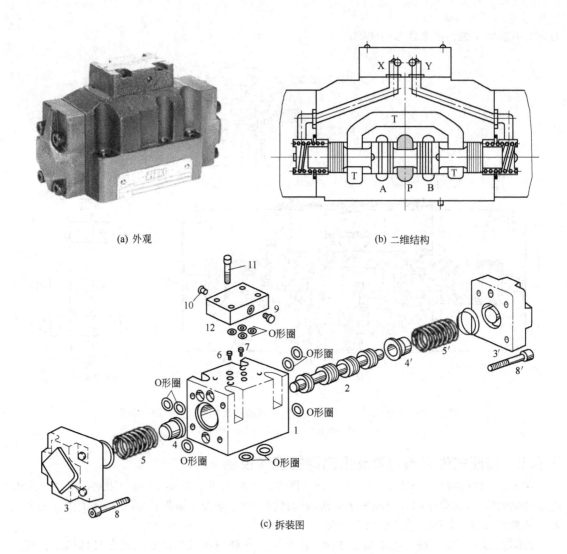

(a) 外观 　　　　　　　　　　　(b) 二维结构

(c) 拆装图

图 5-125　德国 Bosch 公司产三位四通液动换向阀的拆装

1—阀体；2—阀芯；3, 3′—左右阀盖；4, 4′—套；5, 5′—复位对中弹簧；6, 7, 9, 10—螺堵；
8, 8′, 11—内六角螺钉；12—顶盖

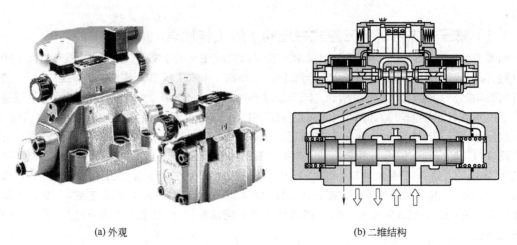

(a) 外观 　　　　　　　　　　　(b) 二维结构

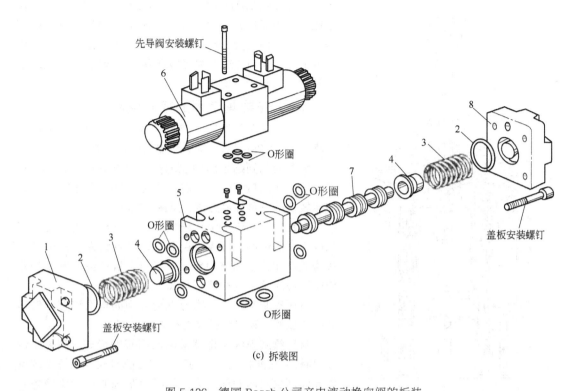

(c) 拆装图

图 5-126　德国 Bosch 公司产电液动换向阀的拆装

1—左端盖；2—O 形圈；3—对中弹簧；4—弹簧座；5—阀体；6—先导阀（电磁阀）；7—阀芯；8—右端盖；9—螺堵

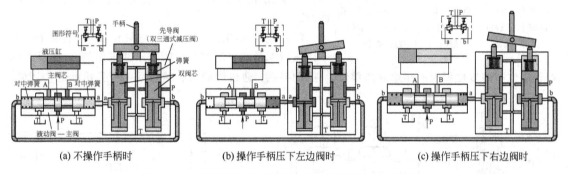

(a) 不操作手柄时　　　　(b) 操作手柄压下左边阀时　　　　(c) 操作手柄压下右边阀时

图 5-127　手动减压式三通方向阀（先导阀）的工作原理

（2）减压式先导阀（三通式减压阀）的结构

如图 5-128 所示，阀体中装有两个（或四个）定值输出式减压阀。 阀中的平衡弹簧 7、导杆 6 和滑动套 5 由螺钉 4 连接成一体，称为平衡弹簧组。 平衡弹簧被预压紧，万向铰式手柄 1 可在任意方向摆动，通过蝶形盘 2 推动触头 3 及平衡弹簧组，使减压阀芯向下移动，同时压缩复位弹簧。

利用先导阀二次压力的输出特性，克服液动换向阀的对中弹簧力及其他阻力，使主阀芯的行程与先导阀的手柄操纵角度也成比例关系，实现了比例先导控制，使执行机构获得节流调速功能。 先导阀的输出压力也可以用来控制液压泵的变量机构、液压制动器和离合器等。 由于先导阀的手柄为万向铰式，因此，一只手柄可以操纵二个（或四个）阀芯，根据液压系统的要求，可以操纵一个或一组执行元件进行单独动作。

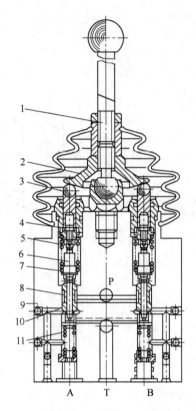

图 5-128　弹簧复位型减压式先导阀结构
1—手柄；2—蝶形盘；3—触头；4—螺钉；5—滑
动套；6—导杆；7—平衡弹簧；8—减压阀芯；
9—阀体；10—减压口；11—复位弹簧

图 5-129 所示是带定位机构的先导阀结构。其工作原理与弹簧复位式先导阀相同，所不同的是操纵手柄不是支承在万向铰上，而是通过连杆带动扇形板转动，扇形板上开有缺口（缺口数可根据系统要求而定），借助于上部弹簧力和钢球定位。

（3）先导阀常用的控制回路

先导阀常用的控制回路有独立控制回路、旁路控制回路、背压控制回路及辅助泵控制回路等四种。

独立控制回路是由独立的控制泵向先导阀供油，其控制压力和流量可以根据需要确定，控制性能较好。是使用较多的一种控制方式，见图 5-130。

旁路控制回路是由系统主油路中分出一支路经减压阀向先导阀供油，可省去控制泵，但供给先导阀的压力和流量不如独立回路稳定，在不易设置单独控制泵的系统中可考虑采用这种控制方式，见图 5-131。

背压控制回路是在执行机构的回油管上设置一定压力的背压阀，利用背压来进行先导控制。

减压阀式先导阀也常采用比例阀的形式，简称比例先导阀。它能根据不同的输入信号而对液压系统中的操作元件产生比例的液压力，从而使系统的流量比例地变化，把它配在操作台（驾驶室内）上，用以遥控液压马达、油泵和液动换向阀的换向动作，又可控制运动速度。

需补充说明的是，图 5-128 与图 5-129 中的两个或四个减压阀都是按直动式减压阀的原理工作的。操纵手柄处于中位时由复位弹簧的作用保持零位。推动手柄，通过蝶形盘、触头及平衡弹簧组的作用使

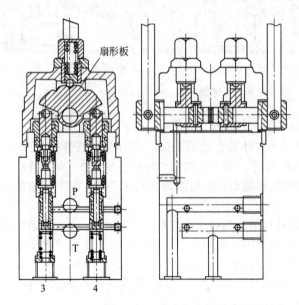

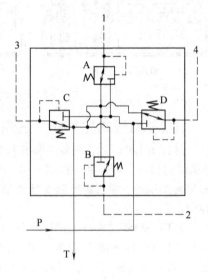

图 5-129　带定位机构的先导阀结构（如国产 SWL 型）与图形符号

阀芯往下移动，随着阀芯的移动，压力油口 P 与某控制油口 A、B、C 或 D 沟通，压力油即到达被控液压元件。 注意整个阀产生的控制油压大小与手柄的位置和弹簧的特性有关。

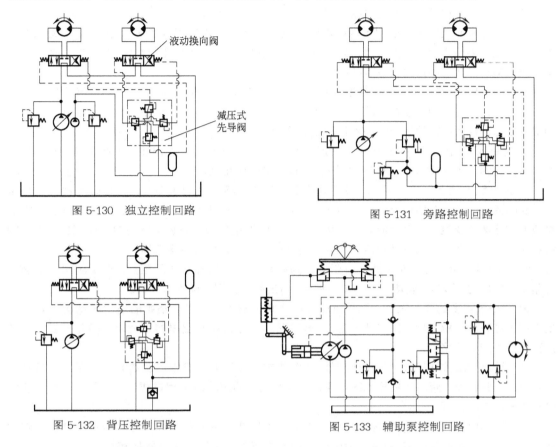

图 5-130　独立控制回路

图 5-131　旁路控制回路

图 5-132　背压控制回路

图 5-133　辅助泵控制回路

5.6.6　使用注意事项

液动换向阀多与电磁阀构成电液动换向阀（简称电液阀）使用的较普遍，在工程机械中单独使用的也较多，它的控制油多由安装在驾驶室内的减压式先导阀进行控制，它们的使用注意事项如下。

① 对弹簧对中式阀，如要使主阀芯保持在一端位置，那么对液动换向阀须在阀的一端不停顿地提供压力油；而对电液阀则需要一端电磁铁持续通电，且应有不间断的控制压力油源。 当液动阀阀芯两端的控制油都通油箱、电液阀两端的电磁铁均断电时，作用在阀芯两端的复位对中弹簧使主阀芯和先导阀的阀芯均回复到中位。

② 压力对中阀是通过液压力对中，由于液压力可以远大于弹簧力，因而更能可靠对中。 但须保证有足够压力的先导压力油同时加到主阀芯两端方可使主阀芯对中。 若要保持在一端位置，但如果先导压力失灵或低于所需之最小控制压力值时、或一个电磁铁未连续通电时，主阀芯保持在一端位置便无法实现。

③ 对弹簧偏置阀控制弹簧仅作用在先导阀的一端，另一端装有电磁铁。 当电磁铁断电时，先导阀芯偏于一端位置，有效的先导油使主阀芯移动到一端位置。 电磁铁通电时，先导油进入主阀芯另一端，为使主阀芯停留在这个位置上，电磁铁必须保持持续通电且保证有有效先导油源。

④ 无弹簧定位阀是由无弹簧定位的先导阀和弹簧对中的主阀组合而成。 当电磁铁断电时，若保持先导压力，主阀芯保留在最后所处的位置。 若先导压力失效或降到低于最小先导压力，

则主阀芯在对中弹簧作用下回中位。

⑤ 液动阀和电液换向阀均有外控外泄、内控内泄、内控外泄、外控内泄等形式，生产厂出厂时通常均为内控内泄式，另外包装箱中有一小塑料袋，袋中装了几个内六方孔的 M3 小螺钉。改装为其他控制方式时可能要用到这些难以买到的小螺钉，千万不要丢失。因为要将购回的内控内泄式改为外控内泄、内控外泄、外控外泄等方式时，要将某个孔用小螺塞堵掉。是堵是卸决不可搞错，否则阀动作失效导致新阀出故障。

⑥ 当采用的电液阀主阀中位为通油箱的型式（如 Vickes 的 0、4、8、9 型），且采用先导油的控制方式为内控式时，须在回油路上使用一背压阀（单向阀），以保证先导压力不低于所需要的最小压力，且回油路的压力波动不得超出这个值。

⑦ 电磁阀（先导阀）有四个油口，液动换向阀（主阀）有四个工作油口和两个控制油口（压力对中型有四个工作油口和三个控油口），安装维修时应正确连接。

⑧ 无弹簧定位型阀断电后，假如没有冲击、振动及不正常的压力波动，且阀的轴线又是水平安装的话，主阀芯保持在最后所达位置。若先导压力失灵或低于最小值，则主阀可能对中或移位而使油液改变流向（反向流动）。因此注意：因为这种阀具有它固有的内部可靠性，中位的流动状态应小心选择，无论是对流动方向，还是对先导压力均应注意选择。

⑨ 对内泄式阀的先导控制油进口压力必须总是能超过先导回油路压力，至少应超过所必须的最小先导压力。若不能满足时，建议使用外泄式阀，否则可能无法换向。

⑩ 两个或更多的阀的先导回油（泄油）若用同一管路时，泄油路中的压力波动可能足以大到引起这些阀的无意换向（换向乱了套），这对无弹簧定位型阀更是特别危险，因此一般需单独设置各自的回油管路。

⑪ 任何滑阀式阀在压力下长时间保持换向状态，则可能因液体沉积物的生成而引起污物卡死或液压卡紧，导致阀芯不易移动的现象，所以要注意油液的污染和过滤状况，并定期反复换向以防止出现这种情况。

⑫ 若使用的工作液不为矿物油，则应选用能满足要求的阀种，并注意工作液的油温：矿物油 $-20 \sim 80℃$，含水液在 $10 \sim 54℃$ 范围内。除含水液外，通常最高油温为 $65℃$，

⑬ 泄油口不可与会产生冲击压力的管路连接。回油箱的管路的末端一定要插入油中。

5.6.7　故障分析与排除

（1）液动换向阀的故障分析与排除

【故障 1】　不换向或换向不正常

这一故障往往通过执行元件——液压缸或液压马达是否换向来判断。

① 无控制压力油进入液动阀阀芯两端控制腔。应检查控制油路是否畅通、提供控制油油源是否能可靠保障不断供应压力油下手；对于安装有单向节流阀控制阀芯换向速度的液动阀（参阅图 5-107），如果节流阀关死，即 ac= 0，或者单向阀的钢球不密合，均会出现换向不良的故障。

② 虽有控制油进入阀芯两端，但控制油的压力不够。国产压力为 6.3MPa 的液动阀控制油压力范围不得低于 0.3MPa；对于 32MPa 的国产液动阀，控制油的压力不得低于 1MPa。低于最低控制压力，不能换向或换向不良。进口液动阀对控制油的压力均有限制。对内供压力控制油的方式，且中位卸荷的液动阀（如 M、H、K 型），要在回油口安装背压阀，并将背压阀调到高于上述最低控制油压力的允许值。

③ 阀芯因污物等原因卡死，会出现不换向的故障。

④ 主油路或控制油的背压过大，或受阻不通。

⑤ 阀芯两端的复位弹簧折断或拆修后漏装。

⑥ 板式液动阀油口和安装螺钉孔为对称分布，容易将其往阀板上装时，错装一头（转了

180°），会发生不换向或换向不正常，动作错乱的现象。

⑦ 拆修时阀两端的阀盖，四个安装螺钉孔也是对称分布，只要有一块往阀体上装时转90°或180°，控制油路便不通主阀芯两端，导致阀芯不能换向。装配时应注意阀盖的安装方向。阀盖上的控制油口要对准阀体上的小控制油口。

⑧ 液动换向阀和电液换向阀的控制油，有外供外排、内供外排、内供内排和外供内排四种方式，修理更换时，一定要对号入座，否则可能出现不换向或换向不良的故障，可按前述方法，拆掉或堵上某个控制油通道进行变换。可在查明上述原因的基础上采取对策。

【故障2】 换向时发生冲击振动现象

① 控制油的流量过大，使阀芯移动速度过快。

② 图5-107中的单向节流阀的节流阀芯开度调节过大。

③ 图5-107中的单向阀钢球漏装或严重磨损，造成控制油节流的回油阻尼作用失效，不能减缓阀芯换向速度，造成大流量下的换向冲击。可在查明原因的基础上采取对策。

（2）电液换向阀的故障分析与排除实例

电液换向阀是电磁阀与液动阀的组合，所以有关其故障分析与排除方法，可参阅上述关于电磁阀和液动换向阀的有关内容加以处理。此外补充下面几个实例。

【故障1】 电液换向阀因控制压力油不够产生不换向的故障

笔者在湛江近海的某大船上处理过图5-134中电液换向阀因控制压力油不够产生不换向的故障。图（a）为回路简化图，电液换向阀采用内供，中位为M型，换新阀后出现不换向液压缸不动作的故障。

电液换向阀控制油的压力一般不能低于某个压力（如德国博世-力士乐公司为1MPa），否则难以推动主阀芯换向而出故障。但因阀中位为M型，当阀处于中位时，泵卸荷，主油口无压力，该阀又为内供，因而无法保证控制油X的最低控制压力。

此时可采用图（b）的方法，在主阀回油路增设一背压阀（单向阀）A，打开此阀需一定压力，从而确保控制油X的压力不低于主阀芯的最小控制压力，确保主阀芯可靠换向，即便内供时也无关系。

各生产厂家均生产有此类背压阀，买回插入主阀P孔（或T孔）内便可，如图5-135所示。

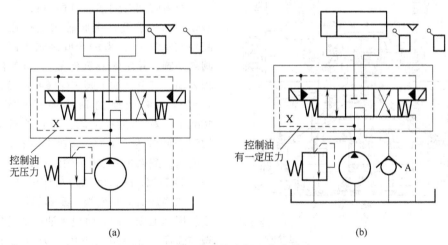

(a)　　　　　　　　　　　　(b)

图 5-134　电液换向阀不换向故障

【故障2】 外供液压泵电机烧掉

笔者在温州某铜业集团处理过的一设备上使用电液换向阀，构成如图5-136所示的液压系统中，从设备进厂时开始，便一直存在外供油齿轮泵电机烧掉的故障。

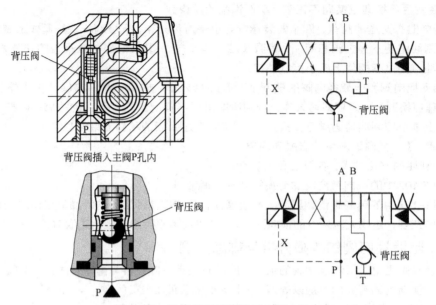

图 5-135　确保最低控制油压力的方法

产生这一故障的原因为：一般如不声明，生产厂家均买的是"内供内排"的电液换向阀。但从图中可知该系统设计生产厂家，对买回的电液换向阀既采内供又采用了低压齿轮泵外供供油，于是系统中所使用的电液换向阀又为内供，又为外供，内供由主油口来的高压油 P（例如工作压力油 30MPa）与外供的低压油（低压齿轮泵供油 2.5MPa）在阀内交汇，造成工作压力油（高压油 P）反灌到外供低压齿轮泵的出油口，驱动齿轮泵的电机不堪重负而烧掉。

处理方法是将外供齿轮泵连同电机全部拿掉。如果坚持要外供，则要按前述说明的方法将有关孔堵掉。

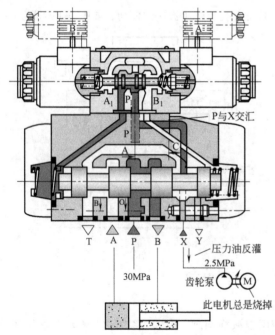

图 5-136　外供内供同时存在产生烧电机的故障

5.6.8　修理

电磁阀部分的修理可参阅 5.3 节中所述。液动阀部分主要是主阀芯和主阀孔之间配合间隙的修复。二者配合间隙过大时，可刷镀阀芯外圆，并研配阀孔修复。有条件的单位和公司，可重新加工阀芯配阀孔修复，液动换向阀与电液动换向阀的通径一般均大于 16mm。对 16 通径的阀，阀芯外圆和阀体孔的配合间隙为 0.007 ~ 0.015mm；对于 25 通径的阀，配合间隙为 0.012 ~ 0.02mm；对于 32 通径的阀，配合间隙为 0.015 ~ 0.025mm。

如果购买新阀更换，要弄明其型号，当无法从标牌上查明时，可量主油口的孔径，便为阀的通径，可参阅表 5-12。从阀芯的形状判明出阀的中位机能，或从油口灌油或吹气判断。

表 5-13 为笔者汇总的世界各国主要公司生产的电液动换向阀型号对照表，供维修时

代用参考。

表 5-12　根据阀芯的形状判明出阀的中位机能的方法

阀芯类型	液动阀机能符号	电液阀机能符号	04（16通径）	06（25通径）	10（32通径）
二位，瞬间中位闭	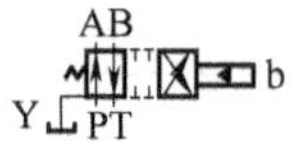	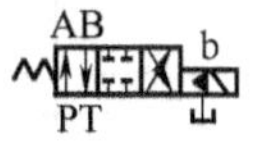	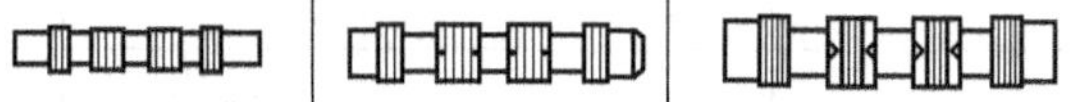		
二位，瞬间中位通	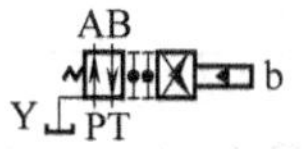	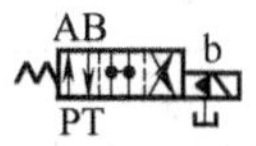	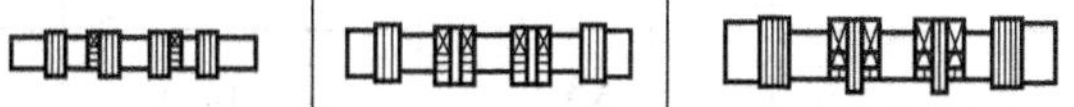		
二位单通，瞬间中位闭	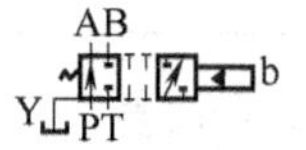		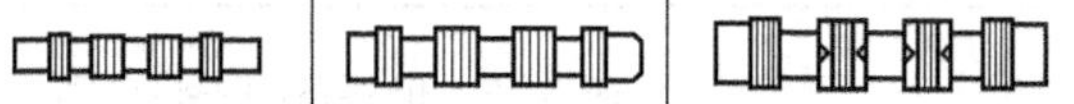		
二位，瞬间中位闭，带定位	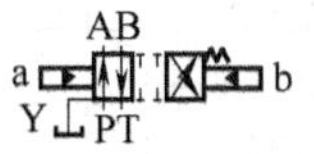	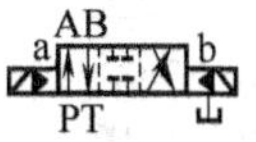	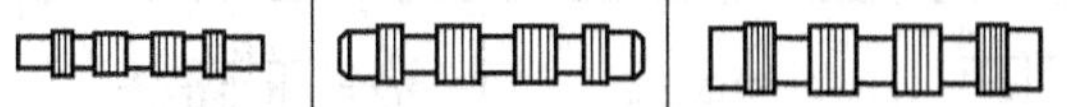		
二位，瞬间中位通，带定位	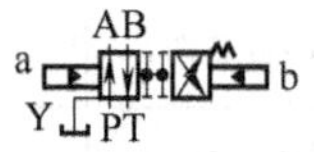	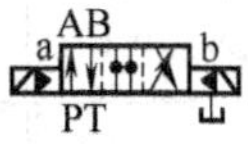	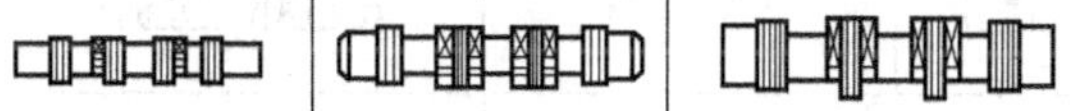		
三位，中位闭	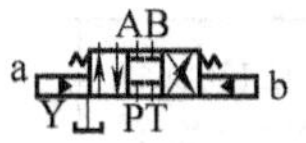		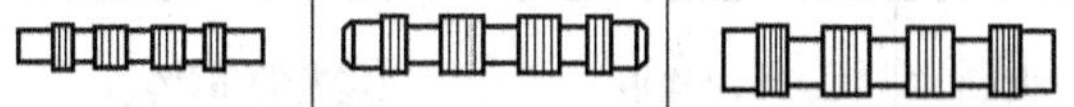		
三位，中位通	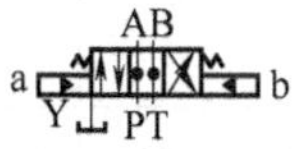	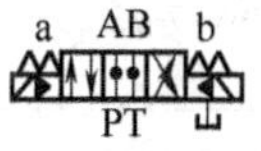	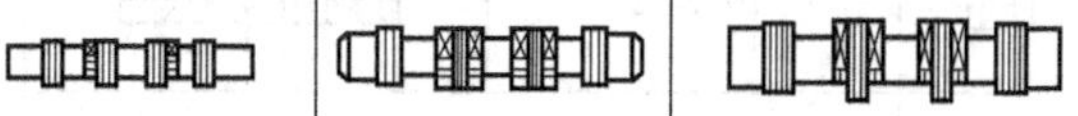		
三位，中位ABT通	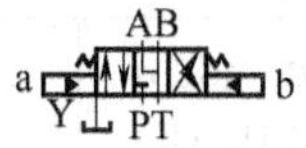	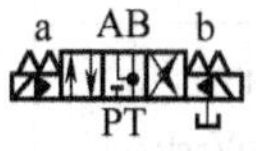	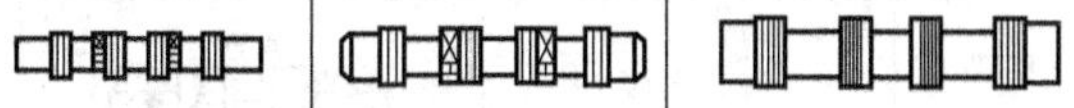		
三位，中位APT通		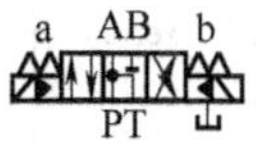	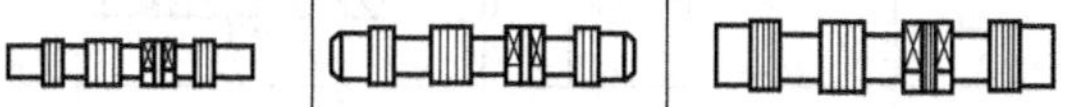		
三位，中位PT通					
三位单通，中位闭	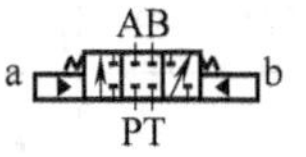	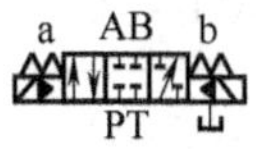	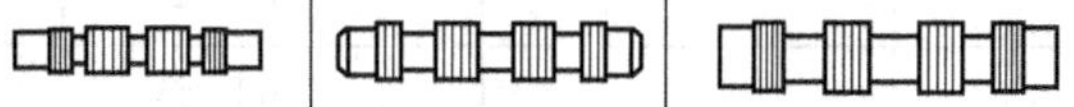		

阀芯类型	液动阀机能符号	电液阀机能符号	04（16通径）	06（25通径）	10（32通径）
三位，中位 ABP通					
三位，中位 BT通					
三位，中位 AT通					

表 5-13 世界各国主要公司生产的电液动换向阀型号对照表

中位及过渡位置状态		图形符号	美国威格士	德国力士乐 北京华德	日本油研 中国榆次油研
	中位连通		DG5V-7-0C DG5V H8 0C	4WEH16H51 4WEH25H51	DSHG 04 3C3
	PAT 连接		DG5V-7-10 DG5V H8 10	4WEH16F51 4WEH25F51	DSHG-04 3C5 DSHG-06-3C5
	中位封闭		DG5V-7-2C DG5V-H8-2C	4WEH16E51 4WEH25E51	DSHG-04-3C2 DSHG-06-3C2
	AT 连接		DG5V-7-3C DG5V-H8-3C	4WEH16L51 4WEH25L51	DSHG-04-3C12 DSHG-06-3C12
	PT 连接		DG5V-7-4C		
	ABT 连接		DG5V-7-6C DG5V-H8-6C	4WEH16J51 4WEH25J51	DSHG-04-3C4 DSHG-06-3C4
	PT 连接		DG5V-7-8C DG5V-H8-8C	4WEH16G51 4WEH25G51	DSHG-04-3C60 DSHG-06-3C60
	中位半连通		DG5V-7-9C DG5V-H8-9C		
	PBT 连通		DG5V-7-11C DG5V-H8-11C		
	BT 连通		DG5V-7-31C DG5V H8-31C	4WEH16U51 4WEH25U51	DSHG 04-3C10 DSHG 06-3C10
	ABT 半连通		DG5V-7-33C DG5V-H8-33C	4WEH16Q51 4WEH25Q51	DSHG 04-3C40 DSHG 06-3C40
	中位封闭		DG5V-7-52C DG5V-H8-52C		

中位及过渡位置状态		图形符号	美国威格士	德国力士乐 北京华德	日本油研 中国榆次油研
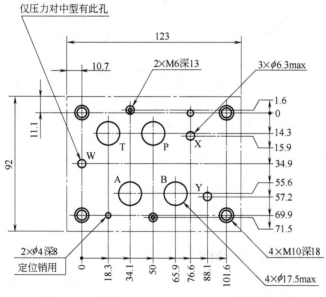	中位封闭		DG5V-7-X2C DG5V-H8-X2C		
	中位封闭		DG5V-7-Y2C DG5V-H8-Y33C		
	ABT 半连通		DG5V-7-X33C DG5V-H8-X33C		
	ABT 半连通		DG5V-7-Y33C DG5V-H8-Y33C		
	过渡状态连通		DG5V-7-0A DG5V-H8-0A	4WEH16C51 4WEH25C51	DSHG-04-2B3 DSHG-06-2B3
	过渡状态封闭		DG5V-7-2A DG5V-H8-2A	4WEH16D51 4WEH25D51	DSHG-04-2B2 DSHG-06-2B2
	过渡时 ABT 连通		DG5V-7-6A DG5V-H8-6A	4WEH16JA51 4WEH25JA51	DSHG-04-2B4 DSHG-06-2B4
			DG5V-7-6BL DG5V-H8-6BL	4WEH16JB51 4WEH25JB51	DSHG-04-2B4-L DSHG-06-2B4-L
			DG5V-7-33BL DG5V-B8-33BL	4WEH16WB51 4WEH25WB51	DSHG-04-2B40-L DSHG-06-2B40-L

注:图中空格笔者未能搜集整理。

5.6.9 安装尺寸

液动换向阀和电液动换向阀的安装尺寸分别见图 5-137 ~ 图 5-139 所示。

图 5-137 标准 ISO 4401 -AD-07-4-A 的安装尺寸

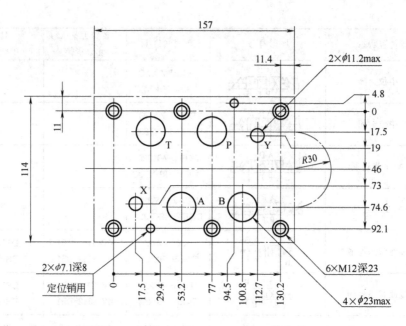

图 5-138　标准 ISO 4401-AE-08-4-A 的安装尺寸

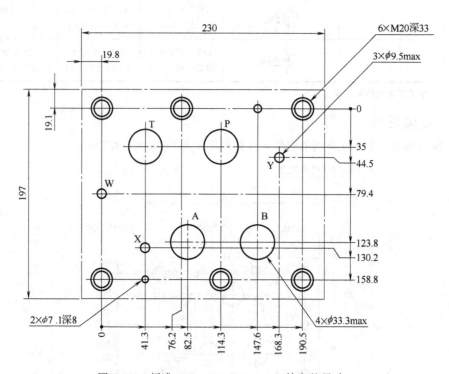

图 5-139　标准 ISO 4401-AF-10-4-A 的安装尺寸

5. 7　手动换向阀的使用与维修

手动换向阀在一些小型油压机上使用得较为普遍, 其工作原理与其他换向阀是相同的。 所不同的只是推动阀芯移动或转动的方式是靠手动来完成, 因而称为 "手动阀"。

阀芯各工作位置的定位多采用钢球定位、定位套定位以及阀盖止口限程定位等方式。

阀芯的复位和对中主要靠扳动手柄以及弹簧复位的方式。钢球定位式的手动阀只能靠扳动手柄。钢球卡入定位套的某一凹挤位置实现复位和阀芯位置的转换。弹簧复位式有弹簧偏置（一端装弹簧）和弹簧对中复位式（两端装弹簧）两种方式。

5.7.1 结构

（1）国产 34 S-25 型手动换向阀

图 5-140 为国产 34S-25 型手动换向阀结构，手柄 1 的摆动带动阀芯 2 移动。图（a）弹簧复位式，松开手柄，弹簧使其复中位，两个定位套 5 并拢为一个工作位置，阀芯 2 右行碰上阀盖被挡住为另一个工作位置，因而为三位阀。图（b）为钢球定位式，钢球每插入定位套 4 一个凹槽（共 3 个）为一个工作位置。

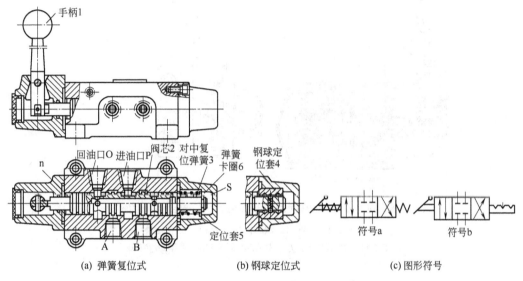

图 5-140 34S-25 型手动换向阀（国产）

（2）进口手动换向阀

① 4WMM□※5（3）X/F 型手柄式、4WMDA□※5X/F 型旋钮式四通手动换向阀 图 5-141 为德国博世-力士乐公司、日本内田油压、北京华德、沈阳液压件厂、上海东方液压件厂等均生产

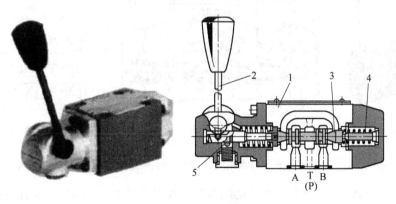

(a) 4WMM6D5X/F 型手柄式手动换向阀

1—阀体；2—手柄；3—阀芯；4—弹簧；5—定位钢球

图 5-141

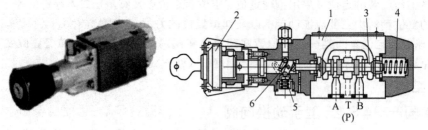

(b) 4WMDA6*5X/F型旋钮式手动换向阀

1—阀体；2—旋转调节手柄；3—阀芯；4—弹簧；5—定位钢球；6—螺旋槽

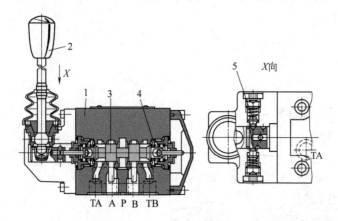

(c) 4WMMl0E3X型与4WMM10E3X/F型(机械定位) 手柄式手动换向阀

1—阀体；2—手柄；3—阀芯；4—弹簧；5—定位组件

图 5-141　德国博世-力士乐等公司产的四通手动换向阀

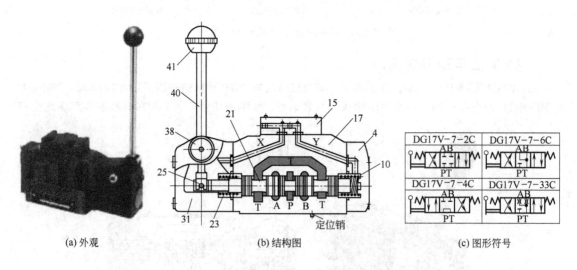

(a) 外观　　　　　　　　(b) 结构图　　　　　　　　(c) 图形符号

图 5-142　美国威格士、日本东京计器公司生产的 DG17V 型手动换向阀

的 4WMM 与 4WMDA 型四通手动换向阀的结构图。 型号代号中：4WMM 表示为手柄式四通手动换向阀，4WMDA 表示为旋钮式四通手动换向阀；□为通径代号数字 6、10、16，分别代表通径为6mm、10mm、16mm；※为阀芯机能代号，与对应公司电磁阀的阀芯机能代号相同；5（3）X 为系列号，F 表示带定位机构，无标记时表示弹簧复位；额定压力 31.5MPa；操作力不大于 205N。

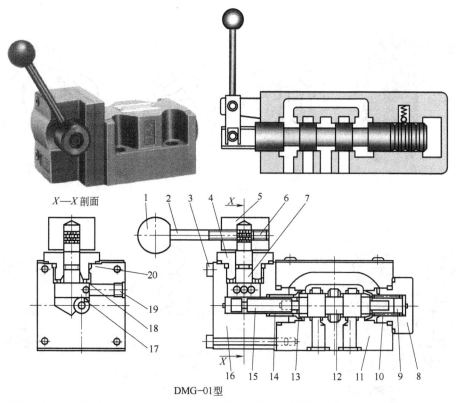

X—X 剖面

DMG-01型

1—手柄球；2—手柄杆；3—螺钉；4—螺套；5—手柄座；6—塞；7—转杆；8—螺塞；9—弹簧座；10—弹簧；
11—阀体；12—阀芯；13, 14—垫；15—拨杆；16—阀盖；17—拨销；18—套；19—螺塞

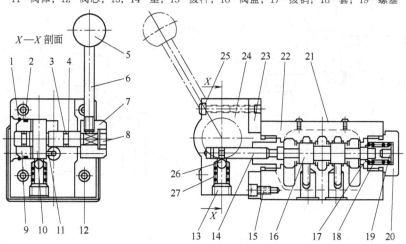

X—X 剖面

DMT-03、DMG-0型

1—卡簧；2, 3—O形圈；4—密封挡圈；5—手柄球；6—手柄杆；7—手柄座；8—螺钉；9—支承套；10—定位转杆；
11—拨销；12, 15, 25—螺钉；13—螺塞；14—拨杆；16—阀芯；17—挡圈；18, 27—弹簧；19—弹簧座；20—螺塞；
21—标牌；22—阀体；23—座板；24—阀盖；26—钢球

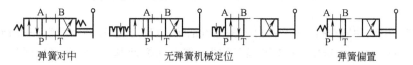

弹簧对中   无弹簧机械定位   弹簧偏置

图 5-143 日本油研公司 DMT-※-3△ ★型管式三位手动换向阀

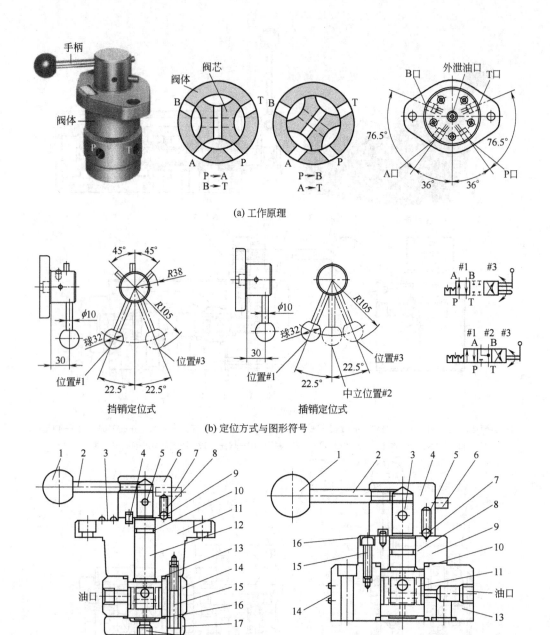

(a) 工作原理

(b) 定位方式与图形符号

挡销定位式　　　　　插销定位式

DRT-02 型

1—手柄球；2—手柄杆；3—标牌；4—限位销；5—销；6—手柄座；7—拨杆；8—弹簧；9—定位钢球；10, 13, 16—O形圈；11—阀上盖；12—转阀芯；14—阀体；15, 18—螺钉；17—下盖

DRG-02 型

1—手柄球；2—手柄杆；3—销；4—手柄座；5—弹簧；6—拨杆；7—定位钢球；8, 10—O形圈；9—阀上盖；11—转阀芯；12—螺堵；13—阀体；14—标牌；15—螺钉；16—限位销

(c)结构

图 5-144　DR※-02-2D 型转阀式手动换向阀

　　② DG17V 型手动换向阀　　图 5-142 为美国威格士、日本东京计器公司生产的 DG17V 型手动换向阀的结构图，型号代号中：DG17V 表手柄操作手动换向阀；7 表示安装面尺寸，符合 ISO 4401-AD-01-4-A 标准；6 为阀的机能代号；C 表示弹簧对中。

③ DM-T-※-3△ ★型管式三位手动换向阀　图 5-143 为日本油研、榆次油研产的 DM 型管式三位手动换向阀的结构图，型号代号中 T 为 G 时表示板式；※为公称尺寸代号 03、04、06、10 等；3 为 2 时表示二位；△为阀芯复位形式，字母 C、D、B 分别表示弹簧对中、无弹簧机械定位、弹簧偏置等；★为滑阀机能代号，有数字 2、3、4、40、5、6、60、7、8、9、10、11、12 等。

④ DR-※-02-2-D-□型转阀式手动换向阀　图 5-144 为日本油研公司产的 DR 型转阀式手动换向阀的结构图，型号代号中 DR 表转阀式手动换向阀；※为 T 或 G，表示管式或板式；02 表示通径代号；2 为 3 时表示三位；D 表示机械定位；□为 2 或 4，表示阀机能；额定压力 7MPa，额定流量 16L/mim。

⑤ AF6 型压力表开关阀　压力表开关阀属于小型手动截止式方向阀。 图 5-145 所示的 AF6 型压力表开关阀是手动操作纵向三通阀。 它们用于定期检查工作压力。 它具有两个切换位：通过弹簧 3 复位至初始位置，在初始位置，自 P 经过 j 孔到阀芯 2 流向压力表的流体被堵塞，压力表→k 孔→阀芯 2→T 与油箱相连，为不测压位置。

当按下按钮 4 时，阀芯 2 移动至切换位，使流体可自由地从 P→j 孔→阀芯 2

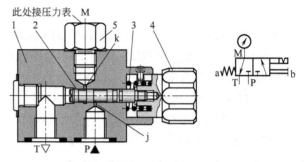

图 5-145　AF6 型压力表开关阀结构
1—阀体；2—阀芯；3—弹簧；4—手动按钮；5—压力表接头

凹槽→k 孔→流向压力表，而至 T 的连接将被堵塞，此时为测压位置。

通过将按钮 4 旋转 45°，可通过制动器将阀芯 2 锁定在适当位置。 测压操作完成后，阀芯 2 被弹簧 3 推回到初始位置，从而阀芯又回到初始位置，压力表卸荷。 该阀可用于底板安装或管式连接。 压力表可直接拧入阀体中，或单独装配。

5.7.2　故障分析与排除

【故障 1】　手柄操作力大

产生这一故障的主要原因有：阀芯与阀体孔配合太紧；污物楔入滑阀副配合间隙，或因有毛刺阀芯外表面和阀孔内表面拉伤；因阀芯和阀孔的几何精度超差，在压力较高时产生液压卡紧力；阀芯与手柄连接处的销子别劲；回油背压过大，泄油口不通。 图 5-140 中的 n、s 腔困油；或者使用流量和压力超出了阀的规定值。

排除方法如下。

① 拆开阀，检查阀体与阀芯的配合间隙，过小时，可适当研配阀孔，使之运动较灵活，但不能太松。

② 清洗阀内部，去毛刺，拉伤严重者予以更换。

③ 研磨修复阀体孔，重配阀芯，使其几何精度保证在 0.003～0.005mm。

④ 装配好阀芯与手柄连接处，特别是阀盖孔要和阀芯同心后，才拧紧阀盖安装螺钉，避免阀盖孔与阀芯配合处的别劲现象。 如果稍微松动四个阀盖安装螺钉，发现操作力减轻，则必定是此处别劲。

⑤ 阀回油口的背压大时，要降低回油背压；泄油通道 L 要畅通，最好单独接油箱。 否则操作力很大，如果开始工作时，操作力较小，使用一段时间后操作力显著增大，则多半是泄油通道 L 不通畅所致（困油）。

⑥ 对于内泄式（无单独泄油孔）的手动换向阀，要防止背压过高；对于管式外泄式手动换向阀，要避免主回油管和泄油管都不能过细过长，并注意防止泄油管的堵塞，泄油管堵塞后，手柄

操纵力会大大增加。对于板式手动换向阀，安装板块体上要有畅通油箱的通道，避免泄油通道孔多处拐弯和未钻通。

【故障2】 换向到不了位，换向失灵和乱套

① 定位机构失效，例如自动复位对中式的弹簧折断、漏装与错装，钢球定位式的定位钢球漏装，定位槽严重磨损等，使定位机构失效，手柄操作时很难扳到正确的定位位置，定位钢球的顶紧弹簧漏装与折断也会出现这种情况。

② 钢球座圈、图5-140中的钢球定位套4和阀芯2内外圆上的三个定位槽严重磨损不能正确定位。

③ 对转阀式阀（图5-144）则可能是定位钢球或插销的三个孔磨损或者定位挡销漏装或折断或磨损。

④ 对定位套定位的方式（如图5-114）如果弹簧卡圈6断裂、漏装或从卡圈槽跑出，则出现换向乱套现象。兼定位作用的对中定位弹簧3断裂也会出现换向失灵的现象。

可根据上述情况采取对策。

【故障3】 液压冲击和噪声

这主要是手柄移动速度太快所致，特别是大流量阀，可缓慢移动手柄，延长"开""关"换向时间可防止液压冲击和噪声。

5.8 机动换向阀的使用与维修

机动换向阀又叫行程换向阀，在机床等液压设备的快进与工进速度转换过程中上有广泛应用。与一般换向阀一样，按阀芯工作位置分有两位与三位，按所控制的油腔通路数，有二通、三通、四通与多通等种类。

5.8.1 工作原理

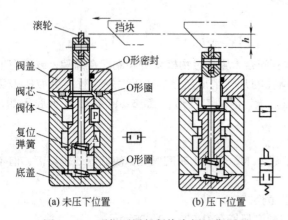

图5-146 两位两通行程换向阀工作原理

（1）两位两通

它的工作原理如图5-146所示，图（a），当机械撞块（凸轮）未压下滚轮时，P与A不通；当撞块前进压下滚轮带动阀芯右移到下位时，P与A相通。此为两位两通机动换向阀，撞块松开，弹簧使阀芯复位。

（2）两位四通

如图5-147所示，两位四通行程换向阀有四个工作油口。当图中a撞块未压下滚轮时，复位弹簧使阀芯左移，阀芯处于图示位置，油流从P进入，从A流出，B和T通；当图中b挡块下移压下滚轮时，阀芯右移，P与B相通，A与T通。

5.8.2 结构

（1）国产24C-※B型二位四通机动换向阀

图5-148所示为国产24C-※B型二位四通机动换向阀的结构图。型号中24C表示该阀为两位四通机动换向阀；※表示公称流量（10、25、63L/min）；B表示板式连接；公称压力6.3MPa。

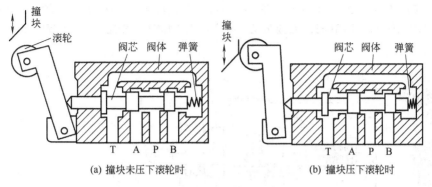

(a) 撞块未压下滚轮时　　　　　　(b) 撞块压下滚轮时

图 5-147　两位四通行程换向阀工作原理

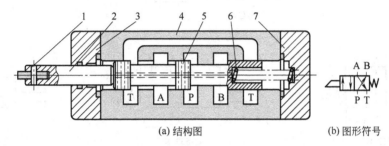

(a) 结构图　　　　　　(b) 图形符号

图 5-148　国产 24C-※B 型二位四通机动换向阀

（2）DH-※△型滚轮式机动换向阀

图 5-149 为 Atos 公司产 DH-※△型滚轮式机动换向阀。当挡块未压下滚轮 3 时，复位弹簧 5 使阀芯 2 左移（上抬），阀芯处于图示位置，油流从 P 进入，从 A 流出，B 和 T 通；当挡块压下滚轮时，阀芯下移，P 与 B 相通，A 与 T 通。

型号中 DH 表滚轮式机动换向阀；※为通径代号 0、1、2、3，分别表示通径尺寸 6、10、16、25mm；△为阀芯机能，可参阅电磁阀部分；安装尺寸符合 ISO 4401-AB-03-4-A 、ISO 4401-AC-05-4-A 等标准；额定压力 31.5MPa，额定流量随通径而定。

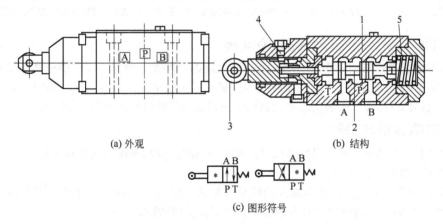

(a) 外观　　　　　　(b) 结构

(c) 图形符号

图 5-149　DH-※△型滚轮式机动换向阀
1—阀体；2—阀芯；3—滚轮；4—定位螺钉；5—复位弹簧

（3）日本东京计器公司 C 型机动换向阀

如图 5-150 所示的机动换向阀，日本东京计器公司产，有两种型号：C-552-E（K）-（NS）型与 C-572-E（K）-（NS）型。 型号中 552 表示为三 （二）通阀，572 表四通阀；E 表机动操作 （K 为手动按钮操作）；有 NS 时为无弹簧型；额定压力 14MPa，额定流量 11.5L／min。

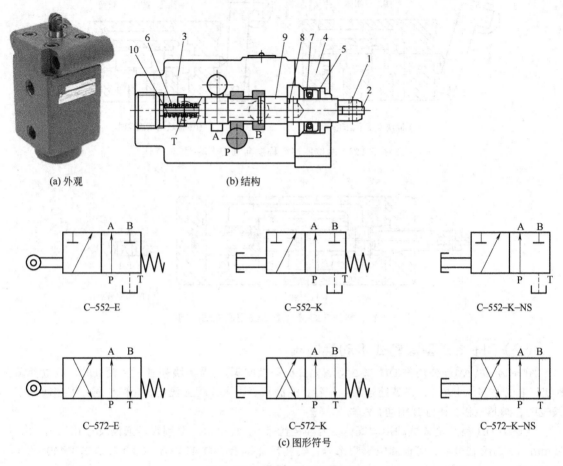

(a) 外观   (b) 结构

C–552–E   C–552–K   C–552–K–NS

C–572–E   C–572–K   C–572–K–NS

(c) 图形符号

图 5-150　C 型机动/手动换向阀

1—销；2—滚轮；3—阀体；4—阀盖；5—垫；6—复位弹簧；7—密封；8—垫；9—阀芯；10—弹簧定位销

（4）DG◇V-3-※-60 型机动换向阀

图 5-151 为美国威格士公司产的两种机动换向阀的结构图，型号中 DG 表板式机动换向阀；◇为 20 时为凸（滚）轮操作，◇为 21 时为顶杆操作；V 表额定工作压力为 35MPa；3 表安装尺寸符合 ISO 4401-03 标准；※表阀芯中位机能（例如 2 表各油口互不相通）；60 为设计号。

5.8.3　故障分析与排除

【故障 1】　当撞块压下行程换向阀时，本应连通的油口却不连通或者只半连通

产生原因和排除方法如下。

①　挡块尺寸不对，或安装不牢造成挡块松动移位，使挡块不能压下或不能完全压下阀芯到正确的位置。 此时换用合乎尺寸要求的挡块，并正确安装牢固。

②　行程阀之滚轮或者撞块因热处理不好等原因，严重磨损，造成欠程大，阀芯换不到位。此时须更换滚轮或撞块。

③　阀芯下端复位弹簧装错或折断，弹簧压缩后虽能顶起阀芯，但 P 到 A 的开阀宽度不够大或者无开度，更换合乎标准的弹簧便可排除故障。

【故障 2】　当撞块未压下行程阀时，P 与 A 本不应连通，但它却仍然连通

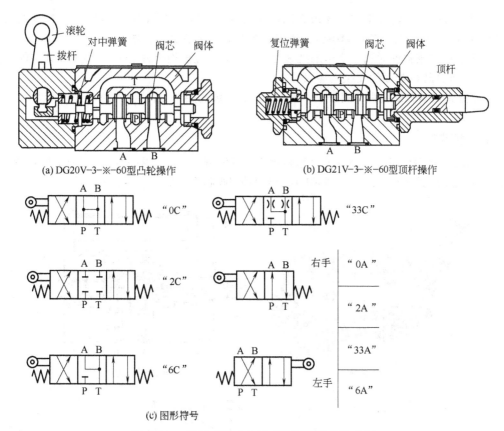

(a) DG20V-3-※-60型凸轮操作　　　　　　(b) DG21V-3-※-60型顶杆操作

(c) 图形符号

图 5-151　美国威格士公司产的两种机动换向阀

产生原因和排除方法如下 [参阅图 5-152（c）]。

① 阀芯与阀孔之间有污物楔入而卡住，阀下端复位弹簧力不足以克服其卡紧力而使阀芯能够上抬，解决办法是拆开清洗并换油。

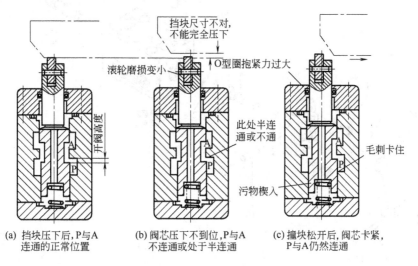

(a) 挡块压下后,P与A　　(b) 阀芯压下不到位,P与A　　(c) 撞块松开后,阀芯卡紧,
连通的正常位置　　　　不连通或处于半连通　　　　P与A仍然连通

图 5-152　机动换向阀故障分析

② 阀孔沉割槽锐角处有毛刺卡住，阀芯不能上抬复位。 此时可去毛刺，使阀芯在阀体孔内灵活移动。

③ 阀盖与阀体的安装不良，阀盖孔别住阀芯柄部，导致阀芯不能上抬。此时可先松开阀盖，然后找正。再均匀对角拧紧螺钉，使阀芯能上下灵活移动，不被别住。

④ 阀盖O形密封圈对阀芯柄部的抱紧力过大，此时应更换合适的O形圈或保证在能密封的前提下，适当加宽O形圈的安装沟槽尺寸。

⑤ 复位弹簧漏装或装错，使复位弹簧力不够，漏装的要补上，装错的要更正，以增大弹簧的复位力。

5.8.4 拆装

以日本东京计器公司产的DG2OS-3型机动换向阀为例，说明其拆装方法。参阅图5-153（b）、（c），卸下螺塞1与阀盖11上的4个螺钉12，便可抽出阀芯等零件。

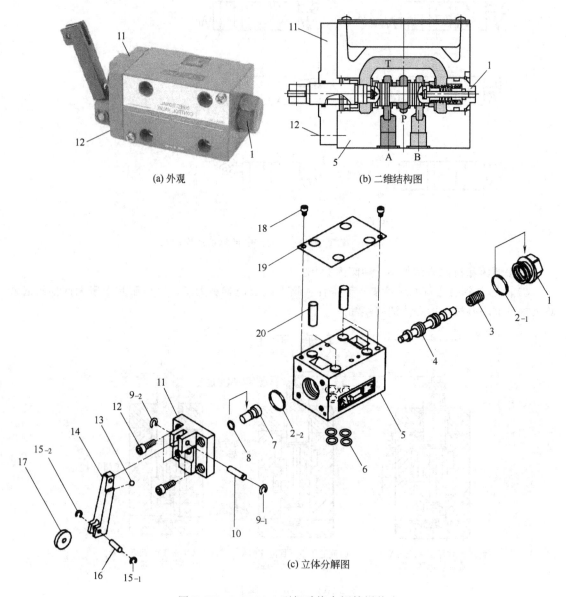

(a) 外观　　　　　　　　　　　(b) 二维结构图

(c) 立体分解图

图5-153　DG2OS-3型机动换向阀的拆装

1—螺塞；2—密封垫；3—弹簧；4—阀芯；5—阀体；6, 8—O形圈；7—顶杆；9—卡簧；10—销；
11—阀盖；12, 18—螺钉；13—钢球；14—杠杆；15—卡簧；16—销；17—滚轮；19—标牌；20—套

5.9 多路换向阀的使用与维修

多路换向阀是一种能集中控制多个液压执行元件（液压缸与液压马达）工作的若干个换向阀的组合阀。主要用于起重运输车辆、工程机械、矿山机械、煤炭机械以及其他各种行走机械上，便于对多个执行元件进行集中操作控制。

每一种多路阀均由二个以上的换向阀组成，每个换向阀为一联。除此之外它还可以由许多辅助阀，例如溢流安全阀、单向阀、梭阀、补油阀、分流阀、压力补偿阀、制动阀等组合而成，构成集多种功能于一体的多功能集成阀。它具有结构紧凑、管路简化、压力损失小、通用性好等优点。从性能的角度看，主要具有方向和流量控制两种功能。

5.9.1 分类及特点

（1）接换向阀的通道及位数分

主要有四通和六通两种。四通型有 P、A、B、T 四个主油口，P 为压力油进口，T 为回油口，A、B 口通所控制的执行元件；六通型除了 P、A、B、T 四个油口外，另有 P_1、C 两上油口，P_1 口一头总是与 P 口相通，另一头通往 C 口，C 口的作用是当各联换向阀的阀心处于中位及中位附近位置时，C 口一头与 P_1 口相通，另一头与下一联多路阀相通或直接与 T 口相连通（最后一联的换向阀时）。

多路阀中换向阀的位数有三位和四位两种。与其他换向阀一样，它也有不同的滑阀机能，以适应各种液压设备的需要。多路阀中的换向阀机能符号如图 5-154 与图 5-155 所示。例如图 5-154 中 4 个图（c）与 1 个图（f）机能的换向阀组成五联多路阀，用于日本多田野（TADANO）铁工所生产的 TG350 型全液压起重机支腿液压缸的控制；图（e）多用于铲上运输机械，图（b）用于起重机的起升机构。

图 5-155 的六通多路阀在进口液压设备中应用更广泛。例如图（d）用于液压马达控制回路；图（a）与（f）分别用于日本小松（KOMATSV）制作所产的 WA380-3 型轮胎式装载机的斗杆液压缸、铲斗液压缸及动臂液压缸的控制；图（h）用于日本三井三池公司生产的臂式掘进机（S100 型）的左、右行走液压马达、耙爪液压马达、第一运输机液压马达及喷雾泵的控制。

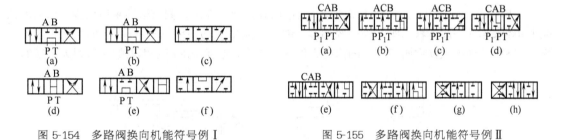

图 5-154 多路阀换向机能符号例 I　　　　　图 5-155 多路阀换向机能符号例 II

（2）按换向阀的操纵方式分

有直动式（拉动手柄直接控制各联换向阀）与先导式（一类用手动操纵先导阀的阀芯运动，产生的液压力控制主换向阀阀芯运动；一类用比例先导阀换向产生的液压力控制主换向阀阀芯运动；还有一类为微机输出指令信号，通过机电转换，控制先导阀芯运动，产生液压力，推动主阀芯换向）两种。

（3）按阀体的结构形式分

有整体式和分片式。整体式是将多联（如二、三、四、五、六等）换向阀及一些辅助阀做成一体，结构紧凑，压力损失小，内泄漏小，相对重量较轻，但只要其中一联不符合要求便要整体更换，阀体内部铸造流道也很复杂；分片式是将各联换向阀做成一片片，再用螺栓连接起来，如其中某一片有毛病，抽出更换该片便可，但各片之间需密封，内泄漏的可能性增大，体积和重量也较整体式有所加大。

（4）按阀油路的连接方式分

有并联式、串联式和串并联式。

① 并联式　液压泵同时向多路阀的各联换向阀供油（图 5-156），即同时向两个或多个的执行器供油，泵来的压力油同时进到各换向阀的进油腔，各执行元件的工作压力即是泵的出口压力。　各阀的回油腔也都直接通到多路阀的总回油口或分别回油箱。　每个换向阀都可独立操纵，也可几个换向阀同时操作各自所控制的执行元件。　若采用并联式多路阀同时操作几个换向阀时，压力油总是使负载小的执行元件先动作。　只有在不多见的情况，所有执行元件负载相同的情况下，各执行元件方可同时动作。　此时进入各执行元件的流量只是原来的流量一部分，因此，多个执行元件同时动作时，速度要比单个动作时要慢。　负载大，则速度减小。　因此并联系统只适合于外负载变化较小或对执行机构运动速度要求不严的场合。

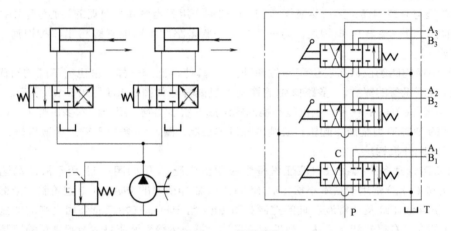

图 5-156　并联系统

② 串联式　图 5-157 为串联式多路阀，它的特点是第一联的换向阀进油来自泵源，尔后各联的进油腔都和前一联的换向阀的回油腔相通，即液压泵依次向多路阀的各联供油。　采用这种油路的多路阀可使各联换向阀所控制的执行元件同时工作，但要求液压泵提供的油压要大于所有正

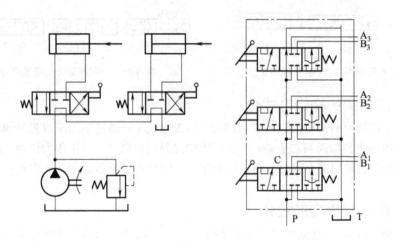

图 5-157　串联系统

在工作的执行元件两腔压差之和，也就是液压泵的出口压力是各执行元件的工作压力的总和以及各联阀压力损失的总和。因此，执行元件数量越多（图中为3个执行元件），要求泵的供油压力越高，所以串联式常用在高压泵供油系统中。

③ 串并联式　图5-158为串并联式。每一联的进油腔均与该联之前阀的中位回油腔相通，而各联阀的回油腔又都直接与总回油口连通，即各阀的进油是串联的，回油是并联的，故称串并联式。此种阀执行元件只能按操作顺序单个动作，操纵前一个阀时，后一联的进油道被切断，因而这种多路阀各换向阀不可能同时工作，这种阀的优点是可避免各执行元件的动作干扰。要想使后一联工作，必须使前一联回到中间位置，故这种多路阀又称为"顺序单动式"。

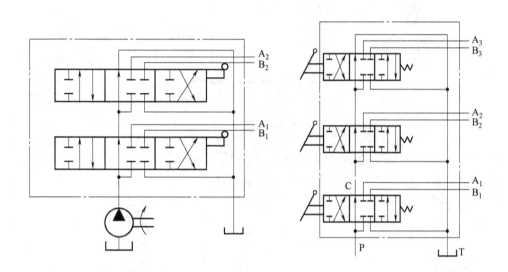

图 5-158　串并联式

5.9.2　结构原理

多路阀由主换向阀（多联）、各类先导阀辅助阀、前盖、端盖及连接板等组成。由于多种阀从性能角度看，其有方向和流量阀的功能，为广义上的流量阀，从提高控制流量稳定性以及节能目的出发，进口设备上的多路阀还包含诸如压力补偿阀（PC阀）以及负载敏感控制阀（LS阀）等部分。加上压力补偿器后，多路阀的换向阀所通过的流量不受负载变化的影响（类似于调速阀）。多路阀中设置的各种辅助阀可使多路阀具有各种复合功能。

各国生产的工程机械类液压设备上，使用着种类繁多的多路阀，它们的结构原理或相近或相异。此处仅例举日本产的K04系列多路阀进行说明（图5-159）。

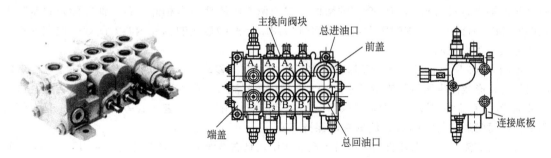

图 5-159　日本产的 K04 系列多路阀

每联主换向阀的结构原理与普通手动换向阀相同，主换向阀可以手动，也可比例控制，也有采用液压先导式控制其换向。 主换向阀芯 A 端可以采用弹簧复位式或钢球定位式。 目前用在工程机械上的多路阀越来越复杂了，已经不再只是传统意义上的多路"换向阀"了，它还包括对系统（泵）的压力流量进行补偿控制和其他各种控制，因而多路阀中还藏着其他各种辅助阀，如图5-160 所示。

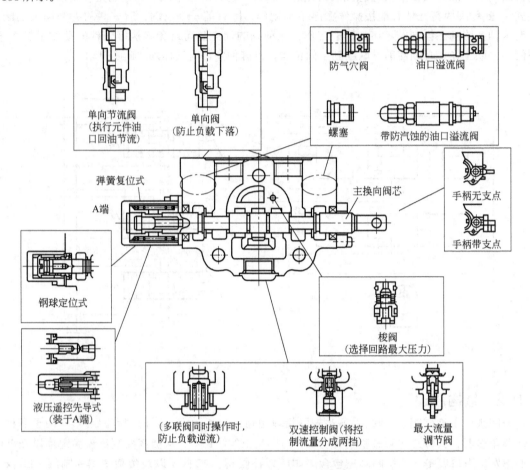

图 5-160　多路阀的结构原理

　　压力补偿阀装于前盖或者单独的叠加块内。 图 5-161 为三种压力补偿方式的图形符号，旁通式（溢流式）将泵来的多余流量溢流回油箱；减压式可限制进入系统的多余流量；优先式可将多余流量提供给其他回路，从而使进入主换向阀芯节流口（流量控制部）的流量基本不变。 前两种压力补偿方式与5.15 节中介绍的两种方式的调速阀原理基本相同，后一种补偿方式实际上是前两种的综合。 减压式的压力补偿原理可参阅本手册中后述的相关内容，此处仅说明旁通式压力补偿的工作原理。

　　如图 5-162 所示，当主换向阀芯由中位向图中右方向移动时，到执行元件（液压缸）A 口的油路打开，形成图中所示的流量控制部 Q，该部位（节流口）前为泵来油，后为进入液压缸口 A 的油流 P_A，前盖中安设的压力补偿阀可使流过节流口 Q 的前后压差（$\Delta P = P_泵 - P_A$）基本保持不变，从而使通过节流口 Q 的流量基本保持不变。

　　泵来的油流通过压力补偿阀芯右端小孔ⓑ作用在其右端面上，节流口出口（A 口）压力通过孔ⓐ进入压力补偿阀芯左端的弹簧腔，作用在补偿阀芯左端面上，加上弹簧力，补偿阀芯处于平衡状态。 当液压缸 A 腔压力上升，A 腔经ⓐ进入压力补偿阀芯，左腔压力也上升，压力补偿阀芯的力

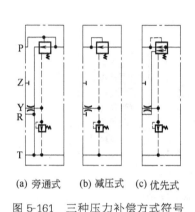

图 5-161　三种压力补偿方式符号

(a) 旁通式　(b) 减压式　(c) 优先式

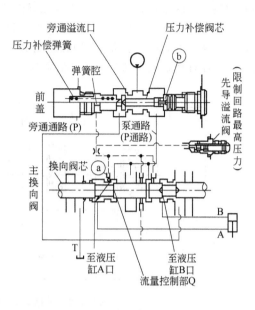

图 5-162　旁通式压力补偿工作原理

平衡被打破,阀芯右移,关小了旁通溢流口,泵通路(P通路)的流量增多,泵压上升,节流口 Q 前压力也增大,基本使节流口前后压差维持不变(约 0.6MPa),压力补偿阀芯又处于平衡。

反之,液压缸 A 口压力下降,压力补偿阀芯因力平衡被破坏左移,旁通溢流口开口增大,溢流掉的流量增多,使泵压降低,进入节流口 Q 的口前压力也下降,所以仍维持节流口 Q 前后压差不变,通过节流口的流量也基本不变。综上所述,安装了压力补偿阀后,主换向阀便能较稳定地控制执行元件的速度。

另外,利用上述压力补偿功能,在泵通路(P通路)上安装最大流量调节阀和双速阀,可构成更多种速度控制回路。图 5-163 为双速阀的工作原理。当两位二通先导阀不通时,为一级速度(开度 m)控制;当先导阀打开时,节流口全开,为另一级速度。这样,通过先导阀的 ON-OFF 控制,可得到流入主换向阀流量的两级控制(双速控制)。

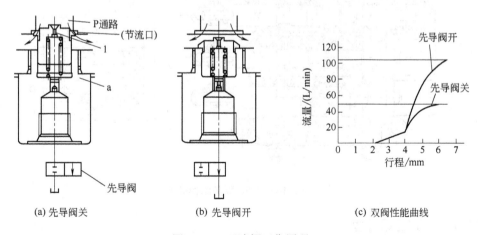

(a) 先导阀关　　　　　　(b) 先导阀开　　　　　　(c) 双阀性能曲线

图 5-163　双速阀工作原理

另外,在一些进口工程机械上,如果为多路阀提供压力油源的液压泵采用功率匹配——负载敏感回路,即泵由压力补偿阀(PC 阀)和负载敏感阀(LS 阀)进行自动变量控制。当从多路阀控制的负载口取出负载从 Y 通路引入到泵的负载敏感阀的控制腔，泵便能自动地将负载所需压力和流量进行匹配（功率匹配、负载匹配、功率适应），如图 5-164 所示，这种多路阀的负载敏感回路，提高了发动机（原动机）的利用效率，减小了系统发热，达到节能的目的。 关于负载敏感泵的工作原理可参阅本书第 3 章的相关内容。

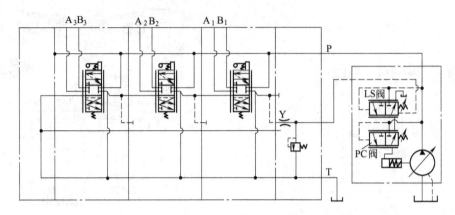

图 5-164 多路阀的负载敏感（功率匹配）回路

5.9.3 结构

（1）ZFS 型

图 5-165 为榆次油研公司生产的 ZFS 型多路阀的结构，它由 2～5 个三位六通手动阀块、溢流阀与单向阀以及一个汇流块（底板）等部分组成。 有一个共同的进油腔 P 和一个共同的回油口 O，可控制 2～5 个（图中为 3 个）执行元件（A 与 B，C 与 D，E 与 F 各接一个执行元件），溢流阀控制系统的工作压力，单向阀防止液压缸逆行。

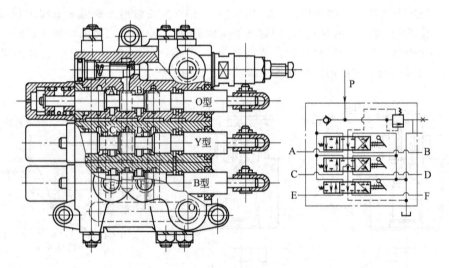

图 5-165 ZFS 型多路换向阀

（2）ZFS-L2OH 型

图 5-166 为用于汽车起重机的 ZFS-L2OH 型多路阀的结构原理及图形符号。 该阀采用串联形式，液压泵依次向第一个阀、第二个阀、第三个阀、第四个阀供油，即上个阀的回油为下一个阀的进油，液压泵的工作压力是各阀工作压力的总和，因此泵必须承受大的负载。

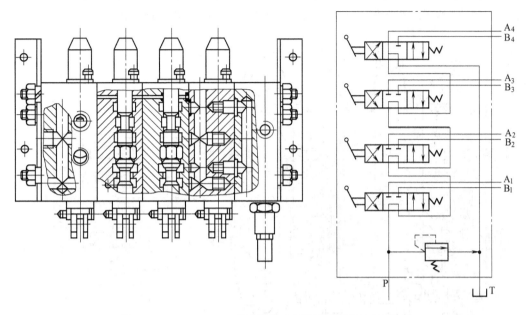

图 5-166　ZFS-L2OH 型多路换向阀结构原理及图形符号

（3）ZS₁ 型

图 5-167 为 ZS₁ 型多路阀的结构原理与图形符号。 每一换向阀可为 O、Y、A 型中位机能中的一种，定位复位方式有弹簧复位和钢球定位两种。

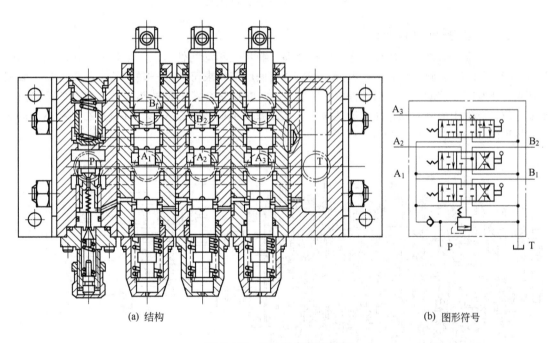

(a) 结构　　　　　　　　　　　　　　　　　(b) 图形符号

图 5-167　ZS₁ 型多路换向阀

（4）ZS₂ 型

针对液压叉车需要，在 ZS₁ 型多路阀的基础上改进设计为图 5-168 所示的 ZS₂ 型多路阀，它增加了 O 型机能,该机能为叉车的倾斜液压缸提供了失压误动作保护,从而使叉车作业更为安全可靠。 为使结构紧凑,该阀取消了安装角铁,利用进、回油阀体上的三个底脚直接安装。

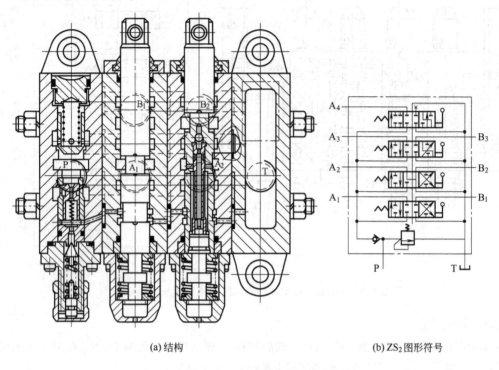

(a) 结构   (b) ZS_2 图形符号

图 5-168 ZS_2 型多路换向阀

(5) Z 型多种换向阀

Z 型多路换向阀具有工作压力高、结构紧凑、舒特性和动特性好、不易外漏、通用性好等特点。 该系列多路换向阀带有安全阀、单向阀。 根据用户要求可在任一联的任一工作油口上装设过载阀、补油阀等辅助阀,可组成并联、串联、串并联和复合式多种油路形式,并有多种滑阀机能及定位、复位和控制方式,能广泛适应主机液压系统换向的需要。 图 5-169 是 Z 型多路换向阀的结构和图形符号,这是一个复合式阀。

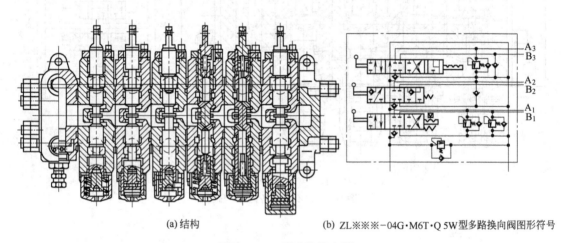

(a) 结构   (b) ZL※※※-04G·M6T·Q 5W型多路换向阀图形符号

图 5-169   Z 型多路换向阀

5.9.4 多路阀的应用

（1）液压叉车

图 5-170 为日本产液压叉车采用多路阀控制货叉架的升降和倾斜的例子。由于提升重物所需要的力大，提升缸的缸径远大于倾斜缸的缸径，加之倾斜缸的速度也比提升缸低许多，所以提升时需要的泵流量最大，如果不装压力补偿块 1，在不提升（提升缸不动作）只倾斜伸缩时便会有多余的流量溢流而产生能量损失，导致系统发热。而装设压力补偿块 1 后，限制了倾斜缸工作时的最大流量，基本上无高压大流量溢流，节能。提升动作由换向块 3 操作，货叉架伸缩倾斜时由换向阀块 2 操纵，块 4 为盖板。

（2）汽车起重机（汽车吊）

图 5-171 为多路阀用于汽车起重机的货物起升卷扬机液压控制回路 1 与吊臂伸缩与变幅回路 2 构成的液压系统图。分别由泵 1 与泵 2 供油，以保证各自的独立性，而卷扬动作（卷上卷下）需要大流量，因而采用两泵合流的方式。泵 2 的出口采用优先式压力补偿方式，优先向吊臂伸缩缸（A_2 或 B_2）、吊臂变幅缸（A_3 或 B_3）油口提供压力油。多余流量在卷扬液压马达不工作时（阀 1 为中位，使卸荷阀 2 左腔——弹簧腔的控制油通油箱）经卸荷阀 2 泄往油箱（T）。当卷扬液压马达工作时，卸荷阀 2 弹簧腔为高压，阀 2 关闭，这样泵 2 经优先式补偿阀 5 后多余

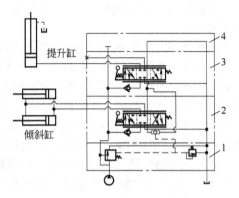

图 5-170　多路阀用于控制货叉架

的流量经通路 a、单向阀 6 与泵 1 来的油流汇合一起经单向阀 7、换向阀 1 向卷扬马达供油。

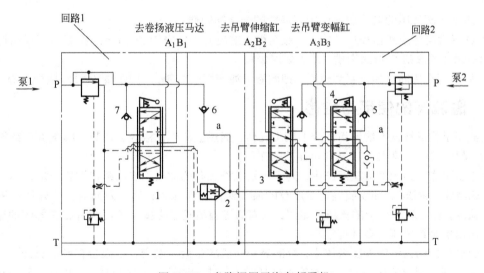

图 5-171　多路阀用于汽车起重机

5.9.5 故障分析及排除

【故障 1】　滑阀动作不灵活，操纵力大

产生原因和排除方法有以下几种。

① 阀芯与阀孔配合间隙不适当，或因阀芯与阀体孔几何精度差，有锥度失圆等；或因阀芯槽边与阀孔尖边有毛刺，或污物卡入配合间隙等原因，造成阀芯移动不灵活，操纵力大等。

此时应保证阀芯与阀孔有合理的装配间隙，必要时研磨阀孔，配研阀芯，装配时仔细清除毛刺，并精心清洗。

② 复位弹簧和弹跳弹簧损坏，应更换弹簧。

③ 阀芯的防尘密封圈因槽子尺寸不对，抱紧力过大。此时应检查密封槽尺寸，并予以修整，或者更换合适的密封圈。

④ 轴用弹性挡圈损坏时，应予以更换。

【故障2】 外漏和内漏

多路换向阀外漏的主要部位有各阀片之间的外漏，从各阀芯右端往外泄漏，从阀芯左端复位弹簧端盖处往外泄漏。

多路换向阀的内漏部位，一是各阀芯外圆与阀体孔之间的环状间隙泄漏，另一是各阀片间的微渗现象。

产生各阀片间的外漏原因是多路阀存在液压张口现象。即多路阀在换向时，会产生冲击，双头螺栓会承受周期性的拉力载荷。升压时，双头螺栓受拉伸；降压时，双头螺栓恢复原状而收缩，从微观上看，就呈现一张一合的所谓"液压张口现象"。对于21MPa和32MPa的高压多路阀这种现象尤其明显，最大张口量可达0.05~0.15mm。由于这种张口现象的存在，而各阀片间的O形圈的沟槽底面粗糙度高、O形圈的预压缩量又不够，以及密封圈在一张一合中拉伤等时，压力油就会向外渗。降压时，片间张合闭合，油液便被挤出。

阀芯两端的外漏主要是O形密封圈密封不可靠，或者是密封部位被阀芯拉伤造成密封失效产生的。阀的内泄漏主要是阀芯与阀体孔配合间隙过大，以及片间的O形圈密封不合理产生的。

排除上述内外泄漏故障的方法如下。

① 保证阀芯与阀体之间合理的装配间隙，阀芯拉伤或配合间隙过大时，可用刷镀对阀芯进行修复。

② 压紧各阀片用的双头螺栓可用高强度的合金钢制造。

③ O形圈沟槽应严格按尺寸加工，底面粗糙度应合乎要求Ra0.2μm，拉毛者可采用挤压和用金刚石锪钻器修刮O形圈沟槽，或者研磨修复。

④ 用户可在片间增加一回油通道，把微渗的油液引回油箱，避免造成外漏油四处流溢。

5.10 溢流阀的使用与维修

溢流阀是构成液压系统不可缺少的阀类元件，通过溢流阀的溢流，调节和限制液压系统的最高压力，起"调压""限压"以及安全保护的作用。

在定量泵作动力源的液压系统中，为了满足工作负载的需要，液压系统需要一定大小的压力值，系统需要"调压"，即需要确定液压泵的最高使用工作压力；另一方面当执行元件不需要那么多的流量，而定量泵供给的流量一定时，只有通过溢流阀溢去多余的油液并将其排回油箱，否则因为流量多余系统压力会升得很高。

在变量泵作动力源的液压系统中，泵的流量一般随负载可改变，不太会有多余流量，只在压力超过某一预先调定的压力时，溢流阀才打开溢流，使系统压力不再升高，防止系统压力超载，起安全保护作用，此时的溢流阀便称之为"安全阀"。

5.10.1 分类与工作原理

常用的溢流阀有直动式和先导式两种，直动式用于低压，先导式用于中、高压。

直动式溢流阀直接利用弹簧力与进油口的液压力相平衡来进行压力控制，因而弹簧较硬，手柄调节力矩大，不能用于中、高压。

先导式溢流阀在结构上可分为主滑阀部分和先导调压部分，这种结构的特点是利用主滑阀上

下两端的压力差 $\Delta P = P - P_1$ 来使主阀阀芯移动，从而进行压力控制。 中、高压溢流阀均采用这种结构，使用压力高，压力超调量小，在同样压力下，手柄的调节力矩小得多。

然而溢流阀溢往油箱的多余油液，会作为热能损失掉，造成油液和整个系统升温。 因此，以溢流量尽量少，对应溢流时的压力越小越好。

（1）直动式溢流阀的工作原理

按阀芯的形状可分为球阀式、圆柱滑阀式、锥阀式、圆柱锥阀式等各种形式。 其工作原理和结构如图 5-172 所示。 图 5-172（a）~（c）为非差动式直动溢流阀。 当压力油从 P 口进入作用在球上或锥阀芯上时，设阀芯承压面积为 A（球阀芯为球冠表面积，锥阀芯为图锥表面积，圆柱阀芯为下端圆面积），则压力油 p 作用于阀芯上的向上的力为 pA。 调压弹簧 2 作用于阀芯上的力（方向向下）为 F_s。 若忽略阀芯的自重和摩擦力，则阀芯上的受力平衡方程为：$pA = F_s$ 或 $p = F_s/A$。 当系统压力 p 较低时，$pA < F_s$，阀芯 1 关闭不溢流；当系统压力逐步升高，弹簧被压缩，阀芯上升，至阀门打开，即开始溢流，系统压力下降，直到 $p = F_s/A$ 时为止，阀芯上受力平衡。 由分析可知，只要调定 F_s 的大小，就可将系统压力基本保持在 $p = F_s/A$，这就是直动式溢流阀的稳压调压原理。 由于阀口开度变化很小，即弹簧变形量很小，因而弹簧力 $F_s = K(x_0 + x) \approx Kx_0$，所以 p 的大小只取决于弹簧的刚性系数 K 和调定的预压缩量 x_0（大小用手柄 3 调节），故系统压力 p 基本上可保持为定值。 由此可见，溢流阀是利用弹簧力的平衡原理，并利用溢去系统多余的油液来控制系统压力的，用手柄 3 调节弹簧力 F_s，即可调节系统压力的大小。

图 5-172（d）为差动式直动溢流阀的结构及工作原理图，由上述的非差动式的原理可知：如果需要调节的压力高，弹簧力 F_s 就要大，此力要靠手动来调节，因而调节力矩大。 为了减小调节力矩，将阀芯做成图（d）的差动式结构，根据上述同样的力平衡原理可得 $p = F_s/\pi(D - d)$，由此式可看出，阀芯的承压面积变小，为平衡同样大小的进油压力，差动式的弹簧力可以小，即弹簧的刚度可以低，一方面可减小调节力矩，另一方面阀芯容易开闭，启闭特性较好。

除了上述直动式溢流阀以外，还有带阻尼活塞和偏流盘的直动式溢流阀，它们的工作原理与上述锥阀式和球阀式大致相同。

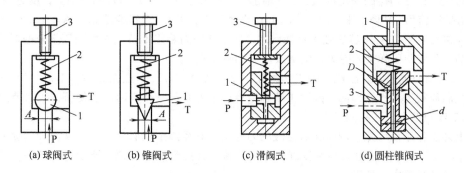

(a) 球阀式　　(b) 锥阀式　　(c) 滑阀式　　(d) 圆柱锥阀式

图 5-172　直动式溢流阀按阀芯形状分类与工作原理
1—阀芯；2—弹簧；3—手柄

（2）先导式溢流阀的工作原理

① 先导式溢流阀的结构　先导式溢流阀在结构上分为两部分，上部是一个小规格的直动型溢流阀——先导部分，下部是主阀部分。 这样构成的先导式溢流阀调节力矩小，启闭特性好。目前各种先导式溢流阀的结构如图 5-173 所示。

② 先导式溢流阀的工作原理

a. 三节同心式先导式溢流阀。 以图 5-174（a）[对应图 5-173（a）]为代表来说明先导式溢流阀的工作原理，见图 5-174。

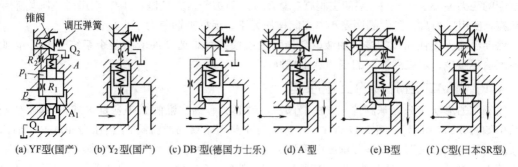

图 5-173　先导式溢流阀结构示意图

(a) YF型(国产)　(b) Y₂型(国产)　(c) DB 型(德国力士乐)　(d) A 型　(e) B型　(f) C型(日本SR型)

压力油由进油腔 P 流入，作用在主阀芯下端的环状面积 A_1 上，并且经主阀芯上的阻尼孔 R_1（压力降为 p_1）进入主阀芯上腔，再经阀盖上的阻尼孔 R_2（压力降为 p_2），进入先导调压阀（直动式锥阀）部分的左腔，作用在先导锥阀芯上。

当 $p \to R_1 \to p_1 \to R_2 \to p_2$ 无油液流动，有 $p = p_1 = p_2$，且系统压力 p 小于调压弹簧预调压力，即 $p_2 \cdot a < F_s$（a 为先导锥阀承压面积，F_s 为先导调压弹簧力）时，锥阀在调压弹簧力的作用下，处于关闭状态，所以 $p = p_1 = p_2$，主阀芯上、下腔油液压力相等，即 $p = p_1$，因此有：$p_2 \cdot A + F_s > p_1 \cdot A$。$A$ 与 A_1 分别为主阀芯上、下端环状面积，面积比值 $A : A_1 \approx 0.95 \sim 0.97$，主阀芯上、下端环状面积基本相等，$F_s$ 为主阀平衡弹簧弹力，此时主阀处于关闭状态，P 腔和 T 腔不通。

当系统压力上升到等于或大于调压弹簧的预调压力时，即 $p_3 \cdot a \geq F_s$ 时，锥阀先打开，部分压力油经三节同心溢流阀的主阀芯上的中心孔流回油箱。由于先导油液的流动，压力油经阻尼孔 R_1 受到阻力压力降为 p_1，所以在主阀上、下腔产生压力差，使 $p_1 < p$。此时（$p_2 \cdot A + F_s$），$< p_1 \cdot a$，于是主阀芯上抬，主阀阀口打开，将多余的油由 P→T 溢回油箱。溢流量的多少由主阀芯开口大小而定，而开口量的大小是由主阀芯上、下腔的油液压力差 $\Delta p = p - p_1$ 确定。当流经阻尼孔 R_1 的流量增大，Δp 增加，主阀芯下端的阀开口也随之增大，反之则减小。

P 到 T 溢流后，P 降下来，那么 p_1 和 p_2 也降下来，当 p_1 降到满足 $p_1 \cdot A \leq (p_2 \cdot A + F_s)$ 时，先导阀又关闭，主阀芯又处于平衡状态，使系统压力始终维持在先导调压部分的调节压力。通过调节，改变调压弹簧的弹力，便能改变进油腔压力 P。

b. 二节同心式先导式溢流阀的工作原理。图 5-174（b）[对应图 5-173（b）～（f）]中为两节同心式溢流阀的工作原理图，因为主阀芯只有一个外圆与一个锥面同心便可，叫二节同心溢流阀。其工作原理与上述相同。

由上述工作原理可知，调压弹簧克服的力是由从 P 经固定阻尼 R_1 与 R_2 两次降压变为比较低的压力 p_2 后产生的液压力来与调压弹簧力相平衡，因此若用手来调，调节力矩可小，这就是高压采用先导式溢流阀的原因。

（3）先导式溢流阀先导控制油的供、排油方式

先导式溢流阀先导控制的供、排油，根据不同的使用工况，要采用不同的方式。具体有如图 5-175 所示的几种方式。

5.10.2　溢流阀的结构特点

（1）直动式的结构特点

① 带阻尼活塞　带阻尼活塞（缓冲尾部）的直动式溢流阀如图 5-176（a）所示。阻尼活塞能对锥阀起导向作用，因而可使锥阀在工作过程中不产生歪斜，提高了锥阀副的密封性能；再者在锥阀开启或闭合时起阻尼作用，提高了阀的调压稳定性，可防止阀芯动作过渡过程中的压力

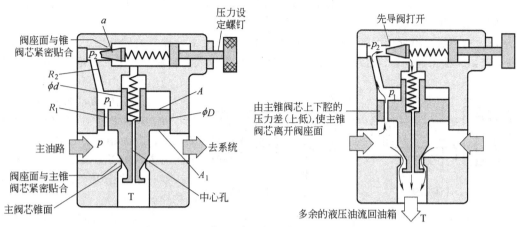

(a) 三节同心先导式溢流阀

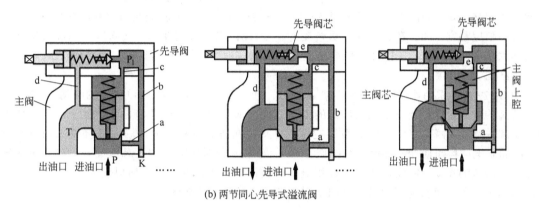

(b) 两节同心先导式溢流阀

图 5-174　先导式溢流阀的工作原理

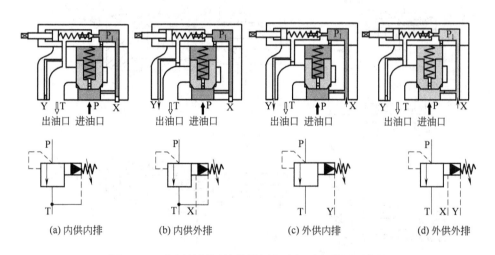

出油口　进油口　　　　出油口　进油口　　　　出油口　进油口　　　　出油口　进油口

(a) 内供内排　　　　(b) 内供外排　　　　(c) 外供内排　　　　(d) 外供外排

图 5-175　先导控制阀的供排阀方式与对应的图形符号

波动。

② 带偏流盘　带偏流盘的直动式溢流阀如图 5-176（b）所示，偏流盘上开有环形槽，可改变锥阀出油口的液流方向，偏流盘上受到的液动力刚好与弹簧力的作用方向相反，并随溢流量的增加而加大。当溢流量增加时，由于锥阀开口增大，引起的弹簧力增加，但偏流盘上的射流产生

的液动力也同时增加，结果抵消了弹簧力的增量，起到补偿作用。因此这种阀的进口压力不受流量变化的影响。

③ 喷嘴挡板　喷嘴挡板阀一般只用于先导式比例压力阀，作其先导阀用。但因喷嘴与挡板之间有密封和撞击等问题，且过流能力小，挡板上控制输入力也较小，所以仍难以实现很高的压力，只用在压力不高的直动式阀中。

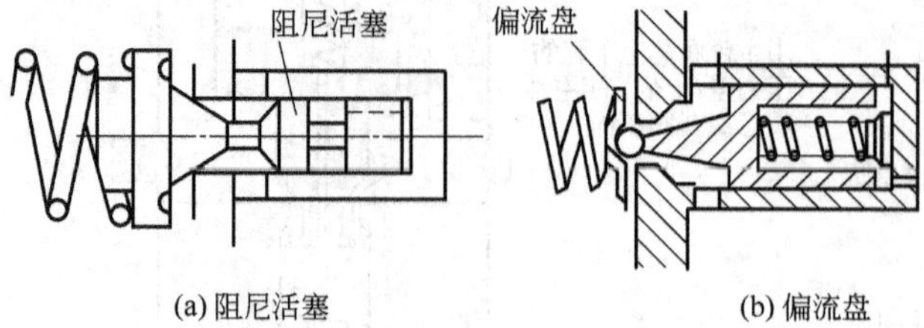

④ 防冲击的直动式溢流阀结构措施　冲击产生时，往往出现很大的峰值压力，大大超出了溢流阀弹簧所调节的压力，所以直动式溢流阀在结构上采取一些防止出现过大峰值压力的结构措施。

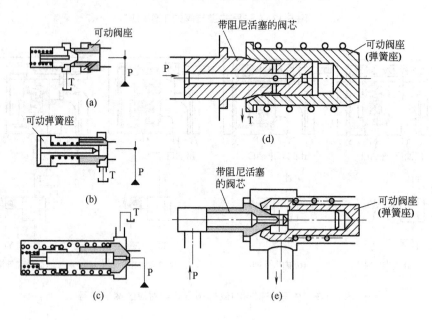

图 5-176　带阻尼活塞和偏流盘的直动式溢流阀

为了减轻溢流阀的振动与冲击，溢流阀内常设置有各种阻尼结构，只要阻尼作用强，减振防冲击效果是明显的；但另一方面往往又要求溢流阀有很快的响应速度，又必须减小阻尼程度，即二者之间往往是矛盾的。为此，在负载惯性大、回路压力高而阀动作速度又要求非常快的场合，即既要避免冲击振动又使响应速度不太慢，有些阀采用了图 5-177 所示的一些结构。

图 5-177（a）采用可动阀座的结构，图 5-177（b）~（e）采用可动弹簧座的结构。这些结构形式阀的响应速度均比通常结构形式的直动式溢流阀快。而对于急剧的压力上升，由于阀座或弹簧座的移动，既可降低一些弹簧调定压力，又使在压力逐渐上升时，调压弹簧力可同步增大，因而此类结构可使冲击峰值压力降低 15% ~ 20%。同时这类结构阀芯锥面与阀座接触副因阀座或弹簧座的移动，彼此之间追随性提高，纠偏性好，密合性提高，所以调压稳定性好。上述结构形式的应用可参阅下述各国公司生产的直动式溢流阀的结构。

图 5-177　直动式溢流阀的防冲击结构

（2）先导式的结构特点

先导式溢流阀在结构上，除了先导阀采用上述措施外，现在一般主阀芯逐渐由三节同心向二节同心和一节同心演变，以使阀的性能得以提高。

5.10.3 溢流阀结构

（1）直动式溢流阀结构

① 德国博世-力士乐公司

a. DBTG※△-1X/★型直动式溢流阀。 如图 5-178 所示。 型号中 DBT 表溢流功能；G 表阀板安装，安装孔符合 ISO 4401-03-02-0-94 标准；※表溢流阀装在哪一通道中，例如 A 表溢流阀连在 A 与 T 的通道中， B 表溢流阀连在 B 与 T 的通道中， P 表溢流阀连在 P 与 T 的通道中；△表调压元件的方式，例如 1 表示用手轮与防松螺母调压，并带有防松螺母和护罩，2 表示用外四方头螺钉旋钮调压，3 表示可锁闭，用带刻度的旋钮带刻度调压； 1X 表设计号；★表调压范围，为 80 表可调压力范围为 3～80bar ，为 160 表可调压力范围为 3～160 bar ，为 315 时表可调压力范围为 3～315bar。

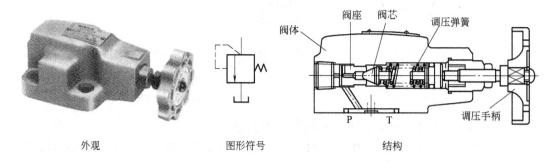

外观　　　　　　　图形符号　　　　　　　结构

图 5-178　常见的直动式溢流阀

b. DB6D※W△-1X/★型直动式溢流阀。 如图 5-179 所示，型号中 DB 表示溢流阀；6 为通径代号；D 表直动式；※表示溢流阀连在哪一种通路中，如 P 表示阀连在 P 通路中，PB 表示阀连在 P 或 B 通路中；W 表示安装尺寸符合 ISO 6264 标准；△表调压元件的调压方式；为数字 2 时表带有内六角头的螺钉调压，为数字 3 时表旋钮手柄，为数字 7 时表带刻度的旋钮；1X 表设计号；★表压力调节范围，为 80 时表最大可调压力为 80bar，为 160 时表最大可调压力为 160bar，为 315 时表最大可调压力为 315bar 。

这种直动式溢流阀主要由带有阻尼活塞的阀芯 2、调压螺钉 3、阀体 1 构成。 P 通道中的压力作用于阀芯 2 上。 当 P 通道中的压力上升到超过调压弹簧 5 上所设置的值时，锥体 4 就向右推压弹簧 5 打开闭合部位（阀座）6 而开启。 这样液压油就会通过控制锥体 4 与 6 开口从 P 通道流

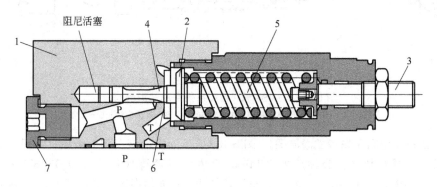

图 5-179　DB6D 型直动式溢流阀结构

1—阀体；2—阀芯；3—调压螺钉；4—阀芯锥体；5—调压弹簧；6—密合部（阀座）；7—螺堵

向 T 通道流回油箱。

带阻尼活塞的阀芯可提高调压时的压力稳定性。

② Atos 公司 ARE-15 型直动式溢流阀　如图 5-180 所示，为管式安装，G1/2"螺纹油口；额定压力 25MPa，额定流量 100L/mim。

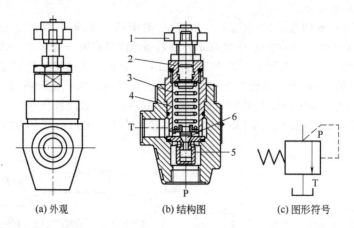

(a) 外观　　　　(b) 结构图　　　　(c) 图形符号

图 5-180　ARE-15 型直动式溢流阀
1—调压手轮；2—螺套；3—调压弹簧；4—阀套；5—阀座；6—锥阀芯

③ 美国 Parker 公司 EVSA 和 VSA 系列直动式溢流阀

如图 5-181 所示，最大调节压力 31.5MPa，流量随通径而定，安装尺寸符合国际标准，为插装式。

（2）先导式溢流阀结构

① 国产

a. YF3※EB 型先导式溢流阀

图 5-182 所示为广州机床研究所设计并生产的 GE 系列先导式溢流阀，※为公称通径 10mm 或 20mm，安装尺寸符合 ISO 6264-AR-06-2-A，ISO 6264-AS-08-2-A 标准；E 表示压力等级为 16MPa，无 E 时为 6.3MPa；B 表示板式。

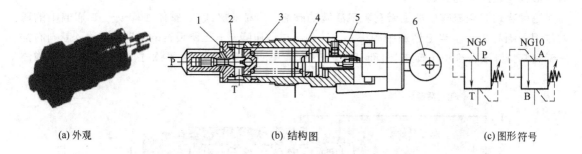

(a) 外观　　　　　　　　(b) 结构图　　　　　　　　(c) 图形符号

图 5-181　EVSA 和 VSA 系列直动式溢流阀
1—阀座；2—阀芯；3—调压弹簧；4—插装阀体；5—调压螺钉；6—安全锁

b. Y2H◇※★型高压先导式溢流阀。图 5-183 所示为国内液压阀联合设计组设计的 Y2H◇※★型高压先导式溢流阀，公称压力 32MPa，◇为调压范围代号（a：0.6～8MPa，b：4～16MPa，c：8～20MPa，d：16～32MPa）；※为通径代号；★为连接形式代号（T——板式，L——管式，F——法兰连接式）；安装尺寸符合国际标准。

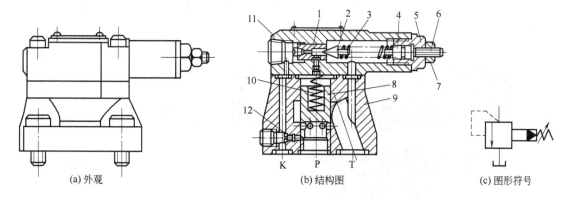

(a) 外观　　　　　　(b) 结构图　　　　　　(c) 图形符号

图 5-182　YF3※EB 型先导式溢流阀

1—阀座；2—锥阀芯；3—调压弹簧；4—调节杆；5—螺套；6—调压螺钉；
7—锁母；8—主阀芯；9—主阀体；10—平衡弹簧；11—阀盖；12—阻尼螺钉

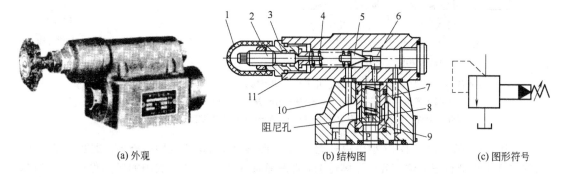

(a) 外观　　　　　　(b) 结构图　　　　　　(c) 图形符号

图 5-183　Y2H*※★型高压先导式溢流阀

1—护套；2—调压螺钉；3—螺套；4—调压弹簧；5—先导锥阀芯；6—先导阀座；
7—主阀套；8—主阀芯；9—主阀座；10—主阀体；11—阀盖

② 进口或引进生产

a. 德国-力士乐公司产的 DB 型先导式溢流阀。 已在我国用得很普遍的德国-力士乐公司产的 DB 型先导式溢流阀的结构如图 5-184 所示，主阀 1 采用面积比 $A_A : A_X = 1 : 1$ 的一节同心式插装阀的结构，圆柱形的阀芯 3 底部无锥面，插件装于主阀阀体 1 内，先导阀芯 8 为淬火钢球（也有用锥阀的），工艺性好，先导阀 2 的阀座左端粗大，减小了先导阀阀前腔的工作容积，从而可减小压力波动，增加了先导阀的稳定性。

由阀内引入先导油（从 A 腔进入），经先导阀 2 后又经 C 从 B 口流出，叫"内供内排"。 此外先导控制油的供油方式和排油方式还有"内供外排""外供内排"和"外供外排"，用户可根据不同工况的需要选用其中之一。 只需堵上或卸掉阀内的小螺塞，四种方式可互相转换：当堵上螺塞 14 和 15，导通阻尼（钻有小孔的螺塞）4、5、7，为内供内排（DB 型）式；当堵上螺塞 4 与 14，卸掉螺塞 15 并通过 X 孔从外部引入先导控制油，为外供内排（DB…X…型）式；当堵上螺塞 15 和 16，阻尼螺塞 4 导通，并卸掉螺塞 14，接管回油池，为内供外排（DB…Y…型）式；当堵上螺塞 4 和 16，卸掉 15，从外部引入先导控制油，并从 14 接管回油池，为外供外排（DB…XY…型）式。

上述四种方式，如购买时未声明，厂家一般按内供内排方式供货。 购买后如与实际需要不符，可按上述方法将某一孔堵上或者将某一孔导通即可。

国产溢流阀有些无图 5-184 所示的孔 14，要改成外排时可在先导阀的适当位置补钻一孔并攻螺纹接管通油池。

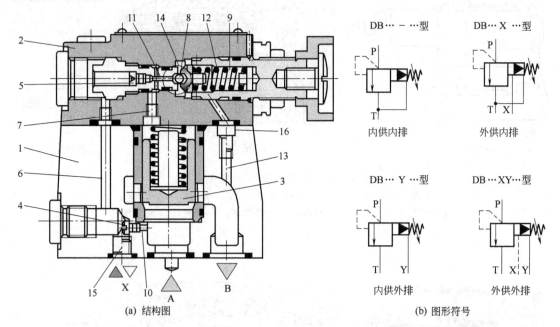

(a) 结构图　　　　　　　　　　　　(b) 图形符号

1—主阀阀体；2—先导阀；3—主阀芯；4, 5, 7—阻尼螺钉；6—流道；8—钢球（先导阀阀芯）；9—调压弹簧；10—流道孔；11—阀座；12—弹簧腔；13—流道；14～16—螺塞

图 5-184　德国力士乐公司产 DB 型先导式溢流阀的结构和图形符号

b. 德国力士乐公司产 DBV 型先导式溢流阀。　图 5-185 所示的这种溢流阀，主要由带有主阀芯 2 的主阀 1 和带有压力调节元件（螺钉）4 的先导阀 3 构成。　P 通道中的压力作用于主阀芯 2 上，此压力同时作用在主阀芯 2 的弹簧加载侧以及先导阀阀体 3 中的阻尼孔 5 上。　当 P 通道中的压力上升到调压弹簧 6 上所设调定的压力值时，先导锥阀芯 7 向右推压调压弹簧 6 而先开启，并且主阀芯 2 也向右移动后开启，泵来的压力油就会通过溢流口 8 从 P 通道流向 T 通道，从而限制了工作压力进一步上升。

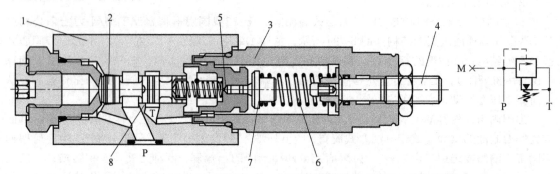

图 5-185　德国力士乐公司产 DBV 型先导式溢流阀的结构和图形符号

1—主阀；2—主阀芯；3—先导阀阀体；4—调压螺钉；5—阻尼孔；6—调压弹簧；7—锥阀芯；8—溢流口

c. 美国威格士公司 CG2V 型（C 型）二节先导式溢流阀。　如图 5-186 所示，这种溢流阀的结构特点是主阀为二级同心。

d. 美国 Parker 公司 R 系列先导式溢流阀。　如图 5-187 所示，这种溢流阀的额定压力至 35MPa，额定流量 200～400L/min；安装尺寸符合 ISO 6264 标准。

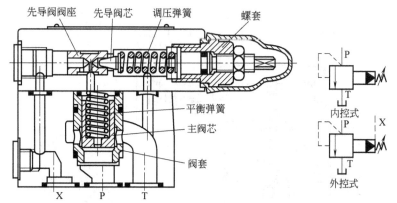

图 5-186　CG2V 型（C 型）二节先导式溢流阀的结构和图形符号

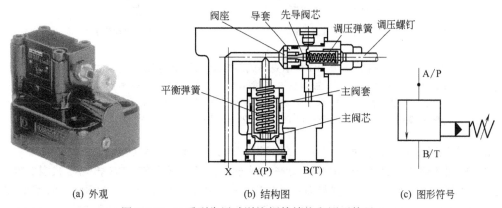

(a) 外观　　　　　(b) 结构图　　　　　(c) 图形符号

图 5-187　R 系列先导式溢流阀的结构和图形符号

e. 美国 Parker 公司 DSDU 系列先导式溢流阀。 如图 5-188 所示，这种溢流阀的额定压力至 35MPa，额定流量 220～370L/min，安装尺寸符合 ISO 6264 标准。

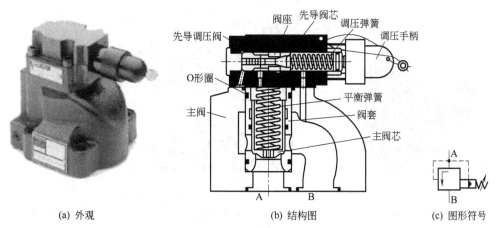

(a) 外观　　　　　(b) 结构图　　　　　(c) 图形符号

图 5-188　DSDU 系列先导式溢流阀的结构和图形符号

f. 日本油研产 BG-※型先导式溢流阀。 如图 5-189 所示，型号中 BG 表先导式溢流阀；※为 03、06、10，表示通径代号。 安装面尺寸标准：BG-03 型为 ISO　6264-AR-06-2-A，BG-06 型为 ISO　6264-AS-08-2-A，BG-10 型为 ISO　6264-AT-10-2-A；对应最大流量 100～400L/min；额定 压力 25MPa。 中国榆次也引进生产。

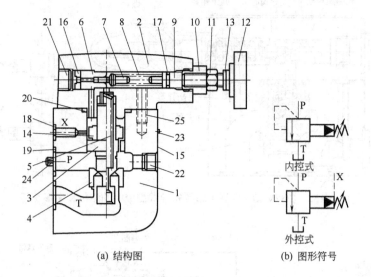

(a) 结构图   (b) 图形符号

图 5-189 BG-※型先导式溢流阀的结构和图形符号

1—阀体；2—阀盖；3—主阀芯；4—主阀座；5—平衡弹簧；6—先导阀座；7—先导锥阀芯；8—调压弹簧；
9—调节杆；10—螺套；11—锁母；12—调压手柄；13—调压螺钉；14—防响块；15—标牌；
16—消振垫；17, 20—O 形圈；18, 19, 21, 22—螺堵；23—铆钉；24—定位销；25—螺钉

g. 日本油研 S-BG-※系列低噪声先导式溢流阀。 图 5-190 所示的先导式溢流阀为日本油研、中国榆次油研、中国台湾朝田等公司产，型号中 S 表示低噪声，BG 表先导式溢流阀；※为通径尺寸代号（03、06、10）。 安装面尺寸标准：BG-06 型为 ISO 6264-AS-08-2-A，BG-03 型为 ISO 6264-AR-06-2-A，BG-10 型为 ISO 6264-AT-10-2-A；对应最大流量 100～400L/min；额定压力 25MPa。

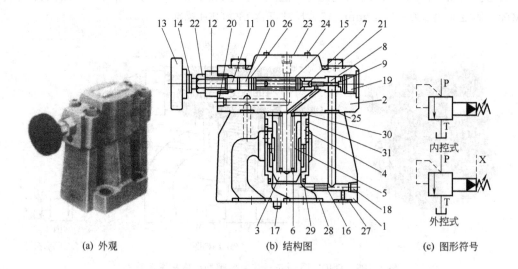

(a) 外观   (b) 结构图   (c) 图形符号

图 5-190 S-BG-※系列低噪声先导式溢流阀的结构和图形符号

1—主阀体；2—阀盖；3—主阀芯；4—主阀套；5—弹簧套筒；6—平衡弹簧；7—先导阀阀芯（针阀）；
8—先导阀阀座；9—降噪环；10—调节杆；11—过渡块；12—螺套；13—调压手柄；
14—调压螺钉螺堵；15—调压弹簧；16—阻尼塞；17—定位销；18～20—堵头；
21—六角螺钉；22—锁母；23—标牌；24—铆钉；25～30—O 形圈

5.10.4 溢流阀的应用

（1）用于调压、溢流（限压）

这是溢流阀最主要的用途。用在定量泵系统中，为节流调速系统提供"定压"的油压源。如图 5-191（a）所示，定量泵 1 与溢流阀 2 相组合给液压缸 4 提供恒压流量，缸 4 所需流量的大小由节流阀 3 调节。当泵 1 输出的流量大于缸 4 所需流量时，压力会升高，溢流阀 2 便开启溢流，将多余的油溢回油箱，使系统压力降下来至溢流阀 2 所调定的压力，溢流阀通过溢流来维持系统所调定的压力并起到溢流限压的作用。

（2）用作安全阀，起安全保护作用［图 5-191（b）］

在变量泵构成的容积调速、容积节流调速系统中，液压泵的输出流量能通过自行变量，以适应液压缸或液压马达的需要，一般无多余流量需要从溢流阀溢出，但当偶发情况，压力升高有可能破坏系统时，溢流阀打开溢流以降低系统压力，起安全保护作用。

（3）起蓄能器蓄能卸荷作用

图 5-191（c）为由蓄能器 6、压力继电器 5、单向阀 11 及二位二通电磁阀 4 组成的蓄能卸荷回路。当系统不需要压力油时，泵 1 的来油经单向阀 11 让蓄能器 6 储存起来，当积蓄的能量多了后，压力升高，压力继电器 5 发出信号，电磁阀 4 通电，液压泵卸荷，单向阀 11 关闭。单向阀 11 以后的油路仍由蓄能器 6 维持高压。

（4）用作遥控调压阀，起遥控远程调压作用

图 5-191（d）为用于远程调压的溢流阀回路简图，该阀一般为小流量的直动式溢流阀，安装在设备面板上容易操纵的地方，而主溢流阀（先导式）2 装在主机内，阀 15 的 P 口与阀 2 的遥控口 K 接上，便能在主溢流阀已调定的压力例如 10MPa 范围内进行压力的调节。只要调节阀 15 便行，无需打开设备去调阀 2。

如将远程调压阀 3 的压力调至低于 10MPa，则系统便在低于 10MPa 的压力下工作，但当远程调压阀 15 调定的压力大于 10MPa 时，系统也只能在主阀 2 所调的 10MPa 下工作。这里的"遥控"概念跟家里的电视机差不多，至多也不过几米距离。

（5）与二位二（四）通电磁阀组成卸荷阀

如图 5-191（e）所示，在溢流阀的控制口 X 接一个两位两通电磁阀可使系统需要卸荷时进行卸荷。

（6）多级压力控制

如图 5-191（f）所示，将主溢流阀 1 的遥控口与三位四通小型电磁阀相连，电磁阀后再接两个先导调压阀 8、9，便可满足对系统多级（图中为 3 级）压力控制的需要。例如将阀 2、阀 8 与阀 9 的调节压力分别调为 P_1、P_2 与 P_3（$P_1 > P_2$，$P_2 > P_3$，$P_2 \neq P_3$），当电磁铁 1DT 通电时，系统按调定的压力 P_3 工作；当 2DT 通电时，系统按调定的压力 P_2 工作；当 1DT 与 2DT 均断电时，系统按阀 2 调定的压力工作。如将阀 7 换成 ABPT 连通的中位机能阀，则当阀 7 处于中位时，系统可以卸荷，但此时只有两级压力控制。

（7）用于液压马达的制动

如图 5-191（g）中的溢流阀，用于液压马达的制动。为使液压马达 10 迅速停下来，即让液压泵停止，经换向阀 16 向液压马达 10 供油。但在停止供油的短暂时刻，液压马达 10 会因自身的惯性和负载的惯性而继续回转，液压马达进油的一侧会因泵停止供油而马达又继续回转而产生吸空现象。为了防止吸空现象，必须采用图中由四个单向阀 11、12、13、14 和一个溢流阀 15（过载缓冲制动阀）组成的缓冲制动回路。吸空的一侧可通过补油单向阀 13（或 14）从油箱吸

油，这时液压马达起泵的作用。液压马达的出油则经阀 2（或阀 1）流入溢流阀 15 的进口。如果适当调节阀 15 的工作压力，出油侧达此压力时溢流阀 15 才开启，相当于给液压马达 10（此时为泵）的出口加上背压，产生一制动力矩，能使液压马达快速停下来。

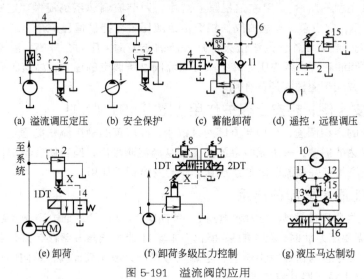

图 5-191　溢流阀的应用

(a) 溢流调压定压　(b) 安全保护　(c) 蓄能卸荷　(d) 遥控，远程调压
(e) 卸荷　(f) 卸荷多级压力控制　(g) 液压马达制动

1—定量或变量泵；2—先导式溢流阀；3—节流阀；4—液压缸；5—压力继电器；
6—蓄能器；7—三位四通电磁阀；8，9—先导调压阀；10—液压马达；
11～14—单向阀；15—溢流阀；16—三位四通 M 型电磁阀

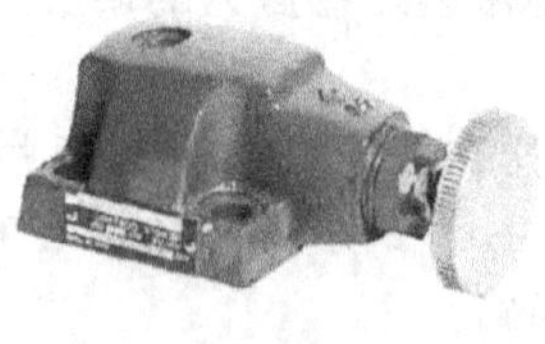

(a) 外观 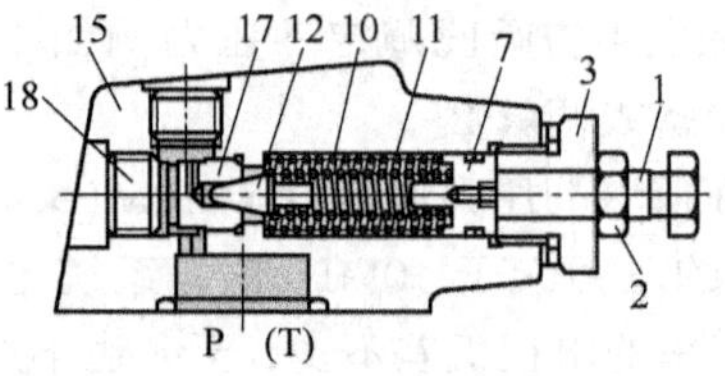　　　　　　(b) 二维结构图

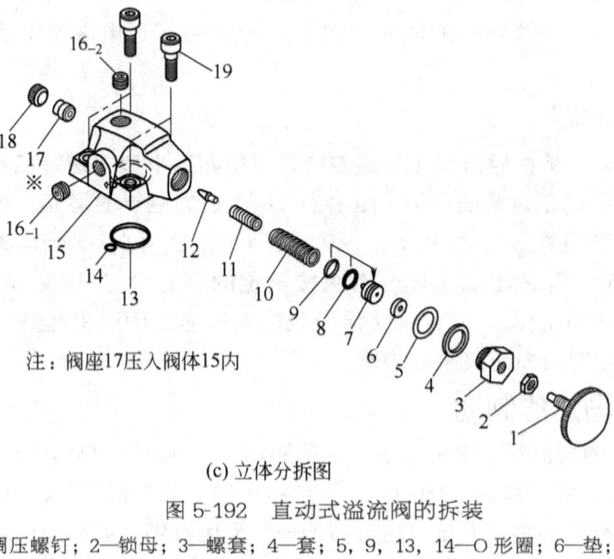

(c) 立体分拆图

注：阀座17压入阀体15内

图 5-192　直动式溢流阀的拆装

1—手柄调压螺钉；2—锁母；3—螺套；4—套；5，9，13，14—O 形圈；6—垫；7—调节杆；
8—挡圈；10—低压区调压弹簧；11—高压区调压弹簧；12—先导门阀芯（针阀）；
15—阀体；16，18—螺堵；17—阀座；19—安装螺钉

（8）用作背压阀

溢流阀除了上述用途外，还可作背压阀使用。例如在进油路节流调速回路中，在执行元件的回油侧装设溢流阀作背压阀，产生恒定背压，可使执行元件工作平稳，防止回油腔的空气反灌进入系统，还可通过对溢流阀的调节决定背压大小。

5.10.5　溢流阀的拆装

（1）直动式溢流阀的拆装

以图 5-192 所示的 CGR-02-A（K）-20-JA-J 型先导式溢流阀（美国威格士、日本东机美、上海液压集团产）为例，说明溢流阀拆卸方法与步骤。

第一步，先松开锁母 2；第二步，再拧出螺套 3；第三步，用较长小螺钉拧入件 7 右端小螺孔，便可用小螺钉拉出件 7；第四步，取出件 10 ~ 12；第五步，拧出件 18，从阀体内敲出阀座 17。

装配方法与上述拆卸方法与步骤相反。

（2）先导式溢流阀的拆装

以图 5-193 所示的 TCG20 型先导式溢流阀（美国威格士、日本东机美、榆次液压件厂、上海液压集团产）为例，说明溢流阀拆装方法：卸下四个螺钉 10，可将先导阀阀盖 13 与主阀体 25 分离。然后参照图 5-193（b）、（c）不难将整个阀解体。装配方法相反进行。

5.10.6　电磁溢流阀的工作原理与结构

电磁溢流阀是由一小规格的电磁换向阀和先导式溢流阀组合而成的一种组合阀。作为先导阀的电磁换向阀可采用二位二通、二位四通和三位四通等。作为主阀的先导式溢流阀有采用三节同心的，也有采用二节同心的。电磁溢流阀在系统中的作用是：当电磁阀通电（或断电）时起卸荷的作用，当电磁铁断电（或通电）时起溢流阀的作用。还可用于多级压力控制的作用。

（1）德国力士乐公司 DBW 型电磁溢流阀

① 工作原理　图 5-194 为二位四通（实为二位二通）电磁阀与二节同心先导式溢流阀组成的电磁溢流阀工作原理图。电磁阀安装在先导调压阀的阀盖上。P、T 分别为主阀的进、出油口，X 为遥控口。P_1、T_1、A_1 和 B_1 为电磁阀的四个油口，P_1 接先导式溢流阀的主阀弹簧腔，T_1 接先导调压阀的弹簧腔，A_1 和 B_1 封闭。

当电磁铁 b 未通电时，工作原理同普通溢流阀，此时系统在主溢流阀的调压值 P 下工作；当电磁阀 b 通电时，主阀芯通过电磁阀油口连通回油箱，系统卸荷。

先导电磁溢流阀通电时系统卸荷，断电时系统升压，被称为"常闭式"；"常开式"先导电磁溢流阀则在断电时卸荷，通电时升压，二者刚好相反。

在图 5-194（b）的液压图形符号中可看出"常闭式"与"常开式" 先导电磁溢流阀的区别仅在于电磁阀不同。常闭式适用于工作时间长、卸荷时间短的工况；常开式适用于工作时间短卸荷时间长的工况。

② 结构　德国力士乐公司 DBW 型电磁溢流阀结构如图 5-216 所示，从系统来的压力油从 A 注口进入，经旁路阻尼 4、通道 6、消振套中心孔 b、阻尼 5，然后兵分三路：一路作用在先导阀的阀芯（钢球）上；一路经阻尼 7 进入主阀芯上腔 P_1，还有一路进入到先导电磁阀的 B_1 腔。

进入到先导调压阀前腔和主阀芯上腔的压力油与前述 DB 型溢流阀的工作原理完全相同，行使先导式溢流阀的功能；进入到先导电磁阀 B_1 腔的油液，当电磁铁未通电时，B_1 与 T_1 不通（图5-194），压力油到此打住，此时系统便按先导式溢流阀所调定的压力工作，当电磁铁通电时，B_1 与 T_1 连通，此时进入到先导电磁阀 B_1 腔的油液经 T_1→腔 12→油道 C→17→13→B→油箱，这样与 B_1 腔连通的先导调压阀前腔和主阀芯上腔 P_1 也与油箱相通，主阀芯上腔压力从 P_1 降为 0，主

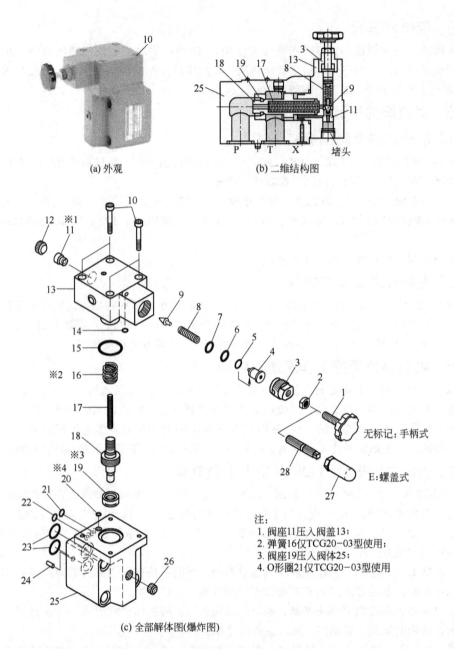

(a) 外观　　　　　　　　(b) 二维结构图

(c) 全部解体图(爆炸图)

图 5-193　TCG20 型先导式溢流阀的拆装

1—手柄调压螺钉；2—锁母；3—螺套；4—调节杆；5, 14, 15, 20～23—O 形圈；
6, 7—垫；8—调压弹簧；9—先导阀阀芯（针阀）；10—内六角螺钉；11—先导阀阀座；
12, 26—螺堵；13—先导阀阀盖；16, 17—平衡弹簧；18—主阀芯；19—主阀座；
24—定位梢；25—主阀体；27—套；28—调压螺钉

阀芯上下腔作用力失去平衡而上抬，系统压力油 A 便可从打开的阀口从 B 溢流回油箱，此时系统卸荷。

　　DBW 型电磁溢流阀与 DB 型溢流阀一样，在结构上也有内供内排、外供内排、内供内排和外供外排四种方式。选用何种先导油的控制方式，取决于系统的工况。例如背压大小对电磁阀的换向性能有很大影响，作为先导电磁溢流阀的先导阀——电磁阀，如果采用内排式，当主阀回油

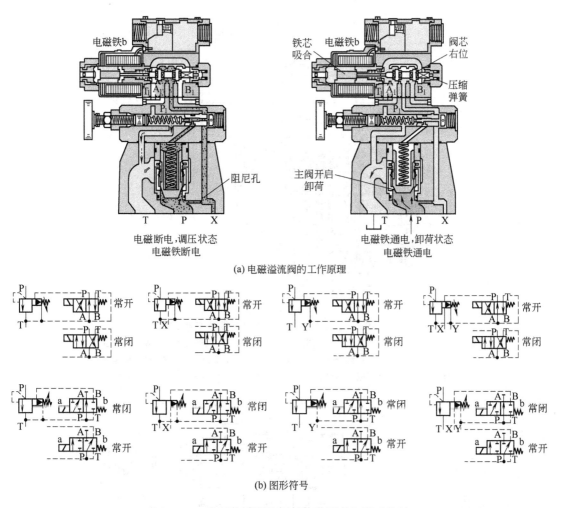

图 5-194　先导电磁溢流阀的工作原理与图形符号

口 B 的背压过大时先导电磁阀电磁铁的推力可能克服不了因背压过大带来的较大的液压作用力，出现不能可靠换向而使电磁溢流阀不能正常工作的情况。 此时 DBW 型电磁溢流阀要采用先导控制油外部单独回油的方式——外排式，即将螺孔 17 堵住，从螺孔 14 单独接管通油箱，避免主阀回油腔 B 背压太大的影响（图 5-195），且此单独的外部回油管宜大宜短，因为此处也可能产生背压。

（2）美国派克公司 RS25R 型电磁溢流阀

图 5-196 所示电磁阀为常开式，溢流阀主阀芯上腔 Z 通过内流道与电磁阀 P_1 相通。

其工作原理是：当电磁阀电磁铁未通电，处于图示位置时，Z→P_1→B_1→先导调压阀回油腔→Y→T，溢流阀主阀芯上腔 Z 卸压，主阀芯上下腔受力不平衡而向上运动而开启，P→T 连通，系统处于无压力的卸压状态；当电磁阀电磁铁通电，电磁阀阀芯左移，Z→P_1→A_1→X→P 连通，系统在溢流阀调定的压力下工作，处于有压状态。

若电磁阀为常闭式，工作原理则与上述常开式相反，不通电升压，通电卸压。

（3）带缓冲阀的电磁溢流阀

从电磁溢流阀的工作原理可知，通过先导电磁阀电磁铁的通电或断电，可将先导式溢流阀的遥控口关闭或打开，可使液压泵或液压系统处于有负载状态或无负载的卸荷状态。 当从有负载

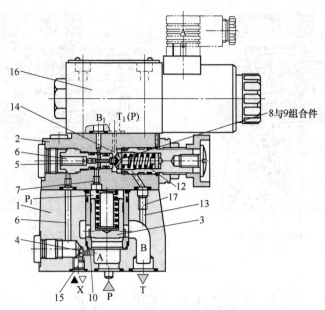

图 5-195 力士乐公司 DBW 型电磁溢流阀结构

1—主阀体；2—先导阀阀体；3—主阀芯；4—阻尼阀塞；5—阻尼；6—控制油进油通道；
7—阻尼；8，9—先导锥阀组合件；10—螺钉；12—调压弹簧；13—控制油回油通道；
14—泄油螺孔（图中未示出）；15—外控油螺塞；16—先导电磁阀；17—螺孔

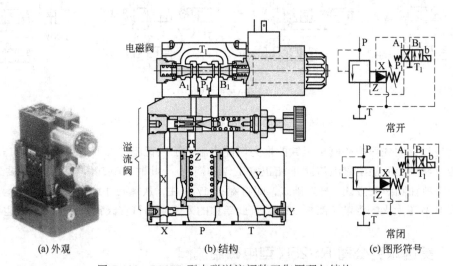

(a) 外观　　　　　　　(b) 结构　　　　　　　(c) 图形符号

图 5-196　RS25R 型电磁溢流阀的工作原理与结构

的高压状态转换到无负载的卸荷状态时，由于电磁铁从通电到断电的时间仅为短短的几十毫秒，压力在极短时间由高压降为低压，能量急剧释放，从而产生大的压力冲击、振动和噪声。 这种冲击、振动和噪声在高压大流量的情况下往往会造成重大故障。 为防止这种情况发生，可采用带缓冲阀的电磁溢流阀，缓冲阀可延长从高压到卸压过程中的时间，使压力平滑下降，防止冲击、振动和噪声的产生。

　　图 5-197 为缓冲阀的安装位置，它装于先导调压阀与先导电磁阀之间，便构成了带缓冲阀的电磁溢流阀。 下面以带缓冲阀的电磁溢流阀为例说明其工作原理。

　　如图 5-198 所示，缓冲阀实际上是一个节流装置，节流口 X 的大小可通过调节螺钉进行调节，以控制卸荷时间的长短。 当电磁阀断电 P_2 与 T_2 不通时，系统在溢流阀调定的压力下工作，压力油 P_1 经缓冲阀阀芯节流开口 X 及轴向沟槽 a 作用在缓冲阀阀芯左端承压面 A 上，阀芯右端弹簧腔经 T_1 和主阀的平衡弹簧腔与油箱相通，平衡弹簧弹力很小，所以缓冲阀阀芯向右的作用力 $p_1 \cdot A$ 大于向左的弹簧力 F（$p_1 \cdot A > F$），阀芯右移并将阀口 X 关小至阀芯被弹簧座和调节螺钉限位为止，缓冲阀节流口 X 便处于最小开口位置，此时溢流阀在其调定的压力下工作；当先导电磁阀通电使 P_2 与 T_2 接通时，缓冲阀阀芯在刚卸荷的瞬间仍处于最小节流口 X 的位置，因阻尼力的作用，压力 P_1 就不能突然降至回油压力，因此延长了卸荷时间，但由于随着 P_2 与 T_2 的连通，时间的推移，缓冲阀芯左端（与 P_2 相通）的油液压力由 p_1 降为 p'_1，当 $p'_1 \cdot A \leqslant F$ 后，阀芯在弹簧力的作用下左移，节流口 X 逐渐增大，压力 P_1 也就随之下降，直至阀芯左端油液压力降至回油压力，节流口便增至最大，系统压力也就逐渐完全卸荷。

调整调节螺钉，可改变阀芯行程和弹簧预压紧力，即可改变卸荷时间。 调节螺钉全松时，节流口开度和弹簧预压紧力为最小，卸荷时间最长；反之则卸荷时间最短，基本上不起卸荷缓冲作用。

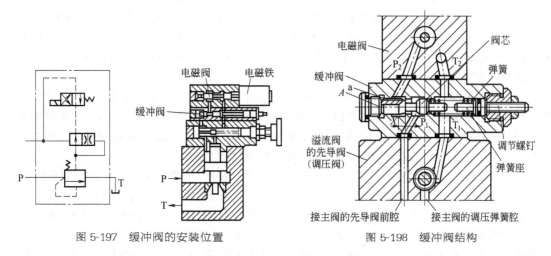

图 5-197　缓冲阀的安装位置　　　　　　图 5-198　缓冲阀结构

图 5-199 为德国力士乐公司缓冲阀（带切换时间延迟的阀）的结构原理图，可使 B_2 至 B_1 的接通延时开启，因此可避免管路升压时的压力峰值及卸压时的释压冲击。 缓冲阀安装在先导调压阀和电磁方向控制阀之间。 衰减（释压冲击）的程度由固定节流孔的尺寸来决定，力士乐公司推荐使用 $\phi 1.2\text{mm}$ 的节流孔。

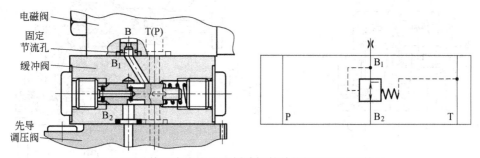

图 5-199　德国力士乐公司缓冲阀的结构原理和图形符号

5.10.7　卸荷溢流阀的工作原理与结构

卸荷溢流阀简称卸荷阀，国外又称之为"蓄能器/泵卸荷阀"。 它是在外控式顺序阀（或溢流阀）的基础上加上特制的单向阀组合而成的，因此又叫单向溢流阀，可对液压系统实现自动卸荷和自动加压。

（1）国产 HY 型卸荷溢流阀

其工作原理与结构如图 5-200 所示，压力油由进油腔 P 进入主阀，然后一路经主阀芯下端的阻尼孔 a 和阀盖上的通道 d，进入主阀芯上腔和导阀的前腔 c，作用在先导锥阀和控制活塞 3 的左侧端面上；另一路打开单向阀 2 向蓄能器 1 供油充液，使系统上压，并通过通道 e 作用在控制活塞 3 右侧端面上。

设卸荷溢流阀调定在某一压力，而当阀进口压力 P（液压泵供油压力）低于锥阀 4 的开启压力时，锥阀 4 和主阀 5 均关闭，主阀下腔油液压力 P 等于主阀上腔油液压力 P_1，并由于单向阀的阻力损失，大于蓄能器腔的油液压力 P_2，即 $P = P_1 > P_2$。又由于控制活塞的左右承压面积 S 相等，因而有 $P_1 \cdot S > P_2 \cdot S$，控制活塞 3 处于右边位置，液压泵继续向蓄能器供油充压，当液压泵压力 P 继续上升，P_1 也继续上升到打开锥阀 4 时，主阀芯 5 上腔部分油液经通道 d、c、锥阀 4 开口和通道 b，并经 T 孔流回油箱。这时先导流量经主阀芯阻尼孔 a 所产生的油液压差，还不足以打开主阀，主阀还是关闭不溢流。主阀下腔油液压力 P 大于主阀上腔油液压力 P_2。因单向阀的压力损失小于主阀阻尼孔 a 的压力损失，所以蓄能器的油液压力 P_2 仍大于主阀上腔的油液压力 P_1，即有 $P > P_2 > P_1$。此时，作用在控制活塞左右端面上的液压作用力 $P_2 \cdot S > P_1 \cdot S$，控制活塞便移至左边位置。调压弹簧力与作用在锥阀和控制活塞上的液压作用力相平衡，液压泵继续向蓄能器供油充压。

当液压泵供油压力 P 继续上升至主阀调定压力时，主阀芯上、下腔压力差进一步增大，锥阀和主阀均打开至额定开度，这时蓄能器腔的压力也达到了主阀所调定的压力，液压泵供给的多余油液便经主开口从出口 T 溢流回油箱。在此瞬间，$P = P_2 > P_1$。此时，单向阀关闭，切断 P 与 A 腔，P 腔与 T 腔相通，液压泵卸荷，蓄能器却维持充气压力 P_2。

在整个 P 腔卸荷过程中，由于锥阀 4 在蓄能器供油的作用下，控制活塞 3 一直推着锥阀 4 开启，主阀也就一直开启，使 P 腔维持卸荷。在这一点上它与一般溢流阀是不同的，一般溢流阀是在额定压力下溢流，而卸荷溢流阀因有控制活塞顶开先导锥阀的作用，主阀一直卸荷而并非高压溢流。

当蓄能器油液因不断补入工作系统后，压力 P_2 下降，当降到某一值（调定值）时，$P_1 > P_2$，控制活塞右移，锥阀 4 关闭，主阀也随之关闭，泵停止卸荷，压力 P 重新继续上升，打开单向阀，液压泵又向蓄能器充压，直至蓄能器油液压力又上升到调定压力为止。一般国产卸荷溢流阀（如 HY 型）在蓄能器储存压力值降至其调定压力的 80%～90% 时，卸荷停止，系统升压重又向蓄能器供油。

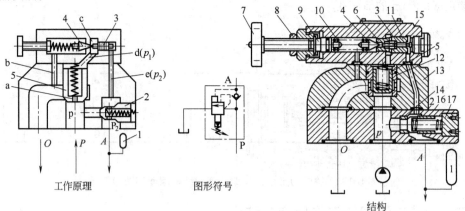

图 5-200　国产 HY 型卸荷溢流阀的工作原理与结构

1—蓄能器；2—单向阀；3—控制活塞；4—锥阀；5—主阀芯；6—锥阀座；7—调压手轮；
8—锁紧螺母；9—调节杆；10—调压弹簧；11—活塞套；12—阀套；13—阀体；
14—单向阀座；15—阀盖；16—单向块体；17—螺堵

（2）德国力士乐公司 DA 型先导式卸荷溢流阀

图 5-201 为力士乐公司 DA 型先导式卸荷阀（截止阀）结构图，主要由主阀部分 1、先导阀部分 2 和单向阀 15 组成。工作原理与上述相同，不再说明。

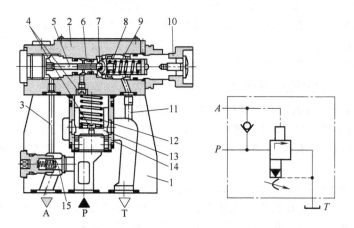

图 5-201　力士乐公司产 DA 型先导式卸荷溢流阀结构

1—主阀部分；2—先导阀部分；3—流道；4—阻尼孔；5—控制活塞；6—阀座控制活塞；

7—球阀芯；8—调压弹簧腔；9—调压弹簧；10—调压手柄；11—流道；

12—平衡弹簧；13—主阀芯；14—阀套；15—单向阀

（3）德国力士乐公司 DAW 型先导式电磁卸荷溢流阀

单向阀与上述 DBW 型电磁溢流阀相组合，便构成电磁卸荷溢流阀（电磁截止阀），如图 5-202 所示。

5.10.8　溢流阀的使用注意事项

① 使用的工作油黏度为 15 ~ 38cSt（1cSt = 1mm²/s）。

② 工作油温一般要控制在 10 ~ 60℃。

③ 系统的过滤精度不得低于 25μm（污染度 NAS12 级以内）。

④ 安装方向无要求。管式连接阀及法兰连接阀要支承可靠，一般用接管和法兰直接支承阀，最好另有支承阀的支架；板式阀的安装面表面粗糙度为 Ra6.3μm 以上，平面度 0.01mm 以上，并符合 ISO　DPR6264《溢流阀安装表面》标准。

⑤ 调节压力时，先松开锁紧螺母，顺时针转动手轮，压力升高；逆时针转动手轮，压力降低。调好压力后，拧紧锁紧螺母。

⑥ 溢流阀只有在需要遥控或多级压力控制时，远程控制口 X 方可接入控制油路，其他情况一律堵上。

⑦ 溢流阀的回油阻力（背压）不得大于 0.7MPa，回油一般应直接接油箱。溢流阀为

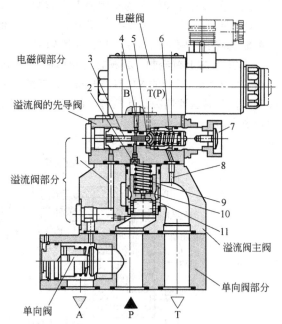

图 5-202　电磁卸荷溢流阀（电磁截止阀）的结构

1—流道；2—阻尼；3—控制活塞；4—先导阀阀座；

5—先导阀阀芯（钢球）；6—调压弹簧；7—调压手柄；

8—流道；9—平衡弹簧；10—主阀芯；11—主阀套

外排时，泄油口背压不得超过设定压力的 0.02 MPa。

⑧ 用户购回元件后如不及时使用，须将内部灌入防锈油，并将外露加工表面涂防锈脂，并妥善保存。

⑨ 电磁溢流阀中的电磁换向阀接入的电压及接线形式必须正确。

⑩ 改变调压弹簧即可改变其调压范围，但必须使用符合标准的弹簧。

⑪ 板式卸荷溢流阀组合了一个单向阀，使得泵卸荷时可防止液压系统压力油反向流动；管式阀则需单独连接一个阀通径相匹配的管式单向阀。

5.10.9　溢流阀的故障分析与排除

【故障1】　压力上升得很慢，甚至一点儿也上不去

这一故障现象是指：当拧紧调压调钉或手柄，从卸荷状态转为调压状态时，本应压力随之上升，但压力上升得很慢，甚至一点儿也上不去（从压力表观察）。即使上升也滞后一段较长时间。

分析调压状态的情况可知，从溢流阀完全溢流的卸压状态变为调压（升压）状态时，主阀芯紧靠阀盖，先导调压阀弹簧仅处于稍有压缩状态，主阀芯开启溢流。当升压调节时，先导阀芯（锥阀）受弹簧压缩而关闭，主阀芯上腔压力 P_1 开始增高，进入调压状态，主阀芯下落靠拢阀座，关小溢流口。当调压手轮不再调节，主阀芯停止下落而维持某一微小开口，系统便维持某一调节压力。主阀芯从卸荷位置大开口下落到调压所需开度所经历的时间，即为溢流阀的回升滞后时间。如果此时间长，压力上升缓慢；如果主阀芯不下落，不移往阀座关小溢流口，则压力一点也上不去。

影响滞后时间（压力上升时间）的因素很多，主要与溢流阀本身的主阀芯行程距离 h 和阀芯的关闭速度有关。而关闭速度又取决于主阀芯阻尼孔（或旁路阻尼孔）所流过的先导控制流量 Q 和主阀芯直径 D 的大小。先导流量又与阻尼孔的孔径 d_0、孔长 L_0 有关，也与主阀芯的弹簧刚度以及主阀芯与阀体孔的摩擦力大小有关。但上述参数 h、Q、D、L_0 和 d_0 均是设计好的定值，那么除此之外，在实践中主要应从阀芯和阀体孔摩擦力大小以及使用过程中有可能改变的某些参数去找故障原因和排除方法，具体如下。

① 主阀芯上有毛刺，或阀芯与阀体孔配合间隙内卡有污物，使主阀芯卡死在全开位置［例如图 5-203（a）所示的 YF 型溢流阀］，系统压力上不去。松开螺盖后，若发现阀芯端面未与 A 面齐平，多属这种情况，其他型号的溢流阀类似，可检查主阀芯卡死的位置情况，是否是配合间隙也过小。

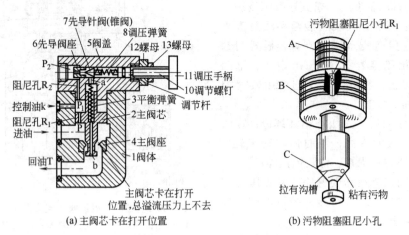

图 5-203　调不上压的故障原因

② 主阀芯阻尼孔 R_1 内有大颗粒污物堵塞，油压传递不到主阀芯上腔和导阀前腔，进入导阀的先导流量 Q 几乎为零，压力上升很缓慢。完全堵塞时，此时形同一弹簧力很小的直动式单向阀，溢流阀如同虚设，不起作用，压力一点儿也上不去［图 5-203（b）］。

③ 因阀体铸件未达到规定标准的牌号（例如材质为 HT200），而阀安装螺钉又拧得太紧，造成阀孔变形，对管式溢流阀，则是进出油口管接头拧得太紧，造成阀体孔变形，将阀芯卡死在全开位置。

④ 液压设备在运输使用过程中，因保管不善造成阀芯内部锈蚀，使主阀芯卡死在全开（P 与 T 连通）位置，压力上不去。

⑤ 主阀平衡弹簧漏装或折断，进油压力使主阀芯上移［图 5-203（a）］，造成压油腔 P 总与回油腔 T 连通，压力上不去。另外阀芯卡死在最大开口位置，压力一点儿也上不去；阀芯卡死在小一点的开口位置，压力可以上去一点，但不能再上升。因毛刺污物将阀芯卡死的情况与此雷同。

⑥ 先导阀阀芯（锥阀）与阀座之间，有颗粒性污物卡住，不能密合［图 5-204（a）］，主阀芯弹簧腔压力油通过先导锥阀连通油池，使主阀芯右（上）移，不能关闭主阀溢流口，压力上不去。

⑦ 使用较长时间后，先导锥阀与阀座小孔密合处产生严重磨损，磨有凹坑或纵向拉伤划痕，或者阀座小孔接触处磨成多棱状或锯齿形［图 5-204（b）］，此处经常产生气穴性磨损，加上锥阀热处理不好，接触处凹坑更深，情况便更甚。

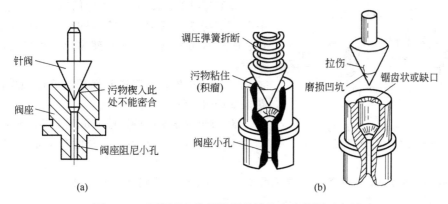

图 5-204　因阀座与先导锥阀芯缺陷产生的调不上压

⑧ 拆修时装配不注意，先导锥阀芯斜置在阀座上，除不能与阀座密合外，锥阀的尖端往往将阀座与锥阀接触处顶出缺口（弹簧力），更不能密合（图 5-205），压力肯定上不去。

⑨ 漏装先导调压弹簧、弹簧折断或者错装成弱弹簧，压力根本上不去。

⑩ 先导阀阀座与阀盖孔过盈量太小，使用过程中，调压弹簧从阀盖孔内被顶出而脱落，造成主阀芯弹簧腔压力油经先导锥阀流回油箱，主阀芯开启，压力上不去。

⑪ 在图 5-206 所示的回路中，当电磁铁 1DT 或 2DT 断电后，如果二位二通阀的复位弹簧不能使阀芯复位，如图 5-206（a）中的情形，系统压力上不去；对于图 5-206（b）中的情形，系统不能卸荷。

⑫ 对先导式溢流阀，如果未将遥控口 K 堵上（非遥控时），或者设计时安装板上有此孔通油池，则溢流阀的压力始终调不上去。

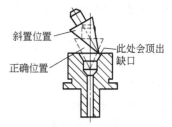

图 5-205　阀座被锥阀尖端顶出缺口

⑬ 液压泵内部磨损，供油量不足，此时溢流阀不能调到最高压力上去，如最高本可调到 32MPa，结果最高只能调到 20MPa 左右。此时原因不在溢流阀。

解决"压力上升很慢及压力一点儿都上不去"的办法有如下几种。

① 适当增大主阀芯阻尼孔直径 d_0，国内溢流阀阻尼孔直径为 $\phi 0.8 \sim 1.5mm$，可改为 $\phi 1.5 \sim \phi 1.8mm$，这对静特性并无多大影响，但滞后时间可大为减少，压力能快速上升。但不能改得太大。

② 拆洗主阀及先导阀，并用 $0.8 \sim 1mm$ 的钢丝通一通主阀芯阻尼孔，或用压缩空气吹通，可排除大多情况下压力上升慢的故障。

③ 减少主阀芯的抬起高度 h，例如在主阀芯上端套加一个 $3 \sim 4.5mm$ 厚的垫片，滞后时间可由 $2s$ 降为 $0.4s$ 左右，另外选择二节同心式溢流阀和一节同心式阀在这方面要好一些。

④ 用尼龙刷等清除主阀芯、阀体沉割槽尖棱边上的毛刺，保证主阀芯与阀体孔配合间隙在 $0.008 \sim 0.015mm$ 的间隙下灵活移动，对通径大的溢流阀，配合间隙可适当大点。

⑤ 板式阀安装螺钉，管式阀管接头不可拧得过紧，防止因此而产生的阀孔变形。

⑥ 漏装、错装及弹簧折断，要补装或更换。

⑦ 不需要遥控调压时，遥控口 K 应堵死或用螺塞塞住。对板式溢流阀，虽安装板上未钻此孔，但泄油孔处别忘了装密封圈，否则此处喷油。

⑧ 对于图 5-206（b）的情形则应检查二位二通电磁阀是否卡死断电后不复位，而使溢流阀总卸荷；对于图 5-227（a）的情形则要检查电磁铁是否能通电。

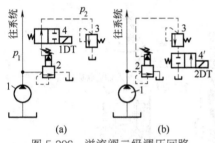

图 5-206　溢流阀二级调压回路

需要提醒的是图 5-206 中使用的二位二通电磁阀，有常闭式与常开式之别，修理时很容易将阀芯调头装配，此时常闭变常开，常开变常闭，须特别注意不要搞错。

⑨ 阀座破损，先导锥阀磨损及严重拉伤时要予以更换或经研磨修复使之密合。

⑩ 属于液压泵问题即修液压泵或换液压泵。

【故障 2】　压力虽可上升但升不到公称（最高调节）压力

这种故障现象表现为：尽管全紧调压手轮，压力也只上升到某一值后便不能再继续上升，特别是油温高时，尤为显著。产生原因如下。

① 油温过高，内泄漏量大。

② 液压泵内部零件磨损，内泄漏增大，输出流量减少，压力升高，输出流量更小，不能维持高负载对流量的需要，压力上升不到公称压力，并且表现为调节压力时，压力表指针剧烈波动，波动的区间较大，多属泵内部严重磨损，使溢流阀压力调不上去。

③ 较大污物颗粒进入主阀芯阻尼小孔、旁通小孔和先导部分阻塞小孔内，使进入先导调压阀的先导流量减少，主阀芯上腔难以建立起较高压力去平衡主阀芯下腔的压力，使压力不能升到最高。

④ 由于主阀芯与阀体孔配合过松，拉伤出现沟槽，或使用后严重磨损，通过主阀阻尼小孔进入弹簧腔（P_1 腔）的油流有一部分经此间隙漏往回油口（如 Y 型阀、二节同心式阀）；对于 YF 型等三节同心式阀，则由于主阀芯与阀盖相配孔的滑动接合面磨损，配合间隙大，通过主阀阻尼孔进入 P_1 腔的流量经此间隙再经阀芯中心孔返回油箱。

⑤ 先导针阀与阀座之间因液压油中的污物、水分、空气及其他化学性物质而产生磨损拉伤，不能很好地密合，压力也升不到最高。

⑥ 阀座与先导针阀（锥阀）接触面（线）有缺口，或者失圆成锯齿状（图 5-204），使二者之

间不能很好地密合。

⑦ 调压手轮螺纹或调节螺钉有碰伤拉伤，使得调压手轮不能拧紧到极限位置，而不能完全将先导弹簧压缩到应有的位置，压力也就不能调到最大。

⑧ 调压弹簧因错装成弱弹簧，或因弹簧疲劳刚性下降，或因折断，压力便不能调到最大。

⑨ 因主阀体孔或主阀芯外圆上有毛刺或有锥度或有污物将主阀芯卡死在某一小开度上，呈不完全打开的微开启状态。此时，压力虽可调到一定值，但不能再升高（图 5-207）。

⑩ 液压系统内其他元件磨损或因其他原因造成的泄漏大。

可针对上述情况，逐一排除。

【故障 3】 压力调不下来

此故障表现为，即使逆时针方向旋转全部旋松调压手轮，但系统压力下不来，一开机便是高压。产生这一故障的原因和排除方法有以下几种。

① 如图 5-208 所示，三节同心式（或二节同心式）溢流阀的主阀芯因污垢或毛刺等原因卡死在关闭位置上，P与 T 被阻隔不通，此时溢流阀形同虚

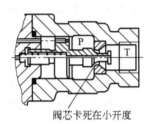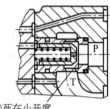

阀芯卡死在小开度　　　阀芯卡死在小开度

图 5-207　压力不能调到最大的情况

设，已无限压功能，使液压系统压力无法降下来。而且可能升得很高，出现管路等薄弱位置爆裂的危险故障。

② 调节杆与阀盖孔配合过紧、阀盖孔拉伤、调节杆外圆拉毛以及调节杆上的 O 形密封圈线径太粗等原因，使先导调压弹簧力不足以克服上述原因产生的摩擦力跟随调压手柄的松开而右移后退，先导调压阀便总处于调压状态，压力下不来。此时在查明调节杆不能弹出的原因后，采取相应对策。

③ 先导阀阀座上的阻尼小孔 R_2 被堵塞，油压传递不到锥阀上，先导阀就失去了对主阀压力的调节作用。阻尼小孔堵塞后，在任何压力下先导针阀都不会打开溢流，阀内始终无油液流动，那么主阀芯上下腔的压力便总是相等。由于主阀芯上端承压面积不管何种型号的阀（Y、YF、Y2、DB 型等）都大于下端的承压面积，加上弹簧力，所以主阀始终关闭，不会溢流，主阀压力随负载的增加而上升。当执行机构停止工作时，系统压力不但下不来，而且会无限升高，一直到元件或管路破坏为止。必须特别注意和重视。

④ 主阀芯失圆，有锥度，或因主阀芯上均压槽单边，压力升高后，不平衡径向力将主阀芯卡死在关键位置上，出现所谓液压卡紧。消除液压卡紧力，压力方可卸下来。但再度升压后又会产生液压卡紧，使压力又下不来。此时应修复主阀精度，补加工均压槽，不行的予以更换。

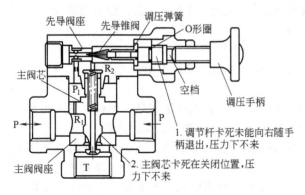

图 5-208　压力下不来的两种情况

先导阀座　调压弹簧
先导锥阀　O形圈
主阀芯
R_2
P_1
空档
调压手柄
R_1
P　P
1. 调节杆卡死未能向右随手柄退出，压力下不来
主阀阀座
T
2. 主阀芯卡死在关闭位置，压力下不来

⑤ 对管式或法兰式连接阀：在安装管路时因拧得过紧或找正不好，或因阀体材质不好，使阀体变形，主阀芯被卡死在关阀位置，压力下不来。

【故障 4】 压力波动大（压力振摆大），轻微振动

各国生产的溢流阀，使用时压力波动范围有相应的质量指标（如 ± 0.2MPa 与 ± 0.3MPa），超过规定的指标便叫压力波动大。产生原因及排除方法如下。

① 油液中混进了空气，进入系统内，

或者油液压力低于空气的分离压力时，溶解在油液中的空气就会析出气泡，这些气泡在低压区时体积较大，流到高压区时，受到压缩，体积突然变小或气泡消失；反之，如在高压区时气泡体积本来较小，而当流到低压区时，体积又突然增大，油中气泡体积这种急剧改变，通常叫空穴现象。 空穴现象的发生将引起压力波动、振动、液压冲击以及噪声的产生。 先导阀的导阀口、主阀口以及阻尼孔等部位，油液流速和压力变化很大，很容易出现空穴现象，产生振动、压力波动大及噪声现象。 对于导阀前腔的空气，可将溢流阀"升压""降压"重复几次，便可排出阀座前积存的空气。 但防止进入空气是主要的。

② 先导针阀因硬度不够。 有些针阀虽经氮化处理，但氮化层很薄，使用过程中会因高频振荡而产生磨损，或因上述气穴现象也会出现气穴性磨损，使得针阀锥面与阀座锥面不密合，会引起"开—闭"不稳定现象，导致压力波动大。 此时应研配或更换针阀。

③ 通过阀的实际流量远大于该阀的额定流量，产生压力波动大，所以实际流量不能超过溢流阀标牌上规定的额定流量。

④ 主阀阻尼孔尺寸 ϕ（d_0）偏大或阻尼长度太短，起不到抑止主阀芯来回剧烈运动的阻尼减振作用。 阻尼是经过加工再敲入的或用有孔螺钉拧入的，阻尼孔径一般为 $\phi 1 \sim 1.5\text{mm}$，如实际尺寸大于此尺寸范围太多，就会产生压力波动。 在这一点上刚好与上述【故障2】的作用效果相反，必须兼顾二者对阻尼孔尺寸的需求，作出合理选择。

⑤ 先导调压弹簧过软（装错）或歪扭变形，产生调压不稳定，压力波动大，应换用合适的弹簧。

⑥ 主阀芯运动不灵活，不能迅速反馈稳定到某一开度时，产生压力振摆大，此时应使主阀芯能运动灵活。

⑦ 调压锁紧螺母未防松，锁母发生振动，引起所调压力振动。

⑧ 有些溢流阀因为先导锥阀的锥角 α 过大，对油液流动的阻尼系数大，当阀口缝隙变化时，油液流动阻尼系数也较大，因此油液流速变化增大，油压波动随之增加，容易引起振动。另一方面，锥角过大使得锥阀与阀座接触的支承反力减少，封油能力变差，当外界（负载）油压变化时，容易引起"串油"产生缝隙流动，随之产生压力波动，引起振动。

⑨ 液压泵不正常，泵的压力流量脉动大，影响到溢流阀的压力流量脉动；在有些情况下，液压泵输出的压力流量脉动还有可能和溢流阀组成共振系统。 所以应从排除泵故障入手。

⑩ 溢流阀与其他管路产生共振，特别是使用遥控时，遥控管路的管径过大、长度太长，导致前腔的容积过大，容易产生高频振动、压力波动大，甚至尖叫声。 因此遥控管路管径应选择 $\phi 3 \sim 6\text{mm}$ 的，长度宜短。 在遥控配管一时改不了时，可在遥控口放入适当直径的固定阻尼（放在 P 口内无效，而且有时反而激起振荡）。 但需注意，此加入的阻尼会使卸荷压力及最低调节压力增高，所以阻尼（固定节流）的孔径一定要通过试验在最佳范围内选取。

⑪ 回油配管不合理，背压过大，或负载变化过大，也会产生振动，带来压力波动大。

⑫ 工作油温过高，工作油液黏度选择不当。

⑬ 也可能是压力表有问题。

⑭ 滤油器严重阻塞，吸油不畅，压力波动大而产生振动，系统发出大的噪声。

【故障5】 振动与噪声大，伴有冲击

此故障与上一故障联系紧密。 就振动与噪声而言，溢流阀在液压元件中仅次于液压泵，在阀类中居首位。 压力波动、振动与噪声是孪生兄弟，往往同时发生、同时消失。

主阀芯和先导阀均构成一个"液体—质量—弹簧"振荡系统，产生振动和噪声与上述"压力波动大"相类似，只不过在程度上更严重。 此一现象应从整个液压系统考虑处理才比较恰当。这里只能脱开系统探讨溢流阀的噪声和振动。 溢流阀的噪声以先导阀不稳定产生的高频噪声为主，即以先导阀前腔压力高频振荡为主。 产生这一故障的具体原因如下。

① 同上述故障 4 的①、②、③、⑩、⑪、⑫、⑭。

② 油箱油液不够，滤油器或吸油管裸露在油面之上，空气进入后转到先导阀前腔，出现"调节压力⇆0"的重复现象，发生压力表指针抖动，产生振动和很大噪声的现象。

③ 和其他阀共振。

④ 回油管连接不合理，回油管通流面积过小，超过了允许的背压值及回油管流速过大等，势必给溢流阀带来影响，用振动和噪声的形式表现出来。

⑤ 在多级压力控制回路及卸荷回路（均为注塑机所需回路）中，压力从高压突然过渡到低压时，往往产生冲击声。愈是高压大容量的工作条件，这种冲击噪声愈大。压力的突变和流速的急骤变化，造成冲击压力波，冲击压力波本身噪声并不大，但随油液传到系统中，如果同任何一个机械零件发生共振，就可能加大振动和增强噪声。

⑥ 机械噪声一般来自零件的撞击，和由于加工误差等原因产生的零件摩擦。

⑦ 因管道口径小、流量少、压力高、油液黏度低，主阀和导阀容易出现机械性的高频振动声，一般称为自激振动声。

提高溢流阀的稳定性、防止振动和降低噪声的方法有以下几种。

① 为提高先导阀的稳定性，可在导阀部分加置消振元件（如消振垫、消振套）和采用消振螺堵（图 5-209）等措施。消振套一般固定在导阀前腔（共振腔）内，不能自由活动。一般在消振套上设有各种阻尼孔，在前述介绍过的有些溢流阀中就有设置了消振垫的例子。

② 溢流阀本身的装配使用不当，也都会产生振动，例如三节同心配合的阀配合不良，使用时流量过大过小等，可改用二节同心式阀，控制好零件装配质量并注意有关注意事项等。

③ 使用能防止冲击振动的溢流阀，如图 5-190 与图 5-198 的结构。

④ 适当减小先导锥阀的半锥角，例如由 40° 改为 30°，甚至改为 20°，对提高导阀的稳定性有利，主阀阀座与主阀芯的角度大小，对稳定性和噪声的降低也有影响，如图 5-210 所示，β 增大时，头部负压较小，噪声可得到降低，但静特性不够稳定。为兼顾各方面性能，$\alpha - \beta = 6°$ 为宜。主阀芯下端的平衡盘直径 D 适当加大，并缩小其外径与阀体孔之间的距离，可使溢流的高速喷流与圆盘接触后直接冲向侧面孔壁，速度迅速降低，从而将大部分高速流动及气穴区间限制在该区域内不致扩展出去。

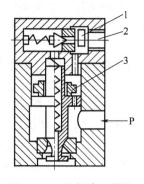

图 5-209 防振降噪措施

1—消振垫；2—消振螺钉；3—防响块

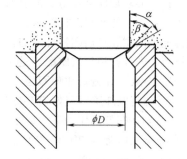

图 5-210 先导锥阀半锥角

⑤ 在溢流阀的遥控口接一小容量的蓄能器或压力缓冲体（防冲击阀），可减少振动和噪声。

⑥ 为防止多级压力控制回路从高压到低压产生的冲击声，过程时间（从高压到低压的降压时间）应大于 0.1s，为此，可减少主阀芯阻尼小孔的尺寸，或在遥控口接一固定阻尼阀（图 5-211）。

⑦ 选择合适的油液进行油温控制。

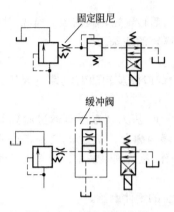

图 5-211 固定阻尼与缓
冲阀防冲降噪

⑧ 回油管布局要合理，流速不能过大，一般取进油管的 1.5～2 倍。回油管背压不能过高，过高会产生噪声。采用排气良好的油箱设计。

⑨ 先导调压阀弹簧使用刚度较大的，不可装错，刚度当然要根据所控制的压力选用，一般刚度偏大的弹簧对因液压波动引起的导阀开度的影响较小，从而缝隙流动的液压波动也随之减少，阀的波动振幅小，自然振动小，噪声降低。

【故障 6】 掉压，压力偏移大

这种故障表现为：预先调好在某一调定压力，但在使用过程中溢流阀的调定压力却慢慢下降，偶尔压力上升为另一压力值，然后又慢慢恢复原来的调节值，这种现象周期循环或重复出现。这一现象可通过压力表和听声音观察出来。它与压力波动是不同的，压力波动总围绕某一压力为中心变化，掉压则压力变化范围大，不围绕一压力中心变化。

产生的原因可参照上述故障 4、故障 5 两款，除此之外，可能的原因还有以下几种。

① 调压手轮未用锁母锁紧，因振动等原因产生调压手柄的逐渐松动，从而出现掉压与压力偏移现象。解决办法是手柄的锁紧螺母应拧紧，必要时采取在手柄上横钻一小螺钉孔，将手柄紧固。

② 油中污物进入溢流的主阀芯小孔内，时堵时通，先导流量一段时间内有，一段时间内无，使溢流阀出现周期性的掉压现象，此时应清洗和换油。

③ 溢流阀严重内泄漏。

【故障 7】 启闭特性差

启闭特性是指溢流阀的开启与闭合特性。开启特性以开启压力与额定压力的百分比表示；闭合特性则以闭合压力与额定压力的百分比表示。百分比越高，则意味着溢流阀在不同溢流量下，维持液压系统压力恒定的能力越强。台架试验时开启压力与闭合压力都是指减少或增加到通过溢流阀的流量为 1% 额定流量来测定的，它是静态特性中一项重要指标，出厂时必检。

启闭特性差，对一般液压系统无多大影响。在塑料机械中，对精密注塑机及多缸控制时，为避免干扰，要求启闭特性好；溢流阀作安全阀使用时，为了保证系统的安全，而又不过分提高安全压力，对启闭特性有严格要求。

对溢流阀来讲，其启闭特性的差异，既取决于设计参数和溢流阀的结构形式，又取决于加工质量，特别是先导针阀与阀座配合处的质量。使用条件（如背压、油液清洁度等）也对启闭特性产生一定影响。在分析故障原因和排除方法上主要从这些方面去考虑。具体说明如下。

① 针阀与阀座加工质量好者启闭特性好：如当调定压力为 6.3MPa 时，闭合压力 > 5.5MPa（Y 阀），否则在很低的压力下，阀才能闭合。

② 溢流阀出口背压的影响：背压高，启闭特性差。一般溢流阀出口背压不宜超过 0.2MPa。高时可采用溢流阀单独回油，既可改善启闭特性，还可提高稳定性。

③ 主阀液动力的影响：主阀液动力大，启闭特性差，为减小主阀液动力，可采取适当加大主阀直径，改变阀进出口油方向等措施。

④ 针阀液动力的影响：不很明显，锥阀锥角 α 小，液动力也小；但 $2\alpha < 28°$ 时，针阀有卡死现象。

⑤ 针阀调压弹簧刚度减少，启闭特性好，但阀的稳定性变差。

【故障 8】 外泄漏与内泄漏

溢流阀在装配或使用中，O 形密封圈等损坏，或者安装螺钉、管接头的松动都可能造成外泄漏。 内泄漏主要是阀芯的磨损过大，密封锥面（主阀、先导阀）接触不良以及油温等因素的影响。

5.10.10 主要零件的修理

（1）先导锥（针）阀

针阀在使用过程中，针阀与阀座密合面的接触部位常磨出凹坑和拉伤。 用肉眼或借助放大镜观察可发现凹下去的圆弧槽和拉伤的直槽［图5-212（a）］，出现这种情况后，压力便调不上去。 购买一针阀或自制一针阀，往往便可使溢流阀恢复正常工作。

对于整体式淬火的针阀，可夹持其柄部在外圆磨床上修磨锥面，尖端也磨去一点，可以再用。 对于氮化处理的针阀，因氮化层浅，修磨后会破坏氮化层，应再次经氮化和热处理。 针阀修理时一般维修人员容易犯的错误就是将针阀夹持在台钻上修磨，手工砂磨［图5-212（b）］容易产生多棱形，这种修理方法会导致针阀锥面失圆，装配后会引起各种故障。 需要更换针阀时，可参考图5-213所示的某溢流阀的针阀的相应尺寸和技术要求制作。

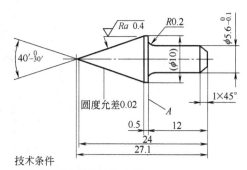

技术条件
1. A面与圆锥面中心线垂直，允差0.10。
2. 淬火62HRC或表面渗氮。
3. 装配时配研锥面。

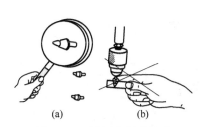

图5-212 针阀磨损的检查

图5-213 某溢流阀的针阀尺寸与技术要求

（2）先导阀座与主阀座

阀座与阀芯相配面，在使用过程中会因压力波动、经常的启闭撞击、气穴磨损。 另外污物进入，特别容易拉伤。

如果磨损不严重，可不拆下阀座，采用与针阀对研（需做一手柄套在针阀上），或用一研磨棒，头部形状与针阀相同，进行研磨。

如果拉伤严重，则可用120°中心钻钻刮从阀盖卸下的先导阀阀座和从阀体上卸下的主阀阀座，将阀座上的缺陷和划痕修掉，然后用120°的研具仔细对研。 对研具的表面粗糙度和几何精度应有较高要求。

拆卸阀座的方法参阅图5-214。不正确的拆卸方法会破坏阀孔精度。 同时必须注意，一般卸下的阀座，破坏了阀座与原相配孔的过盈配合，须重做阀座，并将与阀盖孔相配尺寸适当加大，重新装配后阀座才不至于被冲出而造成压力上不去的故障。 图5-215为某先导式溢流阀阀座零件图，供维修时参考。

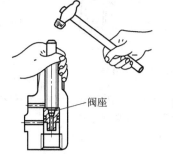

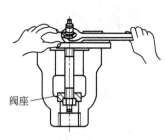

(a) 拆卸先导阀阀座的方法

(b) 拆卸主阀阀座的方法

图5-214 拆卸阀座的方法

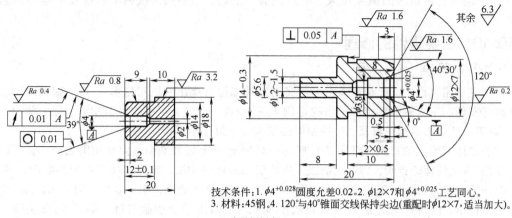

技术条件：1. $\phi 4^{+0.028}$圆度允差0.02。2. $\phi 12\times 7$和$\phi 4^{+0.025}$工艺同心。
3. 材料：45钢。4. 120°与40°锥面交线保持尖边(重配时$\phi 12\times 7$,适当加大)。

(a) 先导阀阀座

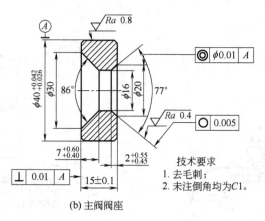

技术要求
1. 去毛刺；
2. 未注倒角均为$C1$。

(b) 主阀阀座

图 5-215　某先导式溢流阀阀座零件图

（3）调压弹簧、平衡弹簧

　　弹簧变形扭曲和损坏，会产生调压不稳定的故障，可按图 5-216（a）所示的方法检查，按图5-216（b）中的方法修正端面与轴心线的垂直度，歪斜严重或损坏者予以更换，弹簧材料选用T8MnA、50CrVA、50CrMn 等，钢丝表面不得有缺陷，以保证钢丝的疲劳寿命，弹簧须经强压处理，以消除弹簧的塑性变形。

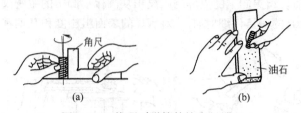

图 5-216　修理时弹簧的检查与处置

（4）主阀芯的修理

　　主阀芯外圆轻微磨损及拉伤时，可用研磨法修复。磨损严重时，可刷镀修复或更换新阀芯，主阀芯各段圆柱面的圆度和圆柱度均为 0.005mm，各段圆柱面间的同轴度为 0.003mm，表面粗糙度不大于Ra0.2μm，主阀锥面磨损时，须用弹性定心夹持外圆校正同心后，再修磨锥面。重新装配时，须严格去毛刺，并经清洗后用钢丝通一通主阀芯上阻尼孔，做到目视能见亮光（图 5-217）。

（5）阀体与阀盖的修理

　　阀体修理主要是修复磨损和拉毛的阀孔，可用研磨棒研磨或用可调金刚石铰刀铰孔修复。但经修理后孔径一般扩大，须重配阀芯。孔的修复要求为孔的圆度、图柱度为 0.003mm。

阀盖一般无需修理，但在拆卸，打出阀座后破坏了原来的过盈，一般应重新加工阀座，加大阀座外径，再重新将新阀座压入，保证紧配合。在插入"锥阀—弹簧—调节杆"组件时，要倒着插入，以免产生图 5-225 的锥阀不能正对进入阀座孔内的情况。插入方法见图 5-218 所示。

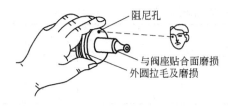

图 5-217　主阀芯

图 5-218　先导阀芯装入方法

5.10.11　板式溢流阀的安装尺寸

此处介绍已全世界标准化了的溢流阀的安装尺寸，20 世纪 80 年代初期之前国内设计生产的溢流阀不符合此标准，读者维修更换时请注意。此后设计生产的则符合此安装尺寸，国内外许多型号的产品，均可通用。国标 GB 8101 与国际标准 ISO 6264 一致。

各种安装尺寸标准中使用下述符号：

① 字母 A、B、F、T、L、X 和 Y 为油口符号；

② 字母 F_1、F_2、F_3、F_4、F_5 和 F_6 为固定螺钉孔符号；

③ 字母 G 为定位销孔符号；

④ 字母 D 为固定螺纹直径符号；

⑤ 字母 R 为安装面圆角半径符号。

标准中规定安装面的精度与公差标准如下。

① 安装面，即在粗点划线以内的面积，采用下列数值：

a. 表面粗糙度 Ra 不小于 $0.8\mu m$；

b. 表面平面度每 100mm 距离上 0.01mm；

c. 定位销孔直径公差 H12。

② 从坐标原点起，沿 X 轴和 Y 轴线性尺寸应采用下列公差：

a. 定位销孔 ±0.1mm；

b. 螺纹孔 ±0.1mm；

c. 油口 ±0.2mm。

（1）通径 4mm 的溢流阀

安装面各油口的坐标尺寸见图 5-219 与表 5-14，标准代号为 GB 8101-AA-02-4-C 与 ISO 6264-AA-02-4-C。

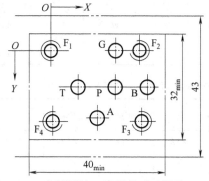

图 5-219　安装面油口坐标尺寸（通径 4mm）

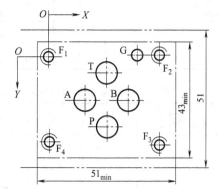

图 5-220　安装面油口坐标尺寸（通径 6mm）

（2）通径 6mm 的溢流阀

安装面各油口的坐标尺寸见图 5-220 与表 5-15，标准代号为 GB 8101-AB-03-4-C 与 ISO 6264-AB-03-4-C。

表 5-14　主油口最大直径 4mm（通径 4mm）的溢流阀安装面（代号:02）尺寸

尺寸/mm ＼符号	P	A	T	B	G	F_1	F_2	F_3	F_4
ϕ	4_{max}	4_{max}	4_{max}	4_{max}	3.4	M5	M5	M5	M5
x	18.3	12.9	7.5	27.8	18.8	0	25.8	25.8	0
y	10.7	20.6	10.7	10.7	0	0	0	21.4	21.4

表 5-15　主油口最大直径 6.3mm（通径 6mm）的溢流阀安装面（代号:03）尺寸

尺寸/mm ＼符号	P	A	T	B	G	F_1	F_2	F_3	F_4
ϕ	6.3_{max}	6.3_{max}	6.3_{max}	6.3_{max}	3.4	M5	M5	M5	M5
x	21.5	12.7	21.5	30.2	33	0	40.5	40.5	0
y	25.9	15.5	5.1	15.5	−0.75	0	−0.75	31.75	31

（3）通径 10mm 的溢流阀

安装面尺寸有两种:第一种安装面各油口的坐标尺寸见图 5-221 与表 5-16，标准代号为 GB 8101-AG-06-2-A 与 ISO 6264-AG-06-2-A；第二种安装面各油口的坐标尺寸见图 5-222 与表 5-17，标准代号为 GB 8101-AR-06-2-A 和 ISO AR-06-2-A。

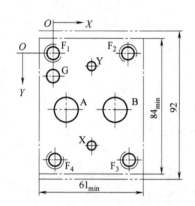

图 5-221　安装面油口坐标尺寸（通径 10mm）Ⅰ　　　图 5-222　安装面油口坐标尺寸（通径 10mm）Ⅱ

表 5-16　主油口最大直径 14.7mm（通径 10mm）的溢流阀安装面之一（代号:06）尺寸

尺寸/mm ＼符号	A	B	X	Y	G	F_1	F_2	F_3	F_4
ϕ	14.7_{max}	14.7_{max}	4.8	4.8	7.5	M10	M10	M10	M10
x	7.1	35.7	21.4	21.4	0	0	42.9	42.9	0
y	33.3	33.3	58.7	7.9	14.3	0	0	66.7	66.7

表 5-17　最大直径 14.7mm（通径 10mm）的溢流阀安装面之二（代号:06）尺寸

尺寸/mm ＼符号	A	B	X	G	F_1	F_2	F_3	F_4
ϕ	14.7_{max}	14.7_{max}	4.8	7.5	M12	M12	M12	M12
x	22.1	47.5	0	0	53.8	53.8	0	
y	26.9	26.9	26.9	53.8	0	0	53.8	53.8

（4）通径 20mm 的溢流阀

安装面尺寸有两种：第一种安装面各油口的坐标尺寸见图 5-223 与表 5-18，标准代号为 GB 8101-AH-08-2-A、ISO 6264-AH-08-2-A；第二种安装面各油口的坐标尺寸见图 5-224 与表 5-19，标准代号为 GB 8101-AS-08-2-A、ISO 6264。

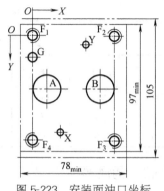

图 5-223　安装面油口坐标
尺寸（通径 20mm）Ⅰ

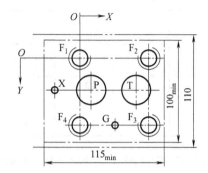

图 5-224　安装面油
口坐标尺寸（通径 20mm）Ⅱ

表 5-18　主油口最大直径 23.4mm（通径 20mm）的溢流阀安装面之一（代号:08）尺寸

符号 尺寸/mm	A	B	X	Y	G	F_1	F_2	F_3	F_4
ϕ	23.4_{max}	23.4_{max}	4.8	4.8	7.5	M10	M10	M10	M10
x	11.1	49.2	40.6	39.7	0	0	60.3	60.3	0
y	39.7	39.7	73	6.4	15.9	0	0	79.4	79.4

表 5-19　主油口最大直径 23.4mm（通径 20mm）的溢流阀安装面之二（代号:08）尺寸

符号 尺寸/mm	P	T	X	G	F_1	F_2	F_3	F_4
ϕ	23.4_{max}	23.4_{max}	4.8	7.5	M16	M16	M16	M16
x	11.1	55.6	-23.8	33.4	0	66.7	66.7	0
y	35	35	35	70	0	0	70	70

（5）主油口最大直径为 32mm 的溢流阀

安装面尺寸有两种：第一种安装面各油口的坐标尺寸见图 5-225 与表 5-20，标准代号为 GB 8101-AJ-10-2-A、ISO 6264-AJ-10-2-A；第二种安装面尺寸见图 5-226 与表 5-21，标准代号为 GB 8101-AT-10-2-A、ISO 6264-AT-10-2-A。

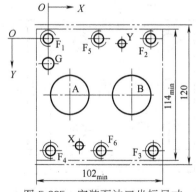

图 5-225　安装面油口坐标尺寸
（最大直径为 32mm）Ⅰ

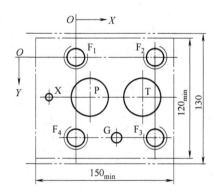

图 5-226　安装面油口坐标尺寸
（最大直径为 32mm）Ⅱ

表 5-20　通径 31.5mm 主油口（最大直径 32mm）的溢流阀安装面之一（代号:10）尺寸

符号 尺寸/mm	A	B	X	Y	G	F_1	F_2	F_3	F_4	F_5	F_6
ϕ	32_{max}	32_{max}	48	48	7.5	M10	M10	M10	M10	M10	M10
x	16.7	67.5	24.6	59.6	0	0	198.4	0	196.8	196.8	0
y	48.4	48.4	92.9	4	21.4	0	0	0	96.8	0	96.8

表 5-21　通径 31.5mm 主油口（最大直径 32mm）的溢流阀安装面之二（代号:10）尺寸

符号 尺寸/mm	P	T	X	G	F_1	F_2	F_3	F_4
ϕ	32_{max}	32_{max}	6.3	7.5	M18	M18	M18	M18
x	12.7	76.2	−31.8	44.5	0	88.9	88.9	0
y	41.3	41.3	41.3	82.6	0	0	82.6	82.6

（6）主油口最大直径为 6.3mm 的远程（遥控）调压阀

安装面尺寸见图 5-227 和表 5-22；标准代号为 GB 8101-AU-03-2-A、ISO 6264-AU-03-2-A。

表 5-22　主油口最大直径 6.3mm（通径 6mm）的远程调压阀安装面（代号:03）尺寸

符号 尺寸/mm	P	T(L)	F_1	F_2	F_3	F_4
ϕ	6.3_{max}	6.3_{max}	M5	M5	M5	M5
x	3	28	0	30	30	0
y	19	19	0	0	38	38

（7）通径 10mm 主油口（最大直径为 14.7mm）的卸荷溢流阀

安装面尺寸见图 5-228 和表 5-23；标准代号为 GB 8101-AV-06-3-A、ISO 6264-AV-06-3-A。

表 5-23　主油口最大直径为 14.7mm 的卸荷溢流阀的安装面（代号:06）尺寸

符号 尺寸/mm	P	A	T	G_2	F_1	F_2	F_3	F_4
ϕ	14.7_{max}	14.7_{max}	14.7_{max}	7.5	M12	M12	M12	M12
x	22.1	0	47.5	22.1	0	53.8	53.8	0
y	26.9	26.9	26.9	53.8	0	0	53.8	53.8

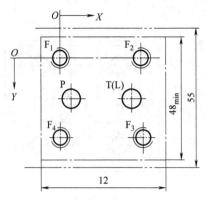

图 5-227　通径 6mm 安装面油口坐标尺寸
（最大直径 6.3mm）

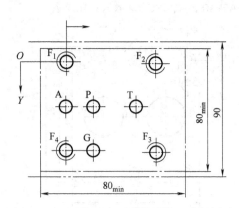

图 5-228　通径 10mm 安装面油口坐标尺寸
（最大直径 14.7mm）

（8）主油口最大直径为 23.4mm（通径 20mm）的卸荷溢流阀

安装面尺寸见图 5-229 和表 5-24；标准代号为 GB 8101-AW-08-3-A、ISO 6264-AW-08-3-A。

（9）主油口最大直径为 32mm 的卸荷溢流阀

安装面尺寸见图 5-230 和表 5-25；标准代号为 GB 8101-AX-10-A、ISO 6264-AX-10-A。

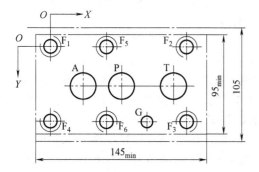

图 5-229　通径 20mm 安装面油口坐标尺寸
（最大直径 23.4mm）

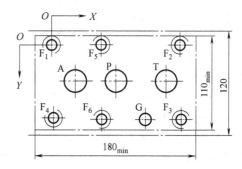

图 5-230　通径 32mm 安装面油口坐标尺寸
（最大直径 32mm）

表 5-24　主油口最大直径为 23.4mm（通径 20mm）的卸荷溢流阀的安装面（代号:08）尺寸

符号 尺寸/mm	P	A	T	G_2	F_1	F_2	F_3	F_4	F_5	F_6
ϕ	23.4_{max}	23.4_{max}	23.4_{max}	7.5	M16	M16	M16	M16	M16	M16
x	58.1	16	102.6	80.4	0	113.7	113.7	0	47	47
y	35	35	35	70	0	0	70	70	0	70

表 5-25　主油口最大直径为 32mm（通径 31.5mm）的卸荷溢流阀的安装面（代号:08）尺寸

符号 尺寸/mm	P	A	T	G_2	F_1	F_2	F_3	F_4	F_5	F_6
ϕ	32_{max}	32_{max}	32_{max}	7.5	M18	M18	M18	M18	M18	M18
x	70.7	20	134.2	102.5	0	146.9	146.9	0	58	58
y	41.3	41.3	41.3	82.6	0	0	82.6	82.6	0	82.6

5.11　顺序阀的使用与维修

顺序阀也是一种压力控制阀，因为该阀是利用油路压力来控制液压缸或液压马达的动作顺序，所以叫做顺序阀。

顺序阀串联于油路，利用进口侧（系统来）油液压力的升高或降低来导通或关闭油通路；当阀的进口压力（一次压力）未达到顺序阀所预先调定的压力之前，顺序阀是关闭的，出油口（二次侧压力油口）无油液流出；当进油口压力达到或超过顺序阀所预先调定的压力后，顺序阀开启，进、出油口相通，压力油从出油口流出，使连接在出油口的下一个执行元件动作。因此应用顺序阀可使液压系统中的各执行元件按压力的大小而先后顺序动作，起到一个"液压开关"的作用。

顺序阀按结构形式和工作原理分为直动式和先导式两类；按控制油来源分为内控（内供）和外控（外供）两种，外控式常称之为液控顺序阀。

5.11.1　工作原理

无论是直动式还是先导式，其工作原理和对应的溢流阀基本相同。不同之处溢流阀并联于油路中，顺序阀串联于油路中；顺序阀的封油长度 L（见图 5-231）要稍长些；顺序阀出油口 P_2

接执行元件而不是像溢流阀那样接油箱，且顺序阀出油口有压力，因而其直动式的泄油口和先导式的先导回油通常要单独接油箱。

（1）直动式顺序阀

直动式顺序阀的工作原理是建立在液压力与弹簧平衡的基础上工作的。一次压力油 p_1 从进油口 A 进入，经孔 b、孔 a 作用在控制柱塞下端的承压面积上。当进油口的压力 p_1 较低，不足以克服调压弹簧的作用力时，阀芯关闭，无油液流向出口 A，p_1 与 p_2 不通［图 5-252（a）］；当 p_1 上升，作用在控制柱塞上推阀芯的力增大，继而阀芯克服调压弹簧的弹力也上移，阀口打开，A 与 B 相通，从 A 到 B 流出，从而推动后续与 B 口连接的执行元件（液压缸或液压马达）动作［图 5-231（b）］。反之，当 A 口压力 p_1 下降，液压上推力小于下推的弹簧力，阀芯又重新关闭。因此，顺序阀是用压力大小来控制 A 口与 B 口通断的"液压开关"。采用控制柱塞的目的是减小液压作用面积，从而降低弹簧刚度，减少手调时的调节力矩。

拆掉螺堵 1，接上控制油，并且将底盖旋转 90°或 180°安装，则可用液压系统其他部位的压力对阀进行控制（外控），其工作原理与上述内控式完全相同，区别仅在于控制柱塞的压力油不是来自进油腔 A，而是来自液压系统的其他控制油源。

注意：因为直动式顺序阀中采用了小控制柱塞上产生的液压力与调压弹簧力相平衡的结构，可大大减少调压螺钉的调节力，这是顺序阀中多用直动式顺序阀的原因。

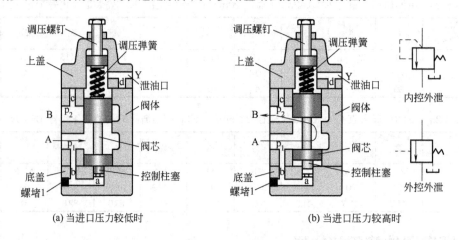

(a) 当进口压力较低时　　　　　　　(b) 当进口压力较高时

图 5-231　直动式顺序阀的工作原理与图形符号

（2）单向顺序阀

如图 5-232 所示，单向顺序阀是单向阀和顺序阀的并联组合。当液流 A→B 正向流动时，单向阀此时因其反向截止而封闭，只起顺序阀的作用，工作原理与上述的顺序阀相同；当液流 B→A 反向流动时，单向阀此时因其正向导通，起单向阀的作用。

同样若将 b 孔堵上，卸下螺堵，接外来控制油 X，为外控外泄式单向顺序阀。

（3）先导式顺序阀

先导式顺序阀的工作原理与溢流阀基本相同，不同之处是溢流阀出口接油箱，而顺序阀的出口接负载，此外顺序阀的泄油要单独接油箱。

先导式顺序阀按控制油来源可分为内控式（一般的顺序阀）和外控式（液控）。先导式顺序阀也可与单向阀组合成单向顺序阀。

（4）顺序阀的功能转换

按控制压力油来自内部还是外部，分为内控与外控，按控制油的泄排油方式分为内泄与外

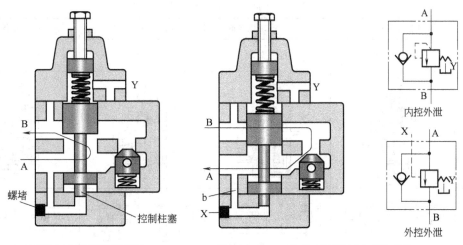

内控外泄

外控外泄

(a) 正向流动起顺序阀的作用   (b) 反向流动起单向阀的作用

图 5-232　单向顺序阀的工作原理与图形符号

泄。 排列组合成四种：内控外泄（2型、基本型）、内控内泄（1型）、外控外泄（3型）与外控内泄（4型），各国产的顺序阀均是这么分类。 改变阀上盖与底盖安装方向可进行内控与外控、内泄与外泄之间的转换。 因此，以2型为基本型（内控外泄）的顺序阀和单向顺序阀可衍生出表5-26与表5-27所列的各种功能阀。 换言之，买回的是内控外泄的顺序阀和单向顺序阀，按照图5-233的转换方法，可得到诸如溢流阀、外控顺序阀、卸荷阀、平衡阀等多种功能的阀。 这也给维修一个警示：修理时顺序阀和单向顺序阀的顶盖与下盖安装方向不能搞错，否则阀的功能便改变了。

表 5-26　不带单向阀的顺序阀功能转换表

阀类型	1型：低压溢流阀	2型：顺序阀	3型：顺序阀	4型：卸荷阀
控制泄油型式	内控-内泄	内控-外泄	外控-外泄	外控-内泄
示意图	内泄口 B A 内控孔	外泄口 内控孔	外泄口 外控口	内泄口 外控口
液压图形符号	A B	带辅助控制	带辅助控制	带辅助控制
工作说明	能作低压溢流阀，但要注意出现冲击压力	用于控制2个以上执行元件的顺序动作。 如一次压力侧超过阀的设定压力时，液流通到二次压力侧	用于与2型相同的目的，靠外控先导压力操作，而和一次压力无关	用作卸荷阀，如外控压力超过设定压力，全部流量回油箱而泵卸荷

表 5-27 带单向阀的顺序阀功能转换表

阀类型	1型：平衡阀	2型：单向顺序阀	3型：单向顺序阀	4型：平衡阀
控制 泄油型式	内控-内泄	内控-外泄	外控-外泄	外控-内泄
示意图	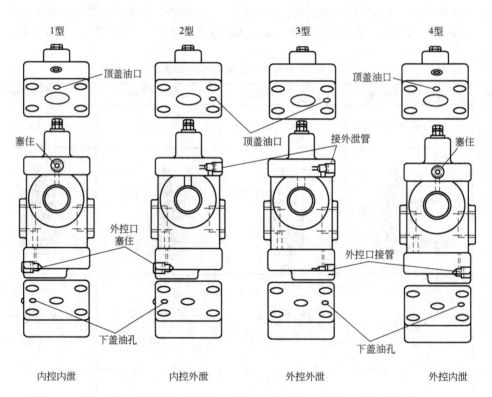			
液压图 形符号	带辅助控制	带辅助控制	带辅助控制	带辅助控制
工作说明	使执行元件回油侧发生压力，阻止重物下落时使用。如一次压力超过设定压力，油液可流过而保持压力恒定。反向靠单向阀而自由流动	用于控制2个以上执行元件的顺序动作。如一次压力超过设定压力，油液流到二次压力侧。反向靠单向阀而自由流动	与2型阀相同的目的使用，靠外控压力操作，而和一次压力无关。反向靠单向阀而自由流动	与1型阀相同的目的使用。靠外控压力操作，与一次压力无关。反向靠单向阀而自由流动

图 5-233 直动式顺序阀上、下盖不同方向安装时的功能转换方法

图 5-234 是将用内控外泄式顺序阀（基本型）改为内控内泄式顺序阀后，做溢流阀和背压阀用的例子。

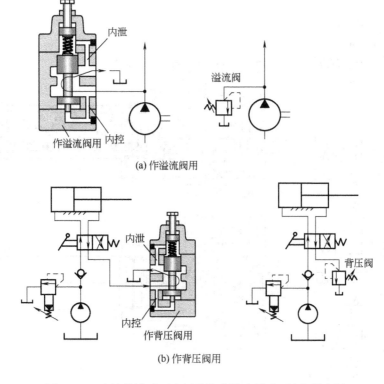

(a) 作溢流阀用

(b) 作背压阀用

图 5-234　内控外泄式顺序阀改为内控内泄式顺序阀的用途

5.11.2　结构

（1）直动式

① 国产直动式顺序阀　图 5-235 为国产常用的两种直动式顺序阀的结构，其中图 5-235（a）所示现已不常使用。

② 进口直动式顺序阀　仅以图 5-236 为德国力士乐公司产的 DZ 10DP 型直动式顺序阀的结构为例。　使顺序阀打开工作的压力称为顺序工作压力，顺序工作压力的大小由压力调节手柄 1 进行调节，调压弹簧 2 将阀芯 3 推往左端的初始位置，A 与 B 不通，进口 A 的压力油经油路 4 作用在阀芯 3 的左端（与弹簧相反侧）面上；当进口 A 的压力增大，超过右端作用在阀芯 3 上的作用力时，阀芯 3 右移，进口 A 与出口 B 连通，实现顺序动作（B 与执行元件相连）。此时先导控制油是由 A 口引入的，为"内控（内供）"；也可由外部从 X 引入，叫"外控（外供）"。　与前述的溢流阀一样，控制油可以经 B 口内排，也可由 Y 口外排。　内排时，卸下螺堵 7，外排时则堵上 7。　内供时卸下螺堵 4，堵上螺堵 8。

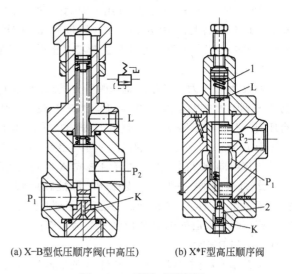

(a) X–B 型低压顺序阀(中高压)　(b) X*F 型高压顺序阀

图 5-235　直动式顺序阀

外供时则反之。 为使油液反向由 B 向 A 流动，装设了单向阀 5，测压时可在接头 6 处接压力表。

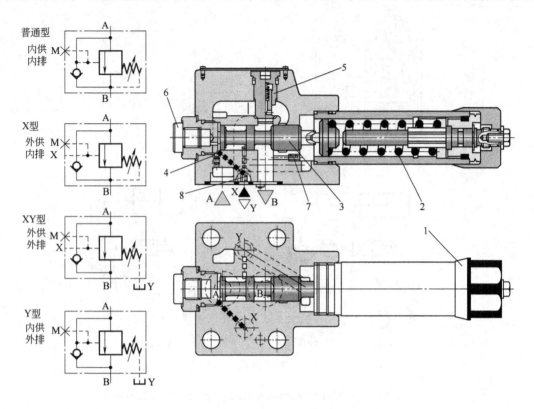

图 5-236 DZ 10DP1-4X/XY 型直动式顺序阀

（2）先导式

图 5-237 为德国力士乐公司产的 DZ 型先导式顺序阀结构图。 主阀为锥阀式、二节同心，先导阀为滑阀式锥阀的结构。 这种阀有两种连接形式——管式和板式，四种供、排油组合方式。 改变控制油的供排油方式，可得到不同的功能的阀，如顺序阀、背压阀、卸荷阀等。

① 内供外排——作顺序阀用 作顺序阀用时，阻尼 4.1 导通，螺堵 12 与 14 卸掉，螺堵 4.2、13 与 15 堵上。 由 A 腔引出一股控制油（内控）经阻尼 4.1、通道 a 作用在先导阀 2 的滑阀 5 上，同时 A 腔另一股压力油经主阀芯 7 下端的阻尼 6 进入主阀芯上腔（弹簧腔），作用在主阀芯上端面上。

如果 A 腔压力上升超过调压弹簧 8 的设定值时，滑阀 10 右移，主阀芯 7 上腔的压力油经阻尼 9→滑阀 10 的凹台肩→通道 11 与 12→B 腔。 此时在主阀芯 7 上下两端形成压力差，使阀芯上抬开启，A 腔与 B 腔接通，行使顺序阀的功能，并且在调压弹簧 8 的作用下可保持开启压力（A 腔压力）为定值。 先导阀的泄油从 17 腔经孔 b 由 Y 口排回油箱。

装有单向阀 3 时，压力油可由 B 向 A 反向自由流动，构成单向顺序阀。

② 外供内排——作平衡支撑阀（液控顺序阀）用 此时，阻尼 4.2 导通，螺堵 12 与 13 卸掉，螺堵 4.1、14 与 15 堵上。 其工作原理与上述作顺序阀用基本相同。 只不过控制油不是来自阀内部，而是来自外部由 X 口经 4.2 导入而已。 当外部控制油超过调压弹簧 8 的设定值时，阀工作，A 与 B 相通。

装有单向阀时，可实现由 B 到 A 的反向自由流动。

③ 内供内排——作背压阀用 此时螺堵 4.2、14 与 15 堵上，4.1、12、13 导通，且二次油口

B 接油箱而不是负载，背压压力的大小由手柄调节。 压力油从 A 口引入，经阻尼 4.1 进入先导阀 2 内，同时 A 口的压力油经阻尼 6 进入主阀芯 7 上端的弹簧腔。 当 A 腔的压力超过弹簧 8 所调定的背压压力值时，先导控制柱塞（滑阀）5 克服弹簧 8 的弹力右移，先导锥阀被打开。 此时主阀芯上腔的压力油经阻尼 9、件 10 的台肩凹部→油路 11 与 12→B 口流回油箱，主阀芯因上、下两腔油液流动产生压力差而开启，孔 A 油液经 B 流回油箱，并维持 A 腔调定的背压压力。 这与溢流阀作背压阀用是相同的。

④ 外供外排——作卸荷阀和旁通阀用　作卸荷阀与旁通阀用时，螺堵 4.2、14 和 15 应卸掉，螺堵 4.1、12 和 13 应堵上。 控制油从 X 口引入，经 4.2 与通道 a 进入先导阀 2 内，作用在滑阀 5 左端。 同时主油口 A 进入的压力油经阻尼 6 进入主阀芯上端的弹簧腔，当 X 口来的控制油压力升高超过调压弹簧 8 的设定值时，滑阀右移顶开先导锥阀；此时主阀芯上腔的油经阻尼 9、油道 16 进入先导阀的调压弹簧腔 17，再经流道 b 从 Y 口排回油箱，因而主阀芯上腔压力下降接近油箱压力，主阀芯上抬全开 A→B 的阀口，如果 B 接油箱，则 A 腔压力油无阻碍地通油箱，实现卸荷阀的功能。

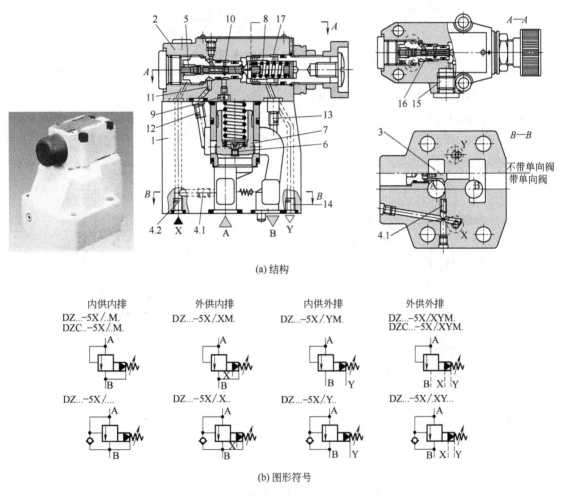

图 5-237　DZ 型先导式顺序阀（德国力士乐）

5.11.3　顺序阀的应用回路

（1）利用顺序阀实现两缸先后顺序动作回路

图 5-238 所示为利用单向顺序阀 4 与 5 实现液压缸 1 与缸 2 先后顺序动作的回路。 当电磁阀

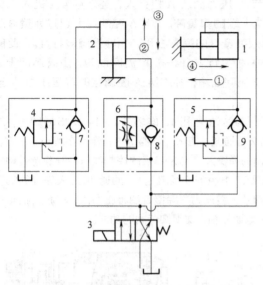

图 5-238 两缸先后顺序动作回路

3通电时，压力油进入缸 1 左腔，由于活塞杆固定，所以缸 1 向左快进（动作①）；当快进到头，压力升高到顺序阀 4 的调节压力时，阀 4 打开，液压缸 2 实现工进（动作②），（因回油路有调速阀 6）；当工进到头，碰上行程开关发信，电磁阀 3 断电，缸 2 实现快退（动作③）；当运动到头压力升高，顺序阀 5 打开，实现快退（动作④）。

（2）利用内控顺序阀（平衡阀）的平衡回路（图 5-239）

当活塞下行时，通过安装单向顺序阀（平衡阀），液压缸下腔回油产生一定的背压，起平衡支撑液压缸不往下掉的作用，防止液压缸活塞及其工作部件因重量产生的自行下滑。单向顺序阀的调节压力要稍大于液压缸活塞及其工作部件的重量产生的压力，方能可靠支撑。

（3）利用外控顺序阀（平衡阀）的平衡回路（图 5-240）

阀 2 的开启取决于顺序阀液控口控制油的压力，与负载重量 W 的大小无关。为了防止液压缸振荡，在控制油路中装节流阀 1，通过外控（液控）顺序阀 2 和节流阀 1 在重物下降的过程中起到平衡的作用，限制其下降速度。

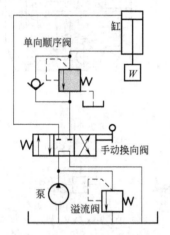

图 5-239 内控平衡阀的平衡回路

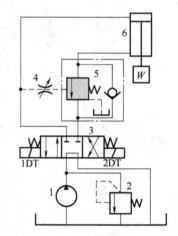

图 5-240 外控顺序阀的平衡回路
1—泵；2—溢流阀；3—电磁阀；4—节流阀；5—平衡阀（单向顺序阀）；6—液压缸

（4）用顺序阀控制的多缸顺序动作回路

如图 5-263 所示，当电磁阀 3 通电［图 5-241（a）］时，泵 1 来的压力油经阀 3 左位进入缸 6 无杆腔，实现快进动作①，此时压力不高，单向顺序阀 5 关闭，无压力油进入缸 7，缸 7 不动；当缸 6 运动到头，负载压力增高，阀 5 打开，压力油进入缸 7，实现动作②；图 5-241（b），当电磁阀 3 断电时，泵 1 来的压力油经阀 3 右位进入缸 7 有杆腔，实现快进动作③，此时压力不高，单向顺序阀 4 关闭，无压力油进入缸 6，缸 6 不动；当缸 7 运动到头，负载压力增高，阀 4 打开，压力油进入缸6有杆腔，实现动作④。

在用顺序阀控制多个执行元件的先后顺序动作的回路或液压系统中，控制多个执行元件动作先后顺序的顺序阀的调节压力一个阀要比一个高（高于前一执行元件的工作压力），否则不能实现正确的先后顺序动作程序。

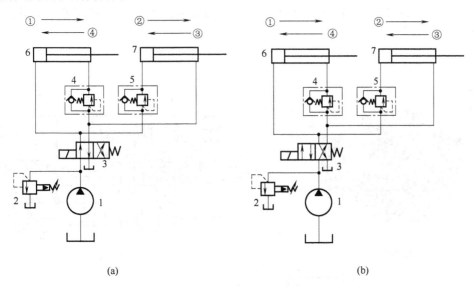

(a) (b)

图 5-241 多缸顺序动作回路

（5）用顺序阀控制的连续往复运动回路

图 5-242 所示回路是用顺序阀控制的连续往复运动回路。顺序阀控制先导阀，先导阀控制液动主换向阀，进而使活塞往复运动。在图示的位置时，缸 5 右端进压力油，活塞正在向左移动，当活塞到达行程终端或负载压力达到单向顺序阀 3 的调定压力时，阀 3 打开，控制油使先导阀 4 切换至右位，因此换向阀 1 切换至左位，活塞向右移动。在活塞右移过程中，只要负载压力达到单向顺序阀 2 的调定压力时，阀 4 又切换至左位，活塞又向左移动，如此循环往复。

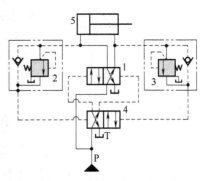

图 5-242 连续往复运动回路

5. 11. 4 顺序阀的使用注意事项

① 顺序阀的泄油口须单独接回油箱。

② 外控式顺序阀的外控口应与外部先导压力油源接通。

③ 1 型、4 型阀出口及 2 型、3 型阀的泄油口必须用管道直接接回油箱。泄油口背压不应超过 0. 17MPa，否则元件不能正常工作。

④ 3 型、4 型阀的压力遥控口可使阀在较低的控制压力下工作。

⑤ 调定压力必须低于系统溢流阀调定值一定数值（例如低 1. 7MPa）。

5. 11. 5 顺序阀的拆装

以图 5-243 所示的 R（C）G-※-△型板式直动式顺序阀为例，说明其拆装方法，这种直动式顺序阀由美国威格士、日本东机美、榆次液压件厂等单位生产。型号中 R（C）G 表直动式单向顺序阀，无 C 时表示不带单向阀；G 为 T 时表示管式阀；※为通径数字代号（03、06、10、12、16，对应流量为 45、115、285、285、500L/min）；△为压力调节范围，用字母表示（X:

0.07～0.21MPa，Y：0.14～0.42MPa，Z：0.25～0.88MPa，A：0.53～1.15MPa，B：0.88～3.5MPa，D：1.15～1MPa，F：3.5～14MPa），额定压力 21 MPa；板式阀安装面尺寸符 ISO 6264 标准。

拆装方法较简单：卸掉螺钉 1 和 23，可将上盖 5 和下盖 22 卸下，便可取出阀内其他零件，进行清洗和修理。装配时按顺序装配，对控制活塞 19 要注意检查其磨损外圆变小的情况。

装配方法顺序相反。

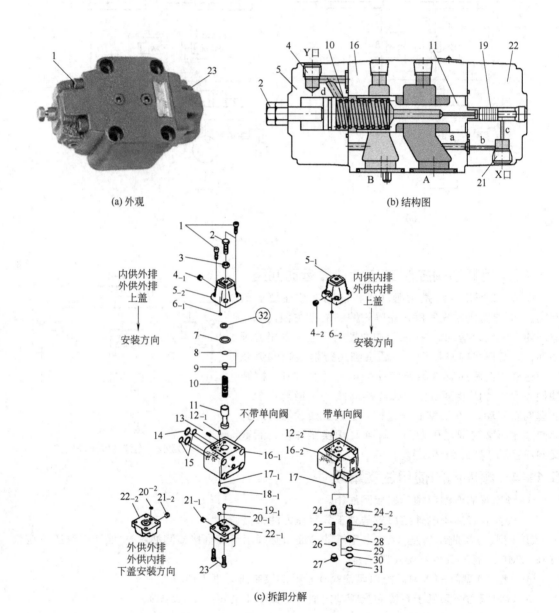

(a) 外观   (b) 结构图

(c) 拆卸分解

图 5-243 R（C）G-＊-△型板式直动式顺序阀

1，23—螺钉；2—调压螺钉；3—锁母；4，27—螺塞；5—上盖；6～8，14，15，18，20，26，29，30，32—O 形圈；
9—弹簧座；10，25—弹簧；11—阀芯；12，13—定位销；16—阀体；17—阻尼；19—控制柱塞；
21—螺堵；22—下盖；24，28—塞；31—卡簧

5.11.6 顺序阀的故障分析与排除

【故障1】 始终不出油，不起顺序阀作用

① 查阀芯 11 是否卡死在关闭位置上（参阅图 5-243 与图 5-244 下同）。 如油脏、阀芯 11 上有毛刺污垢、阀芯几何精度差等，将阀芯卡住在关闭位置，A 与 B 不能连通。 可采取清洗、更换油液、去毛刺等方法进行修理。

② 查控制油流道是否堵塞。 如内控时，阻尼小孔 b、c 堵死，外控时遥控管道（卸掉螺堵 21 所接的管子）被压扁堵死时等情况下，无控制油去推动控制柱塞 19 左行，进而向左推开阀芯。 可清洗或更换疏通控制油管道。

③ 查外控时 X 口来的控制油压力是否不够，压力不够便不足以推动控制柱塞 19、主阀芯 11 左行，A 与 B 不能连通。 此时应提高控制压力，并拧紧端盖螺钉，防止控制油外漏而导致控制油压力不够的现象。

④ 查控制柱塞 19 是否卡死，不能将主阀芯向左推，阀芯打不开，A 与 B 不能连通。

⑤ 泄油管道 Y 中背压太高，使滑阀不能移动。 泄油管道不能接在回油管道上，应单独接回油箱。

⑥ 调压弹簧太硬，或压力调得太高。 更换弹簧，适当调整压力。

【故障2】 始终流出油，不起顺序阀作用

① 因几何精度差、间隙太小，弹簧弯曲、断裂，油液太脏等原因，阀芯在打开或关闭位置上卡死，阀始终流出油。 此时应进行修理，使配合间隙达到要求，并使阀芯移动灵活；检查油质，若不符合要求应过滤或更换；更换弹簧。

② 单向顺序阀中的单向阀在打开位置上卡死或其阀芯与阀座密合不良时进行修理，使配合间隙达到要求，并使单向阀芯移动灵活；检查油质，若不符合要求应过滤或更换。

③ 调压弹簧断裂时更换弹簧。

④ 调压弹簧漏装时补装弹簧。

⑤ 未装单向阀芯（锥阀或钢球）时，予以补装。

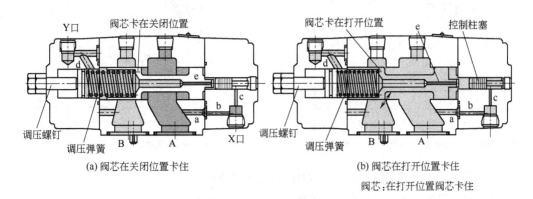

(a) 阀芯在关闭位置卡住

(b) 阀芯在打开位置卡住

阀芯:在打开位置阀芯卡住

图 5-244 顺序阀阀芯卡死的两个位置

【故障3】 系统未达到顺序阀设定的工作压力时，压力油液却从二次口（B）流出

① 查主阀芯是否因污物与毛刺卡死在打开的位置。 主阀芯卡死在打开的位置，顺序阀变为一直通阀，此时拆开主阀并清洗去毛刺，使阀芯运动灵活顺滑。

② 主阀芯外圆 Φd 与阀体孔内圆 ΦD 配合过紧，主阀芯卡死在打开位置，顺序阀变为直通阀。此时可卸下阀盖，将阀芯在阀体孔内来回推动几下，使阀芯运动灵活，必要时研磨阀体孔。

③ 外控顺序阀的控制油道被污物堵塞，或者控制活塞被污物、毛刺卡死。 可清洗疏通控制

油道，清洗控制活塞。

④ 上下阀盖方向装错，外控与内控混淆。 此时可参照表 5-28、表 5-29 以及图 5-255 纠正上下阀盖安装方向。

⑤ 单向顺序阀的单向阀芯卡死在打开位置。 清洗单向阀芯。

5.11.7　板式顺序阀安装面的连接尺寸

（1）主油口通径为 4mm 的顺序阀

安装面尺寸见图 5-245 和表 5-28，标准代号为 GB 8100-AA-02-4-B。

（2）主油口通径为 6.3mm 的顺序阀

安装面尺寸见图 5-246 和表 5-29，标准代号为 GB 8100-AB-03-4-B。

表 5-28　主油口通径 4mm 的顺序阀安装面（代号:02）尺寸

尺寸 mm ＼ 符号	P	A	T	B	G	F_1	F_2	F_3	F_4
ϕ	4_{max}	4_{max}	4_{max}	4_{max}	3.4	M5	M5	M5	M5
x	18.3	12.9	7.5	27.8	0	25.8	25.8	25.8	0
y	10.7	20.6	10.7	10.7	0	0	0	21.4	21.4

表 5-29　主油口通径 6.3mm 的顺序阀安装面（代号:03）尺寸

尺寸 mm ＼ 符号	P	A	T	B	G	F_1	F_2	F_3	F_4
ϕ	6.3_{max}	6.3_{max}	6.3_{max}	6.3_{max}	3.4	M5	M5	M5	M5
x	21.5	12.7	21.5	30.2	33	0	40.5	40.5	0
y	25.9	15.5	5.1	15.5	31.75	0	− 0.75	31.75	31

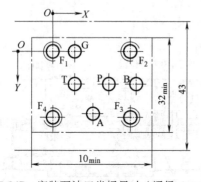

图 5-245　安装面油口坐标尺寸（通径 4mm）

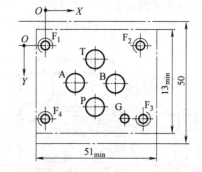

图 5-246　安装面油口坐标尺寸（通径 6.3mm）

（3）主油口最大直径为 14.7mm 的顺序阀

安装面尺寸见图 5-247 和表 5-30，标准代号为 GB 8100-AG-06-2-A。

（4）主油口最大直径为 23.4mm 的顺序阀

安装面尺寸见图 5-248 和表 5-31，标准代号为 GB 8100-AH-08-2-A。

表 5-30　主油口最大直径为 14.7mm（通径 10mm）的顺序阀安装面（代号:06）尺寸

尺寸/mm ＼ 符号	A	B	X	Y	G	F_1	F_2	F_3	F_4
ϕ	14.7_{max}	14.7_{max}	4.8	4.8	7.5	M10	M10	M10	M10
x	7.1	35.7	21.4	21.4	31.8	0	42.9	42.9	0
y	33.3	33.3	58.7	7.9	66.7	0	0	65.7	66.7

表 5-31   主油口最大直径为 23.4mm（通径 20mm）的顺序阀安装面（代号：08）尺寸

尺寸/mm 符号	A	B	X	Y	G	F_1	F_2	F_3	F_4
ϕ	23.4max	23.4max	4.8	4.8	7.5	M10	M10	M10	M10
x	11.1	49.2	20.8	39.7	44.5	0	60.3	60.3	0
y	39.7	39.7	73	6.4	79.4	0	0	79.4	79.4

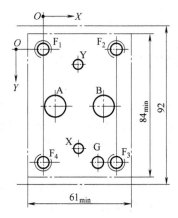

图 5-247　安装面油口坐标尺寸

（最大直径 14.7mm）

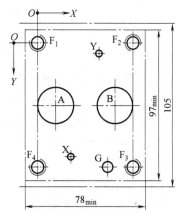

图 5-248　安装面油口坐标尺寸

（最大直径 23.4mm）

（5）主油口最大直径为 32mm 的顺序阀

安装面尺寸见图 5-249 和表 5-32，标准代号为 GB 8100-AJ-10-2-A。

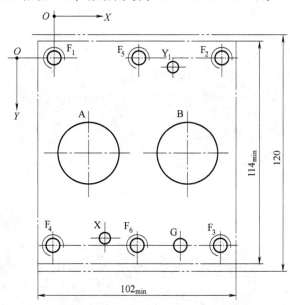

图 5-249　安装面油口坐标尺寸（最大直径为 32mm）

表 5-32   主油口最大直径为 32mm（通径 31.5mm）的顺序阀安装面（代号：10）尺寸

尺寸/mm 符号	A	B	X	Y	G	F_1	F_2	F_3	F_4	F_5	F_6
ϕ	32max	32max	4.8	4.8	7.5	M10	M10	M10	M10	M10	M10
x	16.7	67.5	24.6	59.6	62.7	0	84.1	84.1	0	42.1	42.1
y	48.4	48.4	92.9	4	96.8	0	0	96.8	96.8	0	96.8

5.11.8 各国产顺序阀的互换性（表5-33）

表5-33 各国产顺序阀型号对照表

公司名称	榆次、油研	博世-力士乐	伊顿-威格士
产品型号	HG-03	DZ10-/M	RG-03
	HG-06	DZ20-/M	RG-06
	HC-10	DZ30-/M	RG-10
	HCG-03	DZ10	RCG-03
	HCG-06	DZ20	RCG-06
	HCG-10	DZ30	RCG-10

5.11.9 工程机械中的平衡阀

如前所述，普通的单向顺序阀可作平衡阀用，平衡阀主要用在诸如起重机一类的工程机械液压系统中，使液压马达和垂直安装的液压缸的运动速度不受负载变化的影响，防止重物自由下落与超速下落所发生的事故和气穴现象，保持稳定运行。在管路损坏或动作失灵时，可防止重物自由下落造成的事故。

然而上述普通的单向顺序阀因没有过流断面的精细控制，性能上往往不太理想，难以满足工程机械、起重类液压系统的要求，所以这类液压设备往往使用专门意义上的平衡阀。

（1）结构原理

图5-250所示为德国力士乐公司的FD型平衡阀结构原理图。当起吊的重物下落时，液流流动的方向从B到A，X为控制油口。当X未通入控制压力油时，控制活塞4处于左位，由重物下降形成B腔产生的压力油通过阀套上一排小孔及后续油孔进入腔a，作用在锥阀2的右边，锥阀2被压紧在阀套7的座阀口上，重物被锁定；当从X口输入控制油时，活塞4左端面上受到液

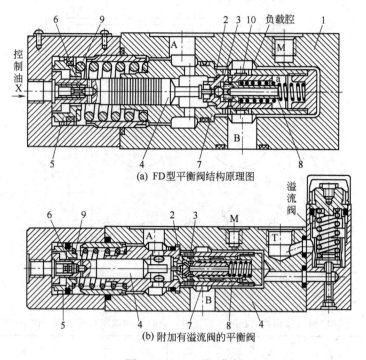

(a) FD型平衡阀结构原理图

(b) 附加有溢流阀的平衡阀

图5-250 FD型平衡阀

1—阀体；2—锥阀；3—先导锥阀；4—控制活塞；5—活塞组件；6—阻尼组件；
7—阀套；8—弹簧组件；9—控制弹簧；10—辅助阀芯

压力而右移，先顶压锥阀芯 2 内的钢球（先导阀）3，辅助阀芯 10 也右移，切断了 B 腔与 a 腔通路，弹簧腔先卸压（此时 B 尚未与 A 通）。当活塞 4 继续右移使其右端面与锥阀 2 的左端面接触时，活塞 4 左端右端的环状端面 b 刚好与活塞组件 5 接触形成一体。这样在控制油的作用下，连成一体的组件 4 与 5 压缩弹簧 9 而右移，此时顶开锥阀 2，B 口的通路通过阀套 7 上的几排小孔逐步打开，精细地改变其通流面积，起到较好的阻尼平衡作用（逐级减小阻尼）。另外，活塞 4 左端还设置了一阻尼件，平衡效果更好。

还可用法兰连接附加二次溢流阀 [图 5-250（b）]。

FD 型平衡阀的图形符号如图 5-251 所示。

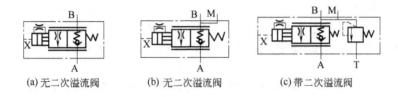

(a) 无二次溢流阀　　　　(b) 无二次溢流阀　　　　(c) 带二次溢流阀

图 5-251　FD 型平衡阀图形符号

图 5-252 为具有减振功能的 LHDV 型平衡阀的结构图和油路工作原理图。它可以起双向平衡阀的作用，可避免开机或停机或迅速地从快速到慢速时产生的振动。从控制口 S 来的控制压力油作用在控制活塞 3 上，推开主阀口。主阀口反向，为球阀能无泄漏地关闭起到很好的支撑作用。控制活塞 3 右移，主阀打开及开大，控制活塞左移，主阀关小及关闭开大与关小过程中设置了多个阻尼环节和调节环节，因而主阀口开闭是精细可控的。

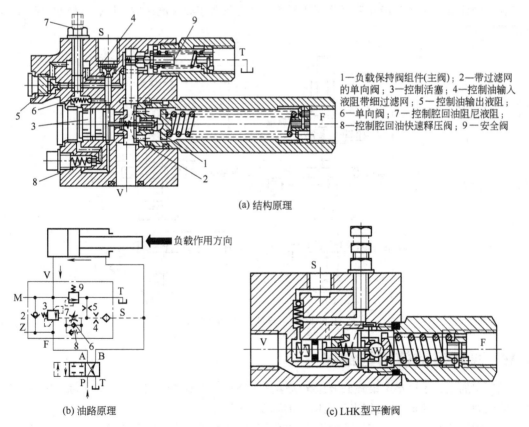

1—负载保持阀组件(主阀)；2—带过滤网的单向阀；3—控制活塞；4—控制油输入液阻带细过滤网；5—控制油输出液阻；6—单向阀；7—控制腔回油阻尼液阻；8—控制腔回油快速释压阀；9—安全阀

(a) 结构原理

(b) 油路原理　　　　　　　　(c) LHK 型平衡阀

图 5-252　具有减振功能的 LHDV 型平衡阀

从控制油口 S 引入的控制油，经液阻 4（阻尼网络）和 5 后经单向阀 6 快速进入控制腔，推动控制活塞 3 运动，打开 V 到 F 的通路，这种控制与执行元件液压缸的面积比、平衡阀的释压比以及液阻半桥等参数相关联。当系统开、停机或转换速度等工况出现干扰时，控制活塞往复运动，还可受到可调阻尼 7 的阻尼作用和快速释压阀 8 的压力保护作用。

LHDV 型平衡阀特别适用于那些刚性较好，并有明显低频晃动或颤动振荡的设备（如汽车起重机）上。它和比例多路阀一起使用时优点更为显著。

图 5-252 中（c）为 LDK 型平衡阀，它是 LHDV 型阀的一种简化结构，用于一般场合，可满足要求。

（2）应用实例

平衡阀主要用在进口的起重液压设备上。例日本加藤（KATO）公司的 NK300、NK400 型全液压汽车起重机，在其吊臂的伸缩、变幅上下及卷扬起升回路中都装有平衡阀，亦称"限速锁"。

图 5-253 为平衡阀的应用回路实例。图（a）为吊臂伸缩和变幅上下的回路，由于采用差动缸，从可靠性考虑，换向阀的中位应该是关闭的；图（b）为卷扬回路，采用液压马达，为保证制动可靠，换向阀的中位应使两工作腔与回油连通。

图 5-253（a），当换向阀处于中位时，变幅液压缸不动，平衡阀将压力油闭锁在液压缸一边，使液压缸不至于缩回；当换向阀右位工作时，泵来的压力油经换向阀右位→平衡阀 A 口→平衡阀 B 口流出进入液压缸活塞腔，变幅缸活塞上行，缸上腔回油经换向阀右位返回油箱，此时平衡阀 X 口也通油箱，所以平衡阀不工作，只起过流作用；当换向阀左位工作时，变幅油缸进行缩回动作：压力油→换向阀左位→缸上腔，此时 X 口为压力油，因而平衡阀动作（左位工作），变幅缸下腔回油经 B 口进入平衡阀后受到背压影响，且背压和油液流速成正比，这样便可防止超速下落等故障的发生。

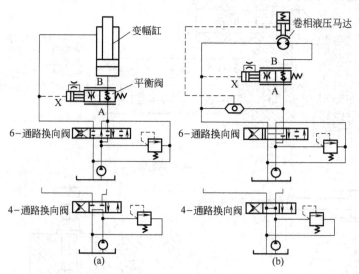

图 5-253 平衡阀应用回路实例

5.12 减压阀的使用与维修

减压阀的主要用途是用来降低液压系统中某一分支油路油液的压力，使分支油路的压力比主油路的压力低且很稳定。它相当于电网中的降压变压器。

减压阀按结构形式和工作原理分为直动式和先导式两类；按主油口的通道数分为二通式和三

通式。 另外直动式中有定差减压阀和定比减压阀，而先导式多为定值输出式减压阀。

5.12.1 工作原理

（1）定值减压阀

① 二通直动式　如图 5-254 所示，进口压力油 p_1 经减压口减压后压力降为 p_2 从减压口流出，此为"减压"。 p_2 经阀芯底部小孔进入，作用在阀芯下端，产生液压力上抬阀芯，阀芯上端弹簧力 K（$X+X_0$）下压阀芯，此二力平衡（稳态）时，$p_2 = K \cdot$（$X+X_0$）$/A$，A 为阀芯截面积，K 为弹簧预压缩量；X 为减压口改变量，由于 $X_0 > X$，所以 $p_2 \approx KX_0/A$ 为常数，即为"定值"。 如果进口压力 p_1 增大（或减小），p_2 也随之增大（或减小），阀芯上抬的力增大（或减小），减压口开度 X 便减小（或增大），使 p_2 压力下降（或上升）到原来由调节螺钉调定的出口压力 p_2 为止，从而保持 p_2 不变，当出口压力 p_2 变化，也同样通过这种自动调节减压口开度尺寸，维持出口压力 p_2 不变。

② 三通直动式　二通直动式减压阀是常见的一种形式，其最大缺点是：如果与二通式减压阀出口所连接的负载（如工件夹紧回路）突然停止运动，会产生一反向负载，即减压阀出口 A 的压力会突然上升，反馈的控制流道的压力 p_k 也升高，减压阀阀芯右移，使减压口接近关闭，高压油没有了出路，出口 A 压力会更加升高，有可能导致设备受损等事故，只有待出口 A 的压力经内泄漏压力下降后减压阀才能开启减压口。 为解决这一故障隐患，出现了三通式减压阀。

所谓三通式减压阀，就是除了像二通式减压阀那样有进、出油口外，还增加了一溢流回油口 T，所以叫"三通"。 其工作原理如图 5-255 所示。 当压力油从进油口 P 进入，经减压口从出油口 A 流出时，为减压功能，其工作

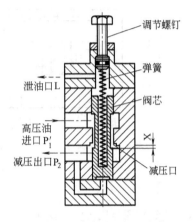

图 5-254　直动式减压阀（定值）

原理与上述二通式减压阀相同，出口 A 压力的大小由调节手柄 1 调节，并由负载决定其大小。当出口 A 压力瞬间增大时，由 A 引出的控制压力油 p_k 也随之增大，破坏了阀芯 2 原来的力平衡而右移，溢流口打开，开度增大，A 腔油液经溢流向 T 通道溢流回油箱，使 A 腔压力降下来，行使溢流阀功能。

所以三通式减压阀具有 P→A 的减压阀功能和 A→T 的溢流阀功能，一阀起两阀的作用，因而这种阀又叫减压溢流阀。

③ 先导式定值减压阀　在高压大流量时，为解决直动式减压阀出口压力的控制精度较低以及因高压大流量产生在阀芯上的液动力、卡紧力、摩擦力较大，导致调压手柄的操作力很大的问题，出现了先导式减压阀。

先导式减压阀由先导调压阀（小型直动式溢流阀）和主阀组成，主阀阀芯有二台肩和三台肩两种（图 5-256），其工作原理相同。 主阀多为常开式，利用节流的方法（节流开口为 y）使减压阀的出口压力 p_2 低于进口压力 p_1。 工作时阀开口 y 能随出口压力的变化自动调节开口大小，从而可使出口压力 p_2 基本维持恒定。

其工作原理是：压力油从进油口 P_1 流入，经主阀阀芯 3 和阀体 5 之间的阀口缝隙 y 节流减压后，压力降为 p_2，从出口 p_2 流出。 部分出口压力油 p_2 经孔 q、g 作用在阀芯的上下或左右两腔，并经 K 孔作用在先导锥阀芯 1 上。 当出口压力 p_2 低于减压阀的调整压力时，锥阀阀芯 1 在调压弹簧 2 的作用下关闭先导调压阀的阀口。 由于孔 g 内无油液流动，主阀芯 3 上下或左右两端的油液压力相等，均为 p_2，主阀芯在右端平衡弹簧力作用下处于最下或左端，这时开口 y 最

泄油口 L

高压油
进口 P_1'

减压出口 P_2

调节螺钉

弹簧

阀芯

X

减压口

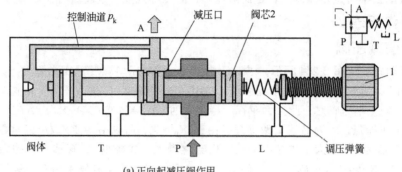

(a) 正向起减压阀作用

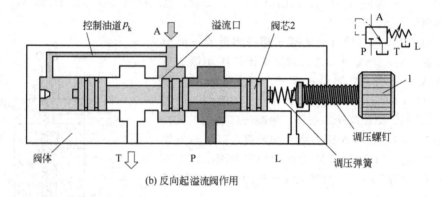

(b) 反向起溢流阀作用

图 5-255　三通减压阀工作原理

大，不起减压作用（$p_1 \approx p_2$）。

当出口压力 p_2 因进口压力 p_1 的升高，或者因负载增大而使 p_2 升高到超过调压弹簧 2 调定的压力时，锥阀芯 1 打开，使少量的出口压力油经 g 孔、k 孔和锥阀开口以及泄油孔 L 流回油箱。由于油液在 g 孔中的流动产生压力差，使主阀芯 3 下或左端的压力大于上或右端的压力。当此压力差所产生的作用力大于平衡弹簧 6 的弹力时，主阀芯 3 右移，减小了主阀芯开口量 y，从而又减低了出口压力 p_2，使作用在主阀阀芯上的液压作用力和弹簧 6 产生的弹力在新的位置上达到平衡。如果忽略摩擦力、液动力、阀芯重力等因素的影响，则作用在主阀阀芯上的力平衡方程式为：

$$p_2 A = p_3 A + K(Y_0 + Y)$$

式中　A——主阀阀芯承压面积。

作用在先导阀上的力平衡方程为：

$$p_3 A_1 = K_1(X_0 + X)$$

根据上述二式可得：

$$p_2 = K_1(X_0 + X)/A_1 + K(Y_0 + Y)/A$$

由于弹簧 2 与 6 的预压缩量 X_0 和 Y_0 远比阀芯的位移造成的弹簧变形量 X 与 Y 来得大，所以上式可简化为：$p_2 \approx K_1 X_0/A + KY_0/A$，式中 A_1、A、K_1、K、Y_0 均为常量，X_0 调定好后也为常量，所以 $p_2 \approx$ 常数，即一旦 X_0 调定，p_2 也一定，而与进口压力大小无关，当然 $p_2 \leq p_1$。这就是先导式减压阀的"减压"与"定值"作用的工作原理。

④ 单向减压阀　单向减压阀只不过是在普通减压阀上增加了一单向阀而已（图 5-257），因此，正向流动（$P_1 \rightarrow P_2$）时，行使减压阀的减压原理与上述相同；反向（$P_2 \rightarrow P_1$）时，油液大部分

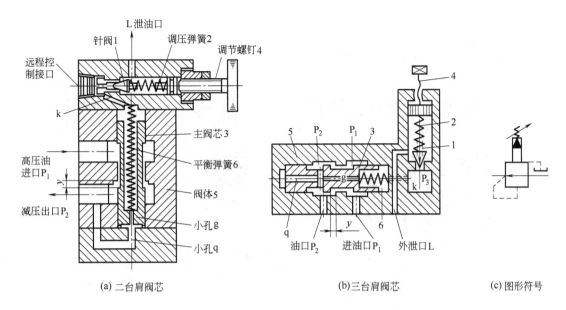

图 5-256　先导式定值减压阀的工作原理

经单向阀从 P_1 口流出，而无需非经减压节流口不可，即反向行使单向阀功能，油液可自由流动。

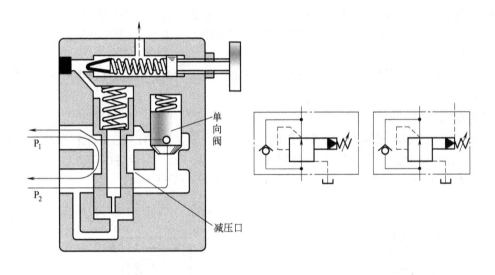

图 5-257　单向减压阀的工作原理

⑤ 先导式三通减压阀（溢流减压阀）　如图 5-258 所示，当一次压力油进入，经减压口减压后，从二次压力油口流出进入执行元件，行使减压功能；当二次压力油异常升高时，推动主阀阀芯左行，打开溢流口，二次压力油经溢流开口从溢流口流出，使二次压力油降下来到符合规定为止，行使溢流功能。 这种阀是具有针对正常流量减压和针对反向流量平衡的两个功能。

（2）定压差减压阀

定压差减压阀是指能使阀的进口压力 p_1 和出口压力 p_2 之差 $\Delta p = p_1 - p_2$ 近乎不变的减压阀，其工作原理如图 5-259 所示，进口压力油（p_1）经减压口（节流口）减压后，压力变为 p_2 从出口流出。 由作用在阀芯上的力平衡方程可得：$p_1 - p_2 = 4K(Y + Y_0)/\pi(D^2 - d^2)$，式中 K 为

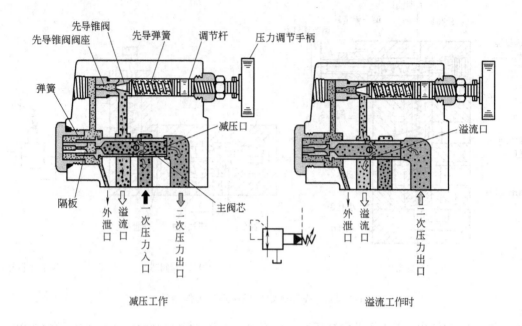

减压工作   溢流工作时

图 5-258 先导式三通减压阀的工作原理

弹簧的刚性系数，Y_0 为调节螺钉调好的弹簧预压缩量，Y 为阀芯开口的位移改变量，由于 $Y_0 >$ Y，所以 $\Delta p = p_1 - p_2 \approx$ 常数，故叫定差减压阀。即无论进口压力 p_1 怎样变化，进出油口压力差值均为常数。

定差减压阀的主要用途是与节流阀串联组成调速阀，此外也可与比例方向阀组成压差补偿型比例方向流量阀。

（3）定比减压阀

定比减压阀是指能使阀的进出口压力之比 p_1/p_2 近乎不变的减压阀，其工作原理如图 5-260 所示，阀芯下端的支承弹簧为弱弹簧，弹簧力很小，可忽略不计，所以进口压力与出口压力作用在阀芯上的力为：$p_1 d^2 = p_2 D^2$，即 $p_1/p_2 = D^2/d^2$，进出口压力保持定比。

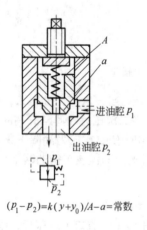

$(P_1 - P_2) = k(y + y_0)/A - a =$ 常数

图 5-259 定差减压阀

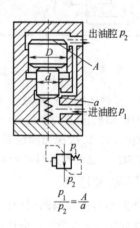

$$\frac{p_1}{p_2} = \frac{A}{a}$$

图 5-260 定比减压阀

（4）带先导流量恒定器的先导式减压阀

图 5-261 为带先导控制油流量恒定装置的先导式减压阀的工作原理图。控制油引自阀进口 p_1，而不是出口 p_2。控制油流量恒定装置从原理上讲实际上为一微小流量调速阀，由固定节流孔和定差减压阀串联而成，即节流阀在前、定差减压阀在后的调速阀。由于节流阀为固定节流口，通流面积 A 不变，$\Delta p = p_1 - p_3$ 也不变，由流量公式 $Q_先 = CA\sqrt{\dfrac{\alpha}{\rho}\Delta P} \approx$ 常数，所以先导流量 Q 先基本保持不变，从而可减少先导流量变化导致先导锥阀阀芯上液动力和弹簧力变化所引起的调压偏差。主阀芯内装设的单向阀的用途是缓和压力冲击。当主阀出口出现压力冲击时，

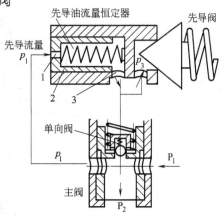

图 5-261 带先导流量恒定器的先导式减压阀

p_2 瞬时增大，单向阀打开，主阀芯上腔压力 p_3 与下腔压力 p_2 相等，主阀芯上下受到的液压力相等，平衡弹簧力使主阀芯向下运动，主阀口开启，冲击流量反向流向主阀进口，冲击压力得以缓解；同时又从先导阀流出一部分冲击流量，对冲击压力也起到一些缓解作用。若无单向阀，反向冲击压力发生时，主阀芯将向上运动关闭，使阀的出口腔形成闭死容积，可能造成破坏。

5.12.2 结构

（1）直动式三通减压阀

图 5-262 为德国力士乐公司产的 DR10DP 型直动式三通减压阀结构与图形符号。B 为压力油进口，A 为减压后的减压油出口。出口压力由调压手柄 1 调定，阀在初始位置是打开的（常开式），即油液可从 B→A，同时出油口 A 的压力油经控制油路（阻尼 4）作用在阀芯 2 的右端面上，与阀芯左端的调压弹簧 3 的弹力相平衡与比较。

当出油口 A 的压力升高，阀芯 2 右端的控制油压力也升高，超过弹簧 3 设定的压力下的弹力时，阀芯 2 右移，关小减压口，B→A 的流动阻力增大，降压作用增强，A 口压力下降，至设定值为止。反之后 A 口的压力下降，低于设定值时，阀芯便会因右端的液压力降低而右移，开大 B→A 的减压口，减压作用减弱，A 腔压力又上升至设定值为止。综上所述，A 的压力可维持在由弹簧 3 调定的压力值不变，具有减压稳压功能。

三通减压阀的另一个功能是溢流。如果由于次级回路（减压阀出口）中外负载的作用，A 腔压力突然升高到设定压力以上太多时，阀芯 2 右端的控制压力油产生的液压力就增大太多，会加大阀芯 2 向左的移动距离，台肩 5 打开 A→Y 的通道，而 Y 接油箱，所以 A 腔油液经 Y 口溢流一部分油至油箱，使 A 腔压力降下来，至调定值为止，起到溢流的作用。

如果设置了单向阀 7，则反向 A→B 的油流可自由流动；卸下螺堵 8 接压力表可测量出口减压压力；弹簧腔 6 的泄油，通过通道 a 一直与 Y 口通路相通，顺利将泄油泄往油箱。

这种三通减压阀普遍用在变量泵的恒压变量控制中，又称之为 PC 阀或恒压阀。

（2）先导式减压阀

图 5-263 为德国力士乐公司产的 DR 型减压阀的结构原理图，先导阀为球阀或锥阀，常开式。

一次压力油从 B 口进入，经主阀减压口减压后由 A 口流出。A 腔压力作用在主阀芯 13 的下端面上。同时压力油经阻尼 4、主阀芯上端平衡弹簧 12、通道 5 作用在先导阀阀芯（钢球）6 上；另外，压力油也通过阻尼 7、油道 8、单向阀阀芯（钢球）9、阻尼 10 作用在先导阀阀芯 6 上。

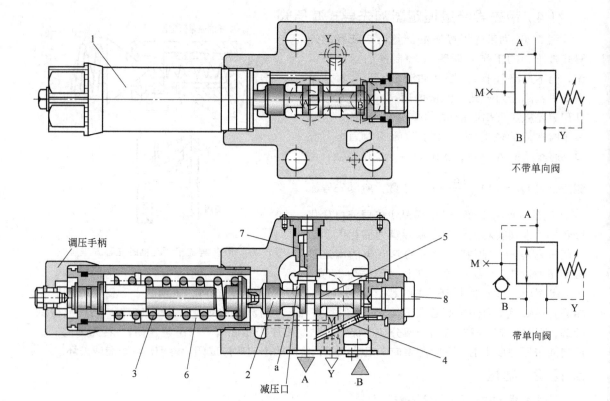

不带单向阀

带单向阀

图 5-262 DR10DP 型减压阀的结构与图形符号

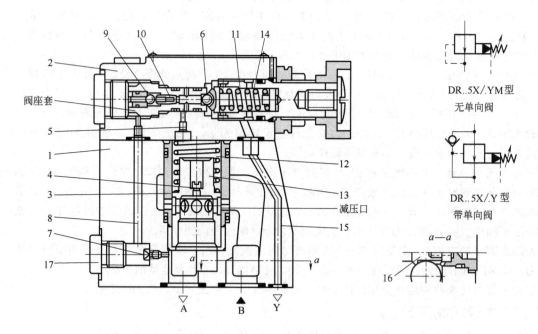

DR..5X/.YM型
无单向阀

DR..5X/.Y 型
带单向阀

图 5-263 DR 型减压阀结构与图形符号（德国力士乐公司）

1—主阀部分；2—先导阀部分；3—阀套；4，7—阻尼螺钉；5—阻尼；6—先导阀
阀芯（钢球）；8，15—油道；9—单向阀阀芯（钢球）；10—固定阻尼；11—调压弹簧；
12—平衡弹簧；13—主阀芯；14—调压螺钉套；16—单向阀；17—螺塞

当 A 腔压力超过调压弹簧 11 所调定的压力时，先导阀阀芯 6 被打开，这时主阀芯上腔的油液经阻尼 5→阀座中心孔→球阀 6→流道 15→Y 口→油箱。于是主阀阀芯因阀芯上腔的压力降下来而产生主阀阀芯上下两端的压力差，在压差产生的液压力的作用下，主阀芯 13 上抬，关小了减压口，减压作用增强，从而使出口 A 的压力降下来；反之当 A 腔压力下降，主阀芯会因阀芯 6 的关闭使阀芯上腔的压力上升，主阀芯 13 下移而开大了减压口，减压作用减弱，A 腔压力上升。

总之，在调压弹簧 11 调定压力的作用下，主阀芯通过压力反馈，使主阀芯总是趋于与弹簧 11 设定压力下相平衡位置，使二次侧 A 腔的出口压力为一恒定值。

（3）带先导流量稳定器的减压阀

图 5-264 为美国派克公司产的带先导流量稳定器的减压阀结构。流量稳定器和单向阀均配置在主阀芯上，先导控制油既如一般减压阀那样引自减压阀的出口 A，它还引自减压阀的进口 B，真正意义上实现了无论进口还是出口压力变化，它都能使出口 A 得到稳定的压力输出，实现双向反馈作用；此外，阀的初始位置为常闭，二次压力的建立比较柔和，避免了突然通油的瞬间在出口 A 产生的压力冲击，保证系统安全；带单向阀的 DWK 型，还允许反向（A→B）液流自由流通。

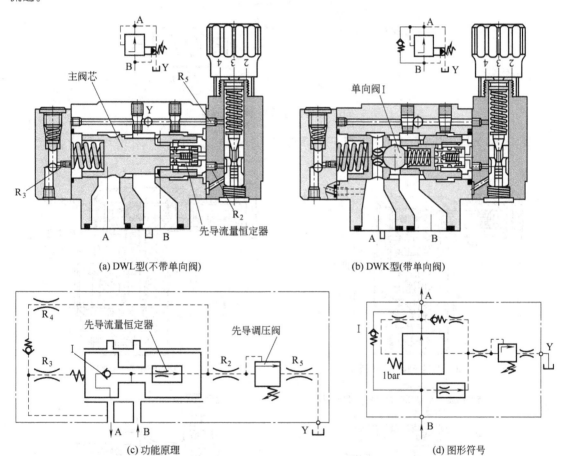

(a) DWL 型(不带单向阀)　　　　(b) DWK 型(带单向阀)

(c) 功能原理　　　　(d) 图形符号

图 5-264　带先导流量稳定器的减压阀结构与图形符（美国派克公司）

流量稳定器的工作原理如图 5-265 所示，先导流量稳定器的作用为：保证在进口（B 口）压力变化的情况下，流过先导阀的流量不变。先导流量稳定器实际上是一个按 B 型半桥原理工作的定值流量控制阀。阀芯前端的固定小孔 R_0 为 B 型半桥的固定液阻，阀套右端径向小孔 R_1 与阀芯右端部构成 B 型半桥的可变液阻，即阀芯和阀套组成流量稳定器。当主阀进油腔 B 压力升高时，经 R_0 的流量就有增大的趋势，使 R_0 前后压差增大，阀芯就会右移，阀芯右端便会遮盖阀套圆周上小孔 R_1 的通流面积，从而限制了流入先导调压阀的流量的增加；反之当 B 腔压力下降时，流量稳定器的阀芯左移，阀套上 R_1 孔的通流面积加大，限制了经先导调压阀流量的减少。这样无论 B 腔压力如何变动，都能通过流量稳定器进行自动调节补偿，使先导流量不变，先导锥阀阀口开度就基本保持不变，从而减少了一次压力变化对二次压力的影响。 且流量稳定器能减少先导调压阀的溢流流量，可提高减压阀的效率。

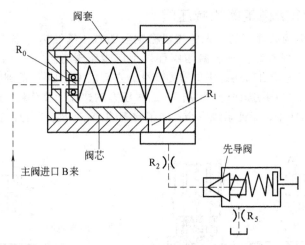

图 5-265　先导流量稳定器的工作原理

图 5-266 为国内外常用的各种减压阀的结构。

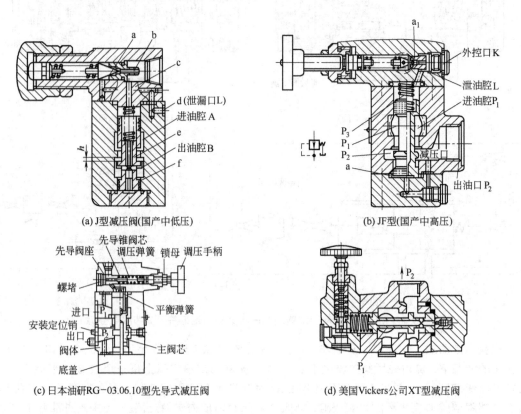

(a) J型减压阀(国产中低压)

(b) JF型(国产中高压)

(c) 日本油研RG-03.06.10型先导式减压阀

(d) 美国Vickers公司XT型减压阀

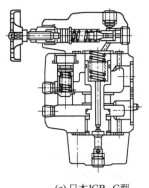

(e) 日本JGB-G型

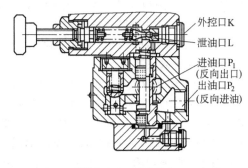

外控口K
泄油口L
进油口P₁
(反向出口)
出油口P₂
(反向进油)

(f) JDF型单向减压阀(公称压力32MPa国产)

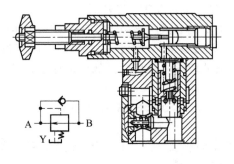

(g) 大连型AJ-D型单向减压阀

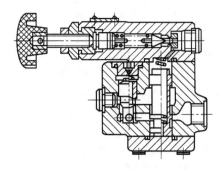

(h) 广研型AJF型单向减压阀(中压)

图 5-266　减压阀结构

5.12.3　减压阀的使用注意事项

①　一般减压阀，始终有 1L/min 左右的先导流量从先导阀流往油箱［如图 5-266（g）中的 Y 孔］，使用中须考虑这一点。

②　对管式减压阀和法兰连接的减压阀，一次油口和二次油口（进、出油口）不能接错，否则将出现不减压和不能调压的故障。

③　减压阀的最低调节压力不得低于一次压力与二次压力之差（一般为 0.3～1MPa）。

④　有些板式减压阀安装时，因安装孔对称，如果无安装定位销定位，容易装反方向，千万要注意。

5.12.4　故障分析与排除

【故障1】　出口压力几乎等于进口压力（$p_1 \approx p_2$），不减压

减压阀多为常开式，这一故障现象表现为：减压阀进出口压力接近相等（$p_1 \approx p_2$），而且出口压力不随调压手柄的旋转调节而变化。

产生原因和排除方法如下。

①　因主阀芯上或阀体孔沉割槽棱边上有毛刺，主阀芯与阀体孔之间的间隙里卡有污物，或因主阀芯或阀孔形位公差超差使主阀芯与阀体孔配合过紧等，将主阀芯卡死在最大开度位置上。由于开口大，油液不减压。此时可根据上述情况分别采取去毛刺、清洗、修复阀孔和阀芯精度的方法予以排除，并保证阀孔或阀芯之间合理的间隙，减压阀配合间隙一般为 0.007～0.015mm，配前可适当研磨阀孔，再配阀芯。

②　主阀芯下端中心阻尼孔 a 或先导阀阀座阻尼孔 b 堵塞，失去了自动调节机能，主阀弹簧力将主阀芯推往最大开度，变成直通无阻，进口压力等于出口压力。可用直径为 1mm 钢丝或用压

缩空气吹通阻尼孔，然后清洗装配。

③ 有些减压阀阻尼件是压入主阀芯中的，如国产 J 型，使用中有可能因过盈量不够阻尼件被冲出。冲出后，使进油腔与出油腔压力相等（无阻尼），而主阀芯两端受力面积相等，但另一端有一弹簧推压主阀芯总是处于最大开度的位置，使出口压力等于入口压力，此时需重新加工外径稍大的阻尼件压入主阀芯。

④ 对于一些管式减压阀，出厂时，泄油孔是用油塞堵住的。当此油塞未拧出接管通油池而使用时，使主阀芯上腔（弹簧腔）困油，导致主阀芯处于最大开度而不减压。对于板式阀如果设计安装板时未使 Y（L）口连通油池也会出现此现象。

⑤ 拆修管式或法兰式减压阀时，不注意很容易将阀盖装错方向（错 90° 或 180°），使阀盖与阀体之间的小外泄油口堵死，泄油口不通，无法排油，造成同上的困油现象，使主阀顶在最大开度而不减压。修理时将阀盖装配方向装正确即可。

【故障2】 出口压力 p_2 很低，即使拧紧调压手轮，压力也升不起来

① 减压阀进出油口接反了。对板式阀为安装反向，对管式阀是接管错误。用户使用时请注意阀上油口附近的标记（如 P_1、P_2、L 等字样），或查阅液压元件产品目录，不可设计错和接错。

② 进油口压力太低，经减压阀芯节流后，从出油口输出的压力更低，此时应查明进油口压力低的原因（例如溢流阀故障）。

③ 减压阀下游回路负载太小，压力建立不起来，此时可考虑在减压阀下游串接节流阀来解决。

④ 先导阀（锥阀）与阀座配合面之间因污物滞留而接触不良，不密合；或先导锥阀有严重划伤，阀座配合孔失圆，有缺口，造成先导阀芯与阀座孔不密合。

⑤ 拆修时，漏装锥阀或锥阀未安装在阀座孔内。对此，可检查锥阀的装配情况或密合情况。

⑥ 主阀芯上阻尼孔被污物堵塞，出油腔的油液不能经主阀芯上的横孔、阻尼孔等流入主阀弹簧腔，出油腔的反馈压力传递不到先导锥阀上，使导阀失去了对主阀出口压力的调节作用；阻尼孔 a 堵塞后，主阀弹簧腔失去了油压的作用，使主阀变成一个弹簧力很弱（只有主阀平衡弹簧）的直动式滑阀，故在出油口压力很低时，可克服平衡弹簧的作用力而使减压阀节流口关至最小，这样进油口 A 的压力油经此关小的节流口大幅度降压，使出油口压力上不来。

⑦ 先导阀弹簧（调压弹簧）错装成软弹簧，或者因弹簧疲劳产生永久变形或者折断等原因，造成 B 腔出口压力调不高，只能调到某一低的定值，此值远低于减压阀的最大调节压力。

⑧ 调压手柄因螺纹拉伤或有效深度不够，不能拧到底而使得压力不能调到最大。

⑨ 阀盖与阀体之间的密封不良，严重漏油，造成先导油流量压力不够，压力上不去。产生原因可能是 O 形圈漏装或损伤，压紧螺钉未拧紧以及阀盖加工时出现端面不平度误差，阀盖端面一般是四周凸，中间凹。

⑩ 主阀芯因污物、毛刺等卡死在小开度的位置上，使出口压力低。可进行清洗与去毛刺。

【故障3】 不稳压，压力振摆大，有时噪声大

按有关标准的规定，各种减压阀出厂时对压力振摆都有相关验收标准，超过标准中规定值为压力振摆大，不稳压。

① 对先导式减压阀，因为先导阀与溢流阀通用，所以产生压力振摆大的原因和排除方法可参照溢流阀的有关部分进行。

② 减压阀在超过额定流量下使用时，往往会出现主阀振荡现象，使减压阀不稳压，此时出油口压力出现"升压－降压－再升压－再降压"的循环，所以一定要选用合适型号规格的减压阀，否则会出现不稳压的现象。

③ 主阀芯与阀体几何精度差，主阀芯移动迟滞，工作时不灵敏。检修，使其动作灵活。

④ 主阀弹簧太弱，变形或卡住，使阀芯移动困难时可更换弹簧。

⑤ 阻尼小孔堵时清洗阻尼小孔。

⑥ 油液中混入空气时排气。

5.12.5　板式减压阀安装面的连接尺寸

图 5-267 与表 5-34 为通径 10mm 的减压阀安装面连接尺寸（GB 8100-AG-06-2-A 与 ISO 5781-AG-06-1-A），图 5-268 与表 5-35 为通径 20mm 的减压阀安装面连接尺寸（GB 8100-AH-08-2-A 与 ISO 5781-AH-08-2-A）。

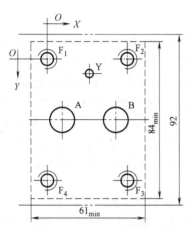

图 5-267　减压阀安装连接尺寸（通径 10mm）　　图 5-268　减压阀安装连接尺寸（通径 20mm）

表 5-34　减压阀安装连接尺寸（通径 10mm）

尺寸/mm ＼ 符号	A	B	Y	F₁	F₂	F₃	F₄
X	7.1	35.7	21.4	0	42.9	42.9	0
Y	33.3	33.3	7.9	0	0	66.7	66.7
ϕ	14.7（max）	14.7（max）	4.8（max）	M10	M10	M10	M10

表 5-35　减压阀安装连接尺寸（通径 20mm）

尺寸/mm ＼ 符号	A	B	Y	F₁	F₂	F₃	F₄
X	11.1	49.2	39.7	0	60.3	60.3	0
Y	39.7	39.7	6.4	0	0	79.4	79.4
ϕ	23.4（max）	23.4（max）	6.3（max）	M10	M10	M10	M10

5.13　压力继电器的使用与维修

压力继电器是一种将油液压力信号转换成电信号输出的液电转换控制元件，即一种用压力控制的电开关。当油液压力上升或下降到压力继电器预先调定的压力时，使微动电开关接通或断开，去控制诸如电磁铁、电磁离合器、继电器等电气元件的通断或开合动作，实现液压泵的加载或卸荷、电磁阀的换向或复中位、执行元件的顺序动作，或者关闭电机使系统停止工作，起安全保护和互锁等功能。在液压设备的自动控制中起着重要的作用。

一般压力继电器包括感压、传力和电气微动开关三部分。 感压元件有橡胶薄膜、柱塞端面、弹簧管和波登管等结构形式；传力部分有柱塞移动、杠杆传动和复位弹簧限位等结构形式。

压力继电器最重要的性能是灵敏度和重复精度。 灵敏度是指压力继电器从接通（或断开）到断开（或接通）电信号时进油腔压力的变化范围，也叫返回区间或通断区间；重复精度是指在压力继电器工作压力调定不变执行元件做重复动作时，其进油腔压力之间的最大差值。 不灵敏或过于灵敏都会导致压力继电器误发信号，因此有些压力继电器返回区间可调 （如国产 DP型）。 重复精度则是接通和断电电信号的进油腔的压力差值，越小越好。

5.13.1　工作原理与结构

（1）薄膜式

① DP 型压力继电器　属中低压压力继电器，分板式和管式两种。 图 5-269 为其工作原理和结构。 控制油 K 和液压系统油路相连，当作用在橡胶薄膜 11 上的控制油 K 的压力达到一定数值（大小由压力调节螺钉 1 调定）时，柱塞 10 被因压力油 K 的作用而向上鼓起的橡胶薄膜 11 推动而向上移动，压缩弹簧 2，使柱塞 10 维持在某一平衡位置，柱塞锥面将钢球 6（两个）和钢球 7往外推，钢球 6 推动杠杆 7 绕销轴 12 逆时针方向转动，压下微动开关 14 的触头，发出电信号。当控制油 K（与系统相连）中的压力因系统压力下降到一定值时，柱塞上下力失去平衡，向下的弹簧力大于向上的油压作用力，柱塞 10 下移，钢球 6 与 7 又回复进入柱塞锥面槽内，微动开关在自身弹簧作用力下复位，电气信号切断。

当系统压力波动较大（负载变化大）时，为防止因压力波动而误发信号产生误动作，需调出一定宽度的返回区间（灵敏度）。 返回区间调节太小，即过于灵敏，容易误发动作。 调节螺钉8、弹簧 9 和钢球 7 就是起这个作用。 钢球 7 在弹簧 9 的作用下会对柱塞 10 产生一定的摩擦力，即当柱塞上升（使微动开关闭合）时，摩擦力与液压作用力的方向相反；柱塞下降（微动开关断开）时，摩擦力与液压作用力的方向相同。 因此，使微动开关断开时的压力比使它闭合时的压力低。 用调节螺钉 8 和调节弹簧 9 的作用力，可以改变微动开关闭合和断开之间的压力差值。

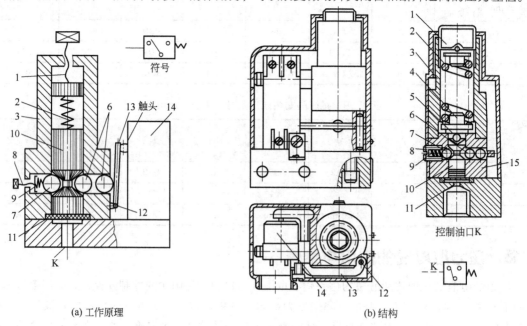

(a) 工作原理　　　　　　　　　　　　　　　　(b) 结构

图 5-269　DP 型压力继电器

1—压力调节螺钉；2—主调压弹簧；3—阀盖；4—弹簧座；5~7—钢球； 8—副调节螺钉；9—副弹簧；
10—柱塞（阀芯）；11—橡胶薄膜；12—销轴；13—杠杆；14—微动开关；15—中体（阀体）

② 日本 APSS 型　图 5-270 为日本国光精器公司的 APSS 型压力继电器的结构图。 它的工作原理基本上同 DP 型压力继电器。 当从 P 口引入的压力油达到压力调节螺钉 9 所调定的压力时，薄膜 1 向上鼓起推动连接销 4 并通过杠杆 14 使微动开关动作。 这种压力继电器可用于油、水、空气，从低压到高压，重复精度 ±3%，寿命为百万次以上，质量为 1kg。

（2）柱塞式

① 国产单触点式　图 5-271 为 PF1 型单触点柱塞式压力继电器的结构图。 压力油从 P进入，作用在阀芯 5 的左端面上，通过压帽 6与右端的调压弹簧 7 相平衡。 推压微动开关，推杆 3 在弹簧 2 的作用下被顶在压帽 6上。 调压手轮 10 可调节压力继电器的工作压力。

进油压力 P 可通过上述传力环节使阀芯向左或向右运动，使压帽 6 和推杆 3 也产生相应向左或向右的位移，以此来控制微动开关的通断，将压力油的压力信号转换成电信号输出而进行有关控制。 L 腔的作用是将阀芯 5 和阀体 4 配合间隙处的内泄漏油引入油箱。

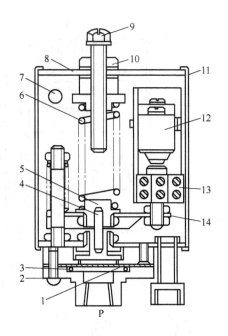

图 5-270　日本 APSS 型压力继电器
1—薄膜；2—底座；3—O 形圈；4—连接销；5—弹簧座；
6—调压弹簧；7—透气孔；8—盖板；9—调压螺钉；10—螺
套；11—外罩；12—微动开关；13—接线端子；14—杠杆

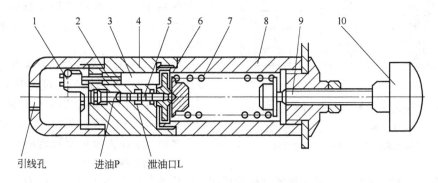

引线孔　　　进油 P　　　泄油口 L

图 5-271　PF1 型单触点柱塞式压力继电器
1—微动开关；2—推杆弹簧；3—推杆；4—阀体；5—阀芯；6—压
帽；7—调压弹簧；8—调压弹簧套；9—调节螺钉；10—调压手轮

② 国产双触点式　图 5-272 为双触点式的压力继电器结构图。 它实际上是两个单触点压力继电器的组合。 共用一个阀体，同一个进油口和同一个泄油口。 一个管高压发信，一个管低压发信。

其工作原理同上述单触点，只不过一个管高压，一个管低压。 管高压的要么弹簧压缩得多，要么为强弹簧（弹簧 7）。 当进油腔 A 的压力等于或大于低压压力发信的压力继电器的调定压力时，微动开关发出电信号，改变其所控制的元件的工作状况；当进油腔 A 的压力继续升高到等于或大于高压压力发信的压力继电器的调定压力时，它又发出信号，又改变其所控制的元件的工作状况；两个继电器的微动开关可同时用于控制同一电路，也可单独使用控制不同的电路。

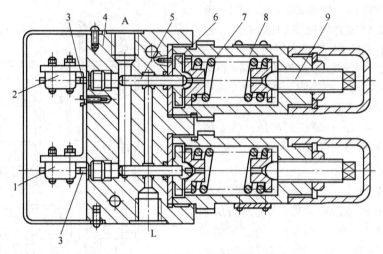

图 5-272　PF1 型双触点柱塞式压力继电器

1, 2—微动开关；3—触头；4—阀体；5—顶杆；6—弹簧座；7—调压弹簧；8—螺套；9—调压螺钉

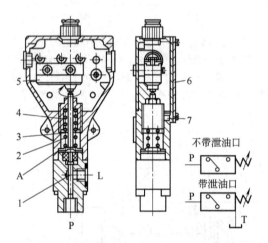

图 5-273　德国力士乐 HED1 型压力继电器

1—柱塞；2—调压弹簧；3—推杆；4—调节螺钉；
5—微动开关；6—标牌；7—锁紧螺钉

③ 德国力士乐公司的 HED 型　如图 5-273 所示，HED1 型的工作原理是：当由 P 口进入的油液压力上升达到由调节螺钉 4 所调节、调压弹簧 2 所决定的开启压力时，作用在柱塞 1 下端面感压元件上的液压力克服弹簧 2 的弹力，通过推杆 3 使微动开关动作，发出电信号；反之当 P 口进入的油液压力下降到闭合压力时，柱塞 1 在弹簧 2 的作用下复位，推杆 3 则在微动开关 5 内触点弹簧力的作用下复位，微动开关也随之复位，发出电信号。

限位止口 A 起着保护微动开关 5 的触头不过分受压的作用。当需要预先设定开启压力或闭合压力时，可拆除标牌 6，然后松开锁紧螺钉 7，再顺时针方向旋转调节螺钉 4 时，则动作压力升高，反之则减小压力继电器设定的动作压力，调好后仍然用锁紧螺钉 7 锁紧。

图 5-274 为 HED4 型压力继电器的结构原理图，当从 P 口进入的压力油的压力超过由动作压力调节件 5 所调的压力值时，作用在柱塞 3 上的液压力推动弹簧座 2（并压缩弹簧）右移，压下微动开关 4，发出电信号，使电器元件动作。图（a）为管式安装（HED4OA 型）的结构，图（b）为底板安装（HED4OP 型）结构，图（c）为作为垂直叠加件（HED4OH 型）的结构。

④ 美国威格士公司 ST（SG）型　如图 5-275 所示，当由 P 口进来的油液压力低于调压手柄所调工作压力时，调压弹簧向右的弹力使操作板推压微动开关，此时线脚 1 与线脚 2 接通；当 P 口进来的油液压力上升，作用在小柱塞上左推操作板，离开微动开关，此时线脚 1 与线脚 3 接通。如果 P 口压力降低到所调节值，微动开关又复位。这种压力继电器在进口设备上使用很普遍。它的切换精度高（小于设定压力的 1%），滞环小，适用于交流或直流电流；采用镀金的银质开关触点寿命长；小巧，易于安装；最高压力为 35MPa，压力调节范围有低压（0.05～5.5MPa）、中压（2～15MPa）及高压（2～35MPa）三种，安装型式有管式、板式两种。通过叠加过渡块，还可用于叠加阀。

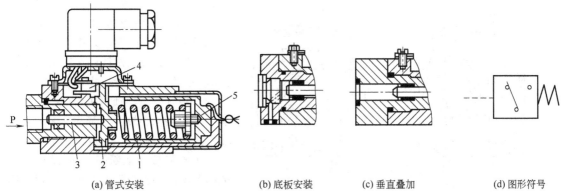

(a) 管式安装　　　　　　　　(b) 底板安装　　　(c) 垂直叠加　　　　(d) 图形符号

图 5-274　德国力士乐 HED4 型压力继电器

1—调压弹簧；2—弹簧座；3—柱塞；4—微动开关；5—压力调节件

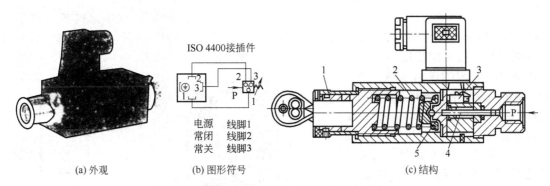

(a) 外观　　　　　　　(b) 图形符号　　　　　　　　　(c) 结构

图 5-275　美国威格士 ST（SG）型压力继电器

1—调压手柄；2—调压弹簧；3—微动开关；4—小柱塞；5—操作板

⑤ 美国派克公司 PSB 系列（图 5-276）

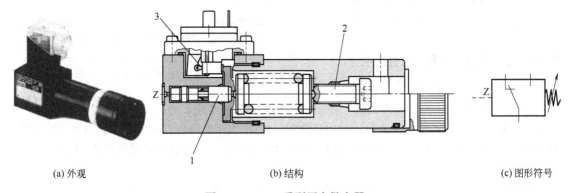

(a) 外观　　　　　　　　　(b) 结构　　　　　　　　　(c) 图形符号

图 5-276　PSB 系列压力继电器

1—柱塞；2—压力调节螺钉；3—微动开关

（3）HED 型弹簧管式

图 5-277（a）为 HED2 型压力继电器的结构原理图，它为弹簧管式结构。当 P 口进入压力油时，弹簧管 1 产生变形，此变形使工作杠杆 2 压下微动开关 3，发出电信号，使电器元件动作，动作压力值的调节由带锁的旋钮实现。

图 5-277（b）为 HED3 型压力继电器的结构原理图。其结构原理与 HED2 型相似，不同之

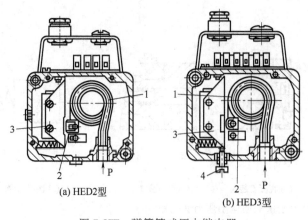

(a) HED2型

图 5-277　弹簧管式压力继电器

1—弹簧管；2—工作杠杆；3—微动开关；4—微调螺钉

(b) HED3型

处是它可进行两种动作压力的发信。当 P 口进入压力油达到第一种压力值时，弹簧管 1 受内部通入压力油的作用产生变形，通过工作杠杆 2 压下微动开关 3，使第一电路接通或断开；当压力继续升高到第二种预调压力值时，弹簧管 1 产生更大的变形，通过工作杠杆 2 压下第二个微动开关，发出电信号，使另一条电路接通或断开。两微动开关的两种不同的发信压力值可通过两个调节螺钉 4 分别确定两微动开关的不同位置进行调节。

（4）波登管式

图 5-278 为日本阿克多电机工业（株）生产的 DP-FZ 型高低压压差式压力继电器，内装有两个波登管，通过检测从低压侧接头流入的低压油和从高压侧接头流入的高压油二者之间的压力差值，产生低、高压侧波登管的不同变形差值，使微动开关动作，发出电信号。压差值可通过刻度盘进行设定。波登管实际上也是一种弹簧管，但波登管的采用使得其精度高且抗振性好；低压差（0.01MPa）到高压差（2MPa）的范围内均可使用，并且能接在高压管路上使用。最适宜用于检测滤油器的堵塞情况。工作精度不超过 2%，可动作 100 万次以上。

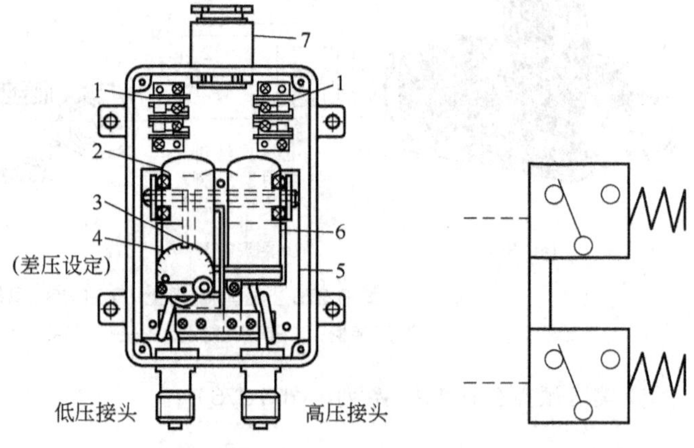

(a) 结构图　　(b) 图形符号

图 5-278　DP-FZ 型高低压压差式压力继电器

1—接线柱；2—低压侧波登管；3—指针；4—刻度盘指针；
5—安装基板；6—高压侧波登管；7—电线套管

5.13.2　压力继电器的应用

（1）用于泵的卸荷与加载

如图 5-279 所示，当主换向阀处于左边工作位置，1DT 通电，液压缸前进到头时，泵来的压力油经主换向阀向蓄能器供油充压，同时向负载供油。当蓄能器压力达到压力继电器 PF 的调定压力时，PF 发信使二位二通电磁阀的 3DT 通电，使泵卸荷，此时液压缸左腔由蓄能器保压，液控单向阀锁定。

当因内泄漏缸压力下降时，压力继电器 PF 复位使泵重新升压加载。调节压力继电器的工作区间，即可调节液压缸中压力的最大值和最小值。当 2DT 通电，液压缸实现后退动作。

（2）实现执行元件顺序动作

如图 5-280 所示，有两个执行元件即缸Ⅰ和缸Ⅱ。当电磁换向阀①处于左位（DT3 通电）时，缸Ⅰ实现动作 1；当缸Ⅰ承受负载后系统压力升高，而压力升高到压力继电器 PF1 的调定压力时发出电信号，使 DT1 电，电磁阀②左位工作（阀芯在右位），缸Ⅱ实现动作 2；同样，当电磁换向阀②处于右位进行动作 3 后，通过压力继电器 PF2 发出电信号，使 DT4 通电，缸Ⅰ便进行动作 4。

这样通过两个压力继电器 PFI 和 PF2 的控制，便可对缸 I 和缸 II 实现动作 1—2—3—4 的顺序循环。

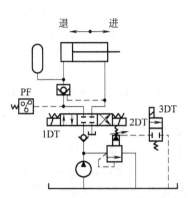

图 5-279　压力继电器用于泵的卸荷与加载

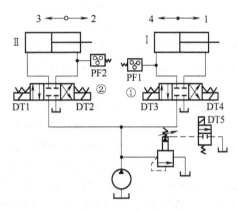

图 5-280　压力继电器用于实现执行元件顺序动作

（3）用于双泵供油回路中的大泵卸荷、小泵保压控制

如图 5-281 所示，泵 1 为大流量泵，泵 2 为辅助泵（高压小流量）。当电磁阀 3 左位工作而两位四通电磁阀 4 通电时，泵 1 和泵 2 同时向液压缸供油，使其活塞快速移动。随着液压缸负载的增加，系统工作压力也随之上升，当压力上升达到压力继电器 PF 的设定压力时，电磁阀 3 复中位，液压泵 1 经阀 3 中位卸荷。此时，液压泵 2 继续向液压缸供油，保持系统压力。因泵 2 的流量很小，只需补足保压过程中的泄漏即可，因而消耗的功率很小，这样便不会导致系统严重发热升温。

（4）用于安全保护和限压

如图 5-282 所示，当系统压力达到（或超过）压力继电器的调定压力时，压力继电器便发出电信号，使液压泵电机停止工作，不再向系统输出压力油，起安全保护作用，同时也起到限制系统最高工作压力的作用。

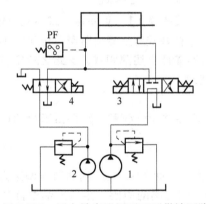

图 5-281　压力继电器用于双泵供油回路

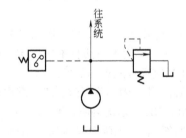

图 5-282　压力继电器用于安全保护和限压

5.13.3　故障分析与排除

压力继电器的故障主要表现在不发信号及误发信号，具体如下。

（1）薄膜式

【故障】　压力继电器本身产生的误发信号或不发信号故障

① 因柱塞与中体（或框架）的配合不好，或因毛刺和不清洁，致使柱塞卡死，压力继电器不动作。阀芯（柱塞）与中体孔的配合间隙应保证为 0.007～0.015mm，毛刺要除干净，装配时先清洗干净，再在表面涂二硫化钼（黑色）润滑。用户往往以为二硫化钼为污物而将其洗掉，这是不对的。这样会产生柱塞移动不灵活，产生误动作的现象。

② 橡胶隔膜破裂。薄膜式压力继电器是利用油液压力上升，使薄膜向上鼓起推动柱塞而工作的。当薄膜破裂时，压力油直接作用在柱塞上，会有油液从柱塞和中体孔的配合间隙泄漏出去，使其动作值和返回区间均有明显变化和出现不稳定现象，因而造成误发动作，此时只有更换新的薄膜。

③ 微动开关定位不牢或未压紧。压力继电器的微动开关，靠螺钉压紧定位。因此在接电线、拆线时，螺丝刀加给微动开关的力和维修外罩时碰绕电线的力，均可能造成微动开关错位，致使动作值发生变化，即改变原来已调好的动作压力而误发动作信号。

④ 微动开关不灵敏，复位性差。微动开关内的簧片弹力不够，触头压下后便弹不起来，或因灰尘多粘住触头使微动开关信号不正常而误发动作信号。此时应修理或更换微动开关。

⑤ 压力继电器的制造精度不好。例如杠杆在中体槽内别劲，弹簧座与上体之间的配合间隙太小，柱塞尺寸不对头等，以及压力继电器主副调节螺钉调得很松，杠杆起不到压下微动开关的作用，使压力继电器失灵。

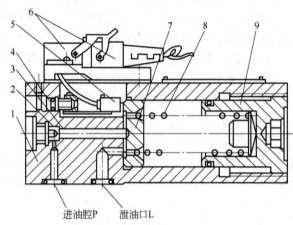

图 5-283 微动开关零位可调压力继电器
1—阀体；2—控制腔；3—控制活塞；4—微动开关调节螺钉；
5—微动开关；6—接线端子；7—柱塞；8—弹簧；9—调压螺钉

⑥ 图 5-283 中，调节螺钉 4 用于微动开关 5 的零位调节。当调节后，如果微动开关 5 的触头与柱塞 7 之间的空行程过大或过小时，易发误动作信号，且可能会损坏微动开关，产生误动作或不动作。另外，由于调压弹簧腔和泄油腔相通，调节螺钉处又无密封装置，因而在调节螺钉处会出现外漏现象。所以泄油口 L 与进油腔 P 不能接反（主要对管式），而且泄油口 L 必须单独接回油箱。

（2）柱塞式

【故障 1】 误发信号或不发信号

柱塞式压力继电器误发信号或不发信号可参照上述薄膜式，除此之外还有以下情况。

① 柱塞移动不灵活，有污物或毛刺卡住。

② 如压力继电器泄油腔不直接接回油箱，而与系统回油共用一管路，则会由于泄油口可能存在背压过高而误发动作信号。

【故障 2】 因回路原因，压力继电器误动作

如图 5-284 所示的回路，图（a）采用进口节流调速方式，图（b）采用回油节流调速方式。在两种回路中，如果压力继电器安设的位置不对，则可能因回路的原因产生压力继电器的误动作。例如图（a）中，如果将压力继电器 YJ 装在图中的 a 处，这样换向阀 3 在突然切换时，会产生液压冲击使压力继电器产生误动作；若装在图中 S 处，则因 S 处通油池压力不变（为零）而无法产生压力变化给压力继电器发信。只有将压力继电器 5 装在单向节流阀 4 的后面紧靠液压缸进口位置，换向阀 3 的压力冲击被单向节流阀 4 吸收，才不会产生误动作，同时工作过程中压力 p_1 是变化着的，也为压力继电器 5 发信创造了条件。

而对于图 5-284（b）中的回油节流方式。只能将压力继电器 5 装在图中的 C 处才是正确

的, 图示位置是不正确的。 因为此时, p_1 基本上等于 p_p, 没有压力变化 (p_p 为减压阀出口压力), 可知, 只有 C 处的压力 p_2 是变化着的, 变化着的压力才能使压力继电器动作, 由于 C 处的背压较低, 宜用低压压力继电器。

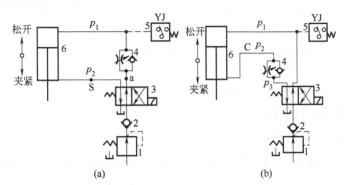

图 5-284 压力继电器误动作回路

【故障 3】 其他原因产生的误发动作信号或不发信号

① 油路里的压力往往是波动的, 当波动值太大, 超过一定范围, 即宽于压力继电器的通断调节试间值——返回区间值, 此时压力继电器可能误发信号。 适当将压力继电器的返回区间调宽些, 对压力继电器的工作稳定性是有好处的。 因为当油路里的压力降值不超过返回区间的范围时, 压力继电器便不会发"失压"信号而误动作。

② 因泵或其他阀 (如溢流阀、减压阀等) 的故障, 系统压力建立不起来, 或者存在较大的压力偏移现象, 使压力继电器不发动作信号或误发动作信号。 此时应排除泵阀故障。

③ 液压系统在启动或速度换接时, 产生压力冲击大, 而使压力继电器误动作。 一般冲击压力是不可避免的。 可用在紧靠压力继电器进口的管路安设一固定阻尼的方法排除; 或者使压力继电器的发信电路在冲击压力时处于开路状态。

④ 液压缸中途卡住等意外情况导致压力继电器提前作转换 (误发信号)。 此时用行程阀或行程开关作信号转换元件要比用压力继电器更可靠, 但有些回路因控制上的需要非选用压力继电器不可时, 为防止在终点之外误发信号, 可在终点加电器行程开关, 使压力继电器在终点发出的信号才是有效的。

⑤ 因液压缸严重内泄漏, 使压力腔和回油腔窜腔, 工作腔压力上不去, 而回油腔压力却上升, 便有可能使进油节流方式的压力继电器 (装在进口) 不发信, 使回流节流方式的压力继电器误发信号; 另外泄漏会导致压力时时变化, 也导致压力继电器误发动作信号或不发信号。

5.13.4 压力继电器的修理

压力继电器主要是阀芯外圆与相配孔磨损后需要修理, 修理方法和基本要求基本上同一般其他阀类元件。

阀芯 (柱塞) 修复后的要求是: 圆度和圆柱度允差不应超过 0.003mm, 表面粗糙度为 Ra0.2μm; 阀体孔的圆度和圆柱度要求为 0.003mm, 表面粗糙度为 Ra0.4μm, 二者配合间隙一般为 0.008~0.012mm。

5.14 压力表开关的使用与维修

压力表开关实际上是小型截止阀, 属于换向阀的范畴, 此处将其归纳在压力阀中。

压力表开关主要用于接通或切断被测油路和压力表之间的连接, 同时通过压力表开关起着阻尼作用, 减轻压力表的急剧跳动, 防止压力表的损坏。 当然, 压力表开关也可用来作小流量的截止阀用, 但阻尼孔要加大。

压力表开关按可测压点数目可分为单点与多点式压力表开关，多点式压力表开关可测量液压系统多个被测点的压力，即只需一个压力表，便可测量多点压力。多点压力表开关可用作小型分配阀。

单点压力表开关：如 K-1 型、K-1B 型（测压范围 0～6.3MPa），KF3-E1 B 型、KF3-E1 L 型（测压范围 0～16MPa）、KF 型（测压范围 0～32MPa）。

多点压力表开关：如 K-3 型、K-3B 型及 KF3- E3B 型，可测 3 点；K-6 型、K-6B 型及 KF3-E6L 型，可测 6 点。

Parkers 公司的 WM 型压力表开关中有可测 10 点压力的。

5.14.1 工作原理与结构

（1）单点压力表开关

图 5-285 为国产中低压用单点压力表开关结构图，图 5-286 为国产高压用单点压力表开关结构图。

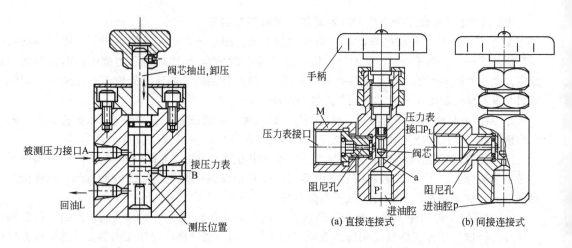

图 5-285 K-1 型压力表开关（中低压用）　　　图 5-286 KF 型压力表开关（高压用）

（2）多点压力表开关

图 5-287 为国产中低压用多点（6 点）压力表开关结构图。

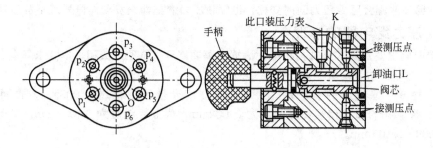

图 5-287 K-6B 型压力表开关（中低压用）

（3）美国派克公司产的 WM1 型单点卸荷式压力表开关

如图 5-288 所示，左右两图的结构基本相似。在复位弹簧 4 的作用下，滑阀阀芯 3 处于图示位置，滑阀台肩 I 将 P 口和 A 口分开，A 口与 T 口相通。当按下（向左）按钮 5 时，台肩 I 向左移动，此时 A 口与 P 口相通（右图则是 P 口经右边阻尼孔与 A 孔相通，左边阻尼孔被封闭），此时压力表便显示系统的压力。 松开按钮 5 后，在复位弹簧 4 的作用下，阀芯 3 右移复位，则 P 口与 A 口又断开，A 孔与 T 孔又相通（右图为 A 经左边的阻尼孔与 I 孔相通，右边的阻尼孔被封闭）。 这种压力表操作简便，既便于测量，又能使压力表经常处于卸荷状态，保护压力表不至损坏。

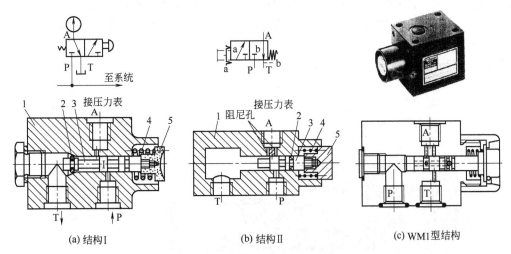

(a) 结构 I　　　　　　(b) 结构 II　　　　　　(c) WM1 型结构

图 5-288　卸荷式压力表开关
1—阀体；2—密封；3—阀芯；4—复位弹簧；5—按钮

（4）自动压力表开关（限压式压力表开关）

这种压力表开关属于限压式压力表开关，如图 5-289 所示。 它利用阀芯 4 上两端作用的弹簧力与液压力相平衡的原理工作。 当油路压力等于或大于压力表开关预先调定的压力时，压力表自动关闭测压油路，以保护压力表。

图 5-289（a）中，P 腔（被测压力点）压力油作用在阀芯 4 的右端面上，与作用在阀芯 4 左端面上的弹簧力相平衡，弹簧力的大小通过调节螺钉 1 调节，以决定预先调定的测压上限值。 当 P 腔压力增高到超过此调定值时，推动阀芯左移至极限位置，自动将压力表 A 腔与 P 腔断开，从而保护了压力表；反之 P 腔压力下降，阀芯 4 右移，又恢复测量。 图（b）中的工作原理与图（a）相同，只不过阀芯 4 右端的锥面关闭时为切断测压。 当进油腔 P 压力小于预先调定的压力时，锥阀口保持开启状态，进油腔 P 与压力表腔 A 连通，便测量油路压力。

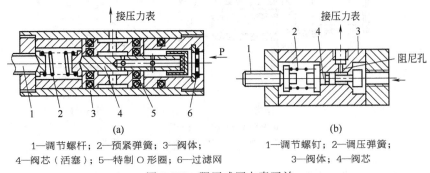

(a)　　　　　　　　　　(b)

1—调节螺杆；2—预紧弹簧；3—阀体；　　　　1—调节螺钉；2—调压弹簧；
4—阀芯（活塞）；5—特制 O 形圈；6—过滤网　　　3—阀体；4—阀芯

图 5-289　限压式压力表开关

（5）AF6 型单点与 MS2A 型 6 点压力表开关

图 5-290（a）所示为德国力士乐、北京华德均生产的 AF6 型压力表开关（隔离阀），实际上

是手动操作纵向的三通阀。它们用于定期检查工作压力。这些阀的基本构成是阀体 1、阀芯 2，压力弹簧 3，按钮 4 和压力表接头 5。它具有两个切换位，通过弹簧复位至初始位置。在初始位置，自 P 经过阀芯 2 流向压力表的流体被切断，压力表与下相连。

按下按钮 4 时，阀芯 2 移动至切换位，使流体可自由地从 P 流向压力表，而至 T 的连接将被堵塞。通过将按钮 4 旋转 45°，可通过制动器将阀芯 2 锁定在适当位置。操作完成后，阀芯 2 被压力弹簧 3 推回到初始位置，从而为压力表卸荷。该阀可用于底板安装或管式连接。压力表可直接拧入 M 中。

图 5-290（b）所示为德国力十乐、北京华德均生产的 MS2A 型压力表开关，可测六点的压力。

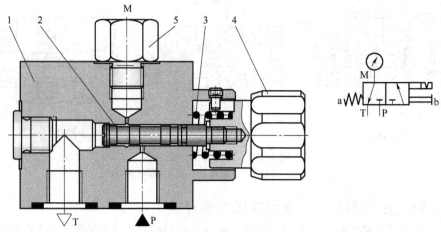

(a) AF6型单点压力表开关
1—阀体；2—阀芯；3—压力弹簧；4—按钮；5—压力表接头

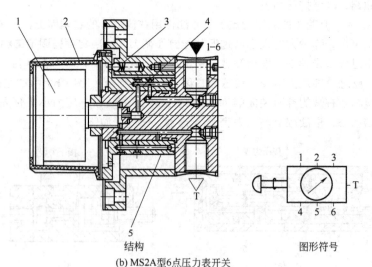

结构　　　　　　　　　图形符号
(b) MS2A型6点压力表开关
1—压力表；2—旋钮；3—定位器；4—孔口；5—外壳

图 5-290　AF6 型单点与 MS2A 型 6 点压力表开关

5.14.2　故障分析与排除

【故障 1】　测压不准确，压力表动作迟钝，或者表跳动大产生原因和排除方法如下。

① 油液中污物将压力表开关和压力表的阻尼孔（一般为 $\phi0.8\sim1.0mm$）堵塞或部分堵塞时，压力表指针会产生跳动大，动作迟钝的现象，影响测量值的准确性。 此时可拆开压力表进行清洗，用 $\phi0.5mm$ 的钢丝穿通阻尼，并注意油液的清洁度。

② K 型压力表开关采用转阀式，各测量点的压力靠间隙密封隔开。 当阀芯与阀体孔配合间隙较大，或配合表面拉有沟槽时，在测量压力时，会出现各测量点有不严重的互相窜腔现象，造成测压不准确。 此时应研磨阀孔，阀芯刷镀或重配阀芯，保证配合间隙在 0.007~0.015mm 的范围内。

③ KF 型压力表开关为调节阻尼器（阀芯前端为锥面节流）。当调节过大时，或因节流锥面拉伤严重时，会引起压力表指针摆动，测出的压力值不准确，而且表动作缓慢，此时应适当调小阻尼开口，节流锥面拉伤时，可在外圆磨床上校正修磨锥面。

④ 压力表装的位置不对。 笔者曾发现有人将压力表装在溢流阀的遥控孔处（图 5-291）。 由于压力表的波登管中有残留空气，会导致溢流阀因先导阀前腔有空气而产生振动，压力表的压力跳动便不可避免。 将压力表改装在其他能测量液压泵压力的地方，这种现象立刻消失。

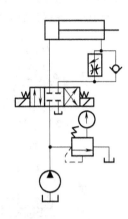

图 5-291　压力表安装位置不正确

【故障 2】　测压不准甚至根本不能测压

① K 型压力表由于阀芯与阀孔配合间隙过大或密封而磨有凹坑，使压力表开关内各测压点的压力既互相窜腔，又使压力油大量泄往卸油口，这样压力表量下来的压力与测压点的实际压力值相差便很大，甚至几个点测量下来均是一个压力，无法进行多点测量。此时可重配阀芯或更换压力表开关。

② 对多点压力表开关，当未将第一测压点的压力卸掉，便转动阀芯进入第二测压点，此时测出的压力不准确。 应按上述内容正确使用压力表开关。

③ 对 K 型多点压力表开关，当阀芯上钢球定位弹簧卡住，定位钢球未顶出，这样转动阀芯时，转过的 位置对不准被测压力点的油孔，使测压点的油液不能通过阀芯上的直槽进入压力表内，测压便不准。

④ KF 型压力表开关在长期使用后，由于锥阀阀口磨损，无法严格关闭，内泄漏量大，K 型压力表开关因内泄漏特别大，则测压无法进行。

5.15　节流阀的使用与维修

5.15.1　工作原理

（1）流经节流阀口的流量

流经阀口的流量公式为：

$$q = C_q A \sqrt{\frac{\alpha}{\rho}(p_1 - p_2)} = C_q A \sqrt{\frac{\alpha}{\rho}\Delta p} \quad (\Delta p = p_1 - p_2)$$

式中　C_q——流量系数；

Δp——节流阀阀口的前后压差；

A——节流口通流面积；

α——常数；

ρ——油液密度。

流量系数 C_q 近乎常数，油液密度 ρ 也可视为不变，所以通过流量阀的流量 q 可看成只与节流口的通流面积 A 及节流口的前后压差 $\Delta p = p_1 - p_2$ 有关。

从上式可知：通过改变通流面积 A 的大小，改变进出油口的压差 Δp，可控制所通过阀的流量 q 的大小，达到控制执行元件速度的目的。

（2）几种改变通流面积的方法（阀口形状）

利用改变通流面积来调节通过流量的方法如下。

① 轴向移动阀芯改变节流阀节流口的通流面积 A：如图 5-292（a）、（b）、（d）、（e）；

② 旋转阀芯来改变节流阀节流口的通流面积 A：如图（c）。 图（e）调节的流量较稳定，但加工难度较大，一般节流阀中用得较多的是图（d）的"锥阀＋三角槽"的组合形式。

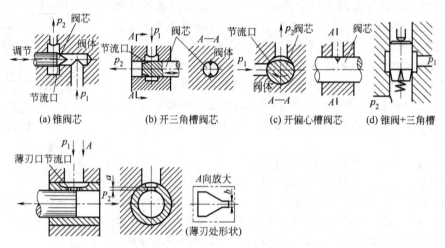

(a) 锥阀芯　　(b) 开三角槽阀芯　　(c) 开偏心槽阀芯　　(d) 锥阀＋三角槽

(e) 轴向缝隙式(薄刃口节流式)

图 5-292　几种改变通流面积的方法

（3）节流阀的工作原理

节流阀的工作原理是通过轴向移动或旋转阀芯来改变节流阀节流口的通流面积 A，控制所通过阀的流量 q 的大小 [图 5-293（a）、（b）]，图形符号见图（e）。

单向节流阀在结构上有两类：一类节流阀阀芯与单向阀阀芯共用一个阀 [图 5-293（c）]；另一类为单向阀阀芯与节流阀阀芯各有一个阀芯，为单向阀与节流阀的组合阀 [图 5-293（d）]，图形符号见图（f）。

无论哪一种结构的单向节流阀，其工作原理均为：正向节流时，与上述节流阀相同；反向起单向阀的作用时与单向阀相同。

5.15.2　节流阀与单向节流阀的结构

（1）LF3-E1OB 型节流阀（广研 GE 系列）

图 5-294 为广州机床研究所设计并生产的单向节流阀的结构图，型号中 LF3 表示节流阀，E 表示压力等级为 16MPa，10 为通径尺寸，B 表示板式连接。

（2）MG※G 型节流阀

图 5-295（a）为德国力士乐、北京华德、上海立新液压生产的 MG※G 型节流阀的结构图，型号中 MG 表示节流阀的型号，※表示通径（6、8、10、15、20、25、30mm）代号，对应额定流量为（15、30、50、140、200、300、400L／min）；G 表示管式，最大工作压力 31.5MPa，单向阀开启压力 0.05MPa。

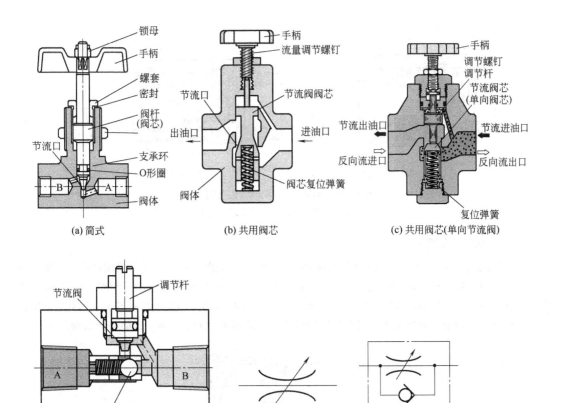

(a) 简式   (b) 共用阀芯   (c) 共用阀芯(单向节流阀)

(d) 不共用阀芯(单向节流阀)   (e) 节流阀图形符号   (f) 单向节流阀图形符号

图 5-293　节流阀与单向节流阀的工作原理与图形符号

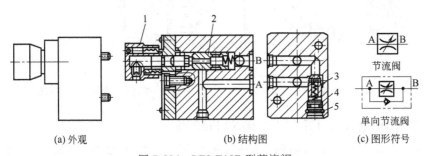

(a) 外观   (b) 结构图   (c) 图形符号

图 5-294　LF3-E10B 型节流阀

1—调节手柄；2—节流阀芯；3—单向阀；4—堵头；5—卡环

该阀双向节流，压力油经侧孔 3 进入，由阀体 2 和调节套 1 构成节流口 4，旋转调节套 1 可以无级调节节流口 4 的过流截面。

（3）MK※G 型单向节流阀

图 5-295（b）为德国力士乐、北京华德、上海立新液压生产的 MK※G 型节流阀的结构图，型号中各参数含义同 MG※G 型，在阀的节流方向，压力油和弹簧 6 将阀芯 5 压在阀座上，封闭连通，压力油通过侧孔 3 进入由阀体 2 和调节套 1 构成的节流口 4；在相反方向，压力作用于阀芯 5 的锥面上，打开阀口，使压力油无需节流的而通过单向阀。 与此同时，部分压力油液通过环型槽达到所希望的自我清洁效应。

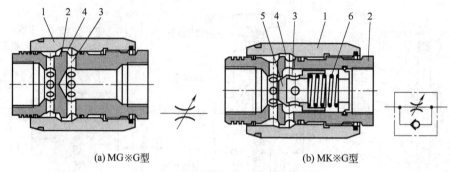

(a) MG※G型　　　　　　　(b) MK※G型

图 5-295　节流阀与单向节流阀的结构

1—调节套；2—阀体；3—侧孔；4—节流口；5—阀芯；6—弹簧

（4）精密节流阀

图 5-296 为德国力士乐-博世公司产带有薄刃口节流口的精密节流阀。它主要由阀体 1、调节元件 2 和节流套 3 组成。通过转动带周向三角槽的筒形阀芯 5 对 A 到 B 的油流进行节流，从 A 到 B 的节流是在节流口 4 处进行的，实现流量控制。因为节流口 4 制成薄刃口结构，虽不带压力补偿，但通过阀口的流量大小受温度影响很少，用于节流对温度具有低依赖性的节流阀，为精密节流阀。

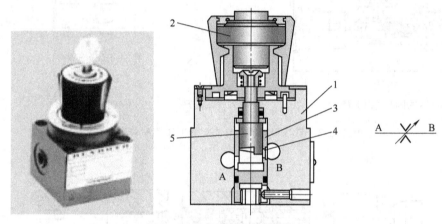

图 5-296　精密节流阀结构

1—阀体；2—调节元件；3—节流套；4—节流口；5—带周向三角槽的筒形阀芯

（5）美国派克公司 DRV7 型单向节流阀

如图 5-297 所示，A→B 单向阀，B→A 节流阀，工作压力 0～35MPa，单向时开启压力 0.02MPa。

5.15.3　节流阀的应用与拆卸

（1）应用

节流阀主要用于三类节流调速系统：进口节流、出口节流和旁路节流调速系统。它们执行元件为液压缸时的回路简图、回路内主要参数计算与速度负载特性曲线等见表 5-36。

（2）拆装

节流阀在结构上有两类：一类节流阀阀芯与单向阀阀芯共用一个阀芯；另一类为单向阀阀芯与节流阀阀芯各有一个阀芯。节流阀阀芯往往与调节杆分开成两部分，也有图 5-298 所示的节流阀阀芯与调节杆为一体的结构。

表 5-36　三类节流调速系统特性参数

类型		进口节流	出口节流	旁路节流
回路简图		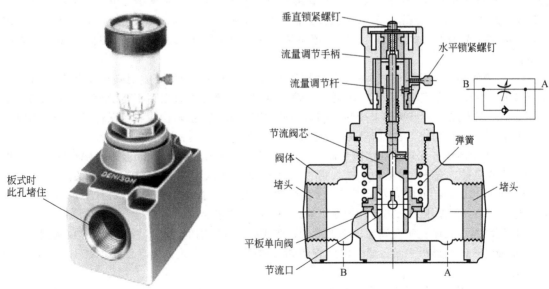		
泵的主要参数	流量 压力 功率	Q_P= 常数 p_P= 常数 $N= Q_P p_P$= 常数	Q_P= 常数 p_P= 常数 $N= p_P Q_P$= 常数	Q_P= 常数 $p_P= \dfrac{F}{A_1}$ $N= f(F)$
回路内主要参数	p_1	$p_1= F/A_1$	$p_1= p_P$= 常数	$p_1= p_P= F/A_1$
	p_2	$p_2= 0$	$p_2= (p_P A_1 - F)/A_2$	$p_2= 0$
	p_3		$p_3= 0$	—
	Q_1	$Q_1= Q_P- Q_Z= CA_{节}\left(p_P- \dfrac{F}{A_1}\right)^{\varphi}$	$Q_1= Q_P- Q_2$	$Q_1= Q_P- Q_3$
	Q_3	—	$Q_3= CA_{节} p_2^{\varphi}/A_2$	$Q_3= CA_{节} p_1^{\varphi}$
	V	$V= \dfrac{Q_1}{A_1}= CA_{节}\left(p_P- \dfrac{F}{A_1}\right)^{\varphi}/A_1$	$V= \dfrac{Q_3}{A_2}= CA_{节} p_2^{\varphi}/A_2$	$V= \dfrac{Q_1}{A_1}= (Q_P- CA_{节} p_1^{\varphi})/A_1$
	速度刚性 K_V	$K_V= A_1^{\varphi 11}/\varphi CA_{节}$ $(p_P A_1 \cdot F)^{\varphi- 1}=$ $(p_P A_1 - F)/\varphi V$	$K_V= A_2^{\varphi 11}/\varphi CA_{节}$ $(p_P A_1 - F)^{\varphi- 1}=$ $(p_P A_1 - F)/\varphi V$	$K_V= A_1 F/\varphi(Q_P- VA_1)$
回路功率损失	节流损失	$\Delta N_1= \left(p_P- \dfrac{F}{A_1}\right)Q_1$	$\Delta N_1= \left(p_P \dfrac{F}{A_2}\right)Q_1$	$\Delta N_1= p_P Q_3$
	溢流损失	$\Delta N_2= p_P Q_2$	$\Delta N_2= p_P Q_2$	无
速度负载特性曲线				

图 5-297　美国派克公司 DRV7 型单向节流阀结构

节流阀与单向节流阀的拆卸与装配均较容易，参阅每一种阀的装配图，拆卸与装配没有难点。

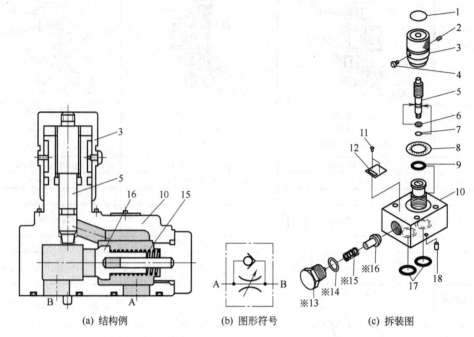

(a) 结构例   (b) 图形符号   (c) 拆装图

图 5-298 节流阀与单向节流阀的拆装

1—贴片；2—锁紧螺钉；3—刻度手柄；4—锁紧螺钉；5—节流阀芯；
6，7，9，14，17—O形圈；8—刻度盘；10—阀体；11—铆钉；12—标
牌；13—螺堵；15—弹簧；16—单向阀芯；18—定位销

5.15.4 故障分析与排除

【故障1】 节流调节作用失灵

这种故障现象表现为：当调整调节手柄时，节流阀出口流量并不随手柄的松开或拧紧而发生变化，使执行元件的运动速度老是那么快，维持在某一定值（随节流阀阀芯卡死在何种开度位置而定），要快不能快，要慢不能慢，或者出现再怎么调大（手柄）流量执行元件总是不动作，或者再怎么关小节流阀，执行元件照样慢不下来，这便是节流调节失灵。产生原因和排除方法如下。

① 节流阀阀芯因毛刺卡住，或因阀体沉割槽的尖边及阀芯倒角处的毛刺卡住阀芯。此时虽松开调节手柄带动调节杆上移，但因复位弹簧力克服不了阀芯卡紧力而不能使阀芯跟着调节杆上移而上抬（图 5-299），当阀芯卡死在关闭阀口的位置，则无流量输出，执行元件不动作；当阀芯卡死在某一开度位置，只有小流量输出，执行元件只有某一速度，调速失效。

② 因油中污物卡死阀芯或堵塞节流口。油液很脏，工作油老化，油液未经精细过滤，这样污染的油液经过节流阀，污染粒子楔入阀芯与阀体孔配合间隙内，出现节流失灵现象。

③ 因阀芯和阀孔的形位公差不好，例如失圆、有锥度，造成液压卡紧，导致节流调节失灵。目前有些节流阀阀芯上未加工有均压槽，容易产生液压卡紧。

④ 因阀芯与阀体孔配合间隙过小或过大，造成阀芯卡死或泄漏大，导致节流作用失灵。

⑤ 设备长时间停机未用，油中水分等使阀芯锈死卡在阀孔内，重新使用时，出现节流调节失灵现象。

⑥ 阀芯与阀孔内外圆柱面出现拉伤划痕，使阀芯运动不灵活，或者卡死，或者内泄漏大，造

成节流失灵。

⑦ 对于单向节流阀，当单向阀阀芯密封锥面（图 5-300）与阀座不密合，或者单向阀芯卡死在打开位置时，大量油液经单向阀通道流通，节流阀的节流通道因开度小而不起主要流通通道作用，因而节流调节失效。

⑧ 阀芯复位弹簧（图 5-301）因疲劳、折断等原因，丧失弹性，阀芯不能追随调杆移动。

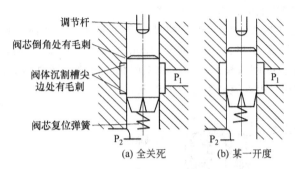

图 5-299 节流阀阀芯卡住

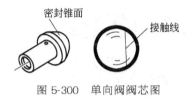

图 5-300 单向阀阀芯图

图 5-301 阀芯复位弹簧

解决节流调节失灵的方法有以下几种。

① 用尼龙刷等去毛刺的方法清除阀孔内的毛刺，阀芯上的毛刺可用油石等手工精修方法去除。

② 对阀孔失圆或与阀芯配合间隙过小，可研磨阀孔修复，或重配阀芯。

③ 油液不干净时，需采取换油，加强过滤的措施。

④ 阀芯轻微拉毛，可抛光再用，严重拉伤时可先用无心磨磨去伤痕，再电镀修复。

⑤ 研磨单向阀配合锥面，使之密合；如单向阀芯因毛刺污物卡死，则应去毛刺并清洗干净，使单向阀芯移动灵活。

⑥ 更换阀芯复位弹簧。

【故障2】 流量虽可调节，但调好的流量不稳定

流量不稳定导致执行元件的速度不稳定，特别是在流量调节范围最低值（最小稳定流量）和节流阀的进出口压差为最低工作压力值时尤以为甚。

这种故障现象表现为：当节流阀调节在某一节流开度，并锁紧调节螺钉后，出口流量却仍然不断变化，使得执行元件的运动速度出现时快时慢，或逐渐减慢，或逐渐增快及突跳等速度不稳定的现象。

引起流量不稳定的主要原因是节流口部位"堵塞"、锁紧装置松动、油温过高以及负载压力变化大等原因，具体如下。

① 油液未经精密过滤，油中杂质堆积和黏附在节流口通道壁上，通流面积减少，使执行元件速度减慢，完全堵死，造成"断流"；污物被冲走，则造成"突跳"。

② 由于油液中极化分子和金属表面的吸附现象造成堵塞，油液中分子链由于带电和互相吸引，会使一端带正电，一端带负电，分子链会因此而越来越长，越来越大，加上金属表面有电位差，会吸引这些极化分子链，在节流缝隙和开口处形成一层牢固的边界吸附层，其厚度可达 5~

10μm，它破坏了节流缝隙原来的几何形状和大小，而且对矿物油，这个吸附层是灰色纤维层组织，它在受压时会周期性地遭到破坏，使流量出现周期性的脉动。

③ 压力油通过节流缝隙时要产生压力损失，它使油温局部升高，油液氧化变质，在节流口部位析出胶质、沥青、炭渣等物，附于节流口壁面，使有效通流面积减少，甚至堵塞。

④ 混在油液中的机械杂质（如尘埃、切屑粉尘、油漆剥落片等），以及油液劣化、老化流经缝隙时造成堆积，堵塞节流通道，造成流量不稳定。

⑤ 节流阀调整好并锁紧后，由于机械振动或其他原因，会使纵横向锁紧螺钉松动（图 5-302），随之调节杆在支承套上旋转松动，使节流阀的开度发生改变，引起流量变化。

⑥ 油温随着设备运行时间增长而升高，油黏度相应降低，通过节流开口的流量增大，但也可能因内泄漏增加而减少，出现流量不稳定的现象。

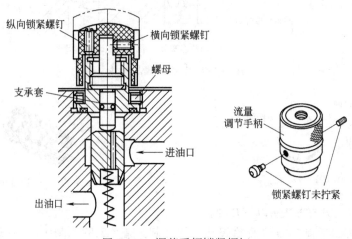

图 5-302　调节手柄锁紧螺钉

⑦ 系统负载变化大，导致油缸工作压力变化，而节流阀没有像调速阀那样的压力反馈补偿装置，这样流经节流阀的压差会发生变化，由于 $Q = CA\Delta p^m$ 可知，由于 Δp 变化，Q 将发生变化。

⑧ 节流阀阀芯采用间隙密封，由环状间隙流量公式可知，必然存在内泄漏。当因磨损使配合间隙增大后内泄漏也将增大。并且这种内泄漏随各种因素（如油温）的变化而改变，因而影响流量的稳定性，特别是小流量时。

⑨ 系统中混进了空气，使油液的可压缩性大大增加，时而压缩，时而释放，流量不稳定。

⑩ 节流阀的外泄漏大，造成流量不稳定。

⑪ 单向节流阀的单向阀关不死，锥面不密合。

解决流量不稳定的办法有以下几种。

① 设计上采取一些抗"堵塞"的措施

a. 采用电位差小的金属作节流阀，实验指出，钢对钢比铜对铜好，铝最差。因此 L 型、LF 型节流阀为钢对铸铁，电位差较小。

b. 要求过流很小时，对油液要精滤，即在节流阀前应安设滤油器，保持油液干净和注意换油。

c. 减少通道湿周长，扩大水力半径，可使污物不易停留。圆形孔最好，正方形次之，正三角形再次之，最差的是矩形，从工艺角度出发，L 型节流阀通道为三角形。

d. 薄刃口节流口比狭长缝隙节流口的抗堵塞性能好，狭长通道容易积留污物和极化分子，但前者加工工艺复杂。

② 保证节流阀芯与阀孔合理的配合间隙，不能过大或过小，工业用液压元件阀芯与阀体孔的配合间隙推荐值见表 5-37。

③ 清洗节流口，查明油液污染情况，采取换油等措施。

④ 对于因负载变化而产生时快时慢的现象，可改节流阀为调速阀。

⑤ 消除机械振动的振源，可使用带锁调节手柄的节流阀。

⑥ 排除系统内空气，减少系统发热，更换黏度指数高的油液等。

⑦ 解决单向阀的内泄漏问题。

表 5-37 阀芯与阀体孔配合间隙推荐值

阀孔直径/mm	孔公差/μm	阀芯公差/μm	最小间隙/μm	最大间隙/μm	阀芯直径/mm	孔公差/μm	阀芯公差/μm	最小间隙/μm
6	6	4	5	12.5	50	15	10	20
12	7.5	5	6	17.5	75	20	12.5	25
20	10	6	7.5	23.5	100	20	12.5	32
25	12.5	7.5	12.5	32.5				

【故障3】 外泄漏

节流阀和单向节流阀的外泄漏主要发生在调节手柄部位，另外还有工艺螺堵、阀安装面等处。

产生原因主要是这些部位所用 O 形密封圈的压缩永久变形、破损及漏装等，可查明原因予以排除。

【故障4】 内泄漏大

产生内泄漏大的原因主要是节流阀心与阀孔的配合间隙太大或使用过程中的严重磨损，以及阀芯与阀孔拉有沟槽（圆柱阀芯的轴向沟槽，平板阀的径向沟槽），还有油温过高等因素造成。

排除方法是应按表 5-37 所列保证阀芯与阀孔公差及二者之间的配合间隙；如果磨损严重或拉伤有沟槽，则须电刷镀或重新加工阀芯进行磨配研。

5.15.5　节流阀的安装尺寸

节流阀的安装尺寸如图 5-303 所列。

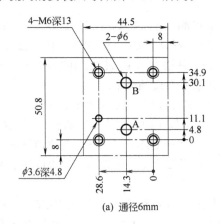

(a) 通径6mm

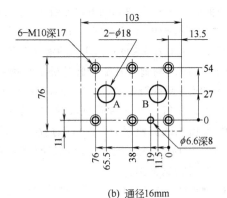

(b) 通径16mm

图 5-303

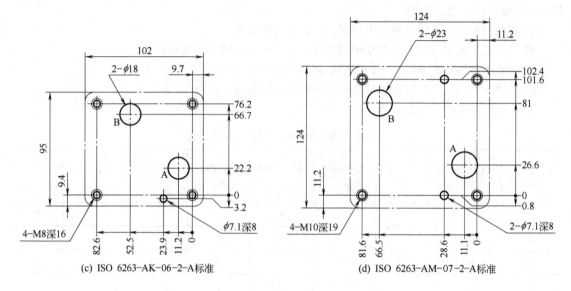

(c) ISO 6263-AK-06-2-A标准　　　　　　　　(d) ISO 6263-AM-07-2-A标准

图 5-303　节流阀的安装尺寸

5.16　行程节流阀与单向行程节流阀的使用与维修

行程节流阀又叫行程减速阀，通过撞块（凸轮）操作，可简单地进行流量的增、减，油路的切断、导通，主要用于机床等的工作进给，使执行元件进行所需的加速、减速及停止运动等动作。

行程节流阀内装单向阀，成为单向行程节流阀，可使反向油流不受减速阀的影响。

5.16.1　工作原理

（1）行程节流阀

行程节流阀的工作原理与节流阀不同之处仅仅是节流调节方式不同而已：节流阀是用旋转手柄，通过调节螺钉带动阀芯移动来改变节流口的开口大小；而行程节流阀是用行程挡块，按压或松开滚轮，与复位弹簧共同作用，使阀芯在阀体孔内上下移动，来改变节流口开口的大小，从而实现对流量大小的调节。

行程节流阀的工作原理如图 5-304 所示，压力油从进油口 P_1 进入，经节流口后由出油口 P_2 流出。当未压下滚轮时［图 5-304（a）］，油液畅通无阻地从进油口 P_1 进入，由出油口 P_2 流出；当压下滚轮时［图 5-304（b）］，油液经节流口节流，从进油口 P_1 进入，由出油口 P_2 流出，流量得到调节；阀芯与阀体孔配合间隙处的泄漏油由泄油口 L 接回油箱。

行程节流阀有两种滑阀机能：常开式（H 型）和常闭式（O 型），参阅图 5-305 所示。

对于 H 型，在行程挡块未碰到滚轮前，复位弹簧将阀芯 4 顶到最上部，节流口通流面积最大，出油腔 P_2 流出的流量最大；当行程挡块接触滚轮后，将阀芯逐渐往下压，节流口通流面积逐渐减小，流经阀的流量逐渐减少，起到节流调节的作用；当完全压下滚轮时，节流口处于关闭状态，出油口 P_2 无流量输出。

对于 O 型机能［图 5-305（b）］，则与上述 H 型相反。在行程挡块未接触滚轮前，节流口处于关闭状态，无流量从 P_2 输出；当行程挡块接触滚轮后，将阀芯逐渐往下压，使节流口面积逐渐开大。流经节流口的流量逐渐增加，直至节流口开得最大，通过的流量最大。

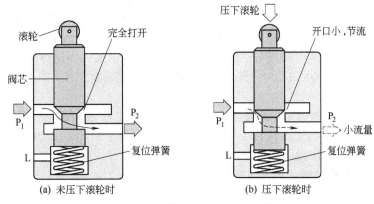

图 5-304　行程节流阀的工作原理

（a）未压下滚轮时　　　（b）压下滚轮时

　　行程节流阀根据行程挡块不同的形状设计，可得到快慢不同的转换和调节方式，一般用在液压缸（执行机构）的"快速前进-慢速进给-停止-快退"等工况。

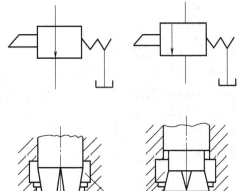

（2）单向行程节流阀

　　单向行程节流阀的工作原理如图 5-306 所示。图（b）中的常开式，当撞块未压下滚轮阀芯时，正向通油量畅通无阻；当压下滚轮阀芯时，通过流量变小，起节流阀的作用，反向起单向阀的作用。图（c）中的常闭式，当未压下滚轮阀芯时，无正向通油量；当压下滚轮阀芯时，通过流量变大，起节流阀的作用，反向起单向阀的作用。

　　进一步说明图 5-307 常开式单向行程节流阀的工作原理。图（a）中，当凸轮撞块未压下连接在阀芯上的滚轮时，由 P_1 到 P_2 的油液畅通着，单向阀此时关闭，压力油经节流口从 P_2 流出，只起到行程节流阀的作用；而图（b）中，当凸轮撞块压

（a）常开型　　　（b）常闭型

图 5-305　　行程节流阀机能

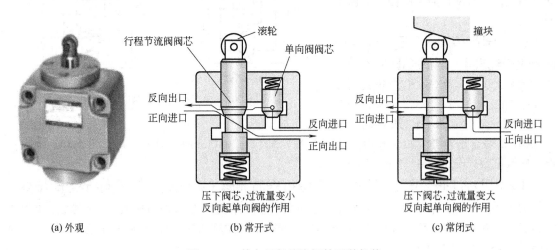

（a）外观　　　　（b）常开式　　　　（c）常闭式

图 5-306　单向行程节流阀的两种机能

下滚轮时，阀芯下移，只保持节流口处于某一开度，P_1 到 P_2 的液流进行节流，执行元件减速，单向阀此时也是关闭的；当反向流动（$P_2 \rightarrow P_1$）时，油液可通过单向阀自由流动，当然还有部分压力油经节流口从 P_2 流出，但主要压力油是经单向阀流向 P_2 的，油液流经单向阀时的压力损失很小。它主要用于执行元件（液压缸）的"快速前进→慢速工进→快速退回"的工况。其中慢速进给是靠挡块或凸轮来控制的。因此，如果需要几种慢速速度，则可以从挡块或凸轮的设计上解决。

常闭式单向行程节流阀的工作原理相反，当凸轮撞块未压下滚轮时，P_1 到 P_2 的油口则被封闭；当压下滚轮时，P_1 到 P_2 的油流大小由凸轮控制的开口大小（节流）进行控制；图（c）中，反向流动时，P_2 到 P_1 可自由流动。

图 5-308 为单向行程节流阀的图形符号。

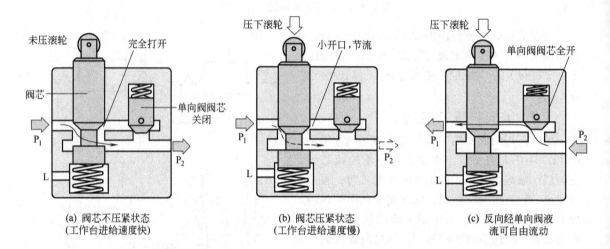

| (a) 阀芯不压紧状态 | (b) 阀芯压紧状态 | (c) 反向经单向阀液 |
| (工作台进给速度快) | (工作台进给速度慢) | 流可自由流动 |

图 5-307 单向行程节流阀的工作原理

5.16.2 结构

行程节流阀与单向行程节流阀在结构上的区别，仅仅是后者多组合了一单向阀而已，下面仅介绍单向行程节流阀的结构。

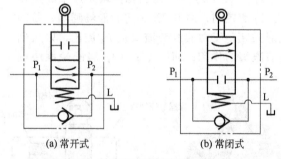

(a) 常开式   (b) 常闭式

图 5-308 单向行程节流阀的图形符号

（1）国产 AXLF3-E10B 型单向行程节流阀（广研 GE 系列）

图 5-309 所示为广州机床研究所设计并生产的 AXLF3-E10B 型单向行程节流阀结构，型号中 AXLF3 表单向行程节流阀；E 表示压力等级为 16MPa；10 为通径尺寸代号（10mm），最大通过流量 100L／mim；连接底板符合标准 ISO 4401-AC-05-4-A。

（2）日本油研公司 ZCT-※-T-C 型行程节流阀（减速阀）与单向行程节流阀

结构如图 5-310 所示，型号中 ZC 表单向行程节流阀，无 C 表行程节流阀；T 表管式，T 为 G 时表板式；※为通径代号，有 03、06、10 等；T 带旁路节流阀时标记，否则不标记；C 标记时为常闭式，不标记时为常开式。

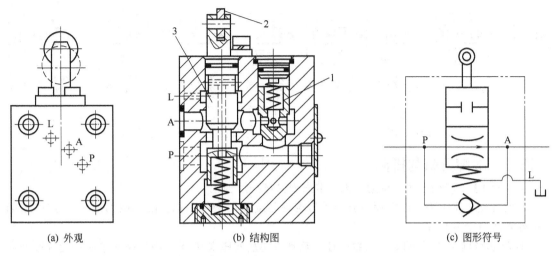

(a) 外观   (b) 结构图   (c) 图形符号

图 5-309　国产 AXLF3-EI0B 型单向行程节流阀
1—单向阀；2—滚轮；3—行程节流阀

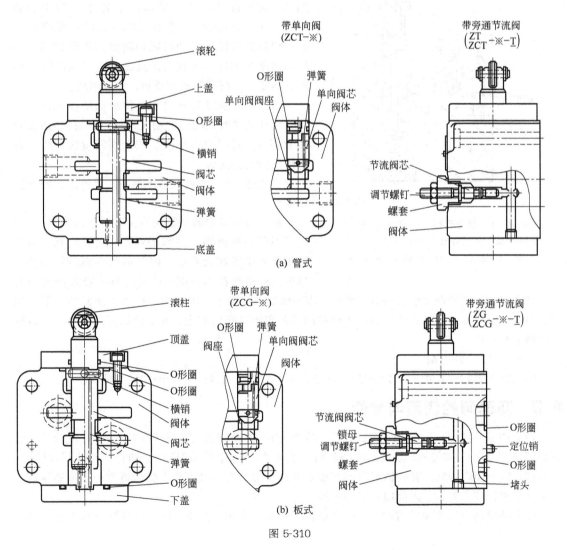

(a) 管式

(b) 板式

图 5-310

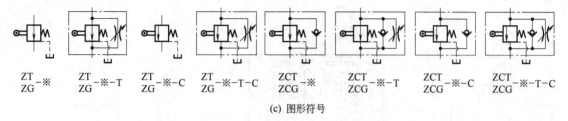

| ZT-※
ZG | ZT-※-T
ZG | ZT-※-C
ZG | ZT-※-T-C
ZG | ZCT-※
ZCG | ZCT-※-T
ZCG | ZCT-※-C
ZCG | ZCT-※-T-C
ZCG |

(c) 图形符号

图 5-310　日本油研公司 ZCT-※-T-C 型行程节流阀与单向行程节流阀

5.16.3　故障分析与排除

【故障1】　行程撞块的反力过大，常出现撞坏撞块现象

是指行程节流阀和单向行程节流阀的节流阀芯反作用于行程挡板的作用力过大。产生原因与排除方法有以下几种。

① 阀芯径向卡住。例如因污物卡住、毛刺卡住及液压卡紧等，产生径向卡住；使行程撞块反力过大。可根据不同情况予以排除。

② 泄油口堵住不通。图 5-307 与图 5-311 中，阀芯与阀体配合间隙中的泄漏油要由 L 口引回油箱，否则时间过长，蓄积在阀芯下腔的油蓄满后困油，阀芯要再往下运动就犹如给封闭液体加压，挡块有可能根本压不下阀芯，而造成执行元件快速前冲，不能压下行程节流阀减速，造成事故。

所以，泄油口 L 一定要单独畅通地接回油箱，一些设计人员经常爱犯的错误常把"L"孔与系统回油道相接，而回油路往往有较大瞬间背压，造成瞬间撞块的反力过大。

【故障2】　流量调节不稳，调节失灵，调不到慢速

这一故障可参阅节流阀有关内容予以排除。单向行程节流阀因为单向阀的存在，有点特殊，当单向阀阀芯卡死在大开度，根本不能实现行程节流；当单向阀卡死在小开度，此时总有一股流量经单向阀从阀内流出，流量调节便会失效；单向阀密封锥面不密合时，影响到行程节流阀调节的最小流量，即使全压下关闭节流阀也会有较大泄漏油经单向阀从阀口流出，此时应拆开阀清洗，并对研单向阀密封面。

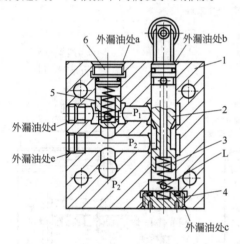

图 5-311　单向行程节流阀的泄油口 L

1—阀体；2—行程节流阀阀芯；3—复位弹簧；4—螺堵；5—单向阀阀芯；6—螺堵

【故障3】　外泄漏

外泄漏主要发生在图 5-311 中的 a~d 处，主要检查各位置处 O 形圈的破损情况。

5.17　调速阀的使用与维修

根据流量公式 $q = CA(\alpha/\rho\,\Delta p)^{1/2}$，节流阀的出口流量除了与调节螺母调节开度大小（通流面积 A 的大小）有关外，还与节流阀前后压差有关。为了使流经节流阀的流量不随负载变化而变化，另一项措施就是要使流经节流阀前后的压差 Δp 在负载变化时仍保持为一近似的常数，方法就是进行压力补偿，因而出现了调速阀。

压力补偿的方法常见的有两个：一个是将定差减压阀和节流阀串联，组成减压节流型的调速

阀；另一个是将定差溢流阀和节流阀并联，组成溢流节流型的调速阀。

5.17.1 调速阀的工作原理

（1）减压节流型的调速阀

定差减压阀与节流阀的布置顺序有图 5-312 所示的两种方式。

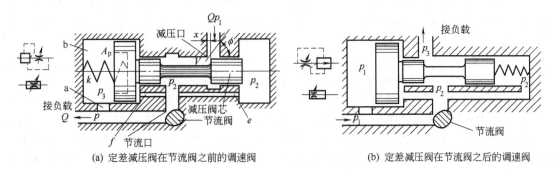

(a) 定差减压阀在节流阀之前的调速阀　　　　　(b) 定差减压阀在节流阀之后的调速阀

图 5-312　调速阀中定差减压阀与节流阀的布置顺序

调速阀的工作原理：如图 5-313 所示，调速阀是在节流阀的基础上再加了一个定差减压阀。节流阀调节通过阀的流量（改变通流面积 A），减压阀稳定节流阀口前后压差 Δp 基本不变。这样由上述通过节流阀的流量公式可知：A 调节好后不变，Δp 也不变，因而调速阀的通过流量 q 也基本不变。

将节流口的前后压力油 p_2、p_3 分别引到节流阀阀芯 3 左右两端。先设进口压力 p_1 不变，如果负载增加，p_3 随之增大，a 腔压力增大，定差减压阀阀芯右移，开大减压阀口，减压口的减压作用减弱，p_2 也就增大，p_3 也跟着增大，使节流阀阀口前后压差 $\Delta p = p_2 - p_3$ 维持不变；反之当负载减小，p_3 也随之减小，减压阀芯左移，关小减压阀口，减压口的减压作用增强，p_2 也就减小，Δp 也基本不变。

反之设出口压力 p_3（负载压力）一定，当进口压力 p_1 变化时，完全可以作出与上述相同的分析。所以由于定压差减压阀的这种压力补偿作用，无论负载变化也好，进口压力变化也好，均能保证节流阀前后压差 Δp 基本不变，所以通过调速阀的流量 Q，只要节流阀节流口的开度调定（A 一定），则通过调速阀的流量基本恒定。

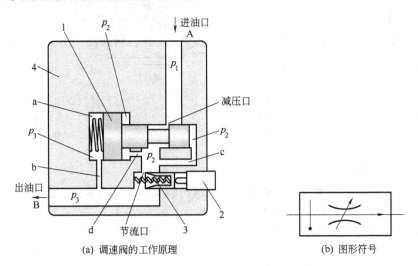

(a) 调速阀的工作原理　　　　　　　　　　(b) 图形符号

图 5-313　调速阀与定差减压阀的工作原理

1—定差减压阀；2—流量调节螺钉；3—节流阀阀芯；4—阀体

（2）溢流节流型的调速阀

如图 5-314 所示，节流阀 2 的出口 P_2 与溢流阀 1 的上腔 a 相通。 节流阀 2 的进口与溢流阀 1 的下腔相通。 从液压泵来的压力油 p_1 一部分经节流阀 2 的节流口压力降为 p_2 流向液压缸 6，一部分经溢流口 X 从 T 孔流回油箱。

当负载 R 增加使出口压力 p_2 增大时，作用在溢流阀阀芯 1 上端的力也增大，使阀芯 1 下移，关小溢流口，从而进口压力 p_1 增大，以保持压差 $\Delta p = p_1 - p_2$ 基本不变。 反之，当负载 R 减小使出口压力 p_2 减小时，作用在溢流阀芯下端的力增大，使阀芯 1 上抬，开大溢流口 X，从而进口压力 p_1 减小，同样保持压力差 $\Delta p = p_1 - p_2$ 基本不变。 由此可见，这种阀也能实现流量基本恒定。 它多附有一个安全阀 3，可防止调速阀出口油压过大，起过载保护。

这种溢流调速阀与前述调速阀相比，由于液压泵不是在恒压而是适应负载大小而变化的压力下工作，故功率消耗较为经济，因而系统发热也较小。 但是这种调速阀流过的流量基本上是泵的全部流量，加之阀芯运动时的阻力较大，故溢流阀芯上端的弹簧要硬些，这样就使节流阀前后的压差较大，因此溢流调速阀的稳定性不如前述的减压型调速阀好，仅适用于对速度稳定性要求不太高的功率较大的进口节流调速液压系统中。

（3）单向调速阀

如图 5-315 所示，单向调速阀由上述调速阀再组合一单向阀而成，调速部分的原理与上述完全相同。 装上单向阀 5 后，其差别仅在于：当反向油流时，油液从 B 口流入，经通道 a，再经单向阀（此时单向阀打开）从 A 口流出，少量油经节流阀→定压差减压阀→A 口流出；正向油流时，油液只从 A 口流入，经调速阀部分流道从 B 口流出，起调速作用，此时单向阀关闭。

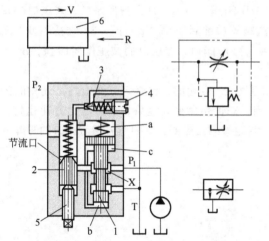

图 5-314　溢流节流型调速阀的工作原理

1—溢流阀阀芯；2—节流阀阀芯；3—调压溢流阀（安全阀）；4，5—调节螺钉；6—液压缸

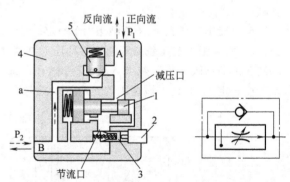

图 5-315　单向调速阀的工作原理

1—定压差减压阀；2—流量调节螺钉；3—节流阀阀芯；4—阀体；5—单向阀阀芯

（4）单向行程调速阀

单向行程调速阀是普通调速阀、单向阀和行程阀的组合阀，主要用在机床等设备上，实现"快进-减速-工进（慢速）-快退"的工作循环。

单向行程调速阀的工作原理如图 5-316 所示：压力油从进油口 A 流入，此时单向阀关闭，油液经减压口后分成两路：一路经节流阀的节流口从出油口 B 流出。 一路经行程阀的开口 a 从出油口 B 流出，当撞块碰上滚轮后，滚轮逐步被撞块上的斜面下压而下移，行程阀芯下移，开口 a

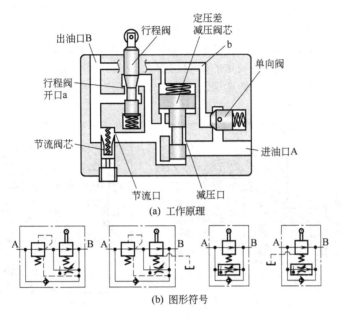

(a) 工作原理

(b) 图形符号

图 5-316　单向行程调速阀的工作原理

逐步关小，因而从出口 B 流出的流量逐步减小，与出口相连的执行元件逐步"减速"。当行程阀被撞块完全压下而开口 a 全关闭时，出口 B 只有经节流阀节流口流出来的流量，执行元件实现"工进（慢速）"。反之，执行元件后退时，油液从油口 B 流入，经通道 b 再经单向阀自由地从 A 流出，执行元件"快退"。

　　图 5-316 所述的单向行程调速阀，油液经调速阀部分的定差减压阀后才流入行程阀；有些是进油不经调速阀的定差减压阀便可直接流入行程阀。前者的例子有日本油研的 UCFIG-01 型；后者有日本油研的 UCFIG-03、04 型，日本大京公司的 SFD 型。它们的结构如下文所述。行程阀下腔的泄油有内泄和外泄之分。

5.17.2　调速阀的结构

（1）国产

　　① Q-H 型调速阀、QA-H※型单向调速阀　图 5-317 所示为由国内阀联合设计组设计的调速阀与单向调速阀结构图。型号中 Q 表调速阀，QA 表单向调速阀，H 表示额定压力为 32MPa；

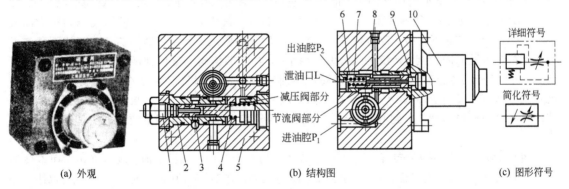

(a) 外观　　　　　　(b) 结构图　　　　　　(c) 图形符号

图 5-317　Q-H 型调速阀、QA-H※型单向调速阀

1—调节螺钉；2—减压阀套；3—减压阀阀芯；4—减压阀弹簧；5—阀体；6—节流阀套；7—节流阀弹簧；8—节流阀芯；9—调节螺杆；10—节流调节部分

※表示通径尺寸（8mm、10mm、20mm、32mm等）；安装尺寸符合国际标准 ISO 62630 。

② QT型温度补偿调速阀　上述调速阀流量虽然能基本上不受外负载变化的影响，但节流阀手柄调节的流量较小时，即节流口的流通面积较小时，节流孔的湿周长度与通流面积之比值相对地增大，因而油的黏度变化对流量变化的影响也增大。为了减少温度变化导致油液黏度变化对流量的影响，可采用带温度补偿的调速阀。图 5-318 为国产 QT 型温度补偿调速阀。

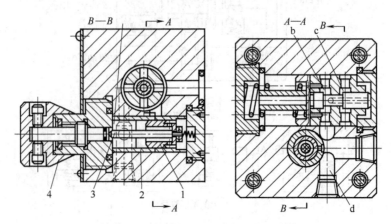

图 5-318　QT 型温度补偿调速阀（国产）
1—节流阀芯；2—阀套；3—温度补偿杆；4—调节手柄

温度补偿调速阀的压力补偿原理和基本结构与上述普通调速阀基本相同。区别仅在于节流

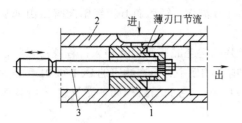

图 5-319　带温度补偿杆的节流阀结构
1—节流阀阀芯；2—阀套；3—温度补偿杆

阀部分的结构形式。从图 5-319 可知，它的节流口为薄壁轴向缝隙式（薄刃口）节流口，另外增设了温度补偿杆 3，采用温度膨胀系数较大的聚四氟乙烯塑料制造。当温度升高，流量本应增加，但由于杆 3 受热伸长右移，关小了节流口的通流面积，部分地补偿了油温升高黏度变小对流量变化的影响。QT 型温度补偿调速阀的最小稳定流量可为 20mL/min，它的节流口壁厚为 0.007～0.009mm，缝隙的最小部分宽度为 0.13～0.16mm，可以用电火花加工制成。

（2）进口

① 德国力士乐-博世公司产的 2FRM 型调速阀　如图 5-320 所示，其组成主要包括阀体 1，旋钮 2，节流阀 3，压力补偿器 4 和一个可选择的单向阀。其结构特点是：节流阀与压力补偿器装在同一轴线上，节流阀在前，定差减压阀在后；结构非常紧凑，采用了铸造流道，节流阀和定差减压阀在同一孔道内放置（传统的阀分设在两个孔内），节流阀的复位弹簧与减压阀的平衡弹簧合二为一，节省了空间；单向阀采用带导向套的钢球式；流量调节结构为微调式，选择精度高，流量调节捏手在圆周上每隔 6° 有一个制动点，调节螺杆螺距仅 0.5mm，故最小调节量（相当于节流阀芯轴向位移精度）小到 0.008mm；系列产品连接尺寸与 ISO 标准统一；便于通用化、系列化。

图 5-320（a）为不带单向阀，油口 A 至 B 的流量在节流口 5 处被节流，旋转旋钮 2 可改变节流口 5 的过流面积。为了保持流量恒定且与压力无关，在节流口 5 之后安装了一个压力补偿器 4，用于补偿阀的出口压力变化，阀为常开状态；阀内有油液流过时，进油口 A 的压力油经阻尼 7 作用于压力补偿器 4 的下端，压力补偿器维持某一平衡位置。弹簧 6 分别压在节流阀 3 和压力补偿器 4 上至它们的限制位置。当没有流量通过该阀时，压力补偿器 4 保持在开启位置；当有

流量通过该阀时，A口的压力经阻尼孔7作用于压力补偿器4上。它使压力补偿器4移动至补偿位置直至达到力平衡。当进口A（节流阀5的进口）压力上升时，阀芯4上抬，关小节流通道5（压力补偿器4则向关闭方向移动），使节流阀出口的流阻增大，压力增高，从而维持节流阀5前后压差Δp不变；反之当进口的压力下降，件4下移，开大节流通道5，节流阀5前后压差Δp不变。因此只要节流阀5的通流面积A大小调定，进出口压差Δp又不变，就能稳定所输出的流量Q。如果油口A的压力增加，直至再次达到力平衡。由于压力补偿器不断地起补偿作用，故该调速阀能恒定出口流量不变。同样出口B（接负载）压力的变化，通过定压差减压阀的补偿功能（件4上下移动），也可稳定该调速阀的输出流量不变。

图5-320（b）为带单向阀的单向调速阀结构，从油口A至B时原理同上，从油口B至A可经单向阀8自由流通。这种阀在通油前减压阀预先全开口，故启动瞬间相当于一个简式节流阀，随着进口A压力的迅速增大，流量也急剧增加，使所连接控制的执行元件（如液压缸）产生短暂的快速前移，待减压阀逐步处于平衡位置后，节流阀前后压差及通过的流量开始趋于稳定，执行元件方按预调速度实现工作运动。为消除这种过渡时间出现的启动冲击，特别是对不允许产生启始突跳的液压系统，可采用在图5-321中的P处有外控口（控制减压阀）的调速阀（例如2FRAM6A型），且控制油总是接压力油源，这样减压阀预先处于负开口位置（关闭），当从进口A接入压力油，减压阀芯从原先的关闭位置迅即过渡到开启位置，基本上可消除启动过程中出现的起始突跳故障。这类带控制口P的调速阀在液压系统中的连接可参阅图5-321（b）。

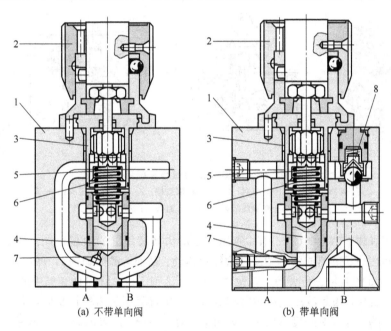

(a) 不带单向阀   (b) 带单向阀

图5-320 力士乐-博世公司2FRM型调速阀的结构

1—阀体；2—旋钮；3—节流阀组合装置；4—压力补偿器；5—节流口；6—弹簧；7—固定阻尼孔；8—单向阀

② 德国博世-力士乐公司2FRM型调速阀 如图5-322所示，2FRM型调速阀为二通流量控制阀，从油口A至B油口的流量，在节流口6处节流，由于节流口6采用薄刃口节流且不受压力和温度变化的影响，可保持流量恒定。借助于调节装置5的转动，通过开有曲面的阀芯7来改变节流开度。行程限制器3.1可调节定压差减压阀开口大小。

③ 德国博世-力士乐公司2FRH型和2FRW型调速阀 将2FRM型中的调节装置5改为齿条活塞6、方向阀7及反馈电位器8，便构成图5-323所示的2FRH及2FRW调速阀。

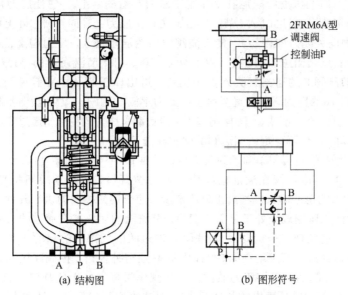

(a) 结构图　　　　　　　　(b) 图形符号

图 5-321　2FRM6 A76-3X/RV 型单向调速阀结构及图形符号

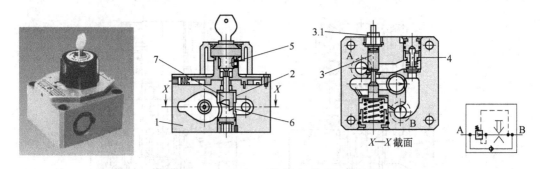

X—X 截面

图 5-322　2FRM 型调速阀外观与结构

1—阀体；2—薄刃口节流套；3.1—行程限制器；3—定压差减压阀；4—单
向阀；5—流量调节装置；6—节流阀口；7—节流阀芯

　　定差减压阀 3 装于节流阀前。 电磁阀用来驱动齿条液压缸的往复运动，带动齿轮旋转，从而使与齿轮固连在一起的节流阀芯边旋转边往复运动，从而可改变节流口 9 的开度大小，以对进油口 A 到出油口 B 的流量进行调节，叫做"电调"，区别于 2FRM 型调速阀中的 "手调"。 限位螺钉 6.1 和 6.2 限制着齿条液压缸左右行程的大小，也就限制了齿轮正反向转角的大小，从而决定了与齿轮相连的节流口 9 开度的大小，进而实现对由 A→B 流量的调节。 双单向节流阀 6.3 与 6.4 作阻尼器用，使流量调节比较平稳，遥控传感器 8 将节流阀阀芯的转角信号转换成电信号，实现遥控显示。 反向油液 B→A 可通过单向阀 4 实现自由流动。

　　④ 日本油研 FHG 型和 FHCG 型电磁调速阀　图 5-324 为日本油研公司的 FHG 型（不带单向阀）和 FHCG 型（带单向阀）电磁调速阀的结构原理图。 当电磁阀的电磁铁不通电时（图示位置，P 通 b，a 通 T），控制油 P→b 孔→右边单向节流阀的单向阀→通道 B→控制活塞缸右腔，推动其活塞左行，控制活塞缸左腔回油→通道 AK→左边单向阀的节流阀→通道 a→电磁阀→油箱 T。 由于控制活塞缸的活塞为右大左小的圆锥体，所以活塞左行时，为压下节流阀的调节杆，使节流阀芯的开口变小（反之，活塞右行时节流阀调节杆上移，使节流阀芯的开口变大）。 调节控制活塞缸两端的行程调节螺钉，可决定控制活塞缸的活塞行程大小，从而可决定节流阀芯节流口

的开口最小（或最大）的程度，进行调速。 另外由于可以调节双单向节流阀的开口阻尼大小，从而可在调节流量的过渡过程（由大变小或由小变大）中平缓地调速，实现对执行元件无冲击的变速。

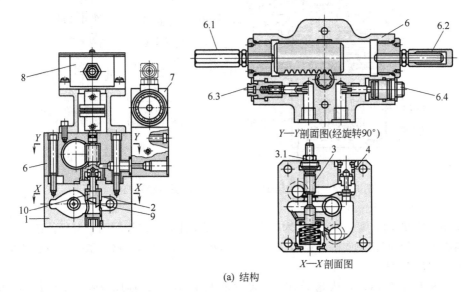

(a) 结构

1—阀体；2—阀套；3—定差减压阀；4—单向阀；5—流量调节装置；6—齿条活塞；7—方向阀；8—反馈电位器；9—节流口；10—节流阀芯

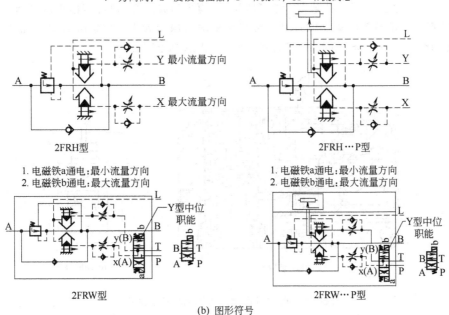

(b) 图形符号

图 5-323　电磁调速阀结构和图形符号

反之当电磁阀的电磁铁通电时，刚好与上述情况相反，可使节流阀芯开口由小变大，工作原理类同。

（3）单向行程调速阀

单向行程调速阀是行程阀、单向阀和调速阀的组合阀，主要用于机床等快进与工进之间的速度转换，其结构例举如下。

第 5 章　液压控制阀的使用与维修　　**535**

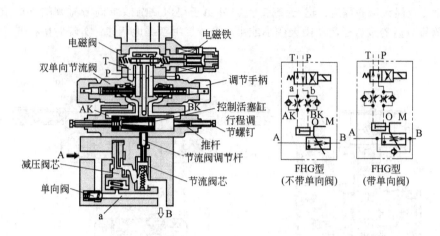

图 5-324 日本油研 FHG 型和 FHCG 型电磁调速阀

① 国产单向行程调速阀 图 5-325 为国产单向行程调速阀的结构和图形符号，它也是行程阀（机动换向阀）、调速阀和单向阀的组合阀。其中行程阀也有 H 型（常开型）与 O 型（常闭式）之分，图中为常开 H 型。

当压力油从 P_1 正向流入，从 P_2 流出时，油流的顺序为：当行程撞块未压下行程阀 4 时，P_1 经行程阀直接从 P_2 流出，此时单向阀 1 是关闭的；当行程撞块压下行程阀时，行程阀关闭了从 P_1 到 P_2 的通路，压力油 P_1 经 a 孔到定压差减压阀 3，再到节流阀 2，再经行程阀从 P_2 流出。用手柄（图中未画出）调节节流阀 2 的开度，可控制输出流量的大小，起到调节执行元件速度的作用。当压力油反向由 P_2 流入时，可打开单向阀 1，再从 P_1 流出。

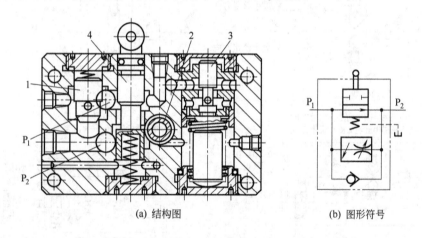

(a) 结构图   (b) 图形符号

图 5-325 单向行程调速阀的结构和图形符号
1—单向阀阀芯；2—节流阀阀芯；3—减压阀阀芯；4—行程阀阀芯

② 日本大京公司的单向行程调速阀 图 5-326 所示为日本大京公司的 SFD 型单向行程调速阀的结构图。当撞块未压上滚轮时，从进油口 A 来的油可经开口 a 直接从出油口 B 口流出，不起调速作用；当撞块压上滚轮后，行程阀阀芯下移逐步关小开口 a，撞块装在执油压缸上，液压缸减速；完全压下滚轮，开口 a 关闭，此时按调速阀所调的开度大小进行调速；反向时，压力油从 B 口进入，打开单向阀，从油口 A 自由流出，不起调速作用，因而装上单向行程调速阀可对液压缸进行"快进-减速-工进一快退"的工作循环。

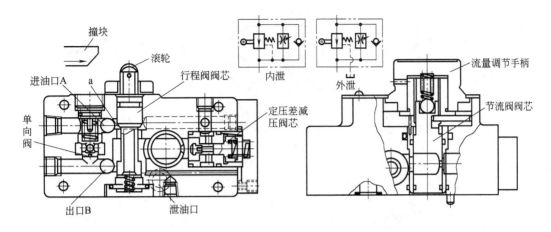

图 5-326 日本大京公司 SFD 型单向行程调速阀结构图（带减速阀）

5.17.3 调速阀的使用注意事项

① 调节流量大小时，先松开手柄上的紧固螺钉（例如图 5-324 中的防松螺钉），顺时针方向旋转手柄，流量增大；逆时针方向旋转手柄，流量减小。调节完毕，必须再将防松螺钉拧紧。

② 要在规定的流量调节范围内使用调速阀。超过最大允许流量值的流量通过阀时，会产生大的压力损失，导致发热温升和故障；超过最小允许流量（最小稳定流量，每一种阀均有所规定）使用阀，会出现所调流量不稳定甚至断流产生爬行等故障。

③ 阀安装面的平面度应为 13μm，粗糙度在 1.6μm 内。

④ 油液的过滤精度不低于 25μm，最好在阀前设置 10μm 的管路滤油器。

⑤ 对于定压差减压阀作压力补偿器的调速阀，为了确保获得满意的调节流量，阀进口压力应不低于某一数值（例如美国 Vickers 的 FCG 型调速阀为 0.1MPa）。

⑥ 为了获得满意的流量调节，在节流口进出口两端一般应保持一定数值压差（例如 0.9MPa，随阀的品种而定），否则不能保持恒定的流量，而会受到工作负载的影响。并且要求调速阀的出口压力不能低于 0.6MPa。

⑦ 对于用定差溢流阀（旁通阀）作压力补偿器的调速阀因为总是有一些油经常通过旁通阀流入油箱，因此要求泵的流量要大于阀的流量一定值（例如阀流量是 106L/min，则至少需流量为 125L/min 的泵）。

⑧ 采用定差溢流阀作压力补偿器的调速阀回油口的压力有规定，且只能用在进口节流的回路中。

⑨ 调速阀宜用黏度为 17~38cSt（1cSt= 1mm²/s）的油液，环境温度－20~40℃，正常工作油温在－20~65℃。

5.17.4 调速阀的拆装

以图 5-327 所示的美国威格士公司产的 FCG 型（FG 型不带单向阀）带温度压力补偿的单向调速阀为例，说明其拆装方法。

FG 型调速阀的阀体内装有定压差减压阀与节流阀两个阀，FCG 型单向调速阀的阀体内还加装有一单向阀。只要将这些阀中各阀两端的螺堵卸掉，就可拆卸这两种阀。其中节流多了一个手柄调节部分，拆卸与装配均较容易。

图 5-328 所示的美国威格士公司、日本东京计器公司 PG 型调速阀，只要将这些阀两端的卡簧卸掉，并取出堵头，就可拆卸这种阀。其中定压差减压阀的阀套 4 要压出。

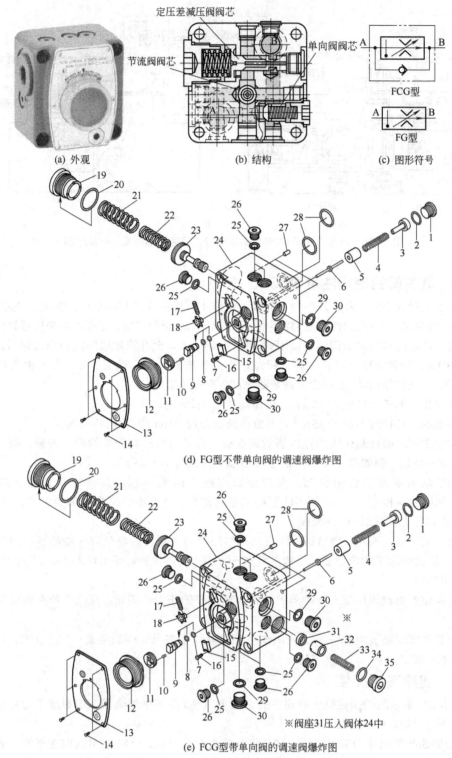

定压差减压阀阀芯

节流阀阀芯

单向阀阀芯

A　B

FCG型

A　B

FG型

(a) 外观　　　　　(b) 结构　　　　　(c) 图形符号

(d) FG型不带单向阀的调速阀爆炸图

※阀座31压入阀体24中

(e) FCG型带单向阀的调速阀爆炸图

图 5-327　美国 Vickers 公司调速阀（带压力、温度补偿）

1—定位杆堵头；2, 7, 8, 20, 25, 28, 29, 34—O 形圈；3—弹簧定位芯轴；4, 17, 21, 22, 33—弹簧；
5—节流阀阀芯；6—温度补偿杆；9—调节杆；10—定位销；11—内套；12—调节手柄；13—标牌；
14—铆钉；15—定位块；16—小螺钉；18—挡圈；19, 30, 35—堵头；23—减压阀阀芯；
24—阀体；26—螺堵；27—定位销；31—单向阀阀座； 32—单向阀阀芯

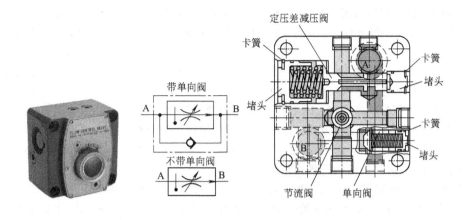

图 5-328　美国威格士公司、日本东京计器公司 PG 型调速阀

5.17.5　故障分析与排除

如前所述，调速阀是由"节流阀＋压力补偿装置"所组成，而单向调速阀是由"节流阀＋压力补偿装置＋单向阀"所组成，因而其故障分析与排除方法可参阅小节 5.14、5.15 及 5.2 中的相关内容。此处补充说明如下。

【故障 1】　流量大小不能调节

产生这一故障的主要原因是节流阀芯卡死（图 5-329），可清洗阀芯，予以排除。

【故障 2】　调速阀调好的流量不稳定，使执行元件速度不稳定

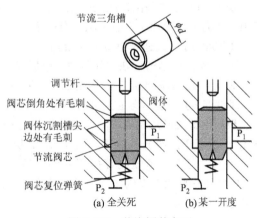

图 5-329　节流阀芯卡死

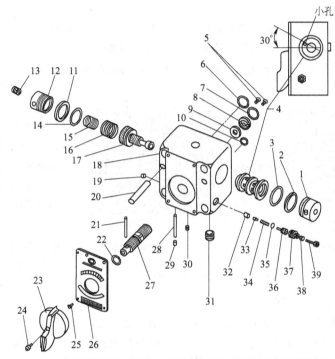

这一故障表现为在使用调速阀的节流调速系统中，一旦负载出现扰动，或者调速阀进油口压力流量一发生变化，执行元件（如液压缸）马上出现速度变化。其产生原因和排除方法有以下几种。

① 定压差减压阀阀芯被污物卡住，减压口 j 始终维持在某一开度上（图 5-329），完全失去了压力补偿功能，此时的调速阀只相当节流阀。此时可拆开清洗。

② 如图 5-330 所示，当阀套上的小孔 f 或减压阀阀芯上的小孔 b 因油液高温产生的沥青质物质沉积而被阻塞时，压力补偿功能失效，此时可拆用细铁钢丝穿通并清洗。

③ 调速阀进出油口压差 $p_1 - p_2$ 过小。国产 Q 型阀此压差不得小于 0.6MPa，QF 型阀此压差不得小于 1MPa，进口调速阀都各有相应规定。

④ 定压差减压阀移动不灵活，不能起到压力反馈稳定节流阀前后的压差成一定值的作用，而使流量不稳定，可拆开该阀端部的螺塞（参阅图 5-327、图 5-328），从阀套中抽出减压阀芯，进行去毛刺清洗及精度检查，特别要注意减压阀芯的大小头是否同心，不良者予以修复和更换。

⑤ 漏装了减压阀的弹簧，或者弹簧折断和装错者，可予以补装或更换。

⑥ 调速阀的内外泄漏量大，导致流量不稳定应治理泄漏。

⑦ 出进油口接反，使调速阀如同一般节流阀而无压力反馈补偿作用。

【故障 3】 节流作用失灵

这一故障是指：当调节流量调节手柄，调速阀的输出流量无反应不变化，从而所控制的执行元件运动速度不变或者不运动。

① 定差减压阀阀芯卡死在全闭或小开度位置，使出油腔（P_2）无油或极小油液通过节流阀，此时应拆洗和

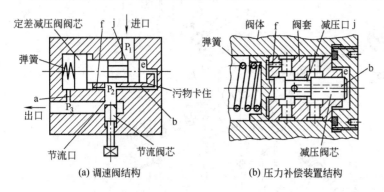

图 5-330 调速阀各阻尼孔的穿通与清洗

(a) 调速阀结构   (b) 压力补偿装置结构

去毛刺，使减压阀芯能灵活移动。

② 调速阀进出油口接反会使减压阀芯总趋于关闭，造成节流作用失灵。有些阀由于安装面的各孔为对称的，安装面上又未设置定位销，很容易装错方向。一般板式调速阀的底面上，在各油口处标有诸如 P_1（进口）与 P_2（出口）字样，仔细辨认，不可接错。

③ 调速阀进口与出口压力差太少，产生流量调节失灵。对于每一种调速阀，进口压力要大于出口压力一定数值（产品说明中有规定）时，方可进行流量调节。

【故障 4】 调速阀出口无流量输出，执行元件不动作

① 节流阀阀芯卡住在关闭位置，可拆开清洗。

② 定压差减压阀阀芯卡住在关闭位置，可拆开清洗。

【故障 5】 最小稳定流量不稳定

最小稳定流量是流量阀出厂检验指标之一，是指阀出口流量稳定输出的极小值，如 20mL/min，一般低于此值的流量通入执行元件，执行元件低速运动时会出现速度不稳定、爬行抖动现象。所以为了实现液压缸等执行元件低速进给的稳定性，对流量阀规定了最小稳定流量限界值，但往往在此限界以内，执行元件低速进给也不稳定的话，从调速阀的其他原因分析其最小稳定流量变化原因。

影响最小稳定流量的原因是内泄漏量大，具体原因一是节流阀阀芯处，二是减压阀阀芯处。

① 节流阀阀芯与阀体孔配合间隙过大，使内泄漏量增大。

② 减压阀阀芯与阀体孔配合间隙过大。由于大多调速阀的定压差减压阀阀芯为二级同心的大小台阶状，大小圆柱工艺上很难做到绝对同心，因而只能增大装配间隙来弥补，这样便造成配合间隙过大的问题，所以现在有些调速阀的定压差减压阀阀芯采用一级同心的结构。

③ 节流阀阀芯三角槽尖端有污物堵塞，当污物时堵时被冲走，造成节流口小开度时的流量不稳定的现象。最好采用薄刃口节流阀阀芯的调速阀，并注意油液的清洁度。

5.17.6　调速阀的修理

① 各种型号由于生产厂家的不同，调速阀的外观和内部结构略有差异，图 5-357 中例举了两种调速阀的立体分解图。拆检修理时一定按序拆卸，并将所拆零部件放入干净的油盘内，不可丢失。

② 修理时 O 形密封圈是必须更换的。例如图 5-331（a）中的件 4、8、22、29，图（b）中的 5、9、12、20 等。

③ 修理时主要注意几个重要零件的检修：如图 5-331（a）中的温度补偿杆 7、减压阀阀芯 20、节流阀阀芯 2、单向阀阀芯 26 等；图 5-331（b）中的节流阀阀芯 4、定差减压阀阀芯 17、阀套 8 等。

④ 图 5-331（a）中的弹簧 21 和 27，图 5-331（b）中的 15 和 16，要检查其是否折断和疲劳，不良者应予以更换，注意装配时不要漏装。

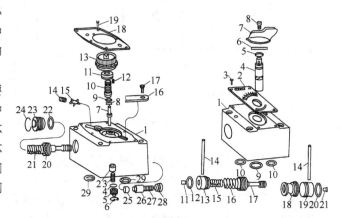

(a) 带压力、温度补偿的单向调速阀　　(b) 压力补偿的调速阀

图 5-331　调速阀的拆检修理

⑤ 按图 5-332 所示的方法对重点零件和重点部位进行检查，如外圆拉伤磨损，一般可刷镀修复。阀芯和阀套上的小孔堵塞情况一定必检，堵塞而产生的故障极为多见。

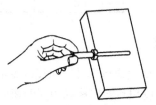

在平板上检查温度补偿杆的弯曲度
(a) 温度补偿杆的检修

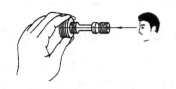

目测减压阀芯小孔的堵塞情况
(b) 定压差减压阀阀芯的检修

检查拉伤磨损情况
(c) 节流阀阀芯的检修

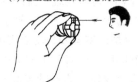

检查阀套小孔的堵塞情况
(d) 阀套的检修

图 5-332　调速阀的检修

5.17.7 调速阀的安装尺寸与各国调速阀的互换性

（1）调速阀的安装尺寸

调速阀的安装尺寸如图 5-333 所示，安装面符合 ISO 6263 国际标准的 ISO 6263-AK-06-2-A、ISO 6263-AM-07-2-A。

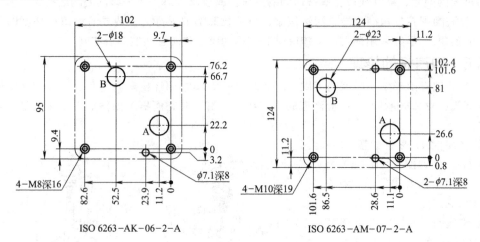

图 5-333　调速阀底面的安装尺寸

（2）各国调速阀的型号对照表（表 5-38）

表 5-38　各国调速阀型号对照表

中国榆次油研、日本油研	德国力士乐-博世、中国华德	美国伊顿-威格士、日本东京计器	丹麦阿托斯
F(C)G-02	2FRM10	F(C)G-02	QV-10/2
F(C)G-03	2FRM16	F(C)G-03	QV-20/2
FBG-03		FBG-03	
	MK-8G-1X		AQFR-10
	MK-10G-1X		AQFR-15
	MK-15G-1X	EFN-06-21-B	AQFR-20
	MK-20G-1X		AQFR-25
	MK-25G-1X	EFN-10-11-B	AQFR-32

5.18　分流阀与集流阀的使用与维修

在液压系统中，当使用一台泵供给两个或两个以上执行元件（液压缸或液压马达）时，为保证执行元件不论各自的负载变化情况如何，均能保持相同的位移或相同的速度运动，即保证液压执行元件的同步运动。在节流同步措施中要用到分流-集流阀，又称同步阀。它是分流阀、集流阀、单向分流阀、单向集流阀和分流集流阀的总称。

保持相同的位移的同步叫位置同步；速度同步则指能保证两执行元件的运动速度或固定的速比相同。位置同步一定是速度同步，反之则不一定。

分流阀是按固定的比例（也有可调的）将单一油流分成二个支流的控制阀；集流阀是按固定的比例自动将两股油流合成单一油流的控制阀。单向分流阀是单向阀和分流阀的组合；单向集流阀是单向阀和集流阀的组合；分流-集流阀是分流阀和集流阀的组合。

分流集流阀能使执行元件双向运动都起同步作用，其他则只能使执行元件在运动的一个方向起同步作用。

5.18.1 工作原理

（1）单路稳流阀

所谓单路稳流阀是指同一液压泵向几个油路供油时，通过此阀的作用可保证向其中一个油路（支路）输出恒定的稳定流量，而与其他油路的流量需求和变化大小无关。 其工作原理如图 5-334 所示，泵来的压力油 P 共分三路，一路经小孔 a 作用在阀芯右端，压力设为 p_c；一路经阀芯台肩和阀体之间的沉割槽从 B 口流出；还有一路经固定节流阻

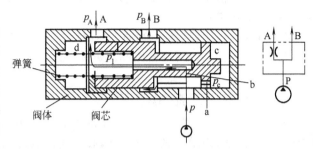

图 5-334　单路稳流阀的工作原理

尼孔 b 压力降为 p_1，再经阀芯中心孔作用在阀芯左端，并从 A 口流出。 从 A 孔流出的这一路由于定差减压阀芯与固定节流孔 b 的作用，能保证从 A 口输出的流量稳定，从阀芯的力平衡方程(忽略摩擦力和液动力)有 $p_1 A + K(x + x_0) = p_c A$，A 为阀芯端面受力面积，而 $p_c = p$，可得：$\Delta p = p - p_1 = K(x + x_0)/A$，$\Delta p$ 为固定节流口 b 前后压差。 由于弹簧变形量 x 远小于 x_0（预压缩长度），所以 $\Delta p \approx Kx_0 = $ const（常数）；而 b 又为固定节流口，通流面积 A_b 不变。 所以通过 b 孔的流量 $Q = CA_b \sqrt{\dfrac{\alpha}{\rho} \Delta p}$ 保持不变，即从 A 孔流出的流量保持不变。

如果 A 口的负载压力 $p_A(p_1)$ 降低，阀芯会因力平衡破坏而左移，使 P→B 的开口增大，使 P 的流动阻力减小而压力降低，即压力 p 降低，所以 $\Delta p = p - p_1$ 又恢复到原来的压差值不变；反之如果 A 的负载压力 $p_A(p_1)$ 增大，则阀芯右移，关小了 P→B 的开口，使 B 口的节流效果增强，油流因受阻而压力 p 升高，所以压差 Δp 仍然不变，从而使从 A 口流出的流量保持不变。

（2）活塞式分流阀

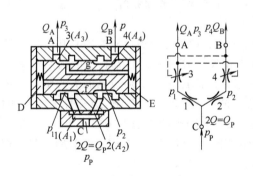

图 5-335　活塞式分流阀的工作原理

图 5-335 所示为活塞式分流阀的工作原理图，泵来的压力油 p_P（$Q_P = 2Q$）从 C 口流入分流阀，经过两个尺寸相同（$A_1 = A_2$）的固定节流孔 1 和 2 及可变节流口 3 和 4（通流面积分别为 A_3 和 A_4）后，从油口 A 和 B 流出，进入两液压缸（图中未画出）。 p_3 与 p_4 分别为分流阀的出口压力，也为液压缸的负载压力。 当负载压力相等时，阀芯处于中间位置，即 $A_3 = A_4$，$p_3 = p_4$ 这时，出油口 A 和 B 流出的流量 Q_A 与 Q_B 由流量公式显然是相等的（压差相等，开度一致），保证两液压缸的速度同步，即有 $Q_A = Q_B = 1/2Q_P = Q$，可保证两液压缸的速度同步。

当出油口 A 和 B 的负载压力不相等时，例如当出油口 A 的负载压力 p_3 增大时，由于阀芯两端的 D 腔与 E 腔通过通道 f 和 g 分别相连，阀芯右端 E 腔的压力也会由 p_1 增大至某一值 p_1'，由于 $p_1' > p_2$，阀芯向左移动，使 A_3 增大，A_4 减小，于是 p_1' 下降，p_2 上升，直到 p_1' 下降到 p_1''（仍大于 p_1），p_2 上升到 p_2''，$p_1'' \approx p_2''$ 时为止，这时阀芯停在一个新的平衡位置上；$A_3' > A_4'$，而 $p_1'' - p_3 < p_2'' - p_4$，这样开度一大一小，而对应的压差一小一大正好能使出口流量 Q_A 仍然与 Q_B 相等。

由此可见，等量分流阀之所以能保持等量分流，关键在于随着出油口处负载压力的变化使阀芯移动，自动改变节流口的压降来适应出油口处的压力差异，其结果仍使两个固定节流孔的压降

相等，因而保证了两出口处流量相等。 必须指出，分流阀自动反馈调节后分配出来的流量虽保持相等但与原来流量略有不同，这是由于在新的平衡位置上两个固定节流孔前后压差（压降）比原值略有增减的缘故。

集流阀的工作原理与分流阀的工作原理相反，可反推之。 在图 5-361 中，若 A 与 B 改为进口，孔 C 为汇流出口，则成集流阀，所以下述介绍的阀均为分流和集流兼用，称之为分流-集流阀。

（3）活塞式分流-集流阀

如图 5-336 所示，图（a）为分流工况的工作原理图。 压力油 p_C 从 C 口进入，然后分成两路分别经活塞 1、2 的固定节流孔 A_1、A_2 由分流口 A 和 B 流出。 流经固定节流孔 A_1 和 A 的油液压差 Δp_{A_1}、和 Δp_{A_2} 分别为： $\Delta p_{A1} = p_C - p_D$（$p_D$ 为 D 腔的油液压力），$\Delta p_{A_2} = p_C - p_E$（$p_E$ 为 E 腔的油液压力）。 此压差使两活塞离开中间位置分别至左右两侧的位置，沟通分流变节流口 3（A_3）和 A 腔 4（A_4）与 B 腔的通路。 根据流体连续性定理，流出 A 和 B 的流量 Q_A 和 Q_B 分别为左、右侧定节流孔 1（A_1）和 2（A_2）的流量。 根据伯努利小孔流量公式，流经左、右两侧定节流孔的流量分别为：

$$Q_A = C_A A_1 \sqrt{\frac{\alpha}{\rho} \Delta p_{A_1}}$$

$$Q_B = C_B A_2 \sqrt{\frac{\alpha}{\rho} \Delta p_{A_2}}$$

式中 A_1、A_2——分别为定节流孔 1 和 2 的通流面积（$A_1 = A_2$）；

       C_A、C_B——两侧的流量系数（因结构尺寸相同而相等，$C_A = C_B$）；

         ρ——油液密度。

若 $\Delta p_{A_1} = \Delta p_{A_2}$，则流经两定节流孔的流量就相等，$Q_A = Q_B$。

当 A 腔和 B 腔的负载压力相等时，通过变节流口 3 和 4 反映到 D 腔和 E 腔的油液压力也就相等，阀芯在对中弹簧作用下便处于中间位置，使左右两侧的变节流口开度 A_3 与 A_4 相等。 因 D、E 两腔油液压力相等 $p_D = p_E$，所以定节流孔 1、2 的前后油液压差也相等 $\Delta p_{A_1} = \Delta p_{A_2}$，分流口 A、B 口流出的流量也就相等 $Q_A = Q_B$。

当 A 腔和 B 腔负载压力发生变化不相等时：若 $p_A > p_B$，通过变节流口反映到 D 和 E 腔的油液压力也就不相等，即 $p_D > p_E$，定节流孔 1 的前后油液压差就小于定节流孔 2 的前后油液压差，即 $\Delta p_{A_1} < \Delta p_{A_2}$，而两活塞(阀芯)两端的承压面积相等，而 $p_D > p_E$，所以阀芯离开中间位置向右侧移动，使左侧变节流口的开度 A_3 增大，右侧变节流口的开度 A_4 减小，使瞬时流经 A_4 的油液压降增加，E 腔压力增高(B 腔负载压力不变)，直至 D、E 两腔油液压力相等至 $p_D = p_E$ 时，阀芯才停止运动，阀芯在新的位置得到新的平衡。 这时流经定节流孔 1、2 的油液前后压差又相等，即 $\Delta p_{A_1} = \Delta p_{A_2}$，所以分流出口 A、B 的流量又恢复 $Q_A = Q_B$。

图(b)为集流工况的工作原理图。 两个执行元件(如液压缸)排回的油液分别进入阀的集流口 A、B，然后汇流由 C 口排出流回油箱，经两定节流口此时的压差分别为：$\Delta p'_{A_1} = p_D - p_C$，$\Delta p'_{A_2} = p_E - p_C$，两阀芯在压差作用下均被推向中间位置，沟通集流变节流口 3′（A'_3）和 4′（A'_4），关闭分流变节流口 3 和 4。 根据流体连续性定理，从 A、B 口流入的流量 Q'_A、Q'_B 分别与定节流口 1、2 流过的流量相等。 流经定节流口 1、2 的流量为：

$$Q'_A = C_A A_1 \sqrt{\frac{\alpha}{\rho} \Delta p'_{A_1}}$$

$$Q'_B = C_B A_2 \sqrt{\frac{\alpha}{\rho} \Delta p'_{A_2}}$$

因 $C_A = C_B$，$A_1 = A_2$，若 $\Delta p'_{A_1} = \Delta p'_{A_2}$，则 $Q'_A = Q'_B$。

当 A 腔和 B 腔压力相等时，通过变节流口反映到 D 腔和 E 腔的压力也就相等，阀芯在对中弹簧作用下便处于中间位置，使左、右两侧的变节流口开度 A'_3 与 A'_4 相等，因而 D、E 两腔的油液压力相等，$p_D = p_E$，所以定节流孔 1、2 前后油液压差也相等 $\Delta p'_{A_1} = \Delta p'_{A_2}$，集流口 A、B 流入的流量 Q'_A、Q'_B 二者相等。

当 A 腔和 B 腔负载压力发生变化不相等时，设 $p_A > p_B$，通过变节流口反映到 D 腔和 E 腔的油液压力也就不相等，即 $p_D > p_E$，定节流孔 1 的前后油液压差 $\Delta p'_{A_1} > \Delta p'_{A_2}$（定节流孔 2 的前后油液压差），所以阀芯向右侧移动，使左侧变节流口 A'_3 关小，右侧变节流口 A'_4 开大。 A'_3 关小使流经 3' 的油液压降增加，D 腔压力降低，直至 D、E 腔的油液压力相等 $p_D = p_E$ 为止，阀芯才停止运动，阀芯又平衡在 $\Delta p'_{A_1} = \Delta p'_{A_2}$ 的位置，集流口 A 和 B 的流入阀的流量 Q'_A、Q'_B 又相等。

总之，负载压力的变化引起阀芯移动，自动调节变节流口的开度，总使一对定节流孔前后油液压差相等，从而保证这一对定节流孔通过的流量相等。 即分流-集流阀是利用负载压力反馈原理来补偿因负载压力变化而引起流量变化的一种流量分配阀(或相等分配或按比例分配)，而不控制流量的大小。

从上述原理可知。 在阀芯移动（动态）的过程中，并不能保证流量的均等或比例分配（因为过程中压差不等），即 $Q_A \neq Q_B$，所以它只能保证执行元件静态（稳态）时的速度同步，在动态时既不能保证速度同步，更难实现位置同步。 一般而言只能用于开环控制。

图（c）为活塞式分流-集流阀的结构，设在阀套中的常通小孔 ϕ 是为了使其中一个执行元件到达终点时，另一执行元件不会因变节流口的全关而停止运动。

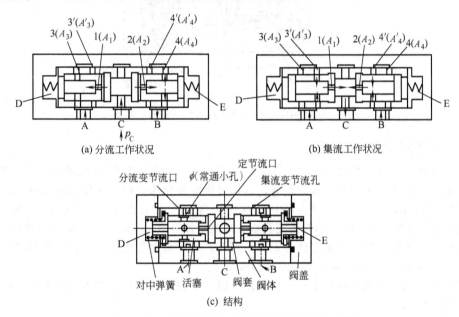

图 5-336　活塞式分流-集流阀的工作原理与结构

（4）挂钩式分流-集流阀

如图 5-337 所示，图（a）、图（b）分别为分流工况和集流工况工作原理图，图（c）为结构例。

图（a）中，压力油 p_C 由 C 孔进入后分成两路，分别经固定节流孔 1、2（通流面积分别为 A_1、A_2），再分别经变节流孔 3、4（通流面积分别为 A_3、A_4），从分流出口 A、B 流出，实现分流，流经定节流孔 1、2 的前后压差分别为 $\Delta p_{A_1} = p_C - p_D$，$\Delta p_{A_2} = p_C - p_E$，此压差使两带挂钩的左右阀芯移向左、右两端，变节流孔 3、4 开启，油液分别从 A、B 口流出，实现分流，与上述活塞式分流-集流阀的原理相同，利用压力补偿可使两固定节流孔前后压差 $\Delta p_{A_1} = \Delta p_{A_2}$，所以 $Q_A = Q_B$。

图（b）为集流工况的工作原理图。 两个执行元件排出的油液分别从阀 A、B 口流入，然后分别经变流口 3′、4′，固定节流孔 1、2 汇流后从 C 口流出，回到油箱，流经两固定节流孔 1、2 油液的前后压差 $\Delta p'_{A_1} = p_D - p_C$，$\Delta p'_{A_2} = p_E - p_C$，使两挂钩阀芯移向左右两端平衡位置，工作原理与上述活塞式分流-集流阀的集流工况原理完全相同。

图（c）是挂钩式分流集流阀的结构例。 缓冲弹簧的作用是为了使阀芯由分流工况过渡到集流工况时起缓冲作用，以防阀芯受冲击损坏。

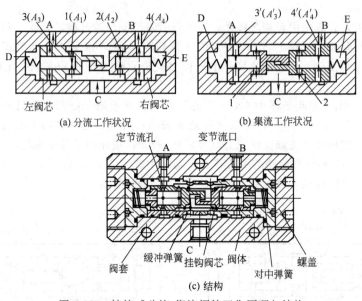

图 5-337 挂钩式分流-集流阀的工作原理与结构

（5）可调式分流-集流阀

上述分流-集流阀因为固定节流孔，节流面积不可调。 当利用其他流量阀使执行元件进行调速时会使通过分流-集流阀的流量发生改变，引起两侧定节流孔前后油液压差发生改变，从而影响同步精度，所以出现了图 5-338 所示的可调式分流-集流阀。 它将上述挂钩式分流-集流阀中阀芯上的定节流孔改为阀左、右两侧的固定孔板，并设置针形阀，可调节和改变孔的通流面积，组成可调节流孔。 通过调节可保证在通过不同流量时，在可调定节流孔前后有一个相同的油液压差，使阀通过不同流量时，能保持有相同的同步精度。

可调式分流-集流阀的可调节流孔一经调定，相当于变为不可调式的固定节流孔，因而它的工作原理可参阅上述。

将可调式分流-集流阀的两个可调节流孔的通流面积调成一定比例，可组成定比式分流-集流阀，但这种调节有一定难度。

（6）自调式分流阀

无论上述不可调式还是可调式分流阀在两执行元件的整个行程中速度有快慢变化的同步系统均是不太适用的。 因为速度改变的瞬态过程中，通过流量也会突然变化，这会引起分流阀两侧的定节流孔或可调定节流孔前后压差的改变，从而影响到同步精度。 为了使两执行元件在整个行程中虽然有速度改变（例如由慢到快），又能不对同步精度构成实质性的影响，出现了图

5-339所示的自调式分流阀。它在通过流量突然变化时，仍能保持很好的同步精度。

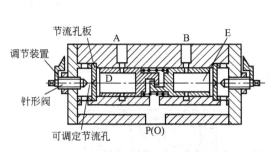

图 5-338 可调式分流集流阀工作原理与结构

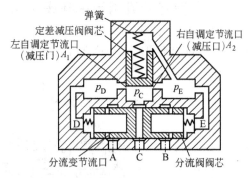

图 5-339 自调式分流阀工作原理与结构

其结构原理是：它由分流阀和定压差减压阀组成，并且将分流阀芯上的定节流孔用定差减压阀的减压口代替，即定节流口即为减压口，并且开口大小可根据流量大小自动调整，且此自调的定节流口前后油液压差为常数(基本不变)。

压力油由 C 口进入，经左、右自调节流孔分别进入 D 腔和 E 腔，再通过左、右两分流变节流口，分别从 A、B 口流出。

一方面，平底的减压阀芯和通流孔孔径一致，可使在同一时刻左、右自调定节流口的通流面积 A_1 与 A_2 相等。

另一方面，由于定差减压阀的作用可使右侧自调定节流口的前后油液压差 $\Delta p_{A_2} = p_C - p_E =$ 常数。其理由如下：定差减压阀阀芯上下两端面的面积相等设为 S，则受力平衡方程为(忽略摩擦力和液动力)

$$p_C S = p_E S + K(y + y_0)$$

即

$$\Delta p_{A_2} = p_C - p_E = \frac{K}{S}(y + y_0)$$

式中 K——弹簧刚度；y_0——弹簧预压缩量；y——阀芯开口的位移改变量。
由于 $y_0 \gg y$，所以，

$$\Delta p_{A_2} = p_C - p_E \approx \frac{K}{S} y_0 = 常数$$

当分流阀阀芯处于平衡状态，D 腔油液压力 p_D 等于 E 腔的油液压力 p_E，因此左侧自调定节流孔的前后油液压差 $\Delta p_{A_1} = \Delta p_{A_2} =$ 常数。

这样，左、右两自调节的定节流孔的前后压差相等，通流面积相等，流量系数也相等，因此根据通过节流口的流量公式有 $Q_A = Q_B$。

如果执行元件由慢速转为快速经过阀的流量突然增大时，瞬间定差减压阀阀芯的机械运动跟不上流量的变化，使定差减压阀进油腔油液压力由原来的 p_C 增高至 p'_C，使其阀芯向上顶起，增大自调定节流孔的通流面积，定差减压阀的进油腔压力 p'_C 马上降低，直至 $\Delta p_{A_1} = \Delta p_{A_2} =$ 常数，因 D、E 腔油液压力未变，所以减压阀进油腔压力又回复至 p_C。

反之如果执行元件由快速转为慢速，经过 C 口进入阀的流量突然减少时，定差减压阀进油腔油液压力由原来的 p_C 降至 p''_C，于是定差减压阀阀芯向下移动，关小自调定节流孔的通流面积，使减压阀的进油腔压力 p''_C 增高，直至 $\Delta p_{A_1} = \Delta p_{A_2} =$ 常数，因 D、E 腔压力未变，所以减压阀进口腔压力又回复至 p_C。

所以自调式分流阀在执行元件变速过程中所通过的流量发生变化时，自调定节流孔能根据流量的多少自动调节通流面积的大小，以使左右两侧自调定节流孔的前后油液压差相等，并等于常数，从而保证执行元件在变速时也具有较好的同步精度。

（7）单向分流阀与单向集流阀

单向阀与分流阀或集流阀的组合可构成单向分流阀或单向集流阀。如图 5-340 所示，图（a）为单向分流阀，图（b）为单向集流阀。

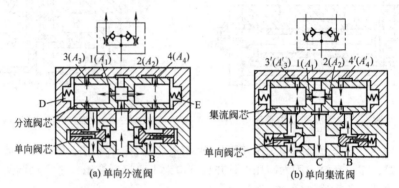

图 5-340　单向分流阀与单向集流阀的工作原理与结构

图 5-340（a）所示的单向分流阀由分流阀与单向阀组成。压力油由 C 口进入，使左、右两单向阀关闭而进入分流阀。再分两路，分别经固定节流孔 1、2 再分别经变节流口 3、4 从 A 口与 B 口流出，起分流作用。其工作原理同前述；当油液反向从 A 口、B 口流入，单向阀打开，分流阀不起作用，油液汇流后由 C 口排出，通过单向阀时油液的阻力损失很小。

图 5-340（b）为单向集流阀，由集流阀与单向阀组成，压力油分别由集流口 A 和 B 流入，此时两单向阀阀芯在压力油的作用下关闭，A、B 腔来油分别经集流阀变节流口 3′、4′ 再分别经节流口 1、2 汇流后从 C 腔排出，起集流阀的作用；油液反向从 C 口流入时，打开左、右单向阀，分别从 A 口、B 口流出，集流阀此时不起作用，油液通过阀（单向阀）的阻力损失很小。

5.18.2　常见故障分析及排除

【故障 1】　同步失灵

所谓同步失灵是指几个执行元件不同时运动。产生的原因和排除方法有以下几种。

① 分流阀阀芯因几何精度不好或因毛刺等产生径向卡住。此时应修复阀芯，清除毛刺，保证阀芯在反馈运动时的灵活性。

② 因阀芯与阀体孔的配合间隙过小，在系统油液污染或油温过高时，阀芯也容易产生径向卡住。因此在使用中应注意油液的清洁度和油液的温度，保证阀芯运动的灵活性。

③ 因液压缸（或液压马达）安装不好，或因其他原因，缸动作不灵活，产生同步失灵。此时需矫正液压缸安装位置。

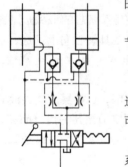

图 5-341　接入双液控单向阀

④ 系统压力过低，压力未上去，造成同步失灵。因为一次节流孔（固定节流孔）的压降如果低于 0.6~0.8MPa，将使分流阀不能工作，所以系统压力（流入分流阀的压力）至少要大于此压力值，否则分流阀不起作用。

⑤ 液压缸 4 两油腔因负载压力不等而窜油；分流阀 2 内部各节流孔相通，当执行元件在行程停止时而窜油，这便影响下一步的同步动作，此时可在同步回路中接入双液控单向阀 3（图 5-341）。

⑥ 分流阀在动态过程中，要经反馈达到阀芯平衡后才有同步作用。若系统动作频繁（负载压力变化频繁或换向频繁），则来不及反馈，不能起同步作用。所以不能用于动作十分频繁的同步执行元件系统。

⑦ 同步阀阀芯配合间隙过大或因磨损造成间隙过大，会因泄漏影响同

步阀的正常工作，此时可刷镀阀芯或重配阀芯，保证合适的配合间隙。

⑧ 没有弹簧对中的分流阀，停止工作时若无油液通过，阀芯将停止在任意位置上。启动的瞬间尚未起调节作用时，两油口处的流量波动很大，如果执行元件立即动作，会出现同步失灵。为此，分流阀每次接通后至少需五 s 以上再投入使用。

【故障 2】 同步误差大

产生同步误差主要有分流-集流阀的定节流孔的对称性、定节流孔前后的油流压差、液动力和泄漏量等几方面的原因，具体如下。

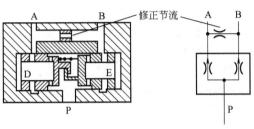

图 5-342　修正节流孔

① 阀芯径向卡紧力大，导致阀芯运动阻力增加，因而推动阀芯以达到自动补偿的 D、E 两腔（图 5-342）的油液压差就需加大，从而左、右两侧定节流孔前后油液压差的差值就大。从小孔流量公式可知，流经 A、B 腔的流量差也就大，速度同步误差也就越大。因此要针对产生径向卡紧力大的原因逐一排除。

② 流经同步阀的流量过小，或进出油腔压差过低，都会使两侧定节流孔的前后压差降低。而压差大（压力损失大）的定节流孔比压差小的定节流孔速度同步精度高，一般不能小于 0.8MPa，使用流量不应低于公称流量的 25%。

③ 在分流阀与执行元件之间接入的元件多，而且它们的泄漏量大，增大了回路的同步误差，一般在分流阀与执行元件之间尽可能不再接入其他控制元件，避免由于这些控制元件的泄漏量的不同或其他原因而增大回路的同步误差。

④ 同步阀垂直安装，会因阀芯自重而影响同步精度，所以应水平安装。

⑤ 分流阀在同步系统中可以串联、并联或串并联组合。在串联连接时，系统的速度同步误差一般为各串联联入的分流阀速度同步误差的叠加值。所以串联的阀数越多，速度同步误差越大（为各速度同步误差的平均值）。因而从减少速度同步误差累积这点来看，并联时，系统同步误差可小些。

⑥ 负载压力偏差（$p_A - p_B$）大，影响同步精度。因为此时作用在阀芯上的液动力不平衡，影响到阀芯的反馈平衡速度和难度，解决办法可采用图 5-342 所示的方法，采用修正节流孔来减少或消除液动力对速度同步精度的影响。即让流经负载压力较大支路的流量有一小部分经过修正节流孔流入负载压力较小的支路，可使速度同步精度提高。这可在阀体流道内部或阀体外部设置修正节流孔来实现。

⑦ 同步阀装错成刚度较大的弹簧。在保证阀芯能复位的情况下减少弹簧刚度，甚至取消弹簧，可提高同步精度，因此错装的弹簧要更正为刚度合适的弹簧。

⑧ 负载压力频繁强烈波动。此时分流阀在自动调节过程中会产生分流误差及其累积，从而影响同步精度，所以必须尽量减少负载压力的波动。

【故障 3】 执行元件运动终点动作异常

采用同步阀的同步系统有时会出现一个执行元件运动到达终点，而另一个执行元件停止运动不能达到终点的现象。这是由于阀套上的常通小孔 ϕ（图 5-336）堵塞的缘故。如右侧常通小孔堵塞，当左侧执行元件运动到达终点时，D 腔压力升高，使阀芯向右侧移动，引起右侧变节流孔关闭。此时，右侧因变节流孔关闭，常通小孔又堵塞，所以 E 腔就没有流量，使右侧执行元件停止运动。发现这一情况后，应及时清洗，保持常通小孔畅通。

另外，分流阀阀芯的两端应设置可调节的限位器，这样也可不至于出现上述情况。即先行到达行程端点的那一个分流阀出油口的压力升高，阀芯移动，由于有调节的限位器，不至于使另一出油口完全关闭而使另一液压缸无法继续运动到行程端点。通过调节也可消除累积误差。

5.19　叠加阀的使用与维修

顾名思义，叠加阀是一种可以相互叠装的液压阀，是在集成块和集成板的基础上发展起来的新型液压元件。它本身的内部结构与一般常规液压阀相仿，没有区别，只是每一叠加阀阀体上下均有 P、A、B、T 四个上下连通油口，每一叠加阀内部包含有 1~2 个单独的阀，它们与其他常规阀一样，包括压力阀（溢流、减压、顺序、卸荷、制动以及压力继电器等）、流量阀（节流阀、调速阀）以及方向阀（单向阀和液控单向阀）等设多种规格型号。其工作原理与前文所述的三大类（压力、流量和方向）常规阀完全相同，结构上也没有太大差异。用它们组合成液压系统时不需要另外的连接元件，而是以自身的阀体作为连接体。即每个叠加阀既起到控制元件的作用，又起到通油通道的作用，省去了许多连接管路。

用叠加阀组成的液压系统结构紧凑，体积小，重量轻，占地面积小，缩小安装空间；元件之间无管连接，消除了因油管、管接头等引起的漏油、振动和噪声，在一定程度上减小了压力损失，减少了发热，比常规阀组成的回路节能一些；系统有变化需增减元件时，重新组装方便迅速，安装简便，装配周期短；配置灵活，外观整齐，维修保养容易，得益于它是集成设置的。

5.19.1 叠加阀的组成

每一叠叠加阀由最上层的电磁阀、中层若干个叠加阀以及最下面的底板所组成（见图 5-343）。每一叠最上层均为电磁阀（电液换向阀），中层的叠加阀均为同一通径的叠加阀，若干叠叠加阀均用四根长螺栓将所有叠加阀压紧在最下边的公共底板上。这样按不同液压系统的要求，选择不同功能的几个叠加阀叠成一叠，互相叠装起来，控制一个执行元件的各种动作（如换向、调速等），图 5-343（c）是由四叠叠加阀控制四个执行元件的各种动作，组成一个完整的液压系统。

（1）叠加阀

每一叠的叠加阀均为同一通径的阀，通径与连接尺寸均与最上层的电磁阀相同，有六通径、十通径与十六通径三种（见图 5-344）。即最上层的电磁阀如果为六通径，则该叠的所有叠加阀也均为六通径的叠加阀。根据组成液压回路或液压系统的需要，决定叠加阀的个数，每个叠加阀既起到控制元件的作用，又起到通油通道的作用。

此外每一个叠加阀内部具有本手册前文所述方向阀、压力阀与流量阀相对应与相似的各种结构，起

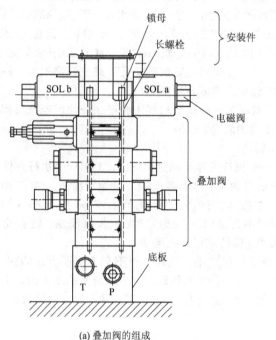

(a) 叠加阀的组成

(b) 一叠叠加阀的外观

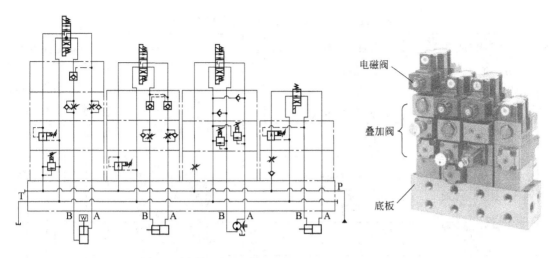

(c) 四叠叠加阀组成的液压系统

图 5-343　叠加阀的组成与安装例

方向控制、压力控制与流量控制功能，构成叠加式方向阀、叠加式压力阀与叠加式流量阀三大类叠加阀。

(a) 六通径叠加阀　　　　(b) 十通径叠加阀　　　　(c) 十六通径叠加阀

图 5-344　叠加阀外观

（2）底板

底板侧边有接泵来的公共压力油 P 口与系统接回油箱的公共回油 T 口，另外还有几组接执行元件（液压缸或液压马达）的油口 A、B。安装每一叠叠加阀的四个长螺栓将各叠的电磁阀与若干个叠加阀拧紧在底板上的安装螺孔上。

6 通径、10 通径与 16 通径的底板外观如图 5-345 所示。当然同一底板上也可以设计成安装不同通径叠加阀的混合通径底板。

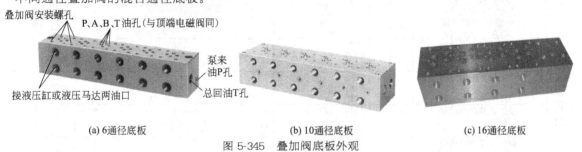

(a) 6通径底板　　　　(b) 10通径底板　　　　(c) 16通径底板

图 5-345　叠加阀底板外观

（3）叠加阀系列

来自不同国家的液压设备上使用着不同国家的不同公司所生产的品种型号繁多的各种叠加阀，其具体结构大同小异，安装尺寸均符合 ISO 4401 标准，GB/T 8099 标准。可参阅有关公司的产品目录和机械设计手册。

表 5-39 列举了日本油研公司的 6 通径叠加阀系列表，表 5-40 列举了日本大京公司 M 系列的一些叠加阀的结构原理图。

表 5-38 日本油研公司 6 通径叠加阀系列表

类别	名称和型号	液压图形符号	类别	名称和型号	液压图形符号
	电 磁 换 向 阀 (S-)DSG-01-※※※-70 E-DSG-01-※※※-D-60 T-DSG-01-※※※-D24※-70 G-DSG-01-※※※-※-50	(P T B A)		叠加式节流阀 (P油路) MSP-01-50	(P T B A)
压力控制阀	叠加式溢流阀 (P油路) MBP-01-※-30		流量控制阀	叠加式单向节流阀 (P油路) MSCP-01-30	
	叠加式溢流阀 (A油路) MBA-01-※-30			叠加式单向节流阀 (A油路，出口节流) MSA-01-X-50	
	叠加式溢流阀 (B油路) MBB-01-※-30			叠加式单向节流阀 (A油路，进口节流) MSA-01-Y-50	
	叠加式减压阀 (P油路) MRP-01-※-30			叠加式单向节流阀 (B油路，出口节流) MSB-01-X-50	
	叠加式减压阀 (A油路) MRA-01-※-30			叠加式单向节流阀 (B油路，进口节流) MSB-01-Y-50	
	叠加式减压阀 (B油路) MRB-01-※-30			叠加式单向节流阀 (A.B油路，出口节流) MSW-01-X-50	
	叠加式制动阀 MBR-01-※-30			叠加式单向节流阀 (A.B油路，进口节流) MSW-01-Y-50	
	叠加式顺序阀 (P油路) MHP-01-※-30			叠加式单向节流阀 (A.B油路出，进口节流) MSW-01-XY-50	
	叠加式平衡阀 (A油路) MHA-01-※-30			叠加式单向节流阀 (A.B油路进，出口节流) MSW-01-YX-50	
	叠加式压力开关阀 (P油路) MJP-01-※-※-10		方向控制阀	叠加式单向阀 (P油路) MCP-01-※-30	
	叠加式压力开关阀 (A油路) MJA-01-※-※-10			叠加式单向阀 (T油路) MCT-01-※-30	
	叠加式压力开关阀 (B油路) MJB-01-※-※-10			叠加式防气穴阀 MAC-01-30	
流量控制阀	叠加式调速阀 (P油路) MFP-01-10			叠加式液控单向阀 (A油路) MPA-01-※-40/4001	
	叠加式单向调速阀 (A油路，出口节流) MFA-01-X-10			叠加式液控单向阀 (B油路) MPB-01-※-40/4001	
	叠加式单向调速阀 (A油路，进口节流) MFA-01-Y-10			叠加式液控单向阀 (A和B油路) MPW-01-※-40/4001	
	叠加式单向调速阀 (B油路，出口节流) MFB-01-X-10		叠加阀板和安装螺栓	顶板 (封板) MDC-01-A-30	
	叠加式单向调速阀 (B油路，进口节流) MFB-01-Y-10			顶板 (旁通板) MDC-01-B-30	
	叠加式单向调速阀 (A.B油路，出口节流) MFW-01-X-10			连接板 (P、A油路) MDS-01-PA-30	
	叠加式单向调速阀 (A、B油路，进口节流) MFW-01-Y-10			连接板 (P、B油路) MDS-01-PB-30	
	叠加式温度补偿单向节流阀 (A油路，出口节流) MSTA-01-X-10			连接板 (A、T油路) MDS-01-AT-30	
	叠加式温度补偿单向节流阀 (B油路，出口节流) MSTB-01-X-10			基础板 MMC-01-※-40	
	叠加式温度补偿单向节流阀 (A.B油路，出口节流) MSTW-01-X-10			螺栓组件 MBK-01-※-30	

表 5-40　日本大京公司 M 系列叠加阀结构原理图

名称	代号	图形符号	结　　构
电磁阀	JSO-G02 型	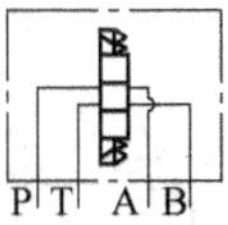 P T A B	1. 6、10 通径采用电磁换向阀 2. 16、20、32 通径的采用电液动换向阀
P 口 溢流阀	MR-02P	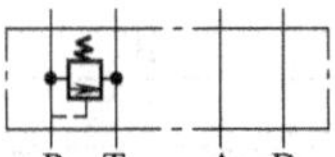 P T A B	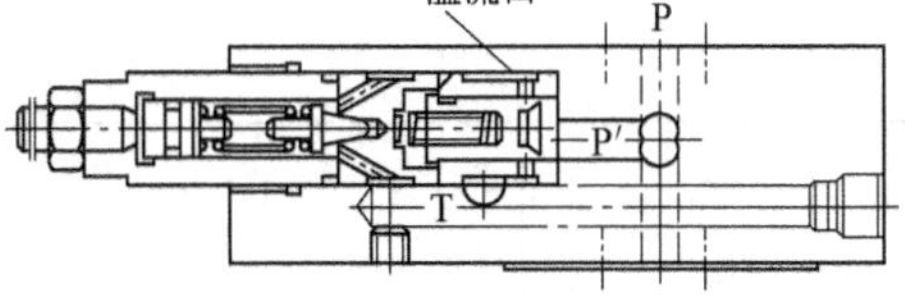 溢流口　P　P'　T 1. 图中为先导式溢流阀，有些公司采用直动式 2. 除 P 管路用的外，还有 A 管路和 B 管路用的叠加式溢流阀
P 口 减压阀	MG-02P	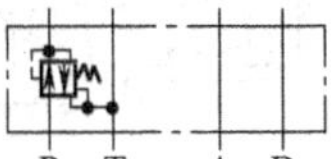 P T A B	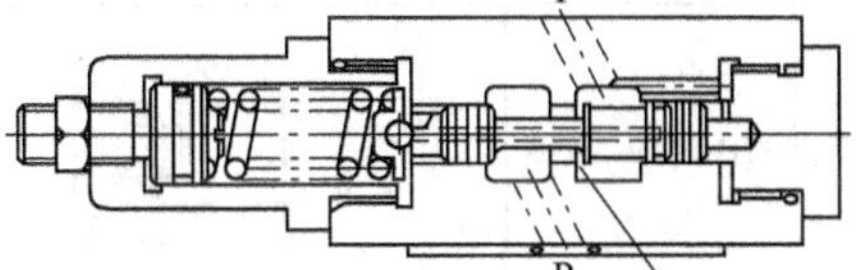 P　减压口 1. 控制油来自 P 口 2. 可采用直动式和先导式，图中为直动式
B 口 减压阀	MG-02B 型	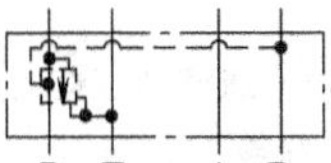 P T A B	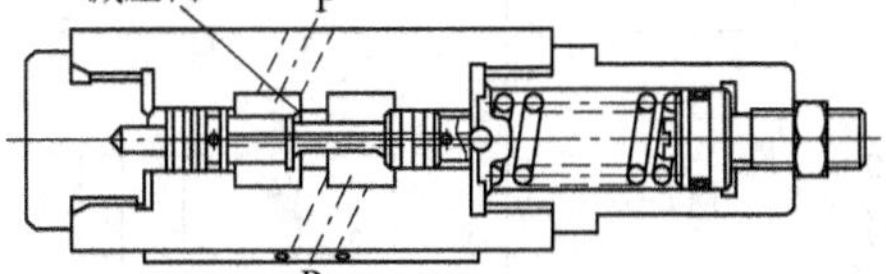 减压口　P 1. 控制油来自 B 口 2. 可采用直动式和先导式，图中为直动式
低压 减压阀	MGB-02P 型 MGB-02B 型	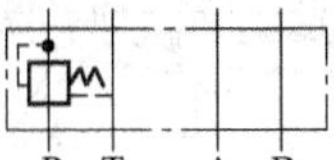 P T A B P T A B	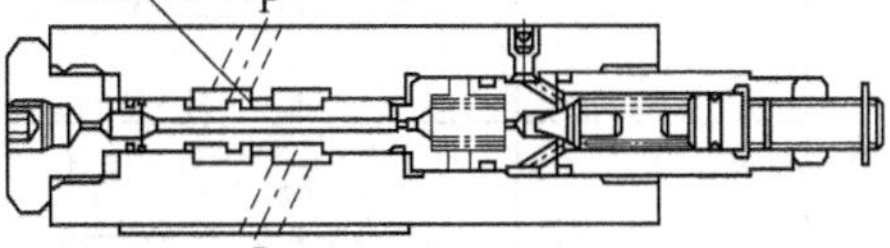 减压口　P P 1. 控制油来自出油口 P 或 B 口 2. 图中为先导式
P 口 顺序阀	MQ-02P-2 型	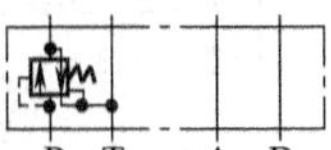 P T A B	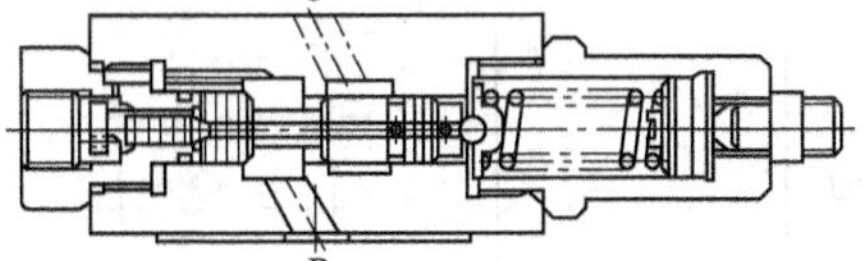 P 控制油来自进油口 P，泄油通过内部通道从 T 口排回油箱

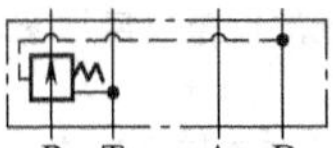

名称	代号	图形符号	结　构
B口 平衡阀	MQ-02B 型	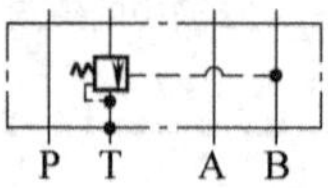	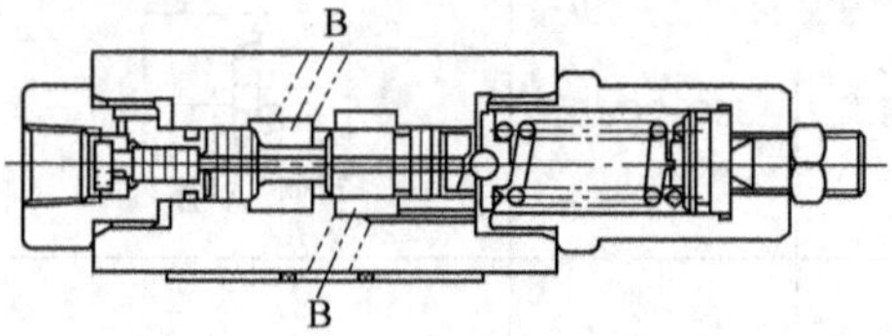 控制油引自 B 通道，B 通道压力升高到一定压力，顺序阀才打开，油液才流回油箱，起平衡支撑作用
B口 带单向阀 的平衡阀	MQC-02B 型	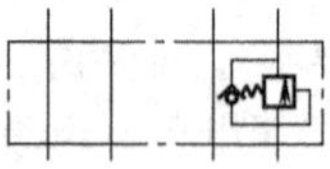	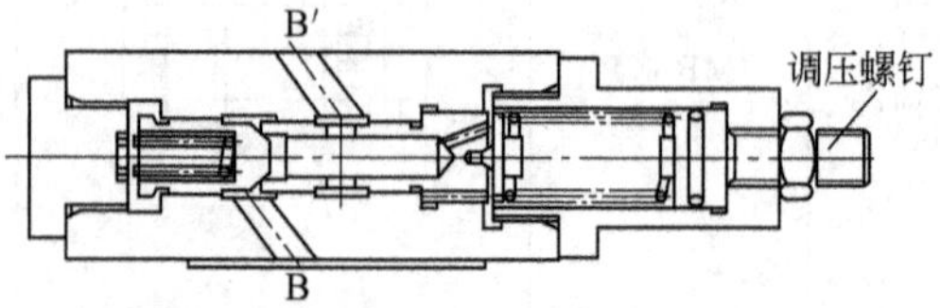 控制油引自 B 通道，B 通道压力超出调压螺钉所调节的压力时才打开，反向油经单向阀自由流量
制动阀	MB-02W-20 型	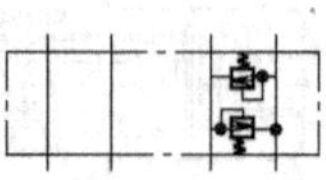	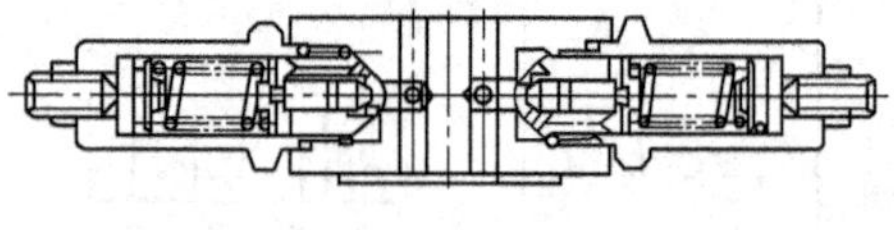
P口 节流阀	MT-02P	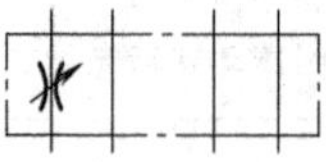	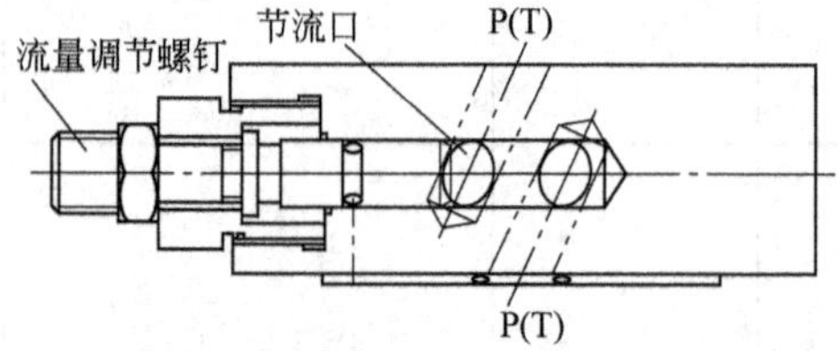
T口 节流阀	MT-02T	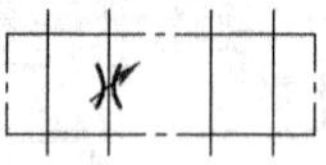	1. 通过对流量调节螺钉的调节可改变节流口通流面积的大小，以调节流量 2. 可装于 P 通道或 T 通道
AB口 节流阀	MT-02W 型	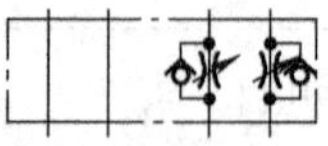	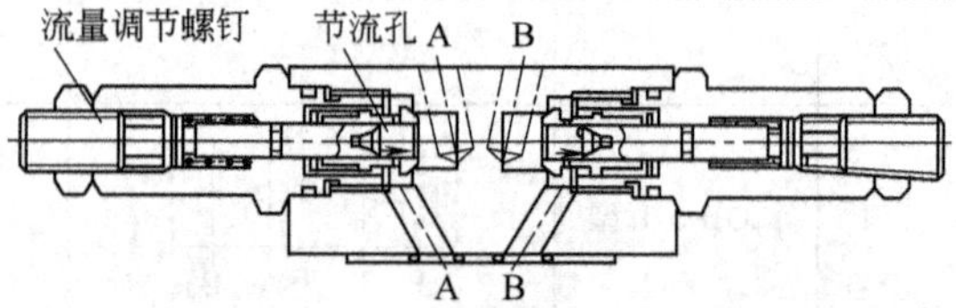
	MT-02W 型	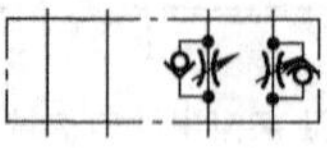	1. 阀芯上加工有多个孔，通过流量调节螺钉的调节，可改变对节流孔的遮盖数目，以改变节流口通流面积，调节流量大小 2. 分回油节流和进油节流两种，反向时起单向阀作用（阀芯既为节流阀芯，又为单向阀）
防气能阀 （吸油阀）	MC-02W-20 型	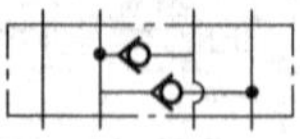	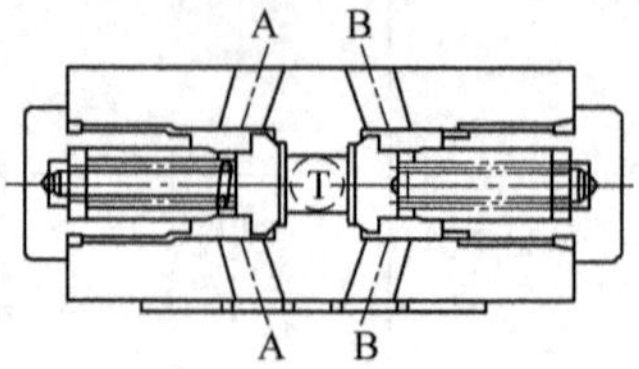 当 A 或 B 通道（接执行元件）为局部真空时，打开从油箱吸油，防止汽蚀

名称	代号	图形符号	结　　构
液控单向阀	MP-02W-2 型	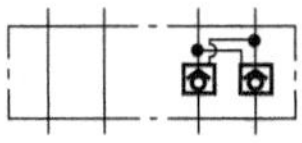	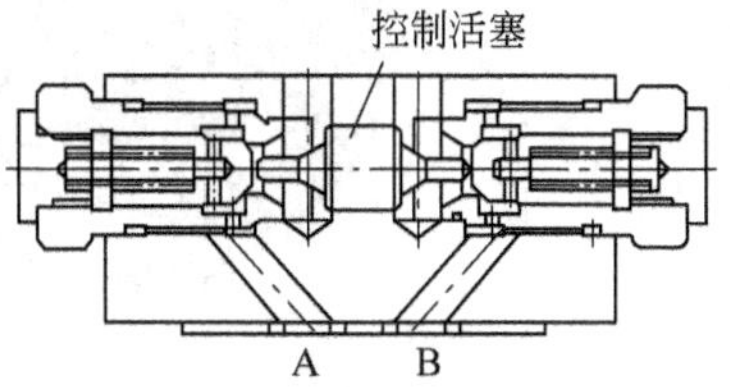 控制活塞 A　B
单向阀	MC-02 P-＊-10 型	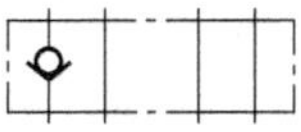	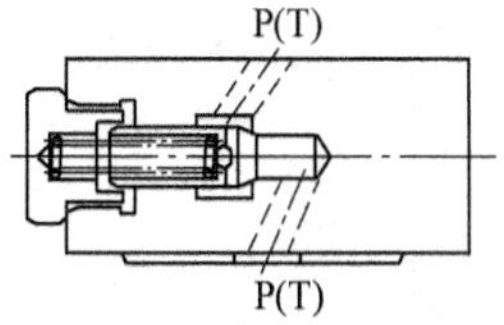 P(T) P(T) 可装于 P 通道或 T 通道，正向导通，反向截止
	MC-02 T-＊-10 型	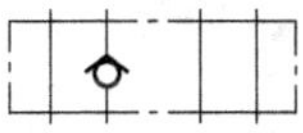	
	MC-02 PA-＊-10 型	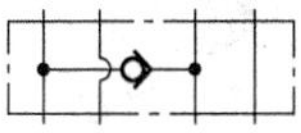	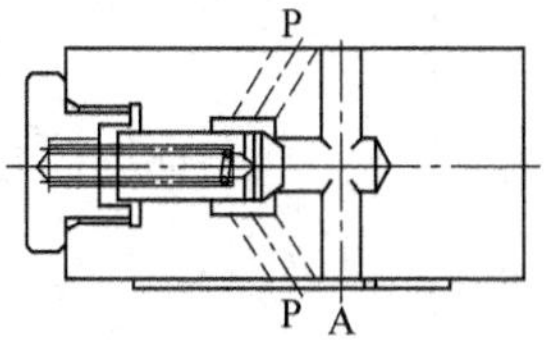 P P　A

5.19.2　工作原理与结构

如上所述，叠加阀与常规的阀（非叠加阀）的区别仅在于叠加阀上多了几个过油通道，其他在工作原理与结构方面基本上没有什么区别。因此在阀的工作原理、结构、故障排除与维修方面完全可以参考常规阀。

目前国内生产和进口液压设备上使用的叠加阀主要有：大连系列、多机能叠加阀系列、榆次油研公司系列、力士乐（北京华德）公司系列、威格士公司系列等。下面介绍部分公司所产叠加阀的工作原理与结构（见表 5-41）。

表 5-41　部分公司叠加阀的工作原理与结构

类型	型号	说　　明
1. 叠加式单向阀	DM8M 型	图 a 所示为美国威格士、日本东京计器公司产的 DM8M 型叠加单向阀，因其结构与工作原理均与非叠加式普通单向阀相同，此处（下同）不再说明，可参阅本手册 5.2 节中的相关内容。 　　叠加式单向阀可用于 P 通道、T 通道、P→T 通道、T→P 通道，它们的图形符号如图（ⅲ）所示。阀芯可以是球阀芯，也可以是锥阀芯，也可以在两个通道均设置单向阀（叠加双单向阀）。

类型	型号	说　明
1. 叠加式单向阀	DM8M 型	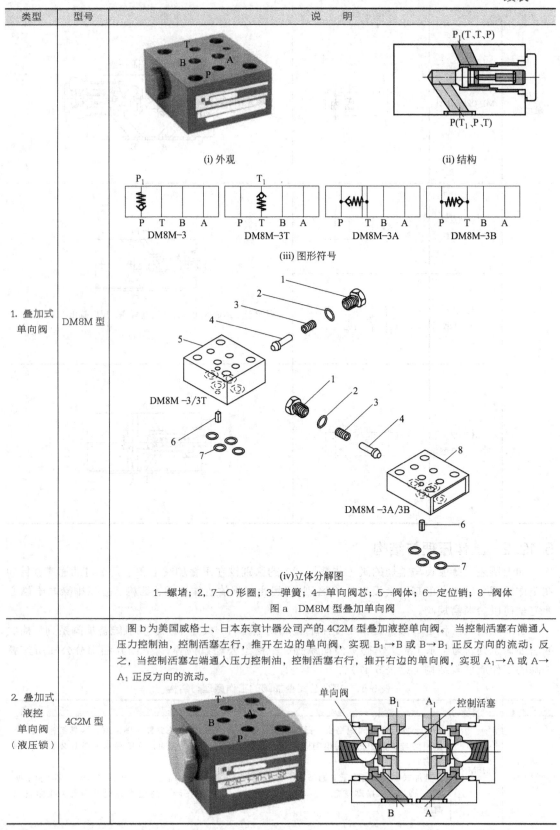
2. 叠加式液控单向阀（液压锁）	4C2M 型	图 b 为美国威格士、日本东京计器公司产的 4C2M 型叠加液控单向阀。当控制活塞右端通入压力控制油，控制活塞左行，推开左边的单向阀，实现 $B_1 \rightarrow B$ 或 $B \rightarrow B_1$ 正反方向的流动；反之，当控制活塞左端通入压力控制油，控制活塞右行，推开右边的单向阀，实现 $A_1 \rightarrow A$ 或 $A \rightarrow A_1$ 正反方向的流动。

(i) 外观　　　　　　　　　　　　(ii) 结构

(iii) 图形符号

DM8M-3　　DM8M-3T　　DM8M-3A　　DM8M-3B

DM8M -3/3T　　DM8M -3A/3B

(iv)立体分解图

1—螺堵；2，7—O 形圈；3—弹簧；4—单向阀芯；5—阀体；6—定位销；8—阀体

图 a　DM8M 型叠加单向阀

单向阀　　B_1　　A_1　　控制活塞

B　　A

类型	型号	说　明
2. 叠加式液控单向阀（液压锁）	4CZM 型	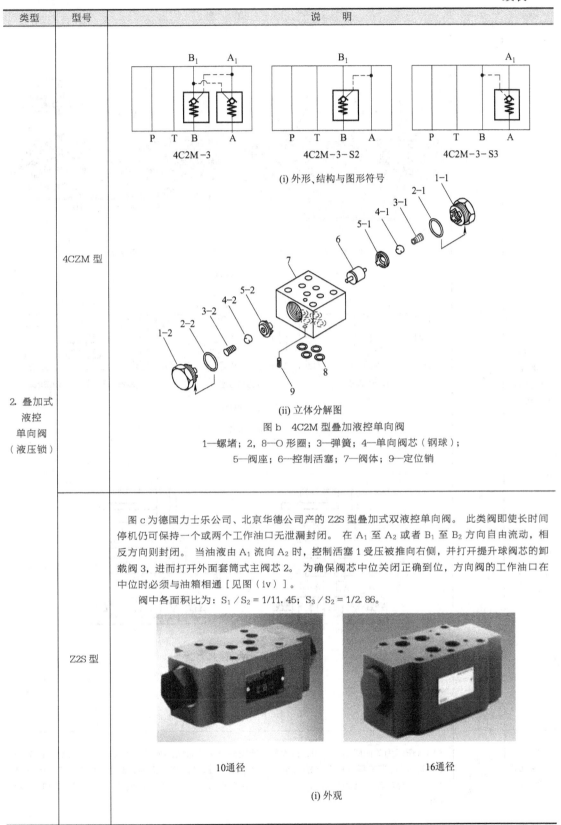

(i) 外形、结构与图形符号

图 b　4C2M 型叠加液控单向阀
1—螺堵；2, 8—O 形圈；3—弹簧；4—单向阀芯（钢球）；
5—阀座；6—控制活塞；7—阀体；9—定位销 |
| | Z2S 型 | 　　图 c 为德国力士乐公司、北京华德公司产的 Z2S 型叠加式双液控单向阀。此类阀即使长时间停机仍可保持一个或两个工作油口无泄漏封闭。在 A_1 至 A_2 或者 B_1 至 B_2 方向自由流动，相反方向则封闭。当油液由 A_1 流向 A_2 时，控制活塞 1 受压被推向右侧，并打开提升球阀芯的卸载阀 3，进而打开外面套筒式主阀芯 2。为确保阀芯中位关闭正确到位，方向阀的工作油口在中位时必须与油箱相通［见图（iv）］。

　　阀中各面积比为：$S_1 / S_2 = 1/11.45$；$S_3 / S_2 = 1/2.86$。

10通径　　　　　　　16通径

(i) 外观 |

类型	型号	说　明
2. 叠加式液控单向阀（液压锁）	Z2S 型	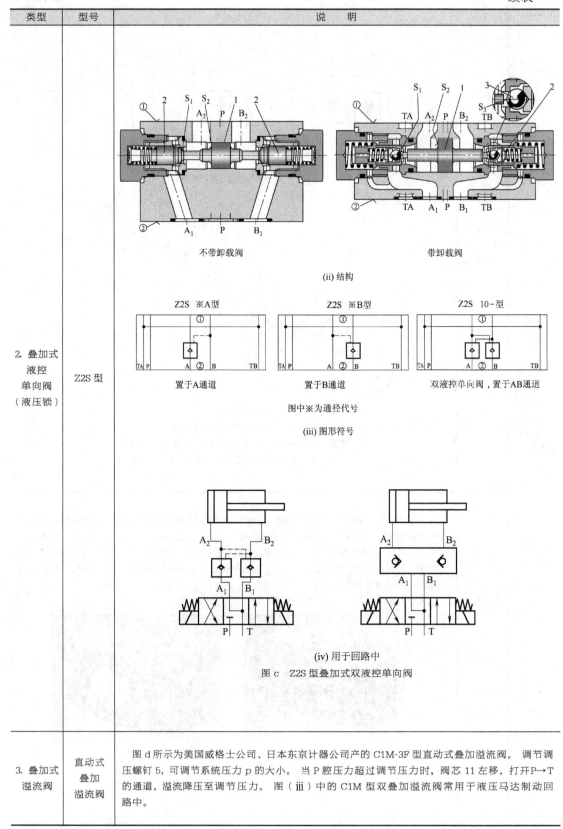 不带卸载阀　　　　带卸载阀 (ii) 结构 Z2S ※A型　　置于A通道 Z2S ※B型　　置于B通道 Z2S 10-型　　双液控单向阀，置于AB通道 图中※为通径代号 (iii) 图形符号 (iv) 用于回路中 图 c　Z2S 型叠加式双液控单向阀
3. 叠加式溢流阀	直动式叠加溢流阀	图 d 所示为美国威格士公司、日本东京计器公司产的 C1M-3F 型直动式叠加溢流阀。 调节调压螺钉 5，可调节系统压力 p 的大小。 当 P 腔压力超过调节压力时，阀芯 11 左移，打开P→T的通道，溢流降压至调节压力。 图（ⅲ）中的 C1M 型双叠加溢流阀常用于液压马达制动回路中。

类型	型号	说　明
3. 叠加式 溢流阀	直动式 叠加 溢流阀	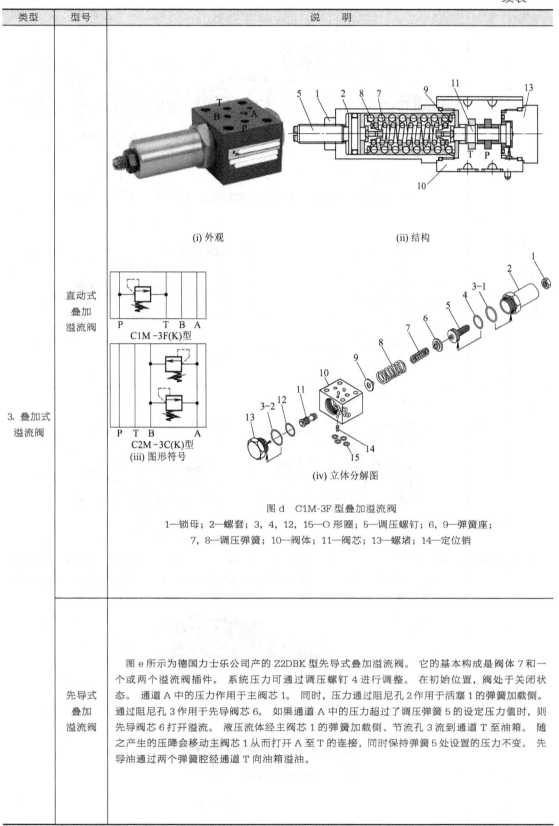
	先导式 叠加 溢流阀	图 e 所示为德国力士乐公司产的 Z2DBK 型先导式叠加溢流阀。它的基本构成是阀体 7 和一个或两个溢流阀插件。系统压力可通过调压螺钉 4 进行调整。在初始位置，阀处于关闭状态。通道 A 中的压力作用于主阀芯 1。同时，压力通过阻尼孔 2 作用于活塞 1 的弹簧加载侧。通过阻尼孔 3 作用于先导阀芯 6。如果通道 A 中的压力超过了调压弹簧 5 的设定压力值时，则先导阀芯 6 打开溢流。液压流体经主阀芯 1 的弹簧加载侧、节流孔 3 流到通道 T 至油箱。随之产生的压降会移动主阀芯 1 从而打开 A 至 T 的连接，同时保持弹簧 5 处设置的压力不变。先导油通过两个弹簧腔经通道 T 向油箱溢油。

图 d　C1M-3F 型叠加溢流阀

1—锁母；2—螺套；3, 4, 12, 15—O 形圈；5—调压螺钉；6, 9—弹簧座；
7, 8—调压弹簧；10—阀体；11—阀芯；13—螺堵；14—定位销

类型	型号	说　　明
3. 叠加 式溢 流阀	先导式 叠加 溢流阀	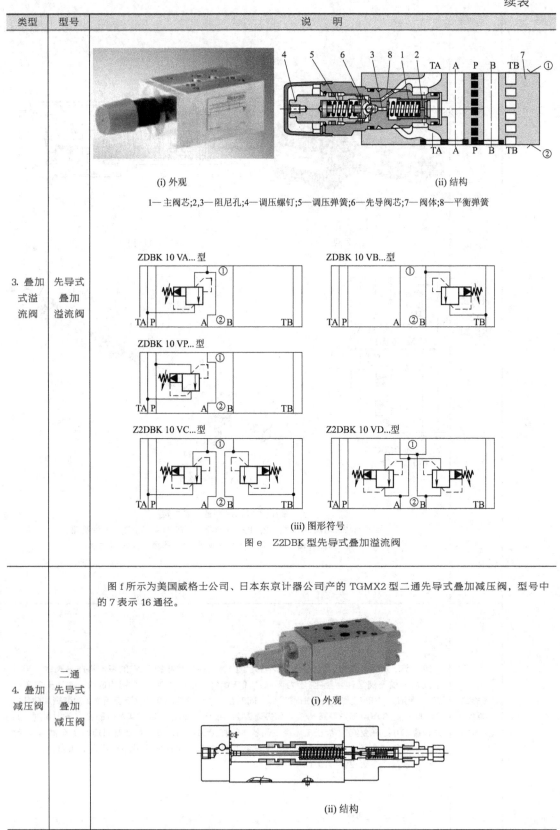
4. 叠加 减压阀	二通 先导式 叠加 减压阀	

1—主阀芯;2,3—阻尼孔;4—调压螺钉;5—调压弹簧;6—先导阀芯;7—阀体;8—平衡弹簧

(i) 外观　　　　　　　　　　　　(ii) 结构

ZDBK 10 VA...型　　　　ZDBK 10 VB...型

ZDBK 10 VP...型

Z2DBK 10 VC...型　　　　Z2DBK 10 VD...型

(iii) 图形符号
图 e　Z2DBK 型先导式叠加溢流阀

图 f 所示为美国威格士公司、日本东京计器公司产的 TGMX2 型二通先导式叠加减压阀,型号中的 7 表示 16 通径。

(i) 外观

(ii) 结构

类型	型号	说　　明
4. 叠加减压阀	二通先导式叠加减压阀	
	三通直动式叠加溢流减压阀	

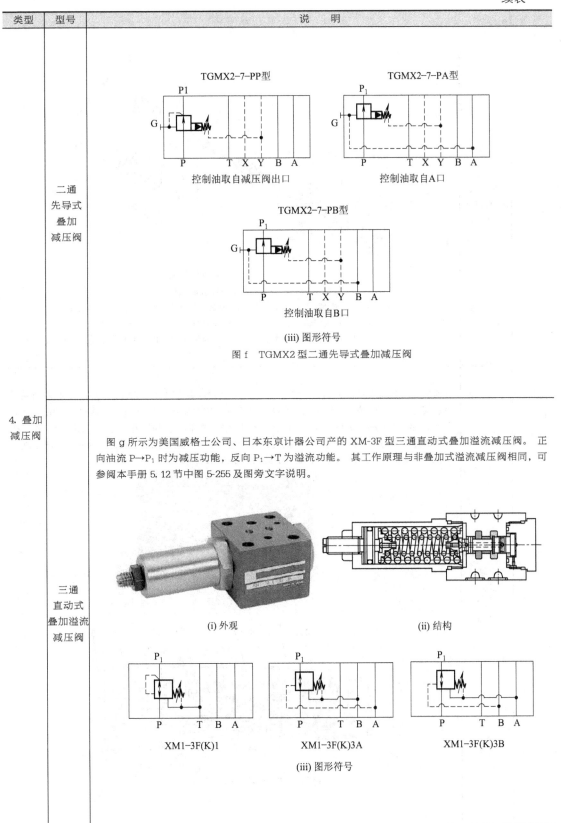

TGMX2-7-PP型

P1

G

P　　　T X Y B A

控制油取自减压阀出口

TGMX2-7-PA型

P₁

G

P　　　T X Y B A

控制油取自A口

TGMX2-7-PB型

P₁

G

P　　　T X Y B A

控制油取自B口

(iii) 图形符号

图 f　TGMX2型二通先导式叠加减压阀

图 g 所示为美国威格士公司、日本东京计器公司产的 XM-3F 型三通直动式叠加溢流减压阀。 正向油流 P→P₁ 时为减压功能，反向 P₁→T 为溢流功能。 其工作原理与非叠加式溢流减压阀相同，可参阅本手册 5.12 节中图 5-255 及图旁文字说明。

(i) 外观

(ii) 结构

P₁

P　T B A

XM1-3F(K)1

P₁

P　T B A

XM1-3F(K)3A

P₁

P　T B A

XM1-3F(K)3B

(iii) 图形符号

类型	型号	说　明
4. 叠加减压阀	三通直动式叠加溢流减压阀	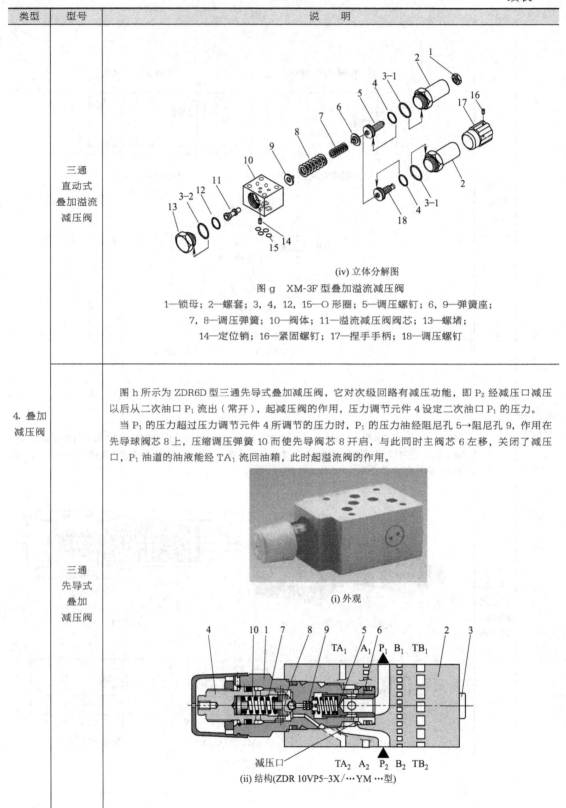 (iv) 立体分解图 图 g　XM-3F 型叠加溢流减压阀 1—锁母；2—螺套；3, 4, 12, 15—O 形圈；5—调压螺钉；6, 9—弹簧座； 7, 8—调压弹簧；10—阀体；11—溢流减压阀阀芯；13—螺堵； 14—定位销；16—紧固螺钉；17—捏手手柄；18—调压螺钉
	三通先导式叠加减压阀	图 h 所示为 ZDR6D 型三通先导式叠加减压阀，它对次级回路有减压功能，即 P_2 经减压口减压以后从二次油口 P_1 流出（常开），起减压阀的作用，压力调节元件 4 设定二次油口 P_1 的压力。 　　当 P_1 的压力超过压力调节元件 4 所调节的压力时，P_1 的压力油经阻尼孔 5→阻尼孔 9，作用在先导球阀芯 8 上，压缩调压弹簧 10 而使先导阀芯 8 开启，与此同时主阀芯 6 左移，关闭了减压口，P_1 油道的油液能经 TA_1 流回油箱，此时起溢流阀的作用。 (i) 外观 (ii) 结构(ZDR 10VP5–3X/···YM ···型)

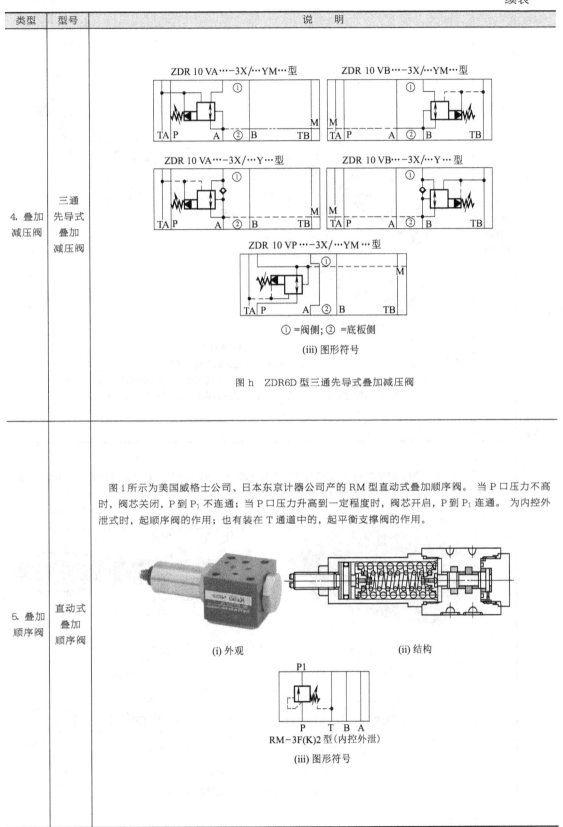

类型	型号	说　　明
4. 叠加减压阀	三通先导式叠加减压阀	
5. 叠加顺序阀	直动式叠加顺序阀	

ZDR 10 VA···-3X/···YM···型　　　ZDR 10 VB···-3X/···YM···型

ZDR 10 VA···-3X/···Y···型　　　ZDR 10 VB···-3X/···Y···型

ZDR 10 VP···-3X/···YM···型

① =阀侧；② =底板侧

(iii) 图形符号

图 h　ZDR6D 型三通先导式叠加减压阀

图 i 所示为美国威格士公司、日本东京计器公司产的 RM 型直动式叠加顺序阀。当 P 口压力不高时，阀芯关闭，P 到 P_1 不连通；当 P 口压力升高到一定程度时，阀芯开启，P 到 P_1 连通。为内控外泄式时，起顺序阀的作用；也有装在 T 通道中的，起平衡支撑阀的作用。

(i) 外观　　　　　　　(ii) 结构

RM-3F(K)2 型（内控外泄）

(iii) 图形符号

类型	型号	说　明
5. 叠加顺序阀	直动式叠加顺序阀	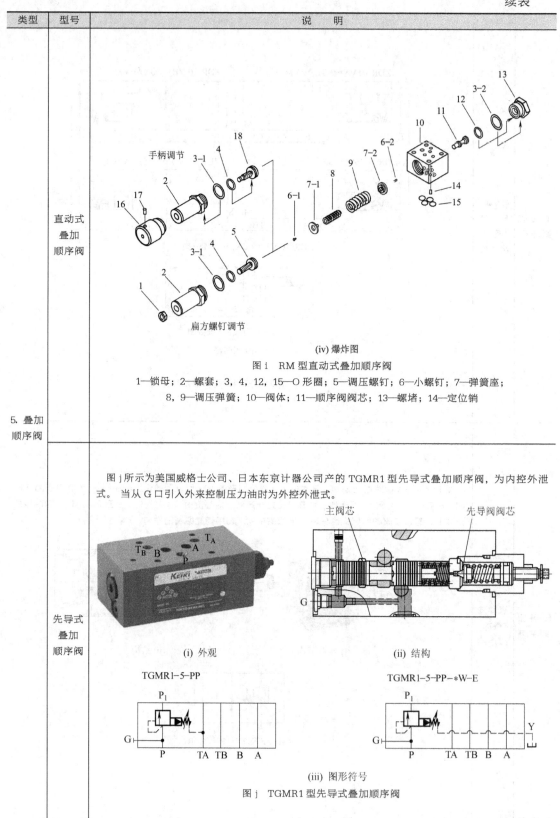 (iv) 爆炸图 图 i　RM 型直动式叠加顺序阀 1—锁母；2—螺套；3, 4, 12, 15—O 形圈；5—调压螺钉；6—小螺钉；7—弹簧座； 8, 9—调压弹簧；10—阀体；11—顺序阀阀芯；13—螺堵；14—定位销
	先导式叠加顺序阀	图 j 所示为美国威格士公司、日本东京计器公司产的 TGMR1 型先导式叠加顺序阀，为内控外泄式。当从 G 口引入外来控制压力油时为外控外泄式。 (i) 外观　　　　(ii) 结构 TGMR1-5-PP　　　TGMR1-5-PP-*W-E (iii) 图形符号 图 j　TGMR1 型先导式叠加顺序阀

类型	型号	说　　明

图 k 为美国威格士公司、日本东京计器公司产的 FN（1）M 型叠加双单向节流阀。 当液流从 B →B$_1$ 或从 A→A$_1$ 流动时，单向阀处于关闭状态，液流只能通过节流阀从 B→B$_1$ 或从 A→A$_1$ 的流动，实现进油节流；将双单向节流叠加阀换一个面装，实现回油节流。

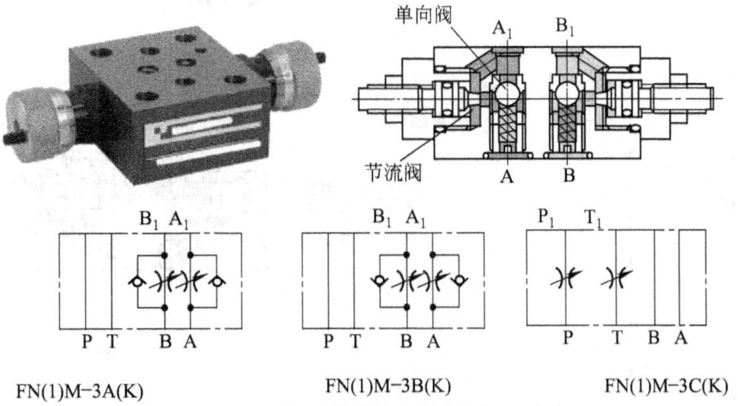

(i) 外形、结构与图形符号

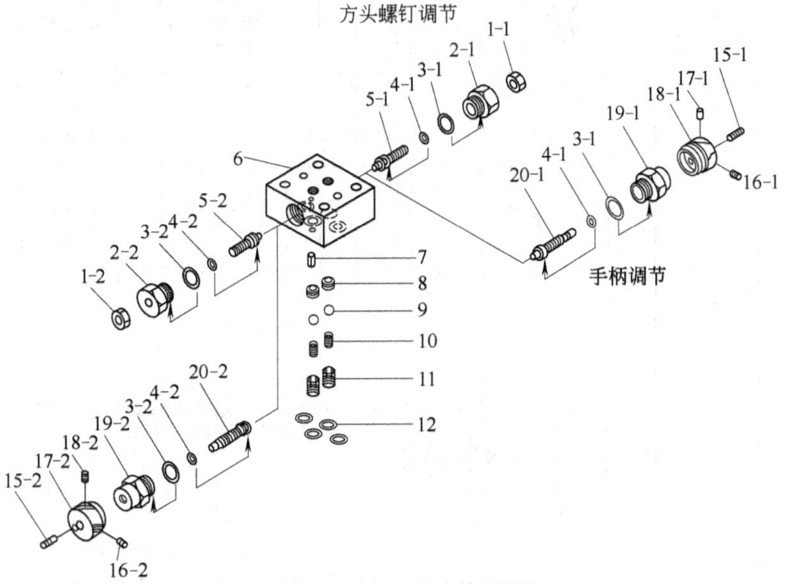

(ii) 立体分解图

图 k 叠加单向节流阀

1—锁母；2—螺套；3, 4, 12—O 形圈；5—节流阀芯；6—阀体；7—定位销；8—单向阀阀座；
9—单向阀阀芯（钢球）；10—弹簧；11—螺塞；15—紧固螺钉；16, 18—侧向导向螺钉；
17—捏手；19—螺套；20—节流阀芯

---

6. 叠加单向节流阀 / 球阀式叠加单向节流阀

锥阀式叠加单向节流阀

图 l 为美国威格士公司、日本东京计器公司产的 TGMFN 型锥阀式叠加双单向节流阀。 只需将阀翻个面，便可实现进口节流控制与回油口节流控制的切换［图 l（ⅳ）］

类型	型号	说　明
6. 叠加单向节流阀	锥阀式叠加单向节流阀	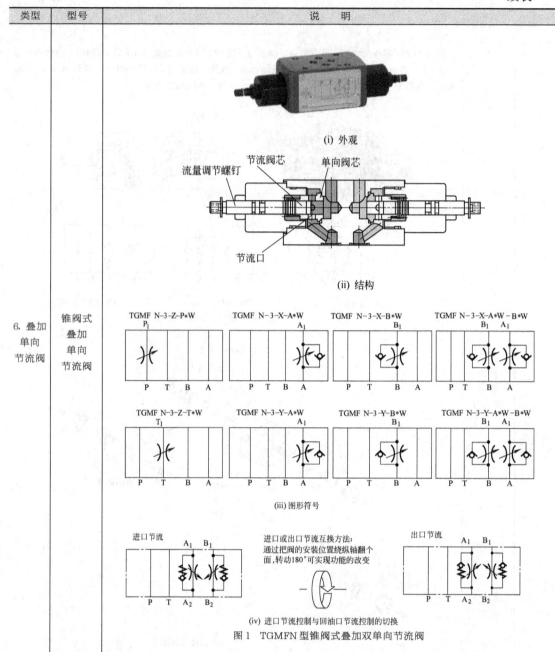

(i) 外观

(ii) 结构

(iii) 图形符号

(iv) 进口节流控制与回油口节流控制的切换

图1　TGMFN 型锥阀式叠加双单向节流阀

5.19.3　叠加阀应用

　　叠加阀广泛用于机床、橡胶塑料等轻工机械、水泥机械、工程机械、煤炭机械、船舶及冶金等众多行业的液压设备上。

　　图 5-346 为某橡胶硫化机的液压系统图。

5.19.4　故障分析与排除

　　由于叠加阀与本章前文所介绍的一般阀在工作原理上完全相同，在结构上也基本相同，所以有关叠加阀的故障分析与排除，可参阅相关所述内容进行处理，此处仅补充说明。

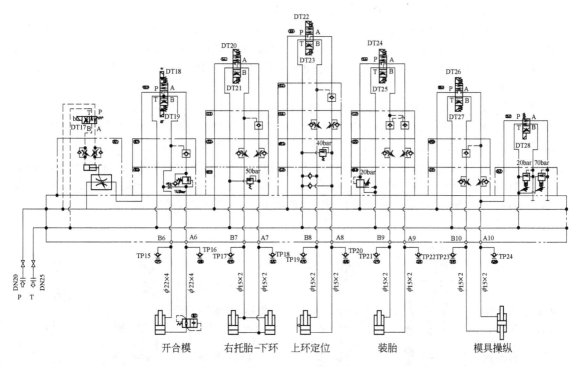

图 5-346　某橡胶硫化机的液压系统图

【故障 1】　锁紧回路不能可靠锁紧

如图 5-347 所示为双向液压锁回路。图（a）的回路不能可靠锁定液压缸不动，故障原因是由于双液控单向阀块在减压阀块之后，而减压阀为滑阀式，从 B 经减压阀先导控制油路来的控制油会因减压阀的内漏而导致 B 通道的压力降低而不能起到很好的锁定作用。可按图（b）中的叠加顺序进行组合构成系统。

【故障 2】　液压缸因推力不够而不动作或动作不稳定

图 5-348（a）中，当电磁铁 a 通电时（P→A，B→T），液压缸本应左行，但由于 B→T 的流动过程中单向节流阀 C 的节流效果，在液压缸出口 B 至单向节流阀 C 的管路中（图中▲部分）的背压升高，导致与 B 相连的减压阀的控制油压力也升高，此压力使减压阀进行减压动作，常常导致进入液压缸 A 腔的压力不够而推不动液压缸左行，或者使动作不稳定，所以应按图（b）进行组合构成系统。

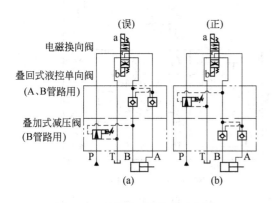

图 5-347　锁紧回路故障分析图

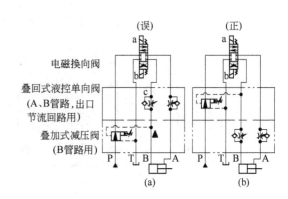

图 5-348　液压缸动作故障分析图

【故障3】 液压缸产生振动（时停时走）现象

当图 5-349（a）中的电磁铁 b 通电时（P→B，A→T），由于叠加式单向节流阀的节流效果在图中▲部位产生压力升高现象，产生的液压力为关闭叠加式液控单向阀的方向，这样液控单向阀会反复进行开、关动作，使液压缸发生振动现象（电磁铁 a 通电，B→T 的流动也同样）。 解决办法是按图（b）进行配置。

【故障4】 叠加式制动阀与叠加式单向节流阀（出口节流时）产生的故障

如图 5-350（a）所示，▲部分产生压力（负载压力以及节流效果产生的背压），负载压力和背压都作用于叠加式制动阀打开的方向，所以设定的压力要高于负载压力与背压之和（$p_A + p_B$），若设定压力低于（$p_A + p_B$），在驱动执行元件时，制动阀就会动作，使执行元件达不到要求的速度；反之，若设定压力高于（$p_A + p_B$），由于负载压力相应设定压力过高，在制动时，常常会产生冲击。 所以，在进行这种组合时，要按图（b）的组合构成系统。

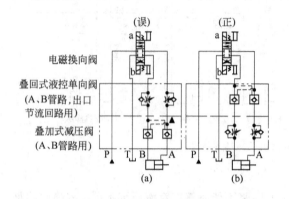

图 5-349 液压缸振动故障分析图　　　　图 5-350 液压马达制动回路故障分析图

5.19.5 叠加阀安装面尺寸与各国型号对照表

（1）叠加阀安装面尺寸

叠加阀安装面尺寸已经标准化（ISO 4401 国际标准），叠加阀安装面尺寸如图 5-351 所示。

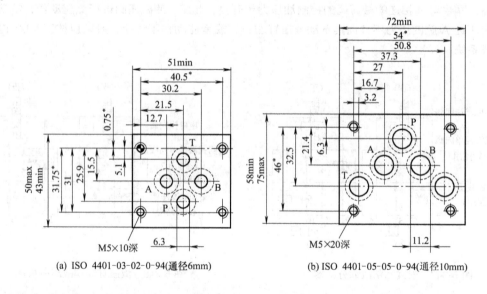

(a) ISO 4401-03-02-0-94(通径6mm)　　　　(b) ISO 4401-05-05-0-94(通径10mm)

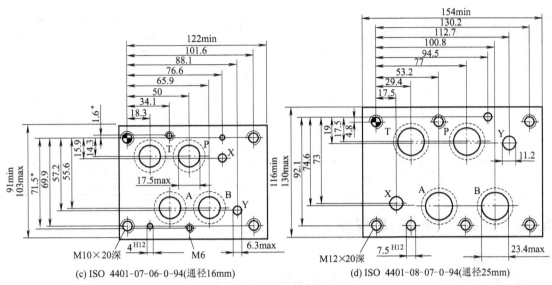

(c) ISO 4401-07-06-0-94(通径16mm)　　　(d) ISO 4401-08-07-0-94(通径25mm)

图 5-351　叠加阀安装面尺寸

（2）各国叠加阀型号对照表（表 5-42）

表 5-42　各国叠加式阀型号对照表

项目	中国榆次油研、日本油研	德国力士乐-博世 中国北京华德	美国伊顿-威格士、日本东京计器
叠加式 溢流阀	MBP-01	ZDB6VP	DGMC-3-PT
	MBA-01	ZDB6VA	
	MBB-01	ZDB6VB	
	MBP-03	ZDB10VP	DGMC-5-PT
	MBP-03	ZDB10VA	DGMC2-5-AT
	MBA-03	ZDB10VB	DGMC2-5-BT
	MBB-03	ZDB10VC	DGMC2-5-AT-BT
叠加式 减压阀	MRP-01	DZR6DP/YM	DGMX-3-PP
	MRA-01	DZR6DP/YM	DGMX-3-PA
	MRB-01		DGMX-3-PB
	MRP-03	DZR10DP/YM	DGMX-5-PP
	MRA-03	DZR10DA/YM	DGMX-5-PA
	MRB-03		DGMX-5-PB
叠加式 单向 节流阀	MSA-01-X	Z1FS6P	
	MSA-01-Y	Z1FS6P	
	MSB-01-X	Z1FS6P	
	MSB-01-Y	Z1FS6P	
	MSW-01-X	Z2FS6	DGMFN-3-Y-A-B
	MSW-01-Y	Z2FS6	DGMFN-3-Y-A-B
	MSA-03-X	Z1FS10P	
	MSB-03-X	Z1FS10P	
	MSW-03-X	Z2FS10	DGMFN-5-Y-A-B
	MSA-03-Y	Z1FS10P	
	MSB-03-Y	Z1FS10P	
	MSW-03-Y	Z2FS10	DGMFN-5-Y-A-B
叠加式 单向阀	MCP-01	Z1S6P	DGMDC-3-PY
	MCP-1	Z1S6T	DGMDC-3-TX
	MCP-03	Z1S10P	（DGMDC-5-PY）

项目	中国榆次油研、日本油研	德国力士乐-博世 中国北京华德	美国伊顿-威格士、日本东京计器
叠加式 单向阀	MCA-03	Z1S10A	
	MCB·03	Z1S10B	
	MCT-03	Z1S10T	DGMDC-5-TX
叠加式 液控 单向阀	MPA-01	Z2S6A	DGMPC-3-ABK
	MPB-01	Z2S6B	DGMPC-3-BAK
	MPW-01	Z2S6	DGMPC-3-ABK-BAK
	MPA-03	Z2S10A	DGMPC-5-ABK
	MPB-03	Z2S10R	DGMPC-5-BAK
	MPW-03	Z2S10	DGMPC-5-ABK-BAK

5.20 插装阀的使用与维修

5.20.1 简介

插装阀是 20 世纪 70 年代初出现的大流量液压系统中的一种新结构的液压阀品种。 传统形式的液压阀，没有大流量和超大流量的规格。 因为传统结构形式的三大类（压力、方向、流量）阀很难做出大流量和超大流量规格的阀来。 勉强做大些（流量），也是体积庞大，管路多而粗，配管工作量大，容易出现漏油、振动、噪声以及安装维修困难等。

为了满足大流量和超大流量液压系统的需要并消除上述弊端，插装阀应运而生。 由于构成插装阀的插装件只有两个工作位置－"开"与"关"，而且多是锥阀形式，故又称为逻辑阀和锥阀式阀。 插装阀有二通和三通两种，但三通式的结构通用化及模块化程度不及二通式，所以本书中指的插装阀均指二通插装阀。 插装阀有下述优点。

① 可实现大功率控制，压力损失小，发热小。 这一方面由于二通插装阀的使用减少了许多管路，沿程损失小；另一方面单个插装阀单元（逻辑阀单元）较之同口径的常规阀压力损失大大降低；而且能通过常规阀无法比拟的大流量。 表 5-43 为在阀内部压力损失为 1bar 下所能通过的流量，从表中可以看出，相同数值的压力损失下（例如 1bar），随着通径的增大，阀能通过的流量成几倍、几十倍的增加，这种通流能力是常规阀不可想象的，所以插装阀显然适用于高压大流量的大功率液压系统。

② 无高速换向冲击。 这是在大功率液压系统中最容易出现也感到头疼的问题。 这得益于插装阀为尺寸紧凑的锥阀式结构，切换时控制容积小，且无滑阀式阀的"正遮盖"概念，因而可高速切换，通过对先导部分的元件采取一些措施，适应切换过程中过渡状态的控制，可大大减轻切换时的换向冲击。

③ 具有高的切换可靠性。 一般锥阀式阀难以因污物而引起动作不良，压力损失小发热小，加之阀芯有一段较长的导向部分，不易产生歪斜卡死现象，因而动作可靠。

④ 因为插装逻辑阀国内外已标准化，无论是国际标准 ISO 7368，德国 D1N 24342 以及我国 GB 2877 标准都规定了世界通用的安装尺寸，可以使不同制造厂的插装件能够互换。 而且并未涉及阀的内部结构，这也给液压阀的设计工作留有广阔的发展余地。

插装阀安装尺寸标准化后，给使用、维修带来极大的便利。 利用标准的插装式液压阀的芯件——逻辑单元，配上各种阀体可以取代现有的品种繁多的液压阀。 插装芯件也可组织专业化生产，不但质量有保证，而且可大大降低成本。

⑤ 插装逻辑阀便于集成化。 可以将多个元件集中在一个块体内，构成一个液压逻辑控制系统，较之用常规的压力、方向流量阀组成的系统质量可减轻 1/3 ~ 1/4，效率可提高 2% ~ 4%。

⑥ 反应速度快。 由于插装式阀是座阀式结构，阀芯稍一离开阀座即开始通油。 与此相反，

滑阀式结构必须走完遮盖量后才开始接通油路，完成控制腔卸压而打开插装阀的时间仅需 10ms 左右，反应速度快。

⑦ 只需改变先导阀或者更换控制盖板，便可改变、增加再生控制性能，精心选择控制盖板中的阻尼（后述图中用"⊗"表示）尺寸，可改善控制性能，防止冲击。

⑧ 由于插装件（座阀式）为加压关闭，没有滑阀式阀的间隙泄漏。

由于上述优点，一些小通径的阀也采用插装阀的结构（见表 5-43），插装阀的通径由 16~160mm。

表 5-43　插装阀通径与额定流量表（压力损失 Δp）

通径/mm		16	20	25	32	40	50	63	80	100
额定流量 /(L/min)	Δp= 0. 1MPa	60	100	160	250	400	630	1000	1600	2500
	Δp= 0. 45MPa	220		500	950	1400	2300	4000		

由逻辑阀组成的插装液压系统广泛用于钢铁冶炼、铸锻液压机械、工程机械、交通运输等各种大型液压设备上。无论国外还是国内，使用插装阀的液压设备已越来越多，大型液压设备使用插装阀组合成液压系统是液压技术发展的重要趋势之一。

5.20.2　插装件的工作原理

组成插装阀和插装式液压回路的每一个基本单元叫插装件。插装件有三个基本油口：主油口 A 与 B 及控制油口 X（也用 C、A_P 代表）。从 X 口进入的控制油作用在阀芯大面积 A_x（A_C）上，通过控制油 P_x 的加压或卸压，可对阀进行"开""关"控制。如果将 A 与 B 的接通叫"1"，断开叫"0"，便实现逻辑功能，所以插装件又叫"逻辑单元"，插装阀又叫"逻辑阀"。

图 5-352 所示为插装单元（逻辑单元）的工作原理图。设作用在阀芯 2 上的上抬力为 F_0，向下的力为 F_s，略去摩擦力，则有：

$$\left.\begin{array}{l} F_0 = P_A A_A + P_B A_B + F_Y \\ F_s = P_x A_x + F_弹 \end{array}\right\}$$

设 $F = F_s - F_0$，当 $F > 0$ 时，锥阀关闭，A、B 腔互不相通；当 $F < 0$ 时，锥阀打开，A 与 B 腔之间压力高的油向压力低的一方流动。从上式可知，锥阀 2 的开闭由各油口的压力状态、弹簧 1 的弹力 $F_弹$ 以及液动力 F_Y 所决定。

一般插装件的弹簧较软，锥阀阀芯受到的液动力很小，所以阀的开、闭两个工作状态主要取决于作用在 A、B、X 三个油液腔油液相应压力产生的液压力，即取定于各油口处的压力 P_A、P_B、P_x 和对应的作用面积（A_A、A_B、A_x，A_B 为环形面积，A_B、A_x 为圆形面积）之乘积。

5.20.3　插装阀的组成和基本结构

插装阀有盖板式和螺纹式两类。盖板式插装阀由先导部分（先导控制阀和控制盖板）、插装件和通道块（阀体）等组成，其基本结构如图 5-353 所示。图（a）中的衬垫在图（b）中是与阀套连成一体的结构，也有衬垫与控制盖板连成一体的结构，在修理中均可见到。

（1）插装件

① 插装件的组成　插装件由弹簧 1、阀芯 2、阀套 3 及密封件 4 等组成，如图 5-354 所示，阀芯与阀套构成一个座阀式阀，关闭时密封性能好。阀芯底部形状有多种形式，以适应方向控制、压力控制和流量控制，以及缓冲、阻尼、安全保护等多种附加复合控制功能的不同需要。

② 插装件的图形符号　插装件的图形符号已经国际标准化（见 ISO 1219），但由于历史原因和进口设备来自不同国家，插装件五花八门的图形符号常出现在各种液压设备的技术资料中，图 5-355 为其中几例。

③ 插装件的面积比　插装件中的三个面积 A_A、A_B、A_C（A_x）的大小选择对插装阀性能影响很大，尤其面积比值的选择更影响到插装阀的开关性能、阀的启闭性能（开启压力的大小）以

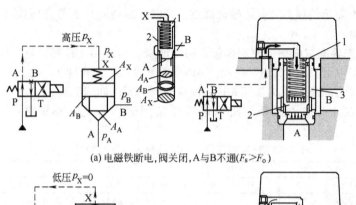

(a) 电磁铁断电,阀关闭,A与B不通($F_s > F_o$)

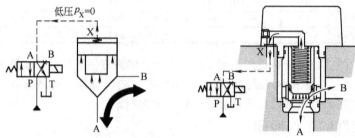

(b) 电磁铁通电,阀打开,A与B连通($F_s < F_o$)

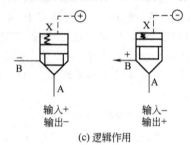

输入+
输出−

输入−
输出+

(c) 逻辑作用

图 5-352　插装件的工作原理

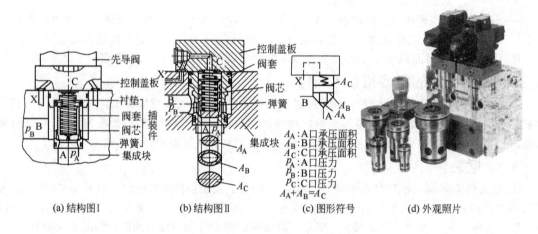

(a) 结构图 I　　(b) 结构图 II　　(c) 图形符号　　(d) 外观照片

A_A:A口承压面积
A_B:B口承压面积
A_C:C口承压面积
P_A:A口压力
P_B:B口压力
P_C:C口压力
$A_A + A_B = A_C$

图 5-353　盖板式插装阀的结构

及流动方向的可能性等这样一些基本性能。

　　目前国内外的插装件根据使用面积比大小的选择来取代上述三个面积的选择,以决定何种数值的面积比适用于方向控制、压力控制和流量控制。 换言之方向控制、压力控制和流量控制的插装件中,采用不同的面积比。

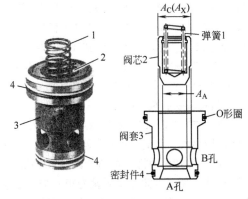

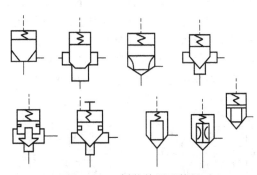

图 5-354 插装件的组成　　　　　　　　　　图 5-355　插装件图形符号

面积比有 $A_x : A_A$、$A_A : A_x$、$A_B : A_x$、$A_x : A_B$、$A_A : A_B$、$A_B : A_A$ 等几种表示方法。

例如德国力士乐公司采用的面积比为 $A_A : A_B$，设 A_A 为 100%，若 A_B 取 7% 或 50%，则面积比 $A_A : A_B$ 为 14.3:1 和 2:1 两种，对应 $A_x = A_A + A_B$ 为 107% 与 5%（见图 5-356）。而美国 Vickers 公司采用的面积比为 $A_A : A_x$，该公司用于方向阀插装件的面积比有 1:1.05（用于充液阀）、1:1、1:1.6、1:1.2 等；用于流量阀的有 1:1.6、1:1.2；用于压力阀的有 1:1、1:1.05。

④ 内供与外供、内排与外排插装件　与常规阀一样，插装阀控制油的供油方式和排油方式，根据不同情况的需要，也有内供（内控）和外供（外控）、内排和外排等不同的组合方式。

如果控制油 X 不是引自插装件的 A 口或 B 口，而是来自其他部位或者由单独小流量泵供给，则称为"外控式"插装件［图 5-357（a）、（b）］；若控制油 X 通过通道块（阀体）的内流道或者阀芯上的小孔由 A 口或 B 口引入到控制腔则称为"内控式"插装件［图 5-357（c）、（d）］。控制油引自 A 腔的内控式，在阀关闭时，来自 A 腔的控制油进入 X 腔后，会沿着阀芯与阀套之间导向圆柱面的环状间隙，漏往 B 腔，即 A、B 腔之间存在内泄漏；若控制油引自 B 腔，则 A、B 腔之间不会存在内泄漏的现象；同时由于 A 腔、B 腔要与负载相连，负载压力 p_A 或 p_B 的变化和冲击对插装阀的工作状态存在影响，所以必要时应选用外控式。一般控制油引自 A 腔的内控式插装阀宜用于 A→B 的油流，引自 B 腔的内控式阀宜用于控制 B→A 的油流。

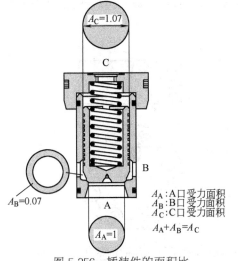

A_A：A 口受力面积
A_B：B 口受力面积
A_C：C 口受力面积

$A_A + A_B = A_C$

图 5-356　插装件的面积比

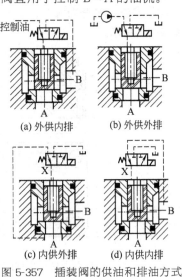

(a) 外供内排　　(b) 外供外排

(c) 内供外排　　(d) 内供内排

图 5-357　插装阀的供油和排油方式

⑤ 内流式与外流式　插装阀的基本流向一般为内流式，即从 A→B，而外流式则为 B→A。面积比（$A_A : A_x$）为 1 的滑阀式插装阀因为 $A_B = 0$，因而只能为内流式，一般只用来作压

力阀；面积比（A_A：A_X）小于1的插装单元，可实现双向流动（内流与外流），方向控制与流量控制阀需要双向流动的众多，因而多采用这种面积比，例如1：1.5、1：2等；面积比（A_A：A_X）接近于1（如1：1.07）的插装件一般也只适用于内流式，如果用于外流式（B→A），则阀的开启压力将很大，只有面积比 A_A：A_X = 1：2的，双向开启压力才相等。 对于只允许由A→B单向流动（内流式）的单向阀，其反向（B→A）的密封严密；而对允许B→A单向流动的单向阀，反向则存在B→X腔之间的内泄漏，同时还存在反向瞬间开启的可能性。

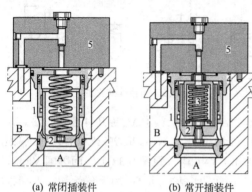

图 5-358　常闭与常开式插装件
1—阀套；2—阀芯；3—弹簧；4—挡板；5—盖板单元

⑥ 常闭式与常开式（图 5-358）　插装件用得最多的为常闭插件。 所谓"常闭"是指在零位（未通入控制油）时依靠弹簧力将 A 与 B 之间的通路关闭；所谓"常开"是指在零位时依靠弹簧力使 A 与 B 之间保持流通状态，当有压力控制油时才予以关闭。

有时候并不需要弹簧力也能实现"常开"或"常闭"，这需要控制盖板与先导阀的配合。

（2）控制盖板

控制盖板作为插装阀的先导部分，其用途有：①固定先导插件于通路块内并密封通向插装阀的各通道；②内部加工了一些控制油道，在某些控制油道上还设置若干个阻尼螺塞（固定节流小孔）或堵头，用以调节插件的响应时间，控制插装阀芯的开闭时间，并控制控制油的走向导通与否；③内装一些小型液压元件，如梭阀、先导调压等；④控制盖板底面装在通路块上，底面一般设有控制油进口 X、Z_1、Z_2，控制油回油口 Y 以及通主阀芯上腔的 A_P（或用 A_X、A_C 表示）油口，它们根据情况或堵住或导通，控制油口 X、Z_1、Z_2 控制压力油的来源可以来自 A 或 B，也可以来自液压系统的其他油路，分别叫"内控"或"外控"；⑤控制盖板上端面上可以是全封闭的，也可以安装小型电磁阀做先导阀，相应的油口与电磁阀相配。 另外控制盖板的上端面上可安装流量调节用的阀芯升程调节螺钉，以限制与调节插装阀芯的开度，实现对流量的控制。

总之控制盖板的作用是用来沟通先导控制油路并对主阀的工作状态进行控制。

控制盖板一般分为方向、压力和流量控制盖板三大类，进而组合成功能复合的控制盖板等，如图 5-359 所示。

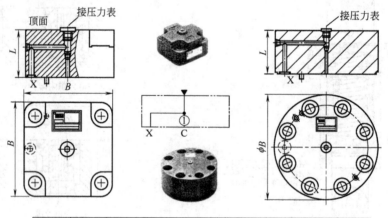

公称尺寸	16mm	25mm	32mm	40mm	50mm	63mm	80mm	100mm
$B、\phi B$	65	85	102	125	140	180	250	300
L	36	45	50	60	70	85	105	120

(a)通径16～100mm的顶面未装先导阀的盖板

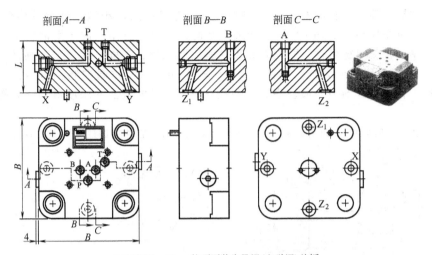

(b)通径50~63mm的顶面装先导阀(电磁阀)盖板

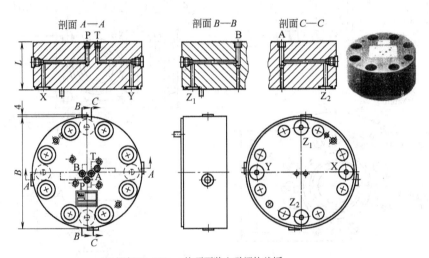

(c) 通径80~100mm的顶面装电磁阀的盖板

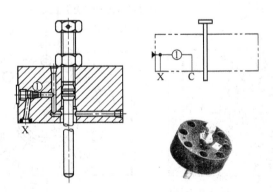

(d) 带定位杆的盖板

图 5-359　插装阀盖板

（3）集成块（通道块）

用来安装插装件、控制盖板和其他控制阀，是沟通主油路和控制油路的块体。 块体可自行设计，也可委托液压公司（厂）设计加工制造，国内外公司目前可提供典型元件和典型回路的集成块体，配以插装件、控制盖板和先导控制元件，构成一些典型的液压回路，供用户选用。 它们可分别起到调压、卸荷、保压、顺序动作以及方向控制和流量调节等作用。在进口设备上，可以看到多个典型集成块叠装在一起，组成整台液压设备的插装阀液压控制系统。

通道块上每一插装件的加工安装尺寸也已国际标准化，全世界通用（图 5-360）。

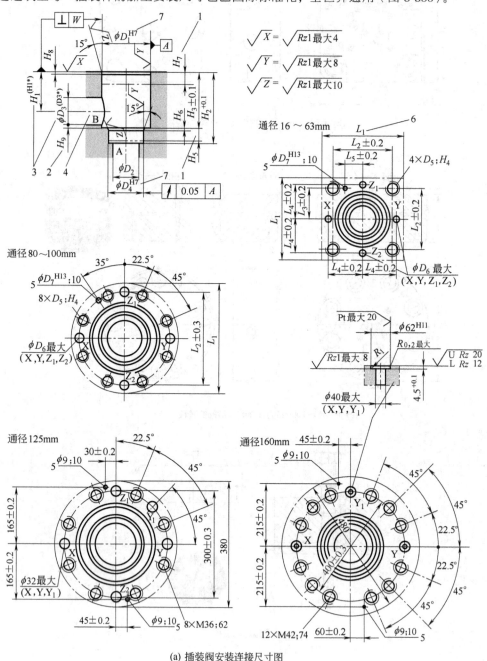

(a) 插装阀安装连接尺寸图

通径	16	25	32	40	50	63	80	100	125	160
ϕD_1	32	45	60	75	90	120	145	180	225	300
ϕD_2	16	25	32	40	50	63	80	100	150①	200①
ϕD_3	16	25	32	40	50	63	80	100	125	200
(ϕD_3^*)	25	32	40	50	63	80	100	125	150	250①
ϕD_4	25	34	45	55	68	90	110	135	200	270
ϕD_5	M8	M12	M16	M20	M20	M30	M24	M30	—	—
$\phi D_6$①	4	6	8	10	10	12	16	20	—	—
ϕD_7	4	6	6	6	8	8	10	10	—	—
H_1	34	44	52	64	72	95	130	155	192	268
(H_1^*)	29.5	40.5	48	59	65.5	86.5	120	142	180	243
H_2	56	72	85	105	122	155	205	245	$300^{+0.15}$	$425^{+0.15}$
H_3	43	58	70	87	100	130	$175^{\pm0.2}$	$210^{\pm0.2}$	$257^{\pm0.5}$	$370^{\pm0.5}$
H_4	20	25	35	45	45	65	50	63	—	—
H_5	11	12	13	15	17	20	25	29	31	45
H_6	2	2.5	2.5	3	3	4	5	5	$7^{\pm0.5}$	$8^{\pm0.5}$
H_7	20	30	30	30	35	40	40	50	40	50
H_8	2	2.5	2.5	3	4	4	5	5	$5.5^{\pm0.2}$	$5.5^{\pm0.2}$
H_9	0.5	1	1.5	2.5	2.5	3	4.5	4.5	2	2
L_1	65/80	85	102	125	140	180	250	300	—	—
L_2	46	58	70	85	100	125	200	245	—	—
L_3	23	29	35	42.5	50	62.5	—	—	—	—
L_4	25	33	41	50	58	75	—	—	—	—
L_5	10.5	16	17	23	30	38	—	—	—	—
W	0.05	0.05	0.1	0.1	0.1	0.2	0.2	0.2	0.2	0.2

① 最大尺寸。

注：1. 配合深度。
2. 控制尺寸。
3. 对 B 口直径（除 ϕD_3 或（ϕD_3^*）外），必须计算从盖板安装面到 B 孔中心的距离。
4. B 口可绕 A 口中心轴线旋转，但无论如何不能损坏固定孔和控制孔。
5. 定位孔。
6. 注意 16 通径/盖板安装面：长度 L_1（孔在 x-y 轴上）为 80mm，控制盖板带顶装方向阀。
7. 孔 $\phi \leqslant 45mm \rightarrow$ 允许 H8 配合！

（b）尺寸表

图 5-360　插装阀安装连接尺寸图与尺寸表

（4）节流孔（阻尼）

改变先导控制油路上节流孔直径大小，可以调整阀的响应时间及降低冲击程度，选择最佳的节流孔直径，可以得到良好的响应性并做到冲击小的效果。在设定了响应时间与节流孔前后压差后，可以按图 5-361 选择出节流孔直径。

例如当插装阀芯公称直径为 40mm、节流前后压差为 5MPa 和需要响应时间为 0.1s 时，节流孔直径大小可这样选取：从响应时间坐标的 0.1s 引出如图 5-361 中的虚线，与公称直径曲线相交，从交点向先导流量坐标引垂线，得出先导流量，再按流量计算公式和节流前后压差，可计算出最佳节流直径为 2mm，此处所谓的响应时间是指电磁阀的电磁铁通电后，主阀芯经过全行程直至全闭的时间。

图形符号"$\otimes$"或"〰"表示节流孔（阻尼）。

5.20.4　插装阀的方向、流量和压力控制

如上所述，单个插装件能实现接通和断开两种基本功能，通过插件与阀盖（盖板）的组合，可构成方向、流量以及压力控制等具有多种控制功能的阀（多种控制阀与组合阀），也可构成液压控制回路以及独立完整的液压控制系统。

图 5-362 为用插装件（逻辑单元）配以不同盖板（如先导式溢流阀盖板、先导换压阀盖板以及流量调节杆盖板）构成方向、流量和压力控制的例子。如果将图中单个的插件分别插入各个分立阀体中，则可构成与常规式三大类功能相同的方向、流量和压力控制阀，称之为分立式插装阀；如果将若干个功能不同的插装件放在一个通路块（集成块）内，又可构成组合式的插装阀，实现对方向、流量和压力的综合控制，称为组合式插装阀或者多功能阀。从某种意义上而言，它完全是一个液压系统。

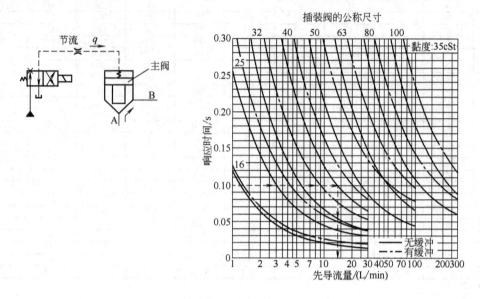

图 5-361　先导流量-响应时间（关阀时间）特性

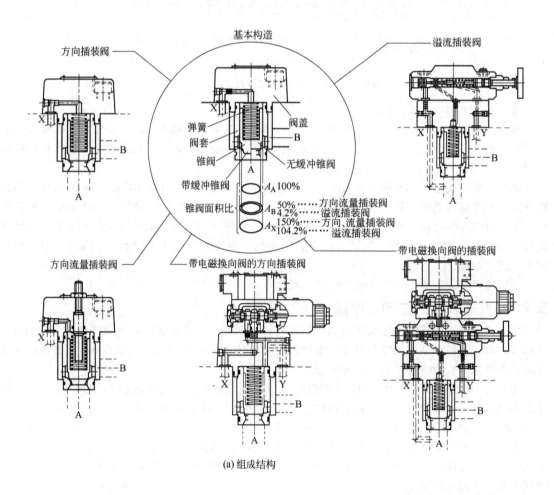

(a) 组成结构

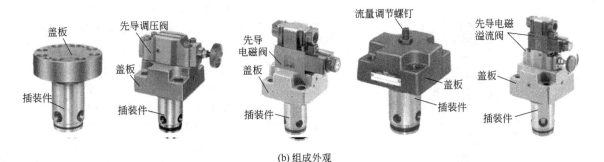

(b) 组成外观

图 5-362　插装件的方向、流量和压力控制

（1）方向控制与插装式方向控制阀

利用单个或几个插装件和先导控制部分（控制盖板与先导阀）的不同组合方式，可组成类似与常规方向控制阀中的单向阀、液控单向阀、液动换向阀及电液动换向阀的插装阀品种，并且构成换向阀的"位"与"通"及各种不同中位机能的控制形式。

① 插装式单向阀　如图 5-363（a）所示，插装单元构成插装式单向阀时，只需将控制油 X 和主油路 A 或者 B 接通便可。 如果控制油由 A 口引入，此时 $P_X \approx P_A$，$P_A > P_B$ 时，阀关闭；$P_B > P_A$ 时，阀开启。 如果控制油由 B 口引入，$P_B \approx P_X$，$P_B > P_A$ 时，阀关闭；$P_B < P_A$ 且 $P_A \cdot A_A > KX_0 + P_B (A_x - A_B)$ 时，阀开启，起单向阀作用。 如前所述图中符号"$\otimes$"或"$\bowtie$"表示节流孔（阻尼）。

图 5-363（b）的结构图中，控制油 X 是从 B 引入的，则构成 B→A 截止，A→B 导通的单向阀。

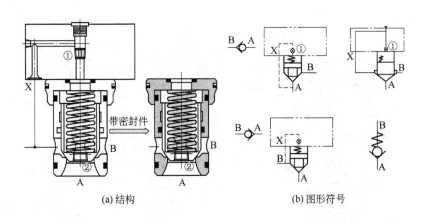

(a) 结构　　　　　　　(b) 图形符号

图 5-363　插装式单向阀

② 插装式液控单向阀　用电磁阀或梭阀作先导阀，可构成插装式液控单向阀。 图 5-364 为用梭阀构成的插装式液控单向阀的例子。 无论有否控制压力油从 X 进入，阀芯向上的力总大于向下的力，油液可从 A→B 流动；但 B→A 的油流，只有从 X 通入控制压力油时，梭阀的钢球被推向右边，主阀上腔油液经 Y 口流回油箱时才可实现，否则 B 腔油液经 Z_2、阻尼④、梭阀（钢球此时在左边）、A 口、阻尼①进入主阀上腔，此时阀芯向下的力大于向上的力，因此 B→A 的油流被截止。 而且 B 口压力越高，越能无泄漏地封住 B→A 的油口，从而构成液控单向阀。

图 5-365 为用电磁阀作先导阀构成的插装式液控单向阀。 如果过渡板内右边的①孔被堵住，其控制原理的图形符号为下图；如果过渡板内左边的①孔被堵住则图形符号为上图。 两

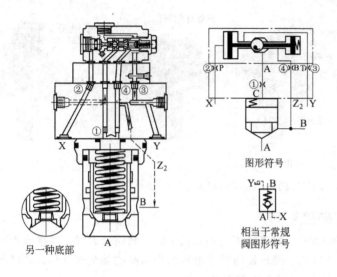

种情况 A→B 的油液均可自由通过。图中代号 1 在初始位置，油液反向（B→A）被截止，即电磁铁不通电时，行使单向阀的功能；而当电磁铁通电时，主阀上腔控制油经阻尼①→电磁阀右位→油口 T→油口 Y→油箱，因而 B→A 的油液也可流动。即不通电为单向阀功能，通电为液控单向阀功能。图中代号②的情况则与上述相反，不通电时油液正反方向都可流动，为液控单向阀功能，而通电则只能是单向阀功能。

③ 插装式电液换向阀

a. 二位二通插装换向阀。由 2~4 个插装单元和先导电磁阀可组成二位二通、二位三通、三位三通、四位三通、三位四通、四位四通与十二位四通等插装式电液动换向阀。

图 5-364　用梭阀构成的插装式液控单向阀

图 5-366（a）为一个插装件与二位三通电磁阀（先导阀）或二位四通电磁阀（堵掉一个孔）构成的二位二通插装换向阀的工作原理图。当电磁铁未通电时，A→B 不能流动，B→A 可以流动；当电磁铁通电时，A→B 与 B→A 均可流动。相当于普通的二位二通电液换向阀。

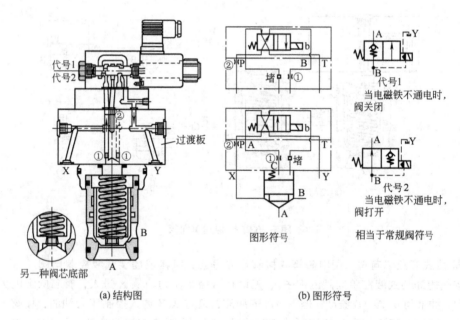

(a) 结构图　　　　　　　　(b) 图形符号

图 5-365　用电磁阀作先导阀的插装式液控单向阀

b. 二位三通插装换向阀。图 5-366（b）为一个插装件与二位四通电磁阀（先导阀）构成的二位三通插装换向阀的工作原理图。当电磁铁未通电时，P 口封闭，A→T 可以流动；当电磁铁通电时，T 口封闭，P←→A 可以流动。相当于普通的二位三通电液换向阀。

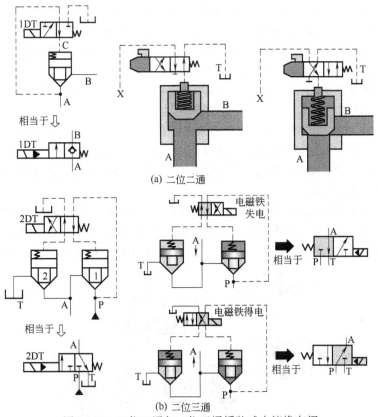

(a) 二位二通

(b) 二位三通

图 5-366　二位二通与二位三通插装式电液换向阀

c. 三位四通插装式电液换向阀。　图 5-367 为由 4 个插装单元 1、2、3、4 和一先导电磁阀构

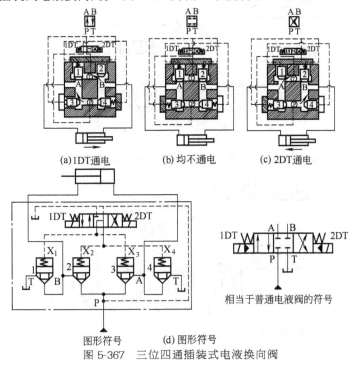

(a)1DT通电　　(b) 均不通电　　(c) 2DT通电

图形符号　　(d) 图形符号

相当于普通电液阀的符号

图 5-367　三位四通插装式电液换向阀

成的三位四通插装式电液换向阀的结构原理图。当先导电磁阀的电磁铁 1DT 通电 [图（a）]，由 P 来的控制油经先导电磁阀的左位后分别进入插装件 1、4 的控制腔（弹簧腔），使阀 1、4 关闭，而插装件 2、3 弹簧腔的控制油经先导电磁阀左位后，再经 T 油道流回油箱而泄压，因此阀 2、3 可打开。这样主油路可实现 P→A，B→T 的流动。

当先导电磁阀 2DT 通电 [图（c）]，先导电磁阀右位工作，与上述原理相同，插装件 2、3 关闭，1、4 可打开可实现主油流 P→B，A→T 的流动。

当电磁铁 1DT 与 2DT 均不通电，先导电磁阀处于中位 [图（b）]，插装件的弹簧腔均通压力油，因而阀 1、2、3、4 均处于关闭状态，油口 P、A、B、T 均不互通。

改变先导电磁阀的中位机能状况，同样可实现三位四通插装式电液换向阀不同的中位机能状况，以适用不同要求的需要。

d. 带梭阀的三位四通插装式电液换向阀。为了防止液压系统工作过程中对控制压力油出现干扰现象，常在控制油路中增设带梭阀的先导控制油路，以保证控制油的控制压力得以确保，使控制压力油总能取自压力最高处，其工作原理、结构说明与图形符号如图 5-368 所示。

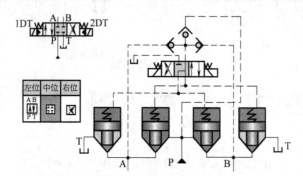

电磁铁均不通电时，相当于普通电液换向阀的中位"O"型

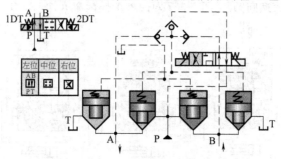

电磁铁 1DT 通电时，相当于普通电液换向阀的左位工作，P→A，B→T。

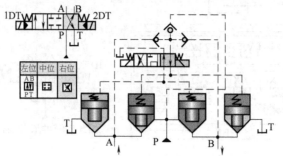

电磁铁 2DT 通电时，相当于普通电液换向阀的右位工作，P→B，A→T。

(a) 工作原理

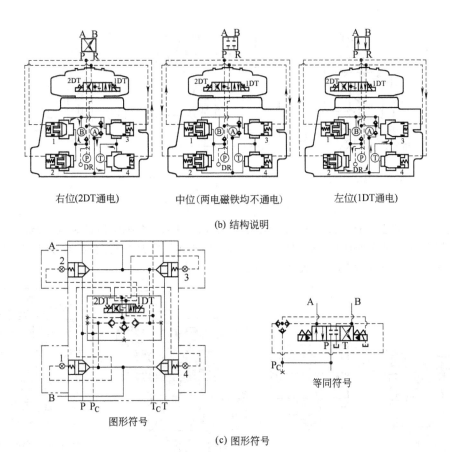

右位(2DT通电)　　　　　中位(两电磁铁均不通电)　　　　左位(1DT通电)

(b) 结构说明

等同符号

图形符号

(c) 图形符号

图 5-368　带梭阀的三位四通插装式电液换向阀

（2）压力控制与插装式压力控制阀

将常规的小流量先导调压（溢流）阀作先导阀，再与作主阀用的插装件相组合，可实现插装阀对压力的控制，构成插装式压力阀。其工作原理与本手册中第 5 章所述内容相同，只不过主阀换成插装单元而已。

① 插装式溢流阀　液压系统中的插装式溢流阀，只有先导式，它的工作原理如图 5-369 所示，它相当于二级（先导 + 主阀）溢流阀。上部的先导溢流阀与 5.9 节中的普通先导式溢流阀的先导阀相同，为一小流量先导调压（溢流）阀，起调压作用，主阀为插装单元。利用主阀芯上下两端的压力差和弹簧力的平衡原理来进行压力控制。

当 A 腔（与系统相通）的压力小于先导调压阀 F 调定的压力时，先导调压阀关闭，$p_x = p_A$，此时主阀也关闭，A、B 腔不通。当系统压力 p_A 增到等于或大于阀 F 调定的压力时，阀 F 先开启，则 A 腔就有一部分先导流量经主阀芯小孔，压力降为 p_x 进入 a 腔，再从阀 F 流入油池。这样 A 腔与 a 腔存在压差 $\Delta p = p_A - p_x$。当 p_A 作用在 A_A 面上的力和 p_x 作用在阀芯 A_x 面上的力之差能克服弹簧力时，主阀芯抬起，A 腔的压力油就通过 B 腔流向油箱，使 p_A 降下来。跟着 p_x 也降下来。当 p_x 降到低于阀 F 的调定压力时，阀 F 又关闭，接着主阀关闭，p_A 又升高。如此反复平衡，使 p_A 维持在近似等于先导调压阀 F 调定的压力数值，起到定压和稳压作用。这就是插装式溢流阀的工作原理。

插装式溢流阀也可根据不同需要去设计油路，构成与 5.9 节中所述的外控外泄、外控内泄、内控外泄和内控内泄等形式。图 5-369 中为内控内泄式，B 孔接油箱。图 5-370 为 DSDU 型插装式溢流阀结构，图中符号为内控外泄式。

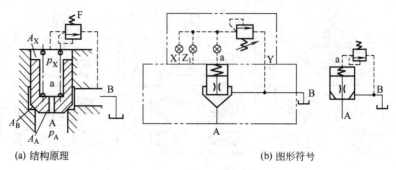

(a) 结构原理   (b) 图形符号

图 5-369　插装式溢流阀

② 电磁插装式溢流阀　图 5-371 为美国派克公司的 DAV 系列电磁插装式溢流阀，其工作原理与 5.9 节中所述的普通电磁溢流阀相同，先导电磁阀也有常开与常闭两种，是通电卸压还是断电卸压由此而定。 图中图形符号表通电升压，为常开式。

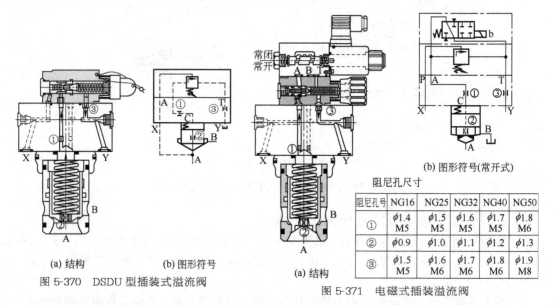

(a) 结构　　　(b) 图形符号

图 5-370　DSDU 型插装式溢流阀

(b) 图形符号(常开式)

阻尼孔尺寸

阻尼孔号	NG16	NG25	NG32	NG40	NG50
①	$\phi1.4$ M5	$\phi1.5$ M5	$\phi1.6$ M5	$\phi1.7$ M5	$\phi1.8$ M6
②	$\phi0.9$	$\phi1.0$	$\phi1.1$	$\phi1.2$	$\phi1.3$
③	$\phi1.5$ M5	$\phi1.6$ M6	$\phi1.7$ M6	$\phi1.8$ M6	$\phi1.9$ M8

(a) 结构

图 5-371　电磁式插装溢流阀

③ 插装式卸荷阀　图 5-372 为 DAF 系列插装式卸荷阀。 泵的出口与 A 口相连，B 口与油箱相连，控制油从 X 口进入。 当控制油压力大于先导调压阀调压手柄预先调定的压力时，先导球阀打开，控制油从 Y 口经一单独的回油管流回油箱，泵卸荷。

（3）流量控制与插装式流量控制阀

在插装阀的控制盖板上安装调节螺钉，对阀芯的行程开度大小进行控制，达到改变 A→B 通流面积的大小，从而可对流经插装阀的流量大小进行控制，成为插装式节流阀。 图 5-373 为常见的插装式节流阀的结构及图形符号。

图形符号

相当于常规阀图形符号

结构

图 5-372　插装式卸荷阀

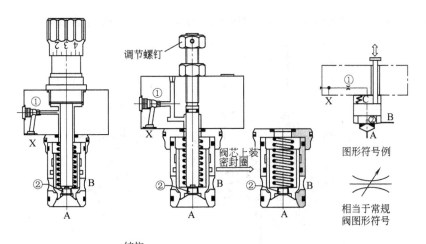

结构

图 5-373　插装式节流阀

（4）主动控制插装阀

在使用插装阀的液压系统中，为了安全，插装阀或关或开要相对程度的可靠。 为了液压系统的这种高标准要求，出现了采用强制手段使插装阀的阀芯锁紧在阀套座上的插装阀，确保关阀时的密封性。 采取这种强制措施的插装阀叫主动控制插装阀。

这种主动控制插装阀除了上述三个面积 A_A、A_B、A_C（A_X）外，还设有两个大小相同的环形面积 A_{st}，上环形面积用于强制关闭，此时 X 或 Z_1 通入控制压力油；下环形面积用于强制开阀，此时 Z_2 通入压力油。 并且采取严格的密封措施，真正能做到可靠地开阀与关阀，以及绝对无泄漏。 其工作原理如图 5-374 所示。

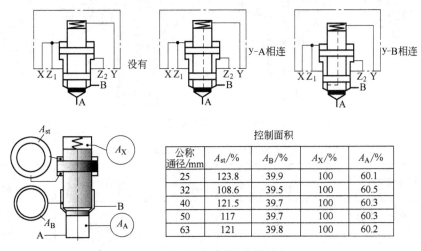

公称通径/mm	A_{st}/%	A_B/%	A_X/%	A_A/%
25	123.8	39.9	100	60.1
32	108.6	39.5	100	60.5
40	121.5	39.7	100	60.3
50	117	39.7	100	60.3
63	121	39.8	100	60.2

图 5-374　主动控制插装阀

主动控制插装阀的结构如图 5-375（不带行程调节螺钉）和图 5-376（带行程调节螺钉）所示（笔者在修理解剖这种阀时，发现控制活塞与阀芯是分开的，且在控制活塞杆 M 处装有格莱圈密封，供修理人员参考），当控制油从 X 或 Z_1 进入，控制活塞连同阀芯被强制压在阀套的阀座上，确保 A 与 B 之间的密封可靠性；当控制油从 Z_2 进入控制活塞上行，带动阀芯上行，A 与 B 之间的通路被强制打开。 图中丝堵（或阻尼孔）1、2、3、4 视需要堵上或使阻尼导通。

上述各种机能的插装阀，其图形符号比同机能的常规阀要复杂麻烦些，特别是初学者不太习惯。 笔者将一些插装阀与之相对应的常规阀的图形符号对照情况归纳于表 5-44 中，供读者参考。

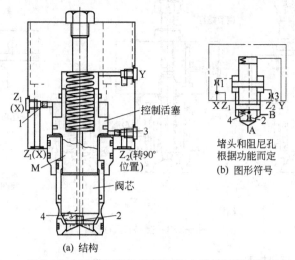

(a) 结构

(b) 图形符号

堵头和阻尼孔根据功能而定

图 5-375 不带行程调节螺钉的主动控制插装阀

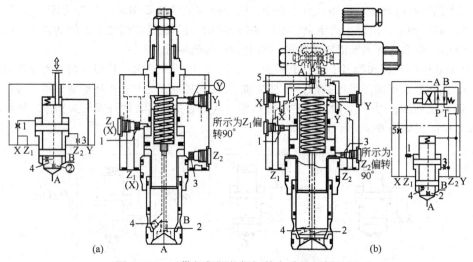

图 5-376 带行程调节螺钉的主动控制插装阀

表 5-44 插装阀与相对应的常规阀图形符号对照表

阀种	符号	插装阀图形符号	相对应常规阀图形符号	阀种	符号	插装阀图形符号	相对应常规阀图形符号
压力阀	溢流阀			压力阀	电磁溢流阀		
	减压阀				卸荷阀		
	顺序阀						

续表

符号\阀种	插装阀图形符号	相对应常规阀图形符号	符号\阀种	插装阀图形符号	相对应常规阀图形符号
流量阀 节流阀			二位二通液动阀		
单向节流阀				• 可用作单向+断路机能阀。高压侧压力,作为先导压力作用于先导口"X"或B口。 • 若把先导口"Z"与A口连接,弹簧复位时的自由流动即变成相反方向。(Z₁接在A时) 	
调速阀					
单向阀 A到B				• 先导口"X"或"Z₁"的任何一方根据高压侧先导压力,有断路阀的功能。 • 由于在先导口"X""Z₁"之外,还设有"Z₂",所以能进行更可靠的控制	
B到A			二位二通电液阀		
液控单向阀			三位四通电液阀		
			带双单向节流阀的电液阀	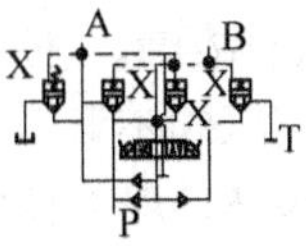	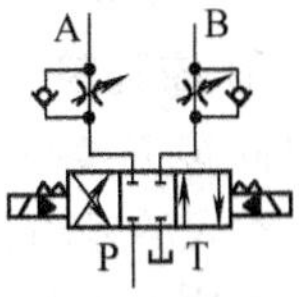
二位两通液动换向阀			带液压锁双单向节流阀的电液换向阀	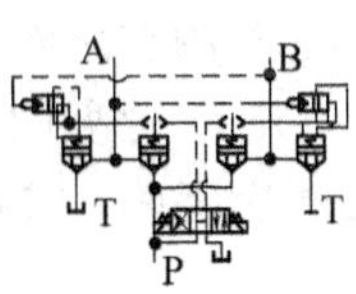	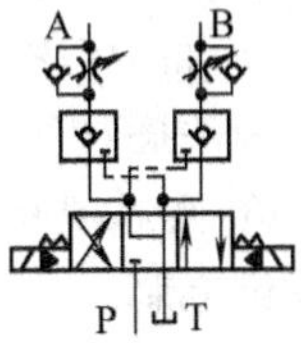
	• A口压力作为先导压力时,把先导口"Z₁"接到A口上。(Z₁与A的场合) • 若在先导口"X"上设先导操作单向阀,插装阀即具有先导操作单向阀的功能 				

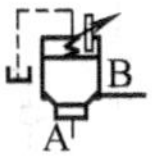

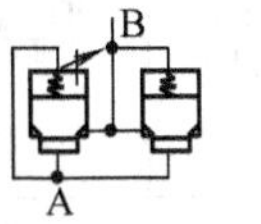

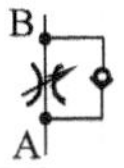

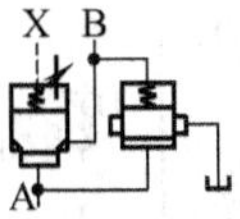

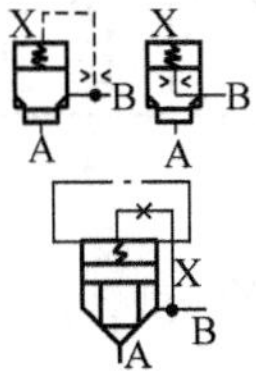

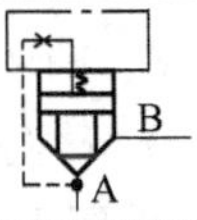

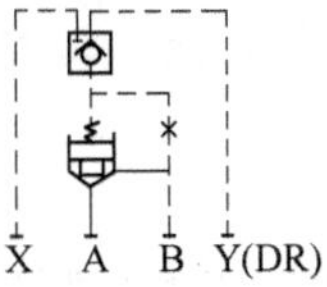

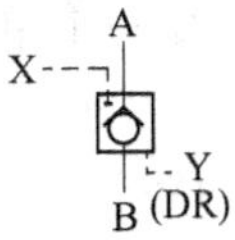

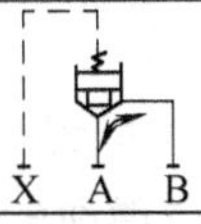

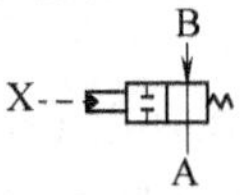

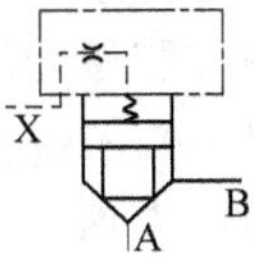

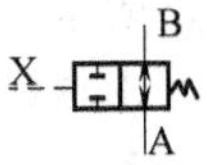

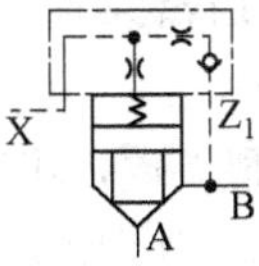

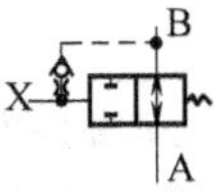

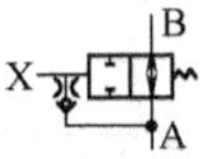

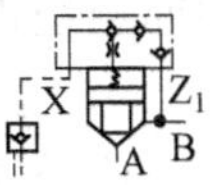

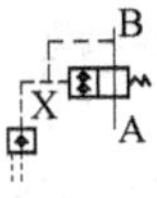

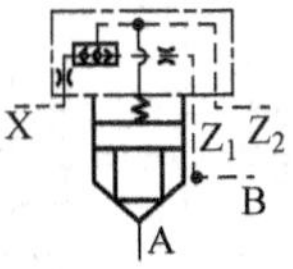

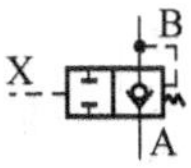

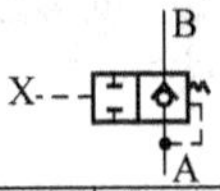

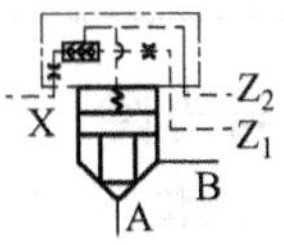

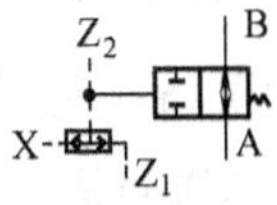

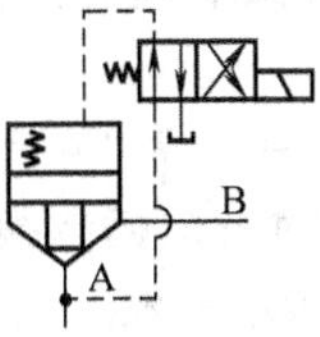

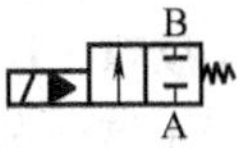

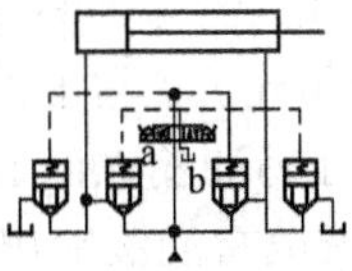

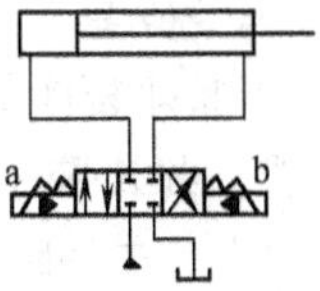

第5章 液压控制阀的使用与维修　587

续表

符号 阀种	插装阀图形符号	相对应常规 阀图形符号	符号 阀种	插装阀图形符号	相对应常规 阀图形符号
带平衡支撑阀与安全阀的电液阀			组合阀		
组合阀					

5.20.5　故障分析与排除

二通插装式逻辑阀由插装件、先导控制阀、控制盖板和块体等四部分组成，产生故障的原因和排除方法也着眼于这四个地方。

先导控制阀部分和控制盖板内设置的阀与一般常规的小流量电磁换向阀、调压阀及节流阀等完全相同，所以因先导阀引起的故障可参阅第 5 章的相关内容进行故障分析与排除。 而插装件——逻辑单元如前所述有多种形式，但不外乎为三种：滑阀式、锥阀式及减压阀式。 从原理上讲，均起开启或关闭阀口两种作用，从结构上讲，形如一个单向阀，因而也可参考 5.2 节的内容。 现补充说明如下。

【故障 1】　丧失"开"或"关"逻辑性能，阀不动作

产生这一故障时，对方向插装阀，表现为不换向；对压力阀，表现为压力控制失灵；对流量阀，则表现为调节流量大小失效。

产生这类故障的主要原因是阀芯卡死，要么卡死在开启（全开或半开）位置，要么卡死在全关或半关位置。 这样，需要"关"时不能关，需要"开"时不能开，丧失逻辑性能。

二通插装件（逻辑单元）正常工作时如前述图 5-352 所示，当 X 腔有控制压力油输入时设为"＋"，当 X 腔无控制压力油输入而通油池时为"－"，正常状况下输出（A→B）分别为"－"或"＋"，主油路无油液或有油液输出，即 A 到 B"不通"或"通"。 而产生这一故障时，无论输入为"＋"或"－"，输出要么总为"＋"，要么总为"－"，并不存在逻辑关系。 产生这种故障的具体原因和排除方法如下。

①　控制腔 X 的输入有故障。 控制腔 X 的输入来自先导控制阀与控制盖板，如果先导控制阀有方向阀不换向、先导调压阀不调压等故障，势必使主阀上腔的控制腔（X 腔）的控制压力油失控，输入的逻辑关系被破坏，那么输出势必乱套。

解决办法是要先排除先导阀（如先导电磁阀） 或者装在控制盖板内的先导控制元件（如梭阀、单向阀、调压阀等）的故障，使输入信号正常。

②　油中污物楔入阀芯与阀套之间的配合间隙，将主阀芯卡死在"开"或"关"的位置。 此时应清洗插装件（逻辑单元），必要时更换干净油液。

③　阀芯或阀套棱边处有毛刺，或者装配使用过程中因阀芯外圆柱面上拉伤而卡住阀芯，此时需倒毛刺。

④　因加工误差，阀芯外圆与阀套内孔几何精度差，产生液压卡紧。 这一情况往往被维修人

员忽视，因为液压卡紧现象只在工作过程中产生，如果阀芯外圆与阀套内孔存在锥度和失圆现象，便会因压力油进入环状间隙产生径向不平衡力而卡死阀芯。卸压后或者拆开检查，阀芯往往是灵活的，并无卡死现象，此时需检查有关零件精度，必要时修复或重配阀芯。

⑤ 阀套嵌入阀体（集成块体）内，因外径配合过紧而招致内孔变形；或者因阀芯与阀套配合间隙过小而卡住阀芯。可酌情处理。

⑥ 阀芯外圆与阀套孔配合间隙过大，内泄漏太大，泄漏油从间隙漏往控制腔，在应开阀时也可能将阀芯关闭，造成动作状态错乱。应设法消除内泄漏.

【故障2】 应关阀时，不能可靠关闭

如图 5-377（a）所示，当 1DT 与 2DT 均断电时，两个逻辑阀的控制腔 X_1 与 X_2 均与控制油接通，此时两逻辑阀均应关闭。但当 P 腔卸荷或突然降至较低的压力，而 A 腔还存在比较高的压力时，阀 1 可能开启，A、P 腔反向接通，不能可靠关闭，而阀 2 的出口接油箱，不会有反向开启问题。

解决办法是采用图 5-377（b）所示的方法，在两个控制油口的连接处装一个梭阀，或两个反装的单向阀，使阀的控制油不仅引自 P 腔，而且还引自 A 腔，当 $p_P > p_A$ 时，P 腔来的压力控制油使逻辑阀 1 处于关闭。且梭阀钢球（或单向阀 I_2）将控制油腔与 A 腔之间的通路封闭。当 P 腔卸荷或突然降压使 $p_A > p_P$ 时，来自 A 腔的控制油推动梭阀钢球（或 I_1）将来自 P 腔的控制油封闭，同时经电磁阀与逻辑阀的控制腔接通，使逻辑阀仍处于关闭状态。这样不管 P 腔或 A 腔的压力发生什么变化，均能保证逻辑阀的可靠关闭。

当梭阀因污物卡住或者梭阀的钢球（或阀芯）拉伤等原因，造成梭阀密封不严时，也会造成反向开启的故障。

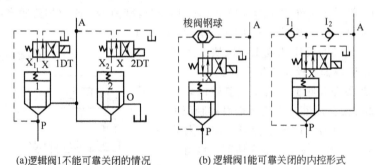

(a)逻辑阀1不能可靠关闭的情况　　　(b) 逻辑阀1能可靠关闭的内控形式

图 5-377　阀不能可靠关闭的处置

【故障3】 插装阀不能封闭保压，保压不好

保压在一些液压设备上是不可缺少的一种工况，例如锁模保压和注射保压等。

保压回路中一般可采用液控单向阀进行保压。图 5-378 所示的用滑阀式换向阀作先导阀的液控单向阀，或以滑阀式液动换向阀作先导阀的液控单向阀，只能用在没有保压要求和保压要求不高的系统中。如果将其用在保压系统中，自然会出现保压不好的故障。因为图 5-378 所示的液控单向阀虽然主阀关闭，但仍有一小部分油泄漏到油箱或另一油腔。如图 5-378（a）所示，当 1DT 断电，$p_A > p_B$ 时，虽然 A、B 腔之间能依靠主阀芯锥面可靠密封，通常状况下绝无泄漏，但从 A 腔引出的控制油的一部分压力油会经先导电磁阀的环状间隙（阀芯与阀体之间）泄漏到油箱，还有一部分压力油会经主阀圆柱导向面间的环状间隙漏到 B 腔，从而使 A 腔的压力逐渐下降而不能很好保压。如图 5-378（b）所示，当 2DT 断电，$p_B > p_A$ 时，主油路切断，虽 A、B 腔之间没有泄漏，但 B 腔压力油也有一部分经先导电磁阀（或液动换向阀）的环状间隙漏往油箱去，使 B 腔的压力逐渐下降。当然图（b）的情况略好于图（a），保压效果稍好，因为没有了 B 腔压力油经圆柱导向面间的间隙漏向 A 腔的内泄漏，但均不能严格可靠保压。

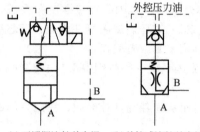

(a) 无泄漏液控单向阀　　(b) 外控式液控单向阀
图 5-378　插装阀不能封闭保压的处理

为了实现严格的保压要求，可将图 5-378 所示的滑阀式先导电磁阀改为座阀式电磁阀（参阅 5.4 节），或者使用带外控的液控单向阀作先导阀，如图 5-378 所示，两种情况下均能确保 A、B 腔之间无内泄漏，也不会出现经先导滑阀式阀的泄漏，因而可用于对保压要求较高的液压系统中。

此外下述原因也影响保压性能：阀芯与阀套配合锥面不密合，导致 A 与 B 腔之间的内泄漏；阀套外圆柱面上的 O 形密封圈密封失效；阀体上内部铸造质量（例如气孔、裂纹、缩松等）不好造成的渗漏以及集成块连接面的泄漏。

可针对不同情况，在分析原因的基础上予以处理。

【故障 4】　插装阀"开""关"速度过快或者过慢

插装单元的主阀芯开关速度（时间）与许多因素有关。如控制方式、工作压力及流量、油温、控制压力和控制流量的大小以及弹簧力大小等。对同一种阀，其开启和关闭速度也是不相同的；另外设计、使用调节不当，均会造成开关速度过快或过慢，以及由此而产生的诸如冲击、振动、动作迟滞、动作不协调等故障。

对于外控供油的方向阀元件，开启速度主要取决于 A 腔和 B 腔的压力 p_A、p_B 以及 X（C）腔排油管（往油箱）的流动阻力。当 p_A 和 p_B 很大，而 X 腔排油很畅通时，阀芯上下作用力差将很大，所以开启速度将极快，以至造成很大的冲击和振动。解决办法就是在 X 腔排油管路上加装单向节流阀来提高并可调节其流动阻力，进而减低开启速度；反之，当 p_A、p_B 很小，而 X 腔排油又不畅通时，阀芯上下作用压力差很小，所以开启速度很慢，这时却要适当调大装在控制腔 X 排油管上的节流阀，使 X 腔能顺利排油［图 5-379（a）］。

外控式方向阀元件的关闭速度主要取决于控制压力 p_x 与 p_A 或 p_B 的差值、控制流量和弹簧力。当差值很小，主要靠弹簧力关阀时，关闭速度就比较慢，反之则较快。要提高关闭速度就需要提高控制压力，例如采用足够流量、单独的控制泵提供足够压力的控制油等措施；当差值很大，关闭速度太快时，也可在 X 腔的进油管路上加节流阀来减少 p_x 和控制流量，以降低关闭速度［图 5-379（b）］。

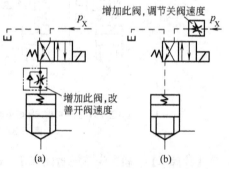

图 5-379　插装阀"开""关"速度过快或者过慢的处置

对于内控式的压力阀元件，它的开启速度与时间主要取决于系统的工作压力、阀芯上的阻尼孔尺寸和弹簧力，以及控制腔排油管路的流动阻力。作为二位二通阀使用时，与电磁溢流阀卸荷时一样。在高压下如果它们的开启速度太快，会造成冲击和振动。解决办法也是在排油管上加单向节流阀，调节排油阻力来改变开启速度。关闭速度主要与阻尼孔和弹簧力有关，由于内控式是以压力阀元件为主，为了得到调压与其他工况下的稳定性，关闭速度是有要求的。现有的压力阀的关闭时间一般为十分之几秒，如果需更迅速，就只有加大阻尼孔和加强弹簧力，但这样反过来又会影响阀的开启时间和压力阀的其他性能，必须兼顾。

另外，先导装置的大小对阀的开关速度也有较大影响，所以在设计使用中必须按它所控制的插装阀的尺寸大小（通径）和要求的开关速度来确定先导阀的型号。

另外一种方法就是采用图 5-380 所示的加装缓冲器的方法，可用来自动控制开阀与关阀的速度，从而可有效消除液压泵卸荷时的冲击。当缓冲器阀芯处于原始位置时，溢流阀处于卸荷状态。当 X_2 腔被电磁阀封闭（电磁铁通电）时，溢流阀关闭，系统升压。阀芯左端在油压作用下克服弹簧的弹力而右移，压在右端弹簧座上。这时阀芯的锥面使 X_1 和 X_2 两腔之间仅有一个很小的通流面积，形成一个液阻，液阻大小可通过调节螺杆进行调节。当电磁阀断电时，溢流阀上腔压力经缓冲器这个阻尼向油箱缓慢卸压，同时阀芯左端的压力因接通油箱而迅速下降，在弹簧的作用下阀芯左移，X_1 腔与 X_2 腔之间的通流面积也相应逐渐加大，溢流阀上腔压力的下降速度也加快，从而使溢流阀阀芯抬起（开启）的速度开始很慢，以后逐渐变快，即系统压力处于高压时卸压慢，低压时卸压快，从而有效地消除了液压泵卸荷时的冲击，并适当地控制了卸荷时间。

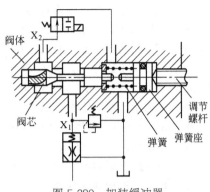

图 5-380　加装缓冲器

【故障5】　阀芯的关闭时间过长，比开启时间长许多

特别是大通径阀（63～100mm），在由先导电磁阀 2（通径一般为 6～10mm）控制二通插装阀 1 开闭的回路（图 5-381）中，阀 2 通电，阀 1 开启时，由于压力 p_A 和 p_B 远大于 p_x（$p_x \approx 0$），因而开启时间就短；而关闭时，由于上下腔压力基本平衡，主要靠上腔（X 腔）的弹簧力进行关闭，关闭时间就较长；加大弹簧刚度，利于缩短关闭时间，但会增大阀口过流阻力，一般不可取；调节节流孔 3 可改变阀芯上下压差和进入 X 腔的进出流量，因而能够调节开闭时间。开大阀 3，启闭时间可缩短，反之则延长，设置阀 3 对延长启闭时间、减小开启时的换向冲击有利，与加快关阀速度却有矛盾；液动力主要在阀芯小开度（0～1mm）时起关闭作用，与流向无关；主阀芯摩擦力总是阻碍启闭。

此外，X 腔的供油方式（外控、内控）不同，启闭时间也不同。外控油因压力稳定且与负载无关，阀芯关闭时间最短；内控时，A 口供油比 B 口供油关闭阻力大，所以 A 口供油的关闭时间较长。

解决办法是采用快速二通插装阀回路，如图 5-382 所示。由于阀 1 为大通径阀（63～100mm），如果仍采用小通径（6～10mm）的电磁阀作先导阀，将因先导流量特别大而使先导电磁阀产生很大的过流阻力，从而不能实现主阀的快速启闭。为此本回路采用两级先导控制的形式，在主阀 1 和先导电磁阀 3 之间加入了通径为 16mm 的二通插装阀 2，作为第二级先导控制，以适应大控制流量（如大型注塑机）的过流要求。其工作原理为：控制方式采用内控。当电磁阀 3 断电时，从 A 口引出的控制油一路经阻尼孔 4、阀 3 右位进入到二级先导阀 2 的控制腔（上腔），使其关闭；另一路经单向阀 5、阻尼孔 6 进入阀 2 的 A_1 口，还分一路经单向阀 7 进入阀 1 的控制腔。同时从 B 口引出的油液经单向阀 9 也进入阀 1 的控制腔。由于阀 2 关闭，主阀 1 也跟着快速关闭。当电磁阀通电时，首先阀 2 快速开启，造成阀 1 控制腔压力急剧下降，于是在系统

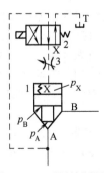

图 5-381　开闭控制回路

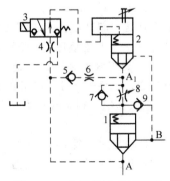

图 5-382　主阀快速启闭回路

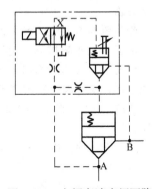

图 5-383　主阀高速启闭回路

工作压力油作用下,阀1快速开启。

图 5-382 中的先导阀 3 采用小通径的球阀,它比滑阀式电磁阀换向快,没有泄漏。 阻尼孔 4 用来调节阀 2 的关闭速度,阻尼孔 6 用来产生阀 1 的开启压差,并可以调节阀 1 的关闭速度;节流阀 8 用来调节阀 1 的开启速度。 单向阀 5、9 分别使 A、B 口的控制油进入阀 1 控制腔,并防止液流反向流动。 先导插装阀 2 带有行程调节器,调节其开度可以改变阀 2 的启闭速度和阀 1 控制腔的排油流量,从而能够调节阀 1 启闭的平稳性,减缓液压系统的换向冲击。

图 5-383 所示的主阀快速启闭回路与图 5-382 所示的回路工作原理相同,并可使换向(关、开)时间非常短,控制回路略简单些,但开闭时间调节功能要差些。

【故障 6】 大流量二通插装电磁溢流阀不能完全卸荷

这一现象是指电磁溢流阀在电磁铁断电(常开)或通电(常闭)的情况下,溢流阀的压力不能降到最低,而保持比较高的压力值,系统的卸荷压力较高。

产生原因和排除方法如下。

① 主阀芯因污物或毛刺卡死在小开度位置,卸荷压力较高;卡死在关闭位置,则根本不卸荷,此时可清洗致使主阀芯运动灵活。

② 主阀芯复位弹簧刚度选择太大,虽对关闭有利,但带来了卸荷压力降不下来的问题。 此时应更换成刚度较低的主阀芯复位弹簧。 有资料介绍,主阀芯阻尼孔(或旁路阻尼孔)尺寸最好小于阀盖内的阻尼孔尺寸,而目前所生产的插装阀二者均为同一尺寸。

【故障 7】 插装阀用作卸压阀时卸压速度太快或太慢

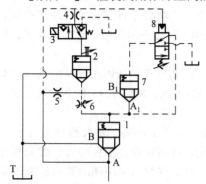

图 5-384 卸压回路故障的处置

这一故障中实际上包含一对矛盾:卸压太快会发生冲击,不发生冲击又只能减慢卸压速度。 此时可采用图 5-384 所示的回路,刚开启卸压时(此时压力较高)速度较慢,然后压力降下来一点后再快速卸压,便可解决这一矛盾。 回路中采用了三级先导控制,可以达到先缓慢卸压(避免冲击),然后快速大量放油卸压,是一种开启速度先慢后快的快速二通插装阀组。

其工作原理为:当电磁阀 3 断电时,从阀 1 的 A 口引出的控制油一路经阻尼孔 4 再经阀 3 右位进入阀 2(二级先导控制阀)的控制腔,使阀 2 关闭;另一路进入液动换向阀 8 的控制腔。 当控制压力低于液动阀弹簧力时,液动阀在弹簧力作用下复位,使阀 7 控制腔油液排回油箱,阀 7 开启;另一路经阻尼孔 5 和阀 7 的 B_1 口和 A_1 口,进入阀 1 的控制腔。 由于阀 2 此时关闭,阀 1 也在弹簧力和主要经由阀 7 控制的大流量的作用下,快速关闭。 同时随着阀 1 的 A 口油液压力的升高,阀 8 在升高压力的液压作用下切换。 原经过阀 7 的 B_1 口和 A_1 口进入阀 1 控制腔的控制油,又经液动阀 8 进入阀 7 的控制腔,使阀 7 关闭。

当电磁阀 3 通电,首先阀 2 快速开启,但开度很小,阀 1 控制腔油经阀 6 节流口和阀 2 的小过流通路而小量排油,使阀 1 在上下压差下缓慢开启,于是阀 1 的 A 口开始时只是缓慢经油 B 口卸压;当 A 口压力产生的液压力(即阀 8 控制压力)低于液动阀 8 弹簧力时,阀 8 复位,下位工作,阀 7 因控制腔通油箱而开启,于是阀 1 控制腔油液经阀 7 的 B_1 口、阻尼孔 5 大量排入阀 1 的 A 口。 此时阀 1 如同一差动液压缸,阀 1 阀芯快速上抬,开启到最大,从而实现快速卸压。

从工作原理分析可知,当 A 口压力较高时,阀 1 开启时间长,而压力下降后,阀 1 开启时间短(迅速开启),从而实现了先高压慢卸载,避免了冲击压力的产生,后低压下快速卸载,使总的卸压时间还是较短的。

【故障8】 不能自锁，插装阀关得不牢靠

这一故障与上述故障2意思相似，表现为一有风吹草动，插装阀便打开不能关闭，谓之不能自锁。欲使锥阀保持自锁能力，必须保持控制压力的存在，而且须防止控制压力油源的波动过大造成不能自锁的现象。

要解决好这个问题主要应从设计上考虑周到加以防范。在控制油的选取方式上可参阅图 5-385，其中图（a）为当 $p_A > p_B$ 时选用；图（b）为 $p_B > p_A$ 时选用；图（c）为有时 $p_A > p_B$，有时 $p_B > p_A$ 时选用；图（d）、（e）为 p_A 与 p_B 均压力波动过大时，能确保阀闭锁可靠时选用；图（e）接入梭阀 S_1 和 S_2。梭阀 S_1 的两个输入油口，一个接外控油源 P_C，一个接工作油路 B 或 A。当控制油源 P_C 失压时，A 或 B 油路即能补入工作；当 P_C 和主供油路 P_A 全部失压时，也能利用执行机构（液压缸）的重力或其他外力产生的压力 p_B 使锥阀关闭。梭阀 S_1 本身就是一个压力比较器。图（a）~（c）为内控供油，（d）为外控供油，（e）为内、外控组合供油。

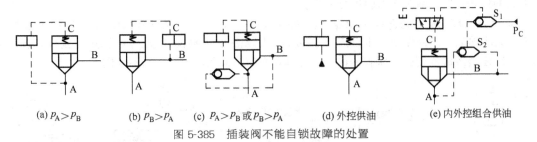

(a) $p_A > p_B$　　(b) $p_B > p_A$　　(c) $p_A > p_B$ 或 $p_B > p_A$　　(d) 外控供油　　(e) 内外控组合供油

图 5-385　插装阀不能自锁故障的处置

关于插装单元控制油的控制方式下面再做一些说明。

如图 5-386 所示，回路1仅由 B 腔引出控制油，只能关闭由 B 到 A 的油流，没有内泄漏。由 A 到 B 流动时，可以像单向阀一样开启，通过节流控制可以关闭由 B 向 A 的液流，但难以可靠关闭，且开启时有振动。

回路2的方式可关闭由 A→B 的油流，但此时有内泄漏。由 B 到 A 流动时，如同一般的单向阀，但由于作用面积为环状面积，开启压力高。这种回路开启和关闭速度可以调整。

回路3两个方向均可关闭。但 A 腔压力高于 B 腔时，会产生内泄漏。这种回路中，随油流方向的不同，开闭速度会不同，需注意。

回路4优点是先导电磁阀只需两位两通便可以了，缺点是插装阀打开时，需不间断地供给控制油流，开与关不可能长时间稳定不变。

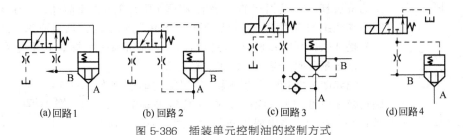

(a)回路1　　　(b)回路2　　　(c)回路3　　　(d)回路4

图 5-386　插装单元控制油的控制方式

【故障9】 逻辑阀控制机能的复合不当带来的故障

前已说明，一个插装单元具有方向、压力和流量三种控制功能。为了简化结构减少尺寸，可使一个插装单元（插装阀）在工作中起"一阀多用""一阀多能"的作用，即可进行功能的复合控制，但"一阀多能"并不意味着一个插装阀可任意进行多个控制功能的组合，必须遵守一定原则，否则会因设计原因带来先天性的一些故障，甚至根本无法工作。"一阀多能"在一个插装阀上的复合分成下述两种情况。

① 同时复合故障情况　一个液阻，可控制其开口量以改变液阻进而控制流向、压力和流量三个参数。对方向阀而言，液阻 R=0 时为流通，R=∞ 时为关闭，属于开关控制；对压力阀和流量阀而言，在一定条件下，液阻的一个开口量便对应有一个压力或流量值，属于恒值参数控制，二者存在控制方法不同。

　　a. 方向阀与压力阀基本上可实现同时控制。如图 5-387 所示，插装阀控制腔接上一先导式压力阀，于是在压力油从 P→A 流动的同时，插装阀自动调整到一定开度来控制阀前压力，实现流向和压力参数的同时控制。但是液控单向阀和压力阀之间不能同时复合。如图 5-388（a）所示为一插装式液控单向阀，当 K 口未通入控制油时，可 A→B，但 B 不通 A，为单向阀功能；当 K 口通入控制油后，A→B，B→A，液控单向阀动作正常。但当再加一先导压力阀进行复合控制时，如图 5-388（b）所示，当液动换向阀常位时，A→B，且可实现压力控制，B 不通 A，适用。但当 K 口通入控制压力油时，A→B，且可压力控制，但 B 不通 A，因而无法实现液控单向阀与压力阀的复合控制，调压会出现失灵现象。

　　b. 常开式减压阀与方向阀不能复合。如图 5-389（a）所示，常开式减压阀 P_1 与 P_2 两腔始终相通，无法实现关闭的控制。因而若二者复合，则无法实现换向功能。若想实现复合，必须将常开式减压阀改成常闭式减压阀结构，才可具有方向与减压功能，否则不换向。

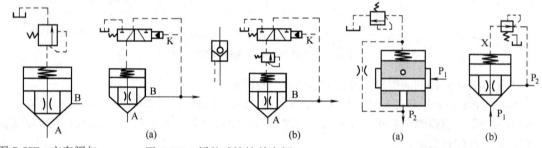

图 5-387　方向阀与
压力阀复合

图 5-388　插装式液控单向阀
(a)　(b)

图 5-389　常开式减压阀与方向
阀不能复合控制
(a)　(b)

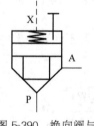

图 5-390　换向阀与
流量阀复合

　　c. 换向阀与流量阀可同时复合，不会产生故障。如图 5-390 所示，在插装阀控制流向 P→A 的同时，在控制盖板上用一螺杆定位装置限制阀芯的开启量，即用一个插装阀实现了对流量和流向的同时控制。

　　d. 压力阀与流量阀原则上不能同时复合，因为压力控制在插装阀系统中的位置基本上是固定的。如溢流阀（限压阀）、卸荷阀、顺序阀、减压阀是在系统的进油路，而背压阀是在系统的回油路，且溢流阀、卸荷阀与通道是并联，所以每种压力先导控制复合到哪一个插装阀上基本是固定的，无选择余地，否则将失效或出故障。

　　例如图 5-391 所示的回路，流量阀与通道是串联安装在进油或回油路上，这样若将先导节流阀与背压阀（阀 2）一起装在回油路上，当电磁铁断电时，阀 1 关闭，阀 2 开启，A→T，阀 2 同时进行节流和背压控制。然而经分析发现，当阀 2 开口小于节流螺杆所限定的开口量时，为背压阀功能。当阀 2 开口等于（或稍大于）螺杆所限定开口量时，才为节流功能，无法实现节流和背压同时控制，即无法实现压力和流量的同时复合。这时应将先导节流阀放在进油口，实行进油节流，回油背压。

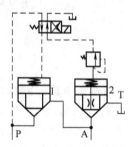

图 5-391　节流和背压
无法同时控制

　　但顺序阀是例外，可与流量阀复合，因为顺序阀本质上是开关阀，是用压力信号去控制阀的开关。

e. 压力阀之间、流量阀之间均不能实现同时复合控制。

② 顺序控制复合故障情况　即指流向、压力、流量等几种控制功能按先后顺序由一个插装阀实现，而不管是开关控制（流向）还是恒值控制（压力、流量）。但复合控制设计的顺序一般应为流向→压力→流量控制，在不同时刻用不同的先导阀加以控制即可。如图 5-392 的插装阀 1，配有 4 个先导阀（电磁阀 3、先导调压阀 5、4，节流阀 6）进行控制，因而它在不同时刻可具有支承（防止自重下落）、限压、放油、调速、背压等 5 种控制功能。

但要特别注意的是节流先导控制的形式，一般插装式节流阀的先导控制形式有两种：限位式和节流式，此处的节流阀只能用节流式而不能用限位式。

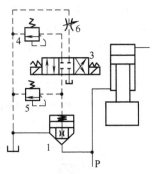

图 5-392　顺序控制

【故障 10】　中位封闭系统压力干扰产生不封闭故障

图 5-393 所示的由三位四通 P 型电磁阀为先导阀和四个插装阀 1～4 构成的 "O" 型中位机能的电液插装阀回路，由主油路引出的控制油 p_x 经 "P" 型中位机能三位四通电磁换向阀分别进入四个插装阀的控制腔。理论上，电磁换向阀处于中位时，各插装阀（1、2、3、4）应全部关闭，P、T、A、B 互不相通。但在实际工作时，往往出现干扰问题，在 P、T、A、B 四个油口中仍然出现有某两个短时沟通的现象。例如由 P→B，A→T 的工况（液压缸活塞左行）的工况过渡到中位工况时，由于液压缸惯性，会给 A 腔加压，出现压力 p_A 升高大于 p_x 的现象。这样插装阀 1 打开，仍然有 A→T 的油流存在，使系统工作出现不正常，甚至不能工作的情况。为避免这种故障出现，可采用图 5-399（b）的方式，即增加三个单向阀，这样不管何种现象出现，控制油 p_x 始终取自 p、p_A、p_B 中压力最高者，使在中位及工作位置时，插装阀 1～4 将严格地按照预定的控制处于正确的状态，达到防止压力干扰的目的。

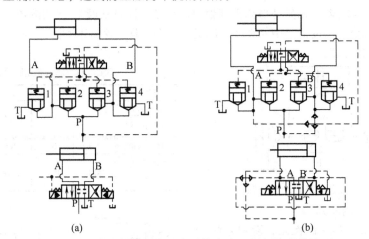

(a)　　　　　　　　　　　　　(b)

图 5-393　中位封闭系统压力干扰产生不封闭故障的处置

【故障 11】　主级回路之间的压力及流量干扰

在各主级回路之间的压力及流量的干扰多采用插装单向阀及液控单向阀解决，而一个插装阀的几个先导控制阀或几个插装阀的先导控制回路之间的压力干扰需加单向阀、梭阀、换向阀等予以防止。

图 5-394 为 "换向+减压" 复合控制的插装阀，K_1 是先导减压阀，K_2 是先导电磁换向阀。当 1DT 失电时，P→A，先导减压阀 K_1 起作用。为防止 K_1 的回油直接流回油箱，使减压失效，必须增加单向阀 I，否则减压不起作用。当 1DT，通电时，控制油通过单向阀、先导减压阀进入插装阀的控制腔，使插装阀 1 封闭，实现 A→T。

【故障 12】 节流调速系统的压力干扰故障

图 5-395（a）为进口节流调速系统图。 插装阀 2 为节流控制阀，插装阀 5 为定差溢流阀做压力补偿阀用。 初看起来，这种回路设计是合理的，但是它会出现压力干扰的故障：当先导换向阀左位工作时有 P→A，B→T，阀 2 和阀 5 组成的溢流节流阀（调速阀）能正常工作；但当先导换向阀右位工作时，有 P→B，A→T，那么此时阀 5 的控制压力为零，阀 5 开启，系统卸荷，不能工作。为解决此压力干扰问题，把 A 腔与阀 5 控制腔二者用一梭阀 6［图 5-395（b）］连接，这样可选择二者中压力高者与阀 5 控制腔相连，以保证 P→B，A→T，阀 5 控制腔与阀 2 的控制腔相连；而在 P→A，B→T 时，阀 5 控制腔与 A 腔相连，便可排除上述故障，保证系统能正常工作。

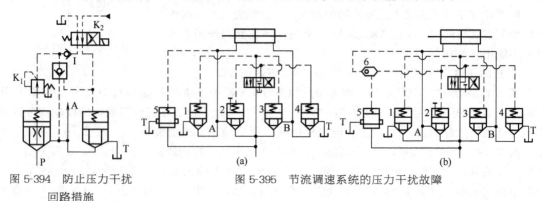

图 5-394　防止压力干扰　　　　　图 5-395　节流调速系统的压力干扰故障
　　　　　回路措施

【故障 13】 噪声振动

图 5-396 所示的回路中，如果四个插装阀型号（通径）选择一样尺寸，会出现噪声振动现象。 两个放油阀尺寸要选大一档次的阀，特别是阀 A 的通径要大，否则会因过流能力小而产生振动噪声以及发热故障。 尤其是当活塞杆粗时，要仔细计算从阀 A 回油的流量，选取通流能力足够的阀。 而目前许多设备图中 4 个逻辑阀通径大多一样，这是不对的。 表 5-45 为目前各种插装阀额定流量的参考表。

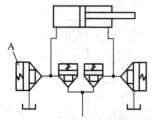

图 5-396　回路噪声振动的处置

表 5-45　插装阀额定流量表

通径/mm	16	25	32	40	50
额定流量/（L/min）	200	450	750	1250	2000
通径/mm	63	80	100	125	
额定流量/（L/min）	3000	4500	7000	10000	

【故障 14】 内泄漏

如果是图 5-397（a）的回路，没有办法解决由 P_1 到 P_2 的内泄漏问题，须改为图 5-436（b）的连接，内泄漏则非常小。

5.20.6　插装阀的修理

（1）拆卸插装件的方法

修理插装阀时，会遇到插装件的拆卸问题. 首先要准备好拆卸工具，拆卸工具可购买或自制。 拆卸插装件的工具如图 5-398

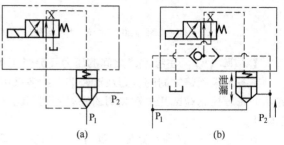

图 5-397　内泄漏故障的处置

（a）所示，它由胀套、支承手柄、T 形杆和冲击套等组成。 一般机修车间均有此类工具。

拆卸插装件的步骤与方法为：① 卸下插装阀的盖板或先导阀、过渡块等；② 按图 5-398（b）卸下挡板，如挡板与阀套连成一体者无此工序；③ 取出弹簧，小心取出阀芯；④ 将拆卸工具的胀套插入阀套孔内，并旋转 T 形杆，撑开胀套，借助冲击套的冲击将阀套从集成块孔内取出，也可按图 5-398 的方法取出阀套。

必须注意的是，拆卸前须设法排干净集成块体内的油液，并注意与油箱连接回油管因虹吸现象油液流满一地的现象。

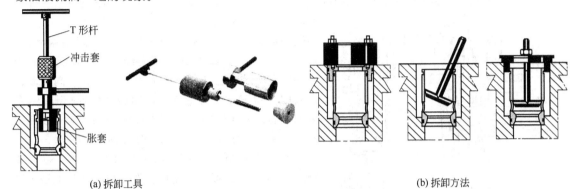

(a) 拆卸工具   (b) 拆卸方法

图 5-398 插装件的拆卸

（2）修理或更换插装件

阀芯的修理可参阅 5.2 节单向阀芯的修理方法进行。 阀套与阀芯相接触面有两处：一为圆柱相接触的内孔圆柱面，一为阀套底部的内锥面的接触处。 修理时重点修复阀芯与阀套圆柱配合面的间隙，阀套内锥面的修理比较困难，只能采取与阀芯对研，更换一套新的插装件价钱较贵。

弹簧折断或疲劳，可参阅表 5-46 进行更换。

表 5-46 插装阀用压缩弹簧（德国博世-力士乐公司）

规格	型号	弹簧尺寸/mm	件号	规格	型号	弹簧尺寸/mm	件号
16	LC 16 * 05 * * 6X	10.5/0.8 × 42/7	097 129	63	LC 63 * 05 * * 6X	43.5/3.6 × 165/9	097 143
	LC 16 * 10 * * 6X	10.5/1 × 42/8.5	097 130		LC 63 * 10 * * 6X	43/4 × 165/7	097 146
	LC 16 * 20 * * 6X	10.2/1.25 × 42/11	097 131		LC 63 * 20 * * 6X	42/5 × 164/9	097 149
	LC 16 * 40 * * 6X	10/4.4 × 42/9.5	097 132		LC 63 * 40 * * 6X	40.5/6.3 × 158/11	097 152
25	LC 25 * 05 * * 6X	16/1.4 × 61/10.5	097 133	80	LC 80 * 05 * * 6X	57/5 × 200/10.5	002 357
	LC 25 * 10 * * 6X	15.8/1.6 × 61/9.5	097 134		LC 80 * 10 * * 6X	56.5/5.6 × 200/8.5	002 359
	LC 25 * 20 * * 6X	15.5/1.8 × 61/8	097 135		LC 80 * 20 * * 6X	55/7 × 201/11.5	002 362
	LC 25 * 40 * * 6X	15/2.25 × 58/9	097 136		LC 80 * 40 * * 6X	53/9 × 176/10	002 365
32	LC 32 * 05 * * 6X	20.5/1.8 × 79/11.5	097 137	100	LC 100 * 05 * * 6X	74/7 × 250/14	002 363
	LC 32 * 10 * * 6X	20/2 × 79/9.5	097 138		LC 100 * 10 * * 6X	73/8 × 251/12.5	002 364
	LC 32 * 20 * * 6X	20/2.25 × 79/7.5	097 139		LC 100 * 20 * * 6X	72/9 × 251/10.5	002 366
	LC 32 * 40 * * 6X	19/32 × 68/10	097 140		LC 100 * 40 * * 6X	69/11.5 × 222/10	002 367
40	LC 40 * 05 * * 6X	27.5/2.5 × 108/13.5	097 141	125	LC 125 * 05 * * 6X	86/8 × 308/12.5	011 090
	LC 40 * 10 * * 6X	27.5/2.8 × 108/10.5	097 144		LC 125 * 10 * * 6X	85/9 × 310/10.5	002 649
	LC 40 * 20 * * 6X	27/3.2 × 108/9.5	097 147		LC 125 * 20 * * 6X	83/11 × 310/12.5	002 454
	LC 40 * 40 * * 6X	26/4 × 104/11	097 150		LC 125 * 40 * * 6X	80/14 × 255/10	002 650
50	LC 50 * 05 * * 6X	36/3.2 × 130/10.5	097 142	160	LC 160 * 05 * * 2X	112.5/10 × 418/11.5	011 097
	LC 50 * 10 * * 6X	35.5/3.6 × 130/9	097 145		LC 160 * 10 * * 2X	106/16 × 365/11	011 232
	LC 50 * 20 * * 6X	34.5/4.5 × 130/12	097 148				
	LC 50 * 40 * * 6X	33.5/5.6 × 117/10	097 151				

注：* —A 或 B；* * —E 或 D。

5.20.7 螺纹式插装阀

除了上述盖板式插装阀以外，还有螺纹连接的插装阀——螺纹式插装阀。 与盖饭式插装阀不同的是螺纹式插装阀多依靠自身完成液压阀的功能，而盖板式多依靠先导阀来实现液压阀的功能；螺纹式插装阀只适用于较小流量的系统，盖板式插装阀可适用大流量的液压系统；盖板式多为锥阀式，而螺纹式既有锥阀式，滑阀式也很多；两者安装形式也有区别，一为盖板固定，一为螺纹连接。 螺纹式插装阀常见于工程机械的多路阀中。

（1）方向控制螺纹式插装阀

① 单向阀与液控单向阀　如图5-399所示，图（a）为单向阀，A腔油液可流向B腔，而B腔油液不可以流入A腔。 它与传统的单向阀的区别不过是用螺纹连接以插装式的方式植入通路块而已；图（b）中当控制口K通入压力油时，控制活塞上抬推开单向阀芯，也可实现油液由B→A的反向流动，为液控单向阀。 一般控制活塞面积为单向阀阀座面积的4倍，因而控制压力至少应大于油压力（B腔）的1/4以上，方可打开阀芯，实现反向流动。

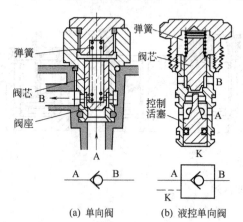

图 5-399　螺纹式插装单向阀与液控单向阀

② 电磁换向阀　图5-400所示为二位二通插装阀。 当电磁铁线圈未通电时，弹簧推动铁芯下移，将阀芯也推至最下端位置，图（a）中A与B之间的通路被切断，为常闭式，图（b）中A与B的油路被打开（A←→B），为常开式。 图（b）中A与B的油路被打开（A←→B），为常开式。 而当电磁铁线圈通电时，铁芯被电磁铁线圈吸合压缩弹簧而上抬，图（a）、（b）的阀芯随铁芯的上抬而上升，图（a）中A与B的通路被打开，可实现A、B之间的油液流动，图（b）中A与B之间的通路被关闭而截止。

③ 电液动换向阀　图5-401为二位二通电液动换向阀。 图（a）中当电磁铁未通电时，先导阀芯在弹簧力的作用下上抬，打开先导阀口，B腔与主阀芯上腔相通，此时当A腔压力大于B腔，可实现A→B的流动（主阀芯向上的作用力大于向下的作用力），当B腔压力大于A腔压力，可实现B→A的流动。 当电磁铁通电时，可动铁芯被吸下移，压缩弹簧并推动先导阀芯下移，关闭先导阀口，此时只可实现由B向A的流动，而A到B的液流被截止。

图（b）与图（a）刚好相反，当电磁铁未通电时，在弹簧力的作用下先导阀芯下移，先导阀口关闭。 此时，从进口来的压力油通过主阀芯的径向固定节流口降压后进入主阀芯上腔，使主

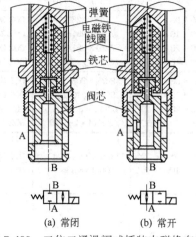

图 5-400　二位二通滑阀式插装电磁换向阀

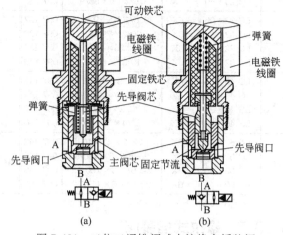

图 5-401　二位二通锥阀式电液换向插装阀

阀处于关闭状态。 当从 B 口来的油压大于 A 口油压加上弹簧产生的力时，油液可从 B→A 流动。 当电磁铁通电时，可动铁芯被吸上抬，先导阀口打开，进出油口之间可双向自由流通。 此时，若 A 口压力 p_A 大于 B 口压力 p_B，由于先导阀口开启，主阀上端面作用压力 p_B，下端环形面上作用着压力 p_A 加上其余面积上作用压力 p_B，因而阀芯上向上的力大于向下的力而打开主阀口；若 B 口压力 p_B 大于 A 口压力 p_A，更是由于上、下作用力之差可使主阀口打开。 所以，通电时，油液可实现 A 与 B 间的双向自由流动。

④ 手动换向阀与液动换向阀 图 5-402（a）为二位三通手动转阀，手轮通过手柄轴和销与阀芯固联，阀芯径向加工有互成 90° 的 a、b 孔，轴向位置分别与油口 A、C 对正。 当转动手轮如图示位置时，阀芯上的 b 孔与 C 口对正，A 口被封闭，此时可实现 B→阀芯中心孔→b→C 的流动，即 B→C；当手轮旋转 90°，a 孔与 A 口对正，C 口被封闭，实现 B→A 的流动。 当手轮在三个位置上定位时，可做成三位阀。

图 5-402（b）为二位三通液动换向阀。 当弹簧力大于阀芯下端控制油产生的液压力时，阀芯处于图示位置，A 口与 B 口通过阀芯上的台肩凹槽相通，可实现 A⇆B 流动；当弹簧力小于阀芯下端控制油产生的液压力时，阀芯压缩弹簧而上抬，C 与 B 之间连通，而 A 口被阀芯台肩封闭，实现 B 与 C 之间的油液自由流动。

⑤ 梭阀 梭阀是对进油途径作出选择的阀。 按进口压力高低选择哪一个进油口进油，分为高压优先梭阀和低压优先梭阀。

图 5-403（a）为高压优先梭阀，它是一个三油口的球阀。 如果进油口 P_1 的压力高过进油口 P_2 的压力，钢球因两油口的压差而被压在下端阀座上封闭 P_2 油口，油液选择从压力高的 P_1 油口从出口流出；反之若 P_2 口的压力高，则钢球在压差作用下被压向上端封闭 P_1 油口，油液选择从 P_2 流入，由出口流出。 此为高压优先梭阀。 哪个油口压力高就从哪个由出口流出。

图 5-404（b）为低压优先梭阀，阀芯上、下腔分别作用着引自进油口 P_1、P_2 的控制压力油，为一种液控弹簧对中的三油口滑阀式阀。 中位时，三油口 P_1、P_2、T 互不相通；当进油口 P_1 的压力低于进油口 P_2 的压力时，阀芯在油液压差产生的液压力的作用下，阀芯克服弹簧力上抬，打开 P_1 与 T 的通路，同时油口 P_2 被封闭，实现压力低的进油口 P_1 的油液从出油口 T 流出，P_1 压力低，P_1 "优先"；反之，进油口 P_2 的压力低，同理阀芯下移，打开 P_2 到 T 的通路，实现进口压力低的 P_2 油液从 T 口流出。 此为 "低压优先"。

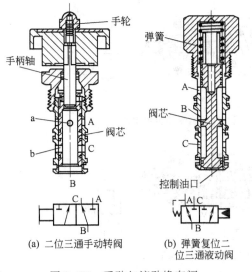

图 5-402　手动与液动换向阀

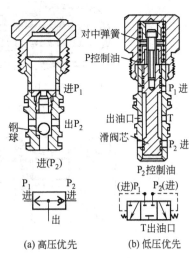

图 5-403　梭阀

（2）压力控制螺纹插装式阀

① 螺纹插装式溢流阀　与5.9节中所述常规溢流阀一样，螺纹式插装溢流阀也分为直动式与先导式两种。

图5-404中图（a）为直动式，图（c）为先导式，图（d）为双向溢流阀。它们的工作原理与常规阀相同，图（a）、图（b）当P口压力大于由调节螺钉所调定的压力时，阀芯克服弹簧力而上抬，阀口打开，使P→T溢流，起限压与调压作用；图（c）中先导阀为球阀；图（d）中双向溢流阀用在变量泵-马达系统中，可代替两个溢流阀。当A腔处于高压时，靠ϕD_1和ϕD_2形成的环形面积将阀芯抬起，向B孔溢流；当B孔处于高压时，靠$\phi D_3 - \phi D_1$形成的环形面积将环形阀芯连同阀芯一并抬起，向A孔溢流。因此，用一个这种双向溢流阀和两个单向阀及一个低压溢流阀组合在一起，就成为静液压传动系统的阀体单元，把它附在泵的出口处，只用两条主管道把泵和马达连起来，就可以成为完整的传动系统。

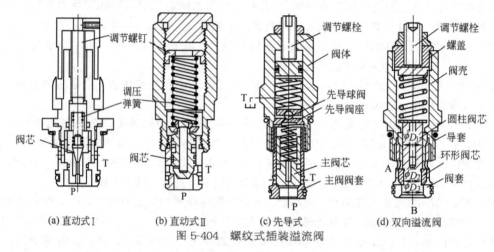

(a) 直动式Ⅰ　　(b) 直动式Ⅱ　　(c) 先导式　　(d) 双向溢流阀

图 5-404　螺纹式插装溢流阀

② 德国力士乐公司产 DBD 型直动式插装溢流阀　如图 5-405 所示，该阀组成主要包括阀套（阀体）1、调压弹簧2、带缓冲滑阀的锥阀芯3［图（a），提升座阀型，DBDH…K1X/…型，压力等级 25～400bar］，或图（b）所示的球阀芯4（DBDH 10 K1X/…型，压力等级 630bar，仅适

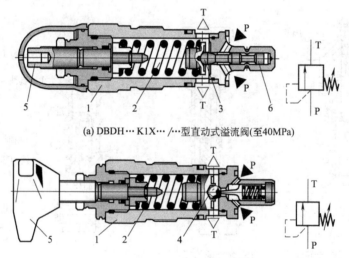

(a) DBDH…K1X…/…型直动式溢流阀(至40MPa)

(b) DBDH 10 K1X/…型直动式插装溢流阀(至63MPa)

图 5-405　德国力士乐公司 DBD 型直动式螺纹插装阀的结构与图形符号

1—阀套（阀体）；2—调压弹簧；3—锥阀芯；4—球阀芯；5—压力调节元件；6—圆柱销轴

用于通径 10）和压力调节元件 5，借助于该调节元件 5 可设定系统压力。弹簧 2 将锥阀芯 3 压在其阀座上。管路 P 和系统连接。系统压力作用在提升阀锥（或球）阀芯面积上。

如果管路中的压力超过弹簧 2 的设定值，则提升阀锥阀芯 3 或者球阀芯 4 克服弹簧力 2 而开启。压力油从 P 管路流向 T 管路。提升阀阀芯 3 的行程受圆柱销轴 6 的限制。为在整个压力范围内获得准确的压力设定值，压力范围划分为 7 种压力等级，每种压力等级对应有一个可设定响应最高压力的弹簧。

③ 力士乐公司产 DB…K…型先导式插装溢流阀　如图 5-406 所示，该阀用于限制液压系统压力，系统压力由调压螺钉 4 设定。①口来的压力油作用于主阀芯 1 右端面上，同时，压力油经过阻尼孔 2 作用在阀芯 1 的弹簧侧，并经过阻尼孔 3 作用于先导锥阀芯 6 上。当①口来的压力油压力未超过弹簧 5 设定的压力时，阀芯 6 未打开，无油液流动，主阀芯 1 左、右两腔压力相同，产生的液压力左、右方向也相同，弹簧 8 产生的弹力使主阀芯 1 关闭，继续升压；当①口来的压力油压力上升超过弹簧 5 设定的压力时，阀芯 6 左移，先导阀开启，先导控制油从阻尼孔 3→阻尼孔 7→经油口③流回油箱。由于此时有油液流动，主阀芯的右腔（上游）压力＞左腔（下游）压力，主阀芯上产生的向左的液压力＞向右的液压力，于是主阀芯也开启，油液从①口流向②口至油箱，压力不再上升，维持由调压弹簧 5 调节的压力。

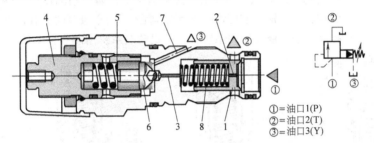

①=油口1(P)
②=油口2(T)
③=油口3(Y)

图 5-406　先导式插装溢流阀的结构与图形符号
1—主阀芯；2，3—阻尼孔；4—调压螺钉；5—调压弹簧；6—先导阀芯；7—阻尼孔；8—平衡弹簧

④ 螺纹插装式顺序阀和单向顺序阀　图 5-407（a）为直动式顺序阀结构原理图。当一次压力油口 A 的压力未达到调节螺钉所调定的压力时，一次压力油口 A 被封闭，而二次压力油口 B 与通油箱的 T 口相通（与普通顺序阀仅此区别）；而当一次压力油达到阀所调定的压力值时，阀芯上抬，T 油口被封闭，一次油口与二次油口相通。

图 5-407（b）为单向顺序阀的结构原理图。当进油压力升高到由螺杆调节的值时，阀芯被抬起，油液通过 B 孔流向执行元件。L 孔是泄油口，必须直接连通油箱；反向时，油液经 B 孔把单向阀套推开，流向 A 孔。

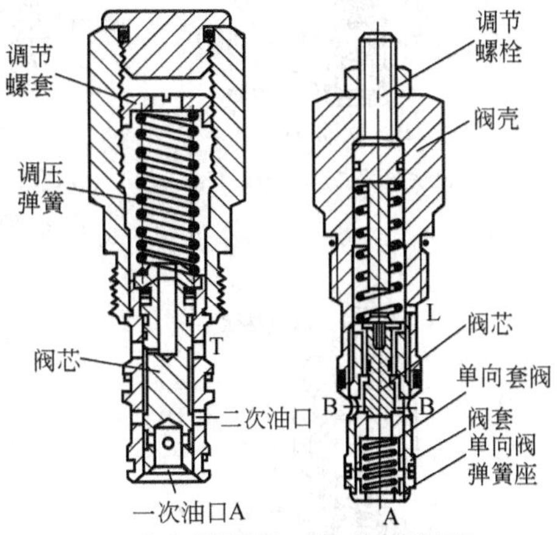

⑤ 螺纹插装式卸荷阀　如图 5-408 所示，当外控油口 K 未通入控制压力油时，阀芯在弹簧力作用下处于图示的下端位置，压力油口与回油箱口 T 不通；当 K 口通入足够压力的控制油时，阀芯上抬，压力油口 P 与油口 T 接通，P 油腔压力油卸压。

⑥ 螺纹插装式减压阀　如图 5-409 所示，图 5-409（a）为先导式二通减压阀，先导阀为球阀，主阀为滑阀式阀。二次油口通过阻尼孔与主阀上腔、先导球阀前腔相通，其工作原理与普

（右图标注）
调节螺套
调压弹簧
阀芯
一次油口A
二次油口
T
B
调节螺栓
阀壳
阀芯
单向套阀
阀套
单向阀
弹簧座
L
B
A

(a) 直动式顺序阀　(b) 单向顺序阀

图 5-407　螺纹插装式顺序阀和单向顺序阀

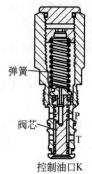

弹簧

阀芯

P

T

控制油口K

(a) 结构原理图

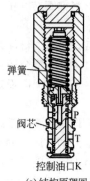

P ⌇ T

K

(b) 图形符号

图 5-408　螺纹插装式卸荷阀

通先导式减压阀完全相同，利用阻尼孔前后压差的反馈作用，可改变一次油口至二次油口之间的减压口通流面积的大小，保持二次油口的压力恒定。 泄油口 Y 须直接通油箱。

图 5-409（b）、图 5-409（c）分别为直动式和先导式滑阀型三通减压阀，一次油口 P 到二次油口 A 经减压口减压；反向油（二次油）到 T 口实现溢流功能，所以又称溢流减压阀。 其工作原理与传统的三通减压阀完全相同。

⑦ 螺纹插装式平衡阀　图 5-410 所示为螺纹插装式平衡阀结构。 它用在垂直安装的液压缸（例如液压起重机、汽车吊等）的下油路上。 图中 A 孔和换向阀来油相通，B 孔与液压缸被封闭的一腔相连。 该阀工作时，B 孔是被封死的，起平衡支撑重物的作用。 只有当控制油通过 X 孔，将开锁阀套推起并带动主阀芯抬起时，油流才能从 A 孔经换向阀流回油箱。

（3）螺纹插装式流量控制阀

① 节流阀与单向节流阀　图 5-411 所示为螺纹插装式节流阀。 图（a）为二通式，旋转调节手柄可改变节流阀芯上下位置，从而可改变由 A→B 腔之间节流槽的通流面积，起调节通过节流槽口流量大小的作用。 图（b）为三通式节流阀，在车辆式液压设备上可见到它。 当定量泵向 P 孔供油，油经节流口从 A 孔流出通向液压转向系统，在满足转向系统用油有多余油流时，P 与 A 之间

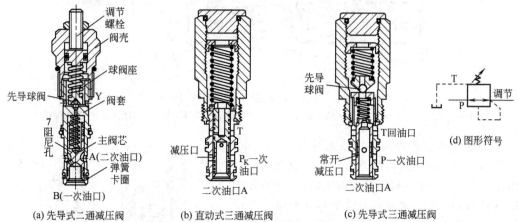

(a) 先导式二通减压阀　　(b) 直动式三通减压阀　　(c) 先导式三通减压阀

图 5-409　螺纹插装式减压阀

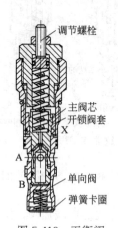

调节螺栓

主阀芯
开锁阀套
X

A

B

单向阀

弹簧卡圈

图 5-410　平衡阀

A—反向油孔；B—进油孔；X—控制（开锁）油孔

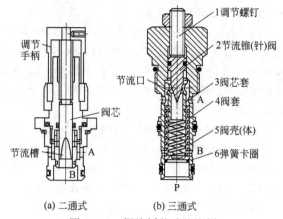

调节手柄

阀芯

节流槽　A

B

(a) 二通式

1 调节螺钉

2 节流锥(针)阀

3 阀芯套
4 阀套
A

5 阀壳(体)
B
6 弹簧卡圈

P

(b) 三通式

图 5-411　螺纹插装式节流阀

的压力差增大，阀套 4 向上移动并将 B 口打开，只有此时才可向液压系统的其他部位供油。因此，这种阀也被称为优先阀，也有人称此阀为恒流阀（对转向系统而言）。

图 5-412 为单向节流阀。由 A 到 B 起节流阀的作用。由 B→A 反向流动时，阀套 2 上抬而打开 B 到 A 的通路，起单向阀的作用。

② 压力补偿型定流量阀（调速阀） 图 5-413 为压力补偿型定流量阀。图（a）为二通式，节流口为固定节流孔，节流口前后压差 $\Delta p = p_1 - p_2$，通过压力补偿，可使通过固定节流孔的流量不变。其工作原理为：当 A 口压力 p_1（系统压力）升高，阀芯上抬，关小 p_2 至 B 的通道，p_2 受阻而压力升高，使 Δp 基本不变。由于主阀芯为滑阀，出口 B 的压力（负载压力）p_3 的变化对阀芯不产生影响。所以这种压力补偿型定流量阀，能

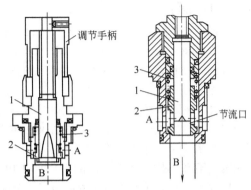

图 5-412　螺纹插装式单向节流阀

提供固定不变的流量，不受系统压力和负载压力变化的影响。图（b）为三通式定流量阀，除了与图（a）相同外，还设置了一旁通口 C，构成由定差溢流阀与固定节流孔并联的三通式定流量阀。其以固定流量从 B 输出的原理与图（a）相同，不同之处为当 A 来油大于固定流量的剩余流量将从旁通口 C 溢流回油箱或旁通口接第二负载并保证第一负载 B 口流量不变，即第一负载口 B 的流量优先保证，剩下的流量供第二负载口 C。

图 5-414 所示为流量可调的带压力补偿的由螺纹式插件构成的调速阀结构原理图。图（a）中可调节流阀在前，定差减压阀在后，二者串联组成的二通式调速阀。图（b）为可调节流阀与定差溢流阀并联组成的三通式调速阀的结构原理图。它们的工作原理与传统的调速阀（参阅 5.16 节）一样。

③ 分-流-集流阀 图 5-415 所示为压力补偿的不可调分流-集流螺纹式插装阀。这种阀能按规定的比例（1∶1 或不为 1∶1）分流或集流，不受系统负载压力或油源压力变化的影响，其工作原理参阅 5.17 节。

上述螺纹式插装阀与前述的盖板式插装阀工作原理没有多少区别，结构上也只略有差异，其故障原因和排除方法可参考前述，此处从略。

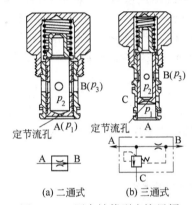

图 5-413　压力补偿型定流量阀

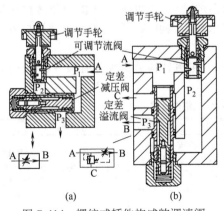

图 5-414　螺纹式插件构成的调速阀

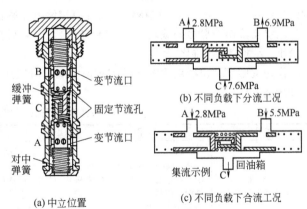

图 5-415　压力补偿的不可调分流-集流螺纹式插装阀

5.21 伺服阀的使用与维修

5.21.1 简介

在各类设备的液压系统中，实现对油液的压力、流量和方向等参数的控制采用三大类控制阀：①通断开关式阀；②伺服阀；③比例阀。

开关式控制阀（5.2～5.19 节中所述的阀）应用得最为普遍，开关式控制阀对液压系统的控制，只能是通断式（逻辑式）的，需要依靠手动机构（例如调节手柄）或其他机械结构（如凸轮、撞块）来进行调节。压力、流量及方向的变化均是通过开闭阀口的通路及开口大小来进行调节的。就其控制的目的而言，均是保持被控参数的调定值的稳定或单纯变换方向，即为定值和顺序控制元件。这种依靠调节手柄、凸轮等机构设定的参数，不能连续按比例地进行控制，控制精度不高，不能满足高质量控制系统的要求，但价格便宜，适用了一大批液压系统的要求。

出现于二次世界大战后期的伺服阀，满足了液压技术向高速、高精度、大功率、高度自动化方向发展的要求。在响应速度要求快、控制精度要求高的液压系统中，广泛应用伺服阀作控制阀，使用电液伺服阀的液压系统兼有液压传动的输出功率大、反应速度快的优点和电气控制的操作性、控制性良好的优点。因此，它广泛用于要求控制准确、响应迅速和程序灵活的场合。电液伺服阀虽是一种理想的电子-液压"接口"装置，实现电信号→机械位移量→液压信号的转换，并经放大能输出与电控信号"连续比例"的液压功率，但是伺服阀对液压系统有严格的污染控制要求，闭环系统的反馈要求使电气控制装置较复杂，维修保养困难，成本高，限制了它的应用。

电液伺服阀的分类如（图 5-416）所示。

电液伺服阀的分类 ── 按放大级数分：单级（无先导级）、双级和三级
按应用目的不同分：流量阀、压力阀和压力──流量阀
按阀内部反馈方式分：位置反馈、负载流量反馈、负载压力反馈、力反馈、液压反馈、弹簧对中、追踪式
按力矩马达是否浸在油中分：干式和湿式
按先导阀的结构形式分：喷嘴挡板式、射流管式和滑阀式
按阀的主油路通道口数分：三通、四通。

图 5-416　电液伺服阀的分类

用于液压控制系统中的伺服阀，既是电液转换元件，又是功率放大元件。伺服阀主要由电-机械转换器先导阀（前置放大级）、主阀（功率级）及反馈元件等组成。

5.21.2 电-机械转换装置

电-机械转换装置的作用是将来自电子放大器的电信号转换成机械力或力矩，用以操纵阀芯的位移或转角。因此，电-机械转换器要有足够的净输出力或转矩，并能将输入的电信号按比例地、连续地转换为机械力或转矩去控制液压阀。另外要求响应速度快、稳定性好、线性度好、死区小、结构简单、制造方便。

作为伺服阀，包括后述的比例阀和数字阀，所采用的电-机械转换装置主要有表 5-47 所列的几种形式。

表 5-47　电液控制阀用电-机械转换装置的形式

形式	工作原理	用途	特点
比例电磁铁（移动式力马达）	在由软磁材料组成的磁路中，有励磁线圈，当有信号电流时，衔铁与轭铁之间出现吸力而使衔铁移动	1. 驱动针阀或喷嘴（挡板）以控制比例压力阀或（及）控制比例换向阀及比例复合阀 2. 推动节流阀芯以控制比例流量阀 3. 输出力和直线位移	结构简单，使用一般材料，工艺性好；机械力较大，控制电流也较大；使用维护方便；静、动态性能较差

形式	工作原理	用途	特点
悬挂式力马达	在由硬磁材料和软磁材料共同组成的磁路中，有1~2个控制线圈，当有信号电流时，悬挂在弹性元件上的衔铁相对轭铁移动，并输出机械力	1. 驱动针阀或喷嘴（挡板）以控制比例压力阀 2. 驱动喷嘴（挡板）进而控制比例换向阀或伺服阀 3. 输出力和直线位移	结构较简单，要用较贵重材料，工艺性尚好；机械力较大，控制电流中等；使用维护较方便，静、动态性能较好
力矩马达	在由硬磁及软磁材料共同组成的磁路中有2个控制线圈。当有信号电流时，支承在弹性元件或转轴上的衔铁相对轭铁转动，并输出机械力矩	1. 带动针阀或喷嘴以控制比例压力阀或控制比例换向阀 2. 带动节流阀（或经前置放大）以控制流量阀或伺服阀 3. 输出力矩和角位移	结构复杂，用材贵重，工艺性差；机械力矩小，控制电流小；结构尺寸紧凑；静、动态性能优良
直流伺服电机	是一种细长形的直流电动机，定子上有励磁绕组，控制电流经整流子通向转子。转子的转向及转速由控制电流的极性及大小决定，经齿轮减速后带动比例阀	1. 带动节流阀转动以控制比例流量阀、伺服阀 2. 带动针阀作直线移动以控制比例压力阀 3. 输出力矩和角位移	结构较复杂，多由专业厂家提供产品；使用中可能出现电火花；静、动态性能一般
步进电机	与一般电机工作原理不同，它是利用电磁铁的作用原理工作的	1. 将数控装置输来的脉冲信号转换为机械角位移的模拟量 2. 输出力矩和角位移 3. 用于数字阀	结构较简单，与计算机连接方便。承受大惯量负载能力差；动态响应慢；驱动电源较复杂

（1）力矩马达

力矩马达按衔铁在磁场中受力的原理分为动铁式和动圈式两种。

① 动铁式力矩马达　动铁式力矩马达如图5-417所示。它由马蹄形的永磁铁、可动衔铁、轭铁、控制线圈、扭力弹簧（扭轴）以及固定在衔铁上的挡板所组成。通过动铁式力矩马达，可以将输入力矩马达的电信号变为挡板的角位移（位移）输出。可动衔铁由扭轴支承，位于气隙间。永磁铁产生固定磁通价 ϕ_p。

永磁铁使左、右轭铁产生N与S两磁极。当线圈上通入电流时，将产生控制磁通 ϕ_c，其方向按右手螺旋法则确定，大小与输入电流成正比。气隙A、B中磁通为 ϕ_p 与 ϕ_c 之合成：在气隙A中为二者相加，在气隙B中为二者相减。衔铁所受

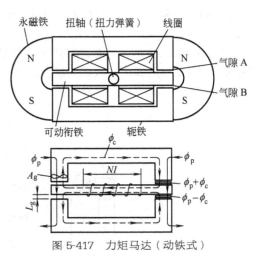

图 5-417　力矩马达（动铁式）

作用力与气隙中磁通成正比，因而产生一与输入电流成正比的逆时针方向力矩。此力矩克服扭力弹簧的弹性反力矩使衔铁产生一逆时针角位移。电流反向则衔铁产生一顺时针方向的角位移。亦即当通入电流时，衔铁两端也产生如图所示的磁极。在气隙A，衔铁与轭铁之间由于磁极相反产生吸引力；而在气隙B，衔铁与轭铁之间由磁极相同，产生排斥力，因而衔铁上端向左偏斜，衔铁下端向右偏斜，这样便产生一逆时针方向的力矩。因为此力矩，衔铁以扭力弹簧（扭轴）为转心，产生角位移，一直转到衔铁产生的扭矩与扭力弹簧产生的反力扭矩相平衡的位置时为止。力矩马达产生的扭矩M与流经线圈的电流大小 i 和线圈的安培匝数 T 成比例，即 $M = iT$。

力矩马达的线圈一般有两组。两组线圈的连接方式有并联、串联和差动连接以及PUSH-PULL等连接方式。采用何种连接，都必须与线圈前的比例放大电路相配合。

② 动圈式永磁力矩马达　除了动铁式力矩马达外，还有动圈式永磁力矩马达，它是按载流

导线在磁场中受力的原理工作的。 如图 5-418 所示。 动圈式永磁力矩马达由永久磁铁、轭铁和动圈组成。 永久磁铁在气隙中产生一个固定磁通。 当导线中有电流通过时，根据电磁作用原理，磁场给载流导线一个作用力，其方向根据电流方向和磁通方向按左手定则确定，其大小为：

$$F = 10.2 \times 10^{-8} BLi$$

式中　B——气隙中磁感应强度，高斯；

　　　L——载流导线在磁场中的总长度，cm；

　　　i——导线中的电流，A

　　力矩马达常用于喷嘴-挡板结构形式的比例阀的先导控制级和伺服阀的前置级中。 力矩马达根据输入的电信号通过同它连接在一起的挡板输出角位移（位移），改变挡板和喷嘴之间的距离，使流阻变化来进行压力控制。 力矩马达也用在方向流量控制中，用输出流量进行反馈而起到压力补偿作用。

　　③ 动铁式力矩马达与动圈式力矩马达的性能比较

　　ⅰ. 动铁式力矩马达因磁滞影响而引起的输出位移非线性较严重，滞环也比动圈式力矩马达大，这将影响它的工作行程。

　　ⅱ. 动圈式力矩马达线性行程范围比动铁式力矩马达宽，因此，动圈式力矩马达的工作行程大，而动铁式力矩马达的工作行程小（仅为动圈式力马达的三分之一）。

　　ⅲ. 在同样惯性条件下，动铁式力矩马达的输出力矩较大，而动圈式力马达的输出力小。 因动铁式力矩马达输出力矩大，支撑弹簧刚度可以做得较大，使衔铁组件的固有频率较高（可达 1000Hz 以上，为动圈式力矩马达的几倍至十几倍），而动圈式力矩马达的弹簧刚度小，固有频率也较低。

　　ⅳ. 相同功率条件下，动圈式力矩马达较动铁式力矩马达体积大，但动圈式力矩马达的造价较低。

　　综上所述，在要求频率高、体积小、重量轻的场合，多采用动铁式矩力马达；而在对频率和尺寸要求不高，又希望价格较低的场合，往往采用动圈式力马达。

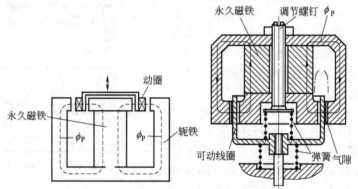

图 5-418　动圈式永磁力矩马达结构原理

（2）直流伺服电机

　　一般的直流伺服电机，定子为两个半圆柱形的永磁铁，转子为开槽的由硅钢片叠成的铁芯，控制电流经整流子整流后，进入嵌在转子槽内的线圈，也产生磁场，此磁场与永磁铁磁场的反作用力使转子回转。 这种结构的直流伺服电机如图 5-419 所示。 它有电刷，工作时产生火花［图（a）］。 还有一种是无电刷直流伺服电机［图（b）］，定子上绕有激磁绕组，控制电流经整流子通向转子。 转子的转向及转速由控制电流的极性及大小决定，经齿轮减速后带动比例阀。

（3）步进电机

　　步进电机的工作原理与一般电机是不同的，它是利用电磁铁的作用原理工作的。 它将数控

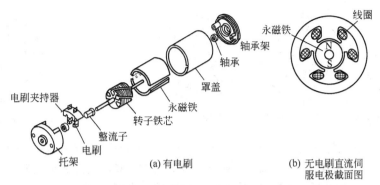

图 5-419　直流伺服电机（DC）

装置输出的脉冲信号转换成机械角位移的模拟量，为一数-模转换装置。 其工作原理如下。

图 5-420 为一最简单的三相反应式步进电机工作原理图。 定子均布有六个极，每个极上均设有激磁绕组，相对的两极构成一相，相对两极上的线圈绕组以一定的方式连接。 电机转子为一导磁体，图中为两个极（齿）。

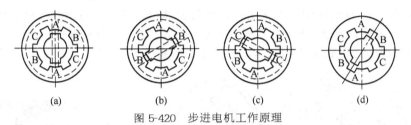

图 5-420　步进电机工作原理

当定子的三相绕组依次通电时，转子按电磁铁的作用原理被吸引着一步步转动，每一步的转角为步距角 [图（a）]。 开始时，当 A—A 相通电，转子的两极被定子 A 相的两极所吸引，与之对准；然后 A 相断电，B 相绕组通电，则转子的两极被定子 B 相两极吸引，转子顺时针转过 60°[图（b）];接着 B 相断电，C 相绕组通电，转子又顺时针转过 60°，使转子两极与定子 C 相两极对准 [图（c）];再使 A 相通电，C 相绕组断电，转子又顺时针转过 60° 与 A 极对准。 即如果按 A→B→C→A→B→C……顺序轮流通电，则步进电机就不断地顺时针方向旋转，通电绕组每转换一次，步进电机就顺时针转过 60°。 同理如果绕组通电顺序按 C→B→A→C→B→A……进行，则步进电机将反时针方向转动。 但是，这种三拍控制方式在转换（一个绕组断电而另一个绕组刚开始通电）时，容易造成失步。 另外，仅一个绕组吸引转子，无保持力，容易在平衡位置附近振荡而不稳定。 为此，可采用图（c）的六拍控制方式，即通电顺序按 A→AB→B→BC→C→CA→A……进行，每转换一次步进电机顺时针转过 30°；步距比三拍控制方式小一半，因转换时始终保证有一个绕组通电，因此工作稳定，转换频率也可提高一倍。 然而每步这么大的转角还是不适合用于液压传动中的。 为此可采用下述方法，即增加转子极数和增加定子相数的办法，可使步进电机每步转动的角度相应地减少。 图 5-421 表示转子有四极，按上述同样方法分析可知，如采用三拍控制方式，每步转角为 30°；如采用六拍控制方式，每步转角为 15°。

图 5-422 三相反应式步进电机，转子齿数为 40 个齿，定子有六个磁极，每个磁极上有 5 个齿，它们的齿宽和齿距都相同，并且定子相邻磁极上的齿在周向相互错开 1/3 齿距。 这样一来，当转子齿与定子 A 相磁极上的齿对齐时，转子齿与 B 相的磁相错 1/3 齿距，与 C 相磁极上的齿错开 2/3 齿距，由于转子齿 Z＝40，所以齿距 t 为：

$$t = \frac{360°}{Z} = \frac{360°}{40°} = 9°$$

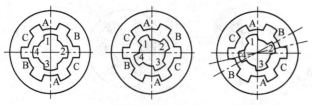

图 5-421 四极转子步进电机工作原理

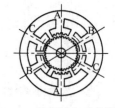

图 5-422 三相反应式步进电机

当 A 相磁极通电时，转子齿与 A 相齿相对。 当 A 相磁极断电而 B 相通电时，转子齿即转过 1/3 齿距与 B 齿对齐（即转子转过 30）。 同样，当 B 相磁极断电而 C 相磁极通电时，转子齿又转过 30 与 C 相对齐。 如此循环通断各相绕组，则电机将以步距角 3° 运动。 如果按六拍控制方式工作，则步距角为 1.5°。

国外生产的步进电机有图 5-423 所示的三种：VR 型、PM 型和复合型。 VR 型转子加工成齿轮状，定子线圈产生的电磁吸引力吸引转子齿，使转子回转，步进角为 15° 不通电时静止，扭矩为零；PM 型转子为永磁铁，有保持力，当转子为铝镍钴永磁铁时，步进角一般为 45° ~ 90°；当转子为铁淦氧永磁铁时，步进角为 7.5°、11.25°、15°、18° 等；复合型为 VR 型和 PM 型的综合，转子外周和定子内周上均加工有多个齿，转子为轴向永磁铁，步进角为 1.8°，转子的结构如图 5-424 所示。 复合型步进电机分为两相与五相，图 5-423（c）中为两相。 五相步进电机，相对于两相四极的线圈，变成五相两极，同时定子也由 8 极变为 10 极。

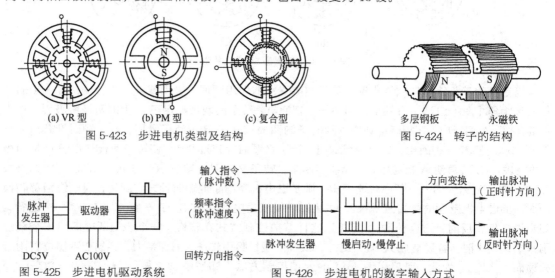

(a) VR 型　　(b) PM 型　　(c) 复合型

图 5-423　步进电机类型及结构

多层钢板　　永磁铁

图 5-424　转子的结构

输入指令（脉冲数）
频率指令（脉冲速度）
脉冲发生器
方向变换
输出脉冲（正时针方向）
输出脉冲（反时针方向）
慢启动·慢停止
回转方向指令

图 5-426　步进电机的数字输入方式

脉冲发生器
驱动器

DC5V　　AC100V

图 5-425　步进电机驱动系统

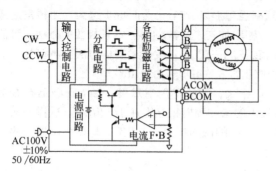

CW
CCW
输入控制电路
分配电路
各相励磁电路
A
B
Ā
B̄
ACOM
BCOM
电源回路
电流 F·B

AC100V
±10%
50 /60Hz

图 5-427　四相步进电机驱动电路图

脉冲发生器发出的脉冲信号（图 5-425）电流输入步进电机定子线圈，并依次进行切换，通过对脉冲发生器产生的脉冲数盘和脉冲速度（频率）来控制步进电机的回转角度大小和回转速度。

步进电机之前的数字输入方式如图 5-426 所示，图 5-427 为四相步进电机驱动电路图。

步进电机用来驱动两类电液控制阀：滑阀式和转阀式，输出直线运动和往复运动，其工作原理如图 5-428 与图 5-429 所示。

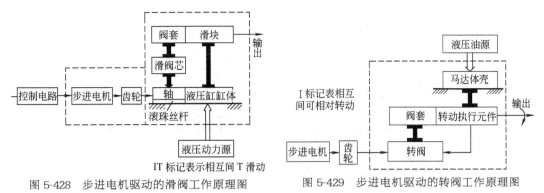

图 5-428　步进电机驱动的滑阀工作原理图

图 5-429　步进电机驱动的转阀工作原理图

5.21.3　伺服阀的结构、原理与功能

（1）前置级（先导阀）

伺服阀的前置级有喷嘴挡板式、射流管式与偏转板射流式（偏导杆射流式）三种。

① 喷嘴挡板式　喷嘴挡板式伺服阀的结构原理如图 5-430 所示，分单喷嘴和双喷嘴两种形式。喷嘴挡板阀主要由喷嘴、挡板与固定节流口等组成，其工作原理是：当泵来的压力油 p_s 经固定节流后压力降为 p_n，然后一路经喷嘴挡板之间的间隙 x 流出（压力降为 pd），一路从输出口输出通往执行元件，改变喷嘴与挡板之间间隙 x 的大小，可改变输出口压力（流量）大小，从而控制执行元件的运动方向和距离，单喷嘴挡板阀是三通阀，只能用来控制差动缸 [图 5-430（a）]。

双喷嘴挡板阀 [图 5-430（b）] 是由两个结构相同的单喷嘴挡板阀组合而成，按压力差动原理工作的。在挡板 1 偏离零位时，一个喷嘴腔的压力升高（如 p_1），另一个喷嘴腔（p_2）的压力降低，形成输出压力差 $\Delta p = p_1 - p_2$，而使执行元件工作。双喷嘴挡块阀为四（五）通阀，因此可以用来控制双作用液压缸。

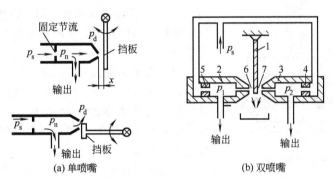

图 5-430　喷嘴挡板式阀的结构原理

单喷嘴挡板阀对缸的控制见图 5-431 所示。喷嘴挡板阀结构简单，制造容易，价格低，运动部件（挡板）惯性小，无摩擦，所需驱动力小，灵敏度高。但泄漏损失大，负载刚性差，输出流量小，只能用在小功率系统中。由于它特别适应于小信号工作，所以一般将其用作两级电液伺服阀的前置放大级。

② 射流管式　如图 5-432 所示，它由射流管 3、接收器 2 组成。射流管 3 由枢轴 4 支承，并可绕枢轴摆动。压力油 p_s 通过枢轴引入射流管，从射流管射出的射流冲到接收器 2 的两个接收孔 a、b 上，a、b 分别与液压缸的两腔相连，喷射流的动能被接收孔接收后，又将其动量转变为压力能，使液压缸能产生向左或向右的运动。当射流管处于两接收孔的中间对称位置时，两接收孔 a、b 内的油液压力相等，液压缸 1 不动；如果射流管绕枢轴 4 的中心反时针方向摆动一个小

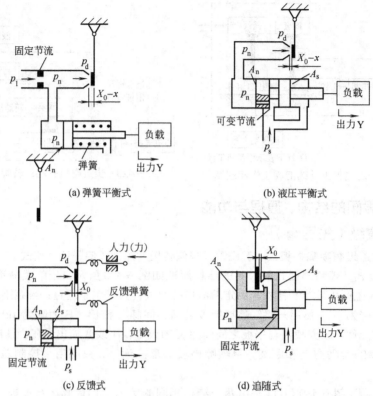

图 5-431　单喷嘴挡板阀对液压缸的控制

(a) 弹簧平衡式　(b) 液压平衡式　(c) 反馈式　(d) 追随式

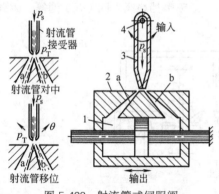

图 5-432　射流管式伺服阀

角度 θ 时，进入孔道 b 的油液压力大于孔道 a 的油液压力，液压缸 1 便在两端压差作用下向右移动；反之则向左运动。由于接收器 2 和缸 1 刚性连接形成负反馈，当射流管恢复对称位置，活塞两端压力平衡时，液压缸又停止运动。

射流管阀有湿式和干式两种。湿式阀射流管浸在油中，射流也在油中，可避免空气进入液压缸，同时也可增加射流管本身的阻尼作用，从而可得到较好的特性，而干式射流管阀的射流经过空气后才进入接收孔，性能不如湿式。

射流管阀由于射流喷嘴与接收器间有一段距离，不易堵塞，抗污染力强，从而提高了工作可靠性。所需操作力小，有失效对中能力。缺点是加工调试困难，运动件（射流管）惯量较大，刚性较低，易振动。

它的单级功率比喷嘴挡板式高，可直接用于小功率伺服系统中，也可用作两级伺服阀的前置放大级。

③ 偏转板射流式（偏导杆射流式）　如图 5-433 所示，其工作原理与上述射流管式基本类似，而结构上有差异：射流盘件取代了上述的射流管，偏转板的移动代替了上述射流管的摆动来决定流入接收孔 a、b 的油液压力大小。

射流盘件是其核心部分，它是一个扁平的盘件（圆形板件），盘件中有一个分流器，分流器形成一个压力喷口和两个接收口。这个分流器是用电火花在盘件上一次加工而成，喷油口和接收口均为矩形，射流盘件被夹在上下两个圆柱形端盖之间，这两个端盖形成这种伺服阀的上下壁，三个零件组成的偏转板射流液压放大器，固装于壳体内，一个可动的偏转板经过上端盖插入到射流盘件中。来自压力喷口的液体射流直接冲击两接收口中间，从而在两接收口上产生出相等的压力。当偏转板向一边或另一边移动时，两个接收口上的射流动量转化成的内压力大小便不同，从而a、b口有不同的输出。

这种阀没有了上述喷射管式的振动而保留了抗污染能力强的优点，可作为前置放大级使用，它与滑阀式功率级构成的双级伺服阀如图5-433（b）所示，Moog公司26系列的伺服阀属于此类。

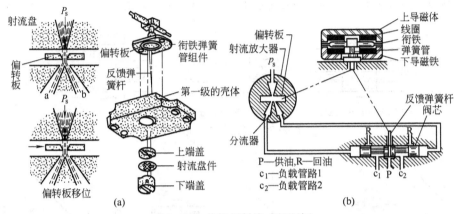

图 5-433　偏转板射流式伺服阀

（2）功率放大级（主阀）

① 滑阀式　作为伺服阀功率级的主阀都为滑阀式，为放大级，当然也可用于三级伺服阀的前置级中。

滑阀式具有压力增益和流量增益高、内泄漏量小的优点，这是它为何用于伺服阀的功率级的原因。缺点是需要有较大的拖动力，即需要前置级的拖动。

滑阀式的工作边数有单边、双边和四边滑阀的控制方式。如图5-434所示，图（a）为单边滑阀控制系统，只有一个控制边，当操作阀的控制边的开口量 x 改变时，流出单杆液压缸的油液压力和流量均发生变化，从而改变了液压缸的运动速度与方向；图（b）为双边滑阀控制式系统，它有两个控制边，压力油一路进入液压缸下腔，而另外一路则一部分经滑阀控制边 x_1 的开口进入液压缸上腔，一部分经控制边 x_2 的开口流回油箱，当滑阀移动时，x_1 和 x_2 此增彼减，使液压缸上腔回油阻力发生受控变化，因而改变了液压缸的运动速度和方向；图（c）为四边滑阀控制式的系统，它有四个控制边。x_1 和 x_2 是控制压力油进入液压缸上、下油腔的，x_3 和 x_4 是控制上、下腔通向油箱的。当滑阀移动时，x_1 和 x_3、x_2 和 x_4 两控制口此增彼减，使进入液压缸上下两腔的油液压力和流量发生受控变化，从而控制了液压缸的运动速度和方向。

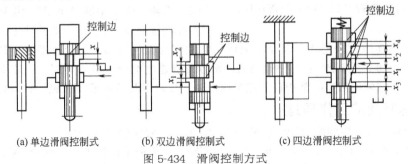

(a) 单边滑阀控制式　　(b) 双边滑阀控制式　　(c) 四边滑阀控制式

图 5-434　滑阀控制方式

滑阀式伺服阀的零位开口（预开口）形式有负开口、零开口和正开口三种形式。 如图 5-435 所示，正开口的阀，阀芯上的凸肩宽度 t 小于阀套（或阀体）沉割槽的宽度 h；零开口的阀，阀芯上的凸肩宽度 t 等于阀套（或阀体）沉割槽的宽度 h；负开口的阀，则是 $t > h$。 正开口的滑阀线性较好，灵敏度高，但刚性和稳定性较低，且在中立位置时，内泄漏量大；负开口的阀，存在死区和不灵敏区，但其刚性和稳定性最好；零开口的阀，其特性虽是非线性的，但其综合控制性能是最好的，但要做到零开口加工很困难。 一般为了提高灵敏度和降低加工难度，常采用 $1 \sim 3 \mu m$ 的正遮盖量（负开口）。 不同开口形式的特性见图 5-436 所示。

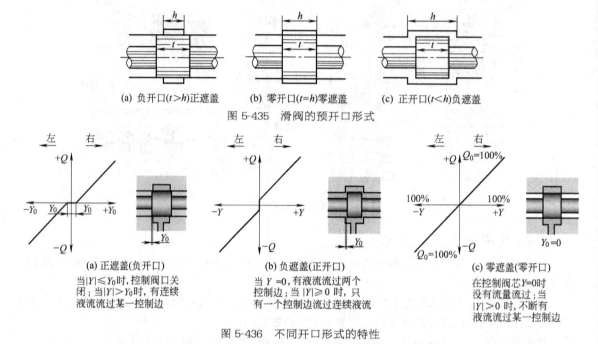

(a) 负开口($t>h$)正遮盖　　　(b) 零开口($t=h$)零遮盖　　　(c) 正开口($t<h$)负遮盖

图 5-435　滑阀的预开口形式

(a) 正遮盖(负开口)
当$|Y| \leqslant Y_0$时，控制阀口关闭；当$|Y| > Y_0$时，有连续液流流过某一控制边

(b) 负遮盖(正开口)
当 $Y = 0$，有液流流过两个控制边；当$|Y| \geqslant 0$ 时，只有一个控制边流过连续液流

(c) 零遮盖(零开口)
在控制阀芯$Y=0$时没有流量流过；当$|Y| > 0$时，不断有液流流过某一控制边

图 5-436　不同开口形式的特性

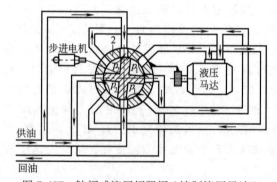

图 5-437　转阀式液压伺服阀（控制液压马达）

② 转阀式　转阀式一般作单级主级伺服阀用，而不作前置级用。 如图 5-437 所示，转阀式伺服阀由十字形阀芯和阀体等组成。 阀芯一般由步进电机带动，步进电机将输入的电脉冲信号转化为角位移，阀套 2 与所控液压马达的输出轴之间用联轴器连接。 十字形阀芯与阀套上对应的四孔形成八条控制边，它的上半部或下半部都相当于一个四边控制式滑阀。 当输入电信号给步进电机，步进电机旋转，带动十字阀芯旋转一个小角度 $\Delta \theta$ 时，由于 $p_1 > p_2$，液压油将按图示方向流入液压马达，使液压马达

也沿着顺时针方向转动。 这时，阀套与液压马达轴因为机械连接，从而也跟着旋转，实现负反馈以消除误差 $\Delta \theta$，使系统恢复平衡状态。 阀芯在步进电机带动下反转时，液压马达同样也跟随作反向旋转，这种伺服系统常用在数控机床上如回转台以及行走液压机械的转向系统中。

（3）伺服阀的工作原理

以图 5-438 所示采用伺服阀的伺服系统为例，说明伺服阀的工作原理 。

液压泵 1 以恒定的压力 p_s 向系统供油，溢流阀 2 溢流多余的油液。 当滑阀阀芯 3 处于中间零位置时，阀口关闭（图中虚线表示的），阀的 a、b 口没有流量输出，液压缸不动，系统处于静

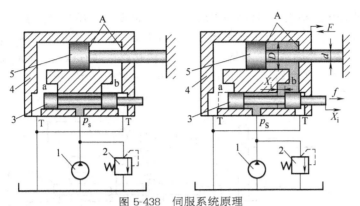

图 5-438　伺服系统原理
1—液压泵；2—溢流阀；3—阀芯；4—阀体（缸体）；5—活塞及活塞杆

止状态；若阀芯 3 向右移动一段距离 X_i，则 b 处便有一个相应的开口 X_i，压力油经油口 b 进入液压缸右腔后使其压力升高，由于液压缸采用活塞杆固定，故缸体右移，液压缸左腔的油液经油口 a 到 T 流回油箱。由于缸体与阀体做成一体，因此阀体也跟随缸体一起右移。其结果使阀的开口量 X_i 逐渐减小。当缸体位移等于 X_i 时，阀的开口量又为 0，阀的输出流量就又等于零，液压缸便停止运动，处于一个新的平衡位置上。如果阀芯不断地向右移动，则液压缸就拖动负载不停地向右移动。如果阀芯反向运动，则液压缸也反向跟随运动。

（4）伺服阀在伺服控制系统中的功能

在这个系统中，滑阀作为转换放大元件（控制阀），把输入的机械信号（位移或速度）转换并放大成液压信号（压力或流量）输出至液压缸，而液压缸则带动负载移动。将滑阀阀体和液压缸缸体做成一个整体，从而构成反馈控制，使液压缸精确地复现输入信号的变化。

经过上述分析可以看出，液压伺服系统中的伺服阀有如下功能。

① 快速跟踪　液压伺服系统是一个位置快速跟踪系统，由图 5-438 可知，缸体的位置完全由滑阀阀芯 3 的位置来确定，阀芯 3 向前或向后一个距离时，缸体 4 也跟着快速向前或向后移动相同的距离。可以说人（伺服阀）走到哪儿，影子（伺服缸）便走到哪儿，比普通阀控制缸的速度快得多！

② 力的放大　液压伺服系统是一个力放大系统，执行元件输出的力或功率远大于输入信号的力或功率，可以多达几百倍甚至几千倍。移动阀芯 3 的力很小，而缸体输出的力 F 却很大（$F = p_s \times A$）。

③ 反馈　液压伺服系统是一个负反馈系统，所谓反馈是指输出量的部分或全部按一定方式回送到输入端，回送的信号称为反馈信号。若反馈信号不断地抵消输入信号的作用，则称为负反馈。负反馈是自动控制系统的主要特征。由工作原理可知，液压缸运动抵消了滑阀阀芯的输入作用。

④ 误差　液压伺服系统是一个误差系统，由图 5-438 中，为了使液压缸克服负载并以一定的速度运动，控制阀节流口必须有一个开口量，因而缸体的运动也就落后于阀芯的运动，即系统的输出必然落后于输入，也就是输出与输入之间存在误差，这个差值称为伺服系统误差。

综上所述，液压伺服控制的基本原理是：利用反馈信号与输入信号相比较得出误差信号，该误差信号控制液压能源输入到系统的能量，使系统向着减小误差的方向变化，直至误差等于零或足够小，从而使系统的实际输出与希望值相符。

5.21.4　机液伺服阀

（1）工作原理

机液伺服阀输入信号是机动或手动的位移。图 5-439 所示为机-液伺服阀与伺服缸组成的机-液伺服控制系统，伺服缸的缸体与伺服阀的阀体连成一体，反馈杆可绕支点 b 左右摆动。

当输入一个很小的机械力 F_1 将伺服阀的阀芯向右推动一个规定的量 L，压力油便从进油口经 P_1 流入伺服缸的左腔，伺服液压缸右移，伺服缸右腔的回油经 P_2 和伺服阀的回油口流入油箱。反馈杆的作用是：当活塞杆右移时，反馈杆也绕支点 b 向右摆动，带动连杆并通过连杆使阀体也向右移动 L，直至关闭阀芯，封闭伺服缸的进回油通路。给定阀一个输入运动量 L，伺服缸就跟踪产生一个确定的输出运动控制量，这种输出被反馈回来修正输入的系统叫做闭环系统。

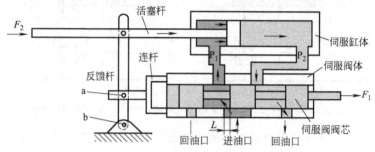

图 5-439　机液伺服阀的组成与工作原理

（2）机液伺服阀的结构

机液伺服阀的结构如图 5-440 所示，它由阀芯、阀套、阀体与撞头组成，除了阀芯台肩与阀套沉割槽采用零开口以外，与 5.7 节中所介绍的机动换向阀几乎没有区别。

（3）机液位置伺服控制系统工作原理

图 5-441 所示为机-液位置伺服控制系统。它由随动滑阀 3、液压缸 4 和差动杆 1 等组成。其工作原理为：给差动杆 1 上端一个向右的输入运动，使 a 点移至 a′位置，这时活塞因负载阻力较大暂时不移动，因而差动杆 1 上的 b 点就以 c 为支点右移至 b′点，同时使随动滑阀的阀芯右移，阀口 δ_1 和 δ_3 增大，而 δ_2 和 δ_4 减小，从而导致液压缸 4 的右腔压力增高，而左腔压力减小，活塞向左移动；活塞的运动通过差动杆 1 又反馈回来，使伺服阀阀芯 3 向左移动，这个过程一直进行到 b′点又回到 b 点，使阀口 δ_1、δ_3 与 δ_2、δ_4 分别减小与增大到原来的大小为止。这时差动杆上的 c 点运动到 c′点。系统在新的位置上平衡。若差动杆上端的位置连续不断地变化，则活塞的位置也连续不断地跟随差动杆上端的位置变化而移动。

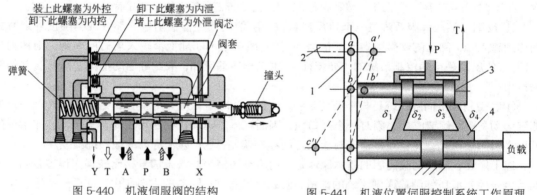

图 5-440　机液伺服阀的结构　　　　　图 5-441　机液位置伺服控制系统工作原理
1—差动杆；2—受信杆；3—伺服阀阀芯；4—液压缸

5.21.5　电液伺服阀

电液伺服阀输入信号是输入力矩马达的电流。输入的低能量电气信号通过电液伺服阀的快速跟踪与力的放大作用，得到高能量的液压功率输出。伺服阀是电气操作比例输出的方向、流量和（或）压力控制阀，与通断式的电磁阀或电液阀不同，伺服阀阀芯的位置与所加电气信号成比例，于是能控制油液的流量和流动方向。

液压伺服控制系统中使用电液伺服阀进行控制。电液伺服阀作为一种自动控制阀，既是电液转换元件，又是功率放大元件。

（1）单级伺服阀

单级伺服阀无先导级，由电-机械转换器和一级阀所组成，适合对小流量系统的控制，在结构形式上以动铁式力矩马达和动圈式力矩马型比较常见；而双级伺服阀以喷嘴挡板式比较常见。

① 动铁式力矩马达型　如图5-442所示，这种伺服阀在线圈2通电后衔铁1产生受力略为转动，通过连接杆4直接推动阀芯7移动并定位，扭力弹簧3作力矩反馈。这种伺服阀结构简单。但由于力矩马达功率一般较小，摆动角度小，定位刚度也差，因而一般只适用于中低压（7MPa以下）、小流量和负载变化不大的场合。

② 动圈式力矩马达型　如图5-443所示，永磁铁产生一磁场，动圈通电后在该磁场中产生力，驱动阀芯运动，阀芯承力弹簧作力反馈。阀芯右端设置的位移传感器，可提供控制所需的补偿信号。

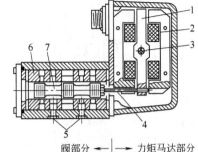

图 5-442　直动式伺服阀结构（动铁式）
1—衔铁；2—线圈；3—扭力弹簧（扭轴）；
4—连接杆；5—负载接口；6—阀套；7—阀芯

（2）两级和三级伺服阀

单级伺服阀用于流量较小的场合，流量较大功率也较大时要使用两级和三级伺服阀。两级伺服阀由电气机械转换器、先导阀（放大级）和主阀（功率级）三部分构成，三级伺服阀有两个放大级。

先导阀采用得最多的为喷嘴挡板式，也有采用力矩马达＋滑阀式的结构。主阀多采用滑阀式。在内部结构上按反馈方式分有：位置反馈、负载流量反馈和负载压力反馈等。

① 位置反馈式伺服阀　位置反馈最普遍，它又分为：弹簧平衡、机械反馈、位置直接反馈、位置力反馈和电气反馈五种。其中以位置直接反馈和位置力反馈最为普遍。

a. 弹簧平衡式。如图5-444所示，主滑阀两端装有平衡弹簧，弹簧既起平衡二端压差作用，又起零位调整作用。这种形式应用最早，但目前已很少采用，因二端压差大要求弹簧刚度大，且为提高快速性也要求刚度大。弹簧刚度太大不仅结构上有困难，而且弹簧力大，偏置时侧向卡紧力增大，使阀的灵敏度降低。弹簧平衡式为无反馈开环控制，故其性能易受压力、温度等影响引起零点飘移。图5-445为日本产的4WS2EB型弹簧平衡式伺服阀的结构图。

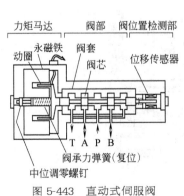

图 5-443　直动式伺服阀结构（动圈式）

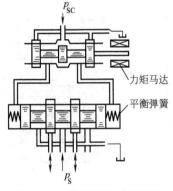

图 5-444　弹簧平衡式伺服阀

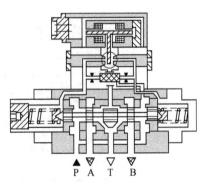

图 5-445　4WS2EB型伺服阀（日本）

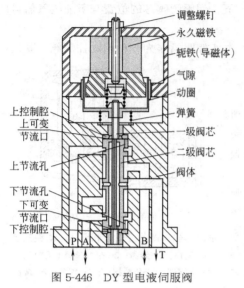

图中标注（从上到下）：
调整螺钉
永久磁铁
轭铁(导磁体)
气隙
动圈
弹簧
一级阀芯
二级阀芯
阀体

左侧标注：
上控制腔
上可变节流口
上节流孔
下节流孔
下可变节流口
下控制腔

P A B T

图 5-446 DY 型电液伺服阀

b. 位置直接反馈式。 如国产的 DY 型电液伺服阀（图 5-446）。它是动圈式永磁力矩马达、两级滑阀、位置直接反馈式伺服阀。其工作原理为：当动圈绕组中输入控制电流时，动圈产生一大小及方向和控制电流成正比的力。该力通过弹簧转换成一级阀芯的位移。二级滑阀由一级滑阀控制其位置，由恒压能源 P 口来的压力油，经上、下固定节流孔→上、下控制腔→上、下可变节流口→回油腔相连。一级阀在零位时，二可变节流口面积相等，上、下控制腔压力相等，此时二级阀芯不动。当一级阀芯由于动圈作用力向上移动一位移时，上可变节流口变大而下可变节流口变小，于是下控制腔压力大于上控制腔压力，使二级阀芯随动向上运动，直到上、下可变节流口面积相等（即上、下控制腔压力相等）为止，此时 B 口有输出。同样，一级阀芯向下，二级阀芯也随动同步向下，此时 A 口有输出。故二级阀芯的位移即输出流量与输入电流成正比。这种阀结构简单，工作可靠，对油的过滤要求不太严，但灵敏度和动态响应较低。

c. 位置力反馈式。 图 5-447 所示为北京机床研究所产的 QDY 型位置力反馈电液伺服阀的结构，它由干式力矩马达、喷嘴挡板先导级和四边滑阀式主级组成，为位置力反馈的流量型双级伺服阀。

力矩马达由一对永磁钢、上下两个导磁体、左右两个线圈、衔铁、支撑弹簧管、挡板和反馈杆等组成。 上下两个导磁体的极掌和衔铁两端的上下表面之间，构成两对对称而相等的工作气隙 a、b、c、d。 永磁钢在两对气隙中产生固定磁通 ϕ_P。

当无控制电流通入线圈时，衔铁因处在调整好的中间位置上，四个气隙相等，通气气隙的磁通也相等，因此衔铁所受到的电磁合力矩为零，挡板因而处于两喷嘴之间的对称位置上，两喷嘴油压相等，与主阀芯两端控制腔相通的油压 p_{N1} 与 p_{N2} 也相等，所以主阀芯在原位不动。

当线圈通入控制电流 i 时，衔铁按控制电流的大小和极性受到力矩而摆动，带动挡板也向左或右偏转，使挡铁两侧与两喷嘴的间隙增加或减小同一值，从而使两控制腔的压力 p_{c1} 与 p_{c2} 不再相等，产生的控制压差 $\Delta p = p_{c1} - p_{c2}$ 推动主阀芯，向与挡板偏转的相反方向移动，直至反馈弹簧杆产生的反馈力等于输入电流感生的力矩马达力相平衡的位置，实现主阀芯定位而停止运动，挡板此时重新对中于两喷嘴，p_{c1} 与 p_{c2} 相等。

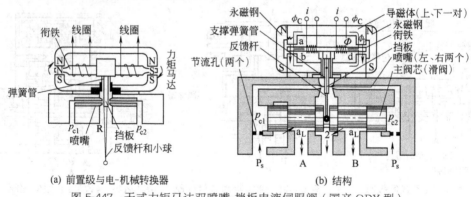

(a) 前置级与电-机械转换器   (b) 结构

图 5-447 干式力矩马达双喷嘴-挡板电液伺服阀（国产 QDY 型）

图 5-448 中的功率级（主阀）为经过严格配置的四边滑阀结构。 它由四对节流边组成一个四臂液压全桥。 P、R、A、B 各腔通过连接板分别与进、回油路及执行元件的两负载腔连接。 当主阀处于中间位置时，四个油腔互不相通，无流量流动（输出与输入）；而当通入控制电流后，力矩马达带动挡板偏转，双喷嘴-挡板的前置级产生控制油压差 $\Delta p = p_{C1} - p_{C2}$，推动主阀芯向左或向右移动后，则使一个负载腔（A 或 B）与供油压力管路 P 相通；另一负载腔与回油管相通，主阀芯即对应于控制电流的大小和极性输出功率。 当控制电流的极性改变时，阀芯便控制负载输出反方向液压功率。 图 5-449 为主阀芯工作状况图。

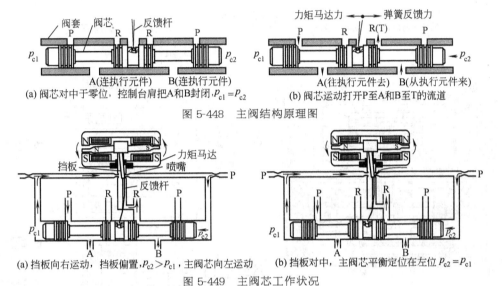

(a) 阀芯对中于零位，控制台肩把 A 和 B 封闭，$p_{C1} = p_{C2}$ (b) 阀芯运动打开 P 至 A 和 B 至 T 的流道

图 5-448　主阀结构原理图

(a) 挡板向右运动，挡板偏置，$p_{c2} > p_{c1}$，主阀芯向左运动 (b) 挡板对中，主阀芯平衡定位在左位 $p_{c2} = p_{c1}$

图 5-449　主阀芯工作状况

上述力反馈电液伺服阀是两级伺服阀的主流结构，除了国产的 QDY 型外，世界上较著名的液压公司都生产这种伺服阀。 如 Moog 公司的伺服阀、美国 Parker 公司的 BD 型伺服阀、美国 Vickers 公司的 SM4 型伺服阀等都是此类（图 5-450 和图 5-451），其工作原理不再说明。

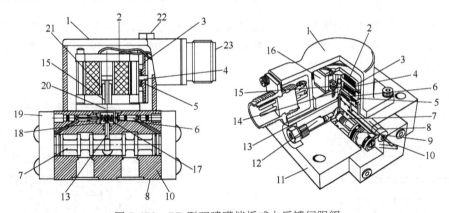

图 5-450　BD 型双喷嘴挡板式力反馈伺服阀

1—力矩马达；2—线圈；3—上极靴；4—衔铁；5—下极靴；6—喷嘴；7—阀芯；8—过滤器；9—阀套；10—固定节流口；11—阀体；12—机械零点调整；13—反馈弹簧；14—挡板；15—挠性管；16—磁铁；17—机械反馈；18—U 形架腔；19—端盖；20—U 形架；21—支承管；22—零位调整罩；23—电气插头

d. 机械反馈式。 如图 5-452 所示，这种阀前置级的阀芯和阀套都是可滑动的，阀芯由力矢马达拖动。 阀套则由功率级的主阀芯通过机械反馈杠杆反馈拖动，称为机械反馈式伺服阀。

e. 液压平衡式。 如图 5-453 所示，其工作原理是：利用功率级主阀芯两端的液压力作用在

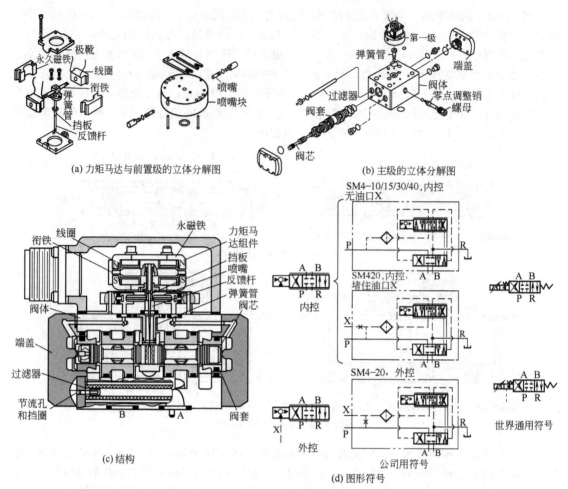

(a) 力矩马达与前置级的立体分解图　　(b) 主级的立体分解图

(c) 结构

(d) 图形符号

图 5-451　SM4 型伺服阀（美国威格士公司）

左、右背压作用面上的力与前置放大器输出的压差产生的力，二者相平衡来实现定位的。主阀芯的位移通过两端油液压力产生的力相平衡来实现，无上述伺服阀的"弹簧""反馈"等结合件，存在主阀芯定位不准和易变化的缺点。

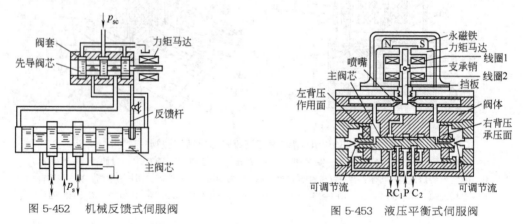

图 5-452　机械反馈式伺服阀　　　　　　　图 5-453　液压平衡式伺服阀

f. 电气反馈式。在伺服阀功率级主阀的一端，安装位移传感器，便构成了位置电气反馈式伺服阀。通过对主阀芯位置的检测，并反馈到伺服放大器中构成位置-电反馈的伺服阀。从原理上讲与上述力反馈相似，不同之处是用位移电反馈代替反馈弹簧杆的力反馈而已。

图 5-454 为日本产的 4WS2EE10 型两级电反馈式伺服阀。前置级为双喷嘴挡板式，功率级（主级）为四边滑阀式的结构。

图 5-455 为三级电气反馈式伺服阀。一级为喷嘴挡板式，二级为滑阀式，三级（主级）为四边滑阀式。前两级为放大级，主级为功率级。

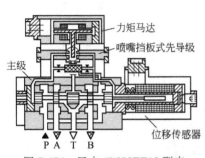

图 5-454 日本 4WS2EE10 型电
气反馈式伺服阀

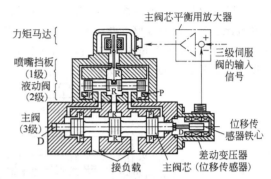

图 5-455 双喷嘴-挡板三级电气反馈式伺服阀
P—进油；R—回油；D—泄油

② 负载流量反馈式伺服阀 为使阀的输出流量不受负载压力的影响而保持输出恒定，采用了负载流量反馈式伺服阀。图 5-456 为其结构，其工作原理为：电流有输入信号使挡板左移，则 $p_1 > p_2$，滑阀右移；高压油经左流量传感器的单向阀 3（锥阀 2 关闭）流入液压缸左腔，使液压缸活塞右移，回油经右流量传感器锥阀 2′ 排出。不同的负载流量 Q_L 使锥阀 2′ 的开度不同。锥阀 2′ 右移时，反馈弹簧 4′ 受拉使挡板向右偏转，直至此反馈力矩与力矩马达控制力矩相平衡，挡板恢复到零位为止。所以对应于一定输入电流，弹簧 4′ 有一定变形，锥阀 2′ 有一定开口，即通过一定的负载流量 Q_L，也就是说负载流量与输入电流成正比而不受负载压力的影响。假如负载压力 p_L 增大，负载流量 Q_L 减少，则锥阀 2′ 的开口减少，弹簧 4′ 拉力减少，挡板偏左，致使滑阀右移，开口增大，以保持 Q_L 不变。可见负载流量反馈的实质是将一个与负载流量成正比的力向挡板作力反馈。

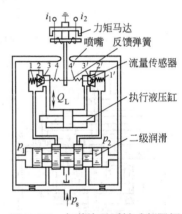

图 5-456 负载流量反馈式伺服阀

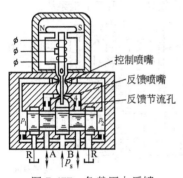

图 5-457 负载压力反馈
伺服阀（P 阀）

③ 负载压力反馈式伺服阀 图 5-457 所示的压力控制阀，由力矩马达带动两对喷嘴-挡板控制的先导级和四边滑阀的主级所构成。反馈喷嘴 3、4 起负载压力反馈作用。力矩马达输入电流，挡板偏转后，控制喷嘴 1、2 的压差 $\Delta p = p_1 - p_2$ 推动主阀芯移动，输出负载压力 $p_L = p_A - p_B$。负载压力通过反馈喷嘴反馈到挡板 1 上，使挡板趋于恢复零位。当控制喷嘴的压差 $\Delta p = 0$ 时，主阀芯便停止运动，这时输出的负载压力 p_t 与输入电流成正比。若负载压力变动，则挡板的电磁力矩和负载压力反馈力矩不平衡，阀便动作，直到负载压力和输入电流恢复到原有的比例关系为比。由于此阀压力反馈回路中设有阻尼，故不能把高频负载压力波动反馈过去，故称为静压反馈，输出压力与输入电流成比例，此为三级伺服阀。

④ 其他伺服阀

a. 压力-流量控制伺服阀。 如图 5-458 所示，它是在弹簧对中（弹簧平衡）式流量控制阀的基础上，引入负载压力反馈回路而构成的伺服阀。 在稳态情况下，弹簧力与反馈液压力的合力和控制液压力相平衡，使功率级滑阀取得一个相应的平衡位置。 当负载压力增大时，除阀的压降减小使输出流量减小外，还由于强烈的压力反馈使滑阀开口量很快减小，也使输出流量进一步减小，因此这种介于流量控制阀和压力控制阀之间的 P-Q 阀，其负载流量曲线 [图 5-497（b）] 的线性度比流量控制阀要好，曲线斜率比压力控制阀的大，即随着负载压力升高，输出流量减小得快。 用这种 P-Q 阀控制系统时，将产生附加的阻尼作用，导致静态刚度差的缺点。 因此它适应于惯性大而外负载力小的系统。

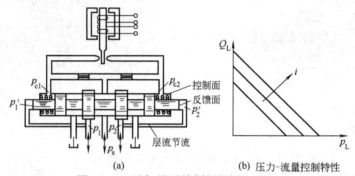

图 5-458　压力-流量控制伺服阀（P-Q）

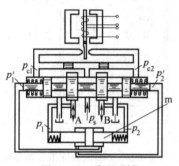

图 5-459　动压反馈
伺服阀（DPF 阀）

为克服净压反馈的 P-Q 阀静态刚度差的缺点，又出现图 5-459 所示的动压反馈伺服阀（DPF 阀）。 它在图 5-458 阀基础上，增加一液压高通滤波装置 m，负载压力经此装置后反馈到反馈面。 稳态（或负载压力以很低频率变化时）只是滤波装置的活塞位置不同而已，反馈压力 $p_1' = p_2'$，即无反馈作用（或反馈作用弱），此时滤波装置把反馈网路断开。 当负载压力以高频变化时，活塞高速运动，造成较大的 p_1'、p_2' 差值，即压力反馈强烈。 此时滤波装置犹如一根管道，直接将 p_1'、p_2' 和 p_1、p_2 相通。 由于是把负载压力的变化率进行反馈，故称动压反馈或压力微分反馈。 因此，此阀在低频时具有弹簧平衡式流量型伺服阀的特性，具有一定的静态刚度；而高频时具有 P-Q 阀的控制特性，有良好的阻尼作用，提高了系统的稳定性。 这种阀的结构复杂，多用于军工系统。

b. 射流管式伺服阀。 图 5-460 为 Ahex 400 型射流管式伺服阀。 电-机械转换器为干式力矩马达（全部零件采用压配和焊接成一体），前置级为射流管放大级，功率级为四边滑阀，为力反馈式二级电液伺服阀。 射流管上端压装在衔铁组件中，下端装有一个射流喷嘴，接收器上的两接收孔对称相等，两接收孔的中心线成一定夹角，射流喷嘴与接收孔进口之间有一定的间距，这种结构为单输入型液压放大器。

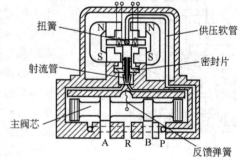

图 5-460　Ahex 400 型射流管式伺服阀

其工作原理是：当未通入电流时，射流管的射流喷嘴处于中间位置，两接收孔从射流喷嘴上接收到的射流束动能相等，二孔内的油液压力也相等，产生的压差推动主阀芯移动，移动方向取决于电流的极性。 插入主阀芯的反馈弹簧上端固定，阀芯移动时构成对力矩马达的力反馈。

c. 偏导杆射流盘式伺服阀。 如图 5-461 所示,与上述喷嘴-挡板式不同仅在于其前置级为偏导杆射流盘式。 由开有 V 形导流窗口的偏导杆和开有一条射流槽道及两条对称相等的接收槽道的射流盘所组成。 当未输入电流时,偏导杆处于中间位置,V 形导流窗口的中心线与二接收槽道的对称中心线相重合,二接收槽平分均等地接收来自射流槽喷射出来的射流,因而此时与主阀芯两端连通的二接收槽流道内的油液压力相等,主阀芯原位不动;当输入电流 i 时,力矩马达拖动偏导杆转动一个微小角度,V 形导流窗口的中心线与二接收槽的对称中心线不再重合,也偏斜一微小角度,这样一侧的接收槽道内所接收的射流束的动能增加,而另一侧则减少。 因而,二接收槽道内的油液压力不再相等,形成压差,此压差推动主阀芯移动,伺服阀则输出流量和压力。 当改变输入电流的极性,则有反向流量和压力输出,改变输入电流的大小,则可改变伺服阀的输出功率。

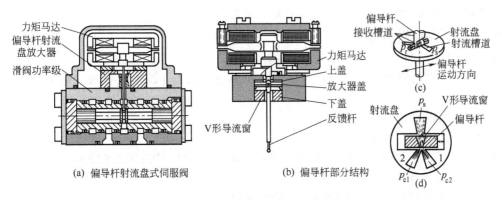

图 5-461　偏导杆射流盘式伺服阀结构原理图

5.21.6　电液伺服阀的使用

（1）选用

电液伺服阀须按使用要求正确选用其型号和规格。 是用于流量控制、压力控制还是压力-流量控制,应相应选定流量阀、压力阀或是压力-流量阀,并按所要控制的功率（流量与压力）大小选择合适的规格。 再根据性能要求选定是力矩马达式还是动圈式,是单级、两级还是三级,并考虑价格、供货难易、用户服务和使用维护等因素。

（2）安装

① 安装前,切勿拆下保护板、防尘塞及力矩马达上盖等,严禁任意调拨调零机构,以免引起性能变化等故障。

② 伺服阀应尽可能安装在靠近执行元件控制油口的位置,以减少控制油管路长度,使控制油容腔的体积得以减小,以提高响应速度。

③ 安装伺服阀的连接板,其表面应光滑平直。

④ 管道中尽量避免焊接式管接头,以免焊渣脱离造成污染故障。 如必须采用时,应彻底去除焊渣。

⑤ 一般在伺服阀进口处的管路上应安装 $10\mu m$ 过滤精度的精滤滤油器。

⑥ 管路系统安装后,应先在安装伺服阀的位置上安装冲洗板进行管路清洗,至少应用高压热油液冲洗 36h。 冲洗后,更换滤芯再冲洗 2h,并检查油液清洁度。 一般双喷嘴-挡板式伺服阀要求油液的污染度为 NAS1638 标准的 5～6 级,射流管式为 NAS1638 标准的 8 级。

⑦ 油箱必须密封并加装有空气滤清器。 更换新油时,仍需用 $5\mu m$ 的滤油器过滤。

⑧ 安装伺服阀时,应检查安装面上是否有污物黏附,O 形圈是否装好,定位销孔是否正确,

进出油口是否对好等。

⑨ 伺服阀的安装连接螺钉应对角均匀拧紧，不可过紧和过松，以在工作压力下不漏油便可。

⑩ 在接通电路前，先检查插头、插座的接线柱是否牢靠，有无脱焊、短路等情况，并检查通电后的电路极性。

（3）使用中应注意的事项

① 定期检查工作油液的污染度，并根据情况定期换油。

② 应按伺服阀生产厂家的使用说明书规定使用伺服阀：例如输入电流的规定需加颤振信号的大小等。

③ 当系统发生严重零飘或故障时，应首先检查和排除电路及伺服阀以外各环节的故障：例如电路不正常、阀前滤油器堵塞等，然后再确定是否拆修伺服阀。

5.21.7 故障分析与排除

【故障1】 伺服阀不动作，导致执行元件不动作

伺服阀不动作的故障 90% 以上是由于污物。具体原因有（以喷嘴-挡板式介绍为主）以下几点。

① 组成伺服阀的某些零件破损。

② 力马达、力矩马达故障。

③ 滑阀式阀芯因污物卡死在阀体（阀套）内，例如图 5-501 中的阀芯 9 被卡死在阀体 10 内。

④ 喷嘴 6 被污物堵塞。

⑤ 污物黏附在挡板（反馈杆）5 上，将挡板顶死。

⑥ 滤芯 8 被污物堵塞，压差过大，使滤芯破碎脱粒，引起节流孔、喷嘴或其他管路堵塞。

⑦ 力矩马达线圈 12 断线，插头插座的接线柱脱焊、松脱短路等现象。

⑧ 与伺服放大器的接线不正确，接线错误或接线不良。

⑨ 供油压力没有调节到 1MPa 以上，控制压力太低；

⑩ 阀安装面进出油口装反了。

⑪ 阀安装的平面度差，安装不良使阀变形。

排除方法如下。

① 拆修伺服阀，破损了的零件予以更换或做出适当的处理。

② 拆开阀体 10 上的左右端盖（图 5-501 中画成一体），取出滤芯 8，检查污物堵塞与破损情况：污物堵塞者，用手指堵住滤芯一端，用注射器往另一端注射干净煤油进行清洗，以油液均匀缓慢流出为好；如滤芯破损，应更换新的滤芯。

③ 清洗节流孔 7（两端）（节流孔设在滤芯堵头上），清洗左右端盖上的通油孔。

④ 清洗喷嘴、挡板，清洗阀芯 9，阀套（图上未画出）和阀体 10 上各油路孔。注意阀芯有方向要求，不能调头装配。装阀芯 9 时将阀芯放在中间位置，再装喷嘴挡板 5，其下端的小球插入阀芯 9 的中间槽内，须一边转动阀芯 9 的方向，小球方可插入阀芯 9，插入时不可硬顶，装好后，用手稍稍推动阀芯 9，看其是否自由对中。

⑤ 检查力矩马达线圈电阻，断线者接好，插头插座松脱者应焊牢，避免接触不良、断线短路等情况。

⑥ 检查液压站油液压力，供油压力不得低于 1MPa。

⑦ 与伺服放大器的接线如果不正确，应予以更正，接线不牢者重新焊牢。

⑧ 修平阀的安装面，保证平面度误差要求。

⑨ 伺服阀进出油口装反者予以更正，并检查所接管路情况。

【故障2】 经常出现零漂（零位偏移）

零位，又称中间位置，对图 5-462 所示的伺服阀而言，阀的零位是指负载压降 $p_L = 0$，阀的输出流量 $Q_L = 0$ 时，阀芯和衔铁挡板组件所处的几何位置。虽然希望阀在零位时的输入电流为零，但通常此时的输入电流不为零。将伺服阀处于零位时所需的输入电流值与额定电流的百分比称为伺服阀的零位偏移。

本故障是指零位经常变化，且零位偏移量大，产生故障的原因和排除方法有以下几点。

① 伺服阀本身的原因造成零偏超出和不稳定。如压合或焊接部位的衔铁组件松动，内装的滤油器被污物堵塞，压合的喷嘴松动，喷嘴被污物堵塞等。一般民用伺服阀都有外调零装置，要求零偏不大于 3%，而航天航空用伺服阀一般不设外调零装置，零偏的变化在寿命期内一般要求不大于 6%，可采用下述方法解决零偏超出。

a. 对于图 5-462（a）可松开螺堵用调零装置进行调节；对于有阀套的伺服阀，可以松开端盖螺钉，调节阀套的位置来调节零偏。

b. 对于无阀套的伺服阀，或者用上法不能纠正过来的伺服阀，可以交换节流孔两边的位置或另换一组节流孔来调节零偏。

c. 利用修研力矩马达气隙来纠正零偏，也是行之有效的方法，图 5-462 中力矩马达四个螺钉 13 的拧紧程度直接影响到力矩马达四个气隙的大小。这四个气隙组成桥路，成差动状态工作。一般每个气隙厚度 $\delta = 0.25$mm，力矩马达衔铁运动工作距离为 $1/3\delta$，零偏为 1% 的气隙变化值 $\Delta = 1/2\delta \times 1\% \times 1/2 = 1/3 \times 0.25 \times 1/100 \times 1/2 = 0.0004$mm $= 0.4\mu$m（式中 1/2 是考虑力矩马达四气隙成差动工作）。由以上计算可知，力矩马达气隙变化 0.4μm 就会引起 1% 的零偏，因此力矩马达四螺钉拧紧力矩应一致，调节时要特别注意清洁，不能弄脏力矩马达。

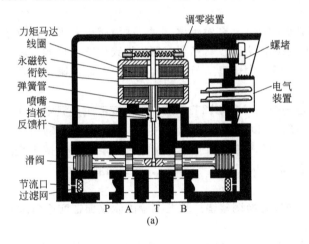
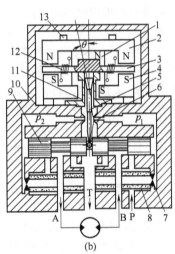

图 5-462 力反馈式电液伺服阀例

1—永久磁铁；2，4—导磁体；3—衔铁；5—挡板（反馈杆）；6—喷嘴；7—固定节流孔；

8—滤油器（滤芯）；9—滑阀阀芯；10—阀体；11—弹簧管；12—线圈；13—力矩马达螺钉

d. 对于衔铁组件的松动，可在支承与衔铁、支承与挡板的配合面边缘采用激光点焊。

② 油温变化引起零位漂移。油温变化，导致油液黏度变化，泄漏量改变，引起零位漂移。为保证正常工作，可在油路中加装油冷却器和加热器，将温度控制在所需范围内。对电液伺服阀一般要求油温每变化 40℃时，阀的输入电流要能限制在 2% 以内。

③ 油源压力大幅度变化导致零位大幅度变化。伺服阀的供油压力 p 一般可按 $p = 3/2$（$p_L + p_T$）选定（p_L 为伺服阀的负载压降，$p_L = F_L/A$，p_T 为伺服阀的背压值），通常可在 1～7MPa 的

范围内取一定值，并在阀前加装蓄能器进行稳压。

④ 油液污染严重，油中污物颗粒较多。可对液压回路进行清洗并更换干净油液，在阀前装设高压滤油器，并提高其过滤精度。

⑤ 对于零位不能调整（在零位调节螺钉回转的范围内调不出零位）的情况，要使供油压力 p 调到大于 1MPa 的压力值，另外，清洗内装的滤油器及其两端的节流孔。

⑥ 伺服阀喷嘴堵塞和松退的影响。可定期进行清洗，喷嘴松退时，要重新调试，使其恢复正常工作。

⑦ 保证电气零位与机械零位重合，可以使弹性元件（反馈杆）在阀处于零位时不受力，这样弹性元件的刚度随温度变化时就不会影响零位。具体做法是：在装配中注意使滑阀在喷嘴不起作用、反馈杆不受力时处于零位，这就是机械零位；在喷嘴投入工作时，使滑阀在弹簧管不受力的情况下仍然处于零位，这就是液压零位与机械零位重合；在装上力矩马达的线圈和磁钢后使滑阀仍处于零位，即电气零位与机械零位重合。

另外，选用弹性模量温度系数很小的材料（如恒弹性模量材料）也可直接减少弹性元件造成的温度零漂。

⑧ 提高机械对称性。提高零件加工分中度和装配对称性，选用相同材料或线膨胀系数一致或接近的材料制造有关零件，可以减少热膨胀引起的零漂。有分中要求的零件主要是阀体、阀套、阀芯及衔铁组件。

⑨ 提高液压对称性。为了减少黏度随温度变化造成的零漂，应尽量保证液压放大器的液压对称性，并尽量减少黏度对流动特性的影响。为此要求节流孔的孔形好、无毛刺、节流长度尽量小，要求喷嘴孔形好、端面环带尽量窄、没有毛刺。节流孔和喷嘴基体具有足够高的硬度，孔形和环带应进行磨削加工。

⑩ 加大阀芯位移量。加大阀芯位移量其目的在于：在发生零漂时，尽量减少零漂的相对效应。根据分析，各种温度零漂都与滑阀最大位移量成反比。所以，适当加大位移量是减少温度零漂影响程度的一项有效措施。由此造成的流量及力矩马达负载的变动，可以通过调整方孔宽度和磁钢充磁水平来进行补偿。

⑪ 提高开环增益。力反馈电液伺服阀是一个闭环自动调节系统，而温度零漂是温度干扰引起的稳态误差。所以，提高此系统的开环增益，可以减少温度零漂。具体做法是提高磁钢的充磁水平，从而提高电磁耦合刚度；同时加大力矩马达的气隙长度，使电流力矩常数保持不变。这样可以提高 $1/K_a$。（K_a 为力矩马达综合刚度）值，从而提高开环增益，减少温度零漂。

⑫ 使伺服阀各级同时都处在零位。

a. 在装配时，必须保证四个气隙相等。通过更换调整垫片和上下导磁体来保证四个气隙几何尺寸相等，为便于调整，磁钢先不要充磁。

b. 在试验台上对伺服阀逐级调零。具体方法是：a）去掉作用在阀芯端面上的控制压力，先调反馈杆和阀芯阀套的零位，将节流孔换成无孔塞堵，首先将阀套调至阀体中间，装上衔铁组件，将衔铁组件的横向位置定好，然后开动试验台，调整衔铁组件的纵向位置，使伺服阀两负载腔压力相等，将衔铁组件固定好；b）将无孔塞堵换成节流孔，在试验台上调喷嘴位置，使喷嘴腔压力 $p_1 = p_2 = 1/2p$，并使此时两负载腔压力相等；c）装上已调好气隙的磁钢和导磁体，如果零位稍有变动，再次更换调整垫片，直至阀芯恢复零位为止；d）完成上述调整后，再均匀紧固力矩马达螺钉和阀芯端盖螺钉。

⑬ 两喷嘴的压差应不大于 0.3MPa。对于高精度伺服阀，两喷嘴腔几何形状不对称会直接影响液压参数的对称性。

几何形状不对称的部位有固定节流孔直径、可变节流孔直径及其入口处 90° 锥角和喷嘴孔口形状等，如可变节流孔入口处 90° 锥角大小影响流量系数 C，又如喷嘴孔口处如有塌边，则液流不会全部射向挡板，故零位不对中。

几何形状不对称引起的零漂很有规律。这种情况下提高温漂精度的办法有两个：一是对换左右节流孔，用两固定节流孔的差异来弥补喷嘴孔的差异；二是更换喷嘴体，重新调整。

⑭ 必须提高滑阀与套筒的加工精度，减小形位公差，减小摩擦力。对于高精度伺服阀，滑阀与套筒配偶件的配合间隙一般控制在 0.002～0.003mm；同时，滑阀与套筒配合副的形位公差要求也相当高，因此只要有一个高点，此阀的温漂就达不到要求。减小温漂的唯一办法只有研磨套筒，扩大间隙，减小摩擦力。但必须注意，此方法只能在静耗量合格的情况下才能采用。

⑮ 对于由于电气零位变化引起的伺服阀零漂，不能用四个螺钉的松紧来调整，而是一方面要提高装配技术水平，二是电气零位的调整要合理选用垫片。

⑯ 伺服阀工作时，阀芯控制边前后压降大，若四边滑阀工作在最大功率点上，则控制边上的压降为油源压力的三分之一，只要阀芯有一微小开口，压力油便高速掠过控制边，油液中的颗粒将冲蚀控制边锐缘，产生冲蚀磨损（图 5-463）。这种冲蚀磨损严重影响伺服阀的零位特性和控制精度。尤其是当污染较严重时，这种冲蚀磨损发展很快，伺服阀很多是因此而失效造成寿命缩短的。

【故障3】 伺服阀的输出流量少

① 供油压力低时，可适当提高供油压力。

② 对输入伺服阀流量不足时，可增加供油量，并消除和减少系统其他部位的内漏和外漏。

③ 对伺服放大器的输出功率不够的情形，则先检查输入伺服放大器的信号是否正常，检查伺服放大器是否有其他故障并加以排除。

④ 对于内装的滤油器被污物堵塞的情形，要对液压回路和伺服阀进行清洗并换油，特别要注意工作油中的胶状异物产生的堵塞。

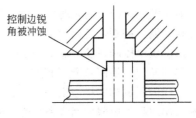

控制边锐角被冲蚀

图 5-463 冲蚀磨损

【故障4】 伺服阀的动态特性差，频率响应迟滞，而且超调量增大

对电液伺服阀而言，是指伺服阀的输出流量的幅值和相位角不能在较大的频率范围内跟随输入的电流信号而变化，而产生的流量幅值的减少和相位角的滞后却较大。

伺服阀的动态，受供油压力、输入信号（机械位移或信号电流）的幅值、油液的性质、油液的温度等外部因素，阀本身的结构参数、力矩马达的纯刚度和固有频率、反馈杆的刚度、前置级的流量增益等内部因素的影响。改善的具体办法有以下几种。

① 提高供油压力，可以提高速度放大系数，提高伺服阀和系统的灵敏度；响应速度加快，但是一般来说动态和静态稳定性是一对矛盾，当供油压力超过某一极限值时，系统就要发生振动，变成不稳定（下述情况也是如此）。

② 油温、油液黏度的变化影响系统的动态性能。油黏度大，系统的响应速度降低。为使动态特性较好或在使用中不过多变化，应选用合适黏度的油液，并且油温应控制在一定范围内以消除油温变化对黏度的影响。

③ 适当增大系统的背压，可提高稳定性，但动态特性变差，所以系统应有适合的背压要求。

④ 对输入信号（如电流值）的幅值应控制在一定范围内。

⑤ 增大伺服阀开口周边的宽度，可使流量放大系数增加，从而提高系统的灵敏度，使响应速度加快。但同样也要注意对系统稳定性的影响。

⑥ 采用正开口的滑阀，其流量放大系数大，对流量控制的灵敏度高，动态特性较好，但同样也是稳定性差。

⑦ 机械反馈间隙的存在使超调量的调节时间增大，因此应尽量减少反馈间隙。

⑧ 伺服液压缸面积增大可提高系统的刚性，增加了系统的稳定性，但动态特性通常变差。

⑨ 伺服液压缸及连接管路的含油总体积增大，对系统的动态特性没有任何好处，即使系统稳定性也变坏。

⑩ 力矩马达的磁滞现象和伺服阀各构件的静摩擦力大，引起动态性能变坏，必须尽力减少力矩马达的磁滞现象和伺服阀内各构件的摩擦力，提高零件加工精度。

⑪ 伺服阀安装面的平面度误差大，必须消除其对阀和系统动态特性的影响。

⑫ 阀芯处于静止状态时，脉动时的油源压力会不断把等于或稍大于径向配合间隙尺寸的颗粒挤入阀芯和阀套之间的径向间隙，引起阀芯的污染阻滞，因而增大阀芯运动的摩擦力，降低伺服阀的响应速度，增大滞环。

【故障5】 伺服阀的稳定性差，稳态误差大，产生振动

伺服阀用于自动控制的目的在于使被调量按照所要求的规律变化及保持在某一恒定值，这就提出了一个精度问题，系统的稳定性可用稳态误差表示。 引起系统输出量（精度）变化的原因，一个是对控制作用而言，另一个是对外界扰动而言。

对于恒值调节系统，输入的控制作用是不变的，引起被调量变化的是外界扰动，因此误差一般是对外界扰动而言的。

对于随动系统，输入的控制作用是在不断变化的，而外界扰动往往不是主要的，因此其误差一般是对输入控制作用而言的。

对于程序控制系统，输出控制作用是按一定规律变化的，其负荷的变化也是要加以考虑的，因此其误差应该是两者所引起的。

液压伺服机构的稳态误差分析，要视具体使用情况而定。 例如作仿形刀架用，它的误差就是输入作用和外负载力两者所引起；如果只作为随动机构控制一个质量负载，那么其误差仅由输入的控制作用所引起。

如前所述，动态和静态是一对矛盾，要提高静态稳定性，可采取前述故障4中相反的措施，此处不再重复，现具体说明如下几点产生系统不稳定，甚至产生振动现象的原因和排除方法。

① 因执行机构和被调节对象的摩擦特性、低刚度和低速度下引起不连续振动——爬行。

② 油液内有大量空气存在，液压泵的油压脉动及油的可压缩性增加，产生不稳定的连续振动——爬行。

③ 连接控制阀和伺服缸之间的管道弹性变形。

④ 反馈机构中的间隙。

⑤ 外来干扰时，例如载荷、速度、油压等的突变，会产生自振。

⑥ 射流管式伺服阀在供油压力高时容易振动。

⑦ 随动速度越大，系统的稳态误差也就越大。

⑧ 作用于伺服液压缸的负载力越大，系统的稳态误差也越大。

⑨ 系统不灵敏区的影响（死区的影响）。 产生死区的原因有机械信号传递机构中的间隙和机械变形。 当信号传递机构中存在间隙时，首先要克服这些间隙后输出机构才能产生输出运动，同样在信号传递机构中有力的传递要引起机械的机械变形，只有克服这些变化之后，输出机构才能产生运动。 另外正遮盖的阀存在死区；系统中各部分的泄漏也增加了死区。 死区的存在或死区的宽窄变化，导致系统不稳定。

为了提高系统的稳定性，可采取下述措施。

① 例如增大伺服阀的直径，系统的稳定性变差；伺服液压缸的活塞面积增加，系统的稳定性提高；液压缸油腔体积增加，系统稳定性降低。 故要正确选择随动阀的结构参数。

② 适当减少执行机构和被调对象运动部件的质量，可使系统的稳定性变好。

③ 系统中弹性环节的刚度提高时，可使稳定性增加。

④ 适当降低被调对象的运动速度，可提高稳定性。

⑤ 流量增益小的伺服阀可增加系统的稳定性。

⑥ 在阀与缸之间或液压缸两腔之间设置附加阻尼，可提高稳定性。

【故障6】 无信号输入，但执行机构向一边移动

此时可检查喷嘴与挡板之间的距离是否相等，工作气隙是否不相等，是否一个喷嘴堵塞，是否通向一个喷嘴的节流通道被堵塞，是否主滑阀卡死在某一位置，形成单边开口等，根据情况逐一排除。

【故障7】 静耗量增大，压力增益下降

① 由于磨损，滑阀与套筒之间的配合间隙增大，从而导致系统供油不足，性能下降。应严格控制滑阀与套筒之间的配合间隙、形位公差、表面粗糙度等，并提高滑阀、套筒的耐磨性。

② 窗口塌边（图 5-463）时，可用流量配磨方法，严格控制窗口搭接量，保持窗口锐边。

【故障8】 阀内滤芯堵塞，压差过大而使滤芯破碎

图 5-501 所示中的滤芯破碎后，会导致节流孔、喷嘴或它们之间的油路阻塞，伺服阀不能工作。此时可按下述步骤进行故障排除。

① 清洗伺服阀内滤芯

a. 拆开阀体上左右端盖及滤芯堵头，取出阀芯。

b. 清洗滤芯。用手指堵住滤芯的一端，用注射器往另一端注干净汽油，油液均匀缓慢流出为好。如滤芯有破损，应更换新的滤芯。

c. 清洗节流孔 7（节流孔在滤芯堵头上），及阀体上两端端盖上的油路孔。

d. 根据拆卸次序进行装配。装配时注意 O 形密封圈有无压缩量，压缩量在 0.15～0.3mm 为好。

② 清洗阀芯、阀套和阀体上的油路孔

a. 打开阀上盖，拆下喷嘴座组件（包括力矩马达部分）。

b. 打开左右端盖，取出阀芯 9。注意阀芯有方向要求。

c. 清洗阀体（包括阀套）及喷嘴座 6 上的油路孔。

d. 清洗干净后进行装配，装配时应注意次序，先装阀芯 9（注意方向），将阀芯放在中间位置，再装喷嘴座组件 6，使反馈杆 5 上的小球插入阀芯的中间槽，固定螺钉，其受力要均匀。

e. 最后装配左右端盖。装配后的伺服阀还不知能否正常工作，需要进行测试和调整。

【故障9】 喷嘴挡板式电液伺服阀常见故障

喷嘴挡板式电液伺服阀常见故障见表 5-48。

表 5-48 喷嘴挡板式电液伺服阀常见故障

项目	故障模式	故障原因	现象	对系统影响
力矩马达	1. 线圈断线	零件加工粗糙，引线位置太紧凑	阀无动作，驱动电流 $I=0$	系统不能正常工作
	2. 衔铁卡住或受到限位	工作气隙内有杂物	阀无动作、运动受到限制	系统不能正常工作或执行机构速度受限制
	3. 反馈小球磨损或脱落	磨损	伺服阀滞环增大，零区不稳定	系统迟缓增大，系统不稳定
	4. 磁钢磁性太强或太弱	主动是环境影响	振动、流量太小	系统不稳定，执行机构反应慢
	5. 反馈杆弯曲	疲劳或人为所致	阀不能正常工作	系统失效
喷嘴挡板	1. 喷嘴或节流孔局部堵塞或全部堵塞	油液污染	伺服阀零偏改变或伺服阀无流量输出	系统零偏变化，系统频响大幅度下降，系统不稳定
	2. 滤芯堵塞	油液污染	伺服阀流量减少，逐渐堵塞	引起系统频响有所下降，系统不稳定

项目	故障模式	故障原因	现象	对系统影响
滑阀放大器	1. 刃边磨损	磨损	泄漏、流体噪声增大、零偏增大	系统承卸载比变化，油温升高，其他液压元件磨损加剧
	2. 径向阀芯磨损	磨损	泄漏逐渐增大、零偏增大、增益下降	系统承卸载比变化，油温升高，其他液压元件磨损加剧
	3. 滑阀卡滞	污染、变形	滞环增大、卡死	系统频响降低，迟缓增大
密封件	密封件老化、密封件与工作介质不符	寿命已到、油液不适所致	阀不能正常工作内、外渗油、堵塞	伺服阀不能正常工作，阀门不能参与调节或使油质劣化

5.21.8 伺服阀修理后的调试工作

（1）调试前的准备工作

① 根据油路原理图（图 5-464）将压力表、滤油器等与伺服阀安装座连接。

② 进油 p_s、回油 p_0 最好单接油源，或直接从液压系统引出。为了不影响液压系统工作，p_0、p_s 出口处要加液压开关。

③ 电路连接可按测试电路原理图 5-464（b）进行。用一个指针在中间位置的表头，使直流电源电压值大于额定电流（mA）与线圈电阻（Ω）的乘积。如某单位生产的电液伺服阀的线圈电流为 30mA，电阻约 200Ω，可选用大于 6V 的干电池。当改变电位器 R_1、R_2 的位置时，能给伺服阀提供 0～±30mA 可变化的电流。

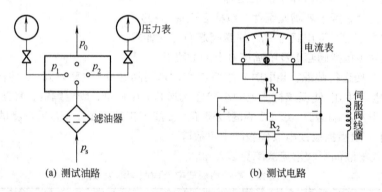

(a) 测试油路　　　　　　　(b) 测试电路

图 5-464　测试油路与测试电路原理图

（2）修理后的调试

调试前参照伺服阀产品样本，弄清工作原理，然后再进行调试。

① 接通油路与电路，将进油压力 p_s 升到工作压力，使电流表指示为零，用手微动衔铁，若两腔压力 p_1、p_2 变化灵敏，证明已清洗干净。

② 调节喷嘴座组件左右位置，使左、右两腔压力相等。例如左腔 p_1 压力高，将喷嘴座组件往右微移（如右腔压力高则反之），使左、右两腔压力相等为止。然后拧紧螺钉，固定喷嘴座。

③ 如两腔压力还不相等时，可调壳体上的调整螺钉，将阀套左右移动适当位置，阀两腔的压力相等。此时阀芯处于中间位置，然后锁紧调整螺钉。

④ 最后，检侧伺服阀的零偏电流和伺服阀的分辨率。其他性能指标基本上由伺服阀本身结构所决定，不测也能满足一般使用要求。

其他类型的伺服阀也可应用此办法修理。

5.21.9　伺服阀的应用

伺服阀应用于液压控制系统中，有位置（位移和转角）控制系统、速度控制系统、负载力控制系统、压力控制系统等，以实现对位置、速度、压力和对负载力的控制。

（1）机液伺服阀的控制系统应用

机液控制系统主要用来进行位置控制，行走机械的动力转向装置、仿形机床、飞机、导弹和喷气发动机的控制等都用到了机液控制系统。

① 液压仿形刀架　仿形原理如图 5-465（a）所示，其仿形原理见上述伺服阀的工作原理的内容。 当机液伺服阀的触销尖 f 沿靠模曲线 X 移动动时，刀具尖端 f′也就跟随加工出工件曲线 Y。 图 5-465（b）是 C7120 型半自动车床上的液压仿形刀架示意图，它是一机液伺服控制系统的典型应用案例。 仿形刀架装在车床拖板后部，随拖板一起做纵向移动，并按照样件的轮廓形状车削工件。 样件安装在床身支架上，是固定不动的，液压泵站则放在车床附近的地面上，与仿形架以软管相连。

仿形刀架的活塞杆固定在刀架底座上，液压缸体 6、杠杆 8、伺服阀阀体 7 是和刀台 3 连在一起的，可在刀架底座的导轨上沿液压缸轴向移动。 伺服阀阀芯 10 在弹簧的作用下通过阀杆 9 将杠杆 8 上的触销 11 压在样件 12 上。 液压泵 14 来的油经滤油器 13 通入伺服阀的 a 腔，并根据阀芯所在的位置经 b 或 c 腔通入液压缸的上腔或下腔，使刀台 3 和车刀 2 退离或切入工件 1。

当杠杆 8 上的触销还没有碰到样件 12 时，伺服阀阀芯 10 在弹簧的作用下处于最下方位置，液压泵 14 来油通过伺服阀上的 c 腔进入液压缸的下腔，液压缸上腔的油则经伺服阀上的 b 腔流回油箱。 仿形刀架快速向左下方移动，接近工件。 当杠杆 8 的触销 11 触着样件时，触销尖不再移动，刀架继续向前的运动使杠杆绕触销尖摆动，阀杆 9 和阀芯 10 便在阀体 7 中相对地向后推，直到 a 腔和 c 腔间的通路被切断、液压缸下腔不再进入压力油、刀架不再前进时为止，这样就完成了刀架的快速趋近运动。

车削圆柱面时，拖板 5 沿着导轨 4 的纵向移动使杠杆的触销沿着样件的圆柱表面滑动，伺服阀阀口不打开，没有油进入液压缸，整个仿形刀架除了跟随拖板一起纵向移动外没有别的运动，因此工件上车出圆柱面来。

当杠杆的触销 11 碰到样件 12 上的凸肩、凹槽、斜面或成型表面时，触销尖得到一个向前或向后的位移输入，杠杆的摆动（这时以杠杆和缸体的铰接点为支点）使阀芯 10 受到一个向前或向后的位移输入，阀口打开，刀架便相应地做向前或向后的移动，并在移动过程中通过杠杆的反方向摆动（这时以触销尖为支点），使阀口逐渐关小，直到阀芯恢复到使其两边的阀口都不打开时为止。 触销不断地得到位移输入时，刀架也不断地变动其位置，就这样刀架的运动完全跟踪着触销来进行，在工件上加工出相应的形状来。

仿形加工结束时，通过电磁阀（图中未画出）使阀芯移到最上方位置，这时伺服阀上的 a 腔和 b 腔接通，液压泵输出的油大量进入液压缸上腔，液压缸下腔的油通过伺服阀上的 c 腔流回油箱，仿形刀架快速后退。

车床仿形加工的调整比较简单：加工一批零件时，可先用普遍方法做出一个样件来，然后用这个样件复制出一批零件。 这种方法适合于中、小批生产中使用。

从车床液压仿形刀架的例子中可以看出：仿形刀架是一个跟踪系统，刀架（液压缸）的位置（输出）完全跟踪触销的位置而运动。 仿形刀架是一个放大系统，推动触销所需的力很小（几十牛顿），但经伺服阀和液压缸构成的液压拖动装置能克服大的切削阻力，完成切削加工所输出的力很大（泵提供能源），可达数千到数万牛顿。 仿形刀架是一个机械反馈系统，触销位移经过杠杆使阀口打开，使刀架移动，而刀架运动的结果又通过杠杆使阀口变小，抵消产生运动的信

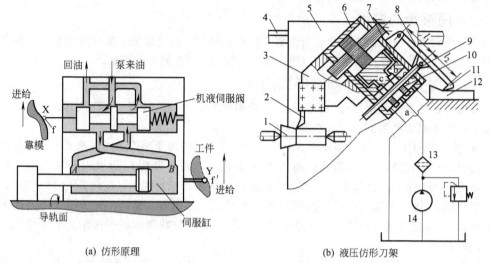

(a) 仿形原理　　　　　　　　　　　(b) 液压仿形刀架

图 5-465　液压仿形刀架

1—工件；2—刀具；3—刀台；4—导轨；5—拖板；6—液压缸体；7—伺服阀阀体；
8—杠杆；9—阀杆；10—伺服阀阀芯；11—触销；12—样件（靠模）

号，是一个由负反馈构成的闭环系统。 有了这个"负反馈"，刀架才能工作。 仿形刀架又是一个误差系统，要使液压缸克服阻力并以一定的速度运动，伺服阀必须有一定的开口。 所以刀架的位置（输出）必须落后于触销的位置（输入），亦即输出和输入之间必须有误差。 液压缸运动的结果是力图减小此误差。 但任何时刻也不可能完全消除此误差，没有误差也不可能使仿形刀架进行工作。

总之，仿形刀架的工作原理建立在节流、误差、反馈、放大四个要素上，它们同时发生，相互关联。

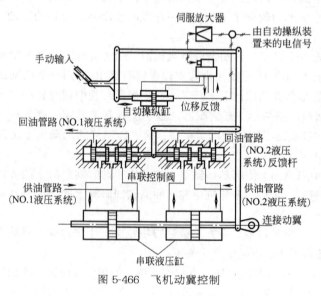

图 5-466　飞机动翼控制

② 飞机动翼控制　飞机的辅助翼、升降舵等各动翼的工作系统，采用的伺服系统如图 5-466 所示，NO.1 和 NO.2 两套液压系统分别由各自的发动机驱动，是完全独立的液压系统，并具有各自的油箱。 一个系统出故障对另一个系统无影响，只是功率减半，动作速度稍慢些。 来自手动操作装置或自动操作装置的输入信号通过连杆带动串联控制阀（滑阀）动作，串联阀的油液通路改变，压力油进入到串联缸，此时 NO.1 和 NO.2 液压系统的压力油完全独立地经各串联阀进入各自对应的串联缸，于是动翼动作，此动作又通过反馈杆反馈到串联阀。 当串联阀复归到原始位置时油

路又关闭，串联缸停止运动。 自动操作装置输入时，装在内部的手动操作阀使手动操纵输入为优先。 另外，不使用自动操纵装置时，为了防止自动操纵缸产生液压卡紧，内部装有旁通阀。

③ 船舶操舵机构（舵机） 通过罗盘（陀螺仪）的输入信号来驱动进行操舵的自动操纵，或者通过手动使操舵轮回转，通过前级伺服机构进行操舵的远程操舵，使船舶操舵机构进行转舵的机构简图如图 5-467 所示。 图中偏心杆的动作设 A 点为操舵点，B 为跟踪点，O、O_1 为变量泵的最大偏心量，则从舵轮开始回转到转舵结束点，下述三个动作分开予以考虑。

a. 由伺服电机、舵轮的回转，通过前级伺服机构操纵偏心杆时，偏心杆以 B 为支点，使 A 移动到 A_1 点，因此偏心杆的中心 O 也被压向 O_1 点，变量泵产生偏心，油液开始移动。 当压力油供给缸 1 时，缸 2 回油；反之向缸 2 供油时，缸 1 回油，油液的流动使舵柄回转，开始转舵。

b. 从开始转舵到操舵结束的动作。 作为偏心杆的中心 O 的变量泵的最大偏心量受到 O_1 点的限制，因而 A 点移向操舵点 A_2 时，偏心杆以 O_1 作为支点而动作，同时 B 作为实际转舵角移到 B_1，A 移到所需操舵点 A_2，操舵结束（若操舵角超出变量泵的最大偏心量时，由缓冲弹簧加以吸收并刨掉多余的行程）。

c. 从操舵结束后到完成转舵的动作。 偏心杆的 A 端到达操舵点 A_2 时，即操舵结束。 但因偏心杆的中心 O 到达 O_1 点，舵继续转舵动作。B 端随着转舵的继续进行以 A_2 为支点由 B_1 点随动到 B_2 点，此时偏心杆中心从 O_1 返回 O，变量泵的偏心量回到零位，所以油液停止移动，船舵只转过所需的操舵角度，转舵结束。

④ 车辆的转向系统 关于车辆的转向装置，在尔后将有详细说明，此处仅做简介。 在电动机出故障等紧急情况下，靠操作手动换向阀也能使液压缸动。

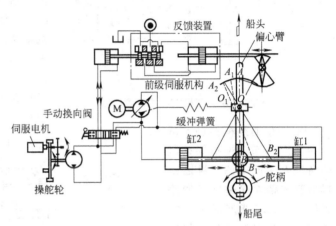

图 5-467 船舶操舵机构（舵机）

图 5-468 所示是液压双向伺服机构的应用实例。 车辆液压动力转向的目的是大大降低驾驶员操作方向盘的力，在跟踪驾驶员转动方向盘而改变车轮转弯方向的同时，驾驶员还能通过方向盘感觉到车轮受到路面作用的力，使驾驶宜人化。 图中伺服四通滑阀与液压转向缸制成一体，并与车轮连接，活塞杆固定在车身底盘上。 当转动方向盘使滑阀芯移动时，阀体亦即车轮随动，同时由于执行元件内的压力作用于滑阀的背压部位，所以执行元件内的压差，即与车轮受到路面的作用力成比例的反力传到方向盘上。

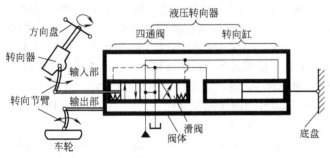

图 5-468 车辆的转向控制（液压转向器）

⑤ 电火花加工机床的电极位置控制 电火花加工中，在电极与工件之间流过高频脉冲电流，脉冲电流放电产生电火花熔化去除金属，从而对工件进行加工。 为此，加工时必须在保持电极与工件之间的放电间隙恒定的同时，又使电极以微速进给。 由于电极重量重，且要求响应速度快，所以使用液压伺服系统。

一般，利用电极与工件两极间的间隙 d 与加工中的极间电压 V_d 成比例的原理，用控制极间电压恒定的方法达到极间间隙恒定的目的。 如图 5-469 所示，通过对标准电压 V_0 来设定极间电

压 V_d 用 V_0 与 V_d 的电压差直接控制伺服阀的电流，这样利用电火花加工电源驱动伺服阀无需伺服放大器，所以可用比较低的成本构成伺服系统。

由于电极的进给是微速的，为了消除伺服马达的不灵敏区和滞环等不良影响，采用了颤振信号电源。

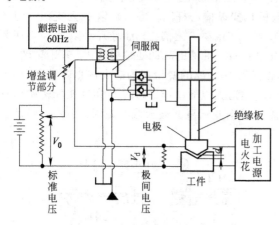

图 5-469　电火花机的电极位置控制

② 汽车道路模拟振动试验台　汽车道路模拟振动试验台是人为地制造一种道路模拟恶劣条件代替实际道路条件，对汽车新产品进行行驶试验，以判断新车型整车的耐久性和可靠性；使试验周期大为缩短，不一定非要行驶多少万公里；而且可以人为地强化行驶条件，不受环境的限制；并且还可对汽车零部件进行强度和寿命试验。

（2）电液伺服阀的控制系统应用

① 用于两液压缸同步控制回路　如图 5-470所示，图中两液压缸 1 与 2 要求运动时的位置保持同步，3 与 4 为两液压缸的位置传感器，它们反映的两液压缸实际位置的信号。当两液压缸有位置偏差即不同步时，两液压缸的位置传感器 3 与 4 发出微弱电信号 U_1 与 U_2，经伺服放大器进行比较和放大后可使伺服阀动作，偏差 $\pm I$ 经放大器处理后，将偏差电流输给电液伺服阀，向位置落后的液压缸多供油，向位置走前的液压缸少供油，以达到两液压缸同步运动的目的。这种方法同步精度比较高。

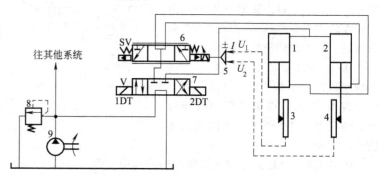

图 5-470　电液伺服阀用于两液压缸同步控制回路
1, 2—液压缸；3, 4—传感器；5—伺服放大器；6—电液伺服阀；7—电磁换向阀；8—溢流阀；9—液压泵

国内著名汽车制造厂引进的汽车道路模拟振动台主要有美国 MTS 公司和德国 Schenck 等公司的产品，由计算机系统、电气控制柜、液压伺服系统、轮胎固定装置等组成。液压伺服系统工作的信号来自计算机系统或函数发生器。汽车在道路上行驶时实测的道路谱，经计算机采集、识别、迭代后得到一个误差在一定允许范围内的驱动信号供试验系统使用。函数发生器发出的信号可以直接选择正弦波、三角波和方波，也可人为地设置随机波形，用于汽车部件试验。

下面以某厂从德国 Schenck 公司引进的一套四通道汽车道路模拟振动台为例加以说明。

a. 模拟振动台的液压控制回路。模拟振动台的液压控制回路分为两部分——位移控制回路和力控制回路。

位移控制回路。其工作原理如图 5-471（a）所示由电机 M 带动的泵 5（PP-B165 型）提供压力为 28MPa 的高压油，经管路进入伺服阀 3，再到激振器（液压缸 2）的活塞腔，从而实现活塞杆的上下运动（激振运动），活塞杆的下端装有位移传感器 6，传感器提供一个与活塞杆位移成比例的反馈电信号 X（其范围为 ±10V），它与由指令发生器发出并经指令信号调节器调节发出的驱动信号 W（其范围为 ±10V）进行比较，输出一个 Y 信号，此信号控制伺服阀 3 的动作，决定输入激振器活塞腔的流量和压力的大小以及液流的方向，也就决定了活塞杆的位移和位移方向，构成一个闭环控制的液压伺服系统。 回路中设置的 PID 调节装置，可以根据需要人为地进行调节。

力控制回路。 在图 5-471（b）所示的力控制回路中，试件 3 装夹在伺服液压缸 4 的活塞和装有力传感器的夹具 2 之间。 力传感器 2 由框架 1 支承。 激振液压缸活塞腔的不同液压力所产生的力通过试件 3 传递。 力传感器和信号发生器提供一个正比于 ±10V 范围的电信号。 实际值与信号值进行比较后得到一个 Y 信号提供给伺服阀动作，从而可改变并决定进入缸的 4 个活塞腔的油液压力大小，同样构成一个闭环控制的液压伺服系统。 回路中也同样装有 PID 调节装置，可以进行人为地调节，从而得到所需的液压控制回路。

b. 液压系统组成元件。 液压系统的主要组成元件——三级电液伺服阀。 本汽车道路模拟振动台采用双喷嘴-挡板三级电液伺服阀，前轮为 SV400/3.8Hz 型，后轮为 SV630/3.8Hz 型。 它是组合式的三级伺服阀，由一个小流量的两级伺服阀去控制功率放大级（第三级）滑阀。 功率放大级滑阀的位移由位移传感器（如差动变压器）检测并反馈给伺服放大器，从而构成一个位置伺服控制系统，以实现功率级滑阀的定位。 这种三级电液伺服阀完全满足了汽车道路模拟振动台的要求。

图 5-471（c）所示为激振器的简图。 它的实际结构中，活塞杆由液压静压轴承支承，能避免摩擦产生的磨损并保持中心。 活塞和轴承表面涂有保护塑料层。 前轮采用 PLZ63NQ100 型激振器，能承受侧向力；后轮采用 PL100N 型激振器。 激振器的压力油口和回油口分别装有蓄能器（P41/R41 型）。

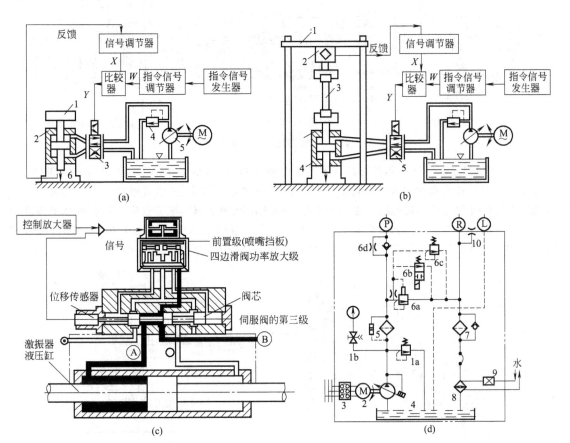

图 5-471　德国 Schenck 公司的四通道汽车道路模拟振动台

液压泵站如图 5-471（d）所示，本系统采用 4 台 PP-B165 型泵，总的输出流量为 660L/min，输出压力 28MPa。泵输出的压力油由溢流阀 1a 调节其压力，经带堵塞发信装置的滤油器 5、阀 6d 由 P 输往系统。阀 6a、6b、6c 组成安全卸荷回路。系统回油 R 经滤油器 7、油冷却器 8 流回油箱 4。水阀 9 用于调节冷却水量的大小，系统泄漏油由 L 单独引回到油箱。

③ 机载雷达天线　对于大口径机载雷达的天线驱动，液压驱动明显地比力矩电机驱动优越，具有输出力矩大、调速范围宽（满足低速和高速要求）、动态响应快、稳定性好、精度高、体积上可直接与负载相连等优点。

图 5-472 为机载雷达天线液压控制系统图。图（a）为天线传动示意图，垂直轴为方位轴，水平轴为俯仰轴，液压的任务就是使天线在方位轴和俯仰轴上精确地完成规定的运动。图（b）为液压控制系统图，压力油从快速自封接头（与飞机主油路相通）进入，经精密滤油器过滤后，在膨胀室的小活塞端分成两路，分别进入到方位、俯仰电液伺服阀，然后驱动各自的液压马达，使天线完成要求的动作。方位、俯仰伺服阀的回油在膨胀室的大活塞端汇合后，再经回油快速自封接头流向飞机的主系统回油油路。

膨胀室跨接于进、回油路之间，小活塞腔与进油路相连，大活塞腔与回油路相连，大、小活塞互相分离 [图 5-472（c）]。当飞机供油压力发生较大波动（如 p_S 瞬间急剧下降，p_0 急剧上升）时，为使雷达不丢失目标并保持跟踪精度，利用作用在大活塞上回油压力挤出小活塞腔的高压油供雷达暂时工作，从而稳定系统压力，保证雷达正常工作。小活塞应该储存足够的高压油液，以便在压力剧烈波动期间（一般为 0.5s 左右）保证雷达的最大跟踪角速度。

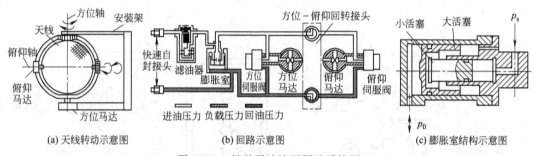

(a) 天线转动示意图　　　　(b) 回路示意图　　　　(c) 膨胀室结构示意图

图 5-472　机载雷达液压驱动系统图

④ 带材跑偏控制　带材跑偏控制装置的工作原理如图 5-473 所示，光电头射出一束调制光，经反光板反射后被光敏管接收，带材的边缘遮挡了一部分反射光。随着带材偏离正常位置，其遮光量也发生变化，使接收光敏管输出一个与遮光量成比例的调制电流信号，此信号经解调后输入电流放大器，经放大后作为伺服阀的控制电流，使伺服阀动作。受伺服阀控制的调整液压缸推动卷取机的摆动辊，纠正带材位置。带材跑偏控制系统的流程图见图 5-474。

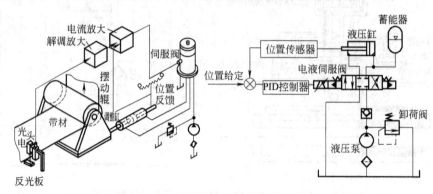

图 5-473　带材跑偏控制的工作原理

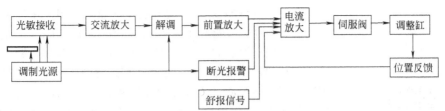

图 5-474 带材跑偏控制系统流程图

⑤ 轧机液压压下系统 液压压下装置的作用就是使轧机在轧制过程中克服来料厚度的不均及材料物理性能的不均匀，消除轧机刚度、辊系的机械精度以及轧制速度的变化的影响，自动迅速地调节压下液压缸的位置，使轧机工作辊辊缝恒定，从而使出口板厚恒定。轧机液压压下装置主要由液压泵站、伺服阀台、压下液压缸、电气控制装置以及各种检测装置所组成，如图 5-475 所示。 压下液压缸安装在轧辊下支承辊轴承下面，习惯上都称之为压下。 调节液压缸的位置，即可调节两工作辊的开口度（辊缝）的大小。

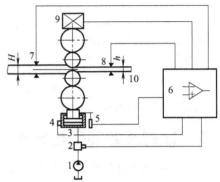

图 5-475 轧机液压压下结构示意图
1—下泵站；2—伺服阀台；3—压下液压缸；
4—油压传感器；5—位置传感器；6—电控装置；
7—入口测厚仪；8—出口测厚仪；9—测压仪；
10—带材

轧机液压压下系统如图 5-476 所示。 由恒压变量泵提供压力恒定的高压油，经两次精密过滤后送至两侧的伺服阀台，两侧的油路完全相同。 以操作侧为例，液压压下缸 9 的位置由伺服阀 7 控制，液压缸的升

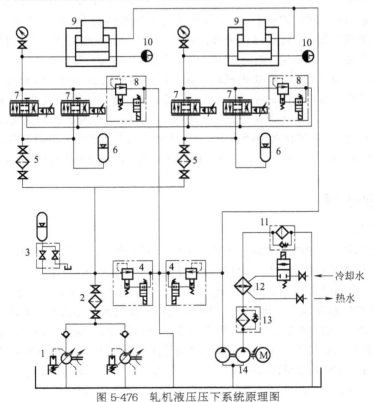

图 5-476 轧机液压压下系统原理图

1—恒压变量柱塞泵；2—压力过滤器；3—蓄能器组件；4—电磁溢流阀；5—压力过滤器；6—蓄能器；7—电液伺服阀；
8—电磁溢流阀（安全阀）；9—液压压下缸；10—压力表；11，13—带旁通阀的过滤器；12—油冷却器；14—双联泵

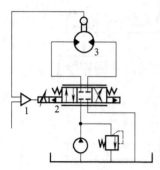

图 5-477 速度控制回路
1—指令信号；2—电液伺服阀；
3—速度传感器

降即产生了辊缝的改变。 阀 8 起安全保护作用，并可使液压缸检修时快速放油，蓄能器 3 是为了减少泵站的压力波动，而蓄能器 6 则是为了提高快速响应。 双联泵 14 供给两个低压回路，一个为压下液压缸的背压回路；一个是冷却和过滤循环回路，它对系统油液不断进行循环过滤，以保证油液的清洁度。 当油液超温时，通过油冷却器 12 对油进行冷却。 每个压下液压缸采用两个伺服阀控制，小流量时一个阀控制，大流量时两个阀控制，这样对改善系统的性能有利。

⑥ 用于速度控制回路 电液伺服阀可以使执行元件的速度保持一定值的控制回路。 如图 5-477 所示，给电液伺服阀 2 输入指令信号 1，经能量的转换和放大，使液压马达具有一定的转速。 当速度有变化时，速度传感器 3 发出的反馈信号与指令信号相比较，然后消除反馈信号与指令信号的误差，使液压马达保持一定的转速。

5.22 比例阀的使用与维修

二十世纪六十年代末到七十年代初期间发展的比例阀，填补了简单的通/断电磁阀与价格昂贵、使用娇气的伺服阀系统之间的空白。 比例阀的性能也许不如伺服阀（在响应时间、滞环等方面），但对许多应用场合来说是足够的，而且可以表现出明显的成本优势。 一般来讲比例阀的主阀结构和工作原理雷同于通断式液压阀，只是先导控制的结构取自伺服阀，但比伺服阀简单得多，且目前高性能比例阀正在逐渐接近伺服阀的能力。

比例控制阀适用在一些要求进行连续比例的电-液控制，控制精度和速度响应要求不高、油液污染要求也不太高且使用维护不难、造价又明显低于伺服阀的液压控制系统。 它将通断式液压控制元件和电液控制元件的优点综合起来，避开了某些缺点，使两类元件互相渗透。 因此近些年来比例控制阀得到了越来越广泛的应用，例如注塑机、压铸机等。

比例控制阀由两部分组成：①电-机械转换器（比例电磁铁）；②液压部分。 前者可以将电信号比例地转换成机械力与位移，后者接收这种机械力和位移后可按比例地、连续地提供油液压力、流量等的输出，从而实现电-液两个参量的转换。 简言之，电液比例阀就是以电-机械转换器代替普通常规式（通断式）液压阀的调节手柄，是用电调代替手调的一种廉价的伺服阀。

电液比例阀根据用途分为：比例压力阀、比例流量阀、比例方向（方向-流量）阀以及比例复合阀。

5.22.1 比例电磁铁

（1）工作原理

① 单比例电磁铁 比例电磁铁的工作原理如图 5-478 所示，在工作气隙附近被分为 Φ_1 与 Φ_2 两部分。 其中 Φ_1 沿轴向穿过工作气隙进入极靴，产生端面力 F_1，而 Φ_2 则穿过径向间隙进入导套前端，产生轴向附加力 F_3，两者的合力为 F_2，就得到了如图（c）所示比例电磁铁的位移-力特性。 在其工作区域Ⅱ内，输出电磁力与衔铁位移基本呈水平力特性，即输出力与衔铁位置基本无关，比例电磁铁的力在整个工作行程内基本上保持恒定。 电磁铁力与线圈电流之间的关系是线性关系，这意味着在其工作行程内衔铁的任何位置上，电磁铁力只取决于线圈电流［图（d）］，因而通过改变输入电磁铁的电流大小，阀芯可以沿其行程定位于对应输入电流的任何位置上，即无数多个位置上，这与只有有限个位置的开关式阀是不同的。

图 5-478（e）所示为比例电磁铁与普通开关式电磁铁的位移-力特性比较图。

② 双向比例电磁铁 如图 5-479 所示，这种比例电磁铁采用左右对称的平头（盆形）动铁式

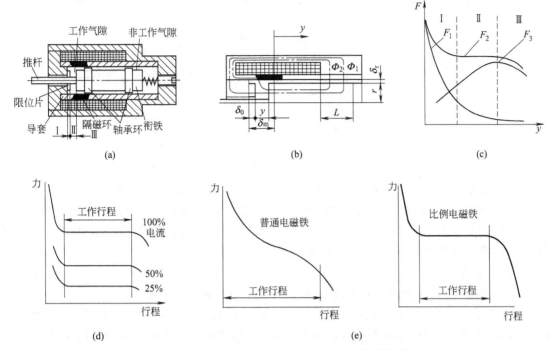

图 5-478 单比例电磁铁的工作原理与位移-力特性

结构。 控制线圈通电后,可在衔铁上得到与控制电流的方向和数值相对应的输出力;改变激磁线圈通过电流的大小,可改变电流-力特性的增益大小以及特性曲线的形状,使电磁铁能在磁化曲线的最佳区域工作,因此消除了零位死区,特性线性度好,滞环小,可双向连续控制。

这种比例电磁铁在比例方向阀采用三通插装阀结构时使用。 因为这种阀需要中间位置(相对无信号)时对阀芯在两个方向上的连续控制,而由于插装阀的结构限制,比例电磁铁只能安装在阀的一端,故采用这种双向比例电磁铁。

③ 位置传感器(位移传感器) 上述比例电磁铁的电磁铁力只取决于通入线圈电流的大小,因而通过改变电磁铁电流,阀芯可以沿其行程定位于任何位置。 然而阀芯除了由电磁铁力对弹簧力的平衡来定位(这有时称弹簧反馈)外,阀芯上还作用着其他的力,尤其是液动力和摩擦力将影响阀芯的定位。 当需要更高的阀性能时,可在阀芯或电磁铁上接装一个位置传感器以提供一个与阀芯位置成比例的电信号。 此位置信号向阀的控制放大器提供一个反馈,使阀芯可以由一个闭环配置来定位,任何干扰都被自动地纠正 [图 5-480(a)]。

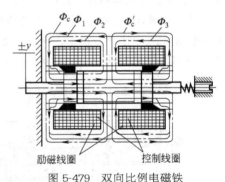

图 5-479 双向比例电磁铁

通常用于阀芯反馈的位置传感器,为如图 5-480 (b)中所示的非接触 LVDT(线性可变差动变压器)。 LVDT 由绕在与电磁铁推杆相连的软铁铁芯上的一个初级线圈和两个次级线圈组成。 初级线圈由一个高频交流电源供电,它在铁芯中产生变化磁场,该磁场通过变压器作用在两个次级线圈中感应出电压。 如果两个次级线圈对置连接,则当铁芯居中时,两个线圈中的感生电压将抵消而产生的净输出为零。 随着铁芯离开中心移动,一个次级线圈中的感生电压提高而另一个的降低。 于是产生一个净输出电压,其振幅与运动量成比例,而相位移指示运动方向,即可测出位移量和运动方向。 该输出可供至一个相敏整流器（解调器），该整流器将产生一个与运动成比例且极性取决于方向的直流信号。

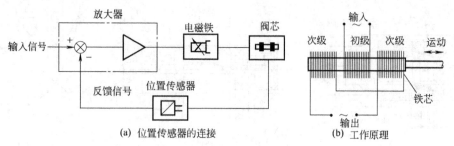

(a) 位置传感器的连接　　(b) 工作原理

图 5-480　位置传感器的连接与工作原理

为了与电磁式、电动式比例阀相区别，把由力矩马达构成的比例阀称之为"电液式比例阀"，使之与采用比例电磁铁的电磁式比例阀和采用直流伺服电机的电动式比例阀相并列，构成比例阀的三种控制方式。但是采用比例电磁铁的电磁式比例阀是比例阀的主流结构，下述说明均指采用比例电磁铁的电磁式比例阀，简称比例阀。

（2）结构

比例电磁铁分为力调节型、行程调节型和位置调节型三种基本类型。

① 力调节型　图 5-481（a）为力调节型比例电磁铁的典型结构，主要由衔铁、导向管（导套）、极靴、壳体、线圈、推杆等组成。导套的前后二段由导磁材料制成，中间用一段非导磁材料（隔磁环）。导套具有足够的耐压强度，可承受 35MPa 静压力。导套前段和极靴组合，形成带锥形端部的盆形极靴；隔磁环前端斜面角度及隔磁环的相对位置决定了比例电磁铁稳态特性曲线的形状。导套和壳体之间，配置用心螺线管式控制线圈。衔铁前端装有推杆，用以输出力或位移；后端装有弹簧和调节螺钉组成的调零机构，可在一定范围内对比例电磁铁，乃至整个比例阀的稳态控制特性曲线进行调整。

力调节型比例电磁铁直接输出力，它的工作行程短，直接与阀芯或通过传力弹簧与阀芯连接，位移-力特性如图 5-481（b）所示。从图中可知，在约 1.5mm 气隙的范围内，力与电流成线性关系，在压力阀中用这一段就够了。

对于力调节型电磁铁而言，在衔铁行程没有明显变化时，通过改变电流 i（mA）来调节其输出的电磁力。由于其行程小，可用于比例方向阀和比例压力阀的先导级，将电磁力转换为液压力。这种比例电磁铁是一种可调节型直流比例电磁铁，衔铁腔中处于油浴状态。

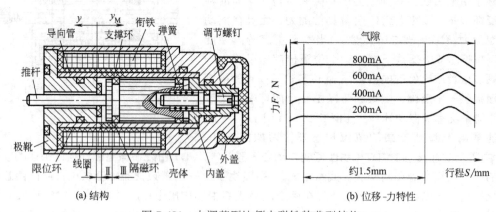

(a) 结构　　　　　　　　　　　(b) 位移-力特性

图 5-481　力调节型比例电磁铁的典型结构

② 行程调节型　行程调节型比例电磁铁只不过是在力调节型比例电磁铁的基础上，将弹簧布置在阀芯的另一端得到的而已，其特性与力调节型比例电磁铁基本一致。

③ 位置调节型 图 5-482（a）是位置调节型比例电磁铁的结构图。 其衔铁位置，即由其推动的阀芯位置，通过一闭环调节回路进行调节。 只要电磁铁运行在允许的工作区域内，其衔铁就保持与输入电信号相对应的位置不变，而与所受反力无关，它的负载刚度很大。 这类比例电磁铁多用于控制精度要求较高的直接控制式比例阀上。 在结构上，除了衔铁的一端接上位移传感器（位移传感器的动杆与衔铁固接）外，其余与力控制型比例电磁铁相同。

在行程调节型电磁铁中，衔铁的位置由一个闭环回路来控制。 只要电磁铁处于允许区域内工作，其衔铁位置就保持不变，而与所受反力无关。

使用行程调节型电磁铁，能够直接推动诸如比例方向阀、比例流量阀及比例压力阀的阀芯，并将其控制在任意位置上。 电磁铁的行程因规格不同一般在 3～5mm 之间。

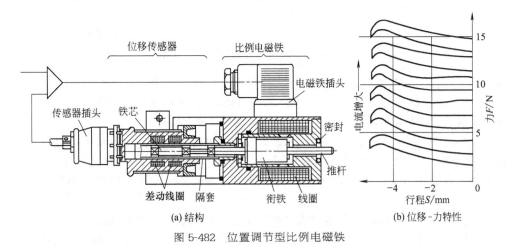

(a) 结构 　　　(b) 位移-力特性

图 5-482　位置调节型比例电磁铁

5.22.2　比例溢流阀

（1）直动式比例溢流阀

① 工作原理　无论是直动式比例溢流阀还是先导式比例溢流阀，其工作原理均与普通溢流阀相似。 其区别仅在于用来调节压力的调压手柄在此处改为比例电磁铁而已（图 5-483），用手旋转手轮调节压力在此处改为通过输入比例电磁铁大小不同的电流调节所控制的压力大小。

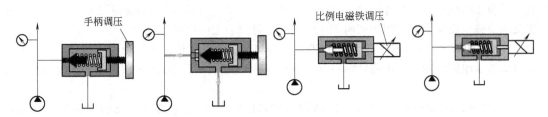

低于手柄调定压力时不打开溢流　高于手柄调定压力时打开溢流　低于比例电磁铁设定电流所调定压力时不打开溢流　高于比例电磁铁设定电流所调定压力时打开溢流

(a) 普通溢流阀转动手柄调压　　　　(b) 比例溢流阀设定比例电磁铁电流大小调压

图 5-483　比例溢流阀与普通溢流阀调压方式的区别

图 5-484 为直动式比例溢流阀的工作原理图。 从力调节型比例电磁铁的工作原理可知，它的吸力 F 与通入的电流 i 成正比，即 $F = ai$（a 为比例常数）。 当给比例电磁铁线圈通入电流 i，产生的吸力 F 直接作用在锥阀芯上，或者通过传力弹簧作用在锥阀芯上，系统来的压力油 p 也从另一反方向作用在锥阀芯上，根据针阀的力平衡方程有：$pA = F_{弹}（K_X）$，所以 $p = ai/A$（A 为

针阀承受压力油的投影面积）。 由式中可知改变通入电磁铁的电流i的大小，便可改变调压阀的调节压力。

直动式比例溢流阀单独使用的情况不多，常作先导式压力阀的先导阀用。 因为常用来调节先导式压力阀的工作压力的大小，所以又称为比例调压阀。

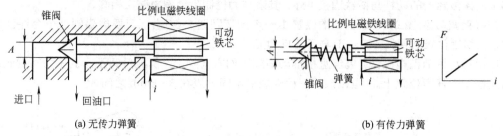

(a) 无传力弹簧　　　　　　　　　　　　　　　(b) 有传力弹簧

图 5-484　直动式比例溢流阀的工作原理

② 结构

a. DBET 型。 图 5-485（a）为德国博世-力士乐公司的 DBET 型直动式比例溢流阀，推杆与阀芯之间无弹簧，衔铁推杆输出的力直接作用在锥阀（针阀）芯 4 上。

比例电磁铁产生与输入电流大小成比例的力，随电流的增加比例电磁铁的推力增大。 指令信号改变控制电流值的大小，比例电磁铁便可进行对压力大小的调节。 通过衔铁销（推杆）5 将锥阀芯 4 推压在阀座 3 上。 P 口产生的压力也作用在锥阀芯 4 上，与比例电磁铁产生的力相抗衡。

当压力油 P 产生的力超过比例电磁铁对阀芯 4 的力时，阀芯 4 开启，压力油由 P 向 T 流出回油箱。 指令电压为 0 或最小控制电流时，为最小设定压力。

b. DBETB 型。 图 5-486 为带位移传感器的 DBETB 型直动式电磁比例溢流阀。 公称流量1L／min，P 口最高工作压力 315bar，T 口工作压力 2bar。 比例电磁铁的线圈通电后电磁力使衔铁运动，通过推杆直接将力作用在弹簧座上，再通过传力弹簧作用在锥阀上，即将比例电磁铁的电磁力转变为弹簧力，作用在锥阀芯上，溢流时，液压力与电磁力的平衡而实现压力控制，断电时，锥阀芯还可以有一定的力压在阀座上；位移传感器检测出衔铁的实际位置（弹簧座的位置），并反馈到比例放大器，与输入信号进行比较，构成一个小闭环控制，利用此位移闭环控制，消除摩擦力等干扰力的影响，保证弹簧座能有一个与输入电信号对应的确定位置，得到一个精确的弹簧预压缩量，从而得到精确的溢流阀的调定压力。 这种带位移传感器的直动式比例溢流阀又叫位移电反馈式直接作用式电液比例阀和位置调节型比例溢流阀。

图 5-486 中阀芯右边的阻尼弹簧是对锥阀前端起保护性的弹簧，起到稳定所调压力的作用，同时可降低零电流时的卸荷压力；调零螺钉的左右移动调节，可在输入电流为零时，使输出压力为零。

c. DBEP6※型。 图 5-487 为 DBEP6※型直动式比例溢流阀，用了两个比例电磁铁。 型号中DBEP 表示两个比例电磁铁的比例溢流阀，6 表通径；※为字母 A 或 B 或 C，对应图形符号见图（c）；最高工作压力 100bar，最大流量 8L/min。

比例溢流阀主要由一个比例电磁铁（1 或 2）构成的 A 或 B 型，或由两个比例电磁铁（1 与2）构成的 C 型。 压力大小由比例电磁铁 1 或 2 设定的电流大小进行调节。 在静止位置时，如比例电磁铁断电时，油口 A、B 和 P 与 T 口连通，油液无阻尼回油箱。 P 口流到 A 口或 B 口的流量由阀芯 4 上的节流口 7 进行限制。 使用时必须先松开放气螺钉 8 与 9 进行放气，然后堵上。

（2）先导式比例溢流阀

① 工作原理（图 5-488） 先导式比例溢流阀除了先导级（导阀）采用上述直动式比例调压

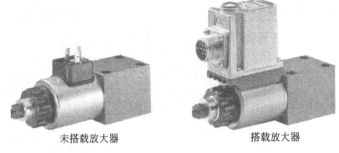

未搭载放大器　　　　　　　搭载放大器

(a) 外观

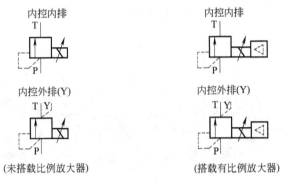

内控内排　　　　　　内控内排

内控外排(Y)　　　　内控外排(Y)

(未搭载比例放大器)　　(搭载有比例放大器)

(b) 图形符号

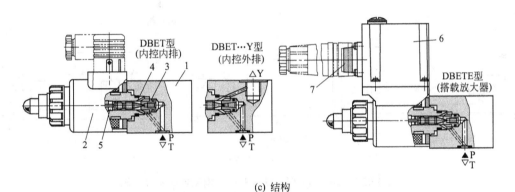

DBET型
(内控内排)
4　3　1
2　5

DBET…Y型
(内控外排)
△Y
▲P ▽T

6
7
DBETE型
(搭载放大器)
▲P ▽T

(c) 结构

图 5-485　直动式电磁比例溢流阀（无传力弹簧）
1—阀体；2—比例电磁铁；3—阀座；4—阀芯；5—推杆；6—搭载比例放大器；7—接线端子

阀外，主级（主阀）与普通溢流阀的工作原理相同，可参阅 5.10 节中相关的内容。

带安全阀的先导式比例溢流阀的工作原理如图 5-489 所示，其上部为先导级，为直动式比例压力阀，其下部还配置了手调限压阀做安全阀，用于防止系统过载。 最下部为功率级主阀组件（二节同心结构）。

先导式比例溢流阀的工作原理是：P 为压力油口，T 为溢流口，X 为遥控口。 此阀的工作原理，除先导级采用直动式比例溢流阀之外，其他均与普通先导式溢流阀的工作原理基本相同。当 P 口来的压力油未超过比例电磁铁设定电流所调定的压力时，先导阀阀芯关阀，主阀芯也关闭；当 P 口压力上升超过比例电磁铁设定电流所调定的压力时，先导阀阀芯打开，主阀上腔卸压，于是主阀芯打开溢流。

手调限压阀（安全阀）与主阀一起构成一个普通的先导式溢流阀，如果放大板出现故障，电

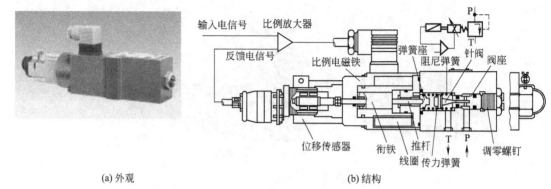

(a) 外观   (b) 结构

图 5-486　带位移传感器的 DBETB 型直动式比例溢流阀（有传力弹簧）

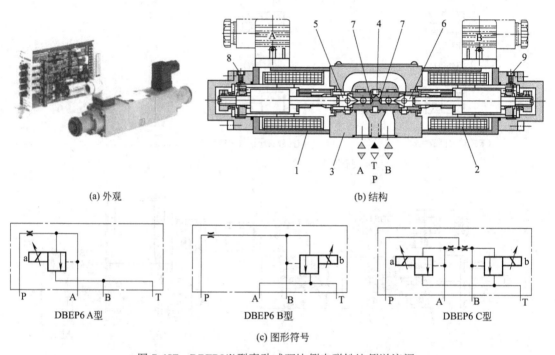

(a) 外观   (b) 结构

DBEP6 A型　　　　DBEP6 B型　　　　DBEP6 C型

(c) 图形符号

图 5-487　DBEP6※型直动式双比例电磁铁比例溢流阀

1, 2—比例电磁铁；3—阀体；4—主阀芯；5, 6—先导锥阀芯；7—节流口；8, 9—放气螺钉

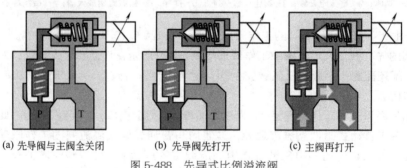

(a) 先导阀与主阀全关闭　　(b) 先导阀先打开　　(c) 主阀再打开

图 5-488　先导式比例溢流阀

磁铁电流 i 会在不受控的情况下超过指定的范围时，手调限压阀能立即开启使系统卸压，限制了系统最高安全性的压力，以保证液压系统的安全。

② 结构

a. DBE 型（不带安全阀）与 DBEM 型（带安全阀）。 图 5-490 为德国博世-力士乐公司（北京华德公司也有引进）生产的 DB（E）30-3X／※□G24 型（不带安全阀）与 DBEM（E）30-3X／※□G24 型（带安全阀 4）先导式比例溢流阀。型号中有 M 时表带最高压力限制，即装有安全阀，否则无安全阀；（E）表示比例放大器装在阀上，否则另装在配电箱内；30 表通径代号；3X 表系列号；※ 为数字 50、100、200、315、320 等，为压力等级代号，如 315 为调压范围为 0～315bar；□为先导油供、排油方式，如 Y 表先导油为内供外排，XY 表先导油为外供外排；G24 表电控器电源为 24V DC。

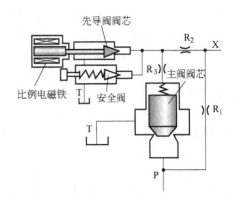

图 5-489　带安全阀的先导式比例溢流阀的工作原理

这种阀由装有比例电磁铁 2 的先导阀 1 和内装有主阀芯（锥阀、二级同心式）的主阀 3 组成。 根据输入比例电磁铁 2 的电流设定值来调节压力，A 口压力作用于主阀芯 4 的底部，同时，此压力也通过控制油路 8 通过阻尼孔（5～7）作用于主阀芯 4 的弹簧加载面上。 液压力还通过先导阀阀座 9 作用于先导锥阀 10 来平衡比例电磁铁 2 的力。 当液压力克服电磁力时，先导锥阀

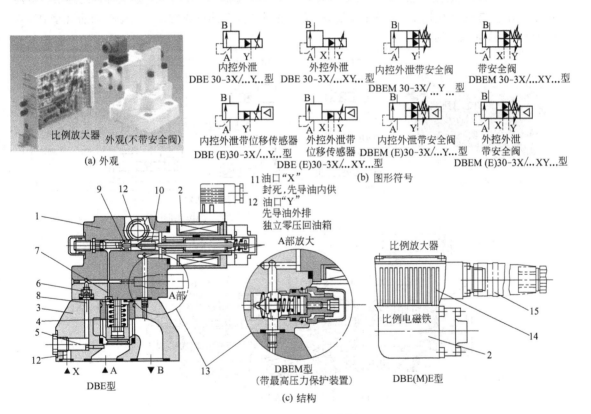

图 5-490　先导式比例溢流阀

1—先导阀部分；2—比例电磁铁；3—主阀部分；4—主阀芯；5～7—阻尼孔；
8—控制油路；9—先导阀阀座；10—先导锥阀芯；11—油口 Y；12—油口 X；
13—安全阀部分；14—比例放大器；15—接线端子

10 打开，先导油通过油口 Y（油口 11，图中未标注）流回油箱，在节流器 5、6 处产生压降，主阀芯因此克服弹簧 10 反力而提升，A 口及 B 口油路接通油箱，从而压力不会再升高。

油口 X（12）封死，且螺塞 2 有阻尼孔通油时，为先导油内供；油口 X 打开从外部引入先导油，用无阻尼孔的螺塞 2 拧上，叫外供。 油口 Y 封死，且螺塞 14 有阻尼孔通油时，为先导油内排；油口 Y 打开，用无阻尼孔的螺塞 14 拧上，先导油独立零压回油箱，叫外排。

b. DBE 和 ZDBE 型。 如图 5-491 所示，这种阀主要由比例电磁铁 1、阀体 2、先导阀阀座组件 3、主阀芯 4 和先导锥阀芯 8 组成。 比例电磁铁按比例将电流转换成机械力。 电流强度的增大相应地引起磁力的提高。 电磁铁的衔铁腔被油充满，并保持压力平衡。 系统压力的设定根据给定值通过比例电磁铁 1 来完成。 P 通道中的压力作用在阀芯 4 的右侧。 同时系统压力通过带阻尼孔的螺钉 5 和控制油路 6 作用在阀芯 4 的弹簧加载侧；同时系统压力油 P 通过另一个阻尼孔 7 向左作用在先导锥阀芯 8 上，比例电磁铁 1 的机械力向右作用在先导锥阀芯 8 上，当系统压力达到或超过比例电磁铁设定电流给定数值的压力，向左的力大于向右的力，先导锥阀芯 8 从阀座上左移被打开，溢流，经内排通道 12→T→油箱，叫内排，此时主阀芯会因左右力不平衡，也打开 P→T 溢流，维持由比例电磁铁 1 设定电流的调压值。

如果输入比例电磁铁 1 的电流为最小控制电流（或为零），这时比例溢流阀处在最低的设置压力（或为零压）上。 图中为控制油"内泄"时的情况。 如果将螺钉 11 卸掉装在图中 12 处，控制油则经由油口 A（Y）外部返回油箱，叫"外泄"。

为了达到阀的最佳功能，在投入使用时必须取下放气螺钉 9 放气（或者从打开的螺纹孔 9 注油），当不再有气泡溢出时，再拧上螺栓 9；另外必须避免回油管道空运行，可在回油管道中设置一背压阀（预紧压力约 2bar）。

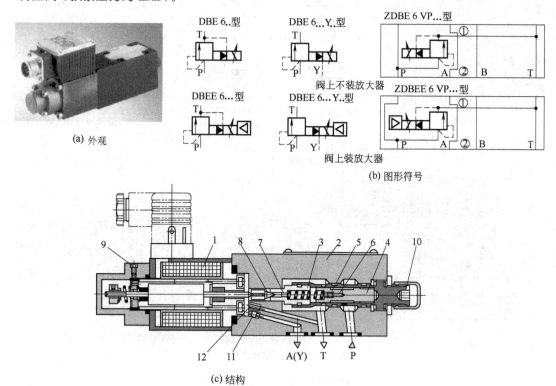

图 5-491　DBE 和 ZDBE 型先导式比例溢流阀

1—比例电磁铁；2—阀体；3—先导阀阀座组件；4—主阀芯；5—阻尼螺钉；6—控制油路；
7—阻尼孔；8—先导锥阀芯；9—放气螺钉；10—调零螺堵；11—小螺钉；12—内排通道

此种先导式比例溢流阀稍加改动，也可做叠加阀使用，此时图形符号见图 5-491（b）中的右图。

c. DBEB 型与 DBEBE 型。 如图 5-492（a）所示为带位置（移）传感器的 DBEB 型先导式比例溢流阀，图（b）所示为带位移传感器，阀上又装有比例放大器的 DBEBE 型先导式比例溢流阀，它们的结构原理与图 5-489 所示的先导式比例溢流阀相同。

如果在图中的 X 口接上调压阀与电磁阀，调压阀既可进行远程手动调压的作用，如果调的压力比比例电磁铁调的最大压力略高些，也可做安全阀用；电磁阀 1DT 通电时，可使系统卸荷。

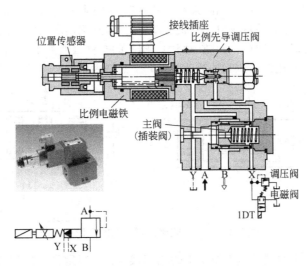

(a) 带位移传感器(DBEB型)

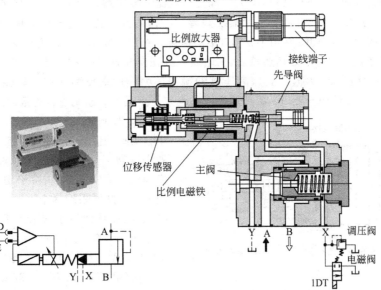

(b) 带位移传感器与比例放大器(DBEBE型)

图 5-492　带位移传感器先导式比例溢流阀

5.22.3　比例减压阀

与普通减压阀一样，比例减压阀也有直动式和先导式、二通式与三通式之分。 其作用也是油液以一个较高的输入压力从 P 口进入，通过减压口的节流作用产生一定的压差，此压差即减压阀所能减少的进口压力，减压后变成二次压力从 A 口流出。

（1）直动式比例减压阀

比例减压阀与普通减压阀，无论是先导式还是直动式，无论是二通式还是三通式，其工作原理均相同。不同之处仅在于比例减压阀用比例电磁铁代替普通减压阀的调节手柄而已。因此比例减压阀的工作原理可参阅本书 5.11 节中的相应的内容。

① 工作原理　图 5-493 为直动式比例减压阀的工作原理图。设减压口的压力损失为 Δp，则出口压力 $p_2 = p_1 - \Delta p$，这对二通、三通式都是适用的。

两通式的缺点为：当出口压力油因某种可能存在的原因压力突然升高时，升高的压力油经 K 油道推动阀芯左行，可能全关减压口，造成出口压力 p_2 升到很高而发生危险。而三通式没有这种危险，同样的情况如果出现在三通减压阀中，阀芯的左移虽然关小了减压口，但却打开了溢流口，出口压力油 p_2 可经溢流口流回油箱而降压，不会产生事故。

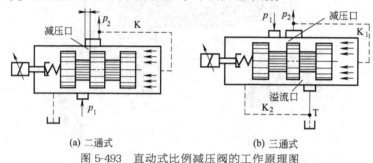

(a) 二通式　　　　　　　　　(b) 三通式
图 5-493　直动式比例减压阀的工作原理图

② 结构　直动式比例减压阀单独使用的情况很少，一般用作其他先导式比例减压阀的先导级（如在比例方向阀与比例多路阀中）。而先导式比例减压阀可单独使用，例子很多。

a. 直动三通式。图 5-494 所示为螺纹插装式结构的直动式三通比例减压阀，因只配有一个比例电磁铁，故称为单作用。图中，P 口接恒压源，A 口接负载，T 口通油箱。A→T 与 P→A 之间可以是正遮盖，也可以是负遮盖。三通减压阀正向流通（P→A）时为减压阀功能，反向流通（A→T）时为溢流阀功能。三通减压阀的输出压力作用在反馈面积上与输入指令力进行比较，自动启闭 P→A 或 A→T 口，维持输出压力稳定，克服了二通减压阀的致命缺点。

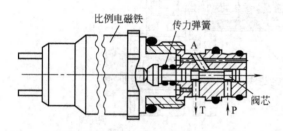

图 5-494　螺纹插装式结构的直动三通式比例减压阀

b. 双向三通式。在先导式比例方向阀中，主阀的位移也有是依靠三通式比例减压阀做先导阀，利用其出口压力来控制主阀（液动换向阀）的换向的。由于主阀芯的移动是双向的，因此要采用两个直动三通式减压阀组成的双向三通比例减压阀来进行换向控制。

图 5-495 所示为德国力士乐公司的 3DREP6 型双向直动式三通比例减压阀。该阀由比例电磁铁 1 和 2、双减压阀芯 4、压力控制阀芯 5 和 6、阀体 3 等组成。当电磁铁 1 输入电气信号时，产生的电磁力经控制阀芯 5 作用在减压阀芯 4 上并使其右移，于是 P 腔和 B 腔通过彼此之间的减压口打开而相通，P 腔为一次压力，B 腔为二次压力（减压压力）。同时 B 腔压力油经阀芯 4 的径向孔作用在阀芯 4 右端及阀芯 6 左端，形成的液压力与电磁力达到平衡为止，保持 P 到 B 减压口某一确定的开度，使 B 口（出口）的压力恒定，如果比例电磁铁 1 的电磁力减少将导致阀芯 4 左移，使 B 腔到 T 腔相通，B 腔压力下降，出口 B 保持在较低的压力下，从而根据比例电磁铁的电流大小，可决定出口 B 的压力大小；反之，比例电磁铁 2 通电，根据电流大小，可决定 P 经左边减压口（P 与 A 之间）减压后

出口 A 的压力大小。

当比例电磁铁 1 与 2 均不通电，对中弹簧 7、8 使阀芯 4 处于中间位置（对中），P 腔与 A、B 腔均不通，而 A 腔、B 腔与 T 腔相通，具有类似方向阀的 Y 型中位机能。

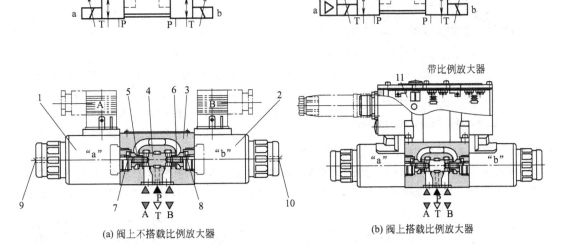

图 5-495　德国力士乐公司 3DREP6 型比例减压阀

1，2—比例电磁铁；3—阀体；4—阀芯；5，6—压力控制阀芯；7，8—对中弹簧；9，10—手动操作销；11—比例放大器

（2）先导式比例减压阀

① 二通式

a. 带位移传感器的先导式比例减压阀。图 5-496 为德国 Bosch 公司产的 NG10 型先导式比例减压阀。压力油从进口 B 流入，经减压口减压后从 A 口流出。从出口 A 腔引入的控制油经小孔 a、通道 b 作用在先导阀锥阀右端，由电磁铁通电产生的电磁力，经弹簧作用在先导锥阀左端，左右两端力的平衡与否决定着主阀出口 A 的压力大小，与传统的先导式减压阀不同之处仅在于将手调压力设定机构改为带位移反馈控制的比例电磁铁，主阀为插装阀结构。

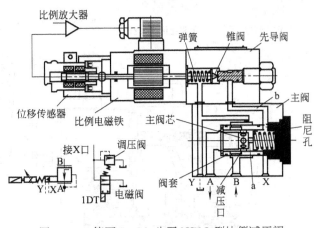

图 5-496　德国 Bosch 公司 NG1O 型比例减压阀

这种阀可在先导遥控口 X 装调压阀与电磁阀，调压阀可进行远程调压。电磁阀的电磁铁 1DT 不通电时可使系统卸荷，电磁铁 1DT 通电时，可通过调压阀调节比例减压阀出口压力的大小。非遥控时 X 口被堵住。

b. 常闭型先导式比例减压阀。传统形式的减压阀其减压口均为常开的，这类阀存在启动时出口压力超调量（阶跃响应）大的缺点，为此出现了常闭式的比例减压阀。当未通入电流时，弹簧的作用使主阀芯关闭，减压口封闭使 B→A 不导通，这样便能抑制减压阀刚启动工作时的压力超调量。并且这类常闭型比例减压阀还装设了先导流量稳定器——定流量控制阀。其工作原理如图 5-497 所示。来自进口 B 的控制油经减压口、通道 a、流量稳定器的固定阻尼 R_1 和可变

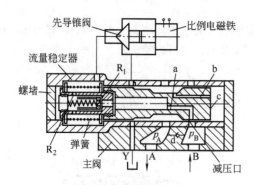

图 5-497 常闭式型（带先导流量稳定器）先导式比例减压阀

阻尼 R_2 作用在先导锥阀左端，比例电磁铁通入电流产生的力作用在先导锥阀阀芯的右端，二力的平衡与否决定着主阀出油口 A 所调压力的大小和压力的稳定性。 流量稳定器使先导流量定值输出，可确保出口压力 p_A 的稳定性，其工作原理与后述图 5-499 及图旁文字所述的内容基本相同，区别仅在于先导油一个引自主阀出口 A，而此处先导控制油引自减压阀的进口 B。 这种阀同样具有负载（与 A 口相连）过载保护作用，当出现过载时，如果 A 腔到 B 腔的单向阀 d 来不及打开，A 腔压力油经通道 b 作用在主阀芯的右端面 c 上，迅速将主阀芯向左推向螺堵右端面为止，打开 A-Y 的通道，卸掉 A 腔内的峰值压力，起到过载保护作用。

这种常闭型带先导流量稳定器的比例减压阀的典型代表有德国力士乐公司生产的 DREM（DRE 型）先导式比例减压阀（图 5-498）。 阀的详细型号表示为 DRE（M）（E）□-1X／△Y※

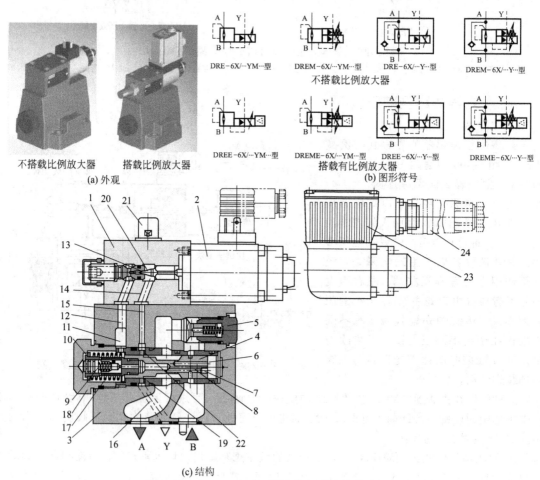

(a) 外观　　　　　　　　　　　　(b) 图形符号

(c) 结构

图 5-498　DREM（DRE 型）先导式比例减压阀

1—比例先导调压阀；2—比例电磁铁；3—主阀；4—主阀插装阀芯；5—单向阀；6, 8, 11, 12, 14～16, 22—油道；7—主阀芯端面；9—先导控制油流量稳定器；10—弹簧腔；13—先导座；17—弹簧；18—螺堵；19—控制边；20—先导锥阀芯；21—指示灯；23—比例放大器；24—接线端子

G24 型。 型号中 DRE 表比例减压阀，有 M 时表示带最高压力限制安全阀，否则表示不带；有 E 时，表示阀上带集成比例放大电控器，否则表示不带；□用数字 10、20 标注，表示阀的通径；1X 表安装尺寸系列；△用数字 50、100、200、315 标注，表压力等级；Y 表先导油外排，无 Y 表先导油单独零压回油箱；※无代码时为 A 与 B 之间设置有单向阀，有 M 时表无单向阀；G24 表电控器电源为 24V DC。

先导流量稳定器的作用可使先导油流量保持稳定而不受 A、B 口之间的压降影响。 流量稳定器工作原理如图 5-499 所示：当进口 B 的压力发生变化时，它可使流过先导阀的流量不变，从而排除了进口压力变化的干扰，保证出口压力不变，提高了压力控制精度。 它实际上是由一个固定阻尼 R_1 与可变阻尼 R_2 组成的 B 型液压半桥控制的定流量阀。 当进口 B 的压力 p 变化时，例如 p 增大时，流经固定阻尼 R_1 后的压力 p' 也增大。 由于先导阀的阀前压力 p_2 的大小由给定的电信号调定，因而通过流量稳定器的可变节流口 R_2 的前后压差 $\Delta p = p' - p_2$ 也增大，根据节流口的流量公式 $Q = CA\Delta p^{1/2}$，本应流量增大，但由于 p 的增大，流量稳定器的阀芯上抬，关小了节流口 R_2 的开度，使通流面积 A 减小，所以通过流量稳定器的流量仍可以不变而为一定值。

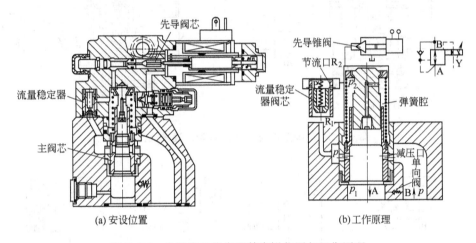

图 5-499　先导流量稳定器的安设位置与工作原理

c. PE 型比例减压阀与 PC 型比例单向减压阀。 图 5-500 为美国派克公司 PE 型二通式比例减压阀与 PC 型二通式比例单向减压阀。 它们由电子集成放大板、先导比例调压阀（先导级）和滑阀主级构成。 其液压工作原理与 5.12 节中所述的 DWL 型/DWK 型相同（参阅图 5-264 及图旁文字说明），不同之处是此处用比例电磁铁代替手调压。 电子板中的最大和最小电位器可以设定出口最高压力和最低压力，设定的压力范围对应于指令输入信号的整个量程。 先导锥阀与比例电磁铁连成一体，带先导流量稳定器。

电子集成板不装在阀本体上的为分离型，例如 DWE 型和 DWU 型比例减压阀，其结构和图形符号如图 5-501 所示。 它们的安装面都符合国际标准（ISO 5781 和 ISO 6264）。

② 三通式

a. 工作原理。 图 5-502 为先导式三通比例减压阀，这种阀有三个油口：一次油口（进油口）p_1，二次出油口 p_2，回油口 T。 当负载增大，二次压力 p_2 过载时能产生溢流，防止二次压力异常增高。其工作原理是：一次侧压力 p_1 经减压口 B 减压变成 p_2 后从二次压力出口流出，p_2 的大小由比例调压阀设定。 当二次侧压力 p_2 上升到先导调压阀 1 设定压力时，先导调压阀 1 打开，节流口 A 产生油液流动，因而在固定节流口 A 前后产生压力差，从而主阀芯 2 左右两腔 C 与 D 也产生压力差，主阀芯 2 左移动，关小减压口 B，使出口压力 p_2 降下来至先导调压阀调定的压力为止。

另外，当出口压力 p_2 因执行元件碰到撞块等急停时，会产生大的冲击压力，此冲击压力也

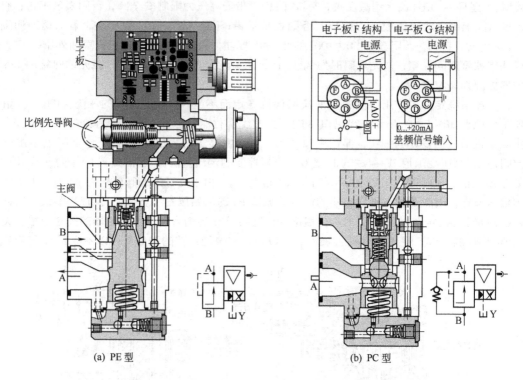

图 5-500 美国派克公司 PE/PC 型二通式比例减压阀

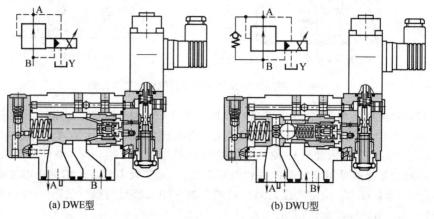

图 5-501 DWE 型和 DWU 型先导式比例减压阀

会传递到 C、D 腔，由于固定节流口 A 传往 D 腔的速度比传往 A 腔的速度要慢，因此主阀芯 2 产生短时的左移，使出口 p_2 腔与溢流回油口也有短时的导通，可将二次侧的冲击压力（p_2）消解。同时附加溢流功能对提高减压阀的响应性也大有好处。

　　b. 结构

　　ⅰ. 3DRE 型。图 5-503 所示为 3DRE 型三通式先导比例减压阀的结构图，3DREM 型带最大压力保护装置（安全阀），3DREM（E）型除了带安全阀外，比例放大器也搭载在阀上。

　　3DRE 型三通式先导比例减压阀由比例先导调压阀 1 与主阀 3 构成。通过比例电磁铁 2 来调节油口 A 的压力使其和设定值相匹配。

　　当 P 口油液无压力时，主阀芯 4 在对中弹簧 5、6 的作用下处于中位，P、A、T 三油口彼此互不相通，即主阀口常闭。这样可避免突然在 P→A 通油瞬间，在减压出口 A 产生压力冲击。

当 P 口建立起最低控制压力后，先导油通过控制流道 7、阻尼 13 进入弹簧腔 14，并通过阻尼 20 流向 A 口及主阀芯 4 右端弹簧腔 15，由于阻尼 20 液阻压降，主阀芯左端压力>右端压力，因而推动主阀芯向右移动，打开 P→A 的通道。

主阀芯内腔总是与弹簧腔 15 及 A 口连通，故 A 口打开后，A 口的压力油经主阀芯内腔通到主阀芯右端的弹簧腔 15。在 A 口的压力未达到比例电磁铁设定的压力之前，P→A 之间还有一条从 P 经过先导流量稳定器 8、阻尼 13、主阀芯左端阻尼 20 到 A 口的并联油路，所以主阀芯左端压力>右端压力，主阀芯一直维持 P→A 的连通状态。

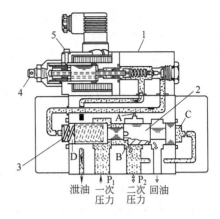

图 5-502　三通式先导比例减压阀

1—先导调压阀；2—主阀芯；3—弹簧；4—手动压力调节弹簧；5—放气塞；A，B—节流口

(a) 外观

公司用符号

标准符号

3DRE(E)
…P/…Y型
（内控外排）

3DREM(E)
…P/…Y型
（内腔外排，带安全阀）

3DRE(E)
…P/…XY型
（外控外排）

3DREM(E)
…P/…XY型
（外控外排，带安全阀）

(b) 图形符号

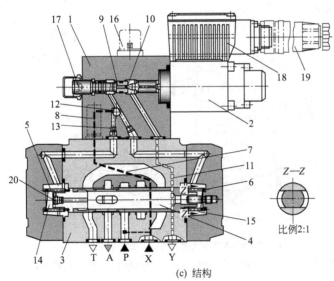

(c) 结构

图 5-503　3DRE 型三通式先导比例减压阀

1—比例先导调压阀部分；2—比例电磁铁；3—主阀部分；4—主阀芯；5，6—弹簧；
7—控制油流道 X；8—先导油流量稳定控制器；9—先导锥阀阀座；
10—先导锥阀阀芯；11—控制油油流道 Y；12—流道；13—阻尼螺钉；14，15—弹簧腔；
16—附加弹簧加载的先导控制阀；17—螺堵；18—接线插座；19—接线端子

当 A 口的压力上升到先导控制阀设定的压力值时，先导锥阀芯 10 的阀口打开，此时主阀芯左弹簧腔 14 的压力降低，由于阻尼 20 的存在，主阀芯右端压力等于 A 口的压力。因此，在主阀芯两端压力差的作用下，主阀芯左移，基本关闭连负载的油口 A，A 口的压力就等于比例先导阀 1 所设定的压力。

当 A 口的压力增加，且压力超过设定的压力时，主阀芯进一步左移，打开 A→T 的阀口（溢流口）卸压，行使溢流阀功能，但也能限定 A 口的压力设定值。

ⅱ. DRE6X 型、DREB6X 型与 DREBE6X 型。 图 5-504 为德国博世-力士乐公司产的 DRE6X 型、DREB6X 型与 DREBE6X 型带溢流功能的三通式比例减压阀。 这种阀由比例电磁铁控制的先导调压阀、主阀及先导控制油流量控制阀三大部分组成。 当从 P→A 流动时，为减压阀功能；当反向由 A→T（通过内流道 a）为溢流阀功能，先导流量阀可控制先导控制油的流量大小，B 口堵住。

这种结构的比例减压阀主阀采用类似方向阀的结构，配置位置调节型比例电磁铁，主阀口常开，并配置有先导油流量稳定器。 其中 DREB6X 型带位移传感器，DREBE6X 型带位移传感器并搭载有比例放大器。

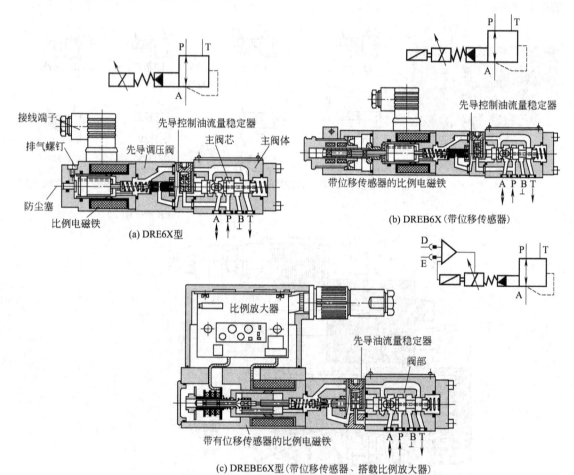

图 5-504　DRE6X 型、DREB6X 型与 DREBE6X 型先导型三通式比例减压阀

5.22.4　比例节流阀

（1）比例流量阀

比例流量阀的功能是通过电信号对液压系统中的流量进行控制，以实现对液压缸直线往复运

动速度或液压马达输出转速的控制。

比例流量阀中不带压力补偿装置的称为比例节流阀，这种阀所通过的流量不仅与节流口的开度大小有关，而且还受节流口前后压差的影响。

带压力补偿装置或者带流量反馈元件的称为比例流量阀或比例调速阀，以示与比例节流阀的区别。 压力补偿装置有串联在节流阀口之前的，也有串联在节流阀口之后的。 压力补偿装置有定差减压型和定差溢流型两种。 流量反馈元件有位移传感器及其电路。 比例调速阀通过的流量一般只与阀口开度大小有关。

比例流量阀可与比例压力阀等构成比例压力流量复合阀，例如 PQ 阀等。

（2）工作原理

比例节流阀的工作原理如图 5-505 所示。 当比例电磁铁线圈 1 通入电流 i 后，产生铁芯吸力 F，此力推动推杆 3 再推动节流阀芯 4，克服弹簧 5 的弹力，平衡在一位置上，此时节流口开度 X（也为弹簧变形量）由流量公式 $Q = CX(p_1 - p_2)^{1/2}$ 与 $KX = ai$ 可得：

$$Q = Ca/k (p_1 - p_2)^{1/2} i$$

式中　K——弹簧刚性系数；

　　　i——电流值；

　　　C——流量系数；

　　　a——比例常数。

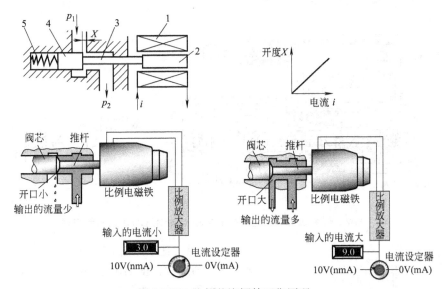

图 5-505　比例节流阀的工作原理

（3）比例节流阀结构

① 直动式比例节流阀　由于后述的直动式比例方向阀也具有节流功能，而且在外观、工作原理与结构上，甚至图形符号上，比例节流阀与直动式比例方向阀二者之间也没有什么区别，所以大多公司生产的比例阀中并不单独例出比例节流阀这个品种。 此处仅介绍下述几种。

如图 5-506 所示，图（a）为美国伊顿-威格士公司产的 KTG4V-5 型比例节流阀。 阀芯的位移与输入的电信号成比例，而改变节流口开度，进行流量控制，没有阀口进、出口压差或其他形式的检测补偿，所以控制流量受阀进出口压差变化的影响。 这类阀一般采用方向阀阀体的结构形式。

图 5-506（b）为 KTG4V-3S 型比例节流阀。 阀右端设有调零螺钉，出厂调好，不熟悉者最好

不动。 还有些比例电磁铁配置了位移传感器，可检测阀芯的轴向位移量，并通过电反馈闭环控制，消除了其他干扰力的影响，使阀芯位移更精确地与输入电信号成比例，因而可提高控制精度。

由于比例电磁铁的功率有限，所以直动式只能用于小流量系统的控制，更大流量的比例节流阀须采用先导多级控制。

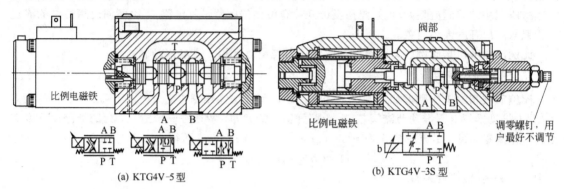

(a) KTG4V-5 型　　　　　(b) KTG4V-3S 型

图 5-506　比例节流阀的结构

图 5-507 为阀上搭载有集成放大器电子板的位移电反馈直动式比例节流阀。 比例放大器电子板集成在阀体上，使用方便，但价格稍贵。

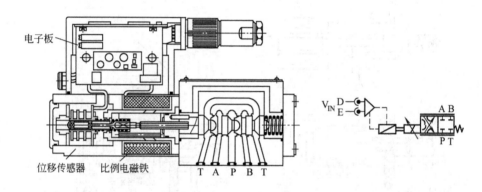

图 5-507　带集成放大器电子板的位移电反馈直动式比例节流阀

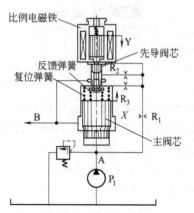

图 5-508　位移力反馈型比例节流阀原理图

② 先导式比例节流阀　先导式比例节流阀有二级、三级的形式，按工作原理有位移力反馈、位移电反馈和位移流量反馈等形式。

a. 位移力反馈型。 图 5-508 为位移力反馈先导式电液比例节流阀。 比例电磁铁产生与输入电信号成正比的力作用于先导阀阀芯，先导阀可以是单边或双边控制，图中为单边控制，控制插装式主阀芯，主阀芯的行程 X 经反馈弹簧反馈至先导阀，与比例电磁铁输入的控制力平衡，这样便构成了位移力反馈的平衡，用以调节主阀芯的开度大小，从而实现对流量的调节。 它包含行程调节闭环和附加速度反馈闭环，可看成是 PD 调节回路。 主阀芯的摩擦力、液动力等干扰，通过力反馈做了控制，而比例电磁铁和先导级的干扰力可在比例电磁铁的控制信号里叠加颤振信号解决。 固定阻尼 R_1、R_2 和 R_3，特别是 R_3 用于改善主阀芯阻尼，使主阀芯运动速度 X 被转化为一作用于先导阀阀芯两端的瞬时压差——反馈信息。

当比例电磁铁未通电时，反馈弹簧力使先导阀芯上抬，先导阀阀口关闭，主阀芯上下腔压力相等，但阀芯上端作用面积大于下端作用面积，加上复位弹簧力，所以主阀芯下压关闭；当比例电磁铁通入电流，先导阀芯在电磁力的作用下下移，打开先导阀口，在固定阻尼 R_1 与先导阀口可变液阻组成的 B 型液压半桥的作用下，主阀芯上腔的压力下降，主阀芯克服弹簧力上移，主阀开启（A→B）。 主阀芯的上抬压缩了反馈弹簧，直到反馈弹簧力与电磁力达成平衡为止。 主阀芯也定位在某一节流开度的位置，实现给定电流下的流量控制。 R_3 为动态液压阻尼，可改善阀的动态性能，兼有先导级与主级间动压反馈液阻功能。

b. 位移电反馈型。 如图 5-509 所示，这种位移电反馈型的先导式比例节流阀由先导阀（三通式比例减压阀）和带位移传感器的插装式主阀所构成。 主阀芯的位移决定了 A、B 之间节流口开度大小，主节流阀芯由位移传感器测量，并反馈至电信号输入端，构成主阀芯位移的控制闭环。

当比例电磁铁失电时，控制油从 X 口进入，经先导阀后，进入主阀上腔，将主阀芯压紧在阀套的阀座上，A 与 B 之间无油液通过；当比例电磁铁通入电信号时，先导阀阀芯下移，打开主阀芯上腔（弹簧腔）与 Y 口回油通路，主阀芯上腔压力降低，主阀开启，液流从 A 向 B 流动，进行节流控制。

增大或减小比例电磁铁的电流，可改变主阀芯上腔（由先导阀来）压力的大小，从而使主阀芯节流开口大小得以控制，成为先导式比例节流阀。

若需改变液流流动方向，可设置梭阀，若梭阀进口与 X 口相连，其他两个口分别与 A、D 腔相连。 当 X 和 A 连通，油流由 A→B；若 X 和 B 连通，则油液油 B→A 流动。

将外部输入比例放大器的电信号与位移传感器测得的主阀芯位置的反馈信号得到的差值，去驱动先导阀芯的运动，从而可控制主阀芯弹簧腔压力的大小，以改变主阀芯的节流开度大小，这种位移电反馈构成的闭环控制，可排除负载之外的各种干扰力对节流精度的影响。 此阀可用于大流量。

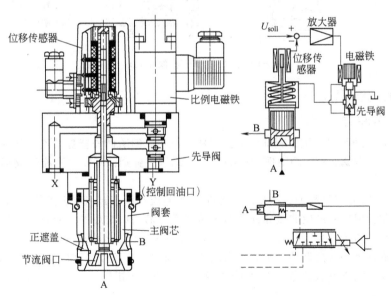

图 5-509　插装式位移电反馈型先导式比例节流阀

③ 三级比例节流阀　液压系统需要大流量的控制阀，为此须增大阀口尺寸，从而带来液动力迅速增大，要求驱动主阀芯的控制力也必须加大的问题，否则会引起节流阀控制精度及动态品质变差。上述一级放大的先导控制阀，因比例电磁铁的驱动力有限，无法满足对大控制力的要求，因此出现了三级比例节流阀。

如图 5-510 所示，第一级为力反馈的比例电磁阀，第二级为座阀结构的伺服阀（伺服活塞），第三级——主级为插装阀结构。通过一、二级放大的液压信号，控制力得到充分放大，再去控制主级的阀芯位移。

其工作原理是：当比例电磁铁未通电时，伺服阀芯（活塞）下腔与 Y 腔连通通油箱，上腔通控制腔 X，此初始位置即使 X 腔不通压力油，从 B→A 也是关闭无泄漏，出油口 A 无油液流出；当比例电磁铁通电时，伺服阀芯上腔与 Y 腔相通，下腔通 X 腔，伺服活塞上移到与比例电磁铁通入的电流值相平衡的对应位置，即由带力反馈的比例电磁阀所调节的伺服阀芯的位置，此位置也就决定了主阀芯阀口的开口大小，行使节流阀的功能，注意控制压力必须大于 A 口处系统压力的 25%。

此阀流量调节精度可达 0.5%，压差可以达到最大工作压力，主阀芯的位置不会受到压差的影响。工作压力达 35MPa，在 Δp 为 10bar 时，可允许通过最大流量为 500L/min。

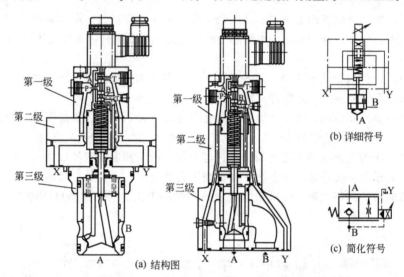

图 5-510　三级比例节流阀（TDA 型）

5.22.5　比例调速阀

（1）工作原理

上述比例节流阀可连续按比例地调节通过阀的流量，但所调流量受节流口前后压差变化的影响，为此出现了比例调速阀，而比例调速阀多称为比例流量阀，所以比例流量阀指的就是比例调速阀。

与 5.17 节中普通流量阀的做法相同，可在比例节流阀阀口或前或后串联一个定压差减压阀等压力补偿装置，用它所产生的压力补偿作用可使通过节流口前后的压差基本保持恒定，从而使通过比例流量阀的流量不会受压差变化的影响。图 5-511 为其工作原理，对比普通调速阀，除了现在的比例电磁铁 4 原来为调节手柄，用来调节节流阀 2 的节流口开口大小的区别外，其他结构方面和工作原理，完全可以参考 5.17 节中的说明，此处不再重复。

（2）结构

① 国产　图 5-512 所示为国产直动式比例调速阀。它与本手册中图 5-317 的 Q-H 型调速阀

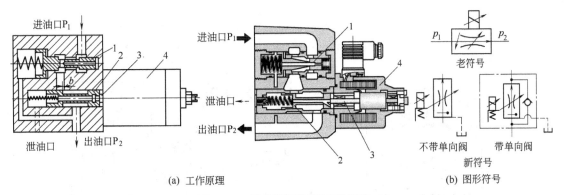

(a) 工作原理

(b) 图形符号

图 5-511　比例调速阀的工作原理

1—定压差减压阀阀芯；2—节流阀阀芯；3—推杆；4—比例电磁铁

的区别仅在于：将原来的调节节流阀阀口开度大小的手柄，在此处改为比例电磁铁而已。

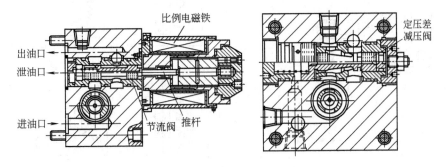

图 5-512　比例调速阀结构

② EFG□-※-E 型与 EFCG-□-※-E 型　图 5-513 为日本油研公司、中国榆次油研公司产的 EFG□-※-E 型比例流量阀与 EFCG-□-※-E 型带单向阀的比例流量阀。型号中，□表示通径代号（03，06）；※表示流量调节范围，※为 60、125 或 250 时分别对应的最大调节流量为 0.3～60L／min、125L／min、250L／min；E 为外控式，无 E 时为内控式；最高使用压力为 20.6MPa。

③ 2FRE 型比例调速阀　图 5-514 为采用压差补偿、位移电反馈的比例调速阀。它由压力补偿器 4、节流器 3、单向阀 5、比例电磁铁 2 和位移传感器 10 等组成。节流器 3 的位置由位移传感器 10 测得；其阀口开度与给定的比例电磁铁的电流信号成比例，节流阀芯 3 下移，节流开口变大；压力补偿器 4 保持节流阀芯 3 进出口（A、B 口）之间的压差为常数；液流反向流动时，单向阀 5 开启，节流器 3 不起节流作用；如果将通道 7 堵死，从外控口 6（P）引入控制油（外控式）去压力补偿器 4 的下腔，这样阀 4 始终保持在关闭位置，当换向阀 8 切换到左位由 P→B 时，压力阀 4 从关闭位置移到调节位置，可避免启动冲击。

④ 3（2）FREX 型、3FREZ 型与 3FREEZ 型　德国博世-力士乐公司产的 3（2）FREX 型、3FREZ 型与 3FREEZ 型二通或三通比例流量阀的图形符号见图 5-515，结构见图 5-516。采用压差补偿原理的直动式阀体孔内轴向布置着节流阀芯和压力补偿器的阀芯。这种阀可以构成压差补偿二通比例流量阀，也可以构成负载适应型三通比例流量阀。作两通时，A 为进油口，B 为出油口，P、T 孔堵住；作三通时，A 为进油，B 为出油，T 孔堵住，P 为另一出油口或接油箱（此时 P 口为旁通口）。节流阀开口有常闭与常开两种，常开阀只能用作两通阀。

其中，3（2）FREX 型比例流量控制阀为三通（2 表二通），没有位置调节功能，通过电子比例放大器确定某个设定值，对出口 B 的流量进行调节。

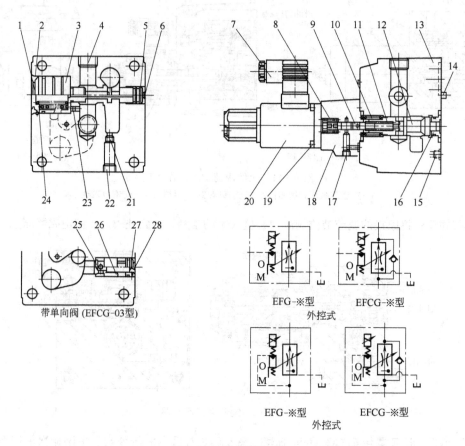

图 5-513　比例流量阀

1，6，16，28—堵头；2，5，27—卡簧；3—定压差减压阀芯；4，17，22—螺堵；7—电源插头；

8，10，11，24，26—弹簧；9—控制活塞；12—节流阀芯；13—阀体；14—定位销；

15，21，23—阻尼；18—阀盖；19—螺钉；20—比例电磁铁；25—单向阀

　　3FREZ 型比例流量控制阀具有位置反馈功能，比例放大器根据设定值与位移传感器信号构成小闭环控制。

　　3FREEZ 型比例流量控制阀具有位置反馈功能和内置式电子比例放大器。

　　⑤ 采用流量-位移-力反馈原理的比例流量阀　图 5-517 为采用流量-位移-力反馈原理的比例流量阀（由中国路甬祥博士发明）。它由耐高压比例电磁铁、先导阀、流量传感器和流量调节器四大部分组成。这种阀突破了传统调速阀由"定差减压阀＋节流阀"构成的方案，克服了传统调速阀中存在的负载压力变化对流量超调、流量误差影响大的缺点，响应快，静动态特性好。流量传感器检测出通过阀的流量，并将此流量转化为流量传感器（阀芯）的位移，位移的大小改变反馈弹簧的变形量，变形量转化为反馈力作用在先导阀阀芯上，与比例电磁铁的电磁力相比较，构成流量-位移力反馈闭环调节系统，加上液阻 R_3 构成的主级与先导级之间的动压反馈控制，稳定地控制着由 p_1 流入从 p_5 流出的流量大小。具体工作过程如下。

　　在电磁铁无输入信号时，先导阀处于关闭状态，主油路调节器阀芯两端油液压力相等，而作用面积不等（右端大），加之弹簧力的作用，不论进口油压多高，调节器阀口总处于关闭状态，出口无油液输出。

　　当电磁铁输入某足够控制电流后，先导滑阀阀口开启到最大位置，先导控制油经液阻 R_1、

R_2、先导控制阀口进入流量传感器的前端经其检测。 由于先导控制阀口的迅速开启，调节器控制油压 p_2 急速降低，在压差（p_1-p_2）的作用下调节器阀口迅速开启，流过调节器的主流量为流量传感器所检测，并转换成行程 Z。 通过反馈弹簧 C_{FR} 将行程 Z 转换为弹簧力 F_R 作用到先导阀芯上去。 先导阀芯受到 F_R 作用，使阀口关小，调整了 p_2 值，导致调节器阀口关小。 这一过程进行到输入电信号的电磁力和反馈弹簧力完全平衡，先导阀以及相应的调节器等就稳定在某一工作点上。 从而保证阀输出的流量与输入电信号成比例。

当系统出现干扰信号，例如负载压力 p_5 升高时，流过调节器和流量传感器的体积流量就有减小的趋势。 这时流量传感器的行程 Z 就往减小方向偏移（下移），反馈弹簧力 F_R 减小，这样就使先导阀口略有开大。 先导控制半桥工况改变，使压力 p_2 往减小的方向偏移。 此时，调节器就有开大阀口的变化，导致体积流量变大，变大的体积流量使传感器行程 Z 可回复到原来的平衡位置。

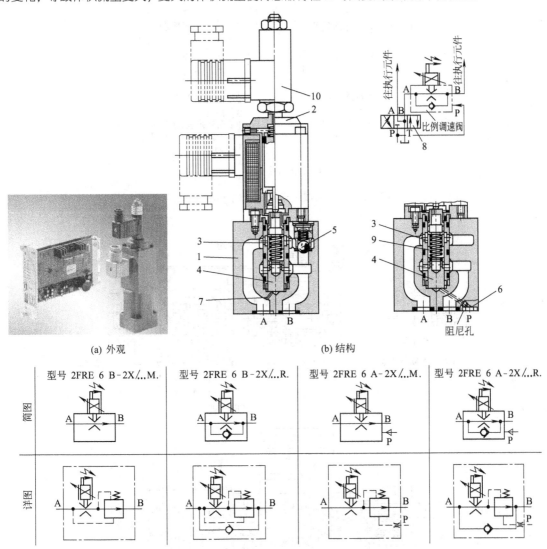

(a) 外观　　　　　　　　　　　　　　　(b) 结构

(c) 图形符号

图 5-514　压差补偿二通式比例调速阀（位移电反馈）

1—阀体；2—比例电磁铁；3—节流器；4—压力阀（压力补偿器）；5—单向阀；

6—阻尼；7—通道；8—换向阀；9—阀套；10—位移传感器

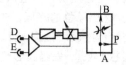

二通，常开　　　　三通，常闭　　　三通，常闭外加辅助　　　三通，常闭，带位移传感器　　　三通，常闭，带位移
　　　　　　　　　　　　　　　手动应急操作装置　　　　　　　　　　　　　传感器与比例放大器

(a) 简化符号

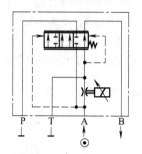 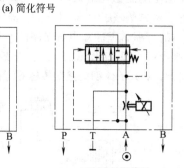

二通流量调节阀
　A：入口
　B：出口
　P：⎫
　　 ⎬ 封闭
　T：⎭

三通流量调节阀
　A：入口
　B：出口
　P：有残余液流或负荷能力小
　　　于250bar时，接油箱
　T：封闭

(b) 详细符号

图 5-515　二通或三通比例流量阀的图形符号

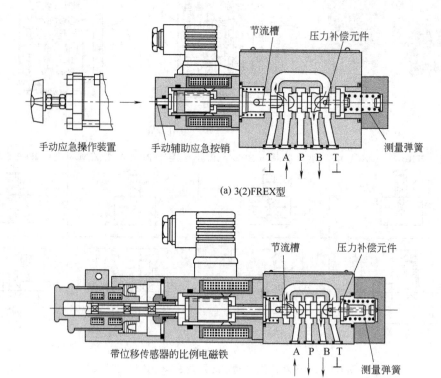

(a) 3(2)FREX型

(b) 3FREZ型

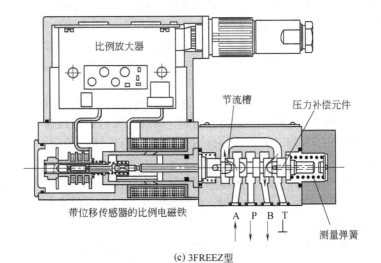

(c) 3FREEZ型

图 5-516　采用压差补偿原理的直动式二通或三通比例流量阀

由其他各种干扰引起实际流量与调定值之间发生偏差时，也发生与上述相似的流量传感器-位移-弹簧力反馈过程，从而保证了这种调速阀能抵抗来自各方面的干扰。

前置固定液阻 R_1 与先导阀单边控制的阀口构成液阻半桥对调节器实现控制；R_2 的作用在于增加调节器滑阀的液压阻尼，并具有温度补偿功能，经控制器主阀口的流量被流量传感器计测，转化为流量传感器行程 Z，再借助反馈弹簧至先导阀芯与给定的电磁力平衡；R_3 的作用在于将流量传感器的运动速度值转化为作用于先导阀芯二端面的瞬时压差，构成速度反馈，以改善动态性能。

然而在高压系统中，二通式比例流量阀存在较大的节流损失，空载时效率尤低，为此又出现了图 5-518 所示的三通式比例流量阀。它由一个定差溢流阀与一比例节流阀并联而成，所以又叫比例溢流节流阀。与上述二通比例流量阀不同，三通阀的主阀与流量传感器是并联的，先导阀做成预开式，加上先导调压阀便能实现负载限压功能，其效率比二通式高。

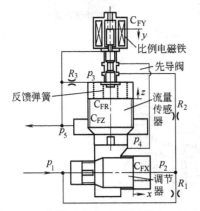

图 5-517　新型电液比例调速阀（二通式）

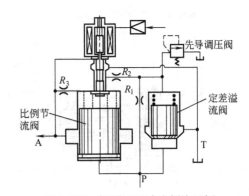

图 5-518　新型三通式比例流量阀

5.22.6　比例方向控制阀

所谓比例方向阀是对液流方向具有控制功能的比例阀。然而比例方向阀除了能按输入电流的极性和大小控制液流方向外，还能控制流量的大小，属多参数比例控制阀。因此比例方向阀又叫比例方向流量阀。 比例方向阀的外观和结构和普通开关式阀相似。

按照对流量的控制方式，比例方向阀可分为比例方向节流阀和比例方向调速阀（流量阀）；按照所控制的功率大小又可分为直动式（较小压力和流量用）和先导式（大功率用）。

滑阀式的比例方向阀与普通换向阀（开关控制）结构非常相似，但二者对液流方向的控制原理不同：

① 开关型电磁换向阀由电磁铁通断电来连通不同的油口，实现液流方向的切换；

② 带有单个比例电磁铁结构的比例方向阀，则是在比例放大器通电时，先将主控阀芯移到行程中点，与信号的中间值相对应，然后根据信号 偏离信号中点的情况来连通不同的油口，实现液流方向的切换；

③ 带有双比例电磁铁结构的比例方向阀，是先由放大器中的极性判别电路，选择不同的控制通道去控制相应的比例电磁铁，以此来连通不同的油口，实现液流方向的切换。

（1）工作原理

① 直动式比例方向阀（直动式比例方向节流阀）　如图 5-519（a）所示，比例方向阀的阀芯与普通方向阀的阀芯是有区别的；再者比例方向阀采用的是力调节型比例电磁铁的方式，即当输入的电流小，推力小，阀芯右端的弹簧被压缩少，反之则阀芯右端的弹簧被压缩量大［图 519（b）］；所以当往图（c）左边的比例电磁铁通入小电流时，阀芯右移的距离少，阀开口便小，因而 P→B、A→T 流出的流量少；反之，阀开口便大，P→B、A→T 流出的流量便大。 同样的流动方向，但通过阀口的流量随输入的电流大小可多可少，即比例方向阀既可控制油流方向，又可控制流量大小，因此比例方向阀又叫比例方向节流阀。

注意：由于输入一个电流，阀芯对应输入电流值便有一个工作位置。 因此它已经不是普通换向阀那种二位、三位的概念了，比例方向阀有无限个工作位置。 但在图形符号中往往只表示几个有代表性的位置，并非只有这几个位。

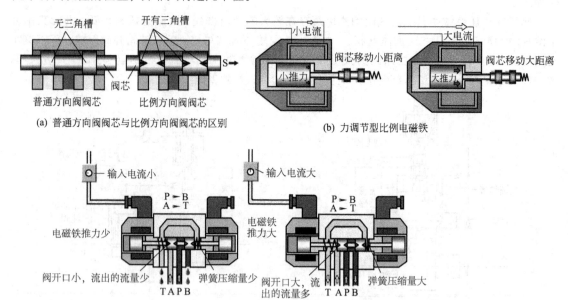

(a) 普通方向阀阀芯与比例方向阀阀芯的区别

(b) 力调节型比例电磁铁

(c) 直动式比例方向阀

图 5-519　直动式比例方向阀的工作原理

② 先导式比例方向阀　先导式比例方向阀的工作原理如图 5-520 所示，与普通电液动换向阀不同之处在于：它的先导阀改为了直动式比例方向阀，它的主阀仍为液动换向阀，只不过对中弹簧不是两根而是一根，偏置在主阀芯的一端，其对中原理为：图示位置为对中位置，当从主阀左

腔进压力油，主阀芯右移，向右压缩对中弹簧，反之当从主阀右腔进压力油，主阀芯左移，向左压缩对中弹簧。

其工作原理可参考5.6节中图5-105及图旁文字说明。值得一提的是先导式比例方向阀使用的先导阀往往采用图5-495所示的双比例直动式减压阀，好处是可用适宜稳定的控制油控制主阀芯的换向，换向性能大大提高。

（2）结构

① 直动式比例方向阀 直动式比例方向节流阀有行程控制型（普通型）和位置调节型等种类。

a. 美国 Vickers 公司产的 KDG4V 型。图 5-521 为美国 Vickers 公司产的 KDG4V 型行程控制型直动式比例方向节流阀，该阀采用正遮盖的四边滑阀结构，工作时只能一个比例电磁铁（A 或 B）通电，不带位移传感器，无电反馈作用。其工作原理为：当两个比例电磁铁均未通电时，两对中弹簧使阀芯对中，处于中位状态，当电磁铁 B 通电，阀芯右移，实现油流 P→B，A→T；阀口开度与通入的电流大小成

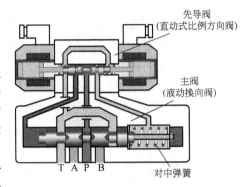

图 5-520 先导式比例方向阀的工作原理

比例，决定通过的流量大小，即既行使方向阀的功能，又行使流量阀的功能。反之，比例电磁铁 A 通电，阀芯左移，实现油流 P→A，B→T。设计不同的阀芯台肩尺寸，可得到不同的方向和流量控制功能。图 5-522 中为三种不同阀芯构成不同功能比例方向节流阀的图形符号。

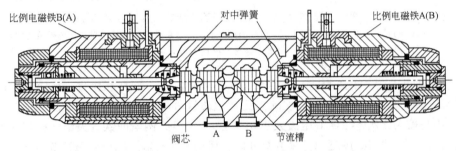

图 5-521 美国 Vickers 公司的 KDG4V 型直动式比例方向节流阀

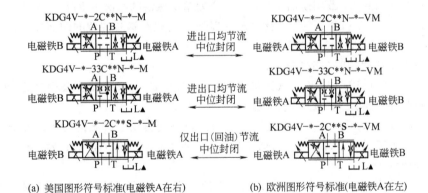

图 5-522 KDG4V 型比例方向节流阀的图形符号

b. 德国博世-力士乐公司产的 4WR 型。图 5-523（a）～（d）所示，分别为德国博世-力士乐公司产的 4WRA 型（不带位移传感器与不搭载比例放大器）、4WRAE 型（搭载比例放大器）、

4WRE 型（带位移传感器）、4WREE 型（带位移传感器与搭载比例放大器）双比例电磁铁的直动式比例方向阀。

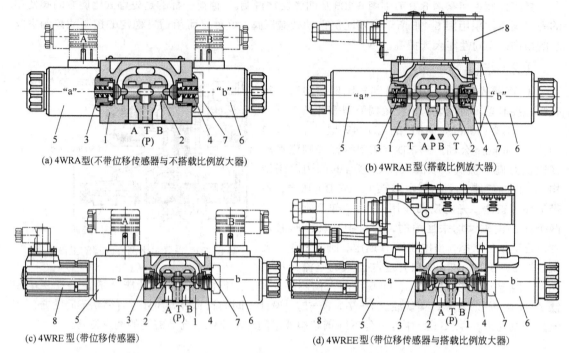

(a) 4WRA 型(不带位移传感器与不搭载比例放大器)

(b) 4WRAE 型(搭载比例放大器)

(c) 4WRE 型(带位移传感器)

(d) 4WREE 型(带位移传感器与搭载比例放大器)

图 5-523　德国博世-力士乐公司产的直动式比例方向阀结构例

1—阀体；2—阀芯；3，4—对中弹簧；5，6—带中心螺纹的比例电磁铁；7—转换成单比例电磁铁的螺堵；
8—位移传感器；9—比例放大器

当比例电磁铁 5 与 6 不通电时，对中弹簧 3 与 4 将阀芯 2 保持在中位；当比例电磁铁 6 得电，阀芯 2 压缩弹簧 3 向左移动至对应输入比例电磁铁 6 电流大小相应位置，这时 P→A，B→T，流量大小与输入比例电磁铁 6 电流大小相对应。 如果比例电磁铁 6 失电，阀芯 2 回复到中位；当比例电磁铁 5 得电，阀芯 2 压缩弹簧 4 向右移动至对应输入比例电磁铁 5 电流大小相应位置，这时 P→B，A→T，流量大小与输入比例电磁铁 5 电流大小相对应。

当拧下比例电磁铁 6，改用螺堵 7 堵住，便变为单电磁铁的比例电磁阀。 如装设了位移传感器 8，可检测出阀芯 2 的位移，反馈至比例放大器 10，构成对阀芯位置的闭环控制，可排除摩擦力等干扰的影响，流量控制精度得以提高。

这类阀的图形符号如图 5-524 所示。

c. 美国派克公司产的 WL 直动式比例方向阀。 图 5-525 为美国派克公司产的 WL 直动式比例方向阀，阀芯外有阀套，方便维修更换。

② 先导式比例方向阀　高压大流量时，为获得足够的驱动主阀芯的力和降低流动阻力，常采用先导式（二级或多级）的比例方向阀，先导级采用直动式比例方向阀，为主级（功率级）提供足够的液压驱动力。

先导级和主级之间有不带反馈和带反馈控制两大类。 不带反馈的为位置开环控制系统，不检测主阀芯的位移和输出参数并无反馈动作，先导级输出压力驱动主阀芯并与主阀芯另一端的弹簧力相比较，主阀芯上的弹簧是力-位移转换元件，主阀芯位移（阀口开度）与先导级输出的压力成比例。 因此先导级采用比例减压阀或比例溢流阀的最多，最终实现主级阀口开度与输入电信号之间的比例关系。

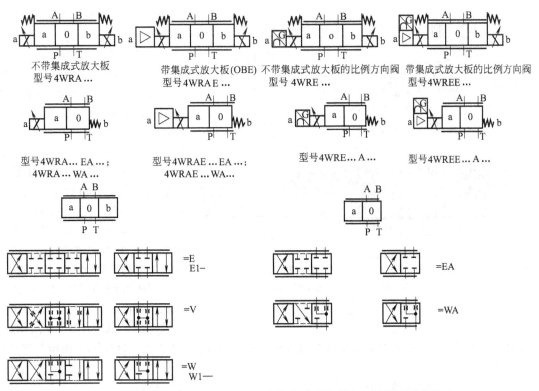

不带集成式放大板
型号4WRA…

带集成式放大板(OBE)
型号4WRAE…

不带集成式放大板的比例方向阀
型号4WRE…

带集成式放大板的比例方向阀
型号4WREE…

型号4WRA…EA…；
4WRA…WA…

型号4WRAE…EA…；
4WRAE…WA…

型号4WRE…A…

型号4WREE…A…

图 5-524　德国博世-力士乐公司产的直动式比例方向阀的图形符号

a. 4WRKE 型位移-电反馈比例方向阀。 如图 5-526 所示的 4WRKE 型阀是二级比例方向控制阀，它由先导级、减压级和主级构成。 主级上带位移传感器，构成主阀芯的位移-电反馈。 位移传感器检测主阀芯的位移，反馈到比例放大器，与给定的电信号进行比较，形成主阀芯位移的闭环控制。 减压级的作用是使流入先导级的进口压力油的压力恒定，从而保证先导级的控制精度，即先导级输往 P_1 或 P_2 腔的压力也能基本不变。

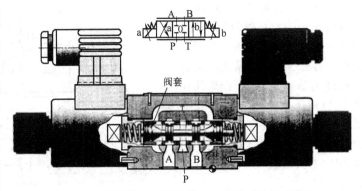

图 5-525　美国派克公司产的 WL 直动式比例方向阀

该阀可以控制液流的大小和方向。 由于主级是位置闭环控制的，所以在大流量时阀芯的位置和液动力无关。 如果没有输入信号，则主阀芯 7 在对中弹簧 4 的作用下保持在中位。 端盖 5 和 6 内的两个控制腔通过阀芯 2 与油箱连通。 主阀芯 7 通过位移传感器 9 与相应的电子比例放大器相连，主阀芯 7 位置随着输入指令值的变化而变化。 通过比例放大器得到指令值和位移传感器 9 检测的实际值比较后，纠正控制偏差，并产生电流输入先导阀比例电磁铁 1。 电流在电磁铁内感应电磁力，传递到电磁铁推杆并推动先导阀芯运动。 通过控制油口的液流使主阀芯运动。 带磁心感应的位移传感器 9 的主阀芯 7 一直运动，直到实际值和指令值相等。 在闭环控制条件下，主阀芯 7 处于力平衡，并保持在控制位置。 阀芯行程和控制阀口开度的变化与指令值成比例。 电子比例放大器也可搭载于阀上。 注意必须避免回油管路中的油全部排空，必要时在

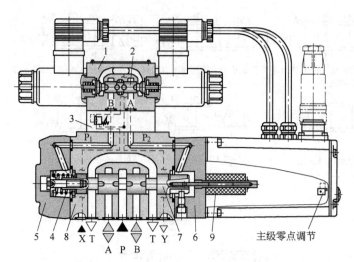

图 5-526 4WRKE 型位移-电反馈比例方向阀

1—先导控制阀；2—先导控制阀阀芯；3—减压阀；4—对中弹簧；
5,6—端盖；7—主阀芯；8—主阀阀体；9—位移传感器

回油路中安装背压阀（背压约 2bar）。

b. 先导级为比例减压阀的两级比例方向阀。 如图 5-527 所示，先导阀为图 5-495 所示的 3DREP6 型直动式比例减压阀（双向比例减压阀）。 当比例电磁铁 1 或 2 输入一定值的电信号，先导阀可输出与输入电信号（极性和大小）相对应的两个出口压力，通入主阀芯 14 的两端，在主阀芯两端产生的液压力和对中弹簧 7、8 的弹力相平衡，定位在与给定电流值相对应的位置。

另外控制油可外控（从 X 口进入）或内控，先导油排油可内排或外排（从 Y 口排出），情况

与电液阀相类似，同样可堵上或卸掉阀体内某些钉便可实现 "内控" 与 "外控"、"内排" 与 "外排" 之间的组合与变换。

c. 先导级为定压差减压阀的比例方向流量阀。 如果在比例方向节流阀上串联一个定压差型减压阀（压力补偿器），对节流口的前后压差进行压力补偿，使阀口前后压差为一常数，从而使流过的流量只取决于阀口开度。 当输入比例阀的电流值不变时，则阀的开度也不变，这样便使通过比例阀的流量恒定，而成为比例方向流量阀（比例方向调速阀）。

其结构原理如图 5-528 所示。 压力补偿器（定压差减压阀）串联在比例方向节流阀的进油路 P 上，由于比例方向节流阀有两个与负载相连接的 A 口与 B 口，为使 P→A 或 P→B 都能行

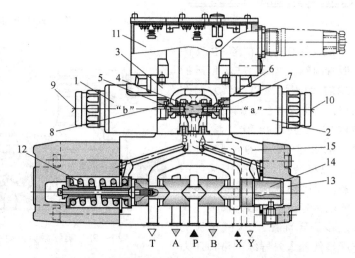

图 5-527 先导级为比例减压阀的两级比例方向阀

1,2—比例电磁铁；3—先导阀阀体；4—先导阀阀芯；5,6—压力控制阀芯；
7,8—先导阀对中弹簧；9,10—手动操作销；11—比例放大器；
12—主阀芯对中弹簧；13—控制腔；14—主阀芯；15—主阀阀体

使压力反馈的作用，加设了一个梭阀，这样无论 A 还是 B 进入负载工况时，都可取出负载压力经梭阀引到减压阀芯右端的弹簧腔 P_2，减压阀芯左端作用着比例方向节流阀的进口压力 p_P（$p_P = p_1$）。 当比例方向节流阀的出口 A（或 B）的负载压力 p_A 增大时，经梭阀进入减压阀左端弹簧腔 P_2 的压力也就增大，减压阀芯左右力平衡被破坏（作用面积相等均为 A_1，但压力不等 $p_2 > p_1$），阀芯左移，开大减压口，因而泵来的压力油经减压口的降压作用降低，即比例方向节流阀的进口压力 p_P 增大，所以比例方向节流阀的节流口前后压差 $\Delta p = p_P - p_A$；反之，如果负载压力 p_A

减小时，减压阀芯右移，关小减压口，p_P 降低，使节流口前后压差 Δp 仍能基本保持不变。

图 5-528（b）为压力补偿比例方向阀用于控制液压缸工作的例子。当液压缸向右运动而出现负值负载（负载 F 与运动方向 V 相反）时，有杆腔的压力要远大于无杆腔的压力，梭阀取自有杆腔压力到定差减压阀的弹簧腔，压力补偿器控制的压差 $\Delta p = p_P - p_B$，与液压缸向右运动需要控制压差 $\Delta p = p_P - p_A$ 的要求不符，因此，压力补偿器取到的压力 p_B 是错误的。这时可采用带附加油口 c_1 和 c_2 的比例方向阀 [图 5-528（c）]，将 A 口或 B 口的负载压力，经 c_1 和 c_2 引入到压力补偿器，所以压力补偿器总能接收到正确的压力信号，即使负载为负时也可以。采用压力补偿器后，只能采用外部供油方式。

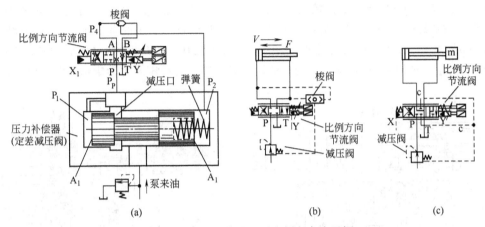

图 5-528 定压差减压型比例方向流量阀

d. 先导级为定差溢流阀的比例方向流量阀。除了用定压差减压阀做压力补偿器外，还可用图 5-529 所示的定差溢流阀做压力补偿器，并联在比例方向节流阀的进油路上的方式，也有梭阀式和附加负载压力引出口 c_1、c_2 两种方式。这种并联定差溢流阀的压力补偿方式也叫旁通式，可将来自泵的多余流量溢回油箱，因而系统效率比定差减压阀型的高。

e. 先导级为位移-力反馈型的比例方向流量阀。如图 5-530 所示，它的结构原理与位移-力反馈伺服阀相同，先导级由左右两个单边滑阀控制式的比例阀组成，主级为四边滑阀式结构，弹簧对中，主阀芯的位移通过反馈杆变成力并通过顶部的球头反馈给先导阀的阀芯，与比例电磁铁的电磁力相平衡，构成一个力反馈闭环控制，左或右比例电磁铁通电决定主阀芯的移动方向大小，即决定液流是 P→A 还是 P→B；电流的大小决定主阀芯的移动距离，即决定各阀口开度的大小，从而决定流过阀口流量的大小。主阀芯位移与输入电信号成比例，且所有的干扰力均处于反馈系统内，因此这种阀稳态控制特性好。

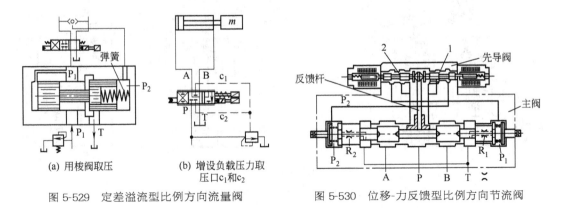

图 5-529 定差溢流型比例方向流量阀   图 5-530 位移-力反馈型比例方向节流阀

③ 比例复合阀　单参数（如压力或流量）比例阀互相组合，便可构成多参数的比例控制阀，通称为比例复合阀。 其实上述的比例方向流量阀可以对方向和流量两个参数进行控制，所以便是比例复合阀。

日本油研公司产的 EFBG 型比例压力流量阀（P-Q 阀）由比例先导式溢流阀＋比例节流阀组合而成。 此阀在日本进口设备上有很大用量。

其工作原理如图 5-531 所示：当比例电磁铁 5 未通电时，比例节流阀芯 4 上抬关闭，泵来油 p_1 顶开比例溢流阀 3 的主阀芯，经溢流缝隙 a 流回油箱（$P_1 \rightarrow T$）；当系统所需流量按相应信号大小给比例电磁铁 5 通入一定电流后，与此电磁力相对应，节流阀口打开一定开度，此时进入系统的流量由节流口 b 的开口大小进行控制。 此时节流口 b 的阀前压力为 $p_A = p_1$，阀后压力 $p_B = p_2$，由于 B 腔通过内部通道与比例溢流阀 3 的阀芯上腔 P_3 相通，因而有 $p_2 = p_3$，这样控制了比例溢流阀 3 阀芯上、下两腔的压力差值 $p_1 - p_3$，就等于控制了比例节流阀 4 阀芯的节流口 b 前后压差值 $p_1 - p_2$。 如果 $p_1 - p_3$ 基本上为定值，则节流口 b 前后压差也为定值，即可保证进入系

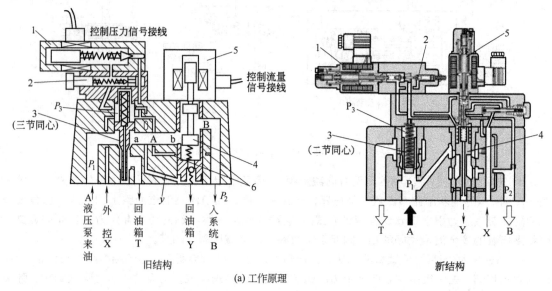

1—比例先导调压阀；2—安全阀；3—比例溢流阀；4—比例节流阀；5—流量控制用比例电磁铁；
6—反馈通道

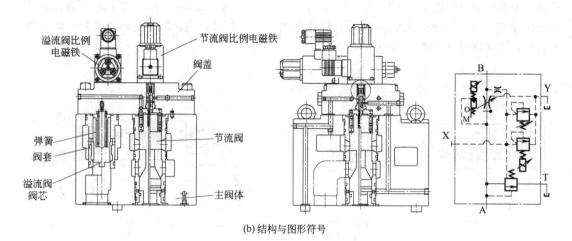

(b) 结构与图形符号

图 5-531　EFBG 型比例压力流量（P-Q）阀

统的流量基本不变。

如果忽略阀芯3的重力和摩擦力等因素，阀芯3的力平衡方程为：$p_1 \cdot A = p_{弹} + p_3 \cdot A$（A 为阀芯上下凸肩有效作用面积），则有：$p_1 - p_3 = p_{弹}/A$。而阀芯3上部的弹簧为弱弹簧，阀芯的移动量也较小，所以 $p_1 \approx p_3$，所以 $p_1 - p_2 = p_1 - p_3 =$ 定值（0.6MPa），从而能保证节流口 b 前后压差基本为一常量。当负载减小，B腔压力下降，调节过程相反。

系统工作压力由比例先导调压阀1调节，输入信号电流大，则打开锥阀所需压力越大，节流口 a 越小，p_A、p_B 也越大。

为防止负载突然增大，p_B（p_3）上升，通过节流反馈通道6的反馈作用，使阀芯1迅速关闭减压节流口 a，使液压泵出油压力出现飞升。

图 5-532 为 EFBG-06 型比例压力流量阀的立体分解图。该阀因为带比例先导调压阀，在执行元件达到行程末端时，溢流阀的压力可适当调节为与负载压力非常接近，因而比较节能。

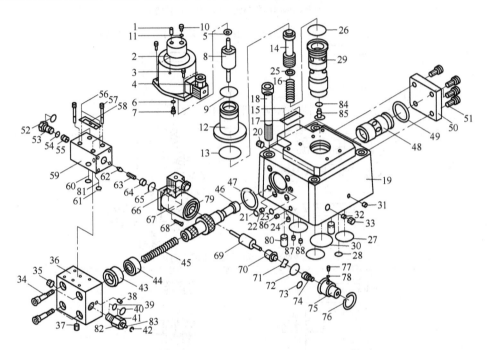

图 5-532　EFBG 型比例压力流量（PQ）阀爆炸图

1～13—流量调节比例电磁铁；14～29—节流阀组件；30～33、80～88—密封、螺堵等杂件；34～42—安全阀组件；
43～51—压力补偿阀组件；52～64—比例先导调压阀组件；65～79—比例先导调压用的比例电磁铁组件

5.22.7　比例阀的应用回路

比例阀在回路中的应用可大大简化系统，提高控制性能。例如：图 5-533（a）为传统的调压回路与比例阀的调压回路的对比，图左只能调三种压力，而图右根据设定不同电流值能调多得多的各种压力；图 5-533（b）为传统的调速回路与比例阀的调速回路的对比，图左要使液压缸获得多种进给速度需要多个"调速阀＋两位两通电磁阀"的组合方能实现，而图右用一个比例调速阀便可胜任；图 5-533（c）为传统的方向控制回路与比例阀方向控制回路的对比，比例阀方向控制回路可大大简化回路，而且可以调通。

5.22.8　使用注意事项

① 接到比例电磁铁和电子调整装置的电源电缆，应与控制信号电缆（输入信号、反馈信号、信号地线）分开以避免干扰。

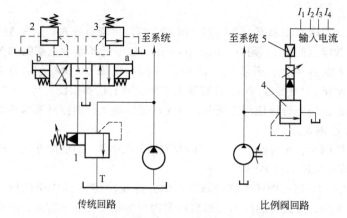

传统回路   比例阀回路

(a) 传统的调压回路与比例阀的调压回路的对比

1—普通溢流阀；2,3—调压阀；4—比例溢流阀；5—比例电子放大器

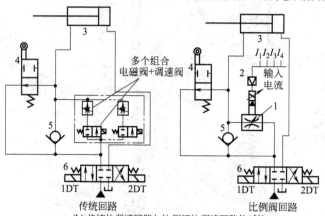

传统回路   比例阀回路

(b) 传统的调速回路与比例阀的调速回路的对比

1—比例调速阀；2—比例电子放大器；3—缸；4—行程阀；5—单向阀；6—电磁阀

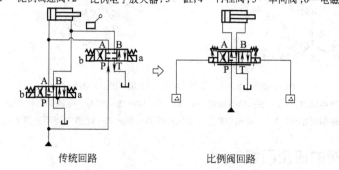

传统回路   比例阀回路

(c) 传统的方向控制回路与比例阀方向控制回路的对比

图 5-533 传统控制回路与比例阀控制回路的对比

② 当传送输入电压信号及反馈信号的连线过长时，必须以电流信号代替电压信号。 对此应预先心中有数，以便选用适用的电子器件，或选用电压电流变换器。

③ 使用屏蔽线，防止电干扰。 大多的电干扰是由变压器、电动机等激发的外部磁场产生的。

④ 当环境温度超过 60℃ 和低于 -20℃ 时，比例阀上不得安装电子放大板，要使用比例阀与电子放大板分离式的产品。

⑤ 开始使用时，要松开排气螺钉排除比例电磁铁内的空气。

⑥ 不能在少于最小控制流量下使用比例阀，否则会出现比例压力阀的调压不稳定、比例流量阀的断流等故障。

⑦ 回油管（T口）与控制油排油（Y口）管均有背压规定，一般要单独接管回油池，并插入油面以下。

⑧ 出厂时一些比例阀的零点已预先调好，用户最好不要再动。

⑨ 比例方向阀有普通电磁阀相同的安装方向要求，回油T的背压也有所规定；比例流量阀对进出油口的压差有所规定，可参阅各比例阀的使用说明书。

⑩ 比例阀与所控制的执行元件之间的接管不宜过长过大，否则会产生振动故障。

⑪ 最好在总回油管和油箱之间加装一产生2~4bar背压的单向阀，以防止系统长期不用时管路内的油漏空。

⑫ 高质量的比例阀液压系统，油温应是可调的，使系统油温限定在40~50℃的范围。这样才可保证油液黏度不变和工作稳定，少出故障。

⑬ 使用比例阀的液压系统，液压油的污染等级必须符合ISO 18/15标准的规定。为此必须在供油管路中安装过滤精度为10μm和β=75的高压管路滤油器，且尽量紧靠比例阀前安装。过滤器选择带指示发信的，但不能带旁通阀。

5.22.9 故障分析与排除

比例阀的主阀和5.2~5.19节中所述的普通阀完全相同，先导阀部分也只是改手调为比例电磁铁控制而已。因此，有关比例阀的故障分析与排除可参考前述普通阀以及伺服阀的有关内容。现作下述补充。

（1）比例电磁铁

【故障1】 比例电磁铁不能工作或者工作不稳定

① 由于插头组件的接线插座（基座）老化、接触不良以及电磁铁引线脱焊等原因，导致比例电磁铁不能工作（不能通入电流）。此时可用电表检测，如发现电阻无限大，可重新将引线焊牢，修复插座并将插座插牢。

② 线圈组件的故障有线圈老化、线圈烧毁、线圈内部断线以及线圈温升过大等现象。线圈温升过大会造成比例电磁铁的输出力不够，其余会使比例电磁铁不能工作。对于线圈温升过大，可检查通入电流是否过大，线圈是否漆包线绝缘不良，阀芯是否因污物卡死等原因所致，一一查明原因并排除之。对于断线、烧坏等现象，须更换线圈。

③ 衔铁组件的故障主要有衔铁因其与导磁套构成的摩擦副在使用过程中磨损，导致阀的力滞环增加。还有推杆导杆与衔铁不同心，也会引起力滞环增加，必须排除之。

④ 因焊接不牢，或者使用中在比例阀脉冲压力的作用下使导磁套的焊接处断裂，使比例电磁铁丧失功能。

⑤ 导磁套在冲击压力下发生变形，以及导磁套与衔铁构成的摩擦副在使用过程中磨损，导致比例阀出现力滞环增加的现象。

⑥ 比例放大器有故障，导致比例电磁铁不工作。此时应检查放大器电路的各种元件情况，消除比例放大器电路故障。

⑦ 比例放大器和电磁铁之间的连线断线或放大器接线端子接线脱开，使比例电磁铁不工作。此时应更换断线，重新连接牢靠。

【故障2】 比例电磁铁动作迟滞

产生比例电磁铁动作迟滞的原因是：导磁套在冲击压力下发生变形，以及导磁套与衔铁构成的摩擦副在使用过程中磨损，导致比例阀动作迟滞。

可找出原因，减少冲击压力，进行故障排除。

（2）比例压力阀

由于比例压力阀只不过是在普通压力阀的基础上，将调压手柄换成比例电磁铁而已。因此，它也会产生第5章中相对应的各种压力阀所产生的那些故障，其对应的故障原因和排除方法完全适用于对应的比例压力阀（如溢流阀对应比例溢流阀），可参照进行处理。此外还有以下几种情况。

【故障1】 比例电磁铁无电流通过，使调压失灵

此时可按上述比例电磁铁故障中【故障1】的内容进行分析处理。发生调压失灵时，可先用电表检查电流值，断定究竟是电磁铁的控制电路有问题，还是比例电磁铁有问题，或者阀部分有问题，可对症处理。

【故障2】 虽然流过比例电磁铁的电流为额定值，但压力一点儿也上不去，或者得不到所需压力

如图5-534所示的比例溢流阀，在比例先导调压阀1（溢流阀）和主阀5之间，仍保留了普通先导式溢流阀的先导手调调压阀4，在此处起安全阀的作用。当阀4调压压力过低时，虽然比例电磁铁3的通过电流为额定值，但压力也上不去。此时相当于两级调压（比例先导阀1为一级，阀4为一级）。若阀4的设定压力过低，则先导流量从阀4流回油箱，使压力上不来。

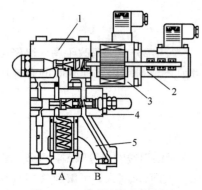

图5-534 比例溢流阀的结构
1—比例先导调压阀；2—位移传感器；
3—比例电磁铁；4—安全阀手调调压；
5—主溢流阀

此时应将阀4的压力调的比阀1的最大工作压力高1MPa左右。

【故障3】 流过比例电磁铁的电流已经过大，但压力还是上不去，或者得不到所要求的压力

此时可检查比例电磁铁的线圈电阻，若远小于规定值，那么是电磁铁线圈内部断路了；若电磁铁线圈电阻正常，那么是连接比例放大器的连线短路。

必要时应更换比例电磁铁，将连线接好，或者重绕线圈装上。

【故障4】 使压力阶跃变化时，小振幅的压力波动不断，设定压力不稳定

产生原因主要是比例电磁铁的铁芯和导向部分（导套）之间有污物附着，妨碍铁芯运动。另外，主阀芯滑动部分沾有污物，妨碍主阀芯的运动。由于这些污物的影响，滞回增大了。在滞回的范围内，压力不稳定，压力波动不断。

另一个原因是铁芯与导磁套的配合副磨损，间隙增大，也会出现所调压力（通过某一电流值）不稳定的现象。

此时可拆开阀和比例电磁铁进行清洗，并检查液压油的污染度。如超过规定就应换油；对于铁芯磨损造成间隙过大引起的力滞环增加引起的调压不稳，应加大铁芯外径尺寸，保持与导套的良好配合。

【故障5】 压力响应迟滞，压力改变缓慢

产生原因为比例电磁铁内的空气未被放干净；电磁铁铁芯上设置的阻尼用的固定节流孔及主阀芯节流孔（或旁路节流孔）被污物堵住，比例电磁铁铁芯及主阀芯的运动受到不必要的阻碍；另外系统中进了空气，通常发生在设备刚装好后开始运转时或长期停机后有空气混入的场合。

解决办法是比例压力阀在刚开始使用前要先拧松放气螺钉，放干净空气，有油液流出为止；对于污物堵塞阻尼孔等情况要拆开比例电磁铁和主阀进行清洗；并最好在空气容易集中的系统油路的最高位置设置放气阀放气，或者拧松管接头放气。

（3）比例流量阀

由上述介绍的比例流量阀的工作原理与结构内容可知：比例流量阀除了用比例电磁铁代替普

通调速阀的流量调节手柄，用以调节节流阀的开口大小以外，其他部分的结构均基本相同。所以关于其故障产生原因和排除方法，因此可参阅本书 5.17 节中所述的相关内容。此外，还有以下情况补充。

【故障1】 流量不能调节，节流调节作用失效

① 比例电磁铁未能通电。产生原因有：比例电磁铁插座老化，接触不良；电磁铁引线脱焊；线圈内部断线等。

② 比例放大器有毛病

【故障2】 调好的流量不稳定

比例流量阀流量的调节是通过改变入其比例电磁铁的电流决定的。当输入电流值不变，调好的流量应该不变。但实际上调好的流量（输入同一信号值时）在工作过程中常发生某种变化，这是力滞环增加所致。滞环是指当输入同一信号（电流）值时，由于输入的方向不同（正、反两个方向）经过某同一电流信号值时，引起输出流量（或压力）的最大变化值。

影响力滞环的因素主要是存在径向不平衡力及机械摩擦。那么减小径向不平衡力及减小摩擦系数等措施可减少机械摩擦对滞环的影响。滞环减小，调好的流量自然变化较小。

具体可采取如下措施：尽量减小衔铁和导磁套的磨损；推杆导杆与衔铁要同心；注意油液清洁，防止污物进入衔铁与导磁套之间的间隙内而卡住衔铁，使衔铁能随输入电流值按比例地均匀移动，不产生突跳现象，突跳现象一旦产生，比例流量阀输出流量也会跟着突跳而使所调流量不稳定；导磁套衔铁磨损后，要注意修复，使二者之间的间隙保持在合适的范围内。这些措施对维持比例流量阀所调流量的稳定性是相当有好处和有效的。

另外一般由比例电磁铁驱动的比例阀滞环为 3% ~ 7%，力矩马达驱动的比例阀滞环为 1.5% ~ 3%，伺服电机驱动的比例阀为 1.5% 左右，亦即采用伺服电机驱动的比例流量阀，流量的改变量相对要小一些。

（4）比例方向阀

排除比例方向阀故障可参照上述比例压力阀和比例流量阀的思路和方法进行故障分析与排除。补充如下。

【故障1】 不换向

① 比例电磁铁部分有故障时，可参阅本节（1）中的内容进行处置；

② 阀部分有故障时，可参阅 5.5 节和 5.6 节中相关内容进行处理。

【故障2】 产生振荡

故障原因：阀两端压差 Δp 太高；比例电磁铁腔内有空气；电磁铁与阀内零件磨损，或有污物进入；先导控制压力不足；电磁干扰；比例增益设定值太高。

排除方法：降低压差；第一次使用比例阀，须先松开比例电磁铁放气螺钉，排除比例电磁铁内空气；修复磨损零件，清洗换油；调高先导控制压力；排除电磁干扰；调低比例增益设定值。

5.23 数字阀的使用与维修

为使液压系统更好地与电子计算机接口，实现液压控制系统的微处理机控制，各种数字式液压控制元件便应运而生。数字阀便是这样一种元件，它可以直接接收来自微型计算机的数字指令，即由这类阀与微电脑组成直接数字控制液压系统。从结构形式来看，它与 5.22 节所述的比例阀大体相同，其主阀部分与普通液压阀几乎没有本质区别，惟其调节操纵部分即非普通阀的那种调节手柄，亦非比例电磁铁、力矩马达和直流伺服电机，而是一个微型步进电机，接受脉冲电流（数字量），去控制压力、流量及控制换向，构成所谓"数字阀"。

与传统的开关式阀相比，它可以由事先编制好的数字程序方便地实现精确的连续自动控制；而与电液伺服或电液比例控制阀相比，它又省去了计算机与液压阀之间的数模转换，因为它不是

模拟式而是数字式，对油液清洁度的要求远比伺服阀低。

就价格而论，它比伺服阀便宜，但不比模拟式比例阀贵，而性能却大幅度提高（重复误差及滞环误差可达到 0.1% ~ 0.5%）。然而到目前为止数字阀的使用并不广泛。表 5-49 为数字阀与比例阀及伺服阀性能比较。

表 5-49 数字阀与比例阀及伺服阀性能比较

项目＼阀类	数字阀	比例阀	伺服阀
操作难易程度	容易	较容易	难
负载敏感度	好	好	好
成本	较低	中等	高
响应	阶跃响应 0.1 ~ 0.2s	10Hz	20 ~ 30Hz
滞后、重复度误差	< 0.1%	3% ~ 7%	3%
温度漂移	2%（20 ~ 60℃）	6% ~ 8%（20 ~ 60℃）	2% ~ 3%（20 ~ 60℃）
抗污染能力	强	颇强	差
功率消耗	8W	3 ~ 15W	0.05 ~ 5W

5.23.1 工作原理与结构

数字阀有阀组式数字阀、步进电机驱动的数字阀以及其他形式的数字阀，下面分别予以介绍，重点将介绍由步进电机驱动的数字阀。

（1）阀组式数字压力阀和流量阀

如图 5-535（a）所示，6 个微型二位二通 H 型电磁阀和 6 个小型溢流阀组成的阀组并联起来，共同对主溢流阀进行多级压力控制，即数字控制，构成数控压力阀组。使用时，Δp_1 ~ Δp_6 已分别调定为不同的压力值，再按数控程序的设定，分别对 S_1 ~ S_6 微型电磁阀的电磁铁进行通电或断电控制，可使输往系统的油液得到不同数值的工作压力。

图 5-535（b）为数控流量阀组的数字阀，它由 4 个二位二通 O 型电磁阀 S_1 ~ S_4 与 4 个节流阀 Q_1 ~ Q_4 经串联而成，外加一个定压差减压阀。

这类数字阀的工作原理是容易理解的。它的缺点是体积大，响应速度低，重复性差，不便于连续控制，压力损失也大。但简单易行，不需要放大器及驱动装置，成本低，能与计算机直接连接，如配以检测元件，在某些精度及控制性要求不很高的场合，仍有很大的实用价值。关键是要在快速响应性上下工夫。

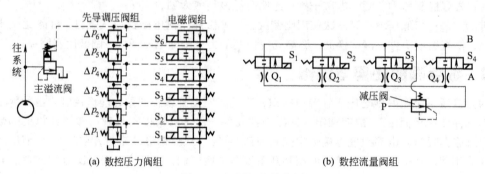

(a) 数控压力阀组　　　　　　　　　　(b) 数控流量阀组

图 5-535　阀组式数字阀

（2）步进电机驱动的数字阀

为适应液压系统的发展，近年来出现了由步进电机驱动的数字阀。步进电机的工作原理可参阅 5.21.2 节中所述内容。 由步进电机驱动的数字阀目前分为三种：数字式流量控制阀；数字式溢流阀；数字式方向流量阀。 数字阀控制系统如图 5-536 所示。

① 数字式溢流阀 步进电机驱动的数字式溢流阀，其工作原理及结构见图 5-537。 它由步进电机、齿轮-凸轮机构和普通先导式溢流阀（手调手柄改为凸轮）组合而成。 由微机或步进电机控制器发出系列脉冲，步进电机作为脉冲累加器，把输给它的电脉冲转化为步进电机转子轴的相对应的回转角，带动齿轮-凸轮机构回转，凸轮将回转运动

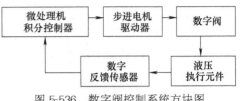

图 5-536 数字阀控制系统方块图

转变为先导阀调节杆 4 的直线运动，压缩弹簧 3 的弹力作用在锥阀 1 上，与先导锥阀 1 右端来的压力油和弹簧 2 的合力相平衡，实现调压的目的，达到控制溢流阀输出压力 p 的大小。

如上所述，步进电机转角的大小由输入脉冲数决定，步进电机的转速由输入脉冲频率决定。输入的脉冲数量多，转角就大，推杆 4 压缩弹簧 3，弹簧的变形就越大，作用在锥阀 1 上的力也越大，调定的压力便高；输入脉冲的频率越高，步进电机转速就越快，系统建立的调定压力的时间就越短；转角方向决定是升压调节还是降压调节。

图 5-538 为另一种数字式溢流阀的原理和结构图。 它也由步进电机控制的先导阀构成的先导级，以及由二级同心主阀构成的功率级构成。 其工作原理与上述相同。 步进电机通过偏心轮机构控制调压弹簧的压缩量从而间接控制先导阀口和主阀口处液压油的压力。 设置不同的脉冲数目，可实现对主阀压力的连续控制。 为了改善主阀工作的稳定性，设置了速度负反馈液阻尼和减振器（柱塞 5 和减振腔 6）。 减振腔 6 和柱塞 5 与主阀芯 1 之间的间隙构成阻尼校正。

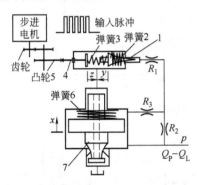

图 5-537 数字式溢流阀原理图（三节同心式）
1—先导锥阀；2,3—弹簧；4—推杆；
5—凸轮；6—主阀平衡弹簧；7—主阀芯

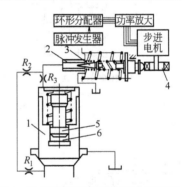

图 5-538 数字式溢流阀原理图（二节同心式）
1—主阀芯；2—先导阀阀座；3—锥阀；
4—偏心轮；5—柱塞；6—减振腔

从上述可知，压力控制阀是由步进电机带动凸轮旋转，由偏心凸轮的位置决定弹簧压缩量进行压力调节的。 为了更清楚，可参阅图 5-539 所示的各种关系图。

② 数字式流量阀 图 5-540 为数字式流量阀工作原理图。 它的工作原理与普通流量阀相似，也有压力补偿部分，由定压差减压阀或定压差溢流阀稳定主阀芯节流口前后压差，起压力补偿作用来稳定阀的出口流量，不受负载变化的影响。 与普通流量阀不同的是它采用喷嘴-挡板结构的先导阀来代替手柄调节主阀芯的开度。 步进电机（图中未画出）根据输入脉冲数量的多少，调节喷嘴和挡板之间的间隙 X 的大小，以此改变主阀芯 A_2 腔（$A_2 : A_1 = 2$）压力的大小，根据主阀芯左、右两腔（A_1 与 A_2）压力的平衡作用决定主阀芯的工作位置，实现流量控制。

图 5-541 为日本东京计器提供的该种数字流量阀（溢流型）图形符号与输入脉冲数与流量特性图 [图 5-541（b）]。 除此以外，还有减压型的数字流量阀，其工作原理同一般流量阀，只不

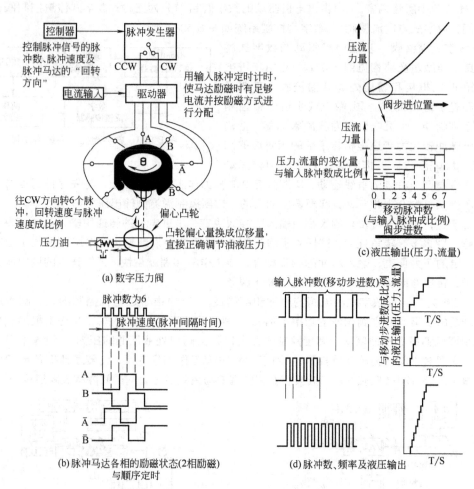

(a) 数字压力阀

(b) 脉冲马达各相的励磁状态(2相励磁)
与顺序定时

(c) 液压输出(压力、流量)

(d) 脉冲数、频率及液压输出

图 5-539　数字阀控制关系图

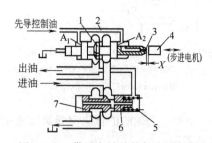

图 5-540　带压力补偿的数字流量阀
1—节流阀阀芯；2—固定节流孔；3—喷嘴；4—挡板；
5—弹簧；6—固定节流孔；7—压力补偿阀阀芯

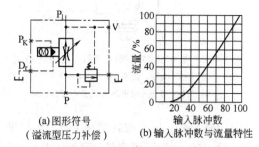

(a) 图形符号
（溢流型压力补偿）

(b) 输入脉冲数与流量特性

图 5-541　数字流量阀图形符号和
输入脉冲数与流量特性

过此处调压手柄改为步进电机控制喷嘴挡板决定阀芯开度而已。

　　③ RCV 旋转式数字方向流量控制阀　传统的方向控制阀是通过手动、电磁铁移动、液动以及电液动的方式移动滑阀式阀芯，来实现 P、T、A、B 的油孔切换的，即阀芯是以直线移动的方式来改变油流的走向的。而 RCV 型数字阀是由步进电机带动以旋转的方式来切换 P、T、A、B 油孔的。如图 5-542 所示，配有 P、T 孔的阀芯和配有 A、B 孔的阀芯装于同一阀体内，阀芯端

面上相对方向各钻了两个 P 孔与两个 T 孔，P 孔钻得深，直通阀芯径向环形凹槽。 A 孔钻得浅一些，也直通阀芯外径上的凹槽。 A、B 油孔的形成方法与 P、T 油孔不同。 先是在阀芯端面上切一环形凹槽，在相对于 P、T 油孔的位置上钻出与之对应的 4 个孔，孔径稍大于凹槽的宽度，并在 4 孔内压入 4 个圆柱销，因而将环形凹槽分割成了 4 段，相对的两段分别为 A 孔与 B 孔（扇形环孔），再在相对的两扇形环孔内钻一较深的孔直通环形 A 槽。 同样在两相对应的扇形环孔内钻一较浅的 B 孔直通环形 B 槽。 当圆柱销直径大于、等于或小于油孔 P、T 的直径时，可分别得到阀的正遮盖、零遮盖或负遮盖特性。 图 5-541（e）中的斜线部分是在两阀芯旋转过程中的流体通流面积的变化情况。 这种旋转阀结构简单，加工容易，易修理而且价格便宜。

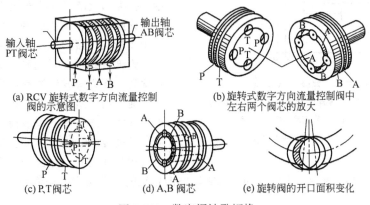

(a) RCV 旋转式数字方向流量控制阀的示意图

(b) 旋转式数字方向流量控制阀中左右两个阀芯的放大

(c) P、T 阀芯

(d) A、B 阀芯

(e) 旋转阀的开口面积变化

图 5-542　数字阀油孔切换

　　图 5-543 上部是 RCV 旋转阀的方向切换情况，下部是对应的滑阀式换向阀的机能原理图。 这种阀输入轴和输出轴均可旋转，具有回转式机械伺服阀的特点，并拥有机械反馈式的随动机构。 如果两个阀芯相对角度超过允许值时，那么它们便变成机械式连接而一起旋转。 这种阀比起普通的伺服阀结构要简单得多，价格自然便宜。 采用这种转阀，可以构成数字式液压泵，并可用来对两个液压缸进行同步控制。 图 5-544 为数字式方向流量控制阀的图形符号以及其流量特性图，图中的溢流阀作安全阀用。

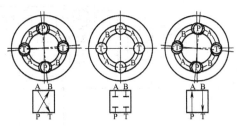

图 5-543　RCV 阀的方向切换

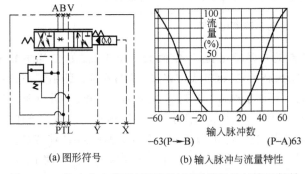

(a) 图形符号

(b) 输入脉冲与流量特性

图 5-544　数字方向流量控制阀的图形符号及其流量特性

　　④ 复合式数字阀　现代注塑机工作时，在塑料模具开合及注射成型过程中，需要多级压力控制和多级速度控制，二者的控制状况直接影响到成型塑料制品的质量。 为了在一定程度上解决这个问题，为了简化系统和节能，现代注塑机上都在采用新型复合液压元件与计算机控制相结合，实现对注塑机的过程控制。 采用图 5-545 所示的复合式数字阀是其中办法之一。 其工作原理如下：采用反应式步进电机与旋转方向相反的差动螺旋机构耦合起来，组成电/机转换接口，图中有两组，分别用于压力和流量的先导调节，实现注塑机工作过程中对多级压力和多级速度的控制。 其中流量调节部分采用节流阀进出

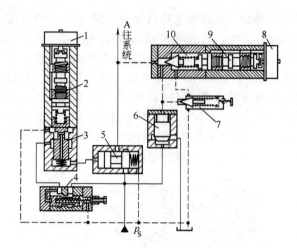

图 5-545 复合式数字阀

1,8—步进电机；2,9—差动螺旋机构；3—先导减压阀；
4—定值减压阀；5—节流阀；6—主溢流阀；
7—限压先导阀；10—调压先导阀

油口与主溢流阀两端并联，形成压差溢流模式，起压力补偿作用。这是调速阀的工作原理之一，可维持输出流量的稳定性，使系统不因负载的变化出现速度（流量）的波动。由于采取了这种压力匹配的结构形式，因此该阀具有一定的节能效果。

先导阀的调节由步进电机与接口电路组成的控制系统直接进行控制，它可以进行微量、多级和大范围内的连续自动调节。

该阀的控制系统如图 5-546 所示。它主要由单板机、接口电路和流量、压力调节单元三大部分组成，采用开环方式，具体工作原理为：将塑料成型过程中所需要的各级压力与速度值，换算成系统相对应的液压参数（p、Q），并将其汇编成控制程序写入单板机，通过接口电路转换成步进电机 1 与 8 可接收的脉冲信号，并由步进电机将脉冲信号转换成与之相应的角位移 ϕ，再经联轴器和旋转方向相反的差动螺旋机构将角位移价转换成为直线位移 S_Q 与 S_P。

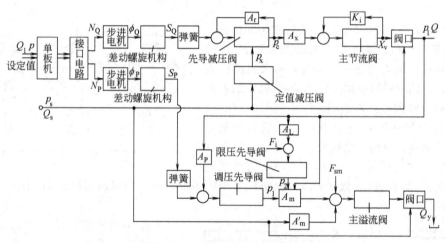

图 5-546 控制系统简化框图

对于流量调节单元，它由步进电机 1 控制的先导减压阀 3、定值减压阀 4 和二位二通主节流阀 5 组成。先导减压阀阀口初始平衡为常闭状态。当有直线位移 S_Q 压缩弹簧，即引起先导阀芯产生位移，原关闭的减压口开启，直至液压作用力 $p_c A_r$ 与 S_Q 产生的力相平衡。进口压力为 p_x，经减压口、内流道至出口，压力变为 p_c。当 $p_c A_x > K_l X_v$ 时，主节流阀开度为 X_v，阀口输出流量为 Q。由于先导阀输出压力 p_c 至主滑阀位移 X_v 的级间为一个开环的压力-位移变换，易受到液动力的干扰。因此，在先导阀进口处与主油路间串接一个直动式定值减压阀，使 p_x 为一恒定压力，保证主阀有一个相对稳定的工作状态。

对于压力调节单元，它主要由限压先导阀 7，步进电机 8 控制的调压先导阀 10 和主溢流阀 6 组成。限压先导阀在此起着系统安全保护作用，其压力由手动设定后不变，它略大于系统最高工作压力 p。而调压先导阀和主溢流阀构成典型的两级先导型溢流阀。对于系统各个过程的工作压力设定，通常由控制程序设定步进数、步进速率等参数，经步进电机及差动螺旋机构来压缩调压先导阀弹簧，即改变先导阀的开启压力，从而实现对主溢流阀的调节，确定系统的工作压力 p。

（3）其他形式的数字阀

压电式数字开关阀（图 5-547）是一种不使用步进电机而使用积层 PZT（压电陶瓷）元件直接驱动的数字式高速开关阀，是一种全新液压阀，可以通过外加电压的大小来控制阀芯的位移量。在前馈控制的参与下获得稳定的高速响应性，有利于计算机进行数字控制。 其基本原理是在压电材料上施加一定的电压，压电材料便会产生相应变形，利用该变形来移动阀芯。

这种阀能量转换率高，无噪声，工作可靠性及稳定性好，易于实现液压元件的轻、薄、短、小化，结构简单，尤其是它的响应性非常好（可达 20 ~ 150kHz），分辨率非常高（可达 5nm/V），可获得极高的直线位移精度。 这一切得益于该种阀使用了积层 PZT 元件的缘故。 用积层 PZT 元件替代电磁铁、比例电磁铁或步进电机等来推动阀芯的位移。

该阀由三大部分组成：①驱动放大器部分；②积层 PZT 元件；③常规阀体阀芯部分。 如图 5-547 所示。

驱动放大器如图 5-548 所示。 为使积层 PZT 元件对阀芯进行驱动时实现高速响应，使用了图中所示的场效应型晶体管（FET）和光电耦合器的电容式负荷高速驱动电路。 为使充电和放电高速进行，使用了两个 FET。 100V 一端的 FET 的栅极、源极间的控制电压，通过光电耦合器使充电、放电均得到快速控制。

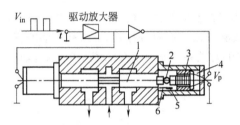

图 5-547　压电式数字开关阀

1—阀芯；2—钢球；3—积层 PZT 元件；4—测微计；
5—磁阻位置传感器；6—放大器+ 数字记忆装置

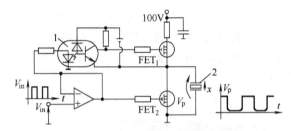

图 5-548　PZT 元件的驱动放大电路
1—光电耦合器；2—积层 PZT 元件

积层 PZT 元件的结构原理如图 5-549 所示。 它由数十至数百枚厚度为 t，断面积为 $W_1 \times W_2$ 的 PZT 压电陶瓷片叠制黏接而成。 压电陶瓷薄片的极化方向沿着厚度方向，并且相邻两枚压电陶瓷的极化方向相反，通过内部电极把全部"＋"极和"－"极分别连在一起（并联）引到外部电源上。 这样，相对于外电场 E 的方向，全部压电陶瓷片的极化方向都是相同的，整个积层 PZT 元件便在长度 L 方向上延长，输出位移。 另外，此种元件刚性也很高，可达 5.6×10^7N/m，100V 电压下如不使其出现位移，则可输出 840N 的力。

从图 5-547 可知，压电式高速数字开关阀两侧设置有积层 PZT 元件，当左右交替附加电压，阀芯便被驱动作左右直线位移，使阀具有方向流量阀的功能。 阀芯和左右 PZT 元件之间通过钢球连接，阀芯位移的测量使用磁阻式位移传感器来进行，位置的微调整和预压缩量的调整则是通过安装在阀两端的测微计来进行的。

为了尽快地稳定控制的响应性，迅速地得到有效的阀口开度，可在图 5-548 的基础上，按图 5-550 所示，在 PZT 驱动放大电路中的 FET 控制信号和 FET 之间，插入图 5-551 所示的脉冲发

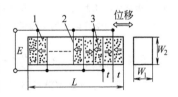

图 5-549　积层 PZT 元件
的结构原理

1—压电陶瓷片；2—内部电极；
3—极化方向

生电路，这样可以在前馈控制的参与下获得稳定的高速响应性，有利于利用计算机进行数字控制。

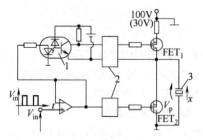

图 5-550　PZT 元件的高速驱动放大电路

1—光电耦合器；2—脉冲发生电路；3—积层 PZT 元件

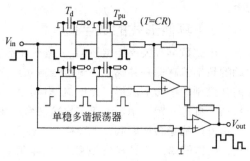

图 5-551　脉冲发生电路

5.23.2　数字阀的应用

（1）用于注塑机、压铸机等液压系统

图 5-552 为采用数字式压力阀 PV 和数字式流量阀 FV 的注塑机的液压控制系统。 调定输入步进电机 M 的脉冲数和脉冲频率，可控制注射速度、注射压力的大小，以适应不同塑料材质对不同成型压力和注射速度的需要。

（2）组成数字泵

图 5-553 为用前述的 RCV 型数字阀与变量柱塞泵相组合而成的数字泵。 RCV 型数字阀一端与步进电机连接，另一端与控制变量泵斜盘斜角的变量液压缸的活塞杆连接。 这种与活塞杆的反馈连接便构成一种机械随动装置，如此便可以以数字的方式来控制变量泵的流量输出，满足各种机械。

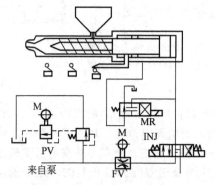

图 5-552　装有数字阀液压系统的注塑机

M—mirs 型；FV—数字流量控制阀；

PV—数字控制压力阀；INJ—注射用电磁阀；

MR—MIRS 用电磁阀

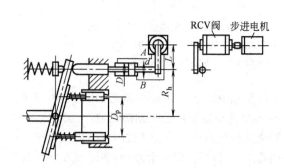

图 5-553　数字泵的示意图

（3）多泵组合＋数字阀供油系统

图 5-554 为 SZC10000-630 型大型注塑机采用数字压力阀组、数字流量阀组以及由多台数字泵构成的机床供油系统。

数字流量阀组以旁路节流的方式与泵出口相连。 之所以采用旁路节流的方式，是因为若采用进口节流，则数字阀须通过全部流量，会造成体积庞大，成本增高，而且多余流量以比负载压力大得多的压力溢流，相对而言，旁路节流功率损失要少得多；旁路节流的另一个优点是电磁阀

5～9可在低压下工作，故障率低些。 数字式流量阀组中接入的定压差减压阀与普通调速阀中的该阀作用相同，也是起压力补偿作用，以保证通过数字阀组的流量不受负载变化的影响。

系统中采用的数字压力阀组，图中未详细画出，可参阅图5-555。 它的作用是满足注塑机低压快合模、高压锁模、低压注射、高压注射等多级压力设定的需要，可大大提高系统工作效率。

该注塑机的数字泵组由4台泵联合供油。 利用数字泵组的电磁阀1～4的通电或断电，可控制相对应的泵是工作或者卸荷，以满足注塑机不同的工况需要。

5.23.3　故障分析与排除

【故障1】　步进电机驱动的数字阀响应速度慢

步进电机驱动的数字阀都要通过步进电机才能将计算机输入的脉冲信号转换成阀的机械位移。 而一个步距为1.8°/步的步进电机，若每秒走1000步，转一转也需0.2s的时间。 因此，对于快速响应要求高的系统

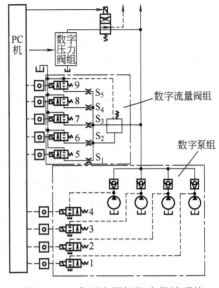

图5-554　大型注塑机机床供油系统

便不行，需采用电液伺服阀或比例阀。 但对于注塑机上用的数字阀，这样的响应速度已足够，另外也可用增大偏心凸轮的偏心距来解决（图5-537）。

【故障2】　数字阀调节压力流量的功能失效

在查找数字阀不能调压和调速时可参阅图5-555来进行。

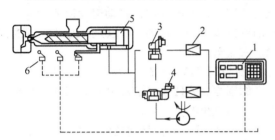

图5-555　数字阀调压和调速回路故障分析图
1—控制器；2—驱动放大器；3, 4—数字阀；
5—注射缸；6—行程开关

① 数字压力阀3与数字流量阀4本身有故障，不能调压或不能调节流量。

从数字阀的组成来看，它不过是用步进电机代替普通阀的调节手柄而已，因而出现不能调压或调速故障，可参阅5.2～5.19节的内容进行故障分析与排除。

② 控制器1故障，不能设定控制器（包括单板机、工控机、程控机等），是接线错误还是其他问题，可一一查明。

③ 驱动放大器2故障，可检查排除之。

④ 行程开关6未能可靠发出信号，这主要是指压力流量不能转换的情况，可检查行程开关和其接线电路有否问题。

【故障3】　出现压力流量调节失效或设定好的流量压力紊乱

阀组式数字阀不过是普通小型开关式阀并联而已，因此不能调压和调节流量的故障可参阅第5章相应的内容进行故障分析与排除。

出现压力流量紊乱的现象，多是某个或某几个电磁阀出现故障，可排除电磁阀的故障。

5.24　其他控制阀类元件的使用与维修

5.24.1　液压操纵箱

液压操纵箱实际上是若干个控制阀的组合阀，起着多种控制功能。

例如各类磨床、液压牛头刨床等都使用着不同类型的操纵箱，起着操纵工作台及刀架（砂轮

架）的纵横向运动、换向停留、断续进给、砂轮修整、无级调速、分级调速等多种控制功能。

组成操纵箱的控制阀主要由换向阀和流量阀（节流阀）构成。 由于手动换向阀不能实现自动往复，单纯的机动换向阀在工作台低速时存在换向死点，工作台速度快时运动惯性大、存在冲击，而电磁换向阀因换向时间短（$0.08 \sim 0.15s$），同样会产生换向冲击等原因，目前操纵箱的换向阀多采用机动-液动联合换向阀。

操纵箱可分为时间控制式和行程控制式两大类。

（1）时间控制操纵箱

① 工作原理 如图 5-556 所示，工作台右移时，安装在工作台上的行程挡铁拨动先导阀 a 左移。 当先导阀越过中位后，控制油路切换，由控制油路引入的压力油经通路 7→通路 9→单向阀 I_2→换向阀 b 的右端，而左端回油则经节流阀 L_1→通路 8→通路 10→油箱，使换向阀左移。 在换向阀左移过程中，主油路回油通路 2→4 逐渐被换向阀阀芯上的右端台肩锥面（称制动锥）关小，使工作台液压缸回油建立背压而进行制动。 由于换向阀采用"H"型滑阀机能，因此通路 2→4 逐渐关小的同时，1→3 也逐渐关小，通路 1→2 与 3→5 逐渐打开，直至液压缸左、右两腔与主油路的进、回油路相通，活塞两边的作用力平衡，工作台即停止（移动距离 L），这一过程称为换向前的制动过程。 换向阀在油液推动下继续左移时，液压缸的进、回油路开始交换，实现工作台换向，并逐渐加速（换向后启动），直至换向阀阀芯移到最左端，工作台恢复正常工作速度，换向过程结束。

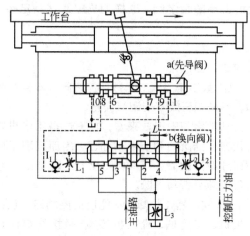

图 5-556 时间控制操纵箱的工作原理

当节流阀 L_1（或 L_2）的开度调定，主换向阀阀芯左（右）移，压出阀芯左（右）端的油液体积是一定的（因为图中 L 一定），因而工作台制动的时间就被确定了。 在油液黏度基本上无变化的情况下，不论工作台移动速度快慢如何，这个时间基本上是不变的，所以这种方式叫做时间控制式制动。

② 故障分析和排除

时间控制式操纵箱的故障有先天性的，也有调整不当产生的。

【故障 1】 异速换向精度差（先天性的）

当节流阀 L_1 与 L_2 调定，即换向时间 t 调定后，由 $v = s / t$，当工作台速度 v 低时，制动行程 s 就短，冲击量小；反之，则制动行程长，冲出量大。 这就是说时间控制操纵箱异速换向点变动大，即异速精度差。

【故障 2】 同速换向精度也不高

当工作台速度一定时，虽然换向阀两端的节流阀 L_1、L_2 已调定，但由于通过节流器的流量受油温变化和油中污染物杂质堵塞的影响，或换向阀阀芯移动时摩擦阻力的变化等，会使换向阀阀芯移动速度发生变化。 因此制动时间有长有短，工作台各次换向点的位置也有差异，即同速换向精度也不高。 所以必须控制油温变化和采取抗污染等措施。

【故障 3】 调节不当，产生换向冲击

此类操纵箱可按具体情况调整制动时间。 当工作台速度快、质量大（惯性大）时，可适当关小节流阀 L_1、L_2，使制动时间调得长一些，以利于消除换向冲击；在相反的情况下则可以把它调得短一些，以利于提高效率。 如果前者调节不当，即节流阀 L_1、L_2 调得过大，或者 L_1、L_2 因磨损关不住节流口，会产生液压换向冲击，所以使用中需根据情况适当调整。

这种操纵箱用于需要磨端面的外圆磨床上是不适宜的，只能用在不要求很高换向精度的平面磨床、牛头刨床以及专用通孔磨床上。

（2）行程控制操纵箱

行程控制操纵箱也是由先导阀和换向阀等组成，不同之处是（与时间控制操纵箱相比）：液压缸回油既通过换向阀，又通过先导阀，然后经节流阀 L_3 流回油箱，即先导阀不但控制换向阀换向，而且参与了工作台的制动（图 5-557）。

① GY24-25×50 型操纵箱

a. 工作原理。

图 5-557 为行程控制操纵箱的工作原理图，GY24-25×50 型操纵箱属于此类。

• 制动过程。 为了提高换向精度和换向平稳性，工作台在往复运动过程中制动分两步。当工作台行程挡铁碰拨杆，带动先导阀 a 右移，通过阀芯上的制动锥 T 逐渐关闭主回油路的通路 5→6，使工作台减速、缓冲，当先导阀移动一定距离 B_1，制动锥 T 将回油通路 5→6 关小到剩下距离 $\Delta = 0.2 \sim 0.5mm$ 时，工作台制动到某一固定的低速值，它与工作台制动前的速度无关，这一制动过程称为预制动。 制动过程的第二步是，先导阀 a 移过 B_1 距离时，控制油路的通路 8→10 关闭，10→12 打开 0.1 ~ 0.45mm（此时控制油路的通路 7→9 也已打开，9→11 关闭），换向阀右端油液从 14→1O→12 和油箱相通，换向阀阀芯左端在来自 7→9 的控制油液推动下，快速右移至孔 14（快跳孔）被堵死为止，该动作称

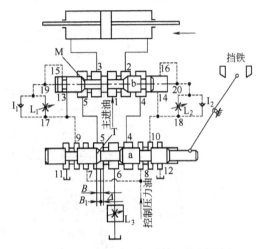

图 5-557　行程控制操纵箱工作原理图

为换向阀的第一次快跳。 换向阀快跳至中位后，使液压缸两腔互通压力油，这时液压缸回油路 3 的压力显著增大，加剧了制动作用，直至工作台停止移动。 至此制动结束，称终制动。 因此，制动的第一步，是由先导阀上的制动锥 T 移动一定行程，对液压缸回油施加背压力来获得行程制动的，目的是使预制动后的工作台速度为常数。 制动的第二步，换向阀快跳至中位使液压缸两腔互通，这样缩短了工作台制动时间（加入了时间控制因素），采用上述措施后，进一步提高了工作台的换向精度。

• 端点停留。 换向阀 b 继续右移，回油经油路 20、节流阀 L_2、油路 18→10→12 回油箱。只要调节 L_2（反向时调 L_1），便可改变换向时的停留时间。 停留时间从换向阀至中位后工作台停止时开始，到油路 2→4 打开、工作台反向启动为止。

• 反向启动。 换向阀继续右移，当油孔 16 与 14 通过换向阀阀芯右端的环形槽将其接通时，换向阀右端回油经 20→16→环形槽→14→10→12 回油箱。 由于回油畅通，换向阀又一次快速右移，称第二次快跳。 此时，换向阀迅速切换主油路，使工作台迅速启动。

行程控制操纵箱的特点是：无论工作台运动速度如何变化，工作台的制动基本上是由工作台带动先导阀移动一定的行程 B_1（B）所决定。 因此不受工作台工作速度的影响，换向精度高，它适合换向精度要求高的内外圆磨床。

b. 故障分析与排除。

GY24 型操纵箱，有 GY24-25×50、GY24-50×50、GY24-50×100 三种规格，均属于行程控制式操纵箱。 GY24-25×50 型用于外圆、内圆磨床上，有未经改进的与经改进的两种（图 5-599），目前在工厂设备中均能见到。 下面介绍它们的故障分析及排除方法。

【故障1】 启动时冲出量大

未改进前的 GY24 型操纵箱，当开停阀处于"停"位时，通往液压缸的主进油路被切断，液压缸两腔互通且通油池（换向阀为"H"型）。这样，停的时间一长或手摇动工作台面后，缸内部分油液在重力作用下流回油箱，空出的体积由空气倒灌补充，当再度启动液压泵，开停阀置于"开"的位置时，液压缸的一腔通压力油，另一腔由于有空腔缺乏背压而形成工作台突然向前高速运动（即前冲），冲出一段距离（冲出量）后，当液压缸低压腔建立了足够的背压时，才转入正常运动。

改进措施如图 5-558 所示，将操纵板上通进油和手摇机构的油管交换一下位置。

改进开停节流阀，改进前后如图 5-559 所示。经改进后，液压缸内两腔始终有压力油（背压），不会出现启动时冲出量大的开车冲程现象。

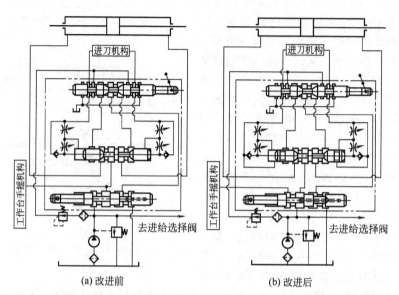

图 5-558 GY24-25×50 型操纵箱改进前后工作原理图

(a) 改进前   (b) 改进后

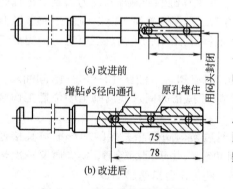

图 5-559 开停节流阀的改进

【故障 2】 换向冲出量大，换向精度较差

i. GY24 型操纵箱虽为行程制动，其制动行程为一常数，但工作台速度愈高，制动时间就愈短，换向冲击也就愈大（冲出量大），加上油温、压力等变化的影响，换向点不会是不变的，换向精度有可能较差。

对于未改进前的 GY24 型操纵箱，换向阀的移动速度太慢（无快跳），使工作台在换向转换过程中无法立即换向，而要继续移动一段距离，造成换向冲出量大，影响换向精度。

先导阀（导向阀）控制主、辅助油的阀芯上的控制尺寸处理不当也会产生换向冲出量的增加和倒回量大，影响换向精度。

解决办法是：按图 5-560 与表 5-50 在换向阀两端的壳体上增加快跳孔，使换向阀的移动速度加快，即可减少冲出量的数值。但还存在在短行程时一端换向有停留时间，另一端换向偶有停留出现，甚至不换向。此现象的出现是由于一端有停留时，换向阀的辅助回油要经过开停节流阀而回去，停留时间越长，换向阀移动速度越慢，换向阀还没有移到头则由于工作台运动速度比换向阀移动速度快得多，工作台已作再一次换向。当先导阀稍一移动，换向阀两端就接通辅助压力油，使另一端辅助回油的压力突然增加，这样，换向阀急速往反方向移动一下，形成液压缸

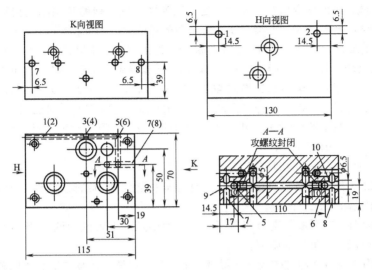

图 5-560　GY24-25X25 型操纵箱壳体改进图

两端通主压力油，致使工作台停顿或停死不换向（较少出现）。 为此，增加换向阀移至停留位置后发生第二次快跳，这样，当停留孔道封闭后回油可经换向阀的环形槽回到先导阀，使换向阀不受停留时间长短的控制。 为此可按图 5-561 重新做一根换向阀换上。 但须注意：换向阀环形槽尺寸应严格按图尺寸加工，若 5.25mm 尺寸过大，会使换向阀移至停留位置后不实现再一次快跳，即停留孔道封闭后的回油不经换向阀的环形槽流出。因此工作台换向后的运动速度又出现由慢到快的现象。

表 5-50　快跳孔及其要求

孔号	要　　求
1、2	划线钻 $\phi5\times96$
3、4	划线钻 $\phi5$ 与 1、2 号孔及换向阀阀体孔号
5、6	划线钻 $\phi5\times31$
7、8	划线钻 $\phi5\times30$
9、10	划线钻 $\phi6.5\times17$，并按改装图所示部位攻螺纹并用 M6×10 螺钉封闭
备注	壳体经加工后，清除切屑，去毛刺，并用 $\phi5$ 锥塞堵塞各外露孔

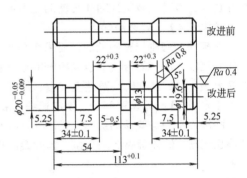

技术条件：1. 各长度尺寸公差皆为 ±0.15mm；

2. 倒角 0.5×45°；3. 热处理 C45～50；

4. 圆度和圆柱度允差 0.003mm；5. 材料：40Cr。

图 5-561　换向阀改进图

ⅱ. 对于因先导阀尺寸不适当产生的冲出量和倒回量大会影响换向精度的问题，可重新加工一先导阀阀芯或对先导阀有关尺寸作一些修正。

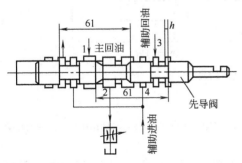

图 5-562　先导阀控制尺寸

对于倒回量的问题是指工作台在换向时，到达换向点后，急速倒退一段距离，然后才反向，这种现象称为倒回（一般允许值为 0.05mm）。 如图 5-562 所示，当先导阀控制尺寸太长，即 h 值比较大的情况下，主油路 1 至 2 关闭时，辅助回油 3 至 4 早已接通，换向阀偷跑快跳，使液压缸左、右两腔互通压力油，工作台停止运动，导向阀削弱或失去预制动作用。 在此情况下，时间制动点的比重较大，故换向精度较差，为此可根据实物重做一根新的先导阀，适当减少其控制尺寸，使主回油关闭时，辅助回油刚刚接通。但尺寸不可减少过多，否则会使换向阀起步迟缓而使无停留时的停留时间增加，所以，要逐步试验来确定。

ⅲ. 对于冲出量过大问题，则与上述刚好相反，是控制尺寸不够长。在一般情况下，可拆下先导阀修磨锥面以增长其尺寸，而无需重作阀芯。在修磨前先进行一次无停留时间的台面换向速度快慢试验：若台面无停留时间的换向需 0~0.5s，则是正常情况，无需修磨锥面，若无停留时的停留时间太长，要用手扳一下才能换向，这说明控制尺寸不够长，可适当将锥面磨去一部分以增长控制尺寸，一般可解决问题。但注意不能磨得大多。因为此尺寸过长后，换向无停留时间正常了，而换向冲出量增加了。

【故障3】 换向无停留时间较长

工作台换向时，先导阀虽已改变方向，但换向阀未能换向，因而工作台不换向，出现所谓死点。产生原因和消除方法如下。

ⅰ. 操纵箱换向阀的两端节流阀调节不当，使回油阻尼太大或回油封闭。可适当将节流阀调节螺钉旋松，以减少辅助回油阻尼。

ⅱ. 换向阀由于拉毛或污物卡死在一端或中间位置，可清除污物去毛刺予以解决。

ⅲ. 先导阀与阀孔的开闭尺寸选择不当，如改进前的 GY24 型操纵箱导向阀上控制辅助压力油的一挡尺寸（16.7mm），由于封油长度近乎为零［图 5-563（a）］，很容易使液压缸回油同辅助压力油互通，造成慢速时不换向（同时也是产生换向时窜动的主要原因）。可按图 5-563（b）做一新阀换上，将先导阀控制辅助压力油的封油长度由 16.7mm 改为 14.7mm，增加了 2mm 的封油长度，可避免液压缸回油与辅助压力油互通，以保证辅助压力油有足够的压力。

【故障4】 异速精度差

在高精度磨削修整砂轮时，要求工作台以极低的速度（10~30mm/min）运动，则先导阀在工作台挡铁、拨杆的带动下也以极低的速度移动，这样会使换向阀 a 的先导控制回油通路 10→12 打开太慢，造成换向阀快跳速度减慢，延长了制动时间，因而降低了异速换向精度。

【故障5】 停留时间长、换向迟缓、液压缸速度降低

同样由于先导阀移动缓慢，通道 10→12 还来不及完全打开，换向阀 b 动作业已完成，工作台停止运动，但先导阀 b 未到位，因此会出现停留时间长、换向迟缓和换向后主运动速度降低等现象。

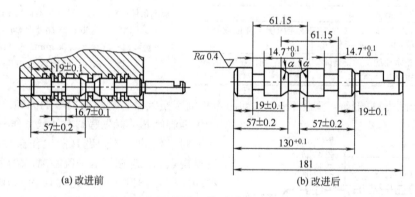

(a) 改进前   (b) 改进后

图 5-563 先导阀改进前后尺寸

【故障6】 不能短距离频繁换向

由于挡铁拨杆的杠杆比关系，工作台移动 13.5mm（相当于先导阀移动 9mm）时才能使换向结束，所以不能宽砂轮磨削工件。

上述故障 4~6 基本上是 GY24 型操纵箱先天性的故障，下述的 HYY21/3P-25T 型操纵箱可以

弥补上述不足。

② HYY21/3P-25T 型操纵箱

a. 工作原理与工作特点。 HYY21/3P-25T 型操纵箱的工作原理与 GY24 型操纵箱基本相同,此处说明其工作特点。

· 改善了工作台慢速运动时换向迟缓等缺陷。 该操纵箱在结构上使先导阀的台肩与阀体上相应的控制边做成边对边(即零开口)的形式(图 5-564),同时在控制换向阀换向的两条控制油路上(图 5-564 中的 8 与 9)并接了抖动阀(液压缸)28 和 29,因此,即便在工作台慢速运动时,只要工作台上的挡铁拨动拨杆稍微使先导阀越过中位,控制油路 6 和 8(工作台左行)或 7 和 9(工作台右行)便立即打开,换向阀作第一次快跳,工作台停止运动。 这时因装有抖动阀(柱塞缸),在抖动阀的作用下,先导阀也能快跳到位,使主回油路和控制油路的通路都迅速完全打开,这样就不会在工作台移动速度极慢时出现像 GY24 型操纵箱那样先导阀阀芯还没有达到换向点位置而换向阀阀芯已走完其第一次快跳行程,使工作台停止运动的情况;也不会使工作台在低速度下换向时出现停留时间过长、换向迟缓甚至不换向等现象。

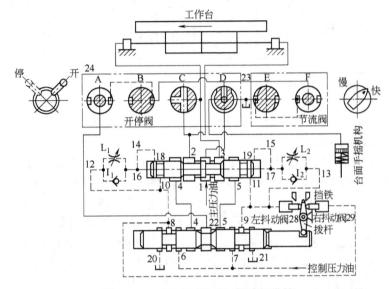

图 5-564　HYY21/3P-25T 快跳操纵箱

· 提高了换向精度。 从 GYZ4 型操纵箱的工作原理可知,工作台的制动分两步,即预制动(近于时间制动)和终制动(行程制动)。 换向阀的移动分第一次快跳,慢速移动和第二次快跳三个阶段,先导阀对工作台的预制动只能将其速度减得很慢,不能使其运动停止,工作台的终制动还是要靠换向阀到达中间位置(H 型)使液压缸两腔都接通压力油时才能完成。 而装有抖动阀后,先导阀的控制油口已是零开口,便能使先导阀和换向阀几乎同时快跳,使预制动和终制动同时进行,当主回油通道由先导阀关闭时,工作台制动完毕,于是工作台在两端的停留位置即由先导阀快跳位置来决定,因此提高了工作台的换向精度。

· 先导阀快跳还可以用来实现工作台的短距离换向(工作台抖动)。 因有快跳动作的先导阀,先导阀一快跳就会使阀上的主回油口完全打开,因此先导阀阀芯只要稍微偏离其中间位置,发出换向信号就可使通向换向阀两端的控制油路和主油路切换,在工作台两个挡块几乎夹住拨杆的情况下实现短距离(1~2mm)的换向,这对提高切入式磨削的磨削质量和工作效率并使砂轮磨损均匀来说,都是很有必要的。

· 手摇移动台面对刀准确。 在磨削阶梯轴和不通孔时,常常需要手摇移动工作台来进行对刀,由于先导阀进行快跳的同时工作台的运动便停止,所以当工件和砂轮的位置对准后,借助于先导阀开始快跳时的位置调整挡铁（手柄近乎垂直位置）来进行准确对刀。

· 开停阀与节流阀分开，给加工和操作带来方便。

b. 故障分析及排除。 HYY21/3P 型操纵箱有很多优点，但由于加工、装配及使用（磨损）等方面的原因，仍存在一些故障。

【故障1】 换向无停留时间太长，有时需用手拨动一下先导阀撞块才能换向

这主要是先导阀上的 62mm 的开挡尺寸不够大（图 5-565），可适当修磨制动锥，适当加长制动锥长度，或将辅助回油控制边在车床上车掉一点。 如只有一个方向，例如右（或左）端无停留时间过长，则修磨与右（左）边先导回油控制边相关的那个开挡尺寸。 修整时要逐步试验，不要一次修磨（或车削）过多，以免影响换向精度。

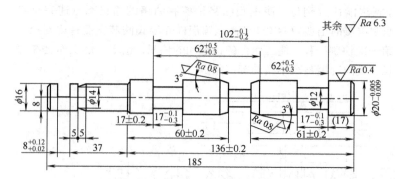

图 5-565　HYY21/3P-25T 型操纵箱先导阀

技术条件：

1. $\phi 20^{-0.005}_{-0.009}$ 圆度与圆柱度允差不大于 0.003mm；

2. 锥面与圆面之交线清晰无锯齿状；

3. 热处理：C48；

4. 倒角 0.5×45°，锐边处不得倒角；

5. 材料：40Cr。

【故障2】 换向精度差

先导阀上 62mm 的开挡尺寸太长，如右（或左）端换向精度差，则是与右（或左）端辅助回油控制边相关的开挡尺寸太大，可重做一根先导阀芯（图 5-566），适当减少 62mm 的开挡尺寸。

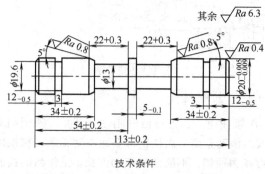

技术条件

1. $\phi 20^{-0.005}_{-0.009}$ 的圆度和圆柱度不大于 0.003mm。

2. 锐边不得倒角，其余倒角 1.5×45°。

3. 热处理：HRC48。

4. 材料：40Cr。

图 5-566　HYY21/3P-25T 型操纵箱换向阀阀芯

i. 先导阀阀体孔沉割槽的边缘缺损或成锯齿状（影响同速精度）。 可重新加工一根先导阀，适当减少 62mm 的开挡尺寸，以补偿阀体沉割槽的缺损。 或用内孔车槽刀将锯齿状车掉，相应减少（与车去尺寸一致）阀芯 62mm 尺寸。

ii. 先导阀阀孔轴向拉毛或有较深沟槽。拉毛轻微者，可经研磨重配阀芯，拉有较深沟槽者需重新加工阀体。

iii. 系统内存在大量空气，须进行排除。

【故障3】 起步迟缓

i. 换向阀两端的节流阀调节不当，开口量调得太小，可适当加大。

ii. 换向阀阀芯两端的环形槽距端面尺寸不够，可将换向阀两端的环形槽向端部方向车掉一点，这样可提前接通第二次快跳孔和第一次快跳孔，使第二次快跳提前，加快起步速度。

iii. 换向停留不稳定。 换向阀两端的单向阀（钢球）封油不良，致使停留时间太短，甚至无停留。 如钢球磨损可更换钢球，阀座孔缺损的应修圆，使之与钢球、阀座密合。 详见 5.2 节有关内容。 油液黏度太大，应按机床使用说明书选用合适黏度的油液。

iv. 其他原因，例如停留阀与阀体配合间隙因磨损加大，停留阀开口被污物堵塞，可停留阀

开口太小，都影响换向停留时间长短变化，可根据情况一一排除。

5.24.2 润滑油稳定器

（1）工作原理与结构

润滑油稳定器用于机床上，将润滑油输往导轨及丝杠螺母等需润滑部位，并根据需要而调节润滑压力和流量，减少滑动副或转动副的摩擦力，可减少磨损，延长设备的使用寿命。

最早使用的 GY35-1×1 型润滑油稳定器的结构和工作原理如图 5-567 所示，来自系统的压力油 p 经细长孔铜管（固定阻尼）降压为 p_1，再经节流调节螺钉（节流器）进入润滑的部位。 由于细长孔易堵塞，且使用中因振动容易断裂，经改进出现了 HYY31/1P 型跳动阻尼（可变阻尼）的润滑油稳定器，其工作原理与结构如图 5-568 所示。 它有利于润滑压力 p_1 的稳定，并且改锥形节流器为三角槽节流器，利于润滑流量的稳定。

为了避免润滑点（如工作台导轨）润滑油过多和压力较大造成工作台的浮起过大，影响精度，也有采用图 5-569 所示的加装一个三通接头，用旁路分流的润滑方式。

图 5-570 是在 GY35-1×1 型（固定节流器）的基础上改进的润滑油稳定器，它将原细长铜管改为固定薄壁小孔 2（孔径 $\phi2mm$），原调节螺钉改为偏心槽阀芯 1 密封圈，可防止润滑油外漏。

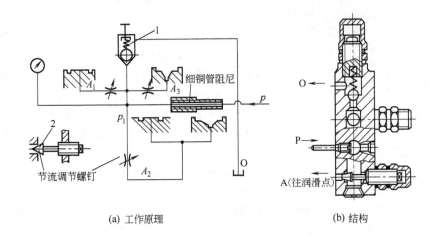

(a) 工作原理　　　　　　　(b) 结构

图 5-567　GY35-1×1 型润滑油稳定器

注：1. 有三个润滑点，每点额定流量不大于 0.05L/min；
　　2. 输入压力 p 为 3～2.5MPa，p_1 为 0.2MPa 左右。

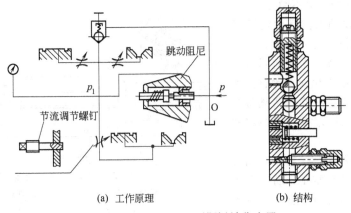

(a) 工作原理　　　　　　　(b) 结构

图 5-568　HYY31/1P 型润滑油稳定器

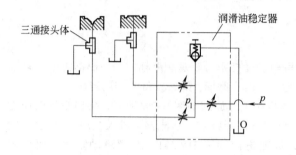

图 5-569 旁路分流的润滑原理

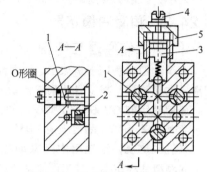

图 5-570 改进的润滑油稳定器

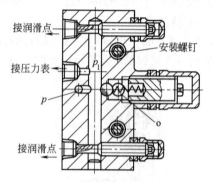

图 5-571 M7130-44B00 型润滑油稳定器

图 5-571 为 M7130 型平面磨床的 M7130-44B00 型润滑油稳定器，也为固定节流器降压（p→p_1）。

（2）故障分析及排除

【故障 1】 润滑压力不稳定，或者升不高，或者下不来

① GY35-1×1 型润滑油稳定器的细长铜管固定节流器（阻尼器）因压力油作用，铜管被冲断或不小心弄断，或者细铜管锡焊在螺钉头上时因未焊牢而脱落，从而固定阻尼不能起减压作用，使润滑压力 p_1 和系统来油压力 p 因连通而相等，故 p_1 随 p 的变化而变化。 排除办法是重新焊一细铜管，或者改成跳动阻尼，或者改为等效的薄壁小孔固定阻尼。

② GY35-1×1 型稳定器的铜管细长，易被污物阻塞，有时通畅有时阻塞，造成润滑压力不稳定，此时可用细钢丝穿通铜管或用压缩空气吹除铜管中的污物

③ 钢球（溢流阀）封油不良而使 p_1（润滑压力）升不高，此时可用 120°角钻头反转修刮阀座面，磨有凹坑的钢球予以更换，新钢球放入后，用榔头敲击一下，使钢球与阀座密合。

④ 弹簧疲劳变形或漏装，可调换新弹簧。

⑤ HYY31/1P 型润滑油稳定器的跳动阻尼卡死，不跳动，可拆修使之灵活。

⑥ HYY31/1P 型的跳动阻尼装置因磨损，阀芯与孔间隙过大，致使压力降不下来，此时可重做一跳动阻尼的新阀芯，使与孔的配合间隙保证在 0.01～0.02mm。

【故障 2】 润滑油量不稳定

① 系统压力波动大，而稳定器又因上述原因造成润滑压力不稳定，导致各润滑调节螺钉（节流器）的前后压差变化大，使润滑流量变化大，此时要尽量减少系统压力波动（必要时装减压阀稳压），另外要按上述方法保证稳定的润滑压力。

② 对 GY35 型稳定器，其流量调节采用锥面针阀，调节范围小，而且在压力冲击下，原调好的位置易变化，可改用图 5-572 所示的带三角槽的针形阀，

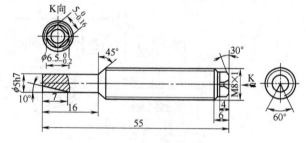

技术条件
1. 热处理：45-Y；2. 表面处理发蓝；
3. M8×1 与 φ5h7 工艺同心；4. 材料：45 钢。
图 5-572 带三角槽的针形阀

效果较好。

③ 进入稳定器的油液不干净，堵塞了阻尼小孔和针形阀的三角槽。 此时可拆开清洗并保持油液干净，必要时，在润滑油稳定器前加精密滤油器。

5.24.3 静压轴承

静压轴承具有很多优点，能满足高精度、重载荷及高低速各种速度范围的液压设备，特别是高精度机床的液压支承的要求，已有较广泛的应用。

（1）分类、工作原理与结构

静压轴承工作时，始终保持 0.02~0.05mm 厚的油膜，因而始终浮在压力油中，形成纯液体摩擦，具有许多优点：摩擦力小、低摩擦寿命长；承载能力强；具有良好的速度适应性，低高速均可；具有良好的抗振性（油膜吸振），运转平稳；油膜对误差有均化作用，回转精度高。 缺点是要求配备一套专门的供油系统，对供油系统的过滤和安全保护要求严格，轴承的制造工艺要求也较高。

① 分类　静压轴承主要可分为径向与轴向两种（向心与推力），还有锥面、球面静压轴承。如图 5-573 所示。

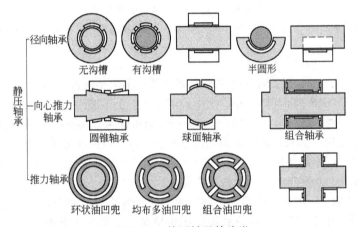

图 5-573　静压轴承的分类

② 工作原理　静压轴承的工作原理如图 5-574 所示，恒压的油液沿管路经节流器部分（图中为 4 个节流器），进入轴承内壁上的矩形或圆弧形油腔（图中为 4 个），压力降为 p_0，然后通过轴与轴承之间的轴瓦面（封油面）间隙（h_0）流回油池，压力降为零。

当外载 F（自重也看成外载）为零时，假定 4 个节流器（$L_1 \sim L_4$）完全一样，4 个腔的封油间隙 h_0 相等，所以 4 个油腔的压力都等于 p_0，这时轴在 4 个相互垂直的指向轴心的相等力的作用下浮起，轴的中心位置可以认为和轴承孔的中心位置相同（图 5-575）。

当轴受到外加载荷 F 的作用后，由于轴上受力不平衡，轴心要向下偏移一个值 e，使均匀间隙变为不均匀间隙（图 5-574），轴和轴

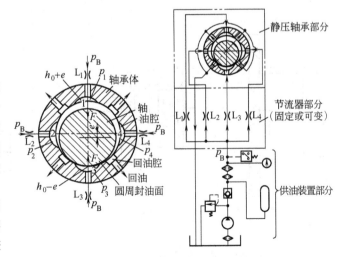

图 5-574　静压轴承的工作原理

承下半部的间隙从 h_0 减少到（$h_0 - e$），回油不通畅，下油腔压力 p_0 升高到 p_3；而上半部因间隙由 h_0 加大到（$h_0 + e$），回油更通畅，上油腔压力将从 p_0 降低到 p_1，因为 $p_3 > p_1$，所以轴受到一个向上的推力 F'，当此力 F' 与外加载荷 F 相平衡时，主轴保持在某一新的位置上稳定下来。 轴仍对中浮在油中，只不过轴的中心向下偏移了一个很微小的量 e'（$e' < e$）。

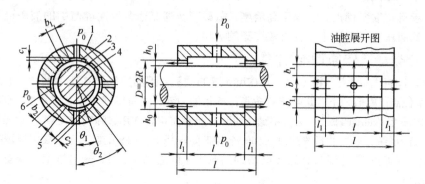

图 5-575　径向静压轴承结构简图

1—轴承体；2—矩形油腔（4个）；3—轴；4—油槽（4个）；5—轴瓦面（圈固封油面）；6—轴瓦面（轴向封油面）

横向外加载荷时，情况完全一样。

从上述分析可知，形成静压轴承有三个必要条件：①每个油腔前面一定要串联一个定节流器，否则，$p_0 = p_B$，即使下部间隙减小，上部间隙增大，上下腔压力不能变化，不可能产生平衡外载的压力差，而只能导致 $p_0 = p_B$ 的整个下降；②轴和轴承之间必须有一个合适的封油间隙。间隙太大，油腔压力建不起来；间隙太小回油不通畅，各个油腔压力急剧升高，接近供油压力而造成窜通，两种情况都不能使轴浮起来；③一个至少有三个以上彼此对称分布的油腔，否则不能承受相互垂直的两个外负载的作用，轴也浮不起来。

③ 节流器的结构　一般按节流器的不同结构形式分类者多，说明如下。

a. 小孔节流器（图 5-576）。 考虑到加工和抗堵塞，主要用薄壁小孔，$d_0 \geqslant 0.45mm$，l_0 在 1~3mm 范围内。

b. 毛细管节流器（图 5-577）。 有直通式和螺旋式两种，常取 $l_c / d_c > 20$，$d_c \geqslant 0.55mm$。工厂中常用医疗上用的注射针改制，截取适当长度，再焊上。

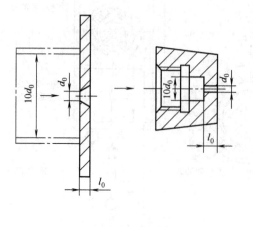

图 5-576　小孔节流器

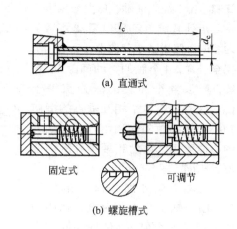

(a) 直通式

固定式　　可调节

(b) 螺旋槽式

图 5-577　毛细管节流器

c. 滑阀反馈节流器。 如图 5-578 所示，利用滑阀反馈节流器中阀芯与阀体两个圆柱面间的环状缝隙 h_c 来进行节流。 轴承上相对的两个油腔分别连接在同一反馈滑阀节流器的两端。 当轴上没有径向载荷时，进入各个油腔的压力油将轴浮在轴承的中央，这时四个油腔 1~4 的封油缝隙相等，所以四个油腔的输出流量和压力也相等。 因为滑阀反馈节流器两端油腔和静压轴承对应的两个油腔的压力相等，阀芯处在中间位置，阀芯两边的节流缝隙长度都等于 l_c。 当轴上受到径向向下载荷 F 时，下油腔 3 的封油缝隙减少，p_3 增高，p_1 降低，上下油腔形成压力差 $\Delta p = p_3 - p_1$。 由于油腔 1 和 3 分别与滑阀反馈节流器两端左右油腔相通，因此，右腔压力大于左腔压力，阀芯向左移动一距离 x，使左边的节流缝隙长度增大为 $l_c + x$，液阻增大，压力 p_1 进一步降低，p_3 进一步增高，这样就使静压轴承的油腔 1 和油腔 3 之间的压力差进一步增大，使受载荷 F 作用后的轴颈被稍微抬起，稳定在新的位置上。 轴仍对中浮动在油中。 如有水平方向负载，情况类似。

d. 薄膜反馈节流器。 薄膜反馈节流径向静压轴承的工作原理和节流器的结构如图 5-579 所示。

薄膜反馈节流器是应用节流器中间的薄膜与壳体上下凸台形成的两个圆环缝隙 h_c 来进行节流的，反馈的压差作用在薄膜上，引起薄膜上鼓或下凹来改变圆环缝隙 h_c 的大小，增加 p_1 与 p_2 的压力差，反馈工作情况可自行分析。

薄膜反馈节流器比滑阀反馈节流器灵敏，反馈效果好。 但对膜片厚度选择要得当，目前国内采用 0.9~2mm，平直度要求不大于 0.01mm。 节流缝隙 h_c 调整比较复杂（$h_c \geqslant 0.04mm$），油液需精密过滤（比滑阀式要求高）。

（2）故障分析与排除

【故障 1】 油腔压力逐渐降低，使承载能力降低

① 静压轴承在使用较长时间后，在润滑油黏度及进油压力相同的条件下，发现油腔压力下降，多是因为轴与轴承磨损、间隙增大、回油过于畅通所致。 此时应采用电镀或刷镀方法重配间隙。

② 节流器因污物轻微堵塞，通过节流器进入轴承油腔内的流量减少，使油腔压力降低。

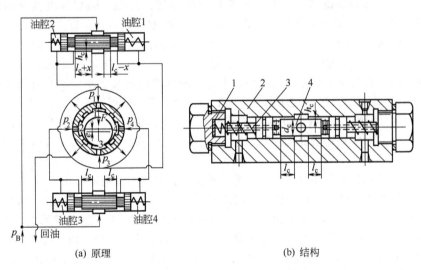

图 5-578　滑阀反馈节流径向静压轴承
1—调整垫；2—阀体；3—弹簧；4—滑阀

如当采用固定小孔节流器，而小孔直径小于 0.45mm 时最易堵塞，改用毛细管节流，可得到

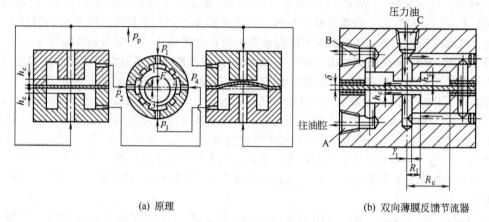

(a) 原理   (b) 双向薄膜反馈节流器

图 5-579　薄膜反馈节流径向静压轴承工作原理和节流器结构

较大孔径，但也容易堵塞，最好采用薄膜或滑阀式反馈节流器。　另外要特别注意对进入节流器油液的精密过滤，而设置的精滤器也需时常清洗。

③ 滤油器堵塞。　对节流器前安装的精滤器和供油系统的滤油器都应经常定期清洗，对纸质滤油器，则应定期更换滤芯。

④ 液压泵选取不当，容量太小。　在选用泵流量时，要考虑到油液纵升产生的泄漏因素，合理选取，但也要避免选得过大，造成溢流过多而发热。　建议按计算流量的 2 倍左右选择液压泵流量。

⑤ 供油的液压系统压力下降。　此时应检查系统压力上不去的原因，如是否因溢流阀故障。查明原因作出处置后才能启动主轴。

⑥ 润滑油黏度的影响。　对小孔节流静压轴承，在其他条件相同的情况下，油腔压力与润滑油的黏度有关。　即润滑油黏度越小，油腔压力越低，反之油腔压力越高。　而润滑油的黏度随油温的升高而降低，所以在主轴经过一段运转时间后，油温升高，油液压力降低一定值属正常现象。　故一般在小孔节流液体静压轴承中均采用低黏度的润滑油，以减少温度对油腔压力的影响。　为了适应高转速，减少发热和保证油温在 20～50℃ 范围内变化，节流比 β（无载荷时油腔压力 p_0/液压泵供油压力 p_B）值宜在 1.5～3 范围内变化，建议采用下面三种油液中的任意一种：3 号主轴油；50% 主轴油（2 号）＋ 50% 主轴油（4 号）；70% 煤油 ＋ 30% 液压油。

⑦ 薄膜反馈节流器原始间隙选得太小，小孔毛细管节流器孔太小太长，滑阀反馈节流器阀芯配合间隙太小，均可能产生油腔压力不高的故障，此时需根据原设计作必要更改。

⑧ 主轴线速度影响。　对线速度大的静压轴承，若回油槽设计不合理，当主轴运转时，出现油腔压力下降。　设计原则是既要使回油通畅，又要使回油槽始终充满油液（回油槽内有一微小压力）。

【故障 2】　油腔压力升不起来，轴不能全部浮起，造成轴拉毛和咬死

① 轴承内及供油系统中残存有机械杂质未清洗干净。　如金属屑、研磨砂、氧化物等最容易残存在轴承油槽、回油腔内。　当主轴运转时，污物楔入轴承内，必须清洗又清洗，干净再干净。

② 轴承内孔的毛刺在装配前未彻底清除干净。　对静压轴承而言，由于油槽、回油槽较多，毛刺存在的位置也多，稍不注意便后患无穷，会造成拉毛和烧死。　因此要订出合理且严格的去毛刺和清洗工艺。

③ 供油系统的各种滤油器过滤精度选择不当，不能彻底过滤掉机械杂质。　若油液过滤不彻底，杂质颗粒大于轴承油膜厚度（轴承半径间隙 h_0）或大于节流器的节流间隙（对小孔节流器是指小孔直径，对毛细管节流器是指毛细管孔径），则会将主轴拉毛、轴承内孔拉伤和造成节流器

堵塞导致轴承咬死。 所以节流器前应装上粗精两种滤油器，精滤器的选择原则是油液经过滤后，其颗粒尺寸应小于轴承半径间隙和节流器的节流间隙。

目前，在轻、中负载的机械设备静压轴承中，半径间隙在 0.015~0.04mm 范围内（根据轴径及使用要求而定），小孔节流器的小孔直径、毛细管节流器的孔径及反馈式节流器（包括滑阀式和薄膜式）的节流间隙是根据具体条件计算出来的。 按目前通常应用的情况，小孔节流器的小孔直径在 0.45~0.6mm，毛细管孔径大于 0.55mm，反馈节流器的间隙在 0.05~0.1mm，薄膜反馈节流器间隙 ≥0.04mm。

对重载大间隙的静压轴承，滤油器的选用原则基本相同。

④ 节流器严重堵塞。 节流器的堵塞有两种情况，一种是所有节流器均被堵塞，各个油腔的工作压力均大大降低，使节流比 β 值大大减小，从而降低了轴承的油膜刚度及承载能力。 若工作载荷超过了轴承的承载能力，主轴则产生"贴底"现象，相对运动的轴承与主轴便会因贴底的硬性接触而被拉毛，甚至咬死；另一种情况是只有部分节流器堵塞，这样主轴便会偏离轴承中心位置，堵塞越严重，偏移值越大，致使主轴与轴承拉伤或卡死，使相对运动的主轴与轴承烧坏而不能工作。

造成节流器堵塞的原因有装配前残存的杂质未经仔细清洗掉，滤油器过滤精度差以及润滑油中的水分氧化物造成节流器的生锈等，可根据情况分别处理。 对于油液生锈的情形，可在油中加入 0.3%~0.6% 的 2,6-二叔丁基对甲酚抗氧化添加剂和 0.02%~0.2% 的十二烯基丁二酸防锈添加剂，以抗氧化与防锈。

⑤ 供油系统中不合理地取消了蓄能器、压力继电器等保险安全装置，或者压力继电器动作失灵。 在突然停电时，主轴电机与供油系统液压泵电机同时停止转动，液压泵失去供油作用，但主轴会因惯性继续回转，若供油系统取消了蓄能器，便不能保证断电后仍能供油， 轴承会出现硬性摩擦转动而拉毛或磨损，对于高速惯性大的情形，很可能造成烧死。 所以供油系统的蓄能器非但不能取消，而且容量要足够。

压力继电器的作用是保证先启动液压泵，使静压轴承油腔建立一定压力才启动主轴；另一作用是如果因液压泵突然出现故障而停止压力油供给，或滤油器堵塞后没有及时更换清洗，致使供油压力下降，利用降压使压力继电器发信，关闭主轴电机。 这都是为防止油腔压力未达到预定值，主轴尚未"浮起"时就启动主轴电机而导致主轴轴承磨损烧坏而设置的， 因此不能取消，不能不设。 而且对重型机械设备，压力继电器接在轴承油腔内直接通路上（节流器出口）为最好。 对于主轴转速高，主轴惯性大的液体静压轴承，供油系统应该如图 5-580 所示，节流器前的滤油器 10 可防止管路中的杂质进入节流器及轴承内。

⑥ 反馈节流的液体静压轴承电路上未装时间继电器。 从启动液压泵电机到油液通过反馈节流器进入轴承各油腔，主轴尚未"浮起"到主轴"浮起"需要一段平衡的时间。 如果电路上未装时间继电器，（即主轴因重力下沉）就启动主轴电机，必然造成主轴拉毛甚至烧坏。 如果装有时间继电器，调节的时间要能确保主轴"浮起"。

⑦ 主轴设计不合理、主轴挠度太大。 主轴挠度决定于外负载的大小、主轴直径大小、载荷受力点的位置、两轴承的跨距及悬伸长度等。 当主轴挠度大于静压轴承半径间隙 h_0，则主轴与轴承产生硬性接触将轴承或主轴拉毛，严重时烧坏。 一般挠度应小于 $h_0/3$，否则应重新设计或

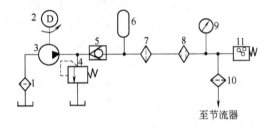

图 5-580　静压轴承的供油系统

1—滤油器；2—电机；3—液压泵；4—溢流阀；5—单向阀；6—蓄能器；7—粗滤器；8—精滤器；9—压力表；10—滤油器；11—压力继电器

采取其他措施（如增大主轴直径、减少跨距及采用多点支承等）。

⑧ 在转速高，采用带传动的静压轴承（如内圆磨头）中，卸荷装置设计不合理也会造成主轴轴承拉毛或咬死。产生原因是卸荷轴承内孔与主轴前后静压轴承内孔的同轴度误差太大，如图 5-581（a）所示存在偏心 e，在主轴转动时，迫使静压轴承受周期性的偏心力，造成轴承油腔压力周期性地变化。当偏心度值 e 超过某极限时，一边间隙增大，另一边间隙减小，甚至为零，则静压轴承和主轴会产生拉毛、咬死。所以应严格保证卸荷轴承和主轴静压轴承的同心度。

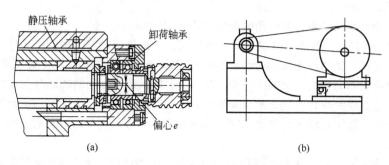

图 5-581　皮带传动的静压轴承

另外，主轴转速高，主轴直径较小的三支点静压轴承，若皮带的拉紧力太大，使主轴轴颈处的挠度变形，与轴承受载后的最大位移之和大于静压轴承半径间隙，会造成拉毛、咬死。为了防止带预加力的增大造成主轴变形大，可采用铰链式自动调整带松紧的恒拉力的装置，始终以电机自重作带的预紧力［图 5-581（b）］，也可采用不等油腔结构，大油腔正对带拉力方向来平衡带的预紧力。

【故障 3】　油腔有压力，但主轴转不动或转动阻力太大，转动力不均匀

① 部分节流器堵塞，使对称的静压油腔压力相差较大，造成转动不均匀或转不动。此时应排除堵塞现象。

② 前后两静压轴承或主轴各台阶同轴度差，轴颈和轴瓦的形状误差超差，表面粗糙度过高要通过修复或重新加工，解决同轴度的问题。

③ 进入节流器前的油液未经精密过滤，脏物进入主轴和轴承间隙，造成卡死转不动。

④ 前后密封盖碰卡主轴，可拆开重装。

⑤ 设计时径向（或轴向）间隙选得太小，可参考同类轴承，重新选择合适间隙。

【故障 4】　转动轻松，油腔压力也有，但加工的表面粗糙度高，产生振动

① 节流比未调得恰当，主轴刚性差。理论上当节流比 $\beta = 1.71$ 时，轴承刚度有最大值，所以 β 一般取 1.5～2.3。

② 油腔压力波动大。对薄膜节流器，当薄膜太薄及平直度不好，薄膜和从节流器到轴承之间的导管产生共振。为减少进入静压轴承腔内的压力波动，回路中宜装减压阀稳压；薄膜应选取稍厚一点和平直度好的；对于导管共振，可采取适当降低供油压力，用夹板夹持导管，适当加大节流间隙，减少节流比，缩短导管长度以及改变节流的进油方式（即由原来的中心进油、环腔排油改为环腔进油、中心排油），进油中心孔适当加大等措施。

③ 油腔工作压力选用过低，刚度与承载能力显得不够，而且反馈迟钝，导致主轴刚性差，此时可适当提高油腔工作压力。

④ 静压轴承间隙选得太大或因长期使用后磨损造成间隙太大，须进行修复。

⑤ 对磨床采用静压轴承者，除了静压轴承方面的原因之外，还有其他原因，如砂轮动平衡不好、砂轮装配不好、砂轮与接杆固定不牢固、砂轮接触工件时打滑、内圆磨头砂轮接杆过长和刚性差而产生振动，可根据情况予以排除。

⑥ 传动链的振动。转角误差、传动误差大以及传动皮带质量不好，造成振动，主要要解决好传动误差大的问题。

【故障5】 噪声和压力脉动大，油腔压力不稳定

静压轴承由于有一层压力油膜，有吸振作用，具有振动小，噪声小的特点。但下述原因也会出现噪声较大、振动大、油腔压力脉动大的故障。

① 主轴圆度不好引起油腔压力变化，产生压力脉动和噪声，应修复主轴和轴承的几何精度。

② 同故障4中所述。

【故障6】 静压轴承发热

静压轴承优点之一是摩擦系数小，温升低（因为纯流体摩擦），但下述原因导致轴承发热。

① 油液黏度过大。

② 轴承间隙 h_0 太小。

③ 主轴转速过高。

④ 同故障2的原因②。

⑤ 油腔的结构形式也影响温升发热。目前采用的油腔结构形式有两种（图5-582），油槽式的主轴与轴承油腔的可接触面积大于方块式的。所以，轴承的温升前者大，在高速情况下，采用方块式油腔较为合理，在低速重载下采用油槽式油腔较为合适，反之则可能发热温升。

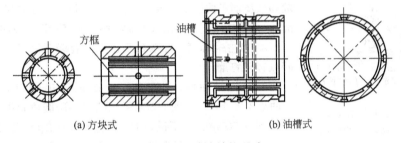

(a) 方块式   (b) 油槽式

图 5-582 油腔结构形式

⑥ 供油系统的发热，除了液压泵流量和压力要选得与静压轴承所需流量和压力相匹配（不能太大与太小）外，还可考虑是否采用恒温控制装置，以严格控制溢升。

【故障7】 主轴刚度差，静压轴承的定心效果差

① 参数选择不合理，可参阅有关液体静压技术方面的专著进行合理选择。

② 轴承外圆与壳体过盈值选择不当，甚至有间隙，此时若采用的是轴承外圆开有进油环形槽的静压轴承，会导致轴承外圆进油环形槽的压力油互通而降压，从而降低油膜刚度。

③ 轴承铸造缺陷，如存在严重砂眼、气孔及疏松等铸造缺陷，造成油腔压力油互通而降低油膜刚度。应更换合格铸件，重新进行加工。

④ 对止推静压轴承，止推面与径向轴承的轴心线不垂直，使止推轴承间隙不均匀，压力油从间隙大的地方泄漏，导致刚度不够。止推轴承的间隙选择过大，也会降低其刚度；另外主轴、止推环及锁紧螺母等零件的弹性变形大也导致刚度差。针对各种情况分别采取相应措施。

⑤ 前后两支承内孔同心度不好，使轴承的原始间隙改变，流量改变，而影响某些参数，降低了油膜刚度。因而在设计加工上要保证轴承有良好的同心度。

⑥ 定心效果差。当静压轴承前的某节流器堵塞时，使得该静压油腔无压力油流入，而对称的相对腔有压力，这样便使回转轴产生偏移，出现定心效果差的故障，可采用图5-583所示的方法解决。在节流器前各装设一二位二通电磁阀，在节流器后装设压力继电器，当某一节流器堵塞时，则某一静压腔的油腔压力下降，压力继电器失压发信，电磁阀通电，关闭相对称的两个油腔，所以轴的旋转中心不会改变而保证了定心精度。如和显示灯连起来，可知道是哪一节流器

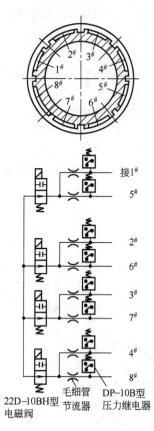

图 5-583 毛细管堵塞后
仍不改变旋转中心的结构

（接1#、5#、2#、6#、3#、7#、4#、8#）

22D-10BH型电磁阀　毛细管节流器　DP-10B型压力继电器

需要清洗。

（3）使用与维修

① 使用

a. 附有说明书的设备，必须熟悉说明之后，方可使用设备。

b. 主轴启动前，先应启动静压轴承的液压系统，然后用手转动主轴，转动较灵活后才可启动主轴。

c. 停机时，先停主轴，再停液压泵电机。

d. 对供油系统中的各滤油器应经常或定期进行清洗和定期更换滤芯（纸质），定期分析油液，防止污染和换油。

e. 油液在使用过程中会有消耗，应注意油箱油位的高低，一般使用静压轴承的回油很难全部返回油箱（例如某些进口加工中心机床）。

f. 静压轴承在使用一段时间后，主轴表面及轴承表面有轻微拉毛现象，只要节流比正常仍可继续使用，拉毛严重时当然需要修理，静压轴承修理时一般都认为绝对不能刮研。

② 维修　使用一段时间后，由于各种故障及污物的进入，使主轴轴颈及轴承内孔有拉毛现象。特别是轴向止推节流边（接触端面），由于使用不当会造成严重划伤。可采用下述方法进行修理。

a. 当主轴轴颈、轴承孔及止推面有轻微拉毛现象时，用金相砂纸轻轻打磨便可。

b. 当主轴轴颈、轴承孔及止推面严重拉伤时，可卸下主轴（轴承不卸下），用图 5-584 所示的双头研磨棒研磨两轴承内孔，可得到 0.003mm 以下的几何精度及 Ra0.2μm 以下的表面粗糙度。止推面可先上磨床加工，再用图 5-585 所示的研磨棒研磨。

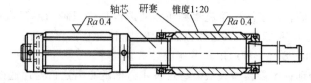

轴芯　研套　锥度1:20　Ra 0.4

技术要求

1. 轴芯淬硬 40~45Rc；2. 两研套与轴承内孔配磨，间隙 0.02~0.025mm；

3. 两研套同轴度、圆柱度及圆度小于 0.005mm。

图 5-584　双头研磨棒

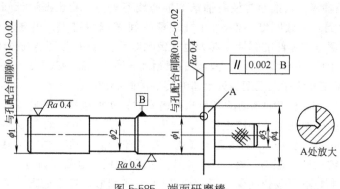

与孔配合间隙0.01~0.02　Ra 0.4　与孔配合间隙0.01~0.02　Ra 0.4　// 0.002 B

ϕ_1　ϕ_2　ϕ_1　ϕ_3　ϕ_4　A处放大　B　A　Ra 0.4

图 5-585　端面研磨棒

主轴轴颈可先经磨削、电镀，再精磨到几何精度 0.002mm 以下，表面粗糙度不高于 Ra0.21μm，并且保证与轴承孔的配合间隙（0.03~0.04mm）。修复后的装配要严格清洗和去毛刺。

节流器的修理可参阅阀类元件的修理方法和修理要求进行。

5.24.4 静压导轨

在导轨的油腔中通入具有一定压力的润滑油后，就能使动导轨（如工作台）微微抬起，在导轨面间充满润滑油所形成的油膜，使导轨处于纯液体摩擦状态，这种导轨就是静压导轨。这样，避免了导轨金属之间的硬性接触，不仅导轨磨损小、寿命长，而且工作精度高，抗振性好，低速时不爬行等，被称之为导轨的一项重大革新。

（1）分类、工作原理和结构

静压导轨按导轨的结构形式分，有开式静压导轨和闭式静压导轨；按供油情况分，有定压式和定量式静压导轨。

目前应用较多的是定压式静压导轨。定压式静压导轨常用的节流器有毛细管固定式可调节流器和薄膜反馈可调节流器。

静压导轨的系统组成和工作原理与静压轴承基本上相同。图 5-586 为定压开式静压导轨，图 5-587 为定压闭式静压导轨，图 5-588 是定量式静压导轨。可以看出，闭式静压导轨上下每一对油腔都相当于静压轴承的一对油腔，只是压板油腔要窄一些。开式静压导轨则只有一面有油腔。图 5-588（b）为油腔的结构图，根据导轨的长度设置若干个这种油腔。

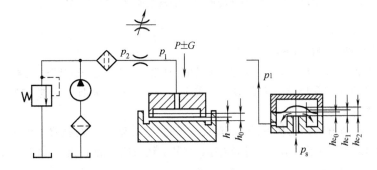

图 5-586　定压开式静压导轨

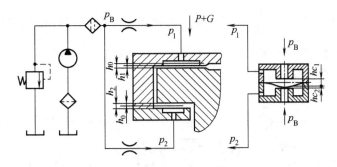

图 5-587　定压闭式静压导轨

静压导轨的节流器与静压轴承相似，但多用薄膜反馈节流器和螺旋槽式毛细管节流器（图 5-630）。

（2）故障分析与排除

静压导轨与静压轴承没有本质区别，它的故障和排除方法可参考静压轴承有关内容。另外

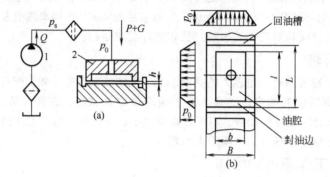

图 5-588　定量式静压导轨

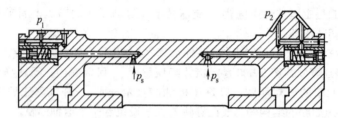

图 5-589　使用螺旋槽式毛细管节流器的静压导轨

还有下述两种故障现象：

【故障 1】　导轨的刚度不够

当承受变负载时，可动导轨面出现上下波动的现象。产生这一故障的主要原因是因负载变化导致节流器的节流比变化所致，为此应采用能保持节流器的节流比为常数的静压导轨和能控制油膜厚度不变的静压导轨。

图 5-590 为保持节流比为常数的静压导轨，不同之处就是在节流器前增加一压力反馈的滑阀装置。液压泵 2 输出的油压力 p_B（由溢流阀 3 调节）经滑阀 5 的窄缝 δ 降为 p_s，再经节流器降为 p 而进入静压导轨油腔。阀芯保持平衡的条件是 $p_s F_s = p F_1$，当外载荷 $P+G$ 增加时，油腔中的压力 p 增加，打破了阀芯 5 的平衡状态使之右移，节流缝隙 δ 随之增大，从而使 p_s 增高，又达到新的平衡。反之亦同。$\dfrac{p_s}{p} = \dfrac{F_1}{F_s} = \beta$（节流比），可始终保持为常数 $\left(\dfrac{F_1}{F_s}\right)$，因为 β 不变，而 $h = C_1 \sqrt[3]{\beta - 1}$（$C_1$ 为节流参数），所以载荷在额定范围内不论怎样变化，h 均保持为常量，从理论上讲油膜刚度趋于无穷大。

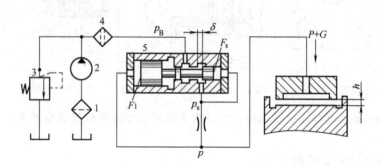

图 5-590　节流比为常数的静压导轨

【故障2】 导轨爬行

本来静压导轨的低速运动平稳性很好,难以爬行,但笔者也曾碰到 HO57 型大型磨床(上海机床厂产)出现爬行现象,产生原因如下。

① 该机床采用图 5-589 所示的螺旋槽式毛细管节流器,爬行是因污物塞死填满螺旋形节流槽所致。 经仔细清洗,保证润滑油通畅,爬行消除。

② 该机床采用图 5-589 所示的带压力反馈的节流器,当其总节流器(p_s 与 p 之间) 堵塞或三角槽开得不够长(或调节时处于关闭)时,无润滑油进入导轨,可有意识地用三角锉加长三角槽,使有足够流量进入导轨,爬行现象消除。

(3)静压导轨供油系统的调整和使用注意事项

① 进入导轨的油液要先经间隙很小或通道很小的节流器,油液要先经精密过滤,同时保证油池和回油的清洁,以免堵塞滤油器。

② 为防止切屑和其他杂质落入导轨面和油液内,导轨应有可靠的防护装置。

③ 油液回收要妥善处理。 对开式静压导轨,一般床身上开设回油槽直接回油池,但若油液过多而排出导轨外,应重新调整进油量,对于立式闭式静压导轨,若回油来不及而产生溢流时,应采取用液压泵抽取回油的方法解决。

④ 静压导轨如结合面的精度太差,油腔便不能建立足够的压力,不能使上支承导轨浮起,此时应重新修刮导轨。 要求是:重型机床或设备每 25mm × 25mm 上有 12 ~ 16 点;中小型机床,要有 16 点以上。 同时,应保证导轨的平直度、扭曲度和平行度等要求。

⑤ 静压导轨装配完工后,要进行油膜厚度的调试。 在调试时,可利用千分表测量上支承的浮起量(测量 4 个角或更多的点),如果不均匀(浮起高度不一致),可适当改变节流器的间隙或薄膜的厚度,予以调整。

第 **6** 章
液压辅助元件的使用与维修

6.1 管路的使用与维修

液压装置中的各种液压元件之间免不了要用管路连接起来，实现工作介质在彼此之间的输送和流动。管路包括管子和管件（管接头、法兰等），对管子和管件的要求是：有足够的强度、压力损失要小、密封好不漏油，与工作介质相容抗腐蚀。

6.1.1 管子的选用

液压装置中所用油管有刚性管（钢管、紫铜管等）和挠性管（尼龙管、塑料管、橡胶软管及金属软管）两类。

按液压系统的工作压力大小正确选用管子的材质。例如压力高要选用钢管或高压橡胶软管（注意钢丝编织网层数，三层钢丝编织高压橡胶软管耐压达 25MPa）。

按工作中装配难易和是否连接要移动的部件选用刚性管或挠性管。例如所连执行件需移动则选用软管类，固定处则可选钢管等刚性管。

管径和壁厚的选择方法如下。

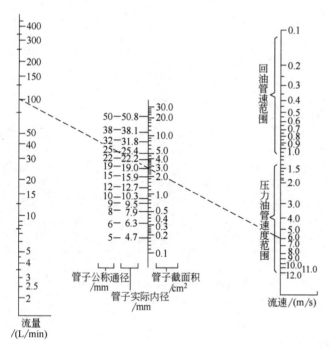

图 6-1 管子内径尺寸的选择

（1）管子内径的选择

如果管子内径选择过小，则管内油液流速过高，油液沿程压力损失增大，功率损失转化为热量，造成温升。过快的流速还容易产生气穴现象，引起振动和噪声。相反，管径选择过大，会造成设备质量、体积和成本的增加。

管子内径按下式计算：

$$d = \sqrt{4Q/\pi V}$$

式中　　Q——通过油管的流量，m^3/s；

V——通过油管流速（允许流速），m/s。

管内推荐流速为：吸油管 $V \leqslant 0.6 \sim 1.5 m/s$（流量大时取大值）；压油管 $V \leqslant 2.5 \sim 5 m/s$（压力高、流量大、管道短、油液黏度小时取大值）；回油管 $V \leqslant 1.5 \sim 2.5 m/s$。

也可按图 6-1 选择管子的内径尺寸。例如要通过的流量为 100L/min，流速为 6m/s 时，管子内径选定为 19mm。

（2）管子壁厚 δ 的选择

这里的壁厚针对刚性管而言，可用下列式子计算和校验管强度；

$$\delta = \frac{P \cdot d}{2[\sigma]} \text{和} \quad \sigma = \frac{Pd}{2\delta} \leqslant [\sigma]$$

式中　　P——油液最大工作压力，bar（1bar= 10^5Pa）；

$\quad\quad$ d——管子内径尺寸，cm；

$\quad\quad$ δ——油管壁厚，cm；

$\quad\quad$ σ——油管的应力，Pa；

$\quad$ $[\sigma]$——材料的许用应力，Pa。对于钢管取 $[\sigma] \leqslant 1000$bar，铜管取 $[\sigma] \leqslant 250$bar。

计算好 d 和 δ 后可按标准选取合适的管子以及对原选管子进行校验。

（3）管子材质的选用

主要根据液压系统最高工作压力的大小选用，尼龙管用于低压，紫铜管用于中低压，中高压以上要使用无缝钢管或者高压钢丝编织胶管。

6.1.2　管接头的选用

管接头是油管与油管，油管与液压元件、油管与安装板等之间的连接件。它应满足连接牢固、密封可靠、外形尺寸小、通油能力大、装配方便、工艺性好等要求。按接头的通路方向分，有直通与直角管接头；按接头的通路数量分有二通、三通、四通管接头等多种形式。按油管和接头的连接方式来分有以下几种形式。

（1）焊接式管接头

焊接式管接头主要由接头体、螺母和接管组成（图6-2）。接头体拧入机体，采用垫圈（紫铜或尼龙）端面密封，接头体与接管之间用 O 形橡胶密封圈密封。这种管接头常用于高压密封，从东欧进口的液压设备使用较多。

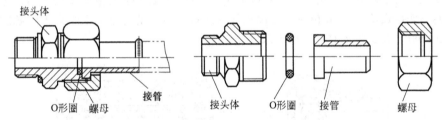

图 6-2　焊接式管接头（JB/T 966—2005）

（2）扩口式管接头（GB／T 9065.1—1988）

适用于连接铜管、铝管、尼龙管、塑料管与薄壁钢管等。它由接头体、螺母和管套三部分组成（图6-3），也有不用管套的结构。扩口锥角 α 有 90°、74°、60° 等多种，管套上的锥角略比接头体上的锥角小 4°~8°。减小扩口角，接触面积增大，因而有较高的接触力，可承受更高

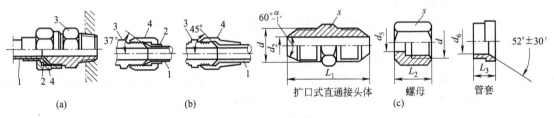

图 6-3　扩口式管接头

1—管端；2—管套；3—接头体；4—螺母

的密封压力。 这种密封是利用油管 1 管端的扩口，在管套 2 与接头体 3 锥面的夹持、紧压下进行密封的。 用于中低压者多，少量（扩口角小者）的也有用于中高压（3.5~16MPa）的。

（3）卡套式管接头（GB/T 3733—2008）

卡套式管接头结构简单，使用方便，不用焊接，具有良好的耐压性、耐振性、耐热性及密封性等（图6-4）。 它由冷拔管 1、卡套 2、接头体 3 和螺母 4 组成，其密封作用是通过拧紧螺母 4 时，使卡套 2 的刃口切入钢管 1（冷拔管）实现的［图 6-4（b）］，因而卡套是这种管接头的关键零件，既要富有弹性，又要在变形时不破裂，因而卡套的热处理要求高。 另外，卡套的变形量有限，因而管子要用管外径尺寸均一的高精度冷拔无缝钢管，管子表面硬度也应在 HRB80以下。

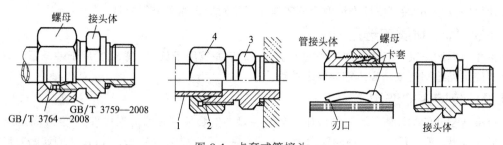

图 6-4　卡套式管接头
1—冷拔管；2—卡套；3—接头体；4—螺母

（4）可旋转管接头

图 6-5（a）中，1 为卡套式管接头（还可为其他形式），用于连接铜管或冷拔钢管。 连接铜管时，1 可换成扩口式。 图中 2 为密封垫（采用紫铜或 O 形圈）。 它的优点是在连接管道时不受方向限制，颇为方便，但结构上稍微复杂些。

图 6-5（b）为工程机械上用的中心回转接头，一般接头体与转台紧配固定连接，随转台一起回转，管芯与底盘连接。 在旋转时压力油也能通过接头体上的环形槽不断进入管芯的孔内，并通过管芯上的孔与接头体上其他环槽进入其他部位。

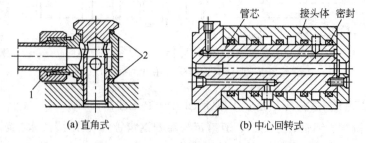

(a) 直角式　　　　　(b) 中心回转式

图 6-5　可旋转管接头

（5）扣压式软管接头

用于连接高压软管。 它由钢丝编织胶管 1、外套 2、接头芯 3 和螺母 4 组成（图6-6）。 其型号规格尺寸见 GB/T 3683.1—2006。

它分为固定式（不可拆）和可拆式。 固定式需一套扣压设备，将软管 1、接头外套 2 压紧在接头芯 3 上，它连接可靠。 自行制造时，可先将胶管切成需要长度，按规定尺寸剥去一段外胶层，胶层端应有一个与轴线成 15º 的倒角，切勿损伤钢丝。 将剥出胶层的胶管部分插入离外套螺纹 1mm 左右处，在胶管外露端作标记，把滴有润滑油的接头芯插入胶管。 查看有标记的胶管是否有退离外套的情况，内径有无切伤和推扭堆积现象。 如无异状，可进行扣压。 扣压量根据钢丝层数而定（如一层钢丝扣压量为 40% ~ 43%）。

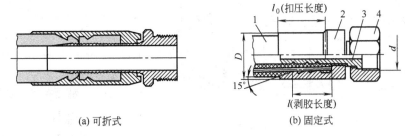

(a) 可折式　　　　　　　　(b) 固定式

图 6-6　软管接头

（6）直线移动式滑管接头

它是一种可直线伸缩的管接头，注塑机及压铸机等设备上的注射座前进后退有使用这种接头的情形。该管接头由外管 1（固定）的接口处加导管套 3、密封件 2 和可伸缩做直线运动的管 4（外径光滑）所组成（图 6-7）。它的结构类似一个柱塞缸，做直线往复运动的管 4 外圆须精加工，否则会因密封不良而产生漏油。

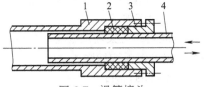

图 6-7　滑管接头

（7）快速自封式管接头（图 6-8）

它的主要功能是能快速装卸并能自动封闭油路。它不像一般管接头那样需用扳手将螺母一圈一圈地拧上或退出，套上或抽出即可。

插头体和母体未套上时，各自的单向阀芯在弹簧作用下被推压，因两单向阀反向截止，均处于关闭状态，而构成自封油封作用，即 $A_1 \rightarrow B_1$ 不通，$A_2 \rightarrow B_2$ 不通。当移动套圈，插头体和母体套上时，锁紧钢球卡住插头体和母体，起连接作用，同时单向阀互相顶开打开油路，A_1 与 A_2 互通，油液可在 A_1、A_2 来回流动。

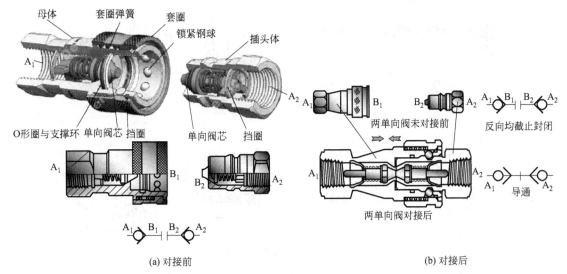

(a) 对接前　　　　　　　　(b) 对接后

图 6-8　快速自封式管接头

（8）法兰连接

法兰连接方法简单、连接牢固、密封可靠、抗振性好、拆卸方便。缺点是体积较大，在液压系统中，法兰连接主要用于高压大流量的场合。法兰体与钢管的连接多用焊接，也有采用螺纹

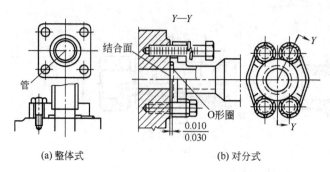

(a) 整体式　　　　　　　(b) 对分式

图 6-9　法兰连接

连接和卡环连接的。 图 6-9（a）为整体式法兰连接，图 6-9（b）为对分式法兰（法兰为二块拼成）。 对分式只要取下一只螺钉，便可松开压板，取下管子，所以这种法兰在狭窄场所安装特别方便。

6.1.3　管路的故障分析与排除

管路及管接头的故障主要有二：一是漏油，二是振动（伴之以噪声）。

【故障 1】　漏油

油管与管接头漏油部位有：管壁破裂从油管外周产生漏油；管接头各连接部位。

① 橡胶及尼龙等软管和接头的漏油

产生原因如下。

a. 软管因先天性承压能力不够而破裂，或有砂眼，或选用不当。 例如用无钢丝编织层的橡胶管充当有钢丝编织层的橡胶管用，只有一层钢丝者用于要三层钢丝编织网才能胜任处，或者购进质量不好的软管。

b. 安装时挠性管扭曲，久而久之，管会破裂，接头处会漏油。

c. 在软管与接头之间的连接处，工作时二者不是相对静止的，在管与接头连接处容易产生漏油。

d. 运行时，软管长度方向伸缩余地不够，拉得太紧。

e. 运行中软管与其他管道或刚性硬件摩擦。

f. 橡胶管接头弯曲半径不合理，或在工作过程使软管有不合理的弯曲半径存在的情况。

排除方法（图 6-10 和图 6-11）如下。

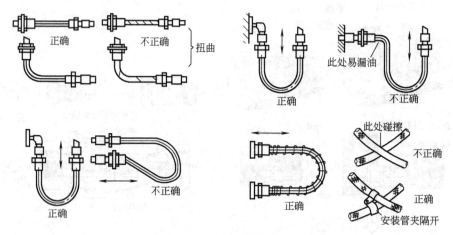

图 6-10　管路故障排除方法 I

a. 正确按工作压力选用符合规格要求的橡胶软管。

b. 购进的扣压式高压橡胶软管，买后先要试验一下扣压处的质量，不漏油时才装在主机上。 质量不好者要予以更换。

c. 安装软管拧紧螺纹时，注意不要拧扭软管。 具体操作时，可在软管上划一彩线观察，拧扭的软管彩线由直线变为螺旋线，从接头处容易产生漏油，甚至造成软管的破裂。

d. 长度方向要有伸缩余地，不可拉得太紧。 因为软管在压力漏度的作用下，长度会发生变化，一般为收缩，收缩量为管长的 3% 左右。

e. 在弯曲处，要有足够的长度，弯曲半径要足够大，弯曲处（与管接头的连接处）应有一段呈直管的部分，长度应≥2D（D 为管子外径），弯曲最小曲率半径≥（9～10）D（图 6-11）。

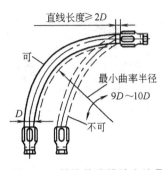

图 6-11　管路故障排除方法Ⅱ

f. 在直角拐弯处最好不用软管，否则在压力交变的工况下，会因软管弯曲处的长度和曲率半径的变化而疲劳导致破裂，产生漏油，使用不锈钢软管时更应注意。

g. 要避免软管外壁互相碰擦或与机器的尖角棱边相接触或摩擦，以免软管受损。

h. 为了保护软管不受外界物体作用损坏及在接头处受到过度弯曲，可在软管外面套上螺旋细钢丝，并在靠近接头处密绕，以增大抗弯折的能力。

i. 最好不在高温、有腐蚀橡胶气体的环境中使用。

j. 如系统软管数量较多，应分别安装管夹加以固定，或者用橡胶板隔开。 尽量避免软管相互接触或与其他机械零件接触，以免相互影响和相互碰擦造成破损而漏油。

② 扩口式管接头的漏油

扩口管接头及其管路漏油以扩口处的最普遍，另外也有安装方面的原因。 故障原因及排除方法如下。

a. 拧紧力过大或过小造成泄翻。 拧紧力过大，将扩口处的管壁挤薄，引起破裂，甚至在拉力作用下使管子脱落引起漏油和喷油现象；拧紧力过小，不能使管套和接头体锥面及管端的锥面夹牢而漏油。 对于扩口式管接头，在拧紧管接头螺母时，紧固力矩要适度。 当然可用力矩扳手。 在没有力矩扳手的地方，可采用图 6-12 所示的方法——画线法拧紧，即先用手将螺母拧到底，在螺母和接头体间划一条线，然后用一只扳手扳住接头体，再用另一扳手扳螺母，只需再拧紧 1/4～1/3 圈即可，可确保不拧裂扩口。

b. 扩口式管接头，特别是对紫铜管，拆卸一次再重新装配时，很难保证在扩口接头处不漏油，无办法时需重新更换新铜管，扩口弯曲后再装入。

c. 由于管子的弯曲角度不对［图 6-13（a）］，以及接管长度不对［图 6-13（b）］，管接头扩口处很难密合，造成泄漏，其漏油部位如图所示。 为保证不漏，应使弯曲角度正确和控制接管长度适度（不能过长或过短）。

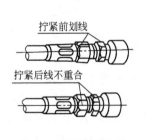

图 6-12　画线法拧紧

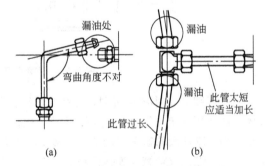

图 6-13　管接头扩口处不密合造成泄漏

d. 接头位置靠得太近，即使用套筒扳手都嫌位置偏紧，不能拧紧所有接头螺母造成漏油。 对于有若干个接头紧靠在一起的情形，若采用图 6-14（a）的排列，自然因接头之间靠得太近，扳手因活动空间不够而不能拧紧，造成漏油。 板上各管接头之间的开挡尺寸，万一有困难则按图

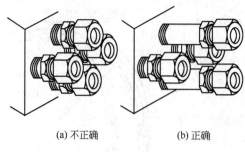

(a) 不正确　　　　(b) 正确

图 6-14　接头位置的处理

6-14（b）的管接头悬伸长度。 解决办法是设计时适当拉开连接安装的方法予以解决，即采用不同长度的管接头悬伸长度。

e. 扩口管接头的加工质量不好，引起泄漏。扩口管接头有 A 型和 B 型两种形式，图 6-15 为 A 型。 当管套、接头体与紫铜管互相配合的锥面与图中的角度值不对时，密封性能不良。 特别是在锥面尺寸和表面粗糙度太差，锥面上拉有沟槽或破裂时，会产生漏油。 另外当螺母与接头体的螺纹有效尺寸不够（螺母的螺纹有效长度短于接头体），不能将管套和紫铜管锥面压紧在接头体锥面上时，也会产生漏油，须酌情处置。

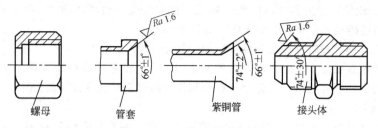

螺母　　　　管套　　　　紫铜管　　　　接头体

图 6-15　扩口管接头的组成零件

③ 焊接管及焊接管接头引起的漏油

管接头、钢管及铜管等硬管需要焊接进行连接时，如果焊接不良，焊接处出现气孔、裂纹和夹渣等焊接缺陷，会引起焊接处的漏油；另外，虽然焊接较好，但因焊接位置处的形状处理不当，用一段时间后会产生焊接处的松脱，造成漏油（图 6-16）。

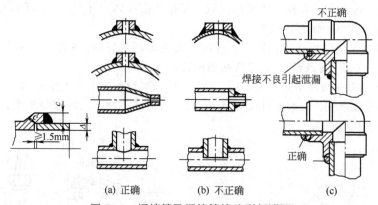

(a) 正确　　　　(b) 不正确　　　　(c)

图 6-16　焊接管及焊接管接头引起泄漏

当出现图 6-16 中的情况时，可磨掉焊缝，重新焊接。 焊后在焊接处需进行应力消除工作。具体做法是用焊枪（气焊）将焊接区域加热，直到出现暗红色后，再在空气中自然冷却。 为避免高应力，刚性大的管子和接头在管接头接上管子时要先对准，点焊几处后取下再进行焊接，切忌用管夹、螺栓或管螺纹等强行拉直，以免使管子破裂和管接头歪斜而产生漏油。 如果焊接部位难以将接头和管子对准，则应考虑是否采用能承受相应压力的软管及接头进行过渡。

④ 卡套式管接头的漏油

卡套式管接头漏油的主要原因和排除方法有以下几种。

a. 卡套式管接头要求配用高精度（外径）冷拔管。 当冷拔管与卡套相配部位（A、B 处）不密合，拉有轴向沟槽（管子外径与卡套内径）时，会产生泄漏。此时可将拉伤的冷拔管锯掉一段，或更换合格的卡套重新装配。

b. 卡套与接头体 24° 内外锥面配合处（图 6-17 中 P 处）不密合，相接触面拉有轴向沟槽时，容易产生泄漏。应使锥面之间密合，必要时更换卡套。

c. 锁紧螺母 4 拧得过松或过紧。拧得不紧，则接头体 1 与卡套 2 锥面配合不紧，卡套刃口难以楔入管子外周形成可靠密封；拧得过紧，使卡套 2 屈服变形而丧失弹性。两种情况下均产生漏油。

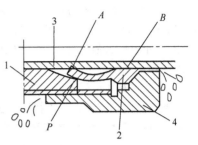

图 6-17　卡套式管接头的漏油
1—接头体；2—卡套；3—管子；4—螺母

d. 卡套刃口硬度不够，或者钢管太硬，在装配后卡套刃口不能切入管壁形成密封。

e. 钢管的端面不垂直或不干净，妨碍管子的正确安装。

f. 接头体与钢管不同轴，导致装配不正，挤压不紧，此时拆开后可发现卡套在切入管壁时，留下痕印不成整圆的单边环槽，可酌情处置。

⑤ 其他原因造成管接头的漏油

a. 对管接头未拧紧，造成漏油者拧紧管接头便可。

b. 管接头拧得太紧，会出现使螺纹孔口裂开，拔丝或破坏其他密封面等情况而造成漏油。此时须根据情况修复或更换有关零件。

c. 公制细牙螺纹的管接头拧入锥牙螺孔中，或者反之。液压管路采用的螺纹如表 6-1 所示。国际上普遍采用细牙普通公制螺纹作为液压管路上的连接螺纹，而建议不使用其他螺纹。

表 6-1　液压管路采用的连接螺纹类别和标记

螺纹类别	牙型符号	牙形角	符号示例	螺旋方向	示例说明
圆柱管螺纹	G	55°	G1″	右	表示圆柱管螺纹管子直径为 1 英寸
55° 圆锥管螺纹	ZG（旧 KG）	55°	ZG¾″	右	表示圆锥管螺纹管子直径为 ¾ 英寸
布锥管螺纹	Z（旧 K）	60°	Z½″	右	表示布氏锥管螺纹，管子直径为 1/2 英寸
60° 锥管螺纹	NPT	60°			
米制锤螺纹	ZM				
细牙普通螺纹	M	60°	M24×2	右	表示公制普通螺纹，公称直径为 24mm，螺距为 2mm

d. 螺纹或螺孔在安装前损伤，或者加工未到位。此时可用丝锥或板牙重新套螺纹或攻螺纹，或更换新接头。特别要注意各种螺纹的螺距，不可混用。如果不仔细测量每英寸牙数，很难断定是锥管螺纹还是普通细牙螺纹。特别是牙形角为 55° 的锥管螺纹与牙形角为 60° 的圆锥管螺纹容易混用。实际它们除了牙形角不同外，每英寸牙数也不同，同一公称直径，例如 ZG1／8″ 与 Z1／8″，往往也不一样，混用时开始可拧入，但拧入几扣牙后，便感到拧不动，一方面此时很容易误认为管接头已经拧紧，但通入压力油后往往漏油；另一方面如果强行拧进，会因牙数不对而使螺纹拔丝而漏油。另外，如果螺纹有效长度不够，也会产生虚拧紧现象，好像拧紧了，但其实并未使一些零件紧密接触。

e. 管接头在使用过程中振松而漏油，要查明振动原因，保证配管有足够的刚性和抗振性，在管路的适当位置配置支架和管夹，并采取防松措施。

f. 螺纹配合太松，螺纹表面太粗糙，缠绕的聚四氟乙烯带因缠绕方向不对，在拧紧螺纹管接头时被挤掉挤出，均可能造成漏油。

g. 管接头密封圈或密封垫漏装或破损造成漏油，可补装或更换密封圈或密封垫。

h. 管道的质量不应由阀泵等液压元件和辅助元件承受，反之液压元件只有质量较轻并且是管式液压件的情况下，才可由管路支承其质量，否则使管路压弯变形，造成管接头处的不密合而漏油。 如果管式液压件太重，应改用板式阀或用辅助支承支承起其重量，以防止液压元件管接头因变形产生漏油。

⑥ 管道安装布局不好，造成漏油（图 6-18）

管路安装布局不好，直接影响到管接头处的漏油。 统计资料表明：液压系统有 30% ~ 40% 的漏油来自管路安装布局的不合理与管接头不良。 所以除了推荐采用集成回路，叠加阀、逻辑式插装阀以及板式元件等以减少管路和管接头的数量，从而减少泄漏位置外，对于必不可少的接管，在配管时应采取下述措施。

a. 尽量减少管接头的数量，便减少了漏油处。

b. 在尽量缩短管路长度的同时（可减少管路压力损失和振动等），要采取避免因温升产生的管路热伸长而拉断、拉裂管路，并注意接头部位的质量。

c. 和软管一样，在靠近接头的部位需要有一段直线部分 L（图 6-19）。

d. 弯曲长度要适量，不能斜交。

⑦ 防止因系统液压冲击带来的泄漏

产生液压冲击时，会导致接头螺母松动而产生漏油。 此时一方面应重新拧紧接头螺母，另一方面要找出产生液压冲击的原因并设法予以防止。 例如设置蓄能器等吸振，采用缓冲阀等缓冲元件消振等。

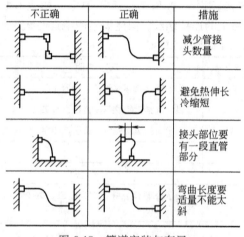

图 6-18　管道安装与布局

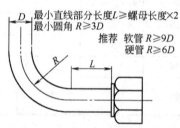

图 6-19　弯曲部位的注意事项

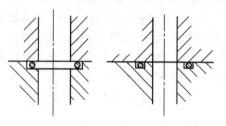

(a) 不能防负压　　(b) 防负压的密封

图 6-20　产生负压处的防漏措施

⑧ 负压产生的泄漏

对瞬时流速大于 10m/s 的管路，均可能产生瞬间负压（真空）现象，如果接头又没有采用防止负压产生的密封结构形式 [图 6-20（a）]，负压产生时会吸走 O 形密封圈，压力上来时因无 O 形密封圈了而产生泄漏。

【故障 2】　管路的振动和噪声

液压管路另一种故障是：产生激烈的振动，特别是若干条管路排在一起时。 振动伴之噪声，导致漏油和管路的损坏。 产生这类故障的原因和排除方法有以下几种。

① 液压泵-电机等振源的振动频率与配管的振动频率合拍产生共振。 为防止振动出现共振，

二者的振动频率之比要在 1/3 ~ 3 的范围之外。

② 管内油柱的振动。 可通过改变管路长度来改变油柱的固有振动频率,在管路中串联阻尼(节流器) 来防止和减轻振动。

③ 管壁振动。 尽量避免狭窄处和急剧弯曲处,尽可能不用弯头。 需要用弯头时,弯曲半径应尽量大。

④ 采用管夹和弹性支架等,防止振动(图 6-21)。

⑤ 油液汇流不当也会因涡流气穴产生振动和噪声(图 6-22)。

⑥ 管内进了空气,造成振动和噪声。

⑦ 远程控制(遥控)管路过长(> 1m),管内可能有气泡存在,这样管内油液体积时而被压缩,时而又膨胀,便会产生振动。 并且可能和溢流阀先导阀弹簧产生共振,导致噪声。 因此在系统远程控制管路需大于 1m 时,要在远程控制口附近安设节流元件(阻尼)。

⑧ 在配管不当或固定不牢靠的情况下,如两泵出口很近处用一个三通接头连接溢流总排油,这样管路会产生涡流,从而引起管路噪声。 液压泵排油口附近一般具有旋涡,这种方向急剧改变的旋涡和另外具有旋涡的液流合流,就会产生局部真空,引起空穴现象,产生振动和噪声。 解决办法是在泵出口以及阀出口等压力急剧变动的合流配管,不能靠得太近,而适当拉长距离, 就可避免上述噪声。

⑨ 双泵双溢流阀供油液压系统也易产生两溢流阀的共振和噪声,特别是当两溢流阀共用一根回油管,且此回油管径又过小时,更容易出现振动和噪声。 解决办法是共同用一只溢流阀或两阀调的压力差值拉大一些(大于 1MPa)。 另外,回油管分开,并适当加大管径。

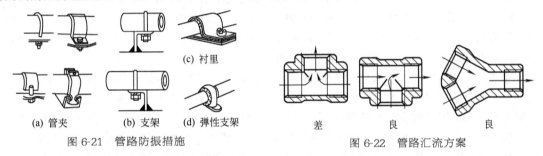

图 6-21 管路防振措施　(a) 管夹　(b) 支架　(c) 衬里　(d) 弹性支架

图 6-22 管路汇流方案　差　良　良

⑩ 回油管的振动冲击。 当回油管不畅通背压大,或因安装在回油管油中的滤油器、冷却器堵塞时,产生振动冲击。 所以为减小背压,回油管应尽量粗些短些,当回油路上装有滤油器或水冷却器时,为避免回油不畅,可另辟一支路,装上背压阀或溢流阀。 在滤油器或冷却器堵塞时,回油可通过背压阀短路至油箱,防止振动冲击(图 6-23)。

⑪ 尽力减少管路中的急拐弯、突然变大变细,以及增加管子的壁厚,可降低振动和噪声。

⑫ 在容易产生振动和噪声的位置(例如弯头处)串接一段短挠性管 [图 6-24 (a)],对降低噪声效果明显。 为防止振动也可使用弹性衬垫 [图 6-24 (b)],这种办法往往是在没有空余地方时使用,对高频振动的衰减是有效的。

6.1.4 配管施工

(1)对管子的处理

如前所述,液压用管包括硬管与软管。 对管的施工步骤如下。

① 切断　按要求的长度切断管子,下料长度不可太长,也不可太短。 对于硬管,最好用软铁丝在现场弯制成试样,然后拉直,可基本正确决定出管子的下料长度。 可用手锯、砂轮切割机及割管器等切断管子。

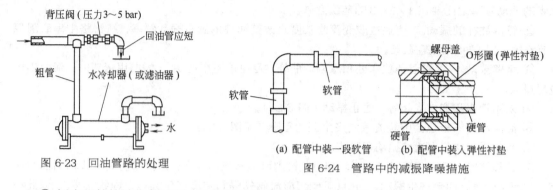

图 6-23　回油管路的处理

图 6-24　管路中的减振降噪措施

(a) 配管中装一段软管　(b) 配管中装入弹性衬垫

② 倒去硬管管端内外毛刺　可用平锉和圆锉修去毛刺（图 6-25）。

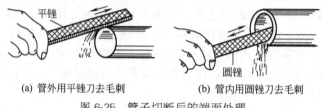

(a) 管外用平锉刀去毛刺　　(b) 管内用圆锉刀去毛刺

图 6-25　管子切断后的端面处理

③ 弯制成形　用液压弯管器或自制的简易弯管器将管子弯成所需角度和形状。无此条件的，可在硬管中注满细砂，管端两头堵上，再用煤油喷灯或氧割枪，抖动均匀加热要弯曲的部位，照样件（用铁丝先弯好）弯制，弯制前管子先退火。弯制时，注意不要将管子弯扁，安装时也不可夹扁。尼龙、塑料管比较方便，只需在热油中将其加热到 150～170℃后便可任意弯曲，浸入冷水就可定形。弯制钢管时较困难，一般需一边加热一边弯制。

④ 管道的清洗　弯制好的管子在装配前应仔细清除施工过程中的污物。需要焊接的管子在清洗前先焊好（采用氩弧焊更好），以便清洗时清除焊缝上的结渣和氧化皮。管道经弯曲焊接试装后全部拆除，用过渡接头彼此连接起来，并严格按下述步骤进行清洗：通入压缩空气，检查连接处是否漏气；通入四氯化碳、三氯乙烯等脱脂；用压缩空气吹扫；通入浓度为 5%～7% 的 HCL 溶液酸洗 2～4h，或按图 6-26 所示的方法配酸洗液进行酸洗，酸洗后管内壁应干净无异物无锈，呈现银白色（钢管）或紫红色（铜管）的金属光泽；用压缩空气吹扫酸洗液；通入浓度为 3%～6% 的 Na_2HPO_4 溶液中和 2h，或按图 6-26 所示的方法进行中和，要求达到中和值 pH6～7；用压缩空气吹扫；用干净水冲洗；用压缩空气吹扫；用热风吹干；管内灌油防锈；两端用塑料塞子封好。

关于管内的除锈方法有物理和化学的方法。物理方法：可用粒度为 40 目以下的细砂粒，用压缩空气吹入管内去锈，砂粒可采用石英砂和钢碎粒。化学方法在图 6-26 中已有介绍，另外也

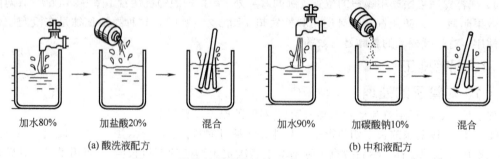

加水80%　　加盐酸20%　　混合　　　加水90%　　加碳酸钠10%　　混合

(a) 酸洗液配方　　　　　　　　　　　(b) 中和液配方

图 6-26　清洗管道的酸洗液配方和中和液配方

可用磷酸，虽然效果不如盐酸、硫酸，但对人的危害极小。

关于管子防锈的方法还有：将磷酸加热到 90~99℃ 时将管子浸入，在铁钢质管表面形成一层灰黑色皮膜防锈；也有将熔融的锌用压缩空气将其喷撒在管子表面防锈的，厚度约为 0.1mm，能提高管子的耐腐蚀性，另外，也可进行发黑发蓝处理。

（2）扩口式管接头的施工

扩口式管接头的施工要点主要是管子端部的扩口，此处仅介绍两种扩口工具。

① 简易扩口工具　市场有售，也可自行制造备用。

② 车床扩口工具　如图 6-27 所示，该工具材料选用 W18Cr4V，工具锥角由扩口内包角确定，工具的宽度应小于或等于管材的内径，即 $h \leqslant d$，但 h 不能太小，太小工具压入铜管太深，增加了扩口时的阻力，使扩口表面起皱纹，甚至撕裂。扩口工具的主要工作部位是 R，R 的大小及表面粗糙度将直接影响到扩口质量。R 大，则扩口表面光洁，但由于接触面积大，操作费劲，材料的流动也较困难。实践证明，R 的大小与宽度 h 有关，可选 $h > R \geqslant h/2$。扩口时，转速一般以 600~1000r/min 为宜，工具旋压的大小主要凭操作者经验控制。

（3）可拆式胶管接头的施工方法

与扣压式胶管接头一样，可拆式胶管接头也是一种广泛采用的高压胶管接头，适用于维修和小批量生产，可用来与内径为 4~16mm 的胶管配接，其压力随胶管的耐压力而定。工作温度为 −30~+80℃，它与管路系统的连接形式有 A 型、B 型、C 型三种。A 型可与焊接式管接头连接，端面采用 O 形密封圈。B 型可与卡套式管接头连接。C 型可与扩口式管接头连接。

装配施工时，将接头外套 2（图 6-28）夹持在虎钳上，并以左旋方向把剥去胶层的胶管 1 的管端拧入外套内，达到底部为止。再将蘸有润滑油的接头芯 3 旋入胶管内孔，至接头芯的六角螺母接触到外套的肩部，此时应防止胶管同时旋转。为便于加工装配，接头外套也有改为 60° 左旋螺纹的。

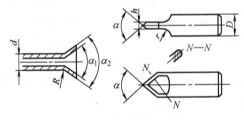

图 6-27　车床扩口工具

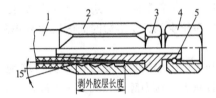

图 6-28　可拆式胶管接头
1—胶管；2—外套；3—芯；4—螺母；5—钢球

（4）卡套式管接头的施工方法

① 选用外径公差及圆度误差小的冷拔无缝钢管，组装前将钢管端部和内腔清洗干净。当然所选管子尺寸要符合设计使用要求，按图备料，按图下料。下料时要保证管子断面与管中心的垂直度误差不大于管子外径公差的 1/2，管口清洗前按图 6-25 所示方法去除毛刺并清洗。

② 在卡套刃口和 86° 锥面及压紧螺母 90° 锥面上涂上少量润滑脂。

③ 将螺母、卡套按顺序套在管子上，然后将管端插入接头体内锥孔，接头体夹在虎钳上放正并推入卡套，然后旋入压紧螺母（图 6-29）。

④ 旋松螺母，拔出管子，查看卡套位置，管外被卡套刃口切入的印痕应为整周圆圈，否则要重新放正再来一遍。再把管子插入接头体内并在旋紧螺母的同时用手旋转管子直到转不动为

止。 此时在管子与压紧螺母上做出标记，再用力旋转压紧螺母入管子 1～1/3 圈，即完成卡套刃口楔入管子的工序。 也可用图 6-30 所示的液压缸推力将卡套楔入管内。

　　⑤ 再度拆卸重新装配时，应保证螺母从力矩激增点（用力矩扳手时）起再拧紧 1/4 圈左右。

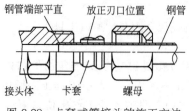

图 6-29　卡套式管接头的施工方法

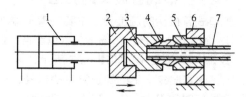

图 6-30　液压预装卡套楔入管子的方法

6.2　蓄能器的使用与维修

　　液压油是不可压缩液体，因此无法直接利用液压油蓄积压力能，必须借助于其他可压缩的工作介质（如氮气）和零件（如弹簧、重锤、活塞等）来转换、蓄积压力能，由此构成的液压元件叫"蓄能器"。

　　在高压大流量的间歇负载或大小不等的连续负载系统中，有时一个工作循环内各阶段所需要的流量差别很大，而峰值流量（快速）负载的时间往往又较短，小流量（慢速）的工作时间相对较长，因而对泵的流量要求差别很大。 例如压铸机在快压射时，液压泵必须供给大量的压力油；而在保压阶段，为了防止铝或铜的熔融料冷却过快产生收缩变形，系统只需少量压力油补充内泄漏不使系统压力下降就可以了。

　　对于上述工况，虽然存在多种解决方案，而采用蓄能器作辅助能源是最佳方案之一。 此时泵一般可按平均需要流量而不是峰值流量（很大）便可以了，这样能达到节能的目的。

　　工作时，当系统需要的流量较小时，泵输出的压力油一部分供给系统，而余下的部分输向蓄能器这个"银行"储存起来。 在系统需要高压大流量时，蓄能器这个"银行"便和泵（月工资）共同向系统供油，获得短时间内比由泵单独供给的流量大和油压高的工作油液，满足系统的工作需要。

　　利用蓄能器的这种特性，可更合理地选择泵电机容量，达到节能、提高系统效率的目的。它还具有吸收压力脉动，减少压力冲击，降低液压噪声等诸多优点。

6.2.1　蓄能器的分类

　　液压系统中采用的蓄能器的分类如图 6-31（a）所示，图 6-31（b）为几种蓄能器的结构示意图。

6.2.2　皮囊式充气蓄能器

（1）工作原理

　　皮囊式蓄能器由油液部分和气体部分构成，皮囊用作气体密封隔离件。 皮囊周围的油液与液压回路相通，因此压力升高时气体被压缩，油液被吸入皮囊式蓄能器。 压力下降时，气体膨胀，从而把油液压入系统回路。

　　皮囊式蓄能器的工作原理如图 6-32 所示，图中：a. 一只有弹性的皮囊装在压力罐（蓄能器壳体）里；b. 通过一个专门阀门（充气阀）将惰性气体（氮气）从上部引入压力为 P_0 的氮气入气囊，气囊体积膨胀，充满了蓄能器壳体的整个容积 V_0；c. 当回路压力 P_1 大于预充气压力 P_0 时，下部的菌形阀就打开，液体进入气囊下端容腔，气囊被压缩，从而将气体容积降到 V_1；d.

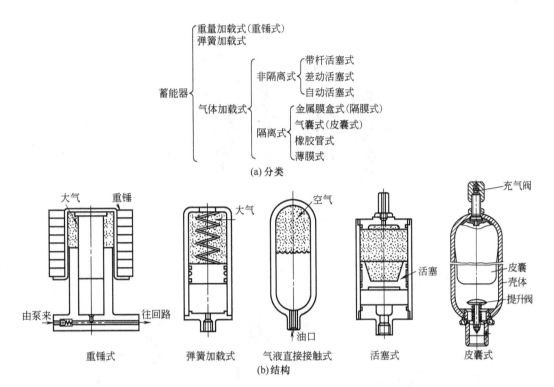

(a) 分类

重锤式　　弹簧加载式　　气液直接接触式　　活塞式　　皮囊式
(b) 结构

图 6-31　蓄能器的分类

如果液体压力上升到 P_2，气体体积下降到 V_2，从而平衡了液体压力。 这就是说，对蓄能器进行增压以后，$V = V_1 - V_2$，产生了可按需要向系统提供容积为 V 的压力油。

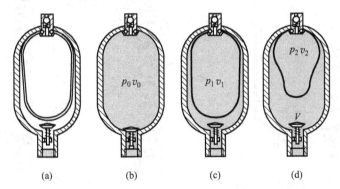

图 6-32　皮囊式蓄能器的工作原理

（2）外观、组成与结构

一般皮囊蓄能器由一个钢制壳体、一个皮囊、一个充气阀和一个带有单向阀（菌阀）的液体接口组成 （图 6-33）。

蓄能器壳体是一个锻造的或是焊接的由高强度碳钢制造的压力罐，其设计与制造都符合相关的国际标准。 对于专门的用途，蓄能器壳体可以镀镍或是用不锈钢制造。 目前好多皮囊是由特殊工艺加工成的无接缝的构件，从而排除了接缝不易粘接等问题。 装配的气阀，既能容易安全地连接又能容易安全地拆卸。 另外，气阀不属于皮囊的整体部分，也就是说，皮囊可用不同结构的气阀，因而也降低了备件的采购费用。 皮囊由丁腈橡胶制成，但对于特殊用途而言，可以用丁基、氯丁橡胶、乙烯-丙烯等制造。

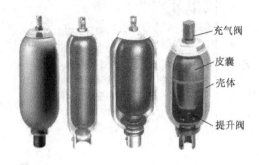

(a) 外观与组成

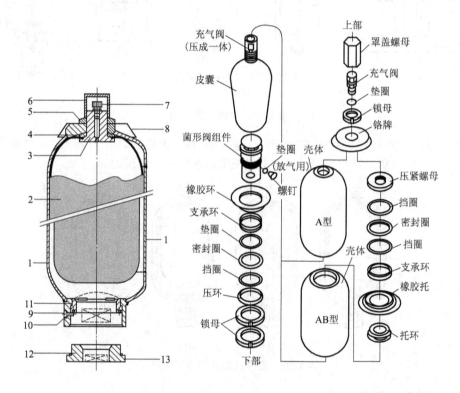

(b) 低压皮囊式蓄能器的结构

1—蓄能器壳体；2—皮囊；3—气阀阀体；4—涂胶压紧片；5—气阀
锁紧螺母；6—保护帽；7—充气阀芯，带密封；8—型号标牌；9—排
气螺栓；10—密封环；11—带孔圆片环；12—变径接头密封；13—变径接头

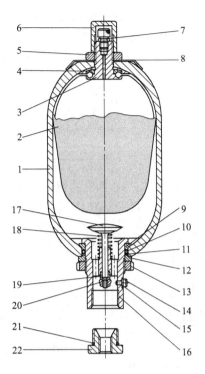

(c) 高压皮囊式蓄能器的结构

1—蓄能器壳体；2—皮囊；3—气阀阀体；4—涂胶压紧片；5—气阀锁紧螺母；6—保护帽；
7—充气阀芯带密封；8—型号标牌；9—定位环；10—密封件；11—支承圈；12—间隔圈；
13—液体口阀门螺母；14—排气螺栓；15—密封环；16—液体口阀体；17—阀芯；18—弹簧；
19—减振套管；20—保险螺母；21—变径接头密封；22—变径接头

图 6-33　皮囊式充气蓄能器的外观与结构

气阀由一个涂有橡胶的钢垫与皮囊连接，以保证气体接口处的密封，一个止回阀配合皮囊充气。皮囊与气阀配套，通过一个防松螺母装在蓄能器壳体上。由一个盖子保护气阀。防挤压的单向阀可防止皮囊挤入流体接口，同时让液体自由流动。在高压系列中使用的是蘑菇式的单向阀，而在低压系列中则使用一个有孔的圆盘。就后者而言，预充压力不应超过 15bar。

（3）蓄能器使用中的充气工作

蓄能器在使用过程中，须满足充气压力（P_0）＜最低工作压力（P_1）＜最高工作压力（P_2）（图 6-34），否则蓄能器不能正常工作。

① 充气压力的确定　充气时应考虑下列因素：蓄能器内的皮囊充气在合适的范围，在油进入后压缩皮囊直至达到压力平衡；充气压力 P_0 过高，压缩气体的余地趋小，进入皮囊的油也就少；充气压力过低，尽管进入皮囊的油可以多一些，但在释放时气体没有足够的膨胀动力，进入皮囊的油也不一定能全部释放，并且释放时间将延长；热膨胀补偿，以液压系统封闭回路中的最低压力或稍低一点的压力作为充气压力 P_0。

正确选择预充气压力是获得蓄能器及其部件最佳效率和最大使用寿命的基础。当预充气压力 P_0 尽可能接近最小工作压力时，在理论上，能够获得液体的最大储量（或释放量）。在实际应用中应给出安全系数。为了避免在运行中阀门关闭，此值（除非另有规定）为：$P_0 = 0.9P_1$，P_0 的极限值为 $P_{0min} \geqslant 0.25P_2$，$P_{0max} \leqslant 0.9P_1$。

特殊值：脉动缓冲和减振，$P_0 = (0.6 \sim 0.75)P_m$ 或 $P_0 = 0.8P_1$，式中 P_m 为平均工作压力；

液压缓冲，$P_0 = (0.6 \sim 0.9) P_m$，式中 P_m 为自由流动状态的平均工作压力；蓄能器+附加气瓶，$P_0 = (0.95 \sim 0.97) P_1$，$P_0$ 值适用于用户所要求的最大工作温度。

通常对蓄能器的检验或预充压力是在与工作温度 θ_2 不同的温度下进行的，这样，P_0 值在检验温度 θ_c 时成为：

$$P_{0c} = P_0 \frac{\theta_c + 273}{\theta_2 + 273}$$

若 $\theta_c = 20℃$，则：

$$P_{0(20°)} = P_0 \frac{293}{\theta_2 + 273}$$

注意：蓄能器的预充填压力直接由工厂在 20℃ 的温度下完成，充气仅限用氮气给蓄能器充气，切勿使用氧气、氢气、压缩空气！否则有爆炸危险！

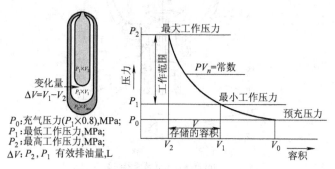

P_0：充气压力($P_1 \times 0.8$),MPa;
P_1：最低工作压力,MPa;
P_2：最高工作压力,MPa;
$\Delta V: P_2, P_1$ 有效排油量,L

图 6-34　蓄能器压力与体积的关系

② 充气方法和步骤

a. 常用方法。一般可按蓄能器使用说明书以及设备使用说明书上所介绍的方法进行。蓄能器不能充装氧气、压缩空气或其他可燃气体。氮气的充装使用充气工具（图 6-35）进行，充气工具为蓄能器不可缺少的附件之一，用于蓄能器充气、排气、测定和修正充气压力等。

蓄能器充气之前，使蓄能器进油口稍微向上，灌入壳体容积约 1/10 的液压油，以便润滑，将充气工具的一端连在蓄能器充气阀上，另一端与氮气瓶相接通。打开氮气瓶上的截止阀，调节其出口压力到 0.05 ~ 0.1MPa，旋转充气工具上的手柄（拧入阀杆），徐徐打开蓄能器充气阀阀芯，缓慢充入氮气，就会慢慢打开装配时被折叠的气囊，使气囊逐渐胀大，直到菌形阀关闭。此时，充气速度方可加快，并达到所需的充气压力。切勿一下子把气体充入蓄能器，以避免充气过程中因气囊膨胀不均匀而破裂。充气步骤如下。

·拆掉蓄能器进气阀外罩保护盖，将专用氮气表上软管的一端接在进气阀上，另一端接在氮气瓶上。

·检查氮气瓶压力。旋开氮气瓶阀，若表上显示的氮气压力超过 11MPa 即可用（一般氮气瓶最高气压为 13MPa 左右）。

·充气时，一人用专用扳手慢慢地松开进气阀螺母，同时，另一人打开氮气瓶阀门给蓄能器充气。如果压力充得过高，可在旋紧氮气瓶阀门后慢慢地松开进气阀给气室放气。

·充气过程中温度会下降，充气完成并达到所需压力后，应停 20min 左右，等温度稳定后，再次测量充气压力，进行必要的修正。蓄能器压力达标后，用扭力扳手以 20N·m 的扭矩拧紧蓄能器的进气阀，拆下氮气表和管子；将蓄能器浸在水中检查是否漏气，如果不漏气，即可拧紧外罩螺母。

·充气完毕。

若蓄能器充气压力要求较高时（超过 11MPa），充气系统应装有增压器（比如带有增压器的充氮小车），此时，将充气工具的另一端与增压器相连。

如果充气时的温度 T_1 和使用时的温度 T_2 差异较大，请一定要考虑不同温度下的压力的变化（理论上的充气压力是指使用条件温度下流体端口未加压时的蓄能器内部气体压力），应按照公式 $P_1 T_2 = P_2 \times T_1$ 计算。如使用时温度高于充气时温度的，预充气压力应相应降低一些，否则可能引起蓄能器失效或者减短使用寿命。

蓄能器充气 24h 后需检测，在以后的使用中也需定期检测，查看蓄能器是否漏气。

b. 专用装置充气法。进口设备来源于不同国家，一般随机带有专用的充气装置，图 6-36 所示为 FPU-1 型充气和检测装置就是一例。这种充气装置适用于皮囊式、活塞式和隔膜式蓄能器的充气和检测。用于此种用途的充气和检测装置旋在液压蓄能器的气阀上并通过充气软管与氮气瓶连接 [图 6-36（b）]。如果氮气瓶中的气体压力高于蓄能器的最大工作压力，必须安装卸压阀。充气方法如下。

图 6-35 充气工具

·用接头 G1 将充气软管接到氮气瓶的减压阀上。对来自其他国家的氮气瓶则需专用接头。把充气软管的接头 M 接到充气和检测装置 FPU-1 的检测阀上。缓慢旋开氮气瓶上的截止阀并慢慢把氮气释放到蓄能器内，直到压力接近 1bar 时再旋大氮气瓶的截止阀以使充气更快。

·不时中断充气过程以检查是否达到预充压力，重复该过程直到达到所需的预充压力。出现温度补偿后，重新检查预充压力，如有必要再进行调节。如果压力太高，可通过 FPU-1 的卸压阀来减小。

·如果已达到所需的气体预充压力，逆时针旋转芯轴以关闭皮囊式蓄能器的充气阀。对于活塞式和隔膜式蓄能器通过顺时针旋转芯轴关闭充气阀。利用卸压阀给充气和检测装置排气并通过松开接头来移动它。对于皮囊式蓄能器，旋开接头并替换成 O 形圈。对于活塞式和隔膜式蓄能器，用内六角扳手（20N·m）拧紧内六角螺纹。

·用喷嘴防漏检测器检查蓄能器气阀的泄漏情况。

·将防护盖 H（仅在皮囊式蓄能器上有）和阀保护盖 S 装在蓄能器的气阀上并拧紧。

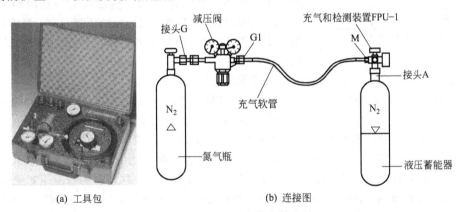

(a) 工具包　　　　　　　　　(b) 连接图

图 6-36 专用装置充氮气的方法

c. 氮气瓶氮气压力低时的充气方法。

ⅰ. 用充氮车充气。氮气瓶中氮气压力低于充气压力时，可使用图 6-37 所示的蓄能器充氮车（带有增压充气设备）进行充气。图 6-37（b）为充氮车增压液压原理图。

增压原理主要是采用了双向增压装置7，其工作原理可参阅本手册表4-9中的图1及图旁的文字说明。

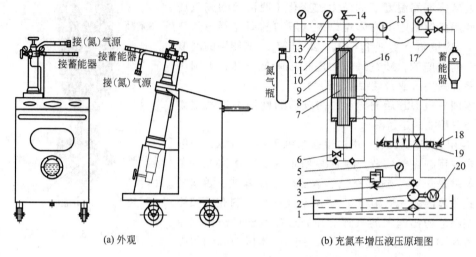

(a) 外观　　　　　　　　　　　(b) 充氮车增压液压原理图

图 6-37　CDZ-※Y1 型充氮车

1—滤油器；2—液压泵；3—直通单向阀；4—溢流阀；5—压力表；6—下放气阀；7—双向增压装置；
8—进气管；9—总气阀体装置；10—进气阀；11—排气阀；12—气压表；13—进气开关；14—上放气阀；
15—电接点压力表；16—排气管；17—充气工具；18—截止型节流阀；19—液动换向阀；20—电动机

ⅱ. 对充法。　例如蓄能器的充气压力要求 14MPa，而氮气瓶的压力只有 10MPa 时，满足不了使用要求。　并且氮气瓶的氮气利用率很低，造成浪费。　在没有蓄能器专用充气车的情况下，可采用蓄能器对充的方法（图6-38），具体操作方法如下：首先用充气工具向蓄能器充入氮气，在充气时放掉蓄能器中的油液；将充气工具 A 和 B 分别装在蓄能器 C 和 D 上，将 A 中的进气单向阀拆除，用高压软管将 A、B 联通，顶开皮囊进气单向阀的阀芯，打开球阀 1、4，关闭 2、3 两阀，开启高压泵并缓缓升压，可将 C 内的氮气充入 D 内，当 C 的气压不随油压的升高而明显地升高时，即其内的氮气已基本充完，将油压降下来；再用另一氮气瓶向 C 内充气，然后重复上述步骤，直至 D 内的气压符合要求为止。

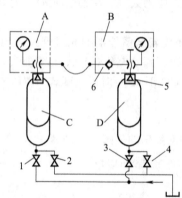

图 6-38　对充法

1～4—球阀式截止阀；5—皮囊进气阀；6—进气单向阀

d. 蓄能器充气压力的检查。

ⅰ. 什么情况下需要检查充气压力。　除定期检查蓄能器充气压力外，在运行维护过程中，如发现下列现象应检查蓄能器的充气压力：在执行机构没有动作的情况下，液压泵动作频繁；小行程执行机构每动作一次，液压泵均启动一次，且每次启动时间均很短；测试泵启停压力时，泵的启动压力和停止压力差值很大，远超过规定值，并且泵在工作过程中，压力上升很快；执行机构响应速度变慢。

对于压力不足或为零的蓄能器应补充充气至规定压力，对充不进气或充气时气体从液压系统油箱溢出的蓄能器，其皮囊、密封件或隔膜已经损坏。　皮囊式蓄能器可更换皮囊后继续使用。

ⅱ. 几种检查充气压力的办法。

·利用充气工具直接检查充气压力。　但每检查一次都要放掉一些气体，对于容量较小的蓄能器将会造成较大影响。　有人将压力表接在蓄能器的充气口来检查充气压力，系统工作时压力频繁地上升下降和压力剧烈波动会使压力表指针剧烈摆动，这是不恰当的。

·借助放油检查充气压力。利用蓄能器的进油口和油箱间油路上的截止阀，以及截止阀前的压力表，或在油路中利用各油嘴外接截止阀和压力表。检测时，慢慢打开截止阀，使压力油流回油箱，压力表指针是慢慢地下降，达到某压力值后急速降到零，这个位置压力表的读数就是蓄能器的充气压力。

·启动液压泵检查。同样利用上面方法中的截止阀和压力表，先打开截止阀，让系统压力先降到低到零。关闭截止阀，启动泵，系统压力会突然上升到某一值后缓慢上升，这个位置对应压力表的读数就是蓄能器的充气压力。

·用压力传感器检查。在有些系统上，在较重要蓄能器的充气阀上装有压力传感器，以对蓄能器的充气压力进行实时监测。

（4）皮囊式蓄能器的故障及排除

皮囊式蓄能器除了机械部分有毛病外，最关键的部分是橡胶皮囊。橡胶皮囊通过压熔而成。如果其尺寸超过一定的范围，在成分、抗性、不完善性和厚度方面就难以控制。最大的问题是皮囊的破裂会使蓄能器立刻停止工作，导致所有液压系统故障。但目前皮囊式蓄能器还没有一种提供破裂的预警指示，只能从观察响应速度和效率下降以及预充压力下降做出判断，采取必要的措施，防止发生严重的后果。

【故障1】 皮囊式蓄能器压力下降严重，经常需要补气

皮囊的充气阀为单向阀的形式，靠密封锥面密封（图6-39）。当蓄能器在工作过程中受到振动时，有可能使阀芯松动，使密封锥面1不密合，导致漏气。另外阀芯锥面上拉有沟槽，或者锥面上粘有污物，也可能导致漏气。此时可在充气阀的密封盖4内垫入厚3mm左右的硬橡胶垫5，以及采取修磨密封锥面使之密合等措施解决。

另外，如果出现阀芯上端螺母3松脱，或者弹簧2折断或漏装的情况，有可能使皮囊内氮气顷刻泄完。

【故障2】 蓄能器充压时压力上升得很慢，甚至不能升压

① 充气阀密封盖4未拧紧或使用中松动而漏了氮气。

② 充气阀密封用的硬橡胶垫5漏装或破损。

③ 充气的氮气瓶气压太低。

④ 充气液压回路的问题。如图6-40所示的用卸荷溢流阀2组成的充液回路，当阀2的阀芯卡死在微开启时，蓄能器3充压上压速度很慢，阀2的阀芯卡死位置的开口越大，充压速度越慢。完全开启，则不能使蓄能器3蓄能升压。

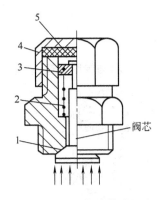

图6-39 加硬橡胶垫防漏气
1—密封锥面；2—弹簧；3—螺母；
4—密封盖；5—硬橡胶垫

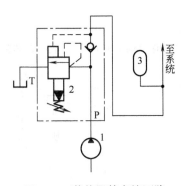

图6-40 蓄能器的充液回路
1—泵；2—卸荷溢流阀；3—蓄能器

⑤ 有阀泄漏。

查明原因后采取对策。

【故障3】 蓄能器不起作用或往系统补液时间长

① 气阀漏气严重，皮囊内根本无氮气，以及皮囊破损进油。

② 当系统最大工作压力过低时（低于蓄能器内氮气压力导致液压油进入不了蓄能器），蓄能器完全丧失蓄能功能（无能量可蓄）。

③ 其他阀有泄漏等故障。 如图 6-41 所示的系统，当节流阀 1 调节开口过大或阀芯卡死在全开位置时，蓄能器往系统释放油液时，有一大部分油液从节流阀流向油箱，因此蓄能器不起作用或往系统补液时间长。 当然也会同时产生蓄能器充液时间长的故障。 此时可调小节流阀 1 的开口，对阀进行清洗。

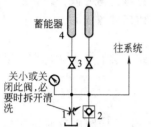

图 6-41　蓄能器充液时间长的故障原理图

（5）皮囊式蓄能器的拆卸与装配

以图 6-42 所示的皮囊式蓄能器为例，介绍其拆装方法。

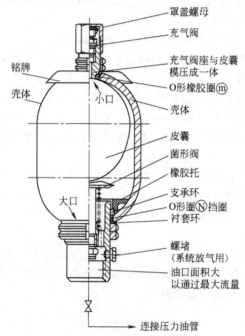

图 6-42　典型的皮囊式蓄能器结构

① 拆卸前准备好工具　拆卸前准备好如图 6-43 所示的通用工具与专用工具。

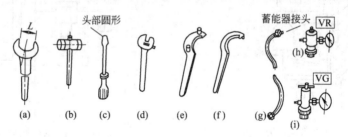

图 6-43　拆装皮囊式蓄能器的通用工具与专用工具

② 拆卸　皮囊式蓄能器的拆卸步骤如图 6-44 所示。

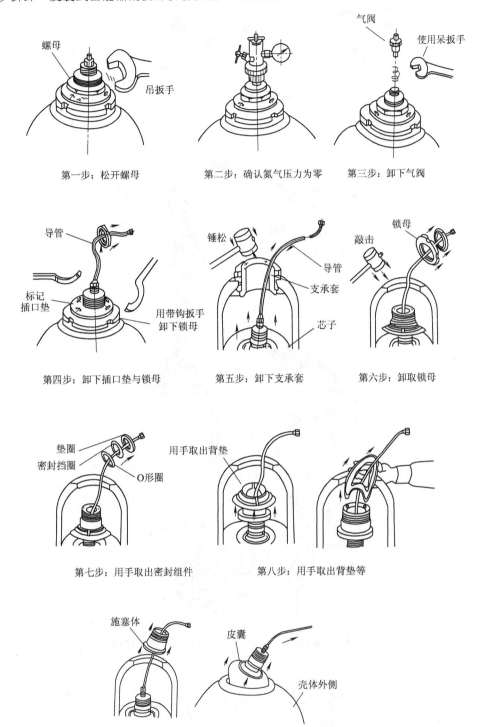

第一步：松开螺母　　　第二步：确认氮气压力为零　　第三步：卸下气阀

第四步：卸下插口垫与锁母　　第五步：卸下支承套　　第六步：卸取锁母

第七步：用手取出密封组件　　　第八步：用手取出背垫等

第九步：取出旋塞体　　第十步：取出皮囊，清洗各零件备用

图 6-44　拆卸皮囊式蓄能器的步骤

③ 装配　皮囊式蓄能器的装配步骤如图 6-45 所示。

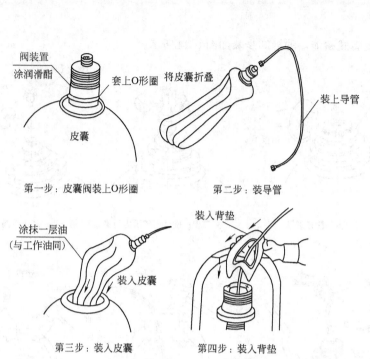

第一步：皮囊阀装上O形圈　　　　　　　第二步：装导管

第三步：装入皮囊　　　　　　　　第四步：装入背垫

第五步：装入密封组件　　第六步：将装件拉出至壳体口

第七步：去毛刺润滑壳体口　　第八步：装支承座、锁母、气阀等零件

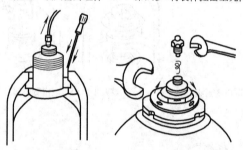

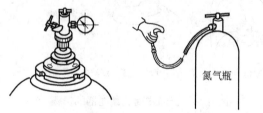

第九步：装充气阀　　　　第十步：用氮气瓶充气

图 6-45　皮囊式蓄能器的装配步骤

6.2.3 隔膜式蓄能器

隔膜式蓄能器由液体部分和气体部分组成，隔膜用作气体密封隔离件。 液体部分与液压回路相通，因此压力升高时气体被压缩，油液被吸入隔膜式蓄能器。 压力下降时，气体膨胀，从而把油液压入系统回路。 隔膜底部是一个预硬化处理的阀座，当蓄能器完全排空时，阀座关闭液压出口，防止损坏隔膜。

（1）隔膜式蓄能器的工作原理

在隔膜式蓄能器内装有一个隔膜，隔膜为液压流体和氮气之间的弹性隔板。 通过充气阀，把规定压力（预充压力）P_0 的惰性气体（氮气）引入隔膜，下端的流体接口与液压回路相连（图 6-46）。

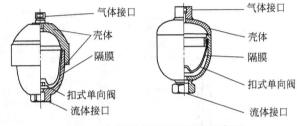

图 6-46　隔膜式蓄能器结构示意图

当液压回路的压力超过预充气压力（P_0）时，通过压缩隔膜，使液体进入蓄能器，直到两个压力（液体-气体）相等。 以这样的方法获得压力液体的一些储存，并利用橡胶的可伸缩性和气体的可压缩性对受压液体的能量进行储存和释放。 以此用于液压系统中紧急或快速能源储存、吸收压力冲击、吸收泵的脉动、泄漏补偿、液力弹簧以及不同流体的传输等多种用途。

图 6-47（a）蓄能器处于预充压力 P_0 下，不承受液压系统的压力，此时隔膜下方的堵头（单向阀）切断蓄能器与液压系统的连接，同时也保护隔膜不楔入下端油口，避免受损坏。

图 6-47（b）蓄能器处于最低工作压力 P_1 下，这时会有少量的油液处于隔膜下方，使得堵头处于开启状态。 因此，P_1 必须是大于 P_0 的。

图 6-47（c）蓄能器处于最高工作压力 P_2 下，变化的容积 ΔV 代表了蓄能器在最低工作压力和最高工作压力之间能够储存的油液的容积。

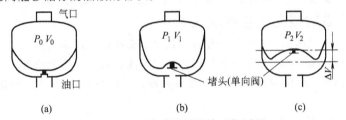

图 6-47　隔膜式蓄能器的工作原理

V_0—蓄能器的气体容积；V_1—系统最低压力时的气体容积；V_2—系统最高压力时的气体容积；ΔV—气体在 P_1 和 P_2 之间变化的容积；P_0—预充压力；P_1—系统最低压力时的气体压力；P_2—系统最高压力时的气体压力

（2）隔膜式蓄能器的外观、组成与结构

如图 6-48 所示，隔膜式蓄能器包括一个高强度钢制成的壳体（耐压容器）5，该容器通常为球形或圆柱形。 液压蓄能器由柔性材料（弹性体）制成的隔膜 2 分隔为气体侧和流体侧。 当工作压力增加时，液压油将流到隔膜式蓄能器中，并将气体压缩，直至气压等于流体压力。 当工作压力降低时，气体将再次膨胀，并向液压系统送入流体。 当隔膜式蓄能器排气时，位于隔膜底部的闭合座 3 完全覆盖住流体接头 4，因此避免隔膜退入流体通道而导致损坏。 隔膜式蓄能器的气体侧通过松开充气螺钉 7 通过气口 1 充入氮气，直至达到指定的预充压力 P_0。 为了保护气口，气口上装有一个盖帽 6。

充气阀
壳体
隔膜
闭合座
接口

(a) 外观与组成

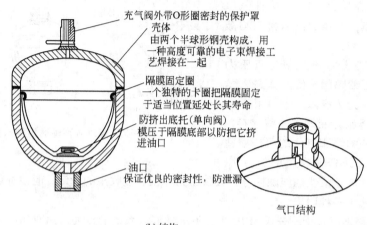

充气阀外带O形圈密封的保护罩
壳体
由两个半球形钢壳构成，用
一种高度可靠的电子束焊接工
艺焊接在一起

隔膜固定圈
一个独特的卡圈把隔膜固定
于适当位置延处长其寿命

防挤出底托(单向阀)
模压于隔膜底部以防把它挤
进油口

油口
保证优良的密封性，防泄漏

气口结构

(b) 结构

图 6-48　隔膜式蓄能器的外观、组成与结构

（3）隔膜式蓄能器的安装方式

隔膜式蓄能器的安装方式包括在油路块上安装与使用固定夹具安装两种，如图 6-49 所示。

（4）隔膜式蓄能器充气与首次调试

充气前先设置好充气压力，若需要调整预充压力，请按以下说明进行。

① 确认系统已降压。 气体大量不受控制地漏出可能会对人体导致伤害，并且吸入气体中的成分也可能会导致伤害，须确保工作地点的通风良好。 为检查预充压力，要始终使用合适的充气与测试设备。

② 拆下隔膜式蓄能器气体侧的保护帽（图 6-50）。

③ 将液压蓄能器的充液阀和测试阀拧到隔膜式蓄能器的气口上。 在进行此操作时，请始终遵守充气和测试设备的操作说明。

④ 使用充气与测试设备的软管将氮气瓶与充气阀连接。

⑤ 液压图上标有规定的预充压力。

⑥ 打开气瓶的截止旋塞。

⑦ 通过充气阀和测试阀松开充气螺钉直至气体能够流入蓄能器。

⑧ 为隔膜式蓄能器充气，直至充气阀的压力计上显示规定的预充压力。 在充气过程中需始终注意压力表上的刻度值。

⑨ 关闭气瓶的截止旋塞。

⑩ 预充压力（充气压力）需依温度而定。 隔膜式蓄能器在充气时会升温，请等待蓄能器冷却。

⑪ 检查预充压力并在必要时进行纠正。

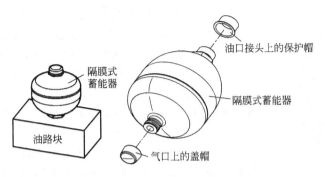

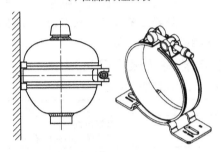

(a) 在油路块上安装

固定夹具安装　　　　固定夹具
(b) 使用固定夹具安装

图 6-49　隔膜式蓄能器的安装方式

⑫ 通过充气阀和测试阀使用 25N・m 的紧固扭矩再次将隔膜式蓄能器上的充气螺钉拧紧。

⑬ 拆除充气阀和测试阀。

⑭ 将保护帽拧回蓄能器。

⑮ 在隔膜式蓄能器上标示出清晰可见的规定的预充压力。 按此规定检查预充压力并设置完毕。

⑯ 长时间停用后重新调试：确认预充压力是否与壳体上标示的 P_0 值相符。 并检查连接螺纹的泄漏紧密性， 确保蓄能器没有任何被腐蚀的迹象，并且涂层完好。

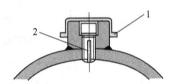

图 6-50　隔膜式蓄能器的保护帽
1—保护帽；2—充气螺钉

（5）隔膜式蓄能器的维护测试间隔

检查充气后， 液压蓄能器基本上是无需维护的。 然而，为了保证无故障工作和长久的使用寿命，必须执行以下任务：检查预充压力；检查安全设备和配件；检查管路连接；检查蓄能器固定情况。

若因维护任务需要拆卸蓄能器，首先需将其降压。 维护测试间隔按表 6-2 中的规定。

表 6-2　隔膜式蓄能器的维护测试间隔

测　试	间　隔	维护操作
在外部目视检查预充压力	测试 1：调试后一周内	检查预充压力：检查紧密性，连接螺纹；目视检查防腐蚀情况
	测试 2：调试后的三个月内（若测试 1 期间无气体损失）	
	测试 3：若测试 2 期间无气体损失，则进行年度测试	
内部目视检查	每 10 年一次	应根据国家法规检查压力容器。 如果能根据国家法规进行此测试，则无需根据设计生产厂家要求进行测试。 必要时应更换蓄能器。

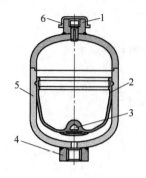

图 6-51　隔膜式蓄能器的拆卸
1—气口；2—隔膜；3—单向阀；
4—油口；5—壳体；6—保护帽

（6）隔膜式蓄能器的拆卸（图 6-51）

确认液压系统已降压；拆下隔膜式蓄能器气体侧的保护帽 6；将液压蓄能器的充气阀和测试阀拧到隔膜式蓄能器的气口 1 上，在进行此操作时，始终遵守充气和测试设备的操作说明；排放气体侧的预充压力，在进行此操作时，始终遵守充气和测试设备的操作说明；预充压力需依温度而定，隔膜式蓄能器在放气时会降温，等待蓄能器再次加热至环境温度；排放加热过程中在气体侧生成预允压力，在进行此操作时，始终遵守充气和测试设备的操作说明；从气口上拆下液压蓄能器的充液阀和测试阀；如果需要，可拆下充气螺钉；将密封帽和保护帽拧回蓄能器；紧固在提升设备上的隔膜式蓄能器；从系统中断开隔膜式蓄能器；松开隔膜式蓄能器的夹持设备。

（7）隔膜式蓄能器故障分析与排除（表 6-3）

表 6-3　隔膜式蓄能器的故障分析与排除

故　障	可能原因	排除方法
工作期间初始气体张力发生变化	泄漏/气口泄漏	目视检查 最终装配时使用检漏喷雾进行泄漏测试
	气口损坏/受损	更换蓄能器 请始终使用符合样本中规定的充气与测试设备为隔膜式蓄能器充气和放气
	气口因污染而功能受损	在使用充气与测试设备后将盖帽拧回蓄能器
	取决于温度的系统相关的压力变化	无法避免因温度变化而带来的气体充气压力改变 必须根据预期的工作温度选择气体的充气压力
	渗透导致的减压	重新充入气体
容器上有裂缝	不符合规范的应用	立即停止使用系统 更换蓄能器，更换下来的蓄能器不可再次使用
	在规定的温度范围外工作	立即停止使用系统 更换蓄能器，更换下来的蓄能器不可再次使用 在调试后检查工作温度
内部腐蚀	使用错误的液压油	立即停止使用系统 更换蓄能器，更换下来的蓄能器不可再次使用 使用正确的液压油
	由于存储条件不当而导致容器中有残余的湿气	立即停止使用系统 更换蓄能器，更换下来的蓄能器不可再次使用 遵照规定的存储条件
通向外部的接口处油缺失	维修中不正确的装配顺序	维修只能由经过授权的专业人员执行
	O 形环密封由于过高的油温而损坏或变硬	更换 O 形环 检查油温
	由于在组装隔膜式蓄能器时未采用无拉应力装配导致油口破裂	无拉应力装配
	不允许的环境力效应	无作用力装配
	运输时油阀损坏	运输后进行目视检查
无法装配	螺纹错误	更换相应的部件
	螺纹损坏	

6.2.4　活塞式蓄能器

（1）活塞式蓄能器的工作原理

如图 6-52 所示，活塞式蓄能器主要有两个腔室，一个腔室预充填有合适压力为 P_0 的气体，另一腔室连接液压回路充填有系统油液。必须根据蓄能器的工作条件选择氮气压力，氮气压力为预充气压力。对活塞式蓄能器进行增压以后，产生了可按需要向系统提供容积为 $\Delta V = V_1 - V_2$ 的压力油，这便是活塞式蓄能器的工作原理。

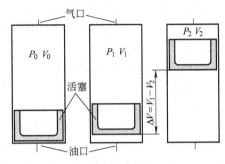

图 6-52　活塞式蓄能器的工作原理

P_0—预充氮气压力；P_1—最低工作压力；

P_2—最高工作压力；V_0—有效气体容积；

V_1—P_1 时的气体容积；V_2—P_2 时的气体容积

（2）活塞式蓄能器的外观与结构

如图 6-53 所示，活塞式蓄能器由一个两端密封的钢制壳体组成，一个气密的铝质活塞可在壳体内运动。活塞采用铝材料制成，具有较快的反应时间，在快速的工作周期不会产生峰压。活塞上有一个凹下去的腔室，利于减轻重量。有些活塞式蓄能器在活塞与油液接触的表面也有一个腔室，其目的是在活塞紧贴底端盖时使油液的压力几乎作用于活塞的全部表面，而不会作用于某一点。

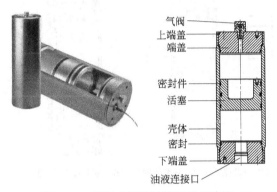

气阀
上端盖
端盖
密封件
活塞
壳体
密封
下端盖
油液连接口

图 6-53　活塞式蓄能器的外观与结构

活塞和缸筒之间的密封由一个多环密封圈密封。密封圈的材料采用丁腈橡胶（密封的最高工作温度为 80℃），或者使用氟橡胶密封（工作温度可达 150℃）。因为铝和钢的膨胀系数不同，必须对热效应加以补偿。

油液侧的端盖同样采用螺钉固定在壳体上，并安装有相应的密封。该端盖上有一个螺纹接头或者法兰，用以连接系统。

（3）活塞式蓄能器的活塞位置指示器

国外一些活塞式蓄能器，很容易监控活塞全部行程的位置或部分行程的位置。如果想了解已蓄积多少油液，可应用控制系统的通断信号、模拟信号或数字信号加以指示。监控系统用以利用最大行程获得最大蓄积液体容量，用以启动和停止泵，指示异常现象，检测可供流体的容量。活塞位置指示器有图 6-54 所示的几种。

① 电气终端开关［图 6-54（a）］　电气终端开关通常监控活塞式蓄能器的充气状况。但也可以通过一定的行程长度对所属液压件进行控制。终端开关由具有永久磁性的切换杆和抗磁外壳及两个或更多的开关组成。切换杆不与活塞连接，只能达限定的行程。这些开关可以是常闭/常开或双稳态的；一个终端开关上不能同时配一个常闭或常开和一个双稳态开关。标准终端开关配有一个常闭和一个常开开关。其他形式是通过感应接近开关实现切换。

② 引出的活塞杆［图 6-54（b）］　引出的活塞杆允许通过整个行程监控活塞的位置，由固定在活塞上且密封的活塞杆和驱动终端开关的、所谓的切换凸块组成。通过切换凸块可以在任何位置监控活塞的位置。该定位通常用于控制泵的开和关。通常，活塞杆从蓄能器的油液侧引出，以免气体侧可能出现泄漏。引出活塞杆时，若端盖大小不允许，则液体连接将在侧面。引出的活塞杆可在任何位置工作，但必须有足够的空间用于活塞进出。在整个行程范围内活塞最大速度不能超过 0.5m/s。

③ 超声波测量装置［图 6-54（c）］　活塞位置由超声波测量决定。由于超声波需要连续的载声介质，所以只能从油液侧测量。为避免错误读数，必须尽可能避免介质中存在气泡。活塞安装时应使气体不能聚积在传感器下面。测量数值由微处理器求值并转换成连续的测量信号。

传感器上的最大压力不能超过 350bar。

④ 张力牵引式测量装置［图 6-54（d）］　使用张力牵引式测量装置，可以通过固定在活塞上的电缆来测量活塞的位置。 电缆缚在轮子上并用弹簧拉紧。 活塞移动过程中轮子通过旋转电位计改变电阻。 该电阻由变换器转换成电子信号（标准：4~20mA 或 0~10V），以便能被 PLC 系统直接进行处理。 该信号通过端盖输送到电缆套管，或者微处理器显示活塞的位置。 微处理器最多可以获取 4 个活塞位置，用于切换系统元件。

⑤ 电磁翻板式显示器［图 6-54（e）］　使用电磁翻板式显示器通过从外面看到的电磁翻板颜色确定活塞的位置。 活塞式蓄能器配有一根抗磁管，包括一根电缆，电缆一端固定在活塞气体侧，另一端与电磁铁连接。 沿活塞蓄能器的长度方向安装了一个含红/白电磁翻板的外壳。当磁铁沿管子上下移动时，翻板就会翻至相反的方向，显示活塞的位置。 另外，可以安装簧片开关以切换系统部件或把测量刻度固定在管子上。 活塞最大速度不能超过 0.5m/s，平均每天不得超过 5 个循环。 带电磁翻板式显示器的活塞式蓄能器只能垂直安装，气体侧向上。

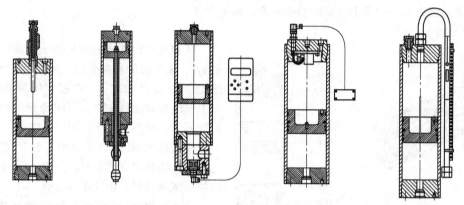

(a) 电气终端开关　　(b) 引出的活塞杆　(c) 超声波测量装置　(d) 张力牵引式测量装置　　(e) 电磁翻板式显示器

图 6-54　活塞式蓄能器的活塞位置指示器

6.2.5　蓄能器的应用

蓄能器的功能主要分为存储能量、吸收液压冲击、消除脉动和回收能量四大类。 其中存储能量这一功能在实际使用中又可细分为：①作辅助动力源，减小装机容量；②补偿泄漏；③作热膨胀补偿；④作紧急动力源；⑤构成恒压油源。

（1）作辅助动力源

图 6-55 所示为蓄能器用作辅助动力源的应用，用于快速运动回路。 由液压泵 1、卸荷溢流阀（单向阀＋外控溢流阀）2、蓄能器 3、三位四通电磁换向阀 4、液压缸 5 等元件组成。 这类系统一般为工作时间较短的间歇工作系统或一个循环内速度差别很大的系统。 在系统不需要大流量时，可以把液压泵输出的多余压力油液暂时储存在蓄能器内，到系统短时间内需要大流量时，由液压泵和蓄能器同时向液压缸供油，使活塞获得较高的运动速度。 这样可以按液压系统循环周期内平均流量选用液压泵，而不必按缸的快速要求流量去选大流量泵，以减小功率消耗，降低系统温升。

（2）作泄漏补偿器

泄漏补偿的作用是：在系统有压但不工作的较长时间里，补偿液压系统的内、外泄漏，使系统压力不会因内、外泄漏而掉下来，即"保压"作用。

图 6-56 中，当液压缸压住工件后，换向阀 3 处于中位，不再向液压缸供油，此时蓄能器 1 可

补充液压缸及电磁阀 3 的内外泄漏，而不使压力掉下来。

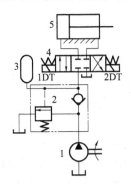

图 6-55　蓄能器用于快速运动回路

1—液压泵；2—卸荷溢流阀；3—蓄能器；4—换向阀；5—液压缸

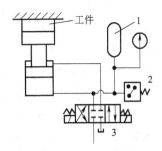

图 6-56　蓄能器用于保压

1—蓄能器；2—压力继电器；3—换向阀

（3）作热膨胀补偿器

图 6-57 所示的封闭回路系统受热时，因为液体的体积膨胀系数一般大于金属管容腔材料的膨胀系数，所以受热后的液体体积（V）使封闭回路中的压力升高，有可能超过安全极限的压力而发生危险。 加装一个充气到正常的系统工作压力的适当容量的蓄能器，可以吸收系统液体体积的任何增加，起到保护作用，把系统压力限制在安全范围内。 当压力过大时，通过卸荷阀卸压；当发生收缩时，蓄能器也可反过来向系统供给所需的液体。

（4）作应急动力源

在液压系统中，万一电源断电或泵故障，供油停止，而为了安全，又需要不停止供油，这时可设置如图 6-58 所示的回路，安装一个适当容量的蓄能器作应急动力源。 停电时单向阀 I_2 打开，阀 I_1 关闭，蓄能器可往系统提供应急压力油。

（5）作液体补充装置

在封闭的液压系统中，蓄能器可以有效地用作一个液体补充装置，补充图 6-59 中液压缸的有杆腔和无杆腔之间油液的体积之差。 当活塞杆被大的外力驱动内缩时，油液从无杆腔经节流阀挤向有杆腔，但由于行程相同，无杆腔挤出的液体要多于挤入有杆腔的液体。 设置蓄能器的作用就是能存放此多余的液体，而当外负载去掉后，存放的液体又可补充到无杆腔的较大空间中。

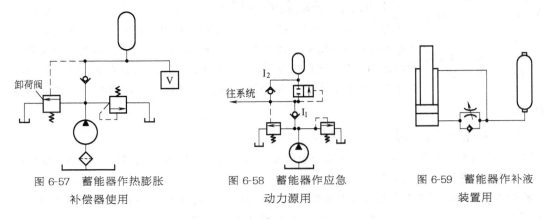

图 6-57　蓄能器作热膨胀
补偿器使用

图 6-58　蓄能器作应急
动力源用

图 6-59　蓄能器作补液
装置用

（6）作脉动阻尼器与油击吸收器

这种应用的作用是消除或减弱高压脉动或管路的液压冲击。 图 6-60 中，当应急关断三位四通电磁阀时,高速液流突然停止(或减速),会造成油击(水击)现象。 设在冲击源附近的蓄能器,可抑制油击,并起到脉动阻尼器的作用。

(7)作双压回路中的动力源

图 6-61 中,在液压缸工作循环的快速阶段,蓄能器为快速运动提供追加流量(手动阀处于图示位置),和双泵一起供油。 当液压缸运动到头,系统压力升高,压力继电器动作,电磁阀通电,低压大流量泵向蓄能器充液,高压小流量泵继续向系统供油。

(8)输送另一种流体

图 6-62 中,设置皮囊式蓄能器,利用皮囊(材料要与液体相容)的挠性隔离作用,使不能与液压油相混的另一种液体能以一种稳定的压力输送到系统中去。 即如果输入的液体压力下降,从泵来的压力油压缩皮囊,使另一种液体在输送过程中增压输往系统,反之则胀开皮囊,另一种液体压力下降,输往系统。

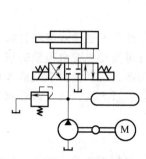

图 6-60 蓄能器作吸收冲击减振用

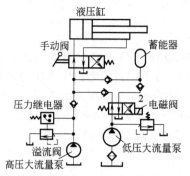

图 6-61 蓄能器双压回路中的动力源

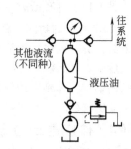

图 6-62 输送另一种流体

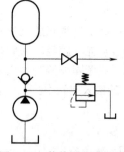

图 6-63 蓄能器作液体或润滑剂的分配器

(9)作液体分配器

如图 6-63 所示,蓄能器用作液体或润滑剂的分配器。 液体与润滑剂可以储存在蓄能器里,以便根据需要在控制压力下向一部复杂的机器里的许多轴承分配,长时间提供恒定的受控润滑剂,直到重新充液为止。

(10)用于能量回收系统

如图 6-64 所示为一种液压升降机能量回收系统,该系统的能量回收原理为:在升降机下降过程中,势能转换成液压能,将压力能储存在蓄能器中,在升降机上升过程中,蓄能器中的压力油释放出来,补充给液压泵,使再次上升过程中液压泵消耗的电动机功率减少,达到节能目的。

(11)能量储备、减小装机功率

如果液压系统在一个工作循环中所需流量变化较大,使用蓄能器后就可能用较小的泵和电机,从而降低设备费用和操作费用。

图 6-65 所示的运行周期中如按最大流量 Q_2 选用泵流量,应选大泵。 如果使用蓄能器,在时间周期($t_2 \sim t_1$)和($t_4 \sim t_3$)内,蓄能器能够储蓄油量。 因为此时需要的油流量很小,甚至不需要油。 当所要求的流量高于泵流量 Q_1 时,在 $0 \sim t_1$ 和 $t_2 \sim t_3$ 周期内可使用蓄能器供油。当然 Q_1 必须这样选择,即 $V_1 + V_2 \leqslant V_3 + V_4$。

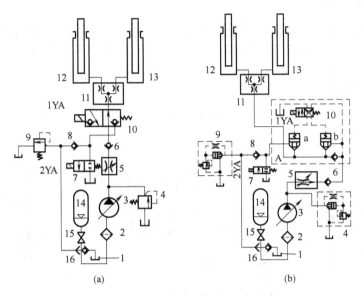

图 6-64　蓄能器用于能量回收系统

1—油箱；2—过滤器；3—液压泵；4, 9—安全阀；5—调速阀；6, 8—单向阀；7—二位二通阀；
10—二位三通换向阀；11—分流-集流阀；12, 13—液压缸；14—蓄能器；15—截止阀；16—梭阀

用蓄能器作为能量储存装置能有效地减小液压泵所需的流量，这就减小了装机功率。

（12）脉动缓冲

活塞和隔膜泵在运行时会在液压回路里不可避免地产生脉动或峰值压力，这既不利于顺利运行又不利于部件的使用寿命。 在靠近泵的压力侧装上皮囊蓄能器，可缓和振动，使振动降到满意的程度（图 6-66）。 典型的用途如可用于定量泵及活塞数较少的柱塞泵等。

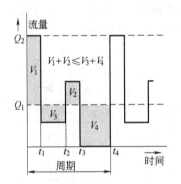

图 6-65　能量储备、减小装机功率

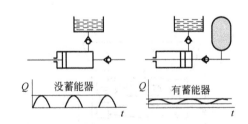

图 6-66　脉动缓冲

（13）紧急能量供给

在动力突然缺失的情况下，例如管道或接头故障、泵破损等，蓄能器能够提供足够的能量来完成运行循环或使传动机构、阀门等重新恢复到"安全"位置，从而防止损坏设备或产品。

另外，获得这样的紧急动力源在一些情况下是必需的，如为关闭安全门、电气开关、安全阀、紧急制动器等所需要的液动源。

另一个典型用途是将燃油紧急提供给电厂的锅炉。 图 6-67 表示的 B 处引起能量损失的故障可通过手动电磁阀 A 而被消除，这时就使用蓄能器的潜能。

（14）压力补偿

当长时期需要恒定静态压力时，蓄能器是必不可少的，因为它将补偿由于接头、密封等的渗漏而造成的压力损失，而且能平衡可能在运行循环过程中发生的压力高峰。 典型用途为夹紧系统，如图 6-68，负载平台、筑路压力机、机床、润滑系统等。

（15）作配重用

平衡一个力或重量可以通过由蓄能器驱动的液压活塞来达到，从而避免了使用占地方的配重并减轻了重量。 典型的用途为机床（图 6-69）、卷扬机等。

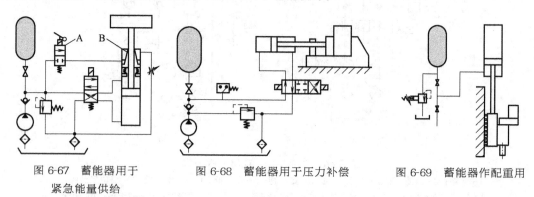

图 6-67　蓄能器用于　　　　图 6-68　蓄能器用于压力补偿　　　　图 6-69　蓄能器作配重用
紧急能量供给

（16）作减振器用

图 6-70 中，液压设备中的机械振动能被蓄能器吸收。 可用于重型车辆与叉式提升机等的驱动和悬挂系统、移动吊车、石块破碎机等。 一个连接于悬挂腔的蓄能器起一个可调吸振器的作用。

（17）作液压弹簧用

皮囊式蓄能器能取代机械弹簧，例如用于拉深冲压的模具装置（图 6-71），在不需使用弹簧的情况下，通过调节油压就能更容易地、更精确地在较大范围内调节模具的压力。

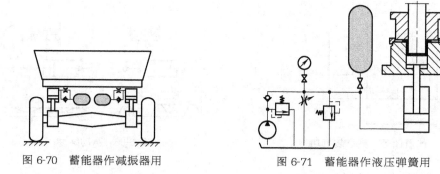

图 6-70　蓄能器作减振器用　　　　　　图 6-71　蓄能器作液压弹簧用

6.3　油冷却器的使用与维修

液压系统液体的工作适宜温度一般在 30～50℃ 范围内，最高不超过 65℃。 一些在露天作业，环境温度较高的液压设备，规定最高工作温度不超过 85℃。

油液温度过低，液压泵启动时吸入困难；温度过高，油液容易变质，同时增加系统的内泄漏。 为防止油温过高、过低，常在液压系统中设置油冷却器和加热器，总称热交换器。 安装油冷却器是矛盾的主要方面。

6.3.1 工作原理及分类

（1）工作原理

效率低的液压系统无用功及泄漏等功率损失几乎全部变成热量，加上环境温度高，液压系统免不了造成温升。温升会带来各种故障和弊病，必须控制温升。方法有二：采用高效率液压系统节能和散热冷却。前者应该尽力争取，后者不得已而为之。增大油箱容量利于散热，然而有些液压设备不允许体积庞大，如行走机械。安置油冷却器目前还是一种必然选择。

使用的油冷却器有水冷式、风冷式和冰箱式等类型。水冷式又分为盘管式、多管圆筒式和板式换热器等种类。

油冷却器实际上是一种热交换器，它通过物理上的传感传热、对流传热等热交换方式。热交换的原理如图 6-72 所示，流体 A 与流体 B 发生热交换的方法是：流体 A 吸收流体 B 的热量，温度由 T_1 增至 T_2；流体 B 散发出热量，温度由 t_1 降至 t_2。油冷却器的工作原理就是建立在这一基本原理上的。

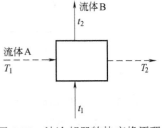

图 6-72 油冷却器的热交换原理

（2）油冷却器的种类及特点（表 6-4）

表 6-4 冷却器的种类及特点

种类		特点	冷却效果
水冷却式	列管式：固定折板式，浮头式，双重管式，U 形管式，立式，卧式等	冷却水从管内流过，油从列管间流过，中间折板使油折流，并采用双程或四程流动方式，强化冷却效果	散热效果好，散热系数可达 350～580W/（m²·℃）
	波纹板式：人字波纹式，斜波纹式等	利用板式人字或斜波纹结构叠加排列形成的接触点，使液流在流速不高的情况下形成紊流，提高散热效果	散热效果好，散热系数可达 230～815W/（m²·℃）
风冷却式	间接式、固定式及浮动式、支撑式、悬挂式等	用风冷却油，结构简单、体积小、重量轻、热阻小、换热面积大、使用安装方便	散热效率高，油散热系数可达 116～175W/（m²·℃）
制冷式	箱式、柜式	早期利用氟里昂制冷原理把液压油中的热量吸收、排出。由于氟里昂制冷剂破坏大气臭氧层现已不使用，改用 R22 等新型制冷剂	冷却效果好，冷却温度控制较方便特别适用于缺水环境

6.3.2 油冷却器的使用

（1）几种冷却回路

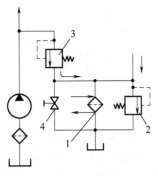

图 6-73 设置在主溢流阀的回油口的冷却回路

1—油冷却器；2—背压阀；
3—溢流阀；4—截止阀

① 冷却器设置在主溢流阀的回油口的冷却回路　如图 6-73 所示，为在冷却器阻塞时保护冷却器，设置了背压阀 2（顺序阀、溢流阀均可）在冷却器堵塞时打开，从系统来的回油及溢流阀来的回油均可从背压阀流回油池，从而保护了冷却器。不需要冷却时，可将截止阀 4 打开，回油不经冷却器直接回油箱。这种冷却回路使用较普遍，冷却效果较好。

② 旁路冷却回路　如图 6-74 所示的回路，图（a）为使用水冷式冷却器的旁路冷却回路，单独的冷却泵抽取油箱内热油经水冷却器冷却后流回油箱；而图（b）为使用风冷式冷却器的旁路冷却回路，左边的冷却泵为液压马达提供压力油而转动，带动风扇转动，将右冷却泵抽取油箱内热油经风冷却器冷却后流回油箱；图（c）为冷却器装在闭式回路的补油系统中提供的冷却方式，这种冷却回路可以不受主油路冲击的影响，但需另设单独的

冷却泵抽油冷却。

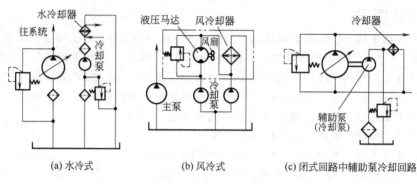

(a) 水冷式　　　　　　(b) 风冷式　　　　(c) 闭式回路中辅助泵冷却回路

图 6-74　旁路冷却回路

③ 组合式冷却回路　当系统有冲击载荷时，由单独的冷却泵工作，进行循环冷却；当系统无冲击载荷时，可停止冷却泵，实行主油路冷却，这样可延长油冷却器的使用寿命，提高冷却效果（图 6-75）。

④ 自动控制油温冷却回路　为了自动控制油温，可采用图 6-76 所示的油温自动调节回路。如果将测温头（温度控制仪表）和温度调节水阀（比例式电磁水阀）配合使用，可自动调节进入油冷却器的水流量，达到自动控制油温的作用。

（2）油冷却器的使用注意事项

① 为了提高传热效率，冷却介质（水或空气）应与被冷却油逆方向流动，且水在管内流动，油在管外流动。

② 为了得到良好的冷却效果，油冷却器应设置在液压系统的总回油管或溢流阀的回油管路中。因为溢流阀的回油管路发热量最大，油温高。

③ 注意冷却器的工作压力和工作温度不应超过制造厂的规定，并应尽量避免长时间在冲击载荷下使用，以利于延长油冷却器的使用寿命。

④ 当回路中有冲击压力影响到冷却器时，一般要求冷却器能承受更高的压力（峰值为常值的 3～4 倍），否则冷却器易损坏。

⑤ 进水管路上要设置截止阀，以便断水时冷却器不承受水源压力（图 6-77）。

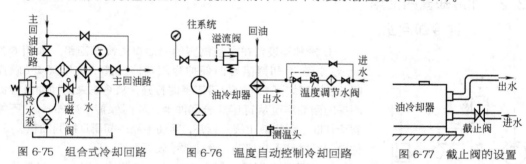

图 6-75　组合式冷却回路　　　图 6-76　温度自动控制冷却回路　　　图 6-77　截止阀的设置

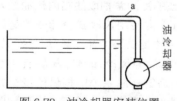

图 6-78　油冷却器安装位置

⑥ 如果油冷却器的安装位置低于油箱油面（图 6-78），为防止检修冷却器时油箱内油液因虹吸现象而外流，可在图中油路的 a 处安设一截止阀，检修时在未拆下油冷却器前先将截止阀关闭。

⑦ 冷却水一般可用自来水，但不得用海水或含有腐蚀成分的液体。

⑧ 寒冷季节在非工作时必须放掉冷却器内的剩水剩油，避免冷却器冻裂。

⑨ 冷却器停止使用后（停一段时间），应先关闭进油阀和进水阀，后关闭排油阀和排水阀，再拧下放油、放水的螺塞，排除积油、积水。

⑩ 根据水质情况，一般每五个月至十个月进行一次内部的检查和清洗污垢。

6.3.3 列管式油冷却器

（1）工作原理

列管式油冷却器属间壁式换热器，水冷式油冷却器。冷、热流体被固体传热表面隔开，而热量的传递通过固体传递面进行，其工作原理如图 6-79 所示：水（冷流体）走管内，油（热流体）从油进口流入经折流板反复折流后走管外，冷热流体通过管壁进行热交换，水变热，油变冷从各自的出口流出。冷却管常用传热性能好的铜或铝合金制造，设置折流板的目的是增加热交换面积。

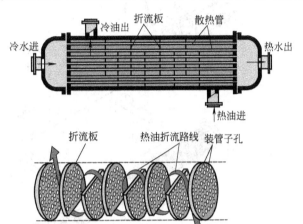

图 6-79 列管式油冷却器的工作原理

（2）结构与拆装

列管式油冷却器的外观与结构如图 6-80 所示，由多条冷却水管 14、侧端盖板 3 与 19、壳体以及密封垫 5 等零件所组成。冷却水管的管内与管外由密封垫隔开。冷却水从管内走，热油从管外走，通过管壁进行热交换而使热油降温后从出口流出。参阅图 6-80（c）可对列管式油冷却器进行拆装。

（3）应用

列管式油冷却器的应用如图 6-81 所示，冷却器之所以装在溢流阀与系统总回油管上，是因为这些管路中油温较高。

（4）故障分析与排除

【故障 1】 水冷却器产生腐蚀

水冷却器产生腐蚀的主要原因是材料、环境（水质、气体）以及电化学反应。

选用耐腐蚀性的材料是防止腐蚀的重要措施，而目前列管式油冷却器多用散热性好的铜管制作，其离子化倾向较强，会因与不同种金属接触产生接触性腐蚀（电位差不同），例如在定孔盘、动孔盘及冷却铜管管口往往产生严重腐蚀的现象。解决办法：一是提高冷却水质，二是选用铝铁合金制的冷却管。

另外，冷却器的环境包含溶存的氧、冷却水的水质（pH 值）、温度、流速及异物等。水中溶存的氧越多，腐蚀反应越激烈；在酸性范围内，pH 值降低，腐蚀反应越活泼，腐蚀越严重，在碱性范围内，对铝等两性金属，随 pH 值的增加腐蚀的可能性增加；流速的增大，一方面增加了金属表面的供氧量，另一方面流速过大会产生紊流涡流，导致气蚀性腐蚀；另外水中的砂石、微小贝类细菌附着在冷却管上，也往往产生局部侵蚀。

还有，氯离子的存在增加了使用液体的导电性，使得电化学反应引起的腐蚀增大。特别是氯离子吸附在不锈钢、铝合金上也会局部破坏保护膜，引起孔蚀和应力腐蚀。一般温度增高腐蚀增加。

综上所述，为防止腐蚀，在冷却器选材和水质处理等方面应引起重视，前者往往难以改变，

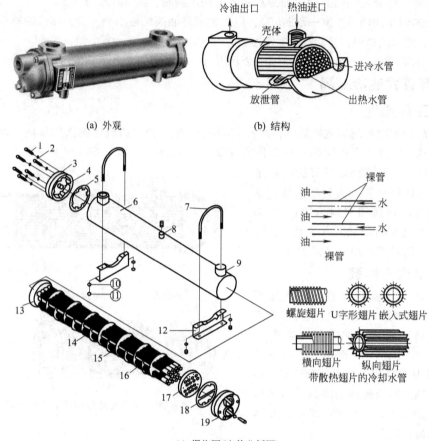

(a) 外观   (b) 结构

冷油出口   热油进口
壳体
进冷水管
放泄管
出热水管

油 → 裸管
水
油 →
水
油 →
油 → 裸管

螺旋翅片   U字形翅片   嵌入式翅片
横向翅片   纵向翅片
带散热翅片的冷却水管

(c) 爆炸图(立体分拆图)

图 6-80　列管式油冷却器的外观与结构

1—螺栓；2—垫圈；3，19—水侧端盖板；4—防蚀锌棒；5，18—密封垫；6—筒体；7—固定架；8—排气塞；9—油出入口；
10—防振垫片；11—螺母；12—固定座；13—管束端板；14—冷却水管；15—导流板；16—固定杆；17—管束端板

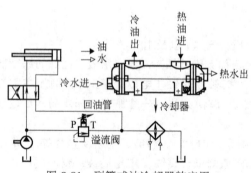

油
水
冷水进
回油管
P T
溢流阀
冷却器

冷油出   热油进
热水出

图 6-81　列管式油冷却器的应用

后者用户可想办法。对安装在水冷式油冷却器中用来防止电蚀作用的锌棒要及时检查和更换。

【故障 2】　冷却性能下降

故障的原因主要是堵塞及沉积物滞留在冷却管壁上，结成硬块与管垢使散热换热功能降低。另外，冷却水量不足、冷却器水油腔积气也均会造成散热冷却性能下降。

解决办法是首先从设计上就应采用难以堵塞和易于清洗的结构，而目前似乎办法不多；在选用冷却器的冷却能力时，应尽量以实践为依据，并留有较大的余地（增加 10% ~ 25% 容量）；不得已时采用机械的方法（如刷子、压力、水、蒸汽等擦洗与冲洗）或化学的方法（如用 Na_2CO_3 溶液及清洗剂等）进行清扫；增加进水量或用温度较低的水进行冷却；拧下螺塞排气；清洗内外表面积垢。

【故障 3】　冷却器破损

冷却器破损的原因：由于两流体的温度差，油冷却器材料受热膨胀的影响，产生热应力，或流入油液压力太高，可能招致有关部件破损；另外，在寒冷地区或冬季，晚间停机时，管内结冰膨胀将冷却水管炸裂。所以要尽量选用不易受热膨胀影响的材料，并采用浮动头之类的变形补偿结构；在寒冷季节每晚都要放干冷却器中的水。

【故障4】　油与水之间串漏

油与水之间如果串漏，会出现流出的油发白，排出的水有油花的现象。漏水、漏油的多发生在油冷却器的端盖与筒体结合面，或因焊接不良、冷却水管破裂等原因造成漏油、漏水。此时可根据情况，采取更换密封、补焊等措施予以解决。更换密封时，要洗净结合面，涂敷一层"303"或其他黏结剂。

6.3.4　风冷式油冷却器

（1）工作原理

由高传热效率的板翅式铝制冷却器及可靠的风机制成。采用先进的同步分层流动散热技术，增大散热面积，加快热传导速度，在风扇的作用下，以空气为冷却介质，将热量带走，获得高效率的冷却效果。在缺少水源的地方普遍采用，欧美等发达国家使用很广泛。

其工作原理如图6-82所示：热油在冷却管内走，风机吹的冷风在管外走，二者之间进行热交换使热油降温。板翅散热片增大散热面积，提高冷却效果。

风冷式油冷却器体积小，重量轻，安装容易；不需要接冷却水，对用户的总投资讲，费用低；冷却效果明显。适用介质：液压油、润滑油、水及水溶性液体，但不适合易燃、易腐蚀性液体。

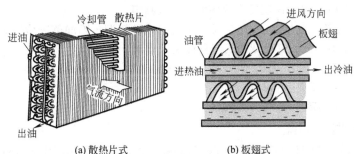

(a) 散热片式　　　　(b) 板翅式

图 6-82　风冷式油冷却器的工作原理

（2）外观结构（图6-83）

（3）应用

如图6-84所示，风冷式油冷却器应用回路中，如果是变量泵系统则风冷式油冷却器接在变量泵的泄油管路上；如果是定量泵系统则风冷式油冷却器接在溢流阀的回油管路上。

（4）故障分析与排除

【故障1】　泄漏大

引起风冷却器泄漏的主要因素有以下几方面。

① 流量选型不合理造成泄漏。推荐的流量计算公式为：冷却器工作流量=泵流量×液压缸有效面积比×油的流量系数×安全系数。其中，液压缸有效面积比=无杆腔受压

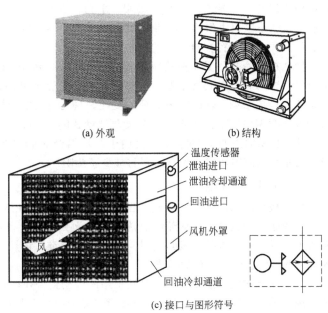

(a) 外观　　　　　　(b) 结构

(c) 接口与图形符号

图 6-83　风冷式油冷却器的外观结构

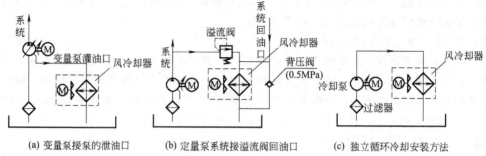

图 6-84　风冷式油冷却器应用回路

面积÷有杆腔受压面积（＞1），不同黏度液压油的流量系数 K 为：32#、46#、68# 抗磨液压油的流量系数分别为 1、1.3、1.9，安全系数为 1.5～2.0，常取 1.8。

②没有加装有效的旁通回路。当使用回油冷却安装方式时，必须加装有效的旁通回路。单向阀的使用压力＜0.5MPa，并确保单向阀能优先释放，配管口径要配合进出油口的尺寸，不能变更缩小，尽可能使用高压软管和直接头减少回油阻力。

③电气控制元件失效或异常。油路回油的流量突然增大，流速大于 0.5m/s，造成散热器爆裂。

④在风冷却器出油口安装了过滤器。不提倡在风冷却器出油口安装过滤器，如果长时间没检查清理过滤器，造成因回油背压过大或堵塞，导致漏洒。

⑤低温启动时油的黏度增大。在冬天容易出现这种情况，因油的黏度变大，回油不畅，导致油通道压力大于 3.5MPa 时，冷却油管容易爆裂而漏油。

【故障2】　噪声大
①底座安装不牢，应予以紧固。
②检查散热片的松脱情况，予以处置。

6.3.5　换热板型冷却器

西方先进国家早在 21 世纪初就普遍开始研制板式换热器，现在，几乎所有工业化国家都在大量制造并采用板式换热器。随着我国工业化水平的提高，板式换热器也越来越多地被采用。目前已广泛应用于冶金、机械、煤炭、电力、石油、化工、制药、轻纺、造纸、食品饮料、余热回收、城镇小区集中供热等行业和领域。但是，必须指出的是，板式换热器在耐温、耐压及处理黏稠流体方面等存在着一定的局限性。

换热板型冷却器又叫板式换热器，通常是以 0.8mm 波纹薄板作为传热面，在每立方米体积内可以布置 250m² 的传热面积，散热面积大，远优于其他种类的换热器。且可以用增减板片数量来变换换热面积，以适应热负荷的变化。板式换热器体积小，向周围环境的散热量也小，在相同换热面积情况下，其散热损失仅为列管式的 1/5 而重量不到列管换热器的一半。还具有组装灵活，拆卸清洗方便的特点。又由于板片组合时形成许多支撑点，可以减少板片受压时的变形，因而可以使用较薄的板材，同时减少了热阻。

（1）工作原理

换热板型冷却器的工作原理如图 6-85 所示，流体在波纹板组成的网状板间流道中在流速的作用下激起强烈的湍流，从而使热传导系数大大提高，有效地强化热交换。又因流体在板间湍流激烈，可以使固体悬浮表面光滑，污垢不易沉淀，传热系数高。还可以用增加流程数来提高板间流速，以达到很高传热系数。

由于在板式换热器冷、热介质间采用两道密封，并在两道密封间开孔与大气相通，可以有效地避免两种介质的混合。由一组长方形的薄金属板平行排列构成（图中示意为 5 块板片）。板片结构分 A、B 两种，A、B 相邻板片的边缘衬以垫片，起到密封作用。由于 A、B 两板片导流槽方向不同，导致冷、热流体相间流过，进行热交换。

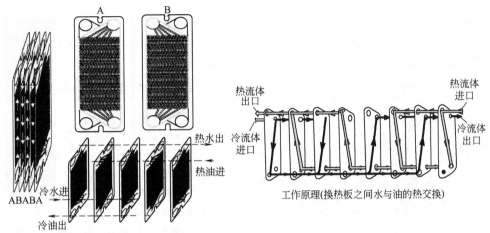

图 6-85　换热板型冷却器的工作原理

（2）结构与拆装

图 6-86 所示为板式换热器的外观与结构，参阅图（c）可对板式换热器进行拆装。

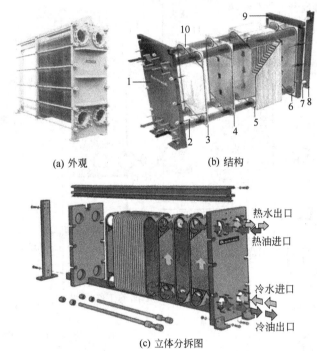

(a) 外观　　　　　　　(b) 结构

(c) 立体分拆图

图 6-86　板式换热器的外观与结构

1—固定压紧板；2—夹紧螺栓；3—前端板；4—换热板片；5—密封垫片；6—后端板；7—下导板；
8—后支柱；9—活动压紧板；10—上导板

（3）故障分析与排除

【故障1】　换热性能下降

① 冷却水量不足时开大进水阀。

② 波纹板片被阻塞时进行清洗。

【故障 2】 在运行过程中板间出现渗漏、泄漏、串液

① 拧紧螺栓 7 上的紧固螺母 5（图 6-87）。

② 更换密封垫 3。冷却器一经拆装，尽可能使用新的密封垫。

③ 板式冷却器出现串液现象时应拆开板式换热器，检查波纹板片 4 是否裂纹或穿孔。个别板片出现问题应更换。若使用年限过长，应更换新的波纹板片。

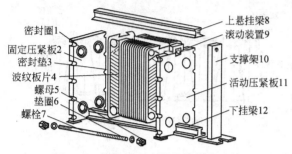

图 6-87 换热板型冷却器的故障处理

6.3.6 冰箱式油冷却器

（1）工作原理

冰箱式油冷却器是笔者给取的名字，日本叫"オイル-コン"。因为它的工作原理酷似电冰箱，当时（20 世纪 80 年代）国内还没有使用和生产这种冷却器的，如今国内也有厂家生产。

它的工作程序如同电冰箱："蒸发—压缩—冷凝液化—节流—再蒸发"的循环过程，在蒸发器内与油液进行热交换而使油冷却（图 6-88）。

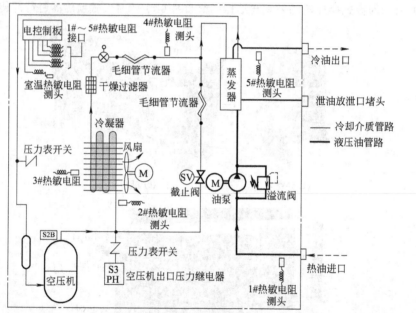

图 6-88 冰箱式油冷却器的工作原理

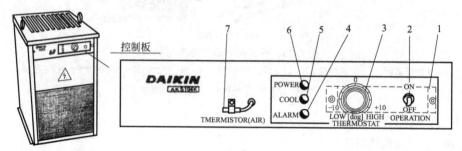

图 6-89 冰箱式油冷却器

1—面板；2—运转开关；3—温差式调节器；4—报警灯；5—压缩机运转显示灯；6—异常显示灯；7—室温热电偶

（2）结构与特点

图 6-89 所述为冰箱式油冷却器外形图。 它用在缺水的场合，冷却效果最优。 它的优点是：①具有稳定的冷却能力；②能对室温和设备机体温度二者变化做出反应进行油温控制；③冷却可靠；④无需冷却水；⑤操作容易；⑥安全装置完备，具有报警系统。

6.4 过滤器的使用与维修

6.4.1 过滤器的作用及要求

过滤是目前液压系统中应用最广泛的油液净化方法，承担过滤任务的液压元件叫滤油器或者过滤器。

（1）过滤机理与过滤器的作用

过滤器的滤材是种多孔性的物质，利用这种多孔隙介质滤除悬浮在油液中的固体颗粒物，依靠下述两种机理（或其中一种）来截获和留住颗粒，清除污染物：①吸收机理，是用机械的方法，用"筛"或者"滤"直接阻截污物；②吸附机理，是用表面力的方法，例如静电吸附效益或者分子黏附效应。

通过过滤器的作用，不断清除液压系统中原有的污物及新产生和新侵入的污垢或磨损颗粒，保证液体的清洁度或者颗粒浓度控制在液压系统中液压元件在工作时所要求的目标清洁度之内，以防止元件的磨损失效和淤积故障导致液压元件的损坏，而且一只元件的损坏往往立即引起系统中几乎所有其他元件的损坏。 所以在系统中装设足够数量且满足一定过滤精度的过滤器，并将它们安装在相应的正确位置，通过过滤使油液达到所要求的清洁度水平，是延长包括液压油和液压元件在内的整个液压系统使用寿命的关键因素之一；通过过滤能使液压系统达到令人满意的使用性能，做到少出甚至不出故障，从而可大大提高液压系统的可靠性。

（2）对过滤器的要求

① 要有足够的过滤精度 过滤器的过滤精度应满足液压系统中所使用的各种液压元件的油液清洁度要求。 过滤精度是指过滤器滤除一定尺寸固体污染物的能力。 它关系到系统中油液能达到哪种清洁度水平，以满足系统的需要。 过滤精度分为名义过滤精度与绝对过滤精度。 名义过滤精度相对于表面型过滤器而言，以滤芯材料的滤孔尺寸作为过滤精度，实际中常用每平方英寸上对应的孔数（目数）表示过滤精度（表 6-5）；绝对过滤精度相对于深层型过滤器而言，指通过滤芯的最大坚硬球状颗粒的尺寸（μm），反映过滤材料的最大孔径尺寸。 滤芯多次通过试验（ISO 4572）得出。

各种液压元件的油液清洁度要求见表 6-6，油液清洁度的分级参阅本手册第 7 章的内容。

② 过滤比 βX 要足够大 过滤比 βX 是指对于同一尺寸 X 的颗粒，在过滤器上游单位体积油液中的数量与下游单位体积油液中的数量的比值（参阅图 6-90）。 它能确切地反映过滤器对不同尺寸颗粒的过滤能力，即 βX 值是指按国际标准化组织标准 ISO 16889—1999 测试得出的评定过滤器过滤精度的性能指标。

对于某一尺寸 X 的颗粒，过滤比 βX 的表达式为：

$$\beta X = N_前 / N_后$$

式中　$N_前$——过滤器前（上游）油液中尺寸 $\geqslant$ X μm 的颗粒数量；

　　　$N_后$——过滤器后（下游）油液中尺寸 $\geqslant$ X μm 的颗粒数量；

　　　X——颗粒尺寸，例如 β_{10}是指大于和等于 10μm 的颗粒尺寸。

βX 越大，过滤精度越高。 当过滤比 βX 的数值达到 75 时，即被视为过滤器对某一尺寸 X 颗粒的绝对过滤精度。

表 6-5　过滤精度

筛网直径/μm	筛网目数
10	1500
25	650
30	550
40	400
50	300
80	200
100	150
120	120
150	100
200	80
400	40
800	20
1500	10
3000	5

表 6-6　各种液压元件对油液清洁度要求

元件类型	系统压力/bar	推荐清洁度	建材效率 $\beta_x > 200$	过滤器配置数
伺服阀	< 1000	15/14/12	2	1
			5	2
	1000 ~ 3000	15/13/11	2	1.5
	> 3000	15/12/10	2	2
比例阀	< 1000	17/15/13	2	1
			5	1.5
			10	2.5
	1000 ~ 3000	17/14/12	2	1
			5	2
	> 3000	15/12/10	2	1.5
			5	2.5
变量泵	< 1000	18/16/14	5	1
			10	2
	1000 ~ 3000	17/16/14	2	0.5
			5	1.5
			10	2.5
	> 3000	17/15/13	2	1
			5	2
叶片泵 柱塞泵 筒式阀	< 1000	19/17/15	5	0.5
			10	1.5
	1000 ~ 3000	18/17/14	5	1
			10	2
	> 3000	18/16/13	5	1.5
			10	2.5
齿轮泵 方向阀 缸	< 1000	20/18/16	10	1
			20	2.5
	1000 ~ 3000	19/17/15	10	1.5
	> 3000	19/17/14	5	0.5
			10	1.5

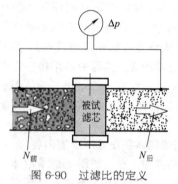

图 6-90　过滤比的定义

例如：

$$\beta_{10} = \frac{\text{过滤器之前颗粒尺寸} \geq 10\mu m \text{ 的颗粒数量为500个}}{\text{过滤器之后颗粒尺寸} \geq 10\mu m \text{ 的颗粒数量为10个}} = 50$$

这个数值说明了过滤器前后颗粒的数量。 也就是说在经过过滤器前有 500 个大于 10μm 的颗粒，490 个留在了滤网中，只有 10 个漏过。 或是在经过过滤器前有 50 个大干 10μm 的颗粒，49 个留在了滤网中，只有 1 个漏过。

③ 适宜的过滤效率 E_c（满足绝对过滤精度 = 75） 过滤效率 E_c 可以通过下式由过滤比换算得出：

$$E_c = (N_{前} - N_{后})/N_{前} \times 100\% = \left(1 - \frac{1}{\beta_x}\right) \times 100\%$$

例如：$N_{前} = 500$，$N_{后} = 10$，则：

$$E_c = \frac{500 - 10}{500} = 98\%，或者 E_c = 1 - \frac{1}{\beta_{10}} = 1 - \frac{1}{50} = 98\%$$

过滤效率 E_c 很好地说明了过滤的性能。 实际上 $\beta_x = 75$ 时，效率 = 98.7%，β_x 值再升高，但过滤的效率只少量增加（图 6-91）。 因此 β_x 值高于 75% 将是不经济不合理的，因为此时对过滤器要求过于严格，成本增加很多。 上述过滤比 β_x 满足 $\beta_x = 75$ 就行了，这已经成为一个标准，被视为过滤器对某一尺寸 X 颗粒的绝对过滤精度。

④ 压力损失（压降）要小　工作介质流经过滤器时，由于滤芯对介质通过会产生阻力，使过滤器的进出油口两端会产生一定的压力降，叫压力损失。 如果吸油管（泵前）的过滤器压力损

失过大，会造成吸油不畅，产生气穴。压力管路上压力损失过大，存在压降，消耗功率；在回油管上会造成液压系统的背压过大，易出故障。

滤芯的过滤精度越高，压力降越大；流量一定，滤芯的过滤面积越大，压力降越小；油液的黏度越大，压力降越大。

滤芯所允许的压力降是滤芯不发生结构性破坏所能够承受的最大压力降。在高压系统中稳定工作时，滤芯承受的也仅仅是在那里油液的压力降，而不是压力。

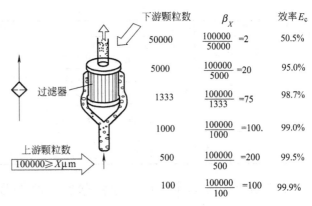

下游颗粒数	β_X	效率 E_c
50000	$\dfrac{100000}{50000}=2$	50.5%
5000	$\dfrac{100000}{5000}=20$	95.0%
1333	$\dfrac{100000}{1333}=75$	98.7%
1000	$\dfrac{100000}{1000}=100.$	99.0%
500	$\dfrac{100000}{500}=200$	99.5%
100	$\dfrac{100000}{100}=100$	99.9%

上游颗粒数 $100000 \geqslant X\mu m$

图 6-91 过滤效率

油液流经过滤器的压力降，大部分通过试验和经验公式确定。

在图 6-92 中压差在指数型增长前几乎是条直线。一旦到了该更换过滤器的时间，即使是再增加很少的污染物也会使压差快速增大。当压差超过 2.2bar，滤芯上的报警器就以色条或电气报警，此时说明到了该更换过滤器的时候了。

根据滤芯材质的不同，压力损失（最大的压差）一定不能超过，否则过滤器将会损坏，储存的污染物将会重新溢出，例如被泵吸走。

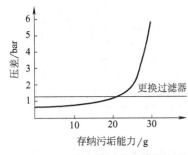

图 6-92 污染物增加时压差的变化

⑤ 流通能力要大　流通能力是指在规定的压力损失下能通过的流量。

⑥ 纳垢容量要强　纳垢容量是指压降达到规定数值时，积聚在过滤器中污垢质量的最大值，即指过滤器的压力降达到规定值之前，可以滤除并容纳的颗粒物数量。

增大过滤面积、增大孔隙度、改进滤材结构（如采用孔径递减的多层纤维层）等，可提高过滤器的纳垢容量。

这是反映过滤器可连续使用实际时间的重要指标。纳垢容量越大，更换或清洗的时间间隔越长。一般来说，滤芯尺寸大，即过滤面积大，纳垢容量就成比例增加。

⑦ 滤芯及外壳应有足够的强度，不致因油压而破坏。

⑧ 有良好的抗腐蚀性，不会对油液造成化学的或机械的污染。

⑨ 在规定的工作温度下，能保持性能稳定，有足够的耐久性，清洗维护方便，更换滤芯容易。

⑩ 结构尽量简单、紧凑，价格低廉。

6.4.2　过滤器的分类

（1）按滤芯材料的过滤机制分类

液压系统使用的过滤器按滤芯材料的过滤机制分为表面型、深度型和吸附型三种，见表 6-7。

表 6-7　过滤器按滤芯材料的过滤机制分类

类型	名　称	特　点　说　明
表面型	网式过滤器	过滤精度与金属丝网层数及网孔大小常采用 100、150、200 目（每英寸长度上孔数）的铜丝网
	线隙过滤器	1. 滤芯由绕在心架上的一层金属线组成，依靠线间的微小间隙来挡住油液中杂质的通过 2. 压力损失为 0.03~0.06MPa

类型	名　称	特点说明
深度型	纸芯式过滤器	1. 压力损失为 0.01~0.04MPa 2. 过滤精度高，但堵塞后无法清洗，必须更换纸芯
	烧结式过滤器	1. 滤芯由金属粉末烧结而成，利用金属颗粒间的微孔来挡住油中杂质通过。改变金属粉末的颗粒大小，就可以制出不同过滤精度的滤芯 2. 压力损失为 0.03~0.2MPa 3. 过滤精度高，滤芯能承受高压，但金属颗粒易脱落，堵塞后不易清洗
吸附型	磁性过滤器	1. 滤芯由永久磁铁制成，能吸住油液中的铁屑、铁粉或带磁性的磨料 2. 常与其他形式滤芯合起来制成复合式过滤器

（2）按过滤器其他方式综合分类（表6-8）

表6-8　过滤器的综合分类表

分类方法	类　型		分类方法	类　型	
按过滤精度分	高精	1~5μm	按滤油器的数目分	单体滤油器	—
	精	10~20μm		双体滤油器	并联使用
	中等	30~40μm			可切换交换使用
	粗	>50μm	按有无保护和指示装置分	带旁通阀	—
按过滤元件结构及过滤介质分	折叠圆筒式	纸纤维		带堵塞指示器	
		合成纤维		不带旁通阀和堵塞指示器	
		无机纤维	按安装位置分	吸油路	油箱内
		金属纤维			油箱顶置
		金属网			油箱侧置（自封型）
	圆柱筒式	金属粉末烧结			吸油管路
		微孔塑料		压力回路	高、中、低压力管路
		合成纤维毡		回油路	回油管路
	片式	金属圆片			油箱顶置
	线隙式	金属丝缠绕			

（3）按过滤器的安装位置分

液压系统中，根据用途和过滤器性能特点的不同，选择各种不同种类的过滤器，它们的安装位置如图6-93所示。

① 吸油过滤器　用途是保护系统所有液压元件，重点是保护泵免遭污染颗粒的直接损害，但吸油过滤器增大了泵的吸油阻力，所以要选用流通能力大、过滤效率高、纳垢容量大、压力损失较小（压力降不超过0.02MPa）的如网式和线隙式的过滤器，以保证泵吸入充分，不产生气穴现象。

考虑到过滤效率往往与过滤精度之间的矛盾，吸滤器的过滤精度一般为80~200目，够用便行。柱塞泵甚至不推荐装吸油过滤器。

② 压力油路过滤器　压力油路过滤器的用途是保护泵以外其他液压件，安装在压力管路中，耐高压是其首选。如果用于保护抗污染能力差的液压元件（如伺服阀等），则需要特别考虑其过滤精度和通流能力，一般宜选用带壳体的高压滤油器，如国产的ZU-H63X3型可耐压32MPa，过滤精度为3~5μm。

③ 回油管路过滤器　回油管路过滤器的用途是使系统油液流回油箱之前，将侵入系统和系统内部生成的污物进行过滤，保证回油箱的油液是清洁的间接保护系统。过滤精度一般选用10~50μm的。这种过滤方式，系统中所有液压元件当过滤器堵塞时都有被堵塞的危险，所以要选用带旁通阀的回油过滤器。另外当在高压下突然接通回油时会产生很大的流量冲击，所以宜选用加大流量的过滤器，要求过滤器的流量大于等于液压泵的全部流量，以保护过滤器。允

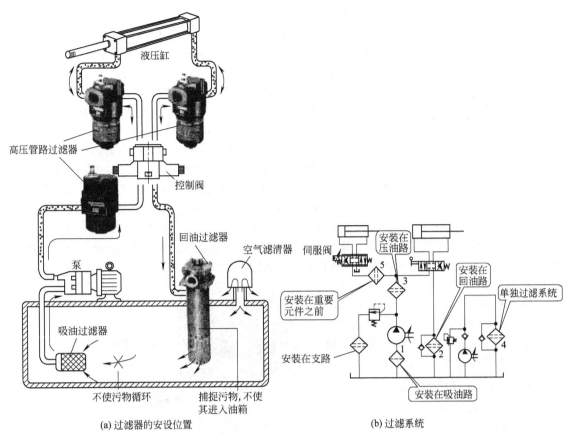

(a) 过滤器的安设位置   (b) 过滤系统

图 6-93　过滤器的安装位置

许有较大的压力降,允许滤芯的强度和刚度较低。 如果背压太大,则应加装背压阀,适当调节背压压力,以保护过滤器。

④ 旁路过滤器　旁路过滤器又叫单独回路过滤器,是用小泵和过滤器组成一个单独立于液压系统之外的另外一条专门用于过滤的回路,不受系统流量、压力的影响,可兼作系统的润滑油路。 对变量泵主系统,采用此方式可弥补低流量工况下过滤能力的降低。 旁路过滤器的过滤流量一般选择为主系统泵流量(最大流量)的 20% 左右,并且选择高精度的过滤器。

⑤ 单独过滤系统过滤器　大型或高精度液压系统,常采用低压泵和过滤器组成单独的过滤系统,不间断地滤除油中的颗粒物。

除整个液压系统按需要设置过滤器外,还常常在一些重要元件(如伺服阀)进口设置专用的精过滤器[见图 6-93(b)中的 5],以保证它们的特殊需要。 即使在主系统停机时也能持续过滤其工作液。 过滤过程不受急流影响,可以优化滤芯寿命和性能。 这种方式出口可以直接连到主系统泵。 提供清洁、合格的液体,可以准确获得和保持清洁度水平,流体冷却功能容易实现;但相对初始成本高,需要额外空间安装单独的过滤系统,且不能直接保护元件。

6.4.3　过滤器的工作原理与结构

(1) 工作原理

① 表面型过滤器　过滤作用由一个几何面实现,仅在滤材表面捕捉污染物,通常为编织网。 编织网的滤芯材料上具有均匀的标定小孔,大于标定小孔尺寸的污物被载留在油液上游一侧滤芯的表面上,可以滤除比小孔尺寸大的颗粒。 图 6-94 中 $25\mu m$ 对应 650 目,表示大于标定小孔尺寸 $25\mu m$ 的污物被载留在油液上游一侧滤芯的表面上。 编网式过滤器和线隙式过滤器均

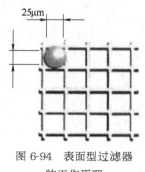

图 6-94 表面型过滤器
的工作原理

属于此类。

表面型过滤器的滤材有磷青铜和不锈钢。 表面型滤材通常可以清洗。 过滤精度：滤纸可达 10μm，玻璃纤维可达 20μm，编织网可达 25μm。

由于颗粒聚集在表面，滤芯很容易被堵塞，需要定时清洗。

② 深度型过滤器 深度型过滤器的工作原理如图 6-95 所示，滤芯由多孔可透性材料组成，内部具有曲折迂回的通道。 油液通过时大于表面孔径的颗粒被截留在外表面，较小的颗粒进入材料内部，被通道壁吸附。 纸、毛毡、烧结金属、陶瓷、各种纤维制品等滤芯的过滤器属于此类。 深度型过滤器在滤材的表面和内部都捕捉污染物。 深度型滤材通常比表面型滤材有较大的纳污能力。

深度型滤材分为单层结构和多层结构 [图 6-95（b）、（c）]。 早期的滤材结构为单层结构，在滤纸上做了改进后，使用效果有了提高。 分级多层组合是最新的发展成果，具有更大的纳污能力，更高的过滤效率，更有效的元件保护，更长的使用寿命。

③ 吸附型过滤器 吸附型过滤器的工作原理是滤芯材料将油液中的颗粒吸附在滤芯上，例如磁性过滤器中的永久磁铁吸附油液中的铁屑、铁粉或带有磁性的磨料就属于这种吸附作用而工作的。

（2）过滤器的结构

① 表面型过滤器

a. 编网式过滤器。 如图 6-96（a）所示，滤芯由芯架上包裹铜丝网组成，将不同过滤精度的铜丝网作为过滤材料（滤材）对油液进行过滤，其结构简单，通流能力大，清洗方便，但过滤精度低，常用作吸油滤油器。 压力损失不超过 0.004MPa。

过滤精度低与网孔大小和丝网层数有关；用于压力管路，常用 100、150、200 目的铜丝网；用于液压泵吸入管路，常用 20～40 目的铜丝网。

b. 线隙式过滤器。 如图 6-96（b）所示，将一定线径的铜线或铝线在专用碾压机上将其压扁缠绕，线上每隔一定距离向一侧压出一个小凸起，再将其紧密缠绕在带有多个孔眼的筒形芯架上作为滤材，过滤精度比网式高（为 80～100μm），但仍只能做粗滤器，常用于吸油过滤器。 例如 XU 型，额定压力有 1.6MPa 和 6.18MPa 两种。

过滤精度高，有 30、50、80μm 三个等级；用于低压管路；压力损失不超过

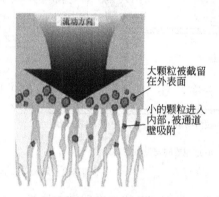

(a) 过滤原理

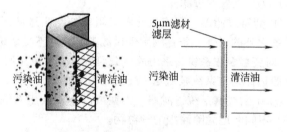

(b) 单层结构的过滤原理

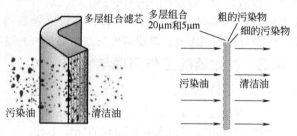

(c) 多层结构的过滤原理

图 6-95 深度型过滤器的工作原理

0.03~0.06MPa；结构简单，流通能力大，滤芯材料强度低，不便于清洗。

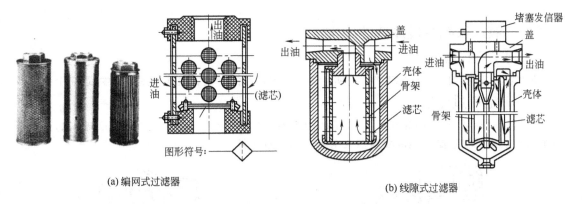

(a) 编网式过滤器

(b) 线隙式过滤器

图 6-96　表面型过滤器的结构

② 深度型过滤器

a. 纸芯过滤器（图 6-97）。 结构与线隙式过滤器相同，但滤芯为平纹和波纹的化学纤维或木浆微孔滤纸制成。 为了增大过滤面积，纸芯常制成折叠形。 为增强滤芯强度，其内外两侧通常用金属网加固。 油液从进口流入，自外向内穿过纸质滤材（滤心），然后从出口流出，它的过滤精度高，但堵塞后无法清洗，必须经常更换纸芯，可用在高压管路中对油液进行过滤。 例如 ZU-H 型纸质过滤器的额定压力可达 32MPa，ZU-A 型为低压纸质过滤器，额定压力为 1.6MPa，过滤精度高，可达 5~20μm，压力损失约为 0.01~0.4MPa。

b. 烧结式过滤器（图 6-98）　用颗粒状锡青铜粉压制成形后烧结而成的滤材（也可加磁环）作滤芯，利用金属颗粒间的微孔挡住油液中的颗粒，利用颗粒间的孔隙过滤油液中的杂质。 过滤精度 10~100μm，压力损失 $0.3×10^5~2×10^5$ Pa，磁环是用锶铁氧化粉末经高温烧结而成，磁性可达 0.08~0.15T，因而吸附铁屑尤为有效。 抗腐蚀，适用于高温高压的过滤精度较高的液压系统。 缺点是滤芯颗粒易脱落，难清洗。 例如 CSUIB-F 型，额定压力可达 20MPa，过滤精度高，可达 5~10μm，适用于精过滤。 可通过改变金属粉末颗粒的大小来改变过滤精度。

③ 吸附型过滤器（图 6-99）　吸附型过滤器的典型例子是磁性过滤器，滤芯材料由永久磁铁制成，将油液中的颗粒铁屑、铁粉或带有磁性的磨料吸附在滤芯上。

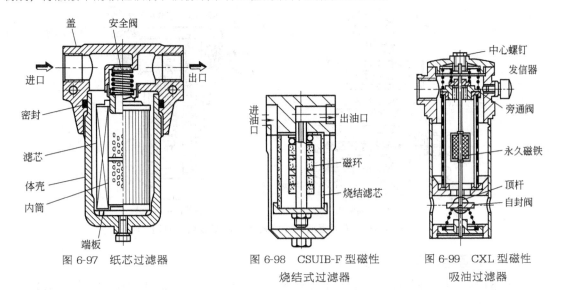

图 6-97　纸芯过滤器

图 6-98　CSUIB-F 型磁性烧结式过滤器

图 6-99　CXL 型磁性吸油过滤器

通常与其他形式的过滤器结合，制成复式过滤器。磁性过滤器还有监测机械设备磨损的作用。

6.4.4 液压系统中过滤器的结构

（1）加油过滤器

加油过滤器的典型结构如图 6-100 所示，往油箱加油时使用，由滤材滤除油中混入的污物。

（2）空气过滤器

空气过滤器又叫空气滤清器，其典型结构如图 6-101 所示，装于油箱顶部，使进入油箱的空气中的尘埃由滤材过滤并维持油箱内气压和大气压力平衡。

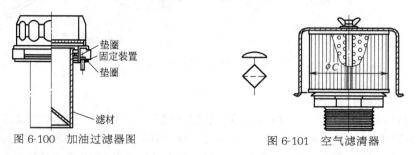

图 6-100　加油过滤器图　　　　图 6-101　空气滤清器

（3）带堵塞指示发信装置的过滤器

为便于了解过滤器滤材（滤心）的被污物堵塞情况，在上述的一些过滤器上装有图 6-102 所示的堵塞指示装置和发信报警装置。滤芯堵塞严重时，流入和流出芯心内外层的油液压差增大，显示堵塞情况或发出电信号报警。

图中的滑阀指针式堵塞指示装置：当滤油器的滤芯被污垢堵塞时，压差 $P_1 - P_2$ 增大，活塞克服弹簧的弹簧力右移，带动指针移动，从指针的位置（刻度）情况可知滤芯的堵塞程度，方便观察过滤器的堵塞情况，从而决定是否需要清洗或更换滤芯。

图中的电磁干簧管式堵塞发信装置：因污物堵塞而产生的滤芯前后压差增大时，压差产生的力使柱塞和磁钢一起克服弹簧力右移，当压差达到一定值（弹簧力决定，例如 0.35MPa）时，永久磁钢的磁力使干簧管的触点吸合，于是电路闭合，指示灯亮或蜂鸣器发出鸣叫等信号。适用于计算机控制的液压系统，具有发信报警的故障自诊断功能。

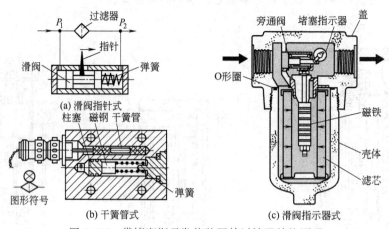

图 6-102　带堵塞指示发信装置的过滤器结构原理

（4）带旁通阀的过滤器

过滤器使用一段时间后，随着滤芯上污物的堆积会出现堵塞现象，阻力增大，压力增高，可能击破滤芯［图 6-103（a）］。 为了防止因过滤器的堵塞，造成滤芯击破之类的故障乃至安全事故，应选用所示的带旁通阀的回油过滤器［图 6-103（b）］，当污染物增加时，过滤器前后的压差逐渐增大，但旁通阀打开，油液不再经滤芯过滤而经打开的旁通阀通道从出口流出。 如果没有旁通阀，特别是在冷启动时，会导致过滤器滤网因产生的大的压差而损坏或破裂，有了旁通阀可以有效避免此类问题。

一般选择开启压力较低的旁通阀，有助于减少系统压力损失，或减小其他元件的背压。 在吸油过滤器中，以防止液压泵吸空。 通常标准过滤器的旁通阀开启压力为 1.7～6.9bar，图 6-103（b）中的旁通阀开启压力为 3bar。

带旁通阀的过滤器在系统中的安装位置有图 6-104 所示的三种，其工作原理如图 6-105 所示。

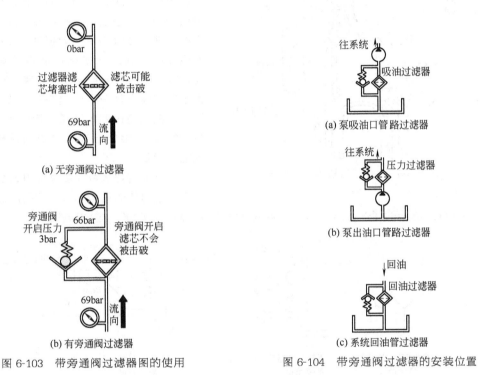

图 6-103　带旁通阀过滤器图的使用　　　　图 6-104　带旁通阀过滤器的安装位置

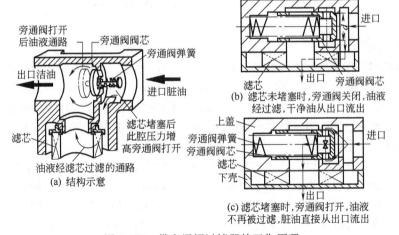

图 6-105　带旁通阀过滤器的工作原理

(5)带污染报警器的过滤器

如上所述，当旁通阀开启时，油液不再经滤芯过滤而从出口流出，赃油会进入系统使清洁度恶化。 让旁通阀开启数个小时或数天的现象应该避免，否则污物会大量进入系统中，带来各种故障。 为防止这种不过滤污物大量进入系统，出现了带污染报警器的过滤器。

如果没有污染报警器，滤网损坏就无法发现，可能会出现系统在"旁通阀"开启的条件下工作了很长时间（在滤网损坏后），这个代价远远大于增加旁通阀和污染报警器的花费。 所以应选用带污染报警器又带旁通阀的过滤器。 当污染报警器报警时，可及时清洗或更换滤芯。

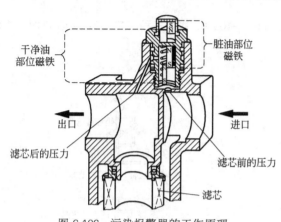

图 6-106　污染报警器的工作原理

污染报警器的工作原理见图 6-106。 滤芯堵塞严重时，流入压力（滤芯前的压力）和流出压力（滤芯后的压力）之差即滤芯内外层的油液压差增大，产生脏油部位磁铁与干净油部位磁铁相对位置移动，磁场强度会产生变化，利用此变化产生感生电流的变化，发出电信号报警或显示堵塞情况。 脏污指示器实际上是一个压差开关，持续增加的污染物在压差达到触发压力后，污染报警器就会报警。 报警可以通过显示器颜色辨识或电气报警。

污染报警器也有许多是采用 5. 12 节中类似压力继电器的结构形式。 图 6-107 为液压系统中各种过滤器的图形符号。 图 6-108 为带污染报警器又带旁通阀过滤器的结构。

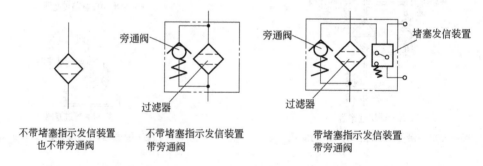

图 6-107　液压系统中各种过滤器的图形符号

(6)静电净油机

静电净油机的工作原理如图 6-109（a）所示。 1 为净油槽，里面充满待净化的油液，2、4 为一对平板电极，其间插入集尘体 3。 当电极间接入高压电源 5 时。 油液中的污染颗粒（如固体颗粒、胶质、气泡、水分等）在强电场作用下因碰撞摩擦和电场的非均匀性而带电产生静电感应，污染颗粒在电场力的作用下移向集尘体 3，最后吸附在多孔质纤维状电介质集尘体 3 上，达到净化油的目的。

图 6-109（b）为静电净油机采用 W 形绝缘性吸尘体的结构示意图和液压系统的连接图。 在理论上，这种净油机处理污物的尺寸可以很小很小（如 $0.02 \sim 0.05 \mu m$）。 如此情况下，这种净油机对含有防氧化、防腐蚀等呈溶入状态的添加剂没有影响，但对呈悬浮态的添加剂（如二硫化钼）常会被清除掉，因而在净油后须相应补充。 当然，一般来说，用净油机净油后，对油液的润滑、防锈、冷却、密封及化学稳定性均不会构成影响，但对油液透明度会有所影响，可能会使油

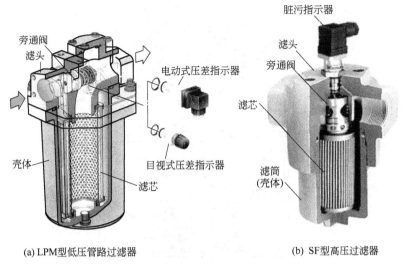

(a) LPM型低压管路过滤器　　　　　(b) SF型高压过滤器

图 6-108　带污染报警器又带旁通阀的过滤器

液色泽变浓。 有大型液压机采用这种净油机。 国外资料表明：用静电化处理的液压系统，如果能清除掉微米以下的颗粒，那么，即使油液使用一年，也几乎看不见杂质产生。 因为作为产生污物源的污物被除去的话，污物就不再产生了。 油液只要不变质，那么使用多少年都行，这样油液就有可能从消耗品转为永久性的材料了。

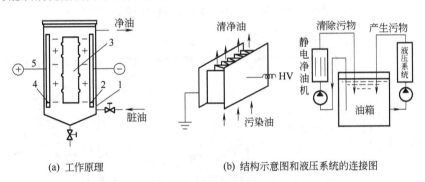

(a) 工作原理　　　　　　　(b) 结构示意图和液压系统的连接图

图 6-109　静电净油机
1—净油槽；2，4—平板电极；3—集尘体；5—高压电源

（7）ZLA-75~100 型高效双级真空滤油机

图 6-110（a）为高效双级真空滤油机的外观与组成，图 6-110（b）为工作原理图。 滤油机工作时，需要过滤的油液在外界大气压和真空抽吸的作用下吸入强磁过滤器，通过强磁过滤滤芯，大颗粒的杂质和金属屑被滤除。 含有细小杂质的油液经过加热器加热后进入二级过滤器，滤除油中的细小杂质。 去除杂质的油液进入双级三维立体真空闪蒸塔，在喷淋装置的作用下，使油分散成雾状，喷淋到三维立体闪蒸鲍尔环上，形成很薄的油膜（厚度为 0.025mm），使油膜曲线向下运动，产生较大的曝气面积和较长的曝气的滞留时间，从而进行充分的破乳、脱水、脱气的分离过程。 蒸发的水蒸气、轻质烃等气体所形成的混合气体进入水气分离装置、强风冷凝器、真空缓冲室，冷却的水进入排水装置被排出，不凝气体经真空系统被排出。 除去水、气体的油液经过液压泵后进入精密过滤器，滤除油中的微粒杂质，即为净化的清洁油。 至此完成整个净化过程。

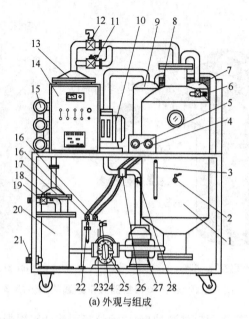

(a) 外观与组成

1—真空闪蒸塔；2—气液平衡阀；3—液位计；4—电接点压力表；5—真空表；6—真空抽气口；7—水气分离器；
8—强风冷凝器；9—真空缓冲室；10—罗茨泵；11—旁通阀；12—电磁阀；13—二级过滤器；14—电控柜；
15—红外线加热器；16—隔离阀；17—强磁过滤器；18—取样口；19—出油口及阀门；20—精密过滤器；
21—进油口及阀门；22—红外线液位控制器；23—排水装置；24—渗气阀；25—液压泵-电机；
26—单向止回阀；27—真空泵-电机；28—浮球式液位控制器

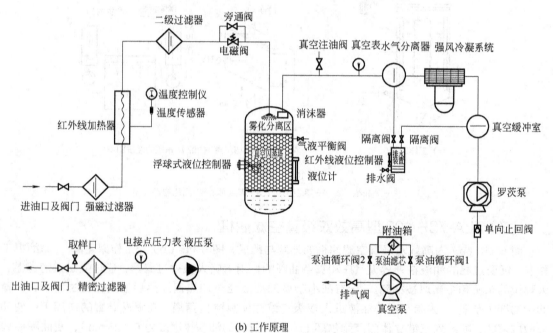

(b) 工作原理

图 6-110　ZLA-75~100 型高效双级真空滤油机

6.4.5　过滤器的选用与使用

（1）选用

① 根据液压系统和液压元件所要求的过滤精度选用过滤器　液压系统和液压元件的过滤精

度要求见表 6-9。

表 6-9　液压元件和液压系统过滤精度要求

液压元件或关键液压元件	液压系统	油液清洁度		过滤精度要求/μm
		ISO 4406	NAS 1638	
高性能伺服阀	1. 航空航天实验室设备 2. 导弹、卫星、飞船发射及系统 3. 高精度液压控制系统	12/9 ~ 13/10	3 ~ 4	1 ~ 3
工业用伺服阀	1. 飞机、数控机床、液压舵机、位置控制装置系统 2. 其他电液伺服系统	14/11 ~ 15/12	5 ~ 6	3 ~ 5
比例阀、柱塞泵、数字阀	1. 注塑机、压铸机液压系统 2. 其他高压系统 3. 进给系统	16/13 ~ 18 ~ 15	7 ~ 9	10 ~ 15
叶片泵、齿轮泵、低速马达、液压阀、叠加阀、插装阀等	1. 普通机床液压系统 2. 油压机、船舶等中高压工业液压系统	17/14 ~ 18/15	8 ~ 9	10 ~ 20
	1. 车辆、土方机械液压系统 2. 物料搬运机械液压系统	19/16	10	20 ~ 30
	1. 重型液压设备、水压机 2. 低压液压系统	20/17 ~ 21/16	11 ~ 12	30 ~ 40

② 其他选用因素

a. 滤芯使用的滤材应能满足所使用工作介质的要求。

b. 过滤器强度应能满足使用要求。

c. 为了不产生过大压力损失，过滤器的流通压力（容量）可按表 6-10 选取。

表 6-10　过滤器的容量和压力损失选择

过滤器安设部位	系统流量/（L/min）	过滤器容量/（L/min）	允许压力损失/kPa
吸油管路	$Q_吸$	（3 ~ 4）$Q_吸$	15 ~ 35
压力油管路	$Q_压$	（1.5 ~ 2）$Q_压$	350 ~ 525
回油管路	$Q_回$	（2.5 ~ 3.5）$Q_回$	250 ~ 350

（2）使用

① 由于过滤器只能单方向使用，所以不要装反方向。

② 由于过滤器只能单方向使用，所以不要安装在液流方向经常改变的油路上。 如硬是需要如此，则需按图 6-111 所示补充设置单向阀。

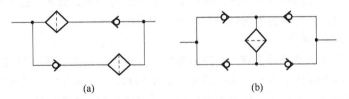

(a)　　　　　　　　(b)

图 6-111　过滤器用在变向油流回路上的措施

③ 过滤器需定时清洗。 分析堵塞沉积在滤芯上污垢的成分和程度，做出故障分析的预测和换油依据。

④ 所设置的过滤器要能最大限度地保护液压系统。 在开式和闭式液压系统中，如果想过滤彻底，以便最大限度地保护系统，需要设置的过滤器应如图 6-112 所示。

图 6-112 中各种过滤器在液压系统中的作用见表 6-11。

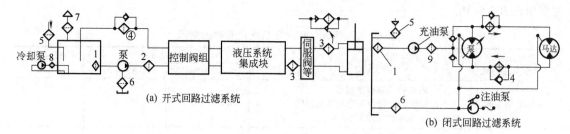

图 6-112　开式和闭式液压系统中过滤器的设置

1—吸油管路过滤器；2，3—压力油管路过滤器；4，5—回油管路过滤器；6—泄油管路过滤器；
7—空气滤清器；8—旁路过滤器；9—压力油管路过滤器

表 6-11　各种过滤器在液压系统中的作用

种　　类	作　　用	图中标号
吸油管路过滤器	保护泵	1
高压管路过滤器	保护泵后所有液压元件	2
回油管路过滤器	降低过滤系统内磨损颗粒	4
泄油管路过滤器	闭回路中保护液压泵	6
旁路过滤器	与液压主系统分开，连续过滤油箱内液压油	8
安全保护过滤器	保护抗污染能力低的关键元件	3
空气过滤器	过滤进入油箱的空气，防止尘埃混入	7
加（注）油过滤器	防止注（补）油时，外界污物侵入油箱	5
压力油管路过滤器	过滤通往闭式系统的油液	9

6.4.6　过滤器的故障分析与排除

过滤器带来的故障主要体现在过滤效果不好不能确保油液清洁度而产生的故障，可参阅本手册中的相关内容。此处仅就过滤器自身的故障进行说明。

【故障 1】　滤芯的破坏变形

包括滤芯的变形、弯曲、凹陷吸扁与冲破等。

产生原因是：①滤芯在工作中被污染物严重阻塞而未得到及时清洗，流进与流出滤芯的压差增大，使滤芯强度不够而导致滤芯变形破坏；②滤油器选用不当，超过了其允许的最高工作压力，例如同为纸质滤油器，型号为 ZU-100×20Z 的额定压力为 6.3MPa，而型号为 ZU-H100×20Z 的额定压力可达 32MPa，如果将前者用于压力为 20MPa 的液压系统，滤芯必定被击穿而破坏；③在装有高压蓄能器的液压系统，因某种故障蓄能器油液反灌冲坏滤油器。

排除方法：①及时定期检查清洗滤油器；②正确选用滤油器，强度、耐压能力要与所用滤油器的种类和型号相符；③针对各种特殊原因采取相应对策。

【故障 2】　滤油器脱焊

这一故障对金属网状滤油器而言，当环境温度高，滤油器处的局部油温过高，超过或接近焊料熔点温度，加上原来焊接就不牢，油液的冲击造成脱焊。例如高压柱塞泵进口处的网状滤油器曾多次发现金属网与骨架脱离，柱塞泵进口局部油温达 100℃之高的现象。此时可将金属网的焊料由锡铅焊料（熔点为 183℃）改为银焊料或银镉焊料，它们的熔点大为提高（235～300℃）。

【故障 3】　滤油器掉粒

多发生在金属粉末烧结式滤油器中。脱落颗粒进入系统后，堵塞节流孔，卡死阀芯。其原因是烧结粉末滤芯质量不佳造成的。所以要选用检验合格的烧结式滤油器。

【故障 4】　滤油器堵塞

一般滤油器在工作过程中，滤芯表面会逐渐纳垢，造成堵塞是正常现象。此处所说的堵塞是指导致液压系统产生故障的严重堵塞。滤油器堵塞后，至少会造成泵吸油不良、泵产生噪声、系统无法吸进足够的油液而造成压力上不去，油中出现大量气泡以及滤芯因堵塞可能压力增大而被击穿等故障。滤油器堵塞后应及时进行清洗，清洗方法如下。

① 用溶剂清洗。常用溶剂有三氯化乙烯、油漆稀释剂、甲苯、汽油、四氯化碳等。这些溶剂都易着火，并有一定毒性，清洗时应充分注意。还可采用苛性钠、苛性钾等碱溶液脱脂清洗，界面活性剂脱脂清洗以及电解脱脂清洗等。后者清洗能力虽强，但对滤芯有腐蚀性，必须慎用。在洗后须用水洗等方法尽快清除溶剂。

② 用机械及物理方法清洗

a. 用毛刷清扫。应采用柔软毛刷除去滤芯的污垢，过硬的钢丝刷会将网式、线隙式的滤芯损坏，使烧结式滤芯烧结颗粒刷落，并且此法不适用于纸质滤油器。此法一般与溶剂清洗相结合。

b. 超声波清洗。超声波作用在清洗液中，将滤芯上污垢除去、但滤芯是多孔物质，有吸收超声波的性质，可能会影响清洗效果。

c. 加热挥发法。有些滤油器上的积垢，用加热方法可以除去。但应注意在加热时不能使滤芯内部残存有炭灰及固体附着物。

d. 压缩空气吹。用压缩空气在滤垢积层反面吹出积垢，采用脉动气流效果更好。

e. 用水压清洗。方法与上同，二法交替使用效果更好。

③ 酸处理法。采用此法时滤芯应为用同种金属的烧结金属。对于铜类金属（青铜），常温下用浸渍液 [43.5% H_2SO_4（体积，下同），37.2% HNO_3，0.2% HCl，其余水] 将表面的污垢除去；或用 20% H_2SO_4、30% HNO_3、其余水配成的溶液，将污垢除去后，放在由 $Cr_2O \cdot H_2SO_4$ 和水配成的溶液中，使它生成耐腐蚀性膜。对于不锈钢类金属用 25% HNO_3，1% HCl，其余用水配成的溶液将表面污垢除去，然后在浓 HNO_3 中浸渍，将游离的铁除去，同时在表面生成耐腐蚀性膜。

④ 各种滤芯的清洗步骤和更换

a. 纸质滤芯。根据压力表或堵塞指示器指示的过滤阻抗，更换新滤芯，一般不清洗。

b. 网式和线隙式滤芯。清洗步骤为溶剂脱脂→毛刷清扫→水压清洗→气压吹净，干燥→组装。

c. 烧结金属滤芯。可先用毛刷清扫，然后溶剂脱脂（或用加热挥发法，400℃以下）→水压及气压吹洗（反向压力 0.4～0.5MPa）→酸处理→水压、气压吹洗→气压吹净脱水、干燥。

拆开清洗后的滤油器，应在清洁的环境中，按拆卸顺序组装起来，若须更换滤芯的应按规格更换，规格包括外观和材质相同，过滤精度及耐压能力相同等。对于滤油器内所用密封件要按材质规格更换，并注意装配质量，否则会产生泄漏，吸油和排油损耗以及吸入空气等故障。

【故障5】 带堵塞指示发信装置的过滤器，堵塞后不发信

当滤芯堵塞后如果过滤器的堵塞指示发信装置不能发信或不能发出堵塞指示（指针移动），如过滤器用在吸油管上，则泵不进油；如过滤器用在压油管上，则可能造成管路破损、元件损坏甚至使液压系统不能正常工作等，失去了包括过滤器本身在内的液压系统的安全保护功能和故障提示功能。

排除办法是检查堵塞指示发信装置（可参阅图 6-102）的柱塞或滑阀芯是否被污物卡死而不能右移，或者弹簧是否错装成刚度太大的弹簧，查明情况予以排除。

与上述相反的情况是发信装置在滤芯未堵塞时也总发信，则是柱塞卡死在右端或者弹簧折断或漏装的缘故。

【故障6】 带旁通阀的过滤器故障

①过滤功能失效的原因是弹簧折断或漏装，旁通阀阀芯右端的锥面不密合或卡死在开阀位

置，可酌情排除；②当阀芯被污物卡死在关阀位置，则当滤芯严重堵塞时，失去了安全保护作用，系统回油背压大大升高，击穿滤芯，产生液压系统执行元件不动作甚至破坏相关液压元件的危险情况。此时可解体过滤器，对旁通阀（背压阀）的阀芯重点检查，清除卡死等现象。

6.5 油箱的使用与维修

6.5.1 油箱的作用与分类

（1）油箱的作用

油箱又名液压站，油箱是保证液压系统正常工作的一个重要部件。油箱设计的好坏直接影响到液压系统的工作可靠性，尤其是对泵的寿命有决定性影响。设计好的油箱要在难以引起故障和便于维修两方面下工夫。油箱的作用和要求是：①储存足够的油液以满足液压系统正常的工作需要；②沉淀油中污物，防止外部污物的侵入；③有足够的油箱表面积用于散热，降低油箱油液油温；④提供液压元件的安装空间，便于拆卸维修，便于注油和放油。

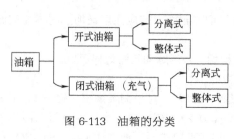

图 6-113 油箱的分类

（2）油箱的分类

① 按是否与主机结合为一体分为整体式油箱与分离式油箱（图 6-113）

a. 整体式油箱。利用液压设备的床身内腔作油箱，可省去占地面积，结构紧凑，各处漏油易于回收。但增加了床身结构的复杂性，维修不便，散热性不好，会使邻近的构件产生热变形。绝大部分塑料注射机采用这种油箱。

b. 分离式油箱。是与主机分离的单独油箱，一般情况下多与液压泵、电机、液压控制阀及集成块等组合成"液压站"（图 6-114）。它可减少温升，使液压系统的发热不至于影响主机的热变形和加工精度，液压站可由专门的液压件厂生产，质量好保证，但增加占地面积，成本要高些。

② 按是否与大气相通分

a. 开式油箱。绝大多数油箱目前采用这种方式，大气压可通过空气滤清器作用在油箱内液面上，保证液压泵能在大气压力的作用下可靠吸油。

b. 封闭式油箱。这种油箱有大于大气压力的气体作用在油箱液面上，因而储存液压油的箱体需要密闭，故又称加压油箱或充气油箱。为避免气体与液面直接接触导致溶解于油液的气体过饱和，而在系统的其他部位释放出来产生气穴噪声等问题，应用隔膜或皮囊将气体与油液隔开（图 6-115）。封闭式油箱杜绝了外界大气对油液的污染，充气压力利于泵吸油，避免了空气混入，防止气穴和噪声，延长了泵的寿命；油箱不再需空气分离与污物沉淀的休息时间，所以油箱容量可大为减少；如设备使用水基液压油可防止水分蒸发。

封闭式充压油箱体积小，但需要一套充气装置并使之密封，并且需要一套收集泄漏油并把它送回到油箱的辅助系统，结构复杂，维修难，散热性差，需设置专门的冷却装置，而且要经常补充充气压力，一般用于行走机械。

图 6-116 为不需充气的封闭式油箱，气囊 2 与大气相通有 1 个大气压，可使泵吸油时不受影响，又可防止外界污物的混入。图 6-117 为加压油箱实例。

6.5.2 油箱的故障分析

【故障 1】 油箱温升严重

油箱起着一个"热飞轮"的作用，可以在短期内吸收热量，也可以防止处于寒冷环境中的液压系统短期空转被过度冷却。油箱的主要矛盾还是温升，温升到某一范围产生热平衡，温度不再升高。严重的温升会导致液压系统多种故障。

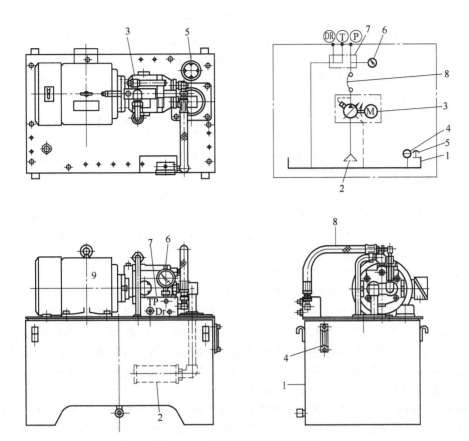

图 6-114　分离式油箱（液压站）

1—储油箱；2—过滤器；3—液压泵；4—油面计；5—注油过滤器兼通气口；6—压力表；

7—集成块底板（上面装阀）；8—橡胶软管；9—电机

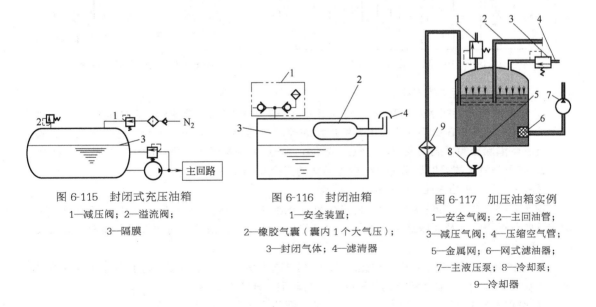

图 6-115　封闭式充压油箱

1—减压阀；2—溢流阀；

3—隔膜

图 6-116　封闭油箱

1—安全装置；

2—橡胶气囊（囊内 1 个大气压）；

3—封闭气体；4—滤清器

图 6-117　加压油箱实例

1—安全气阀；2—主回油管；

3—减压气阀；4—压缩空气管；

5—金属网；6—网式滤油器；

7—主液压泵；8—冷却泵；

9—冷却器

引起油箱温升严重的原因有：①油箱设处在高温热辐射源附近，环境温度高；②液压系统各种损失（如溢流损失、节流损失、沿程损失、局部损失及内外泄漏等）大，转换成热量大；③油箱设计时散热面积不够；④油液的黏度选择不当，过高或过低。

解决油箱温升严重的办法是：①尽量避开热源；②正确设计液压系统，如系统应有卸载回路、采用压力匹配、流量匹配、功率匹配、蓄能器等高效液压系统，减少高压溢流损失，减少系统发热；③正确选择液压元件，努力提高液压元件的加工精度和装配精度，减少泄漏损失、容积损失和机械损失带来的发热现象；④正确配管，减少因管路过细过长、弯曲过多、分支与汇流不当带来的局部压力损失；⑤正确选择油液黏度；⑥油箱设计时应考虑有充分的散热面积和油箱容量，一般油箱容量应按泵流量的 2~6 倍选取，流量大的系统取下限，反之取上限，低压系统取下限，反之取上限；⑦在占地面积不容许加大油箱体积的情况下或在高温热源附近，可安设油冷却器。

【故障2】 油箱内油液污染

油箱内油液污染物有从外界侵入的，有内部产生的以及装配时残存的。

① 装配时残存的，例如油漆剥落片、焊渣等。 在装配前必须严格清洗油箱内表面，并且严格去锈去油污，再油漆油箱内壁。 以床身作油箱的，如果是铸件则需清理干净芯砂等；如果是焊接的床身，则注意对焊渣的清理。

② 对由外界侵入的，油箱应采取下列措施。

a. 油箱应注意防尘密封，并在油箱顶部安设空气滤清器和大气相通，使空气经过滤后才进入油箱。 空气滤清器往往兼作注油口，可内装 100 目左右的铜网滤油器，以过滤加进油箱的油液。 也有用纸质滤芯过滤的，效果更好，但与大气相通的能力差些，所以纸质滤芯容量要大。

b. 为了防止外界侵入油箱内的污物被吸进泵内，油箱内要安装隔板，以隔开回油区和吸油区。 通过隔板，可延长回到油箱内油液的休息时间，防止油液氧化劣化；另一方面也利于污物的沉淀。 隔板高度为油面高度的 3/4（图 6-118）。

c. 油箱底板倾斜。 底板倾斜程度视油箱的大小和使用油的黏度而定，一般倾斜度为 1/24~1/64。 在油箱底板最低部分设置放油塞，使堆积在油箱底部的污物得到清除。

d. 吸油管离底板最高处的距离要在 150mm 以上，以防污物被吸入（图 6-119）。

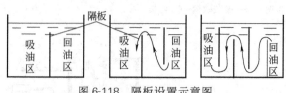

图 6-118 隔板设置示意图

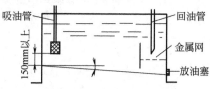

图 6-119 吸油管设置示意图

③ 减少系统内污物的产生。

a. 防止油箱内凝结水分的产生。 必须选择足够大容量的空气滤清器，以使油箱顶层受热的空气尽速排出，不会在冷的油箱盖上凝结成水珠掉落在油箱内；另一方面大容量的空气滤清器或通气孔，可消除油箱顶层的空间与大气压的差异，防止因顶层低于大气压时，从外界带进粉尘。

b. 使用防锈性能好的润滑油，减少磨损物的产生和防止锈的产生。

【故障3】 油箱内油液空气泡难以分离

由于回油在油箱内的搅拌作用，易产生悬浮气泡夹在油内。 若被带入液压系统会产生许多故障（如泵噪声气穴及液压缸爬行等）。 为了防止油液气泡在未消除前便被吸入泵内，可采取图 6-120 所示的方法。

① 设置隔板，隔开回油区与泵吸油区，回油被隔板折流，流速减慢，利于气泡分离并溢出油面 [图 6-120（a）]。 但这种方式分离细微气泡较难，分离效率不高。

② 设置金属网 [图 6-120（b）]。 在油箱底部装设一金属网捕捉气泡。

③ 当箱盖上的空气滤清器被污物堵塞后，也难以与空气分离，此时还会导致液压系统工作过程中因油箱油面上下波动而在油箱内产生负压使泵吸入不良。 所以此时应拆开清洗空气滤清器。

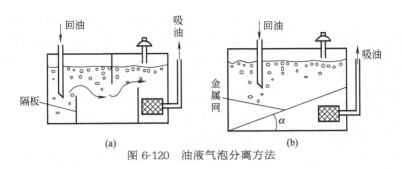

图 6-120　油液气泡分离方法

④ 其他消泡措施。 除了上述消泡措施，并采用消泡性能好的液压油之外，还可采取图 6-121 所示的几种措施，以减少回油搅拌产生气泡的可能性以及去除气泡。 回油经螺旋油槽减速后，不会在油箱油液搅拌时产生气泡；金属网有捕捉气泡并除去气泡的作用。

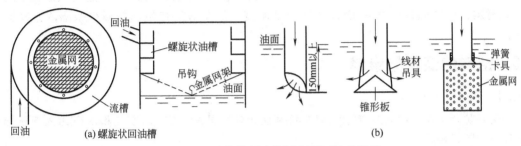

图 6-121　回油扩散缓冲作用(设置回油扩散器)

【故障 4】　油箱振动和噪声

① 减小振动和隔离振动。 主要对液压泵电机装置使用减振垫、弹性联轴器等措施。 注意电机与泵的安装同轴度；油箱盖板、底板、墙板须有足够的刚度；在液压泵电机装置下部垫以吸音材料等。 若液压泵电机装置与油箱分设，效果更好。 实践证明，回油管端离箱壁的距离不应小于 5cm，否则噪声振动可能较大。 另外可用油箱保护罩等吸音材料隔离振动声和噪声。

② 减少液压泵的进油阻力。 泵有气穴时，系统的噪声显著增大，而泵的气穴现象和输出压力脉动的发生，相当明显地受到进油阻力的影响(图 6-122)。

为了保证泵的轴密封和避免进油侧发生气穴，泵吸油口的容许压力一般控制范围在正压力 0.35×10^5 Pa(真空度 12.5mmHg)。 而对难燃液压油，由于密度大，吸油高度高，故合成液压油的真空度为 1 Pa，水-乙二醇为 0.8Pa。

另外，液压油所能溶解的空气量与液体压力成正比(图 6-123)。 在大气压下空气饱和的液体在真空度下将成为过饱和液体，从而析出空气，产生显著的噪声和振动。 所以有条件时尽可能使用高位油箱。 这样既可对泵形成灌注压力，又使油中溶解空气难以从油中析出。 但是增高油面的有效高度对悬浮气泡的溢出油面会变得困难一些。 一般情况下应根据 Stekes 定律和

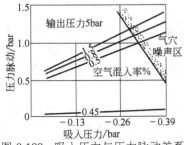

图 6-122　吸入压力与压力脉动关系

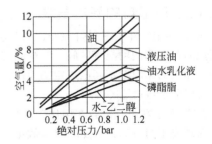

图 6-123　绝对压力与空气量关系

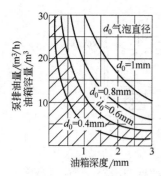

图 6-124 油箱深度、泵排油量
和油箱容量之间的关系

$\phi 0.6mm$ 以下的气泡不会增加压力脉动的经验值。 按图 6-124 所示的斜线范围来确定油箱油面的高度,而不要随意加大。

③ 保持油箱比较稳定的较低油温。 油温升高会提高油中的空气分离压力,从而加剧系统的噪声。 故应使油箱油温稳定在一个较低值范围(30~55 ℃)相当重要。

④ 油箱加罩壳,隔离噪声。 液压泵装在油箱盖以下,即油箱内,也可隔离噪声。

⑤ 在油箱结构上采用整体性防振措施。 例如,油箱下地脚螺钉固牢于地面,油箱采用整体式较厚的电机泵座安装底板,并在电机泵座与底板之间加防振材垫板; 在油箱薄弱环节,加设加强筋等。

⑥ 努力减少噪声辐射。 例如注意选择声辐射效率较低的材料(阻尼材料,包括阻尼涂层);增大油箱的动刚度,以提高固有频率并减少振幅,加设加强筋等。

6.6 密封的使用与维修

6.6.1 简介

密封是防止工作介质的泄漏(内泄和外泄)和防止外界异物(如空气、灰尘和水等)进入液压元件和液压系统的机构。

虽然密封件是液压设备中的辅件,但密封的好坏对整台设备的效率和性能都有很大的影响,它在一定程度上反映出产品的质量水平。 密封与密封装置的好坏是直接影响到液压系统能否正常工作的关键之一。 往往个别密封件的失效所造成的损失可能是密封件本身价值的千万倍。

密封的好坏在一定程度上已制约着液压元件和液压系统性能和可靠性的提高,使用寿命的长短,以及影响到液压设备参与国际竞争的关键所在,这也是国内外液压元件质量差异的主要因素之一。

（1）密封件的分类

液压用密封件如图 6-125 所示,分为动密封与静密封两大类:被密封部位的两个偶合件之间不存在相对运动的密封称为静密封;被密封部位的两个偶合件之间存在相对运动的密封称为动密封。 动密封又分为非接触密封和接触密封两类,非接触密封主要是各种机械密封,如:石墨填料环、浮环密封等;橡塑复合密封件和橡塑组合密封件均属于接触密封,依靠装填在密封腔体中的预压紧力,阻塞泄漏通道而获得密封效果。 如液压系统用的端面密封为静密封,液压缸活塞、活塞杆用的往复式动密封与液压泵、液压马达用的旋转密封（油封）属于动密封。

有些密封依靠挤压变形产生密封效能叫挤压密封,有些密封依靠唇部紧贴密封偶合件表面,阻塞泄漏通道而获得密封效果叫唇形密封。

（2）对密封的基本要求

① 在使用条件下密封可靠 因为各种密封材质和使用条件往往不同,它们各适应于一定的使用压力范围和使用温度区间,而对选定的密封件要保证在其使用条件下具有良好的密封性能,只要工作压力和温度不超出规定的范围,其密封性能应能保证。 密封件材料应具有不同的适应性,以满足密封功能的要求。

② 摩擦系数小 密封在用作动密封时,往往在密封和相对运动件之间,要产生摩擦力。 好的密封既能密封可靠,又要摩擦系数小,以使运动阻力小。 一方面可减少功率损耗,另一方面可延长密封件的使用寿命。

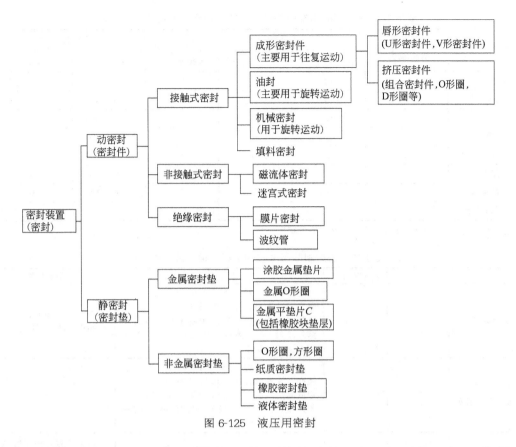

图 6-125　液压用密封

③ 使用寿命长　密封件在动密封时受到运动阻力——摩擦力的影响，会发生磨损，但磨损要小；静密封使用寿命要长，则应具有较好的防压缩非永久变形的能力；还有密封件与所使用工作介质和被密封件(如钢件)的相容性好，才能保证长的使用寿命。

然而，没有任何密封材料包括上述全部性能，需要根据工作环境，如温度、压力、介质以及运动方式来选择适宜的密封材料，并通过制定材料的配合配方来满足一定的要求，或者采用两种以上材料复合或组合结构的形式发挥各自的特长，达到更加全面的效果。

（3）常用密封件的材质及其性能

密封材料主要使用橡胶、合成树脂和金属密封材料。 由于各种材质性能特点不同，其用途也就有所不同。 选用时需根据不同的使用要求和不同的使用条件做出合适的选择。

① 常用橡胶密封材料　常用的橡胶密封材料主要是合成橡胶。 由于合成橡胶的胶种较多，且各自的性能也各不相同。 因此，在选用时除要求其必须满足上述使用要求外，还应根据不同胶种的特性和使用范围，参照密封件的工况条件，进行正确选择。

影响密封效果的因素：密封结构的选择和油膜形成、压力、温度、材料的相容性，动密封所接触工作表面的材质、硬度、几何形状、表面粗糙度等。

特别注意某一材质的密封对被密封的某一工作介质(如矿物油等)表现较好的密封性能，而对另一介质却表现极差，这就是说还要注意密封材料与液压油的相容性。

还有，各种不同的密封材料对不同的工作条件表现出不同的性能，有些耐热，有些不耐热；有些耐酸，有些耐碱，有些耐水，有些耐油；有些抗热，有些抗燃，有些耐低温，有些耐高温。如此等等，在选用密封材质时参考。 常用橡胶密封材料的主要品种、性能特点、所适应的介质和使用温度范围见表 6-12～表 6-17。

表 6-12 密封制品用橡胶品种适用的工作介质及使用温度范围

密封材料	石油基液压油、矿物基液压脂	难燃性液压油			使用温度范围/℃	
		水-油乳化液	水-乙二醇基	磷酸酯基	静密封	动密封
丁腈橡胶	○	○	○	×	−40~120	−40~100
聚氨酯橡胶	○	△	×	×	−30~80	一般不用
氟橡胶	○	○	○	○	−25~250	−25~180
硅橡胶	○	○	×	△	−50~280	一般不用
丙烯酸酯橡胶	○	○	○	○	−10~180	−10~130
丁基橡胶	×	×	×	△	−20~130	−20~80
乙丙橡胶	×	×	×	△	−30~120	−30~120
聚四氟乙烯	○	○	○	○	−100~260	−100~260

注：○—可以使用；△—有条件使用；×—不可使用。

表 6-13 密封制品用橡胶的主要品种、特点和用途

材料		代号	使用温度/℃	特　点	主要用途
天然橡胶		NR	−50~+80	适宜在水、醇、汽车刹车油中工作，不能在石油系液压油、燃料油中使用，弹性和低温性能好，在空气中易老化，应避免紫外线与日光的直射和臭氧的侵蚀。勿在高温空气中使用	汽车刹车皮碗，不要求耐油和耐热的垫圈、衬垫
合成天然橡胶（异戊胶）		IR	−50~+80	适宜在水、醇、汽车刹车油中工作，不能在石油系液压油、燃料油中使用，弹性和低温性能好，在空气中易老化，应避免紫外线与日光的直射和臭氧的侵蚀。勿在高温空气中使用	—
顺丁橡胶		BR	−50~+80	与天然胶相仿，但比天然胶耐磨	与天然胶并用作刹车皮碗等
丁苯橡胶		SBR	−40~+120	主要适用于刹车油，动、植物油。在一般矿物油系润滑油中膨胀大，不适用	耐动植物油用和气缸用O形垫圈等
丁基橡胶		IIR	−30~+150	耐热、耐天候和耐寒性优良。对动植物油、磷酸酯系不燃性液压油、水和化学药品（酸、碱等）的抵抗力大，但不适用于汽油、矿物油系润滑油和液压油，透气性小，适用于真空密封	耐酸碱为密封圈，煤气管垫圈、真空容器密封圈等
乙丙橡胶		三元乙丙胶 EPDM 二元乙丙胶 EPM	−50~+150	耐热、耐寒和耐天候性优良。对磷酸酯系不燃性液压油、水、高压、蒸气、化学药品等的抵抗力大。不适用一般矿物油系润滑油和液压油	耐热垫圈、橡胶气封等
氯丁橡胶		CR	−40~+130	耐天候性优良。在空气中耐老化性能好。耐油一般，但在苯胺点低的矿物油和汽油等中膨胀大。可耐冷冻剂氟利昂	阀门用夹布隔膜、夹布V形密封圈，耐氟利昂的皮碗等
丁腈橡胶	低丙烯腈（丁腈-18）	NBR	−40~+100	低温性能好，耐油性较差	寒冷地区使用的火车制动皮碗等
	中丙烯腈（丁腈-26）		−30~+120	在耐油密封制品中使用最广泛，兼有较良好的耐油、耐热和耐磨性能。但不能在磷酸酯系液压油中以及含极压添加剂的齿轮油等中使用	大量使用在O形圈油封，纯胶或夹布的皮碗等中
	高丙烯腈（丁腈-40）		−20~+120	耐燃料油、汽油和低苯胺点的矿物油性能最好，但耐寒性较差	要求耐油性高，耐寒性较次要的油封和O形圈等

材料	代号	使用温度/℃	特点	主要用途
聚氨酯橡胶	AU、EU	-30~+80	耐油、耐磨性能佳，机械强度大，耐热性差，遇水容易分解，怕酸、碱	主要适用于很多运动用U形、V形、Y形密封圈
氯醇橡胶	CHR、CHC	-40~+130	耐油、耐寒及耐天候性能佳，耐热比丁腈橡胶好。加工困难，对模具有腐蚀作用	适用于低苯胺点的油。在油井封隔器和薄膜制品中使用效果良好。正在用来研制油封、唇形圈等
聚丙烯酸酯橡胶	ACM、ANM	-20~+150	耐热、耐油性能均优于丁腈橡胶，可抗含极压添加剂的润滑油、耐水、耐寒性能差	适用于齿轮油、马达润滑油机油及石油系液压油等。正在用来研制高速高温油封等
氟橡胶	FPM	-20~+250	耐油、耐热和耐化学药品性极佳，几乎对所有润滑油、燃料油汽油都适用，耐真空性好。在含极性添加剂的高温油中也不老化。但耐寒性和耐压缩永久变形性不好。对酮、酯类溶剂不适用	适用于耐高温的油封、O形圈以及旋转轴用O形圈、高真空O形圈等
硅氟橡胶		-65~+200	耐热、耐寒性能同硅橡胶相当。高温下耐油性和耐化学药品性能同氟橡胶相当。机械强度差	适用于阀门密封、油封等
聚硫橡胶	T	0~+80	耐油、耐溶剂性能极佳，在汽油中几乎不膨胀。强度、撕裂性、耐磨性能差，使用温度范围狭窄，不能用作运动密封	适用于绝对不许膨胀的部位，作固定密封用
氯磺化聚乙烯（海波隆）	CSM	-20~+150	耐天候、耐臭氧、耐化学药品和耐热性好（与氟丁橡胶、丁基橡胶和氟橡胶相近），耐油性能稍优于氯丁橡胶，机械强度极佳，掺入丁腈橡胶中可以提高密封件的抗压强度和延长使用寿命，耐寒性较差	
填充聚四氟乙烯（特氟隆）	PTFE	-260~+260	耐磨性极佳，耐热、耐寒性优，几乎耐一切化学药品、溶剂、油和几乎所有液体。弹性极差，热膨胀系数大	适用于制造各种挡圈、支承环及压环；与橡胶O形圈组合成低摩擦用滑环组合密封件；涂敷O形圈表面，降低摩擦；制造防漏密封带
聚酰胺（尼龙）		-45~+100	耐磨性能差（优于铜和一般钢材），耐弱酸、弱碱和普通的水、醇等溶剂。冲击韧性好，有一定的机械强度。抗强酸能力差。溶于浓硫酸和苯酚，但有吸水性及冷流性	适用于制造挡圈、支承环及压环。三元尼龙与丁腈橡胶并用，可改善密封性，用以制造医疗、纺织等器械用密封圈
聚甲醛	POM	-40~+100	摩擦系数小，耐磨损，动、静摩擦系数一样。耐有机溶剂及化学腐蚀。具有良好的抗拉强度、冲击韧性、刚性、疲劳强度和抗蠕变性	适用于制O形、U形、Y形密封圈用挡圈

表6-14 液压油和橡胶密封的相容性

类型	乙丙胶	丁钠胶	丁腈胶	氟碳胶	聚丙烯酸酯胶	丁基胶	氯丁胶	丁二烯胶	氯磺酰聚乙烯	合成异戊二烯胶	氟硅胶	聚脲胶	天然胶	硅酮胶	聚硫胶
磷酸酯液体	◎	×	×	×	×	○	×	×	×	×	√	×	×	√	×
卤化物液体	○	×	√	◎	×	○	×	×	×	×	◎	×	×	√	√
硅酸酯液体	×	×	○	◎		×	◎	×	◎		×		×	×	
硅酮液体	◎	×	◎	◎	◎	◎	◎	◎	◎		◎	×	◎	√	◎
水-乙二醇液体	◎	×	◎	◎	◎	◎	◎		◎		×		×	○	
水油乳化液	×	×	◎	◎	◎	◎	◎		◎		×		×	◎	
矿物油	×	×	◎	◎	◎	×	◎	×	◎	×	◎	◎	×	×	◎

注：◎—优；○—良；√—可；×—不可。

表 6-15　润滑油、燃料油对密封橡胶材质的相容性

胶料类型		丁腈橡胶 NBR	丙烯橡胶 ACM	硅橡胶 VMQ	FVMQ	氟化橡胶 FKM	聚氨酯橡胶 AU EU	氯丁橡胶 CR	三元乙丙胶 EPDM	丁基橡胶 IIR	CSM	丁苯橡胶 SBR	天然橡胶 NR	CO ECO
发动机油	SAF30	◎	◎	◎	◎	◎	◎	△	×	×	△	×	×	◎
	SAE10W	◎	◎	○	◎	◎	◎	△	×	×	△	×	×	◎
齿轮油	圆柱齿轮用	◎	◎	△	△	◎	△	△	△	×	△	×	×	○
	海波齿轮用	○	○	×	×	◎	△	△	△	×	△	×	×	△
机械油		○	○	△	◎	◎	◎	△	△	×	△	×	×	◎
主轴油		○	△	×	△	◎	◎	△	△	×	△	×	×	◎
液压油	液压变速机油	◎	◎	△	△	◎	◎	△	△	×	△	×	×	◎
	透平油、涡轮机油	◎	◎	△	◎	◎	◎	△	△	×	△	×	×	◎
	油-水乳化液	◎	◎	△	△	◎	△	△	×	△	×	×	×	△
	水-二元醇	◎	△	△	△	△	×	◎	◎	○	◎	○	○	△
	硅油	◎	◎	×	×	◎	◎	◎	◎	◎	◎	◎	◎	◎
	刹车油	△	×	×	△	△	△	△	◎	◎	△	◎	×	×
	磷酸酯	×	×	◎	◎	×	△	×	◎	◎	×	◎	×	×
燃料油	汽油	◎	◎	×	×	◎	◎	×	×	×	△	×	×	◎
	轻油、煤油	◎	×	×	△	◎	◎	×	×	×	△	×	×	◎
	重油	◎	△	×	×	◎	◎	△	×	×	△	×	×	◎
润滑脂	黄油	○	◎	◎	◎	◎	◎	◎	×	×	△	×	△	◎
	钾基润滑脂	◎	◎	◎	◎	◎	◎	○	×	×	×	○	×	◎
	硅基润滑脂	◎	◎	×	×	◎	◎	◎	◎	◎	◎	◎	◎	◎

注：◎—可使用；○—有条件地使用；√—不得已时不使用；×—不能使用。

表 6-16　常用密封胶料的性能比较

胶料类型	丁腈胶	丁二烯胶	丁基胶	氯丁胶	氯磺酰聚乙烯	乙丙胶	氟碳胶	合成异戊二烯胶	天然胶	聚丙烯酸酯胶	聚硫胶	硅酸胶	聚四氟乙烯
抗臭氧性	×	×	◎	◎	◎	◎	◎	×	×	◎	◎	◎	◎
耐气候变化	○	○	◎	◎	◎	◎	◎	○	○	◎	◎	◎	◎
抗热	√	○	√	√	√	◎	◎	√	√	√	×	○	◎
耐化学性	√	√	◎	○	√	○	◎	√	√	×	√	√	◎
耐油性	◎	×	√	√	○	×	◎	×	×	◎	◎	×	◎
耐渗透性	√	○	◎	√	√	√	√	×	○	◎	◎	×	√
耐冷性	√	√	√	√	√	√	√	√	√	×	√	◎	√
抗撕裂性	√	○	√	√	√	○	√	√	√	√	×	×	√
抗磨性	√	◎	√	○	√	◎	○	◎	√	○	×	×	◎
动力性能	◎	√	◎	√	√	√	○	◎	◎	○	×	×	×
抗酸性	○	√	√	√	√	√	◎	√	√	×	×	○	◎
增强伸长应力	◎	◎	√	√	√	◎	√	√	◎	○	○	×	○
电性	○	√	◎	√	○	◎	○	◎	◎	○	√	√	◎
耐水性	√	√	√	√	√	◎	○	√	√	×	√	√	◎
抗燃性	×	×	×	√	√	×	◎	×	×	×	×	○	√

注：◎—优；○—良；√—好；×—差。

表 6-17　橡胶密封常用添加剂

添加剂	化合物种类
硫化剂	硫、有机硫化物、锌、铅和镁的氧化物
促进剂	胺类、醛-胺反应产物、胍、硫脲、噻唑、二烃胺基酰
加速活化剂	锌、钙、铅和镁的氧化物、碱金属、碳酸盐和碱金属氢氧化物、长链有机酸和含氮化合物
抗氧剂	受阻酚和双酚、氨基酚、对苯二酚、亚磷酸盐、胺类、二胺类和醛胺缩合物
抗自氧剂	双胺、氨基甲酸酯和蜡
增塑剂	脂肪酸、植物油、矿油、沥青、松树产品、有机醋、树脂、胺类、蜡和多硫化物
填料	炭墨、黏土、碳酸镁、碳酸钙、氧化锌、硅石、硅酸钙

② 常用合成树脂密封材料　常用合成树脂中，使用最多的是聚四氟乙烯树脂。 在聚四氟乙烯中掺入不同的充填材料，可改善和提高其综合物理化学性能，从而扩大了它的使用范围。 因此，聚四氟乙烯树脂密封材料可适用石油基液压油、水-油乳化液、水-乙二醇基液压液、磷酸酯基液压液等工作介质的密封。 常用合成树脂密封材料的主要特点和应用范围见表 6-18。

表 6-18　常用合成树脂密封材料的主要特点和应用范围

名称	使用温度/℃	主要特点	应用范围
聚四氟乙烯及加充填物聚四氟乙烯	-100~+260	耐磨性极佳，耐热/耐寒性优良，能耐几乎全部化学药品及溶剂和油等液体、弹性差，热胀系数大	适用于制作挡圈、支承环、导向支承环及压环，与 O 形圈等组合成同轴密封圈。 喷涂、贴粘在密封件工作面，以降低摩擦因数，提高耐热性。 制作生料带
聚酰胺尼龙	-40~+100	耐磨性能佳（优于铜和一般钢材），耐弱酸、弱碱和水、醇等溶剂。 冲击性好，有一定的机械强度，抗强酸腐蚀性差，溶于浓硫酸、苯酚，有吸水性及冷流性	适用于制造挡圈、压环、导向支承环等。 三元尼龙与丁腈并用制作往复式运动密封，可改善密封件性能
聚甲醛	-40~+100	动静摩擦因数较小，耐有机溶剂及化学腐蚀，具有良好的机械性能及抗蠕变性	适用于制作往复式动密封圈用的挡圈和导向支承环等

③ 常用金属密封材料　金属密封材料主要用于静密封。 常用金属密封材料的种类和应用范围见表 6-19。

表 6-19　常用金属密封材料的种类和应用范围

材料	使用温度/℃	应用范围	材料	使用温度/℃	应用范围
铅	<100	适用于高温、高压油、高压水蒸气等场合	蒙太尔合金	<810	适用于高温、高压油、高压水蒸气等场合
银	<650		铝	<430	
黄铜	<260		不锈钢	<870	
镍	<810		钦锆	<540	
紫铜	<315				

6.6.2　挤压密封

（1）挤压密封的密封机理

如图 6-126 所示，挤压密封的密封机理是依靠密封表面上的压力使密封件的外形进行压缩和变形，达到密封的目的。 安装前有一定的挤压余量，安装后产生较小的预压缩力，通压力油后涨开，产生挤压密封力，达到密封的目的。

这样会产生巨大的摩擦阻力，频繁地滑动就会引起摩擦热增加，致使密封件的使用寿命缩短。 为了减少滑动摩擦阻力和摩擦热，就要降

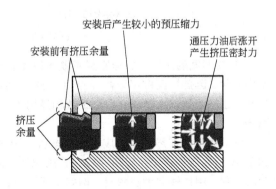

图 6-126　挤压密封的密封机理

低压缩变形比，但这又会降低密封的能力。好的密封一是密封可靠，同时摩擦阻力要尽可能小。

影响密封件摩擦系数的因素有：密封件结构；材料；压力；被密封表面的加工精度；介质；密封表面的润滑程度。

（2）挤压密封应用（图 6-127）

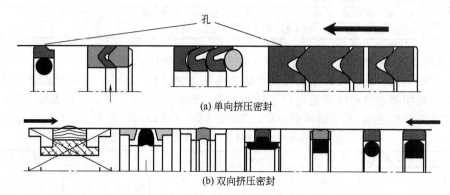

(a) 单向挤压密封

(b) 双向挤压密封

图 6-127　挤压密封的应用

（3）典型挤压密封——O 形圈

在所有密封圈中，O 形圈是用得最多的密封圈，是挤压密封的典型代表，既可作静密封使用，也可作动密封使用。

① O 形圈的密封机理　O 形密封圈是一种双向密封元件。O 形密封圈装入密封槽后，其截面承受接触压缩应力而产生弹性变形。对接触而产生一定的初始接触密封力［图 6-128（a）］；当通入有压力的介质后，在介质压力的作用下，O 形密封圈发生图 6-128（b）所示的位移，移向低压侧，同时其弹性变形进一步加大，填充和封闭了密封间隙 δ，且随着压力的增高，接触压力随之增加，于是就形成了总的密封力。

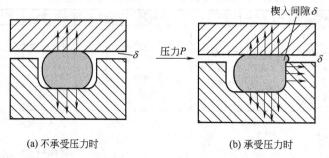

(a) 不承受压力时　　　　(b) 承受压力时

图 6-128　O 形圈的密封机理

② O 形圈的应用　O 形密封圈既可以用作密封元件，又可以用作液压滑动密封和防尘圈的施力元件，因此广泛应用于各种应用领域。可以说，在工业领域，无论是维修和维护的单个密封件，还是诸如航空航天、汽车工业和通用工业等要求品质保证的应用中，没有不使用 O 形密封圈的。

O 形密封圈在静态密封应用中占据着主导地位，在动态密封应用中只适用压力较低速度不高的系统。其应用有（参阅图 6-129）：用作径向静态密封，例如用于轴套、密封盖、管道、液压缸等的密封；用作轴向静态密封，例如用于法兰、平板和端盖等的密封；对于动态应用，O 形密封圈仅推荐用于中等负荷工况。

受速度和压力的限制，O形密封圈一般只用于：低负载工况下，往复运动的活塞，活塞杆和柱塞等的密封，在轴、芯轴和旋转动力输入轴上做低速旋转或螺旋运动时的密封，不适宜高速。

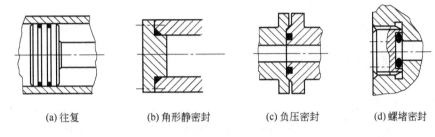

(a)往复　　(b)角形静密封　　(c)负压密封　　(d)螺堵密封

图 6-129　O 形圈的应用

③ O 形圈的失效形式（表 6-20）

表 6-20　O 形圈的失效形式

失效形式	破损情况	造成原因	解决方法
安装损伤		沟槽等部件边角锋利，密封件硬度或弹性过低；密封件表面有污物	去除锋利边角；沟槽设计更加合理；选择尺寸合适的密封件；选择弹性更大硬度更高的密封件
扭曲		安装造成，运动速度太低。材料太硬或弹性太小，O 形圈表面不均匀，沟槽尺寸不均匀，沟槽表面粗糙，润滑不良	正确安装，选用高弹性材料，选择可自润滑的材料，适当的沟槽设计及表面粗糙度，尽量使用支承环
过度压缩		设计不合理，没有考虑到材料由于热量及化学介质引起的变形，或由于压力过大引起	沟槽的设计应考虑到材料由于温度及化学介质引起的变形
挤出		间隙过大，压力过大，材料硬度或弹性太低，沟槽空间太小，间隙尺寸不规则，沟槽边角过于锋利，密封件尺寸不合适	降低间隙尺寸，选用更高硬度或高弹性的材料，合理的沟槽设计
压缩永久变形		压力过大，温度过高，材料没有完成硫化处理，材料本身永久变形率过高，材料在化学介质中过度膨胀	选择低变形率的材料，确认材料与介质相容，合适的沟槽设计
热腐蚀		材料不能承受高温，或温度超出预计温度，或温度变化过快过频繁	选择具有抗高温性能的材料，如可能尽量降低密封面温度
磨损		密封表面粗糙度不够，温度过高，密封环境渗入磨损性强的污物，密封件产生相对运动，密封件表面处理不彻底	使用推荐的沟槽光洁度，使用自润滑的材料，清除造成磨损的部件和环境

失效形式	破损情况	造成原因	解决方法
压力爆破		压力变化太快，材料的硬度和弹性过低	选择高硬度高弹性的材料，降低减压的速度
电腐蚀		化学反应产生电解，溅蚀(离子对结构表面冲击引起材料损耗)，灼烧	选择与介质相适合的材料，降低暴露区域，检查沟槽设计

④ O 形圈的使用与装配　O 形圈的装配正确与否，除采用正确的装配方法外，还应与正确设计 O 形圈密封沟槽结合起来，具体如下。

a. 准备好 O 形圈装卸工具（图 6-130）。

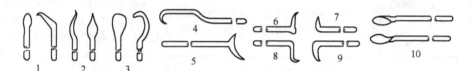

1—拉出工具；2—翘起工具；3—大O形圈的拉出工具；4—偏勾；5,6—内O形圈推出工具；
7—内O形圈拉出工具；8—外O形圈推出工具；9—拉出工具；10—勺形翘起工具

(a) O 形圈的各种装卸工具

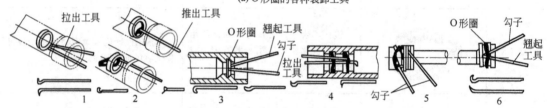

1~3—内O形圈的拆卸；4—双内O形圈的拆卸；5,6—外O形圈的拆卸

(b) O 形圈的拆卸方法

1—用金属套管保护O形圈；2~4—用纸或塑料套保护O形圈

(c) O 形圈的安装方法

图 6-130　O 形圈装卸工具与工具的使用

b. 根据工作压力决定好初始压缩量。　初始压缩量的作用是：实现初始密封能力；补偿加工误差；确保规定的摩擦力；补偿压缩变形；补偿磨损，但是初始压缩量和径向间隙要控制好，动密封场合 6% ~ 20%，静密封场合 15% ~ 30%，否则会因 O 形密封圈挤出（楔入间隙）而被切

破，导致漏油。但 O 形圈随着摩擦余量的减少，也会其密封性。

另外 O 形密封圈在设计与装配时应根据工作压力情况决定是否加挡圈。O 形圈使用挡圈后，工作压力可以大大提高。静密封压力能够提高到 200～700MPa。采取措施后，动密封压力也能够提高到 40MPa，而且挡圈还有助于 O 形圈保持良好的润滑。

静密封应用时：无挡圈时，内径＞50mm 的 O 形密封圈，其工作压力可达 5MPa；无挡圈时，内径＜50mm 的 O 形密封圈，其工作压力可达 10MPa；有挡圈时，其工作压力可达 40MPa；有特殊的挡圈时，其工作压力可达 250MPa。

动密封应用时：无挡圈时，往复运动工作压力可达 5MPa；有挡圈时，其工作压力高一些。

O 形圈破损会导致漏油，可采取图 6-131 的措施加以防止。

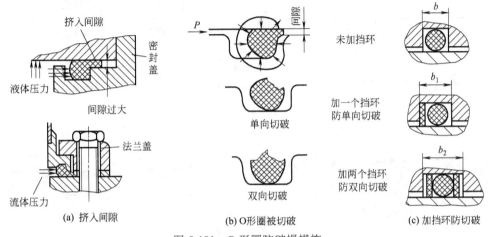

图 6-131　O 形圈防破损措施

c. 引入倒角与限速。正确的设计有助于一开始就消除密封的损坏和密封失效。由于 O 形密封圈在安装过程中被挤压，因此设计时必须引入倒角和圆角(图 6-132)，引入倒角的表面粗糙度为：$Rz \leqslant 6.3\mu m$，$Ra \leqslant 0.8\mu m$。

限速：往复运动速度≤0.5m/s；旋转运动线速度≤2m/s。

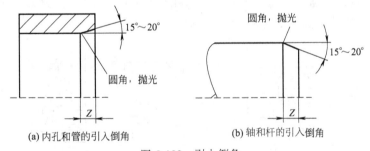

图 6-132　引入倒角

d. 装配 O 形圈要用导向工具（图 6-133）。

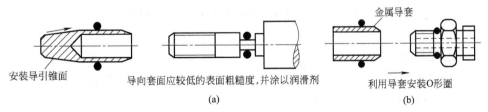

图 6-133　装配 O 形圈时用的导向工具

e. 装入 O 形圈时的注意事项。 装配时防止 O 形圈脱落错位下掉和挤出(参阅图 6-134)。 装配时 O 形圈脱落错位，压紧后往往被压扁或切破，并且偏离被密封的位置，不能起密封作用。另外在水平方向（如大型油缸缸盖）处装 O 形密封径圈时，O 形圈会因自重松弛下垂，必须注意由此而造成切破密封的现象。 为避免此类现象发生，可采取涂上黄油黏住 O 形圈以及立起来装配的方法。

为了防止在装配时出现 O 形圈下掉和挤出现象，设计时 O 形圈应设置在正确位置上［图 6-132（b）］，才可有效防止装配时 O 形圈的下掉和挤出。

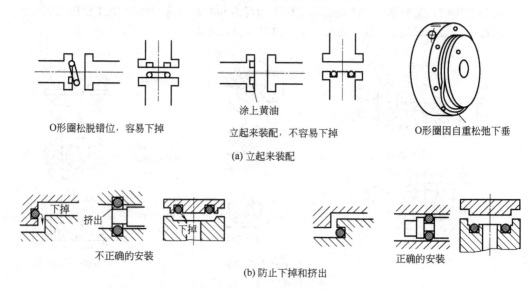

图 6-134　装入 O 形圈时的注意事项

f. 往有横孔的工件内装入 O 形圈时的注意事项。 对往有横孔的工件内装入 O 形圈时，也会产生切破 O 形圈的现象。 此时要将有横孔的部位孔口加工成双倒角形状，或者用软木条塞住，装配时慢慢推入；或者将横孔倒成不少于 O 形圈的实际外径 D，坡口斜度一般为 $\alpha = 120° \sim 140°$。 否则容易切破 O 形圈产生漏油（图 6-135）。

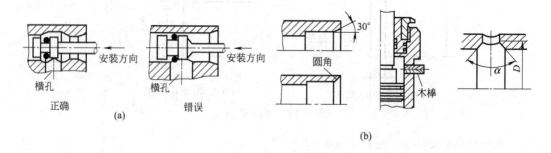

图 6-135　往有横孔工件内装入 O 形圈的注意事项

6.6.3　唇形密封

唇形密封圈主要用于往复式动密封中，与挤压型密封如 O 形密封圈相比，往复式动密封使用唇形密封圈综合性能更好，使用寿命更高。

挤压型密封主要靠预压紧力产生密封力，密封圈接触压力预先给定，工作中不能根据介质压力的改变而变化，如果要求封住一个很大的压力那么预压力也必须很大，而大的预压力会使密封圈与密封面接触应力与接触面积增大，产生很大的摩擦阻力。过大的摩擦力会造成密封圈的破损，在低压时造成启动困难，或产生爬行现象。唇形密封圈可以通过唇部撑开、变形补偿小的磨损量，保证密封效果和密封寿命。

较之 O 形圈在往复式动密封中容易产生翻滚、扭转等现象，唇型密封较好。与 O 形密封圈相比，唇型密封圈的主要缺点是，只能做单向密封，如果要用作双向密封则要用两个密封圈，这样会使密封长度增加，沟槽设计困难，而且两个密封圈之间会产生困油，引起逆压损坏；而预压型密封圈的断面形状左右对称，可以用作双向密封，体积较小，沟槽设计容易。

但挤压型密封是综合性能更好的唇形密封圈。

（1）唇形密封的类型

唇形密封的类型根据断面形状可分为 Y 形圈、V 形圈、U 形圈、L 形圈、J 形圈、蕾形圈等以及目前普遍使用的斯特封等。唇形密封的类型、使用条件、特点及应用见表 6-21。

表 6-21　唇形密封的类型、使用条件、特点及应用

类型	材质	使用条件			特点及应用
		压力/MPa	速度/m·s⁻¹	温度/℃	
Y 形圈	纯胶	10	1	−30~120	结构简单紧凑、抗根部磨损能力强，工作位置较稳定。仅在压力波动大时需使用支承环。高压时应加挡环
	橡塑复合	30	1.5		
	橡胶夹布	30	1		
V 形圈	夹布橡胶	60	0.5	−30~120	多个重叠使用，耐压性能高、使用寿命长，但摩擦阻力大，尺寸大；安装、调节较困难。广泛用于高压系统，特别是用于高压大直径、长冲程等苛刻条件
	橡塑复合	40	1		
U 形圈	纯胶	10	1	−30~120	结构简单、摩擦系数较低。用于低速往复运动密封
	橡塑复合	30	5		
	橡胶夹布	30	1		
L 形圈	纯胶	10	1	−30~120	用于小直径、压力低的活塞密封
	橡胶复合	16	1.5		
J 形圈	纯胶	10	1	−30~120	用于低压的活塞杆密封
	橡胶复合	16	0.5		
蕾形圈	夹布橡胶	60	1	−30~120	用于高压低速密封，广泛用于液压支架密封
	橡塑复合	40	1.5		

（2）唇形密封圈的密封机理

唇形密封圈是一种具有自封作用的密封圈，它的密封机理如图 6-136 所示：依靠唇部紧贴密

(a) 装配前的过盈量　　(b) 装配后的接触压力分布　　(c) 液压起作用后的接触压力分布

图 6-136　唇形密封圈的密封机理

封偶合件表面，阻塞泄漏通道而获得密封效果。 唇形密封圈的工作压力为预压紧力与流体压力之和，当被密封介质压力增大时，唇口被撑开，更加紧密地与密封面贴合，密封性进一步增强；此外，唇边刃口还有刮油的作用，更增强了密封圈的密封性能。

唇形密封圈的密封压紧力是随介质压力的改变而变化的，工作中始终是应介质压力的变化而变化的，即能保证足够的密封压紧力，又不至于产生过大的摩擦力。

（3）常用唇形密封圈

① Y 形密封圈　Y 形密封圈如图 6-137 所示，顾名思义，Y 形密封圈就是有 Y 形截面的密封件的通称。 这种密封圈有外唇 A 和内唇 B，内唇和外唇可以不等高，例如 Y_x 形密封圈。 在另一端示出了内跟和外跟，装入安装槽内后，因内外唇过盈量而变形，这就使得唇口与活塞杆相接触，当加上油液压力时，密封圈的跟部就发生变形，这样，整个滑动面就和活塞杆表面完全贴在一起了。 唇口和跟部与被密封面亲密接触，产生了密封作用。

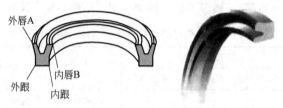

图 6-137　Y 形密封圈

② V 形密封　如图 6-138 所示，V 形密封是一组由纤维增强的人字形圈组成的密封，分别由一个支承环、几个密封环和一个压环组成 [图 6-138（a）]。 在这种压紧型密封中，施加的轴向力在每个填充环之间传递，密封环向外张开，使唇部压紧在被密封表面上，形成密封作用。 压紧方式见图 6-138（b）所示，压紧力大小的调节可通过调节压紧螺钉的拧入或拧松来实现。

支承环和压环一般采用棉纤维与丁腈橡胶编织物制造，弹性体的密封环采用丁腈橡胶制造，温度范围 - 30 ~ + 130℃。

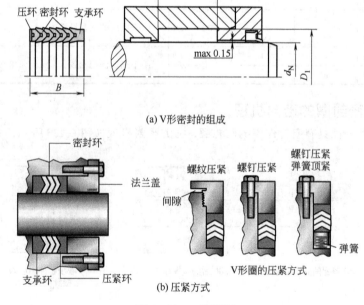

图 6-138　V 形密封

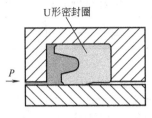

图 6-139 U 形密封圈

③ U 形密封圈 U 形圈（图 6-139）是一种单作用、单唇、紧凑型密封件。 这种密封件安装简单，并通过密封件外径上的过盈配合使其定位，形成静态密封。 它有一个非对称的密封唇，且内唇较短。 这种结构形式的 U 形圈可吸收活塞杆的振动和弯曲变形。

U 形圈的作用机理（密封效果）来自密封体内在的预载荷和安装时密封唇的压缩。 在工作状态下，系统压力作用在 U 形圈上，增加了 U 形圈与活塞杆的径向接触应力，进行密封。 在低速时，由于在密封间隙中没有形成充分的润滑油膜以及密封件的材料特性，U 形圈可能会产生爬行现象。

优点：对压力变化适应能力强、不受大载荷和活塞杆弯曲变形的影响、抗间隙挤出性好、安装简单。 最高工作压力达 40MPa，速度达 0.5m/s。

（4）唇形密封圈的失效形式

唇形密封圈的失效形式和防止措施见图 6-140 与表 6-22 所示。

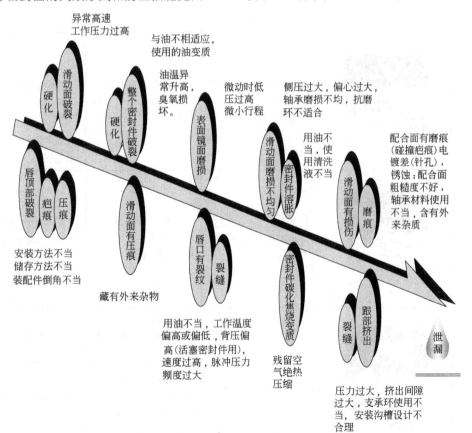

图 6-140 唇形密封圈的失效形式和防止措施

表 6-22　唇形密封圈的失效形式和防止措施

外观		原因	防止措施
表面形象	状态		
硬化	整个滑动面硬化，表面有光泽和破裂，用手指一推，就出现裂纹	高速和内压过高发热	活塞密封时，换用 SPG（SPGW） 活塞杆密封时与缓冲环配合使用
硬化	整个密封件硬化，唇口大大下垂偏移，当用手指弯曲密封件时，可见裂纹	油温高	降低油温或换用耐热橡胶密封件（氟橡胶）
硬化		油的影响 油与橡胶不相适应 油变质	换用耐油橡胶制密封件 换新油
磨损	滑动表面有光泽的镜面状磨损	滑动行程太短，使润滑不足	如是活塞密封，换用 SPG（SPGW） 如是活塞杆密封，加用缓冲环
磨损		滑动面粗糙度不合适（太好）	采用推荐的粗糙度
磨损	在圆周上唇部接触宽度连续变化，最大最小宽度位置大致对称	活塞杆和液压缸头偏心，液压缸和活塞头偏心	重新装配调整偏心率，使偏心率在密封材料允许范围内
磨损	在唇口的某一个位置有异常磨损（与侧向负荷方向一致）	抗磨环（活塞）和轴承侧向负荷过大，造成异常磨损	更换抗磨环和轴承材料，使之能承受较大的载荷
划伤		由于外力（比如存放时，悬挂在钉上或铁丝上）引起	改进存放方法
划伤	唇口部分有切口，凹痕	装配时，配合面倒角不够	加大配合面的倒角，尽量光滑而没有毛刺
划伤		装配时，用螺丝刀造成	改用装配工具

外观		原因	防止措施
表面形象	状态		
划伤	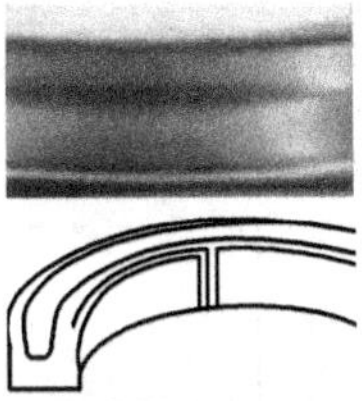 滑动面有划伤	在配合的滑动面上有疤痕	装配前仔细检查
		配合面倒角部分有毛刺	加大配合面的倒角,并使之尽量光滑,去掉毛刺和飞边
		包含有外部杂质	彻底清洗干净
溶溅	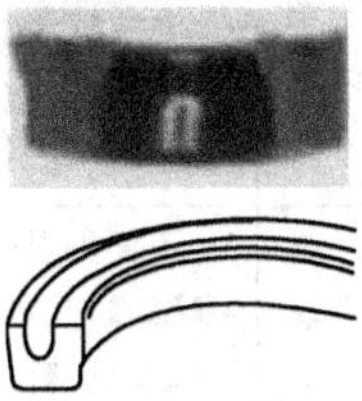 整个密封件软化	用的油与橡胶材料不相适应	换用耐油橡胶
		清洗液影响	更换清洗液去掉清洗液
压痕	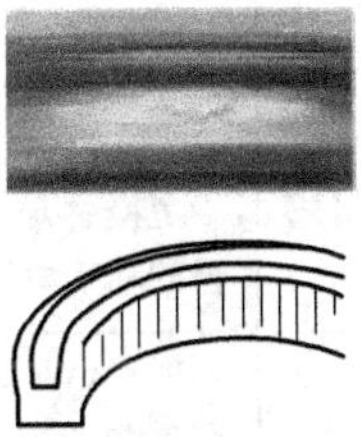 滑动面上有小的凹孔	由于清洗不干净,在配合面上,留有灰尘和切屑	洗净粘在设备上的杂质
		油中有杂质或氧化产物	换新油
破损	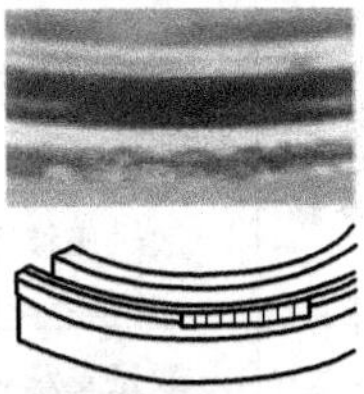 部分密封件唇口呈弧形(活塞密封)	背压过大	换用 OUHR 换用 SPG（SPGW）密封件
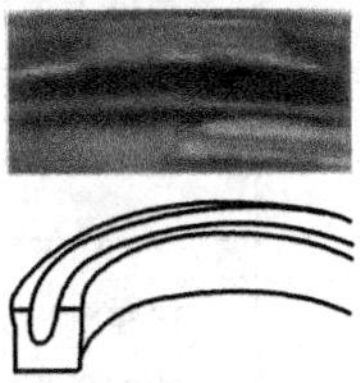	唇口和沟槽部分碳化或熔化	残留空气绝热压缩而产生焦烧	1. 在液压缸启动前,尽量排尽缸内空气 2. 液压缸刚启动时,不要立即开到高速 3. 当用 U 形密封时,在各部位加润滑脂润滑
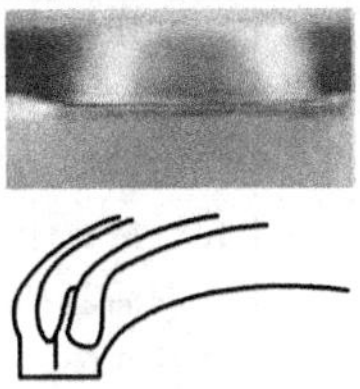	从密封件的沟槽开始产生裂纹	由于常受脉冲压力的作用产生疲劳失效	如是活塞杆密封加缓冲环 如是活塞密封时,则换用 SPG（SPGW）密封件
		低温时启动,产生裂纹	换用耐寒密封件
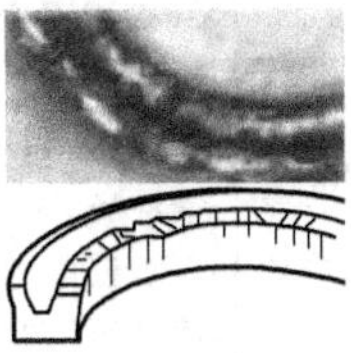	唇口全部破裂	密封材料老化	换用耐热耐油橡胶制作的密封件
		油变质	换新油

外观		原因	防止措施
表面形象	状态		
破损	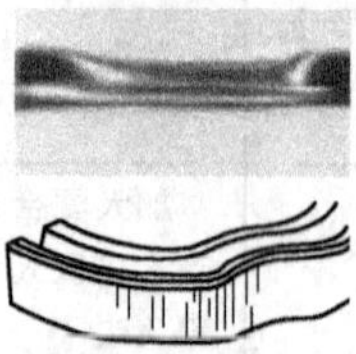 唇口周边上有一两处破裂	密封件安装时扭曲 密封件中间在安装时未装好	改进安装方法和工具
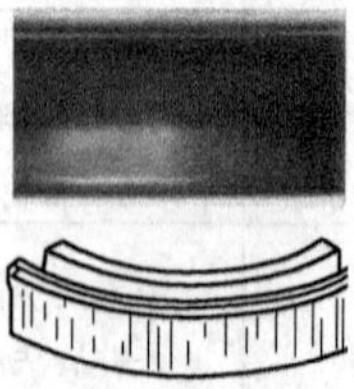	整个密封件表面上都有小的裂纹	密封件在空气中暴露时间过长引起臭氧龟裂	没有必要时,不要把密封件放在大气中,而是存放在密闭阴凉处
		装在活塞上后,暴露在大气中发生臭氧龟裂	不要把装好密封件的活塞暴露在大气中,应尽快装进液压缸
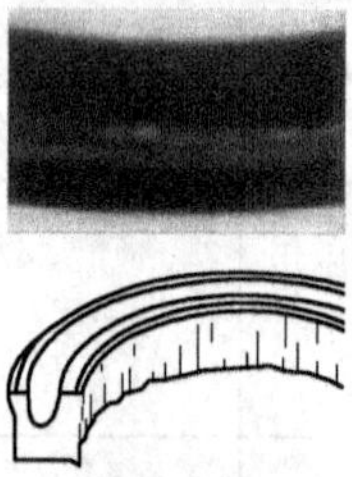	密封件跟部滑动边撕裂	挤出间隙过大	减少挤出间隙 用支承环
		轴承磨损过大引起间隙增大	更换轴承材料,选用适合的轴承材料
		压力太大	加支承环,并重新选择密封件 加缓冲环
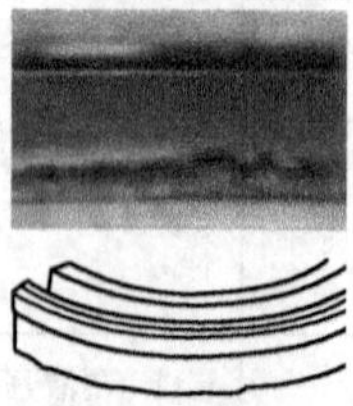	密封件跟部静止一侧撕裂	安装件结构不恰当	改正倒角
		由于压板刚度不够产生间隙	改进压板刚度
		支承环选用不当	改正支承环尺寸 更换支承环材料
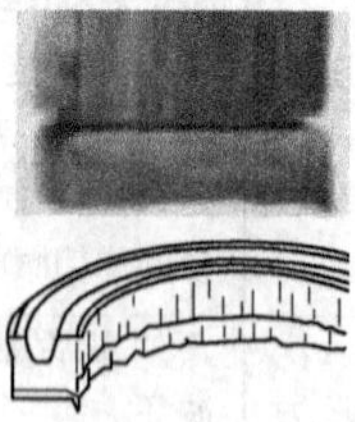	密封件跟部和支承环都挤出	挤出间隙过大	减小挤出间隙
		支承环选用不当	选择刚性大的支承环 加大支承环厚度 加用缓冲环
磨损	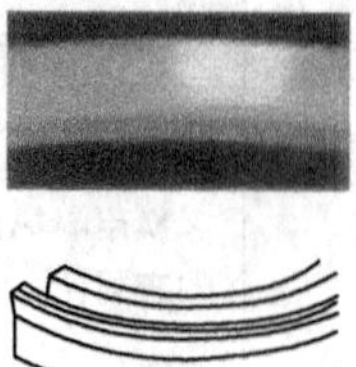 滑动面有光泽的镜面状磨损	滑动行程太短,引起润滑不足	在活塞的情况下,换用SPG密封件 在活塞杆的情况下,加用缓冲环
		压力常常高于 3MPa	如果是活塞,换用 SPG 密封件 在活塞杆的情况下加用缓冲环 检查配管阻力,换用适用低压结构的配管结构

外观		原因	防止措施
表面形象	状态		
磨损	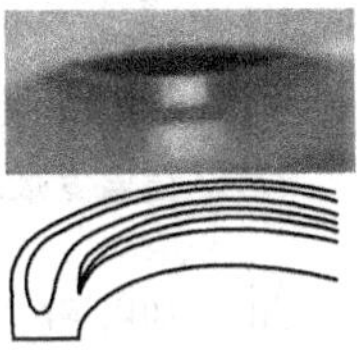 部分唇口周边不正常磨损（与侧向负荷方向一致）	（活塞）抗磨环和轴承（活塞杆）因侧向载荷过大造成异常磨损	更换抗磨环和轴承材料，选用可承受重负荷的轴承
划伤	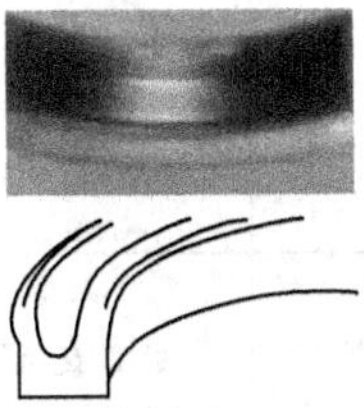 唇口有切口，凹痕	保管时用钉或铁线悬挂的外力引起	改进原放方法
		装配时，因配合面的毛刺产生切口和压痕	加大配合面的倒角，去掉毛刺，尽量光滑
		用螺丝刀装配时，产生切口和压痕	使用装配工具
	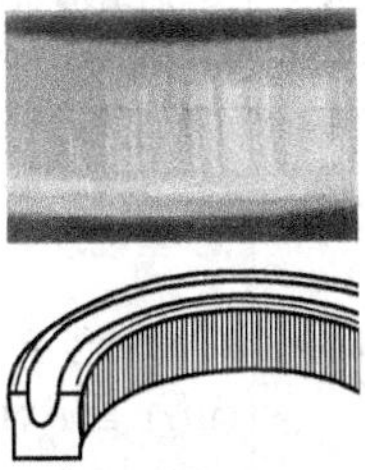 滑动面划伤	配合面上有疤痕	装配前彻底检查
		装配时配合面倒角处有毛刺	加大倒角使之光滑无毛刺
		包含有杂质	彻底清洗
	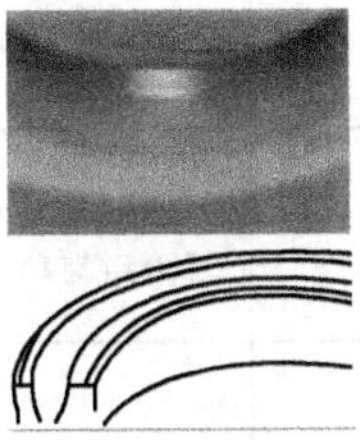 唇口产生划伤	装配时配合面倒角处有毛刺	按尺寸表进行倒角，应尽量光滑没有毛刺
变质	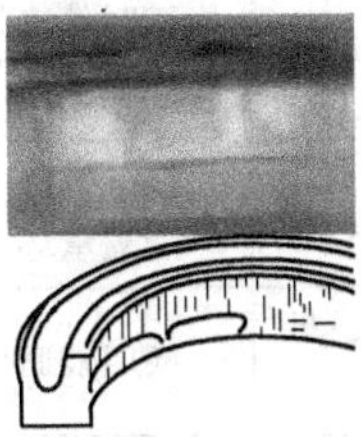 表面破裂有光泽，用手指压，可发现压裂纹	油温太高	降低油温换用耐热橡胶（氟橡胶）
		油与橡胶材料不相适应	检查密封件的耐油性更换密封件材料或换用液压油
		油变质	换新油
破损	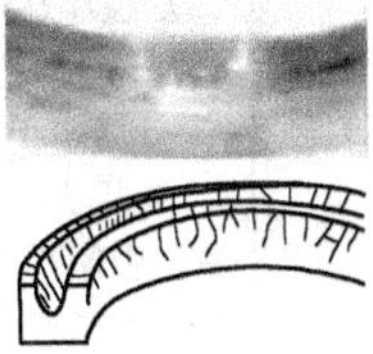 橡胶失去弹性和破裂	油温过高	换用有较好耐热耐油性的密封件
		油与橡胶材料不相适应	检查密封件的耐油性，更换橡胶材料或更换液压油
		油变质	换新油

外观		原因	防止措施
表面形象	状态		
挤出	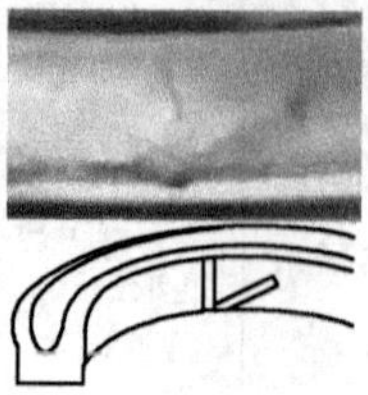 从跟部到唇口有小的压痕，在跟部留下薄的片状挤出物	挤出间隙过大	减少挤出间隙 加用支承环
		压力过大	使用支承环，并重新选择密封件 加用缓冲环
	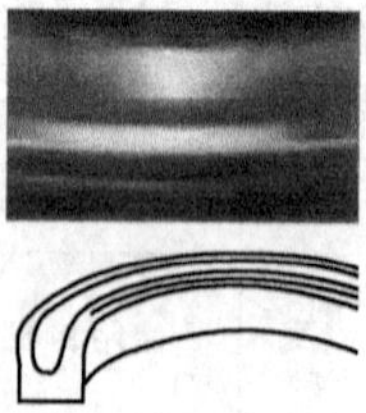 密封件跟部有挤出迹象、全部变成红色	挤出间隙过大	减少挤出间隙加用支承环
		由于磨损过大，造成轴承间隙增大	选用材料合适的轴承
		压力过大 由于液压油的影响，密封件变成红色，材料性质未变，使用没有问题	使用支承环，并重新选择密封件 加用缓冲环
	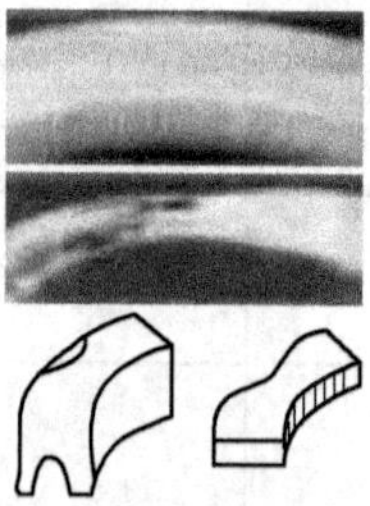 纯 PTEE 支承环外侧缺损（从挤出和变形处开始）	支承环材料的强度和耐磨性不够	更换支承环材料，选用 19YF 或 80NP 型材料
破损	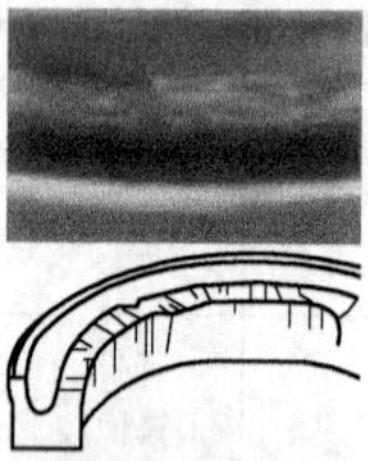 密封件整个唇部缺损	油温过高	换用有较好耐热性的橡胶密封材料
		油与橡胶材料不相适应，油变质。	检查密封件的耐油性，换密封件的材料或液压油
	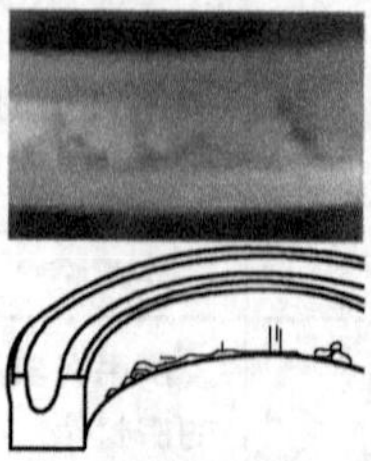 密封件跟部缺损	挤出间隙过大	减少挤出间隙 加支承环
		由于轴承磨损，轴承间隙加大	换用较适合的轴承材料
		压力过大	加支承环并重新选用密封件 加缓冲环
	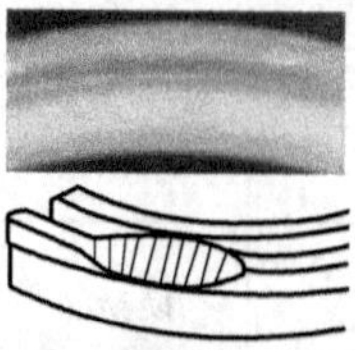 密封件的唇口挤成弧形或缺损（活塞密封）	产生过大的背压	如果是 NOXLAN 密封件，则换用 OUI S 型。换用组合密封（SPG₁ SPGW）

外观		原因	防止措施
表面形象	状态		
破损	从 U 形密封件沟槽开始产生裂纹	由于频繁的冲击压力，引起疲劳失效	对活塞杆密封，则加缓冲环。 对活塞密封，则换用 SPG（SPGW）
焦烧	U 形密封件的沟槽部分焦烧和碳化	残留空气的绝热压缩引起焦烧	1. 在液压缸启动前，尽量排尽缸内空气 2. 液压缸刚启动时，不要立即开到高速 3. 当用 U 形密封时，在各部位加润滑脂润滑
变质	密封件外侧两处有变形及损伤	在整体沟槽中安装不好	密封件须正确装入密封沟槽

6.6.4 组合密封

组合密封是上述挤压密封和唇形密封的组合密封件。组合密封的密封能力较低，但却具有较低滑动阻力，摩擦力小，不易磨损。由于此特性使它得到越来越广泛的应用。

（1）组合密封的密封机理

由于组合密封的品种繁多，组合密封的密封机理因品种而异，下面仅举 2 例。

① D-A-S 组合密封圈的密封机理（图 6-141）

这种 D-A-S 组合密封圈有三个密封唇部，都位于外径上，两个外端密封唇作为附加性密封，中间密封唇是较宽的，为主密封唇。三个密封唇部产生密封力实施密封作用。在密封圈的内径处（静密封）与沟槽底径的接触面比较宽，在每边安放一个挡圈对弹性体进行支承并防止其挤出这种有台阶的挡圈可防止密封件在运行时产生旋转。

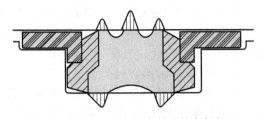

图 6-141　D-A-S 组合密封圈的密封机理

② 双特槽密封圈的密封机理　双特槽密封圈如图 6-142 所示，初始的接触压力是由 O 形圈的径向压缩提供的［图 6-142（a）］，当左边或右边进压力油 P 且系统压力升高时，O 形圈把它转换成附加的增大的接触压力，形成密封。且随着压力的增加接触压力也增大，因此密封件的接触压力可自动调整，从而保证在所有工作条件下的密封效用。

密封件的双向密封作用如图 6-142（b）、（c）所示，由于是对称的截面，使密封件能够在 2 个方向对压力作出响应。

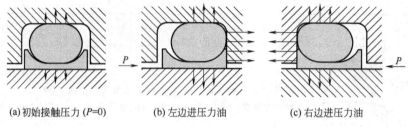

(a) 初始接触压力 (*P*=0)　　　　　(b) 左边进压力油　　　　　(c) 右边进压力油

图 6-142　双特槽密封圈的密封机理

（2）常用组合密封

① 斯特封　斯特封由一个低摩擦填充有青铜粉的聚四氟乙烯(PTFE)阶梯形环和 O 形橡胶密封圈组合而成的组合密封（图 6-143），源自美国霞板(Shamban)公司。 O 形圈提供足够的弹性箍紧力，使斯特封紧贴在密封面上起密封作用，并对 PTFE 环的磨耗起磨损补偿作用。 主要用于液压缸活塞杆密封，笔者在拆修时，发现它也用于大直径插装阀中，耐压可达 60MPa，往复运动速度 5m/s，使用温度− 50 ～ + 255℃，摆动和螺旋运动也可应用(3m/s)，摩擦系数仅为 0.002 ～ 0.004，且静摩擦系数等于或小于动摩擦系数，是防止爬行故障的优秀密封，泄漏量几乎为零。

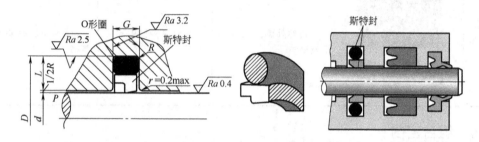

图 6-143　斯特封的结构与断面图

② 格来圈　格来圈由一抗磨的充填有青铜粉的聚四氟乙烯(PTFE)方形环和一个 O 形密封圈组合而成。 O 形密封圈使格来圈均匀外撑，紧密地贴合在缸孔内壁上，并对格来圈的磨耗进行自动补偿，因此密封效果佳。 图 6-144 为其结构和断面图。

这种由美国霞板公司和德国洪格尔公司生产的密封圈，在 20 世纪由广州机床研究所引进，并由国内多家密封件厂所生产，易购。 它适用于液压缸活塞的双向密封，已可见到它也用在插装阀上。 耐压 40MPa，往复速度 ≤5m/s，摆动或螺旋速度 ≤3m/s，使用温度− 40 ～ + 225℃，耐油、汽、水等工作介质。

格来圈历经几十年的成功使用，被证明是一种非常有效、可靠和摩擦小的密封件。 它特别适合作为活塞杆密封件，用在高压和低压系统中。 格来圈是通过径向的过盈配合，连同 O 形圈的预压缩，来保证即使在低压下也具有良好密封效果。 当系统压力升高时，O 形圈通过流体施加更大的力，使格来圈更加紧贴密封面。

优点：启动时无爬行，工作平稳；动态和静态摩擦系数小，能量损失少且生热低；适合各种非润滑性流体(取决于密封材料)，故设计灵活性大；耐磨损，保证使用寿命长。

③ 特康旋转格来圈　图 6-145 所示的特康旋转格来圈用于对带有旋转或摇摆运动的杆、轴、主轴、孔、旋转传动输入端、轴颈和旋转接头等进行密封。 由弹性体施力，密封件是双作用的，能够以单侧或双侧暴露在压力下。 工作压力可达 30MPa，旋转线速度高达 2m/s，是后述旋转普通油封达不到的。

④ 双特槽密封

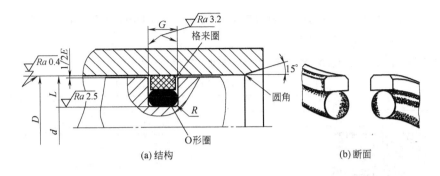

(a) 结构   (b) 断面

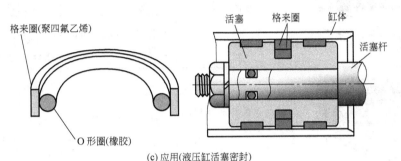

(c) 应用(液压缸活塞密封)

图 6-144　格来圈的结构和断面图

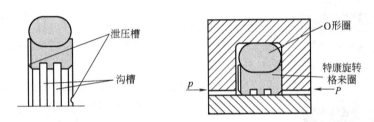

图 6-145　特康旋转格来圈

　　双特槽密封的结构组成见图 6-146，它是从美国霞板公司引入的一种既可用于孔又可用于轴的新型双向密封，读者在维修进口液压设备时时常可见到这种密封，国内已有生产厂家生产。

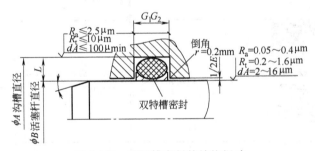

图 6-146　双特槽密封的结构组成

　　双特槽密封由填充聚四氟乙烯加石墨制成的双特密封环和 O 形圈组合而成，从结构上看，它与格来圈基本相同，不同的是格来圈 PTFE 环为方形，此处为方底凹圆弧形。因而双特槽密封与格来圈的使用温度、工作压力等工况条件相同，它的漏油原因和故障排除方法也基本相同，可参阅进行。

　　双特槽密封另一个优点是它的密封沟槽尺寸与现有的 O 形橡胶密封沟槽尺寸完全一致，可以直接将其装在现有的 O 形密封圈的沟槽内或者现有的带挡圈的 O 形密封圈沟槽内，更换非常方便。压力达 35MPa，速度达 15m/s。

（3）组合密封的失效形式和防止措施（表 6-23）

表 6-23　组合密封的失效形式和防止措施

外观		原因	防止措施
表面形象	状态		
伤痕	 滑动表面严重划伤	在配合面上有疤痕	装配前仔细检查
		倒角处有飞刺毛边，从而在装配时产生划伤	加大配合面倒角，（按尺寸表），并使之光滑，去掉毛刺飞边
		含有金属粉一类的杂物	除去外部杂质 在密封件两侧用防污染密封（KZT）
挤出	 密封件的滑动表面有膜状挤出物	挤出间隙过大	减少挤出间隙 换用有较高刚性的密封件材料 换用有支承环的 SPGW 型密封件
挤出（支承环）	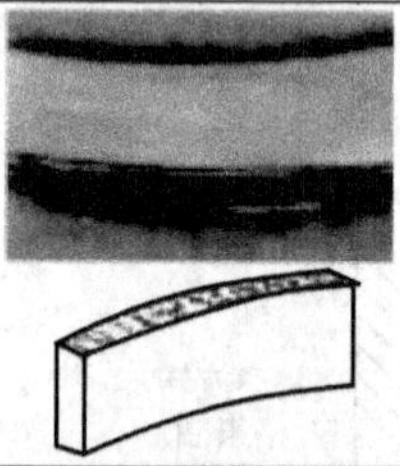 支承环表面有膜状挤出物	挤出间隙过大 压力太高	减小挤出间隙 换用有较高刚度的支承环材料
磨损	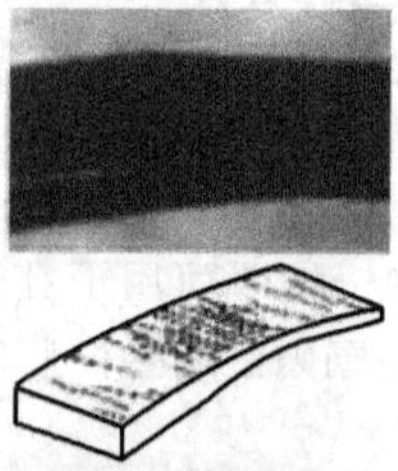 密封件部分周边上异常磨损（承受侧向负荷处）	磨损环和轴承因侧向负荷过大，造成异常磨损引起偏心	更换磨损环和轴承，使之能承受侧向负荷材料
		配合材料的滑动面部分粗糙	降低粗糙度，并使之均匀推荐值为 Ra0.4~3.2μm
焦烧	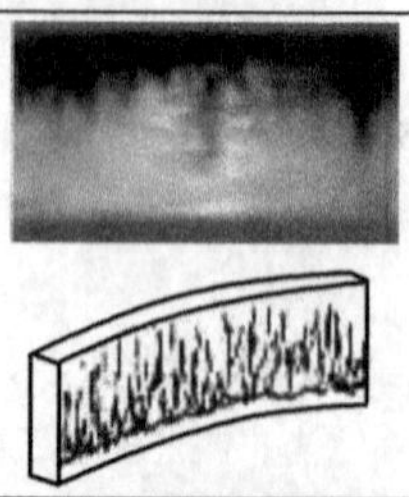 磨损环一侧碳化	残余空气绝热压缩引起焦烧	1. 在液压缸启动前，尽量排尽缸内空气 2. 液压缸刚启动时，不要立即开到高速 3. 当用 U 形密封时，在各部位加润滑脂润滑
隐存有杂质	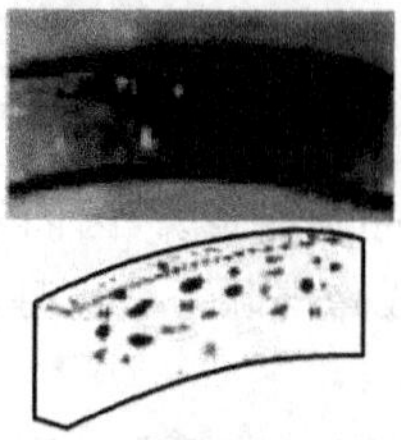 在密封与支承环中隐存有杂质	油和管道中有杂质	彻底清洗
		由于活塞和液压缸烧结产生金属粉末	要换抗磨环和轴承材料使之能承受较高的侧向负荷

（4）组合密封圈的安装

以图 6-147 所示的格来圈为例，简介组合密封圈的安装方法：为便于在液压缸活塞上安装诸如格来圈之类密封件，可设计分体式活塞 [图 6-147（a）]，在分体式（开放式）沟槽中安装很简单，安装顺序与密封件的配置一致。安装时各密封件应平服，不允许存在扭转。图 6-147（b）中的整体式活塞安装便有困难。

应使用图 6-147（c）所示的安装工具来安装诸如格来圈之类的密封件。工具主要包括扩张器与复原工具。所有安装工具均应采用聚合物材料(例如尼龙)制成，使其具有良好的滑动特性和耐磨性，避免损坏密封件。

诸如格来圈（主要由充填聚四氟乙烯材料制成）的弹性较差，因此在安装前应先将其在 100℃的油或沸水中浸泡 10min 左右，使其变软，然后趁其弹性较大时不用安装工具也可容易安装上。

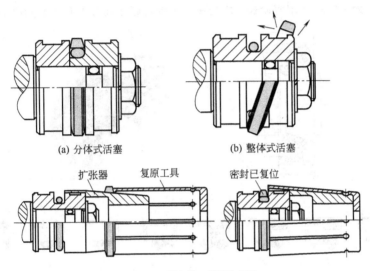

(a) 分体式活塞　　　　(b) 整体式活塞

(c) 用安装工具装格来圈

图 6-147　组合密封圈（格来圈）的安装

6.6.5　旋转轴密封——油封

油封在液压泵泵轴与液压马达输出轴处成了不可或缺的旋转密封元件。

油封广泛用于旋转动密封，油封内有一直角形环状骨架（金属）作支撑，包有橡胶，一条螺旋弹簧（箍簧）将油封内唇收紧，密封唇口施加给轴径向力而实现密封。例如液压泵与液压马达轴上全都使用油封，防止工作介质沿轴泄漏到壳体之外和外部空气尘埃反向侵入机体内部。一般油封承受压力的能力较差，国产丁腈橡胶制的耐压油封，承压限度为 0.2~0.3MPa，氟橡胶耐压油封承压限度为 0.25~0.7MPa，国外一般为 0.1~1.0MPa，个别的已达 8MPa。一般压力较高的油封都要自行设计制造。

（1）油封的密封机理

油封的密封机理如图 6-148 所示。自由状态下，油封唇口内径比轴径小，具有一定的过盈量。安装后，油封刃口的过盈压力和箍簧的收缩力对旋转轴产生一定的径向压力。工作时，油封唇口在径向压力的作用下，形成 0.25~0.5mm 宽的密封接触环带。在润滑油压力的作用下，油液渗入油封刃口与转轴之间形成极薄的一层油膜。油膜受油液表面张力的作用，在转轴和油封刃口外沿形成一个"新月"面防止油液外溢，起到密封作用。箍簧的功能是保持径向力。

油封唇口与轴接触面之间存在着一层很薄的黏附油膜。这层油膜的存在，一方面可以起到

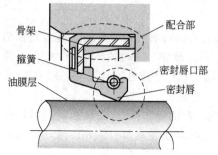

骨架
箍簧
油膜层
配合部
密封唇口部
密封唇

图 6-148 油封的密封机理

密封流体介质的作用，另一方面还可以起到唇与轴之间的润滑作用。但是油封在使用过程中，由于油封唇部的作用，轴表面及转动情况和流体密封性质的不同，以及三者的相互作用和相互配合条件是经常会发生变化的，所以油封在动态下经常是处于流体润滑、边界润滑和干摩擦 3 种润滑状态交替共存的情况，其中主要是流体润滑。因此，保证油膜厚度在适宜的范围可以实现良好的密封。

（2）油封的截面形状和组成

根据使用场合的不同，使用着各种不同截面形状的油封，油封的组成和常见截面形状如图 6-149（a）所示。图 6-149（b）为附加的防尘唇的油封，防尘唇阻止灰尘和其他细小固体污染物从外部侵入，保护主密封唇，因此这种油封常用于环境污染较严重的场合。为了实现使用寿命长，应当在二个密封唇之间加入合适的润滑剂。

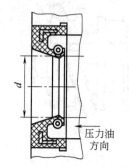

d
压力油方向

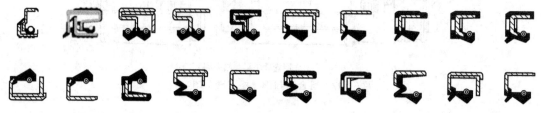

(a) 截面形状

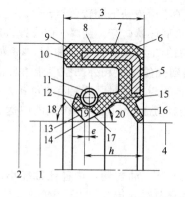

3
9
8
7
6
10
5
11
12
15
18
19
20
16
13
14
e
17
h
4
2 1

防尘唇
主密封唇

(b) 组成

图 6-149 油封的组成和截面形状

1—唇部内径；2—油封外径；3—油封宽度；4—防尘内径；5—后面；6—后面倒角；6—骨架；8—油封外圆；9—前面倒角；10—前面；11—自紧螺旋弹簧（箍簧）；12—弹簧包唇；13—工作面；14—主密封唇部；15—腰部；16—防尘唇部；17—密封面；18—工作面角；19—唇部尖角；20—密封面角；e—弹簧偏置量；h—唇部高度

（3）油封漏油的故障分析与排除

油封的摩擦特性和唇边温升是导致漏油的重要因素，而这与油封过盈量、转速、轴径、轴表面粗糙度、唇口的尖锐和均匀度、轴的动偏心、橡胶材质、弹性变形、安装误差和振动、尘埃等多种因素有关。

造成油封密封不严产生漏油的具体原因有（参阅图6-150、表6-24与表6-25）：油封制造质量差，如使用质量差的山寨产品；泵轴或马达轴表面质量差，使用中轴表面出现磨损形成沟槽，即使更换新油封仍不能密封；使用维护不当，如泵或液压马达的泄油管未单独直通油箱造成背压太高，超出该油封的密封压力、齿轮泵中反转泵的地方错装成了正转泵、齿轮泵中内泄油口堵塞等；设计安装不当，如箍紧螺旋弹簧脱落，唇部唇口被拉伤等；保管不当，受环境污染造成不良影响。

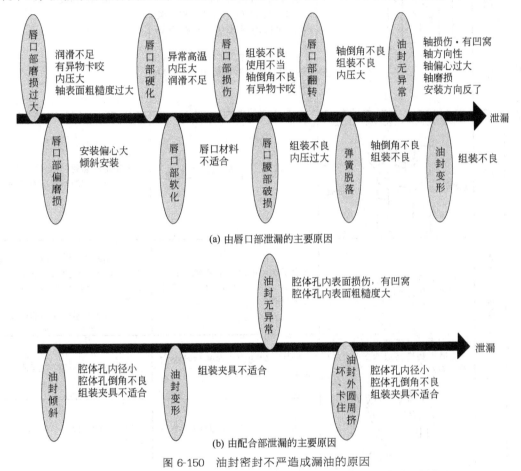

(a) 由唇口部泄漏的主要原因

(b) 由配合部泄漏的主要原因

图6-150　油封密封不严造成漏油的原因

表6-24　油封由唇口部泄漏(内周)的原因与对策

失效形式	故障模式		原因	对策
唇口磨损过大	润滑不足	唇口端部磨损大，磨损面失去光泽	由于所使用的润滑油在指定量以下，油回不到唇口部，因而在干燥状态下滑动，产生异常磨损	补充润滑油达到指定量再运转
		磨损面	油封附近的结构差，油回不到唇口部（例） • 密封的唇口部前面有甩油环 • 密封的唇口部前面有大的排油	作为应急性处置，可改用双唇口型密封，在两唇口间使用润滑脂进行涂敷
			由于飞溅润滑，在启动后几分钟内油全部回不来	作为永久性对策，可变更油封附近的结构，使油很好的回到唇口部来

失效形式	故障模式		原因	对策
唇口磨损过大	有异物卡咬	唇口端部磨损大，有"条纹"和"凹处" 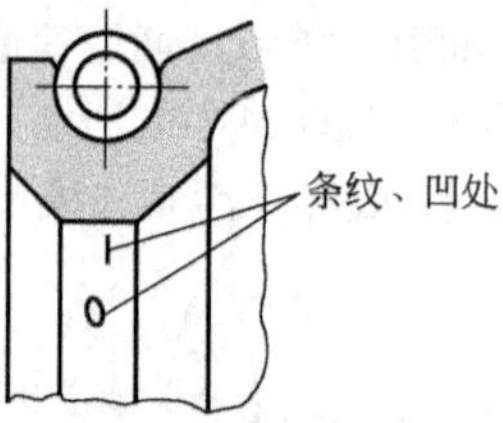 条纹、凹处 唇口端部磨损大，有"凹处"	由于在使用的轴与油封上附着有切屑，切屑粉在唇口处卡咬。 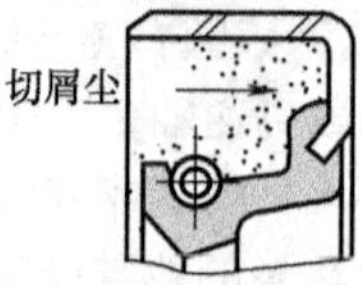 切屑尘 尘与灰砂在轴与油封上附着仍照样使用，在唇口处卡咬 在唇口部与轴上有液态密封胶附着而仍照样使用，在唇口处卡咬 机器油漆时在唇口部与轴上有涂料附着而仍照样使用，在唇口处卡咬	装配时在油封与轴上不要沾染上尘及灰砂 在机器清洗时使用润滑油
	内压大	唇口端部磨损大，有"凹处" 磨损面　凹处 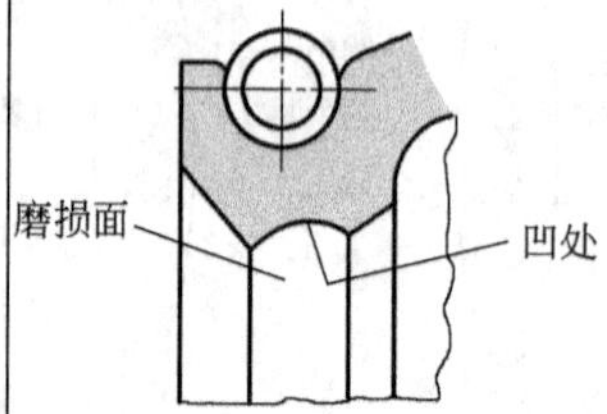	油封部分的压力超过了设计值	改用耐压油封 设通气孔成为不带压力的结构
	轴表面粗糙度过大	唇口端部磨损大，在磨损面上带有圆周方向的"条纹"	由于使用的轴表面粗糙度比指定的 Ry0.8～2.5μm 要粗，产生异常磨损	用全刚砂纸（约#240）修正轴的表面粗糙度到 Ry0.8～2.5μm，金刚砂纸绝对不要在轴向移动 以指定表面粗糙度的轴更换
唇口部偏磨损	安装偏心大	唇口滑动宽度在圆周上不均匀，最小宽度与最大宽度的位置大致对称 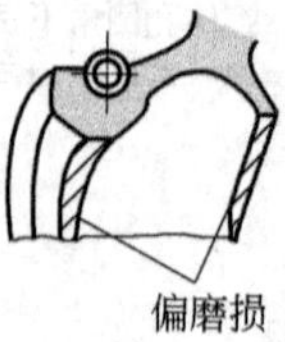 偏磨损	轴与腔体的中心在移位状态安装及运转	提高轴与腔体的同心度精度
			轴在一个方向上挠曲的状态下运转	提高对轴"挠曲"的强度（即刚度）
	倾斜安装	唇口滑动宽度在圆周上不均匀，最小宽度与最大宽度的位置大致对称。另外密封唇口部与防尘唇口部的滑动宽度的大小关系相反 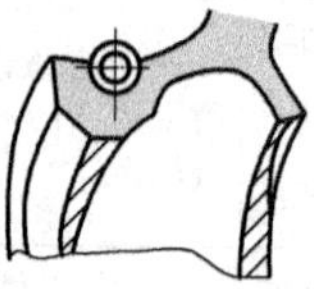	腔体内径尺寸比指定的要小，从未进行过精加工，将油封勉强地打进去，以及油封安装得倾斜	使用指定尺寸的腔体
			腔体未进行倒角，不适宜，将油封勉强地打进去，以及油封安装得倾斜	对腔体进行倒角，尺寸适当
			由于组装夹具倾斜，安装得倾斜	改进组装夹具

失效形式		故障模式	原因	对策
唇口部硬化	异常高温	唇口滑动部光滑，有光泽，整个唇口硬化，唇口发生龟裂	在密封唇附近的油温，由于各种原因而上升，超过了橡胶的耐热极限	调查出原因，防止温度上升
			与设计时预定温度、条件不同，油温上升，超过了耐热极限	改用耐热性良好的唇口材料的油封，如：丁腈橡胶（NBR）；丙烯酸酯橡胶（ACM）；丙烯酸酯橡胶（ACM）；氟橡胶（FKM）（变更唇口材料时，注意与耐油性关系）
	内压大	唇口滑动宽度广，有光泽，唇口发生龟裂	压力超过油封的耐压极限	改用耐压油封 设通气孔，成为不带压力的结构
	润滑不足	唇口滑动部光滑，有光泽，唇口滑动面发生龟裂，或者用手指按时发生。还有，只有在滑动面上硬化的场合较多	由于所使用的润滑油在指定量以外，唇口的油少，润滑不足	加入指定量润滑油再运转
			由于是飞溅润滑，唇口部的油少，润滑不足	作为应急性处置，可改用防尘型油封，在两唇口间涂敷润滑脂 作为永久性对策，可变更油封附近的结构，充分溅上油
唇口部软化	唇口材料不适合	唇口部溶胀，软化	针对所用润滑油选错了唇口材料，因而唇口部溶胀	针对所用润滑油，改用唇口材料不溶胀的油封
			用清洗液及汽油浸渍密封件，清洗后，有液附着在密封上照原样放置，因而溶胀	不清洗油封
唇口部损伤	组装不良	在唇口端部带有可目测得的损伤	油封通过键槽与花键时与锐角边接触带来损伤	在键槽与花键轴上装上罩等使之不会造成损伤
			轴的倒角部带有"毛刺"与"飞边"，就照样装配而带来损伤	除去"毛刺"与"飞边"
	使用不当		在搬运与保管油封时，锐利的金属部件与唇口部接触，使唇口端部损伤	改善搬运、保管方法
			戴着带有切屑粉的手套处理油封，对唇口端部带来损伤	不要接触唇口端部
	轴倒角不良	在唇口端部带有可目测得的损伤	轴端倒角尺寸及角度不正确而使唇口端在轴端卡住，带来损伤	正确进行轴的倒角
	有异物卡咬	唇口端部附着有异物 唇口滑动部有"凹坑"	由于使用附着切屑的轴而使切屑在唇口端部卡咬 由于使用附着金属粉的部件而使金属粉在唇口端部卡咬 由于使用在含有较多灰尘的场所长期放置的轴与油封而在唇口端部有异物卡咬住	清洗机器

失效形式		故障模式	原因	对策
唇口部翻转	轴倒角不良	对将油封插入轴中的方向上有一部分唇口部向反方向翻转	轴端倒角尺寸及角度不正确，使唇口端在轴端卡住，带来损伤	使轴的倒角尺寸及角度正确，组装时在倒角处涂敷润滑脂
	组装不良		由于轴与腔体不同心，装配粗糙而使唇口部翻转	使轴与腔体同心，注意装配。在这个场合下在轴端涂敷润滑脂
	内压大	在唇口部的圆周上有一部分或全部翻转	由于在运转中发生不正常的高压在唇口部有不正常的力作用而使唇口部翻转	改进成为不带压力的结构 使用耐压油封
唇口腰部破损	组装不良	唇口腰部有龟裂	在组装时压坏唇口部而使腰部产生龟裂	使轴与腔体同心，注意装配
	内压过大		在装配后进行耐压试验（气密性试验）时，压力过大，油封腰部产生龟裂	检验时不要用超过油封耐压力规格的压力试验
			在运转时发生了比设计时预定压力高的压力，油封腰部产生龟裂	改用耐压油封 改用不发生过大压力的结构
弹簧脱落	轴倒角不良	弹簧有一部分或全部脱落	轴端倒角尺寸及角度不正确，使唇口部在轴端卡住，弹簧脱落	使轴的倒角尺寸及角度正确，在倒角处涂敷润滑脂装配
	组装不良		由于在组装时轴与腔体不同心，装配粗糙，使弹簧脱落	使轴与腔体同心，注意装配。在这个场合下，在轴端涂敷润滑脂
油封变形	组装不良	油封变形，在变形部分唇口的滑动度改变	由于油封组装夹具不正确，油封变形	改进组装夹具
油封无异常	轴损伤、有凹窝	—	在轴的滑动部分有可目测到的"损伤"与"凹窝"	在油封上垫一块垫片，使滑动位置挪动一点。对损伤处进行修正加工
	轴的方向性	—	使用了用车床加工的轴	在轴上与唇口滑动处用金刚砂纸（#240）不挂上进给进行修正
		—	用砂轮与金刚砂纸精加工时，挂上了进给	改变加工方法（改用在轴向不挂上进给进行精加工的方法）
	轴偏心	—	由于轴承不正常，轴的偏心比设计值大。	更换轴承
		—	在机构上轴的偏心大，而又使用了通用油封	用可承受较大偏心的特殊油封更换

失效形式		故障模式	原因	对策
油封无异常	轴磨损	—	安装时油封上附着灰尘及切屑粉 润滑油变质，混入异物 异物从外部侵入，在滑动部卡咬住	清洗机器，装配时在油封上垫一块垫片，使滑动位置挪动 在灰尘量轻微的场合，使用带防尘唇的油封，附加防尘罩
			使用了有色金属轴	使用适当的轴材料
	安装方向反了	—	组装时装错	使密封唇口部指向密封介质安装

表 6-25　油封由配合部泄漏(外周)的原因与对策

失效形式	故障模式	原因	对策
油封倾斜安装	在拆卸油封以前，用目测可见到油封对腔体及轴倾斜 在拆卸油封以后，油封配合部的接触不均匀	腔体孔内径尺寸比指定尺寸要小，从未进行过精加工，将油封勉强地打进去，以及油封安装得倾斜	使用指定的腔体孔内径尺寸
		腔体未进行倒角，不适宜，将油封勉强地打进去，以及油封安装得倾斜	对腔体孔面进行倒角，尺寸适当
		由于组装夹具倾斜，安装得倾斜	改进组装夹具
油封的变形	配合的痕迹有局部中断 配合痕迹的中断	由于油封组装夹具不正确，油封变形	改进组装夹具
		由于使用时产生局部变形装入油封，配合部发生空隙	请注意使用时不要落下或碰撞硬物体
油封配合部挤坏、卡住	油封拆卸以后，在油封配合部轴方向有"损伤"或橡胶"挤坏"	腔体孔内径尺寸比指定尺寸要小，从未进行过精加工，将油封勉强地打进去，以及油封安装得倾斜配合部终于损伤	使用指定的腔体孔内径尺寸
		腔体未进行倒角，不适宜，将油封勉强地打进去，油封外周发生损伤	对腔体孔面进行倒角，尺寸适当
		油封组装夹具与腔体的平行度未达到的状态下安装油封时，油封的配合部"挤坏"	使油封组装夹具与腔体平行度达到要求
油封无异常	—	在安装油封时在腔体孔内面及油封配合部有切屑粉等异物附着而使腔体孔内面发生"损伤" 在几次组装与拆卸油封下，腔体孔内面发生"损伤" 在腔体孔内面有大的凹坑	在腔体孔内面的"损伤"、凹坑里涂敷薄层液体密封胶。但注意不要使液态密封胶在油封的唇口部及轴上附着
		由于未将腔体孔面倒角部的"毛刺"除去，在安装油封时在腔体孔内面发生"损伤"	在拆卸油封时，确认腔体孔倒角部有没有"毛刺"。如果有毛刺，用金刚砂纸除去毛刺，在腔体孔内面涂敷液态密封胶
	—	腔体孔内面于粗糙	应急性处置：在腔体孔内面涂敷液态密封胶 永久性对策：使腔体孔内面粗糙度适宜

（4）油封的使用注意事项与安装

① 掌握和识别伪劣产品的基本知识，选购优质、标准的油封。

② 安装时，若轴径外表面粗糙度低或有锈斑、锈蚀、起毛刺等缺陷，要用细砂布或油石打磨光滑；在油封唇口或轴径对应位置涂上清洁机油或润滑油脂。 油封外圈涂上密封胶，用硬纸把轴上的键槽部位包起来，避免划伤油封唇口，用专用工具将油封向里旋转压进，千万不能硬砸硬冲，以防油封变形或挤断弹簧而失效；若出现唇口翻边、弹簧脱落和油封歪斜时必须拆下重新装入。 应该注意的是：当轴径没有磨损和油封弹簧弹力足够时，不要擅自收紧内弹簧。

③ 应用在野外露天机械上的油封一般工作条件恶劣、环境温差大、尘埃多、振动频繁，使机件受力状况不断变化时，要勤检查、保养和维护。

④ 如轴径和轴承磨损严重；油封橡胶老化或弹簧失效等，应及时进行修理和更换相应部件。

⑤ 对不正常发热的部件或总成应及时排除故障；避免机械超速、超负荷运转，以防止油封唇口温度升高、橡胶老化、唇口早期磨损等。

⑥ 要经常检查油的污染，若油中颗粒杂质过多，存有合金粉末、金属铁屑时要彻底更换新油。 所换液压油品牌号和质量要符合季节的要求。

⑦ 暂时不用的油封，应妥善保管，防止沾上油污、灰尘或太阳暴晒。

⑧ 当轴径磨损成"V"形沟槽，使新的油封唇口与轴接触压力下降不能起封油作用时，可选用 AR-5 双组分胶黏剂黏补，既简便可靠又耐磨。 也可以采用油封移位的方法进行补正。

油封的安装如图 6-151 所示。

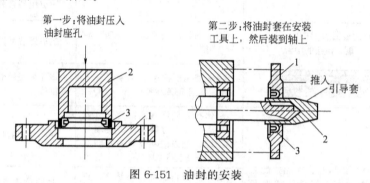

图 6-151　油封的安装

1—油封座；2—安装工具　3—油封

6.6.6　组合垫圈

组合垫圈（图 6-152）由一个橡胶密封垫圈和一个金属环整体黏合硫化而成，用于管路系统中，供焊接、卡套、扩口管接头、螺纹螺塞和法兰连接的密封圈，作端面静密封用。 橡胶一般采用丁腈橡胶，密封温度： $-25 \sim +80$℃；被密封工作介质为各种油、水 ；工作压力≤40MPa 。

组合垫圈使用中产生的漏油主要是螺钉或管接头未拧紧，或是组合垫圈的橡胶部分破损。另外注意不要超出使用温度范围。

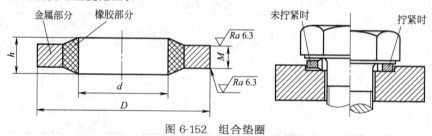

图 6-152　组合垫圈

6.6.7 各类密封产生故障的综合分析

密封的主要作用是密封，主要故障是漏油，另外因密封不当与不良可能产生爬行的故障。说明如下。

（1）漏油

① 由于各种原因导致密封失效、破损而产生漏油 上述已分别说明过各种密封的失效形式，密封的失效是产生漏油的主要原因。导致密封破损的原因有工作介质被污染、超载、不合格的沟槽尺寸和不合格的密封安装面、密封件材质质量不好、超出密封件所允许的使用压力和温度范围以及与工作介质不相容等。

密封破损的主要形式为磨损、挤出破损和压缩永久变形失去弹性等。

污物的进入当然是产生密封磨损和拉伤破损的主要原因之一。

混入空气的液体会产生"气泡型损坏"和"柴油效应损坏"。当液体中的气泡经过密封唇部时，气泡被压缩为原来尺寸的几分之一，泡内压力增高，而此气泡到达密封的非压力侧时，体积迅速膨胀释放能量，使密封唇部立即破损，呈现出特有的喇叭形轴向沟槽；当含有一定比例的油蒸气的气泡由于施加压力而达到足够的温度时，它会产生类似于柴油发动机内燃方式的自燃，很可能烧坏防挤出环或支承环，发生密封件的碳化和烧坏，密封磨损加剧。

挤出破损主要是由密封沟槽或密封件尺寸偏差所造成的挤出间隙过大引起的：例如密封沟槽的径向截面尺寸过大，而防挤出环的尺寸过小等；另外环境温度过高会使密封件软化，使得在高压下更加"液化"而流动，使它能挤入比平常温度下不能挤入的更小缝隙中，而反向压力油作用时，被楔入间隙中的密封部便被切掉而产生挤出破损。

高温可使密封橡胶件软化而大大降低其抗磨性，其显著表现为密封表面被磨得光滑发亮。

② 设计加工、安装、使用以及保管运输方面存在问题，导致漏油 密封件无明显损坏而产生漏油主要是密封沟槽和密封件本身尺寸不合适，而产生过盈量不够，以及超出密封使用的温度范围所致。

密封件的初始过盈量不够是引起低压泄漏的主要原因。这可能是密封沟槽尺寸过大或密封件径向截面尺寸过小的结果。在这种情况下，流体被迫在密封变形前便通过密封唇部；温度过低也可以使过盈量减小，这时密封失去弹性而变形；另外密封沟槽上微细拉伤裂纹也引起密封件的低压泄漏。

引起高压泄漏的原因除了密封沟槽不合格外，也可能是密封沟槽与密封件间的轴向间隙不够的结果。在这类密封中，为了保证全压作用，必须留有一点间隙。轴向间隙不够可能是由于沟槽尺寸过小，或是密封件轴向尺寸过大造成的。

密封漏油的漏油原因很多，可参阅图 6-153 所示。

（2）爬行

因密封不良产生的爬行故障主要表现在液压缸或液压马达的工作过程中，密封不良是引起爬行众多因素中的重要因素之一。

因密封原因而产生爬行的原因主要有：①受密封材质和油温等因素的影响，密封的动静摩擦系数之差过大；②金属零件的密封表面粗糙度过大；③在密封接触表面上不能充分形成润滑油膜；④密封沟槽尺寸不对，或因安装与运行方向不同心，密封在槽内扭曲翻转，造成摩擦阻力变化；⑤因密封不好进空气或因为内外泄漏增大时均有可能产生爬行；⑥高压低速时；⑦密封压缩余量过大。

总之，上述三种密封故障原因较为复杂，有密封本身引起的，也有其他原因产生的。实际诊断主要在于经验和技巧。而密封漏油的原因更多，漏油问题至今为止可以说是液压技术中最难解决的难题之一。漏油涉及的面很多，有技术问题，有管理问题。有时因忽视"小问题"而

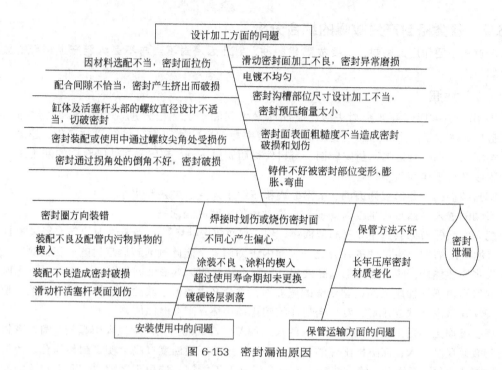

图 6-153　密封漏油原因

出现大漏的"大问题"。 只要去掉头脑里一个"难"字，加强技术攻关，加强管理，重视漏油，问题不一定难以解决。 国外能办到的，国内航空航天工业能办到的，民用机械也一定能办到。

参 考 文 献

[1]   路甬祥. 液压气动技术手册. 北京：机械工业出版社，2002.
[2]   周士昌. 液压系统设计图集. 北京：机械工业出版社，2004.
[3]   黄宝承. 汽车底盘构造与维修. 北京：机械工业出版社，2005.
[4]   日本油空压学会. 油压. 油空压化設計. 油圧と空気圧. 機械設計. パワーデサイト.
[5]   三浦宏文. 油空圧便覧. 日本：日本オーム社，1989.
[6]   陆望龙. 实用塑料机械液压传动故障排除. 长沙：湖南科学技术出版社，2002.
[7]   陆望龙. 实用液压机械故障排除与修理大全. 第2版. 长沙：湖南科学技术出版社，2006.
[8]   陆望龙. 液压维修工工作手册. 北京：化学工业出版社，2012.
[9]   陆望龙. 陆工谈液压维修. 北京：化学工业出版社，2013.
[10]   陆望龙. 教你成为一流液压维修工. 北京：化学工业出版社，2013.
[11]   陆望龙. 看图学液压维修技能. 第2版. 北京：化学工业出版社，2014.
[12]   陆望龙等. 图解液压辅件维修. 北京：化学工业出版社，2014.